Topologie

Fridtjof Toenniessen

Topologie

Ein Lesebuch von den elementaren
Grundlagen bis zur Homologie und
Kohomologie

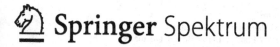

Fridtjof Toenniessen
Stuttgart, Deutschland

ISBN 978-3-662-54963-6   ISBN 978-3-662-54964-3   (eBook)
DOI 10.1007/978-3-662-54964-3

Die Deutsche Nationalbibliothek verzeichnet diese Publikation in der Deutschen Nationalbibliografie;
detaillierte bibliografische Daten sind im Internet über http://dnb.d-nb.de abrufbar.

Springer Spektrum

Planung: Dr. Andreas Rüdinger

Gedruckt auf säurefreiem und chlorfrei gebleichtem Papier

Springer Spektrum ist Teil von Springer Nature
Die eingetragene Gesellschaft ist Springer-Verlag GmbH Deutschland
Die Anschrift der Gesellschaft ist: Heidelberger Platz 3, 14197 Berlin, Germany

Vorwort

Nach einer kurzen Einleitung über die Grundbegriffe der elementaren Topologie wird in dieser Einführung hauptsächlich die algebraische Topologie behandelt, mit einer Betonung auf Mannigfaltigkeiten. Vom Inhalt her ähnelt das Werk den klassischen Lehrbüchern über diese Gebiete, die Präsentation und der Schreibstil unterscheiden sich aber zum Teil erheblich davon. Ich möchte das erklären und kurz über die Entstehung des Buches berichten.

Zunächst war es als eine Art Lesebuch geplant, in dem mehrere Gebiete der reinen Mathematik auf je 40–50 Seiten vorgestellt werden, um anschließend einige Meilensteine zu motivieren und Wechselwirkungen zwischen den Disziplinen aufzuzeigen. KLAUS JÄNICH hat dafür einmal den Begriff einer „Stufe des orientierenden Kennenlernens" erwähnt, [58], in der Neulinge nicht nur erste Gehversuche unternehmen, sondern auch ein wenig über den Tellerrand hinausschauen können.

Es stellte sich aber bald heraus, dass für eine substantielle Darstellung zu wenig Platz zur Verfügung stand und das Buch entweder in den einfachsten Grundlagen steckenbleiben oder zu einer unerquicklichen Aufzählung von Definitionen und Sätzen verkommen würde. Also wurden die Inhalte immer weiter reduziert, bis zuletzt die vorliegende Einführung in die Topologie herauskam – mit einem ungewöhnlich weiten Bogen von den elementaren Grundlagen („Was ist eine offene Menge?") über klassische Resultate (Überlagerungen, EULER-Charakteristik von kompakten Flächen, WIRTINGER-Darstellung von Knotengruppen) bis zu fortgeschrittenen Themen und bedeutenden Höhepunkten der algebraischen Topologie (Theorem von HUREWICZ, singuläre POINCARÉ-Dualität, Homologiesphären oder verschiedene Versionen der HOPF-Invariante).

Bei all diesen Mutationen wurde die Idee eines Lesebuches aber konsequent am Leben erhalten, sie schimmert immer wieder durch. So stehen vor allem die späteren Kapitel im Zeichen eines großen Ziels, das eine Art „Handlungsstrang" oder roten Faden durch das gesamte Buch herzustellen versucht (wer schon jetzt neugierig ist: Es geht um die spannende Frage, ob Mannigfaltigkeiten, die sich in gewisser Weise ähnlich wie Sphären verhalten, tatsächlich „äquivalent" zu Sphären sind – das ist eine abgeschwächte Form der generalisierten POINCARÉ-Vermutung).

Auch werden längere technische Abschnitte so gut es geht vermieden und stattdessen anschauliche Worte verwendet, um den Lesefluss zu vereinfachen. Wenn möglich sind größere Sätze durch einleitende Beispiele und historische Informationen motiviert, keine Definition und kein Hilfssatz soll einfach vom Himmel fallen, sondern alles so erklärt sein, wie es sich aus einer konkreten Fragestellung entwickelt hat. Dazu gehört natürlich auch, einmal einen Holzweg zu beschreiten und hinterher umso besser zu verstehen, warum diese Definition oder jener Hilfssatz gerade so und nicht anders formuliert werden musste, um einem gegebenen Problem gerecht zu werden.

Neben vielen expliziten Beispielen werden die Leser auch hie und da aufgefordert, einen (meist einfachen) Gedanken selbst zu Ende zu führen, sich aktiv am Inhalt zu beteiligen oder einige Experimente zu probieren, um frei mit den Gedanken zu spielen – ähnlich wie das Mathematiker auf dem Weg zu neuen Erkenntnissen auch tun. Diese Form der kritischen Auseinandersetzung mit dem Stoff tritt an die Stelle von Übungsaufgaben, die nicht explizit vorgesehen sind.

Der Text ist wegen seines Lesebuch-Charakters auch (und insbesondere) für das Selbststudium gedacht. Die ausführlichen Beschreibungen zwischen den eher technischen Passagen sollen Neulingen dabei eine Hilfe sein, um sich schon beim ersten Lesen besser zurechtzufinden. In diesem Sinne wäre es mir Anliegen und Freude zugleich, die Neugier auf ein wahrlich faszinierendes, vielseitig verwendbares Teilgebiet der Mathematik zu wecken und zum Weiterlesen zu ermuntern.

Mein Dank gilt Bianca Alton für das Lektorat, Andreas Rüdinger für die genaue inhaltliche Durchsicht aller Kapitel und ganz besonders meiner Familie, die mich all die Jahre des Suchens, Findens und Gestaltens geduldig unterstützt hat.

Stuttgart, im Juni 2017   Fridtjof Toenniessen

Inhaltsverzeichnis

1   **Logische Grundlagen für die Topologie** 1

   1.1   Ordinalzahlen 1

   1.2   Das Auswahlaxiom und seine äquivalenten Formen 6

2   **Elementare Topologie** 11

   2.1   Elementare Grundbegriffe 12

   2.2   Einfache Folgerungen 22

   2.3   Der Satz von TYCHONOFF 25

   2.4   Das Lemma von URYSOHN 32

   2.5   Die Quotiententopologie 38

   2.6   Topologische Mannigfaltigkeiten 45

   2.7   Die Klassifikation kompakter Flächen 48

   2.8   Die EULER-Charakteristik 57

3   **Algebraische Grundlagen – Teil I** 63

   3.1   Elemente der Gruppentheorie 63

   3.2   Die Quaternionen und Drehungen im $\mathbb{R}^3$ 76

4   **Einstieg in die algebraische Topologie** 81

   4.1   Die Fundamentalgruppe 81

   4.2   Überlagerungen 91

   4.3   Decktransformationen 96

   4.4   Der Satz von SEIFERT-VAN KAMPEN 110

   4.5   Der Satz von NIELSEN-SCHREIER über freie Gruppen 117

   4.6   Die WIRTINGER-Darstellung von Knotengruppen 122

   4.7   Die Fundamentalgruppe der SO(3) 128

   4.8   Höhere Homotopiegruppen 133

   4.9   Die lange exakte Homotopiesequenz 140

   4.10 Faserbündel und die Berechnung von $\pi_3(S^2,1)$ 146

   4.11 Weitere Resultate zu Homotopiegruppen 155

5   Simpliziale Komplexe 159

   5.1   Grundbegriffe 159

   5.2   Simpliziale Approximation 163

   5.3   Euklidische Umgebungsretrakte 166

   5.4   Abbildungszylinder und -teleskope 176

   5.5   PL-Mannigfaltigkeiten und die Hauptvermutung 183

6   Algebraische Grundlagen – Teil II 199

   6.1   Kettenkomplexe und Homologiegruppen 199

   6.2   Tensorprodukte, freie Auflösungen und Tor-Gruppen 200

   6.3   Das universelle Koeffiziententheorem für die Homologie 209

   6.4   Berechnungsformeln für Tor-Gruppen 213

   6.5   Die KÜNNETH-Formel 216

7   Elemente der Homologietheorie 221

   7.1   Ursprünge der Homologietheorie 221

   7.2   Simpliziale Homologiegruppen 227

   7.3   Singuläre Homologiegruppen 240

   7.4   Der Homotopiesatz – Teil I 247

   7.5   Intermezzo: Singuläre Homologie mit n-Würfeln 248

   7.6   Der Homotopiesatz – Teil II 260

   7.7   Die lange exakte Homologiesequenz 262

   7.8   Der Ausschneidungssatz und einige seiner Anwendungen ... 264

   7.9   Die Äquivalenz von simplizialer und singulärer Homologie .. 280

   7.10   Die EULER-Charakteristik als homologische Invariante 284

   7.11   Die Homologie kompakter Flächen 290

   7.12   Die MAYER-VIETORIS-Sequenz 297

   7.13   Die Homologie von Produkträumen 306

8   CW-Komplexe und einige ihrer Anwendungen 315

   8.1   Grundlegende Definitionen und erste Beispiele 317

   8.2   Sind CW-Komplexe allgemeiner als Simplizialkomplexe? ... 323

   8.3   Teilkomplexe und Kompakta in CW-Komplexen 327

   8.4   Kanonische ϵ-Umgebungen und Umgebungsretrakte 331

8.5   Zelluläre Abbildungen und zelluläre Approximation 339

8.6   Der Satz von WHITEHEAD 345

8.7   Zelluläre Homologie 350

8.8   CW-Approximationen und CW-Modelle 366

8.9   Brücken zwischen Homotopie- und Homologietheorie 374

8.10 Das Theorem von HUREWICZ.......................... 377

9   Algebraische Grundlagen – Teil III 397

9.1   Permutationen....................................... 397

9.2   Kohomologie und die Ext-Gruppen..................... 399

9.3   Das universelle Koeffiziententheorem der Kohomologie 403

10   Kohomologie und die Poincaré-Dualität 407

10.1 Duale Triangulierungen und duale Teilräume 408

10.2 Der duale Kettenkomplex 417

10.3 Die Kohomologie simplizialer Komplexe................. 422

10.4 Lange exakte Sequenzen in der Kohomologie 428

10.5 Das Cap-Produkt und die simpliziale POINCARÉ-Dualität .. 432

10.6 Die POINCARÉsche Homologiesphäre $H^3_{\mathcal{P}} = SO(3)/I_{60}$ 450

10.7 Homologische Charakterisierung von Orientierbarkeit 462

10.8 Singuläre Kohomologie und die POINCARÉ-Dualität 478

10.9 Der Kohomologiering topologischer Räume 495

10.10 Eine Anwendung auf Divisionsalgebren 502

10.11 Schnittzahlen und Verschlingungszahlen 511

10.12 Die HOPF-Invariante 522

Literaturverzeichnis 537

Index 545

1 Logische Grundlagen für die Topologie

Das Buch fängt etwas ungewöhlich an. Sie lernen auf den ersten Seiten nichts über topologische Grundbegriffe, zum Beispiel was eine offene Menge ist, oder wann der Abschluss einer Menge kompakt ist. Nein, es geht um fortgeschrittene Mengenlehre und um mathematische Logik. Ich konnte nicht umhin, auf diesen Seiten eine kleine Hommage an das Auswahlaxiom und das Lemma von ZORN zu schreiben, denn diese Grundfesten der Mathematik werden in der Topologie häufiger (unbewusst) eingesetzt als man vermutet.

Das wäre zumindest ein Grund für diesen Einstieg. Ein anderer kommt von dem Wunsch, hier etwas vorzubereiten, was Sie später überraschen wird und aufzeigt, dass viele mathematische Sätze (aus anderen Gebieten) mit Topologie zusammenhängen und topologische Beweise haben (Seite 31, 117 f). Sie können dieses Kapitel gerne überspringen, wenn Sie gleich mit Topologie beginnen wollen.

1.1   Ordinalzahlen

Die Ordinalzahlen sind ein wichtiges Fundament der transfiniten Mengenlehre, vielleicht sogar deren zentrales Konzept überhaupt. Die Idee besteht zunächst darin, die natürlichen Zahlen nicht über die PEANO-Axiome, sondern konsequent über endliche Mengen und deren Elementzahl zu definieren. Damit gewinnt man sehr viel, unter anderem eine Wohlordnung auf $\mathbb{R}$ (Seite 3) oder mit dem Auswahlaxiom sogar ein konkretes Modell für eine wohlgeordnete Gesamtheit aller nur denkbaren Mengen (was dann allerdings keine Menge mehr ist, Seite 4).

Will man die natürlichen Zahlen über die Elementzahl endlicher Mengen erfassen, liegt eine Identifikation der 0 mit der leeren Menge $\varnothing$ nahe. Für die 1 brauchen wir dann eine einelementige Menge, und im Rahmen der ZERMELO-FRAENKEL-Mengenlehre gibt es dafür als einfachste Möglichkeit $\{\varnothing\}$. Es ist $\varnothing \subset \{\varnothing\}$ und zugleich $\varnothing \in \{\varnothing\}$, was eine Ordnungsrelation (analog zu $\leq$ bei $\mathbb{N}$) in Form der Teilmengenrelation $\subseteq$ nahelegt (die Relation $<$ wäre gegeben durch $\subset$ oder äquivalent auch durch $\in$). Mit diesen Definitionen ist die von $\mathbb{N}$ bekannte Relation $0 < 1$ erfüllt, und die folgenden natürlichen Zahlen ergeben sich bei konsequenter Fortführung der Konstruktion als **endliche Ordinalzahlen** der Gestalt

$$
\begin{aligned}
2 &= \{\varnothing, \{\varnothing\}\} \\
3 &= \{\varnothing, \{\varnothing\}, \{\varnothing, \{\varnothing\}\}\} \\
4 &= \{\varnothing, \{\varnothing\}, \{\varnothing, \{\varnothing\}\}, \{\varnothing, \{\varnothing\}, \{\varnothing, \{\varnothing\}\}\}\} \\
&\cdots \\
x+1 &= x \cup \{x\}.
\end{aligned}
$$

Dieses konkrete Modell für Ordinalzahlen geht übrigens auf JOHN VON NEUMANN zurück, der die Idee 1923 in einem Brief an ERNST ZERMELO mitteilte, [79].

Einige Gesetzmäßigkeiten bei den bisher konstruierten Ordinalzahlen (es wird noch viel mehr solche Zahlen geben) erkennt man sofort:

1. Jede Ordinalzahl x ist die Menge aller Ordinalzahlen a mit $a \subset x$.

2. Eine Ordinalzahl x ist durch die Relation $\subseteq$ **wohlgeordnet** (das bedeutet, für Elemente $a \in x$ und $b \in x$ gilt entweder $a \subset b$, $b \subset a$ oder $a = b$ und jede nichtleere Teilmenge $t \subseteq x$ besitzt ein kleinstes Element).

3. Für zwei Ordinalzahlen x und y gilt $x \subset y \Leftrightarrow x \in y$.

4. Der Durchschnitt und die Vereinigung endlich vieler Ordinalzahlen ist eine Ordinalzahl (die kleinste respektive die größte von ihnen).

5. Der (eindeutig bestimmte) Nachfolger einer Ordinalzahl x, in Zeichen $x + 1$, ist gegeben durch die Ordinalzahl $x \cup \{x\}$.

Wir wollen die Mengentheorie hier nicht zu exakt betreiben (es soll kein Lehrbuch über Logik und Mengenlehre sein) und erwähnen daher nur kurz, dass die Eigenschaften 1. und 2. genügen, um **Ordinalzahlen** formal zu definieren. Die übrigen Eigenschaften können daraus abgeleitet werden.

Erkennen Sie den Vorteil gegenüber dem klassischen Aufbau der natürlichen Zahlen nach den PEANO-Axiomen? Nun denn, betrachten wir einmal die Gesamtheit aller bisher konstruierten, endlichen Ordinalzahlen

$$\{0, 1, 2, 3, 4, \ldots\}.$$

Auch diese Menge kann als Ordinalzahl interpretiert werden, denn alle obigen Gesetze bleiben gültig, wenn wir zu den endlichen Ordinalzahlen noch die Menge $\mathbb{N} = \{0, 1, 2, 3, 4, \ldots\}$ hinzunehmen. Wir müssen nur einsehen, dass Ordinalzahlen eben auch unendliche Mengen sein können (was ohne Zweifel ein ganz neuer Aspekt ist). So gesehen können wir jetzt in Erweiterung der obigen 4. Eigenschaft feststellen, dass Durchschnitte und Vereinigungen einer beliebigen Menge von Ordinalzahlen selbst wieder Ordinalzahlen sind.

Die hinzugekommene „unendliche" Ordinalzahl $\mathbb{N} = \{0, 1, 2, 3, 4, \ldots\}$ bezeichnen wir mit ω. Es ist dies im Sinne der Relation $\subseteq$ die kleinste Ordinalzahl, die größer als jede endliche Ordinalzahl ist. Man nennt solche Ordinalzahlen **Grenzzahlen** und schreibt dafür $\omega = \sup\{x : x \in \omega\}$. Ein wesentlicher Unterschied zu den endlichen Ordinalzahlen besteht darin, dass ω keine Vorgängerzahl hat.

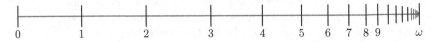

Nun wird es abenteuerlich, denn wir können die Konstruktion nach dem gleichen Bauprinzip fortsetzen zu einem Nachfolger von ω, nämlich zu der Zahl

$$\omega + 1 = \omega \cup \{\omega\} = \{0, 1, 2, 3, 4, \ldots, \omega\}.$$

Spätestens mit $\omega + 2 = \omega \cup \{\omega\} \cup \{\omega \cup \{\omega\}\}$ erkennen Sie den Bauplan aller Ordinalzahlen. Ohne den Prozess anzuhalten, werden nun wieder abzählbar viele Nachfolger $\omega + 3$, $\omega + 4$, ... konstruiert, bis zu der Menge

$$\{0, 1, 2, 3, 4, \ldots, \omega, \omega + 1, \omega + 2, \omega + 3, \omega + 4, \ldots\}.$$

Dies ist die nächste Grenzzahl, und man schreibt dafür suggestiv $\omega + \omega = 2\omega$.

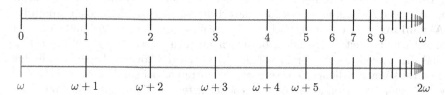

Die Bildung der Nachfolger beginnt nun mit $2\omega + 1 = 2\omega \cup \{2\omega\}$, was uns am Ende zu der übernächsten Grenzzahl 3ω führt, dann weiter zu 4ω, 5ω, und so fort. Die Vereinigung aller $k\omega$, $k \in \mathbb{N}$, bildet eine neue Grenzzahl, an der sich nicht die Folgen $k\omega + i$, $i \in \mathbb{N}$, sondern die Grenzzahlen $k\omega$, $k \in \mathbb{N}$, selbst häufen.

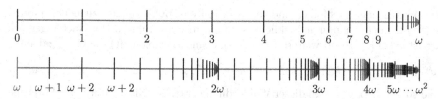

Wir nennen diese Grenzzahl eine zweifache Grenzzahl und schreiben dafür

$$\omega\omega = \omega^2 = \sup\{k\omega : k \in \mathbb{N}\}.$$

Weiter geht es mit $\omega^2 + 1 = \omega^2 \cup \{\omega^2\}$, was zu den Grenzzahlen $\omega^2 + k\omega$, $k \in \mathbb{N}$, führt, die sich bei der nächsten zweifachen Grenzzahl häufen: bei $\omega^2 + \omega^2 = 2\omega^2$.

Können Sie bei soviel Unendlichkeit noch klaren Kopf behalten? Dann bilden Sie immer weitere Nachfolger und Grenzzahlen, über alle $k\omega^2$, $k \in \mathbb{N}$, bis zu einer dreifachen Grenzzahl $\omega\omega^2 = \omega^3$, und über alle ω^k bis zu der ω-fachen Grenzzahl

$$\omega^\omega = \sup\{\omega^k : k \in \mathbb{N}\}.$$

Halten wir kurz inne, die Zahl ω^ω ist eine Bemerkung wert, es ist die erste überabzählbare Ordinalzahl. Das ist klar, denn wegen $\omega = \mathbb{N}$ ist $2\omega = \mathbb{N} \sqcup \mathbb{N}$, die disjunkte Vereinigung zweier Mengen $\mathbb{N}$, und man sieht sofort die Verallgemeinerung auf $k\omega = \sqcup_{i=1}^{k}\mathbb{N}$. Damit erkennen Sie $\omega^2 = \sqcup_{i=1}^{\infty}\mathbb{N} = \mathbb{N} \times \mathbb{N} = \mathbb{N}^2$ und allgemeiner sogar $\omega^k = \mathbb{N}^k$. All diese abzählbaren Mengen haben dann $\omega^\omega = \mathbb{N}^{\mathbb{N}}$ als Supremum, eine Menge, die sich nach dem CANTORschen Diagonalverfahren als überabzählbar herausstellt.

Hieraus kann man übrigens eine Wohlordnung von $\mathbb{R}$ konstruieren, denn die reellen Zahlen, dargestellt als unendliche Dezimalbrüche, sind zum Beispiel über

$$\mathbb{R} \hookrightarrow \mathbb{N}^{\mathbb{N}}, \quad x \mapsto \begin{cases} \left(\lfloor x \rfloor, 0, \text{Nachkommastellen} \in \{0,1,\ldots,9\}^{\mathbb{N}}\right) & \text{für } x \geq 0, \\ \left(0, \lfloor -x \rfloor, \text{Nachkommastellen} \in \{0,1,\ldots,9\}^{\mathbb{N}}\right) & \text{für } x < 0 \end{cases}$$

in $\mathbb{N}^{\mathbb{N}}$ eingebettet. Die Wohlordnung der Ordinalzahl ω^ω induziert dann eine Wohlordnung auf der Teilmenge $\mathbb{R}$. Als **Übung** können Sie verifizieren, dass es für alle $n \in \mathbb{N}$ solche Einbettungen $\mathbb{R}^n \hookrightarrow \mathbb{N}^{\mathbb{N}}$ gibt, mithin alle euklidischen Räume $\mathbb{R}^n$ eine Wohlordnung besitzen.

Spätestens bei ω^ω sollten wir uns auch darüber klar werden, welch seltsame „Abzählung" der Ordinalzahlen wir hier eigentlich vornehmen. Es ist keine gewöhnliche Abzählung wie bei den natürlichen Zahlen, sondern eine **transfinite Abzählung**. Um eine Grenzzahl x zu erreichen, müssen wir gedanklich immer eine Unendlichkeit überwinden, bevor wir mit den klassischen Nachfolgern (das sind die Zahlen $x+1$, $x+2$, $x+3$, ...) fortfahren können. Diese transfiniten Schritte können beliebig tief geschachtelt auftreten, bei $\sup\{k\omega : k \in \mathbb{N}\} = \omega^2$ zum Beispiel mussten abzählbare Unendlichkeiten abzählbar unendlich oft überwunden werden. Und bei $\sup\{\omega^k : k \in \mathbb{N}\} = \omega^\omega$ sind das – lassen Sie mich das Unvorstellbare einmal komplett ausformulieren – abzählbar unendlich viele Schritte, in denen jeweils abzählbar unendlich oft eine abzählbare Unendlichkeit der Form $x+k$, $k \in \mathbb{N}$, überwunden wird. So entsteht schließlich ω^ω, die erste und damit kleinste überabzählbare Menge als Ordinalzahl.

Die klassischen Nachfolger und die transfiniten Fortsetzungen zu neuen Grenzzahlen können wir nun gedanklich ad infinitum weiterführen. Der Nachfolger von ω^ω ist $\omega^\omega \cup \{\omega^\omega\}$ und weitere Meilensteine sind (beispielhaft) die Grenzzahlen

$$\omega^\omega + k, \ldots, \omega^\omega + k\omega, \ldots, k\omega^\omega, \ldots, \omega^{\omega+k}, \ldots, \omega^{k\omega}, \ldots, \omega^{\omega^k}, \ldots, \omega^{\omega^\omega}, \ldots, \omega^{\omega^{\omega^\omega}}$$

und so weiter ($k \in \mathbb{N}$). In dieser Wohlordnung erkennen Sie die iterierten Potenzen

$$\omega^\omega, \omega^{\omega^\omega}, \omega^{\omega^{\omega^\omega}}, \omega^{\omega^{\omega^{\omega^\omega}}}, \ldots$$

als die wesentlichen Eckpfeiler der Ordinalzahlen. Das sind insgesamt abzählbar viele Grenzzahlen und es entsteht die brisante Frage, ob sie sich ebenfalls bei einer neuen Grenzzahl, einer Art „Hyper-Grenzzahl", häufen. Gedanklich können wir versuchen, dem einen Sinn zu geben und eine Schreibweise für die k-fach iterierte Potenz von ω mit sich selbst einführen. Nehmen wir dafür zum Beispiel $\omega^{\uparrow k}$, also $\omega^\omega = \omega^{\uparrow 1}$ oder $\omega^{\omega^\omega} = \omega^{\uparrow 2}$, so wäre es eigentlich konsequent, von $\omega^{\uparrow\omega}$ als dem Supremum über alle $\omega^{\uparrow k}$, $k \in \mathbb{N}$, zu sprechen, oder?

Doch Vorsicht, das ist zu optimistisch. Unser Gedankenmodell, in dem wir nahezu alle Formen von Unendlichkeit einfach überspringen und zu neuen Grenzzahlen übergehen dürfen, gerät hier in einen Widerspruch.

Beobachtung: Das Supremum

$$\mathbf{On} = \sup\left\{\omega, \omega^\omega, \omega^{\omega^\omega}, \omega^{\omega^{\omega^\omega}}, \omega^{\omega^{\omega^{\omega^\omega}}}, \omega^{\omega^{\omega^{\omega^{\omega^\omega}}}}, \ldots\right\}$$

als die Gesamtheit aller Ordinalzahlen ist wohlgeordnet, aber keine Menge (das Symbol $\mathbf{On}$ steht für engl. *ordinal number*).

Die Ordinalzahlen bilden damit eine wohlgeordnete, *echte Klasse*. Der **Beweis** ist einfach, denn falls $\mathbf{On}$ eine Menge wäre, würde sie alle Bedingungen einer neuen Grenzzahl in der VON NEUMANN-Konstruktion erfüllen. Aus der Konstruktion ist aber klar, dass jede Ordinalzahl x in einem $\omega^{\uparrow k}$ enthalten ist. Demnach würde $\mathbf{On}$ sich selbst als Element enthalten, was in der ZERMELO-FRAENKEL-Mengenlehre widersprüchlich ist. $\square$

Als Bemerkung sei angeführt, dass die ZERMELO-FRAENKEL-Axiome erst 1930, also nach der VONNEUMANN-Konstruktion offiziell publiziert waren, [128]. Davor arbeitete man mit den ZERMELO-Axiomen allein, in denen zyklische Elementbeziehungen der Form $x \in x$ möglich waren. In diesem (etwas kleineren) Axiomensystem gilt die Beobachtung aber ebenfalls, denn nach Konstruktion ist offensichtlich $x \notin x$ für jede Ordinalzahl x (nur unter diesen Bedingungen sind auch alle Nachfolger $x + 1$ verschieden von x).

Als Hilfe zum Verständnis sei noch einmal erwähnt, dass beim Aufbau der Ordinalzahlen im Wesentlichen zwei Mechanismen benutzt wurden: Einerseits die Konstruktion von Nachfolgern der Form $x + 1 = x \cup \{x\}$ und andererseits der Übergang zu Grenzzahlen, wann immer eine unendliche Iteration nur Zahlen des gleichen Typs produziert (zum Beispiel bei Zahlen des Typs $k\omega$ der Übergang zu ω^2, oder beim Typ ω^k der Übergang zu ω^ω). In viel kleinerem Rahmen kann man das Problem bei der Konstruktion der natürlichen Zahlen mit den PEANO-Axiomen reproduzieren, es lässt sich dort so formulieren: Wir haben mit den PEANO-Axiomen zwar jede natürliche Zahl konstruiert, aber nicht die Gesamtheit aller natürlichen Zahlen, nämlich die Menge $\mathbb{N}$ (sie ist ein völlig anderes Objekt als eine natürliche Zahl). In diesem Sinne sind die Ordinalzahlen als wohlgeordnete Mengen auch etwas anderes als ihre Gesamtheit **On**.

Die Wohlordnung auf der Klasse **On** erlaubt aber dennoch ein ähnliches Beweisverfahren wie die vollständige Induktion auf der Menge $\mathbb{N}$.

Satz (Transfinite Induktion)

Um eine Aussage $\mathcal{A}(x)$ für alle Ordinalzahlen zu beweisen, genügt es, $\mathcal{A}(0)$ zu zeigen und $\mathcal{A}(x)$ unter der Induktionsannahme, dass $\mathcal{A}(y)$ für alle $y \subset x$ gilt.

Zum **Beweis**: Wenn die beschriebenen Aufgaben erledigt sind, sei $\mathcal{N}$ die Klasse aller Elemente $z \in$ **On**, für die $\mathcal{A}(z)$ falsch ist. Falls $\mathcal{N} \neq \varnothing$ wäre, hätte es aufgrund der Wohlordnung ein kleinstes Element z_0. Dann gilt $\mathcal{A}(y)$ für alle $y \subset z_0$ und der Induktionsschritt hat gezeigt, dass $\mathcal{A}(z_0)$ wahr ist, Widerspruch. $\square$

Um Abbildungen **On** $\to X$ in beliebige Klassen zu definieren, verwendet man oft rekursive Definitionen, ähnlich wie die Fakultät auf den natürlichen Zahlen durch $0! = 1$ und $n! = n \cdot (n - 1)!$ für $n \geq 1$ definiert ist, oder die FIBONACCI-Zahlen mit $f(0) = 0$, $f(1) = 1$ und $f(n) = f(n - 1) + f(n - 2)$ für $n \geq 2$.

Satz (Transfinite Rekursion)

Um eine Abbildung $F : $ **On** $\to X$ in eine Klasse X zu definieren, genügt es, für eine spezielle Ordinalzahl x_0 und alle $a \subseteq x_0$ das Element $F(a)$ zu definieren und danach für alle $x \supset x_0$ das Element $F(x)$ mit einer Rekursionsvorschrift der Form $F(x) = \mathcal{R}\big(F(y) : y \subset x\big)$.

Bei der Fakultät ist $\mathcal{R}\big(f(y) : y < x\big) = x \cdot f(x - 1)$, im Beispiel der FIBONACCI-Zahlenfolge $f : \mathbb{N} \to \mathbb{N}$ hat die Rekursionsvorschrift $\mathcal{R}\big(f(y) : y < x\big)$ die Gestalt $f(x - 1) + f(x - 2)$.

Zum **Beweis** der transfiniten Rekursion nehmen wir an, die Abbildung F sei auf einer Klasse $\varnothing \neq \mathcal{N} \subset \mathbf{On}$ nicht wohldefiniert. Wieder sei z_0 das kleinste Element von $\mathcal{N}$. Dann ist $z_0 \supset x_0$ und $F(z_0)$ festgelegt durch $\mathcal{R}\big(F(y) : y \subset z_0\big)$, wobei alle Argumente $F(y)$ von $\mathcal{R}$ nach Induktionsannahme wohldefiniert sind. Auch das ist ein Widerspruch.   □

Wir können nun das Trio Auswahlaxiom–ZORNsches Lemma–Wohlordnungssatz besprechen, das nicht nur die ZERMELO-FRAENKEL-Mengenlehre entscheidend erweitert, sondern in der algebraischen Topologie – besonders in der Homologie und Kohomologie – intensiv (und oft unbewusst) genutzt wird.

1.2   Das Auswahlaxiom und seine äquivalenten Formen

Ausgangspunkt ist eine Behauptung, die auf den ersten Blick selbstverständlich erscheint. Nehmen Sie eine unendliche Familie $(A_\lambda)_{\lambda \in \Lambda}$ von Mengen $A_\lambda \neq \varnothing$ und betrachten das Produkt

$$A = \prod_{\lambda \in \Lambda} A_\lambda.$$

Es ist plausibel, dass A nicht leer ist – im Gegenteil, man vermutet diese Menge sogar als riesengroß, wenn die A_λ mehrere Elemente enthalten. Ein schönes Beispiel hierfür ist $\mathbb{N}^{\mathbb{N}}$, eine Menge, in die jeder euklidische Raum $\mathbb{R}^n$ als Teilmenge eingebettet werden konnte (Seite 3).

Ich möchte Sie dennoch ein wenig zum Nachdenken bringen, denn ganz so einfach ist die Thematik nicht. Nehmen Sie als Beispiel

$$\Lambda = \mathcal{P}(\mathbb{Q}) \setminus \{\varnothing\},$$

also die Potenzmenge von $\mathbb{Q}$, aus der die leere Menge entfernt wurde. Kurz gesagt, alle nicht-leeren Teilmengen $\lambda \subseteq \mathbb{Q}$. Warum sollte die Menge

$$P_{\mathbb{Q}} = \prod_{\lambda \in \Lambda} \lambda$$

nicht leer sein? Beachten Sie, dass dies erst dann streng bewiesen ist, wenn man ein Element $(p_\lambda)_{\lambda \in \Lambda}$ darin gefunden hat – und genau das schaffen wir in endlicher Zeit nicht, denn man kann keine endliche Beschreibung einer Auswahlfunktion $\Lambda \to \mathbb{Q}$, $\lambda \mapsto p_\lambda$, formulieren mit $p_\lambda \in \lambda$ für alle $\lambda \in \Lambda$.

Man versteht dieses Problem am besten anhand ähnlicher Beispiele, für die es lösbar ist. Ersetzen Sie $\mathbb{Q}$ durch $\mathbb{Z}$, können Sie für jedes nicht-leere $\lambda \subseteq \mathbb{Z}$ die Zahl p_λ als das Element von λ mit minimalem Betrag wählen (sollte dies nicht eindeutig sein, sei zusätzlich $p_\lambda > 0$ gefordert). Es ist schon ein wenig skurril, dass die Verkleinerung von $\mathbb{Q}$ auf $\mathbb{Z}$ zu einem nicht-leeren Produkt führt, während wir in $P_{\mathbb{Q}}$ unser ganzes Leben lang vergeblich ein Element suchen.

Es funktioniert auch, wenn Sie Λ als die Menge aller offenen Intervalle $]a, b[\subset \mathbb{R}$ wählen, mit $a < b$. Hier finden wir zwar keine minimalen oder maximalen Elemente in den Teilmengen $]a, b[$, wir können aber die Zuordnung $]a, b[\mapsto (a + b)/2$ als Auswahlfunktion definieren und haben ein Element in dem Produkt

$$\prod_{\varnothing \neq]a,b[\subset \mathbb{R}}]a, b[$$

gefunden. Nun verstehen Sie vielleicht besser, warum eine Auswahlfunktion bei dem obigen Produkt $P_\mathbb{Q}$ keine endliche Formulierung haben kann.

Wer nach diesen Beispielen immer noch glaubt, dass allein der gesunde Menschenverstand die Existenz einer Auswahlfunktion in allen denkbaren Fällen verlangt, dem kommen vielleicht beim Zwergen-Paradoxon die ersten Zweifel. Stellen Sie sich abzählbar unendlich viele Zwerge vor, bezeichnet mit Z_i, $i \in \mathbb{N}$, die in einer Reihe aufgestellt sind und deren Blick nach rechts gerichtet ist, sodass Z_k alle Zwerge Z_i mit $i > k$ sehen kann.

Jeder Zwerg bekommt nun einen Hut aufgesetzt, der entweder weiß oder grau ist. Er sieht seinen eigenen Hut nicht, aber die Hüte aller Zwerge, die in der Reihe weiter rechts stehen. Die Aufgabe für die Zwerge besteht nun darin, bis auf endlich viele Ausnahmen die Farbe des eigenen Hutes zu erraten, ohne diesen Hut anzusehen oder in irgendeiner Weise mit einem anderen Zwerg zu kommunizieren. Natürlich ist das nur mit einer vorherigen Absprache möglich. Die Zwerge dürfen also vor dem Aufsetzen der Hüte eine Strategie vereinbaren, mit der sie diese unvorstellbare Leistung erbringen wollen.

Wer glaubt, eine solche Strategie könne es eigentlich nicht geben, denkt durchaus vernünftig. Die Vorstellung, dass ab einem Index k_0 alle Zwerge Z_i mit $i \geq k_0$ ihre Hutfarbe kennen, erscheint doch absolut unrealistisch, wie soll das gehen?

Nun denn, mit der Existenz von Auswahlfunktionen geht es. Die Farbe des Hutes von Z_i sei dazu mit $c_i \in \{0,1\}$ bezeichnet. Nach dem Aufsetzen der Hüte haben wir dann eine Folge $(c_i)_{i \in \mathbb{N}} \in \{0,1\}^\mathbb{N}$. Innerhalb der Folgen in $\{0,1\}^\mathbb{N}$ betrachten wir jetzt zwei Elemente $(d_i)_{i \in \mathbb{N}}$ und $(e_i)_{i \in \mathbb{N}}$ als äquivalent, wir schreiben dafür $(d_i)_{i \in \mathbb{N}} \sim (e_i)_{i \in \mathbb{N}}$, wenn sie sich nur bei endlich vielen Indizes unterscheiden. Offensichtlich wird dadurch eine Äquivalenzrelation definiert und wir betrachten die zugehörige Projektion $p : \{0,1\}^\mathbb{N} \to \{0,1\}^\mathbb{N}/\sim$. Da wir an die Existenz von Auswahlfunktionen glauben, können wir einen Schnitt s gegen p annehmen, der jeder Klasse $d \in \{0,1\}^\mathbb{N}/\sim$ einen Repräsentanten $s(d) = (d_i)_{i \in \mathbb{N}}$ von d zuordnet, also eine konkrete Verteilung der Hüte auf die Zwerge. Die Zwerge sehen nach dem Aufsetzen der Hüte alle die gleiche Äquivalenzklasse c, und wenn sie dann die Hutverteilung $s(c)$ annehmen, irren sich nur endlich viele von ihnen, wenn Z_i bei dem eigenen Hut auf die Farbe $s(c)_i$ tippt (bis auf endlich viele Ausnahmen stimmt $s(c)$ mit der tatsächlichen Hutverteilung $(c_i)_{i \in \mathbb{N}}$ überein).

Die Annahme einer bedingungslosen Existenz von Auswahlfunktionen ist in der Tat eine Abstraktion, eine Idealisierung, über die man kontrovers diskutieren kann. K. GÖDEL hat im Jahr 1938 bewiesen, dass die Annahme nicht im Widerspruch zur klassischen ZERMELO-FRAENKEL-Mengenlehre (ZF) steht, [38]. Es dauerte dann ein viertel Jahrhundert, bis P. COHEN nachgewiesen hat, dass auch die gegenteilige Annahme zu keinem Widerspruch führt, [20]. Die Existenz von Auswahlfunktionen ist also innerhalb von ZF unentscheidbar, weswegen es legitim ist, dieses Axiomensystem um ein weiteres Axiom zu ergänzen:

Das Auswahlaxiom

Innerhalb von ZF sei eine beliebige Indexmenge Λ und eine Familie $(A_\lambda)_{\lambda \in \Lambda}$ von Mengen $A_\lambda \neq \varnothing$ gegeben. Dann gibt es eine Funktion

$$f : \Lambda \longrightarrow \bigsqcup_{\lambda \in \Lambda} A_\lambda$$

in die disjunkte Vereinigung der A_λ mit $f(\lambda) \in A_\lambda$ für alle $\lambda \in \Lambda$. Man nennt die Funktion f eine **Auswahlfunktion**. Sie garantiert, dass das Produkt $\prod_{\lambda \in \Lambda} A_\lambda$ nicht leer ist, denn es enthält mindestens das Element $\big(f(\lambda)\big)_{\lambda \in \Lambda}$.

Die um das Auswahlaxiom ergänzte klassische Mengenlehre ZF wird mit ZFC bezeichnet (das „C" steht für „Auswahl", engl. *choice*).

Das Lemma von Zorn und der Wohlordnungssatz

In vielen Beweisen hilft eine zum Auswahlaxiom äquivalente Aussage. Sie klingt mehr wie ein Satz als ein Axiom, darum der Name „Lemma" von ZORN.

Zunächst einige Begriffe aus der Mengenlehre. Unter einer **Halbordnung** $\leq$ auf einer Menge A versteht man eine partielle Relation auf $A \times A$, die reflexiv, transitiv und antisymmetrisch ist. Es ist also stets $a \leq a$ und falls $a \leq b$ und $b \leq a$ gilt, muss zwangsläufig $a = b$ sein. Die Transitivität besagt schließlich, dass mit $a \leq b$ und $b \leq c$ auch $a \leq c$ ist. Beachten Sie, dass die Relation nur partiell ist: Es kann Elemente $a, b \in A$ geben, für die weder $a \leq b$ noch $b \leq a$ gilt. Das klassische Beispiel für Halbordnungen sind die Potenzmengen mit der Halbordnung $\subseteq$. Unter einer **Kette** K in einer halbgeordneten Menge versteht man eine total geordnete Teilmenge. Für alle $a, b \in K$ gilt also $a \leq b$ oder $b \leq a$.

Das Lemma von Zorn

Es sei A eine halbgeordnete Menge innerhalb von ZFC. Ferner habe jede Kette $K \subseteq A$ eine **obere Schranke** in A, es gibt also ein Element $s_K \in A$ mit $a \leq s_K$ für alle $a \in K$. Dann besitzt A ein **maximales Element** m, also ein Element, für das es kein echt größeres Element gibt: Für alle $b \in A$ gilt $m \leq b \Rightarrow m = b$.

Für den **Beweis** müssen wir zeigen, dass es mindestens eine Kette $K \subseteq A$ gibt, die alle ihre oberen Schranken enthält. Dann nämlich ist die (eindeutig bestimmte) obere Schranke von K ein maximales Element von A (einfache **Übung**).

Angenommen, jede Kette $K \subseteq A$ hätte eine obere Schranke $s_K \notin K$. Das Auswahl-axiom garantiert in diesem Fall eine Auswahlfunktion f, die jeder Kette K dieses Element s_K zuordnet (die Indexmenge Λ ist dabei die Menge der Ketten in A, und die A_λ bestehen aus den oberen Schranken s_λ von λ mit $s_\lambda \notin \lambda$).

Den Anfang macht dann die Kette $K_0 = \varnothing$, die Auswahlfunktion f liefert darauf zunächst das Element $a_0 = f(\varnothing)$. Wir nehmen nun die Kette $\{a_0\}$ und wählen eine obere Schranke $a_1 > a_0$, geliefert von der Auswahlfunktion f, angewendet auf die Kette $\{a_0\}$. Danach wird die Kette $\{a_0, a_1\}$ von f auf eine obere Schranke $a_2 > a_1$ abgebildet und induktives Fortführen erzeugt eine unendliche Folge

$$a_0 < a_1 < a_2 < a_3 < a_4 < \ldots,$$

deren Elemente a_i, $i \in \mathbb{N}$, selbst eine Kette in A bilden. Die Funktion f liefert darauf eine obere Schranke a_ω mit $a_i < a_\omega$ für alle $i \in \mathbb{N}$. Allein die Wahl des Index ω erzeugt bei Ihnen jetzt wahrscheinlich ein Déjà-vu, denn die nächste Kette $\{a_0, a_1, a_2, \ldots, a_\omega\}$ hätte $a_{\omega+1}$ als äußere obere Schranke, und so geht es weiter, in vollständiger Analogie zur Konstruktion der Ordinalzahlen **On** (Seite 2 f).

Aufgrund unserer Annahme bricht dieser Vorgang (inklusive aller transfiniten Schritte zu den Elementen a_g, bei denen $g \in$ **On** eine Grenzzahl ist) nicht ab und die Zuordnung $x \mapsto a_x$ definiert eine injektive Abbildung **On** $\to A$. Das ist nicht möglich, denn **On** stünde damit in einer bijektiven Beziehung zu einer Teilmenge von A und wäre folglich selbst eine Menge, im Widerspruch zu der früheren Beobachtung (Seite 4). Also muss es doch eine Kette L in A geben, die alle ihre oberen Schranken enthält. Es gibt dann nur eine obere Schranke von L und diese ist – wie vorhin gesehen – ein maximales Element von A.　　　　　□

Die Injektion $\varphi :$ **On** $\to A$ könnte man auch mit transfiniter Rekursion (Seite 5) definieren. Die Vorschrift lautet $\varphi(\varnothing) = a_0$ und $\varphi(x) = f\left(\bigcup_{y \subset x}\{\varphi(y)\}\right)$, doch die anschauliche Konstruktion oben ist vielleicht etwas einfacher zu verstehen.

Beobachtung: Das Lemma von ZORN ist äquivalent zum Auswahlaxiom.

Im **Beweis** ist nur zu zeigen, wie das Auswahlaxiom aus dem Lemma folgt. Es sei dazu eine Indexmenge Λ und eine Familie $(A_\lambda)_{\lambda \in \Lambda}$ von Mengen $A_\lambda \neq \varnothing$ gegeben. Die Menge $\mathcal{F}$ aller Funktionen $f_T : T \to \bigsqcup_{\tau \in T} A_\tau$ (für $T \subseteq \Lambda$) mit $f_T(\tau) \in A_\tau$ ist halbgeordnet durch $f_T \leq f_{T'}$ genau dann, wenn $T \subseteq T'$ und $f_{T'}|_T = f_T$ ist. Offensichtlich ist $\mathcal{F} \neq \varnothing$ (nehmen Sie endliche Teilmengen T).

Für eine Kette $K \subseteq \mathcal{F}$, also eine Familie von Funktionen $f_S : S \to \bigsqcup_{\sigma \in S} A_\sigma$, wobei stets $f_S \leq f_{S'}$ oder $f_S \geq f_{S'}$ ist, kann nun eine Funktion $f_T : T \to \bigsqcup_{\tau \in T} A_\tau$ mit $T = \bigcup_{f_S \in K} S$ über die Vorschrift $f_T|_S = f_S$ definiert werden (**Übung**).

Klarerweise ist $f_T \in \mathcal{F}$ eine obere Schranke von K und nach dem Lemma von ZORN besitzt $\mathcal{F}$ ein maximales Element $f_M : M \to \bigsqcup_{\mu \in M} A_\mu$. Es ist $M = \Lambda$, denn jede Funktion auf einer echten Teilmenge $T \subset \Lambda$ könnte für $\xi \notin T$ auf $T \cup \{\xi\}$ durch die Auswahl eines $a_\xi \in A_\xi$ fortgesetzt werden.　　　　　□

Das zweite Äquivalent zum Auswahlaxiom ist der Wohlordnungssatz (zum Begriff „Wohlordnung" siehe Seite 2). Sein Vorteil ist die kurze Formulierung.

Der Wohlordnungssatz: In ZFC besitzen alle Mengen eine Wohlordnung.

Für den **Beweis** sei A eine Menge, $\Lambda = \mathcal{P}(A) \setminus \{A\}$ die Menge aller echten Teilmengen von A und für $\lambda \in \Lambda$ sei $A_\lambda = A \setminus \lambda$. Da alle $A_\lambda \neq \varnothing$ sind, gibt es in ZFC eine Auswahlfunktion $f : \Lambda \to \bigsqcup_{\lambda \in \Lambda} A_\lambda$. Wie im Beweis des ZORNschen Lemmas wird jetzt durch transfinite Induktion eine Wohlordnung auf A konstruiert. Es sei dazu $a_0 = f(\varnothing)$ das kleinste Element in A. Das zweite Element (falls vorhanden) ist dann $f(\{a_0\}) = a_1$ und wir definieren $a_0 < a_1$. Unter der Annahme, dass A unendlich ist, kommen wir so zu einer wohlgeordneten Folge $(a_i)_{i \in \mathbb{N}}$ mit $a_i < a_{i+1}$ für alle $i \in \mathbb{N}$. Falls $\{a_i : i \in \mathbb{N}\} \in \Lambda$ ist, führt der nun folgende, transfinite Induktionsschritt zu $a_\omega = f(\{a_i : i \in \mathbb{N}\})$ und so fort. Die Konstruktion muss irgendwann abbrechen, sonst gäbe es wieder eine Injektion $\mathbf{On} \to A$, im Widerspruch dazu, dass A eine Menge ist (Seite 4). Ein solcher Abbruch kann aber nur dann geschehen, wenn die gefundenen Elemente a_x die ganze Menge A ausfüllen, womit eine Wohlordnung auf A definiert ist. $\square$

Wenn zwischen zwei wohlgeordneten Mengen A und B eine Bijektion $\varphi : A \to B$ existiert mit $x \leq y \Leftrightarrow \varphi(x) \leq \varphi(y)$ für alle $x, y \in A$, nennt man A und B **ordnungsisomorph** (oder kurz **isomorph**) zueinander. Damit bekommen die Ordinalzahlen $\mathbf{On}$ eine geradezu universelle Bedeutung für die Mengenlehre:

Satz: Jede wohlgeordnete Menge A ist isomorph zu einem $x_A \in \mathbf{On}$. Damit ist $\mathbf{On}$ in ZFC ein Modell für die Klasse aller Mengen (modulo Isomorphie).

Der **Beweis** versucht wie oben, transfinit rekursiv eine Injektion $\varphi : \mathbf{On} \to A$ zu definieren. Dazu sei $\varphi(x) = \min\left(A \setminus \bigcup_{y \subset x}\{\varphi(y)\}\right)$ für $x \in \mathbf{On}$. Die Konstruktion kann, beginnend bei $x = \varnothing$, so lange fortgeführt werden, bis $A = \bigcup_{y \subset x}\{\varphi(y)\}$ ist (das muss irgendwann der Fall sein, sonst wäre wieder $\mathbf{On} \subset A$ und damit A keine Menge). Das erste $x \in \mathbf{On}$ mit dieser Eigenschaft ist dann die Zahl x_A. $\square$

Beobachtung: Der Wohlordnungssatz ist äquivalent zum Auswahlaxiom.

Im **Beweis** ist zu zeigen, wie das Auswahlaxiom aus dem Wohlordnungssatz folgt. Es sei dazu eine Indexmenge Λ und eine Familie $(A_\lambda)_{\lambda \in \Lambda}$ mit $A_\lambda \neq \varnothing$ gegeben. Die Menge Λ sei wohlgeordnet und damit ordnungsisomorph zu einem $x_\Lambda \in \mathbf{On}$. Ohne Einschränkung sei dann $\Lambda = x_\Lambda$ und wir definieren die Auswahlfunktion $f : \Lambda \to \bigsqcup_{\lambda \in \Lambda} A_\lambda$ durch transfinite Induktion (Seite 5) mit $f(\varnothing) = a_0 \in A_\varnothing$ und $f(z) = a_z \in A_z$, falls $f(y) \in A_y$ für alle $y \subset z$ schon definiert war. $\square$

Soweit also dieser kurze Prolog zur Mengenlehre. Bald werden wir sehen, welcher wichtige Satz aus der Topologie äquivalent zum Auswahlaxiom ist (Seite 31), und spätestens in der Homologie, die mit unendlich erzeugten Gruppen arbeitet, macht man (meist unbewusst) extensiven Gebrauch vom Auswahlaxiom.

2 Elementare Topologie

Steigen wir jetzt ein in die Topologie. Sie ist in den vergangenen hundert Jahren zu einem wichtigen Teilgebiet der Mathematik geworden, ihre Ideen sind gleichermaßen anschaulich und ästhetisch wie auch in hohem Grad abstrakt und elegant. Wer tiefer hineinblickt, kann sich der Faszination kaum mehr entziehen.

Historisch gesehen gab es für die Topologie bis Mitte des 19. Jahrhunderts den Begriff **Analysis situs** (lat. *situs*, die *Lage*). Darin ging es um die Lagebestimmung von Punkten oder Punktmengen zueinander, unabhängig von quantitativen Größen wie zum Beispiel Längen oder Winkeln. Der Begriff **Topologie** wurde erstmals 1840 von J.B. LISTING verwendet, [69]. Er leitet sich aus dem Griechischen *topos* ab, was so viel bedeutet wie *Ort*.

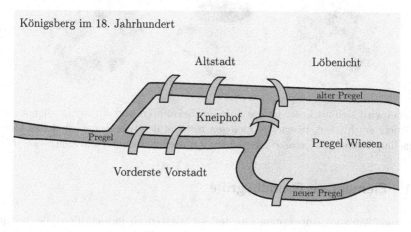

Königsberg im 18. Jahrhundert

Machen wir zu Beginn ein Gedankenexperiment. Das **Königsberger Brückenproblem**, von L. EULER im Jahr 1736 gelöst, gilt als eines der ersten topologischen Probleme der Geschichte. Es begründet auch den Anfang der Graphentheorie. Worum ging es bei dieser Aufgabe?

Man stellte sich damals die Frage, ob ein Spazierweg (oder sogar ein Rundweg) durch die Stadt Königsberg möglich war, bei dem alle sieben Brücken über den Pregel genau einmal überquert werden. Sie sehen schnell, dass dies nicht möglich ist. Es müssten für einen Rundweg alle Ufergebiete mit einer geraden Anzahl von Brücken angeschlossen sein, denn nur aus solchen Gebieten kommt man hinein und eben auch wieder heraus, ohne eine Brücke zweimal zu überqueren.

Begnügt man sich mit einem Weg, der nicht wieder am Ausgangspunkt ankommt, dürften genau zwei Gebiete (Start und Ziel) eine ungerade Anzahl an Brücken haben – doch auch das ist nicht der Fall. Denken Sie vielleicht als kleine **Übung** kurz darüber nach. Sie erkennen, dass Längen und Winkel der Brücken bei dieser Frage unwichtig sind, es kommt nur auf deren topologische Lage an.

Seit den Arbeiten von POINCARÉ, CANTOR, FRÉCHET, HAUSDORFF und vielen anderen um die Wende zum 20. Jahrhundert begann der rasante Aufstieg der Topologie zu einer der Kerndisziplinen der Mathematik. Die heutige Trennung in **mengentheoretische** und **algebraische** Topologie gibt es übrigens erst seit etwa 1950. Sie ist (unter anderem) der großen Stoffmenge geschuldet.

Dieses Kapitel liefert einen pragmatischen Einstieg in die mengentheoretische Topologie. Wir gehen dabei nicht weiter, als es die schwierigeren Resultate im Verlauf des Buches verlangen. Der Stil ist relativ locker und auch als kleine Wiederholung für diejenigen Leser gedacht, die sich schon ein wenig auskennen.

Am Ende wagen wir uns dann aber doch etwas weiter voran und unternehmen einen Übergang zur algebraischen Topologie, indem wir **geschlossene Flächen** untersuchen und klassifizieren (das heißt, wir wollen sehen, welche verschiedenen Exemplare es überhaupt davon geben kann).

Hierbei wird sich auch der tiefere Sinn des bekannten und ein wenig abgenutzten Kalauers erschließen, wonach Topologen nicht in der Lage seien, zwischen einem Gugelhupf, einer Kaffeetasse oder einem Autoreifen zu unterscheiden.

2.1   Elementare Grundbegriffe

Beginnen wir zum Aufwärmen mit den wichtigsten Grundbegriffen, die uns das gesamte Buch begleiten (die Darstellung folgt in Teilen [58]). In der Topologie stehen natürlich die topologischen Räume im Fokus.

> **Definition (topologischer Raum)**
> Ein **topologischer Raum** ist eine Menge X zusammen mit einer Menge $\mathcal{O}$ von Teilmengen von X, die als **offene Mengen** von X bezeichnet werden. Es müssen dabei noch drei Axiome erfüllt sein: X und $\varnothing$ sind stets offen, eine beliebige Vereinigung von offenen Mengen ist offen und ein endlicher Durchschnitt von offenen Mengen ist offen.

$\mathcal{O}$ heißt auch die **Topologie** des Raumes $(X, \mathcal{O})$. Paradebeispiel ist der euklidische Raum $\mathbb{R}^n$, wobei die offenen Mengen alle Vereinigungen von offenen ϵ-**Bällen**

$$B_\epsilon(x) = \{y \in \mathbb{R}^n : \|x - y\| < \epsilon\}, \quad x \in \mathbb{R}^n \text{ und } \epsilon > 0,$$

sind. Die Axiome der Topologie sind ja gerade von diesen Räumen motiviert. Sie leuchten auch unmittelbar ein, nur bei den endlichen Durchschnitten ist kurz etwas zu überlegen. Sie erkennen aber schnell, dass für jeden Punkt y eines offenen Balles $B_\epsilon(x)$ ein offener Ball $B_\delta(y)$ in $B_\epsilon(x)$ enthalten ist, mit $\delta < \epsilon$, und daher endliche Durchschnitte offener Mengen als Vereinigung solcher $B_\delta(y)$ offen sind. Vorsicht bei unendlichen Durchschnitten: Der Durchschnitt der offenen Intervalle $]-1, 1/n[$ über alle $n \in \mathbb{N}$ ist das Intervall $]-1,0]$ und daher nicht offen.

Jeder metrische Raum wird auf diese Weise zu einem topologischen Raum. Ohne näher darauf einzugehen sei erwähnt, dass die meisten gebräuchlichen Räume *metrisierbar* sind, doch es gibt Ausnahmen. Nehmen Sie zum Beispiel die von der **Zariski-Topologie** (benannt nach O. Zariski) motivierte Topologie auf $\mathbb{Z}$, bei der die offenen Mengen neben $\varnothing$ genau die Komplemente der endlichen Teilmengen sind. Alle Durchschnitte von (nicht-leeren) offenen Mengen sind dann nicht leer, was bei metrischen Räumen mit mehr als einem Punkt nicht vorkommen kann.

Ganz in Kürze noch ein paar einfache Begriffe. Eine Teilmenge $A \subseteq X$ heißt **abgeschlossen**, wenn ihr Komplement $X \setminus A$ offen ist – und $U \subseteq X$ ist eine **Umgebung** eines Punktes $x \in X$, falls es eine offene Menge V mit $x \in V \subseteq U$ gibt. Ein Punkt $x \in B$ heißt **innerer Punkt** von B, falls B Umgebung von x ist, und **äußerer Punkt** von B, falls $X \setminus B$ Umgebung von x ist. Falls weder B noch $X \setminus B$ eine Umgebung von x ist, nennt man x einen **Randpunkt** von B und schreibt dafür $x \in \partial B$.

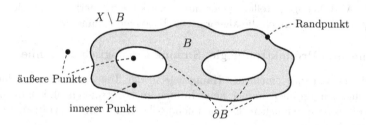

Die Menge $\mathring{B}$ der inneren Punkte von B ist das **Innere** oder der **offene Kern** von B, die Menge aller nicht-äußeren Punkte von B, in Zeichen $\overline{B}$, bildet den **Abschluss** oder die **abgeschlossene Hülle** von B.

All diese Begriffe sind zwar nicht besonders schwierig, doch sollte man tatsächlich ein wenig damit üben, falls man zum ersten Mal davon hört. In einer ruhigen Stunde haben Sie vielleicht die Gelegenheit, sich dazu einige kleine Fragen zu stellen. Versuchen Sie einmal zu zeigen, dass der offene Kern von B die Vereinigung aller offenen Mengen $U \subseteq B$ und die abgeschlossene Hülle von B der Durchschnitt aller abgeschlossenen Mengen $A \supseteq B$ ist.

Als nächsten Schritt können Sie sich an die Aussagen wagen, dass eine Menge genau dann offen ist, wenn sie nur aus inneren Punkten besteht – und dass die Menge der inneren Punkte einer Menge stets offen ist. Hier ist etwas Vorsicht geboten, denn dies ist keine triviale Folgerung aus der ersten Aussage. Das Argument, die Menge der inneren Punkte bestünde ja nur aus inneren Punkten und muss daher offen sein, ist nicht stichhaltig. Versuchen Sie vielleicht, dieser Spitzfindigkeit als kleine **Übung** auf die Spur zu kommen.

Für die Eiligen unter Ihnen hier die Lösung: Bei einem inneren Punkt kommt es stets darauf an, von welcher Menge er ein innerer Punkt ist. Wenn Sie dann sagen würden, die Menge der inneren Punkte von A, also $\mathring{A}$, bestünde ja nur aus inneren Punkten, kann man die Offenheit von $\mathring{A}$ nur dann aus der ersten Aussage ableiten, wenn man zeigt, dass die inneren Punkte von A auch innere Punkte von $\mathring{A}$ sind. Das ist natürlich sehr einfach, aber dennoch muss dieses Argument vollständig ausgeführt werden. Falls demnach x innerer Punkt von A ist, dann ist $x \in V \subseteq A$ mit einer offene Menge V. Nun ist aber jeder Punkt von V innerer Punkt von A, denn für alle $y \in V$ gilt gleichermaßen $y \in V \subseteq A$. Also ist $V \subseteq \mathring{A}$ und x damit auch innerer Punkt von $\mathring{A}$.

Sie erkennen hier bereits das Wesen der elementaren Topologie. Man hat es anfangs mit einfachen Begriffen zu tun, die gut mit der Vorstellung einhergehen. Für den Neuling stellt sich die Topologie als vermeintlich leichtes Fach dar. Beim genaueren Hinsehen, besonders wenn man sich länger damit beschäftigt und dann algebraische Aspekte hinzukommen, entstehen aber schnell schwierige Fragen und ein genauso großartiges wie abenteuerliches, zum Teil auch sehr abstraktes Gedankengebäude. Ich hoffe, Sie sind schon neugierig auf das, was Sie erwartet.

Nun gut, wie machen wir weiter? Leider können wir nicht alle Begriffe vorstellen, da der Platz für die elementare Topologie in diesem Buch beschränkt ist. Die folgenden Ausführungen stellen daher nur einen kurzen Überblick dar, denn wir wollen später hauptsächlich die algebraische Topologie behandeln.

Teilraum- und Produkttopologie, Summe topologischer Räume

Wir beginnen nun mit einem der Hauptziele in der Topologie. Es geht darum, aus bestehenden Räumen immer neue Räume zu konstruieren und dann deren Eigenschaften zu untersuchen. Ein spannendes Feld, in dem die **Teilräume** den Anfang machen sollen.

Definition (Teilraum- oder Relativtopologie)
Es sei $(X, \mathcal{O})$ ein topologischer Raum und $Y \subseteq X$ eine Teilmenge. Dann heißt die durch
$$\mathcal{O}|_Y = \{U \cap Y : U \in \mathcal{O}\}$$
definierte Topologie auf Y die durch X induzierte **Teilraum-** oder **Relativtopologie**. Den Raum $(Y, \mathcal{O}|_Y)$ nennt man dann **Teilraum** von $(X, \mathcal{O})$.

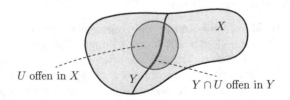

U offen in X \qquad Y \qquad $Y \cap U$ offen in Y

Die Relativtopologie ist einfach zu verstehen. Eine Menge in $Y \subseteq X$ ist eben genau dann offen, wenn sie als Durchschnitt von Y mit einer offenen Menge in X darstellbar ist. Betrachten Sie als Beispiele die Parabel $x^2 - y = 0$ des metrischen Raumes $\mathbb{R}^2$. Oder die rationalen Zahlen $\mathbb{Q} \subset \mathbb{R}$. Welche Mengen sind dort offen, welche abgeschlossen?

Nach diesen kleinen Gedankenexperimenten kommen wir zu einer sehr wichtigen Definition, der **Produkttopologie**.

Definition (Produkt topologischer Räume)
Betrachten wir zwei topologische Räume X und Y sowie deren Produkt $X \times Y$. Eine Menge $W \subseteq X \times Y$ heißt **offen** in der **Produkttopologie**, wenn es für jeden Punkt $(x, y) \in W$ Umgebungen $U \subseteq X$ von x sowie $V \subseteq Y$ von y gibt mit $U \times V \subseteq W$.

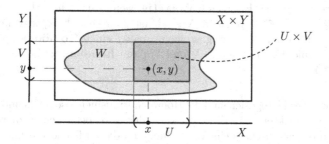

Eine naheliegende Definition. Das Bild verdeutlicht, wie man sich die Produkttopologie gut vorstellen kann. Die offenen Mengen sind beliebige Vereinigungen von offenen „Rechtecken" der Form $U \times V$.

Bei dieser Gelegenheit noch ein weiterer Begriff: Eine Menge $\mathcal{B}$ von offenen Mengen nennt man **Basis** einer Topologie, wenn sich jede offene Menge als Vereinigung von Mengen aus $\mathcal{B}$ darstellen lässt. Sie überlegen sich schnell, dass für zwei Basen $\mathcal{B}_X$ von X und $\mathcal{B}_Y$ von Y die Menge

$$B = \{U \times V : U \in \mathcal{B}_X \text{ und } V \in \mathcal{B}_Y\}$$

eine Basis der Produkttopologie von $X \times Y$ ist. Die topologische Summe ist eine weitere Basiskonstruktion, die vor allem in Kombination mit nachgeschalteten Veränderungen interessant wird (Seite 42 f).

Definition (Summe topologischer Räume)
Es seien dazu $(X, \mathcal{O})$ und $(Y, \widetilde{\mathcal{O}})$ zwei topologische Räume. Die **(topologische) Summe** (oder auch **disjunkte Vereinigung**)

$$X \sqcup Y \;=\; (X \times \{0\}) \;\cup\; (Y \times \{1\})$$

der beiden Mengen wird zu einem topologischen Raum, wenn man

$$\mathcal{O} \sqcup \widetilde{\mathcal{O}} \;=\; \{U \sqcup V : U \in \mathcal{O} \text{ und } V \in \widetilde{\mathcal{O}}\}$$

als Menge der offenen Mengen von $X \sqcup Y$ definiert.

Beachten Sie den Kunstgriff mit den Produkten $X \times \{0\}$ und $Y \times \{1\}$. Damit können auch zwei Teilmengen eines Raumes, die zunächst nicht disjunkt sind, als Summe disjunkt vereinigt werden. Klarerweise werden wir X und Y dann als Teilräume von $X \sqcup Y$ auffassen und schreiben $X, Y \subseteq X \sqcup Y$. Die Identifikation von $X \times \{0\}$ mit X (oder von $Y \times \{1\}$ mit Y) wird in ähnlicher Form auch bei anderen Konstruktionen hilfreich sein (Seite 41 f).

Kommen wir jetzt zu den stetigen Abbildungen, sie bilden die Morphismen in der Kategorie der topologischen Räume (für diejenigen, die sich mit Kategorien ein wenig auskennen). Ihre Definition ist verblüffend einfach.

Definition (Stetige Abbildung, Homöomorphismus)
Eine Abbildung

$$f : X \longrightarrow Y$$

zwischen topologischen Räumen heißt **stetig**, wenn sämtliche Urbilder $f^{-1}(V)$ offener Mengen $V \subseteq Y$ offen in X sind. Ist f zusätzlich bijektiv und auch die Umkehrabbildung f^{-1} stetig, so nennt man f einen **Homöomorphismus** zwischen X und Y. Man nennt X und Y dann **homöomorph** und schreibt dafür $X \cong Y$.

In der Sprache der Kategorien sind die Homöomorphismen also die Isomorphismen zwischen den Objekten. Um die Denkweise der Topologen besser zu verstehen, sollten wir uns eine anschauliche Vorstellung von diesen Isomorphismen machen.

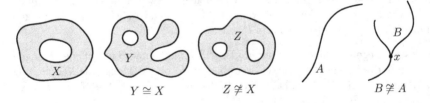

$$Y \cong X \qquad\qquad Z \not\cong X \qquad\qquad B \not\cong A$$

Sie sehen, dass Homöomorphismen stetige und bijektive Verformungen der Räume erlauben. Sie dürfen die Räume strecken, stauchen oder verbiegen – als ob Sie mit einer (unendlich weichen) Knetmasse spielen. Alle entstehenden Gebilde werden in der Topologie als identisch betrachtet. Sie dürfen die Masse bei der Verformung nur nicht zerreißen, sodass Löcher entstehen, oder solche Löcher stopfen.

Bemerkenswert ist auch das rechte Beispiel. Versuchen Sie doch einmal, den Verklebungspunkt x zu entfernen – woran lässt sich dann $A \not\cong B$ erkennen? Beschränkte Räume können auch durchaus homöomorph zu unbeschränkten Räumen sein, wie das Beispiel $\mathbb{R}^2 \cong \mathring{D}^2$ demonstriert. D^2 steht dabei für die **Einheitskreisscheibe** oder den (abgeschlossenen) 2-**Ball** $\{x \in \mathbb{R}^2 : \|x\| \leq 1\}$. Überlegen Sie sich einmal zur **Übung** den konkreten Homöomorphismus zwischen den beiden Mengen.

Das Wesen eines Homöomorphismus ist es eben, dass nahe beieinander liegende Punkte auch nahe beieinander bleiben. Eine Bedingung, die Sie sich anhand von konvergenten Punktfolgen in homöomorphen Räumen leicht veranschaulichen können. Wir lernen später übrigens noch einen schwächeren Begriff der Äquivalenz topologischer Räume kennen: die *Homotopieäquivalenz* (Seite 85). Da sie für die anschauliche Vorstellung und im mathematischen Formelapparat um einiges schwieriger ist, warten wir damit noch, bis sie tatsächlich benötigt wird.

Blicken wir nochmals zurück auf obige Definition. Es fällt zunächst auf, dass sie viel einfacher anmutet als die bekannte ϵ-δ-Definition aus der Analysis, mit der sich schon Schüler der Oberstufe herumplagen müssen. Vielleicht überlegen Sie sich als kleine **Übung** selbst einmal, dass die beiden Definitionen äquivalent sind, wenn man die offenen ϵ-Bälle $B_\epsilon(x)$ als Basis der Topologie im $\mathbb{R}^n$ nimmt.

Und dann fällt uns noch etwas auf. Anders als bei Isomorphismen in der linearen Algebra mussten wir die Stetigkeit der Umkehrabbildung f^{-1} explizit fordern, um zu einem Isomorphismus zu gelangen. Warum genügt die Stetigkeit und die Bijektivität von f nicht? Nun ja, man hat in der Topologie große Freiheiten – es ist ganz einfach, ein Beispiel zu konstruieren, bei dem die Umkehrung einer stetigen bijektiven Abbildung nicht stetig ist: Nehmen Sie $X = Y = \mathbb{R}$, wobei Y mit der gewöhnlichen Topologie und X mit der **diskreten Topologie** $\mathcal{D}$ versehen ist, in der jede Teilmenge $U \subseteq X$ offen ist. Ob Sie es glauben oder nicht, das ist erlaubt, denn $(X, \mathcal{D})$ erfüllt alle Bedingungen an einen topologischen Raum. Wenn Sie jetzt die Mengen-Identität id $: X \to Y$ als bijektive Abbildung nehmen, erkennen Sie schnell, dass f zwar stetig ist, nicht aber dessen Umkehrung f^{-1}.

Welch ein seltsames Beispiel. Die knappe und elegante Definition der topologischen Räume lässt der Phantasie wahrlich einigen Spielraum. Und bei dem bekannten Ehrgeiz der Mathematiker, die Vielfalt ihrer gedanklichen Konstruktionen weitestmöglich auszuloten und immer wieder an die Grenzen zu gehen, ist die ein oder andere (mit Verlaub gesagt) exotische Blüte nicht zu vermeiden. Wir werden gerade am Anfang noch solchen Exemplaren begegnen, die als Schule unseres logischen Denkvermögens auch eine Berechtigung haben. Aber bald werden wir uns den Objekten der Anschauung widmen, den „schönen" Räumen mit all ihren spannenden algebraischen Eigenschaften.

Übrigens gibt es auch ein weniger exotisches Gegenbeispiel: Die Abbildung

$$f : [\,0, 2\pi\,[\; \longrightarrow \; S^1 \,, \quad t \mapsto e^{it} \,,$$

konstruiert mit Hilfe der komplexen Exponentialfunktion.

Selbstverständlich ist f bijektiv und stetig. Aber ein Homöomorphismus? Nun ja, die Erfahrenen unter Ihnen wissen schon, dass ein halboffenes Intervall niemals homöomorph zum Kreis S^1 sein kann (Seite 24). Ein direktes Argument mit der Definition ist aber auch möglich. Es sei dazu g die Umkehrfunktion. Das Urbild $g^{-1}([0, \epsilon[)$ der offenen Umgebung $[0, \epsilon[$ von 0 ist dann nicht offen in S^1. Anschaulich gesprochen, wird der Kreis S^1 hier an der Stelle $1 = f(0)$ auseinandergerissen.

Bevor wir richtig loslegen können, brauchen wir noch vier Begriffe, nämlich den Zusammenhang, das wichtige zweite Trennungsaxiom, einen Konvergenzbegriff sowie die Kompaktheit.

Definition (Zusammenhang)
Ein topologischer Raum X heißt **zusammenhängend**, wenn es keine zwei disjunkten und nicht-leeren offenen Mengen U und V gibt mit $U \cup V = X$. Die zusammenhängenden Teilräume eines Raumes X nennt man **Zusammenhangskomponenten**.

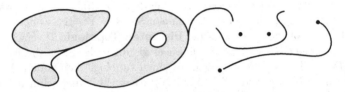

7 Zusammenhangskomponenten

Wieder eine sehr einfache und suggestive Definition. Das Bild möge als Anschauungshilfe dienen, versuchen Sie einmal, den Zusammenhang der sieben Teilräume gemäß der Definition nachzuvollziehen. Als weitere **Übung** stellen Sie sich vor, Sie könnten von einer Funktion $f : X \to \mathbb{R}$ zeigen, dass sie **lokal konstant** ist, das bedeutet, jeder Punkt $x \in X$ hat eine Umgebung $U_x \subseteq X$, sodass $f|_{U_x}$ konstant ist. Beweisen Sie dann, dass f insgesamt konstant ist, wenn X zusammenhängend ist (nur Mut, es ist ganz einfach).

Dennoch, der Zusammenhang an sich ist ein recht abstrakter Begriff. Für die Praxis wichtiger ist eine etwas stärkere Fassung, der Wegzusammenhang.

Definition (Wegzusammenhang)
Ein topologischer Raum X heißt **wegzusammenhängend**, wenn sich zwei beliebige Punkte $x, y \in X$ stets durch einen **Weg** verbinden lassen. Das bedeutet, es gibt immer eine stetige Abbildung $\alpha : [0,1] \to X$ mit $\alpha(0) = x$ und $\alpha(1) = y$.

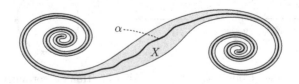

Das Bild zeigt, dass wir es mit einer sehr anschaulichen Definition zu tun haben, die sogar ein wenig an das Königsberger Brückenproblem erinnert (Seite 11). Sie können sehr schnell sehen, dass jeder wegzusammenhängende Raum auch zusammenhängend ist, denn es könnten niemals Punkte aus den beiden disjunkten offenen Mengen einer Zerlegung von X durch einen stetigen Weg miteinander verbunden werden. Wie steht es aber mit der Umkehrung? Sehen Sie, schon stoßen wir an eine dieser Grenzen, welche die Neugier der Mathematiker wecken.

Jeglicher Beweisversuch dieser Umkehrung wird aber scheitern, denn hier kommt das bekannte Gegenbeispiel eines zusammenhängenden Raumes, der nicht wegzusammenhängend ist: Wir nehmen zwei Teilmengen des $\mathbb{R}^2$, versehen mit der Relativtopologie (Seite 14), nämlich einerseits die senkrecht im $\mathbb{R}^2$ stehende Strecke

$$A \;=\; \{0\} \times [-1,1]$$

und andererseits die sich immer näher an A heranschwingende Sinuskurve

$$B \;=\; \big\{ (x,y) \in \mathbb{R}^2 : x > 0 \text{ und } y = \sin(1/x) \big\}.$$

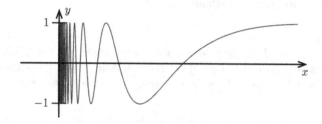

Es ist eine lohnende **Übung** über Zusammenhänge und Relativtopologie, sich klar zu machen, dass der Raum $X = A \cup B$ zwar zusammenhängend, aber nicht wegzusammenhängend ist. Versuchen Sie es einmal.

Wie geht es Ihnen? Zugegeben, das war wieder so ein pathologisches Beispiel. Die mengentheoretische Topologie ist voll davon, und man kann über den Wert dieser seltsamen Konstruktionen in der Tat diskutieren. Dennoch sind sie wichtig, um die vielen Begriffe zu ordnen und in Relation zueinander zu setzen. Wir werden später noch erleben, wie Mathematiker gestolpert sind über vermeintlich einfache Dinge, bei denen eben solche exotischen Gegenbeispiele nicht vermutet wurden. Ganze Zweige der Topologie sind aus diesen Missverständnissen hervorgegangen, und wenn man ehrlich ist, bergen gerade sie das wahre Feuer der topologischen Forschung im 20. Jahrhundert (einer der bekanntesten Irrtümer war hier die Annahme der Haupt- und Triangulierungsvermutung für Mannigfaltigkeiten, siehe Seite 184 ff).

Auch das nächste Thema, die Trennungsaxiome, sind ein wahrer Tummelplatz für gewagte Experimente. Es gibt mindestens acht (!) nicht äquivalente Formen davon, mit denen ich Sie um Gottes Willen nicht aufhalten möchte. Das wichtigste und einleuchtendste Trennungsaxiom ist das Zweite.

Definition (2. Trennungsaxiom (Hausdorffsches Trennungsaxiom))
Ein topologischer Raum X heißt **Hausdorff-Raum** oder **hausdorffsch**, wenn man zu verschiedenen Punkten $x, y \in X$ stets Umgebungen U_x von x und U_y von y finden kann, welche disjunkt sind, also $U_x \cap U_y = \varnothing$ ist.

Jeder vernünftige Raum unserer Anschauung, alle metrischen Räume und insbesondere Mannigfaltigkeiten wie zum Beispiel Geraden, Ebenen, Sphären, Tori oder auch Brezelflächen erfüllen dieses Trennungsaxiom. Ich strapaziere Ihre Geduld jetzt ganz bewusst nicht mit dem Beispiel eines Raumes, der dieses Axiom nicht erfüllt. Vielmehr rege ich Sie an zu einem kleinen Experiment, bei dem Sie sich für eine zweielementige Menge $X = \{a, b\}$ eine solch exotische Topologie selbst ausdenken dürfen. Wie kann man X zu einem topologischen Raum machen, der nicht hausdorffsch ist? Oder eine andere, ganz einfache Frage: Ist der zusammenhängende, aber nicht wegzusammenhängende Raum $X = A \cup B$ von oben hausdorffsch?

Fahren wir fort auf unserer Tour durch die elementaren Grundbegriffe und kommen zur Konvergenz von (Punkt-)Folgen.

Definition (Konvergenz)
Es sei $(x_n)_{n \in \mathbb{N}}$ eine Folge in einem topologischen Raum X. Ein Punkt $a \in X$ heißt **Grenzwert** (oder lat. *Limes*) der Folge, falls für jede Umgebung U von a fast alle Folgenelemente in U enthalten sind. Man schreibt dafür $a = \lim\limits_{n \to \infty} x_n$.

„Fast alle" bedeutet hier wie gewöhnlich „alle bis auf endlich viele". Klar ist außerdem, dass in einem Hausdorffraum sämtliche Grenzwerte eindeutig bestimmt sind (kleine **Übung**).

Diese Definition erinnert sehr an die bereits in der Schule bekannten Grenzwerte von reellen Zahlenfolgen. Wenn Sie jetzt ein wenig auf den Geschmack gekommen sind beim Tüfteln mit exotischen Topologien, dann können Sie sich einmal Beispiele überlegen, in denen Folgen gegen mehrere Grenzwerte konvergieren, oder gar jede Folge gegen jeden Punkt eines Raumes konvergiert. Verrückte Sachen gibt es, wenn man nur genügend allgemeine Definitionen erlaubt. Jetzt aber auf zum Endspurt bei den Grundlagen. Wir müssen noch einen wahren Königsbegriff der Topologie erklären.

Definition (Kompaktheit)
Ein topologischer Raum X heißt **kompakt**, wenn jede offene **Überdeckung**

$$X = \bigcup_{\lambda \in \Lambda} U_\lambda, \quad \text{mit allen } U_\lambda \text{ offen in } X,$$

eine endliche Teilüberdeckung $X = U_{\lambda_1} \cup \ldots \cup U_{\lambda_n}$ besitzt. (Manchmal wird zusätzlich noch das 2. Trennungsaxiom gefordert, vor allem in der französischen Schule, was sich in der Topologie aber nicht durchgesetzt hat.)

Bitte beachten Sie eine Feinheit in dieser Definition. Es genügt nicht, eine spezielle endliche Überdeckung aus offenen Mengen zu konstruieren, so etwas ist ja in jedem topologischen Raum möglich (warum?). Nein, es muss zu jeder beliebigen offenen Überdeckung eine endliche Auswahl an offenen Mengen daraus existieren, welche als Überdeckung bereits ausreicht. Sehen wir einmal kurz, warum $\mathbb{R}$ mit der gewöhnlichen Topologie nicht kompakt ist. Klarerweise ist

$$\mathbb{R} = \bigcup_{n \in \mathbb{Z}} B_1(n)$$

eine offene Überdeckung von $\mathbb{R}$. Es genügt aber keine endliche Teilüberdeckung, da diese stets nur eine beschränkte Teilmenge von $\mathbb{R}$ erfassen würde. Überlegen Sie sich als **Übung** die Frage, ob ein beschränktes offenes Intervall $]a, b[$ in $\mathbb{R}$ kompakt ist. Wie sieht es bei einem beschränkten und abgeschlossenen Intervall aus?

Nach diesen Gedankenexperimenten wollen wir noch kurz beleuchten, was die Kompaktheit zum Inbegriff einer „schönen" topologischen Eigenschaft macht. Sehr häufig kann man wünschenswerte Eigenschaften eines Raumes, einer Funktion oder anderer mathematischer Konstrukte lokal einfach zeigen, das bedeutet, für jeden Punkt x in einer Umgebung U_x. Wir werden dann immer wieder das Bedürfnis haben, diese Eigenschaften auch für den gesamten Raum X zu beweisen. Diese *Lokal-Global-Fragen* gibt es nicht nur in der Topologie, sie begegnen uns in vielen mathematischen Disziplinen, so zum Beispiel in der komplexen Analysis, der algebraischen Geometrie oder bei den Differentialgleichungen. Stellen Sie sich also vor, Sie haben eine Überdeckung

$$X = \bigcup_{x \in X} U_x,$$

sodass die gewünschte Eigenschaft in jedem U_x gilt. In einer solchen Situation kann man häufig ein induktives Prinzip anwenden, falls die Eigenschaft allgemein von einer offenen Menge U und einer Überdeckungsmenge U_x auf die Vereinigung $U \cup U_x$ übertragen werden kann. Dann kommt die Kompaktheit sehr gelegen, da es eine endliche Menge $\{x_1, \ldots, x_n\}$ von Punkten gibt mit $X = U_{x_1} \cup \ldots \cup U_{x_n}$ und nach spätestens $n - 1$ Schritten ist man am Ziel: Die Eigenschaft ist global auf dem ganzen Raum X bewiesen.

Machen wir dazu ein kleines Beispiel und betrachten eine Teilmenge $A \subseteq \mathbb{R}$ sowie eine stetige Funktion $f : A \to \mathbb{R}$. Eine typische lokale Eigenschaft von f ist die Beschränktheit. Jeder Punkt $x \in A$ besitzt eine Umgebung U_x, sodass $f(U_x) \subset \mathbb{R}$ beschränkt ist. Das folgt direkt aus der ϵ-δ-Bedingung der Stetigkeit. Mit dem oben beschriebenen Induktionsverfahren sehen Sie nun sofort, dass f auf jeder kompakten Menge $K \subseteq A$ auch beschränkt sein muss. Insbesondere ist f auf A beschränkt, falls A kompakt ist.

Die Kompaktheit macht viele Beweise in der Topologie erst möglich – oder vereinfacht sie zumindest. Manchmal gelingt es auch, sich durch verfeinerte Techniken schrittweise in nicht-kompakte Räume vorzutasten (was aber mitunter große Anstrengungen erfordert).

2.2   Einfache Folgerungen

Die vergangenen Seiten zur Topologie waren, zugegebenermaßen, ein wahres
Feuerwerk an Definitionen und grundlegenden Begriffen. Aber seien wir ehrlich
und stellen uns die Frage: Ist das richtige Mathematik? Wo bleiben denn die Sätze?

In der Tat, die mengentheoretische Topologie – das macht sie bei Neulingen
durchaus beliebt – wartet zu Beginn mit vielen Konstruktionen auf, die leicht
verständlich sind und die sonst üblichen Mühen der Beweisführung fast vergessen
lassen. Das ändert sich jetzt, lassen Sie uns einen kleinen Streifzug durch erste
einfache Sätze unternehmen, deren Beweise ich hie und da kurz andeute.

Stetigkeit von Abbildungen

Beginnen wir mit den stetigen Funktionen. Ganz offensichtlich, das ergibt sich
direkt aus der Definition, ist jede Zusammensetzung $g \circ f$ von stetigen Abbildungen wieder stetig. Und im Licht der Teilräume mit deren Relativtopologie
liefern die Definitionen auch sofort, dass jede Einschränkung $f|_A$ einer stetigen
Abbildung $f : X \to Y$ auf einen Teilraum $A \subseteq X$ wieder stetig ist.

Wenn wir schon dabei sind, gleich ein paar weitere Trivialitäten im Zusammenhang mit den Räumen, die wir als Summe und Produkt aus bekannten Räumen
gebildet haben. Eine Abbildung $f : X \sqcup Y \to Z$ ist genau dann stetig, wenn die
Einschränkungen $f|_X$ und $f|_Y$ es sind. $(f_1, f_2) : Z \to X \times Y$ ist genau dann stetig,
wenn sowohl f_1 als auch f_2 es sind. Und natürlich ist jede Projektion stetig:

$$p_\nu : \prod_{i=1}^{n} X_i \to X_\nu, \quad (x_1, \dots, x_n) \mapsto x_\nu.$$

Zusammenhang und Wegzusammenhang

Auch hier gibt es diese typischen kleinen Einsichten, die ohne Umwege aus
den Definitionen folgen und die sich zumindest Neulinge einmal kurz als
Übung vornehmen sollten. Da ist zum einen die Beobachtung, dass bei stetigen
Abbildungen $f : X \to Y$ das Bild $f(X)$ (weg-)zusammenhängender Räume
wieder (weg-)zusammenhängend ist. Und dann können Sie sich überlegen,
wann eigentlich eine Vereinigung (weg-)zusammenhängender Räume wieder
(weg-)zusammenhängend ist. Haben Sie ein Kriterium gefunden? Ganz einfach:
Die Vereinigung darf nicht disjunkt sein. Und wie steht es mit $X \times Y$? Klar, das
Produkt ist genau dann (weg-)zusammenhängend, wenn es beide Faktoren sind.
Die Abbildung veranschaulicht dies für den Wegzusammenhang.

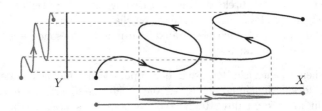

Kompaktheit

Bei der Kompaktheit fängt die Topologie langsam an, interessanter zu werden (wir erleben im nächsten Abschnitt dazu einen großen Satz, Seite 28).

Nun denn, dass stetige Bilder $f(X)$ von kompakten Mengen X wieder kompakt sind, fällt ohne Zweifel noch unter die Rubrik der trivialen Folgerungen aus den Definitionen (kleine **Übung**). Aber wie steht es mit abgeschlossenen Teilmengen eines Kompaktums K? Sie sind tatsächlich wieder kompakt. Dazu muss man aber schon ein wenig mehr nachdenken.

Es sei also $A \subseteq K$ abgeschlossen und $\{U_\lambda\}_{\lambda \in \Lambda}$ eine Überdeckung von offenen Mengen in A. Es gibt dann in K offene Mengen V_λ mit $U_\lambda = A \cap V_\lambda$, wodurch

$$\left\{ K \setminus A, \{V_\lambda\}_{\lambda \in \Lambda} \right\}$$

eine offene Überdeckung von K wird. (Da $A \subseteq K$ abgeschlossen ist, ist $K \setminus A$ offen in K.) Da K kompakt ist, reicht eine endliche Teilüberdeckung aus, um K zu überdecken, und da $K \setminus A$ mit A nichts gemein hat, genügen auch endlich viele der V_λ, um A zu überdecken. Wegen $U_\lambda = A \cap V_\lambda$ überdecken dann auch endlich viele U_λ die Menge A.   □

In kompakten metrischen Räumen gibt es ein Lemma, das wir an der ein oder anderen Stelle noch gut gebrauchen können. Es geht zurück auf H. LEBESGUE.

Satz (Lebesguesches Lemma)
Wir betrachten einen kompakten metrischen Raum (X, d) und eine offene Überdeckung $\mathcal{U} = (U_\lambda)_{\lambda \in \Lambda}$ von X. Dann gibt es ein $\delta > 0$, sodass jede Teilmenge $A \subseteq X$ mit Durchmesser kleiner als δ ganz in einer Menge U_λ enthalten ist.

Der **Beweis** ist einfach. Man wähle für jedes $x \in X$ ein $\epsilon(x) > 0$, sodass der offene Ball $B_{2\epsilon(x)}(x)$ ganz in einem U_λ liegt. Da X kompakt ist, genügen endlich viele Punkte $x_1, \ldots, x_n$, sodass

$$X = \bigcup_{i=1}^{n} B_{\epsilon(x_i)}(x_i).$$

Die LEBESGUE-Zahl δ sei nun das Minimum der Zahlen $\epsilon(x_i)$. Mit der Dreiecksungleichung für die Metrik d können Sie die gewünschte Eigenschaft für δ nun leicht selbst verifizieren.   □

Liebe Leser, man könnte noch seitenweise so weiter machen – es gibt eine Menge von Resultaten dieser Art, die sich wunderbar als studentische Übungen eignen würden, aber hier aus Platzgründen nicht erwähnt werden können (das ist manchmal schade). Lassen Sie uns stattdessen Schritt für Schritt auf einen wirklich großen Satz zusteuern. Etwas, wofür es sich lohnt, einen ruhigen Nachmittag zu investieren. Es geht um Produkte von kompakten Mengen, und der folgende Satz gibt einen ersten Vorgeschmack darauf.

Satz (Produkt von zwei kompakten Mengen)
Das Produkt $X \times Y$ zweier nichtleerer Räume X und Y ist genau dann kompakt,
wenn sowohl X als auch Y kompakt sind.

Das klingt zunächst nach einer Selbstverständlichkeit, und eine Richtung ist es
auch, die „nur dann"-Richtung. Denn falls in einem Produkt ein nicht kompakter
Raum vorkommt, kann das Produkt nicht kompakt sein (einfache **Übung**).

In der Tat benutzen die erfahreneren Mathematiker aber auch die Umkehrung
ohne viel Nachdenken. Sie klingt plausibel und die Folgerungen daraus sind auch
allzu nützlich. Man sieht zum Beispiel mit der Beobachtung davor sofort, dass
alle abgeschlossenen und beschränkten Teilmengen des $\mathbb{R}^n$ kompakt sind, denn
das Produkt von endlich vielen abgeschlossenen Intervallen $[a, b]^n$ ist kompakt, da
$[a, b]$ kompakt ist und man danach per Induktion jedes endliche Produkt von $[a, b]$
erreicht. Abgeschlossene Teilmengen davon sind dann eben auch kompakt, wie
wir vorhin gesehen haben. (Dass diese abgeschlossenen und beschränkten Mengen
umgekehrt die einzigen kompakten Teilmengen des $\mathbb{R}^n$ sind, ist die Aussage des
Satzes von HEINE-BOREL, [101]).

Als Beispiele für kompakte Räume ergeben sich somit die beschränkten Mannigfaltigkeiten in $\mathbb{R}^3$, welche wir noch genauer studieren wollen (ab Seite 48).

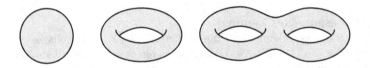

Mit diesem Wissen erkennen Sie auch schnell, warum das Gegenbeispiel zur
Homöomorphie von Seite 17 funktioniert: Ein halboffenes Intervall kann nicht
homöomorph zur S^1 sein, da es nicht kompakt ist. Die S^1 ist es aber sehr wohl.

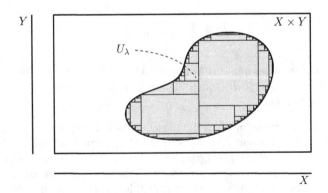

Kommen wir zum **Beweis** des obigen Satzes, es fehlt noch die „dann"-Richtung.
Sie beginnt ganz geradlinig, man geht aus von einer offenen Überdeckung $\{U_\lambda\}_{\lambda \in \Lambda}$
des Produktes $X \times Y$. Doch schon hier wird es kompliziert, denn die U_λ müssen

nicht notwendig von der Gestalt eines Kästchens $V \times W$ sein. Aber zumindest sind alle U_λ eine Vereinigung aus solchen Kästchen, denn diese bilden per definitionem eine Basis der Topologie. Wir dürfen daher (als ersten Kunstgriff) zu dieser **Verfeinerung** der Überdeckung übergehen und annehmen, dass die U_λ allesamt von der Gestalt eines Kästchens sind. Falls dann endlich viele Kästchen ausreichen, dann erst recht endlich viele Mengen der ursprünglichen Überdeckung.

Jeder Punkt $(x, y) \in X \times Y$ liege also in einem Kästchen $U(x, y)$ und bei festem $x \in X$ bilden die $p_Y^{-1}(U(x, y))$, $y \in Y$, eine offene Überdeckung von Y (denn die Projektion p_Y ist stetig). Jetzt kommt allmählich Land in Sicht. Da Y kompakt ist, erhalten wir eine endliche Teilüberdeckung

$$Y = p_Y^{-1}\big(U(x, y_1(x))\big) \cup \ldots \cup p_Y^{-1}\big(U(x, y_{n_x}(x))\big)$$

von Y. Beachten Sie, dass die Auswahl der endliche vielen Punkte $y_i(x)$ natürlich von der Wahl des Punktes x abhängen – was die Notation leider nicht gerade vereinfacht.

Dennoch war das erst die halbe Miete. Wir brauchen noch einen weiteren Kunstgriff und bilden die Menge

$$U_x = p_X^{-1}\big(U(x, y_1(x))\big) \cap \ldots \cap p_X^{-1}\big(U(x, y_{n_x}(x))\big).$$

Eine geniale Idee, finden Sie nicht auch? Die U_x sind offene Mengen, welche x enthalten. Und da X kompakt ist, genügen endlich viele davon, um ganz X zu überdecken:

$$X = U_{x_1} \cup \ldots \cup U_{x_m}.$$

Damit kommen Sie schnell zu der Überdeckung des Produktes $X \times Y$ aus den endlich vielen Kästchen $U\big(x_i, y_j(x_i)\big)$, $1 \leq i \leq m$, $1 \leq j \leq n_{x_i}$. □

Sie merken, dass die Sätze allmählich substanzieller werden und die Beweise nicht mehr so einfach sind. In den beiden nächsten Abschnitten setzen wir diesen Trend konsequent fort und widmen uns zwei der komplizierteren Sätze aus der mengentheoretischen Topologie, die als echte Höhepunkte ihrer Disziplin gelten. Beim ersten Lesen können Sie sie gerne überspringen und auf Seite 38 weiterlesen, um einen schnelleren Einstieg in die algebraische Topologie zu wählen.

2.3 Der Satz von Tychonoff

Auch dieser Satz handelt von Produkten kompakter Räume, diesmal aber von beliebigen, also auch unendlichen Produkten. Hier zeigt sich einerseits ein Querbezug der Topologie zur Funktionalanalysis, die sich mit topologischen Vektorräumen beliebiger Dimensionen beschäftigt.

Andererseits gibt es auch eine Verbindung des Satzes in die Logik, denn das Lemma von ZORN (Seite 8) wird im Beweis eine entscheidende Rolle spielen. (Genau genommen sogar viel mehr: Der Satz von TYCHONOFF ist äquivalent zum Lemma von ZORN und belegt die ausgeprägt logischen Zusammenhänge in der mengentheoretischen Topologie, [59], siehe auch Seite 31.)

Bis in die 1930-er Jahre waren unendliche Produkte topologischer Räume mit wichtigen ungelösten Fragen verbunden. Wir wissen bereits, wie die natürliche Topologie eines endlichen Produktes sinnvollerweise aussieht und dass endliche Produkte kompakter Räume wieder kompakt sind. Wie kann man diese Überlegungen auf unendliche Produkte wie zum Beispiel den topologischen Vektorraum

$$\mathbb{R}^{\mathbb{N}} = \mathbb{R} \times \mathbb{R} \times \mathbb{R} \times \ldots$$

erweitern? Lässt sich dort auch eine natürliche Topologie definieren, und sind dort unendliche Produkte kompakter Räume wieder kompakt? Ein erstes Beispiel hierfür wäre der ∞-dimensionale Einheitswürfel $[0,1]^{\mathbb{N}}$.

Nun ja, zumindest skeptisch sollte uns die Frage nach der Kompaktheit von $[0,1]^{\mathbb{N}}$ schon machen. Kompaktheit hat ja immanent etwas mit Endlichkeit zu tun. Viele Mathematiker waren im Zweifel, und Gegenargumente gab es viele. Fügt man zum Beispiel einem kompakten Raum einen diskreten Punkt hinzu, so entsteht wieder etwas Kompaktes. Macht man dies aber unendlich oft, so ist das Resultat gewiss nicht mehr kompakt, oder?

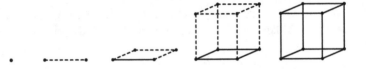

Auf den ersten Blick fügt man beim ∞-dimensionalen Einheitswürfel aber auch unendlich oft etwas hinzu. Und dann besagt das bekannte Lemma von RIESZ aus der Funktionalanalysis, dass der abgeschlossene Einheitsball $\{\|x\| \leq 1\}$ nur in endlichdimensionalen normierten Räumen kompakt ist. Das alles macht die Kompaktheit von $[0,1]^{\mathbb{N}}$ höchst unplausibel.

Lassen Sie uns jetzt also das Geheimnis um diese seltsame Menge $[0,1]^{\mathbb{N}}$ lüften, vielmehr ganz allgemein um unendliche Produkte kompakter Räume. Der erste Schritt in die richtige Richtung besteht darin, überhaupt einmal die Topologie auf unendlichen Produkten zu definieren. Die Versuchung liegt nahe, bei einem Produktraum

$$X = \prod_{\lambda \in \Lambda} X_\lambda$$

als Basis der Topologie all diejenigen Mengen zu wählen, die sich als beliebige Produkte von Basismengen darstellen, also alle Teilmengen der Form

$$U = \prod_{\lambda \in \Lambda} U_\lambda ,$$

wobei U_λ Element einer Basis der Topologie von X_λ ist. In der Tat würde dabei eine Topologie auf X definiert, die sich jedoch als viel zu fein erweist und zudem unplausible Resultate produziert. Das gewöhnliche Volumen eines unendlich-dimensionalen offenen Würfels in $\mathbb{R}^{\mathbb{N}}$ mit Kantenlänge $0 < a < 1$ wäre demnach höchstens gleich $\lim\limits_{n\to\infty} a^n = 0$. Das widerspricht der anschaulichen Vorstellung, dass nichtleere offene Mengen ein positives Volumen haben sollten.

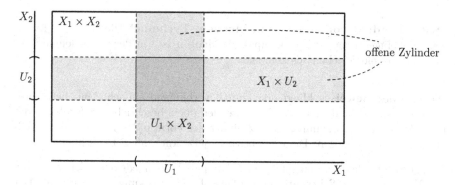

Was tun? Nun ja, man behilft sich auf andere, sehr elegante Weise. Die Topologie auf X soll einfach die gröbste sein, unter der alle Projektionen

$$p_\mu : X \longrightarrow X_\mu, \quad (x_\lambda)_{\lambda\in\Lambda} \mapsto x_\mu$$

noch stetig sind. Das ist eine plausible Forderung, sie sollte mindestens erfüllt sein und ist außerdem eine konsequente Verallgemeinerung für die Definition bei endlichen Produkten. Damit sind alle **Zylinder**

$$U_\mu \times \prod_{\lambda\in\Lambda\setminus\{\mu\}} X_\lambda$$

mit offenen Mengen $U_\mu \subseteq X_\mu$ offen in der Produkttopologie.

Aber auch endliche Durchschnitte davon, also Produkte, bei denen endlich viele Faktoren U_λ offene Mengen und alle übrigen Faktoren gleich dem Gesamtraum X_λ sind. Und schließlich beliebige Vereinigungen aus diesen endlichen Durchschnitten. Man sagt dann auch, die Zylinder von oben bilden eine **Subbasis** der Topologie von X, denn die endlichen Durchschnitte daraus bilden eine Basis.

Damit haben nichtleere offene Mengen tatsächlich ein positives Volumen, und die Definition stimmt mit der für endliche Produkte überein. Aber nicht nur das. Was halten Sie denn in dem neuen Licht von der Frage, ob das beliebige Produkt kompakter Mengen kompakt sein könnte? In der Tat, man wird jetzt schon etwas unsicherer, denn jede Menge in einer Basis der Produkttopologie ist ja immens groß, sie enthält in fast allen Faktoren bereits den Gesamtraum X_λ und schneidet nur aus endlich vielen Faktoren etwas heraus.

Doch Vorsicht, die Aufgabe wird dadurch keineswegs trivial. Wir haben schließlich unendlich viele Möglichkeiten, in dem Produkt die echten Teilmengen $U_\lambda \subset X_\lambda$ zu wählen – und ein Faktor X_λ bedeutet nicht, dass wir diesen fortan nicht mehr zu beachten hätten. Da scheint es plötzlich wieder Lichtjahre entfernt zu sein, eine endliche Teilüberdeckung zu finden, oder?

Eine spannende Frage, die A.N. TYCHONOFF in den Jahren 1930 für $[0,1]^\infty$ und schließlich 1935 im allgemeinen Fall beantwortet hat, [19][118]. Sein Satz gilt bei vielen Mathematikern als ein Höhepunkt der mengentheoretischen Topologie.

Satz (Produkt von kompakten Mengen, Tychonoff 1935)
Ein beliebiges Produkt von kompakten Mengen ist (in der oben definierten Produkttopologie) ebenfalls kompakt.

Die Idee des **Beweises** klingt erst einmal verblüffend einfach. Man betrachtet Überdeckungen, in denen nur Elemente der oben beschriebenen Subbasis der Produkttopologie vorkommen, also Zylinder der Form $p_\lambda^{-1}(U_\lambda)$ mit offenen Teilmengen $U_\lambda \subseteq X_\lambda$, $\lambda \in \Lambda$. Diese Subbasis sei jetzt kurz mit $\mathcal{S}$ bezeichnet.

Bezüglich $\mathcal{S}$ ist das Produkt tatsächlich „kompakt", denn jede offene Überdeckung mit Elementen aus $\mathcal{S}$ besitzt eine endliche Teilüberdeckung (siehe unten). Der schwierigere Part bestand dann in der Beobachtung, dass sich dies auf beliebige Überdeckungen verallgemeinern lässt.

Doch der Reihe nach, warum ist die „Kompaktheit" bezüglich $\mathcal{S}$ erfüllt? Nun ja, schon das ist eine knifflige Übung im logischen Denken. Fangen wir an mit einer Überdeckung $\mathcal{U}$ aus offenen Zylindern $p_\lambda^{-1}(U_\lambda)$, $\lambda \in \Lambda$, und nehmen an, sie hätte keine endliche Teilüberdeckung. Dann muss es in jedem X_λ einen Punkt x_λ geben, dessen Urbild $p_\lambda^{-1}(x_\lambda)$ nicht von endlich vielen Mengen aus $\mathcal{U}$ überdeckt wird. Warum?

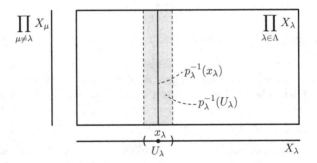

Nehmen wir dazu das Gegenteil an. Es gäbe also einen Faktor X_λ, bei dem jedes $p_\lambda^{-1}(x_\lambda)$ von endlich vielen Mengen aus $\mathcal{U}$ überdeckt wird. Sehen wir uns ein solches Urbild $p_\lambda^{-1}(x_\lambda)$ genauer an. Es wird von endlich vielen Zylindern überdeckt. Das bedeutet aber, es wird bereits von einem einzigen (!) Zylinder aus $\mathcal{U}$ überdeckt, nämlich einem Zylinder $p_\lambda^{-1}(U_\lambda)$ über einer offenen Menge $U_\lambda \subseteq X_\lambda$, welche x_λ enthält.

Warum ist dies richtig, warum gibt es dieses eine U_λ? Falls es keinen passenden Zylinder $p_\lambda^{-1}(U_\lambda)$ wie im Bild gäbe, muss $p_\lambda^{-1}(x_\lambda)$ von endlich vielen „quer verlaufenden" Zylindern überdeckt sein. Diese endlich vielen Quer-Zylinder würden dann aber automatisch das gesamte Produkt überdecken, im Widerspruch zu unserer Annahme. Das Bild veranschaulicht die Situation.

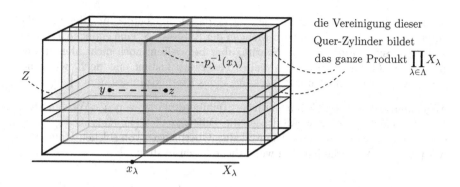

die Vereinigung dieser
Quer-Zylinder bildet
das ganze Produkt $\prod_{\lambda \in \Lambda} X_\lambda$

Warum überdecken die Quer-Zylinder das ganze Produkt? Nehmen wir dazu einen beliebigen Punkt $y = (y_\lambda)$ aus dem Produkt und projizieren ihn senkrecht auf die Ebene $p_\lambda^{-1}(x_\lambda)$. Wir machen dazu einfach die Koordinate y_λ zu x_λ und lassen alle übrigen Koordinaten unverändert. Es entstehe dabei der Punkt $z \in p_\lambda^{-1}(x_\lambda)$. Nun ist z in einem der Quer-Zylinder enthalten, im Bild ist das ein horizontal oder vertikal liegender Zylinder Z. Wenn Sie die Vorstellung nun richtig anstrengen, erkennen Sie, dass dann auch der ursprüngliche Punkt y in Z enthalten gewesen sein muss. Klar, denn (formal argumentiert) wird ja von z nach y nur die λ-te Koordinate verändert, und das ist bei einem Zylinder über einer anderen Koordinate $\mu \neq \lambda$ ja immer voll abgedeckt, der Zylinder Z umfasst nämlich den ganzen Faktor X_λ. Damit hätten wir eine endliche Teilüberdeckung des Produkts durch Mengen aus S und einen Widerspruch zu der ursprünglichen Annahme.

Dieser Schritt wäre geschafft, $p_\lambda^{-1}(x_\lambda)$ ist also in einem Zylinder über $U_\lambda \subseteq X_\lambda$ enthalten. Nun stellen Sie sich unsere Annahme vor, dass dies für alle Punkte in X_λ so wäre. Das führt zum Widerspruch, denn wegen der Kompaktheit von X_λ würden dann wiederum endlich viele Mengen aus $\mathcal{U}$ genügen, um das Produkt zu überdecken (im Widerspruch zu unserer ursprünglichen Annahme). Hier ist also die Stelle, an der die Kompaktheit aller X_λ entscheidend eingeht.

Damit haben wir gezeigt, dass es tatsächlich in jedem X_λ einen Punkt x_λ gibt, dessen Urbild $p_\lambda^{-1}(x_\lambda)$ nicht von endlich vielen Mengen aus $\mathcal{U}$ überdeckt wird. Nun definieren wir aus diesen Punkten x_λ den Punkt

$$x = (x_\lambda)_{\lambda \in \Lambda} \in \prod_{\lambda \in \Lambda} X_\lambda.$$

Der Punkt x liegt in einem speziellen Zylinder $p_{\lambda(x)}^{-1}\big(U_{\lambda(x)}\big) \in \mathcal{U}$ der ursprünglichen Überdeckung, und in diesem wäre dann auch die Menge $p_{\lambda(x)}^{-1}\big(x_{\lambda(x)}\big)$ enthalten. Genau das darf aber nach der Konstruktion von x nicht passieren, denn es wäre in diesem Fall $p_{\lambda(x)}^{-1}\big(x_{\lambda(x)}\big)$ in einem Zylinder aus $\mathcal{U}$ enthalten. Wir haben den Widerspruch für den ersten Beweisschritt gefunden. (Fällt Ihnen übrigens etwas auf? Das Argument erinnert an die bekannten Diagonalverfahren, ähnlich wie bei CANTORS Beweis der Überabzählbarkeit von $\mathbb{R}$.)

Halten wir kurz inne. Wir wissen jetzt also, dass jede Überdeckung des Produkts durch offene Zylinder, also durch Mengen der Subbasis $\mathcal{S}$, eine endliche Teilüberdeckung besitzt. Ein wichtiger Schritt, aber bei weitem noch nicht alles in dem großartigen Gedankengang. Das wahre Feuerwerk kommt erst noch, wir gehen jetzt aus von einer offenen Überdeckung $\mathcal{V}$ des Produktraumes $X = \prod_{\lambda \in \Lambda} X_\lambda$.

Angenommen, es gäbe keine endliche Teilüberdeckung von $\mathcal{V}$. Werden dann endlich viele $V_k \in \mathcal{V}$ ausgewählt, ist die Differenz $X \setminus \left(V_{k_1} \cup \ldots \cup V_{k_r} \right)$ nicht leer. Wir betrachten nun die Menge $\mathcal{F}$ aller Obermengen von solchen Differenzen $X \setminus \left(V_{k_1} \cup \ldots V_{k_r} \right)$. Sie hat drei wesentliche Eigenschaften:

1. Die leere Menge $\varnothing$ ist nicht Element von $\mathcal{F}$.
2. Mit $F_1, F_2 \in \mathcal{F}$ ist auch stets $F_1 \cap F_2 \in \mathcal{F}$.
3. Mit F ist auch jede Obermenge $F' \supset F$ Element von $\mathcal{F}$.

Diese Eigenschaften sind offensichtlich, allenfalls bei der Zweiten muss man kurz nachdenken, aber das schaffen Sie leicht. Eine solche Menge $\mathcal{F}$ nennt man einen **Filter**. Eine anschauliche Bezeichnung, und ähnlich suggestiv ist auch die **Konvergenz** eines Filters definiert: Ein Filter konvergiert gegen einen Punkt a, wenn jede Umgebung von a ein Element in $\mathcal{F}$ ist.

Diese Filter sind halbgeordnet durch die Inklusion von Mengen, man sagt $\mathcal{F}_1 \leq \mathcal{F}_2$, wenn $\mathcal{F}_1 \subseteq \mathcal{F}_2$ ist. Sie ahnen nun, dass es mengentheoretisch wird und am Horizont das Lemma von ZORN erscheint (Seite 8). Tatsächlich erfüllt die Menge aller Filter dessen Forderungen: Sie ist halbgeordnet und jede Kette besitzt ein maximales Element (die Vereinigung aller Filter der Kette). Nach dem Lemma von ZORN gibt es dann einen maximalen Filter, und das nennt man einen **Ultrafilter**.

Wir betrachten nun die Menge aller Filter, die unseren obigen Filter $\mathcal{F}$ enthalten. Erinnern Sie sich? $\mathcal{F}$ war die Menge aller Obermengen von allen Differenzen der Form $X \setminus \left(V_{k_1} \cup \ldots \cup V_{k_r} \right)$. Auch hier greift das Lemma von ZORN und liefert einen Ultrafilter $\mathcal{G} \geq \mathcal{F}$. Ultrafilter haben eine wichtige Eigenschaft, die ich Ihnen als **Übung** empfehle: Wenn Sie eine beliebige Teilmenge $A \subseteq X$ wählen, dann ist entweder A in $\mathcal{G}$ enthalten oder dessen Komplement $X \setminus A$. (Kleiner Tipp: Beide können nicht enthalten sein, das ist klar. Und wenn A nicht ganz zu $\mathcal{G}$ gehört, sperrt $\mathcal{G}$ die Menge A ganz hinaus, jede Menge aus $\mathcal{G}$ ist dann disjunkt zu A.)

Kommen wir zum großen Finale mit der Behauptung, dass jeder Ultrafilter in unserem Produkt $X = \prod_{\lambda \in \Lambda} X_\lambda$ einen Grenzwert hat, also gegen ein $a \in X$ konvergiert. Ein wichtiger Schritt, der auch die Subbasis $\mathcal{S}$ wieder ins Spiel bringt. Denn gäbe es einen nicht konvergenten Ultrafilter $\mathcal{H}$, so fänden wir zu jedem $x \in X$ eine Zylinderumgebung $U_x \in \mathcal{S}$, die nicht in $\mathcal{H}$ enthalten ist. (Der Grund ist einfach: Wenn alle x enthaltenden Zylinder zu $\mathcal{H}$ gehören würden, dann auch deren endliche Durchschnitte – und die bilden eine Umgebungsbasis von x. Damit würde $\mathcal{H}$ nach Definition der Konvergenz doch gegen x konvergieren.) Wir haben im ersten Beweisschritt gesehen, dass X „kompakt" ist bezüglich der Zylinder-Überdeckungen aus $\mathcal{S}$, es gibt dann also endlich viele Punkte $x_1, \ldots, x_s$ mit $X = U_{x_1} \cup \ldots \cup U_{x_s}$. Da die Zylinder U_{x_i}, $1 \leq i \leq s$, nicht in $\mathcal{H}$ enthalten sind, müssen es ihre Komplemente $X \setminus U_{x_i}$ sein (wegen der vorigen Übung, $\mathcal{H}$ ist ein Ultrafilter). Nun ist aber der Durchschnitt $\bigcap_{i=1}^{s} X \setminus U_{x_i}$ leer und wir haben einen Widerspruch, denn die leere Menge ist niemals in einem Filter enthalten. Moment bitte, Widerspruch zu was denn? Bei der mehrfach verschachtelten Argumentation muss man in der Tat ein wenig aufpassen. Es war der Widerspruch zu der Annahme, es gäbe einen Ultrafilter $\mathcal{H}$ in X, der nicht konvergiert. Also halten wir fest: Jeder Ultrafilter in X ist konvergent.

Zurück zu dem Ultrafilter $\mathcal{G}$ von oben. Wir wissen jetzt, dass er gegen ein $a \in X$ konvergiert. Dieses a ist in einer der Mengen V_k der ursprünglichen Überdeckung enthalten, also gilt $V_k \in \mathcal{G}$ wegen der Konvergenz. Aber $X \setminus V_k$ ist als eine der oben betrachteten Differenzen ebenfalls in $\mathcal{G}$ enthalten, so war der Ultrafilter ja gerade konstruiert. Es wäre dann $V_k \cap (X \setminus V_k) = \varnothing$ ein Element von $\mathcal{G}$, was nicht sein kann. Damit ist der Beweis des Satzes von TYCHONOFF abgeschlossen. $\square$

Ein äußerst trickreicher Beweis, ein Meisterwerk an logischen Verknüpfungen. Dabei ist sein Grundmaterial so einfach – topologische Räume, Mengenprodukte und die Kompaktheit könnte man in einer Vorlesungsstunde erklären. Der Satz ist ein schönes Beispiel dafür, dass elementare Mathematik sehr anspruchsvoll sein kann. Und mehr noch: Es ergibt sich dabei ein Querbezug der Topologie zur transfiniten Mengenlehre, der Satz ist (sogar in der klassischen ZERMELO-Mengenlehre ohne den FRAENKEL-Beitrag, [127]) äquivalent zum Lemma von ZORN.

Beobachtung: Aus dem Satz von TYCHONOFF folgt das Lemma von ZORN.

Im **Beweis** müssen wir nur zeigen, dass aus dem Satz von TYCHONOFF das Auswahlaxiom folgt (Seite 9). Angenommen, es wäre nicht erfüllt, gäbe es eine Familie $(A_\lambda)_{\lambda \in \Lambda}$ nicht-leerer Mengen mit $\prod_{\lambda \in \Lambda} A_\lambda = \varnothing$. Ohne Einschränkung gelte $A_\lambda \notin A_\lambda$ für alle $\lambda \in \Lambda$, sonst wären Auswahlen der Art $A_\lambda \in A_\lambda$ möglich und solche Faktoren A_λ uninteressant (bei den ZERMELO-FRAENKEL-Axiomen sind diese Fälle sowieso ausgeschlossen). Mit $B_\lambda = A_\lambda \cup \{A_\lambda\}$ ist das Produkt $\prod_{\lambda \in \Lambda} B_\lambda$ dann nicht leer, denn es enthält das Element $(A_\lambda)_{\lambda \in \Lambda}$. Auf den B_λ sei durch die Mengen $\varnothing$, A_λ, $\{A_\lambda\}$ und B_λ eine Topologie gegeben. Die B_λ sind damit kompakt und nach dem Satz von TYCHONOFF auch das Produkt $B = \prod_{\lambda \in \Lambda} B_\lambda$. Betrachte nun für alle $\lambda \in \Lambda$ die offenen Mengen $U_\lambda = \{A_\lambda\} \times \prod_{\mu \neq \lambda} B_\mu$ in B. Nach Annahme bilden sie eine Überdeckung von B, die (wegen der Kompaktheit) eine endliche Teilüberdeckung durch die Mengen $U_{\lambda_1}, \ldots, U_{\lambda_n}$ habe. Mit einem $a \in \prod_{k=1}^{n} A_{\lambda_k}$ wäre dann aber $a \times (A_\mu)_{\mu \notin \{\lambda_1, \ldots, \lambda_n\}}$ nicht in $\bigcup_{k=1}^{n} U_{\lambda_k}$ enthalten, und das ist ein Widerspruch (beachten Sie $A_{\lambda_i} \notin A_{\lambda_i}$ für alle $1 \leq i \leq n$). $\square$

Abschließend noch einmal das scheinbare Paradoxon in $\mathbb{R}^{\mathbb{N}}$ mit dem Lemma von RIESZ (Seite 26), gemäß dem der Einheitsball $D^{\mathbb{N}} = \{\|x\| \leq 1\} \subseteq \mathbb{R}^{\mathbb{N}}$ nicht kompakt ist: Beachten Sie dazu, dass die Produkttopologie von $\mathbb{R}^{\mathbb{N}}$ nicht mit der Topologie übereinstimmt, die von einer Norm auf diesem Raum herrührt (die Produkttopologie ist nicht hausdorffsch). Eine Norm auf $\mathbb{R}^{\mathbb{N}}$ wäre zum Beispiel durch die Formel $\|x\| = \sum_{k \geq 0} |x_k|/2^k$ gegeben, und damit könnten die Komponenten x_k von $x \in D^{\mathbb{N}}$ für wachsende Indizes $k \to \infty$ unbeschränkt sein. Dies verhält sich beim kompakten TYCHONOFF-Würfel $[0,1]^{\mathbb{N}}$ ganz anders.

2.4   Das Lemma von Urysohn

Es gibt ein weiteres Resultat, dem der Anspruch eines Höhepunktes der mengentheoretischen Topologie zugestanden wird. Das Resultat dieses Abschnitts
verdanken wir P. URYSOHN, [119]. Sein bekanntes Lemma hat für die Topologie
sogar größere Bedeutung als der Satz von TYCHONOFF, denn es garantiert die
Existenz äußerst nützlicher reellwertiger Funktionen auf topologischen Räumen
(sogenannte Teilungen der Eins, siehe unten). Seine Aussage ist leicht verständlich
und insgesamt nicht sehr überraschend.

> **Satz (Lemma von Urysohn)**
> Es sei X ein topologischer Raum, in dem je zwei disjunkte und abgeschlossene
> Mengen durch offene Umgebungen trennbar sind (das ist übrigens das **vierte
> Trennungsaxiom**, man nennt diese Räume **normal**). Dann gibt es zu je zwei
> disjunkten abgeschlossenen Mengen A, B eine stetige Funktion
>
> $$f : X \longrightarrow [0,1]\,,$$
>
> die auf A konstant gleich 1 ist und auf B konstant gleich 0 (oder umgekehrt).

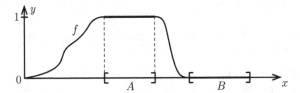

Das Lemma ist auf den ersten Blick viel plausibler als der Satz von TYCHONOFF.
Aber Vorsicht, es ist dennoch nicht zu unterschätzen. Stellt es doch eine Beziehung beliebiger topologischer Räume zu den reellen Zahlen mit ihrer Standard-
Topologie her, und das ist keineswegs trivial. Es geht um nicht weniger als die
Frage, wo denn ein solch stetiger Übergang von 1 nach 0 herkommen soll, wenn
der Raum X überhaupt keine Beziehung zu den reellen Zahlen hat, sich also gar
nicht mit anschaulichen Bildern visualisieren lässt.

Der **Beweis** ist nicht schwer, allerdings mit kleineren technischen Klippen
versehen. Ich werde ihn daher aus Platzgründen nur grob skizzieren. Die gesuchte
Funktion $f : X \to [0,1]$ wird als Grenzwert einer Folge von immer feineren Trep-
penfunktionen konstruiert. Und da die reellen Zahlen vollständig sind, ergibt sich
dann tatsächlich im Limes eine stetige Funktion.

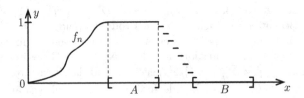

Man wählt dazu für alle $n \geq 0$ Mengen der Form $\mathcal{K}_n = \left\{ A_0^{(n)}, \ldots, A_n^{(n)} \right\}$ mit

$$A = A_0^{(n)} \subset A_1^{(n)} \subset \ldots \subset A_n^{(n)} \subset X \setminus B \, ,$$

die immer feiner werden (also $\mathcal{K}_n \subset \mathcal{K}_{n+1}$) und definiert induktiv die Funktionen

$$f_n : X \longrightarrow [0,1] \, , \qquad x \mapsto \begin{cases} 1 & \text{für } x \in A = A_0^{(n)} \, , \\ 0 & \text{für } x \notin A_n^{(n)} \, , \\ 1 - \dfrac{k}{n} & \text{für } x \in A_k^{(n)} \setminus A_{k-1}^{(n)} \, , \ k = 1, \ldots, n \, . \end{cases}$$

Den Induktionsanfang bildet $n = 0$. Er ist trivial, denn man nehme hierfür einfach $\mathcal{K}_0 = \left\{ A_0^{(0)} \right\}$ mit $A_0^{(0)} = A$, $f_0|_A \equiv 1$ und $f_0|_{X \setminus A} \equiv 0$. Um den Übergang $n \to \infty$ zu schaffen, müssen immer feinere Terrassen in das Gebiet zwischen A und B eingezogen werden. Genau da entsteht das Problem, dass der Rand von $A_{k-1}^{(n)}$ den von $A_k^{(n)}$ berühren könnte, wie im Bild angedeutet. An dieser Stelle wäre der Sprung der Funktion f_n zu groß, die Stetigkeit der Grenzfunktion f also gefährdet.

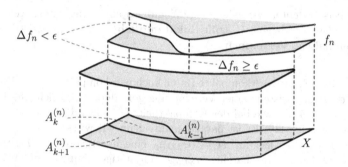

Um das zu vermeiden, muss stets der Abschluss von $A_{k-1}^{(n)}$ im Inneren von $A_k^{(n)}$ liegen. Aufgrund der Forderung, die das Lemma an den Raum X stellt, kann dies aber in beliebiger Feinheit erreicht werden. Mit ein wenig Arbeit werden die $\mathcal{K}_n$ so auf zulässige Weise immer weiter verfeinert und man kommt im Grenzwert

$$f = \lim_{n \to \infty} f_n$$

schließlich zu der gewünschten stetigen Funktion f. $\qquad\qquad\square$

Ein Satz mit enormen Konsequenzen. Überlegen wir uns einmal, welche Räume die geforderte Trennungseigenschaft besitzen. Da sind zunächst die metrisierbaren Räume zu nennen, aber auch kompakte Hausdorffräume gehören dazu und damit alle kompakten Mannigfaltigkeiten, die wir bald erleben werden. Versuchen Sie als kleine **Übung** einmal, die Trennungseigenschaft in diesen Fällen zu verifizieren (es ist ganz einfach).

Wichtiger noch als der Satz selbst ist eine Folgerung daraus, nämlich die Existenz von **Teilungen der Eins** auf bestimmten topologischen Räumen, ähnlich wie sie ganz explizit in der Analysis vorkommen. Dort können zum Beispiel mittels der Exponentialfunktion sogar unendlich oft differenzierbare Teilungen der Eins konstruiert werden, [31].

Topologische Räume sind, das haben Sie inzwischen bestimmt realisiert, viel allgemeiner als ein euklidischer Raum $\mathbb{R}^n$ oder eine differenzierbare Mannigfaltigkeit, man verfügt auf ihnen nicht über die mächtigen Mittel der Analysis. In der Topologie benötigen wir für die Teilungen der Eins einen weiteren Begriff, erstmals eingeführt von J. DIEUDONNÉ, [23]. Dabei wird sich eine wahrlich überraschende Äquivalenz ergeben.

Definition (Parakompaktheit)
Ein topologischer Raum X heißt **parakompakt**, wenn jede offene Überdeckung

$$X = \bigcup_{\lambda \in \Lambda} U_\lambda$$

eine **lokal endliche Verfeinerung**

$$X = \bigcup_{\gamma \in \Gamma} V_\gamma$$

besitzt. Das bedeutet, zu jedem $x \in X$ gibt es eine Umgebung, welche nur endliche viele der Mengen V_γ trifft (**lokal endlich**), und jedes V_γ ist in einem der U_λ enthalten (**Verfeinerung**).

Selbstverständlich ist jeder kompakte Raum auch parakompakt. Bei der Definition fällt auf, dass die Existenz einer Verfeinerung gefordert wird, nicht die Existenz einer Teilüberdeckung wie bei der Kompaktheit. Der Grund ist einfach, nehmen wir als Beispiel den $\mathbb{R}^n$. Er ist parakompakt, denn wir wissen aus der Analysis, dass jede offene Überdeckung $\mathcal{U} = (U_\lambda)_{\lambda \in \Lambda}$ eine untergeordnete **Teilung der Eins** besitzt, das ist eine Familie $(\tau_\lambda)_{\lambda \in \Lambda}$ von stetigen Funktionen $X \to [0,1]$, sodass τ_λ außerhalb von U_λ verschwindet (für alle $\lambda \in \Lambda$) und zusätzlich die Eigenschaft

$$\sum_{\lambda \in \Lambda} \tau_\lambda \equiv 1$$

erfüllt ist. Jeder Punkt hat also eine Umgebung, auf der fast alle τ_λ identisch verschwinden. Nun sehen Sie schnell, dass die Mengen

$$V_\lambda = \{x \in X : \tau_\lambda(x) \neq 0\}$$

eine lokal endliche Verfeinerung von $\mathcal{U}$ bilden, also ist $\mathbb{R}^n$ parakompakt. Andererseits können Sie sich aber sofort eine Überdeckung von $\mathbb{R}^n$ konstruieren, welche keine lokal endliche Teilüberdeckung besitzt, nehmen Sie dazu einfach die offenen Bälle mit Radius $n \in \mathbb{N}$. Es ist also wichtig, hier begrifflich genau zu sein und von „Teilüberdeckung" zu „Verfeinerung" zu wechseln.

Parakompaktheit darf nicht mit **lokaler Kompaktheit** verwechselt werden, bei der jede Umgebung eines Punktes eine kompakte Umgebung enthält. Es gibt aber einen Zusammenhang zwischen den beiden Begriffen: Ein lokal kompakter Hausdorffraum ist parakompakt, wenn er eine abzählbare Basis der Topologie besitzt. Man nennt dies auch das **zweite Abzählbarkeitsaxiom**. Aus dieser Beobachtung ergibt sich übrigens erneut die Parakompaktheit des $\mathbb{R}^n$, ja viel allgemeiner sogar von Mannigfaltigkeiten, wie wir noch sehen werden (Seite 46). Die Parakompaktheit ist für die meisten Räume erfüllt, sie ist eine recht gewöhnliche Eigenschaft (zum Glück). So ist generell auch jeder metrisierbare Raum parakompakt.

Wozu nun aber dieser – auf den ersten Blick – ziemlich künstliche Begriff? Nun ja, wir haben schon erkannt, dass Räume mit Teilungen der Eins parakompakt sind. Zu aller Überraschung gilt aber auch die Umkehrung. Jeder parakompakte Raum ermöglicht Teilungen der Eins. Und diese bemerkenswerte Erkenntnis verdanken wir dem Lemma von URYSOHN.

Satz (Parakompaktheit und Teilungen der Eins)
Ein topologischer HAUSDORFF-Raum X ist genau dann parakompakt, wenn jede offene Überdeckung

$$X = \bigcup_{\lambda \in \Lambda} U_\lambda$$

eine untergeordnete Teilung der Eins besitzt.

Die Richtung von den Teilungen der Eins zur Parakompaktheit haben wir oben schon gesehen. Ein paar kurze Worte zur **Beweisidee** der Umkehrung.

Man zeigt zunächst, dass in jedem parakompakten HAUSDORFF-Raum X das URYSOHNsche Lemma anwendbar ist. Wir betrachten dazu zwei disjunkte abgeschlossene Mengen $A, B \subset X$ und müssen diese durch offene Umgebungen trennen. Zu je zwei Punkten $a \in A$ und $b \in B$ wählen wir dazu zwei trennende Umgebungen $U(a, b)$ und $V(a, b)$ – das ist möglich wegen der HAUSDORFF-Eigenschaft.

Nun versuchen wir, den Punkt a von ganz B zu trennen. Dazu erkennen wir die offene Überdeckung

$$X = (X \setminus B) \cup \bigcup_{b \in B} V(a, b)$$

und wählen eine lokal endliche Verfeinerung davon.

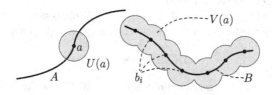

Wegen der lokalen Endlichkeit gibt es nun eine Umgebung U von a, die nur endlich viele Mengen dieser Verfeinerung trifft. Zum Beispiel diejenigen, welche in $V(a) = V(a, b_1) \cup \ldots \cup V(a, b_r)$ liegen, für bestimmte Punkte $b_1, \ldots, b_r$. Wenn Sie nun scharf nachdenken – lassen Sie sich etwas Zeit – dann sehen Sie, dass

$$U(a) = U \cap U(a, b_1) \cap \ldots \cap U(a, b_r)$$

eine Umgebung von a ist, welche disjunkt zu der Umgebung $V(a)$ von B ist.

Damit sind der Punkt a und die Menge B durch offene Umgebungen getrennt. Wendet man nun ein ganz ähnliches Argument mit vertauschten Rollen von A und B an, variiert also die Punkte $a \in A$, so erhält man schnell die gewünschten Umgebungen zur Trennung von A und B.

Wir dürfen also das Lemma von URYSOHN verwenden und gehen aus von einer offenen Überdeckung $\mathcal{U} = (U_\lambda)_{\lambda \in \Lambda}$ von X. Da X parakompakt ist, können wir annehmen, dass $\mathcal{U}$ lokal endlich ist. Denn wenn wir die Aufgabe für eine lokal endliche Verfeinerung gelöst haben, dann auch für die ursprüngliche Überdeckung.

Jetzt zeigt man mit ein wenig Technik – übrigens wieder unter tatkräftiger Mithilfe der Parakompaktheit – dass die Überdeckung $\mathcal{U}$ sogar ein wenig geschrumpft werden kann, man also zu einer Überdeckung $\mathcal{V} = (V_\lambda)_{\lambda \in \Lambda}$ wechseln kann, bei der stets $\overline{V}_\lambda \subset U_\lambda$ ist. Damit ist der Weg frei für den Auftritt des URYSOHNschen Lemmas. Wir wählen dazu die Funktionen $\sigma_\lambda : X \to [0,1]$ so, dass $\sigma_\lambda|_{\overline{V}_\lambda} \equiv 1$ und $\sigma_\lambda|_{X \setminus U_\lambda} \equiv 0$ ist. Die Familie $\{\sigma_\lambda\}_{\lambda \in \Lambda}$ ist dann lokal endlich, denn jeder Punkt hat eine Umgebung, auf der fast alle σ_λ verschwinden. Wir können also die Summe

$$\sigma = \sum_{\lambda \in \Lambda} \sigma_\lambda$$

bilden und feststellen, dass sie stetig und überall > 0 ist. Dann ergibt sich mit $\tau_\lambda = \sigma_\lambda / \sigma$ sofort die gewünschte Teilung der Eins. $\square$

Eine bemerkenswerte Äquivalenz, die auf Anhieb alles andere als plausibel erscheint. Teilungen der Eins sind gewissermaßen die Nutzenseite davon. Die Parakompaktheit ist aber für viele topologische Räume einfacher nachzuweisen, weswegen beide Seiten der Äquivalenz ihre Berechtigung haben.

Lassen Sie uns noch eine weitere Folgerung aus dem URYSOHNschen Lemma besprechen. Es handelt sich um eine trickreiche Anwendung davon und wird daher auch als Satz von TIETZE-URYSOHN bezeichnet, [116] (im Original wurde das URYSOHNsche Lemma nicht verwendet).

Satz (Fortsetzungssatz von Tietze)
Wir betrachten eine abgeschlossene Teilmenge $A \subseteq X$ eines normalen Raumes $(X, \mathcal{O})$. Dann kann jede (bezüglich der Relativtopologie von A) stetige Funktion

$$f : (A, \mathcal{O}|_A) \longrightarrow \mathbb{R}$$

fortgesetzt werden zu einer stetigen Funktion $F : (X, \mathcal{O}) \to \mathbb{R}$. Hat dabei f seinen Wertebereich in einem beschränkten Intervall $[a, b]$, so kann dies auch für die Fortsetzung F erreicht werden.

Für den **Beweis** nehmen wir der Einfachheit halber an, es wäre $f(A) \subseteq [0,1]$. Andernfalls könnte man dies leicht durch Nachschalten einer linearen Transformation der Funktion arctan erreichen. Wir wählen die Intervalle $I = [0, 1/3]$ sowie $J = [2/3, 1]$ und betrachten die zwei Urbilder

$$A_I = f^{-1}(I) \quad \text{und} \quad A_J = f^{-1}(J),$$

beide offenbar abgeschlossen und disjunkt in A, also auch in X (kleine **Übung**). Da X normal ist, können wir das Lemma von URYSOHN anwenden und erhalten (wieder nach einer linearen Modifikation) eine stetige Funktion $G_1 : X \to [1/3, 2/3]$ mit $G_1|_{A_I} \equiv 1/3$ und $G_1|_{A_J} \equiv 2/3$. Damit gilt offenbar

$$\left| f(x) - G_1(x) \right| \leq \frac{1}{3}$$

für alle $x \in A$. Die Funktion $G_1|_A$ sei jetzt als **Approximation** von f verstanden: Der Fehler ist höchstens $1/3$, und G_1 hat einen Wertebereich, der im Umfang nur noch das mittlere Drittel des Wertebereichs von f umfasst. Das ruft nach einem iterativen Vorgehen, bei dem wir mit $f_1 = f - G_1 + 1/3$ weitermachen. Der Wertebereich von f_1 liegt in $[0, 2/3]$.

Versuchen Sie jetzt einmal selbst, das Vorgehen mit dem Ziel einer weiteren Stauchung um den Faktor $2/3$ auf f_1 zu übertragen. Die abgeschlossenen und disjunkten Mengen lauten dann

$$A_I^{(1)} = f_1^{-1}\left([0, 2/9]\right) \quad \text{und} \quad A_J^{(1)} = f_1^{-1}\left([4/9, 2/3]\right),$$

die nächste Approximation würde eine stetige Funktion $G_2 : X \to [2/9, 4/9]$ sein und die Funktion f_1 auf A mit einem Fehler höchstens gleich $2/9$ approximieren.

Der nächste Schritt behandelt die Funktion $f_2 = f_1 - G_2 + 2/9 : A \to [0, 4/9]$ und führt nach dem gleichen Verfahren zu einem stetigen $G_3 : X \to [4/27, 8/27]$, das f_2 auf A mit einem Fehler höchstens gleich $4/27$ approximiert.

Jetzt müsste der Bauplan der Iteration klar sein. Im $(n + 1)$-ten Schritt wird

$$f_n = f - \sum_{k=1}^{n} G_k + \sum_{k=1}^{n} \frac{1}{3}\left(\frac{2}{3}\right)^{k-1}$$

approximiert durch eine Funktion

$$G_{n+1} : X \longrightarrow \left[\frac{1}{3}\left(\frac{2}{3}\right)^n, \left(\frac{2}{3}\right)^{n+1}\right]$$

mit einem Fehler

$$\left| f_n(x) - G_{n+1}(x) \right| \leq \frac{1}{3}\left(\frac{2}{3}\right)^n$$

für alle $x \in A$. Dabei ist f_n eine Funktion auf A mit einem Wertebereich im Intervall $\left[0, (2/3)^n\right]$. Und nun, liebe Leser, nehmen Sie all Ihre Kenntnisse über die geometrische Reihe und die gleichmäßige Konvergenz von Funktionenfolgen zusammen und erkennen, dass die (stetige) Funktion

$$F = \lim_{n \to \infty} \sum_{k=1}^{n} \left(G_k - \frac{1}{3}\left(\frac{2}{3}\right)^{k-1} \right)$$

alle Forderungen an die gesuchte Fortsetzung von f erfüllt. $\qquad\square$

Zugegeben, ein ziemlich technischer Beweis. Wieder ein Beispiel dafür, dass elementare Topologie alles andere als einfach sein kann. Sie können die technischen Details des Beweises auch schnell wieder vergessen – was aber keinesfalls für die Aussage des Satzes selbst gilt, die für sich gesehen anschaulich plausibel, zentral wichtig und leicht zu merken ist.

Im nächsten Abschnitt wollen wir die Technik wieder ein wenig beiseite legen und mehr konstruieren. Mit der Quotiententopologie lernen Sie dabei eine der wichtigsten Bauvorschriften für topologische Räume kennen. Die dahinter liegenden Ideen werden uns durch den Rest des Buches begleiten.

2.5 Die Quotiententopologie

Bevor wir uns in die faszinierende Welt der topologischen Mannigfaltigkeiten begeben, lassen Sie uns ein weiteres Konstruktionsprinzip für topologische Räume erarbeiten. Sie kennen schon die Summe $X \sqcup Y$ oder das Produkt $X \times Y$ von Räumen, von Teilräumen mit der Relativtopologie ganz zu schweigen (Seite 14 f).

In diesem Abschnitt erleben wir die Quotiententopologie, ein äußerst vielseitiges Baumuster für topologische Räume. Die grundlegende Definition ist einfach.

Definition (Quotiententopologie)
Wir betrachten einen topologischen Raum X und darauf eine Äquivalenzrelation $R \subseteq X \times X$. Die Äquivalenzklasse eines Punktes x sei mit $\overline{x}$, die Menge der Äquivalenzklassen mit $X/\sim$ bezeichnet und $p : X \mapsto X/\sim$ sei die Projektion.

Eine Menge $U \subseteq X/\sim$ heißt **offen** in der **Quotiententopologie**, wenn $p^{-1}(U)$ offen in X ist. Den Raum $X/\sim$ nennt man den **Quotientenraum** von X nach der Relation R (oder $\sim$).

Die Quotiententopologie ist also die feinste Topologie auf $X/\sim$, bei der p noch stetig ist. Eine einfache, fast harmlos wirkende Definition. Wir werden aber noch erleben, welch frappierende topologische Räume sie hervorgebracht hat. Seien Sie gespannt, was vor allem in den späteren Kapiteln damit gemacht wird.

Zunächst etwas Theorie. Es ist wieder eine einfache **Übung** zu zeigen, dass die Quotienträume (weg-)zusammenhängender (oder kompakter) Räume auch wieder (weg-)zusammenhängend (oder kompakt) sind. Nur bei der dritten wichtigen Eigenschaft, nämlich hausdorffsch zu sein, wird es schwierig. Warum?

Einerseits sind in HAUSDORFF-Räumen alle Punkte abgeschlossen – und daher müssen notwendigerweise alle Äquivalenzklassen in X abgeschlossen sein, um $X/\sim$ hausdorffsch zu machen. Das sollte man zunächst festhalten.

Beobachtung: Eine notwendige Bedingung dafür, dass $X/\sim$ hausdorffsch ist, liegt in der Abgeschlossenheit aller Äquivalenzklassen in X.

Diese Bedingung – und das macht die Sache heikel – ist aber nicht hinreichend. Sehen wir uns dazu wieder einmal ein etwas exotisches, aber sehr interessantes Beispiel an, [58].

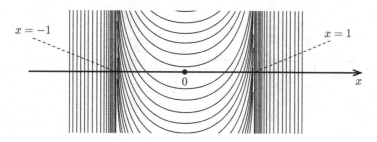

Der Raum X sei hier der $\mathbb{R}^2$, und im Bild sind die Äquivalenzklassen als Linien dargestellt. Sie sehen, wie diese Linien eine Partition von $\mathbb{R}^2$ bilden: Im Bereich $|x| \geq 1$ sind es Geraden senkrecht auf der x-Achse. Und der Bereich $|x| < 1$ wird überdeckt durch die Graphen der Funktionen

$$f_a : \{x \in \mathbb{R} : |x| < 1\} \longrightarrow \mathbb{R}, \quad x \mapsto a + \frac{1}{1-x^2} \quad (a \in \mathbb{R}).$$

Alle Linien sind abgeschlossen in $\mathbb{R}^2$, die notwendige Bedingung für die HAUS-DORFF-Eigenschaft von $\mathbb{R}^2/\sim$ also erfüllt. Warum ist dieser Raum dennoch nicht hausdorffsch? Eine knifflige Frage, vielleicht haben Sie Lust bekommen, eine Weile selbst darüber nachzudenken?

Hier die Antwort: Die Linien sind quasi die Punkte von $\mathbb{R}^2/\sim$. Wir müssen also zwei solche Punkte finden, die sich nicht durch offene Umgebungen trennen lassen. Eine offene Umgebung eines Punktes in $\mathbb{R}^2/\sim$ ist visualisierbar durch eine offene Menge des $\mathbb{R}^2$, welche eine Vereinigung von Linien ist, also eine offene Linienschar.

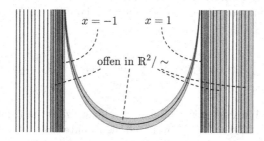

Nun wird es spannend: Klarerweise sind alle Linien in $|x| > 1$ durch offene Linienscharen trennbar, wie das Bild zeigt. Auch für alle Linien im Bereich $|x| < 1$ ist das erfüllt. Es gibt aber genau ein Punktepaar in $\mathbb{R}^2/\sim$, das tatsächlich nicht trennbar ist, nämlich die beiden senkrechten Geraden über $x = -1$ und $x = 1$. Eine offene Umgebung von $\{x = -1\}$ ragt immer ein wenig in den Bereich $x < -1$ hinein (das ist noch harmlos). Sie ragt aber auch in den Bereich $x > -1$ hinein. Und das führt dazu, dass für ein bestimmtes $a_0 \in \mathbb{R}$ alle Graphen von f_a für

$a < a_0$ in der Umgebung enthalten sein müssen. Diese Graphen schneiden aber auch jede Umgebung von $\{x = 1\}$. Ein wahrlich trickreiches Beispiel, über das es sich lohnt, nachzudenken.

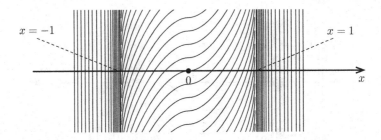

Es gibt übrigens Fälle, die ganz ähnlich aussehen und zur Überraschung doch hausdorffsch sind. Nehmen Sie einfach im Bereich $|x| < 1$ die Funktionenschar

$$g_a : \{x \in \mathbb{R} : |x| < 1\} \longrightarrow \mathbb{R}, \quad x \mapsto a + \tan\left(\frac{x\pi}{2}\right).$$

Wie steht es hier mit der HAUSDORFF-Eigenschaft? Sie ist tatsächlich gegeben (prüfen Sie es nach). Wir müssen also bei der Quotientenbildung $X \to X/\sim$ sehr aufpassen und jedes Mal prüfen, ob die ein oder andere Eigenschaft des Ursprungsraumes X beim Übergang zu $X/\sim$ erhalten bleibt oder nicht.

Kommen wir jetzt aber zu weniger exotischen Beispielen, die im weiteren Verlauf unseres Streifzugs durch die Topologie noch eine große Rolle spielen werden.

Zusammenschlagen eines Teilraums zu einem Punkt

Auch wenn dieses Verfahren ziemlich brutal klingt, liefert es uns doch zwei wichtige Arten von Bauplänen für topologische Räume (man kann übrigens etwas friedlicher auch von der **Identifikation** eines Teilraumes zu einem Punkt sprechen). Für eine Teilmenge A eines topologischen Raumes X sei dafür eine Äquivalenzrelation definiert durch

$$x \sim_A y \quad \Leftrightarrow \quad x = y \text{ oder } \{x, y\} \subseteq A.$$

Alle Punkte aus A werden also miteinander identifiziert und damit zu einem einzigen Punkt von $X/A = X/\sim_A$, während die Punkte außerhalb von A unangetastet bleiben, dort ändert sich nichts. Die Definition lässt sich auch auf mehrere Mengen $A_1, \ldots, A_r \subseteq X$ erweitern: Der Raum $X/(A_1, \ldots, A_r)$ ist dann der Quotientenraum $X/\sim$ zu der Relation, in der die Äquivalenz $x \sim y$ genau dann gilt, wenn $x = y$ ist oder beide Punkte aus der gleichen Menge A_i stammen.

Als erstes einfaches Beispiel wollen wir den Rand des abgeschlossenen 2-Balls $D^2 = \{x \in \mathbb{R}^2 : \|x\| \leq 1\}$ zu einem Punkt zusammenschlagen. Das Bild suggeriert, dass dabei ein Raum entsteht, der homöomorph zur 2-Sphäre $S^2 \subset \mathbb{R}^3$ ist.

D^2 S^2

In einer Formel ausgedrückt haben wir also $D^2/\partial D^2 \cong S^2$.

Die beiden wichtigsten Beispiele für diese Art von Quotientenräumen sind der **Kegel** und die **Einhängung** (engl. *cone* und *suspension*) eines Raumes.

Definition (Kegel über einem Raum)

Wir betrachten einen topologischen Raum X, das Produkt $X \times [0,1]$ sowie dessen Teilmenge $X \times \{1\}$. Dann heißt der Quotientenraum

$$CX = \big(X \times [0,1]\big) / \big(X \times \{1\}\big)$$

der **Kegel** über X. In manchen Fällen wird der Kegel auch nur über einem Teilraum $A \subseteq X$ errichtet:

$$C_A X = \big(X \times \{0\}\big) \cup CA.$$

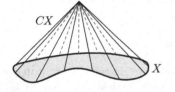

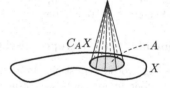

Das Bild zeigt einige Beispiele. Besonders im Zusammenhang mit simplizialen Räumen (Seite 161 ff) spielen die Kegel eine wichtige Rolle. So ist zum Beispiel der Kegel über dem Standard-n-Simplex Δ_n homöomorph zu Δ_{n+1}. Das wird jedoch erst später behandelt.

Überlegen Sie sich doch einmal selbst, zu welchem Raum der Kegel über S^1 homöomorph ist. Machen Sie sich am besten eine Zeichnung dazu, dann erkennen Sie schnell, dass offenbar $CS^1 \cong D^2$ ist.

Definition (Einhängung eines Raumes)

Wir betrachten einen topologischen Raum X, das Produkt $X \times [-1,1]$ sowie dessen Teilmengen $X \times \{1\}$ und $X \times \{-1\}$. Dann heißt der Quotientenraum

$$SX = \big(X \times [-1,1]\big) / \big(X \times \{-1\}, X \times \{1\}\big)$$

die **Einhängung** (oder **Suspension** oder der **Doppelkegel**) von X.

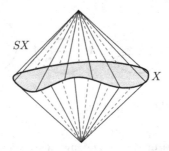

Die Einhängung ist eine andere Konstruktion als der Kegel, denn das Produkt wird auch an der Unterseite zu einem Punkt geschlossen. So ist $S(S^1) \cong S^2$, wie das Bild plausibel macht. Allgemein gilt diese Beziehung auch in höheren Dimensionen, obwohl sie dann nicht mehr visualisierbar ist: $S(S^n) \cong S^{n+1}$. (Beim *Double-Suspension-Theorem*, [13], spielt diese Konstruktion eine zentrale Rolle, mehr dazu ist in einem Folgeband zur Topologie geplant.)

Natürlich könnte man jetzt noch weitere Beispiele bringen, die in der algebraischen Topologie von Bedeutung sind, so zum Beispiel das **Smash-Produkt** $X \wedge Y$ oder den **Verbund** $X * Y$ von zwei Räumen. Ich möchte die Einführung hier aber eher knapp halten und diese Konzepte erst dann vorstellen, wenn sie gebraucht werden. Lassen Sie uns lieber einen Spezialfall dieser Konstruktion kennen lernen, bei der sich die Topologie von ihrer schönsten Seite zeigt und unsere Kindheitserinnerungen geweckt werden, als wir mit Papier, Kleber und viel Phantasie die tollsten Sachen gebastelt haben.

Zusammenkleben von topologischen Räumen

Was wir jetzt vorhaben, ist eine besondere Form des Bastelns. Es geht in gewisser Weise darüber hinaus, was wir bisher von dieser Tätigkeit kennen. Wir haben früher einfach zwei Dinge an bestimmten Flächen mit Klebstoff bestrichen und sie an diesen Stellen aufeinander gelegt. Die Klebestellen wurden dabei nicht zerknittert, gestreckt oder gestaucht. Das Zusammenkleben topologischer Räume wird dagegen viel allgemeiner möglich sein.

Definition (Zusammenkleben von Räumen)
Wir betrachten zwei topologische Räume X und Y, einen Teilraum $X_0 \subseteq X$ und eine stetige Abbildung
$$\varphi : X_0 \to Y.$$
Auf der disjunkten Vereinigung $X \sqcup Y$ werde dann eine Äquivalenzrelation definiert durch
$$x \sim \varphi(x) \quad \text{(für alle } x \in X_0\text{)}.$$
Man sagt, der Quotientenraum
$$X \cup_\varphi Y \;=\; (X \sqcup Y) \big/ \sim$$
entstehe durch **Anheften** von X an Y mittels der **Anheftungsabbildung** φ.

Man verklebt also anschaulich gesehen X_0 mit $\varphi(X_0)$, wobei die Anheftungsabbildung eben kein Homöomorphismus, sondern nur stetig sein muss. Das eröffnet eine Vielzahl an Möglichkeiten, die mit Papier und Kleber nicht gehen. Zum Beispiel das Verkleben einer ganzen Kreisscheibe mit der Spitze eines Kegels, die ja nur aus einem Punkt besteht.

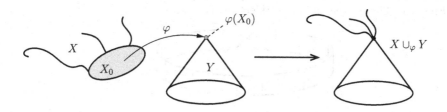

Als wichtige Beobachtung können wir festhalten, dass die natürliche Abbildung

$$Y \hookrightarrow X \sqcup Y \longrightarrow X \cup_\varphi Y$$

injektiv ist, also Y in natürlicher Weise ein Teilraum von $X \cup_\varphi Y$ ist. Von X kann das nicht behauptet werden, denn φ muss nicht injektiv sein.

Eine häufige Anwendung davon ist das **Keilprodukt** (engl. *wedge product*) zweier Räume X und Y, in Zeichen $X \vee Y$. Man wählt dazu einen Punkt $x_0 \in X$ und eine Abbildung $\varphi : \{x_0\} \to Y$. Sie ist automatisch injektiv und die Verklebung an den beiden Punkten x_0 und $y_0 = \varphi(x_0)$ ergibt das Keilprodukt $X \vee Y = X \cup_\varphi Y$.

Die Menge $X \vee Y$ hängt dabei von der Wahl der Verklebungspunkte x_0 und y_0 ab, obwohl diese manchmal weggelassen werden, wenn Missverständnisse ausgeschlossen sind. So ist zum Beispiel $S^1 \vee S^1$ der **Doppelkreis** (engl. *figure eight*), und zwar unabhängig von der Wahl der Verklebungspunkte, denn die S^1 ist **homogen** (sie bleibt bei Rotationen unverändert).

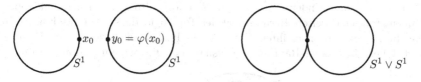

Eine schöne kleine **Übung** ist dann, das Keilprodukt $X \vee Y$ als Teilraum von $X \times Y$ zu zeichnen und sich dabei die Bedeutung des Keilpunktpaares (x_0, y_0) klarzumachen. Sie finden bestimmt auch schnell ein Beispiel, indem $X \vee Y$ sehr wohl von den Keilpunkten abhängt (Tipp: Versuchen Sie es mit $X = Y = [0,1]$). Abschließend probieren Sie vielleicht, sich den Quotientenraum $(X \times Y) / (X \vee Y)$ einmal grafisch zu visualisieren. Dies wäre dann übrigens das schon erwähnte **Smash-Produkt** $X \wedge Y$, doch so weit wollten wir ja (vorerst) gar nicht gehen.

Man kann topologische Räume auch in sich selbst verkleben. Darauf ist eines der populärsten Beispiele der Topologie zurückzuführen, das **Möbiusband**, benannt nach A.F. MÖBIUS. Dort werden eben nicht zwei Räume verklebt, sondern der Raum $X = [0,1] \times [0,1]$ in sich selbst. Sehen wir uns an, wie das geht.

Betrachten Sie dazu $X_0 = [0,1] \times \{0\} \subset X$ und die Abbildung $\varphi : X_0 \to X$ mit $\varphi(x,0) = (1 - x,1)$. Das Möbiusband ist dann der Raum $M_X = X/\varphi$. Er entsteht also durch die Äquivalenzrelation $(x,0) \sim (1 - x,1)$ auf X. In der Anschauung nimmt man beide Enden des Bandes, $[0,1] \times \{0\}$ und $[0,1] \times \{1\}$, macht mit einem Ende eine halbe Drehung und verklebt die Enden.

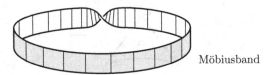

Möbiusband

Das Möbiusband ist das einfachste Beispiel einer *nicht-orientierbaren* Mannigfaltigkeit (das wird später exakt definiert, Seite 415 oder allgemeiner Seite 464). Fürs Erste bedeutet es anschaulich, dass es kein stetiges Vektorfeld auf M_X gibt, welches aus lauter Normalenvektoren $\neq 0$ besteht – oder noch einfacher: Das Möbiusband besitzt nur eine einzige Seite, ganz anders als der Ursprungsraum X mit seiner Vorder- und Rückseite.

Ein Beispiel, das am Ende dieses Kapitels noch wichtig wird, stammt von dem Produkt $X = S^1 \times [0,1]$. Mit $X_0 = S^1 \times \{0\}$ und $\varphi(x,0) = (x,1)$ ergibt die Verklebung $X/\sim$ einen (hohlen) **Torus**.

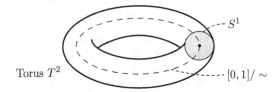

S^1

Torus T^2

$[0,1]/\sim$

Und wenn wir bei diesem Beispiel im Sinne der komplexen Zahlen $\varphi(z) = \bar{z}$ nehmen, die beiden Enden des Zylinders $S^1 \times [0,1]$ also quasi in sich umklappen, dann entsteht eine weitere Berühmtheit der Topologie, die sogenannte **Kleinsche Flasche** $F_\mathcal{K}$, benannt nach ihrem Entdecker F. KLEIN. Die Bezeichnung „Flasche" rührt daher, dass dieser Raum häufig visualisiert wird wie im Bild angedeutet.

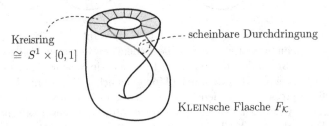

Kreisring $\cong S^1 \times [0,1]$

scheinbare Durchdringung

KLEINsche Flasche $F_\mathcal{K}$

Beachten Sie bitte, dass die gestrichelte Linie nur eine scheinbare Durchdringung ist, in Wirklichkeit schneidet sich hier nichts. Im dreidimensionalen Raum kann das leider nicht anders dargestellt werden.

Die Anheftung von Räumen ist ein wichtiges Beispiel für die Verklebung und stand Pate bei der Lösung eines topologischen Jahrhundertproblems durch S. SMALE im Jahre 1962, [107]. Natürlich kann ich hier nicht näher auf die zugrunde liegende MORSE-*Theorie* oder gar *Kobordismen* eingehen (das ist für den Folgeband geplant), doch sei ein Teilaspekt davon kurz erwähnt, den Sie schon jetzt verstehen können. Nehmen Sie zum Beispiel den (abgeschlossenen) 3-Ball D^3 als berandete dreidimensionale Untermannigfaltigkeit des $\mathbb{R}^3$.

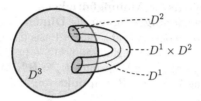

Ein n-dimensionaler k-**Henkel** ist dann ein Raum, der homöomorph zu $D^k \times D^{n-k}$ ist, $0 < k < n$. Wählen wir in unserer dreidimensionalen Situation einen 1-Henkel der Form $D^1 \times D^2$. Er hat die beiden soliden Klebeflächen $S^0 \times D^2$, und diese werden mittels einer Einbettung $\varphi : S^0 \times D^2 \to D^3$ an den 3-Ball angeheftet. Den entstehenden Quotientenraum

$$D^3/\sim \;=\; D^3 \cup_\varphi (D^1 \times D^2)$$

können Sie sich mit etwas Phantasie als homöomorph zu einem soliden Torus vorstellen, vielleicht erinnern Sie sich auch an die Fotografie auf Seite 12.

Die Mannigfaltigkeiten sind ein aktuelles Gebiet der Topologie. Vielleicht haben Sie gehört von der Lösung der POINCARÉ-Vermutung durch G. PERELMAN aus dem Jahr 2003? Am Ende dieses Buches (Seiten 316, 494) und auch in dem geplanten Folgeband erfahren Sie mehr darüber. Wir wollen uns mit diesen Objekten jetzt genauer befassen. Die Darstellung folgt dabei in Teilen [73].

2.6 Topologische Mannigfaltigkeiten

Im Grunde kennen wir sie schon, die Mannigfaltigkeiten unserer Vorstellung. Es sind **differenzierbare Untermannigfaltigkeiten** des $\mathbb{R}^n$, wie man sie in einführenden Vorlesungen zur Analysis kennenlernt. Lokal sind das (nach dem Satz über implizite Funktionen) Graphen von differenzierbaren Funktionen $\mathbb{R}^m \to \mathbb{R}^n$, siehe zum Beispiel [31][32].

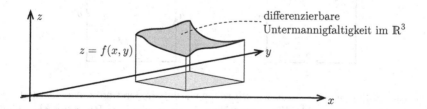

In den frühen 1850er-Jahren geschah es aber, dass B. RIEMANN in seinem Habilitationsverfahrens zu wahrlich revolutionären Ideen kam. Er löste sich von der Vorstellung, Mannigfaltigkeiten müssten immer in einem $\mathbb{R}^n$ eingebettet sein und definierte sie nur noch lokal, ohne a priori eine Teilmenge des $\mathbb{R}^n$ im Blick zu haben. In dieser Form ist die Idee direkt auf verschiedene Kategorien anwendbar, eben auch auf die gröbste unter ihnen, auf die Kategorie der topologischen Räume.

Definition (Topologische Mannigfaltigkeit)
Eine **topologische Mannigfaltigkeit** der **Dimension** n ist ein HAUSDORFF-Raum M, dessen Topologie eine abzählbare Basis hat und der **lokal homöomorph** zu $\mathbb{R}^n$ oder zum oberen Halbraum $\mathbb{H}^n = \{x \in \mathbb{R}^n : x_1 \geq 0\}$ ist. Jeder Punkt $x \in M$ besitzt also eine Umgebung $U_x \cong \mathbb{R}^n$ (**innerer Punkt** von M) oder eine Umgebung $V_x \cong \mathbb{H}^n$ (**Randpunkt** von M).

Eine Mannigfaltigkeit heißt **geschlossen**, wenn sie kompakt und randlos ist. Um die Formulierungen zu vereinfachen, setzen wir diese Objekte stets als zusammenhängend voraus und sprechen kurz von n-**Mannigfaltigkeiten**.

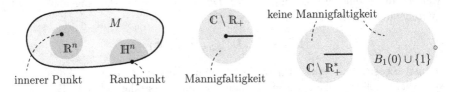

Im Kapitel über die Homologietheorie werden wir sehen, dass die Dimension einer Mannigfaltigkeit wohldefiniert ist, denn $\mathbb{R}^m \cong \mathbb{R}^n$ erzwingt $m = n$ (Seite 272).

Mit den Mannigfaltigkeiten treten wir ein in das Universum der algebraischen Topologie. Als Überleitung seien bereits hier ein paar Meilensteine herausgegriffen, die noch auf elementarem Niveau erklärt werden können. Es geht dabei um geschlossene 2-Mannigfaltigkeiten, oder kurz um **geschlossene Flächen**.

Geschlossene Flächen

Mit Hilfe der Quotiententopologie haben wir bereits zwei geschlossene Flächen erlebt, nämlich den Torus T^2 und die KLEINsche Flasche $F_\mathcal{K}$ (Seite 44).

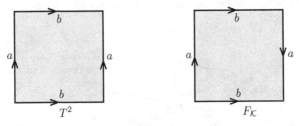

Das Bild zeigt eine neue – und wie wir sehen werden, äußerst nützliche – Visualisierung von Flächen im $\mathbb{R}^3$. Wir verwenden dort einen **ebenen Bauplan** als Anleitung. Die zu verklebenden Seiten sind mit dem gleichen Buchstaben versehen und die Kleberichtung ist durch einen Pfeil gegeben. Sie erkennen dabei den Torus und die KLEINsche Flasche gewiss ohne Probleme, versuchen Sie es als kleines Gedankenexperiment.

Wir haben aber noch nicht alle Möglichkeiten ausgeschöpft, ein solches Quadrat zu verkleben. Wie steht es denn mit der folgenden Bauanleitung?

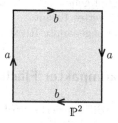

Sehen Sie genau hin, das ist eine schöne Übung im „homöomorphen" Denken: Wir machen aus dem Quadrat zunächst in Gedanken eine Kreisfläche D^2 und wölben diese im Mittelpunkt nach oben, sodass die obere Hemisphäre der S^2 entsteht,

$$H_{\text{oben}} = \{(x, y, z) \in S^2 : z \geq 0\}.$$

Jede diametral durch S^2 verlaufende Gerade schneidet H_{oben} in mindestens einem Punkt. In zwei Punkten schneidet sie H_{oben} genau dann, wenn diese Punkte auf dem Äquator mit $z = 0$ liegen. Wenn wir nun zurück gehen zu der ursprünglichen Klebevorschrift, so wird klar, dass wir genau diese zwei Punkte miteinander identifizieren und die übrigen Punkte isoliert lassen.

Nun fällt es Ihnen wahrscheinlich wie Schuppen von den Augen. Der Quotientenraum wird damit homöomorph zur Menge aller Geraden in $\mathbb{R}^3$ durch den Ursprung, und das ist nichts anderes als der **reelle projektive Raum** $\mathbb{P}^2$.

Die ebenen Baupläne ermöglichen noch mehr. Im Bild sehen Sie, dass sowohl die KLEINsche Flasche als auch der $\mathbb{P}^2$ als Teilmenge ein vollständiges Möbiusband enthalten (beachten Sie, dass die zu b parallelen Seiten nicht verklebt werden).

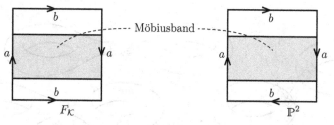

Und damit ist bewiesen, dass diese beiden Flächen nicht orientierbar sind, denn die Annahme, wir hätten ein stetiges, nirgends verschwindendes Vektorfeld aus Normalenvektoren, kann durch Einschränkung auf das Möbiusband schnell zu einem Widerspruch geführt werden. Halten wir dieses kleine Ergebnis gleich fest:

Beobachtung:
Durch Verklebung gegenüberliegender Seiten entsteht aus einem Quadrat entweder ein Torus (orientierbar), eine KLEINsche Flasche oder der $\mathbb{P}^2$ (beide nicht orientierbar).

Lassen Sie uns jetzt aber ein größeres Rad drehen. Wir wollen überlegen, welche geschlossenen Flächen es überhaupt geben kann, natürlich nur bis auf Homöomorphie. Hier gibt es ein bemerkenswertes Resultat, welches seinen Ursprung schon zu Zeiten RIEMANNs hatte (über sogenannte RIEMANNsche Flächen, [30]).

2.7   Die Klassifikation kompakter Flächen

Die Untersuchung geschlossener (differenzierbarer) Flächen reicht weit zurück bis ins 19. Jahrhundert. Man stellte sich die Frage (und tut das in höheren Dimensionen heute immer noch), welche Exemplare es davon gibt – zumindest bis auf Homöomorphie. Um hier eine vollständige Antwort geben zu können, benötigen wir die zusammenhängende Summe zweier Flächen, die der Kürze wegen hier etwas informell dargestellt ist.

Definition (Zusammenhängende Summe zweier Flächen)
Wir betrachten zwei Flächen F_1 und F_2, schneiden aus beiden das Innere von zwei abgeschlossenen Kreisscheiben $D_1 \subset F_1$ und $D_2 \subset F_2$ heraus und erhalten damit die zwei Flächen

$$F_1' = F_1 \setminus \overset{\circ}{D}_1 \quad \text{und} \quad F_2' = F_2 \setminus \overset{\circ}{D}_2 .$$

Nun wählen wir einen Homöomorphismus $h : \partial D_1 \to \partial D_2$ der Ränder der beiden Kreisscheiben und definieren die **zusammenhängende Summe** der beiden Flächen als

$$F_1 \# F_2 \;=\; F_2' \cup_h F_1' .$$

Dies ist also der Quotientenraum der Summe $F_1' \sqcup F_2'$ nach der Äquivalenzrelation, die durch $x \sim h(x)$ gegeben ist.

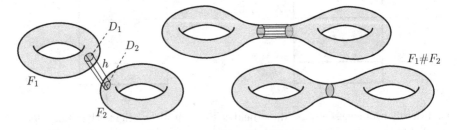

Das Bild veranschaulicht die Konstruktion. Man kann zeigen – der Kürze wegen verweise ich auf [73] – dass diese Definition unabhängig von der Wahl der Kreisscheiben D_i und des Homöomorphismus h ist. Machen wir statt eines Beweises lieber ein paar Beispiele und trainieren unser Vorstellungsvermögen.

Offensichtlich ist $S^2 \# S^2 \cong S^2$. Zwei Seifenblasen verschmelzen wieder zu einer Seifenblase. Es gilt sogar für jede Fläche F die Beziehung $F \# S^2 \cong F$. Die Sphäre spielt also die Rolle eines neutralen Elements bezüglich der (kommutativen und assoziativen) Operation $\#$. Wesentlich interessanter ist da schon das nächste Beispiel, es geht um $\mathbb{P}^2 \# \mathbb{P}^2$. Wieder helfen uns die ebenen Baupläne von vorhin, um zu einer überraschenden Lösung zu gelangen.

Beobachtung: Die Summe $\mathbb{P}^2 \# \mathbb{P}^2$ ist homöomorph zur KLEINschen Flasche.

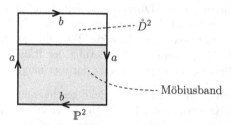

Sehen wir uns an, wie dieses Resultat zustande kommt. Zunächst die Beobachtung, dass $\mathbb{P}^2$ nach dem Entfernen einer Kreisscheibe homöomorph zu einem Möbiusband ist. Das Bild zeigt, wie wir die Kreisscheibe wählen müssen, um das sofort zu erkennen: Es ist das obere Drittel des Quadrats. Wenn wir sein Inneres $\mathring{D}^2$ herausnehmen, steht die obere Seite isoliert da, genau wie die oberen Drittel der beiden a-Seiten. Wir können diese eindimensionalen Gebilde weglassen, da sie bereits in den unteren beiden Dritteln vorkommen (die a-Teile werden unten in der gegenüberliegenden a-Seite identifiziert und die obere b-Seite vollständig mit der unteren b-Seite). Was übrig bleibt, ist das Möbiusband, denn die untere Seite wird jetzt nicht mehr verklebt.

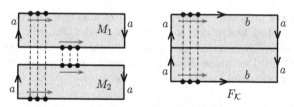

Nun fügen wir zwei Exemplare von $\mathbb{P}^2 \setminus \mathring{D}^2$, also zwei Möbiusbänder M_1 und M_2, entlang ihrer Ränder mit einem Homöomorphismus $h : \partial M_1 \to \partial M_2$ zusammen, um $\mathbb{P}^2 \# \mathbb{P}^2$ zu erreichen. Im Bild ist angedeutet, wie die Ränder verklebt werden. Man kann sie mit dem Finger nachfahren und sich leicht überzeugen, dass dabei ein Homöomorphismus $\partial M_1 \to \partial M_2$ herauskommt (beachten Sie die Identifikation der a-Seiten). Wir erhalten damit in der Tat eine KLEINsche Flasche. $\square$

Die Baupläne sind in der Tat sehr gut geeignet, auch schwierige Fragen über geschlossene Flächen zu beweisen. Bedenken Sie, dass weder der $\mathbb{P}^2$ noch die

KLEINsche Flasche sich im dreidimensionalen Raum darstellen lassen. Insofern ist die Homöomorphie von $\mathbb{P}^2 \# \mathbb{P}^2$ zur KLEINschen Flasche alles andere als trivial.

Bei dieser Gelegenheit lohnt es sich, einem Missverständnis vorzubeugen. Wenn Sie über die vergangenen Seiten nachdenken, insbesondere die Verklebung der beiden Möbiusbänder M_1 und M_2 zu einer KLEINschen Flasche, fällt auf, dass die Umlaufrichtung der Ränder nicht berücksichtigt wurde. Wir mussten zwar für beide Teile eine Umlaufrichtung vorgeben, hatten dabei aber freie Wahl (im Beispiel verlief sie für beide Bänder von links nach rechts). Erst nach der Verklebung der Unterseite von M_1 mit der Oberseite von M_2 wurden an den b-Seiten wieder Pfeile notiert, um die KLEINsche Flasche zu erkennen.

Machen Sie sich bewusst, dass bei der Verklebung von zwei Randkomponenten eines (zusammenhängenden) Objekts wie eines Zylinders die Umlaufrichtung wichtig ist, denn Sie erhalten dabei entweder einen Torus oder die KLEINsche Flasche. Sind es hingegen zwei disjunkte Teile mit je einer Randkomponente, so kommen unabhängig von der Orientierung der Ränder immer homöomorphe Räume heraus. Denken Sie vielleicht kurz darüber nach.

Zurück zum Thema. Für die Frage, welche geschlossenen Flächen es überhaupt gibt, ist die obige Konstruktion sehr wichtig. Sie zeigt, dass projektive Ebenen und KLEINsche Flaschen nicht unabhängig voneinander sind, sondern Letztere durch Summenbildung aus Ersteren entstehen. Wir brauchen die KLEINschen Flaschen (so schön sie auch sind) bei der Klassifikation von geschlossenen Flächen also nicht mehr zu berücksichtigen. Es gibt noch eine weitere bemerkenswerte Erkenntnis, die für uns von Bedeutung ist. Ihr Beweis verläuft ähnlich, ist aber etwas trickreicher. Nachzulesen ist sie zum Beispiel in [73].

Beobachtung: Es sei T^2 ein Torus und $\mathbb{P}^2$ die projektive Ebene. Dann gilt

$$T^2 \# \mathbb{P}^2 \;\cong\; \mathbb{P}^2 \# \mathbb{P}^2 \# \mathbb{P}^2 \,.$$

Diese Summen aus projektiven Räumen haben es also in sich, eine Vielzahl von geschlossenen Flächen lassen sich so darstellen. In der Tat, alle nicht orientierbaren geschlossenen Flächen sind als zusammenhängende Summe aus projektiven Ebenen darstellbar. Der große Klassifikationssatz, auf den wir nun zusteuern wollen, sagt aber noch viel mehr.

Satz (Klassifikation geschlossener Flächen)
Jede geschlossene Fläche ist entweder homöomorph zur Sphäre S^2, zu einer zusammenhängenden Summe von Tori $T^2 \# \ldots \# T^2$ oder zu einer zusammenhängenden Summe von projektiven Ebenen $\mathbb{P}^2 \# \ldots \# \mathbb{P}^2$.

Ein mächtiger Satz, und bestechend schön in seiner Einfachheit. Es hat danach über 100 Jahre gedauert, bis ein entsprechender Satz für 3-Mannigfaltigkeiten formuliert und bewiesen wurde, [90][92][114].

Kommen wir zum **Beweis** des Klassifikationssatzes. Was zunächst wie eine wahre Herkulesaufgabe erscheint, rückt durch einen trickreichen Umgang mit den ebenen Bauplänen tatsächlich in Reichweite.

Zur Vorbereitung sei gesagt, was wir unter der **kanonischen Form** einer zusammenhängenden Summe von Sphären, Tori oder projektiven Räumen verstehen. Es handelt sich dabei um eine kurze, algebraisierte Notation mit den Klebekanten und Kleberichtungen.

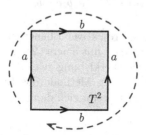

Der im Bild gezeigte Torus wird dann als $aba^{-1}b^{-1}$ notiert. Wir beginnen bei einem Punkt und umlaufen den Kleberand in einer festen Richtung. Überschreiten wir dabei eine Seite in Kleberichtung, wird sie der Notation hinten angefügt. Überschreiten wir sie entgegen ihrer Kleberichtung, wird der Buchstabe mit dem Exponenten -1 versehen. Sie können als kleine **Übung** kurz verifizieren, dass eine projektive Ebene die Form $abab$ und die KLEINsche Flasche die Form $abab^{-1}$ hat.

Es seien nun zwei Tori gegeben, $T_1^2 = a_1 b_1 a_1^{-1} b_1^{-1}$ und $T_2^2 = a_2 b_2 a_2^{-1} b_2^{-1}$.

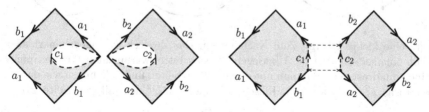

Die Kurven c_1 und c_2 schneiden aus beiden Tori je eine Kreisscheibe heraus, entlang deren Rand die Summenbildung erfolgen soll. Die Baupläne im rechten Teilbild sind identisch zu denen links, wenn man die Endpunkte der Kurven c_1 und c_2 dort miteinander identifiziert. Nun verkleben wir die beiden Tori entlang dieser Kurven und erhalten das folgende Bild.

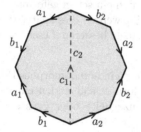

Diesem Bauplan entspricht die kanonische Form

$$T_1^2 \,\#\, T_2^2 \;=\; a_1 b_1 a_1^{-1} b_1^{-1} a_2 b_2 a_2^{-1} b_2^{-1}\,,$$

also genau die Einzelnotationen, nacheinander hingeschrieben. Fügt man einen weiteren Torus $T_3^2 = a_3 b_3 a_3^{-1} b_3^{-1}$ hinzu, so erhält man

$$T_1^2 \,\#\, T_2^2 \,\#\, T_3^2 \;=\; a_1 b_1 a_1^{-1} b_1^{-1} a_2 b_2 a_2^{-1} b_2^{-1} a_3 b_3 a_3^{-1} b_3^{-1}\,.$$

Wie sieht es nun mit einer Summe projektiver Ebenen aus? Wir wählen hierfür den etwas einfacheren Bauplan $\mathbb{P}^2 = aa$ mit einem „Zweieck", wie im Bild unten (für die Sphäre S^2) angedeutet. Die Verklebung zweier projektiver Räume $a_1 a_1$ und $a_2 a_2$ liefert dann nach der gleichen Methode das Ergebnis $a_1 a_1 a_2 a_2$. Das Produkt aus n projektiven Räumen schreibt sich dann als

$$\mathbb{P}^2 \,\#\, \ldots \,\#\, \mathbb{P}^2 \;=\; a_1 a_1 \ldots a_n a_n\,.$$

Und wie steht es zu guter Letzt mit der Sphäre? Wir benutzen dort die kanonische Form aa^{-1}, Sie können sich leicht vorstellen, dass diese Verklebung des „Zweiecks" eine S^2 ergibt.

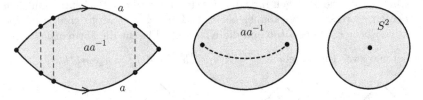

Kurz eine kleine **Übung** zum Nachdenken. Das Zweieck ist zugegebenermaßen schon eine seltsame Sache. Überlegen Sie sich bitte, warum man für die Sphäre keinen quadratischen Bauplan mit den a- und b-Seiten finden kann, so wie das für den Torus T^2, die KLEINsche Flasche F_K oder den $\mathbb{P}^2$ der Fall war (Seite 46).

Damit sind die Endprodukte der Klassifikation in eine formale Notation gebracht. Wie beweist man damit aber den großen Satz? Den Anfang müsste eigentlich eine Formulierung wie „Es sei S eine geschlossene Fläche ..." machen. Die Topologen im 19. und frühen 20. Jahrhundert gingen aber, bewusst oder unbewusst, von einer viel spezielleren Situation aus, um die Sache überhaupt in den Griff zu bekommen. Sie betrachteten alle Flächen als **triangulierte Flächen**. Das sind Flächen, welche vollständig durch ein schön geformtes Netz von sich berührenden Dreiecken überspannt sind. Wir werden dies später (Seite 160 ff) genauer behandeln, bleiben aber hier für einen besseren Lesefluss auf dem Niveau einfacher Plausibilisierungen.

„Dreieck" bedeutet zunächst nur ein homöomorphes Bild eines gewöhnlichen Dreiecks im $\mathbb{R}^2$. Und „schön geformt" soll andeuten, dass die Dreiecke entweder disjunkt sind, genau eine ganze Seite oder genau einen Eckpunkt gemeinsam haben.

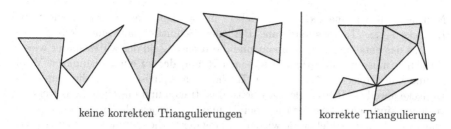

keine korrekten Triangulierungen   korrekte Triangulierung

Situationen wie im Bild links dürfen also nicht vorkommen, rechts ist hingegen alles in Ordnung. Zwei weitere positive Beispiele sollen eine kleine **Übung** für Sie sein. Triangulierungen der projektiven Ebene $\mathbb{P}^2$ und eines Torus T^2. Überlegen Sie sich kurz, welche Dreiecksseiten identifiziert werden und dass dabei valide Triangulierungen entstehen.

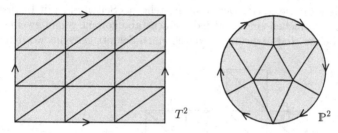

T^2 $\mathbb{P}^2$

Wir werden Triangulierungen aus Platzgründen hier nicht formaler besprechen, denn eine intuitive Vorstellung davon dürfte klar geworden sein. Eine präzise Diskussion finden Sie weiter hinten (ab Seite 161). Bemerkenswert an dem Thema ist, dass ein strenger Beweis für die Triangulierbarkeit von Flächen erst 1925 durch Tibor Radó erbracht wurde, [96] – und generell diese Fragen als *Haupt- und Triangulierungsvermutung für Mannigfaltigkeiten* großen Einfluss auf die Topologie des 20. Jahrhunderts hatten. Mehr dazu ist in einem Folgeband zur Topologie geplant.

Der Rest des Beweises ist eine wahrlich virtuose Behandlung von Dreiecken, Schnitten und Verklebungen, bei denen Sie Ihr Vorstellungsvermögen auf fast schon unterhaltsame Weise trainieren können. Es sei also S eine triangulierte geschlossene Fläche, auf die oben angesprochene schöne Weise überdeckt durch endlich viele Dreiecke – soll heißen: durch Teilmengen T_i, die homöomorph zu gewöhnlichen Dreiecken sind (der Buchstabe „T" steht für *triangle*).

Wir brauchen dann zunächst eine Vorbereitung. Man versucht, durch gezieltes Aufschneiden von S entlang bestimmter Seiten der Dreiecke ein Modell in Form eines ebenen Bauplans zu konstruieren. Da S eine zusammenhängende Mannigfaltigkeit ist, können wir dazu die Dreiecke ausgehend von einem T_1 schrittweise in eine feste Reihenfolge $T_1, \ldots, T_n$ bringen, sodass für jedes $2 \leq k \leq n$ das Dreieck T_k (mindestens) eine Seite e_k mit einem der Dreiecke $T_1, \ldots, T_{k-1}$ gemeinsam hat. Dass so etwas möglich ist, wird Ihnen intuitiv schnell klar, denn andernfalls bekämen wir zwei disjunkte Mengen von Dreiecken und S wäre nicht mehr zusammenhängend.

Nun nehmen wir eine gedankliche Schere in die Hand und schneiden aus S alle Dreiecke $T_1, \ldots, T_n$ vollständig aus. Bei jedem Schnitt entlang einer Seite merken wir uns das entstehende Seitenpaar und die Richtung, in der wir es später wieder verkleben müssen. Wir erhalten so einen Raum, der zu einer disjunkten Vereinigung von Dreiecken $T_1', \ldots, T_n'$ in $\mathbb{R}^2$ homöomorph ist, in der die Seiten der Dreiecke jeweils in Paaren gleiche Buchstaben tragen und mit einer Kleberichtung versehen sind. Jetzt beginnen wir bei T_1' und T_2' (die jeweils homöomorph zu T_1 und T_2 sind) und verkleben sie wieder entlang der vorher gefundenen Seite e_2. Die Seiten e_i in $\mathbb{R}^2$ werden dabei mit ihren homöomorphen Bildern in S identifiziert, um die Notation nicht zu überfrachten.

Dann fahren wir fort mit T_3' und verkleben dessen gemeinsame Seite e_3 mit der entsprechenden Seite von $T_1' \cup T_2'$. Nach endlich vielen Schritten haben wir auch T_n' entlang e_n an das ebene Gebilde in $\mathbb{R}^2$ angeklebt und erhalten eine zusammenhängende berandete Fläche in $\mathbb{R}^2$. Der Rand besteht aus Seiten, die mit Buchstaben und Richtungen versehen sind, und jeder Buchstabe kommt genau zweimal vor, denn je zwei Seiten sind ursprünglich durch einen Schnitt getrennt worden.

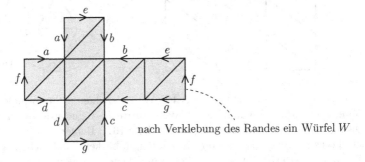

nach Verklebung des Randes ein Würfel W

Die wichtige Beobachtung besteht nun darin, dass dieses ebene Modell von S homöomorph zu einer Kreisscheibe $D^2 \subset \mathbb{R}^2$ ist, oder anders ausgedrückt, dass die noch nicht verklebten Seiten eine S^1 bilden. Dies ist im Bild erkennbar, wo das Vorgehen am Beispiel eines Würfels W nachvollzogen ist.

Auch im allgemeinen Fall wird diese Tatsache schnell plausibel, denn T_1' ist homöomorph zu D^2, und wenn an eine D^2 ein Dreieck entlang einer Seite angeklebt wird, so ist das Resultat wieder eine D^2. Induktiv kommt man so leicht ans Ziel. Damit ist der erste Schritt vollbracht, wir haben ein ebenes Modell der Fläche S. Im Beispiel des Würfels W ist es gegeben durch

$$W = aa^{-1}ebb^{-1}e^{-1}f^{-1}gcc^{-1}g^{-1}dd^{-1}f.$$

Eine solche Darstellung nennt man ein **Flächenwort** – bitte nicht verwechseln mit der kanonischen Form (Seite 51), das waren Spezialfälle besonders einfacher Flächenworte. Übrigens: Da ein Würfel homöomorph zu S^2 ist, haben wir hier einen ebenen Bauplan der S^2 ohne das etwas künstliche Zweieck, welches wir vorhin bemühen mussten (Seite 52).

Die folgenden vier Schritte enthalten nun teilweise geniale Ideen, wie das Modell homöomorph zu verändern ist, um bei einem der Fälle des Klassifikationssatzes anzukommen.

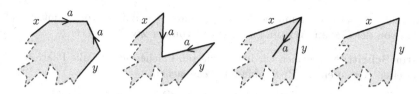

Erster Schritt: Zuerst beseitigen wir die Sphären aa^{-1} im Modell, da sie den Raum ja nicht verändern. Das Bild zeigt, wie zwei dazu gehörige, direkt angrenzende Seiten eliminiert werden. Sollten am Ende dieses Schritts nur noch zwei Seiten übrig bleiben, so sind wir fertig: Der Raum war dann homöomorph entweder zur S^2 (aa^{-1}) oder zur projektiven Ebene $\mathbb{P}^2$ (aa).

Zweiter Schritt: Nun wird es ein wenig subtiler. Wenn Sie die kanonische Form der Räume $T^2 \# \ldots \# T^2$ oder $\mathbb{P}^2 \# \ldots \# \mathbb{P}^2$ genau ansehen, fällt Ihnen wahrscheinlich auf, dass dort sämtliche Ecken der Seiten zu einem einzigen Punkt identifiziert werden. Die Fläche sprießt quasi um eine Knospe herum in alle denkbare Richtungen. Bei dem obigen Würfelmodell war das aber nicht der Fall. Im zweiten Schritt geht es also darum, durch eine homöomorphe Veränderung des Modells diese Knospen-Eigenschaft herzustellen.

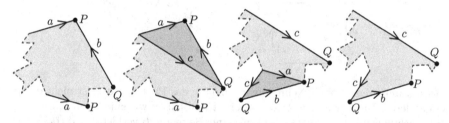

Wir bezeichnen dazu die Eckpunkte, welche zu einem Punkt identifiziert werden, als **äquivalent** zueinander und gehen davon aus, dass es (mindestens) zwei verschiedene Äquivalenzklassen von Eckpunkten in dem Modell gibt. Dann gibt es zwei Nachbarn P und Q, welche nicht äquivalent sind. Beachten Sie bitte, dass die im Bild gezeichnete Situation (bis auf Spiegelung) die einzig mögliche ist, da P und Q nicht äquivalent sind, und wir den ersten Schritt bereits vollzogen haben. Die Seiten a und b werden also nicht identifiziert. Nun schneiden wir das Modell entlang c auf und kleben die a-Seiten zusammen. Der Punkt Q wird damit gesplittet und die beiden Punkte P zusammengeführt. Als Folge dieses Schrittes hat die Äquivalenzklasse von P einen Punkt weniger. So können wir Schritt für Schritt alle Punkte aus der Klasse von P verschwinden lassen, bis nur noch ein Exemplar davon in dem Plan vorkommt. Dann wird wieder der erste Schritt angewendet, weil ein einziger Punkt einer Äquivalenzklasse immer zu einem Ausschnitt aa^{-1} gehören muss. So verschwindet die Klasse P schließlich ganz. Verfahren wir mit den anderen Klassen $P' \neq Q$ genauso, so bleibt am Ende nur die Klasse Q übrig und der zweite Schritt ist geschafft.

Wir brauchen für die nächsten Schritte noch ein wenig Terminologie. Ein Flächenwort, bei dem keine Teile der Form aa^{-1} mehr vorkommen und bei dem alle Eckpunkte zu einem einzigen Punkt identifiziert werden, nennt man **reduziert**.

Falls dann ein Seitenpaar mit beiden Exponenten $+1$ und -1 vorkommt, nennt man es von der **ersten Art**, im anderen Fall von der **zweiten Art**.

Dritter Schritt: Nun wollen wir in reduzierten Flächenwörtern alle Paare (a, a) der zweiten Art zu einem $\mathbb{P}^2$-Summanden cc machen.

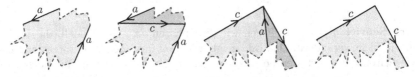

Das Bild zeigt den einfachen Schnitt, den wir hier vornehmen müssen. Falls nun keine Paare der ersten Art mehr vorkommen, sind wir fertig. Der Raum ist dann homöomorph zu einer Summe $\mathbb{P}^2 \# \ldots \# \mathbb{P}^2$ aus projektiven Ebenen.

Falls noch ein Paar der ersten Art in unserem Modell existiert – die Seiten seien mit a bezeichnet – dann muss es noch ein weiteres Paar der ersten Art geben, welches liegt wie im Bild links, also in der Form $a \ldots b \ldots a^{-1} \ldots b^{-1} \ldots$ (man sagt dazu auch, die beiden Paare **separieren** einander).

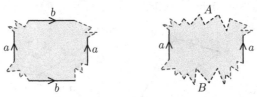

Warum muss das so sein? Nehmen wir dazu an, das Paar $a \ldots a^{-1}$ ist nicht durch ein anderes Paar der ersten Art separiert. Dann haben wir eine Situation wie im Bild rechts, wobei keine Seite aus A mit einer Seite aus B verklebt wird (beachten Sie, dass sich alle Paare der zweiten Art bereits berühren). Damit würden aber die Anfangs- und Endpunkte der mit a bezeichneten Seiten nicht zu einem Punkt verklebt und wir hätten einen Widerspruch zum zweiten Schritt.

Vierter Schritt: Wir stehen kurz vor dem großen Ziel, halten Sie noch ein wenig durch. Alle Paare der zweiten Art berühren sich bereits, und wir haben zwei Paare der ersten Art, die sich separieren, wie im Bild ganz links angedeutet.

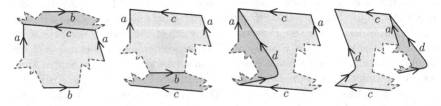

Durch zwei weitere Schnitte c und d, zusammen mit den im Bild gezeigten Verklebungen, erreichen wir die Konstellation rechts. Darin steht ein Summand $cdc^{-1}d^{-1}$, also ein Torus T^2 (Sie sehen, dass die Schnitte bei diesen Manövern auch einmal als Kurve verlaufen können, falls das Modell es erfordert). Sollte nach diesem Schritt noch ein Paar der ersten Art vorliegen, verfahren wir damit genauso – bis alle Paare der ersten Art in T^2-Summanden umgewandelt sind.

Damit haben wir ein Resultat, welches für sich gesehen bereits beachtlich ist: Jede geschlossene Fläche ist eine Sphäre S^2 oder eine endliche Summe aus Tori und projektiven Ebenen. Der Klassifikationssatz ergibt sich dann aus der Beobachtung von vorhin, dass die Summe eines Torus mit einem $\mathbb{P}^2$ stets homöomorph zu $\mathbb{P}^2 \# \mathbb{P}^2 \# \mathbb{P}^2$ ist, also der Summe dreier projektiver Ebenen. □

Wahrlich ein Meilenstein der Mathematik. Sie erkennen in dem Beweis aber auch die Bedeutung der Triangulierungen, ohne die wir keine Chance gehabt hätten, auch nur in die Nähe dieser Aussage zu kommen. Die Topologen sind lange Zeit davon ausgegangen, dass alle (topologischen) Flächen triangulierbar sind. Sie sollten Recht behalten, was aber erst viel später bewiesen wurde, [96].

Noch eine Eigenschaft des Beweises fällt auf. Er ist **konstruktiv**, quasi eine Bearbeitungsvorschrift, wie man vom Modell einer Fläche zu einer kanonischen Form kommt. Diese Beweise haben den Vorteil, dass sie auf einem Computer programmierbar sind und so eine Menge praktischer Beispiele liefern können.

Wir kennen jetzt alle Möglichkeiten, geschlossene Flächen zu bilden. Es bleibt aber die Frage, ob dadurch lauter verschiedene, also nicht homöomorphe Flächen beschrieben werden. Oder könnte es sein, dass ein Homöomorphismus zwischen zwei Summen aus m und n Tori ($m \neq n$) existiert? Das wäre in der Tat sehr überraschend, aber wie kann man so etwas stichhaltig ausschließen?

Wir bewegen uns mit dieser Frage entschieden auf die algebraische Topologie zu, die mächtige Werkzeuge für solche Probleme bereithält. Da man bei Flächen aber noch einen elementaren Zugang zu der Problematik hat, möchte ich das damit verbundene Juwel schon in diesem Kapitel vorstellen, gewissermaßen als Überleitung zur algebraischen Topologie und Motivation zum Weiterlesen.

2.8 Die Euler-Charakteristik

Dem großen Mathematiker L. EULER wird eine bemerkenswerte Beobachtung zugeschrieben, [29]. In seinem klassischen **Polyedersatz** stellte er fest, dass in konvexen Polyedern die Anzahl v der Eckpunkte (engl. *vertex*), e der Kanten (engl. *edge*) und f der Flächen (engl. *face*) stets in einer bestimmten Beziehung zueinander stehen. Es gilt nämlich immer die Formel

$$v - e + f = 2,$$

die Sie an verschiedenen Beispielen gerne selbst ausprobieren können.

$4 - 6 + 4$ $\qquad$ $6 - 12 + 8$ $\qquad$ $7 - 13 + 8$

Eine faszinierende Gesetzmäßigkeit. Topologisch ist ein solches Polyeder natürlich eine S^2, und die Vermutung liegt nahe, dass alle Triangulierungen der S^2 dieser Beziehung genügen – ja noch mehr: dass auf projektiven Ebenen und Tori eine ähnliche Gesetzmäßigkeit gilt, nur mit einem anderen Wert von $v - e + f$.

Und schon sind wir bei der eleganten Denkweise der algebraischen Topologie angekommen. Das Ziel besteht also darin, **topologische Invarianten** für Räume zu finden. Das sind Zahlen, Folgen oder andere mathematische Gebilde, welche die Homöomorphieklasse eines topologischen Raumes mehr oder weniger eindeutig festlegen. Ein Vergleich dieser Invarianten kann dann sehr schnell eine Antwort auf die Frage geben, ob zwei Räume homöomorph sind oder nicht.

Die einfachste und klassischste dieser Invarianten ist die **Euler-Charakteristik**. Sie wird uns noch häufig begegnen. Ihr sei dieser Abschnitt gewidmet.

Definition und Satz (Euler-Charakteristik)
Es sei S eine geschlossene Fläche und $\mathcal{T} = \{T_1, \ldots, T_f\}$ eine Triangulierung von S mit f Dreiecken. Mit v sei die Anzahl der Eckpunkte von $\mathcal{T}$ bezeichnet und mit e die Anzahl der Kanten. Dann ist

$$\chi(S) \;=\; v - e + f$$

unabhängig von der Triangulierung und wird als **Euler-Charakteristik** der Fläche S bezeichnet.

Diese Zeilen haben weite Kreise in der Mathematik des 19. und 20. Jahrhunderts gezogen. Ihre Kraft liegt in der Aussage, die Größe $\chi(S)$ sei unabhängig von der Triangulierung. Sie ist sogar unabhängig von jeder Art einer polygonalen Zerlegung der Fläche, es müssen also nicht einmal Dreiecke sein.

Auch wenn es zunächst schwierig erscheint, ist dieser Satz einfach zu beweisen. Nehmen wir dazu zwei Triangulierungen $\mathcal{T} = \{T_1, \ldots, T_f\}$ und $\mathcal{T}' = \{T'_1, \ldots, T'_{f'}\}$ von S. Der Trick besteht darin, zu einer gemeinsamen Verfeinerung $\mathcal{V}$ von $\mathcal{T}$ und $\mathcal{T}'$ überzugehen.

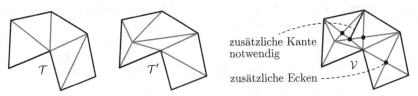

zusätzliche Kante notwendig

zusätzliche Ecken

Wir vertiefen diese Technik hier nicht, ich hoffe, es wird Ihnen auch so klar. Man legt die Dreiecke einfach übereinander und ergänzt das entstehende wirre Gitter mit einigen Kanten, um wieder zu Dreiecken zu gelangen. Wenn wir nun ein schrittweises Vorgehen festlegen könnten, das uns von $\mathcal{T}$ und $\mathcal{T}'$ zu $\mathcal{V}$ bringt und dabei die Zahl χ nicht verändert, wären wir am Ziel. Wir erhalten dann nämlich

$$\chi(S \text{ mit } \mathcal{T}) \;=\; \chi(S \text{ mit } \mathcal{V}) \;=\; \chi(S \text{ mit } \mathcal{T}').$$

Das Vorgehen ist denkbar einfach. Sie verifizieren schnell, dass wir mit einer Sequenz aus den folgenden drei Typen von Modifikationen den Wert der EULER-Charakteristik nicht verändern und dabei von einer Triangulierung zu jeder beliebigen Verfeinerung gelangen können.

1. Unterteilung einer Kante durch einen weiteren Eckpunkt.

2. Unterteilung eines Polygons durch eine weitere Kante.

3. Einführung einer weiteren Kante und eines weiteren Eckpunktes, sodass die Kante in das Innere eines Polygons ragt.

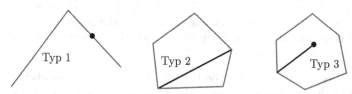

Das Bild zeigt alle Typen in Beispielen. Die Invarianz der EULER-Charakteristik wird durch Nachzählen unmittelbar plausibel. □

Als **Übung** können Sie verifizieren, dass man in jeder Triangulierung endlich viele, durch gemeinsame Seiten verbundene Dreiecke zu einem 2-dimensionalen **Polyeder** zusammenfassen kann und die EULER-Charakteristik dadurch ganz allgemein für **polyedrische Flächenzerlegungen** wohldefiniert ist.

Die Euler-Charakteristik der geschlossenen Flächen

Wir wollen zum Abschluss dieses Kapitels die EULER-Charakteristik für alle geschlossenen Flächen bestimmen. Im Licht des Klassifikationssatzes (Seite 50) ist dabei folgende Beobachtung wichtig, die Sie ebenfalls schnell selbst verifizieren können. Beachten Sie nur, dass Sie für die Summenbildung in diesem Fall Dreiecke (statt Kreisscheiben) ausschneiden müssen.

Hilfssatz (Euler-Charakteristik einer Summe)
Für zwei geschlossene Flächen S_1 und S_2 gilt die Formel

$$\chi(S_1 \# S_2) = \chi(S_1) + \chi(S_2) - 2.$$

Nehmen Sie dazu einfach Triangulierungen von S_1 und S_2, schneiden je ein Dreieck aus und verkleben die Flächen. Wenn Sie jetzt aufmerksam zählen, kommen Sie sofort auf diese Formel. □

Bevor wir $\chi(S)$ für alle geschlossenen Flächen berechnen können, müssen wir diese Größe für die Modellräume S^2, den Torus T^2 und die projektive Ebene $\mathbb{P}^2$ kennen. Vor lauter Theorie und schönen Invarianzbeweisen haben wir uns in der Tat darum bisher gar nicht gekümmert. Kommen wir also zu den ersten realen Beispielen.

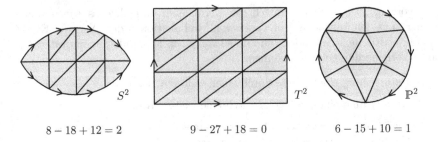

$$8 - 18 + 12 = 2 \qquad\qquad 9 - 27 + 18 = 0 \qquad\qquad 6 - 15 + 10 = 1$$

Das Bild zeigt Triangulierungen dieser drei Modellräume. Beachten Sie bitte, dass dies auch nach der Verklebung noch immer saubere Triangulierungen sind. Wenn Sie jetzt nachzählen, so erhalten Sie $\chi(S^2) = 2$ (das ist der obige klassische Polyedersatz), sowie $\chi(T) = 0$ und $\chi(\mathbb{P}^2) = 1$.

Schöner geht es in der Tat nicht. Die EULER-Charakteristik unterscheidet trennscharf alle Modellräume für geschlossene Flächen. Und mit dem obigen Hilfssatz ergeben sich sofort die anderen relevanten Beispiele.

$$\chi(S^2) = 2$$
$$\chi\big(T_1^2 \# \ldots \# T_n^2\big) = 2 - 2n$$
$$\chi\big(\mathbb{P}_1^2 \# \ldots \# \mathbb{P}_n^2\big) = 2 - n$$

Der Strom der Erkenntnisse reißt jetzt gar nicht mehr ab, wir sind auf eine wahre Goldader gestoßen. Mit diesen Berechnungen entfaltet sich das Zusammenspiel des Klassifikationssatzes und der EULER-Charakteristik zu voller Pracht.

Satz (χ charakterisiert die Homöomorphie geschlossener Flächen)
Zwei geschlossene Flächen S_1 und S_2 sind genau dann homöomorph, wenn sie beide orientierbar (oder beide nicht orientierbar) sind und $\chi(S_1) = \chi(S_2)$ ist.

Die EULER-Charakteristik ist also die erste richtige topologische Invariante der Geschichte – und sie hat eine Vielzahl von Verallgemeinerungen im 20. Jahrhundert erfahren (siehe zum Beispiel Seite 284 ff). Um jetzt von den etwas unschönen negativen Zahlen wegzukommen, hat man das Geschlecht einer geschlossenen Fläche eingeführt.

Definition (Geschlecht einer geschlossenen Fläche)
Für eine geschlossene Fläche S definiert man das **Geschlecht** g als

$$g(S) = \begin{cases} \frac{1}{2}\big(2 - \chi(S)\big) & \text{für } S \text{ orientierbar} \\[2mm] 2 - \chi(S) & \text{für } S \text{ nicht orientierbar}. \end{cases}$$

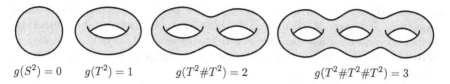

$$g(S^2) = 0 \qquad g(T^2) = 1 \qquad g(T^2 \# T^2) = 2 \qquad g(T^2 \# T^2 \# T^2) = 3$$

Damit kommen wir zurück auf die ganz zu Beginn angedeutete Folklore über Topologen (Seite 12). Im orientierbaren Fall können wir die geschlossenen Flächen ja als Summen endlich vieler Tori im $\mathbb{R}^3$ anschaulich machen. Das Geschlecht g ist dabei so konstruiert, dass es genau der Anzahl von Löchern in diesen Flächen entspricht. Die Sphäre S^2 hat demnach das Geschlecht $g = 0$, ein Torus T^2, also die Oberfläche einer Kaffeetasse, eines Autoreifens oder eines Gugelhupfs, hat $g = 1$, die Oberfläche einer Brezel dagegen $g = 3$.

Eine Anwendung von χ auf die klassischen platonischen Körper

Mit dem erarbeiteten Wissen können wir auf elegante Weise noch ein klassisches Resultat von EUKLID beweisen. Es geht um die **regelmäßigen konvexen Polyeder** und die spannende Frage, welche es davon überhaupt gibt.

Man kennt die **platonischen Körper**: das Tetraeder, das Hexaeder (Würfel), das Oktaeder, das Dodekaeder und das Ikosaeder. Alle diese Polyeder sind homöomorph zu S^2, besitzen also die EULER-Charakteristik 2.

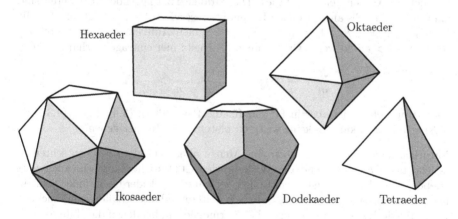

Es drängt sich die Frage auf, ob es noch weitere regelmäßige Polyeder gibt? Nein, es gibt sie nicht. In der Antike wurden all diese ästhetischen Figuren bereits vollständig entdeckt. Der klassische Beweis hierfür benutzt (etwas technische) Winkelargumente in der Ebene und im Raum.

Die EULER-Charakteristik liefert einen eleganten und kürzeren Beweis. Wir nehmen dafür ein solches Polyeder und bezeichnen es mit (n, m), wenn die darin vorkommenden Flächen regelmäßige n-Ecke sind und jeweils m Kanten an einem Eckpunkt zusammentreffen. Der Würfel ist zum Beispiel $(4,3)$, das Ikosaeder $(5,3)$.

Man nennt diese Notation das **Schläfli-Symbol**, benannt nach dem (leider wenig bekannten) Schweizer Mathematiker L. SCHLÄFLI. (Wir werden das SCHLÄFLI-Symbol übrigens am Ende das Buches verallgemeinern und auf höherdimensionale Polytope anwenden, um eine der wichtigsten Mannigfaltigkeiten des 20. Jahrhunderts zu untersuchen, siehe Seite 453 f.)

Nun schneiden wir alle n-Ecke vollständig aus, sodass die Kanten in kleinem Abstand voneinander entfernt sind, die Gesamtfigur aber noch gut erkennbar ist. Wie groß ist die Anzahl f der Flächen? Durch das Schneiden hat sich die Anzahl der Kanten e verdoppelt, und jede ausgeschnittene Fläche benötigt n Kanten, weswegen ganz offenbar $f = 2e/n$ ist.

Wie viele Eckpunkte hat das Polyeder? Ganz einfach, jeder Eckpunkt beansprucht von den $2e$ Kanten genau m Stück. Die parallel dazu liegenden m Kanten sind dann für die jeweils angrenzenden Eckpunkte reserviert. Daraus folgt offenbar die Beziehung $v = 2e/m$. Jetzt hat $\chi(S^2) = 2$ seinen Auftritt, denn es ergibt sich sofort $v + f > e$ und wenn wir die obigen Formeln hier eintragen, erhalten wir

$$\frac{2e}{m} + \frac{2e}{n} > e \quad \Leftrightarrow \quad \frac{1}{m} + \frac{1}{n} > \frac{1}{2}\,.$$

Diese Ungleichung ist aber in $\mathbb{N}^2$ nur für die Paare $(3,3)$, $(3,4)$, $(3,5)$, $(4,3)$ und $(5,3)$ erfüllt, also kann es keine weiteren platonischen Körper geben. $\qquad\square$

Natürlich könnte man jetzt noch eine Menge über berandete Flächen schreiben (solche mit $\partial F \neq \varnothing$) und die Wirkung der EULER-Charakteristik auch dort erleben, doch der Platz in diesem Einleitungskapitel ist leider beschränkt. Schließlich wollten wir nur die Grundlagen für die weiteren Inhalte schaffen, oder auch ein wenig Wiederholung für diejenigen Leser ermöglichen, bei denen die einführenden Topologievorlesungen schon eine Weile her sind.

Lassen Sie uns also vorankommen auf der Reise durch die Topologie. Steigen wir ein in die Welt der algebraischen Topologie und sehen, welche interessanten Querbezüge zur Algebra sich dabei ergeben.

3 Algebraische Grundlagen – Teil I

Bevor wir mit der algebraischen Topologie beginnen, seien hier einige Fakten aus der Gruppentheorie zusammengetragen, damit Sie bei der Lektüre nicht über die Grundlagen stolpern und sich auf die topologischen Aspekte konzentrieren können. In der Tat ist die Gruppe die wichtigste Grundstruktur der algebraischen Topologie (erst viel später, im Kapitel über die Kohomologie, werden auch Ringe wichtig). Im Anschluss daran besprechen wir noch den Schiefkörper der Quaternionen, um einen der interessantesten topologischen Räume des 20. Jahrhunderts konstruieren zu können: die POINCARÉsche Homologiesphäre H_P^3, die uns das ganze Buch begleiten wird (ab Seite 132).

Die folgenden Ausführungen erheben keinerlei Anspruch auf Vollständigkeit und beziehen sich nur auf die algebraischen Begriffe, Definitionen und Sätze, die im nächsten Kapitel benötigt werden.

3.1 Elemente der Gruppentheorie

Eine **Gruppe** besteht aus einer Menge G, zusammen mit einer Abbildung

$$G \times G \longrightarrow G, \quad (x,y) \mapsto xy,$$

die folgende Eigenschaften erfüllt:

1. *Assoziativität*: Für alle $x, y, z \in G$ gilt $(xy)z = x(yz)$.
2. *Neutrales Element*: Es gibt ein $e \in G$ mit $ex = xe = x$ für alle $x \in G$.
3. *Inverse Elemente*: Für alle $x \in G$ gibt es ein $y \in G$ mit $xy = yx = e$.

Aus Punkt 2 folgt, dass eine Gruppe nie leer ist. Einfache **Übungen** zeigen, dass $e \in G$ und die inversen Elemente eindeutig sind. Für das zu x inverse Element schreibt man oft x^{-1}, das n-fache Produkt von x wird mit x^n abgekürzt (oder bei additiver Schreibweise die Inversen mit $-x$ und die n-fache Summe mit nx). Das neutrale Element einer additiv geschriebenen Gruppe wird manchmal auch mit 0 bezeichnet, bei multiplikativer Schreibweise mit 1.

Falls zusätzlich für alle $x, y \in G$ die Gleichung $xy = yx$ gilt, spricht man von einer **kommutativen** oder **abelschen Gruppe**. In diesem Fall wird die Gruppenverknüpfung xy häufig additiv als $x + y$ geschrieben (und wie bereits angedeutet, mit dem neutralen Element 0 und den inversen Elementen $-x$).

Beispiele für abelsche Gruppen sind $\mathbb{Z}$, $\mathbb{Z}_n = \mathbb{Z}/n\mathbb{Z}$ oder die Standardkörper $\mathbb{Q}$, $\mathbb{R}$ und $\mathbb{C}$, jeweils mit der Addition $+$ als Gruppenverknüpfung. Gruppen, die nicht abelsch sind, kennen Sie bestimmt auch schon: Die Gruppen $\mathrm{GL}(n, K)$ der invertierbaren $(n \times n)$-Matrizen über einem Körper K (mit der Matrixmultiplikation als Verknüpfung) sind für $n \geq 2$ nicht kommutativ.

Untergruppen, Normalteiler und Quotientengruppen

Eine nichtleere Teilmenge $H \subset G$, die bei der Gruppenverknüpfung und der Bildung von Inversen abgeschlossen ist, wird als **Untergruppe** von G bezeichnet. Beispiele für Untergruppen sind die additiven Gruppen $\mathbb{Z} \subset \mathbb{Q}$, $2\mathbb{Z} \subset \mathbb{Z}$ oder $\mathbb{Z} \oplus \{0\} \subset \mathbb{Q} \oplus \mathbb{Z}$, nicht aber $\mathbb{N} \subset \mathbb{Z}$ (keine Inversen) oder $\{-1,0,1\} \subset \mathbb{Z}$ (nicht abgeschlossen bei Addition).

Eine wichtige Konstruktion ist dann die Quotientenbildung einer Gruppe G durch eine Untergruppe H, also der Übergang zur **Quotientengruppe** G/H. In Anlehnung an Vektorräume seien zwei Elemente $a, b \in G$ äquivalent (in Zeichen $a \sim b$) zueinander genau dann, wenn $ab^{-1} \in H$ ist. Sie überprüfen schnell, dass $\sim$ eine Äquivalenzrelation definiert (**Übung**) und die Menge G/H der Äquivalenzklassen somit wohldefiniert ist. Im Gegensatz zu Vektorräumen kann aber eine Schwierigkeit mit der Gruppenstruktur entstehen, wenn G nicht abelsch ist.

Ein Beispiel hierzu: Es sei G die Gruppe der (endlichen reduzierten) **Wörter**, die aus den Buchstaben a und b und ihren Inversen a^{-1} und b^{-1} gebildet werden können. Dabei ist natürlich $ab \neq ba$, weitere Elemente sind $aabaaa = a^2ba^3$ oder $b^{-4}ab^2a^2b^{-1}$. Wann immer ein Buchstabe direkt neben seinem Inversen steht, verschmelzen sie zu 1 (darum die Bezeichnung „reduziertes" Wort). So ist $aa^{-1} = 1$, $b^{-1}ba = a$ oder $abb^{-1}ba^2 = aba^2$. Jedes Element besteht also aus einer alternierenden endlichen Folge von Potenzen der Elemente a oder b. Man schreibt kurz $G = F(a, b)$ und nennt dies die **freie Gruppe** über der **Basis** $\{a, b\}$. Der **Rang** einer freien Gruppe ist die Elementzahl einer (beliebigen) Basis. Diese Zahl ist eindeutig durch die Gruppe bestimmt, was später auf Seite 70 gezeigt wird. (Allgemein heißt eine Teilmenge $S \subseteq G$ eine Menge von **Generatoren** für G, falls jedes $x \in G$ eine Darstellung der Form $x = a_1 \ldots a_n$ hat, mit $a_i \in S$ oder $a_i^{-1} \in S$, $i = 1, \ldots, n$. Man sagt in diesem Fall, S **generiert** oder **erzeugt** G.)

Nun konstruieren wir aus $F(a, b)$ eine neue Gruppe durch eine **Relation**, mit der man bab^{-1} auf a^{-1} verkürzen kann. Die Relation lautet $bab^{-1} = a^{-1}$ oder $bab^{-1}a = 1$ (Rechtsmultiplikation mit a) und man schreibt die Gruppe mit der zusätzlichen Verkürzungsregel als $F\big(a, b \,\big|\, bab^{-1}a\big)$. Im nächsten Kapitel bei den Überlagerungen wird sich die Frage stellen, ob der Quotient von $F\big(a, b \,\big|\, bab^{-1}a\big)$ nach der Untergruppe $H = F(b)$ existiert (eine von einem Element erzeugte Gruppe nennt man übrigens eine **zyklische Gruppe**).

Hier entsteht nun ein Problem: Die Untergruppe $F(b) \subset F\big(a, b \,\big|\, bab^{-1}a\big)$ definiert zwar mit obiger Festlegung $x \sim y \Leftrightarrow xy^{-1} \in F(b)$ eine Äquivalenzrelation auf $F\big(a, b \,\big|\, bab^{-1}a\big)$, aber der Quotient $F\big(a, b \,\big|\, bab^{-1}a\big)/F(b)$ bekommt dadurch keine Gruppenstruktur. Eine einfache **Übung** zeigt nämlich, dass $ab \in aF(b)$ ist, aber $ab \notin F(b)a$ (alle Verkürzungen lassen den b-Grad der Wörter unverändert, weswegen aus dem Ansatz $ab = b^na$ sofort $n = 1$ folgen würde, ein Widerspruch zu $ab \neq ba$). Damit stimmen die linke und rechte **Nebenklasse** $aF(b)$ und $F(b)a$ nicht überein, weswegen Sie (wieder über einfache Argumente mit dem b-Grad) $ab \not\sim ab^2$ zeigen können, obwohl $b \sim b^2$ ist.

Für die Wohldefiniertheit einer Quotientengruppe G/H ist es also notwendig (und hinreichend), dass für alle $a \in G$ die Beziehung $aH = Ha$ gilt, man nennt H in diesem Fall einen **Normalteiler** von G, oder kurz **normal**. In einer abelschen Gruppe ist jede Untergruppe ein Normalteiler.

In nicht-abelschen Gruppen gilt das aber nicht, wie wir gerade an dem Beispiel $F(b)$ in der Gruppe $F(a, b \mid bab^{-1}a)$ gesehen haben. Da offensichtlich $hH = Hh$ ist für alle $h \in H$, kann man sich fragen, welches die größte Teilmenge in G ist, in der H noch ein Normalteiler ist. Diese Teilmenge ist gegeben durch

$$N_H = \{a \in G : aH = Ha\}$$

und heißt **Normalisator** von H in G. Sie ist ebenfalls eine Untergruppe von G. Bei den Überlagerungen werden wir dieses Thema aufgreifen (Seite 106) und einen wichtigen Satz auch für nicht-normale Überlagerungen besprechen können, indem der Übergang von G/H zu N_H/H gemacht wird (letztere Menge ist eine Gruppe).

Mit der Quotientenbildung kann auch der **Index** einer Untergruppe $H \subset G$ definiert werden, und zwar als die Elementzahl der Menge G/H. So hat $3\mathbb{Z} \subset \mathbb{Z}$ den Index 3, $F(a^2, b^3) \subset F(a, b)$ den Index ∞, und $F(a^2, b^3) \subset F(a, b \mid aba^{-1}b^{-1})$ den Index 6 (probieren Sie das vielleicht als kleine **Übung**). Der Vollständigkeit halber sei noch gesagt, dass die **Ordnung** einer Gruppe G der Index der trivialen Untergruppe $\{e\}$ ist, also landläufig die Elementzahl der Menge $G \cong G/\{e\}$.

Homomorphismen, exakte Sequenzen und die Isomorphiesätze

Eine Abbildung $f : G \to H$ zwischen Gruppen heißt **Homomorphismus**, falls stets $f(ab) = f(a)f(b)$ ist. Es gilt dann immer $f(e) = e$. Ist f surjektiv (injektiv, bijektiv), nennt man es einen **Epimorphismus (Mono-, Isomorphismus)**. Der **Kern** von f ist die Untergruppe $\operatorname{Ker}(f) \subset G$ aller Elemente mit $f(a) = e$ (das ist sogar ein Normalteiler in G, Seite 65). Unter dem **Bild** $\operatorname{Im}(f)$ versteht man die Untergruppe $f(G) = \{f(a) : a \in G\} \subseteq H$. Von einer **Sequenz** der Gestalt

$$\ldots \xrightarrow{f_{-3}} G_{-2} \xrightarrow{f_{-2}} G_{-1} \xrightarrow{f_{-1}} G_0 \xrightarrow{f_0} G_1 \xrightarrow{f_1} G_2 \xrightarrow{f_2} G_3 \xrightarrow{f_3} \ldots$$

spricht man genau dann, wenn für alle $i \in \mathbb{Z}$ die Bedingung $\operatorname{Im}(f_i) \subseteq \operatorname{Ker}(f_{i+1})$ erfüllt ist, äquivalent dazu ist die Bedingung $f_{i+1} \circ f_i \equiv e$ (oder kurz $f_{i+1}f_i \equiv e$). Eine solche Sequenz heißt **exakt**, wenn stets $\operatorname{Im}(f_i) = \operatorname{Ker}(f_{i+1})$ ist. Eine **kurze exakte Sequenz** hat dann die Form

$$0 \longrightarrow K \xrightarrow{f} G \xrightarrow{g} H \longrightarrow 0,$$

wobei die triviale Gruppe $\{e\}$ in solchen Sequenzen häufig mit 0 bezeichnet wird. In diesen Fällen ist $K \cong \operatorname{Ker}(g)$, wie Sie ohne Probleme erkennen, und der Homomorphismus g **faktorisiert** (unabhängig davon, ob g surjektiv ist) zu einem Monomorphismus $\bar{g} : G/\operatorname{Ker}(g) \to H$, was man sich durch das folgende, kommutative Diagramm merkt ($q : G \to G/\operatorname{Ker}(g)$ ist die kanonische Quotientenabbildung):

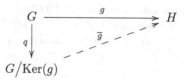

Versuchen Sie vielleicht als kleine **Übung** (oder Wiederholung), für $\overline{g}$ die Eigenschaft eines Homomorphismus und dessen Injektivität zu zeigen. Der erste der drei Isomorphiesätze (die auf E. NOETHER zurückgehen, [88]) ergibt sich daraus ohne weitere Erklärung.

Satz (Erster Isomorphiesatz oder Homomorphiesatz, Noether, 1927)
Jeder Gruppenhomomorphismus $g : G \to H$ faktorisiert zu einem injektiven Homomorphismus (Monomorphismus) $\overline{g} : G/\mathrm{Ker}(g) \to H$. Wird g auf das Bild $\mathrm{Im}(g)$ eingeschränkt, entsteht daraus die Isomorphie $G/\mathrm{Ker}(g) \cong \mathrm{Im}(g)$. $\square$

In kurzen exakten Sequenzen der Form $0 \to K \xrightarrow{f} G \xrightarrow{g} H \to 0$ wird dann häufig $f(K) = \mathrm{Ker}(g)$ mit K gleichgesetzt und man schreibt kurz $G/K \cong H$.

Der zweite Isomorphiesatz ist vielleicht am wenigsten eingänglich. Er verwendet für Untergruppen $L, R \subseteq G$ das **Produkt** $LR = \{ab : a \in L, \ b \in R\}$. Eine einfache **Übung** zeigt, dass LR genau dann eine Untergruppe von G ist, wenn $LR = RL$ gilt. Dies gilt, wenn eine der beiden Untergruppen ein Normalteiler ist. Falls sowohl L als auch R normal sind, ist auch LR ein Normalteiler in G.

Satz (Zweiter Isomorphiesatz, Noether, 1927)
Es seien $L, R \subseteq G$ Untergruppen und R normal. Dann ist $L \cap R$ normal in L und es gibt eine natürliche Isomorphie $L/(L \cap R) \cong LR/R$.

Zum **Beweis**: Offensichtlich ist R auch in LR normal, dito für $L \cap R \subseteq L$, sodass alle Quotienten eine Gruppenstruktur besitzen. Man definiert einen natürlichen Homomorphismus

$$f : L \longrightarrow LR/R$$

durch die Zuordnung $a \mapsto aR$, der offensichtlich surjektiv ist (einfache **Übung**). Eine einfache Prüfung zeigt, dass $\mathrm{Ker}(f) = L \cap R$ ist und die Behauptung folgt mit dem ersten Isomorphiesatz. $\square$

Wir werden den zweiten Isomorphiesatz später nur für den Fall abelscher Gruppen brauchen (Seite 265), wo die ganzen Prüfungen auf Wohldefiniertheit und Normalität der Untergruppen wegfallen können. Der Satz ist für abelsche Gruppen in der Tat fast trivial.

Die einfachsten Beispiele lassen sich mit den Restklassengruppen $\mathbb{Z}_n = \mathbb{Z}/n\mathbb{Z}$ bilden. Probieren Sie vielleicht als kleine **Übung**, den Satz für $L = \mathbb{Z}_3$ und $R = \mathbb{Z}_7$ als (additive) Untergruppen von $\mathbb{Z}$ oder $L = \mathbb{Z}_5 \oplus \mathbb{Z}_6$ und $R = \mathbb{Z}_9 \oplus \mathbb{Z}_{10}$ als Untergruppen von $\mathbb{Z} \oplus \mathbb{Z}$ zu verifizieren (beachten Sie, dass bei additiven Untergruppen $L/(L \cap R) \cong (L + R)/R$ zu zeigen ist).

Satz (Dritter Isomorphiesatz, Noether, 1927)
Es seien normale Untergruppen $A, B \subseteq G$ gegeben, mit $A \subseteq B$. Dann ist B/A normal in G/A und es gibt eine natürliche Isomorphie $(G/A)/(B/A) \cong G/B$.

Der **Beweis** ist Routine. Wenn gA und gB die linken Nebenklassen von g in G/A und G/B sind (sie sind identisch mit den rechten Nebenklassen Ag und Bg, denn wir haben es mit Normalteilern zu tun), faktorisiert die natürliche Surjektion

$$G/A \longrightarrow G/B, \quad gA \mapsto gB,$$

durch ihren Kern B/A zu einem Isomorphismus $(G/A)/(B/A) \to G/B$, wieder unter Verwendung des ersten Isomorphiesatzes. $\square$

Auch hier können Sie mit den Beispielen rund um die abelschen Gruppen $n\mathbb{Z}$ und den Quotienten $\mathbb{Z}_n$ experimentieren. So ist mit der Kette $9\mathbb{Z} \subset 3\mathbb{Z} \subset \mathbb{Z}$ nach dem dritten Isomorphiesatz offensichtlich

$$
\begin{aligned}
\mathbb{Z}_3 \;=\; & \mathbb{Z}/3\mathbb{Z} \cong (\mathbb{Z}/9\mathbb{Z})/(3\mathbb{Z}/9\mathbb{Z}) \\
\cong\; & (\mathbb{Z}/9\mathbb{Z})/3(\mathbb{Z}/9\mathbb{Z}) \cong \mathbb{Z}_9/3\mathbb{Z}_9 \\
=\; & (\mathbb{Z}_9)_3 \,.
\end{aligned}
$$

Allgemein ergibt sich so für ganze Zahlen $a \geq 0$ und alle Vielfachen b von a die Isomorphie $\mathbb{Z}_a \cong (\mathbb{Z}_b)_a$. Wir werden später aus dem dritten Isomorphiesatz ein wichtiges Resultat über relative Homologiegruppen herleiten (Seite 263).

Die oben als Beispiel verwendete Konstruktion der freien Gruppe $F(a,b)$ über der Basis $\{a,b\}$ kann man auch allgemeiner durchführen, was zum **freien Produkt** zweier Gruppen G und H führt, in Zeichen $G * H$. Wir benötigen es später beim Satz von Seifert-van Kampen für die Fundamentalgruppe, Seite 111.

Es handelt sich dabei um die Menge aller **reduzierten Wörter** der Form $w = g_1 h_1 g_2 h_2 \ldots g_n h_n$, in denen $g_i \in G$ und $h_j \in H$ sind, alle $\neq 1$ bis auf eventuell g_1 oder h_n (ein Wort kann eben mit einem Element aus G oder H beginnen oder enden). Die Gruppenverknüpfung ist auch hier einfach das Hintereinanderschreiben der Worte, wobei Elemente aus der gleichen Gruppe an der Nahtstelle (auch wiederholt) zusammengeführt werden, um wieder ein reduziertes Wort der obigen Bauart zu ergeben.

Den Abschluss dieser Kurzvorstellung zu allgemeinen, auch nicht-abelschen Gruppen bildet ein Satz, dessen Beweis im nächsten Kapitel mit topologischen Mitteln geführt wird – ein schönes Beispiel dafür, dass sich Topologie und Algebra gegenseitig unterstützen können, man also durchaus von „topologischen Hilfsmitteln" in der Algebra sprechen kann (und nicht nur umgekehrt). Hier der Satz:

Satz (Nielsen-Schreier, 1927, [86][102])
Jede Untergruppe H einer freien Gruppe G ist frei. Falls G einen Rang $r \leq \infty$ hat und $H \subseteq G$ den endlichen Index n, dann hat H den Rang $1 + n(r-1)$.

Eine bemerkenswerte Aussage, deren eleganter topologischer Beweis ab Seite 117 vorgestellt wird. Wir wenden uns nun im Speziellen den abelschen Gruppen zu. Sie spielen die zentrale Rolle in der Homologie- und Kohomologietheorie.

Abelsche Gruppen

Kommutative, also abelsche Gruppen werden häufig additiv notiert, also mit der Gruppenverknüpfung $a + b$ und dem neutralen Element 0. Die inversen Elemente heißen dann Negative und werden als $-a$ notiert. Für eine Familie $(A_\lambda)_{\lambda \in \Lambda}$ von abelschen Gruppen über einer beliebigen Indexmenge Λ sei die **direkte Summe**

$$A = \bigoplus_{\lambda \in \Lambda} A_\lambda$$

als Teilmenge des Mengen-Produktes $\prod_{\lambda \in \Lambda} A_\lambda$ definiert: Es ist die Menge aller Familien $(x_\lambda)_{\lambda \in \Lambda}$, in denen alle x_λ bis auf endlich viele gleich 0 sind. Beachten Sie, dass $\prod_{\lambda \in \Lambda} A_\lambda$ nicht leer ist, auch ohne das Auswahlaxiom (Seite 8), denn in jeder Gruppe ist die 0 a priori ein ausgezeichnetes Element.

Unter einer **frei abelschen Gruppe** A versteht man eine abelsche Gruppe, die eine **(freie) Basis** hat, also eine Teilmenge $S \subset A$, sodass jedes $a \in A$ eine (bis auf die Reihenfolge der Summanden) eindeutige Darstellung der Form

$$a = \sum_{x_i \in S} n_i x_i$$

hat, mit ganzen Zahlen $n_i \in \mathbb{Z}$, wobei alle n_i bis auf endlich viele gleich 0 sind (das macht die Summe erst möglich). Beachten Sie bitte, dass die Begriffe „freie Gruppe" und „frei abelsche Gruppe" nichts miteinander zu tun haben, denn eine freie Gruppe ist genau dann abelsch, wenn sie unendlich zyklisch ist, also isomorph zu $\mathbb{Z}$ – und das sind nur die trivialen Beispiele $A = \mathbb{Z}x$ mit Basis $\{x\}$.

Hat eine frei abelsche Gruppe eine endliche Basis, so nennt man sie **endlich erzeugt**. Das Standardbeispiel für eine endlich erzeugte, frei abelsche Gruppe ist

$$A = \mathbb{Z}x_1 \oplus \ldots \oplus \mathbb{Z}x_n \, ,$$

als direkte Summe unendlich zyklischer Gruppen mit einer Basis $S = \{x_1, \ldots, x_n\}$. Kommen wir nun zu einem ersten wichtigen Satz über frei abelsche Gruppen.

Satz (Dedekind)
Jede Untergruppe B einer frei abelschen Gruppe A ist frei abelsch. Jede Basis von B ist dabei gleichmächtig, und ihre Mächtigkeit ist kleiner oder gleich der Mächtigkeit einer Basis von A.

Eine direkte Folgerung aus dem Satz ist, dass alle Basen einer frei abelschen Gruppe die gleiche Elementzahl haben, man nennt diese Zahl den (frei abelschen) **Rang** der Gruppe, in Zeichen $\mathrm{rk}(A)$.

Für den **Beweis** des Satzes sei A zunächst endlich erzeugt mit Basis $\{x_1, \ldots, x_n\}$ und wir zeigen den Satz durch Induktion nach n. Der Fall $n = 1$ ist klar, denn es ist $\mathbb{Z}x_1 \cong \mathbb{Z}$ und jede nicht-triviale Untergruppe $B \subseteq \mathbb{Z}$ hat ein $b \in B$ minimalen Betrages $|b| > 0$. Offensichtlich ist dann $B = \mathbb{Z}b$, was auch die zwei Aussagen des Satzes über den Rang von B bestätigt.

Falls $A = \mathbb{Z}x_1 \oplus \ldots \oplus \mathbb{Z}x_n$ ist, betrachte die Projektion $p : A \to \mathbb{Z}x_n$ und deren Einschränkung $p|_B$. Es gibt dann eine kurze exakte Sequenz der Form

$$0 \longrightarrow \mathrm{Ker}(p_B) \longrightarrow B \overset{p|_B}{\longrightarrow} p(B) \longrightarrow 0.$$

Dabei ist $p(B)$ frei abelsch vom Rang ≤ 1 in $\mathbb{Z}x_n$ nach Induktionsanfang und $\mathrm{Ker}(p_B)$ eine Untergruppe von $\mathrm{Ker}(p) = \mathbb{Z}x_1 \oplus \ldots \oplus \mathbb{Z}x_{n-1}$, also frei abelsch mit Rang $\leq n-1$ nach Induktionsannahme. Im Fall $p(B) = 0$ ist damit B frei abelsch.

Falls $p(B) \neq 0$ ist, hat es wegen des Induktionsanfangs den Rang 1 und besitzt eine Basis $\{x\}$. Mit einem Element $y \in p^{-1}(x) \cap B$ definiert dann die Zuordnung $x \mapsto y$ einen Homomorphismus $f : p(B) \to B$ mit $p|_B \circ f = \mathrm{id}_{p(B)}$. Eine solche „Rückwärtsabbildung" nennt man auch einen **Schnitt** der Surjektion $p|_B$ und dieser Schnitt bedeutet, dass die Sequenz **spaltet**. Es ist dann eine einfache **Übung**, zu zeigen, dass es einen Isomorphismus $\mathrm{Ker}(p_B) \oplus p(B) \to B$ gibt und damit auch B frei abelsch ist (nehmen Sie einfach die Abbildung $k \oplus x \mapsto k + f(x)$ und zeigen deren Injektivität und Surjektivität mit der Exaktheit der obigen Sequenz).

Es bleibt noch, die Aussagen über den Rang der Gruppen zu zeigen. Nach obiger Konstruktion hat B eine Basis mit $m \leq n$ Elementen. Damit genügt der Nachweis, dass alle anderen Basen auch m Elemente haben. Falls eine andere Basis r Elemente hat, gibt es für B die Darstellungen

$$B \cong \mathbb{Z}x_1 \oplus \ldots \oplus \mathbb{Z}x_m \quad \text{und} \quad B \cong \mathbb{Z}y_1 \oplus \ldots \oplus \mathbb{Z}y_r.$$

Daraus folgen auch für die Quotientengruppe $B/2B$ die Darstellungen

$$B/2B \cong \mathbb{Z}_2\, x_1 \oplus \ldots \oplus \mathbb{Z}_2\, x_m \cong \mathbb{Z}_2\, y_1 \oplus \ldots \oplus \mathbb{Z}_2\, y_r.$$

Die mittlere Gruppe hat 2^m Elemente, die rechts 2^r Elemente, woraus $r = m$ folgt. Ein netter Trick. Die entsprechende topologisch-analytische Aussage, dass aus einer Homöomorphie $\mathbb{R}^m \cong \mathbb{R}^n$ stets $m = n$ folgt, macht deutlich mehr Mühe, wird aber auch mit algebraischen Mitteln bewiesen (Seite 272).

Der Satz ist damit für endlich erzeugte Gruppen bewiesen. Für allgemeine frei abelsche Gruppen benötigt man das ZORNsche Lemma (Seite 8), an die Stelle der gewöhnlichen Induktion tritt eine ausgeklügelte transfinite Induktion. Es sei dazu $\{x_\lambda : \lambda \in \Lambda\}$ eine Basis von A und $B \subseteq A$ wieder die Untergruppe. Für jede Teilmenge $\mathcal{T} \subseteq \Lambda$ sei dann $A_\mathcal{T} \subseteq A$ die frei abelsche Gruppe, die von der Teilbasis $\{x_\tau : \tau \in \mathcal{T}\}$ erzeugt ist. Ein Untergruppe davon ist $B_\mathcal{T} = B \cap A_\mathcal{T}$. Um die transfinite Induktion vorzubereiten, betrachten wir die Menge

$$\mathcal{M} = \big\{(B_\mathcal{T}, \mathcal{T}') : \mathcal{T} \subseteq \Lambda \text{ und } B_\mathcal{T} \text{ frei abelsch mit Basis } \{y_\tau : \tau \in \mathcal{T}'\},\ \mathcal{T}' \subseteq \mathcal{T}\big\}.$$

Der Satz in der Variante für endlich erzeugte Gruppen garantiert, dass es solche Paare gibt (zumindest für alle endlichen Teilmengen $\mathcal{T}$). Eine induktive Ordnung auf $\mathcal{M}$ ist auf naheliegende Weise möglich: Es sei $(B_\mathcal{S}, \mathcal{S}') \leq (B_\mathcal{T}, \mathcal{T}')$ genau dann, wenn $\mathcal{S} \subseteq \mathcal{T}$ und $\mathcal{S}' \subseteq \mathcal{T}'$ ist, und die Basis $\{y_\sigma : \sigma \in \mathcal{S}'\}$ von $B_\mathcal{S}$ eine Teilmenge der Basis $\{y_\tau : \tau \in \mathcal{T}'\}$ von $B_\mathcal{T}$ ist. Offensichtlich hat jede Kette in $\mathcal{M}$ eine obere Schranke (die Vereinigung aller Paare in der Kette). Nach dem ZORNschen Lemma (Seite 8) existiert dann ein maximales Element $(B_\mathcal{T}, \mathcal{T}') \in \mathcal{M}$.

Wir zeigen $\mathcal{T} = \Lambda$, was den Beweis des Satzes vollendet. Falls $\mathcal{T} \subset \Lambda$ wäre, nehmen wir ein $\mu \in \Lambda \setminus \mathcal{T}$. Damit ist $B \cap \mathbb{Z}x_\mu \neq \{0\}$, sonst hätten wir

$$B_{\mathcal{T} \cup \{\mu\}} = B \cap A_{\mathcal{T} \cup \{\mu\}} = B \cap A_{\mathcal{T}} = B_{\mathcal{T}}$$

frei abelsch mit Basis $\{y_\tau : \tau \in \mathcal{T}'\}$, also $(B_{\mathcal{T} \cup \{\mu\}}, \mathcal{T}') \in \mathcal{M}$ im Widerspruch zur Maximalität von $(B_{\mathcal{T}}, \mathcal{T}')$. Aus diesem Widerspruch kommen wir aber auch mit $B \cap \mathbb{Z}x_\mu \neq \{0\}$ nicht heraus: Es wäre dann $B \cap \mathbb{Z}x_\mu$ frei abelsch mit einer Basis $\{cx_\mu\}$, für ein $c \in \mathbb{Z}$, und mit der Wahl von $y_\mu = cx_\mu$ ist $\left(B_{\mathcal{T} \cup \{\mu\}}, \mathcal{T}' \cup \{\mu\}\right) \in \mathcal{M}$, das ist der gleiche Widerspruch wie oben. Damit ist der Satz bewiesen, denn die Aussage über die Mächtigkeit der Basen folgt direkt aus der Konstruktion. $\square$

Eine trickreiche Induktion mit dem ZORNschen Lemma, dem Beweis der Existenz von Basen in Vektorräumen zwar ähnlich, aber doch etwas schwieriger. Eine Konsequenz dieses Satzes ist eine wichtige Aussage über freie Gruppen:

> **Beobachtung:** Der Rang einer freien Gruppe G (Seite 64) ist wohldefiniert, die Mächtigkeit einer Basis von G hängt also nur von der Gruppe selbst ab.

Der **Beweis** verwendet eine Idee, die auch für nicht-freie Gruppen funktioniert: Man nimmt den **Kommutator** von G, das ist die Untergruppe $[G, G]$, die von allen Elementen $xyx^{-1}y^{-1}$ erzeugt ist, $x, y \in G$ (das Symbol $[\,]$ kommt von der LIE-Klammer $[x, y] = xy(yx)^{-1} = xyx^{-1}y^{-1}$, die genau dann 1 ist, wenn $xy = yx$ ist). Sie prüfen schnell, dass $[G, G]$ ein Normalteiler in G ist und die Gruppe $G/[G, G]$ abelsch (man nennt sie die **Abelisierung** der Gruppe G). Durch geeignetes Vertauschen der Faktoren eines Wortes in G erkennen Sie schnell, dass jede Basis von G auch eine Basis der frei abelschen Gruppe $G/[G, G]$ ist (so ist zum Beispiel $a^4ba^{-2}cbc^{-2}a$ in der Abelisierung identisch zu $a^3b^2c^{-1}$). Der Rang einer frei abelschen Gruppe ist aber durch die Gruppe selbst bestimmt (Seite 68). $\square$

Soweit dieser Überblick zu (frei) abelschen Gruppen. Zum Abschluss der gruppentheoretischen Grundlagen besprechen wir noch die Klassifikation endlich erzeugter abelscher Gruppen, die wir später für einige (eher tautologische) Sätze brauchen.

Der Hauptsatz über endlich erzeugte abelsche Gruppen

Die klassischen Beispiele für endlich erzeugte abelsche Gruppen sind $\mathbb{Z}$, die Restklassengruppen $\mathbb{Z}_n$ und natürlich endliche direkte Summen davon. Der Hauptsatz über endlich erzeugte abelsche Gruppen besagt, dass es (bis auf Isomorphie) gar keine anderen Exemplare dieser Art gibt. Wir beginnen mit dem Unterschied zwischen den unendlichen und den endlichen zyklischen Gruppen.

Für alle $a \in \mathbb{Z}_n$ gilt $na = 0$. Solche Elemente nennt man (ganz allgemein in beliebigen Gruppen) **Torsionselemente**, und wenn eine Gruppe nur aus solchen Elementen besteht (bei denen also ein Vielfaches verschwindet), dann nennt man sie eine **Torsionsgruppe**. Eine Gruppe ohne Torsionselemente heißt **torsionsfreie** Gruppe. Die Menge aller Torsionselemente von A, in Zeichen A_{tor}, ist eine Untergruppe von A. Die Quotientengruppe A/A_{tor} ist torsionsfrei. Die folgende Beobachtung liefert nun ein wichtiges Teilresultat auf dem Weg zum Hauptsatz.

Beobachtung: Jede endlich erzeugte, torsionsfreie abelsche Gruppe A ist frei.

Zum **Beweis** sei S eine endliche Menge von Generatoren. Man wählt darin eine maximale Teilmenge $\{s_1, \ldots, s_n\}$, die $\mathbb{Z}$-linear unabhängig ist: Aus der Gleichung $a_1 s_1 + \ldots + a_n s_n = 0$ folgt also $a_i = 0$ für alle $i = 1, \ldots, n$. Die von $\{s_1, \ldots, s_n\}$ erzeugte Untergruppe $B \subseteq A$ ist frei.

Es gibt dann ein $m \in \mathbb{Z}$ mit $mA \subseteq B$. Das wird schnell klar, denn für jeden Generator $s \in S$ gibt es ganze Zahlen $a_s, a_1 \ldots, a_n$ mit $a_s s + a_1 s_1 + \ldots + a_n s_n = 0$, wobei nicht alle Koeffizienten gleich 0 sind (sonst wäre $\{s_1, \ldots, s_n\}$ mit der obigen Eigenschaft nicht maximal gewesen). Offensichtlich muss dabei $a_s \neq 0$ sein. Damit ist $a_s s \in B$ und m kann als das Produkt $\prod_{s \in S} a_s$ gewählt werden.

Da A torsionsfrei ist, ist der Homomorphismus $A \to A$, $x \mapsto mx$, injektiv, also ein Isomorphismus auf sein Bild $mA \subseteq B$. Nach obigem Satz (Seite 68) ist mA als Untergruppe der freien Gruppe B selbst frei, mithin ist auch A frei. $\qquad\square$

Die endliche Erzeugtheit ist für den Satz wichtig. So ist die abelsche Gruppe $\mathbb{Z}^{\mathbb{N}}$ aller Folgen ganzer Zahlen offensichtlich torsionsfrei, aber nicht frei abelsch, [6].

Damit spaltet für endlich erzeugte abelsche Gruppen A die kurze exakte Sequenz

$$0 \longrightarrow A_{\text{tor}} \longrightarrow A \longrightarrow A/A_{\text{tor}} \longrightarrow 0,$$

denn A/A_{tor} ist frei von endlichem Rang nach der Beobachtung, weswegen es wieder einen Spaltungshomomorphismus $A/A_{\text{tor}} \to A$ gibt (wie auf Seite 69).

Für endlich erzeugte abelsche Gruppen A ergibt sich damit eine Darstellung als

$$A \cong A/A_{\text{tor}} \oplus A_{\text{tor}} \cong \left(\bigoplus_{i=1}^{r} \mathbb{Z} \right) \oplus A_{\text{tor}},$$

mit der man den **Rang** $\text{rk}(A)$ auch für nicht-freie abelsche Gruppen definieren kann: Es ist einfach der Rang r des torsionsfreien (und damit freien) direkten Summanden A/A_{tor}.

Es bleibt die Aufgabe, abelsche Torsionsgruppen (wie A_{tor}) zu untersuchen. Zunächst ein paar Begriffe: Die kleinste Zahl $n \geq 1$ mit $nx = 0$ ist die **Periode** von x, mit $\text{ord}(x)$ bezeichnet, denn dies ist die Ordnung (Seite 65) der von x erzeugten zyklischen Untergruppe (x). Es sei nun p eine Primzahl. Eine (beliebige) Gruppe heißt dann p-**Gruppe**, falls alle ihre Elemente eine Potenz von p als Periode haben. Endliche abelsche p-Gruppen können so charakterisiert werden:

Beobachtung: Eine endliche abelsche Gruppe ist genau dann eine p-Gruppe, wenn ihre Ordnung eine Potenz von p ist.

Der **Beweis** verwendet zwei Standardaussagen über Gruppen: Erstens ist in einer endlichen abelschen Gruppe A die Ordnung jeder Untergruppe H ein Teiler der

Gruppenordnung (die Äquivalenzklassen $x + H$, $x \in A$, bilden eine Partition von A und je zwei von ihnen, sagen wir $x + H$ und $x' + H$, haben die gleiche Elementzahl wegen der Bijektion $y \mapsto (x' - x) + y$ von A auf sich selbst). Zweitens ist ord(A) stets Teiler einer Potenz von $n \geq 1$, falls $nA = \{0\}$ ist, also $nx = 0$ für alle $x \in A$ (man nennt n dann einen **Exponenten** von A, das kommt von der multiplikativen Form $x^n = 1$). Dies sieht man induktiv nach der Anzahl der Elemente in A: Der Fall $A = \{0\}$ ist trivial. Bei $A \neq \{0\}$ wählt man ein $x \neq 0$ und verwendet ord$(A) = ord\big(A/(x)\big)ord(x)$. Beide Faktoren teilen im Fall $(x) \neq A$ eine Potenz von n nach Induktionsannahme, denn n ist sowohl Exponent von $A/(x)$ als auch von (x). Und falls $(x) = A$ ist, teilt ord(A) sogar n selbst.

Für die Richtung „$\Leftarrow$" sei dann ord$(A) = p^r$ und ein $x \in A$ gegeben. Die Ordnung der zyklischen Gruppe (x), mithin die Periode von x, teilt p^r und ist daher eine Potenz von p, also ist A eine p-Gruppe. Die Richtung „$\Rightarrow$" ist mit der obigen Überlegung trivial, denn eine maximale Periode p^k ist Exponent von A. $\quad\square$

Fahren wir fort auf unserem Weg zum Hauptsatz, hier der nächste Teilschritt:

> **Beobachtung:** Jede abelsche Torsionsgruppe ist isomorph zu einer direkten Summe aus p-Gruppen.

Zum **Beweis** sei A eine abelsche Torsionsgruppe und für eine Primzahl p sei $A(p)$ die Untergruppe aller Elemente in A, die eine Potenz von p als Periode haben. Wir beobachten zunächst, dass für zwei Primzahlen $p \neq q$ stets $A(p) \cap A(q) = \{0\}$ ist. Das folgt aus der Tatsache, dass für alle $m, n \geq 1$ mit $mx = nx = 0$ auch ggT$(m, n)x = 0$ ist (verwenden Sie den euklidischen ggT-Algorithmus, der für $m > n$ auf der Gleichung ggT$(m, n) = ggT(m - n, n)$ beruht).

Der Gruppenhomomorphismus

$$\varphi : \bigoplus_{p \text{ prim}} A(p) \longrightarrow A, \quad (x_p)_{p \text{ prim}} \mapsto \sum_{p \text{ prim}} x_p,$$

ist dann injektiv, denn im Fall $(x_p)_p \mapsto 0$ mit einem $x_q \neq 0$ ist $x_q = \sum_{p \neq q}(-x_p)$. Die beiden Seiten dieser Gleichung haben zwei teilerfremde Zahlen als Perioden und es folgt mit obigem ggT-Argument $1 \cdot x_q = 0$, ein Widerspruch.

Die Abbildung φ ist aber auch surjektiv, denn jedes $a \in A$ ist ein Torsionselement, hat also eine Periode $n \geq 1$ mit $na = 0$. Falls $n = p^r$ eine Primzahlpotenz ist, gilt $a \in A(p)$ nach Definition. Falls nicht, hat n eine (eindeutige) Zerlegung der Form $p_1^{r_1} \dots p_k^{r_k}$ mit paarweise verschiedenen Primzahlen p_i. Für den Induktionsschritt nach k genügt es dann zu zeigen, dass für eine Zerlegung $n = st$ mit teilerfremden $s, t > 1$ eine Darstellung der Form $a = a_s + a_t$ mit $sa_s = 0$ und $ta_t = 0$ existiert. Das ist eine einfache **Übung**: Es gibt ganze Zahlen μ und ν mit $\mu t + \nu s = 1$, und die Zerlegung $a = (\mu t + \nu s)a = \mu t a + \nu s a$ erfüllt alle Wünsche. $\quad\square$

Es bleibt, die p-Gruppen $A(p)$ zu untersuchen. Da der Hauptsatz nur endlich erzeugte abelsche Gruppen A betrifft, ist deren Torsionsanteil A_{tor} offensichtlich auch endlich erzeugt (wegen $A \cong \mathbb{Z}^r \oplus A_{\text{tor}}$) und daher eine endliche Gruppe. Bei der Summenzerlegung von A_{tor} kommen also nur endliche p-Gruppen vor.

Satz: Jede endliche p-Gruppe ist isomorph zu einer endlichen direkten Summe zyklischer Gruppen, deren Ordnung eine Potenz von p ist. Die Summanden sind also isomorph zu $\mathbb{Z}_{p^{r_i}}$ für geeignete $r_i \geq 1$.

Für den **Beweis** verwenden wir vollständige Induktion nach der Ordnung p^r der p-Gruppe A. Der Fall $\text{ord}(A) = 1$ ist klar. Im Fall $\text{ord}(A) > 1$ wählen wir ein $x \neq 0$ in A und betrachten den Quotienten $A/(x)$, der $\text{ord}(A)/\text{ord}(x) < \text{ord}(A)$ Elemente hat und daher nach Induktionsannahme eine Zerlegung der Form

$$A/(x) \cong (\overline{x}_2) \oplus \ldots \oplus (\overline{x}_k)$$

besitzt (beachten Sie, dass auch $A/(x)$ eine p-Gruppe ist, denn ihre Ordnung ist eine Potenz von p). Die $\overline{x}_2, \ldots, \overline{x}_k$ haben p-Potenzen als Perioden und seien durch $x_2, \ldots, x_k \in A$ repräsentiert. Mit den zyklischen Gruppen $A_i = (x_i)$, $i = 2, \ldots, k$, gilt dann

$$A = (x) + A_2 + \ldots + A_k \, ,$$

denn für jedes $a \neq 0$ in A hat $\overline{a} \in A/(x)$ eine (eindeutige) Darstellung

$$\overline{a} = n_2 \overline{x}_2 + \ldots + n_k \overline{x}_k = \overline{n_2 x_2 + \ldots + n_k x_k} \, ,$$

woraus sich $a - (n_2 x_2 + \ldots + n_k x_k) \in (x)$ ergibt. Es bleibt zu zeigen, dass die Summe $A = (x) + A_2 + \ldots + A_k$ direkt ist. Wir betrachten dazu eine Darstellung

$$mx + m_2 x_2 + \ldots + m_k x_k = 0 \, ,$$

mit $0 \leq m < \text{ord}(x)$ und $0 \leq m_i < \text{ord}(x_i)$, sodass alle Elemente der Summanden von A durchlaufen werden. Modulo (x) bedeutet das $m_2 \overline{x}_2 + \ldots + m_k \overline{x}_k = 0$.

Dies ist eine Gleichung in der direkten Summe

$$A/(x) = (\overline{x}_2) \oplus \cdots \oplus (\overline{x}_k) \, ,$$

jedoch entsteht hier ein Problem: Die m_i waren kleiner als $\text{ord}(x_i)$ vorgegeben, es ist aber nur $\text{ord}(x_i) \geq \text{ord}(\overline{x}_i)$, weswegen wir aus der direkten Summenzerlegung für $A/(x)$ nicht unmittelbar schließen können, dass alle $m_i = 0$ sind. Die Lösung des Problems liegt aber auf der Hand: Wir müssen Repräsentanten x_i finden, die in der Gruppe A die gleichen Perioden haben wie ihre Klassen $\overline{x}_i \in A/(x)$.

Das ist unter gewissen Umständen möglich. Ich verschiebe diesen Baustein des Beweises aber auf nachher und behaupte zunächst einfach, dass bei geeigneter Wahl von $x \in A$ Repräsentanten x_i' mit $\text{ord}(x_i') = \text{ord}(\overline{x}_i)$ existieren und daher alle $m_i = 0$ sind. Dann ist in der obigen Summe auch $m = 0$, wegen $0 \leq m < \text{ord}(x)$, womit sich $A = (x) \oplus A_2 \oplus \ldots \oplus A_k$ ergibt und der Satz (bis auf die noch folgende Beobachtung) bewiesen ist. $\qquad \square$

Beobachtung: In einer p-Gruppe A sei der Quotient $A/(x)$ nach einem $x \in A$ mit maximaler Periode p^r gebildet. Dann hat jedes $\overline{a} \in A/(x)$ einen Repräsentanten $a' \in A$ mit derselben Periode: $\text{ord}(\overline{a}) = \text{ord}(a')$.

Im **Beweis** dürfen wir ohne Einschränkung $r > 0$ annehmen, sonst wäre $A = \{0\}$. Es sei dann $\overline{a} \in A/(x)$ mit $\mathrm{ord}(\overline{a}) = p^s$ gegeben. Dies bedeutet $p^s a \in (x)$, also $p^s a = mx$ für ein $0 \leq m < p^r$. Falls $m = 0$ ist, hätten wir $p^s a = 0$ und damit $\mathrm{ord}(a) = p^s$. Damit wäre der gesuchte Repräsentant a bereits gefunden.

Es sei also $p^s a \neq 0$, mithin $m > 0$, und $m = p^k n$ mit einer zu p teilerfremden ganzen Zahl n. Damit ist auch nx ein Generator von (x), denn die Ordnung von (x) ist p^r, also teilerfremd zu n, und mit einer ganzzahligen Kombination $\alpha n + \beta p^r = 1$ gilt $x = (\alpha n + \beta p^r)x = \alpha(nx)$ (beachten Sie bei $p^r x = 0$, dass die Gruppenordnung immer ein Vielfaches der Perioden ihrer Elemente ist, Seite 71).

Aus der Tatsache, dass nx als Generator von (x) die (maximale) Periode p^r hat, folgt, dass $p^k nx$ die Periode p^{r-k} hat (wegen $p^k n = m < p^r$ ist $k < r$). Damit hat auch $p^s a$ die Periode p^{r-k} (weil identisch zu $p^k nx$) und daraus folgt, dass der Repräsentant a die Periode p^{r-k+s} hat. Da r maximal gewählt war, ist $r-k+s \leq r$ und damit $s \leq k$.

Erinnern wir uns, was das bedeutet: Wir hatten $p^s a = p^k nx$, und die Beziehung $s \leq k$ garantiert die Gleichung $p^s a = p^s p^{k-s} nx$. Es gibt also ein Element $b \in (x)$ mit $p^s a = p^s b$, und wir erhalten mit $a' = a - b$ einen Repräsentanten von $\overline{a}$ mit $p^s a' = 0$. Wegen $\mathrm{ord}(a') \geq \mathrm{ord}(\overline{a'}) = \mathrm{ord}(\overline{a}) = p^s$ folgt $\mathrm{ord}(a') = p^s$. $\quad\square$

Man kann darüber hinaus ohne viel Mühe zeigen, dass in der Zerlegung

$$A \cong \mathbb{Z}_{p^{r_1}} \oplus \ldots \oplus \mathbb{Z}_{p^{r_k}}$$

einer endlichen p-Gruppe A die Exponenten $r_1, \ldots, r_k$ bis auf die Reihenfolge eindeutig bestimmt sind. Die **Beweis** für diesen Zusatz ist einfach, denn falls

$$A \cong \mathbb{Z}_{p^{r_1}} \oplus \ldots \oplus \mathbb{Z}_{p^{r_k}} \cong \mathbb{Z}_{p^{s_1}} \oplus \ldots \oplus \mathbb{Z}_{p^{s_l}}$$

wäre, mit jeweils absteigenden Folgen $r_1 \geq \ldots \geq r_k$ und $s_1 \geq \ldots \geq s_l$, ist die Gruppe pA ebenfalls eine p-Gruppe und hat weniger Elemente als A. Über eine Induktion nach der Elementzahl der Gruppe sind dann alle $r_i - 1 = s_i - 1$, sofern diese Zahlen ≥ 1 sind, mithin $r_i = s_i$ für alle $r_i \geq 2$. Damit gilt

$$A \cong \mathbb{Z}_{p^{r_1}} \oplus \ldots \oplus \mathbb{Z}_{p^{r_m}} \oplus B_1 \cong \mathbb{Z}_{p^{r_1}} \oplus \ldots \oplus \mathbb{Z}_{p^{r_m}} \oplus B_2$$

mit $m \leq \min(k,l)$ und Gruppen $B_1 = \mathbb{Z}_p^{k-m}$ sowie $B_2 = (\mathbb{Z}_p)^{l-m}$. Einfaches Abzählen der Elemente dieser Produkte liefert $k = l$. $\quad\square$

Aus dem obigen Satz und den begleitenden Beobachtungen ergibt sich nun ohne Umwege das Ziel dieses Abschnitts:

Hauptsatz über endlich erzeugte abelsche Gruppen
Jede endlich erzeugte abelsche Gruppe ist isomorph zu einer direkten Summe

$$\mathbb{Z}^r \oplus \mathbb{Z}_{p_1}^{r_1} \oplus \ldots \oplus \mathbb{Z}_{p_m}^{r_m},$$

mit Primzahlen p_i (nicht notwendig verschieden) und ganzen Zahlen $r_i > 0$. Dabei sind die Summanden bis auf ihre Reihenfolge eindeutig bestimmt.

Der **Beweis** ist mit den Vorarbeiten einfach. Es ist $A \cong \mathbb{Z}^r \oplus A_{\text{tor}}$ mit eindeutigem $r \geq 0$ und A_{tor} zerfällt in endliche p-Gruppen, die nach dem vorigen Satz die geforderte Gestalt haben. Nur für die Eindeutigkeitsaussage muss man kurz nachdenken, denn es können verschiedene Primzahlen im Spiel sein. Der Trick mit dem Übergang zu pA funktioniert aber weiterhin, denn es ist $p\mathbb{Z}_{q^s} = \mathbb{Z}_{q^s}$ für Primzahlen $p \neq q$ (p ist Einheit in $\mathbb{Z}_{q^s}$). So ergibt sich die Eindeutigkeit separat für alle Primzahlen in der Zerlegung (wieder durch Abzählen). $\square$

Der Satz kann in der Tat als Verallgemeinerung der Primfaktorzerlegung natürlicher Zahlen gesehen werden: Für eine natürliche Zahl $n \geq 2$ mit $n = p_1^{r_1} \ldots p_m^{r_m}$ gibt es bei paarweise verschiedenen Primzahlen p_i die Zerlegung

$$\mathbb{Z}_n \cong \mathbb{Z}_{p_1}^{r_1} \oplus \ldots \oplus \mathbb{Z}_{p_m}^{r_m},$$

denn für teilerfremde $m, n \geq 1$ ist die komponentenweise Restklassenbildung $\mathbb{Z}_{mn} \to \mathbb{Z}_m \oplus \mathbb{Z}_n$ ein Isomorphismus (einfache **Übung**).

Satz (Rangformeln für endlich erzeugte abelsche Gruppen)
Für endlich erzeugte abelsche Gruppen gilt $\mathrm{rk}(G \oplus H) = \mathrm{rk}(G) + \mathrm{rk}(H)$. In einer exakten Sequenz $0 \to K \to G \to H \to 0$ gilt $\mathrm{rk}(G) = \mathrm{rk}(K) + \mathrm{rk}(H)$.

Zum **Beweis**: Die erste Aussage ist trivial und folgt direkt aus dem Hauptsatz. Für die zweite Aussage betrachte die exakte Sequenz

$$0 \longrightarrow \mathbb{Z}^{\mathrm{rk}(K)} \oplus K_{\text{tor}} \longrightarrow \mathbb{Z}^{\mathrm{rk}(G)} \oplus G_{\text{tor}} \longrightarrow \mathbb{Z}^{\mathrm{rk}(H)} \oplus H_{\text{tor}} \longrightarrow 0.$$

Die Torsionsanteile werden dabei vollständig in die Torsionsanteile abgebildet, denn es gibt keine nicht-trivialen Gruppenhomomorphismen $\mathbb{Z}_n \to \mathbb{Z}$, wie Sie als kleine **Übung** selbst verifizieren können. Daraus folgt die exakte Sequenz

$$0 \longrightarrow \mathbb{Z}^{\mathrm{rk}(K)} \longrightarrow \mathbb{Z}^{\mathrm{rk}(G)} \longrightarrow \mathbb{Z}^{\mathrm{rk}(H)} \longrightarrow 0,$$

die spaltet, denn $\mathbb{Z}^{\mathrm{rk}(H)}$ ist frei und ermöglicht eine Spaltungsabbildung nach $\mathbb{Z}^{\mathrm{rk}(G)}$ (Seite 69). Die Behauptung folgt dann aus $\mathbb{Z}^{\mathrm{rk}(G)} \cong \mathbb{Z}^{\mathrm{rk}(K)} \oplus \mathbb{Z}^{\mathrm{rk}(H)}$. $\square$

Abschließend noch eine Bemerkung zu dem Begriff „Torsion". Er zeigt sehr schön, wie die Topologie Einfluss auf die Gruppentheorie genommen hat. Der Begriff stammt tatsächlich von „verdrehten" topologischen Räumen wie zum Beispiel einem Möbiusband (Seite 43) oder dem reellen projektiven Raum $\mathbb{P}^2$ (Seite 47). Wir werden sehen, dass die Homologiegruppen solcher Räume Torsionselemente enthalten können (Seite 247 oder 294).

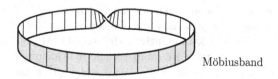

Möbiusband

Der folgende Abschnitt behandelt noch ein wenig klassische Algebra (mit geometrischem Hintergrund), um im nächsten Kapitel die POINCARÉsche Homologiesphäre verstehen zu können (Seite 132).

3.2 Die Quaternionen und Drehungen im $\mathbb{R}^3$

Die Quaternionen sind eine Erweiterung von $\mathbb{C}$ zu einem 4-dimensionalen reellen Vektorraum, zusammen mit einer multiplikativen Struktur, die daraus einen nichtkommutativen Körper macht, also einen **Schiefkörper**. W.R. HAMILTON war der erste, der konsequent darüber publizierte, [40], weswegen sie heute mit dem Buchstaben $\mathbb{H}$ bezeichnet werden und häufig auf den irischen Mathematiker zurückgeführt werden, obwohl C.F. GAUSS bereits um 1819 die gleichen Ideen hatte, aber nicht veröffentlichte, [37]. Auch ist O. RODRIGUEZ zu erwähnen, der schon im Jahr 1840 eine der wichtigsten Nutzanwendungen der Quaternionen besprach, nämlich die elegante Formulierung von Drehungen im $\mathbb{R}^3$, [99].

Es sollte noch erwähnt werden, dass die anfängliche Euphorie rund um die neue Entdeckung – es wurde 1895 sogar ein „Weltbund zur Förderung der Quaternionen" gegründet – im Jahr 1926 von F. KLEIN deutlich relativiert wurde, als er zusammenfassend erklärte, die Quaternionen würden *„in ihrer Bedeutung an die gewöhnlichen komplexen Zahlen nicht heranreichen"* und seien doch nichts anderes als *„eine peinlich genaue Übertragung längst bekannter Gedanken auf ein einziges neues Objekt, also durchaus keine geniale Konzeption"*, [63].

Nun denn, dieses „neue Objekt" ermöglicht zumindest elegante mathematische Formulierungen. Formal entstehen die **Quaternionen**, indem zu den komplexen Zahlen $\mathbb{C} = \mathbb{R} \oplus \mathbb{R}i$ zwei (imaginäre) Basisvektoren j und k hinzukommen, ebenfalls von der Länge 1 (was noch zu definieren ist). Die Multiplikation auf

$$\mathbb{H} = \mathbb{R} \oplus \mathbb{R}i \oplus \mathbb{R}j \oplus \mathbb{R}k$$

ist gegeben durch $i^2 = j^2 = k^2 = -1$ (was angesichts der komplexen Zahlen nicht weiter verwunderlich ist) und eben der bekanntesten der Quaternionenregeln, die HAMILTON der Legende nach auf einem Spaziergang über die Broom Bridge in Dublin eingefallen sind (und die er dort auch in den Stein geritzt hat):

$$ijk = -1 .$$

Dies war der fehlende Puzzlestein, der $\mathbb{H}$ zu einem Schiefkörper macht – und bis auf Isomorphie ist dies nach einem Satz von A. HURWITZ aus dem Jahr 1898 sogar das einzig mögliche Beispiel, für das ein absoluter Betrag definiert werden kann ([56], siehe auch Seite 503).

Sie prüfen nun schnell Identitäten wie zum Beispiel $ij = k$ oder $jk = i$ und $ik = -j$, interessant ist jedenfalls die Tatsache, dass sich die drei imaginären Basisvektoren strikt anti-kommutativ verhalten, die Multiplikation mit reellen Zahlen hingegen kommutativ ist. Man spricht in Anlehnung an die komplexen Zahlen bei jeder Quaternion $q = q_0 + q_1 i + q_2 j + q_3 k$ auch vom **Skalar-** oder **Realteil** $\mathrm{Re}(q) = q_0$, dem **Vektor-** oder **Imaginärteil** $\mathrm{Im}(q) = q_1 i + q_2 j + q_3 k$

und schreibt dafür $q = (q_0, \mathbf{q})$ mit einem Vektor $\mathbf{q} \in \mathbb{R}^3$ (ich verwende übrigens die weibliche Form „*die* Quaternion", aber auch die neutrale Form „*das* Quaternion" ist gebräuchlich). Es gibt eine Vielzahl schöner arithmetischer Gleichungen rund um die Quaternionen, die den Grundgleichungen der Multiplikation entspringen:

$$
\begin{aligned}
(p_0, p_1, p_2, p_3) \cdot (q_0, q_1, q_2, q_3) &= (p_0 + p_1 i + p_2 j + p_3 k) \cdot (q_0 + q_1 i + q_2 j + q_3 k) \\
&= (p_0, \mathbf{p}) \cdot (q_0, \mathbf{q}) \\
&= (p_0 q_0 - p_1 q_1 - p_2 q_2 - p_3 q_3) \\
&\quad + (p_0 q_1 + p_1 q_0 + p_2 q_3 - p_3 q_2)\, i \\
&\quad + (p_0 q_2 + p_2 q_0 - p_1 q_3 + p_3 q_1)\, j \\
&\quad + (p_0 q_3 + p_3 q_0 + p_1 q_2 - p_2 q_1)\, k \\
&= \big(p_0 q_0 - \mathbf{p} \cdot \mathbf{q},\ p_0 \mathbf{q} + q_0 \mathbf{p} + (\mathbf{p} \times \mathbf{q})\big)
\end{aligned}
$$

ist ein solches Beispiel, wobei $\mathbf{p} \cdot \mathbf{q}$ das Skalarprodukt und $\mathbf{p} \times \mathbf{q}$ das Kreuzprodukt im $\mathbb{R}^3$ sind.

Um die Basisnotationen abzuschließen, sei noch erwähnt, dass durch die (den komplexen Zahlen entlehnte) Konjugation $\bar{q} = (q_0, -\mathbf{q})$ und die Festlegung

$$
\|q\|^2 = q \cdot \bar{q} = q_0^2 + q_1^2 + q_2^2 + q_3^2
$$

ein absoluter Betrag, also eine Norm auf $\mathbb{H}$ existiert. In diesem Sinne haben die Basisvektoren $1, i, j, k$ allesamt die Länge 1.

Eine der Hauptanwendungen der Quaternionen für uns ist die Beschreibung von Rotationen im $\mathbb{R}^3$, womit wir Erkenntnisse über die Drehgruppe SO(3) der orthogonalen (3×3)-Matrizen mit Determinante $+1$ gewinnen (Seite 128 f). Vorab etwas Folklore, wir besprechen den „Satz vom Fußball", oder etwas seriöser:

Satz (Eigenwerte von Rotationen im $\mathbb{R}^3$)
Jede Rotation im $\mathbb{R}^3$, gegeben durch eine Matrix $M \in \mathrm{SO}(3)$, $M \neq \mathrm{id}_{\mathbb{R}^3}$, besitzt genau eine Drehachse $\mathbf{n} = (n_1, n_2, n_3)^T$.

Der sportliche Name dieses Satzes rührt daher, dass es auf einem Fußball zu jedem Zeitpunkt eines Spiels zwei Punkte gibt, die in der räumlichen Ausrichtung des Balles (also bis auf eine parallele Verschiebung), an genau der gleichen Stelle liegen wie zu Beginn des Spiels (auf dem Anstoßpunkt). Falls der Ball dabei eine Drehung $\neq \mathrm{id}_{\mathbb{R}^3}$ vollzogen hat, sind das auch die einzigen beiden Punkte. Diese Interpretation liegt auf der Hand: Die (eindeutige) Drehachse $\mathbf{n}$ schneidet die Oberfläche des Balls genau in diesen beiden Punkten.

Für den **Beweis** der Existenz von $\mathbf{n}$ betrachtet man das charakteristische Polynom $p(t) = \det(M - t\mathbb{1})$, wobei $\mathbb{1}$ für die dreidimensionale Einheitsmatrix steht. Dieses Polynom hat den Grad 3 und daher eine Nullstelle (Eigenwert) $t_0 \in \mathbb{R}$. Da Drehungen längentreu sind, muss $|t_0| = 1$ sein. Im Fall $t_0 = 1$ sind wir fertig, denn der zugehörige Eigenvektor bildet in diesem Fall die Drehachse.

Falls $t_0 = -1$ ist, wird der zugehörige Eigenvektor $\mathbf{v}_0$ am Nullpunkt gespiegelt. Nach einer Basistransformation, die $\mathbf{e}_1$ auf $\mathbf{v}_0$ dreht, besitzt M dann die Form

$$
M' = \begin{pmatrix} -1 & 0 & 0 \\ 0 & a & b \\ 0 & c & d \end{pmatrix}
$$

mit $a, b, c, d \in \mathbb{R}$. Die Zahlen a, b, c und d beschreiben eine orthogonale Abbildung mit Determinante -1 in der zu $\mathbf{v}_0$ senkrechten Ebene $E_{\mathbf{v}_0}$, sodass wir insgesamt

$$
M' = \begin{pmatrix} -1 & 0 & 0 \\ 0 & -\sin\alpha & \cos\alpha \\ 0 & \cos\alpha & \sin\alpha \end{pmatrix}
$$

notieren können ($0 \leq \alpha < 2\pi$, Drehmatrix in $E_{\mathbf{v}_0}$ mit vertauschten Spalten). Eine einfache **Übung** zeigt dann, dass $q(t) = \det(M' - t\mathbb{1}) = (1+t)^2(1-t)$ ist, es also doch einen Eigenvektor zum Eigenwert $+1$ gibt. $\qquad\square$

Wir wollen nun versuchen, die Drehmatrix $R(\theta, \mathbf{n})$ einer Rotation des $\mathbb{R}^3$ mit Winkel θ um die Achse $\mathbf{n} = (n_1, n_2, n_3)^T$ explizit zu bestimmen, und zwar bezüglich der Standardbasis im $\mathbb{R}^3$. Wenn Sie es noch nicht wissen, ahnen Sie zumindest, dass hier ein veritabler Rechenaufwand auf uns zukommen würde. Ich beschränke mich daher darauf, die wichtigsten Zwischenschritte zu notieren. Das nachstehende Bild motiviert, dass wir $\mathbf{n} = \left(\cos\alpha\sin\beta, \sin\alpha\sin\beta, \cos\beta\right)^T$ schreiben können, mit $0 \leq \alpha < 2\pi$ und $0 \leq \beta \leq \pi$ (Polarkoordinaten im $\mathbb{R}^3$).

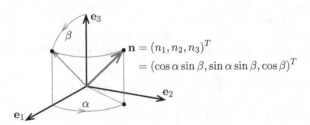

Eine Rotation mit dem Winkel θ um die Achse $\mathbf{n}$ kann man sich vorstellen als Rotation um den Basisvektor $\mathbf{e}_3 = (0,0,1)^T$, *nachdem* $\mathbf{n}$ durch eine Drehung Φ auf $\mathbf{e}_3$ geworfen und *bevor* es durch Φ^{-1} wieder zurück auf $\mathbf{n}$ gedreht wurde. Die θ-Drehung um $\mathbf{e}_3$ sei mit $R_z(\theta)$ bezeichnet (dito $R_z(\alpha)$ für die α-Drehung) und die β-Drehung um die y-Achse mit $R_y(\beta)$. Aus der linearen Algebra kennen Sie dafür die Darstellungen

$$
R_z(\theta) = \begin{pmatrix} \cos\theta & -\sin\theta & 0 \\ \sin\theta & \cos\theta & 0 \\ 0 & 0 & 1 \end{pmatrix} \quad \text{und} \quad R_y(\beta) = \begin{pmatrix} \cos\beta & 0 & \sin\beta \\ 0 & 1 & 0 \\ -\sin\beta & 0 & \cos\beta \end{pmatrix}.
$$

Beachten Sie bei den Vorzeichen, dass die β-Drehung im positiven Drehsinn um die y-Achse die ebene Drehmatrix von $-\beta$ als (2,2)-Minore enthält, denn beim Blick von der $\mathbf{e}_2$-Spitze auf den Nullpunkt sind die Vektoren $\mathbf{e}_1$ und $\mathbf{e}_3$ negativ orientiert. Die inversen Matrizen sind in diesen Fällen die Transponierten und wir erhalten mit $\mathbf{n} = R_z(\alpha)R_y(\beta)\mathbf{e}_3$ und $\mathbf{e}_3 = R_y(\beta)^T R_z(\alpha)^T \mathbf{n}$

$$R(\theta, \mathbf{n}) \;=\; R_z(\alpha)\, R_y(\beta)\, R_z(\theta)\, R_y(\beta)^T\, R_z(\alpha)^T\,.$$

Nach Ausmultiplizieren der fünf Matrizen erhalten Sie mit $C = \cos\theta$, $S = \sin\theta$ und $\mathbf{n} = (n_1, n_2, n_3)^T = \left(\cos\alpha\sin\beta, \sin\alpha\sin\beta, \cos\beta\right)^T$

$$R(\theta, \mathbf{n}) = \begin{pmatrix} C + n_1^2(1_C) & n_1 n_2(1-C) - Sn_3 & n_1 n_3(1-C) + Sn_2 \\ n_2 n_1(1-C) + Sn_3 & C + n_2^2(1_C) & n_2 n_3(1-C) - Sn_1 \\ n_3 n_1(1-C) - Sn_2 & n_3 n_2(1-C) + Sn_1 & C + n_3^2(1_C) \end{pmatrix}$$

als Ergebnis. Der Zusammenhang zwischen $R(\theta, \mathbf{n})$ und den Quaternionen lässt sich nun über eine spezielle Form der Rotationsmatrizen erreichen, die auf einen kleinen Rechentrick zurückgeht.

Wir definieren dazu $a = \cos(\theta/2)$ und $b = \sin(\theta/2)$, was zunächst eine Rotation um den halben Winkel suggeriert (**Halbwinkelform**, engl. *half angle form*). Sie sehen dann ohne Probleme die Formeln $a^2 - b^2 = \cos\theta$ und $2ab = \sin\theta$, woraus sich für eine θ-Drehung im $\mathbb{R}^2$ folgende Darstellung ergibt:

$$R(\theta) \;=\; \begin{pmatrix} \cos\theta & -\sin\theta \\ \sin\theta & \cos\theta \end{pmatrix} = \begin{pmatrix} a^2 - b^2 & -2ab \\ 2ab & a^2 - b^2 \end{pmatrix}.$$

Die Rotation $R(\theta)z$ einer komplexen Zahl z um den Winkel θ kann nun (auf triviale Weise) ebenfalls in einer Halbwinkelform

$$R(\theta)z \;=\; e^{i\theta}z \;=\; e^{i\theta/2}e^{i\theta/2}z \;=\; e^{i\theta/2}ze^{i\theta/2}$$

geschrieben werden, wobei $e^{i\theta/2} = a + bi = \cos(\theta/2) + \sin(\theta/2)i$ ist und die Vertauschung rechts nur den Zweck hat, die Parallele zu den Quaternionen vorzubereiten. Es liegt nämlich die Vermutung nahe, dass auch im Fall von allgemeinen Drehachsen $\mathbf{n} = (n_1, n_2, n_3)^T$ eine Halbwinkelform für Drehungen im $\mathbb{R}^3$ möglich ist. Es sei dazu die Quaternion $q(\theta/2, \mathbf{n}) = (q_0, q_1, q_2, q_3)$ gegeben durch

$$\begin{aligned} q(\theta/2, \mathbf{n}) &= \cos(\theta/2) + n_1\sin(\theta/2)i + n_2\sin(\theta/2)j + n_3\sin(\theta/2)k \\ &= \left(\cos(\theta/2),\, \sin(\theta/2)\mathbf{n}\right), \end{aligned}$$

eine Quaternion, deren Vektorteil das $\sin(\theta/2)$-fache der Drehachse $\mathbf{n}$ ist. Wegen $\|\mathbf{n}\| = 1$ ist auch $\|q\| = 1$, es handelt sich um eine **Einheitsquaternion** (die in ihrer Gesamtheit genau die Punkte auf $S^3 = \{x \in \mathbb{R}^4 : \|x\| = 1\}$ bilden). Nehmen

Sie nun alle arithmetischen und trigonometrischen Identitäten zusammen, erhalten
Sie nach längerer Rechnung für die Drehmatrix $R(\theta, \mathbf{n})$ mit $q(\theta/2, \mathbf{n})$ die Formel

$$R(\theta, \mathbf{n}) = \begin{pmatrix} q_0^2 + q_1^2 - q_2^2 - q_3^2 & 2q_1q_2 - 2q_0q_3 & 2q_1q_3 - 2q_0q_2 \\ 2q_1q_2 + 2q_0q_3 & q_0^2 - q_1^2 + q_2^2 - q_3^2 & 2q_2q_3 - 2q_0q_1 \\ 2q_1q_3 - 2q_0q_2 & 2q_2q_3 + 2q_0q_1 & q_0^2 - q_1^2 - q_2^2 + q_3^2 \end{pmatrix},$$

aus der sich wiederum mit $p \cdot q = \big(p_0q_0 - \mathbf{p} \cdot \mathbf{q},\ p_0\mathbf{q} + q_0\mathbf{p} + (\mathbf{p} \times \mathbf{q})\big)$ (Seite 77)
der folgende Satz ergibt, der im nächsten Kapitel benötigt wird (Seite 128 f).

Satz (Rotationen im $\mathbb{R}^3$ mit Quaternionen)
Es sei $q(\theta/2, \mathbf{n})$ wie oben. Dann definiert die $\mathbb{R}$-Linearform

$$L\big(q(\theta/2, \mathbf{n})\big) : \mathbb{H} \rightarrow \mathbb{H}, \quad x \mapsto q(\theta/2, \mathbf{n}) \cdot x \cdot \overline{q(\theta/2, \mathbf{n})}$$

über ihre Einschränkung auf den Vektorteil $\mathrm{Im}(\mathbb{H}) \cong \mathbb{R}^3$ eine Drehung mit
Winkel θ um die Drehachse $\mathbf{n}$. $\qquad\qquad\qquad\qquad\qquad\qquad\qquad$ $\square$

Vergleichen Sie den Ausdruck $q(\theta/2, \mathbf{n}) \cdot x \cdot \overline{q(\theta/2, \mathbf{n})}$ mit der Drehung $e^{i\theta/2} z e^{i\theta/2}$
oben bei den komplexen Zahlen. Insbesondere erkennen Sie dabei

$$L\big(q(\theta/2, \mathbf{n})\big) = L\big(-q(\theta/2, \mathbf{n})\big),$$

was man auch der Matrix $R(\theta, \mathbf{n})$ als Funktion von $q(\theta/2, \mathbf{n})$ ansieht. Jede Drehung
im $\mathbb{R}^3$ entspricht also genau zwei Einheitsquaternionen, die sich auf der S^3 antipodal gegenüber liegen – ein Umstand, der uns im nächsten Kapitel zu einer
zweiblättrigen Überlagerung $S^3 \rightarrow \mathrm{SO}(3)$ führen wird und das Tor für viele spannende Phänomene in der algebraischen Topologie öffnet. Lassen Sie uns damit
beginnen.

4 Einstieg in die algebraische Topologie

Mit diesem Kapitel betreten wir den Kosmos der algebraischen Topologie. Im Vergleich zur elementaren Topologie wird die Materie jetzt etwas komplexer, denn aus den ersten Anfängen in den 1890er-Jahren hat sich im 20. Jahrhundert ein gewaltiges Gedankengebäude entwickelt. Ziel der algebraischen Topologie ist es, den topologischen Räumen algebraische Strukturen (in der Regel sind das Gruppen) zuzuordnen, um dann topologische Fragen mit algebraischen Methoden besser beantworten zu können. So kann manches Rätsel sehr elegant gelöst werden, dem man ohne diese Konstruktionen zunächst völlig hilflos gegenüber stand. Umgekehrt sind große Teile der Algebra und der Kategorientheorie auf diese Weise maßgeblich von der Topologie beeinflusst worden.

Wie ist das Kapitel aufgebaut? Zunächst ist alles noch relativ übersichtlich, wir besprechen die einfachste Gruppe eines topologischen Raumes, die Fundamentalgruppe – nach ihrem Entdecker früher gelegentlich auch POINCARÉ-Gruppe genannt. Die Fundamentalgruppe spielt eine zentrale Rolle in der Theorie der Überlagerungen. Abschließend machen wir einen Ausflug in die Homotopietheorie und besprechen Faserbündel und höhere Homotopiegruppen von Sphären S^n. Na, sind Sie neugierig geworden? Dann lassen Sie uns beginnen.

4.1 Die Fundamentalgruppe

Der einfachste Weg, einem topologischen Raum eine Gruppe zuzuordnen, führt auf die **Fundamentalgruppe**. Dieser Geniestreich geschah 1895 in einer der ersten großen Arbeiten von H. POINCARÉ zu diesem Thema, [94]. Wir betrachten dazu ab jetzt wegzusammenhängende topologische Räume X und darin sogenannte **Wege**, das sind stetige Abbildungen

$$f : I \longrightarrow X \,,$$

wobei $I = [0,1]$ ist. Stimmt dabei der Endpunkt $f(1)$ eines Weges mit dem Anfangspunkt $g(0)$ eines weiteren Weges überein, so kann man auf naheliegende Weise das Produkt $f \cdot g$ definieren, indem beide Wege hintereinander durchlaufen und wieder auf das Einheitsintervall normiert werden:

$$(f \cdot g)(t) = \begin{cases} f(2t) & \text{für } 0 \leq t \leq \frac{1}{2} \,, \\ g(2t - 1) & \text{für } \frac{1}{2} \leq t \leq 1 \,. \end{cases}$$

Damit ist der Grundstein für eine Gruppenoperation gelegt – möchte man beim oberflächlichen Hinsehen meinen. Doch es treten schon hier erste Probleme auf. Diese Operation ist nämlich nicht assoziativ, denn es ist $(f \cdot g) \cdot h \neq f \cdot (g \cdot h)$, selbst wenn alle Multiplikationen in dem Ausdruck möglich wären. Sie überzeugen sich sofort, dass auf der linken Seite f quasi mit der vierfachen Geschwindigkeit durchlaufen wird, auf der rechten Seite aber nur mit der doppelten Geschwindigkeit. Wie kommen wir aus diesem Dilemma heraus? Man hilft sich hier mit einem neuen Begriff, der **Homotopie** von Abbildungen.

Definition (Homotopie von Abbildungen)
Zwei stetige Abbildungen $f, g : X \to Y$ heißen **homotop**, in Zeichen $f \sim g$, wenn es eine **Homotopie** zwischen ihnen gibt. Das ist eine stetige Abbildung

$$H : X \times I \longrightarrow Y$$

mit den Eigenschaften $H(x,0) = f(x)$ und $H(x,1) = g(x)$ für alle $x \in X$.

Die Abbildungen $f, g : X \to Y$ heißen **homotop relativ zu einem Teilraum** $A \subseteq X$, falls es eine Homotopie H gibt, bei der $H(x,t) = f(x)$ ist für alle $x \in A$ und $t \in I$. Man schreibt dafür kurz $f \sim_A g$.

Eine relative Homotopie zu $A \subseteq X$ bewegt also die Punkte $f(x)$ nicht beim Übergang von $t = 0$ zu $t = 1$, falls $x \in A$ ist. Notwendigerweise ist dann $f|_A = g|_A$.

Mit der Homotopie können wir jetzt eine Äquivalenzrelation auf der Menge der Wege definieren. Man sagt, zwei Wege f_0 und f_1 sind **äquivalent**, wenn sie die gleichen Anfangs- und Endpunkte haben und diese während der Verformung festgehalten werden. Die Homotopie $H : I \times I \to X$ muss also relativ zum Rand ∂I des Einheitsintervalls sein, also $f \sim_{\partial I} g$.

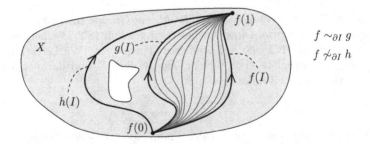

$$f \sim_{\partial I} g$$
$$f \nsim_{\partial I} h$$

Das Bild zeigt, wie Sie sich zwei äquivalente Wege vorstellen können. Die Wege werden einfach wie ein ideal dehnbares Gummiband stetig ineinander verformt, ohne das Band zu zerreißen. Doch nicht nur das, selbst wenn das Bild $f(I)$ des Weges in X unverändert bleibt, kann dennoch eine stetige Veränderung der inneren Geschwindigkeit erfolgen. Damit werden sowohl $(f \cdot g) \cdot h$ als auch $f \cdot (g \cdot h)$ äquivalent zu dem Weg, bei dem alle drei Teilstücke mit der dreifachen Geschwindigkeit durchlaufen werden, also zu dem Weg

$$(f \cdot g \cdot h)(t) = \begin{cases} f(3t) & \text{für } 0 \leq t \leq \frac{1}{3}, \\ g(3t-1) & \text{für } \frac{1}{3} \leq t \leq \frac{2}{3}, \\ h(3t-2) & \text{für } \frac{2}{3} \leq t \leq 1. \end{cases}$$

Sie sehen nun den großartigen Gedanken. Wenn wir künftig statt der Wege selbst nur noch Äquivalenzklassen von Wegen betrachten, so haben wir die gewünschte Assoziativität der Multiplikation erreicht. Der Kürze halber spricht man manchmal nur von Wegen f, auch wenn man eigentlich deren Äquivalenzklassen $[f]$ meint. Wir verwenden auch für die Äquivalenzklassen nur dann die spezielle Notation $[f]$, wenn Missverständnisse auftreten können.

Welche Wege wären geeignet, um die Rolle eines neutralen Elements zu übernehmen? Nun ja, das ist anschaulich schnell klar – es sind die Wege, die immer auf einem Punkt verharren, also die konstanten Abbildungen $\epsilon_x : I \to X$ mit $\epsilon_x(t) = x$ für alle $t \in I$. Und die inversen Elemente? Überlegen Sie kurz.

Hier die Antwort: Sie müssen den Weg f einfach zurücklaufen, um zu f^{-1} zu gelangen, denn es gilt für die Äquivalenzklassen $f^{-1}(t) = f(1 - t)$. Falls nun $f(0) = x$ ist, so erhalten Sie $f \cdot f^{-1} = \epsilon_x$, und mit dem Endpunkt $f(1) = y$ ergibt sich $f^{-1} \cdot f = \epsilon_y$.

Liebe Leser, das klingt zwar alles sehr plausibel, müsste aber dennoch genau geprüft werden. Wir benötigen geeignete Homotopien. Machen wir uns in diesem Fall einmal die Mühe, eine solche Homotopie explizit zu konstruieren (in anderen Fällen werden wir das der Kürze wegen weglassen).

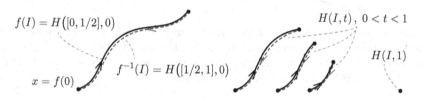

$$f(I) = H\big([0, 1/2], 0\big) \qquad\qquad\qquad H(I, t),\ 0 < t < 1$$

$$f^{-1}(I) = H\big([1/2, 1], 0\big) \qquad\qquad H(I, 1)$$

$$x = f(0)$$

Die Idee besteht darin, den Weg $f \cdot f^{-1}$ wie ein ausgeworfenes Lasso in sich selbst zurückzuziehen. Sie brauchen anfangs vielleicht eine Weile dazu, um das in einer Formel aufzuschreiben – eine lohnende Übung ist das allemal. Hier eine Lösung:

$$H(t, s) = \begin{cases} f(2t) & \text{für } 0 \leq t \leq \frac{1-s}{2}\,, \\[2mm] f(s) & \text{für } \frac{1-s}{2} \leq t \leq 1 - \frac{1-s}{2}\,, \\[2mm] f(2 - 2t) & \text{für } 1 - \frac{1-s}{2} \leq t \leq 1\,. \end{cases}$$

Sie prüfen schnell nach, dass H stetig ist und außerdem $H(\,.\,,0) = f \cdot f^{-1}$ sowie $H(\,.\,,1) = \epsilon_x$ gilt. Wie schon angedeutet, wollen wir in Zukunft lieber anschauliche Argumente anführen anstatt die Homotopien explizit ausformulieren. Wenigstens einmal wollte ich aber eine Homotopie en détail zeigen. Selbstverständlich liefern äquivalente Wege $f \sim g$ auch äquivalente Inverse $f^{-1} \sim g^{-1}$, und die Multiplikation (sofern möglich) verträgt sich mit der Äquivalenzrelation:

$$f \sim f' \text{ und } g \sim g' \quad \Rightarrow \quad f \cdot g \sim f' \cdot g'\,.$$

Damit stehen wir kurz vor dem Ziel, die Menge der Wegeklassen erfüllt die Axiome einer Gruppe (Seite 63) – bis auf die Tatsache, dass die Multiplikation nicht immer definiert ist. Dieses Manko ist aber schnell behoben. Wir betrachten einfach einen festen Basispunkt $x \in X$ und verlangen, dass alle Wege in x beginnen und enden. Damit ist die Definition zwar noch abhängig von der Wahl des Basispunkts, doch auch das ist kein großes Problem, wie wir gleich sehen werden.

Definition (Fundamentalgruppe)
Wir betrachten einen wegzusammenhängenden topologischen Raum X und einen Basispunkt $x \in X$. Die Menge

$$\pi_1(X, x) = \left\{ [f] : f \text{ geschlossener Weg am Punkt } x \in X \right\}$$

der Äquivalenzklassen **geschlossener** Wege (auch **Schleifen** genannt) mit Anfangs und Endpunkt x bildet mit oben definierter Multiplikation die **Fundamentalgruppe** (oder POINCARÉ-Gruppe) von X mit Basispunkt x.

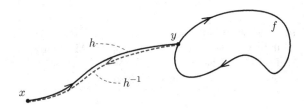

Warum ist die Abhängigkeit der Definition vom Basispunkt nicht schlimm? Hier die Antwort: Da X wegzusammenhängend ist, können wir immer zwei Punkte x und y durch einen Weg h miteinander verbinden. Es ist dann eine einfache Übung, gemäß obigem Bild zu zeigen, dass die Abbildung

$$\varphi_h : \pi_1(X, y) \longrightarrow \pi_1(X, x), \qquad f \mapsto h \cdot f \cdot h^{-1},$$

ein Isomorphismus von Gruppen ist, wobei der Weg h in dieser Darstellung den Startpunkt x und den Endpunkt y hat. Halten wir diese Beobachtung fest.

Beobachtung: Ein Wechsel des Basispunktes führt bei wegzusammenhängenden Räumen zu einer isomorphen Fundamentalgruppe.

Den Basispunkt kann man also weglassen, wenn man nur an der Isomorphieklasse der Fundamentalgruppe interessiert ist (und das ist fast immer der Fall, denn man betrachtet die topologischen Räume ja auch nur modulo Homöomorphie).

Kommen wir jetzt aber zu Überlegungen, welche die Fundamentalgruppe zu einer echten topologischen Invariante machen. Wir untersuchen dabei zunächst die Wirkung von stetigen Abbildungen auf diese Gruppe. Es sei dazu $\varphi : X \to Y$ eine stetige Abbildung und f ein geschlossener Weg in X mit Basispunkt x. Die Komposition $\varphi \circ f$ ist dann ein geschlossener Weg in Y mit Basispunkt $y = \varphi(x)$ und es entsteht ein wohldefinierter Gruppenhomomorphismus

$$\varphi_* : \pi_1(X, x) \longrightarrow \pi_1(Y, y), \quad f \mapsto \varphi \circ f.$$

Klarerweise ist φ_* ein Isomorphismus, wenn φ ein Homöomorphismus war. Die Umkehrung dieser Aussage gilt aber nicht, denn es gibt noch einen viel allgemeineren Typus von Abbildungen, der zu isomorphen Fundamentalgruppen führt. Es handelt sich dabei um das vielleicht wichtigste Konzept für eine Äquivalenz in der algebraischen Topologie, um die sogenannten **Homotopieäquivalenzen**. Die Homotopieäquivalenz ist die ideale Verallgemeinerung der Homöomorphie (die sich in vielen Fällen als zu streng erweist).

> **Definition (Homotopieäquivalenz)**
> Zwei topologische Räume X und Y heißen **homotopieäquivalent** oder vom gleichen **Homotopietyp**, falls es stetige Abbildungen
>
> $$f : X \longrightarrow Y \quad \text{und} \quad g : Y \longrightarrow X$$
>
> gibt, sodass $g \circ f \sim \mathrm{id}_X$ und $f \circ g \sim \mathrm{id}_Y$ ist. Man schreibt in diesem Fall $X \simeq Y$ und nennt die Abbildungen f und g auch **Homotopieäquivalenzen** oder zueinander **homotopieinvers**.

Für den Neuling ist der Begriff nicht leicht zu verstehen. Sie stellen sich am besten vor, alle topologischen Räume seien aus einer unendlich flexiblen Knetmasse geformt. Diese Masse kann beliebig gedehnt oder gestaucht werden. Sie müssen nur aufpassen, dass keine Löcher entstehen oder gestopft werden, die Masse zerreißt oder irgendwo zusammenklebt, wo sie vorher getrennt war. (Vergleichen Sie das dritte Beispiel links mit Seite 16, und im letzten Beispiel rechts sind zwar alle Räume homotopieäquivalent, aber die Deformation nicht stetig.)

erlaubte Deformationen: | nicht erlaubt:

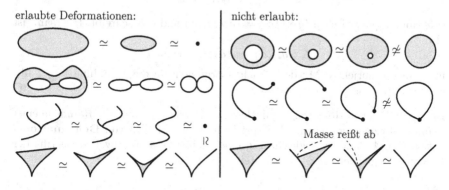

Trainieren Sie ein wenig Ihre Anschauung. Der n-Ball D^n, oder sogar der $\mathbb{R}^n$, können auf einen einzigen Punkt gestaucht werden. Oder ein solider Torus T_s^3 auf den Kreis S^1. In der Tat mag es anfangs mehr als verwundern, dass der $\mathbb{R}^n$ in gewisser Weise „äquivalent" zu einem Punkt sein soll. Versuchen Sie als kleine Übung vielleicht einmal, diese Homotopieäquivalenz exakt nachzuvollziehen. Sie müssen zeigen, dass die Nullabbildung $\mathbb{R}^n \to \{0\}$ homotop zur Identität auf $\mathbb{R}^n$ ist. Hier die Antwort: Eine mögliche Homotopie ist gegeben durch $H(x,t) = tx$.

Interessant ist es auch, die Buchstaben des Alphabets als topologische Räume zu sehen. Welches sind die (großen) Buchstaben, die homotopieäquivalent zu A

sind? Das O gehört dazu. Aber weder das B, das I oder das T sind homotopieäquivalent zum A. Mit Hilfe dieser suggestiven Beispiele erkennen Sie auch ohne
Schwierigkeiten, warum zwar $A \simeq O$ ist, aber nicht $A \cong O$.

$$A \simeq O \qquad\qquad A \not\cong O$$

Das Wesentliche an den Homotopieäquivalenzen ist, dass sie ziemlich genau die
Trennschärfe beschreiben, mit der topologische Räume anhand ihrer Fundamentalgruppe unterschieden werden können.

Satz (Fundamentalgruppe von homotopieäquivalenten Räumen)
Falls $X \simeq Y$ ist, dann induziert jede Homotopieäquivalenz $f : X \to Y$ für alle
$x \in X$ einen Isomorphismus

$$f_* : \pi_1(X, x) \longrightarrow \pi_1\big(Y, f(x)\big).$$

Der **Beweis** ist einfach. Es seien $f : X \to Y$ und $g : Y \to X$ homotopieinverse
Abbildungen. Dann ist $g \circ f \simeq \mathrm{id}_X$ mit einer Homotopie $H : X \times I \to X$.
Sie erkennen nun ohne Schwierigkeiten direkt aus den Definitionen, dass für eine
beliebige am Punkt $x \in X$ geschlossene Kurve $\alpha : I \to X$ die Abbildung

$$(t, s) \mapsto H\big(\alpha(t), s\big)$$

eine Homotopie zwischen $(g \circ f) \circ \alpha = (g \circ f)_*(\alpha)$ und α beschreibt. Insgesamt ist
also

$$(f_* \circ g_*)(\alpha) = (g \circ f)_*(\alpha) = \alpha$$

und daher f_* surjektiv. Mit dem gleichen Argument für die Abbildung $f \circ g \simeq \mathrm{id}_Y$
erkennen Sie, dass f_* auch injektiv ist. $\square$

Ein Spezialfall von Homotopieäquivalenz kann vorliegen, wenn die Räume in einer
Teilraum-Beziehung stehen. Man spricht in solchen Fällen von **Deformations-
retrakten** $A \subset X$, was gleichzeitig eine leichte Verschärfung des Begriffs der
Homotopieäquivalenz $A \simeq X$ bedeutet.

Definition (Retrakt, Deformationsretrakt)
Eine Teilmenge $A \subseteq X$ eines topologischen Raumes X heißt ein **Retrakt**, wenn
es eine stetige Abbildung

$$r : X \longrightarrow A$$

gibt mit $r(a) = a$ für alle $a \in A$. Die Abbildung r nennt man eine **Retraktion**.

Der Raum A heißt **Deformationsretrakt**, wenn mit der Inklusion $i : A \hookrightarrow X$
die Komposition $i \circ r : X \to X$ homotop zur Identität id_X ist. Kann dabei die
Homotopie so gewählt werden, dass sie für alle $t \in I$ auf A die Identität ist, so
nennt man A einen **starken Deformationsretrakt** von X.

Das Bild veranschaulicht den Begriff. Einen (starken) Deformationsretrakt können Sie sich vorstellen als eine Teilmenge, auf die sich der gesamte Raum von $t = 0$ bis $t = 1$ stetig **zusammenziehen** lässt.

$A \subset X$ ist starker Deformationsretrakt

Die Verbindung zur Homotopieäquivalenz ist nun leicht zu finden, versuchen Sie die folgenden **Übungen** dazu: Ein Deformationsretrakt $A \subseteq X$ ist homotopie-äquivalent zum umgebenden Raum X. Umgekehrt ist ein Retrakt $A \subseteq X$ genau dann ein Deformationsretrakt, wenn $A \simeq X$ ist – und ein starker Deformationsre-trakt genau dann, wenn die Homotopieäquivalenz relativ zu A ist, also $A \simeq_A X$.

Wichtig ist in diesem Kontext die Transformation, welche einen Zylinder $D^n \times I$ auf den Becher $(S^{n-1} \times I) \cup (D^n \times \{0\})$ deformiert. Wir werden diese Transformation später noch oft verwenden (zum Beispiel auf den Seiten 144 oder 153).

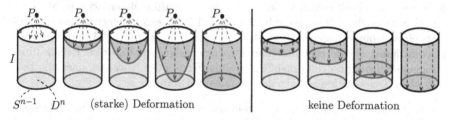

S^{n-1} D^n (starke) Deformation   keine Deformation

Sie erkennen, dass im linken Teil der Zylinder auf den Becher deformiert wird, ohne am Rand $S^{n-1} \times I$ Risse in der Knetmasse (durch zu starke Scherungen) entstehen zu lassen. Das Innere und der Deckel des Zylinders wird dabei durch eine radiale Projektion vom Punkt P aus auf die Seiten und den Boden des Bechers deformiert. Der Weg jedes Punktes entlang seiner Projektionslinie beschreibt eine Homotopie, um den Becher als starken Deformationsretrakt des Zylinders auszuweisen.

Beachten Sie den Unterschied zu dem Übergang im rechten Bildteil. Alle Räume dort sind homotopieäquivalent, sogar relativ zu ihren Rändern und daher starke Deformationsretrakte des Zylinders. Es wird aber der Deckel wie eine Flüssigkeit abgesenkt, und dieser Vorgang lässt die Knetmasse am Rand $S^{n-1} \times I$ abreißen. Daraus wird keine Homotopie, denn die senkrechte Projektion ist nicht stetig, wenn die Punkte in $S^{n-1} \times I$ davon ausgenommen sind.

Kurz ein paar Beispiele, um die Begriffe zu verstehen und gegeneinander abzu-grenzen. Der Begriff **Retrakt** ist tatsächlich schwächer als der Begriff **Deforma-tionsretrakt**, was Sie am Beispiel der einpunktigen Menge $\{1\} \subset S^1$ erkennen. Offenbar ist das ein Retrakt, aber kein Deformationsretrakt, denn die S^1 kann nicht innerhalb von sich selbst auf einen Punkt zusammengezogen werden, ohne zu zerreißen. Eine mehrpunktige, echte Teilmenge $A \subset S^1$ ist hingegen kein Retrakt mehr (kleine **Übung**). Ist $[0,1[\subset \mathbb{R}$ ein Retrakt? (Antwort: Nein. Warum?)

Etwas subtiler ist es, den Unterschied zwischen einem homotopieäquivalenten Teilraum und einem Deformationsretrakt herauszuarbeiten. Ein Deformationsretrakt ist tatsächlich mehr, denn es gibt Teilräume $A \subset X$ mit $A \simeq X$, bei denen A nicht einmal ein Retrakt von X ist.

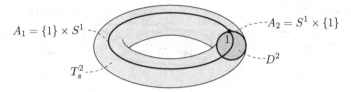

$A_1 = \{1\} \times S^1$ $A_2 = S^1 \times \{1\}$
T_s^2 D^2

Im Bild zu sehen ist das Beispiel eines soliden Torus $T_s^2 = D^2 \times S^1$ und darin $A_1 = \{1\} \times S^1$ als starker Deformationsretrakt. Hingegen ist $A_2 = S^1 \times \{1\}$ zwar homotopieäquivalent zu T_s^2, jedoch nicht einmal ein Retrakt. Der Grund liegt in der speziellen Einbettung $A_2 \hookrightarrow T_s^2$, welche keine Homotopieinverse besitzt. Versuchen Sie als weitere **Übung** zu verifizieren, dass sowohl A_1 als auch A_2 im hohlen Torus T^2 Retrakte sind, jedoch keine Deformationsretrakte (womit hierfür, nach dem Beispiel $\{1\} \subset S^1$ vorhin, auch mehrpunktige Beispiele gefunden sind).

Kommen wir zurück zu den konstruktiven Eigenschaften dieser Begriffe. Mit dem obigen Satz ergibt sich, dass die Inklusion $i : A \hookrightarrow X$ eines Deformationsretraktes stets einen Isomorphismus $i_* : \pi_1(A, x) \to \pi_1(X, x)$ für alle $x \in A$ induziert. Wir können damit die Berechnung einer Fundamentalgruppe in vielen Fällen durch geeignete Schrumpfungen erheblich vereinfachen – oder beweisen, dass ein Teilraum kein Deformationsretrakt des umgebenden Raumes ist.

Lassen Sie uns dazu erste Beispiele ansehen, zum Beispiel die Fundamentalgruppe von $\mathbb{R}^n$. Da jede einpunktige Menge $A = \{x\}$ mit $x \in \mathbb{R}^n$ ein Deformationsretrakt von $\mathbb{R}^n$ ist – man nennt solche Räume **zusammenziehbar** – ergibt sich sofort

$$\pi_1(\mathbb{R}^n, x) = \pi_1(\{x\}, x) = 0,$$

wobei hier und im Folgenden die triviale Gruppe, die nur aus dem neutralen Element besteht, mit 0 bezeichnet sei – obwohl sie multiplikativ geschrieben wird (manchmal liest man deswegen auch 1, das ist Geschmackssache). Räume mit trivialer Fundamentalgruppe nennt man **einfach zusammenhängend**.

Wie steht es nun mit einem anderen Beispiel, nämlich $\mathbb{R}^2 \setminus \{0\}$? Dieser Raum hat im Nullpunkt ein Loch, und Sie ahnen schon, dass sich dadurch etwas grundlegend ändert.

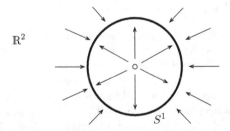

$\mathbb{R}^2$

S^1

Beobachten wir zunächst, dass die S^1 ein (starker) Deformationsretrakt davon ist. Vielleicht versuchen Sie zur **Übung** einmal, die Homotopie zwischen der radialen Projektion $r : \mathbb{R}^2 \setminus \{0\} \to S^1$ und der Identität auf $\mathbb{R}^2 \setminus \{0\}$ zu finden.

Und damit, liebe Leser, sind wir bei der Fundamentalgruppe $\pi_1(S^1)$ der 1-Sphäre angelangt (den Basispunkt lassen wir weg, falls es modulo Isomorphie nicht darauf ankommt, Seite 84). Dies ist das klassische Beispiel für eine nicht-triviale Fundamentalgruppe. Sie haben bestimmt schon eine grobe Ahnung, dass sich der Weg

$$\alpha : [0,1] \longrightarrow S^1, \quad t \mapsto e^{2\pi it}$$

nicht stetig in den konstanten Weg ϵ_1 deformieren lässt, wir hier also mindestens zwei Elemente in $\pi_1(S^1)$ haben. In der Tat wird sich zeigen, dass es sogar eine unendliche Gruppe ist, isomorph zu $\mathbb{Z}$ mit der gewöhnlichen Addition.

Jeder halbwegs gebildete Mathematiker, gleich welcher Fachrichtung, kennt dieses berühmte Resultat. Es ist wahrlich Folklore in der Mathematik und anschaulich leicht vorstellbar. Manch einen wird es dann vielleicht wundern, dass der exakte Beweis – ohne höhere Hilfsmittel, die wir später lernen werden – alles andere als trivial ist. Eine mühsame technische Trickserei, die sich über mehrere Seiten hinzieht. Ich werde daher nur die Idee kurz skizzieren, um Ihnen ein Gefühl für diese Arbeit zu vermitteln.

Satz (Fundamentalgruppe der 1-Sphäre)
Wir betrachten den obigen Weg $\alpha : I \to S^1$. Dann ist die Fundamentalgruppe $\pi_1(S^1,1)$ unendlich zyklisch mit Generator α (Seite 64), also isomorph zur additiven Gruppe $\mathbb{Z}$.

Die Idee des **Beweises** ist einfach, lediglich die exakte Durchführung ist kompliziert. Der Grundgedanke führt uns auf ein allgemeines Prinzip, das wir auch später bei dem großen Satz von SEIFERT-VAN KAMPEN (Seite 111) noch erleben werden: Wir überdecken die S^1 durch zwei etwas überstehende Halbkreise

$$U_1 = \left\{ (x,y) \in S^1 : y > -\frac{1}{10} \right\} \quad \text{und} \quad U_2 = \left\{ (x,y) \in S^1 : y < \frac{1}{10} \right\}.$$

Nun sei ein Weg $f : I \to S^1$ gegeben. Falls er ganz in U_1 oder U_2 verläuft, können wir ihn auf den konstanten Weg in $(1,0)$ homotop verformen, da U_1 und U_2 zusammenziehbar sind. Ansonsten betrachten wir eine Überdeckung des Einheitsintervalls I durch die zwei offenen Mengen $V_1 = f^{-1}(U_1)$ und $V_2 = f^{-1}(U_2)$. Beachten Sie bitte, dass diese Mengen aus wild in I verstreut liegenden offenen Einzelteilen bestehen können. Da I aber ein kompakter metrischer Raum ist, gibt es nach dem Lemma von LEBESGUE (Seite 23) ein $\delta > 0$, sodass jede Teilmenge in I mit Durchmesser $< \delta$ ganz in einer der Mengen V_1 oder V_2 liegt.

Mit dieser LEBESGUE-Zahl konstruiert man nun endlich viele Teilungspunkte

$$0 = t_0 < t_1 < \ldots < t_{n-1} < t_n = 1$$

des Einheitsintervalls, sodass f zwischen den Punkten immer abwechselnd ganz in einem U_i enthalten ist. Dies führt letztlich zu einer Zerlegung von f in Teilstücke, von denen jedes entweder **nullhomotop** ist (äquivalent zum konstanten Weg ϵ_1) oder homotop zum Generator α oder zu α^{-1}. Damit folgt sofort $f \sim \alpha^m$ für ein $m \in \mathbb{Z}$. Die Gruppe $\pi_1(S^1, 1)$ ist also eine zyklische Gruppe mit Generator α.

Leider gibt diese Überlegung noch keinen Hinweis auf die Ordnung dieser Gruppe, also deren Elementzahl. Hierzu betrachtet man den **Grad** $\deg(f)$ von f. Anschaulich ist das die Anzahl der Windungen des Weges f um den Nullpunkt. Man sieht dabei durch eine Reihe ähnlicher technischer Argumente, dass homotope Wege den gleichen Grad haben, denn dieser hat Werte in der diskreten Menge $\mathbb{Z}$ und hängt stetig von homotopen Verformungen ab. Wegen $\deg(\alpha^m) = m$ ergibt sich schließlich, dass die Gruppe $\pi_1(S^1, 1)$ von unendlicher Ordnung ist.   ($\square$)

Versuchen wir, weitere Fundamentalgruppen zu bestimmen. Wie sieht diese zum Beispiel für ein Produkt $X \times Y$ aus, wenn wir sie für die Faktoren schon kennen? Hierfür gibt es einen ganz einfachen und suggestiven Satz.

Satz (Fundamentalgruppe eines Produktes)
Für zwei wegzusammenhängende topologische Räume X, Y und Punkte $x \in X$, $y \in Y$ gilt

$$\pi_1\big(X \times Y, (x, y)\big) \cong \pi_1(X, x) \times \pi_1(Y, y).$$

Der **Beweis** geht vollkommen geradeaus, ohne Schnörkel oder Tricks. Die Wege $f : I \to X \times Y$ stehen in einer bijektiven Beziehung zu Paaren (f_X, f_Y) von Wegen $f_X : I \to X$ und $f_Y : I \to Y$. Diese Beziehung verträgt sich bestens mit der Multiplikation und der Äquivalenzrelation bezüglich Homotopie. Mit den Projektionen $p : X \times Y \to X$ und $q : X \times Y \to Y$ ergibt sich dann auf natürliche Weise über die Abbildung

$$(p_*, q_*) : \pi_1\big(X \times Y, (x, y)\big) \longrightarrow \pi_1(X, x) \times \pi_1(Y, y), \quad \alpha \mapsto \big(p_*(\alpha), q_*(\alpha)\big)$$

der gewünschte Isomorphismus der Fundamentalgruppen.   ($\square$)

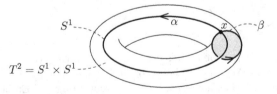

Mit diesem Resultat können wir die Fundamentalgruppe des Torus T^2 berechnen, denn dieser ist offenbar homöomorph zu $S^1 \times S^1$. Es ergibt sich für jeden Basispunkt $x \in T^2$

$$\pi_1(T^2, x) \;\cong\; \mathbb{Z} \times \mathbb{Z} \;\cong\; \mathbb{Z} \oplus \mathbb{Z} \;=\; \mathbb{Z}^2,$$

also eine frei abelsche Gruppe vom Rang 2 (Seite 68) mit der $\mathbb{Z}$-Basis $\{\alpha, \beta\}$, die in der Abbildung gezeigt ist.

Sind Sie ein wenig auf den Geschmack gekommen? Wir kennen in der Tat eine Menge weiterer Räume, denken Sie nur an die projektive Ebene $\mathbb{P}^2$, die KLEINsche Flasche – überhaupt alle kompakten Flächen (Seite 50). Auch die Sphären S^n sind interessant, oder das Gerüst des Torus T^2, das nur aus den Wegen α und β besteht. Wie sehen hier die Fundamentalgruppen aus? Fragen über Fragen, die auf den folgenden Seiten elegante Antworten finden werden.

4.2 Überlagerungen

Die Überlagerungstheorie ist eng mit den Fundamentalgruppen verflochten und wird uns weitere interessante Querbezüge zur Gruppentheorie liefern. In diesem Abschnitt betrachten wir topologische Räume, die ab jetzt als **Generalvoraussetzung hausdorffsch** und **wegzusammenhängend** sein sollen. (Die Ausführungen folgen teilweise der Darstellung in [58].)

Definition (Überlagerung)

Wir betrachten zwei topologische Räume X, Y mit obigen Eigenschaften und eine stetige Abbildung $p : Y \to X$. Man nennt p eine **Überlagerung** (und auch den Raum Y eine **Überlagerung von** X), wenn jeder Punkt $x \in X$ eine wegzusammenhängende Umgebung $U \subseteq X$ besitzt, sodass

$$p^{-1}(U) \;=\; \bigcup_{\lambda \in \Lambda} U_\lambda$$

eine nicht-leere Vereinigung von wegzusammenhängenden Teilräumen $U_\lambda \subseteq Y$ ist, die durch p homöomorph auf U abgebildet werden, wobei für alle $\mu \neq \nu$ die Menge $U_\mu \cup U_\nu$ nicht wegzusammenhängend ist.

Man sagt hierfür auch, die U_λ bilden die **Wegzusammenhangskomponenten** von $p^{-1}(U)$ und nennt U in diesem Fall eine **elementare Teilmenge** von X.

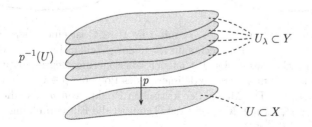

Eine lange Definition, die auf den ersten Blick nicht leicht zu verstehen ist. Das Bild mag eine Hilfe sein, die U_λ stellen quasi disjunkte **Blätter** über U dar, und deren Anzahl ist lokal konstant. Mehr noch, wegen des Zusammenhangs von X ist die Blätterzahl sogar global konstant. Und falls es dann n Blätter über jedem Punkt gibt, nennt man das Ganze eine n-**blättrige Überlagerung**.

Was ist das Besondere an Überlagerungen? Schauen wir uns dazu einmal ein Beispiel an, das dem Anfänger vielleicht sofort einfällt, aber leider keine Überlagerung ist. Es ist die Projektion von $[0,1] \times \{0,1\} \subset \mathbb{R}^2$ auf $[0,1]$.

Warum ist das keine zweiblättrige Überlagerung? Ganz einfach: $[0,1] \times \{0,1\}$ ist nicht zusammenhängend. Genau das ist aber der entscheidende Punkt bei Überlagerungen. Wir können das Beispiel auch nicht retten, indem wir die beiden Intervalle an einem Punkt verkleben wie in der Abbildung rechts. Dann hätte das Bild des Verklebungspunktes keine Umgebung U, deren Urbild $p^{-1}(U)$ wie gefordert in zwei Blätter zerfällt, die durch p homöomorph auf U abgebildet werden. Sie sehen, Überlagerungen sind schon etwas Besonderes, sie liegen nicht einfach offen auf der Straße.

Das klassische Beispiel einer Überlagerung ist die Abbildung

$$\mathbb{R} \longrightarrow S^1, \quad x \mapsto e^{2\pi i x}$$

auf die 1-Sphäre (im Bild links). Vielleicht haben Sie als kleine **Übung** Lust nachzuprüfen, dass alle Bedingungen einer Überlagerung erfüllt sind?

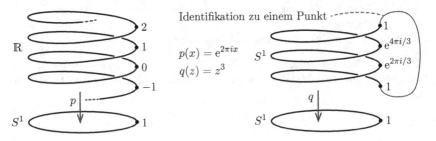

Aber auch die Abbildung $S^1 \to S^1$ mit $z \mapsto z^n \in \mathbb{C}$ ist eine Überlagerung, und zwar mit n Blättern (im Bild rechts für $n = 3$ dargestellt). Hier zeigt sich ein Bezug zur Funktionentheorie, in der Tat ist der Überlagerungsbegriff ursprünglich aus diesen Beispielen entstanden. So definiert jedes Polynom $p \in \mathbb{C}[z]$ eine Abbildung $\mathbb{C} \to \mathbb{C}$, $z \mapsto p(z)$. Die Menge der kritischen Punkte von p, also die Nullstellen der Ableitung p', sei mit K bezeichnet. Dann ist die Einschränkung

$$p \colon \mathbb{C} \setminus p^{-1}(K) \longrightarrow \mathbb{C} \setminus K, \quad z \mapsto p(z)$$

eine Überlagerung mit deg(p) Blättern. Die kritischen Punkte nennt man dann übrigens **Verzweigungspunkte** und die Abbildung auf ganz $\mathbb{C}$ eine **verzweigte** Überlagerung. Doch darauf werden wir hier nicht näher eingehen.

Ein weiteres Beispiel ist die Abbildung $S^2 \to \mathbb{P}^2$, welche jedem Punkt x auf der Sphäre die Gerade durch x und den Ursprung zuordnet. Da jede Gerade durch 0 und x auch durch $-x$ verläuft, haben wir hier eine 2-blättrige Überlagerung der projektiven Ebene.

Überlegen Sie sich einmal, wie eine Überlagerung des Torus $T^2 = S^1 \times S^1$ aussehen könnte. Es müsste das Produkt der Überlagerungen von S^1 sein. In der Tat ist

$$p : \mathbb{R}^2 \longrightarrow T^2 , \ (x,y) \mapsto \left(e^{2\pi i x}, e^{2\pi i y} \right),$$

eine ∞-blättrige Überlagerung des Torus.

Bemerkenswert ist hier übrigens eine andere Darstellung dieser Abbildung. Sie kennen ja bereits den ebenen Bauplan von T^2 (Seite 46). Die Quotientenabbildung, welche zur Verklebung der Kanten des Quadrats führt, ist natürlich keine Überlagerung. Aber wenn wir ganz $\mathbb{R}^2$ mit diesen Quadraten überdecken und auch ihr Inneres geeignet identifizieren, entsteht tatsächlich der T^2.

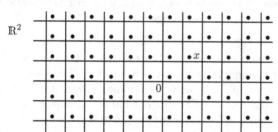

Wir müssen nur die Äquivalenzen $(x,y) \sim (x,y+1)$ und $(x,y) \sim (x+1,y)$ auf $\mathbb{R}^2$ einführen, wie im Bild angedeutet. Sie sehen, dass jeder Punkt in $\mathbb{R}^2$ zu genau einem Punkt im halboffenen Quadrat $[0,1[\times [0,1[$ äquivalent ist. Für das ganze Quadrat ergibt sich dabei die uns schon bekannte Verklebungsvorschrift. Die Quotientenabbildung

$$p : \mathbb{R}^2 \longrightarrow \mathbb{R}^2/\!\sim \ \ (\cong T^2)$$

ist dann tatsächlich eine (∞-blättrige) Überlagerung.

Und wie steht es mit der KLEINschen Flasche? Vielleicht mögen Sie selbst als **Übung** kurz darüber nachdenken, es liegt ebenfalls nahe, mit einem Gitter aus Quadraten im $\mathbb{R}^2$ zu beginnen. Führen Sie danach auf $\mathbb{R}^2$ die Äquivalenzen $(x,y) \sim (x,y+1)$ und $(x,y) \sim (x+1,1-y)$ ein. Die zweite Regel dürfen Sie (aufgrund der ersten) durch $(x,y) \sim (x+1,-y)$ ersetzen. Die gleiche Überlegung wie oben beim Torus führt auch hier über die Quotientenabbildung $\mathbb{R}^2 \to \mathbb{R}^2/\!\sim$ zu einer ∞-blättrigen Überlagerung der KLEINschen Flasche.

Doch genug der Beispiele, so schön sie auch sind. Die Überlagerungen ermöglichen starke Aussagen über Fundamentalgruppen. Beginnen wir mit ein wenig Theorie, Sie werden staunen, welchen Lohn man später dafür ernten kann.

Satz (Hochhebung von Wegen)
Es sei $p : Y \to X$ eine Überlagerung und $f : I \to X$ ein Weg mit $f(0) = x_0$. Dann gibt es für alle $y_0 \in p^{-1}(x_0)$ einen eindeutigen Weg $\widetilde{f} : I \to Y$, für den $p \circ \widetilde{f} = f$ und $\widetilde{f}(0) = y_0$ gilt.

Man nennt $\widetilde{f}$ eine **Hochhebung** von f. Veranschaulichen kann man sich das durch ein kommutatives Diagramm (mit **punktierten** Abbildungen):

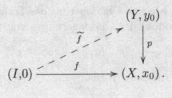

Der **Beweis** ist einfach. Das LEBESGUEsche Lemma (Seite 23) garantiert nämlich ein $n \in \mathbb{N}$, sodass $f\big([i/n, (i+1)/n]\big)$ in einer elementaren Teilmenge U_i von X liegt, $0 \le i < n$. Sie müssen dazu nur $f(I) \subseteq X$ mit elementaren Teilmengen überdecken. Die Urbilder dieser Teilmengen bilden dann eine Überdeckung des kompakten Intervalls I, und die zugehörige LEBESGUE-Zahl $\delta > 0$ liefert sofort ein geeignetes $n > 1/\delta$.

Die Hochhebung kann nun von Blatt zu Blatt induktiv konstruiert werden. Die Eindeutigkeit der Hochhebung ist gegeben einerseits durch die Homöomorphismen zwischen den Blättern von $p^{-1}(U_i)$ und U_i und andererseits durch die Tatsache, dass das zu wählende Blatt im i-ten Schritt der Induktion immer eindeutig durch den Punkt $\widetilde{f}(i/n)$ im vorhergehenden Blatt festgelegt ist.   ($\Box$)

Dieser Satz hat eine wichtige Verallgemeinerung, die man mit ähnlichen Mitteln beweisen kann (siehe zum Beispiel [58], oder Seite 152).

Satz (Hochhebung von Homotopien)
Es sei $p : Y \to X$ eine Überlagerung und $F : W \times I \to X$ eine Homotopie. $f : W \times \{0\} \to Y$ sei eine Hochhebung der Einschränkung $F|_{W \times \{0\}}$. Dann gibt es eine eindeutige Hochhebung von F, also eine Homotopie $G : W \times I \to Y$, die folgendes Diagramm kommutativ macht (ι bedeutet die Inklusion):

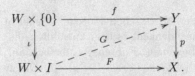

Wichtiger Zusatz: Falls F auf einer Teilmenge $A \subseteq W$ gar nicht von $t \in I$ abhängt (also alle Punkte aus A fest lässt), so gilt das auch für G. (Sie erinnern sich: Man sagt in diesem Fall auch, die Homotopie ist relativ zur Teilmenge $A \subseteq W$, Seite 82.)   ($\Box$)

Ein technischer Hilfssatz par excellence, den Sie sich bestimmt einige Male durchlesen mussten. Besonders wenn kommutative Diagramme auftauchen – ein klassisches Mittel der algebraischen Topologie, und nun schon das zweite Exemplar davon in kurzer Zeit – werden die Aussagen der Sätze komplexer und trotz der an sich schönen Visualisierung durch die Diagramme schwerer verständlich.

Ohne ein anschauliches Bild vor Augen wird das Weiterlesen also mühsamer. Stellen Sie sich auf den folgenden Seiten immer die klassische Überlagerung $\mathbb{R} \to S^1$, $x \mapsto e^{2\pi i x}$ vor. Das Bild der sich spiralförmig über S^1 dahinwindenden reellen Zahlen wird Ihnen eine Hilfe sein.

Wenn wir im obigen Satz $W = I$ setzen und Homotopien relativ zu $\partial I = \{0,1\}$ betrachten, so können wir also nicht nur Wege selbst eindeutig hochheben, sondern auch Homotopien zwischen Wegen. Es ergeben sich damit starke Aussagen über die Fundamentalgruppen einer Überlagerung $Y \to X$ und ihres Basisraums X.

Nehmen Sie zum Beispiel zwei Wege f_1, f_2 in X, die relativ zum Rand ∂I homotop sind, und konstruieren zwei Hochhebungen $\tilde{f}_1$ und $\tilde{f}_2$ mit gleichem Anfangspunkt, also $\tilde{f}_1(0) = \tilde{f}_2(0)$. Dann stimmen auch die Endpunkte der Hochhebungen überein und es ist $\tilde{f}_1 \sim \tilde{f}_2$ relativ ∂I. Das ist eine direkte Folgerung aus der Hochhebung von Homotopien (inklusive Zusatz), die auch unter dem Namen **Monodromielemma** bekannt ist.

Oder betrachten Sie eine Schleife f in X mit $f(0) = f(1) = x_0$, welche (immer relativ zu ∂I) homotop zum konstanten Weg ist. Man sagt dazu auch, f sei **nullhomotop** in $\pi_1(X, x_0)$. Dann ist jede Hochhebung von f nach Y ebenfalls eine Schleife, die relativ zu ∂I homotop zu einem konstanten Weg in Y ist, also nullhomotop in $\pi_1(Y, y_0)$. Dies ist ebenfalls eine direkte Folgerung aus dem Satz über die Hochhebung von Homotopien.

Es ergibt sich daraus eine kleine **Übung** für Sie: Jeder Raum X, der hausdorffsch und wegzusammenhängend ist, hat Fundamentalgruppe $\pi_1(X, x_0) \neq 0$, falls es eine nicht-triviale Überlagerung $Y \to X$ gibt, also eine mit $Y \not\cong X$. Haben Sie eine Idee, wie das gehen könnte?

Hier die Lösung: Bei einer mehrblättrigen Überlagerung verbinden Sie einfach zwei Punkte $y_1 \neq y_2$ der Faser $p^{-1}(x_0)$ durch einen Weg $f : I \to Y$. Dann kann $p \circ f$ nach obigen Überlegungen kein triviales Element in $\pi_1(X, x_0)$ sein. Der Grund ist einfach, denn wäre $p \circ f$ nullhomotop, dann könnte man die entsprechende Homotopie von $p \circ f$ zur Punktkurve $I \to \{x_0\}$ relativ zu ∂I hochheben auf eine Homotopie von f zu einer Kurve g, welche ihr Bild in der Faser $p^{-1}(x_0)$ hat. Da die Faser einer Überlagerung diskret ist, muss $g(0) = g(1)$ sein. Und weil die Homotopie auch in Y relativ zu ∂I ist, folgt

$$y_1 = f(0) = g(0) = g(1) = f(1) = y_1,$$

im Widerspruch zu $y_1 \neq y_2$. Wir haben inzwischen (ohne es vielleicht zu merken) eine ganz wichtige Aussage gewonnen, die es lohnt, eigens notiert zu werden.

Satz (Gruppenhomomorphismus einer Überlagerung)
Es sei $p : Y \to X$ eine Überlagerung und $p(y_0) = x_0$. Dann ist

$$p_* : \pi_1(Y, y_0) \longrightarrow \pi_1(X, x_0)$$

stets ein **Monomorphismus** von Gruppen. Sein Bild besteht aus allen (Klassen von) Schleifen in X, die sich zu Schleifen in Y hochheben lassen. Ob eine Schleife f in X bei der Hochhebung eine Schleife in Y ergibt, hängt wiederum nur von deren Homotopieklasse $[f]$ ab.

Das Bild von $\pi_1(Y, y_0)$ bei p_* in $\pi_1(X, x_0)$ wird auch als **charakteristische Untergruppe** $G_p \subseteq \pi_1(X, x_0)$ bezeichnet. $\qquad\qquad$ $\square$

Es geht sogar noch viel mehr, Sie werden staunen. Sehen Sie sich nochmals die bekannte Überlagerung $p : \mathbb{R} \to S^1$ an. Falls jetzt $f : I \to S^1$ eine Schleife mit $f(0) = f(1) = 1$ ist, dann können wir sie nach $\mathbb{R}$ hochheben zu einem Weg $\widetilde{f} : I \to \mathbb{R}$ mit $\widetilde{f}(0) = 0$. Durch die Eindeutigkeit der Hochhebung ist deren Endpunkt $\widetilde{f}(1) = n \in p^{-1}(0) = \mathbb{Z}$ wohldefiniert. Wir können nun den **Grad** des Weges als diesen ganzzahligen Endpunkt definieren: $\deg(f) = n$. Mit ganz einfachen und direkten Argumenten folgt aus den bisherigen Überlegungen, dass

$$\deg : \pi_1(S^1, 1) \longrightarrow \mathbb{Z}$$

ein Isomorphismus von Gruppen ist. Damit ergibt sich das gleiche Resultat wie auf Seite 89, nur eleganter. Versuchen Sie das vielleicht als **Übung**. (Hier einige Hinweise: Man zeigt zuerst die Injektivität der Abbildung deg. Falls $\deg(f) = 0$ ist, gilt für die Hochhebung $\widetilde{f}(0) = 0 = \widetilde{f}(1)$. Die Hochhebung ist also eine Schleife in $\mathbb{R}$. Dieser Raum ist zusammenziehbar und hat daher $\pi_1(\mathbb{R}, 0) = 0$. Obige Überlegungen ergeben dann $[f] = p_*[\widetilde{f}] = 0$. Die Surjektivität und die Eigenschaft, ein Homomorphismus von Gruppen zu sein, folgt mit ähnlichen Argumenten.)

Kommen wir jetzt zum wahren Wert der Überlagerungen. Wenn schon $\pi_1(Y, y)$ eine Untergruppe von $\pi_1(X, x)$ ist, können wir uns die Frage stellen, unter welchen Bedingungen sie dann ein Normalteiler ist (Seite 65) und was man in diesem Fall über die Quotientengruppe $\pi_1(X, x)/\pi_1(Y, y)$ sagen kann. Hier wird sich ein Resultat von bestechender Schönheit ergeben, bei dem einige Begriffe aus der Gruppentheorie (Seite 63 ff) eine anschauliche Interpretation erfahren.

4.3 Decktransformationen

Beginnen wir damit, uns ein paar kritische Fragen über die bisher gewonnenen Erkenntnisse zu stellen. Wenn wir mit einer Überlagerung $p : Y \to X$ stets eine Untergruppe G_p von $\pi_1(X, x_0)$ erhalten, wie entsprechen diese Untergruppen dann der Gesamtheit aller möglichen Überlagerungen von X? Bestimmt eine Untergruppe eine Überlagerung eindeutig (bis auf Homöomorphie), und wenn wir eine Untergruppe $G \subseteq \pi_1(X, x_0)$ haben, gibt es dann immer eine dazu gehörige Überlagerung?

Wir wollen uns zunächst der Eindeutigkeitsfrage zuwenden. Sie führt auf eine sehr überzeugende Aussage, wenn wir für die Räume ab jetzt eine weitere Eigenschaft verlangen, den **lokalen Wegzusammenhang**. Ein Raum Y heißt **lokal wegzusammenhängend**, wenn jede Umgebung U_y eines jeden Punktes $y \in Y$ eine wegzusammenhängende Umgebung $V_y \subseteq U_y$ besitzt.

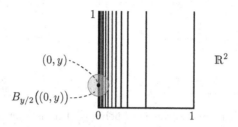

Vielleicht fragen Sie sich, ob das nicht aus dem Wegzusammenhang folgt? Nein, tut es nicht. Das Bild zeigt ein Gegenbeispiel in $\mathbb{R}^2$. Hier wird das Intervall $[0,1]$ vereinigt mit senkrecht dazu stehenden Strecken der Länge 1 über allen Punkten $(1/n,0)$ mit natürlichen Zahlen $n > 0$ und dem Punkt $(0,0)$. Dieser Raum ist wegzusammenhängend. Betrachten Sie aber die Punkte $(0,y)$ mit $0 < y \leq 1$, so können Sie in dem Ball $B_{y/2}\big((0,y)\big)$ keine wegzusammenhängende Umgebung von $(0,y)$ finden, ja nicht einmal eine zusammenhängende.

Von solch seltsamen Beispielen wollen wir also absehen, um den Eindeutigkeitssatz für Überlagerungen formulieren zu können. Wir verwenden dazu, falls Missverständnisse möglich sind, für eine Abbildung $f : Y \to X$ mit $f(y_0) = x_0$ die Notation einer **punktierten** Abbildung $(Y,y_0) \to (X,x_0)$, die manchmal auch **basispunkterhaltende** Abbildung genannt wird.

Satz (Eindeutigkeit der Überlagerung)
Wir betrachten mit $p : (Y,y_0) \to (X,x_0)$ und $q : (Y',y_0') \to (X,x_0)$ zwei Überlagerungen eines wegzusammenhängenden und lokal wegzusammenhängenden Raumes X, welche in $\pi_1(X,x_0)$ die gleiche charakteristische Untergruppe haben, also $G_p = G_q$.

Dann gibt es einen eindeutigen **Isomorphismus** $\varphi_{p,q}$ zwischen (Y,y_0) und (Y',y_0'), also einen Homöomorphismus, der folgendes Diagramm kommutativ macht:

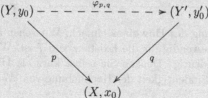

Eine Richtung des **Beweises** ist trivial, die vom Isomorphismus zu den gleichen Untergruppen. Etwas heikler ist die Umkehrung, und genau da geht auch der lokale Wegzusammenhang ein. Wir müssen dazu die Überlagerung $p : Y \to X$ nach Y' hochheben – und anschließend zeigen, dass diese Hochhebung φ eindeutig ist. Wenn man dann umgekehrt $q : Y' \to X$ nach Y hochhebt, so erhält man sofort die Umkehrabbildung ψ von φ. Wegen der Eindeutigkeit muss dann nämlich $\psi \circ \varphi = \mathrm{id}_Y$ und $\varphi \circ \psi = \mathrm{id}_{Y'}$ sein, wie die Diagramme suggerieren.

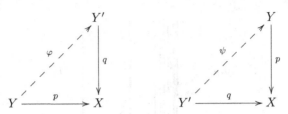

Warum existiert immer eine solche Hochhebung? Das ist der Gegenstand des folgenden Hilfssatzes, der vom lokalen Wegzusammenhang Gebrauch macht.

Hilfssatz (Hochheben von Abbildungen)
Wir betrachten eine Überlagerung $p : (Y, y_0) \to (X, x_0)$ und eine stetige Abbildung $f : (Z, z_0) \to (X, x_0)$ eines wegzusammenhängenden und lokal wegzusammenhängenden Raumes Z nach X. Dann gibt es für die Abbildung f genau dann eine (in diesem Fall auch eindeutige) Hochhebung

$$\widetilde{f} : (Z, z_0) \to (Y, y_0),$$

wenn f_* die Fundamentalgruppe $\pi_1(Z, z_0)$ in die charakteristische Untergruppe $G_p \subseteq \pi_1(X, x_0)$ der Überlagerung p abbildet.

Das folgende kommutative Diagramm mag eine kleine Hilfe sein.

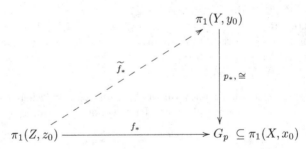

Wieder ist eine Richtung des **Beweises** einfach: Wir sehen aus dem Diagramm, dass die Bedingung notwendig für die Existenz von $\widetilde{f}$ ist. Warum ist eine solche Hochhebung dann eindeutig? Denken Sie selbst kurz als **Übung** darüber nach (wichtig dabei ist die Eindeutigkeit der Hochhebung von Wegen, Seite 94).

Kommen wir zur Umkehrung. Wir müssen aus der algebraischen Bedingung eine Hochhebung definieren. Das verläuft zunächst völlig geradeaus, anders kann es gar nicht gehen. Wir wählen zu jedem $z \in Z$ einen Weg α von z_0 nach z. Den Weg $\beta = f \circ \alpha$ in X heben wir (auf eindeutige Weise) zu einem Weg $\widetilde{\beta}$ in Y hoch mit $\widetilde{\beta}(0) = y_0$ und definieren schließlich $\widetilde{f}(z) = \widetilde{\beta}(1)$, also den Endpunkt von $\widetilde{\beta}$.

Alles ist wohldefiniert, wir befinden uns auf sicherem Boden. Der Punkt $\widetilde{\beta}(1)$ hängt dabei nicht von der Wahl des Weges α ab.

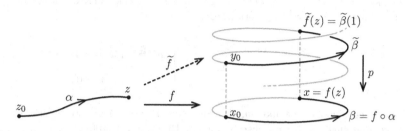

Die Wahl eines anderen Weges α' ergäbe nämlich mit $\alpha' \cdot \alpha^{-1}$ einen geschlossenen Weg am Punkt z_0 und damit (über f) einen an x_0 geschlossenen Weg in X. Dessen Hochhebung nach Y ist dann auch ein geschlossener Weg, weil das Bild von $\pi_1(Z, z_0)$ bei f_* in der charakteristischen Gruppe $G_p \subseteq \pi_1(X, x_0)$ liegt. Hier geht diese Voraussetzung also entscheidend ein.

Einzig die Stetigkeit von $\widetilde{f}$ macht – zu unserer Überraschung – ein wenig Probleme. Nehmen wir dazu eine genügend kleine Umgebung U_Y von $\widetilde{f}(z) \in Y$, welche via p homöomorph auf eine (elementare) Umgebung U_X von $f(z) \in X$ abgebildet wird. Dann ist $f^{-1}(U_X)$ eine Umgebung von z, denn f war stetig. Wir müssen zeigen, dass $\widetilde{f}^{-1}(U_Y)$ ebenfalls eine Umgebung von z ist.

Hierfür liefert der lokale Wegzusammenhang von Z eine wegzusammenhängende Umgebung $W_z \subseteq f^{-1}(U_X)$ von z. Mit $f(W_z) \subseteq U_X$ und der Homöomorphie

$$p^{-1}|_{U_X} : U_X \longrightarrow U_Y$$

erkennen Sie, dass für alle $\xi \in W_z$ die Endpunkte $\widetilde{f}(\xi) = \widetilde{\beta}_\xi(1)$ der Hochhebungen $\widetilde{\beta}_\xi$ stetig von ξ abhängen. Dies wiederum folgt aus der Existenz von Wegen $z \to \xi$ innerhalb von W_z und eben der Homöomorphieeigenschaft von $p^{-1}|_{U_X}$. Damit ist der Hilfssatz über die Hochhebung von Abbildungen und auch der (davor stehende) Eindeutigkeitssatz für Überlagerungen bewiesen. $\square$

Der Beweis war nicht ganz einfach. Machen Sie sich zur Not ein paar einfache Skizzen. Es ist hier vielleicht auch von Nutzen, sich zu überlegen, warum der Beweis bei einem nicht lokal wegzusammenhängenden Raum Z scheitert. Nehmen wir dazu als Beispielraum Z den bei $x = 0$ unendlich dichten Kamm von oben, aber in etwas modifizierter Form.

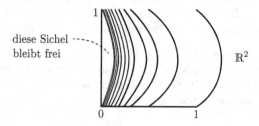

diese Sichel bleibt frei

$\mathbb{R}^2$

Sie erkennen, dass die Borsten für $x > 0$ nur am unteren und oberen Ende mit dem bisherigen Kamm übereinstimmen, also bei $y = 0$ und $y = 1$. Dazwischen sind sie nach rechts ausgebeult. Dies hat zum Zweck, dass die folgende stetige Abbildung $f : Z \to S^1$ definiert werden kann.

$$f : Z \longrightarrow S^1, \quad (x,y) \mapsto \begin{cases} e^{2\pi i y} & \text{für } x = 0 \\ e^{4\pi i y} & \text{für } x > 0. \end{cases}$$

Eine trickreiche Konstruktion, die Sie ohne Probleme als stetig erkennen: Bei Bewegung entlang der x-Achse bleibt der Bildpunkt 1 stehen, und gehen Sie die Borsten nach oben, umlaufen Sie die S^1 bei der Borste am Nullpunkt einmal und bei den Borsten an den Punkten $(1/n,0)$ zweimal.

Der einzige problematische Punkt für die Stetigkeit ist der Punkt $z = (0,1)$, das ist auch der einzige Punkt, an dem Z nicht lokal wegzusammenhängend ist. Die Stetigkeit von f bei z können Sie aber leicht anhand von konvergenten Punktfolgen $z_n \to z$ nachvollziehen. (Kleine **Übung**, bei der Sie auch erkennen, warum wir die Borsten im Mittelbereich von der linken Randborste abtrennen mussten, die Abbildung f wäre sonst nicht stetig.)

Nun probieren wir den obigen Beweis mit $z_0 = (0,0)$, der bereits vertrauten Überlagerung $p : (\mathbb{R},0) \to (S^1,1)$ und eben dem Punkt $z = (0,1)$. Z ist einfach zusammenhängend, weswegen die Bedingung an die Fundamentalgruppen aus dem Hilfssatz gegeben sind. Wir konstruieren also das Bild $\widetilde{f}(z)$ wie im Beweis und wählen dafür den Weg entlang der linken Borste von z_0 nach z. Mit f erhalten wir einen einmaligen Umlauf β_z um die S^1, dessen Hochhebung $\widetilde{\beta}_z$ nach $\mathbb{R}$ im Punkt 1 endet. Nach der Konstruktion ergibt sich damit $\widetilde{f}(z) = 1$.

Wir wählen jetzt eine (beliebig) kleine Umgebung von z, die den Punkt z_0 nicht enthält und daher nicht wegzusammenhängend ist. Es gibt also keinen Weg innerhalb dieser Umgebung zu einem benachbart liegenden Punkt z' in einer anderen Borste, selbst wenn z' noch so nahe an z liegt. Wir müssen von z_0 zu z' also einen anderen Weg einschlagen und dabei eine der ausgebeulten Borsten benutzen.

Durch f entsteht dabei ein doppelter Umlauf in der S^1, die zugehörige Hochhebung endet im Punkt 2. In jeder Umgebung von z liegen also Punkte, die bei $\widetilde{f}$ in die Nähe von 2 abgebildet werden. Wegen $\widetilde{f}(z) = 1$ kann $\widetilde{f}$ dann im Punkt z nicht stetig sein. $\square$

Greifen wir den roten Faden wieder auf – wir haben eine wichtige Aussage gewonnen. Mit ihrer Hilfe lässt sich eine Theorie von großer Eleganz entwickeln, bei der Fundamentalgruppen und Überlagerungen zu einer Einheit verschmelzen.

Übrigens: Die zweite Frage von oben, die nach der Existenz von Überlagerungen zu einer gegebenen Untergruppe $G \subseteq \pi_1(X,x_0)$, behandeln wir erst etwas später und nur ganz kurz (Seite 107). Sie ist von eher theoretischem Interesse und wird die Überlagerungstheorie abrunden.

Definition (Decktransformationsgruppe)
Wir betrachten eine Überlagerung $p: Y \to X$ sowie einen Homöomorphismus $\varphi: Y \to Y$, der folgendes Diagramm kommutativ macht:

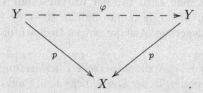

Man nennt dann φ eine **Decktransformation** von p. Die Menge $\mathcal{D}$ aller Decktransformationen bildet bezüglich der Hintereinanderausführung $(\varphi, \psi) \mapsto \psi \circ \varphi$ eine Gruppe, die sogenannte **Decktransformationsgruppe** von p.

Die Bezeichnung ist sinnig gewählt, sie wurde sogar ins Englische übernommen (*deck transformation*). Es sind eben genau die Homöomorphismen von Y, welche die diskreten Fasern $p^{-1}(y)$ zur Deckung bringen, alle Punkte einer solchen Faser werden bijektiv in die gleiche Faser abgebildet. Wir ergänzen jetzt unsere **Generalvoraussetzung** für topologische Räume (Seite 91) und verlangen zusätzlich den **lokalen Wegzusammenhang**, um den Hilfssatz über die eindeutige Hochhebbarkeit von Abbildungen (Seite 98) verwenden zu können. Aus dessen Eindeutigkeitsaussage folgt dann eine wichtige Beobachtung zu Decktransformationen.

Vorab eine Erklärung zur Notation: Die Überlagerung $p: (Y, y_0) \to (X, x_0)$ sei jetzt mit p_0 bezeichnet, um einen Wechsel des Basispunkts in der Faser $p^{-1}(x_0)$ anzeigen zu können. Das gleiche p, interpretiert als basispunkterhaltende Abbildung $(Y, y_1) \to (X, x_0)$ mit $y_1 \in p^{-1}(x_0)$, werde dann mit p_1 bezeichnet.

Beobachtung: Für zwei Punkte $y_0, y_1 \in p^{-1}(x_0)$ gibt es genau dann eine (eindeutige) Decktransformation φ mit $\varphi(y_0) = y_1$, wenn $p_0: (Y, y_0) \to (X, x_0)$ und $p_1: (Y, y_1) \to (X, x_0)$ die gleiche Untergruppe in $\pi_1(X, x_0)$ definieren, wenn also $G_{p_0} = G_{p_1}$ ist.

Auch der **Beweis** dieser Aussage fällt in die Kategorie der typischen Übungsaufgaben einer einführenden Topologievorlesung. Der „nur dann"-Part ist trivial, denn Decktransformationen ändern gar nichts an den charakteristischen Gruppen.

Für den „dann"-Part müssen Sie in dem Hilfssatz (Seite 98) nur die Überlagerung $p_1: (Y, y_1) \to (X, x_0)$ betrachten und $(Z, z_0) = (Y, y_0)$ einsetzen. Sie erhalten dann die gewünschte Decktransformation als Hochhebung $\widetilde{p}_0: (Y, y_0) \to (Y, y_1)$ der Abbildung $p_0: (Y, y_0) \to (X, x_0)$. Die Bijektivität von $\widetilde{p}_0$ ergibt sich durch eine Vertauschung der Rollen von y_0 und y_1, bei der Sie als Hochhebung die inverse Abbildung $\widetilde{p}_1 = (\widetilde{p}_0)^{-1}$ bekommen. $\square$

Es gibt Überlagerungen, bei denen man sofort erkennt, dass je zwei Versionen $p_0: (Y, y_0) \to (X, x_0)$ und $p_1: (Y, y_1) \to (X, x_0)$ die gleiche charakteristische Untergruppe in $\pi_1(X, x_0)$ definieren. Das sind die Überlagerungen mit einfach zusammenhängendem Y. Wegen $\pi_1(Y) = 0$ verschwinden dann alle charakteristischen Untergruppen. Man nennt solche Überlagerungen **universell**, da sie alle anderen Überlagerungen $Y' \to X$ überlagern (die Existenz der Überlagerungen $Y \to Y'$ folgt aus dem Hilfssatz auf Seite 98). Da sie bis auf Isomorphie eindeutig sind (Seite 97), spricht man auch von der **universellen Überlagerung** eines Raumes X. So gesehen ist die bekannte Spirale $\mathbb{R} \to S^1$ das Standardbeispiel einer universellen Überlagerung. Aus der obigen Beobachtung ergibt sich die

Folgerung: Es sei $p : Y \to X$ die universelle Überlagerung von X. Dann gibt es für zwei Punkte y_0 und y_1 in der Faser über einem Punkt $x_0 \in X$ genau eine Decktransformation φ mit $\varphi(y_0) = y_1$. $\square$

Eine angenehme Eigenschaft. Sie kann auch bei nicht-universellen Überlagerungen gegeben sein – solche Überlagerungen nennt man dann **reguläre**, manchmal auch **normale Überlagerungen** (der Ursprung der zweiten Bezeichnung wird später klar, Seite 106). Für reguläre Überlagerungen, insbesondere für universelle Überlagerungen, gibt es nun einen bedeutenden Zusammenhang zwischen den Fundamentalgruppen von X, Y und der Decktransformationsgruppe.

Satz (Decktransformationsgruppe einer regulären Überlagerung)
Wir betrachten eine reguläre Überlagerung $p : (Y, y_0) \to (X, x_0)$ wegzusammenhängender und lokal wegzusammenhängender Räume, ihre charakteristische Untergruppe $G_p \subseteq \pi_1(X, x_0)$ und ihre Decktransformationsgruppe $\mathcal{D}$. Dann gibt es einen natürlichen Isomorphismus

$$\Theta_p : \pi_1(X, x_0)/G_p \longrightarrow \mathcal{D}.$$

Wird dabei G_p als injektives Bild von $\pi_1(Y, y_0)$ gesehen, so kann man bei regulären Überlagerungen $Y \to X$ auch von der exakten Gruppensequenz

$$0 \longrightarrow \pi_1(Y, y_0) \longrightarrow \pi_1(X, x_0) \longrightarrow \mathcal{D} \longrightarrow 0$$

sprechen. Für universelle Überlagerungen erhält man insbesondere $\pi_1(X, x_0) \cong \mathcal{D}$, eine Berechnung der Decktransformationsgruppe (oft anschaulich möglich) liefert dann sofort die Fundamentalgruppe von X.

Am Beispiel $p : \mathbb{R} \to S^1$, der universellen Überlagerung der S^1, lässt sich das schnell nachvollziehen. So findet man jedes Element aus $\mathcal{D}$, indem man zum Beispiel die Faser $p^{-1}(1) = \mathbb{Z} \subset \mathbb{R}$ auswählt und darin die 0 auf alle möglichen Punkte der Faser abbildet. Dies sind genau die ganzen Zahlen, es ergibt sich (zum wiederholten Mal) die Erkenntnis $\pi_1(S^1, 1) \cong \mathbb{Z}$.

Kommen wir zum **Beweis** des obigen Satzes und gehen von einem Element in $\pi_1(X, x_0)$ aus, repräsentiert durch eine an x_0 geschlossene Kurve $f : I \to X$. Für ein $y_0 \in p^{-1}(x_0)$ sei $\widetilde{f} : I \to Y$ die eindeutige Hochhebung (Seite 94) der Kurve f mit $\widetilde{f}(0) = y_0$. Der Punkt y_1 sei dann der Endpunkt $\widetilde{f}(1)$. Da p regulär ist, gibt es genau eine Decktransformation φ mit $\varphi(y_0) = y_1$.

Es ist eine lohnende **Übung** (die ich Ihnen für das bessere Verständnis auch wärmstens empfehle), anhand der Definitionen zu verifizieren, dass mit dieser Konstruktion ein Gruppenhomomorphismus

$$\theta_p : \pi_1(X, x_0) \longrightarrow \mathcal{D}$$

definiert wird. Kleiner Tipp: Sie prüfen zunächst, dass die Decktransformation nicht von der Wahl des Punktes y_0 abhängt (ein anderes y_0' führt wegen des Hochhebungssatzes für Wege zu einem anderen y_1' und dann geht es weiter mit der Eindeutigkeit der Decktransformationen). Auch der Repräsentant f der Homotopieklasse $[f]$ spielt keine Rolle. Zu guter Letzt prüft man (das ist ganz einfach) die Verträglichkeit von θ_p mit den Gruppenoperationen in $\pi_1(X, x_0)$ und $\mathcal{D}$.

Die Abbildung θ_p ist auch surjektiv, denn für eine Decktransformation $\varphi \in \mathcal{D}$ müssen Sie nur ein Element $y \in p^{-1}(x_0)$ wählen und die Projektion einer Kurve von y nach $\varphi(y)$ auf die Basis X bilden. Das ergibt eine am Punkt x_0 geschlossene Kurve, deren Homotopieklasse in $\pi_1(X, x_0)$ auf φ abgebildet wird.

Was bleibt, ist den Kern von θ_p zu bestimmen. Sie ahnen bestimmt schon, dass sich jetzt der Kreis sehr einfach schließen lässt. Die obige Konstruktion liefert ausgehend von $[f] \in \pi_1(X, x_0)$ genau dann die Identität $1 \in \mathcal{D}$, wenn die Hochhebung $\tilde{f}$ von f eine (an y_0) geschlossene Kurve ist, also ein Element in $\pi_1(Y, y_0)$. Genauso war aber die charakteristische Untergruppe G_p definiert, weswegen wir die Äquivalenz dieser Bedingung zu $[f] \in G_p$ erhalten. Also ist $\mathrm{Ker}(\theta_p) = G_p$ und die Abbildung Θ_p des Satzes ein Isomorphismus. $\qquad\Box$

Nun öffnet sich das Tor für die Berechnung weiterer Fundamentalgruppen. Wir kennen zum Beispiel die universelle Überlagerung der projektiven Ebene $\mathbb{P}^2$, es ist die Abbildung $S^2 \to \mathbb{P}^2$, die jedem Punkt x der S^2 die Gerade durch x und den Nullpunkt $(0,0) \in \mathbb{R}^2$ zuordnet (Seite 93). Beachten Sie, dass die S^2 einfach zusammenhängend ist, also tatsächlich die universelle Überlagerung bildet (ein exakter Beweis für diese durchaus plausible Erkenntnis kommt auf Seite 115). Es handelt sich um eine zweiblättrige Überlagerung, welche genau zwei Decktransformationen besitzt, nämlich die Identität auf S^2 und die Antipodenabbildung $z \mapsto -z$. Wir erhalten mit obigem Satz

$$\pi_1(\mathbb{P}^2) \cong \mathbb{Z}_2 \, .$$

Völlig analog können Sie die Fundamentalgruppe auch allgemein für den $\mathbb{P}^n$ berechnen ($n \geq 2$). Es ergibt sich immer $\mathbb{Z}_2$, also die endliche zyklische Gruppe der Ordnung 2.

Kommen wir zu einem weiteren Bekannten, dem Torus T^2. Hier erkennen wir die frühere Abbildung $\mathbb{R}^2 \to T$ als universelle Überlagerung. Sie war definiert als die Quotientenabbildung der Äquivalenzrelation $(x, y) \sim (x + 1, y)$ und $(x, y) \sim (x, y + 1)$ (Seite 93). Wie das Bild zeigt, liegen die zu einem Punkt $p \in T^2$ äquivalenten Punkte auf einem zweidimensionalen Gitter in $\mathbb{R}^2$, das durch eine affine Verschiebung von $\mathbb{Z} \times \mathbb{Z}$ entsteht. Wir bekommen also alle Decktransformationen, wenn wir dem Ursprung (0,0) alle möglichen Elemente aus $\mathbb{Z}\oplus\mathbb{Z}$ zuordnen und es ergibt sich auch hier das schon bekannte Ergebnis $\pi_1(T^2) \cong \mathbb{Z} \oplus \mathbb{Z}$.

Bestimmt sind Sie neugierig geworden auf die Fundamentalgruppe der KLEINschen Flasche $F_{\mathcal{K}}$. Wir können sie jetzt berechnen – und werden dabei sogar in gewisser Weise Neuland betreten. $F_{\mathcal{K}}$ entstand durch die Identifikationen $(x,y) \sim (x,y+1)$ und $(x,y) \sim (x+1,1-y)$ in der reellen Ebene (Seite 93).

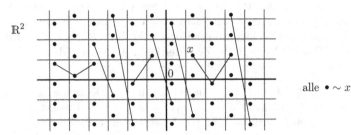

alle $\bullet \sim x$

Daraus ergeben sich sofort die zwei Decktransformationen

$$\alpha(x,y) \;=\; (x,y+1) \quad \text{und} \quad \beta(x,y) \;=\; (x+1,1-y)\,.$$

Zunächst stellen wir fest, dass $\alpha \circ \beta \neq \beta \circ \alpha$ ist, wir es also mit einer nicht-abelschen Fundamentalgruppe zu tun haben. Das macht neugierig, immerhin ist es unser erstes Beispiel in dieser Richtung.

Wie sieht $\pi_1(F_{\mathcal{K}})$ aus? Mit einer einfachen Rechnung erhält man genau eine Relation, nämlich $\beta^{-1} \circ \alpha \circ \beta = \alpha^{-1}$. Es ist also $\pi_1(F_{\mathcal{K}})$ die freie Gruppe (Seite 64), die von α und β erzeugt ist, zusammen mit den durch die obige Relation gegebenen Verkürzungen. Wenn wir die Verknüpfungszeichen $\circ$ der Einfachheit halber weglassen, ergibt sich also

$$\pi_1(F_{\mathcal{K}}) \;\cong\; \left\{\alpha,\beta : \beta^{-1}\alpha\beta = \alpha^{-1}\right\}.$$

Dieses Beispiel eröffnet, wie oben angedeutet, bei genauerer Betrachtung einen völlig neuen Aspekt, bei dem es sich lohnt, eine Weile zu verbleiben. Die KLEINsche Flasche entsteht aus $\mathbb{R}^2$ durch die Identifikation der Punkte, die auseinander hervorgehen durch Anwendung von α, β oder einem beliebigen freien Produkt davon. Wenn wir hingegen nur die β-Identifikation $(x,y) \sim (x+1,1-y)$ vornehmen, erhalten wir den Quotientenraum $\mathbb{R}^2_\beta = \mathbb{R}^2/\beta$ und darin über die α-Identifikation $[(x,y)] \sim [(x,y+1)]$ eine neue Überlagerung

$$p_\beta : \mathbb{R}^2_\beta \;\longrightarrow\; F_{\mathcal{K}}$$

der KLEINschen Flasche. Ihre charakteristische Untergruppe G_{p_β} bei Wahl des Basispunkts $(0,0) \in F_{\mathcal{K}}$ ist die von β generierte Untergruppe $H_\beta \subset \pi_1(F_{\mathcal{K}})$, denn durch die β-Identifikation werden für alle $k \in \mathbb{Z}$ die Kurven vom Punkt $(0,0)$ zu einem Punkt der Form $(k, k \bmod 2)$ zu geschlossenen Kurven, landen also bei der Projektion $p_{\beta*}$ in der charakteristischen Gruppe G_{p_β}. Für verschiedene n

ergeben sich dabei nicht-homotope Kurven in $\mathbb{R}^2_\beta$ und nach der Projektion p_β auch verschiedene Elemente in $\pi_1(F_\mathcal{K})$ (Monodromielemma, Seite 95). Daher ist $H_\beta \cong \mathbb{Z}$ und es interessiert die Frage, wie die Decktransformationsgruppe $\mathcal{D}_\beta$ der Überlagerung p_β aussieht.

Eine naheliegende Vermutung ist, dass die Decktransformationen von p_β durch alle Isomorphismen $\mathbb{R}^2_\beta \to \mathbb{R}^2_\beta$ gegeben sind, welche durch Anwendung von α^k, $k \in \mathbb{Z}$, entstehen. Durch α^k wird (x,y) nämlich auf den Punkt $(x, y+k)$ in der Faser $p^{-1}(x,y)$ abgebildet. So sollte es auch sein. Also müsste $D_\beta \cong \mathbb{Z}$ sein, genauer: die von α erzeugte Untergruppe in $\pi_1(F_\mathcal{K})$, oder?

Nun ja, sehen wir uns den Fall genauer an. Um die folgenden Rechnungen besser zu verstehen, zeichnen Sie sich vielleicht den $\mathbb{R}^2$ im Bereich $[-3,3] \times [-3,3]$ kurz auf und markieren sich sowohl die Fasern von p_β als auch die durch β identifizierten Punkte im Quotienten $\mathbb{R}^2_\beta$. Nehmen Sie dann den Punkt $(0,0) \in F_\mathcal{K}$ als Basispunkt und dessen Faser

$$p_\beta^{-1}(0,0) = \{(0,k) : k \in \mathbb{Z}\}.$$

Gemäß unserer Vermutung wäre dann $\alpha : \mathbb{R}^2_\beta \to \mathbb{R}^2_\beta$ eine Decktransformation mit $\alpha(0,0) = (0,1)$. Kann das wirklich sein? Wir werden noch allgemeiner und nehmen irgendeine Decktransformation φ mit $\varphi(0,0) = (0,1)$. Dann gilt innerhalb der Faser über $(0,0)$ stets $\varphi(0,n) = (0, n+1)$, für alle $n \in \mathbb{Z}$. Das ist klar für $\varphi = \alpha$, trifft aber allgemein für jede Decktransformation von $(0,0)$ auf $(0,1)$ zu, denn die Abbildung $\pi_1(F_\mathcal{K}) \to D_\beta$ (gemäß der Konstruktion auf Seite 103) ist ein Gruppenhomomorphismus. Damit können wir festhalten, dass im Quotienten $\mathbb{R}^2_\beta$

$$\varphi(1,0) = \varphi(0,1) = (0,2) = (1,-1)$$

ist, denn es gibt dort die Äquivalenzen $(0,1) \sim (1,0)$ und $(0,2) \sim (1,-1)$. Fassen wir diese Erkenntnisse über φ noch einmal zusammen. Es gilt in $\mathbb{R}^2_\beta$ offenbar

$$\varphi(0,0) = (0,1) \quad \text{und} \quad \varphi(1,0) = (1,-1).$$

Die Punkte in den Fasern $p_\beta^{-1}(x,0)$ haben alle dieselbe x-Koordinate und liegen in einem $\mathbb{Z}$-Gitter parallel zur y-Achse darüber und darunter. Aufgrund der Stetigkeit von φ muss dann $\varphi(x,0) = (x,1)$ sein, für alle $0 \le x < 1$ (was für $\varphi = \alpha$ direkt abzulesen ist). Die Forderung $\varphi(1,0) = (1,-1)$, zusammen mit der Tatsache, dass dieser Punkt modulo β nicht äquivalent zu $(1,1)$ ist, bedeutet dann aber eine Unstetigkeit von φ im Punkt $(1,0)$. Das ist ein Widerspruch, weswegen es gar keine solche Decktransformation geben kann. Auf die gleiche Weise können Sie jegliche Decktransformation ungleich der Identität von $\mathbb{R}^2_\beta$ ausschließen und gelangen zu der erstaunlichen Erkenntnis $\mathcal{D}_\beta = 0$. Die KLEINsche Flasche ist in der Tat immer wieder für eine Überraschung gut.

Doch Moment bitte, wie passt das mit unserem Satz zusammen? Gar nicht, denn er würde eine falsche Aussage liefern: Wir würden $\pi_1(F_\mathcal{K})/H_\beta \cong \mathcal{D}_\beta = 0$ erhalten, mithin die falsche Aussage $\pi_1(F_\mathcal{K}) = H_\beta$. Die Auflösung des scheinbaren Widerspruchs besteht darin, dass die Überlagerung p_β **nicht regulär** ist. Die gruppentheoretische Interpretation dieser Phänomene lautet, dass H_β kein Normalteiler in $\pi_1(F_\mathcal{K})$ ist (Seite 65). Damit ist der Quotient $\pi_1(F_\mathcal{K})/H_\beta$ gar nicht definiert und es stellt sich die Frage, ob (und wenn ja: wie?) der Satz überhaupt auf solche Überlagerungen verallgemeinert werden kann.

Er kann es. Die Gruppe H_β ist ein Normalteiler in sich selbst, und wir hatten im Kapitel über die Gruppentheorie auch den **Normalisator** $N_{H_\beta} \subset \pi_1(F_\mathcal{K})$ als die größte Untergruppe von $\pi_1(F_\mathcal{K})$ definiert, in der H_β noch ein Normalteiler ist. Der Satz lässt sich dann ohne größere Schwierigkeiten verallgemeinern, indem die Fundamentalgruppe $\pi_1(F_\mathcal{K})$ des Basisraums durch den Normalisator der charakteristischen Untergruppe $G_{p_\beta} = H_\beta$ ersetzt wird. Es ergibt sich in unserem Fall

$$D_\beta \cong N_{H_\beta}/H_\beta = H_\beta/H_\beta = 0$$

und alles ist wieder im Lot. Wir wollen diese speziellen Fälle aber nicht vertiefen, da im weiteren Verlauf nur reguläre (meist sogar universelle) Überlagerungen vorkommen. Bei Interesse können Sie die Verallgemeinerung in [58] nachlesen. Und wenn Sie es doch selbst probieren wollen (als etwas anspruchsvollere **Übung**), hier eine kurze Skizze: Wir mussten im Beweis des obigen Satzes an einer bestimmten Stelle zeigen, dass es eine Decktransformation φ mit $\varphi(y_0) = y_1$ gibt. Das ist bei einer nicht-regulären Überlagerung nicht garantiert.

Sie wählen daher zunächst eine Kurve $f : I \to Y$, welche y_0 mit y_1 verbindet und betrachten deren Projektion $g = p \circ f$ auf X. Dadurch wird ein Element in $\pi_1(X, x_0)$ definiert (wir bezeichnen es ebenfalls mit g), welches über die Zuordnung

$$\alpha \mapsto g^{-1} \cdot \alpha \cdot g$$

einen Isomorphismus zwischen G_p, der charakteristischen Gruppe der Überlagerung $p : (Y, y_0) \to (X, x_0)$, und G_q, der charakteristischen Gruppe der Überlagerung $q : (Y, y_1) \to (X, x_0)$, definiert. Die Abbildungen p und q unterscheiden sich nur durch die Wahl des Basispunkts in Y, so etwas hatten wir bereits (Seite 101), aber Vorsicht bitte: Die charakteristischen Gruppen G_p und G_q können, obwohl isomorph, als Untergruppen von $\pi_1(F_\mathcal{K})$ dennoch verschieden sein.

Die obige Zuordnung beschreibt nämlich eine Gleichheit $G_p = G_q$ genau dann, wenn das Element g im Normalisator N_{G_p} liegt. Nach der früheren Beobachtung (Seite 101) ist dies äquivalent zur Existenz einer Decktransformation φ mit $\varphi(y_0) = y_1$. Sie können damit den Beweis des Satzes ohne Veränderung zu Ende führen, müssen nur $\pi_1(X, x_0)$ durch den Normalisator N_{G_p} ersetzen.   ($\square$)

Wir haben auf den vergangenen Seiten mehr und mehr die Gruppentheorie betreten, die Parallelen dazu werden offensichtlich. In der Tat, viele zunächst recht abstrakt anmutenden Konstruktionen der Gruppentheorie erhalten erst im Wechselspiel mit der Topologie eine anschauliche Bedeutung.

Umgekehrt können die algebraischen Strukturen auf erstaunliche topologische Phänomene hinweisen. Gehen wir dazu noch einmal zurück zum Torus T^2 und seiner Fundamentalgruppe $\mathbb{Z} \oplus \mathbb{Z}$. Beim genauen Hinsehen mag es erstaunen, dass $\pi_1(T^2)$ abelsch ist, also die beiden Elemente α, β einer $\mathbb{Z}$-Basis kommutieren. Das bedeutet nichts anderes, als dass $[\alpha \cdot \beta] = [\beta \cdot \alpha]$ ist, mithin $\alpha \cdot \beta$ homotop zu $\beta \cdot \alpha$.

Versuchen Sie einmal als **Übung**, auf dem Torus eine Homotopie zwischen dem Begehen des Weges α (und danach des Weges β) und dem Begehen der beiden Wege in umgekehrter Reihenfolge zu finden. Visualisieren Sie sich dazu den T^2 mit seinem ebenen Bauplan.

Experimentieren wir weiter und stechen in den Torus ein Loch p. Die Abbildung suggeriert, dass der Rand des Quadrats (nach der Verklebung also das Keilprodukt $\alpha \vee \beta$) ein Deformationsretrakt von $T^2 \setminus \{p\}$ ist. Dieses Keilprodukt ist homöomorph zum Doppelkreis $S^1 \vee S^1$ (engl. *figure-eight*, Seite 43).

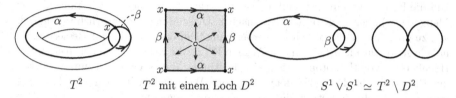

$$T^2 \qquad\qquad T^2 \text{ mit einem Loch } D^2 \qquad\qquad S^1 \vee S^1 \simeq T^2 \setminus D^2$$

Welches ist die Fundamentalgruppe des Doppelkreises, oder eben des punktierten Torus? Wir ahnen bereits, dass es auch keine abelsche Gruppe sein kann, denn um $\alpha\beta = \beta\alpha$ zu erreichen, müsste man α irgendwie über die Kreislinie ziehen können, damit man mit β im anderen Kreis beginnen darf. So etwas geht aber nicht, ohne den Weg α zu zerreißen. Wir werden dieses Beispiel im nächsten Abschnitt mit dem Satz von SEIFERT-VAN KAMPEN auf elegante Weise lösen (Seite 114).

Zuvor lassen Sie uns die Überlagerungstheorie abrunden. Uns fehlt noch der Existenzsatz, um die Analogie zwischen Algebra und Topologie in diesem Bereich vollständig zu machen.

Satz (Existenz von Überlagerungen)

Wir betrachten einen wegzusammenhängenden und lokal wegzusammenhängenden Raum X mit einer zusätzlichen Eigenschaft: Jedes $y \in X$ soll eine Umgebung U besitzen, sodass jede am Punkt y geschlossene Kurve $f : I \to U$ nullhomotop in X ist. Diese Eigenschaft nennt man auch den **semilokal einfachen Zusammenhang** (der etwas seltsame Begriff wird unten klarer).

Dann gibt es zu jeder Untergruppe $G \subseteq \pi_1(X, x_0)$ eine Überlagerung

$$p : (Y, y_0) \longrightarrow (X, x_0)$$

mit $G_p = G$.

Dieser Satz, zusammen mit dem Eindeutigkeitssatz (Seite 97), bildet das Fundament der Überlagerungstheorie. Er ist insgesamt von eher theoretischem Interesse, sein **Beweis** soll aber der originellen Konstruktion wegen kurz skizziert sein.

Was haben wir zur Verfügung? Nun ja, es ist einerseits der Raum X mit einem Basispunkt x_0, also das Paar (X, x_0). Andererseits ist die Untergruppe $G \subseteq \pi_1(X, x_0)$ gegeben. Und dann kennen wir noch einiges zum Thema Überlagerungen, zum Beispiel die eindeutige Hochhebung von Wegen (Seite 94).

Genau das liefert die entscheidende Idee: Wir konstruieren Y faserweise, also die Menge $Y_x = p^{-1}(x)$ der (noch fiktiven) Überlagerung $p : Y \to X$ für jeden Punkt $x \in X$ und definieren dann einfach

$$Y = \bigsqcup_{x \in X} Y_x$$

als disjunkte Vereinigung eben dieser Fasern. Benutzen Sie für die folgenden Ausführungen am besten wieder die bekannte Überlagerung $\mathbb{R} \to S^1$, um sich die Schritte zu veranschaulichen.

Um die Faser über einem Punkt $x \in X$ zu errichten, betrachten wir zunächst die Menge $\mathcal{W}(x)$ aller Wege in X von x_0 nach x. Diese Menge ist natürlich riesengroß, viel zu groß für unsere gesuchte Überlagerung. Der erste Schritt zur Besserung ist naheliegend, wir identifizieren alle Wege in $\mathcal{W}(x)$, die relativ ∂I homotop sind. Die Hochhebung von Homotopien (Seite 94) legitimiert dieses Vorgehen zum Auffinden der Punkte in der Faser Y_x, denn homotope Wege haben in einer Überlagerung bei der Hochhebung stets zu den gleichen Punkten geführt.

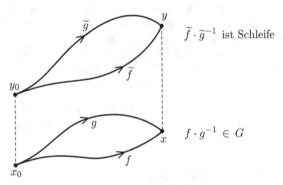

Lassen wir uns weiter von der Vorstellung leiten, es gäbe den Raum Y bereits. Das Bild macht dann klar, dass wir die Faser noch mehr verkleinern müssen, also eine weitere Äquivalenzrelation brauchen. Falls die Hochhebungen zweier Wege f und g nämlich zum gleichen Punkt in Y_x führen würden, müssten wir die Wege auch identifizieren. Dann formen die Hochhebungen $\widetilde{f}$ und $\widetilde{g}^{-1}$ eine geschlossene Kurve in dem (noch fiktiven) Raum Y, und deren Projektion fg^{-1} läge in der charakteristischen Untergruppe (Seite 96).

Dreht man das Argument um, bekommen wir die Regel für die weitere Äquivalenz: Wir müssen f und g identifizieren, wenn $fg^{-1} \in G$ ist. Das ist auch gut so, denn damit kommt endlich die Untergruppe $G \subseteq \pi_1(X, x_0)$ ins Spiel.

Es passt tatsächlich alles nahtlos zusammen, die Faser Y_x entstehe also als Quotient $\mathcal{W}(x)/\sim$, wobei wir darin zwei Wege f und g als äquivalent betrachten, falls sie homotop sind oder $fg^{-1} \in G$ liegt. Die Abbildung $Y \to X$ ist dann dadurch gegeben, dass jeder Punkt aus Y_x auf $x \in X$ projiziert wird.

Die Aufgabe besteht jetzt darin, dem eben konstruierten Raum Y eine Topologie zu geben, mit der er zu einer Überlagerung von X mit der geeigneten charakteristischen Untergruppe G wird. Ein Großteil davon ist sehr einfach und geht völlig geradeaus. Eine offene Umgebung für einen Weg $f \in \mathcal{W}(x)$ zum Beispiel bekommen wir über eine offene, wegzusammenhängende Umgebung U von x. Dann sei $\mathcal{U}(U, f)$ die Menge aller Äquivalenzklassen von Wegen, die durch Zusammensetzen von f mit Wegen in U entstehen, die in x starten.

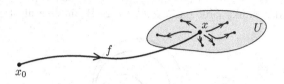

Da X lokal wegzusammenhängend ist, bilden die U eine Umgebungsbasis von x. Alle diese Mengen $\mathcal{U}(U, f)$ sollen dann eine Umgebungsbasis von f ergeben. Der Raum (Y, y_0) ist damit als topologischer Raum etabliert, y_0 ist gegeben durch die Klasse des Punktweges auf x_0 und die Projektion $p : (Y, y_0) \to (X, x_0)$ ist auch bekannt. Nun wären natürlich viele Eigenschaften zu prüfen, allesamt nicht schwierig und eigentlich langweilige Routine (die wir gerne weglassen).

Doch ein Haken bleibt. Es ist Ihnen sicher aufgefallen, dass wir den semilokal einfachen Zusammenhang von X noch gar nicht benutzt haben. Irgendeine Eigenschaft von p muss eben doch etwas subtiler sein. In der Tat, es ist die Diskretheit der Fasern Y_x in Y. Genauer der Zerfall des Urbilds $p^{-1}(U)$ von elementaren Mengen $U \subseteq X$ in disjunkte Blätter, alle homöomorph zu U.

Der Nachweis dieser Eigenschaft gelingt jetzt über die Aussage, dass für jeden Punkt $f \in Y_x$ eine Umgebung U von x existiert, für die $Y_x \cap \mathcal{U}(U, f)$ nur aus dem einen Punkt f besteht.

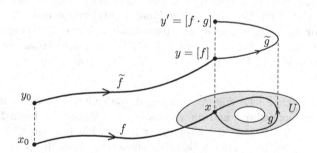

Hier kommt man nur weiter, wenn man die Eigenschaft des semilokalen einfachen Zusammenhangs für X hat. Falls nämlich für jede Umgebung U von x der Durchschnitt $Y_x \cap \mathcal{U}(U, f)$ neben f einen weiteren Punkt enthielte, gäbe es innerhalb von U einen geschlossenen Weg g am Punkt x, sodass f nicht homotop zu $f \cdot g$ wäre. Sie überlegen sich leicht, dass nur auf diese Weise ein weiterer Punkt $fg \neq f$ in $\mathcal{U}(U, f)$ auftauchen kann.

Dann dürfte g aber nicht nullhomotop in X sein, was gerade durch den semilokal einfachen Zusammenhang ausgeschlossen ist. Dieser trickreiche Widerspruch liefert den noch fehlenden Baustein und zeigt, dass p eine Überlagerung ist. □

Der Existenzsatz garantiert für alle „vernünftigen" Räume eine **universelle Überlagerung** (Seite 102), falls wir ihn auf die Gruppe $G = 0$ anwenden. Das folgende Bild zeigt dann einen „unvernünftigen" Raum, der zwar wegweise und lokal wegweise zusammenhängend ist, aber nicht semilokal einfach zusammenhängend (er besitzt keine universelle Überlagerung). Denken Sie einmal kurz darüber nach, warum der Punkt x die dafür notwendige Bedingung nicht erfüllt.

Wenden wir uns jetzt nach so viel Theorie und abstrakten Konstruktionen wieder den konkreten Beispielen zu. Eines davon ist der Doppelkreis $S^1 \vee S^1$ (Seite 43), bei dem wir die Berechnung der Fundamentalgruppe aufgeschoben haben. Wir erleben dabei ein wichtiges technisches Instrument, um eine große Zahl weiterer Fundamentalgruppen zu bestimmen, unter anderem die der geschlossenen Flächen aus dem Kapitel über die elementare Topologie (Seite 50 ff).

4.4   Der Satz von Seifert-van Kampen

Thema dieses Abschnitts ist ein Satz, der zum Standard-Werkzeugkasten der Topologen gehört. Er geht zurück auf H. SEIFERT und E. VAN KAMPEN, die ihn in den frühen 1930-er Jahren unabhängig voneinander bewiesen haben, [103][120]. Der Satz erlaubt die Berechnung der Fundamentalgruppe eines Raumes X, der als Vereinigung zweier offener wegzusammenhängender Teilmengen U und V darstellbar ist, wobei $U \cap V \neq \emptyset$ und ebenfalls wegzusammenhängend sein muss. Die Kenntnis von $\pi_1(U)$, $\pi_1(V)$ und $\pi_1(U \cap V)$ reicht dann aus, um $\pi_1(X)$ zu bestimmen.

Erkennen Sie schon jetzt eine Anwendung davon? Klar, der Satz ist maßgeschneidert für den Doppelkreis und die geschlossenen Flächen der Form $\mathbb{P}^2 \# \ldots \# \mathbb{P}^2$ oder $T^2 \# \ldots \# T^2$. Er lässt sich aber auch auf die (schon bekannten) Fundamentalgruppen der Quotienten ebener Baupläne anwenden (Seite 46). Und nicht zuletzt liefert er einen exakten Beweis für den einfachen Zusammenhang aller Sphären S^n mit $n \geq 2$.

Er macht Gebrauch von den freien Produkten, die wir schon in der Algebra kennen gelernt haben (Seite 67). Kurz zur Wiederholung: Das **freie Produkt** zweier Gruppen G und H – in Zeichen $G * H$ – ist die Menge aller **reduzierten Worte** der Form

$$w = g_1 h_1 g_2 h_2 \ldots g_n h_n \, ,$$

in denen $g_i \in G$ und $h_j \in H$ sind, alle $\neq 1$ bis auf eventuell g_1 oder h_n (ein Wort kann eben mit einem Element aus G oder H beginnen oder enden). Die Gruppenverknüpfung ist einfach das Hintereinanderschreiben der Worte, wobei Elemente aus der gleichen Gruppe an der Nahtstelle (auch wiederholt) zusammengeführt werden, um wieder ein reduziertes Wort der obigen Bauart zu ergeben.

Doch bevor wir in den Satz einsteigen, noch ein einfaches motivierendes Beispiel, der Doppelkreis $S^1 \vee S^1$. Beide Teile sind an genau einem Punkt verklebt, die zugehörigen offenen Teilmengen U und V sind in der Abbildung ersichtlich.

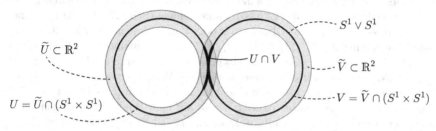

Da man nicht-nullhomotope Kurven im rechten Kreis nicht über den Verklebungspunkt nach links ziehen kann und umgekehrt, ist anschaulich klar, dass die Fundamentalgruppe des Doppelkreises offenbar das freie Produkt $\mathbb{Z} * \mathbb{Z}$ ist. Der Fall ist hier deshalb so einfach, weil die Kreise an einem Punkt zusammenhängen und der Durchschnitt $U \cap V$ zusammenziehbar ist, oder allgemeiner: einfach zusammenhängend, es gilt also $\pi_1(U \cap V) = 0$.

Wenn dies nicht der Fall ist, hilft der allgemeine Satz von SEIFERT-VAN KAMPEN. Er erfordert aber eine weitere Konstruktion, welche die Gruppe $\pi_1(U \cap V)$ berücksichtigt. Betrachten wir zunächst allgemein zwei Homomorphismen $\varphi_1 : A \to G$ und $\varphi_2 : A \to H$ einer Gruppe A in die Gruppen G und H. Die Menge

$$N = \{\varphi_1(a)\varphi_2(a)^{-1} : a \in A\}$$

definiert dann einen Normalteiler in $G * H$, wie Sie leicht überprüfen können. Im Quotienten $(G * H)/N$ können dann also alle Elemente $\varphi_1(a) \in G$ durch das Element $\varphi_2(a) \in H$ ersetzt werden, ohne den Wert eines Wortes zu verändern. Genau dies wird uns im Beweis des Satzes von SEIFERT-VAN KAMPEN sehr gelegen kommen – und dabei auch gleich eine schöne anschauliche Bedeutung erlangen. Die Gruppe $(G * H)/N$ schreibt man auch als $G *_A H$ und nennt sie die **Amalgamierung** oder **Verschmelzung** von G und H über A, wobei die Homomorphismen φ_1 und φ_2 wegfallen, um die Notation nicht zu überfrachten. Sie (die Homomorphismen) sind für die Definition aber unerlässlich, das ist klar. Nun können wir den eleganten Satz formulieren.

Satz (Seifert und van Kampen, 1931-33)
Wir betrachten einen topologischen Raum $X = U \cup V$, wobei U, V und $U \cap V$ offene, nicht-leere und wegzusammenhängende Teilmengen von X sind. Wir wählen einen Basispunkt $x_0 \in U \cap V$. Dann gibt es einen natürlichen Isomorphismus

$$\Theta : \pi_1(U, x_0) *_{\pi_1(U \cap V, x_0)} \pi_1(V, x_0) \longrightarrow \pi_1(X, x_0),$$

bei dem die für die Verschmelzung nötigen Homomorphismen von den Inklusionen $U \cap V \subset U$ und $U \cap V \subset V$ herrühren.

Der **Beweis** geht zunächst ganz einfach und geradeaus. Die Inklusionen definieren einen natürlichen Homomorphismus $\pi_1(U, x_0) * \pi_1(V, x_0) \to \pi_1(X, x_0)$, deren Kern alle Schleifen der Form $f f^{-1}$ mit $f \in \pi_1(U \cap V, x_0)$ enthält. Damit ist Θ wohldefiniert.

Die Surjektivität ist auch nicht schwer. Falls ein $f \in \pi_1(X, x_0)$ gegeben ist, so garantiert (wieder einmal) das LEBESGUEsche Lemma (Seite 23) die Existenz eines $n \in \mathbb{N}$, sodass $f\big([i/n, (i+1)/n]\big)$ ganz in U oder V enthalten ist. Wir kommen so zu einer Unterteilung $0 = t_0 < t_1 < \ldots < t_m = 1$ des Einheitsintervalls $[0,1]$, sodass $f_j = f|_{[t_j, t_{j+1}]}$ für $0 \le j < m$ immer abwechselnd eine Kurve in U und eine in V darstellt. Nun machen wir eine kleine (homotope) Veränderung von f. Wir sorgen dafür, dass f für alle $0 < j < m$ in einem kleinen Intervall $[t_j - 1/5n, t_j + 1/5n]$ rund um die Teilungspunkte „pausiert", also auf dem Punkt $f(t_j)$ stehenbleibt. Es muss dann eben zwischen $t_{j-1} + 1/5n$ und $t_j - 1/5n$ etwas schneller laufen, das können Sie sich bestimmt gut vorstellen.

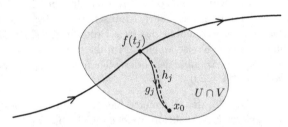

Die kleinen Pausen nutzen wir jetzt, um für alle j einen Abstecher g_j zum Punkt $x_0 \in U \cap V$ zu machen und wieder zurück zu laufen. Der Rückweg sei mit h_j bezeichnet. Es wird klar, dass der Weg

$$\tilde{f} = f_0 g_1 h_1 f_1 g_2 h_2 f_2 \ldots f_{m-2} g_{m-1} h_{m-1} f_{m-1}$$

homotop zu f ist. Die Faktoren $f_0 g_1$, $h_1 f_1 g_2$, …, $h_{m-2} f_{m-2} g_{m-1}$ und $h_{m-1} f_{m-1}$ definieren dann abwechselnd Elemente aus $\pi_1(U, x_0)$ und $\pi_1(V, x_0)$ und damit ein Urbild von f bei der Abbildung Θ.

Kommen wir zur Injektivität von Θ. Die Idee ist ähnlich, nur technischer. Wir gehen aus von einem Wort

$$w = f_1 g_1 \ldots f_n g_n,$$

mit $f_i \in \pi_1(U, x_0)$ und $g_i \in \pi_1(V, x_0)$, welches als Element von $\pi_1(X, x_0)$ nullhomotop ist. Die dazu erforderliche Homotopie relativ zu ∂I sei $H : I \times I \to X$. Es ist also $H(s,0) = f_1 g_1 \ldots f_n g_n(s)$ und $H(s,1) = x_0$ sowie $H(0,t) = H(1,t) = x_0$ für alle $s, t \in I$.

Jetzt kommt wieder das LEBESGUEsche Lemma zum Zug, diesmal angewendet auf das Kompaktum $I \times I$, also auf die gesamte Homotopie H. Das garantiert ein $n \in \mathbb{N}$, sodass $H\big([i/n, (i+1)/n] \times [j/n, (j+1)/n]\big)$ immer ganz in U oder V liegt. Durch einen ähnlichen Trick wie vorhin (wir verzerren H ein wenig, ohne aber seine Eigenschaften als Nullhomotopie von w zu verändern) können wir es einrichten, dass H in kleinen Kreisscheiben K_{ij} um die Punkte $(i/n, j/n)$, $0 \le i, j \le n$, konstant ist, sagen wir identisch zu x_{ij}. Beachten Sie, dass $x_{ij} \in U \cap V$ ist.

Danach wird H zu einer neuen Homotopie $\widetilde{H}$ derart verformt, dass für alle i,j die Gleichung $\widetilde{H}(i/n, j/n) = x_0$ gilt. Das geht einfacher, als Sie denken. H ist ja bereits so verformt, dass es auf den Kreisscheiben K_{ij} konstant x_{ij} ist. Wir wählen dann für jedes x_{ij} einen Weg g_{ij} in $U \cap V$ zum Punkt x_0 und lassen $\widetilde{H}$ innerhalb der Kreisscheibe K_{ij} in Abhängigkeit vom Radius den Weg g_{ij} durchlaufen. Auf dem Rand von K_{ij}, also bei vollem Radius r_{ij} von K_{ij}, sei $\widetilde{H} = H \equiv x_{ij}$. Bei Radius ar_{ij} mit $0 \leq a < 1$ sei $\widetilde{H} \equiv g_{ij}(1-a)$. Bei $a = 0$, also auf dem Mittelpunkt von K_{ij}, ist dann $\widetilde{H}(i/n, j/n) = x_0$.

Halten wir noch einmal fest, was die Homotopie $\widetilde{H}$ bewirkt. Es ist $\widetilde{H}(s,0) = w(s)$ und $\widetilde{H}(s,1) = x_0$ für alle $s \in I$. Diese Homotopie von w auf den konstanten Weg bei x_0 ist relativ zu ∂I, alle Zwischenkurven starten und enden im Punkt x_0. Die Eigenschaft von H, rechteckige Intervalle $[i/n, (i+1)/n] \times [j/n, (j+1)/n]$ immer ganz nach U oder V abzubilden, konnte auch übernommen werden.

Das alles ist eigentlich nichts Neues, wir kannten ja schon vorher die Voraussetzung, dass w in X nullhomotop ist. Die spezielle Form der Homotopie $\widetilde{H}$ gestattet jetzt aber eine Interpretation mit den Gruppen $\pi_1(U)$, $\pi_1(V)$ und $\pi_1(U \cap V)$. Wir versuchen dazu, die Homotopie $\widetilde{H}$ innerhalb der Teilräume U und V zu erfassen und betrachten den Übergang von zwei Kurven

$$\gamma_j : I \longrightarrow X, \quad s \mapsto \widetilde{H}(s, j/n) \quad \text{und} \quad \gamma_{j+1} : I \longrightarrow X, \quad s \mapsto \widetilde{H}(s, (j+1)/n).$$

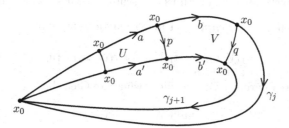

Innerhalb eines s-Intervalls $[i/n, (i+1)/n]$ verläuft $\widetilde{H}$ ganz in U oder V. Wir wählen die Punkte i/n jetzt so, dass beim Übergang von i/n zu $(i+1)/n$ immer ein Wechsel $U \leftrightarrow V$ erfolgt. Beachten Sie bitte, dass für alle Gitterpunkte $\widetilde{H}(i/n, j/n) = x_0$ ist. Die eingezeichneten Linien entsprechen also geschlossenen Kurven am Punkt x_0.

Werfen wir unser Augenmerk auf die Kurve abq und die Kurve $a'b'$. Mit Hilfe von $\widetilde{H}$ stellen wir fest, dass $abq \sim a'b'$ in X ist und daher beide Kurven dasselbe Element in $\pi_1(X, x_0)$ definieren. Diese Gleichheit müssen wir nun auch für das Bild dieser Kurven in $\pi_1(U, x_0) * \pi_1(V, x_0)$ zeigen – stellen aber sofort fest, dass es dabei an einer Stelle klemmt. Ausgedrückt in dem freien Produkt müsste

$$a_U(b_V q_V) \overset{?}{=} a'_U b'_V$$

sein (die Indizierung zeigt an, ob die Buchstaben in $\pi_1(U, x_0)$ oder in $\pi_1(V, x_0)$ liegen).

Um das zu schaffen, müssen wir den Hilfsweg p in $U \cap V$ nutzen und erhalten zunächst

$$(a_U p_U)(p_V^{-1} b_V q_V) = a_U' b_V'$$

innerhalb des freien Produkts $\pi_1(U, x_0) * \pi_1(V, x_0)$. Das ist klar, denn in $\pi_1(U, x_0)$ gilt $a_U p_U = a_U'$ und in $\pi_1(V, x_0)$ ist $p_V^{-1} b_V q_V = b_V'$, beides mit Hilfe von $\widetilde{H}$.

Schreiben wir die Wörter dann ohne die Klammern, so wird das Problem offensichtlich: Es müsste $a_U p_U p_V^{-1} b_V q_V = a_U b_V q_V$ sein, und dazu brauchen wir $p_U p_V^{-1} = 1$ in der Gruppe $\pi_1(U, x_0) * \pi_1(V, x_0)$. Das ist aber nicht garantiert, denn der Weg p kann zum Beispiel in U nullhomotop sein, aber in V nicht.

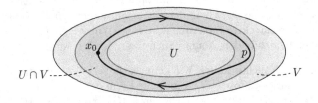

Hier müssen wir also die beiden Gruppen verschmelzen, nehmen dazu die Inklusionen $\iota_1 : U \cap V \hookrightarrow U$ und $\iota_2 : U \cap V \hookrightarrow V$, zusammen mit den Gruppenhomomorphismen $\iota_{1*} : \pi_1(U \cap V, x_0) \to \pi_1(U, x_0)$ und $\iota_{2*} : \pi_1(U \cap V, x_0) \to \pi_1(V, x_0)$. Um die Ausdrücke nicht zu überfrachten, schreiben wir kurz $A = \pi_1(U \cap V, x_0)$.

Nach Definition ist dann $p_U p_V^{-1} = 1$ in der Quotientengruppe

$$\pi_1(U, x_0) *_A \pi_1(V, x_0) = \pi_1(U, x_0) * \pi_1(V, x_0) \Big/ \big\{ a_U a_V^{-1} : a \in A \big\}$$

und wir erhalten in dieser Gruppe die gewünschte Gleichheit

$$a_U b_V q_V = a_U' b_V' \,.$$

Mit dem nächsten Rechteck $H\big([i/n, (i+1)/n] \times [j/n, (j+1)/n]\big)$ verfährt man genauso und nach endlich vielen Schritten erkennt man die Kurven γ_j und γ_{j+1} nicht nur in $\pi_1(X, x_0)$, sondern auch in der Amalgamierung $\pi_1(U, x_0) *_A \pi_1(V, x_0)$ als identisch. Insgesamt ist damit das Wort w auch in $\pi_1(U, x_0) *_A \pi_1(V, x_0)$ identisch zum neutralen Element, mithin die Abbildung Θ injektiv. $\qquad \square$

Mit diesem Satz können wir eine Menge anfangen. Wie schon eingangs erwähnt, ergibt sich die Fundamentalgruppe des Doppelkreises $S^1 \vee S^1$ als freies Produkt zweier unendlicher zyklischer Gruppen, denn hier ist $\pi_1(U \cap V, x_0) = 0$. Wir erhalten

$$\pi_1(S^1 \vee S^1, x_0) \cong \mathbb{Z} * \mathbb{Z} \cong \{a, b\} \,.$$

Wie zu erwarten, führt also das Anstechen eines Torus zu einer völlig anderen Fundamentalgruppe, von der frei abelschen Gruppe $\mathbb{Z} \oplus \mathbb{Z}$ zum (nicht-abelschen) freien Produkt $\mathbb{Z} * \mathbb{Z}$.

Als nächstes Beispiel wollen wir sehen, warum die Sphären S^n, $n \geq 2$, einfach zusammenhängend sind. Wir überdecken dazu die Sphäre

$$S^n = \left\{ (x_0, \ldots, x_n) : \sum x_i^2 = 1 \right\}$$

mit zwei (am Rand etwas überstehenden) Hemisphären

$$U = \left\{ x \in S^n : x_n > -\frac{1}{10} \right\} \quad \text{und} \quad V = \left\{ x \in S^n : x_n < \frac{1}{10} \right\}.$$

Da U und V zusammenziehbar sind, haben beide eine triviale Fundamentalgruppe. Zwar ist $\pi_1(U \cap V) = \pi_1(S^1) \cong \mathbb{Z}$, aber das ändert nichts, $\pi_1(S^n)$ ist als amalgamiertes Produkt zweier trivialer Gruppen auch trivial. Halten wir fest:

Beobachtung: Für $n \geq 2$ ist S^n einfach zusammenhängend.

Sie sollten als kleine **Übung** kurz prüfen, warum das Argument bei der S^1 nicht funktioniert. U und V sind in diesem Fall auch einfach zusammenhängend, aber? Vielleicht haben Sie Lust, dem Fehler in der Argumentation auf die Spur zu kommen, es ist nicht schwierig (lesen Sie den Satz genau durch).

Eine schöne Anwendung dieses Satzes liefern auch die geschlossenen Flächen, zum Beispiel die KLEINsche Flasche $F_\mathcal{K}$. Wir schneiden dazu in ihrem Inneren ein kreisförmiges Loch aus, wie im Bild angedeutet. Der Rest U retrahiert zum (verklebten) Rand des Quadrats, also zu einem Doppelkreis, und hat daher die Fundamentalgruppe $\{a, b\}$, wie wir schon vorhin gesehen haben.

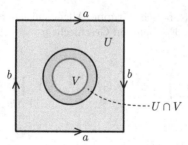

Nun überdecken wir das Loch mit einer offenen Kreisscheibe V, welche eine triviale Fundamentalgruppe hat. $U \cap V$ hat eine Kreislinie als Deformationsretrakt, und diese ist offenbar homotop zu dem Weg $aba^{-1}b$ in der gelöcherten KLEINschen Flasche, als Element von $\pi_1(U)$ interpretiert. Nun ist es eine einfache Folgerung aus dem Satz von SEIFERT-VAN KAMPEN, dass die Fundamentalgruppe der KLEINschen Flasche gleich dem Quotienten von $\pi_1(U) * \pi_1(V) \cong \pi_1(U) \cong \mathbb{Z} * \mathbb{Z}$ nach dem von den Elementen $aba^{-1}b$ erzeugten Normalteiler ist:

$$\pi_1(F_\mathcal{K}) = (\mathbb{Z} * \mathbb{Z})/\{aba^{-1}b\} = \{a, b : aba^{-1}b = 1\}.$$

Genau dieses Ergebnis haben wir schon auf einem anderen Weg erhalten, Sie erinnern sich vielleicht (Seite 104). Versuchen Sie auch als **Übung**, auf dem gleichen Weg die Fundamentalgruppe des Torus noch einmal zu berechnen, oder die der projektiven Ebene $\mathbb{P}^2$.

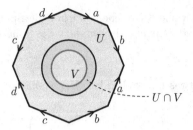

Lassen Sie uns jetzt die Fundamentalgruppen der orientierbaren geschlossenen Flächen von Geschlecht $g \geq 2$ berechnen. Das waren die zusammenhängenden Summen von g Tori. Im Bild sehen Sie den Fall $g = 2$. Wir schneiden wieder ein kreisförmiges Loch in der Mitte aus. Der Rest U hat den Rand des Bauplans als Deformationsretrakt.

Dieser Rand ist nach der Verklebung homöomorph zu einem Strauß aus vier Kreisen $S^1 \vee S^1 \vee S^1 \vee S^1$. Dessen Fundamentalgruppe ergibt sich aus dem obigen Satz sofort als die freie Gruppe vom Rang vier:

$$\pi_1\left(S^1 \vee S^1 \vee S^1 \vee S^1\right) \cong \{a, b, c, d\} \,.$$

Wieder stopfen wir das Loch mit einer offenen Kreisscheibe V und erkennen, dass das Bild von $\pi_1(U \cap V)$ in $\pi_1(U)$ von den Elementen $aba^{-1}b^{-1}cdc^{-1}d^{-1}$ erzeugt wird und ebenfalls ein Normalteiler ist. Von daher ergibt sich

$$\pi_1\left(T^2 \# T^2\right) \cong \{a, b, c, d : aba^{-1}b^{-1}cdc^{-1}d^{-1} = 1\} \,,$$

also ebenfalls eine nicht-abelsche Gruppe. Allgemein sehen wir damit für die orientierbaren geschlossenen Flächen von Geschlecht g

$$\pi_1 \left(\underbrace{T^2 \# \ldots \# T^2}_{g-\mathrm{mal}} \right) \cong \{a_1, b_1, \ldots, a_g, b_g : \prod_{1 \leq i \leq g} a_i b_i a_i^{-1} b_i^{-1} = 1\} \,.$$

Wieder ergibt sich, dass diese Flächen paarweise nicht homöomorph sein können, die Fundamentalgruppe entpuppt sich als mächtige topologische Invariante. Und wie steht es mit der zusammenhängenden Summe aus g projektiven Ebenen? Versuchen Sie auch das als **Übung**, das Vorgehen ist analog.

So einfach kann es sein, auch kompliziertere Fundamentalgruppen zu berechnen. Das einzig Störende ist die etwas aufgeblasene Notation dieser freien Gruppen mit ihren Relationen. Sie lassen sich bei weitem nicht so schön hinschreiben wie die frei-abelschen Gruppen. Daher macht man gerne Gebrauch von der **Abelisierung** dieser Gruppen (Seite 70). Wenn dann $[G, G]$ den **Kommutator** von G bezeichnet (ein Normalteiler), der von den Elementen $xyx^{-1}y^{-1}$ ($x, y \in G$) erzeugt wird, so erhält man für die abelisierte Fundamentalgruppe der g-fachen Torus-Summe $T_g = \underbrace{T^2 \# \ldots \# T^2}_{g-\mathrm{mal}}$ die Isomorphie

$$\pi_1(T_g) / [\pi_1(T_g), \pi_1(T_g)] \cong \underbrace{\mathbb{Z} \oplus \ldots \oplus \mathbb{Z}}_{2g-\text{mal}}.$$

Interessanterweise unterscheidet sich der Bauplan dieser Gruppen nur wenig von der einer nicht-orientierbaren geschlossenen Fläche vom Geschlecht g, also einer Summe $\mathbb{P}_g^2 = \underbrace{\mathbb{P}^2 \# \ldots \# \mathbb{P}^2}_{g-\text{mal}}$ aus g projektiven Ebenen (siehe die vorige Übung):

$$\pi_1(\mathbb{P}_g^2) / [\pi_1(\mathbb{P}_g^2), \pi_1(\mathbb{P}_g^2)] \cong \underbrace{\mathbb{Z} \oplus \ldots \oplus \mathbb{Z}}_{(g-1)-\text{mal}} \oplus \mathbb{Z}_2.$$

Man sagt auch, die abelisierte Fundamentalgruppe einer nicht-orientierbaren geschlossenen Fläche von Geschlecht g hat den (frei-abelschen) Rang $g-1$, zuzüglich einer Torsionskomponente der Ordnung 2. Immerhin reichen aber auch die vereinfachten, abelisierten Gruppen aus, um all diese Räume zu unterscheiden. Wir werden später eine interessante Neuinterpretation dieser Gruppen kennenlernen (Seite 244).

4.5 Der Satz von Nielsen-Schreier über freie Gruppen

Dieser Abschnitt bringt, quasi als Intermezzo, einen anschaulichen topologischen Beweis des Satzes von Nielsen-Schreier aus der Gruppentheorie ([7], Seite 67). Die Idee dazu (sie stammt von R. Baer und F. Levi) zeigt, wie eng Topologie und Gruppentheorie verwandt sind und sich gegenseitig befruchten können. Hier zur Erinnerung noch einmal die Aussage des Satzes, dessen algebraischer Beweis von O. Schreier gegeben wurde, [102], nach Vorarbeit von J. Nielsen, [86].

Satz (Nielsen-Schreier)
Jede Untergruppe H einer freien Gruppe F ist frei. Falls F einen Rang $r \leq \infty$ hat und $H \subseteq F$ den endlichen Index n, dann hat H den Rang $1 + n(r - 1)$.

Der entscheidende Gedanke im **Beweis** besteht darin, dass jede freie Gruppe die Fundamentalgruppe eines Graphen ist. Ein **Graph** ist ein zusammenhängender topologischer Raum $\mathcal{G} = (V, E)$, bestehend aus einer Menge $V = \{v_i : i \in I\}$ von **Eckpunkten** (kurz **Ecken**, engl. *vertex*) und einer Teilmenge $E \subseteq \{e_{ij} : i, j \in I\}$ der Menge von **Kanten** (engl. *edge*) zwischen diesen Ecken (die Kante zwischen den Ecken v_i und v_j wird dabei mit e_{ij} bezeichnet).

In topologischen Graphen sind die Kanten meist ungerichtet, also ist $e_{ij} = e_{ji}$. Die Kanten der Form e_{ii} gibt es auch, das sind Schleifen am Punkt v_i. Der Schlüssel zum Beweis des Satzes liegt dann in folgender Beobachtung.

Satz (Fundamentalgruppen von Graphen)
Es sei $\mathcal{G}$ ein Graph. Dann ist seine Fundamentalgruppe $\pi_1(\mathcal{G})$ frei. Umgekehrt gibt es für jede freie Gruppe F einen Graphen $\mathcal{G}_F$ mit $\pi_1(\mathcal{G}_F) \cong F$.

Die einfache Richtung des **Beweises** konstruiert einen passenden Graph für eine freie Gruppe F. Nehmen Sie dazu für eine Basis $S = \{a_i : i \in I\}$ das Keilprodukt

$$\mathcal{G}_F = \bigvee_{i \in I} S^1$$

aus lauter Kreislinien, also einen **Strauß** aus Kreislinien, die man sich als Graph vorstellen kann wie in der Abbildung gezeigt.

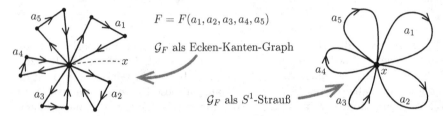

Das Keilprodukt kann über alle Indexmengen I gebildet werden (auch ohne das Auswahlaxiom, Seite 8), denn der Keilpunkt $1 \in S^1$ ist in jeder S^1 ausgezeichnet. Aus dem Satz von SEIFERT-VAN KAMPEN folgt dann die Isomorphie $\pi_1(\mathcal{G}_F) \cong F$, denn jede geschlossene Kurve $\gamma : I \to \mathcal{G}_F$ ist homotop zu einer Kurve, die nur endlich viele Kopien von S^1 umschlingt und sonst konstant 1 ist (**Übung**).

Sei nun umgekehrt $\mathcal{G} = (V, E)$ ein Graph. Wir konstruieren dann einen **Spannbaum** $T(\mathcal{G}) = (V, E')$, also einen zusammenziehbaren Teilgraphen mit $E' \subseteq E$.

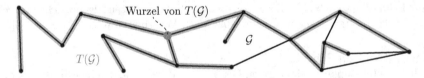

Man geht dabei induktiv vor, startet mit einer Ecke v_0 und verbindet diese über die Kanten in E mit allen Ecken v_k, $k \in I_1 \subseteq I$, die genau eine Kante von v_0 entfernt liegen. Dieser zusammenziehbare Teilbaum sei mit $T_1(\mathcal{G})$ bezeichnet.

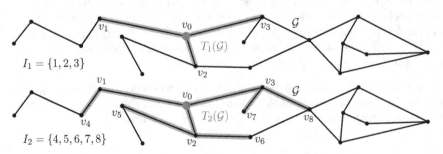

Im zweiten Schritt nehmen wir alle Ecken v_k, $k \in I_2$, die genau eine Kante von einem Eckpunkt in $T_1(\mathcal{G})$ entfernt liegen und verbinden diese Punkte über die zugehörige Kante mit dem entsprechenden Eckpunkt von $T_1(\mathcal{G})$. Hierfür benötigt man bei einer unendlichen Indexmenge das Auswahlaxiom (Seite 8): Die in Frage kommenden Eckpunkte (vielleicht unendlich viele) in $\mathcal{G} \setminus \big(T_1(\mathcal{G})\big)$ können über beliebig viele Kanten direkt mit einem Punkt aus dem Teilbaum $T_1(\mathcal{G})$ (der auch unendlich viele Eckpunkte haben kann) verbunden sein. Wir müssen dann für jeden dieser Eckpunkte eine solche Kante auswählen. Nachdem dies erfolgt ist, sei der so entstandene Teilbaum mit $T_2(\mathcal{G})$ bezeichnet (siehe die Abbildung oben).

Man setzt dieses Verfahren nun ad infinitum fort, kommt so Schritt für Schritt zu $T_3(\mathcal{G}), T_4(\mathcal{G}), \ldots$, und die Vereinigung über alle $T_n(\mathcal{G})$, $n \geq 1$, liefert den gesuchten Spannbaum $T(\mathcal{G})$. (Beim ersten Lesen wundern Sie sich vielleicht über die Beweisführung. Wie kann man eine überabzählbare Menge von Ecken mit einer gewöhnlichen Induktion über die Indexmenge $\mathbb{N}$ erfassen? Die Antwort ist einfach, denn alle Ecken in $\mathcal{G}$ sind über einen endlichen Weg mit jeder anderen Ecke verbunden, sodass jeder Eckpunkt bei irgendeinem $T_k(\mathcal{G})$ an der Reihe ist.)

Wir betrachten nun die bei dieser Konstruktion nicht verwendeten Kanten, also die Menge $N = \mathcal{G} \setminus \big(T(\mathcal{G})\big)$. Schlagen wir $T(\mathcal{G})$ zu einem Punkt x zusammen, ändert sich die Fundamentalgruppe nicht (**Übung**, $T(\mathcal{G})$ ist zusammenziehbar).

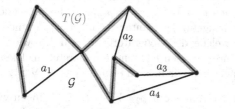
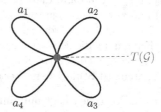

Der Quotient $\mathcal{G}/\big(T(\mathcal{G})\big)$ ist aber ein Strauß von Kreislinien S^1, indiziert mit N, und hat nach den obigen Überlegungen eine freie Fundamentalgruppe. $\square$

Kommen wir zum **Beweis** des Satzes von NIELSEN-SCHREIER. Es sei dazu F eine freie Gruppe mit Basis $S = \{a_i : i \in I\}$, $H \subset F$ eine Untergruppe und $\mathcal{G}_F$ ein Graph mit $\pi_1(\mathcal{G}_F) \cong F$, realisiert als Strauß von Kreislinien S^1, indiziert mit der Menge I. Jeder Generator a_i steht dabei für einen Weg, der die zugehörige S^1 genau einmal in einer festgelegten Richtung umläuft.

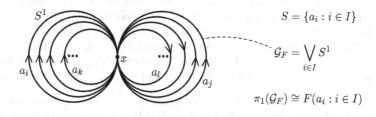

$$S = \{a_i : i \in I\}$$
$$\mathcal{G}_F = \bigvee_{i \in I} S^1$$
$$\pi_1(\mathcal{G}_F) \cong F(a_i : i \in I)$$

Die entscheidende Idee besteht nun darin, einen Graphen $\mathcal{G}_H$ zu konstruieren, dessen Fundamentalgruppe mit H übereinstimmt. Wie könnte das funktionieren?

Versuchen wir es mit einem Spezialfall. Falls $H = \{1\}$ wäre, hätten wir in puncto Freiheit nichts zu zeigen – man kann $\{1\}$ als frei mit Basis $\varnothing$ definieren. Aber wir verfolgen den Gedanken trotzdem weiter, denn uns interessiert etwas anderes: Typische Untergruppen von $F \cong \pi_1(\mathcal{G}_F)$ sind nämlich die charakteristischen Untergruppen der Überlagerungen von $\mathcal{G}_F$ (Seite 96). Und die zu $H = \{1\}$ gehörige Überlagerung ist die universelle Überlagerung (Seite 102).

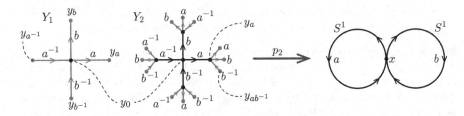

Die Abbildung motiviert am Beispiel des Doppelkreises $S^1 \vee S^1$, also der Gruppe $F = F(a,b)$, wie die universelle Überlagerung $p : Y \to S^1 \vee S^1$ als unendlicher, zusammenziehbarer Graph (ein Baum) konstruiert werden kann. Man geht aus vom Keilpunkt $x \in S^1 \vee S^1$ und fertigt davon eine Kopie $y_0 \in Y$ an mit $y_0 \mapsto x$. Dieser Punkt bildet die Stufe 0 der Überlagerung, wir nennen sie Y_0.

Von y_0 entspringen dann die vier Kanten a, a^{-1}, b, b^{-1} (für jeden Generator von $F(a,b)$ und sein Inverses je eine) zu den Punkten $y_a, y_{a^{-1}}, y_b, y_{b^{-1}}$, die bei p auch alle auf x abgebildet werden. Die hinzugefügten Kanten dazwischen parametrisieren Kurven in die jeweilige S^1, welche die Generatoren a und b sowie (in entgegengesetzter Umlaufrichtung) ihre Inversen a^{-1} und b^{-1} darstellen. Dieses Graphenkreuz ist Stufe 1 der Überlagerung, wir nennen es $p_1 : Y_1 \to S^1 \vee S^1$.

Das weitere Vorgehen liegt nun auf der Hand: Für $p_2 : Y_2 \to S^1 \vee S^1$ fügen wir bei jedem der Punkte $y_a, y_{a^{-1}}, y_b, y_{b^{-1}}$ je drei zusätzliche Kanten an, und zwar immer die fehlenden Kanten, um lokal um diese Punkte die gleiche Situation herzustellen wie um den Punkt y_0. Es entstehen dann $4 \cdot 3 = 12$ zusätzliche Eckpunkte. Sie werden von p_2 natürlich wieder auf x_0 geworfen und ihre Kanten zu Y_1 parametrisieren wieder die entsprechenden Generatoren von $\pi_1(S^1 \vee S^1)$.

Dieser Prozess wird nun ad infinitum fortgesetzt und führt über die Kette

$$Y_1 \subset Y_2 \subset Y_3 \subset \ldots \subset Y_\infty = Y$$

zu einem unendlichen Baum, den Sie unschwer als Überlagerung $p : Y \to S^1 \vee S^1$ erkennen. Wegen $\pi_1(Y) = 0$ ist es die universelle Überlagerung. Die Hochhebung (am Punkt y_0) von geschlossenen Wegen am Punkt x in $S^1 \vee S^1$ (Seite 94) verläuft entlang der Kanten von Y gemäß ihren Beschriftungen. Man kann sich anschaulich vorstellen, die Wege in $S^1 \vee S^1$ sind in Y entlang der Kanten vom Startpunkt y_0 bis zum (eindeutigen) Endpunkt der Hochhebung „in der Y-Ebene ausgerollt".

Die Faser $p^{-1}(x)$ besteht nach Konstruktion aus allen Eckpunkten von Y, und dies sind gleichzeitig die Endpunkte aller Hochhebungen von Homotopieklassen in $\pi_1(S^1 \vee S^1, x)$, denn universelle Überlagerungen sind regulär und der Satz über die Decktransformationsgruppe (Seite 102) besagt, dass in diesem Fall die Faser

$p^{-1}(x) \cong \pi_1(S^1 \vee S^1, x) \cong F(a, b)$ ist. Ein Ergebnis, das Sie sich auch direkt an der Konstruktion von Y klarmachen können.

Kehren wir zurück zum Satz von NIELSEN-SCHREIER. Ohne Probleme lässt sich das obige Vorgehen im einfachen Spezialfall zweier Generatoren a und b auf freie Gruppen F mit einer beliebigen Basis $S = \{a_i : i \in I\}$ verallgemeinern. Die so konstruierte universelle Überlagerung

$$p : (Y, y_0) \longrightarrow (\mathcal{G}_F, x) \cong \bigvee_{i \in I} S^1$$

induziert nach dem Monodromielemma (Seite 95) einen Monomorphismus

$$p_* : \pi_1(Y, y_0) \longrightarrow \pi_1(\mathcal{G}_F, x) \cong F,$$

in dem sich die Gruppe $\pi_1(Y, y_0)$ als Fundamentalgruppe eines Graphen, also nach obigem Satz (Seite 118) als freie Untergruppe von F erweist. Moment bitte, das wussten wir doch schon vorher, die triviale Gruppe $\pi_1(Y, y_0) = \{1\}$ ist offensichtlich frei (mit Basis $\varnothing$). Wozu also die ganze Übung?

Nun denn, umsonst war die Übung keinesfalls, denn sie zeigt uns den Weg, wie mit beliebigen Untergruppen $H \subset F$ umzugehen ist. Die Gruppe H definiert einen Quotienten Y/H der universellen Überlagerung Y. Es sei dazu $y_i \sim y_j$ genau dann, wenn der Pfad von y_0 nach y_i durch ein Wort $w_i \in F$ und der von y_0 nach y_j durch ein Wort w_j gegeben ist, und diese Wörter dieselbe rechte Nebenklasse definieren: $Hw_i = Hw_j$. Um eine Umgebung der Punkte $\overline{y_i} \in Y/H$ wieder lokal so aussehen zu lassen wie die Umgebung um $x \in \mathcal{G}_F$, müssen zusätzlich noch alle Kanten a_i und a_i^{-1} identifiziert werden, die von den jeweils zusammengeschlagenen Punkten ausgehen.

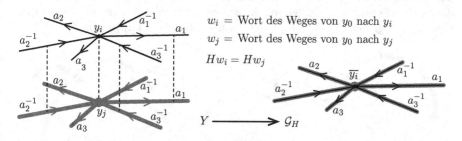

$w_i = $ Wort des Weges von y_0 nach y_i
$w_j = $ Wort des Weges von y_0 nach y_j
$Hw_i = Hw_j$

$Y \longrightarrow \mathcal{G}_H$

Damit entsteht ein Graph $\mathcal{G}_H = Y/H$, und $p : Y \to \mathcal{G}_F$ faktorisiert durch $\mathcal{G}_H$ zu einer Überlagerung

$$p_H : \mathcal{G}_H \longrightarrow \mathcal{G}_F,$$

deren Blätterzahl Sie ohne Mühe als den Index der Untergruppe $H \subset F$ erkennen (das Urbild von $x \in \mathcal{G}_F$ besteht aus allen Nebenklassen Ha, mit $a \in F$, und auch die Kanten haben diese Anzahl von Kopien als Urbilder in $\mathcal{G}_H$).

Man erkennt, dass die charakteristische Untergruppe $p_{H*}(\pi_1(\mathcal{G}_H)) \cong H$ ist: Eine am Basispunkt $\overline{y_0}$ geschlossene Kurve in $\mathcal{G}_H$ wird durch p_H zu einer Kurve am Basispunkt $x \in \mathcal{G}_F$, deren Wort $w \in H$ liegt, denn die Hochhebung des Wortes führt in der universellen Überlagerung Y zu einem Eckpunkt, der mit y_0 zusammengeschlagen wurde. Dies gilt auch für den konstanten Weg 1 in $\mathcal{G}_F$, weswegen $1 \sim w$ ist, also $H = Hw$ und damit $w \in H$. Also ist $p_{H*}\big(\pi_1(\mathcal{G}_H)\big) \subseteq H$.

Umgekehrt sei $w \in H$ gegeben und $\widetilde{w}$ die Hochhebung in die universelle Überlagerung Y. Dann führt $\widetilde{w}$ von y_0 zu einer Ecke y_w, deren Wort in $H = H \cdot 1$ liegt, weswegen y_w in $\mathcal{G}_H$ mit y_0 (die Hochhebung der 1) zusammengeschlagen wird. Damit ist die Hochhebung von w nach $\mathcal{G}_H$ eine geschlossene Kurve, deren Bild bei p_{H*} die Kurve w ergibt und wir haben $p_{H*}\big(\pi_1(\mathcal{G}_H)\big) = H$. Die Gruppe H ist dann frei, weil isomorph zur Fundamentalgruppe des Graphen $\mathcal{G}_H$ (Seite 118).

Für die Rangformel betrachte den Graph $\mathcal{G}_H$ genauer. Er besitzt n Eckpunkte (der Index von $H \subset F$ ist n) und an jedem Punkt setzen $2r$ Kanten an, $r = \mathrm{rk}(F)$. Man bildet nun wieder den Spannbaum $T(\mathcal{G}_H)$ (Seite 118) und schlägt ihn zu einem Punkt zusammen. Es entsteht ein Strauß von Kreislinien (die freien Generatoren der Fundamentalgruppe). Wie viele sind das? Der Spannbaum enthält $n-1$ Kanten (**Übung**, $\mathcal{G}_H$ hat n Eckpunkte). Wenn wir nur die Eckpunkte zusammenschlagen, entstehen nr Kreislinien S^1. Werden auch die $n-1$ Kanten des Spannbaums eingeschmolzen, bleiben $nr - (n-1) = 1 + n(r-1)$ freie Generatoren übrig. Das Argument funktioniert bei $n < \infty$ auch für $r = \infty$. $\square$

4.6   Die Wirtinger-Darstellung von Knotengruppen

Eine weitere, sehr anschauliche Anwendung des Satzes von Seifert-van Kampen ist die Berechnung der Fundamentalgruppe von **Knotenkomplementen** in $\mathbb{R}^3$, das sind Mengen der Form $\mathbb{R}^3 \setminus K$, wobei K das Bild einer geschlossenen Kurve $\gamma : S^1 \hookrightarrow \mathbb{R}^3$ ohne Überschneidungspunkte ist. Man nennt eine Kurve ohne Überschneidungen **einfach**. Wir wollen alle Kurven als differenzierbar annehmen, um die Sache anschaulich zu halten und keine unnötigen Pathologien zuzulassen. Die Fundamentalgruppe $\pi_1\big(\mathbb{R}^3 \setminus K\big)$ heißt dann die **Knotengruppe** von K.

Es erscheint Ihnen sicher plausibel, dass die linke Kurve die Knotengruppe $\mathbb{Z}$ hat, mit dem Generator α (bald können Sie das exakt beweisen, Seite 126). Doch wie sieht es mit der **Kleeblattschlinge** daneben aus, im Englischen auch als *threefoil knot* bekannt? Oder mit allgemeinen, noch viel komplexeren Verschlingungen, wie der ganz rechts?

Ein schwer zugängliches Problem. W. Wirtinger war Anfang des 20. Jahrhunderts in Wien unter anderem damit beschäftigt, solche Knoten in $\mathbb{R}^3$ zu klassifi-

zieren und hatte 1904 den Gedanken, in dieser Frage die kurz zuvor von POINCARÉ
eingeführte Fundamentalgruppe einzusetzen. Er fand dabei einen eleganten Weg,
diese Gruppe für $\mathbb{R}^3 \setminus K$ zu bestimmen (der übrigens erst 1908 von H. TIETZE
in seiner Habilitationsschrift veröffentlicht wurde, [115]). Es handelt sich um ein
topologisches Meisterstück, das ich Ihnen nicht vorenthalten möchte – auch wenn
dieser Abstecher nicht direkt zur Hauptlinie des Buches gehört (er folgt [112]).
Wie ist WIRTINGER vorgegangen?

Der geniale Einfall bestand darin, die Kurve $K \subset \mathbb{R}^3$ fast vollständig in die Ebene
$\{x_3 = 0\}$ zu projizieren. An den (in der Regel unvermeidlichen) Kreuzungen zweier
Kurvensegmente in dieser Ebene wird dann ein kleiner Graben der Tiefe $\delta > 0$
nach unten geschlagen, um zu demonstrieren, dass das eine Kurvensegment hier
unterhalb des anderen verläuft.

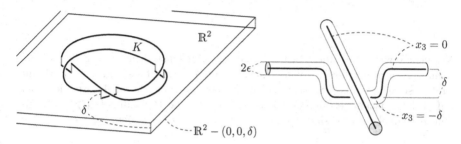

Die Kurve K sei nun eingehüllt in eine offene ϵ-**Tubenumgebung** $N = K \times \overset{\circ}{D}^2_\epsilon$,
wobei D^2_ϵ die Kreisscheibe mit einem Radius $\epsilon < \delta/2$ ist, und zwar so, dass $\mathbb{R}^3 \setminus N$
ein Deformationsretrakt von $\mathbb{R}^3 \setminus K$ ist. Ein solches ϵ lässt sich tatsächlich finden,
denn K ist eine differenzierbare kompakte Kurve. Sie können sich das einfach
vorstellen wie die Kunststoff-Isolierung um ein Kupferkabel.

Nun kommt der Geniestreich. WIRTINGER bildete (sinngemäß) zwei offene Mengen
A und B mit $A \cup B = \mathbb{R}^3 \setminus N$ in Form von

$$A = \left(\mathbb{R}^3 \setminus N\right) \cap \{x_3 > -\delta\} \quad \text{und} \quad B = \left(\mathbb{R}^3 \setminus N\right) \cap \left\{x_3 < -\delta + \frac{\epsilon}{2}\right\}.$$

Nach dem Satz von SEIFERT-VAN KAMPEN (Seite 111) gilt dann

$$\pi_1\left(\mathbb{R}^3 \setminus N\right) \cong \pi_1(A) *_{\pi_1(A \cap B)} \pi_1(B),$$

denn die Teilmengen A, B und $A \cap B$ erfüllen die Bedingungen des Satzes. Wegen
$\pi_1\left(\mathbb{R}^3 \setminus K\right) \cong \pi_1\left(\mathbb{R}^3 \setminus N\right)$ wären wir durch. Was bleibt, ist die Gruppen $\pi_1(A)$ und
$\pi_1(B)$ zu bestimmen, sowie $\pi_1(A \cap B)$ mitsamt der Information, wie die Elemente
letzterer Gruppe in den beiden ersten Gruppen aussehen.

Am einfachsten ist das bei $\pi_1(B)$, denn B ist als offener Halbraum mit einigen
ausgesparten Gräben am oberen Rand (wo die Menge N eintaucht) einfach zusammenhängend: $\pi_1(B) = 0$. Bei $A \cap B$ ist es nur unwesentlich schwieriger, denn diese

Menge ist homotopieäquivalent zu einer Ebene mit Kreisscheiben als Löchern, die von denselben ausgesparten Gräben herrühren. Also ist

$$\pi_1(A \cap B) \cong \underbrace{\mathbb{Z} * \ldots * \mathbb{Z}}_{n-\text{mal}},$$

das freie $\mathbb{Z}$-Produkt vom Rang n, wobei n die Zahl der Gräben, oder eben die Zahl der Kreuzungspunkte in der zweidimensionalen Darstellung ist. (Die spezielle Form dieser Fundamentalgruppe sehen Sie genauso wie früher im Fall des Doppelkreises, Seite 114.)

Der interessanteste Fall ist $\pi_1(A)$. WIRTINGER erkannte, dass A ebenfalls homotopieäquivalent zum n-fachen Keilprodukt einer S^1 ist:

$$A \simeq \bigvee_{i=1}^{n} S^1.$$

Versuchen wir, seine Idee nachzuvollziehen. Zunächst drücken wir die waagerechten Stücke der Gräben von A nach unten auf die Ebene $\{x_3 = -\delta\}$. Damit sind diese Stücke aus A verschwunden, der resultierende Raum A' lässt sich aber auf A deformationsretrahieren. A' ist nun der offene Halbraum $\{x_3 > -\delta\}$, aus dem n Henkel entfernt sind, die auf seiner Unterseite schweben.

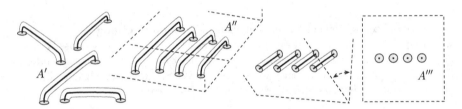

Wie Luftkissenfahrzeuge lassen wir diese Henkel nun in eine Position gleiten, in der sie alle parallel zueinander in einer Reihe stehen. Auch das ist eine Homotopieäquivalenz, den resultierenden Raum nennen wir A''. Jetzt ziehen wir unter den Henkeln eine Knickkante hindurch und klappen den Halbraum A'' wie ein Buch zusammen. Es bleibt eine (senkrecht stehende) Ebene A''' übrig mit n Löchern vom Radius ϵ.

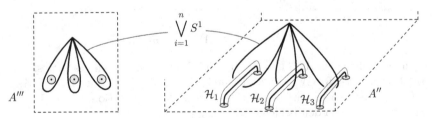

Wie gesehen, deformationsretrahiert A''' auf das n-fache Keilprodukt einer S^1, dargestellt durch einen Strauß aus Schlingen um die Löcher von A''', oder anders formuliert: um die Henkel von A''.

Also ist (mit der Verkettung mehrerer Homotopieäquivalenzen) auch

$$\pi_1(A) \cong \underbrace{\mathbb{Z} * \ldots * \mathbb{Z}}_{n-\text{mal}},$$

und es verbleibt, die Gestalt der Generatoren von $\pi_1(A\cap B)$ in den Gruppen $\pi_1(A)$ und $\pi_1(B)$ zu bestimmen. Dies liefert nach dem Satz von SEIFERT-VAN KAMPEN die noch fehlenden Relationen in $\pi_1(A) * \pi_1(B) = \pi_1(A)$ und letztlich die genaue Form von $\pi_1(\mathbb{R}^3 \setminus N)$. Hierfür müssen wir etwas konkreter werden, um mit den Generatoren der Gruppen exakt arbeiten zu können.

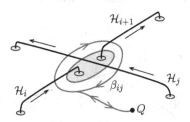

Die Kurve K, oder auch die Umgebung N, werde dazu in einer fest vorgegebenen Richtung durchlaufen (angedeutet durch die Pfeile). Die Henkel $\mathcal{H}_1, \ldots, \mathcal{H}_n$ seien entlang dieses Durchlaufs nummeriert. Nun gehen wir wieder zurück zu der ursprünglichen Darstellung des Knotens K in A' und betrachten die Generatoren von $\pi_1(A \cap B)$. Bis auf Hin- und Rückwege zu einem Bezugspunkt $Q \in A \cap B$ (die wir vernachlässigen können) sind das die Kreislinien β_{ij} um die Löcher in $A \cap B$. Wir wollen die Kreise dabei per Konvention im Uhrzeigersinn orientieren. Die Indexkombination ij bedeutet, dass an diesem Loch der Henkel $\mathcal{H}_j$ zwischen den beiden Enden der Henkel $\mathcal{H}_i$ und $\mathcal{H}_{i+1}$ verläuft. Die große Frage lautet, wie die β_{ij} als Elemente von $\pi_1(A)$ und $\pi_1(B)$ dargestellt werden können.

Einfach ist das für B, denn wegen $\pi_1(B) = 0$ gilt dort stets $\beta_{ij} = 1$. Für die Menge A hingegen müssen Sie noch einmal Ihr Anschauungsvermögen bemühen. Die Generatoren $a_1, \ldots, a_n$ von $\pi_1(A, x_0)$ seien so orientiert, dass a_i gegen den Uhrzeigersinn um den Henkel $\mathcal{H}_i$ verläuft, der Drehsinn der Kurve also stets mit der Richtung des entsprechenden Henkels übereinstimmt (Rechte-Hand-Regel).

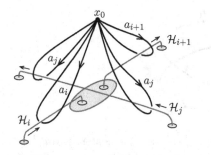
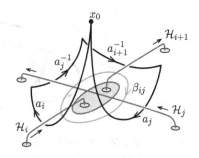

In der Abbildung erkennen Sie, dass β_{ij} in A homotop ist zu einer speziellen Kombination der Generatoren $a_1, \ldots, a_n$. Es gilt nämlich

$$\beta_{ij} \simeq a_i a_j^{-1} a_{i+1}^{-1} a_j \,.$$

Damit ist der Fall aber weitgehend gelöst, denn der Satz von SEIFERT-VAN KAMPEN liefert nun in $\pi_1(\mathbb{R}^3 \setminus N)$ einen ersten Satz von Relationen der Form

$$a_i a_j^{-1} a_{i+1}^{-1} a_j = 1 \,.$$

Etwas Vorsicht ist geboten, denn die Relationen gelten nur für Kreuzungspunkte, in denen der Henkel $\mathcal{H}_j$ in der vorgegebenen Richtung über $\mathcal{H}_i \mathcal{H}_{i+1}$ verläuft.

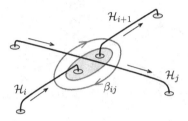

Es gibt auch noch den zweiten Typ einer Kreuzung, der in der Abbildung oben gezeigt ist. Dort lautet die zugehörige Relation dann

$$a_i a_j a_{i+1}^{-1} a_j^{-1} = 1 \,,$$

wie Sie leicht verifizieren können.

Diese Relationen im n-fachen Produkt $\mathbb{Z} * \ldots * \mathbb{Z}$ nennt man die WIRTINGER-**Relationen** des Knotens K und die Darstellung der Fundamentalgruppe in dieser Form die WIRTINGER-**Darstellung** von $\pi_1(\mathbb{R}^3 \setminus K)$. Eine ganz einfache **Übung** zeigt dann zum Beispiel $\pi_1(\mathbb{R}^3 \setminus S^1) \cong \mathbb{Z}$. (Beachten Sie dazu $\mathbb{R}^3 \setminus S^1 \not\simeq S^1$.)

Lassen Sie uns jetzt als Beispiel das Problem der Kleeblattschlinge K_3 lösen. In der schematischen Darstellung ist bereits alle Information enthalten, wir haben drei Henkel H_1, H_2 und H_3. Es ergibt sich

$$\pi_1(\mathbb{R}^3 \setminus K_3) \cong (\mathbb{Z} * \mathbb{Z} * \mathbb{Z})/W \,,$$

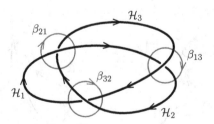

wobei $W \subset \mathbb{Z} * \mathbb{Z} * \mathbb{Z}$ die Untergruppe ist, die von den Elementen $a_2 a_1 a_3^{-1} a_1^{-1}$, $a_1 a_3 a_2^{-1} a_3^{-1}$ und $a_3 a_2 a_1^{-1} a_2^{-1}$ erzeugt ist (jeweils an den Kreisen β_{21}, β_{13} und β_{32} ermittelt). Sie sehen, dass hier Relationen von den Kreuzungen des zweiten Typs entstehen: $abc^{-1}b^{-1}$.

Der systematische Aufbau der Relationen lässt ahnen, dass man die Darstellung mit einfachen Umformungen noch verschönern kann. Wenn Sie die drei Generatoren von W gleich 1 setzen, die Gleichung von β_{13} dann nach a_1 auflösen und das Ergebnis $a_1 = a_3 a_2 a_3^{-1}$ in die anderen Gleichungen einsetzen, stellen Sie fest, dass alle drei Relationen äquivalent sind zu einer einzigen Relation, nämlich $a_2 a_3 a_2 = a_3 a_2 a_3$. Setzen Sie dann $a = a_2 a_3 a_2$ und $b = a_3 a_2$, so ergibt dies die kurze und prägnante Relation $a^2 = b^3$.

Sie prüfen nun schnell, dass auch a und b Erzeugende der Quotientengruppe sind und erhalten das schöne Ergebnis

$$\pi_1 \left(\mathbb{R}^3 \setminus K_3 \right) \ \cong \ \left\{ a, b : a^2 = b^3 \right\},$$

eine Gruppe, die wegen $ab \neq ba$ nicht abelsch ist. Die Knotengruppen sind also in der Lage, topologisch verschiedene Knoten in $\mathbb{R}^3$ zu unterscheiden. Sie sind auch echte topologische Invarianten der Räume $\mathbb{R}^3 \setminus K$, denn man kann leicht zeigen, dass **isotope** Knoten isomorphe Knotengruppen haben. Man nennt zwei Knoten **isotop**, wenn sie stetig (und differenzierbar) ineinander überführt werden können und alle Zwischenformen ebenfalls Knoten sind (also keine Überschneidungen haben). Die zugehörige Homotopie ist dann eine **Isotopie**.

Drei Bemerkungen dazu noch. Zwar ist die Knotengruppe eine topologische Invariante, sie klassifiziert aber die Knoten nicht ein-eindeutig, denn es gibt nicht isotope Knoten, die isomorphe Knotengruppen besitzen. Mit den Knotengruppen kann man also im Allgemeinen nur zeigen, dass zwei Knoten nicht isotop sind. Erst im Jahre 1957 konnte C.D. PAPAKYRIAKOPOULOS zeigen, dass (bis auf Isotopie) nur der triviale Knoten $S^1 \subset \mathbb{R}^3$ die Knotengruppe $\mathbb{Z}$ besitzt, [89]. Und schließlich lässt sich die WIRTINGER-Darstellung nicht nur auf einen Knoten, sondern auch auf die Verschlingung mehrerer Knoten anwenden. Vielleicht sind Sie neugierig, einmal die Knotengruppe zweier oder mehrerer verschlungener Ringe zu bestimmen? Das wäre eine ausführlichere, aber lohnende **Übung**.

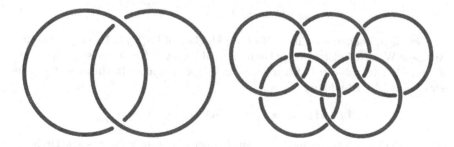

Belassen wir es jetzt mit dem Satz von SEIFERT-VAN KAMPEN und seinen zahlreichen Anwendungen. Machen wir uns daran, die Fundamentalgruppe eines konkretes Beispiels kennen zu lernen, das für die Topologie des 20. Jahrhunderts eine ganz besondere Rolle spielen sollte.

4.7 Die Fundamentalgruppe der SO(3)

Die SO(3) ist die dreidimensionale Drehgruppe, das sind die orthogonalen reellen (3×3)-Matrizen mit Determinante $+1$. Sie bildet einen wegzusammenhängenden topologischen Raum, mit der Relativtopologie des $\mathbb{R}^9$, worin diese Matrizen eine Teilmenge bilden. Der Wegzusammenhang ergibt sich sehr einfach und plausibel. Sie müssen dazu nur die Drehungen als Orthonormalbasen im $\mathbb{R}^3$ visualisieren. Diese bilden **Rahmen** (engl. *frames*) im $\mathbb{R}^3$, welche durch stetige Bewegungen $\varphi : I \to \text{SO}(3)$ ineinander übergeführt werden können (Sie werden in Kürze besser verstehen, warum die Rahmen in der Abbildung nicht am Intervall I fixiert sind, sondern an einer gekrümmten Raumkurve, siehe Seite 130).

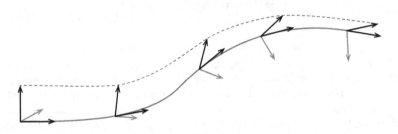

Bei genauerer Untersuchung stellt sich die SO(3) sogar als dreidimensionale Mannigfaltigkeit heraus, denn jeder Rahmen kann lokal mit drei Freiheitsgraden bewegt werden, die zum Beispiel durch die drei Drehwinkel um die Koordinatenachsen gegeben sind (Seite 79). Man bekommt damit lokal um jede Drehung einen Homomorphismus auf den offenen 3-Ball $\mathring{D}^3$. Es ist dann eine interessante Aufgabe, die Fundamentalgruppe der SO(3) zu berechnen.

In der Einleitung gab es einen bemerkenswerten Zusammenhang der SO(3) zu den Quaternionen $\mathbb{H} \cong \mathbb{R}^4$ (Seite 79). Vielleicht erinnern Sie sich an die surjektive Abbildung der Einheitsquaternionen $\{q \in \mathbb{H} : \|q\| = 1\}$ auf die SO(3). Man nehme dafür ein solches q und betrachte zunächst die Abbildung

$$\rho_q : \mathbb{H} \longrightarrow \mathbb{H}, \quad x \mapsto q x \bar{q}.$$

Nun werde ρ_q auf den imaginären Teil von $\mathbb{H}$, also auf $\text{Im}(\mathbb{H}) \cong \mathbb{R}^3$ eingeschränkt. Auf diese Weise definierte es eine Drehung in $\mathbb{R}^3$, für $q = (\cos\theta/2, \mathbf{n}\sin\theta/2)$ erfolgt sie um die Drehachse $\mathbf{n} \in S^2$, mit einem Winkel $0 \leq \theta < 4\pi$. Insgesamt halten wir also bei der Abbildung

$$p : \{q \in \mathbb{H} : \|q\| = 1\} \longrightarrow \text{SO}(3), \quad q \mapsto \rho_q\big|_{\text{Im}(\mathbb{H})},$$

bei der offenbar je zwei antipodale Quaternionen q und $-q$ auf die gleiche Drehung abgebildet werden. Schnell erkennen Sie damit p als zweiblättrige Überlagerung der SO(3) – und via der Identifikation der Einheitsquaternionen mit der $S^3 \subset \mathbb{R}^4$ gelangen wir zu der schönen Erkenntnis, dass die Abbildung

$$p : S^3 \longrightarrow \text{SO}(3)$$

die universelle Überlagerung der SO(3) ist. Nun können wir von der Theorie dieses Kapitels profitieren, denn aus dem Satz über die Decktransformationsgruppe (Seite 102) ergibt sich daraus sofort die folgende

Beobachtung: Es ist $\pi_1\big(SO(3),1\big) \cong \mathbb{Z}_2$.

Insbesondere ist die SO(3) nicht einfach zusammenhängend. Weit interessanter als diese (banale) Feststellung ist natürlich die Frage nach dem nicht-trivialen Element in $\pi_1\big(SO(3)\big)$. Wählen wir dazu als Basispunkt der SO(3) die Identität $1 = \mathrm{id}_{\mathbb{R}^3}$. Wir benötigen eine Schleife an $1 \in SO(3)$, welche nicht nullhomotop ist.

Wieder helfen uns die erstaunlichen algebraischen Eigenschaften der Quaternionen, wobei $1, i, j, k$ die bekannte $\mathbb{R}$-Basis von $\mathbb{H}$ sei. Wir betrachten dazu einen halbkreisförmigen Weg in der $(1, i)$-Ebene von $\mathbb{H}$,

$$f : [0,1] \longrightarrow \mathbb{H}, \quad t \mapsto \cos \pi t + i \sin \pi t.$$

Dieser Weg verbindet den Punkt $(1,0,0,0)$ mit $(-1,0,0,0)$ innerhalb der S^3. Der Weg $\gamma = p \circ f$ ist dann ein geschlossener Weg in SO(3). Er kann nach dem Satz über die charakteristische Untergruppe (Seite 96) nicht nullhomotop sein, denn f ist nicht geschlossen. Er bildet also das nicht-triviale Element in $\pi_1\big(SO(3),1\big)$.

Wie meist in der Mathematik werfen neue Erkenntnisse sofort weitere Fragen auf. In der Tat wäre es interessant, diese Fundamentalgruppe noch genauer zu verstehen. Warum zum Beispiel ist 2γ als Weg in SO(3) nullhomotop?

Hierfür gibt es eine anschauliche Erklärung. Sehen wir uns zunächst an, welche Drehung das Element $f(t) = \cos \pi t + i \sin \pi t$ definiert. Eine einfache Rechnung innerhalb der Quaternionen ergibt sofort

$$f(t) \cdot (a + ib) \cdot \overline{f(t)} = a + ib.$$

Auf der komplexen $(1, i)$-Ebene $\mathbb{C} \subset \mathbb{H}$ wirken alle $f(t)$ also wie die Identität. Was aber macht $f(t)$ mit der (j, k)-Ebene? Hier errechnet man

$$f(t) \cdot (jc + kd) \cdot \overline{f(t)} = j\big(\cos(2t)c - \sin(2t)d\big) + k\big(\sin(2t)c + \cos(2t)d\big).$$

Das Element $f(t)$ bewirkt in der (j, k)-Ebene eine Drehung um den Winkel $2t$. Also kann das Element $\gamma \in \pi_1\big(SO(3),1\big)$, wieder eingeschränkt auf den Imaginärteil $\{i, j, k\}$ der Quaternionen, interpretiert werden als der Weg, der die Rotationen in $\mathbb{R}^3$ um die x-Achse (entspricht der i-Achse) durchläuft, und zwar beginnend bei einem Winkel von 0 bis hin zu einer Volldrehung um 2π. Der Weg 2γ entspricht dann dem Weg von 0 bis zur Doppeldrehung um 4π. Es wirkt zunächst schon sehr verwunderlich, dass dieser doppelt verschlungene Weg nullhomotop sein soll, wenn es die einfache Variante nicht ist, oder?

Machen Sie dazu ein Experiment. Nehmen Sie einen Gürtel und legen ihn der Länge nach auf einen Tisch. Ein Ende befestigen Sie auf dem Tisch. Das andere Ende wird um 2π um die Gürtelachse gedreht. Der Gürtel kann in dieser Lage als geschlossene Kurve in SO(3) interpretiert werden, mit Start und Ziel bei der

Identität. Man wandert dazu entlang der Gürtelachse vom festen ($t = 0$) zum losen Ende ($t = 1$) und befestigt an jedem Punkt der Achse einen orthonormalen Rahmen $\mathcal{F}(t)$ (vergleichen Sie das mit der Abbildung auf Seite 128). Einer der Rahmenvektoren verläuft dabei stets tangential zu der Kurve, der zweite liegt orthogonal dazu innerhalb des Gürtels und der dritte Vektor steht senkrecht auf dem Gürtel (Flächennormale).

Jeder Rahmen $\mathcal{F}(t)$ auf der Gürtelachse steht für die Drehung des Startrahmens $\mathcal{F}(0)$ auf $\mathcal{F}(t)$. Die Rahmen $\mathcal{F}(t)$ links im Bild (bei Nummer 1) beschreiben also Drehungen mit dem Winkel $2t\pi$ um den konstanten, senkrecht nach oben zeigenden Tangentialvektor $\mathbf{v}$ und damit die obige Kurve $\gamma : I \to \mathrm{SO}(3)$ mit $\gamma(0) = \gamma(1) = 1$.

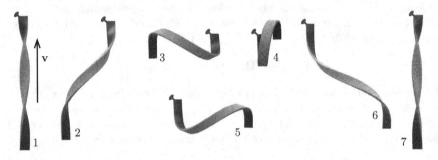

Wenn Sie jetzt das lose Ende des Gürtels frei bewegen, ohne den dort angehefteten Rahmen $\mathcal{F}(1)$ zu verändern, ergibt das eine Homotopie $H : I \times I \to \mathrm{SO}(3)$ der Kurve γ relativ zu ∂I.

Versuchen Sie nun einmal, den Gürtel in der Ausgangslage nach obigen Regeln zu entwinden, sodass der konstante Weg $I \to \{1\}$ entsteht (ausgestreckter Gürtel ohne Verdrillung). Es wird Ihnen nicht gelingen. Genau das besagte die Theorie der Überlagerungen, die Kurve γ ist ein Generator von $\pi_1(\mathrm{SO}(3),1) \cong \mathbb{Z}_2$.

Jetzt machen Sie eine weitere Volldrehung, verdrillen den Gürtel also um insgesamt 4π. Mit Erstaunen werden Sie feststellen, dass diese Doppeldrehung sich in der Tat auflösen lässt. Der tiefere Grund hierfür liegt darin, dass dieser Vorgang eine Homotopie der Doppeldrehung zur Identität beschrieben hat, ganz im Sinne unseres Ergebnisses $2\gamma = 0$ innerhalb von $\pi_1(\mathrm{SO}(3),1) \cong \mathbb{Z}_2$.

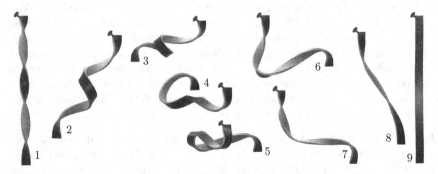

Nun, da wir die universelle Überlagerung $p : S^3 \to$ SO(3) und die Fundamentalgruppe $\pi_1\big(\mathrm{SO}(3),1\big)$ genauer verstehen, wenden wir uns dem prominenten Beispiel zu, das ich eingangs erwähnt habe und das uns in den späteren Kapiteln noch wiederholt begegnen wird. Wir können bei dieser Gelegenheit auch einen kleinen Blick in die Theorie der **homogenen Räume** machen.

Beginnen wir also mit dieser Theorie. Was ist ein homogener Raum, und wie hängt er mit Überlagerungen zusammen? Hier ein knapper Überblick zu diesen Begriffen.

> **Definition (Homogene Räume und Überlagerungen)**
> Wir betrachten einen Normalteiler H einer **topologischen Gruppe** G, also eines topologischen Raumes mit einer Gruppenstruktur, bei der die Multiplikation $(a,b) \mapsto ab$, und die Inversenbildung $a \mapsto a^{-1}$ stetig sind.
>
> Dann nennt man den Quotientenraum G/H einen **homogenen Raum** (es werden dabei Punkte $a, b \in G$ identifiziert genau dann, wenn $ab^{-1} \in H$ liegt).

Steuern wir gleich direkt auf unser Beispiel zu und wählen $G = $ SO(3). Um die Untergruppe H zu definieren, erinnern wir uns an einen der fünf platonischen Körper, das **Dodekaeder** (Seite 61). Die Untergruppe $H \subset$ SO(3) bestehe dann aus allen Drehungen im Raum, welche das Dodekaeder auf sich selbst abbilden. Das ist offenbar eine endliche Gruppe, und sofort taucht die Frage nach der Zahl ihrer Elemente auf.

Wir fixieren dazu eine Seite des Dodekaeders und nennen sie S. Jede Drehung in der Gruppe H bildet S kongruent auf eine der Seiten des Dodekaeders ab, wodurch wir eine Menge von Basisdrehungen $f_i \in H$ erhalten, $1 \le i \le 12$. Die Basisdrehungen sind aber nicht eindeutig, denn jedes f_i gibt es in fünf Ausprägungen, die aus f_i durch eine nachgeschaltete Rotation mit einem Winkel von $2k\pi/5$ um den Schwerpunkt von $S' = f_i(S)$ entstehen, $0 \le k \le 4$.

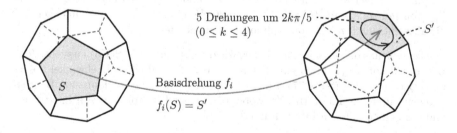

5 Drehungen um $2k\pi/5$
$(0 \le k \le 4)$

S'

Basisdrehung f_i
$f_i(S) = S'$

Sie überzeugen sich leicht, dass jede Drehung in H zu genau einem Paar (i, k) gehört. Das macht insgesamt $12 \cdot 5 = 60$ Drehungen, die das Dodekaeder invariant lassen. Die Gruppe H wird deshalb auch als **Dodekaedergruppe** I_{60} bezeichnet (das **I** rührt vom dualen Polyeder her, dem **Ikosaeder**, welches die gleiche Symmetriegruppe hat, der Index 60 steht für die Anzahl der Elemente).

Nun gehen wir über zum Quotienten der Drehgruppe nach der Dodekaedergruppe und bilden den homogenen Raum

$$H_{\mathcal{P}}^3 \;=\; SO(3)\,/\,I_{60}\,.$$

Es ist vollbracht. Wir stehen vor dem berühmten Beispiel der **Poincaréschen Homologiesphäre**. Ihren besonderen Namen können Sie mit dem bisher beschriebenen Wissen noch nicht verstehen, er wird sich erst mit der Kohomologie endgültig klären lassen. Dieser Raum hat in der Topologie des 20. Jahrhunderts eine bemerkenswerte Rolle gespielt und wird sich wie ein roter Faden durch dieses Buch und den geplanten Folgeband ziehen. Versuchen wir, erste Bekanntschaft mit ihm zu machen.

Beobachtung: Die Quotientenabbildung $p : SO(3) \to H_{\mathcal{P}}^3$ ist eine 60-blättrige Überlagerung.

Das ist nicht schwer zu sehen. Zwei Punkte $a, b \in SO(3)$ werden identifiziert, wenn $b = ah$ ist mit einem $h \in I_{60}$. Offensichtlich sind die Drehungen ah_1 und ah_2 verschieden, falls $h_1 \neq h_2$ ist. Damit hat jeder Punkt $[a]$ in $H_{\mathcal{P}}^3$ bei der Quotientenabbildung p genau 60 Urbilder.

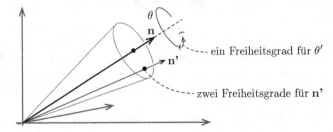

Um die Überlagerungseigenschaft nachzuweisen, brauchen wir noch die Umgebung $U_{[a]}$ von $[a]$, sodass $p^{-1}(U_{[a]})$ eine disjunkte Vereinigung von 60 Teilmengen ist, die allesamt durch p homöomorph auf $U_{[a]}$ abgebildet werden.

Machen wir uns dazu noch einmal klar, wie die Topologie auf $SO(3)$ aussieht. Jede Drehung a konnte ja durch eine Drehachse $\mathbf{n} \in S^2$ und einen Drehwinkel $\theta \in \mathbb{R}$ beschrieben werden (Seite 77). Eine Umgebungsbasis von a ist dann zum Beispiel gegeben durch alle Paare $(\mathbf{n'}, \theta')$, wobei $\mathbf{n'}$ in einer Umgebung von $\mathbf{n}$ in S^2 liegt, und θ' in einem offenen Intervall um θ.

Da die Elemente aus I_{60} sich erheblich unterscheiden, also ein grobes Raster innerhalb der $SO(3)$ definieren, finden wir für alle $a \in SO(3)$ eine Umgebung U_a, sodass für alle $h \in I_{60} \setminus \{1\}$ stets $U_a \cap (hU_a) = \varnothing$ ist. Man sagt dazu auch, die Gruppe I_{60} operiert **eigentlich diskontinuierlich** auf der $SO(3)$ – doch das nur am Rande.

Eine kurze Überlegung zeigt dann, dass mit $U_{[a]} = p(U_a)$ die Einschränkung $p : U_a \to U_{[a]}$ ein Homöomorphismus ist und die Mengen hU_a mit $h \in I_{60} \setminus \{1\}$ die restlichen Blätter über der elementaren Menge $U_{[a]}$ darstellen. $\qquad \square$

Jetzt kommt der Stein ins Rollen. Da die Hintereinanderausführung zweier Überlagerungen mit m und n Blättern offenbar wieder eine Überlagerung ist (mit mn Blättern), bildet die Komposition der Überlagerungen $S^3 \to SO(3)$ (zweiblättrig) und $SO(3) \to H^3_{\mathcal{P}}$ (60-blättrig) die 120-blättrige, universelle Überlagerung

$$p : S^3 \longrightarrow H^3_{\mathcal{P}}$$

der POINCARÉschen Homologiesphäre. Damit ist $\pi_1(H^3_{\mathcal{P}})$ eine Gruppe der Ordnung 120 und es sei bemerkt, dass dies sogar eine **perfekte** Gruppe ist, also maximal nicht-kommutativ, es ist $[\pi_1(H^3_{\mathcal{P}}), \pi_1(H^3_{\mathcal{P}})] = \pi_1(H^3_{\mathcal{P}})$. Warum?

Das ist eine Anwendung der Decktransformationsgruppen (Seite 102). Die Überlagerung $S^3 \to SO(3)$ ist zweiblättrig mit Urbildern $\pm a$ für ein $a \in SO(3)$. Die Urbilder eines Punktes $[a] \in H^3_{\mathcal{P}}$ bei der Überlagerung $SO(3) \to H^3_{\mathcal{P}}$ bilden zusammen die Menge aI_{60}. Also ist die Decktransformationsgruppe der Überlagerung $S^3 \to H^3_{\mathcal{P}}$ isomorph zu der Gruppe $\pm I_{60}$.

Das sind insgesamt 120 Einheitsquaternionen – eine Untergruppe von $\mathbb{H}$, die im Englischen auch als *icosians* bezeichnet werden. Die Quaternionen sind auf ihrem Imaginärteil aber anti-kommutativ (Seite 76), womit für zwei Elemente $a, b \in \pm I_{60}$ stets $ab = -ba$ gilt. Wegen der Isomorphie der Decktransformationsgruppe zur Fundamentalgruppe folgt, dass $\pi_1(H^3_{\mathcal{P}})$ eine perfekte Gruppe ist. $\qquad\square$

Es bleibt die (für die Topologie so wichtige) Feststellung, dass $H^3_{\mathcal{P}}$ nicht einfach zusammenhängend ist. Eine Tatsache, die später wichtig wird, wenn wir die Homologie dieses interessanten Beispiels untersuchen (Seite 450 ff). Lassen Sie uns aber in diesem Kapitel noch einen Blick auf weitere Meilensteine der Homotopietheorie werfen, die im Verlauf des Buches noch eine wichtige Rolle spielen werden.

4.8 Höhere Homotopiegruppen

In praktisch allen Teilbereichen der reinen Mathematik besteht das Ziel, vorhandene Konstruktionen zu verallgemeinern oder in höhere Dimensionen zu übertragen. Die Fundamentalgruppen besitzen eine solche Verallgemeinerung. Sie wurde in den 1930er-Jahren durch E. CECH und W. HUREWICZ bekannt und ist ein bis heute lebendiges Forschungsgebiet geblieben, [17][51][52][54][55]. Worum geht es dabei?

Beginnen wir dazu noch einmal von vorne, bei der Fundamentalgruppe. Sie kann auch als Menge der Homotopieklassen von (punktierten) Abbildungen $f : I \to X$ interpretiert werden, wobei ∂I auf einen Basispunkt x abgebildet wird und die Homotopien relativ ∂I sind. Wir schreiben dafür $f : (I, \partial I) \to (X, x)$.

Nun liegt es nahe, diese Situation auf höhere Dimensionen zu verallgemeinern, indem Abbildungen eines n-dimensionalen Einheitswürfels I^n nach X untersucht werden, mit Homotopien relativ zum Rand ∂I^n.

Definition und Satz (höhere Homotopiegruppen)
Wir betrachten einen topologischen Raum X. Die n-te **Homotopiegruppe**
von X zu einem Basispunkt $x \in X$, in Zeichen $\pi_n(X, x)$, ist definiert als die
Menge aller Homotopieklassen von stetigen Abbildungen

$$f : (I^n, \partial I^n) \longrightarrow (X, x),$$

wobei die Homotopien alle relativ zu ∂I^n sein müssen.

Die Menge $\pi_n(X, x)$ erhält die Struktur einer (für $n \geq 2$ abelschen) Gruppe,
indem zwei Klassen $[f]$ und $[g]$ wie folgt multipliziert werden:

$$\big([f] \cdot [g]\big)(t_1, \ldots, t_n) = \begin{cases} f(2t_1, t_2, \ldots, t_n) & \text{für } t_1 \leq 1/2 \\ g(2t_1 - 1, t_2, \ldots, t_n) & \text{für } t_1 \geq 1/2 \,. \end{cases}$$

Die Definition ist unabhängig von der Wahl der Repräsentanten f und g und
der verknüpfenden Koordinate (hier t_1).

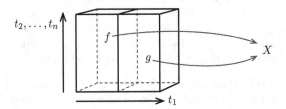

Das Bild zeigt für $n = 3$, wie Sie sich die Gruppenoperation anschaulich vorstellen
können. Die zwei Einheitswürfel werden in der t_1-Richtung um den Faktor $1/2$
gestaucht und dann nebeneinander gestellt. Es entsteht wieder ein Einheitswürfel.
In der linken Hälfte lebt die Abbildung f, in der rechten Hälfte die Abbildung g.

Natürlich wäre jetzt viel zu beweisen. Warum ist alles wohldefiniert, also unabhängig von den Repräsentanten der Klassen $[f]$ oder $[g]$, warum entsteht eine
Gruppenstruktur? Dies alles ist nicht schwer, aber etwas technisch und es entsteht
wenig zusätzliche Klarheit. Einzig die Tatsache, dass $\pi_n(X, x)$ für $n \geq 2$ immer
abelsch ist, verdient etwas Aufmerksamkeit. Wie kommt das?

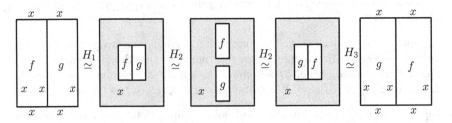

Die nebeneinander stehenden Quader definieren $f \cdot g \in \pi_n(X, x)$ (wir lassen die
Klassenklammern wieder weg). Auf den Rändern sind f und g identisch zu x,

wir können die Ränder also durch eine Homotopie $H_1 : I^n \times I \to X$ verdicken und trotzdem die beiden Repräsentanten in den kleineren Quadern weiterleben lassen. Durch die nächste Homotopie H_2 tauschen die Quader dann ihre Plätze (vergleichen Sie mit den Henkeln, die wir bei der WIRTINGER-Darstellung auf ähnliche Weise bewegt haben, Seite 124). Abschließend werden die Ränder durch eine Homotopie H_3 wieder eingeschmolzen. Die Komposition der drei Homotopien zeigt uns $f \cdot g \sim g \cdot f$. $\square$

Beachten Sie, dass wir für dieses Manöver im Fall der Fundamentalgruppen ($n = 1$) keinen Platz haben. Das ist in der Tat ein in der Topologie weit verbreitetes Phänomen – in höheren Dimensionen können manche Schwierigkeiten durch geschickte Homotopien beiseite geschoben werden. Probleme entstehen dann häufig nur in niedrigeren Dimensionen (vergleichen Sie dazu auch die späteren Ausführungen zur POINCARÉ-Vermutung in dem geplanten Folgeband).

Vielleicht noch etwas, bevor wir einige dieser Gruppen berechnen wollen. Da der Rand ∂I^n des Einheitswürfels auf einen Punkt $x \in X$ abgebildet wird, ergibt eine solche Abbildung automatisch auch eine Abbildung

$$f : I^n/\partial I^n \longrightarrow X,$$

und wegen $I^n/\partial I^n \cong S^n$ kann $\pi_n(X, x)$ auch als die Gruppe der Homotopieklassen von punktierten Abbildungen

$$f : (S^n, 1) \longrightarrow (X, x)$$

interpretiert werden, wobei hier die 1 den Punkt $(1, 0, \ldots, 0) \in S^n$ bezeichnet (man könnte auch jeden anderen Punkt als Basispunkt nehmen, doch an die 1 hat man sich inzwischen gewöhnt). Die Gruppe $\pi_n(X, x)$ ist ein Maß dafür, auf wie viele essentiell verschiedene Arten man die S^n in den Raum X abbilden kann.

Der folgende Satz zeigt in völliger Übereinstimmung zur Fundamentalgruppe, dass auch für die höheren Homotopiegruppen die Homotopieäquivalenz (Seite 85) das passende Konzept ist, um die Trennschärfe der Homotopiegruppen bei der Unterscheidung von topologischen Räumen zu erfassen.

Satz (Homotopiegruppen bei Homotopieäquivalenz)
Eine Homotopieäquivalenz $h : X \to Y$ wegzusammenhängender Räume induziert über die Zuordnung $f \mapsto h \circ f$ Isomorphismen $h_* : \pi_n(X, x) \to \pi_n\big(Y, h(x)\big)$ für alle $n \geq 0$.

Insofern sind die Homotopiegruppen echte topologische Invarianten. Wir werden später sehen, dass für eine große Klasse von topologischen Räumen auch eine Umkehrung dieses Satzes gilt (Satz von WHITEHEAD, Seite 345).

Der **Beweis** dieser einen Richtung (für allgemeine Räume) aber ist einfach. Sie müssen sich überlegen, dass für ein $h : X \to Y$ und ein $f : (I^n, \partial I^n) \to (X, x)$ durch die vorgegebene Zuordnung

$$f \mapsto h \circ f$$

ein wohldefinierter Homomorphismus $h_* : \pi_n(X, x) \to \pi_n\big(Y, h(x)\big)$ induziert wird, und dass homotope Abbildungen dabei dieselben Homomorphismen erzeugen. Die Überlegungen gehen völlig geradeaus und benutzen direkt die Definitionen, weswegen ich Ihnen die Details der Kürze wegen als **Übung** überlasse. $\square$

Homotopiegruppen sind zwar einfach zu definieren, doch konkrete Berechnungen oft schwierig. Viele Fragen sind bis heute offen. Im nächsten Kapitel werden wir mit den **Homologiegruppen** Invarianten kennenlernen, die sich als zugänglicher erweisen (Seite 229 ff).

Die Homotopiegruppen der Sphären

Doch belassen wir es zunächst mit der Theorie, Sie wollen bestimmt Beispiele sehen. In diesem Abschnitt widmen wir uns den Gruppen $\pi_k(S^n)$, also den Abbildungen zwischen Sphären. Dabei erleben wir einen spannenden Zusammenhang zur Analysis, denn die Sphären sind ja auch differenzierbare Mannigfaltigkeiten. Anders ausgedrückt, werfen wir damit sogar einen (ganz kleinen) Blick in die *Differentialtopologie*, die im 20. Jahrhundert eine große Rolle gespielt hat. Das erste Resultat ist auf diesem Weg relativ schnell erreicht.

Beobachtung: Für $0 \leq k < n$ gilt stets $\pi_k(S^n) = 0$.

Anders ausgedrückt: Jede stetige Abbildung $S^k \to S^n$ ist für $k < n$ nullhomotop. Der Beweis ist denkbar einfach, wenn man sich auf die starken Resultate bei differenzierbaren Mannigfaltigkeiten stützen kann. Wir nehmen zunächst an, f sei (unendlich oft) differenzierbar. Dann hat die Funktionalmatrix $Df(x)$ in jedem Punkt $x \in S^k$ einen Rang $l \leq k$, und nach dem Satz über implizite Funktionen (siehe zum Beispiel [32]) ist das Bild $\operatorname{Im} f$ dann bezüglich lokaler Karten der Graph einer differenzierbaren Funktion $\tilde{f} : U \to \mathbb{R}^{n-l}$ für eine offene Menge $U \subset \mathbb{R}^l$, also insgesamt eine Nullmenge in $U \times \mathbb{R}^{n-l} \subset S^n$ (hier ist die Teilmenge bezüglich einer lokalen Karte von S^n zu verstehen).

Die Abbildung f ist also niemals surjektiv. Da $S^n \setminus \{x\}$ für $x \notin \operatorname{Im} f$ zusammenziehbar ist, kann jede differenzierbare Abbildung $S^k \to S^n$ für $k < n$ auf eine konstante Abbildung deformiert werden und wir sind fertig.

So weit, so gut. Leider haben wir es nicht immer mit differenzierbaren Abbildungen zu tun, sondern mit stetigen Abbildungen. Und dass es dabei auch exotische Beispiele gibt wie die auf der Folgeseite gezeigte flächenfüllende PEANO-Kurve (hier in einer Variante von D. HILBERT, [43]), ist Ihnen vielleicht schon bekannt.

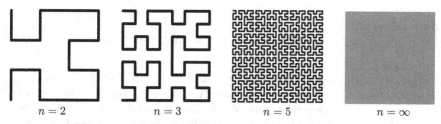

$$n = 2 \qquad n = 3 \qquad n = 5 \qquad n = \infty$$

Entwicklung der HILBERT-Kurve

Diese Kurve hat als Grenzwert einer Funktionenfolge quasi unendlich viele Zacken, ist also nirgendwo differenzierbar, hat eine unendliche Länge und überdeckt das gesamte Quadrat. Sie können sich vorstellen, was da in höheren Dimensionen noch alles passieren kann (in dem geplanten Folgeband zur Topologie behandeln wir damit verwandte Phänomene, die sogenannten wilden Einbettungen von Mannigfaltigkeiten). Was können wir in solchen Fällen tun?

Hier hilft ein einfaches, aber sehr wirksames Mittel. Wir müssen die Abbildungen ja nur bis auf Homotopie untersuchen, und es ist naheliegend, dass jede stetige Abbildung $S^k \to S^n$ homotop zu einer differenzierbaren Abbildung ist. Dazu nützt man die gleichmäßige Stetigkeit von f und die euklidische Metrik auf den Sphären, um für ein $0 < \epsilon < 1$ eine Zahl $\delta > 0$ und eine Überdeckung $\mathcal{U} = (U_i)_{1 \le i \le r}$ aus lauter δ-Bällen in S^k zu finden, sodass $|f(x) - f(y)| < \epsilon$ ist für alle $x, y \in U_i$. Nun wählt man eine differenzierbare Teilung der Eins $(\varphi_i)_{1 \le i \le r}$ bezüglich $\mathcal{U}$ (Seite 35, auch [31]) sowie je einen Punkt $x_i \in U_i$. Die differenzierbare Funktion

$$g : S^k \longrightarrow \mathbb{R}^{n+1}, \qquad x \mapsto \sum_{i=1}^{r} \varphi(x) f(x_i)$$

bildet die S^k dann in die Tubenumgebung $T = S^n \times {]-\epsilon, \epsilon[} \subset \mathbb{R}^{n+1}$ ab. Wir dürfen (eventuell nach lokalen Modifikationen) annehmen, dass der Rang von $Dg(x)$ für alle $x \in S^k$ maximal ist. Aus den Eigenschaften einer Teilung der Eins lässt sich dann ableiten, dass für alle $x \in S^k$ die Verbindungslinie zwischen $f(x)$ und $g(x)$ ganz in T liegt. Die Homotopie

$$H(x, t) = (1 - t)f(x) + tg(x)$$

zeigt dann, dass f homotop zu der differenzierbaren Abbildung $g : S^k \to T$ ist. Und wird T entlang der Flächennormalen auf S^n projiziert, so ist Ihnen sicher plausibel, dass f (eventuell wieder nach kleinen lokalen Veränderungen) sogar homotop zu einer differenzierbaren Abbildung $S^k \to S^n$ ist. Damit können wir uns auf den angenehmen Fall der differenzierbaren Abbildungen zurückziehen, und die obige Argumentation liefert die gewünschte Aussage. $\qquad \square$

Wir werden später übrigens mit der simplizialen Approximation einen direkteren Zugang (ohne Analysis) zu diesem Satz finden (Seite 166).

Weitaus schwieriger gestaltet sich nun aber die Frage nach den Gruppen $\pi_{n+k}(S^n)$, bereits für $k = 0$ ist das Resultat bemerkenswert, bewiesen von H. HOPF, einem Pionier der algebraischen Topologie.

Satz (Hopf)

Für $n \geq 1$ ist $\pi_n(S^n, 1) \cong \mathbb{Z}$, mit der Identität von S^n als Generator.

Es überrascht nicht, dass diese Gruppe $\neq 0$ ist, denn id_{S^n} kann nicht nullhomotop sein (Sphären sind nicht zusammenziehbar). Eine starke Aussage ist es dennoch, dass es neben diesem Generator (und Vielfachen davon) keine weiteren Elemente gibt. Wir beweisen den Satz hier nur skizzenhaft, später haben wir stärkere Mittel zur Verfügung, um ihn exakt zu führen (Seite 394).

Der **Beweis** macht Gebrauch davon, dass wir die Abbildungen $f : S^n \to S^n$ differenzierbar annehmen dürfen. Nun verallgemeinern wir den **Grad** von f, den wir schon für den Fall $n = 1$ besprochen haben (Seite 90). Der Grad $\deg(f)$ war ja (salopp formuliert) für Abbildungen $f : S^1 \to S^1$ die Anzahl der Windungen der Kurve um den Nullpunkt, die man im Fall einer differenzierbaren Kurve leicht berechnen kann: Man wähle dazu einen regulären Wert $p \in S^1$, also einen, auf dem die Kurve nicht stehen bleibt oder gerade die Richtung wechselt, und betrachte $f^{-1}(p)$. Dies ist als abgeschlossene Teilmenge eines kompakten Raums selbst kompakt, und wegen der Regularität von p sind das nur endlich viele Punkte $f^{-1}(p) = \{a_1, \ldots, a_k\}$. Die Windungszahl ergibt sich nun aus der Summe der Richtungen, in denen die Kurve f an den Punkten a_i den Punkt p durchläuft.

Diese Richtung im Punkt a_i kann genau erfasst werden mit dem Vorzeichen der Ableitung $f'(a_i)$, wobei f hier bezüglich lokaler Karten als Abbildung $U \to V$ gesehen wird mit offenen Mengen $U, V \subset \mathbb{R}$. Der Grad von f wird damit zu

$$\deg(f) \;=\; \sum_{i=1}^{k} \frac{f'(a_i)}{|f'(a_i)|} \, .$$

Die Querverbindung zur Analysis gelingt auch im allgemeinen Fall von Abbildungen $f : S^n \to S^n$. Es sei dazu wieder ein regulärer Wert $p \in S^n$ gewählt und $f^{-1}(p) = \{a_1, \ldots, a_k\}$. Die Analogie zu den eindimensionalen Ableitungen ist die Determinante der Funktionalmatrix Df von f in den kritischen Punkten, [32]. Auch hier beschränkt man sich auf das Vorzeichen der Determinante und gelangt zum **Grad** von f:

$$\deg(f) \;=\; \sum_{i=1}^{k} \frac{\det\big(\mathrm{D}f(a_i)\big)}{\big|\det\big(\mathrm{D}f(a_i)\big)\big|} \, .$$

Leider reicht der Platz für eine exakte Durchführung dieser Konstruktion hier nicht aus. Dennoch sei angemerkt, dass die Wohldefiniertheit von $\deg(f)$ zumindest plausibel werden kann. Bei einem anderen regulären Wert $p' \in S^n$, nahe genug bei p, betrachten Sie einen Weg α von p nach p', der nur aus regulären Werten besteht. Das ist möglich nach dem Satz von SARD, [44][100]. Wegen der Stetigkeit von f wandert jeder Punkt $a_i \in f^{-1}(p)$ beim Übergang zu $a_i' \in f^{-1}(p')$ stetig, sodass die Determinante das Vorzeichen nicht wechselt. Damit ändert sich die Summe $\deg(f) \in \mathbb{Z}$ auf dem Weg nicht und ist zumindest lokal konstant.

Mit einer ähnlichen Überlegung erkennen Sie, dass zwei homotope Abbildungen $f, g : S^n \to S^n$ den gleichen Grad besitzen. Das führt zu einer Injektion

$$\deg : \pi_n(S^n, 1) \longrightarrow \mathbb{Z},$$

bei der die Identität von S^n auf 1 abgebildet wird.

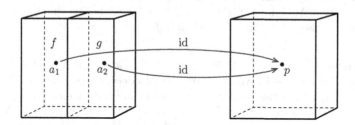

Um zu zeigen, dass dies ein Isomorphismus ist, gehen wir zurück zur Definition der Homotopiegruppe $\pi_n(S^n, 1)$ mit Abbildungen der Form $f : (I^n, \partial I^n) \to (S^n, 1)$. Wenn wir wie in der Abbildung das Produkt $\mathrm{id}_{S^n} \cdot \mathrm{id}_{S^n}$ bilden, erkennen Sie, dass der Punkt p zwei Urbilder a_1 und a_2 hat, mit gleichem Vorzeichen in der obigen Gradformel. So wird plausibel, dass $\deg\big((\mathrm{id}_{S^n})^r\big) = r$ ist.

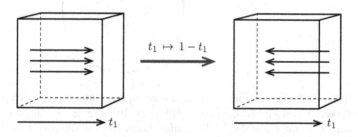

Und kehrt man schließlich bei id_{S^n} die vertikale Laufrichtung des Einheitswürfels um wie im Bild angedeutet, so dreht sich offenbar das Vorzeichen der Funktionalmatrix und man erhält schließlich auch den Grad -1. Ich hoffe, dass Ihnen so der Isomorphismus $\pi_n(S^n, 1) \cong \mathbb{Z}$ zumindest plausibel geworden ist. ($\Box$)

Der Satz ermöglicht einen kurzen und eleganten Beweis der überraschenden Aussage, dass man einen Kaffee so lange (blasenfrei) umrühren kann wie man will, es wird immer mindestens ein Kaffeemolekül nach dem Rühren an genau der gleichen Stelle in der Tasse sitzen wie vor dem Rühren (das erinnert ein wenig an den Satz vom Fußball, Seite 77). Wie ist das möglich?

Natürlich geht man bei solchen Beispielen von einigen idealisierenden Annahmen aus (die Physik betreffend). So gäbe es zum Beispiel keine BROWNsche Molekularbewegung, die Moleküle im Kaffee stehen also vor dem Rühren still und haben sich auch nach dem Rühren wieder vollständig beruhigt. Außerdem seien die Moleküle nicht diskret, sondern sollen ein Kontinuum bilden. Die Tasse selbst sei schließlich so geformt, dass der Kaffee ein konvexes dreidimensionales Objekt im Raum darstellt, mithin homöomorph zu D^3 ist. Die Kaffeemoleküle, welche die Tasse oder die umgebende Luft berühren, formen dabei den Rand von D^3, also eine S^2.

Der folgende Satz von L. BROUWER leistet dann das Gewünschte (er hat natürlich auch seriösere Anwendungen). Der Originalbeweis in [11] verwendet übrigens
direkt die Abbildungsgrade von *simplizialen* Abbildungen (Seite 163), denn der
elegante Formalismus mit Homotopiegruppen war damals noch nicht bekannt.

Satz (Brouwer'scher Fixpunktsatz, 1910)
Jede stetige Abbildung $f : D^n \to D^n$, $n \in \mathbb{N}$, besitzt (mindestens) einen
Fixpunkt, also einen Punkt $x \in D^n$ mit $f(x) = x$.

Im **Beweis** nehmen wir an, f hätte keinen Fixpunkt. Der Fall $n = 0$ ist trivial, und
für $n = 1$ können Sie die Annahme mit dem Zwischenwertsatz stetiger Funktionen
$[0,1] \to [0,1]$ schnell zum Widerspruch führen (im Rahmen einer kleinen **Übung**).
Es sei also ohne Einschränkung $n \geq 2$ vorausgesetzt. Die Annahme erlaubt dann
die Konstruktion einer Retraktion $r : D^n \to S^{n-1}$, indem für jedes $x \in D^n$ die
Strecke von $f(x)$ nach x bis zum Rand S^{n-1} verlängert wird. Die verlängerte
Strecke schneide die S^{n-1} dabei im Punkt $r(x)$.

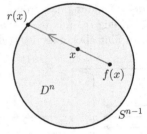

Sie erkennen sofort $r|_{S^{n-1}} = \mathrm{id}_{S^{n-1}}$ und die Stetigkeit von r ergibt sich aus der
Folgenstetigkeit im euklidischen Raum $\mathbb{R}^n$ bezüglich der gewöhnlichen Metrik
(was Sie zur **Übung** ebenfalls leicht prüfen können). Da für alle $x \in D^n$ die
Verbindungslinie zwischen x und $r(x)$ in D^n enthalten ist, können Sie daraus über
die Festlegung $h(x,t) = (1-t)x + t r(x)$ eine Homotopie von id_{D^n} nach r definieren,
die S^{n-1} als (starken) Deformationsretrakt von D^n ausweisen würde. Demnach
wäre D^n homotopieäquivalent zu S^{n-1}, also $\pi_{n-1}(D^n) \cong \pi_{n-1}(S^{n-1}) \cong \mathbb{Z}$. Das
ist ein Widerspruch, denn es war $n \geq 2$ und D^n ist zusammenziehbar. □

Wie schon angedeutet, werden wir mit der Homologietheorie in CW-Komplexen
einen vollständigen Beweis des Satzes von HOPF führen können (Seite 394). Lassen
Sie uns nun aber die Theorie fortsetzen und den vielleicht wichtigsten allgemeinen
Satz über Homotopiegruppen besprechen.

4.9 Die lange exakte Homotopiesequenz

In diesem Abschnitt benutzen wir erstmals *relative* Gruppen und *exakte*
Sequenzen, deren Grundgedanken aus der algebraischen Topologie nicht mehr
wegzudenken sind. Auch bei anderen Invarianten wie den Homologie- und Kohomologiegruppen werden sie gute Dienste leisten (Seite 262 ff), oder auch in der
K-Theorie, [5], die in dem geplanten Folgeband enthalten ist.

Es sei dazu I^n und ∂I^n wie bereits bekannt. Zusätzlich betrachten wir jetzt auch eine spezielle Teilmenge von ∂I^n, indem die obere Abdeckung dieses Randes entfernt wird:

$$J^{n-1} = \left(\partial I^{n-1} \times I\right) \cup \left(I^{n-1} \times \{0\}\right).$$

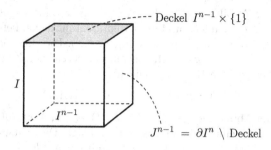

Deckel $I^{n-1} \times \{1\}$

$J^{n-1} = \partial I^n \setminus$ Deckel

Sie können sich J^{n-1} als quaderförmigen, oben offenen Becher vorstellen. Falls A Teilmenge eines Raumes X ist, und $x \in A$ ein Basispunkt, so betrachten wir nicht mehr Abbildungen $(I^n, \partial I^n) \to (X, x)$, sondern geeignete Homotopieklassen von Abbildungen der Form

$$f : (I^n, \partial I^n, J^{n-1}) \longrightarrow (X, A, x),$$

bei denen also $f(\partial I^n) \subseteq A$ ist und nur noch $f(J^{n-1}) = \{x\}$ gefordert wird. Die Homotopien $H : I^n \times I \to X$ müssen dabei alle **relativ zu dem Paar** $(\partial I^n, J^{n-1})$ sein in dem Sinne, dass alle Abbildungen $H(., t)$ die Eigenschaften von f teilen. Beachten Sie bitte einen feinen Unterschied. Dies ist eine schwächere Forderung als die klassische Homotopie relativ ∂I^n, bei der die komplette Unabhängigkeit der Abbildung $H(., t)|_{\partial I^n}$ vom Parameter t verlangt wird. Die Punkte $f(x)$ würden dort während der Verformung für alle $x \in \partial I^n$ fest auf ihrem Platz sitzenbleiben.

Definition und Satz (Relative Homotopiegruppen)
In der obigen Situation bezeichnet man für $n \geq 2$ die relativen Homotopieklassen der Abbildungen

$$f : (I^n, \partial I^n, J^{n-1}) \longrightarrow (X, A, x)$$

mit $f(\partial I^n) \subseteq A$ und $f(J^{n-1}) = \{x\}$ als n-te **relative Homotopiegruppe** des Tripels (X, A, x) und schreibt dafür $\pi_n(X, A, x)$. Für $n = 1$ ist $\pi_1(X, A, x)$ nur eine punktierte Menge ohne Gruppenstruktur, für $n \geq 3$ sind die Gruppen aber zusätzlich abelsch.

Die Gruppenstruktur entsteht dabei wie bei den absoluten Gruppen: Legt man die beiden Quader I^n wieder nebeneinander, so passen die Abbildungen an der Klebestelle genau zusammen und der neue Deckel wird vorschriftsmäßig in die Menge A abgebildet. Dass bei $\pi_1(X, A, x)$ dabei keine Verknüpfung möglich ist, liegt daran, dass hier die zweite Koordinate fehlt, die man bräuchte, um den Deckel nicht-konstant auf die Menge A abzubilden. Die Kommutativität der Gruppen für $n \geq 3$ sehen Sie dann ähnlich wie bei den (absoluten) Gruppen für $n \geq 2$, der Kürze wegen überlasse ich Ihnen das als **Übung**. $\qquad$ ($\square$)

Mit den relativen Homotopiegruppen ergibt sich nun ein mächtiges technisches Hilfsmittel, welches als **lange exakte Homotopiesequenz** eines Raumpaares bekannt ist (zu exakten Sequenzen vergleichen Sie bitte mit Seite 65). Zunächst beobachten wir, dass die Inklusion $i : A \hookrightarrow X$ einen natürlichen Homomorphismus $i_* : \pi_n(A, x) \to \pi_n(X, x)$ induziert. Danach sehen wir, dass jede Homotopieklasse einer Abbildung $f : (I^n, \partial I^n) \to (X, x)$ eine (relative) Homotopieklasse in $\pi_n(X, x, x)$ definiert, und jeder Repräsentant davon liefert auf natürliche Weise ein (wohldefiniertes) Element in $\pi_n(X, A, x)$. Die zugehörige Verknüpfung $\pi_n(X, x) \to \pi_n(X, x, x) \to \pi_n(X, A, x)$ sei mit j_* bezeichnet. Zu guter Letzt erhält man einen naheliegenden Homomorphismus

$$\partial_* : \pi_n(X, A, x) \longrightarrow \pi_{n-1}(A, x),$$

indem man eine Abbildung $f : (I^n, \partial I^n, J^{n-1}) \to (X, A, x)$ auf ∂I^n einschränkt und dabei J^{n-1} zu einem Punkt zusammenschlägt. Dies entspricht einer punktierten Abbildung $(S^{n-1}, 1) \to (A, x)$ und damit einem Element in $\pi_{n-1}(A, x)$.

Damit haben wir die Bindeglieder zusammen, um all diese Abbildungen in eine (nach links unendliche) Sequenz

$$\cdots \xrightarrow{j_*} \pi_{n+1}(X, A) \xrightarrow{\partial_*} \pi_n(A) \xrightarrow{i_*} \pi_n(X) \xrightarrow{j_*} \pi_n(X, A) \xrightarrow{\partial_*} \pi_{n-1}(A) \xrightarrow{i_*} \cdots,$$

zu bringen, welche als Sequenz von Homomorphismen eigentlich bei $\pi_1(X, x)$ endet, aber formal auch bis $\pi_0(X, x)$ verlängert werden kann. (Sie müssen nur berücksichtigen, dass $\pi_1(X, A, x)$ in der Regel keine Gruppenstruktur trägt.)

Satz (Lange exakte Homotopiesequenz)
Die obige Sequenz ist **exakt**, für die Verschachtelung $\psi \circ \varphi$ von je zwei aufeinanderfolgenden Abbildungen in der Sequenz gilt also stets $\mathrm{Ker}\,\psi = \mathrm{Im}\,\varphi$.

Der **Beweis** ist eine gute Übung rund um homotope Verformungen und soll daher (trotz seines Umfangs) vollständig ausgeführt werden. Nicht zuletzt auch deshalb, weil es sich um ein universelles Prinzip in der algebraischen Topologie handelt, das erstmals in diesem Buch erscheint.

Eine Bemerkung vorab für das bessere Verständnis des Satzes. Vielleicht wundern Sie sich etwas über die Abbildung j_* in der Sequenz, weil ich angedeutet habe, sie entstünde aus dem natürlichen Homomorphismus $\pi_n(X, x, x) \to \pi_n(X, A, x)$, wenn vorher eine Abbildung $(I^n, \partial I^n) \to (X, x)$ auf ebenso natürliche Weise als Abbildung $(I^n, \partial I^n, J^{n-1}) \to (X, x, x)$ interpretiert wird. Es könnte so der Eindruck entstehen, j_* wäre immer injektiv – mit drastischen Konsequenzen für die Form der Sequenz. Das ist jedoch nicht der Fall, denn der Hilfssatz unten zeigt, dass die Zuordnung von f zu $j_*(f)$ in den meisten Fällen nicht injektiv ist.

Wir beginnen den Beweis mit einer griffigeren Interpretation der relativen Homotopiegruppen. Sie erinnern sich, dass wir $\pi_n(X, x)$ auch als die relativen Homotopieklassen von Abbildungen $f : (S^n, 1) \to (X, x)$ gesehen haben (Seite 135). Eine ähnliche Interpretation gelingt auch bei den relativen Gruppen. Wenn nämlich in dem Tripel $(I^n, \partial I^n, J^{n-1})$ der Becher J^{n-1} zu einem Punkt zusammengeschlagen wird, so entsteht das Tripel $(D^n, S^{n-1}, 1)$.

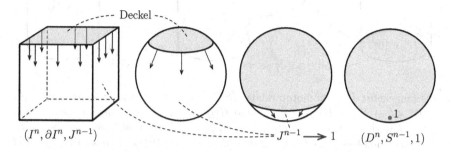

$$(I^n, \partial I^n, J^{n-1}) \qquad \qquad J^{n-1} \longrightarrow 1 \qquad (D^n, S^{n-1}, 1)$$

Sie brauchen vielleicht ein wenig Zeit, um sich das vorzustellen, die Konstruktion ist in der Tat etwas gewöhnungsbedürftig. Das Innere des oberen Deckels $I^{n-1} \times \{1\}$ bildet dabei die S^{n-1} ohne den Punkt 1, auf den J^{n-1} eingeschmolzen wird. Dem Würfel I^n wird regelrecht das Fell über die Ohren gezogen, das Innere von I^n bleibt dabei aber homöomorph zum Inneren von D^n. So gesehen ist $\pi_n(X, A, x)$ auch interpretierbar als die Menge der (relativen) Homotopieklassen von Abbildungen

$$f : (D^n, S^{n-1}, 1) \longrightarrow (X, A, x),$$

wobei die Homotopien lauter Abbildungen derselben Bauart durchlaufen müssen.

Um den Satz zu beweisen, benötigen wir zunächst eine geschickte Umformulierung der Tatsache, dass ein Element $f \in \pi_n(X, A, x)$ verschwindet (wie schon angedeutet, lassen wir die Klammern [] für die Bildung von Homotopieklassen der Kürze halber weg).

Hilfssatz (Kompressionskriterium)
Eine Abbildung $f : (D^n, S^{n-1}, 1) \to (X, A, x)$ ist genau dann nullhomotop in $\pi_n(X, A, x)$, wenn sie relativ zu S^{n-1} im klassischen Sinne homotop ist zu einer Abbildung $g : (D^n, S^{n-1}, 1) \to (A, A, x)$.

Anschaulich gesprochen ist $f = 0$ genau dann, wenn es eine Homotopie gibt, welche das Bild Im f auf A deformiert und auf dem gesamten Weg dahin die S^{n-1} nach A und den Punkt 1 auf x abbildet.

Der Hilfssatz geht schnell, denn falls sich f relativ zu $(S^{n-1}, 1)$ auf ein $g : D^n \to A$ deformieren lässt, kann man anschließend innerhalb der Quelle D^n die Teilmenge S^{n-1} auf den Punkt 1 zusammenziehen. Daraus lässt sich ganz einfach eine Homotopie relativ $(S^{n-1}, 1)$ von g auf die konstante Abbildung $h \equiv x$ konstruieren. Dies entspricht insgesamt einer Homotopie in $\pi_n(X, A, x)$ von f auf die Abbildung h, also auf das Nullelement in dieser Gruppe.

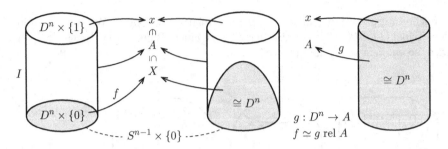

Falls umgekehrt f nullhomotop relativ $(S^{n-1},1)$ ist, so haben wir eine Homotopie $H : D^n \times I \to X$ mit $H|_{D^n \times \{0\}} = f$ und $H|_{D^n \times \{1\}} \equiv x$, wobei der Zylindermantel $S^{n-1} \times I$ in die Menge A abgebildet wird. Nun stellen Sie sich vor, wir beginnen eine neue Homotopie mit $t = 0$ auf dem Boden $D^n \times \{0\}$ und lassen den Zylinder deformationsretrahieren auf $(S^{n-1} \times I) \cup (D^n \times \{1\})$. Das ist ein auf dem Kopf stehender Becher, und die Deformation funktioniert genauso wie früher (Seite 87). Die Unterseite, mit konstantem Rand $S^{n-1} \times \{0\}$, stellt dabei immer eine D^n dar. Schränkt man H nun ein auf diese Unterseiten und betrachtet diese Einschränkungen allesamt als Abbildungen $D^n \to X$, so ergibt dies eine Homotopie relativ S^{n-1} von f auf eine Abbildung $g : D^n \to A$. $\square$

Kommen wir jetzt zum eigentlichen Beweis der langen exakten Homotopiesequenz. Im ersten Schritt zeigt man, dass die Sequenz ein **Komplex** ist, also die Hintereinanderausführung zweier aufeinanderfolgender Abbildungen die Nullabbildungen sind. Nehmen wir zunächst $j_* \circ i_*$. Eine Abbildung $f : (S^n,1) \to (A,x)$ repräsentiere ein Element in $\pi_n(A,x)$. Nach Anwendung von $j_* \circ i_*$ entsteht die Abbildung $f : (D^n, S^{n-1},1) \to (A,x,x)$ als Repräsentant der Bildklasse in $\pi_n(X,A,x)$, wobei hier die Identifikation $S^n \cong D^n/S^{n-1}$ Pate steht. Nach dem obigen Hilfssatz ist dann $f = 0$ in $\pi_n(X,A,x)$, denn das Bild von f liegt bereits in A.

Betrachten wir nun die Komposition $\partial_* \circ j_*$. Eine Abbildung $f : (S^n,1) \to (X,x)$ repräsentiere ein Element in $\pi_n(X,x)$. Nach Anwendung von j_* entsteht die Klasse von $f : (D^n, S^{n-1},1) \to (X,x,x)$ in $\pi_n(X,x,x)$. Eingeschränkt auf S^{n-1} haben wir die konstante Abbildung $A \to \{x\}$, welche die Null in $\pi_{n-1}(A,x)$ darstellt.

Ganz ähnlich läuft es bei $i_* \circ \partial_*$. Eine Abbildung $f : (D^n, S^{n-1},1) \to (X,A,x)$ repräsentiere ein Element in $\pi_n(X,A,x)$. Nach Anwendung von ∂_* entsteht die Klasse von $f|_{S^{n-1}} : (S^{n-1},1) \to (A,x)$ in $\pi_{n-1}(A,x)$. Warum ist $f|_{S^{n-1}}$ als Abbildung nach X nullhomotop? Nun ja, f war auf ganz D^n definiert. Das nützen wir aus und retrahieren S^{n-1} innerhalb von D^n auf den Punkt 1 so, dass alle Zwischenformen von der Gestalt der S^{n-1} sind (wie in dem Hilfssatz vorhin auch). Das liefert eine Homotopie in X von $f|_{S^{n-1}}$ auf die konstante Abbildung nach $\{x\}$.

Es bleibt noch die Exaktheit der Sequenz zu zeigen, wir beginnen wieder bei $j_* \circ i_*$, also der Stelle $\pi_n(X,x)$. Nehmen Sie dazu ein $f : (S^n,1) \to (X,x)$, sodass $j_*(f) : (D^n, S^{n-1},1) \to (X,x,x) \subseteq (X,A,x)$ nullhomotop ist. Nach dem Kompressionskriterium gibt es dann eine Homotopie von $j_*(f)$ relativ zu S^{n-1} auf eine Abbildung $g : (D^n, S^{n-1},1) \to (A,x,x)$. Diese Abbildung faktorisiert zu einer Abbildung $\widetilde{g} : (S^n,1) \to (A,x)$, mithin zu einem Element $\widetilde{g} \in \pi_n(A,x)$ mit $i_* \widetilde{g} = f$.

Für die Exaktheit bei $\pi_n(X, A, x)$ nehmen Sie ein $f : (D^n, S^{n-1}, 1) \to (X, A, x)$ mit $\partial_*(f) = 0$. Dies bedeutet, die Einschränkung $f|_{S^{n-1}}$ ist nullhomotop in $\pi_{n-1}(A, x)$. Es ergibt sich eine Homotopie wie in folgendem Bild.

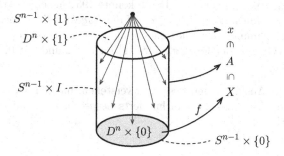

Nun erinnern Sie sich wieder an die Becherdeformation (Seite 87). Führt man sie vor der Homotopie aus, sieht man insgesamt eine Homotopie von f relativ zu $(S^{n-1}, 1)$ zu einer Abbildung $g : (D^n, S^{n-1}, 1) \to (X, x, x)$, welche auf $D^n \times \{1\}$ abzulesen ist und von einer Abbildung $h : (S^n, 1) \to (X, x)$ herrührt mit $j_*(h) \sim f$.

Bleibt zuletzt noch die Exaktheit bei $\pi_{n-1}(A, x)$. Wir nehmen dafür eine Abbildung $f : (S^{n-1}, 1) \to (A, x)$, welche als Abbildung nach X nullhomotop ist. Sie sehen die zugehörige Homotopie in folgendem Bild.

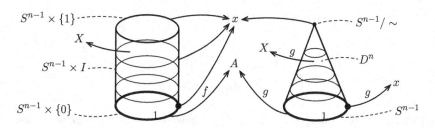

Die Menge $S^{n-1} \times \{1\}$ wird auf x abgebildet, $S^{n-1} \times \{0\}$ auf A und der Zylindermantel dazwischen auf X. Schlägt man in dem hohlen Zylinder die Menge $S^{n-1} \times \{1\}$ auf einen Punkt zusammen, so wird der Zylinder zu einer Scheibe D^n und die Homotopie zu einer Abbildung $g : (D^n, S^{n-1}, 1) \to (X, A, x)$, welche das gesuchte Urbild in $\pi_n(X, A, x)$ definiert. $\square$

Ein in der Tat langer Beweis, möglicherweise müssen Sie ihn mehrmals probieren. Bitte stecken Sie aber etwas Arbeit hinein und machen wenn nötig ein paar eigenständige Skizzen dazu, denn die geometrischen Argumente sind nicht nur typisch für die Homotopietheorie, sondern eine suggestive Übung dazu, der Sie vielleicht sogar einen gewissen Reiz abgewinnen können. In der Tat ist es bemerkenswert, wie die Verformungen, Quotientenbildungen und Homotopieäquivalenzen aus Zylindern, Sphären und Scheiben hier so schön und passgenau zusammenspielen.

Wir wollen diesen Satz nun verwenden, um eine der berühmtesten Homotopiegruppen überhaupt zu berechnen: die HOPFsche Homotopiegruppe $\pi_3(S^2, 1)$, die eine großartige Entwicklung der Topologie im 20. Jahrhundert eingeleitet hat.

4.10   Faserbündel und die Berechnung von $\pi_3(S^2,1)$

Biegen wir also auf die Zielgerade dieses Kapitels ein, mit einem wahren Meilenstein der Mathematikgeschichte. H. HOPF konnte 1931 in seiner Arbeit *Über die Abbildung der dreidimensionalen Sphäre auf die Kugeloberfläche* den Grundstein legen für die Berechnung einer alles andere als trivialen Homotopiegruppe, [46]. Es war die erste Gruppe der Form $\pi_{n+k}(S^n,1)$ für $n \geq 2$ und $k > 0$, und zwar die Gruppe $\pi_3(S^2,1)$.

Um die folgenden Ausführungen besser zu verstehen, müssen wir einen weiteren Baustein der Topologie des 20. Jahrhunderts besprechen – zumindest in einem kurzen Überblick.

Faserbündel

Wir kennen bereits Überlagerungen eines topologischen Raumes X (Seite 91). Eine Überlagerung kann auch als Abbildung $p : Y \to X$ interpretiert werden, deren Fasern $F_x = p^{-1}(x)$ alle homöomorph und diskret sind, und zusätzlich zu jedem Punkt $x \in X$ eine Umgebung U_x existiert mit einem Homöomorphismus $\varphi_x : p^{-1}(U_x) \to U_x \times F_x$, der **fasertreu** ist, also für alle $x' \in U_x$ die Bedingung $p \circ \varphi^{-1}(x',\xi) = x'$ erfüllt. Einen fasertreuen Homöomorphismus nannten wir auch einen Isomorphismus (Seite 97).

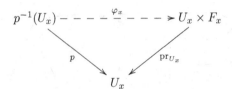

Im Rahmen dieser Interpretation ist eine bemerkenswerte Verallgemeinerung möglich. Falls wir auf die Diskretheit der Faser verzichten, bleiben nur noch die homöomorphen Fasern und die lokale Trivialität in Form eines Produktes übrig.

> **Definition (Faserbündel)**
> Eine stetige Surjektion $p : E \to B$ zusammenhängender Räume heißt ein **Faserbündel** (engl. *fiber bundle*) über der **Basis** B mit **Faser** F, wenn für alle $x \in B$
> $$p^{-1}(x) \cong F$$
> ist und zusätzlich eine Umgebung U_x von x existiert mit einem fasertreuen Homöomorphismus
> $$\varphi_x : p^{-1}(U_x) \longrightarrow U_x \times F .$$
> Die Homöomorphismen φ_x nennt man **Trivialisierungen** des Faserbündels und ein Produkt $B \times F$ mit der Projektion auf den ersten Faktor ein **triviales** Faserbündel.

Faserbündel haben eine Spezialisierung, die sogenannten **Hauptfaserbündel** (engl. *principal bundles*). Dort haben die Fasern eine Gruppenstruktur und die Homöomorphismen, welche über einem Punkt $x \in U_{x'} \cap U_{x''}$ durch Übergang von einer Trivialisierung zur anderen in der Faser F_x induziert werden, sind in Wirklichkeit sogar Gruppenisomorphismen. Leider ist hier zu wenig Platz, auf die strukturell tiefliegende Theorie einzugehen, die dabei entsteht. Wenn es Sie interessiert, gibt es viele gute Lehrbücher darüber, zum Beispiel [57][110].

Schöne Beispiele für Faserbündel entspringen den projektiven Räumen. Die reellen projektiven Räume $\mathbb{P}^n$ entstehen über die Identifikation von den reellen Geraden $\mathbb{R}x \subset \mathbb{R}^{n+1}$, $x \in \mathbb{R}^{n+1} \setminus \{0\}$, zu den einzelnen Punkten des $\mathbb{P}^n$. Im Fall $n = 2$ haben wir das schon bei den Flächen gesehen (Seite 47). Die Sphären S^n sind die Mengen der Punkte in $\mathbb{R}^{n+1}$ vom Betrag 1 und liefern die bekannten 2-blättrigen Überlagerungen $p : S^n \to \mathbb{P}^n$, $x \mapsto \mathbb{R}x$, bei denen jede Gerade $\mathbb{R}x$ die zwei Urbilder x und $-x$ hat. In obiger Interpretation ist p dann ein S^0-Faserbündel, wobei $S^0 = \{-1,1\}$ die reellen Zahlen mit Betrag 1 sind.

Man muss nur die lokale Trivialität zeigen. Wählen Sie dazu die Überdeckung von $\mathbb{P}^n$ durch die offenen Umgebungen

$$U_k = \{\mathbb{R}x \in \mathbb{P}^n : x_k \neq 0\}, \quad 0 \leq k \leq n.$$

Für eine Gerade $\mathbb{R}x \in U_k$ ist dann zum Beispiel

$$\varphi_x : p^{-1}(U_k) \longrightarrow U_k \times \{-1,1\}, \quad \mathbb{R}y \mapsto \left(y, \frac{y_k}{|y_k|}\right)$$

ein fasertreuer Homöomorphismus, wie sich durch eine einfache Rechnung überprüfen lässt. Man schreibt ein solches Faserbündel kurz als eine Mengensequenz

$$S^0 \hookrightarrow S^n \xrightarrow{p} \mathbb{P}^n,$$

wobei die Einbettung $S^0 \hookrightarrow S^n$ stellvertretend für alle Fasern $p^{-1}(x)$ steht. Das Faszinierende an dieser Konstruktion besteht darin, dass sie sich leicht verallgemeinern lässt, indem man anstelle von $\mathbb{R}$ die Körpererweiterungen der komplexen Zahlen $\mathbb{C}$, der Quaternionen $\mathbb{H}$ oder auch der Oktaven $\mathbb{O}$ nimmt (mehr Details dazu im geplanten Folgeband).

Wir betrachten hier nur das Beispiel der komplexen Zahlen, und es wird eine der bekanntesten Abbildungen der Topologie dabei herauskommen. Wir müssen nur darauf achten, jeden Aspekt, der bei den 2-blättrigen Überlagerungen $S^n \to \mathbb{P}^n$ mit $\mathbb{R}$ zu tun hat, konsequent nach $\mathbb{C}$ zu übertragen. Wir haben es also zunächst mit der Sphäre $S^{2n+1} \subset \mathbb{C}^{n+1}$ zu tun, in Form der Punkte $z \in \mathbb{C}^{n+1}$ mit $\|z\| = 1$.

Der **komplex projektive Raum** $\mathbb{P}^n_{\mathbb{C}}$ ist dann definiert als die Menge aller komplexen Geraden $\mathbb{C}z \subset \mathbb{C}^{n+1}$ mit $z \in \mathbb{C}^{n+1} \setminus \{0\}$. Die Fasern der stetigen Abbildung $p_{\mathbb{C}} : S^{2n+1} \to \mathbb{P}^n_{\mathbb{C}}$, $z \mapsto \mathbb{C}z$, sind alle homöomorph zu den komplexen Zahlen mit Betrag 1, mithin zu einer S^1. Die Abbildung $p_{\mathbb{C}}$ wird somit zu einem S^1-Faserbündel

$$S^1 \hookrightarrow S^{2n+1} \xrightarrow{p_{\mathbb{C}}} \mathbb{P}^n_{\mathbb{C}},$$

wobei sich die lokale Trivialität durch die zum reellen Fall analoge Überdeckung ergibt, also durch die offenen Mengen

$$V_k = \{\mathbb{C}z \in \mathbb{P}_{\mathbb{C}}^n : z_k \neq 0\}, \quad 0 \leq k \leq n.$$

Für eine komplexe Gerade $\mathbb{C}z \in V_k$ ist zum Beispiel

$$\varphi_z : p_{\mathbb{C}}^{-1}(V_k) \longrightarrow V_k \times S^1, \quad \mathbb{C}w \mapsto \left(w, \frac{w_k}{|w_k|}\right)$$

ein Isomorphismus und damit $p_{\mathbb{C}} : S^{2n+1} \to \mathbb{P}_{\mathbb{C}}^n$ ein S^1-Faserbündel. Bemerkenswert ist gleich der Anfang mit $n = 1$. Der Raum $\mathbb{P}_{\mathbb{C}}^1$ besteht aus allen komplexen Geraden $\mathbb{C}z$ in $\mathbb{C}^2$ mit einem $z = (z_1, z_2) \neq 0$. Beachten Sie den Unterschied zum reellen Fall, eine gegebene Gerade $\mathbb{C}z$ wird durch eine reell zweidimensionale Schar von Punkten $w \in \mathbb{C}^2$ definiert (im Sinne von $\mathbb{C}w = \mathbb{C}z$), nämlich durch alle komplexen Vielfachen $w \neq 0$ von z. Eine erste Reduktion dieser großen Repräsentantenmenge erhalten wir über die Forderung $\|w\| = 1$, also $w \in S^3$, denn es kommt nur auf die Richtung des Vektors $w \in \mathbb{C}^2$ an, nicht auf dessen Länge.

Nun definieren aber nicht nur w und $-w$ dieselbe Gerade (wie bei $\mathbb{P}^1$), sondern alle αw mit $\alpha \in S^1$. Die Identifikation der Menge $S^1 w$ zu einem Punkt nimmt eine weitere (reelle) Dimension heraus und wir erhalten mit $\mathbb{P}_{\mathbb{C}}^1$ eine reell zweidimensionale Mannigfaltigkeit – genau wie erwartet. Wählen wir dann für jedes $w = (w_1, w_2)$ mit $w_2 \neq 0$ die eindeutig bestimmte Zahl $\alpha_w \in S^1$ derart, dass $\alpha_w w_2$ reell und > 0 ist, so ergibt das wegen $\|\alpha_w w\| = 1$ den (eindeutigen) Punkt

$$\alpha_w w = \left(\alpha_w w_1, \sqrt{1 - |\alpha_w w_1|^2}\right)$$

auf der S^3. Falls $w_2 = 0$ ist, erhalten wir das eindeutige α_w über die Gleichung $\alpha_w = w_1^{-1}$ und damit den Repräsentanten $(1,0,0,0) \in S^3$. Insgesamt ergibt sich auf diese Weise eine bijektive Abbildung

$$\theta : \mathbb{P}_{\mathbb{C}}^1 \longrightarrow \left\{\left(z, \sqrt{1 - |z|^2}\right) : z \in \mathbb{C} \text{ und } |z| < 1\right\} \cup \left\{(1,0,0)\right\} \subset \mathbb{R}^3,$$

und deren Bild ist, als reelle Mannigfaltigkeit interpretiert, eine S^2, welche aus der oberen Hemisphäre S_N^2 durch Zusammenschlagen des Äquators zu einem Punkt entsteht. Wir werden später in anderem Zusammenhang noch einmal auf diese Konstruktion zurückkommen, bei den sogenannten CW-Komplexen (Seite 322).

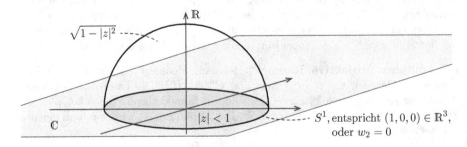

Damit können wir schlussendlich $p_{\mathbb{C}}$ auch als surjektive Abbildung $S^3 \to S^2$ auffassen. Der Kürze wegen und zu Ehren ihres Entdeckers sei sie ab jetzt mit h bezeichnet. Eine direkte Rechnung zeigt, dass

$$h(z_1, z_2) = \frac{z_1}{z_2} \subset \mathbb{C} \cup \{\infty\}$$

ist, wenn $\mathbb{C} \cup \{\infty\}$ via **stereographischer Projektion** mit der S^2 identifiziert wird – Sie kennen das vielleicht von der RIEMANNschen Zahlenkugel.

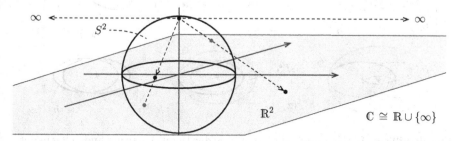

Leider können wir nicht näher auf die wunderbare Geometrie der **Hopf-Faserung**

$$S^1 \hookrightarrow S^3 \xrightarrow{h} S^2$$

eingehen, doch sei wenigstens soviel gesagt: Wenn $S^3 \setminus \{N\}$ über die drei-dimensionale stereographische Projektion, die Kreise auf Kreise abbildet, mit $\mathbb{R}^3$ identifiziert wird, dann liegen die Fasern $h^{-1}(x)$ als disjunkte Kreise in $\mathbb{R}^3$. Die Faser über dem unendlich fernen Punkt $\infty \in \mathbb{C} \cup \{\infty\} \cong S^2$ bildet eine Ausnahme, sie ist eine Gerade, nämlich die z-Achse.

Genauer formuliert: Die Fasern über einem Breitenkreis der S^2 (er sei mit C_α bezeichnet, $\alpha \in [-\pi/2, \pi/2]$ ist der Breitengrad) bilden einen Torus T_α^2 und liegen als sogenannte VILLARCEAU-Kreise auf diesem Torus, nach dem Mathematiker und Astronom Y. VILLARCEAU benannt. Die VILLARCEAU-Kreise entstehen in Paaren durch einen Schnitt des Torus mit einer tangentialen Ebene $E_{\alpha,\beta}$ durch seinen Schwerpunkt, wobei die Ebene um die Achse des Torus rotiert, um ihn vollständig zu überdecken ($0 \le \beta < 2\pi$, siehe auch das Bild auf der Folgeseite).

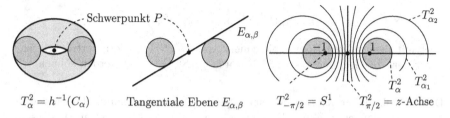

| $T_\alpha^2 = h^{-1}(C_\alpha)$ | Tangentiale Ebene $E_{\alpha,\beta}$ | $T_{-\pi/2}^2 = S^1$ | $T_{\pi/2}^2 = z$-Achse |

Die Urbilder $h^{-1}(C_\alpha)$ aller Breitenkreise zusammen bilden disjunkt ineinander verschachtelte Tori, welche den $\mathbb{R}^3$ überdecken. Einzige Ausnahmen sind die Winkel $\alpha = \pi/2$ (Nordpol der S^2) und $\alpha = -\pi/2$ (Südpol), wo die Fasern ein-dimensional sind (die z-Achse und die S^1). In der Abbildung sind drei weitere Querschnitte von Tori erkennbar, für die Winkel $\alpha < \alpha_1 < \alpha_2$.

Die Lage der VILLARCEAU-Kreise ist wahrlich ein ästhetisches Wunderwerk im dreidimensionalen Raum, je zwei verschiedene von ihnen sind genau einmal ineinander verschlungen.

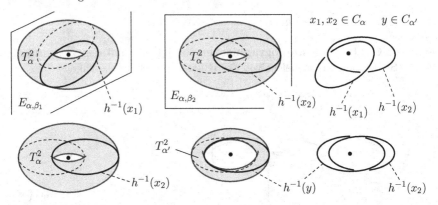

Eine detaillierte Einführung in die Geometrie der HOPF-Faserung finden Sie in der Literatur über Faserungen, zum Beispiel in [57][110]. Am Ende des Kapitels über die Kohomologie diskutieren wir die HOPF-Abbildung noch einmal von höherer Warte aus und beweisen ihre geometrischen Eigenschaften durch bemerkenswerte Querbezüge zur Algebra (Seite 522 ff, auch im geplanten Folgeband).

Die Berechnung der Homotopiegruppe $\pi_3(S^2,1)$

Wir greifen den roten Faden wieder auf und wählen die Faser $h^{-1}(1) \cong S^1 \subset S^3$. Die exakte Homotopiesequenz (Seite 142) des Raumpaares (S^3, S^1) führt dann zu

$$\cdots \to \pi_{n+1}(S^3, S^1) \to \pi_n(S^1) \to \pi_n(S^3) \to \pi_n(S^3, S^1) \to \pi_{n-1}(S^1) \to \cdots,$$

und die Frage stellt sich nach der Gestalt der relativen Gruppen $\pi_n(S^3, S^1,1)$ in dieser Sequenz. Hierzu gibt es einen bemerkenswerten Satz.

Satz (Isomorphie von $\pi_n(S^3, S^1,1)$ und $\pi_n(S^2,1)$)
In der obigen Situation induziert die Abbildung $h : (S^3, S^1) \to (S^2,1)$ von Raumpaaren für alle $n \geq 1$ einen Isomorphismus

$$h_* : \pi_n(S^3, S^1,1) \longrightarrow \pi_n(S^2,1),$$

der mit der exakten Homotopiesequenz von (S^3, S^1) insofern verträglich ist, dass dort die Gruppen $\pi_n(S^3, S^1,1)$ durch $\pi_n(S^2,1)$ ersetzt werden können.

Der **Beweis** dieser Aussage ist eine typische Homotopieübung, ähnlich wie im Beweis der langen exakten Homotopiesequenz. Zunächst zeigt man, dass h_* surjektiv ist. Es sei dazu $f : (I^n, \partial I^n) \to (S^2,1)$ Repräsentant eines Elements in $\pi_n(S^2,1)$. Wir können f auch als Abbildung $(I^n, \partial I^n, J^{n-1}) \to (S^2,1,1)$ auffassen, wobei J^{n-1} wieder den Becher $(I^{n-1} \times \{0\}) \cup (\partial I^{n-1} \times I)$ aus dem Beweis der Homotopiesequenz darstellt. Unser Ziel ist jetzt eine Hochhebung von f der Form

$$\widetilde{f} : (I^n, \partial I^n, J^{n-1}) \longrightarrow (S^3, S^1,1).$$

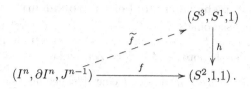

$$
\begin{array}{ccc}
 & & (S^3, S^1, 1) \\
 & \overset{\widetilde{f}}{\nearrow} & \downarrow h \\
(I^n, \partial I^n, J^{n-1}) & \overset{f}{\longrightarrow} & (S^2, 1, 1) \, .
\end{array}
$$

Es ist klar, dass in diesem Fall die relative Klasse von $\widetilde{f}$ das gesuchte Element in $\pi_n(S^3, S^1, 1)$ ist, welches bei h_* auf $f = h \circ \widetilde{f}$ abgebildet wird. Der Weg dahin führt über eine geschickte Interpretation von f. Wir schreiben dafür $f : I^{n-1} \times I \to S^2$. Das ist eine Homotopie der Abbildung $f_0(x) = f(x,0)$ von I^{n-1} nach S^2 zu der Abbildung $f_1(x) = f(x,1)$. Es ist sowohl $f_0 \equiv 1$ als auch $f_1 \equiv 1$, nur dazwischen durchläuft die Homotopie andere Werte in S^2. Bitte beachten Sie die Besonderheit, dass die Homotopie relativ zu ∂I^{n-1} ist, auf dem Rand von I^{n-1} also für alle $0 \le t \le 1$ konstant gleich 1 ist.

Jetzt kommt ein überraschender Winkelzug. Die konstante Abbildung

$$
g : J^{n-1} \longrightarrow S^3, \quad (x,t) \mapsto 1,
$$

deren Existenz trivial ist, kann als Hochhebung der Homotopie f interpretiert werden, und zwar eingeschränkt auf $\partial I^{n-1} \subset I^{n-1}$. Was ist damit gemeint?

Es bedeutet zunächst, dass auf dem Becherboden $g(x,0) = f_0(x) = f(x,0)$ ist für alle $x \in I^{n-1}$. Somit startet g auf ganz I^{n-1} wie durch f_0 vorgegeben. Zusätzlich ist dann die Hochhebungseigenschaft $h\big(g(x,t)\big) = f(x,t)$ für $0 \le t \le 1$ aber nur dann garantiert, wenn x im Rand ∂I^{n-1} liegt, und damit (x,t) in J^{n-1}.

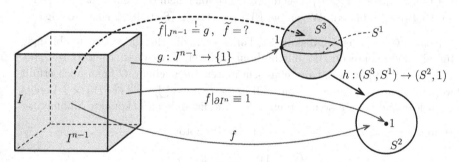

Wir sind damit bei einer neuen Problemstellung angekommen. Es geht um die Frage, ob sich eine zu ∂I^{n-1} relative Homotopie $f : I^{n-1} \times I \to S^2$ zu einer Homotopie $\widetilde{f}$ nach S^3 hochheben lässt (die ebenfalls relativ ∂I^{n-1} ist). Und zwar so, dass $\widetilde{f}$ eine auf ∂I^{n-1} eingeschränkte Hochhebung g fortsetzt: Es soll $\widetilde{f} = g$ sein für alle $x \in J^{n-1}$. Diese Zusatzbedingung garantiert bei dem g aus obigem Beispiel, dass $\widetilde{f}|_{J^{n-1}} \equiv 1$ ist. Damit repräsentiert $\widetilde{f}$ ein Element von $\pi_n(S^3, S^1, 1)$, denn aus $\widetilde{f} \circ h = f$ folgt automatisch auch $\widetilde{f}(\partial I^n) \subseteq h^{-1}(1) = S^1$.

Eine solche Hochhebung existiert immer, und zwar ganz allgemein für Faserbündel, weswegen wir den Beweis unterbrechen für einen wichtigen Hilfssatz (wir verwenden dabei der Kürze in der Notation wegen n anstelle von $n-1$).

Hilfssatz (Homotopiehochhebung bei Faserbündeln)

Wir betrachten ein Faserbündel $F \hookrightarrow E \xrightarrow{p} B$, eine zu ∂I^n relative Homotopie $H : I^n \times I \to B$ und ein $f : I^n \to E$ mit $p \circ f(x) = H(x,0)$ für alle $x \in I^n$, also eine Hochhebung der Homotopie H für den Zeitpunkt $t = 0$.

Dann gibt es für die ganze Homotopie H eine Hochhebung

$$\widetilde{H} : I^n \times I \longrightarrow E,$$

die auch relativ zu ∂I^n ist. Falls zusätzlich bereits eine Hochhebung $\widetilde{G}$ von H eingeschränkt auf ∂I^n existiert, kann $\widetilde{H}$ als Fortsetzung von $\widetilde{G}$ gewählt werden.

Der Satz verallgemeinert die Entsprechung bei Überlagerungen (Seite 94). Für den **Beweis** überdecken wir B mit offenen Mengen U_λ, auf denen $p^{-1}(U_\lambda)$ isomorph zu $U_\lambda \times F$ ist. Nach dem LEBESGUEschen Lemma (Seite 23) kann man $I^n \times I$ in kleine Würfel $W_i \times [t_j, t_{j+1}]$ teilen, die von H in eine der Mengen U_λ abgebildet werden (λ hängt von i und j ab).

Nun beginnt eine Induktion nach den k-dimensionalen Gerüsten der Würfel W_i, wir bezeichnen sie mit $W_i^{(k)}$. Es ist beim Induktionsanfang $k = 0$ einfach, auf dem 0-Gerüst $W_i^{(0)}$, also auf den Eckpunkten der W_i, die Fortsetzung $\widetilde{H}_0$ zu konstruieren. Für jeden solchen Punkt (x,t) sei das Bild $\widetilde{H}_0(x,t)$ wie folgt definiert: Man beobachtet den Verlauf der Kurve $\gamma_x : I \to B$, $\gamma_x(t) = H(x,t)$. Mit den Trivialisierungen über $[t_j, t_{j+1}]$ ist es möglich, die Kurve γ_x hochzuheben auf eine Kurve $\widetilde{\gamma}_x : I \to E$, ausgehend von dem (durch f vorgegebenen) Startpunkt $\widetilde{\gamma}_x(0) = f(x) \in p^{-1}(\gamma_x(0))$. Das funktioniert von einem U_λ zum nächsten, ähnlich zu der Hochhebung von Wegen bei Überlagerungen (Seite 94, kleine **Übung**).

Da das 0-Gerüst der W_i diskret ist, können wir die Hochhebungen unabhängig für alle Eckpunkte der W_i durchführen und definieren dann $\widetilde{H}_0(x,t) = \widetilde{\gamma}_x(t)$. Die Zusatzbedingung mit der eingeschränkten Hochhebung $\widetilde{G}$ kann auch erfüllt werden, denn es wäre in diesem Fall $\widetilde{H}_0(x,t)$ auf $\left(\bigcup_i W_i^{(0)} \cap \partial I^n \right) \times I$ bereits festgelegt und Sie müssten sich nur noch um die anderen Eckpunkte kümmern.

Halten wir fest, was wir haben. Es ist eine Homotopie

$$\widetilde{H}_0 : \bigcup_i W_i^{(0)} \times I \longrightarrow E,$$

die im Falle der Zusatzbedingung mit $\widetilde{G}$ die Eigenschaft $\widetilde{H}_0 = \widetilde{G}$ für alle Punkte in $\left(\bigcup_i W_i^{(0)} \cap \partial I^n \right) \times I$ besitzt. Das war der Induktionsanfang.

Induktiv nehmen wir jetzt an, wir hätten für H eine Homotopiehochhebung

$$\widetilde{H}_{k-1} : \bigcup_i W_i^{(k-1)} \times I \longrightarrow E,$$

mit der Eigenschaft $\widetilde{H}_{k-1} = \widetilde{G}$ für alle Punkte in $\left(\bigcup_i W_i^{(k-1)} \cap \partial I^n \right) \times I$. Wir betrachten für den Parameter t das erste Teilintervall $[t_0, t_1] = [0, t_1] \subseteq I$ und eines der Würfelgerüste $W_i^{(k-1)}$. Da $\widetilde{H}_{k-1}$ eine Hochhebung von H ist, kann diese Funktion auch auf $W_i^{(k)} \times \{t_0\}$ interpretiert werden, sie ist dort identisch zu der Hochhebung f. Die Menge

$$J_i^{k-1} = \left(W_i^{(k)} \times \{t_0\}\right) \cup \left(W_i^{(k-1)} \times [t_0, t_1]\right)$$

ist dann nichts anderes als der Becher (Seite 87) des Würfels $W_i^{(k)} \times [t_0, t_1]$. Der Einfachheit halber nehmen wir nun an, dass E über den Mengen U_λ identisch zu $U_\lambda \times F$ ist (triviales Bündel). Es genügt, die gesuchte Fortsetzung für diese Spezialfälle zu finden, denn im allgemeinen Fall verknüpft man die Resultate einfach mit den Trivialisierungen $U_\lambda \times F \cong p^{-1}(U_\lambda) \subseteq E$, um zu den richtigen Abbildungen nach E zu gelangen.

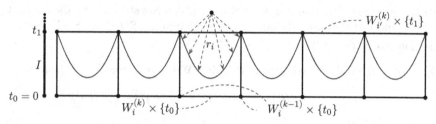

Eine Fortsetzung $\widetilde{H}_\lambda : W_i^{(k)} \times [t_0, t_1] \to U_\lambda \times F$ von $\widetilde{H}_{k-1}$ kann mit diesem Trick nun direkt angegeben werden. Sie nehmen hierfür die Deformation r_i von $W_i^{(k)} \times [t_0, t_1]$ auf den Becher J_i^{k-1} (Seite 87) und betrachten die Abbildung

$$\widetilde{H}_\lambda = \widetilde{H}_{k-1} \circ r_i : W_i^{(k)} \times [t_0, t_1] \longrightarrow U_\lambda \times F.$$

Die $\widetilde{H}_\lambda$ stimmen für verschiedene Indizes λ auf den Durchschnitten ihrer Definitionsbereiche überein, denn diese wären alle in $\bigcup_i W_i^{(k-1)} \times [t_0, t_1]$ enthalten. Dort ist die Fortsetzung $\widetilde{H}_\lambda$ aber durch $\widetilde{H}_{k-1}$ festgelegt.

Wir kommen also über die Einzelstücke $\widetilde{H}_\lambda$ von der Hochhebung f beim Parameter $t = 0$ zu einer Hochhebung $\bigcup_i W_i^{(k)} \times [t_0, t_1] \to E$. Beachten Sie bitte, dass auch in diesem Schritt die Zusatzbedingung mit der eingeschränkten Hochhebung $\widetilde{G}$ eingehalten wird, denn die Becherdeformationen r_i bilden die Punkte in J_i^{k-1} auf sich selbst ab. Eine dort existierende Vorgabe der Werte von $\widetilde{G}$ im Fall $J_i^{k-1} \cap (\partial I^n \times I) \neq \varnothing$ war nach Induktionsvoraussetzung bei $\widetilde{H}_{k-1}$ erfüllt und wird durch die Konstruktion automatisch übernommen.

Man wiederholt dieses Vorgehen aufsteigend für alle Intervalle $[t_j, t_{j+1}]$, bis man schließlich (über Induktion nach j) die Fortsetzung $\widetilde{H}_k : \bigcup_i W_i^{(k)} \times I \to E$ erreicht hat. $(\square)$

Soweit der Hilfssatz. Eine nicht ganz einfache Homotopieübung, immerhin waren darin (beim genauen Hinsehen) nicht weniger als drei Induktionsbeweise ineinander verschachtelt: Zuerst ganz innen über die Indizes i der Würfel W_i, danach über die j bei den Intervallen $[t_j, t_{j+1}]$ und abschließend über die Dimension k der Gerüste in den Würfeln.

Greifen wir den roten Faden wieder auf: die Isomorphie von $\pi_n(S^3, S^1, 1)$ und $\pi_n(S^2, 1)$ (Seite 150). Der Hilfssatz liefert nun über die Homotopiehochhebung ein Urbild von $f : (I^n, \partial I^n) \to (S^2, 1)$ in der Gruppe $\pi_1(S^3, S^1, 1)$ und damit die Surjektivität von h_*.

Die Injektivität von h_* kann man genauso zeigen (ein seltenes Phänomen, dass man dafür keine neue Idee braucht). Alles ist nur um eine Dimension erhöht. Falls zwei Elemente $f_1, f_2 \in \pi_1(S^3, S^1, 1)$ gegeben sind mit $h_*(f_1) \sim_{\partial I^n} h_*(f_2)$, so hat man eine zu ∂I^n relative Homotopie $I^n \times I \to S^2$ zwischen beiden. Wie bei der Surjektivität wird sie dann zu einer Homotopie $(I^n, \partial I^n, J^{n-1}) \to (S^3, S^1, 1)$ zwischen f_1 und f_2 hochgehoben, womit $f_1 = f_2$ gezeigt ist.

Die zweite Behauptung, man könne in der langen exakten Sequenz $\pi_n(S^3, S^1, 1)$ via h_* durch $\pi_n(S^2, 1)$ ersetzen, folgt direkt aus den Konstruktionen, die allesamt auf natürliche Weise zustande kamen. Die Abbildung $\pi_n(S^3) \to \pi_n(S^2)$ ist einfach die Komposition $\pi_n(S^3) \to \pi_n(S^3, S^1) \xrightarrow{h_*} \pi_n(S^2)$.   □

Damit stehen wir direkt vor dem großen Ziel. Wir haben eine exakte Sequenz

$$\cdots \to \pi_{n+1}(S^2) \to \pi_n(S^1) \to \pi_n(S^3) \to \pi_n(S^2) \to \pi_{n-1}(S^1) \to \cdots,$$

im speziellen Fall für $n = 3$ also

$$\cdots \longrightarrow \pi_3(S^1) \longrightarrow \pi_3(S^3) \longrightarrow \pi_3(S^2) \longrightarrow \pi_2(S^1) \longrightarrow \cdots.$$

Nun ist Land in Sicht. Die gesuchte Gruppe ist umzingelt in einer exakten Sequenz, deren übrige Gruppen bekannt sind oder zumindest berechenbar erscheinen. Wir kennen ja bereits die Isomorphie $\pi_3(S^3) \cong \mathbb{Z}$ (Seite 138), und es bleiben noch die Gruppen $\pi_n(S^1)$ zu berechnen für $n = 2$ und $n = 3$.

Zu unserer Überraschung ist das aber einfach. Erinnern Sie sich an den Hilfssatz über die Hochhebung von Abbildungen (Seite 98). Da die S^n für $n \geq 2$ einfach zusammenhängend ist, gibt es für jede Abbildung $f : S^n \to S^1$ eine Hochhebung $g : S^n \to \mathbb{R}$ in die universelle Überlagerung $\mathbb{R} \to S^1$. Der Raum $\mathbb{R}$ ist zusammenziehbar und daher die Abbildung g nullhomotop. Das gleiche gilt dann natürlich auch für f, man muss nur die Überlagerung nach der Homotopie ausführen. Insgesamt ergibt sich damit die

Beobachtung: Für $n \geq 2$ ist $\pi_n(S^1, 1) = 0$.

Ein an sich schon ästhetisches Resultat, welches noch einmal die Bedeutung der Überlagerungen unterstreicht. Sie sehen als Konsequenz

$$0 \longrightarrow \pi_3(S^3, 1) \longrightarrow \pi_3(S^2, 1) \longrightarrow 0$$

und damit das äußerst bemerkenswerte, ja fast schon berühmte Resultat, [46]:

Satz (Hopf 1931): Es ist $\pi_3(S^2, 1) \cong \mathbb{Z}$.   □

Die HOPF-Abbildung selbst ist übrigens ein Generator dieser unendlichen zyklischen Gruppe, denn es ist offenbar $h = h_*(\mathrm{id}_{S^3})$ in $\pi_3(S^2,1)$ und h_* ein Isomorphismus. Es war eine epochale Leistung von HOPF, erstmals eine Abbildung $S^3 \to S^2$ zu finden, die nicht homotop zu einer konstanten Abbildung ist – keine leichte Aufgabe, zumal die S^2 einfach zusammenhängend ist.

In welche anderen Phänomene die HOPF-Faserung $h : S^3 \to S^2$ und ihre Verallgemeinerung auf höhere Dimensionen noch verstrickt sind, insbesondere ihre faszinierenden Querbezüge in die Algebra, können Sie, wie schon angedeutet, im Kapitel über die Kohomologie (Seite 522 ff) nachlesen. Mehr dazu (im Zusammenhang mit der K-Theorie) auch im geplanten Folgeband.

4.11 Weitere Resultate zu Homotopiegruppen

Die Homotopietheorie ist ein lebendiges Forschungsgebiet und hat zahlreiche schöne Resultate hervorgebracht. Hier noch eine kurze Auswahl.

Sie kennen bereits die Einhängung SX eines Raumes (Seite 41). Man kann diese Konstruktion noch ein wenig variieren, um zur **reduzierten Einhängung** ΣX zu kommen.

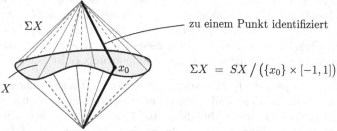

$$\Sigma X = SX \big/ \big(\{x_0\} \times [-1,1]\big)$$

Wie im Bild angedeutet, werden nach der gewöhnlichen Einhängung die beiden Spitzen des Doppelkegels sowie eine Verbindungslinie zwischen beiden zu einem Punkt identifiziert. Gut geeignet ist diese Konstruktion für punktierte Räume (X, x_0), bei denen die reduzierte Einhängung auf natürliche Weise einen punktierten Raum $\big(\Sigma X, \{x_0\} \times [-1,1]\big)$ ergibt, man schreibt kurz $(\Sigma X, \overline{x_0})$. In vielen Fällen entsteht dabei ein zu SX homöomorpher, oder zumindest homotopieäquivalenter Raum (es gibt aber subtile Ausnahmen, Beispiele dazu finden Sie ebenfalls im Kapitel über das Double-Suspension-Theorem im geplanten Folgeband).

Punktierte Abbildungen $f : (X, x_0) \to (Y, y_0)$ lassen sich leicht und auf natürliche Weise zu punktierten Abbildungen $\Sigma f : (\Sigma X, \overline{x_0}) \to (\Sigma Y, \overline{y_0})$ erweitern. Man nehme einfach die Produktabbildung

$$f \times \mathrm{id}_{[-1,1]} : X \times [-1,1] \longrightarrow Y \times [-1,1]$$

und gehe dann zu den Quotientenräumen über.

Nun ist offensichtlich $(\Sigma S^n, 1) \cong (S^{n+1}, 1)$, was Sie durch eine kleine **Übung** verifizieren können (wir machen keinen Unterschied zwischen $\overline{1}$ und 1).

Damit gelangt man für $n \geq 3$ durch mehrfache reduzierte Einhängung der HOPF-Abbildung zu

$$\Sigma^{n-2}h : (S^{n+1},1) \longrightarrow (S^n,1),$$

mithin zu Elementen in $\pi_{n+1}(S^n,1)$. Auch hier generiert die reduzierte Einhängung $\Sigma^{n-2}h$ die gesamte Gruppe, welche aber nur zwei Elemente enthält.

Beobachtung: Für $n \geq 3$ ist $\pi_{n+1}(S^n,1) \cong \mathbb{Z}_2$.

Es ist natürlich eine spannende Frage, wie hier die Torsion entsteht. Lassen Sie mich das kurz für den Fall $n = 3$ andeuten, damit Sie ein Gefühl für dieses überraschende Ergebnis entwickeln können (für größere n geht es analog).

Wir betrachten dazu die reduzierte Einhängung der HOPF-Abbildung

$$\Sigma h : (S^4,1) \longrightarrow (S^3,1)$$

und definieren zwei weitere Abbildungen g und r durch

$$g : S^3 \to S^3 , \ (u,v) \mapsto (\overline{u},\overline{v}) \quad \text{sowie} \quad r : S^2 \to S^2 , \ u \mapsto \overline{u},$$

wobei wieder $S^2 \cong \mathbb{C} \cup \{\infty\}$ zu beachten ist. Nun ist $h \circ g = r \circ h$, wie Sie leicht überprüfen können. Die Abbildung g ist eine Spiegelung an der (x_1,x_3)-Ebene der Realteile in $\mathbb{C} \times \mathbb{C}$, was einer Rotation der orthogonalen (x_2,x_4)-Ebene in $\mathbb{C} \times \mathbb{C}$ um den Winkel π entspricht. In genau dieser Rotation steckt der erste Grund für die Torsion in $\pi_4(S^3,1)$, denn g ist damit nullhomotop, es ist also $h \sim h \circ g = r \circ h$.

Betrachten wir jetzt die Einhängungen $\Sigma h \sim \Sigma r \circ \Sigma h$. Da r als Spiegelung an einer Ebene durch die S^2 den Grad -1 hat, gilt auch $\deg(\Sigma r) = -1$, und damit ist Σr homotop zu jeder anderen Abbildung vom Grad -1, wie schon früher plausibel wurde (Seite 138). Eine solche Abbildung lässt sich aber ganz einfach finden, es ist die Umkehrung des Einhängungsparameters t, also allgemein für $n \geq 2$

$$T_n : (\Sigma S^n,1) \longrightarrow (\Sigma S^n,1), \quad (p,t) \mapsto (p,-t).$$

Diese spezielle Konstruktion innerhalb der Einhängung ist der zweite Grund für die Torsion in $\pi_4(S^3,1)$. Denn es ist $T_2 \circ \Sigma h = \Sigma h \circ T_3$, und wir haben schon früher erkannt, dass eine Richtungsumkehr des Einhängungsparameters das inverse Element in der Homotopiegruppe generiert (Seite 139). Wir halten also bei

$$\Sigma h \sim \Sigma r \circ \Sigma h \sim T_2 \circ \Sigma h = \Sigma h \circ T_3 = -\Sigma h$$

und Sie sehen zumindest im Ansatz die Beziehung $2 \cdot \Sigma h = 0$. Die Torsion ist in der Tat bei Homotopiegruppen ein oft gesehenes Phänomen. $\quad (\Box)$

Wegen der obigen Homotopiesequenzen (Seite 154) gilt $\pi_n(S^3) \cong \pi_n(S^2)$, falls $n \geq 3$ ist. Damit folgt als weiteres Resultat

$$\pi_4(S^2) \cong \pi_4(S^3) \cong \mathbb{Z}_2.$$

Noch viel mehr erstaunliche Ergebnisse belegen die großartige Arbeit auf diesem Gebiet, lassen aber auch die Schwierigkeiten erahnen, die damit verbunden waren. So ist zum Beispiel

$$\pi_5(S^2) \cong \mathbb{Z}_2, \ \pi_6(S^3) \cong \mathbb{Z}_{12} \text{ und } \pi_7(S^4) \cong \mathbb{Z} \oplus \mathbb{Z}_{12}.$$

Letztere Gruppe folgt übrigens aus einem weiteren HOPF-Faserbündel, welches nach dem gleichen Prinzip entsteht wie die klassische Form $S^1 \to S^3 \to S^2$, nur nicht über dem Körper $\mathbb{C}$, sondern über den Quaternionen $\mathbb{H}$ (Seite 76). Dabei ergibt sich eine Abbildung $S^7 \to S^4$ mit der Faser S^3. Und da die Einbettung der Faser $S^3 \subset S^7$ homotop zu einer konstanten Abbildung ist, lässt sich sogar eine spaltende exakte Sequenz (Seite 69) der Form

$$0 \longrightarrow \pi_7(S^7) \longrightarrow \pi_7(S^4) \longrightarrow \pi_6(S^3) \longrightarrow 0$$

ableiten, aus der sich dann das (etwas seltsame) Ergebnis $\pi_7(S^4) = \mathbb{Z} \oplus \mathbb{Z}_{12}$ wie oben errechnet.

Die Homotopiegruppen der Sphären sind insgesamt gesehen eine „faszinierende Mischung aus Ordnung und Chaos", wie A. HATCHER festgestellt hat, [41]. Der Japaner H. TODA hat schon im Jahr 1962 einen respektablen Auszug zusammengestellt, um den damaligen Stand der Forschung festzuhalten, [117], hier ein kleiner Auszug aus seinen Tabellen:

n	$\pi_k(\mathbf{S^n})$														
$\downarrow$ $k \to$															
	1	2	3	4	5	6	7	8	9	10	11	12	13	14	15
1	$\mathbb{Z}$	0	0	0	0	0	0	0	0	0	0	0	0	0	0
2	0	$\mathbb{Z}$	$\mathbb{Z}$	$\mathbb{Z}_2$	$\mathbb{Z}_2$	$\mathbb{Z}_{12}$	$\mathbb{Z}_2$	$\mathbb{Z}_2$	$\mathbb{Z}_3$	$\mathbb{Z}_{15}$	$\mathbb{Z}_2$	$\mathbb{Z}_2^2$	$\mathbb{Z}_{12} \oplus \mathbb{Z}_2$	$\mathbb{Z}_{84} \oplus \mathbb{Z}_2^2$	$\mathbb{Z}_2^2$
3	0	0	$\mathbb{Z}$	$\mathbb{Z}_2$	$\mathbb{Z}_2$	$\mathbb{Z}_{12}$	$\mathbb{Z}_2$	$\mathbb{Z}_2$	$\mathbb{Z}_3$	$\mathbb{Z}_{15}$	$\mathbb{Z}_2$	$\mathbb{Z}_2^2$	$\mathbb{Z}_{12} \oplus \mathbb{Z}_2$	$\mathbb{Z}_{84} \oplus \mathbb{Z}_2^2$	$\mathbb{Z}_2^2$
4	0	0	0	$\mathbb{Z}$	$\mathbb{Z}_2$	$\mathbb{Z}_2$	$\mathbb{Z} \oplus \mathbb{Z}_{12}$	$\mathbb{Z}_2^2$	$\mathbb{Z}_2^2$	$\mathbb{Z}_{24} \oplus \mathbb{Z}_3$	$\mathbb{Z}_{15}$	$\mathbb{Z}_2$	$\mathbb{Z}_2^3$	$\mathbb{Z}_{120} \oplus \mathbb{Z}_{12} \oplus \mathbb{Z}_2$	$\mathbb{Z}_{84} \oplus \mathbb{Z}_2^5$
5	0	0	0	0	$\mathbb{Z}$	$\mathbb{Z}_2$	$\mathbb{Z}_2$	$\mathbb{Z}_{24}$	$\mathbb{Z}_2$	$\mathbb{Z}_2$	$\mathbb{Z}_2$	$\mathbb{Z}_{30}$	$\mathbb{Z}_2$	$\mathbb{Z}_2^3$	$\mathbb{Z}_{72} \oplus \mathbb{Z}_2$
6	0	0	0	0	0	$\mathbb{Z}$	$\mathbb{Z}_2$	$\mathbb{Z}_2$	$\mathbb{Z}_{24}$	0	$\mathbb{Z}$	$\mathbb{Z}_2$	$\mathbb{Z}_{60}$	$\mathbb{Z}_{24} \oplus \mathbb{Z}_2$	$\mathbb{Z}_2^3$
7	0	0	0	0	0	0	$\mathbb{Z}$	$\mathbb{Z}_2$	$\mathbb{Z}_2$	$\mathbb{Z}_{24}$	0	0	$\mathbb{Z}_2$	$\mathbb{Z}_{120}$	$\mathbb{Z}_2^3$
8	0	0	0	0	0	0	0	$\mathbb{Z}$	$\mathbb{Z}_2$	$\mathbb{Z}_2$	$\mathbb{Z}_{24}$	0	0	$\mathbb{Z}_2$	$\mathbb{Z} \oplus \mathbb{Z}_{120}$

Es gehört zu den großen Mysterien der Mathematik, dass hier (vielleicht) gar keine übergreifende Gesetzmäßigkeit existiert und die Homotopieklassen von punktierten Abbildungen $(S^k,1) \to (S^n,1)$ derart unregelmäßig von den Dimensionen abhängen. Zumal man sich, wie schon angedeutet (Seite 136), bei den Sphären auf differenzierbare, ja sogar analytische Abbildungen beschränken kann, bei denen der mächtige Apparat der Differentialgeometrie zur Verfügung steht.

Die meisten Fragen sind übrigens noch unbeantwortet, die Homotopietheorie ist trotz ihres stolzen Alters von etwa 80 Jahren noch immer ein spannendes Forschungsfeld. So sind zum Beispiel bis heute die Homotopiegruppen $\pi_{n+k}(S^n)$ für $k > 64$ und $n > k + 1$ weitgehend unbekannt, [41].

Beenden wir dieses Kapitel, indem wir den Kreis zu den Überlagerungen schließen. Überlagerungen $p : Y \to X$ sind ja per definitionem auch Faserbündel, und zwar mit diskreten Fasern $F \subset Y$. Deren Homotopiegruppen $\pi_n(F)$ sind also für alle $n \geq 1$ trivial (überlegen Sie als **Übung** kurz selbst, warum) und wir erhalten aus der exakten Sequenz

$$0 = \pi_n(F) \longrightarrow \pi_n(Y) \longrightarrow \pi_n(X) \longrightarrow \pi_{n-1}(F) = 0$$

Isomorphien $\pi_n(Y) \cong \pi_n(X)$ für alle $n \geq 2$. Daraus ergibt sich der folgende kleine Satz:

Satz
Für $n \geq 2$ induziert eine Überlagerung $p : Y \to X$ einen Isomorphismus der n-ten Homotopiegruppen $\pi_n(Y, y)$ und $\pi_n\big(X, p(y)\big)$. $\qquad\qquad$ $\square$

Als Bemerkung sei angeführt, dass man diesen Satz wegen des einfachen Zusammenhangs von S^n, $n \geq 2$, auch direkt mit der Homotopiehochhebung bei Überlagerungen (Seite 94) beweisen kann. Vielleicht nehmen Sie auch dies als Anregung für eine kleine **Übung**.

Wir kennen bereits die universellen Überlagerungen $\mathbb{R} \to S^1$, aus der sich mit dem obigen Satz erneut $\pi_n(S^1) = 0$ für $n \geq 2$ ergibt. Und die Überlagerung $S^3 \to \mathrm{SO}(3)$ (Seite 128) liefert dann mit unserem bisherigen Wissen

$$\pi_2\big(\mathrm{SO}(3)\big) = 0, \ \pi_3\big(\mathrm{SO}(3)\big) \cong \mathbb{Z}, \ \pi_4\big(\mathrm{SO}(3)\big) \cong \mathbb{Z}_2, \ \text{und} \ \pi_6\big(\mathrm{SO}(3)\big) \cong \mathbb{Z}_{12},$$

dito natürlich auch für die Homologiesphäre $H^3_{\mathcal{P}} = \mathrm{SO}(3)/I_{60}$ (Seite 132). Sie sehen, dass man durch geschicktes Kombinieren großer Sätze eine beachtliche Zahl von Homotopiegruppen bestimmen kann.

Doch belassen wir es nun mit dem ersten Einblick in die Grundlagen der algebraischen Topologie. Im nächsten Kapitel werden wir uns mit ganz konkreten Räumen beschäftigen, den sogenannten **simplizialen Komplexen**. Einerseits liefern diese Räume sehr viel Beispielmaterial für theoretische Resultate, andererseits sind sie die Basis für die Homologie- und Kohomologietheorie, welche die Entwicklung der reinen Mathematik im 20. Jahrhundert maßgeblich beeinflusst hat.

5 Simpliziale Komplexe

Wir beschäftigen uns in diesem Kapitel erstmals mit einer konkreten Form topologischer Räume, die aus standardisierten Bausteinen durch Verklebungen nach klar definierten Regeln aufgebaut sind und eine Fülle an Beispielen für die algebraische Topologie liefern: die *simplizialen Komplexe*.

Historisch gesehen gehen wir dabei weit zurück, bis zu den Ursprüngen der algebraischen Topologie im späten 19. Jahrhundert. Die simplizialen Komplexe begründeten damals die *kombinatorische Topologie*, eine Art Vorgängerdisziplin der modernen algebraischen Topologie. Darin konnten die Räume wegen ihrer einheitlichen, globalen Struktur erstmals mit kombinatorischen Mitteln untersucht werden, aus denen sich später mächtige algebraische Konzepte entwickelt haben.

Zunächst wird der elementare Begriffsapparat eingeführt. Als Krönung des Kapitels erleben wir dann ein großes Theorem (das im Wesentlichen auf K. Borsuk zurückgeht) über den Zusammenhang zwischen simplizialen Komplexen und topologischen Mannigfaltigkeiten – quasi die Grundlage für das eigentliche Feuer dieser Theorie, das weiter hinten in den Kapiteln über die Homologie und Kohomologie aufleuchten wird.

5.1 Grundbegriffe

Erinnern Sie sich an zwei klassische Probleme aus der Frühzeit der Topologie, das Königsberger Brückenproblem und die Klassifikation von 2-Mannigfaltigkeiten durch ebene Baupläne (Seite 11 und 50 ff). In beiden Fällen spielte es eine zentrale Rolle, wie die Einzelteile der Räume aneinandergeheftet (oder verklebt) waren.

 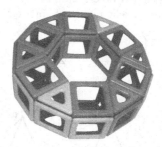

Das Bild zeigt einige Objekte, die mit dem Magnetspielzeug meines Sohnes gebaut wurden. Links eine „Sphäre" (homöomorph zu S^2), rechts ein „Torus" (homöomorph zu T^2). Sie entstehen aus einem gerüstartigen Aufbau mit Dreiecken und Quadraten. Diese sogenannten *Polyeder*, eine spezielle Form topologischer Mannigfaltigkeiten, wollen wir jetzt in beliebigen Dimensionen systematisch untersuchen. Dabei wird im nächsten Kapitel auch die Ihnen schon bekannte Euler-Charakteristik (Seite 58) einen umfassenderen Kontext bekommen (Seite 284 f).

Betrachten wir zuerst die elementaren Bausteine simplizialer Komplexe in der folgenden, etwas umfänglichen Definition.

Definition (k-Simplex)

Es seien natürliche Zahlen $k \le n$ und $k + 1$ Punkte $v_0, \ldots, v_k \in \mathbb{R}^n$ gegeben, die **affin unabhängig** sind – das heißt, die Vektoren $w_i = v_i - v_0$ ($i = 1, \ldots, k$) sind linear unabhängig. Man spricht auch davon, dass sich die Punkte in **allgemeiner Lage** befinden.

Unter einem **k-Simplex** σ^k (manchmal auch nur σ, wenn die Zahl k im Kontext klar oder nicht wichtig ist) versteht man dann die konvexe Hülle dieser Punkte $v_0, \ldots, v_k$, es hat also stets die Form

$$
\sigma = [v_0, \ldots, v_k]
$$
$$
= \left\{ x \in \mathbb{R}^n : x = \sum_{i=0}^{k} a_i v_i \text{, mit allen } a_i \ge 0 \text{ und } \sum_{i=0}^{k} a_i = 1 \right\}.
$$

Die Zahl k bezeichnet die **Dimension** von σ. Unter einer **Seite** von σ versteht man die konvexe Hülle einer Teilmenge der Punkte v_i. Die Seiten sind auch Simplizes. Eine 0-dimensionale Seite heißt **Ecke**, eine 1-dimensionale Seite ist eine **Kante**. Die $(k-1)$-dimensionalen Seiten werden auch **Seitenflächen** genannt. Seiten mit Dimension kleiner als k nennt man **echte Seiten**.

Das **Standard-k-Simplex** in $\mathbb{R}^k$ wird aufgespannt von den $k + 1$ Punkten

$$
(0,0,\ldots,0), \ (1,0,\ldots,0), \ (0,1,0,\ldots,0), \ldots, \ (0,0,\ldots,0,1) \in \mathbb{R}^k
$$

und wird kurz mit Δ^k bezeichnet.

Simplizes haben die von $\mathbb{R}^n$ induzierte Relativtopologie, weswegen wir auch von **inneren Punkten** eines Simplex sprechen können. Das sind alle Punkte des Simplex, welche nicht auf einer echten Seite liegen:

$$
\mathring{\sigma} = \left\{ x \in \mathbb{R}^n : x = \sum_{i=0}^{k} a_i v_i \text{, mit allen } a_i > 0 \text{ und } \sum_{i=0}^{k} a_i = 1 \right\}.
$$

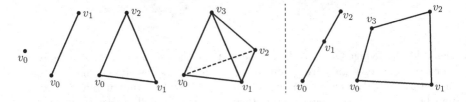

Die Abbildung zeigt im linken Teil vier Beispiele für Simplizes in $\mathbb{R}^3$. Achten Sie darauf, dass es egal ist, welchen Vektor v_i man als Fußpunkt für die Prüfung auf affine Unabhängigkeit wählt (in der Definition war das v_0). Anschaulich gesprochen, wird ein Simplex also immer von einer minimal möglichen Punktmenge aufgespannt. Die beiden Exemplare rechts davon sind daher keine Simplizes.

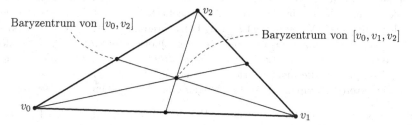

Baryzentrum von $[v_0, v_2]$

Baryzentrum von $[v_0, v_1, v_2]$

Das Tupel $(a_i)_{0 \le i \le k}$ nennt man die **baryzentrischen Koordinaten** des Punktes $x = \sum_i a_i v_i$, und Sie überlegen sich leicht, dass diese Koordinaten durch die Bedingung $a_i \ge 0$ eindeutig bestimmt sind. Das **Baryzentrum** eines Simplex ist dessen Schwerpunkt mit den Koordinaten $(1/k+1, \ldots, 1/k+1)$. Ein Simplex σ^k kann dadurch **baryzentrisch zerlegt** werden in $(k+1)!$ kleinere Simplizes, deren Seitenflächen wir uns zu dem originären Simplex zusammengeklebt denken können (kleine **Übung** mit Induktion nach k). Kommen wir nun zum zentralen Begriff.

Definition (Simplizialer Komplex)
Ein **simplizialer Komplex** (oder auch **Simplizialkomplex**) K ist eine Sammlung $\{\sigma_\lambda : \lambda \in \Lambda\}$ von Simplizes eines euklidischen Raumes $\mathbb{R}^n$, sodass drei Bedingungen erfüllt sind:

1. Die Vereinigung der Simplizes ist **lokal endlich**: Jeder Punkt in

$$|K| = \bigcup_{\lambda \in \Lambda} \sigma_\lambda$$

besitzt eine offene Umgebung $U \subset |K|$, die nur endlich viele der σ_λ trifft.

2. K enthält mit einem Simplex σ_λ auch alle seine Seiten.

3. Der Durchschnitt zweier Simplizes in K ist entweder leer oder eine gemeinsame Seite der beiden Simplizes.

Enthält die Sammlung nur endlich viele Simplizes, so nennt man das einen **endlichen** simplizialen Komplex. Die Menge $|K| \subset \mathbb{R}^n$ heißt auch das zu K gehörige **Polyeder**. Die **Dimension** von K ist das Maximum der Dimensionen der in K vorkommenden Simplizes, wobei auch ∞ erlaubt ist. Ein **Teilkomplex** $K' \subseteq K$ ist eine Vereinigung ausgewählter Simplizes in K, die zusammen wieder einen simplizialen Komplex bilden.

Der Kürze wegen, und wenn Missverständnisse ausgeschlossen sind, bezeichnen wir einen simplizialen Komplex manchmal auch einfach als **Komplex**. Auch werden wir nicht immer zwischen K und seinem Polyeder $|K|$ unterscheiden, wenn aus dem Kontext hervorgeht, was gemeint ist. Wenn zum Beispiel die Rede davon ist, dass ein Komplex zusammenhängend ist, dann ist das Polyeder $|K|$ gemeint. Und spreche ich von den Simplizes eines Komplexes, meine ich damit K selbst.

Sie erkennen auch die Möglichkeit, die Topologie simplizialer Komplexe etwas abstrakter einzuführen. Man könnte zunächst isolierte Standard-Simplizes wählen, dann deren disjunkte Vereinigung $\bigsqcup_{\lambda \in \Lambda} \sigma_\lambda$ betrachten und bestimmte Seiten darin identifizieren (siehe dazu die Ausführungen zur Quotiententopologie und Verklebung, Seite 38). Dieser Ansatz führt zu den *abstrakten Simplizialkomplexen* oder auch Δ-Komplexen, die nicht a priori in einem $\mathbb{R}^n$ liegen. Wir wollen hier aber bei den konkreten Komplexen als Teilmengen eines $\mathbb{R}^n$ bleiben.

In der Abbildung sehen Sie ein größeres Beispiel für einen simplizialen Komplex und solche, die es nicht sind. Versuchen Sie zur **Übung** doch einmal herauszufinden, welche Bedingungen in den Gegenbeispielen verletzt sind.

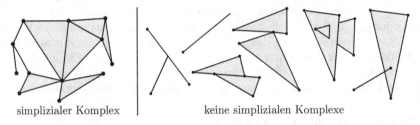

simplizialer Komplex   keine simplizialen Komplexe

Bevor wir diese Konzepte auf Mannigfaltigkeiten anwenden können, brauchen wir noch einige Begriffe. Da ist einerseits das k-**Gerüst** eines Komplexes K zu erwähnen, das ist die Sammlung all seiner Simplizes mit Dimension $\leq k$. Das k-Gerüst wird häufig auch mit K^k bezeichnet und ist selbst wieder ein Komplex (was Sie zur **Übung** ebenfalls kurz verifizieren können).

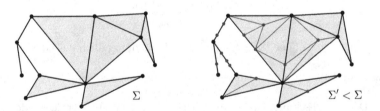

Σ $\Sigma' < \Sigma$

Eine **Subdivision** oder **Unterteilung** eines Komplexes K ist schließlich ein Komplex K', der dasselbe Polyeder definiert wie K und bei dem es für jedes Simplex $\sigma \in K$ eine endliche Menge $T(\sigma) = \{\tau_1, \ldots, \tau_k\}$ von Simplizes $\tau_i \in K'$ gibt, deren Vereinigung das Simplex σ ist. Man schreibt für Unterteilungen kurz und suggestiv $K' < K$, womit dann auch gleich gemeint ist, dass $K' \neq K$ sein soll. Die Idee dahinter ist einfach: Bereits glatte Seiten eines Polyeders werden künstlich weiter unterteilt, was zu einer feineren Zerlegung führt.

Können Sie sich vorstellen, wofür die Unterteilungen gebraucht werden? Nun ja, es sind wichtige technische Hilfswerkzeuge. Zum Beispiel wenn es darum geht, für stetige Abbildungen zwischen Komplexen geeignete Approximationen zu finden, die eingeschränkt auf die Simplizes sogar (affin) linear sind. Dies ist Gegenstand des nächsten Abschnitts.

5.2 Simpliziale Approximation

Dieser Abschnitt behandelt einen hilfreichen Satz. Er besagt, dass jede stetige Abbildung zwischen endlichen Komplexen approximierbar ist durch eine stückweise (affin) lineare Abbildung. In welchem Sinne wir dabei den Begriff „Approximation" verwenden, und was „stückweise" bedeutet, werden Sie gleich erfahren.

> **Definition (Simpliziale Abbildung)**
> Es sei $f : K \to L$ eine stetige Abbildung zwischen zwei simplizialen Komplexen. Man nennt f **simplizial**, wenn es eingeschränkt auf jedes Simplex $\sigma \in K$ **affin linear** ist (const. + lineare Abbildung) und die Ecken von σ surjektiv auf die Ecken eines (eindeutig bestimmten) Simplex $\tau_\sigma \in L$ abbildet.

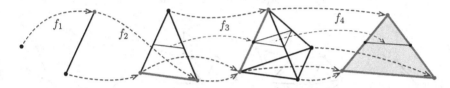

Hier sehen Sie vier Beispiele für simpliziale Abbildungen (deren Bilder sind jeweils grau dargestellt). Als **Übung** können Sie sich überlegen, dass die Einschränkung einer simplizialen Abbildung f auf ein Simplex $[v_0, \ldots, v_k]$ eindeutig festgelegt ist durch die Bilder der Eckpunkte, denn es gilt in diesem Fall stets

$$f\left(\sum_{i=0}^{k} a_i v_i\right) = \sum_{i=0}^{k} a_i f(v_i).$$

Bezüglich baryzentrischer Koordinaten verhält sich eine simpliziale Abbildung also wie eine lineare Abbildung bezüglich kartesischer Koordinaten. Außerdem sehen Sie, dass eine Abbildung $f^0 : K^0 \to L^0$ sich genau dann zu einer simplizialen Abbildung $f : K \to L$ fortsetzen lässt, wenn für alle $\sigma \in K$ gilt: f^0 bildet die Ecken von σ surjektiv auf die Ecken genau eines Simplex $\tau_\sigma \in L$ ab (**Übung**).

Für den Beweis der simplizialen Approximation benötigen wir nun den Begriff des *Sterns* von Simplizes. Der Vollständigkeit halber sehen wir uns die dazu verwandten Begriffe auch gleich an, denn wir werden sie später noch benötigen.

> **Definition (Abschluss, Stern und Link von Simplizes)**
> Es sei S eine Menge von Simplizes in einem Komplex K. Standardmäßig gibt es dann drei Varianten, daraus Teilkomplexe zu machen.
>
> Der **Abschluss** $\mathrm{cl}(S)$ macht aus S den kleinsten Teilkomplex, der alle Simplizes in S enthält:
>
> $$\mathrm{cl}(S) = \{\tau \in K : \tau \text{ ist Seite eines Simplex in } S\}.$$
>
> Der **Stern** $\mathrm{st}(S)$ ist der Abschluss aller Simplizes, die eine Seite in S besitzen:
>
> $$\mathrm{st}(S) = \mathrm{cl}\big(\{\tau \in K : \tau \text{ besitzt eine Seite in } S\}\big).$$

Der **Link** $\mathrm{lk}(S)$ besteht aus allen Simplizes in $\mathrm{st}(S)$, die kein Simplex von S treffen:

$$\mathrm{lk}(S) \;=\; \{\tau \in \mathrm{st}(S) : \tau \cap \sigma = \varnothing \text{ für alle } \sigma \in S\}\,.$$

Diese Begriffe muten zwar auf den ersten Blick etwas technisch an, sind aber anschaulich gut vorstellbar, wie das folgende Bild zeigt.

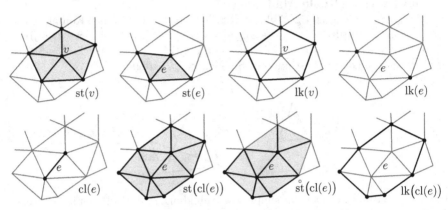

Hier ein paar einfache **Übungen** dazu: Der Abschluss von S entsteht, indem man zu jedem Simplex in S noch all seine Seiten hinzufügt. So entsteht in der Tat der kleinste Komplex, welcher S enthält. Der Stern von $\mathrm{cl}(S)$ ist dann gewissermaßen die kleinste **simpliziale Umgebung** von S in K, und der Link von $\mathrm{cl}(S)$ ist der topologische Rand dieser simplizialen Umgebung. Schließlich bildet $\mathring{\mathrm{st}}\!\big(\mathrm{cl}(S)\big)$ eine natürliche offene Umgebung von S in K. Beachten Sie insbesondere den Unterschied zwischen $\mathrm{st}(S)$ und $\mathrm{st}\!\big(\mathrm{cl}(S)\big)$.

Lohnend sind diese Experimente dann bei folgendem Hilfssatz, den ich Ihnen ebenfalls als **Übung** überlasse. Versuchen Sie bitte, ihn sich anhand von eigenen Beispielen zunächst grafisch klar zu machen. Danach ist es einfach, ihn auch exakt zu beweisen (wenn Sie möchten).

Hilfssatz (Durchschnitt von Sternen und Links)

Es seien $v_0, \ldots, v_k$ Eckpunkte eines Komplexes K und $\sigma = [v_0, \ldots, v_k]$ ein Simplex in K. Dann gelten die Formeln

$$\mathrm{st}(\sigma) = \bigcap_{i=0}^{k} \mathrm{st}(v_i)\,, \quad \mathring{\mathrm{st}}(\sigma) = \bigcap_{i=0}^{k} \mathring{\mathrm{st}}(v_i) \quad \text{und} \quad \mathrm{lk}(\sigma) = \bigcap_{i=0}^{k} \mathrm{lk}(v_i)\,.$$

Falls $[v_0, \ldots, v_k]$ kein Simplex in K ist, gilt stets

$$\bigcap_{i=0}^{k} \mathring{\mathrm{st}}(v_i) = \varnothing\,. \qquad\qquad (\square)$$

Nun können wir den wichtigen Satz formulieren und beweisen.

Satz (Simpliziale Approximation)
Es sei K ein endlicher simplizialer Komplex, L ein beliebiger simplizialer Komplex und $f : K \to L$ eine stetige Abbildung. Dann gibt es, eventuell nach einer genügend feinen baryzentrischen Unterteilung $K' < K$, eine simpliziale Abbildung $g : K' \to L$, welche homotop zu f ist. Man nennt g dann eine **simpliziale Approximation** von f.

Machen wir uns zunächst die Aussage klar. Denn der Begriff „Approximation" ist hier etwas anders zu verstehen als Sie ihn vielleicht aus der Analysis kennen. Die Werte der Funktionen f und g können durchaus weit voneinander entfernt liegen. Entscheidend ist die Homotopie $f \simeq g$ und die Tatsache, dass g simplizial ist. So ist jede stetige Abbildung $f : K \to \Delta^n$ in ein Standard-n-Simplex approximiert durch eine konstante Abbildung g, die K auf eine Ecke von Δ^n abbildet. Das ist klar, denn Δ^n ist zusammenziehbar, also $f \simeq g$, und g ist simplizial. (An dem nun folgenden Beweis werden Sie übrigens ablesen können, dass g auch im analytischen Sinne als ϵ-Approximation gewählt werden kann, wenn wir zusätzlich in L eine baryzentrische Verfeinerung zu einem $L' < L$ erlauben.)

Zum **Beweis** überdecken wir L mit den offenen Sternen seiner Ecken,

$$L = \bigcup_{w \in L^0} \overset{\circ}{\mathrm{st}}(w),$$

und überdecken K mit den Urbildern dieser offenen Sterne bei f in der Form

$$K = \bigcup_{w \in L^0} f^{-1}\big(\overset{\circ}{\mathrm{st}}(w)\big).$$

Als endlicher Komplex ist K kompakt, und wir dürfen einen nützlichen Helfer aus der elementaren Topologie verwenden: das Lemma von LEBESGUE (Seite 23). Es gibt also eine Zahl $\delta > 0$, sodass die δ-Umgebung jedes Punktes in K ganz in einer Überdeckungsmenge $f^{-1}\big(\overset{\circ}{\mathrm{st}}(w)\big)$ enthalten ist. (Beachten Sie, dass K in einem euklidischen Raum liegt, also die natürliche Metrik eines $\mathbb{R}^n$ hat.)

Nun wählen wir die baryzentrische Unterteilung $K' < K$ so fein, dass jedes Simplex darin einen Durchmesser kleiner als $\delta/2$ hat. Damit ist für jede Ecke $v \in K'$ der offene Stern $\overset{\circ}{\mathrm{st}}(v)$ ganz in einem $f^{-1}\big(\overset{\circ}{\mathrm{st}}(w)\big)$ enthalten. Wir definieren dann $g^0(v) = w$ und erhalten eine Abbildung $g^0 : (K')^0 \to L$ mit der Eigenschaft

$$f\big(\overset{\circ}{\mathrm{st}}(v)\big) \subseteq \overset{\circ}{\mathrm{st}}\big(g^0(v)\big) \quad \text{für alle Ecken } v \in K'.$$

Wir zeigen, dass g^0 eine simpliziale Fortsetzung auf ganz K' hat. Dazu betrachte $\sigma = [v_0, \ldots, v_k] \in K'$ und einen Punkt $x \in \overset{\circ}{\mathrm{st}}(\sigma)$. Dann ist $x \in \overset{\circ}{\mathrm{st}}(v_0) \cap \ldots \cap \overset{\circ}{\mathrm{st}}(v_k)$ nach dem obigen Hilfssatz, und wegen $f\big(\overset{\circ}{\mathrm{st}}(v_i)\big) \subseteq \overset{\circ}{\mathrm{st}}\big(g^0(v_i)\big)$ ist der Durchschnitt $\overset{\circ}{\mathrm{st}}\big(g^0(v_0)\big) \cap \ldots \cap \overset{\circ}{\mathrm{st}}\big(g^0(v_k)\big)$ nicht leer, denn er enthält $f(x)$. Wieder mit dem Hilfssatz ergibt sich, dass $[g^0(v_0), \ldots, g^0(v_k)]$ ein Simplex in L ist, und die Überlegung direkt nach der Definition der simplizialen Abbildungen zeigt, dass sich g^0 in diesem Fall zu einer simplizialen Abbildung $g : K' \to L$ fortsetzen lässt.

Zuletzt müssen wir zeigen, dass $f \simeq g$ ist. Es sei dazu $y \in K'$. Dann gibt es genau ein Simplex $\tau = [\widetilde{v}_0, \dots, \widetilde{v}_l] \in K'$, das y in seinem Inneren enthält (bezüglich der Relativtopologie). Die Fortsetzung g war so konstruiert, dass $g(y)$ im Innern des Simplex $[g(\widetilde{v}_0), \dots, g(\widetilde{v}_l)]$ von L liegt. Wo können wir uns $f(y)$ vorstellen?

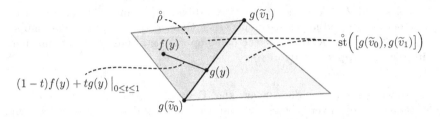

Wir haben gerade bemerkt, dass $f(y)$ im offenen Stern $\overset{\circ}{\text{st}}\big([g(\widetilde{v}_0), \dots, g(\widetilde{v}_l)]\big)$ liegt. Die Abbildung zeigt, dass es dann genau ein Simplex $\rho \in L$ gibt, das sowohl $g(y)$ als auch $f(y)$ enthält (im Bild ist nur dessen Inneres $\overset{\circ}{\rho}$ zu sehen). Die gesuchte Homotopie $h : K' \times I \to L$ findet man nun über die gerade Linie zwischen den beiden Punkten mit der Festlegung $h(y, t) = (1 - t)f(y) + tg(y)$. $\quad\square$

Es bleibt noch die zusätzliche Bemerkung zu verifizieren, dass man sogar klassische ϵ-Approximationen von f finden kann, wenn man auch L weiter unterteilt. Das ist nach obiger Konstruktion einfach zu sehen, denn $f(K)$ ist kompakt in L, dort also in einem endlichen Teilkomplex enthalten. Wir unterteilen dann L so lange, bis alle Simplizes dieses endlichen Komplexes einen Durchmesser kleiner als ϵ haben. Da die oben konstruierte Homotopie h die Punkte $f(x)$ und $g(x)$ innerhalb eines Simplex verbindet, gilt damit stets $\|f(x) - g(x)\| < \epsilon$.

Die simpliziale Approximation wird noch gute Dienste leisten, hier ein erstes Beispiel: Mit ihrer Hilfe kann man schnell zeigen, dass jede stetige Abbildung $S^k \to S^n$ für $k < n$ homotop zu einer nicht-surjektiven Abbildung ist – und damit nullhomotop (vergleichen Sie mit Seite 136). Sie können das gerne als **Übung** probieren, beachten Sie einfach $S^k \cong \partial \Delta^{k+1}$ und $S^n \cong \partial \Delta^{n+1}$. Lassen Sie uns jetzt aber weitergehen zum großen Ziel dieses Kapitels, in dem die wahre Bedeutung der simplizialen Komplexe für die algebraische Topologie sichtbar wird.

5.3 Euklidische Umgebungsretrakte

Ziel dieses Abschnitts ist die wichtige und tiefliegende Aussage, dass jede kompakte topologische Mannigfaltigkeit (Seite 46) homotopieäquivalent zu einem simplizialen Komplex ist. Das ist insofern bemerkenswert, als es bei den Mannigfaltigkeiten exotische Gebilde gibt, die sehr schwierig zu behandeln sind (siehe dazu die Ausführungen zu wilden Einbettungen im geplanten Folgeband). Daher ist es natürlich wohltuend, sich bei der Betrachtung von topologischen Invarianten auf einen topologisch äquivalenten Simplizialkomplex beschränken zu können.

Nehmen wir also eine kompakte topologische Mannigfaltigkeit M. Der erste Schritt ist einfach, wir betten M in einen euklidischen Raum $\mathbb{R}^n$ ein.

Satz und Definition (Einbettung kompakter Mannigfaltigkeiten)
Eine kompakte Mannigfaltigkeit M kann in einen $\mathbb{R}^n$ **eingebettet** werden, es gibt also eine stetige Abbildung $g : M \to \mathbb{R}^n$, die ein Homöomorphismus auf ihr Bild $g(M)$ ist (mit der Relativtopologie).

Zum **Beweis** sei $\dim M = k$ und M zunächst randlos. Wir überdecken M mit endlich vielen Bällen B_i^k, $1 \le i \le r$, die homöomorph zu $\mathring{D}^k = \{x \in \mathbb{R}^k : \|x\| < 1\}$ sind. Nun betrachten Sie das Komplement $A_i = M \setminus B_i^k$ und verschmelzen es auf einen Punkt p. Von M bleibt dann nur noch eine S^k übrig.

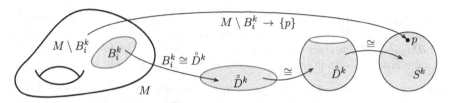

Wir haben also r stetige Abbildungen $f_i : M \to S^k$, die auf B_i^k Homöomorphismen in ihr Bild sind. Mit der anschließenden Einbettung $S^k \hookrightarrow \mathbb{R}^{k+1}$ erhalten wir stetige Abbildungen $g_i : M \to \mathbb{R}^{k+1}$, die auf B_i^k Einbettungen sind und das Komplement $M \setminus B_i^k$ auf einen Punkt in $S^k \subset \mathbb{R}^{k+1}$ werfen. Nun definieren wir die stetige Abbildung

$$g : M \longrightarrow \left(\mathbb{R}^{k+1}\right)^r,$$

die aus dem Produkt der g_i entsteht. Beachten Sie die besondere Konstruktion: Der Punkt $g(x)$ hat die Form $(y_1, \ldots, y_r)$ mit $y_i \in \mathbb{R}^{k+1}$ und für mindestens einen Index i variiert y_i lokal ein-eindeutig mit x. Warum ist dies eine Einbettung, also ein Homöomorphismus auf das Bild $g(M)$? Wir müssten dazu zeigen, dass g eine injektive und eine offene Abbildung auf die Menge $g(M)$ ist. Die Injektivität überlasse ich Ihnen als kleine **Übung** (es geht ganz einfach und geradeaus).

Bei der Offenheit möchte ich Sie kurz auf's Glatteis führen. Oberflächlich gesehen könnte man nämlich darüber stolpern, dass das Bild $g_i(U)$ offener Mengen für diejenigen Indizes i, bei denen $U \subset M \setminus B_i^k$ ist, nur aus einem Punkt in $\mathbb{R}^{k+1}$ besteht. Kann $g(U)$ dann offen sein, selbst wenn man nur die Relativtopologie von $g(M) \subset \mathbb{R}^{(k+1)r}$ verwendet?

Um das Problem zu verstehen, sehen wir uns als Beispiel die folgende, etwas seltsame Injektion h der randlosen 1-Mannigfaltigkeit $M =]0,1[$ in den $\mathbb{R}^2$ an.

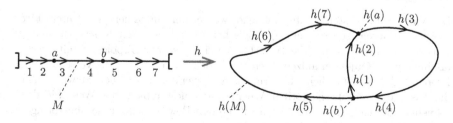

Die Punkte $h(a)$ und $h(b)$ sind *Berührpunkte*, h ist bei a und b also kein Homöomorphismus auf sein Bild und daher keine Einbettung. Sie erkennen aber an diesem Gegenbeispiel sofort, was die Probleme verursacht hat: M war nicht kompakt.

Exotische Fälle wie diese kann es bei kompakten Mannigfaltigkeiten M nicht geben. Nehmen Sie dazu – jetzt ganz formal – eine offene Menge $U \subseteq M$. Wir müssen zeigen, dass auch $g(U)$ offen in $g(M)$ ist. Dazu stellt man zunächst fest, dass $M \setminus U$ abgeschlossen, also kompakt ist. Dann ist auch $g\big(M \setminus U\big)$ kompakt (also abgeschlossen) und wegen der Injektivität von g ist $g(U) = g(M) \setminus g\big(M \setminus U\big)$. Also ist $g(U)$ offen in $g(M)$ und damit g tatsächlich eine Einbettung.

Falls M zusätzlich einen Rand $\partial M \neq \varnothing$ hat, wählen Sie einfach zwei Kopien M_1 und M_2 von M und verkleben sie entlang dieses Randes über die Identität $\mathrm{id} : \partial M_1 \to \partial M_2$ zu einer randlosen Mannigfaltigkeit N. Die Inklusion $M \hookrightarrow N$ ist dann eine Einbettung und mit der Einbettung $N \hookrightarrow \mathbb{R}^n$ sind wir fertig. $\square$

Achtung bei dem Begriff „Einbettung": Später werden wir sehen, dass es bei den Einbettungen von Mannigfaltigkeiten auch wilde und exotische Beispiele gibt, die sich unserer Anschauung völlig entziehen (Seite 191 f, mehr Details dazu auch im Folgeband). Wir beobachten dabei Punkte $x \in g(M)$, deren lokale Umgebungen im $\mathbb{R}^n$ niemals homöomorph zu dem Raumpaar $\mathbb{R}^k \subset \mathbb{R}^n$ sind, obwohl $g(M)$ isoliert betrachtet um jeden seiner Punkte lokal homöomorph zu $\mathbb{R}^k$ ist.

Gehen wir jetzt den nächsten Schritt und lernen ein nützliches Konzept kennen, um auf dem Weg zu unserem großen Ziel weiter zu kommen.

Definition (Euklidischer Umgebungsretrakt)
Eine Menge A sei über die Injektion $f : A \hookrightarrow \mathbb{R}^n$ in einen euklidischen Raum eingebettet. Dann nennt man A einen **euklidischen Umgebungsretrakt**, wenn es eine Umgebung U von A in $\mathbb{R}^n$ gibt und eine Retraktion $r : U \to A$.

Es gilt nun der folgende zentrale Satz, der auf K. Borsuk zurückgeht, [9].

Satz (Spezialfall eines Theorems von Borsuk)
Jede kompakte Mannigfaltigkeit M ist ein euklidischer Umgebungsretrakt.

Sehen wir uns den **Beweis** an. M habe die Dimension $k \geq 1$. Der erste Schritt ist bereits vollzogen, denn wir haben gerade gesehen, dass eine kompakte Mannigfaltigkeit M stets in einen $\mathbb{R}^n$ eingebettet werden kann. Nun muss nur noch die Umgebung U von M gefunden werden, und natürlich die Retraktion $r : U \to M$.

Der Weg dahin ist steinig, aber lohnend, weil er den fundamentalen Unterschied zwischen differenzierbaren und topologischen Mannigfaltigkeiten hervorhebt und erstmals in diesem Buch die typische Arbeitsweise der Topologen mit diesen faszinierenden Objekten aufzeigt. Ich werde das Vorgehen und die verschiedenen Probleme dabei ausführlich schildern, ausführlicher als sonst üblich. So wird Ihnen die Aussage mit all ihren subtilen Aspekten am ehesten plausibel. Wenn Sie aber schneller vorankommen wollen, können Sie den Beweis auch gerne überspringen und die Lektüre auf Seite 175 fortsetzen.

Zur Verdeutlichung sei noch einmal gesagt, dass wir bei *differenzierbaren* Mannigfaltigkeiten in der Tat leichtes Spiel hätten. Hier gibt es den Satz über implizite Funktionen, [32]. Er besagt, dass M als k-dimensionale Untermannigfaltigkeit lokal der Graph einer differenzierbaren Funktion $f : W^k \to W^{n-k}$ ist, wobei $W^k \subset \mathbb{R}^k$ und $W^{n-k} \subset \mathbb{R}^{n-k}$ offene Umgebungen sind.

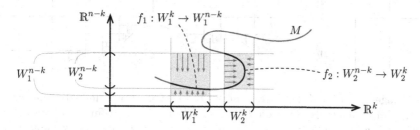

Selbstverständlich kann $W = W^k \times W^{n-k}$ auf $W \cap M$ retrahiert werden, und mit etwas Technik (Teilung der Eins) erhält man eine globale Umgebung W_M von M, die auf M retrahiert. Es wird damit sogar plausibel, dass dies eine Deformationsretraktion ist – was wiederum zeigt, dass W_M und M homotopieäquivalent sind. Zu unserem großen Ziel wäre es dann nur noch ein Katzensprung.

Doch allgemeine Mannigfaltigkeiten sind viel wilder und schwerer zu bändigen. Ein kleines Beispiel dazu liefert die KOCHsche Schneeflockenkurve.

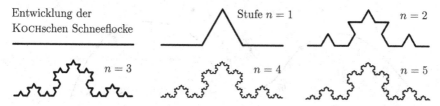

Sie entsteht durch (rekursiven) Grenzübergang in eine fraktale Kurve C, und die offensichtliche Abbildung $I \to C \subset \mathbb{R}^2$ ist eine Einbettung. C ist kompakt und erfüllt daher alle Voraussetzungen des Satzes. Aber C ist nirgends lokal Graph einer (stetigen) Funktion $f : W_1 \to W_2$ mit offenen Mengen $W_i \subset \mathbb{R}$. Wie soll hier die Retraktion einer Umgebung von C definiert werden?

Sie sehen, es wird subtil. Eine Rettung sind aber die Simplizialkomplexe. Wir betrachten dazu das Komplement $K = \mathbb{R}^n \setminus M$ und überspannen es mit einer ganz speziellen simplizialen Struktur. Diese Struktur entsteht durch n-Würfel, die ihrerseits aus n-Simplizes aufgebaut sind. Solange sie weit genug von M entfernt sind, liegen deren Ecken im Gitter $\mathbb{Z}^n$. Nahe bei M streben die Kantenlängen der Würfel dann gegen 0, um sich der Mannigfaltigkeit exakt anzuschmiegen.

Technisch geschieht das, indem man die Kanten eines ganzzahligen Würfels C mit $C \cap M \neq \varnothing$ halbiert und nur die Teile zu K hinzunimmt; die disjunkt zu M sind. Die übrigen Teile werden solange weiter halbiert, bis sie passen. Durch sukzessive Wiederholung dieses Vorgangs entstehen so Würfel der Kantenlängen 2^{-r}, $r \geq 0$, die das Komplement von M ausfüllen. Beachten Sie, dass K in jedem ϵ-Ball um einen Punkt $x \in M$ aus unendlich vielen Simplizes besteht, deren Durchmesser nahe bei x gegen 0 streben. Im Bild wird diese Entwicklung bis zu Würfeln einer Kantenlänge von 2^{-4} gezeigt.

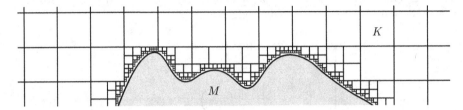

Die Umgebung U und die Retraktion $r : U \to M$ kann nun induktiv mit einem geeigneten Teilkomplex über die l-Gerüste K^l, $0 \le l \le n$, definiert werden. Dazu dürfen wir zunächst K wegen der Kompaktheit von M als beschränkt annehmen, also alle Würfel weglassen, die außerhalb einer kompakten Menge $L \subset \mathbb{R}^n$ mit $M \subset \overset{\circ}{L}$ liegen. Damit ist K immer noch eine Umgebung von M.

Nun werde jeder Punkt $x \in K^0$ durch r^0 auf einen Punkt $y \in M$ abgebildet, der minimalen Abstand von x hat. Der Punkt y ist nicht immer eindeutig festgelegt, liegt aber in M, denn M ist kompakt (der Abstand $d(y) = \|y - x\|$ ist stetig auf M, und Infima stetiger Funktionen auf Kompakta werden angenommen). Wir definieren dann im ersten Schritt $V^0 = K^0$ und $r^0 : V^0 \to M$ wie eben besprochen. Diese Abbildung ist stetig, denn V^0 liegt diskret in $\mathbb{R}^n$.

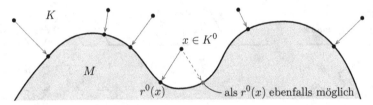

Betrachten wir jetzt ein 1-Simplex σ^1 in K^1. Da wir M als zusammenhängend annehmen dürfen (sonst betrachten wir jede Komponente einzeln), kann r^0 auf σ^1 stetig fortgesetzt werden zu r^1. Die Fortsetzung ist in der Regel nicht eindeutig, weswegen wir in Analogie zur Festlegung bei r^0 fordern, dass $r^1(\sigma^1)$ einen minimal möglichen Durchmesser in $\mathbb{R}^n$ hat (wieder wegen der Kompaktheit von M existiert dieses Minimum). Nachdem wir das für alle 1-Simplizes erledigt haben, definieren wir den Teilkomplex $V^1 = K^1$, mit $r^1 : V^1 \to M$ wie gerade besprochen.

Ab Dimension $l = 2$ müssen wir aufpassen, denn es taucht dort plötzlich eine prinzipielle Schwierigkeit auf, die den Beweis spannend macht. Welche ist das?

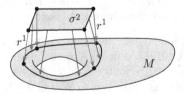

Wie im Bild für $l = 2$ angedeutet, könnte die Abbildung $r^{l-1} : V^{l-1} \to M$ nicht stetig über ein l-Simplex σ^l fortsetzbar sein, weil M Löcher hat (zum Beispiel durch Ränder, oder ähnlich einem Torus). In diesem Fall lassen wir das Simplex σ^l einfach weg und hoffen, dass später daraus keine Probleme entstehen. V^l enthalte also genau die l-Simplizes aus K^l, über die sich die Abbildung r^{l-1} stetig fortsetzen lässt. Die Fortsetzung sei mit r^l bezeichnet und habe ebenfalls minimal mögliche Durchmesser auf jedem Simplex $\sigma^l \in K$, für das sie definiert ist.

Wir schreiten induktiv voran und erhalten schließlich bei $l = n$ einen Teilkomplex $V = V^n \subseteq K$ und eine stetige Abbildung $r = r^n : V \to M$, die wir auf M durch id_M ergänzen. Wir setzen $U = V \cup M$ und definieren so die gesuchte Abbildung $r : U \to M$. Es bleibt zu zeigen, dass U eine Umgebung von M ist und r stetig.

Zunächst zur Stetigkeit von r. Wir präzisieren dazu die Konstruktion von r. Jeder Punkt $x \in M$ besitzt gemäß der Relativtopologie von $M \subset \mathbb{R}^n$ eine abzählbare Umgebungsbasis der Form

$$\mathcal{B}_x = \left\{ W_{\epsilon_i}(x) : \epsilon_i \to 0 \right\},$$

in der alle $W_{\epsilon_i}(x) \subset B^n_{\epsilon_i}(x)$ sind und außerdem $W_{\epsilon_i}(x) \cong \mathbb{R}^k$ gilt (M ist eine Mannigfaltigkeit, $B^n_{\epsilon_i}(x)$ ist der offene n-Ball um x mit Radius ϵ_i). Nach einem eventuellen Übergang zu einer Teilfolge dürfen wir annehmen, dass die ϵ_i so schnell gegen 0 konvergieren, dass für alle $i \geq 1$

$$\overline{B^n_{\epsilon_{i+1}}(x)} \cap M \subset W_{\epsilon_i}(x) \subset B^n_{\epsilon_i}(x)$$

ist, weswegen auch stets $\overline{W_{\epsilon_{i+1}}(x)} \subset W_{\epsilon_i}(x)$ gilt. Wir machen (wenn nötig) einen weiteren Übergang zu einer Teilfolge der ϵ_i, indem wir $\epsilon_{i+1} < \epsilon_i/2$ verlangen:

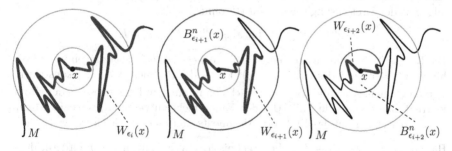

Wenn wir dann (nochmals durch Selektion einer Teilfolge) jedes zweite Folgenelement weglassen, erkennt man, dass die $W_{\epsilon_i}(x)$ schnell genug schrumpfen, um sich quasi „konzentrisch" auf x zusammenzuziehen und im Durchmesser mit jedem Folgenelement um mehr als den Faktor 2 abzunehmen. Mit dieser endgültigen Teilfolge (im Bild oben ist dann ϵ_{i+2} das neue ϵ_{i+1}) gilt also für alle $i \geq 1$

$$\mathrm{diam}\big(W_{\epsilon_{i+1}}(x)\big) < \frac{\mathrm{diam}\big(W_{\epsilon_i}(x)\big)}{2} \qquad \text{und} \qquad \epsilon_{i+1} < \frac{\epsilon_i}{4}.$$

Machen Sie sich den ausgeklügelten Aufbau der Umgebungsbasis $\mathcal{B}_x$ in ein paar ruhigen Minuten anschaulich klar, bevor Sie weiterlesen. Warum diese komplizierte Konstruktion? Bei differenzierbaren Mannigfaltigkeiten hätten wir kein Problem, denn dort ist für genügend kleine ϵ_i stets $B_{\epsilon_i}^n(x) \cap M \cong \mathbb{R}^k$. Bei exotisch eingebetteten topologischen Mannigfaltigkeiten ist das nicht immer der Fall, dort könnte sich der wilde Zick-Zack-Kurs der vorigen Abbildung ad infinitum in jeder Umgebung von x wiederholen. Man muss hier etwas Technik investieren, um ein den metrischen n-Bällen analoges Verhalten auch bei den $W_{\epsilon_i}(x)$ zu erreichen.

Mit diesem Rüstzeug wenden wir uns jetzt der Konstruktion von $r : U \to M$ noch einmal genauer zu.

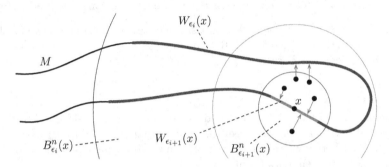

Das Bild suggeriert, dass wir auf keinen Fall erwarten können, alle l-Simplizes aus $B_{\epsilon_{i+1}}^n(x)$ durch r^l nach $W_{\epsilon_{i+1}}(x)$ abzubilden (das scheitert schon bei $l = 0$). In die nächstgrößere Menge $W_{\epsilon_i}(x)$ geht das aber sehr wohl. Warum?

Nun denn, das Phänomen beginnt bei den 0-Simplizes von K wegen des minimalen Abstands zwischen x und $y = r^0(x)$. Weil $\mathrm{diam}\big(W_{\epsilon_{i+1}}(x)\big) < \mathrm{diam}\big(W_{\epsilon_i}(x)\big)/2$ ist, folgt mit der Dreiecksungleichung im $\mathbb{R}^n$ ohne Probleme

$$r(\sigma^0) \in W_{\epsilon_i}(x) \quad \text{für alle} \quad \sigma^0 \in B_{\epsilon_{i+1}}^n(x) \cap K^0 \,.$$

Die $W_{\epsilon_i}(x) \cong \mathbb{R}^k$ sind zusammenziehbar, weswegen alle Fortsetzungen von r^0 bis hin zu $r^n = r$ für jedes $\sigma \in B_{\epsilon_{i+1}}^n(x) \cap V$ in die Bildmenge $W_{\epsilon_i}(x)$ konstruiert werden können. Auch die Forderung nach den minimalen Durchmessern der $r^l(\sigma^l)$ verträgt sich damit sehr gut. (Um den Faden nicht zu verlieren, verschieben wir diese Überlegung auf das Ende des Arguments und machen gleich weiter.)

Halten wir als wichtiges Zwischenergebnis fest: Wir können von r fordern, dass für alle $i \geq 1$ und alle $\sigma \in B_{\epsilon_{i+1}}^n(x) \cap V$

$$r(\sigma) \in W_{\epsilon_i}(x)$$

ist. Daraus folgt die Stetigkeit von r, denn für jede Folge $x_\nu \to x \in M$ mit $x_\nu \in V$ gilt unter diesen Voraussetzungen

$$\lim_{\nu \to \infty} r(x_\nu) = x = r(x) \,,$$

weil sich die $W_{\epsilon_i}(x)$ im Grenzübergang $i \to \infty$ auf x zusammenziehen (die Einschränkungen $r|_M$ und $r|_V$ sind offensichtlich stetig, einzig der Übergang des Komplexes V auf die Mannigfaltigkeit M war interessant).

Bevor wir die Umgebungseigenschaft von U nachweisen, machen wir eine kleine Übung in Homotopietheorie und damit das obige Argument vollständig. Es war noch zu zeigen, dass die Fortsetzung von r^l zu r^{l+1} über den Bällen $B^n_{\epsilon_{i+1}}(x)$ immer funktioniert. Wir zeigen dazu allgemeiner, dass sich jede stetige Abbildung $f : \partial\Delta^l \to Z$ des Randes eines Standard-l-Simplex auf Δ^l fortsetzen lässt, wenn der Raum Z zusammenziehbar ist, also auf ein $z_0 \in Z$ deformationsretrahiert.

Es sei dazu $h : Z \times I \to Z$ stetig mit $h(.,0) = \mathrm{id}_Z$ und $h(.,1) \equiv z_0$. Wegen der Homöomorphie $\partial\Delta^l \cong S^{l-1}$ dürfen wir die Fortsetzbarkeit einer Funktion $f : S^{l-1} \to Z$ untersuchen. Mit sphärischen Koordinaten $(t,x) \in\,]0,1] \times S^{l-1}$ für den punktierten l-Ball $D^l \setminus \{0\}$ ist die gesuchte Fortsetzung von f dann

$$F : D^l \longrightarrow Z, \quad \xi \mapsto \begin{cases} h\big(f(x),1-t\big) & \text{für } \xi = (t,x) \in\,]0,1] \times S^{l-1} \\[2mm] z_0 & \text{für } \xi = 0. \end{cases}$$

Sie prüfen schnell, dass F stetig und $F|_{S^{l-1}} = f$ ist.

Kommen wir nun zur zweiten Behauptung: Wir müssen zeigen, dass U eine Umgebung von M ist. Das ist etwas komplizierter, benutzt aber auch die Idee mit den Umgebungsbasen $\mathcal{B}_x$. Bei isolierter Betrachtung der Simplizes in einer Umgebung $B^n_{\epsilon_{i+1}}(x)$ haben wir gesehen, dass die Fortsetzungen $r^{l-1} \to r^l$ nach $W_{\epsilon_i}(x)$ stets möglich sind. Wir müssen in diesen Fällen also keinen einzigen Simplex weglassen und U enthielte eine volle Umgebung von $x \in \mathbb{R}^n$. Oberflächlich gesehen könnte so der Eindruck entstehen, U wäre damit insgesamt als Umgebung von M ausgewiesen. In der Tat, falls wir dieses Argument für alle $x \in M$ simultan durchführen könnten, wären wir fertig. Doch leider haben wir für jedes $x \in M$ nur lokal argumentiert, und dabei kann ein Problem bei der Fortsetzung über die höherdimensionalen Simplizes auftreten.

Machen wir dazu ein Beispiel. Wir betrachten die zu S^1 homöomorphe Mannigfaltigkeit $M \subset \mathbb{R}^2$, den (grau hinterlegten) Ball $B^2_{\epsilon_i}(x)$, sein Gegenüber $B^2_{\epsilon_i}(x')$ und die offenen Teilmengen $W_{\epsilon_i}(x) = M \cap B^2_{\epsilon_i}(x)$ und $W_{\epsilon_i}(x') = M \cap B^2_{\epsilon_i}(x')$. Sie sind homöomorph zu $\mathbb{R}$ und erfüllen die notwendige Bedingung der Konstruktion.

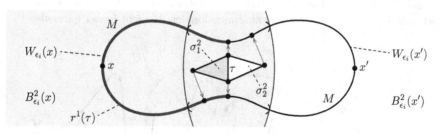

Die Vereinigung $W_{\epsilon_i}(x) \cup W_{\epsilon_i}(x')$ ist nicht zusammenziehbar in M, weswegen die Fortsetzung von r^1 über das Simplex σ^2_2 nicht möglich ist – obwohl dessen Eckpunkte durch r^0 alle in die zusammenziehbare Menge $W_{\epsilon_i}(x')$ abgebildet werden. Verantwortlich für das Problem ist die benachbarte Fortsetzung r^1 auf der Seite τ, denn sie verläuft in der Menge $W_{\epsilon_i}(x)$. Und würde sie in $W_{\epsilon_i}(x')$ verlaufen (was wegen des ebenfalls minimalen Durchmessers möglich wäre), könnten wir r^1 zwar über σ^2_2 fortsetzen, aber nicht mehr über σ^2_1.

Eine verzwickte Situation, die folgende Frage aufwirft: Kann dies bei wilden Einbettungen von M (denken Sie an die Schneeflockenkurve, Seite 169) vielleicht in allen $B^n_{\epsilon_i}$-Umgebungen eines Punktes x auftreten? Dann könnten benachbart liegende Fortsetzungen r^{l-1} (in beliebig kleinem Maßstab um den Punkt x) immer wieder die Fortsetzbarkeit von r^{l-1} auf bestimmte l-Simplizes verhindern. Diese Simplizes würden Löcher in U hinterlassen, sodass bei der Konstruktion keine Umgebung von x mehr entstehen kann.

Hier kommt ein prinzipielles Problem des Beweises zum Vorschein. Wir haben es erstmals in diesem Buch mit einer Aussage zu tun, die eine Konstruktion erfordert, welche nicht eindeutig ist, sondern von *Auswahlen* abhängt (engl. *depending on choices*). Das fing bereits bei der Festlegung von r^0 auf den 0-Simplizes an. Bei solchen Beweisen besteht die Herausforderung darin, die richtigen Bedingungen für die Einzelschritte zu formulieren (hier die W_{ϵ_i}-Konstruktion) und anschließend zu zeigen, dass das Resultat unabhängig von den Auswahlen immer zur gleichen Schlussfolgerung führt. Wie funktioniert das in unserem speziellen Fall?

Nehmen wir dazu für den Schritt $r^{l-1} \to r^l$ einen Punkt $x \in M$, ein ϵ_i mit $x \in W_{\epsilon_i}(x)$ und ein $\sigma^l \in B^n_{\epsilon_{i+1}}(x) \cap K$. Falls $r^{l-1}|_{\partial\sigma^l}$ sein Bild in $W_{\epsilon_i}(x)$ hat, kann r^l auf σ^l definiert werden und wir haben $\sigma^l \subset U$. Ist jedoch $r^{l-1}(\partial\sigma^l) \not\subset W_{\epsilon_i}(x)$, so ist die Aussage $\sigma^l \subset U$ nicht mehr gesichert.

Die Konstruktion der $W_{\epsilon_i}(x)$ erlaubt in diesem Fall aber eine ähnliche Argumentation wie mit gewöhnlichen metrischen Bällen im $\mathbb{R}^n$. Vereinfacht ausgedrückt, werden alle an dem Problem beteiligten Simplexseiten durch r^{l-1} in eine Menge homöomorph zu $\mathbb{R}^k$ gezwungen, wenn man nur nahe genug bei x arbeitet. Wir betrachten dazu $B^n_{\epsilon_{i+3}}(x)$. Die 0-Simplizes von K in diesem Ball werden in die Menge $W_{\epsilon_{i+2}}(x) \subset B^n_{\epsilon_{i+2}}(x)$ abgebildet.

Kann die Abbildung r^{l-1} nun über ein beliebiges $\sigma^l \in B^n_{\epsilon_{i+3}}(x) \cap K$ fortgesetzt werden? Wie im obigen Beispiel motiviert, würde dieser Vorgang nur dann durch $r^{l-1}|_{\partial\sigma^l}$ behindert, falls eine der Seitenflächen $\tau \subset \sigma^l$ nicht in $W_{\epsilon_{i+2}}(x)$ abgebildet wird und $W_{\epsilon_{i+2}}(x) \cup r^{l-1}(\tau)$ nicht zusammenziehbar ist. (Beachten Sie in der folgenden Abbildung, dass M in zwei Punkten keine Mannigfaltigkeit ist – leider lässt sich das für $n = 2$ mit einem eindimensionalen M nicht besser darstellen.)

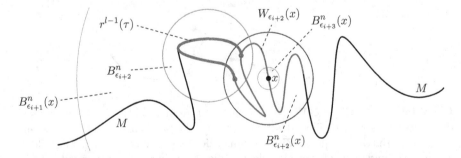

In dieser Situation hilft wieder die (für alle l induktiv gestellte) Forderung an die Abbildung r^{l-1}, jede Seite $\tau \subset \sigma^l$ wenn überhaupt, dann mit minimalem Durchmesser in M abzubilden. Innerhalb von $W_{\epsilon_{i+2}}(x)$ wäre nun generell eine

Fortsetzung in den Ball $B^n_{\epsilon_{i+2}}(x)$ möglich, also mit einem Durchmesser kleiner als $2\epsilon_{i+2} < \epsilon_{i+1}/2$. Es ist daher zwingend auch

$$\mathrm{diam}\big(r^{l-1}(\tau)\big) \; < \; \frac{\epsilon_{i+1}}{2}\,.$$

Insgesamt folgt $r^{l-1}(\tau) \subset B^n_{\epsilon_{i+1}}(x)$, denn die Bilder der Eckpunkte von τ liegen in $B^n_{\epsilon_{i+2}}(x)$. Wegen $B^n_{\epsilon_{i+1}}(x) \cap M \subset W_{\epsilon_i}(x)$ ist daher in jedem Fall $r^{l-1}(\tau) \subset W_{\epsilon_i}(x)$ und der Fortsetzung von r^{l-1} auf σ^l steht nichts im Wege.

Fassen wir zusammen: Trotz der Nicht-Eindeutigkeit von $r : U \to M$ und der damit verbundenen Auswahlmöglichkeiten gibt es für jeden Punkt $x \in M$ einen Ball $B^n_{\epsilon_{i+3}}(x)$, sodass die Konstruktion von r über jedem Simplex $\sigma \subset B^n_{\epsilon_{i+3}}(x)$ nicht durch die Festlegung auf dem Rand $\partial\sigma$ behindert wird. Damit ist U eine Umgebung von M und der Satz von BORSUK bewiesen. $\square$

Wir haben ein wichtiges Etappenziel erreicht. Um der technischen Komplexität des Beweises etwas Gutes abzugewinnen, möchte ich nochmals auf das positive Verhalten von Simplizialkomplexen hinweisen. Es lassen sich sehr gut (über induktive Konstruktionen) stetige Abbildungen definieren, die bestimmte Eigenschaften haben. Und nicht zuletzt haben Sie ein Gefühl für die Arbeit mit topologischen Mannigfaltigkeiten bekommen – auch im Zusammenhang mit der Frage, wie man wilde Einbettungen technisch behandeln kann.

Sie haben sicher auch erkannt, dass der Satz nicht in seiner allgemeinsten Form präsentiert wurde, denn wir haben nur die *lokale Zusammenziehbarkeit* von Mannigfaltigkeiten benötigt. Somit ist auch jedes lokal zusammenziehbare Kompaktum in einem $\mathbb{R}^n$ ein Umgebungsretrakt (um es genau zu sagen, muss der Raum sogar nur lokal kompakt sein, was aber etwas mehr Technik erfordert).

Ein Gegenbeispiel zu dem Satz liefert übrigens die bereits erwähnte unendliche Schachtelung von Kreisen, die nicht lokal zusammenziehbar ist (Seite 110). Gehen wir jetzt einen Schritt weiter und verschönern U noch ein wenig.

Folgerung aus dem Satz von Borsuk:
Jede kompakte, in einem $\mathbb{R}^n$ eingebettete Mannigfaltigkeit M ist dort Retrakt eines endlichen simplizialen Komplexes.

Der **Beweis** ist einfach. M hat einen Abstand $\delta > 0$ vom Komplement $\mathbb{R}^n \setminus U$, wobei U die Umgebung aus dem vorigen Satz ist (die wir auch als beschränkt annehmen dürfen). Nun wählen wir ein n-Simplex σ^n, das U in seinem Inneren enthält. Dieses Simplex unterteilen wir mehrfach baryzentrisch (Seite 161), sodass die Teile einen Durchmesser kleiner als $\delta/2$ haben. Die endliche Menge aller Teil-Simplizes von σ^n, die noch ganz in U liegen, bilden dann den gesuchten endlichen simplizialen Komplex K. Die Retraktion $r : |K| \to M$ ist die Einschränkung der Retraktion $U \to M$ aus dem vorigen Satz. $\square$

Das große Theorem dieses Kapitels rückt jetzt in Reichweite: Jede kompakte Mannigfaltigkeit soll nicht nur Retrakt, sondern homotopieäquivalent zu einem simplizialen Komplex sein. Sehr weit scheinen wir davon nicht mehr entfernt zu sein. Immerhin sind das alles schon Retrakte von endlichen Simplizialkomplexen, und im Fall von differenzierbaren Mannigfaltigkeiten hatten wir sowieso gewonnen. Dort ist es zumindest plausibel geworden, dass die Retraktionen auch Deformationsretraktionen sind (und damit Homotopieäquivalenzen).

Leider taucht hier ein subtiles, fast überraschendes Problem auf, das uns in diesem Kapitel noch spannende Arbeit bereiten wird. Werfen wir dazu einen Blick zurück, wie die Retraktion $r : U \to M$ konstruiert wurde (Seite 168 f). Kann man daraus mit einfachen Mitteln eine Deformationsretraktion machen? Gibt es also eine Abbildung $\tilde{r} : \tilde{U} \to M$, bei der mit der Inklusion $i : M \hookrightarrow \tilde{U}$ zwei Homotopien

$$\tilde{r} \circ i \simeq \mathrm{id}_M \quad \text{und} \quad i \circ \tilde{r} \simeq \mathrm{id}_{\tilde{U}}$$

existieren? Nein, leider nicht. Der direkte Weg dahin würde die Aussage brauchen, dass für alle Punkte $p \in U$ die Verbindungsstrecke zwischen p und $r(p)$ in U enthalten wäre. Dann wäre $h(p,t) = (1-t)p + tr(p)$ eine Homotopie $U \times I \to U$, welche die Identität id_U relativ M nach r überführt und es wäre M ein (starker) Deformationsretrakt von U.

Zunächst spricht nichts dagegen. Wir hatten im Beweis des Satzes von BORSUK für jedes $x \in M$ den Ball $B^n_{\epsilon_{i+3}}(x)$, in dem wir alle Simplizes von K nach U übernehmen konnten. Der Ball ist auch konvex, würde also keine Probleme bei den Verbindungsstrecken machen. Die Retraktion r bildet aber $B^n_{\epsilon_{i+3}}(x)$ nur in die Menge $W_{\epsilon_{i+2}}(x) \subset B^n_{\epsilon_{i+2}}(x)$ ab, die nicht in dem ϵ_{i+3}-Ball enthalten ist. Ergo ist es im Allgemeinen auch nicht jede Strecke zwischen p und $r(p)$. In $B^n_{\epsilon_{i+2}}(x)$ könnten aber Simplizes von K in der Menge U fehlen, die dann nicht mehr konvex ist. Die obige einfache Homotopiekonstruktion funktioniert also nicht immer.

Auch der Gedanke, man müsste nur eine Schachtelungsstufe tiefer zu $B^n_{\epsilon_{i+4}}(x)$ wechseln, bringt hier – anders als im Beweis des Satzes von BORSUK – keinen Fortschritt. Denn die Verbindungsstrecken zwischen p und $r(p)$ würden uns zwingen, den Ball $B^n_{\epsilon_{i+3}}(x)$ eben doch bei der Menge $\tilde{U}$ zu berücksichtigen – wodurch $\tilde{U}$ immer weiter wächst, bis man bei den großen n-Bällen ankommt, die vielleicht nicht mehr vollständig in U enthalten sind.

Auch wenn es auf den ersten Blick kaum vorstellbar ist, weil U die Mannigfaltigkeit beliebig eng umschlingen kann: Aus der Retraktion r kann nicht automatisch eine Deformationsretraktion konstruiert werden. Was tun? Gibt es einen Ausweg?

5.4 Abbildungszylinder und -teleskope

Ja, es gibt Abhilfe in Form einer trickreichen und eleganten Konstruktion. Sie gehört mit zum Besten, was die elementare Topologie zu bieten hat, ist bei vielen Problemen nützlich und sollte Ihnen daher auf keinen Fall entgehen.

Fassen wir noch einmal zusammen, was wir bisher wissen. Es gibt eine Retraktion $r : K \to M$ eines endlichen simplizialen Komplexes K auf die kompakte Mannigfaltigkeit M. Ziel ist es, einen Simplizialkomplex zu finden, der homotopieäquivalent zu M ist. Dazu führen wir im ersten Schritt den Abbildungszylinder einer stetigen Abbildung ein.

Definition (Abbildungszylinder)
Wir betrachten eine stetige Abbildung $f : X \to Y$ und das Intervall $I = [0,1]$.
Dann ist der **Abbildungszylinder** $M(f)$ definiert als

$$M(f) \;=\; \left(X \times I\right) \sqcup Y \,/\, \sim,$$

wobei in der (disjunkten) Vereinigung die Identifikation $(x,1) \sim f(x)$ vorgenommen wird (Quotiententopologie). Für diese Identifikation gibt es auch die suggestive Schreibweise

$$M(f) \;=\; \left(X \times I\right) \sqcup_f Y.$$

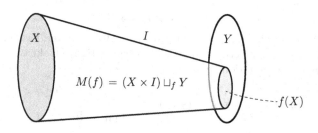

Das Bild zeigt, wie jeder Punkt $x \in X \cong X \times \{0\}$ über den Strahl $\{x\} \times I$ an $y = f(x) \in Y$ geheftet wird. Eine klassische Verklebung, wie wir sie schon im Kapitel über die elementare Topologie erlebt haben (Seite 42). Selbstverständlich ist dann Y ein starker Deformationsretrakt (Seite 86) des Abbildungszylinders. Die Deformation ist einfach über $(x,t) \mapsto f(x)$ und $y \mapsto y$ definiert.

Beachten Sie die Asymmetrie der Konstruktion, denn X ist im Allgemeinen nicht einmal ein Retrakt von $M(f)$. Ein Beispiel ist die Punktabbildung $f : S^1 \to \{x\}$. Hier ist $M(f) \cong D^2$, und S^1 ist kein Retrakt von D^2.

Die Tatsache, dass Y ein Deformationsretrakt von $M(f)$ ist, erlaubt den effektiven Einsatz eines allgemeinen Satzes, den wir nun besprechen wollen.

Satz (Homotope Anheftungen von Deformationsretrakten)
Es seien $A \subseteq X$ ein Deformationsretrakt und $f, g : A \to Y$ zwei zueinander homotope Anheftungsabbildungen. Dann ist

$$X \sqcup_f Y \;\simeq\; X \sqcup_g Y \;\text{ rel } Y.$$

Zwei Erklärungen dazu sind nötig. Erstens ist der Raum $X \sqcup_f Y$ auch erklärt für Abbildungen f, die nur auf einer Teilmenge $A \subseteq X$ definiert sind. Wir nehmen dazu einfach die disjunkte Vereinigung $X \sqcup Y$ und identifizieren $a \sim f(a)$ eben nur für die Punkte $a \in A$.

Und zweitens steht die Bezeichnung rel Y hier für Homotopieäquivalenzen, die für alle $t \in I$ auf der Teilmenge Y von $X \sqcup_f Y$ und $X \sqcup_g Y$ die Identität id_Y sind.

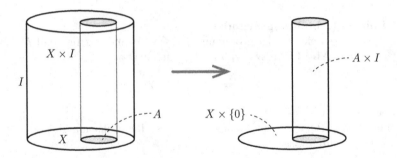

Im **Beweis** stellen wir zunächst fest, dass auch die Menge $(X \times \{0\}) \cup (A \times I)$ ein Deformationsretrakt von $X \times I$ ist. Das ist nicht schwierig, wir betrachten dazu die Homotopie

$$h : X \times I \longrightarrow X$$

mit $h(x,0) = x$ und $h(x,1) = r(x)$, wobei $r : X \to A$ eine Retraktion ist. Eine solche Homotopie existiert, da $A \subseteq X$ ein Deformationsretrakt ist. Wir definieren dann eine stetige Funktion

$$\varphi : I \times I \longrightarrow I, \quad (s,t) \mapsto \begin{cases} e^{-\frac{st}{1-t}} & \text{für } 0 \le t < 1, \\ \mathbb{1}_{\{0\}} & \text{für } t = 1, \end{cases}$$

wobei $\mathbb{1}_{\{0\}}$ die charakteristische Funktion der Menge $\{0\} \subset I$ sei (mit $0 \mapsto 1$ und $x \mapsto 0$ sonst). Es ist eine schöne **Übung**, nachzuweisen, dass die Abbildung

$$\Phi : (X \times I) \times I \longrightarrow X \times I, \quad ((x,s),t) \mapsto \Big(h\big(x, 1 - \varphi(s,t)\big), s\Big)$$

eine Homotopie ist mit $\Phi\big((x,s),0\big) = \mathrm{id}_{X \times I}$ und $\Phi\big((x,s),1\big)$ eine Retraktion von $X \times I$ auf $(X \times \{0\}) \cup (A \times I)$.

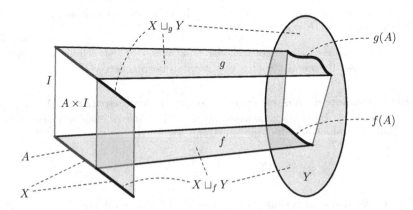

Mit dieser Konstruktion lassen wir jetzt unsere Vorstellung schweifen. Wir heften $X \times I$ an Y an und benutzen dabei die Homotopie $H : A \times I \to Y$ zwischen f und g als Anheftungsabbildung. Im Bild erkennen Sie, dass der verklebte Raum $(X \times I) \sqcup_H Y$ sowohl $X \sqcup_f Y$ als auch $X \sqcup_g Y$ als Teilräume enthält. Sie müssen dazu nur in der I-Komponente $s = 0$ und $s = 1$ setzen und dann zum Quotienten übergehen.

Der Clou liegt in der Beobachtung, dass beide Räume Deformationsretrakte von $(X \times I) \sqcup_H Y$ sind, wobei die Deformationen den Y-Teil unverändert lassen. Dazu deformieren wir $X \times I$ durch die obige Homotopie Φ auf $(X \times \{0\}) \cup (A \times I)$.

Die Menge $A \times I$ ist nach der Deformation nicht verändert, die Anheftung an Y also noch identisch zu der Anheftung in $(X \times I) \sqcup_H Y$. Nun deformieren wir den $(A \times I)$-Teil auf $A \times \{0\}$, indem das Intervall I auf $\{0\}$ geschrumpft wird und dabei über alle Zwischenschritte der Abbildungszylinder angepasst wird. Es bleibt von dem verklebten Raum nur noch der Teil bei $s = 0$ übrig und das ist $X \sqcup_f Y$. Der Raum Y wurde dabei nie verändert, die Deformation verläuft also relativ zu Y.

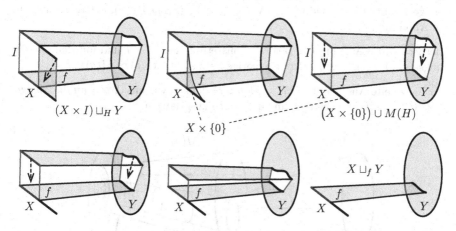

Die gleiche Verformung kann völlig symmetrisch auch in Richtung $s = 1$ erfolgen, da $(X \times \{1\}) \cup (A \times I)$ ebenfalls ein Deformationsretrakt von $X \times I$ ist. Nach der Schrumpfung (relativ Y) von $A \times I$ auf $A \times \{1\}$ bleibt dann $X \sqcup_g Y$ übrig. Die beiden Räume $X \sqcup_f Y$ und $X \sqcup_g Y$ sind daher als Deformationsretrakte (rel Y) von $(X \times I) \sqcup_H Y$ homotopieäquivalent relativ zu Y. □

Nicht kompliziert, aber doch eine trickreiche Anwendung elementarer Topologie. Versuchen Sie zur **Übung** bitte, sich die Konstruktion vollständig klar zu machen. Insbesondere, warum wir die etwas komplizierte Deformation von $X \times I$ nach $(X \times \{0\}) \cup (A \times I)$ gebraucht haben und die triviale Schrumpfung auf $A \times I$ nicht gereicht hätte.

Nun gut, lassen Sie uns dieses Wissen jetzt auf Abbildungszylinder anwenden.

Satz (Eigenschaften von Abbildungszylindern)
Es seien stetige Abbildungen $f, g : X \to Y$, $f \simeq g$, und $h : Y \to Z$ gegeben. Dann ist $M(f) \simeq M(g)$ und $M(f, h) \simeq M(h \circ f)$.

Zunächst ist wieder ein Wort der Klärung nötig. Unter $M(f, h)$ wollen wir einfach die Menge $M(f) \cup M(h)$ verstehen, wobei die beiden Y-Teile über die Identität id_Y verklebt seien.

$M(f,h)$:

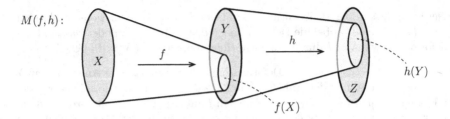

Der **Beweis** ist nach den Vorarbeiten einfach. Sie müssen sich für die Aussage $M(f) \simeq M(g)$ entsinnen, dass $M(f)$ durch die Verklebung von $X \times I$ mit der Menge Y über die Abbildung $f : X \times \{1\} \to Y$, $(x,1) \mapsto f(x)$, entsteht, dito für die Abbildung g.

Hierbei ist also $X \times \{1\}$ der Deformationsretrakt von $X \times I$ und mit den Anheftungsabbildungen $f \simeq g$ liefert der vorige Satz sofort $M(f) \simeq M(g)$.

Für die zweite Aussage $M(f,h) \simeq M(h \circ f)$ denken wir uns $X \times I$ an die Menge $Y \times \{0\} \subset M(h)$ angeheftet, um zu $M(f,h)$ zu gelangen.

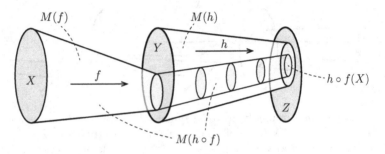

Die Anheftung $f : X \times \{1\} \to Y \times \{0\}$ schieben wir nun durch den Zylinder $Y \times I$ hindurch bis an dessen Ende in Z. Es entsteht eine Homotopie von Anheftungen $f_t : X \times \{1\} \to Y \times \{t\} \subset M(h)$, und nach der Identifikation von $\big(f(x),1\big)$ mit $h\big(f(x)\big) \in Z$ erhält man den Raum $M(h \circ f) \cup M(h)/ \sim$, in dem die beteiligten Z-Teile über die Identität id_Z verklebt sind.

Beachten Sie, dass durch die Verschiebung der Anheftung f entlang $Y \times I$ der Eindruck entstehen könnte, die Teile $M(h \circ f)$ und $M(h)$ würden sich durchdringen. Das ist aber nicht der Fall, sie sind disjunkt und tatsächlich nur über den Raum Z verklebt. Der resultierende Raum $M(h \circ f) \cup M(h)/ \sim$ ist dann nach dem vorigen Satz homotopieäquivalent zum ursprünglichen Zylinderpaar $M(f,h)$.

Zuletzt wird der Raum $M(h \circ f) \cup M(h)$ deformiert auf $M(h \circ f)$, indem $M(h)$ entlang $t \in I$ auf Z gezogen wird. Damit haben wir $M(f,h) \simeq M(h \circ f)$ $\square$

Nach all dieser mühsamen Deformationsgymnastik können wir den Beweis des großen Meilensteins in diesem Kapitel durch einen genialen Einfall vollenden. Formulieren wir zunächst diesen Meilenstein als Theorem.

Theorem (Kompakte Mannigfaltigkeiten und Simplizialkomplexe)
Jede kompakte topologische Mannigfaltigkeit ist homotopieäquivalent zu einem endlichdimensionalen simplizialen Komplex.

Um mich kurz zu wiederholen: Die Bedeutung dieses Theorems ist enorm. Ein beträchtlicher Teil der Topologie von Mannigfaltigkeiten kann damit bewiesen werden, weil man sich einfach auf Simplizialkomplexe beschränken darf. Diese hat man nämlich recht gut im Griff, insbesondere durch die elegante technische Vereinfachung beim Übergang zu den sogenannten *CW-Komplexen* (Seite 318 ff).

Genug Motivation also, den **Beweis** zu Ende zu bringen. Wir betrachten dazu die kompakte Mannigfaltigkeit M, welche Retrakt eines endlichen simplizialen Komplexes $K \subset \mathbb{R}^n$ ist (Satz von BORSUK, Seite 175). Es sei $r : K \to M$ die zugehörige Retraktion. Die zündende Idee besteht nun darin, die Konstruktion eines Abbildungszylinders zu verallgemeinern auf eine unendliche Verkettung

$$X_1 \xrightarrow{f_1} X_2 \xrightarrow{f_2} X_3 \xrightarrow{f_3} X_4 \xrightarrow{f_4} \cdots.$$

Dabei entsteht als neuer Quotientenraum das sogenannte *Abbildungsteleskop*.

Definition (Abbildungsteleskop)
In der obige Situation ist das **Abbildungsteleskop** $T(f_1, f_2, \ldots)$ definiert als

$$T(f_1, f_2, \ldots) = \bigsqcup_{k \geq 1} \big(X_k \times [k, k+1]\big) \big/ \sim,$$

wobei die Identifikation für alle $k \geq 1$ über die Relationen

$$(x_k, k+1) \sim \big(f_k(x_k), k+1\big)$$

gegeben ist.

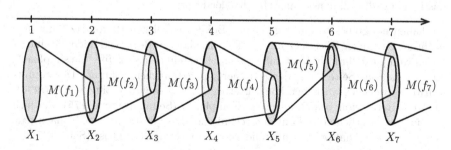

Das Bild sagt hier mehr als viele Worte. Eine ähnliche Konstruktion haben wir ja schon vorhin bei zwei Abbildungen mit dem Zylinder $M(f, h)$ gesehen.

Dieses Konstrukt ermöglicht einen fabelhaften Trick: Mit der Verkettung

$$M \xrightarrow{i} K \xrightarrow{r} M \xrightarrow{i} K \xrightarrow{r} M \xrightarrow{i} \cdots$$

erhalten wir zunächst das Teleskop $T(i, r, i, r, i, \ldots)$. Nach dem vorigen Satz fassen wir dann immer zwei Abbildungen zusammen und erhalten die Äquivalenzen

$$T(i, r, i, r, i, \ldots) \simeq T(r \circ i, r \circ i, \ldots) = T(\mathrm{id}_M, \mathrm{id}_M, \ldots) = M \times [0, \infty[\simeq M.$$

Wenn man in $T(i, r, i, r, i, \ldots)$ den Zylinder der ersten Einbettung $i : M \hookrightarrow K$ auf den Komplex K schrumpft, so erhält man das dazu homotopieäquivalente Teleskop

$$T(r, i, r, i, r, \ldots) \simeq T(i \circ r, i \circ r, \ldots) = T(g, g, \ldots)$$

mit einer stetigen Abbildung $g : K \to K$. Wir müssen jetzt noch zeigen, dass $T(g, g, \ldots)$ äquivalent zu einem Simplizialkomplex endlicher Dimension ist. Blättern Sie dafür zurück zu dem Satz über die simpliziale Approximation (Seite 165). Die Abbildung g kann demnach (eventuell nach Übergang zu einer baryzentrischen Verfeinerung) homotop verformt werden zu einer simplizialen Abbildung. Es sei nun K bereits genügend fein unterteilt und eine simpliziale Approximation $\widetilde{g}$ der Abbildung g gefunden. Nach dem vorigen Satz ist dann $T(g, g, \ldots) \simeq T(\widetilde{g}, \widetilde{g}, \ldots)$.

Nun sind wir am Ziel. Das Bild $\widetilde{g}(K)$ ist bei der Verkettung

$$K \xrightarrow{\ \widetilde{g}\ } K \xrightarrow{\ \widetilde{g}\ } K \xrightarrow{\ \widetilde{g}\ } K \xrightarrow{\ \widetilde{g}\ } \cdots$$

in jedem Schritt ein Teilkomplex in K und daher das ganze Teleskop $T(\widetilde{g}, \widetilde{g}, \ldots)$ ein (zumindest endlichdimensionaler) simplizialer Komplex, denn Abbildungszylinder von simplizialen Abbildungen sind ebenfalls simpliziale Komplexe:

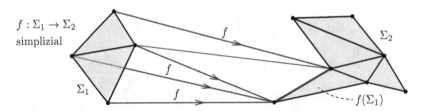

Insgesamt ist also $M \simeq T(i, r, \ldots) \simeq T(r, i, \ldots) \simeq T(g, g, \ldots) \simeq T(\widetilde{g}, \widetilde{g}, \ldots)$, und das ist ein endlichdimensionaler simplizialer Komplex. $\square$

Sie haben ein großes Resultat geschafft. Bei einem solchen Hauptsatz lohnt sich natürlich ein kurzer Rückblick auf den Beweis. Ganz zu Beginn standen die simplizialen Komplexe für sich. Dort gab es als Meilenstein den Satz über die simpliziale Approximation (Seite 165), den wir hier gut gebrauchen konnten. Der Hauptschritt – zweifellos auch der komplizierteste Teil – war der Satz von BORSUK über die Retraktion von simplizialen Komplexen (Seiten 168 und 175), der sich in seinem wesentlichen Teil auf den technischen Satz davor stützte, wonach jede kompakte Mannigfaltigkeit ein euklidischer Umgebungsretrakt ist (Seite 167).

Dabei haben wir die großen Vorzüge der Simplizialkomplexe kennengelernt, um die gesuchte Retraktion auch für nicht-differenzierbare Mannigfaltigkeiten zu erhalten. Es funktionierte über schrittweise Fortsetzungen (die l-Gerüste aufsteigend) einer zunächst trivialen, punktal definierten Abbildung $r^0 : V^0 \to M$. Zu guter Letzt haben wir ein wenig Homotopietheorie betrieben, um über die trickreiche Konstruktion mit Abbildungsteleskopen ans Ziel zu gelangen.

Wir schließen das Kapitel mit einigen theoretischen Überlegungen, die später nützlich werden, vor allem wenn wir uns am Ende des Buches (und insbesondere im geplanten Folgeband) großen topologischen Fragen des 20. Jahrhunderts zuwenden. Was Ihnen anfangs vielleicht etwas seltsam und technisch trocken anmutet, wird dann in überraschende Ergebnisse einfließen – Dinge, die im wahrsten Sinne kaum vorstellbar sind.

5.5 PL-Mannigfaltigkeiten und die Hauptvermutung

Ein kleiner Rückblick soll diesen Abschnitt motivieren. Auf der Suche nach topologischen Invarianten haben wir im vorigen Kapitel die Homotopiegruppen kennen gelernt (Seite 134). Sie waren zwar einfach zu definieren (als Homotopieklassen stetiger Abbildungen), stellten sich dann aber im praktischen Umgang als recht kompliziert heraus. Außerdem sind diese Gruppen nicht immer abelsch, was eine weitere Schwierigkeit bedeutet.

Wenn Sie noch weiter zurückblättern, erinnern Sie sich vielleicht an eine andere Invariante, die EULER-Charakteristik. Wir haben sie bei der Klassifikation von kompakten Flächen besprochen (Seite 58). Die EULER-Charakteristik war eine einfache kombinatorische Formel aus der Anzahl der Ecken, Kanten und Seitenflächen eines Polyeders S und hat eine Zahl $\chi(S) \in \mathbb{Z}$ ergeben, mit der sich die Polyeder topologisch gut unterscheiden lassen. Im nächsten Kapitel werden wir diese Technik weiter kultivieren und auch für höherdimensionale Räume Invarianten entwickeln, die vom Prinzip her an die EULER-Charakteristik erinnern, also aus einer simplizialen Struktur entstehen. Es handelt sich um die *simplizialen Homologiegruppen*, eingeführt von E. NOETHER nach den klassischen Ideen von H. POINCARÉ und E. BETTI (Seite 229 ff, [87]).

Eine Mindestanforderung an solche Gruppen ist ihre Invarianz bei Homöomorphie, oder besser: bei Homotopieäquivalenz. Sie wissen bestimmt noch, dass die Homotopiegruppen sich hier vorbildlich verhalten haben (Seite 135). Um das auch bei Invarianten zu erreichen, die auf polyedrischen Strukturen aufgebaut sind, öffnen wir zunächst das Konzept der simplizialen Komplexe für eine größere Klasse topologischer Räume.

> **Definition (Triangulierung)**
> Unter einer **Triangulierung** eines topologischen Raumes X versteht man einen Homöomorphismus $\varphi : |K| \to X$, wobei K ein simplizialer Komplex ist. Man nennt X in einem solchen Fall **triangulierbar**.

Damit ist natürlich jeder simpliziale Komplex K selbst triangulierbar, Sie können für φ einfach die Identität $\mathrm{id}_{|K|}$ nehmen. Der Komplex K einer Triangulierung $\varphi : |K| \to X$ ist aber niemals eindeutig bestimmt, denn jede Unterteilung $K' < K$ definiert ebenfalls eine Triangulierung von X. Sie können sich mit einfachen Beispielen leicht überlegen, dass nicht einmal das Polyeder $|K|$ einer Triangulierung eindeutig ist, denn ein stückweise linearer Homöomorphismus auf K definiert wieder eine Triangulierung von X. Es wird Ihnen auch sofort klar, dass jede der früher gesehenen 2-Mannigfaltigkeiten mit einem Netz aus 0-, 1- und 2-Simplizes so überdeckt werden kann, dass daraus eine Triangulierung entsteht. Versuchen Sie dieses Gedankenspiel einmal als **Übung** durchzuführen. Sie müssen dafür nur die ebenen Baupläne der Flächen (Seite 46 ff) geeignet mit Dreiecken überdecken.

Die bisher untersuchten 2-Mannigfaltigkeiten sind also triangulierbar – das ist eine bemerkenswerte Tatsache. Noch mächtiger wäre das Konzept natürlich, wenn es für jede n-Mannigfaltigkeit eine Triangulierung gäbe, und wenn die daraus konstruierten Invarianten nicht von der Wahl einer Triangulierung abhingen. Diese Frage beschäftigte die Pioniere der modernen Topologie. POINCARÉ selbst bewies schon im Jahr 1895, dass die simplizialen Homologiegruppen beim Übergang zu feineren Unterteilungen der Komplexe unverändert bleiben (Seite 236, [94]). Damit war klar, dass zwei Triangulierungen, die eine gemeinsame Unterteilung besitzen, auch dieselben Invarianten erzeugen.

Anschaulich ist das auch plausibel, denn mit genügend feinen Komplexen kann man jeden vorstellbaren Raum beliebig genau approximieren, bis kein Unterschied mehr zum Original zu erkennen ist. So arbeitet zum Beispiel die moderne Computergrafik (herzlichen Dank an Benjamin Wohlbrecht für die schönen Bilder):

Im Jahr 1908 äußerten H. TIETZE und E. STEINITZ aber erstmals Zweifel an diesem Programm, insbesondere mit Blick auf höhere Dimensionen, [111][115]. Die Frage war, ob zwei Triangulierungen von homöomorphen Mannigfaltigkeiten immer eine gemeinsame Unterteilung besitzen (und damit dieselben Invarianten definieren). Das Problem kann auch unabhängig von Mannigfaltigkeiten untersucht werden: Haben zwei homöomorphe simpliziale Komplexe immer eine gemeinsame Unterteilung? Bei dieser Frage ist auch noch gar nicht geklärt, wie man den Begriff einer „gemeinsamen Unterteilung" definieren kann, wenn die Polyeder der Komplexe nicht übereinstimmen.

All diese Probleme blieben zunächst ungelöst und mündeten in die *Hauptvermutung der kombinatorischen Topologie*, wie sie erstmals 1925 von H. KNESER bezeichnet wurde, [64]. Sie ist so bedeutend, dass ihr Name sogar wörtlich in die englischsprachige Literatur übernommen wurde. So begegnet man dort immer wieder etwas seltsam klingenden Formulierungen wie „... *was able to proof the hauptvermutung in the case of* ..." – und A. RANICKI ist Herausgeber eines großen

Werkes zu diesem Thema mit dem Titel „*The Hauptvermutung Book*", [50]. Nun gut, kommen wir wieder zur Sache – hier ist die Hauptvermutung:

Hauptvermutung der kombinatorischen Topologie
Zwei simpliziale Komplexe K und L, deren Polyeder homöomorph sind, besitzen (genügend feine) Unterteilungen $K' < K$ und $L' < L$, sodass sich für alle $n \geq 0$ die n-Simplizes von K' und L' ein-eindeutig entsprechen (inklusive ihrer kombinatorischen Zusammensetzung). Die Komplexe K und L heißen dann **kombinatorisch äquivalent** und man schreibt dafür $K \cong L$.

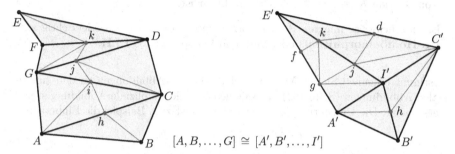

$$[A, B, \ldots, G] \cong [A', B', \ldots, I']$$

Wenn man die Homöomorphie der Polyeder kurz als **topologische Äquivalenz** bezeichnet, so lässt sich die Hauptvermutung auch ganz kurz fassen:

Hauptvermutung der kombinatorischen Topologie (Kurzfassung)
Wenn zwei Komplexe topologisch äquivalent sind, sind sie auch kombinatorisch äquivalent. (Die Umkehrung gilt immer, siehe den nächsten Satz unten.)

Diese Formulierung ist übrigens auch als Hauptvermutung für Polyeder (engl. *polyhedral hauptvermutung*) bekannt. Es gibt noch eine schwächere Form, in der die Polyeder von K und L zusätzlich Mannigfaltigkeiten sein müssen (engl. *manifold hauptvermutung*).

Hauptvermutung für Mannigfaltigkeiten
Zwei simpliziale Komplexe K und L, deren Polyeder homöomorphe Mannigfaltigkeiten darstellen, sind kombinatorisch äquivalent.

Man weiß heute, dass beide Vermutungen falsch sind. Zunächst hat J. MILNOR die kombinatorische Hauptvermutung 1961 widerlegt, [80], und danach R. KIRBY und L. SIEBENMANN im Jahr 1969 die für Mannigfaltigkeiten, [61][62].

Um bei diesen komplizierten Fragen weiter zu kommen, brauchte man ein Konzept, mit dem die kombinatorische Äquivalenz von simplizialen Komplexen ausgeschlossen werden kann. Das ist viel schwieriger als man zunächst vermuten würde, darf man doch die Komplexe beliebig verfeinern. Lassen Sie uns also im Rest des Kapitels die Grundlagen für ein Themengebiet erarbeiten, das wir (insbesondere in dem geplanten Folgeband) mit großem Gewinn einsetzen werden.

Definition (Stückweise lineare Abbildung)

Betrachten wir dazu einen simplizialen Komplex $K \subset \mathbb{R}^m$ und eine stetige Abbildung $f : K \to \mathbb{R}^n$ des Polyeders von K in einen euklidischen Raum. Man nennt f dann eine **lineare Abbildung**, falls es die Einschränkung einer affin linearen Abbildung von $\mathbb{R}^m$ nach $\mathbb{R}^n$ ist. Die Abbildung f heißt **stückweise linear** (engl. *piecewise linear* oder *PL*), falls es eine Unterteilung $K' < K$ gibt, sodass $f|_\sigma$ auf jedem Simplex $\sigma \in K'$ linear ist.

Falls auch $L \subset \mathbb{R}^n$ ein simplizialer Komplex ist, nennt man eine Abbildung $f : K \to L$ zwischen den beiden Polyedern **stückweise linear**, wenn die Komposition $K \to L \hookrightarrow \mathbb{R}^n$ stückweise linear ist.

Einen stückweise linearen Homöomorphismus bezeichnet man folgerichtig als **PL-Homöomorphismus** oder kurz und knapp auch als **PLH**.

Bestimmt erkennen Sie die Verwandtschaft der PL-Abbildungen zu den simplizialen Abbildungen (Seite 163). Tatsächlich ist jede simpliziale Abbildung stückweise linear. Die Umkehrung gilt aber nicht. So ist zum Beispiel die Einbettung

$$f : \Delta^n \hookrightarrow 3\Delta^n, \quad x \mapsto 2x$$

stückweise linear, jedoch keine simpliziale Abbildung.

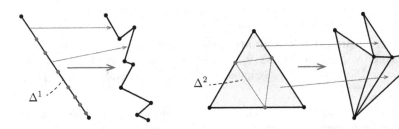

Das Bild zeigt typische Beispiele stückweise linearer Abbildungen auf Δ^1 und Δ^2. Einfache technische Überlegungen ergeben auch sofort eine weitere Erkenntnis. Falls nämlich $f : K \to L$ ein PLH ist, so gilt das auch für seine Umkehrabbildung $f^{-1} : L \to K$. Sie müssen dazu nur beachten, dass mit der Unterteilung K' aus der obigen Definition die Simplizes $\{f(\sigma) : \sigma \in K'\}$ eine Triangulierung des Polyeders von L liefern, auf deren Simplizes auch f^{-1} linear ist. Man sagt in diesem Fall auch, die beiden Komplexe (oder genauer: die zugehörigen Polyeder) sind **isomorph** und schreibt dafür ebenfalls $|K| \cong |L|$ oder kurz $K \cong L$, was durch folgenden Satz legitimiert wird.

Satz (Isomorphismen sind kombinatorische Äquivalenzen)

Zwei simpliziale Komplexe sind genau dann kombinatorisch äquivalent im Sinne der Hauptvermutung, wenn ihre Polyeder isomorph sind.

Der **Beweis** ist einfach, fast eine Tautologie. Es sei zunächst $f : K \to L$ ein PLH der zugehörigen Polyeder und $\widetilde{K}$ eine Unterteilung, bei der f auf jedem Simplex linear ist. Nun wählen wir L' als gemeinsame Unterteilung des Komplexes L und des Komplexes $\widetilde{L} = \{f(\sigma) : \sigma \in \widetilde{K}\}$. Beachten Sie, dass $\widetilde{L}$ das gleiche Polyeder definiert wie L. Es ist dann $K' = \{f^{-1}(\tau) : \tau \in L'\} < K$ ein Komplex, der das Polyeder von K hat und dessen Simplizes denen von L' eins-zu-eins entsprechen. Der Homöomorphismus garantiert, dass die Simplizes von K' auch die gleichen kombinatorischen Verklebungen haben wie die von L'. Also sind K und L kombinatorisch äquivalent.

Es seien jetzt umgekehrt K und L kombinatorisch äquivalent, mit zugehörigen Verfeinerungen $K' < K$ und $L' < L$, $\varphi : K' \to L'$ sei die eindeutige Entsprechung der Simplizes von K' und L'. Wir bauen den PLH dann gerüstweise auf. Zunächst werde die Abbildung f auf dem 0-Gerüst $(K')^0$ definiert durch $f(\sigma^0) = \varphi(\sigma^0)$. Nun nehmen wir an, dass $f : (K')^{n-1} \to (L')^{n-1}$ bereits als PLH vorliegt und wählen ein n-Simplex $\sigma = [v_0, \ldots, v_n]$. Es ist $\varphi(\sigma) = [f(v_0), \ldots, f(v_n)]$, denn die Komplexe sind kombinatorisch äquivalent. Damit kann f über die baryzentrischen Koordinaten linear auf σ fortgesetzt werden:

$$f\left(\sum_{i=0}^{n} a_i v_i\right) = \sum_{i=0}^{n} a_i f(v_i).$$

Diese Fortsetzung ist offensichtlich ein PLH. Nachdem wir so für alle n-Simplizes verfahren sind, haben wir einen PLH $f : (K')^n \to (L')^n$ gefunden und der Induktionsschritt ist fertig. $\square$

Dieser kleine Satz hilft uns jetzt zu präzisieren, was mit einer gemeinsamen Unterteilung zweier Komplexe K und L gemeint ist, deren Polyeder verschieden sind. Wir verstehen darunter einfach die beiden Unterteilungen $K' < K$ und $L' < L$ aus dem obigen Satz. Insbesondere haben zwei Komplexe genau dann eine gemeinsame Unterteilung, wenn sie isomorph sind. Sie sehen, dass wir uns hier ein wenig von der konkreten Vorstellung eines Polyeders in $\mathbb{R}^n$ lösen und die Simplizes auch isoliert betrachten können, natürlich immer zusammen mit einer kombinatorischen Verklebungsvorschrift. (Dies würde übrigens zu *abstrakten Simplizialkomplexen* oder Δ-*Komplexen* führen, die hier aber nicht weiter vertieft werden.)

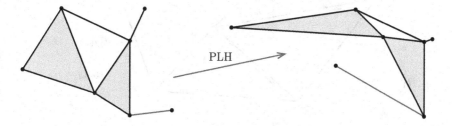

Im Bild sehen wir die PL-Idee noch einmal veranschaulicht. Isomorphe Komplexe, dargestellt mit den passenden Unterteilungen, sind auf genau die gleiche Weise aus ihren Simplizes aufgebaut, nur können die einander entsprechenden Simplizes linear verzerrt sein. So gesehen gibt es für jeden Komplex auch isomorphe Darstellungen, welche ausschließlich aus Standardsimplizes der Form Δ^n bestehen, die geeignet im euklidischen Raum verteilt liegen.

Der folgende Satz zeigt, dass PL-Abbildungen tatsächlich die richtigen Morphismen für die Kategorie der simplizialen Komplexe sind.

Satz (Eigenschaften von PL-Abbildungen)
Wir betrachten simpliziale Komplexe H, K und L sowie zwei PL-Abbildungen $f : H \to K$ und $g : K \to L$. Dann ist auch die Komposition $g \circ f : H \to L$ eine stückweise lineare Abbildung.

Es sei $f : K \to L$ ein PLH, bei dem ein k-Simplex $\sigma \in K$ auf ein k-Simplex $f(\sigma)$ in L abgebildet wird. Dann gibt es PL-Homöomorphismen

$$\mathrm{st}_K(\sigma) \cong \mathrm{st}_L\big(f(\sigma)\big) \quad \text{und damit auch} \quad \mathrm{lk}_K(\sigma) \cong \mathrm{lk}_L\big(f(\sigma)\big).$$

Der **Beweis** ist nicht schwierig, man muss das Problem eigentlich nur sorgfältig formulieren. Die erste Aussage ist klar, wenn man zu genügend feinen Unterteilungen der Komplexe übergeht. Die zweite Aussage werden wir schrittweise vereinfachen.

Wir wählen dazu Unterteilungen $K' < K$ und $L' < L$, in denen sich die Simplizes über f ein-eindeutig entsprechen, inklusive ihrer Verklebungen. Die Aussage gilt dann für die Komplexe K' und L'. Wir müssen also nur zeigen, dass sie allgemein beim Übergang von einem Komplex K zu einer Unterteilung K' gilt (bei der Abbildung $\varphi : K' \to K$, die auf dem Polyeder die Identität ist).

Mit dem Hilfssatz auf Seite 164 genügt es dann, die Aussage über die Sterne nur für die Eckpunkte $v \in K$ zu beweisen. Und die Aussage über die Links folgt sofort aus der für die Sterne, denn Sie müssen den PLH der Sterne nur auf die Links einschränken, um auch dort einen PLH zu erhalten.

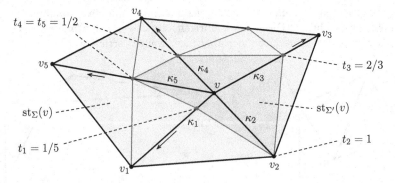

Es sei also v ein Eckpunkt in K und $K' < K$ eine Unterteilung, bei der zunächst von v genauso viele Kanten $\kappa_1, \ldots, \kappa_r$ ausgehen wie vorher. Wir stellen uns die Kanten κ_i von v nach v_i, $1 \le i \le r$, als linear parametrisierte Wege vor:

$$c_i : I \longrightarrow \kappa_i, \quad t \mapsto (1-t)v + tv_i.$$

Für jeden Index i gibt es dann ein $t_i > 0$ in I, sodass die von v ausgehenden Kanten κ'_i in der Unterteilung K' genau den Wegen

$$c'_i : [0, t_i] \longrightarrow \kappa'_i, \quad t \mapsto (1-t)v + tv_i$$

entsprechen. Sie überlegen sich jetzt ganz einfach, dass durch die lineare Streckung $t_i \to 1$ der (bezüglich der Vektoren $v_i - v$) baryzentrischen Parameter a_i eine stückweise lineare Abbildung des Sterns von v bezüglich K' auf den Stern von v bezüglich K entsteht, und dass diese Abbildung ein Homöomorphismus ist.

Die Unterteilung $K' < K$ hatte hier die schöne Eigenschaft, dass sie in einer kleinen ϵ-Umgebung U von v gar nicht erkennbar war. Die simpliziale Struktur in U war genau die gleiche wie vorher, denn die zusätzlichen Kanten von K' verliefen alle ein stückweit von v entfernt. Jetzt wollen wir allgemeine Unterteilungen betrachten, in denen v auch Eckpunkt von neuen Simplizes in $K' \setminus K$ wird.

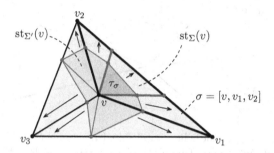

Wie im Bild motiviert, können wir dabei nach einem ähnlichem Muster vorgehen. Wir betrachten nur die Simplizes von K', welche v als Eckpunkt enthalten – das ergibt $\mathrm{st}_{K'}(v)$. Es sei $\tau_\sigma \subset \sigma$ ein Simplex in K', das ein Simplex $\sigma \in K$ ausgehend von v ein Stück weit radial zerteilt. Man verlängert dann die Kanten von τ_σ linear solange, bis es an der v gegenüberliegenden Seitenfläche von σ exakt anliegt. Wenn wir das für alle $\tau_\sigma \in \mathrm{st}_{K'}(v)$ und alle dadurch radial zerteilten Simplizes σ am Punkt v gemacht haben, ist letztlich der Stern $\mathrm{st}_K(v)$ radial von v ausgehend zerteilt worden, ohne sich kombinatorisch verändert zu haben. □

Ein etwas technischer Satz, der auch nicht besonders überraschend war. Dennoch bot er eine gute Übung im simplizialen Denken und wird noch hervorragende Dienste leisten. Insbesondere hat sein Beweis auch gezeigt:

Folgerung: Für einen Eckpunkt v hängen $\mathrm{st}(v)$ und $\mathrm{lk}(v)$ nur von einer Umgebung $U(v)$ ab (bis auf Isomorphie). Man sagt auch, ihre **PL-Strukturen** sind lokal eindeutig festgelegt. (Die **PL-Struktur** eines Polyeders K ist gegeben durch die Isomorphieklasse eines simplizialen Komplexes mit Polyeder K.) □

Konzentrieren wir uns jetzt aber auf die Objekte, die einen Themenschwerpunkt dieses Buches bilden: die Mannigfaltigkeiten. Wenn immer wir dafür topologische Invarianten aus Triangulierungen konstruieren wollen, spielt die kombinatorische

Äquivalenz, also die PL-Isomorphie der zugehörigen Komplexe eine entscheidende Rolle. Dies führt uns direkt zu einer speziellen Eigenschaft von Mannigfaltigkeiten.

Definition (PL-Mannigfaltigkeit)

Es sei M das Polyeder eines simplizialen Komplexes. Dann nennt man M eine **stückweise lineare n-Mannigfaltigkeit** (oder auch **PL-Mannigfaltigkeit** der Dimension n), falls jeder Punkt x in M eine Umgebung U besitzt, für die es einen PLH $f : U \to \mathbb{R}^n$ gibt ($\mathbb{R}^n$ trage dabei die natürliche PL-Struktur aus einer simplizialen Zerlegung ganzzahliger n-Würfel). Man spricht in diesem Fall auch von einer **kombinatorischen Mannigfaltigkeit**.

Ein Wort der Erklärung dazu, denn beim genauen Hinsehen sind Sie vielleicht über den PLH $f : U \to \mathbb{R}^n$ gestolpert. U ist ja in der Regel eine kleine, beschränkte offene Menge, aber $\mathbb{R}^n$ ist unbeschränkt. Kann es dazwischen überhaupt lineare Homöomorphismen geben? Nein, natürlich nicht. Aber die Karte f muss ja nur stückweise linear sein.

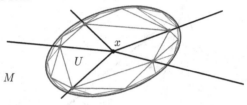

Das Bild zeigt eine unendliche simpliziale Umgebung $U \subset M$, die das offene Polyeder $M \cap U$ verfeinert. Deren Simplizes streben am Rand von U im Durchmesser gegen 0. Werden diese Simplizes dann durch f aufgeblasen (zum Beispiel konstant zu einem Standardsimplex Δ^n), so füllt $f(U)$ den ganzen $\mathbb{R}^n$ aus. Eine PL-Mannigfaltigkeit besitzt also einen Atlas, dessen Karten $(f_\lambda)_{\lambda \in \Lambda}$ stückweise linear sind – und damit auch alle Kartenwechsel $f_\mu \circ f_\nu^{-1} : \mathbb{R}^n \to \mathbb{R}^n$.

Doch werfen wir nach all der Theorie einen weiteren Blick auf die Geschichte. Sie erinnern sich, im Jahr 1925 hat KNESER erstmals die Bezeichnung „Hauptvermutung" verwendet, [64]. Er ergänzte sie damals ganz offiziell um eine weitere Vermutung, welche von manchen Topologen meist implizit angenommen wurde. Es war nämlich nirgendwo bewiesen, dass eine topologische Mannigfaltigkeit überhaupt eine Triangulierung besitzt.

Triangulierungsvermutung (Kneser 1925)

Jede topologische Mannigfaltigkeit besitzt eine Triangulierung.

Viele Kollegen von KNESER teilten übrigens diese Zweifel und formulierten ihre Sätze stets nur für triangulierbare Mannigfaltigkeiten. In modernem Gewand spricht man seit etwa 1950 auch von der stärkeren **kombinatorischen Triangulierungsvermutung**, nach der diese Triangulierungen sogar PL-Triangulierungen sein sollen. Falls dann nämlich sowohl die Hauptvermutung für Mannigfaltigkeiten als auch die kombinatorische Triangulierungvermutung gelten würde, so hätte man die Äquivalenz zweier Kategorien von Räumen bewiesen. Die Kategorie TOP der topologischen Mannigfaltigkeiten mit den stetigen Abbildungen als Morphismen wäre dann tatsächlich äquivalent zur Kategorie PL der PL-Mannigfaltigkeiten mit den PL-Abbildungen als Morphismen. Hand auf's Herz: Wenn Sie selbst kritisch darüber nachdenken, fällt Ihnen bestimmt kein schlagkräftiges Argument ein, weswegen die Vermutungen falsch sein könnten.

Es ist doch so naheliegend: Da Mannigfaltigkeiten lokal homöomorph zu $\mathbb{R}^n$ sind, sind sie ganz leicht lokal PL-triangulierbar. Und weil man ohne Probleme zu immer feineren Unterteilungen übergehen kann, wird es mit etwas Technik schon gelingen, diese lokalen PL-Abschnitte an den Rändern irgendwie aneinanderzukleben und eine globale PL-Struktur zu schaffen. Eigentlich kann dabei doch gar nichts schiefgehen, oder?

So ähnlich dachte wohl auch der geniale Erfinder POINCARÉ selbst, obwohl er die Vermutungen nicht beweisen konnte. In den Jahren 1921-24 (er hat das nicht mehr erlebt) kündigte sich aber großes Ungemach an – oder drücken wir es positiv aus: großes Glück, denn die Topologie hat durch die bahnbrechenden Entdeckungen auf diesem Gebiet eine gewaltige Entwicklung gemacht. Was genau ist passiert?

L. ANTOINE und J. W. ALEXANDER entdeckten damals die ersten *exotischen* oder *wilden Einbettungen* $\varphi : S^2 \hookrightarrow \mathbb{R}^3$, die heute unter dem Namen „gehörnte Sphären" (engl. *horned spheres*) bekannt sind, [2][4]. Es waren die ersten wilden Einbettungen einer Mannigfaltigkeit in einen $\mathbb{R}^n$ (engl. *wild embedding*), was im geplanten Folgeband präzisiert wird. Die Abbildung zeigt beispielhaft den Aufbau der **Alexander-Sphäre** (die Kurve α wird erst später benötigt).

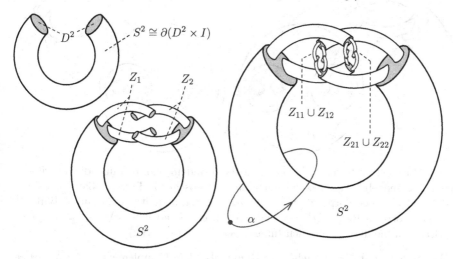

Man beginnt mit einem gebogenen Zylinder $D^2 \times I$, dessen Rand eine S^2 ist. An dessen Enden sind zwei Zangen Z_1 und Z_2 angeheftet, deren Arme auch homöomorph zu $D^2 \times I$ sind und ineinander greifen. Im nächsten Schritt bildet man die Zangenpaare (Z_{11}, Z_{12}) und (Z_{21}, Z_{22}), die wieder ineinander greifen und so weiter. Nach der n-ten Iteration hat man 2^n Zangen, deren Enden im Grenzübergang $n \to \infty$ gegen eine (total unzusammenhängende) CANTOR-Menge $C_{\mathcal{AL}} \subset \mathbb{R}^3$ konvergieren. Versuchen wir diese Konstruktion etwas genauer nachzuvollziehen.

Sie kennen wahrscheinlich die klassische CANTOR-Menge $\mathcal{D}_C \subset [0,1]$, einer der Hauptimpulse bei der Entwicklung der modernen Mengenlehre, [14].

Entwicklungsstufe

0		
1		
2		
3		
4		
5		
6		

Sie entsteht, indem man aus dem Intervall $[0,1]$ das mittlere (offene) Drittel entfernt, mit den verbleibenden Teilen $[0, 1/3]$ und $[2/3, 1]$ analog verfährt und diesen Prozess ad infinitum für alle Teilintervalle fortsetzt. Als Grenzwert entsteht das **Cantorsche Diskontinuum** $\mathcal{D}_C$, eine kompakte, vollständig unzusammenhängende Menge, die gleichmächtig zu $\mathbb{R}$ ist (kleine **Übung** in elementarer Topologie). Sie gilt heute wegen ihrer Selbstähnlichkeit als das erste *Fraktal* der Geschichte.

In der folgenden Abbildung ist zu sehen, wie sich in der Konstruktion von $S^2_{\mathcal{AL}}$ die Enden der Zangen (homöomorph zu D^2) im Grenzwert $n \to \infty$ auf die zu $\mathcal{D}_C$ homöomorphe Menge $C_{\mathcal{AL}}$ auf $S^2_{\mathcal{AL}}$ zusammenziehen.

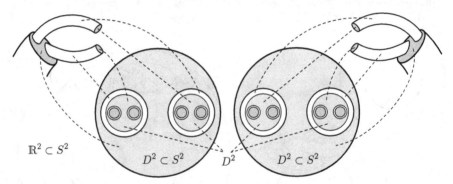

Die ALEXANDER-Sphäre $S^2_{\mathcal{AL}}$ entsteht dann, indem man das unendlich verflochtene Zangengebilde an dessen Enden mit $C_{\mathcal{AL}}$ abschließt. Es wird sofort plausibel, dass $S^2_{\mathcal{AL}}$ homöomorph zu S^2 ist und auf der Innenseite einen zum 3-Ball D^3 homöomorphen Raum $D^3_{\mathcal{AL}}$ berandet, denn es gilt auch $S^2_{\mathcal{AL}} \setminus C_{\mathcal{AL}} \cong S^2 \setminus \mathcal{D}_C$. (Beachten Sie die kanonischen Inklusionen $\mathcal{D}_C \subset \mathbb{R}^2 \subset S^2$.)

Was aber ist mit dem umgebenden Raum, also dem Komplement $\mathbb{R}^3 \setminus D^3_{\mathcal{AL}}$? Hier enthüllte die ALEXANDER-Einbettung ein Wunder. Zwar wusste man schon um das Jahr 1920, dass das Bild $f(S^2)$ jeder Einbettung $f : S^2 \to \mathbb{R}^3$ auf der Innenseite eine D^3 berandet (Theorem von ALEXANDER). Doch der Außenbereich der obigen wilden Einbettung ist nicht einfach zusammenhängend (also nicht homöomorph zum Außenbereich von $S^2 \subset \mathbb{R}^3$), denn die auf der Vorgängerseite eingezeichnete Kurve α ist nicht nullhomotop im Außenbereich $\mathbb{R}^3 \setminus D^3_{\mathcal{AL}}$.

Es gibt in der Tat keine Möglichkeit, α innerhalb $\mathbb{R}^3 \setminus D^3_{\mathcal{AL}}$ stetig auf eine Punkt-kurve zu deformieren. Denn jede solche Nullhomotopie $H : I \times I \to \mathbb{R}^3 \setminus D^3_{\mathcal{AL}}$ müsste die Kurve beliebig nahe an mindestens einen Punkt c der CANTOR-Menge $C_{\mathcal{AL}}$ heranführen. Mit etwas Technik lässt sich dann eine Punktfolge $(x_i)_{i \in \mathbb{N}}$ in $I \times I$ konstruieren mit

$$\lim_{i \to \infty} H(x_i) = c,$$

wobei die Kompaktheit von $C_{\mathcal{AL}}$ entscheidend eingeht. Vielleicht versuchen Sie das als **Übung**. Die Kurve α würde daher im Verlauf der Deformation auf eine Punktkurve die Sphäre $S^2_{\mathcal{AL}}$ bei c berühren, und das ist ein Widerspruch. $(\Box)$

Dieser überraschende und fundamentale Unterschied zur klassischen Einbettung der S^2 zeigte erstmals, dass ein zweidimensionales Analogon zum Satz von JORDAN-SCHOENFLIES nicht existierte (welcher besagte, dass jede Einbettung $S^1 \to \mathbb{R}^2$ die Ebene in zwei Wegkomponenten aufteilt, die jeweils homöomorph zum Innen- und Außenbereich des Einheitskreises $S^1 \subset \mathbb{R}^2$ sind). Andererseits war aber schon zu Zeiten von ALEXANDER bekannt, dass bei zu S^2 homöomorphen Polyedern $K \subset \mathbb{R}^3$ (das sind spezielle *zahme Einbettungen*) auch der Außenbe-reich, also die nicht-kompakte Komponente von $\mathbb{R}^3 \setminus K$ homöomorph zu $\mathbb{R}^3 \setminus D^3$ ist. Ein Ergebnis, das übrigens viele Jahre später von M. BROWN auf höhere Dimensionen verallgemeinert wurde, [12].

Auf einen Schlag wurde klar, dass TIETZE, STEINITZ und KNESER mit ihren Zweifeln vielleicht recht hatten. Man musste künftig sehr genau unterscheiden zwischen PL-Mannigfaltigkeiten und allgemeinen topologischen Mannigfaltig-keiten. Obwohl die Objekte homöomorph sind, kann es einen umgebenden euklidi-schen Raum dramatisch verändern, wenn man von einem Exemplar zum anderen wechselt. (Es war dies zwar noch kein Gegenbeispiel für die Haupt- oder Triangu-lierungsvermutung, aber zumindest ein deutlicher Hinweis, vorsichtig zu sein.)

Zunächst gab es aber positive Nachrichten. T. RADÓ konnte 1925 zeigen, dass jede topologische Mannigfaltigkeit der Dimension $n \leq 2$ triangulierbar ist, [96]. Eine solche Triangulierung ist automatisch stückweise linear und bis auf Isomorphie eindeutig. Das war zugleich das letzte Wort in der Klassifikation von kompakten Flächen, die wir mit der Idee von ebenen Bauplänen bewiesen haben (Seite 50). Im Jahr 1952 schaffte E. MOISE den nächsten Durchbruch, als er tatsächlich die Äquivalenz zwischen den Kategorien TOP und PL in den Dimensionen $n \leq 3$ zeigen konnte, [81]. (Die Wirkung dieses Resultats ist übrigens bis heute spürbar, denn MOISE lieferte damit einen wesentlichen Baustein für den spektakulären Beweis der POINCARÉ-Vermutung durch G. PERELMAN, [90][91][92].)

Zur großen Überraschung brachen die Hauptvermutung und die Triangulierungs-vermutung danach aber in allen Varianten zusammen. 1961 hat sie J. MILNOR für Polyeder widerlegt. Mit klassischen Ideen von K. REIDEMEISTER aus dem Jahr 1935 konstruierte er über sogenannte *Linsenräume* zwei homöomorphe simpliziale Komplexe, die nicht kombinatorisch äquivalent waren, [80][97]. Der Ansatz funk-tionierte in allen Dimensionen $n \geq 6$. Und acht Jahre später zeigten KIRBY und SIEBENMANN auf Basis der Arbeiten von A. CASSON und D. SULLIVAN durch abstrakte Überlegungen, dass es in den Dimensionen $n \geq 5$ Mannigfaltigkeiten geben muss, die überhaupt keine PL-Triangulierung besitzen und solche, für die sogar mehrere nicht-äquivalente PL-Triangulierungen existieren, [62]. Damit war die Vermutung $PL \cong TOP$ in allen Aspekten widerlegt.

Inzwischen weiß man, dass es in allen Dimensionen $n \geq 4$ Mannigfaltigkeiten gibt, die überhaupt keine Triangulierung besitzen. Den Anfang machte 1982 M. FREEDMAN, als er sein berühmtes Beispiel E_8 konstruierte, [33]. Er wusste zwar schon, dass die POINCARÉ-Vermutung die Triangulierbarkeit von E_8 verhindern würde, konnte dieses Argument damals aber nicht anführen, denn PERELMANs Beweis dieser Vermutung war erst 2006 endgültig anerkannt.

Im Jahr 1985 gelang es dann aber CASSON über einen anderen Weg, die Nicht-Triangulierbarkeit von E_8 nachzuweisen (dargestellt in [1]). Das war eine absolut historische Entdeckung, eigentlich völlig unvorstellbar. Sie hat einen fast erkenntnistheoretischen Stellenwert, der mit dem Fund der ersten transzendenten Zahl durch J. LIOUVILLE, den Unvollständigkeitssätzen von K. GÖDEL oder der Entdeckung nicht berechenbarer Funktionen durch A. TURING vergleichbar ist.

Die Existenz von nicht-triangulierbaren Mannigfaltigkeiten in allen Dimensionen $n \geq 5$ hat übrigens erst kürzlich der Rumäne C. MANOLESCU in [72] gezeigt, auf der Basis von Vorarbeiten durch D. GALEWSKI, R. J. STERN und T. MATUMOTO aus den späten 1970-er Jahren, [35][36][75]. So gesehen ist das positive Ergebnis von MOISE aus dem Jahr 1952 nicht zu verbessern.

Sie sehen, ein bewegtes Forschungsgebiet. All diese Gegenbeispiele sind extrem kompliziert und verwenden abstrakte Konzepte, die hier nicht einmal annähernd dargestellt werden können (die positiven Resultate in den Dimensionen $n \leq 3$ wirken auch tatsächlich erschwerend, denn man kann in höheren Dimensionen kein anschauliches Beispiel angeben).

Daher freut es mich, in dem geplanten Folgeband zur Topologie wenigstens einen Überblick zu dieser Thematik geben zu können. Wir besprechen dort FREEDMANs E_8-Mannigfaltigkeit, [33], und die Beispiele von B. MAZUR, J.W. CANNON und R.D. EDWARDS, mit denen die Hauptvermutung für Mannigfaltigkeiten in den Dimensionen $n \geq 5$ widerlegt wurde, [13][24][77]. Es ist durchaus überraschend, dass es sich dabei um die (vermeintlich) harmlosen Sphären S^n handelt, welche Triangulierungen besitzen, die nicht isomorph sind.

Doch zurück auf den Boden, wir gehen schrittweise an diese großen Ziele heran. Versuchen wir jetzt, ein zentrales Charakteristikum von PL-Triangulierungen herauszuarbeiten, das später eine Schlüsselrolle spielen wird.

Satz (Sphärische Links sind äquivalent zu PL-Mannigfaltigkeiten)

Das Polyeder eines simplizialen Komplexes K der Dimension n hat genau dann die Struktur einer PL-Mannigfaltigkeit, wenn der Link eines jeden Eckpunktes isomorph zu $\partial \Delta^n \cong S^{n-1}$ ist.

In der folgenden Abbildung erkennen Sie, dass die Aussage des Satzes eigentlich keine Überraschung ist. In Dimension $n = 2$ kann man sich die Situation mit einer einfachen Skizze tatsächlich gut veranschaulichen. Dennoch ist eine Richtung der Äquivalenz nicht ganz trivial.

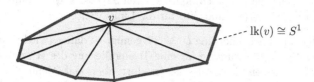

Zuerst überlegen Sie sich als **Übung** selbst, dass es in jedem simplizialen Komplex einen PLH $\mathrm{st}(v) \cong C_v\,\mathrm{lk}(v)$ des Sterns von v auf den Kegel von $\mathrm{lk}(v)$ über dem Punkt v gibt. (Für die Kegelkonstruktion blättern Sie zurück auf Seite 41.) Die folgende Abbildung mag eine kleine Gedankenstütze dazu sein.

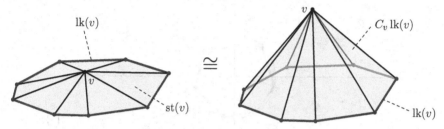

Starten wir nun den **Beweis** mit der einfachen Richtung. Falls die Links der Eckpunkte isomorph zu $\partial\Delta^n$ sind, können wir leicht einen PL-Atlas des Polyeders von K konstruieren. Die offenen Sterne der Eckpunkte $\{\mathring{\mathrm{st}}(v) : v \in K^0\}$ bilden nämlich eine Überdeckung des Polyeders von K. Betrachte dann einen Eckpunkt $v \in K^0$. Wir haben Isomorphien

$$\mathring{\mathrm{st}}(v) \cong \mathring{C}_v\,\mathrm{lk}(v) \cong \mathring{C}_v\,\partial\Delta^n\,,$$

wobei der Komplex auf der rechten Seite isomorph zu $\mathbb{R}^n$ ist. Also sind die offenen Sterne isomorph zu $\mathbb{R}^n$ und bilden einen PL-Atlas von K.

Die Umkehrung ist etwas schwieriger. Es sei dazu M eine PL-Mannigfaltigkeit. Wir wählen eine Umgebung U eines Eckpunktes v, die isomorph zu $\mathbb{R}^n$ ist und zeigen, dass der Link $\mathrm{lk}(v)$ isomorph zu einer stückweise linearen S^{n-1} ist.

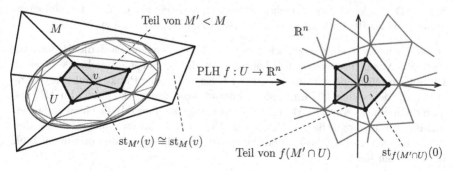

Die PL-Karte $f : U \to \mathbb{R}^n$ bilde den Punkt v auf den Nullpunkt ab. Wir wählen nun eine genügend feine baryzentrische Unterteilung $M' < M$, sodass $\mathrm{st}_{M'}(v)$ ganz in U enthalten ist. Nach dem früheren Satz ist $\mathrm{st}_{M'}(v)$ dann isomorph zum originalen Stern $\mathrm{st}_M(v)$, und dito für die Links (Seite 189).

Wegen der lokalen Isomorphie $U \cong \mathbb{R}^n$ genügt es daher (wieder mit dem gerade erwähnten Satz), die Aussage für eine Triangulierung des $\mathbb{R}^n$ mit dem Eckpunkt $v = 0$ zu beweisen. Die Aussage ist dort aber klar, denn der Nullpunkt ist Eckpunkt von endlich vielen n-Simplizes $\sigma_1^n, \ldots, \sigma_k^n$, und der Link $\mathrm{lk}_{\mathbb{R}^n}(0)$ besteht dann aus allen dem Nullpunkt gegenüber liegenden Seitenflächen $\tau_1^{n-1}, \ldots, \tau_k^{n-1}$ dieser Simplizes.

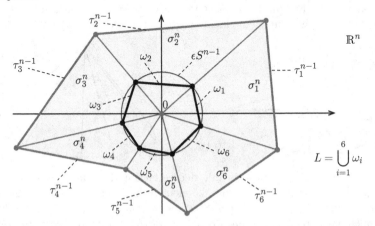

Da $\mathrm{st}_{\mathbb{R}^n}(0)$ eine Umgebung von 0 enthält, ist ein ϵ-Ball um 0 darin enthalten. Dessen Rand ϵS^{n-1} schneide die von 0 ausgehenden Kanten im Abstand ϵ vom Nullpunkt. Die Schnittpunkte ergeben für jedes σ_i^n eine neue gegenüber liegende $(n-1)$-Seitenfläche ω_i. Diese Seitenflächen $\omega_1, \ldots, \omega_k$ schließen sich dann zu einem sphärischen Polyeder $L \cong S^{n-1}$ zusammen, dessen Ecken auf der ϵ-Sphäre liegen. Offensichtlich ist L durch eine radiale Projektion auf die τ_i^{n-1} PL-isomorph zu dem ursprünglichen Link $\mathrm{lk}_{\mathbb{R}^n}(0)$. $\square$

Der Satz begründet den ganzen Ruhm der PL-Mannigfaltigkeiten. Es ist nämlich in vielen Beweisen immer wieder enorm wichtig, schöne Sterne oder Links zu haben. Dabei kann einem nichts Besseres passieren als es mit der einfachen Struktur eines PL-Balls Δ^n oder einer PL-Sphäre $\partial\Delta^n$ zu tun zu haben.

Blicken wir noch einmal zurück auf den Beweis, genauer auf die Bedeutung eines PL-Atlas. Im zweiten Teil konnten wir die Isomorphie der Links zu einer PL-Sphäre zeigen, da wir uns mit einer PL-Karte um den Punkt v auf eine Triangulierung des vollen $\mathbb{R}^n$ um den Nullpunkt beschränken konnten. Im $\mathbb{R}^n$ hat man dann eine kanonische Metrik zur Verfügung, die über ϵ-Bälle einen einfachen Zugang zur Lösung schaffte. Der sphärische Link L hat sich lückenlos um den Nullpunkt herum geschlossen und die radiale Projektion auf den originalen Link besorgte den Rest.

Wie erginge es uns aber, wenn der Atlas der polyedrischen Mannigfaltigkeit M nicht überall aus PL-Karten bestünde? Ganz abgesehen davon, dass Sie sich zum jetzigen Zeitpunkt einen solch exotischen Fall bestimmt nicht vorstellen können, hätten wir dann wenigstens noch die Eigenschaft von M, als simplizialer Komplex Teilmenge eines $\mathbb{R}^N$ mit $N > n$ zu sein (Seite 161).

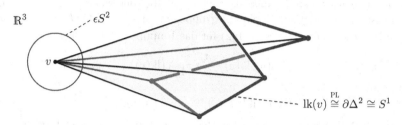

Zumindest im Fall $\dim M = 2$ und $M \subset \mathbb{R}^3$ erscheint es noch plausibel, ebenfalls sphärische Links von Eckpunkten zu haben. Aber erkennen Sie den großen Unterschied zu vorhin? Hier können wir nicht zum Durchschnitt mit einem vollständigen ϵ-Ball im $\mathbb{R}^3$ übergehen, weil ein solcher Ball nicht im Stern $\mathrm{st}_{M'}(v)$ liegen würde, unabhängig davon, wie fein die Unterteilung ist. Damit funktioniert auch keine radiale Projektion mit einem sphärischen Polyeder L wie oben.

Die S^1 als Link des Eckpunktes v kommt in diesem Fall auf andere Weise zustande. Wir nutzen unsere Intuition und die Anschauung von M als Teilmenge des $\mathbb{R}^3$. Doch schon bei $\dim M = 3$ geht diese Möglichkeit verloren, denn wir können uns keine im Punkt v gekrümmte 3-Mannigfaltigkeit mehr vorstellen (dazu bräuchten wir mindestens den $\mathbb{R}^4$ als umgebenden Raum).

An dieser Stelle berühren wir zum zweiten Mal in diesem Kapitel die geheimen Orte der Topologie, die Mysterien der höherdimensionalen Mannigfaltigkeiten. Das hartnäckige Scheitern bei dem Versuch, den obigen Satz über die sphärischen Links auch ohne unsere räumliche Vorstellung im $\mathbb{R}^3$ oder PL-Karten zu zeigen, war ein deutlicher Hinweis darauf, dass hier tiefe Geheimnisse verborgen liegen. In der Tat gibt es ab $n = 5$ polyedrische n-Mannigfaltigkeiten, bei denen einige Eckenlinks nicht einmal homotopieäquivalent, geschweige denn homöomorph oder gar isomorph zu S^{n-1} sind, [13][24] (im Folgeband wird das genauer beleuchtet).

Doch ich schweife zu sehr ab (die Versuchung ist groß), kommen wir zurück zum Thema. Der obige Beweis funktioniert also nicht, wenn wir die Forderung nach einem PL-Atlas von M weglassen. Kann man dann in höheren Dimensionen gar nichts mehr sagen? Gott sei Dank nicht. Der folgende Satz ist ein erster Schritt auf dem Weg zu bedeutenden Erkenntnissen und wird in Band II bei den großen Triangulierungsfragen noch eine entscheidende Rolle spielen.

Satz (Struktur des Link $\mathrm{lk}(v)$ eines Eckpunktes – Teil I)
Es sei M ein simplizialer Komplex, dessen Polyeder homöomorph ist zu einer Mannigfaltigkeit der Dimension $n \geq 3$. Dann ist der Link $\mathrm{lk}(v)$ eines jeden Eckpunktes $v \in M$ einfach zusammenhängend.

Das ist immerhin etwas. Sie erkennen auch, dass eine PL-Struktur natürlich zu einer viel stärkeren Aussage führen würde, denn die Sphären S^n sind für $n \geq 2$ einfach zusammenhängend (Seite 115).

Der **Beweis** ist eine Anwendung verschiedener Ergebnisse aus der Homotopietheorie. Zunächst sehen Sie, dass st(v) als Kegel über der Menge lk(v) zusammenziehbar ist. Daher sind alle Homotopiegruppen $\pi_k(\mathrm{st}(v)) = 0$ für $k \geq 0$. Die lange exakte Homotopiesequenz (Seite 142) für das Raumpaar $(\mathrm{st}(v), \mathrm{lk}(v))$,

$$\cdots \xrightarrow{i_\#} \pi_k(\mathrm{st}(v)) \xrightarrow{j_\#} \pi_k(\mathrm{st}(v), \mathrm{lk}(v)) \xrightarrow{\partial_\#} \pi_{k-1}(\mathrm{lk}(v)) \xrightarrow{i_\#} \pi_{k-1}(\mathrm{st}(v)) \longrightarrow \cdots,$$

ergibt dann

$$\pi_k(\mathrm{st}(v), \mathrm{lk}(v), x_0) \cong \pi_{k-1}(\mathrm{lk}(v), x_0)$$

für alle $k > 0$. Es bleibt zu zeigen, dass die relative Gruppe $\pi_2(\mathrm{st}(v), \mathrm{lk}(v), x_0) = 0$ ist. Ein Element aus dieser Gruppe ist repräsentiert durch die Homotopieklasse (relativ zu S^1) einer stetigen Abbildung

$$f : (D^2, S^1, s_0) \longrightarrow (\mathrm{st}(v), \mathrm{lk}(v), x_0)$$

für einen ausgewählten Punkt $x_0 \in \mathrm{lk}(v)$ (vergleichen Sie dazu die Definitionen auf Seite 134). Da $\overset{\circ}{\mathrm{st}}(v)$ eine Umgebung von v enthält (homöomorph zu $\mathbb{R}^n$), ist die Abbildung $f : D^2 \to \mathrm{st}(v)$ homotop relativ S^1 zu einer differenzierbaren Abbildung, welche nicht surjektiv ist (beachten Sie $n \geq 3$) und daher einen Punkt $w \in \overset{\circ}{\mathrm{st}}(v)$ auslässt (Seite 136, alternativ könnte man hier auch mit simplizialer Approximation argumentieren, Seite 165).

Nun ist lk(v) ein starker Deformationsretrakt von st$(v) \setminus \{w\}$, weswegen f in $\pi_2(\mathrm{st}(v), \mathrm{lk}(v), x_0)$ homotop ist zu einer Abbildung

$$g : (D^2, S^1, s_0) \longrightarrow (\mathrm{st}(v), \mathrm{lk}(v), x_0)$$

mit $g(D^2) \subseteq \mathrm{lk}(v)$. Denken Sie sich dazu einfach $w = v$, was mit einem geeigneten Homöomorphismus st$(v) \to$ st(v) leicht möglich ist, und anschließend wenden Sie die radiale Projektion auf die v gegenüber liegenden Seitenflächen in lk(v) an.

Die Abbildung g ist dann nach dem Kompressionskriterium (Seite 143) nullhomotop in $\pi_2(\mathrm{st}(v), \mathrm{lk}(v), x_0)$, weswegen letztlich auch f nullhomotop war und insgesamt $\pi_2(\mathrm{st}(v), \mathrm{lk}(v), x_0) = 0$ bewiesen ist. $\Box$

Ein wichtiger Satz, an dem Sie auch den Nutzen der Homotopietheorie erkennen, die wir im vorigen Kapitel betrieben haben. Im übernächsten Kapitel (nach einigen algebraischen Vorbereitungen) werden wir weitere Aussagen zum Link von Eckpunkten eines simplizialen Komplexes finden. Die damit verbundenen Erkenntnisse führen uns dann, wie schon erwähnt, im zweiten Band zu den fantastischen Resultaten über exotische Triangulierungen der höheren Sphären.

Beenden wir also vorerst unseren Streifzug durch die simplizialen Komplexe, deren Grundprinzipien mitsamt einiger wichtiger Theoreme vorgestellt wurden. Nach den Vorbereitungen im nächsten Kapitel wandeln wir mit diesem Wissen auf den Spuren des großen HENRI POINCARÉ und erleben, mit welchen Ideen er die Topologie des 20. Jahrhunderts beeinflusst hat wie kaum ein anderer.

6 Algebraische Grundlagen – Teil II

Mit diesem Zwischenkapitel betreten wir das Gebiet der Homologietheorie, eine Disziplin, die Ende des 19. Jahrhunderts aus einer engen Verbindung der kombinatorischen Topologie von POINCARÉ mit der modernen (kommutativen) Algebra entstand, maßgeblich entwickelt von D. HILBERT. Ab etwa 1940 hat die Homologie nach und nach fast alle Gebiete der reinen Mathematik erfasst und durch ein höheres Abstraktionsniveau neue Methodenansätze ermöglicht.

Um das Kapitel nicht unnötig zu überfrachten, werden zunächst nur die wichtigsten Grundlagen der homologischen Algebra besprochen, mit Fokus auf den für die Homologie relevanten Tor-Funktor als Ableitung der Tensorierung $G \to G \otimes H$. Die Hom- und Ext-Funktoren, die erst bei der Kohomologie Bedeutung gewinnen, werden in einem späteren algebraischen Intermezzo behandelt.

6.1 Kettenkomplexe und Homologiegruppen

In der Gruppen-Homologie sind grundsätzlich alle Gruppen G abelsch. Damit werden sie zu **Moduln** über dem kommutativen Ring $\mathbb{Z}$ (mit Einselement) durch die Festlegung

$$ ax = \underbrace{x + \ldots + x}_{a-\text{mal}} $$

für alle $a \geq 0$ in $\mathbb{Z}$ und $x \in G$. Für negative Werte von a setzt man $ax = -(-a)x$. In der Tat gilt aufgrund der Kommutativität von G stets $(a + b)x = ax + bx$, $(ab)x = a(bx)$ sowie $a(x + y) = ax + ay$.

Das zentrale Objekt für die Homologie ist der **Kettenkomplex**. In unserem Fall ist dies eine (absteigend indizierte) Sequenz der Form

$$ \ldots \xrightarrow{\partial_4} C_3 \xrightarrow{\partial_3} C_2 \xrightarrow{\partial_2} C_1 \xrightarrow{\partial_1} C_0 \xrightarrow{\partial_0} C_{-1} \xrightarrow{\partial_{-1}} C_{-2} \xrightarrow{\partial_{-2}} \ldots $$

von Homomorphismen $\partial_k : C_k \to C_{k-1}$ zwischen abelschen Gruppen mit $\partial_{k-1}\partial_k = 0$, also $\mathrm{Im}(\partial_k) \subseteq \mathrm{Ker}(\partial_{k-1})$. Der Name „Kettenkomplex" rührt daher, dass die Elemente der topologischen Kettengruppen tatsächlich an kettenartige Gebilde erinnern (Seite 228 f). Die Elemente $c \in C_k$ nennt man k-**Ketten**. Falls $\partial_k(c) = 0$ ist, heißen sie k-**Zyklen** und die Bilder $\partial_{k+1}(b) \in C_k$ (mit einem $b \in C_{k+1}$) nennt man k-**Ränder**. Die Untergruppe der k-Zyklen wird mit $Z_k(C)$ bezeichnet, die der k-Ränder mit $B_k(C)$.

Alle diese Begriffe haben topologischen Ursprung, wie Sie später sehen werden. Der Kettenkomplex $(C_k, \partial_k)_{k \in \mathbb{Z}}$ wird häufig mit C abgekürzt, wenn die Homomorphismen ∂_k aus dem Kontext heraus klar sind. In den meisten Fällen, auch in den Anwendungen der nächsten Kapitel, ist $C_k = \{0\}$ für alle $k < 0$.

Die k-te **Homologiegruppe** von C, in Zeichen $H_k(C)$, misst die Abweichung des Komplexes C von der Exaktheit an der Stelle k, man definiert also

$$H_k(C) \;=\; \mathrm{Ker}(\partial_k) \,/\, \mathrm{Im}(\partial_{k+1}) \;=\; Z_k(C) \,/\, B_k(C)\,.$$

Da sämtliche Gruppen abelsch sind, tragen alle diese Quotienten tatsächlich eine Gruppenstruktur (Seite 65). Um die Theorie weiter entwickeln zu können, braucht man den Begriff eines **Kettenhomomorphismus** $\varphi : C \to C'$ zwischen Ketten-komplexen. Die Definition ist naheliegend, ein Kettenhomomorphismus besteht aus einer Familie $(\varphi_k)_{k\in\mathbb{Z}}$ von Gruppenhomomorphismen $\varphi_k : C_k \to C'_k$, sodass folgendes Diagramm kommutiert:

$$\cdots \xrightarrow{\partial_4} C_3 \xrightarrow{\partial_3} C_2 \xrightarrow{\partial_2} C_1 \xrightarrow{\partial_1} C_0 \xrightarrow{\partial_0} C_{-1} \xrightarrow{\partial_{-1}} C_{-2} \xrightarrow{\partial_{-2}} \cdots$$
$$\Big\downarrow{\varphi_3} \quad \Big\downarrow{\varphi_2} \quad \Big\downarrow{\varphi_1} \quad \Big\downarrow{\varphi_0} \quad \Big\downarrow{\varphi_{-1}} \quad \Big\downarrow{\varphi_{-2}}$$
$$\cdots \xrightarrow{\partial_4} C'_3 \xrightarrow{\partial_3} C'_2 \xrightarrow{\partial_2} C'_1 \xrightarrow{\partial_1} C'_0 \xrightarrow{\partial_0} C'_{-1} \xrightarrow{\partial_{-1}} C'_{-2} \xrightarrow{\partial_{-2}} \cdots,,$$

es gilt also $\varphi_{k-1} \circ \partial_k = \partial_k \circ \varphi_k$ für alle $k \in \mathbb{Z}$. Die wichtige Beobachtung ist nun, dass ein Kettenhomomorphismus φ wohldefinierte Homomorphismen zwischen den Homologiegruppen von C und C' induziert.

Satz (Zentrale Eigenschaft von Kettenhomomorphismen)
Jeder Kettenhomomorphismus $\varphi : C \to C'$ induziert für alle $k \in \mathbb{Z}$ wohldefinierte Gruppenhomomorphismen $(\varphi_k)_* : H_k(C) \to H_k(C')$.

Der **Beweis** ist trivial. Für ein $\alpha \in H_k(C)$ sei ein k-Zyklus $a \in C_k$ als Repräsentant gewählt. Dann definiert man $(\varphi_k)_*(\alpha)$ einfach als die Klasse von $\varphi_k(a)$ in der Gruppe $H_k(C')$. Die Wohldefiniertheit dieser Zuordnung folgt direkt aus dem obigen kommutativen Diagramm (insbesondere sieht man damit ohne Schwierig-keiten, dass $\varphi_k(a)$ ein k-Zyklus in C' ist). $\qquad\qquad\square$

6.2 Tensorprodukte, freie Auflösungen und Tor-Gruppen

Ein erstes wichtiges Beispiel für Homologiegruppen sind die Tor-Gruppen (der Name kommt von „Torsion"). Hierfür müssen wir etwas ausholen.

Das Tensorprodukt von abelschen Gruppen

Produktstrukturen spielen in der Mathematik eine große Rolle. So entsteht zum Beispiel aus zwei Mannigfaltigkeiten M und N eine Mannigfaltigkeit $M \times N$. Im einfachsten Fall ergeben zwei reelle Geraden $\mathbb{R}$ das Produkt $\mathbb{R}^2 = \mathbb{R} \times \mathbb{R}$.

Werden den topologischen Räumen dann algebraische Strukturen zugeordnet, entsteht die Frage, wie sich das algebraische Objekt eines Produkts $X \times Y$ aus den algebraischen Objekten der Faktoren X und Y errechnet. Nehmen wir als

Beispiel die euklidischen Räume $\mathbb{R}^n$ und als algebraische Strukturen die $\mathbb{Z}$-Module der Polynomfunktionen auf $\mathbb{R}^n$ mit ganzzahligen Koeffizienten, also die abelschen Gruppen $\mathbb{Z}[x_1, \ldots, x_n]$. Wie entstehen also die Polynome $\mathbb{Z}[x, y]$ über $\mathbb{R}^2$ auf algebraischem Weg aus den Polynomen in $\mathbb{Z}[x]$ und $\mathbb{Z}[y]$ über $\mathbb{R}$?

Nun denn, einfach von der Produktgruppe $\mathbb{Z}[x] \times \mathbb{Z}[y]$, oder äquivalent dazu von der direkten Summe $\mathbb{Z}[x] \oplus \mathbb{Z}[y]$ auszugehen, wäre keine gute Wahl. Die Elemente dieses Produktes haben nämlich Werte in $\mathbb{R}^2$ und sind keine reellen Funktionen. Der naive Rettungsversuch $(p, q)(a, b) = p(a) + q(b)$ für $p \in \mathbb{Z}[x]$ und $q \in \mathbb{Z}[y]$ bringt wenig, denn so lassen sich die Monome der Form $x^m y^n$ nicht darstellen. Das ginge wiederum mit der Definition $(p, q)(a, b) = p(a)q(b)$, wir bekämen dann aber ein Problem mit der Gruppenstruktur: Es würde

$$(p_1, q_1) + (p_2, q_2) = (p_1 + p_2, q_1 + q_2)$$

sein (die Gruppenverknüpfung in $\mathbb{Z}[x] \times \mathbb{Z}[y]$ wird für jede Komponente separat ausgeführt). Dies entspräche für $p_1 = p_2 = x$ und $q_1 = q_2 = y$ der Gleichung

$$(x, y) + (x, y) = (x + x, y + y) = (2x, 2y),$$

in der die linke Seite der Funktion $xy + xy = 2xy$ auf $\mathbb{R}^2$ entspricht und die rechte Seite der Funktion $2x2y = 4xy$, ein offensichtlicher Unsinn. Um hier etwas Vernünftiges zu konstruieren, nämlich $\mathbb{Z}[x, y]$, bedarf es mindestens einiger Bilinearrelationen auf $\mathbb{Z}[x] \times \mathbb{Z}[y]$ wie zum Beispiel $(p_1, q) + (p_2, q) - (p_1 + p_2, q) = 0$, oder $(p, q_1) + (p, q_2) - (p, q_1 + q_2) = 0$. Bildet man dann die Quotientengruppe nach der von diesen Relationen erzeugten Untergruppe, kommen wir der Sache zwar etwas näher, aber ein weiteres Problem drängt sich auf: Wegen der Interpretation $(p, q)(a, b) = p(a)q(b)$ wäre in der Quotientengruppe $(x, 0) = (0, y) = 0$, also müsste auch die Klasse von $(x, 0) + (0, y) = (x, y) = 0$ sein, was letztlich zu der Gleichung $xy = 0$ führt. So kann es nicht gehen, das hat absolut nichts mehr zu tun mit der gewöhnlichen Gruppenstruktur von $\mathbb{Z}[x, y]$ und damit scheitert der Versuch endgültig, die Gruppenstruktur von $\mathbb{Z}[x, y]$ als algebraischen Quotienten von $\mathbb{Z}[x] \times \mathbb{Z}[y]$ zu übernehmen. Was tun?

Die Lösung ist einfach. Man muss zunächst die additive Verknüpfung in der Produktgruppe $\mathbb{Z}[x] \times \mathbb{Z}[y]$ eliminieren, bevor man mit Relationen neue Rechenregeln definiert. Dies geschieht, indem man zur frei abelschen Gruppe mit der Basis $\mathbb{Z}[x] \times \mathbb{Z}[y]$ übergeht. Dann ist $(x, y) + (x, y) = 2(x, y)$ und eben nicht $(2x, 2y)$, denn letzteres Element liegt in einem anderen $\mathbb{Z}$-Summanden als $2(x, y)$. Und eine Summe $(x, y) + (x, 2y)$ kann nicht weiter vereinfacht werden, sondern bleibt unverändert stehen. Bildet man schließlich den Quotienten bezüglich passender Relationen, erhält man tatsächlich eine zu $\mathbb{Z}[x, y]$ isomorphe Gruppe.

Um konkret zu werden, verlassen wir das Beispiel – es kann weiterhin als Motivation und Anschauungshilfe dienen – und geben gleich für beliebige abelsche Gruppen G und H die Konstruktion des **Tensorprodukts** $G \otimes H$ an. Wie angedeutet, sei dazu $[G \times H]$ die frei abelsche Gruppe, welche von der Basis $G \times H$ erzeugt wird. In $[G \times H]$ sei R die von allen Elementen $(g_1, h) + (g_2, h) - (g_1 + g_2, h)$ und $(g, h_1) + (g, h_2) - (g, h_1 + h_2)$ erzeugte Untergruppe. Dann definiert man das **Tensorprodukt** $G \otimes H$ als die Quotientengruppe

$$G \otimes H = [G \times H] / R.$$

Die Nebenklasse $(g, h)R$ eines Elements $(g, h) \in [G \times H]$ werde dabei mit $g \otimes h$ bezeichnet. Aus der Konstruktion folgt eine natürliche, $\mathbb{Z}$-bilineare Abbildung

$$\otimes : G \times H \longrightarrow G \otimes H, \quad (g, h) \mapsto g \otimes h,$$

wie Sie durch eine einfache **Übung** verifizieren können (die $\mathbb{Z}$-Bilinearität folgt aus den Relationen in R).

Anschaulich gesprochen, besteht $G \otimes H$ aus allen endlichen Summen der Form $\sum_{i=1}^{n}(g_i \otimes h_i)$ mit $g_i \in G$ und $h_i \in H$, wobei man das $\otimes$-Zeichen rechnerisch wie eine Multiplikation verwenden darf. So folgt aus den Relationen in R zum Beispiel

$$(g_1 + g_2) \otimes (h_1 + h_2) \;=\; g_1 \otimes h_1 \;+\; g_1 \otimes h_2 \;+\; g_2 \otimes h_1 \;+\; g_2 \otimes h_2\,,$$

oder auch

$$r(g \otimes h) \;=\; (rg) \otimes h \;=\; g \otimes (rh)$$

für alle $r \in \mathbb{Z}$, womit Sie als weitere **Übung** zeigen können, dass bei den obigen Polynomfunktionen die Zuordnung $p(x) \otimes q(y) \mapsto p(x)q(y)$ (über lineare Fortsetzung) tatsächlich einen Isomorphismus $\mathbb{Z}[x] \otimes \mathbb{Z}[y] \cong \mathbb{Z}[x, y]$ induziert. Das Tensorprodukt wird sich später als probates Mittel erweisen, um die Homologie von Produkträumen zu berechnen (Seite 217).

Um mit dem Tensorprodukt vernünftig arbeiten zu können, benötigt man eine universelle Eigenschaft (durch die es eindeutig charakterisiert ist) und ein paar einfache Rechenregeln.

Satz (Universelle Eigenschaft des Tensorproduktes)
Das Tensorprodukt $G \otimes H$ ist die (bis auf Isomorphie) eindeutig bestimmte abelsche Gruppe $\mathcal{T}$ mit folgender universeller Eigenschaft:

Es gibt eine $\mathbb{Z}$-bilineare Abbildung $\Phi : G \times H \to \mathcal{T}$, sodass für alle (abelschen) Gruppen A und $\mathbb{Z}$-bilineare Abbildungen $\Psi : G \times H \to A$ ein eindeutiger Gruppenhomomorphismus $f : \mathcal{T} \to A$ existiert mit $\Psi = f \circ \Phi$.

Für den **Beweis** zeigen wir zunächst, dass $\otimes : G \times H \to G \otimes H$ die universelle Eigenschaft erfüllt. Jede Abbildung $\Psi : G \times H \to A$ induziert (durch lineare Fortsetzung) einen Gruppenhomomorphismus $F : [G \times H] \to A$ über die Zuordnung $(g, h) \mapsto \Psi(g, h)$ auf den Basiselementen der frei abelschen Gruppe $[G \times H]$. Die $\mathbb{Z}$-Bilinearität von Ψ garantiert dann, dass die Untergruppe $R \subseteq [G \times H]$ im Kern von F liegt und diese Abbildung daher zu einem Gruppenhomomorphismus $f : G \otimes H \to A$ faktorisiert. Wegen $f(g \otimes h) = F(g, h)$ ist er durch F (und damit auch durch Ψ) eindeutig bestimmt.

Es sei dann $\mathcal{T}$ eine abelsche Gruppe mit der universellen Eigenschaft. Angewendet auf die $\mathbb{Z}$-bilineare Abbildung $\otimes : G \times H \to G \otimes H$ liefert sie einen eindeutigen Gruppenhomomorphismus $f : \mathcal{T} \to G \otimes H$ mit $f \circ \Phi(g,h) = g \otimes h$. Wendet man die universelle Eigenschaft umgekehrt auf $G \otimes H$ an, so ergibt sich ein eindeutiger Gruppenhomomorphismus $\widetilde{f} : G \otimes H \to \mathcal{T}$ mit $\widetilde{f}(g \otimes h) = \Phi(g,h)$.

Um $\widetilde{f} \circ f = \mathrm{id}_{\mathcal{T}}$ zu zeigen, betrachte das kommutative Diagramm

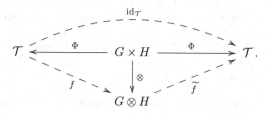

Darin ist dreimal die universelle Eigenschaft zu finden, und wegen der Eindeutigkeit der dort vorkommenden Gruppenhomomorphismen muss $\widetilde{f} \circ f = \mathrm{id}_{\mathcal{T}}$ sein. Vertauschen von $\mathcal{T}$ und $G \otimes H$ sowie Φ und $\otimes$ führt mit dem gleichen Argument auf $f \circ \widetilde{f} = \mathrm{id}_{G \otimes H}$. Also ist $f : \mathcal{T} \to G \otimes H$ ein Isomorphismus. $\qquad\square$

Mit der universellen Eigenschaft kann man sehr einfach einige Grundregeln für das Tensorprodukt beweisen.

Satz (Regeln für das Tensorprodukt)
Für abelsche Gruppen F, G und H gilt

1. $G \otimes H \cong H \otimes G$,

2. $(F \otimes G) \otimes H \cong F \otimes (G \otimes H)$,

3. und für jede Indexmenge Λ mit abelschen Gruppen $G_\lambda, \lambda \in \Lambda$

$$\left(\bigoplus_{\lambda \in \Lambda} G_\lambda \right) \otimes H \cong \bigoplus_{\lambda \in \Lambda} (G_\lambda \otimes H).$$

Der **Beweis** sei nur für den Fall $G \otimes H \cong H \otimes G$ durchgeführt. Die $\mathbb{Z}$-bilinearen Abbildungen $\Psi : G \times H \to H \otimes G$, $(g,h) \mapsto h \otimes g$, und $\widetilde{\Psi} : H \times G \to G \otimes H$, $(h,g) \mapsto g \otimes h$, faktorisieren gemäß der universellen Eigenschaft von $G \otimes H$ und $H \otimes G$ eindeutig zu folgendem kommutativen Diagramm:

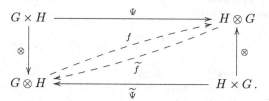

Wegen $f(g \otimes h) = h \otimes g$ und $\widetilde{f}(h \otimes g) = g \otimes h$ sind f und $\widetilde{f}$ invers zueinander. Die übrigen zwei Aussagen werden ähnlich bewiesen (**Übung**). $\qquad\square$

Elementare Beispiele für Tensorprodukte sind

$$\mathbb{Z}_m \otimes \mathbb{Z}_n \cong \mathbb{Z}_{\mathrm{ggT}(m,n)}$$

im Fall $m, n \geq 1$ oder

$$\mathbb{Z}[x,y] \otimes \mathbb{Z}_n \cong \mathbb{Z}_n[x,y] \quad \text{und} \quad G \otimes \mathbb{Z}^n \cong G^n .$$

Auch gilt $\mathbb{Q} \otimes \mathbb{Z}_n = 0$ für $n \geq 1$, denn es ist stets $q \otimes r = (q/n) \otimes (nr) = 0$. Die Elemente $g \otimes h$ mit $g \in G$ und $h \in H$ nennt man übrigens **elementare** oder **reine Tensoren**. In der Regel ist es schwierig, zu bestimmen, ob ein Element in $G \otimes H$ ein reiner Tensor ist. In $\mathbb{Z}[x] \otimes \mathbb{Z}[y]$ ist zum Beispiel $(x \otimes y) + (x^2 \otimes 1)$ kein reiner Tensor, das Element $(x \otimes 1) - (x^2 \otimes y^3) + (x^2 \otimes 1) - (x \otimes y^3)$ hingegen schon: vereinfacht ist es identisch zu $(x + x^2) \otimes (1 - y^3)$.

Genug der elementaren Beispiele. Um in der Theorie voranzukommen und eines der zentralen Beispiele für Homologiegruppen zu besprechen, sei vorab noch kurz erwähnt, dass zwei Homomorphismen $f_1 : G_1 \to H_1$ und $f_2 : G_2 \to H_2$ auf natürliche Weise einen Homomorphismus

$$f_1 \otimes f_2 : G_1 \otimes G_2 \longrightarrow H_1 \otimes H_2$$

durch lineare Fortsetzung der Vorschrift $g_1 \otimes g_2 \mapsto f_1(g_1) \otimes f_2(g_2)$ ergeben. Eine einfache **Übung** zeigt dann, dass die Identität $\mathrm{id}_H : H \to H$ surjektive Homomorphismen $f : F \to G$ nach Tensorierung beibehält, es ist in diesen Fällen auch $f \otimes \mathrm{id}_H : F \otimes H \to G \otimes H$ eine Surjektion. Mit anderen Worten kann man sagen, dass der Funktor $. \otimes H$ **rechtsexakt** ist, denn aus einer exakten Sequenz

$$F \xrightarrow{\ f\ } G \longrightarrow 0$$

folgt nach Anwendung von $. \otimes H$ die exakte Sequenz

$$F \otimes H \xrightarrow{\ f \otimes \mathrm{id}_H\ } G \otimes H \longrightarrow 0 .$$

Für injektive Homomorphismen $f : F \to G$ gilt das aber nicht. Sie überzeugen sich schnell, dass für $n \geq 2$ der Monomorphismus $\mathbb{Z} \to \mathbb{Z}$, $a \mapsto na$, nach Tensorierung mit der Identität auf $\mathbb{Z}_n$ zur Nullabbildung $\mathbb{Z} \otimes \mathbb{Z}_n \to \mathbb{Z} \otimes \mathbb{Z}_n$ wird, denn es ist $(na) \otimes b = a \otimes (nb) = a \otimes 0 = 0$ für alle $a \in \mathbb{Z}$ und $b \in \mathbb{Z}_n$.

Freie Auflösungen und Tor-Gruppen

Unter einer **freien Auflösung** $(F_i, f_i)_{i \geq 0}$ einer abelschen Gruppe G versteht man eine exakte Sequenz der Form

$$\dots \xrightarrow{\ f_4\ } F_3 \xrightarrow{\ f_3\ } F_2 \xrightarrow{\ f_2\ } F_1 \xrightarrow{\ f_1\ } F_0 \xrightarrow{\ f_0\ } G \longrightarrow 0$$

mit frei abelschen Gruppen F_i, $i \geq 0$. Es ist klar, dass jede abelsche Gruppe eine freie Auflösung besitzt. Man nehme einfach eine Menge von Generatoren S und definiere $F_0 = \bigoplus_{g \in S} \mathbb{Z}$. Die Abbildung $f_0 : F_0 \to G$ bildet dann eine endliche Summe $\sum_{g \in S} a_g$ auf das Element $\sum_{g \in S} a_g g \in G$ ab (beachten Sie, dass alle bis auf endlich viele Koeffizienten a_g gleich 0 sind).

Offensichtlich ist f_0 surjektiv, denn S generiert G. Mit $F_1 = \text{Ker}(f_0)$ haben wir dann die exakte Sequenz

$$0 \longrightarrow F_1 \longrightarrow F_0 \xrightarrow{f_0} G \longrightarrow 0,$$

in der F_1 nach einem früheren Satz ebenfalls frei abelsch ist (Seite 68).   □

Natürlich sind freie Auflösungen niemals eindeutig, jede abelsche Gruppe besitzt unendlich viele davon. Es gibt jedoch eine bemerkenswerte Eigenschaft all dieser Auflösungen, die nur von der Gruppe G abhängt und allen Auflösungen von G gemeinsam ist. Auf diese Eigenschaft wollen wir nun hinarbeiten.

Aus der Rechtsexaktheit des Funktors $. \otimes H$ folgt für jede freie Auflösung

$$\cdots \xrightarrow{f_3} F_2 \xrightarrow{f_2} F_1 \xrightarrow{f_1} F_0 \xrightarrow{f_0} G \longrightarrow 0$$

einer abelschen Gruppe G ein Kettenkomplex (mit $1 = \text{id}_H$)

$$\cdots \xrightarrow{f_3 \otimes 1} F_2 \otimes H \xrightarrow{f_2 \otimes 1} F_1 \otimes H \xrightarrow{f_1 \otimes 1} F_0 \otimes H \xrightarrow{f_0 \otimes 1} G \otimes H \longrightarrow 0,$$

also eine Sequenz mit $\text{Im}(f_i \otimes 1) \subseteq \text{Ker}(f_{i-1} \otimes 1)$ für alle $i \geq 1$, was Sie als einfache **Übung** verifizieren können. Die Homologiegruppen dieses Kettenkomplexes sind dann die Tor-Gruppen von G bezüglich der Tensorierung mit H.

Definition und Satz (Tor-Gruppen einer abelschen Gruppe)
Es sei $(F_i, f_i)_{i \geq 0}$ eine freie Auflösung einer abelschen Gruppe G. Wie oben beschrieben, entstehe daraus der mit einer abelschen Gruppe H tensorierte Kettenkomplex $(F_i \otimes H, f_i \otimes 1)_{i \geq 0}$. Dann nennt man die k-te Homologiegruppe

$$\text{Tor}_k(G, H) = \text{Ker}(f_k \otimes 1) \big/ \text{Im}(f_{k+1} \otimes 1)$$

dieses Komplexes die k-**te Tor-Gruppe** von G bezüglich des Funktors $. \otimes H$. Sie ist (bis auf Isomorphie) unabhängig von der freien Auflösung $(F_i, f_i)_{i \geq 0}$.

Das einzig Schwierige daran ist der **Beweis** der Behauptung am Ende. Wir steigen an dieser Stelle richtig ein in die Homologietheorie und betrachten einen Gruppenhomomorphismus $\varphi : G \to G'$ sowie zwei freie Auflösungen $(F_i, f_i)_{i \geq 0}$ von G und $(F_i', f_i')_{i \geq 0}$ von G'.

Beobachtung 1: Es gibt Homomorphismen $\varphi_i : F_i \to F_i'$, $i \geq 0$, die φ innerhalb der beiden Auflösungen zu einem Kettenhomomorphismus

$$
\begin{array}{ccccccccc}
\cdots & \xrightarrow{f_3} & F_2 & \xrightarrow{f_2} & F_1 & \xrightarrow{f_1} & F_0 & \xrightarrow{f_0} & G & \longrightarrow & 0 \\
& & \downarrow{\varphi_2} & & \downarrow{\varphi_1} & & \downarrow{\varphi_0} & & \downarrow{\varphi} & & \\
\cdots & \xrightarrow{f_3'} & F_2' & \xrightarrow{f_2'} & F_1' & \xrightarrow{f_1'} & F_0' & \xrightarrow{f_0'} & G' & \longrightarrow & 0.
\end{array}
$$

fortsetzen.

Falls $(\psi_i)_{i\geq 0}$ eine andere Fortsetzung wäre, gibt es für alle $i \geq 0$ Homomorphismen $D_i : F_i \to F'_{i+1}$ mit $\varphi_i - \psi_i = f'_{i+1} \circ D_i + D_{i-1} \circ f_i$. Man nennt $(\varphi_i)_{i\geq 0}$ und $(\psi_i)_{i\geq 0}$ in diesem Fall **kettenhomotop** zueinander und die Homomorphismen $(D_i)_{i\geq 0}$ eine **Kettenhomotopie** zwischen $(\varphi_i)_{i\geq 0}$ und $(\psi_i)_{i\geq 0}$.

Der Begriff „Homotopie" hat topologische Wurzeln (Seite 256) und zeigt erneut die engen Wechselwirkungen zwischen algebraischer Topologie und homologischer Algebra. Die Kettenhomotopie $(D_i)_{i\geq 0}$ sieht im Diagramm so aus:

$$
\begin{array}{ccccc}
F_{i+1} & \xrightarrow{\ f_{i+1}\ } & F_i & \xrightarrow{\ f_i\ } & F_{i-1} \\
{\scriptstyle \varphi_{i+1}}\downarrow{\scriptstyle \psi_{i+1}} & {\scriptstyle D_i} & {\scriptstyle \varphi_i}\downarrow{\scriptstyle \psi_i} & {\scriptstyle D_{i-1}} & {\scriptstyle \varphi_{i-1}}\downarrow{\scriptstyle \psi_{i-1}} \\
F'_{i+1} & \xrightarrow{\ f'_{i+1}\ } & F'_i & \xrightarrow{\ f'_i\ } & F'_{i-1} \, .
\end{array}
$$

Nehmen Sie diese (anfangs vielleicht etwas verwirrenden) Konstruktionen einfach als gegeben hin, sie werden Ihnen bald in hellerem Licht erscheinen.

Der **Beweis** der Behauptung verwendet ein induktives Vorgehen. Für die Fortsetzung $\varphi_0 : F_0 \to F'_0$ sei S eine Basis von F_0 und darin ein Basiselement $b \in S$ gegeben. Da f'_0 surjektiv ist, gibt es ein Element $x_b \in F'_0$ mit $f'_0(x) = \varphi \circ f_0(b)$. Mit dem Auswahlaxiom (Seite 8) kann für jedes $b \in S$ ein solches x_b ausgewählt werden und über die Festlegung $b \mapsto x_b$ entsteht φ_0 durch lineare Fortsetzung.

Im Schritt von $\varphi_0, \ldots, \varphi_{i-1}$ zu φ_i sei ein Basiselement $b \in F_i$ gegeben. Die Kommutativität des Diagramms bewirkt $f'_{i-1}\big(\varphi_{i-1} \circ f_i(b)\big) = 0$ und wegen der Exaktheit der unteren Zeile gibt es ein Urbild $x_b \in F'_i$ mit $f'_i(x_b) = \varphi_{i-1} \circ f_i(b)$. Die Zuordnungen $b \mapsto x_b$ definieren dann die Fortsetzung φ_i wie oben.

Mit der Kettenhomotopie $(D_i)_{i\geq 0}$ funktioniert es genauso. D_0 kann als Nullabbildung gewählt werden, weil rechts der Homomorphismus $\varphi : G \to G'$ fixiert ist. Im Schritt von $D_0, \ldots, D_{i-1}$ zu D_i sei ein Basiselement $b \in F_i$ gegeben. Es ist dann

$$
\varphi_{i-1}\big(f_i(b)\big) - \psi_{i-1}\big(f_i(b)\big) \;=\; f'_i \circ D_{i-1}\big(f_i(b)\big) + D_{i-2} \circ f_{i-1}\big(f_i(b)\big)
$$
$$
\;=\; f'_i \circ D_{i-1}\big(f_i(b)\big)
$$

nach Induktionsannahme und wegen der Kommutativität des Diagramms auch

$$
f'_i\big(\,\varphi_i(b) - \psi_i(b) - D_{i-1} \circ f_i(b)\,\big) \;=\; 0 \, .
$$

Aus der Exaktheit der unteren Zeile ergibt sich wieder ein $y_b \in F'_{i+1}$ mit

$$
f'_{i+1}(y_b) \;=\; \varphi_i(b) - \psi_i(b) - D_{i-1} \circ f_i(b)
$$

und eine einfache Rechnung zeigt, dass die Zuordnungen $b \mapsto y_b$ die gesuchte Fortsetzung $D_i : F_i \to F'_{i+1}$ definieren. Damit ist Beobachtung 1 bewiesen. $\square$

Man erkennt an dem Beweis, dass wir eigentlich nur die Freiheit der F_i und die Exaktheit der unteren Zeile benötigt haben (das macht aber nichts).

Beobachtung 2: Ein Homomorphismus $(\varphi_i)_{i \in \mathbb{Z}}$ zwischen Kettenkomplexen $C = (C_i, \partial_i)_{i \in \mathbb{Z}}$ und $C' = (C'_i, \partial'_i)_{i \in \mathbb{Z}}$ induziert eindeutige Homomorphismen

$$\varphi_* : H_k(C) \longrightarrow H_k(C')$$

der Homologiegruppen für alle $k \in \mathbb{Z}$. Sind dabei zwei Kettenhomomorphismen $(\varphi_i)_{i \in \mathbb{Z}}$ und $(\psi_i)_{i \in \mathbb{Z}}$ homotop zueinander, so stimmen die Homomorphismen $\varphi_* : H_k(C) \to H_k(C')$ und $\psi_* : H_k(C) \to H_k(C')$ für alle $k \in \mathbb{Z}$ überein.

Der **Beweis** dieser Beobachtung ist trivial, den ersten Teil haben wir schon erbracht (Seite 200). Im zweiten Teil garantiert die Existenz der Kettenhomotopie $(D_i)_{i \in \mathbb{Z}}$, dass für alle Zyklen $z \in Z_k(C)$ die Differenz $\varphi_k(z) - \psi_k(z) = \partial'_{k+1}\big(D_k(z)\big)$ ein k-Rand ist und daher beim Übergang zur Homologiegruppe verschwindet. $\square$

Kehren wir zurück zu dem Beweis, dass die Gruppen $\operatorname{Tor}_k(G, H)$ wohldefiniert, also unabhängig von der freien Auflösung $F = (F_i, f_i)_{i \in \mathbb{Z}}$ der Gruppe G sind. Es sei dazu $F' = (F'_i, f'_i)_{i \in \mathbb{Z}}$ eine weitere freie Auflösung von G. Das Diagramm

$$
\begin{array}{ccccccccccc}
\cdots & \xrightarrow{f_3} & F_2 & \xrightarrow{f_2} & F_1 & \xrightarrow{f_1} & F_0 & \xrightarrow{f_0} & G & \longrightarrow & 0 \\
& & \downarrow{\varphi_2} & & \downarrow{\varphi_1} & & \downarrow{\varphi_0} & & \parallel \operatorname{id}_G & & \\
\cdots & \xrightarrow{f'_3} & F'_2 & \xrightarrow{f'_2} & F'_1 & \xrightarrow{f'_1} & F'_0 & \xrightarrow{f'_0} & G & \longrightarrow & 0 \\
& & \downarrow{\psi_2} & & \downarrow{\psi_1} & & \downarrow{\psi_0} & & \parallel \operatorname{id}_G & & \\
\cdots & \xrightarrow{f_3} & F_2 & \xrightarrow{f_2} & F_1 & \xrightarrow{f_1} & F_0 & \xrightarrow{f_0} & G & \longrightarrow & 0
\end{array}
$$

mit den Fortsetzungen $(\varphi_i)_{i \geq 0}$ und $(\psi_i)_{i \geq 0}$ zeigt, dass die Komposition $(\psi_i \circ \varphi_i)_{i \geq 0}$ als Kettenhomomorphismus $F \to F' \to F$ eine Fortsetzung von id_G ist und daher homotop zu den Identitäten id_{F_i} für alle $k \geq 0$. An all diesen Fakten ändert die Tensorierung mit (H, id_H) nichts. Wir erhalten somit

$$
\begin{array}{ccccccccc}
\cdots & \longrightarrow & F_2 \otimes H & \longrightarrow & F_1 \otimes H & \longrightarrow & F_0 \otimes H & \longrightarrow & G \otimes H & \longrightarrow & 0 \\
& & \downarrow{\varphi_2 \otimes \operatorname{id}_H} & & \downarrow{\varphi_1 \otimes \operatorname{id}_H} & & \downarrow{\varphi_0 \otimes \operatorname{id}_H} & & \parallel \operatorname{id}_G \otimes \operatorname{id}_H & & \\
\cdots & \longrightarrow & F'_2 \otimes H & \longrightarrow & F'_1 \otimes H & \longrightarrow & F'_0 \otimes H & \longrightarrow & G \otimes H & \longrightarrow & 0 \\
& & \downarrow{\psi_2 \otimes \operatorname{id}_H} & & \downarrow{\psi_1 \otimes \operatorname{id}_H} & & \downarrow{\psi_0 \otimes \operatorname{id}_H} & & \parallel \operatorname{id}_G \otimes \operatorname{id}_H & & \\
\cdots & \longrightarrow & F_2 \otimes H & \longrightarrow & F_1 \otimes H & \longrightarrow & F_0 \otimes H & \longrightarrow & G \otimes H & \longrightarrow & 0
\end{array}
$$

und das bedeutet die Existenz einer Homotopie zwischen dem Kettenhomomorphismus $(\operatorname{id}_{F_i \otimes H})_{i \geq 0}$, der offensichtlich die Identität der Homologiegruppen $H_k(F \otimes H)$ induziert, und dem Homomorphismus $\big((\psi_i \otimes \operatorname{id}_H) \circ (\varphi_i \otimes \operatorname{id}_H)\big)_{i \geq 0}$. Dies beweist die Injektivität der Abbildungen $(\varphi_k \otimes \operatorname{id}_H)_* : H_k(F \otimes H) \to H_k(F' \otimes H)$ und die Surjektivität von $(\psi_k \otimes \operatorname{id}_H)_* : H_k(F' \otimes H) \to H_k(F \otimes H)$. Vertauscht man die Rollen von F und F', ergibt sich für beide Abbildungen die Bijektivität und damit die Wohldefiniertheit der Homologiegruppen $\operatorname{Tor}_k(G, H)$. $\square$

Wie sehen die Tor-Gruppen in konkreten Beispielen aus? Nun denn, man kann zunächst eine allgemeine Aussage für alle abelschen Gruppen G formulieren.

Satz (Tor-Gruppen einer abelschen Gruppe)
Für abelsche Gruppen G und H ist $\mathrm{Tor}_k(G, H) = 0$ für $k \neq 1$. Die interessante Gruppe $\mathrm{Tor}_1(G, H)$ wird deswegen auch häufig mit $\mathrm{Tor}(G, H)$ abgekürzt.

Der **Beweis** für $k \geq 2$ folgt ganz einfach aus dem vorigen Satz und der Tatsache, dass jede abelsche Gruppe G eine freie Auflösung der Form

$$0 \longrightarrow \mathrm{Ker}(f) \longrightarrow F_0 \xrightarrow{f} G \longrightarrow 0$$

besitzt, mit der (freien) Untergruppe $\mathrm{Ker}(f) \subseteq F_0$ (Seite 68). Der Satz für $k = 0$, also die Aussage $\mathrm{Tor}_0(G, H) = 0$, ergibt sich dann aus einer etwas erweiterten Aussage über die Rechtsexaktheit des Funktors $. \otimes H$. Falls nämlich allgemein eine exakte Sequenz

$$E \xrightarrow{\varphi} F \xrightarrow{\psi} G \longrightarrow 0$$

abelscher Gruppen gegeben ist, dann bleibt für jede abelsche Gruppe H auch die tensorierte Sequenz exakt:

$$E \otimes H \xrightarrow{\varphi \otimes \mathrm{id}_H} F \otimes H \xrightarrow{\psi \otimes \mathrm{id}_H} G \otimes H \longrightarrow 0 \, .$$

Dies ist nicht schwierig, offensichtlich müssen wir die Exaktheit nur an der Stelle $F \otimes H$ zeigen. Die ist genau dann gegeben, wenn $\psi \otimes \mathrm{id}_H$ einen Isomorphismus

$$\overline{\psi \otimes \mathrm{id}_H} : (F \otimes H) / \mathrm{Im}(\varphi \otimes \mathrm{id}_H) \longrightarrow G \otimes H$$

induziert. Wir konstruieren dazu über die universelle Eigenschaft (Seite 202) von $G \otimes H$ eine Umkehrabbildung: Es sei für jedes $x \in G$ ein Element $y \in F$ gewählt mit $\psi(y) = x$ (beachten Sie wieder das Auswahlaxiom). Die Zuordnung von (x, h) auf $y \otimes h$ modulo $\mathrm{Im}(\varphi \otimes \mathrm{id}_H)$ ergibt eine wohldefinierte $\mathbb{Z}$-bilineare Abbildung $G \times H \to (F \otimes H) / \mathrm{Im}(\varphi \otimes \mathrm{id}_H)$. Sie müssen dazu prüfen, dass bei der Wahl eines anderen Urbilds y' mit $\psi(y') = x$ das Element $(y \otimes h) - (y' \otimes h) = (y - y') \otimes h$ in der Untergruppe $\mathrm{Im}(\varphi \otimes \mathrm{id}_H) \subseteq F \otimes H$ liegt (einfache **Übung**).

Nach der universellen Eigenschaft des Tensorprodukts gibt es dann einen eindeutigen Homomorphismus $G \otimes H \to (F \otimes H) / \mathrm{Im}(\varphi \otimes \mathrm{id}_H)$ mit $x \otimes h \mapsto \overline{y \otimes h}$. Es liegt auf der Hand, dass er die Umkehrabbildung zu $\overline{\psi \otimes \mathrm{id}_H}$ ist. $\qquad \square$

Der Satz erlaubt eine Modifikation der Gruppe $\mathrm{Tor}_0(G, H)$, die in der Literatur häufig zu finden ist. Die Tor-Gruppen für den Index $k \geq 1$, also die Homologiegruppen des Komplexes $\to F_2 \otimes H \to F_1 \otimes H \to F_0 \otimes H \to G \otimes H \to 0$, stimmen offensichtlich mit den entsprechenden Homologiegruppen des rechts verkürzten Komplexes $\to F_2 \otimes H \to F_1 \otimes H \to F_0 \otimes H \to 0$ überein.

In dem verkürzten Fall ist dann nach dem Satz $\mathrm{Tor}_0(G, H) \cong G \otimes H$, eine Interpretation, die im Sinne einer Ableitung des Tensorfunktors $G \to G \otimes H$ sinnvoll erscheint und die Formulierung mancher Sätze und Beweise vereinfachen kann.

6.3 Das universelle Koeffiziententheorem für die Homologie

Das Ziel dieses Abschnitts ist ein Satz, mit dem man (für abelsche Gruppen G) die Homologiegruppen $H_k(C \otimes G)$ eines Komplexes $C \otimes G = (C_i \otimes G, \partial_i \otimes \mathrm{id}_G)_{i \in \mathbb{Z}}$ aus den Gruppen $H_k(C)$ des originären Komplexes $C = (C_i, \partial_i)_{i \in \mathbb{Z}}$ berechnen kann. Entgegen der naiven Vermutung, es wäre $H_k(C \otimes G) \cong H_k(C) \otimes G$, ist das nicht immer der Fall. Der Grund liegt in der Tatsache, dass der Funktor $. \otimes G$ nur rechtsexakt ist (Seite 204).

Die lange exakte Homologiesequenz

Im vorigen Abschnitt haben wir Kettenhomomorphismen $\varphi : C \to C'$ zwischen Komplexen kennengelernt (Seite 200). In diesem Sinne ist es sofort klar, was mit einer kurzen exakten Sequenz von Kettenkomplexen der Form

$$0 \longrightarrow C \overset{\varphi}{\longrightarrow} C' \overset{\psi}{\longrightarrow} C'' \longrightarrow 0$$

gemeint ist: Das ist nichts anderes als ein großes kommutatives Diagramm

$$
\begin{array}{ccccccccc}
& & \downarrow{\scriptstyle\partial_{i+2}} & & \downarrow{\scriptstyle\partial_{i+2}} & & \downarrow{\scriptstyle\partial_{i+2}} & & \\
0 & \longrightarrow & C_{i+1} & \overset{\varphi_{i+1}}{\longrightarrow} & C'_{i+1} & \overset{\psi_{i+1}}{\longrightarrow} & C''_{i+1} & \longrightarrow & 0 \\
& & \downarrow{\scriptstyle\partial_{i+1}} & & \downarrow{\scriptstyle\partial_{i+1}} & & \downarrow{\scriptstyle\partial_{i+1}} & & \\
0 & \longrightarrow & C_i & \overset{\varphi_i}{\longrightarrow} & C'_i & \overset{\psi_i}{\longrightarrow} & C''_i & \longrightarrow & 0 \\
& & \downarrow{\scriptstyle\partial_i} & & \downarrow{\scriptstyle\partial_i} & & \downarrow{\scriptstyle\partial_i} & & \\
0 & \longrightarrow & C_{i-1} & \overset{\varphi_{i-1}}{\longrightarrow} & C'_{i-1} & \overset{\psi_{i-1}}{\longrightarrow} & C''_{i-1} & \longrightarrow & 0 \\
& & \downarrow{\scriptstyle\partial_{i-1}} & & \downarrow{\scriptstyle\partial_{i-1}} & & \downarrow{\scriptstyle\partial_{i-1}} & & \\
\end{array}
$$

mit exakten Zeilen. Eines der grundlegenden technischen Hilfsmittel der Homologietheorie ist die daraus entstehende lange exakte Homologiesequenz.

Definition und Satz (Lange exakte Homologiesequenz)
In der obigen Situation gibt es Homomorphismen $\delta_* : H_i(C'') \to H_{i-1}(C)$ für alle $i \in \mathbb{Z}$, welche die Homomorphismen φ_* und ψ_* zu einer **langen exakten Homologiesequenz** der Form

$$\ldots \overset{\psi_*}{\longrightarrow} H_{i+1}(C'') \overset{\partial_*}{\longrightarrow} H_i(C) \overset{\varphi_*}{\longrightarrow} H_i(C') \overset{\psi_*}{\longrightarrow} H_i(C'') \overset{\partial_*}{\longrightarrow} H_{i-1}(C) \overset{\varphi_*}{\longrightarrow} \ldots$$

verbinden.

Der **Beweis** dieses Satzes ist nicht schwierig. Zunächst zu den Homomorphismen $\partial_* : H_i(C'') \to H_{i-1}(C)$. Sie erinnern sich vielleicht, ein ähnliches Problem hatten wir auch bei der langen exakten Homotopiesequenz (Seite 142). Was dort mit einigen topologischen Schwierigkeiten verbunden war, ist hier vergleichsweise einfach, denn das Problem ist rein algebraisch. Man definiert den verbindenden Gruppenhomomorphismus

$$\partial_* : H_i(C'') \longrightarrow H_{i-1}(C)$$

mit einem Streifzug durch das obige Diagramm. Ein Element $\alpha \in H_i(C''')$ sei durch einen Zyklus $z_i'' \in Z_i(C''')$ repräsentiert. Wir wählen dann ein Urbild $c_i' \in C_i'$ mit $\psi_i(c_i') = z_i''$ und betrachten $\partial_i c_i' \in C_{i-1}'$. Wegen der Kommutativität des Diagramms ist $\psi_{i-1}(\partial_i c_i') = 0$, denn z_i'' war ein Zyklus. Da die Zeilen exakt sind, gibt es ein $z_{i-1} \in C_{i-1}$ mit $\varphi_{i-1}(z_{i-1}) = \partial_i c_i'$. Offensichtlich ist z_{i-1} ein Zyklus (dies folgt aus der Kommutativität des Diagramms, der Beziehung $\partial_{i-1} \circ \partial_i = 0$ in der mittleren Spalte und der Injektivität von φ_{i-2} im Rahmen einer einfachen **Übung**). Der Zyklus z_{i-1} liefert dann modulo $B_{i-1}(C)$ ein Element $\beta \in H_{i-1}(C)$ und wir setzen $\partial_*(\alpha) = \beta$.

Nun wäre natürlich einiges zu prüfen: die Wohldefiniertheit von ∂_*, also die Unabhängigkeit von der Auswahl des Repräsentanten z_i'', oder die Tatsache, dass die Zuordnung ein Gruppenhomomorphismus ist. Dies alles geht völlig geradeaus und sei Ihnen auch als **Übung** empfohlen, falls Sie sich noch unsicher fühlen.

Im nächsten Beweisschritt zeigen wir die Exaktheit der Sequenz exemplarisch an der Stelle $H_i(C')$, bei den anderen Stellen verläuft die Argumentation ähnlich. Es sei dazu $\alpha \in H_i(C')$, repräsentiert durch $z_i' \in Z_i(C')$, mit $\psi_*(\alpha) = 0$. Wir suchen einen Zyklus $z_i \in Z_i(C)$, sodass $\varphi_i(z_i) - z_i' \in B_i(C')$ ist. Der Zyklus z_i würde dann ein $\beta \in H_i(C)$ definieren mit $\varphi_*(\beta) = \alpha$, was die Exaktheit der Sequenz bei $H_i(C')$ bedeutet. Wie kann z_i gefunden werden?

Aus $\psi_*(\alpha) = 0$ folgt $\psi_i(z_i') \in B_i(C'')$. Es gibt also eine $(i+1)$-Kette $c_{i+1}'' \in C_{i+1}''$ mit $\partial_{i+1} c_{i+1}'' = \psi_i(z_i')$. Es sei dann $c_{i+1}' \in C_{i+1}'$ ein Urbild von $-c_{i+1}''$ bei ψ_{i+1}, also $\psi_{i+1}(c_{i+1}') = -c_{i+1}''$. Damit garantiert die Kommutativität des Diagramms

$$\psi_i(\partial_{i+1} c_{i+1}') = \partial_{i+1} \psi_{i+1}(c_{i+1}') = -\partial_{i+1} c_{i+1}'' = -\psi_i(z_i'),$$

mithin $\partial_{i+1} c_{i+1}' + z_i' \in \mathrm{Ker}(\psi_i)$. Wegen der Exaktheit der Zeilen folgt schließlich die Existenz eines Elements $z_i \in C_i$ mit $\varphi_i(z_i) = \partial_{i+1} c_{i+1}' + z_i'$. Wieder über die Kommutativität des Diagramms (und die Injektivität von φ_{i-1} sowie der Tatsache, dass z_i' ein Zyklus ist) ergibt sich $\partial_i z_i = 0$ und damit $z_i \in Z_i(C)$. Offensichtlich ist $\varphi_i(z_i) - z_i' = \partial_{i+1} c_{i+1}' \in B_i(C')$.

Die Exaktheit an den anderen Stellen $H_i(C)$ und $H_i(C'')$ folgt mit Argumenten von ähnlicher Qualität, ohne zusätzliche Schwierigkeiten. Probieren Sie dies ebenfalls als **Übung**, um mit der Materie vertraut zu werden.   □

Die kleine Abkürzung des Beweises scheint mir vertretbar, denn tatsächlich lernt man am meisten über diese „Diagrammjagden", wenn man sich selbst einmal daran versucht. Die Beweise nur zu lesen ist mäßig spannend und wenig erhellend. Man muss es ja nicht gleich so weit treiben wie S. Lang, der in frühen Ausgaben seines Algebra-Lehrbuches, zum Beispiel in [67], folgende „Übungsaufgabe" stellte: *Take any book on homological algebra, and prove all the theorems without looking at the proofs given in that book.* (In späteren Auflagen war diese Aufgabe allerdings verschwunden ...)

Nun denn, belassen wir es bei dieser kleinen Anekdote und wenden uns dem universellen Koeffiziententheorem zu. Hier ist es:

Satz (Universelles Koeffiziententheorem für die Homologie)
Es sei $C = (C_i, \partial_i)_{i \in \mathbb{Z}}$ ein Kettenkomplex, dessen Gruppen C_i alle frei abelsch sind, G eine abelsche Gruppe und $C \otimes G = (C_i \otimes G, \partial_i \otimes \mathrm{id}_G)_{i \in \mathbb{Z}}$ der tensorierte Kettenkomplex. Dann gibt es für alle $k \in \mathbb{Z}$ eine spaltende exakte Sequenz

$$0 \longrightarrow H_k(C) \otimes G \longrightarrow H_k(C \otimes G) \longrightarrow \mathrm{Tor}\big(H_{k-1}(C), G\big) \longrightarrow 0,$$

deren Spaltung aber nicht natürlich ist, sondern von Auswahlen abhängt.

Insbesondere folgt damit eine Isomorphie

$$H_k(C \otimes G) \;\cong\; \big(H_k(C) \otimes G\big) \oplus \mathrm{Tor}\big(H_{k-1}(C), G\big),$$

die letztlich zu dem „Wunschergebnis" $H_k(C \otimes G) \cong H_k(C) \otimes G$ führt, wenn man nachweisen kann, dass die Tor-Gruppen verschwinden (wir werden im Anschluss sehen, bei welchen konkreten Beispielen das gegeben ist).

Der **Beweis** verwendet eine geschickte Aufspaltung von C in die kurzen exakten Sequenzen $0 \to Z_i(C) \to C_i \xrightarrow{\partial_i} B_{i-1}(C) \to 0$ für alle $i \in \mathbb{Z}$. Untereinander hingeschrieben, ergibt sich daraus ein großes Diagramm, das aus den Ausschnitten

$$
\begin{array}{ccccccccc}
0 & \longrightarrow & Z_{i+1}(C) & \longrightarrow & C_{i+1} & \xrightarrow{\partial_{i+1}} & B_i(C) & \longrightarrow & 0 \\
 & & \downarrow{\scriptstyle 0} & & \downarrow{\scriptstyle \partial_{i+1}} & & \downarrow{\scriptstyle 0} & & \\
0 & \longrightarrow & Z_i(C) & \longrightarrow & C_i & \xrightarrow{\partial_i} & B_{i-1}(C) & \longrightarrow & 0
\end{array}
$$

besteht. Die senkrechten Pfeile sind in den äußeren Spalten identisch Null, denn Zyklen und Ränder verschwinden bei den Homomorphismen ∂_i. Weil die C_i frei abelsch sind, gilt das auch für die Untergruppen $B_i(C) \subseteq C_i$ und daher spalten die Zeilen (Seite 69, beachten Sie für die Existenz eines Schnittes gegen ∂_i das Auswahlaxiom, Seite 8). Für alle $i \in \mathbb{Z}$ gilt also $C_i \cong Z_i(C) \oplus B_{i-1}(C)$. Damit ist

$$C_i \otimes G \;\cong\; \big(Z_i(C) \oplus B_{i-1}(C)\big) \otimes G \;\cong\; \big(Z_i(C) \otimes G\big) \oplus \big(B_{i-1}(C) \otimes G\big)$$

und das tensorierte Diagramm

$$
\begin{array}{ccccccccc}
0 & \longrightarrow & Z_{i+1}(C) \otimes G & \longrightarrow & C_{i+1} \otimes G & \xrightarrow{\partial_{i+1} \otimes \mathrm{id}_G} & B_i(C) \otimes G & \longrightarrow & 0 \\
 & & \downarrow{\scriptstyle 0} & & \downarrow{\scriptstyle \partial_{i+1} \otimes \mathrm{id}_G} & & \downarrow{\scriptstyle 0} & & \\
0 & \longrightarrow & Z_i(C) \otimes G & \longrightarrow & C_i \otimes G & \xrightarrow{\partial_i \otimes \mathrm{id}_G} & B_{i-1}(C) \otimes G & \longrightarrow & 0 \\
 & & \downarrow{\scriptstyle 0} & & \downarrow{\scriptstyle \partial_i \otimes \mathrm{id}_G} & & \downarrow{\scriptstyle 0} & & \\
0 & \longrightarrow & Z_{i-1}(C) \otimes G & \longrightarrow & C_{i-1} \otimes G & \xrightarrow{\partial_{i-1} \otimes \mathrm{id}_G} & B_{i-2}(C) \otimes G & \longrightarrow & 0
\end{array}
$$

ist eine kurze exakte Sequenz $0 \to Z_*(C) \otimes G \to C_* \otimes G \to B_{*-1}(C) \otimes G \to 0$ von Kettenkomplexen.

Die lange exakte Homologiesequenz dafür (Seite 209) enthält die Ausschnitte

$$\ldots \to Z_i(C) \otimes G \xrightarrow{\varphi_*^\otimes} H_i(C \otimes G) \xrightarrow{\psi_*^\otimes} B_{i-1}(C) \otimes G \xrightarrow{\iota_*^\otimes} Z_{i-1}(C) \otimes G \to \ldots,$$

wobei die Homomorphismen $\varphi_*^\otimes$, $\psi_*^\otimes$ und $\iota_*^\otimes$ nichts anderes als die mit id_G tensorierten Homomorphismen φ_*, ψ_* und ι_* aus der langen exakten Homologiesequenz für $0 \to Z_*(C) \to C_* \to B_{*-1}(C) \to 0$ sind. In Letzterer sind die $\iota_* : B_{i-1}(C) \to Z_{i-1}(C)$ die gewöhnlichen Inklusionen (einfache **Übung**, Sie müssen dazu nur die Konstruktion der langen exakten Sequenz nachvollziehen).

Die obige lange Sequenz für die tensorierten Komplexe kann dann wieder zerlegt werden in kurze exakte Teilstücke der Form

$$0 \to \left(Z_i(C) \otimes G\right)/\mathrm{Im}(\iota_*^\otimes) \xrightarrow{\varphi_*^\otimes} H_i(C \otimes G) \xrightarrow{\psi_*^\otimes} \mathrm{Ker}(\iota_*^\otimes) \to 0.$$

Es bleibt die Aufgabe, die Gruppen auf der linken und rechten Seite dieser Sequenz zu bestimmen. Für die linke Seite $(Z_i(C) \otimes G)/\mathrm{Im}(\iota_*^\otimes)$ betrachte die kurze exakte Sequenz $0 \to B_i(C) \xrightarrow{\iota} Z_i(C) \xrightarrow{q} H_i(C) \to 0$, die nach Anwendung des Funktors $. \otimes G$ und der Beobachtung im Beweis des Satzes über das Verschwinden von Tor-Gruppen (Seite 208) die exakte Sequenz

$$B_i(C) \otimes G \xrightarrow{\iota^\otimes} Z_i(C) \otimes G \xrightarrow{q^\otimes} H_i(C) \otimes G \longrightarrow 0$$

liefert. Da offensichtlich $\iota_* = \iota$ ist, haben wir

$$(Z_i(C) \otimes G)/\mathrm{Im}(\iota_*^\otimes) \cong (Z_i(C) \otimes G)/\mathrm{Ker}(q^\otimes) \cong H_i(C) \otimes G$$

und damit den ersten Teil des universellen Koeffiziententheorems:

$$0 \longrightarrow H_i(C) \otimes G \xrightarrow{\varphi_*^\otimes} H_i(C \otimes G) \xrightarrow{\psi_*^\otimes} \mathrm{Ker}(\iota_*^\otimes) \longrightarrow 0.$$

Für den Kern von $\iota_*^\otimes : B_{i-1}(C) \otimes G \to Z_{i-1}(C) \otimes G$ interpretieren wir die Sequenz $0 \to B_{i-1}(C) \xrightarrow{\iota} Z_{i-1}(C) \to H_{i-1}(C) \to 0$ als freie Auflösung von $H_{i-1}(C)$. Tatsächlich sind die Gruppen $B_{i-1}(C)$ und $Z_{i-1}(C)$ als Untergruppen der frei abelschen Gruppe C_{i-1} selbst frei abelsch (Seite 68). Nach Tensorierung mit G können Sie aus der exakten Sequenz

$$0 \longrightarrow \mathrm{Ker}(\iota_*^\otimes) \longrightarrow B_{i-1}(C) \otimes G \xrightarrow{\iota_*^\otimes} Z_{i-1}(C) \otimes G \longrightarrow H_{i-1}(C) \otimes G \longrightarrow 0$$

direkt mit der Definition der Tor-Gruppen die noch fehlende Isomorphie

$$\mathrm{Ker}(\iota_*^\otimes) \cong \mathrm{Tor}\big(H_{i-1}(C), G\big)$$

ablesen. Die Spaltung (wenn auch keine natürliche) der resultierenden Sequenz

$$0 \longrightarrow H_i(C) \otimes G \xrightarrow{\varphi_*^\otimes} H_i(C \otimes G) \xrightarrow{\psi_*^\otimes} \mathrm{Tor}\big(H_{i-1}(C), G\big) \longrightarrow 0$$

ist einfach zu sehen. Wir konstruieren dazu einen Projektionshomomorphismus $p : H_i(C \otimes G) \to H_i(C) \otimes G$ mit $p \circ \varphi_*^\otimes = \mathrm{id}_{H_i(C) \otimes G}$.

Wieder hilft dabei die exakte Sequenz $0 \to Z_i(C) \to C_i \xrightarrow{\partial_i} B_{i-1}(C) \to 0$, aus deren Spaltung (Seite 211) sich die Isomorphie $C_i \cong Z_i(C) \oplus B_{i-1}(C)$ und damit eine Projektion $\widetilde{p} : C_i \to Z_i(C)$ ergibt. Verknüpft mit der Quotientenabbildung q haben wir dann einen Homomorphismus $q \circ \widetilde{p} : C_i \to H_i(C)$ für alle $i \in \mathbb{Z}$.

Die Homomorphismen $q \circ \widetilde{p}$ können in ihrer Gesamtheit als Kettenhomomorphismus $(C_i, \partial_i)_{i \in \mathbb{Z}} \to \big(H_i(C), 0\big)_{i \in \mathbb{Z}}$ interpretiert werden, wobei in dem rechten Komplex alle Homomorphismen von den ∂_i induziert und daher gleich 0 sind. Die Tensorierung mit G liefert dann den Kettenhomomorphismus

$$(q \circ \widetilde{p})_*^\otimes : \big(C_i \otimes G, \partial_i^\otimes\big)_{i \in \mathbb{Z}} \longrightarrow \big(H_i(C) \otimes G, 0\big)_{i \in \mathbb{Z}}.$$

Als Kettenhomomorphismus definieren die $(q \circ \widetilde{p})_*^\otimes$ Homomorphismen zwischen den Homologiegruppen der Komplexe $C \otimes G$ und $H(C) \otimes G$, mithin die gesuchten Projektionen p zwischen den Gruppen $H_i(C \otimes G)$ und $H_i(C) \otimes G$. Die Identität $p \circ \varphi_*^\otimes = \mathrm{id}_{H_i(C) \otimes G}$ lasse ich Ihnen als kleine **Übung**, Sie müssen sich nur die Definitionen noch einmal genau vor Augen führen.

Ähnlich wie im ersten algebraischen Intermezzo (ab Seite 69) ermöglichen dann (neben den dort besprochenen *Schnitten* gegen die Surjektion $\psi_*^\otimes$) auch die *Projektionen* $p : H_i(C \otimes G) \to H_i(C) \otimes G$ eine Spaltung der exakten Sequenz im universellen Koeffiziententheorem. Das ist klar, denn der Homomorphismus

$$(p, \psi_*^\otimes) : H_i(C \otimes G) \longrightarrow \big(H_i(C) \otimes G\big) \oplus \mathrm{Tor}\big(H_{i-1}(C), G\big)$$

ist offensichtlich ein Isomorphismus. $\qquad\qquad\qquad\qquad\qquad\qquad\qquad\qquad\square$

Der Beweis des universellen Koeffiziententheorems für die Homologie ist zwar etwas länglich (wenn man ihn genau aufschreibt), birgt aber insgesamt keinerlei Schwierigkeiten und geht völlig geradeaus. Die meiste Zeit verbringt man damit, Definitionen zu prüfen. A. HATCHER hat dafür (bei einfachen Überlegungen) auch schon die treffende Formulierung *„a mental excercise in definition checking, left to the reader"* verwendet, [41]. In der Tat bringen diese eingebauten kleinen Übungen häufig mehr als die akribische Ausarbeitung aller Details.

6.4 Berechnungsformeln für Tor-Gruppen

Nach all der Theorie ist es Zeit, konkrete Berechnungsformeln für Tor-Gruppen zu erleben. Direkt aus den Definitionen erkennt man die folgende Aussage.

Beobachtung 1: Es sei Λ eine beliebige Indexmenge. Für abelsche Gruppen A_λ, $\lambda \in \Lambda$, und eine abelsche Gruppe B gilt dann stets

$$\mathrm{Tor}\left(\bigoplus_{\lambda \in \Lambda} A_\lambda, B\right) \cong \bigoplus_{\lambda \in \Lambda} \mathrm{Tor}(A_\lambda, B).$$

Ein **Beweis** muss nicht gegeben werden, denn die direkte Summe von freien Auflösungen der A_λ ist eine freie Auflösung für die direkte Summe der A_λ. □

Von ähnlicher Qualität ist die nächste Aussage.

> **Beobachtung 2:** Es sei $\mu_n : A \to A$, $a \mapsto na$, die Multiplikation der Elemente einer abelschen Gruppe A mit einer natürlichen Zahl n (das ist offensichtlich ein Homomorphismus). Dann gilt
>
> $$\mathrm{Ker}(\mu_n) \cong \mathrm{Tor}(\mathbb{Z}_n, A).$$

Für den **Beweis** genügt der Hinweis, die freie Auflösung $0 \to \mathbb{Z} \xrightarrow{n} \mathbb{Z} \to \mathbb{Z}_n \to 0$ mit A zu tensorieren und die Definition des Tensorprodukts und der Tor-Gruppen anzuwenden. Wichtig dabei ist auch die Tatsache, dass die tensorierte Sequenz bis auf die 0 ganz links exakt bleibt (Seite 208). □

Ein wenig genauer hinsehen muss man bei folgender Aussage. Sie erklärt die Bezeichnung „Tor" für diese Gruppen – das kommt in der Tat von „Torsion", was ja wiederum auf „verdrehte" Räume zurückzuführen war und letztlich topologische Gründe hatte (Seite 75).

> **Beobachtung 3:** Es sei A eine abelsche Gruppe und B eine torsionsfreie abelsche Gruppe. Dann ist
>
> $$\mathrm{Tor}(A, B) = 0.$$

Im **Beweis** sei B zunächst frei. Jede freie Auflösung von A bleibt dann nach Tensorierung mit B exakt, denn es ist $G \otimes \left(\bigoplus_{\lambda \in \Lambda} \mathbb{Z} \right) \cong \bigoplus_{\lambda \in \Lambda} G$ für alle G in der Auflösung (Seite 203). Es entstehen nach Tensorierung also einfach Kopien der ursprünglichen Auflösung von A.

Falls B „nur" torsionsfrei ist, sei $0 \to F_1 \xrightarrow{f} F_0 \to A \to 0$ eine freie Auflösung der Gruppe A (eine solche Auflösung gibt es immer, Seite 204). Wir müssen zeigen, dass diese Sequenz nach Tensorierung mit B exakt bleibt. Das einzige Problem dabei ist die Injektivität des Homomorphismus $f \otimes \mathrm{id}_B : F_1 \otimes B \to F_0 \otimes B$. Dazu sei ein Element $\sum_{i=1}^k (x_i \otimes b_i)$ im Kern von $f \otimes \mathrm{id}_B$ gegeben, es ist also $\sum_{i=1}^k \big(f(x_i) \otimes b_i \big) = 0$.

Eine solche Summe aus elementaren Tensoren verschwindet genau dann, wenn es eine endliche Kette von Umformungen über die Relationen in $F_0 \otimes B$ gibt, die letztlich bei 0 enden. Es waren dann endlich viele Elemente von B an diesen Umformungen beteiligt, und mit der von diesen Elementen erzeugten Untergruppe $B' \subseteq B$ ist dann $\sum_{i=1}^k \big(f(x_i) \otimes b_i \big) = 0$ auch in $F_0 \otimes B'$. Nach dem Hauptsatz über endlich erzeugte abelsche Gruppen (Seite 74) ist B' frei abelsch und daher die Einschränkung $f \otimes \mathrm{id}_{B'} : F_1 \otimes B' \to F_0 \otimes B'$ injektiv nach dem ersten Teil des Beweises. Also ist $\sum_{i=1}^k (x_i \otimes b_i) = 0$ in $F_1 \otimes B'$, mithin auch in $F_1 \otimes B$. □

Die nächste Beobachtung ist eine direkte Anwendung der langen exakten Homologiesequenz auf die Tor-Gruppen.

Beobachtung 4: Es seien die abelschen Gruppen A, B, C und eine kurze exakte Sequenz $0 \to A \xrightarrow{\varphi} B \xrightarrow{\psi} C \to 0$ gegeben. Dann gibt es für jede abelsche Gruppe G eine exakte Sequenz der Form

$$0 \to \mathrm{Tor}(G,A) \to \mathrm{Tor}(G,B) \to \mathrm{Tor}(G,C) \to G \otimes A \to G \otimes B \to G \otimes C \to 0.$$

Für den **Beweis** sei $0 \to F_1 \xrightarrow{f} F_0 \to G \to 0$ eine freie Auflösung. Da F_0 und F_1 frei abelsch sind, ergibt sich ein kommutatives Diagramm der Form

$$
\begin{array}{ccccccccc}
0 & \longrightarrow & F_1 \otimes A & \xrightarrow{\mathrm{id}_{F_1} \otimes \varphi} & F_1 \otimes B & \xrightarrow{\mathrm{id}_{F_1} \otimes \psi} & F_1 \otimes C & \longrightarrow & 0 \\
 & & \downarrow{f \otimes \mathrm{id}_A} & & \downarrow{f \otimes \mathrm{id}_B} & & \downarrow{f \otimes \mathrm{id}_C} & & \\
0 & \longrightarrow & F_0 \otimes A & \xrightarrow{\mathrm{id}_{F_0} \otimes \varphi} & F_0 \otimes B & \xrightarrow{\mathrm{id}_{F_0} \otimes \psi} & F_0 \otimes C & \longrightarrow & 0
\end{array}
$$

mit exakten Zeilen (die Tensorierung mit freien Gruppen ist links- und rechtsexakt, das können Sie genauso beweisen wie in Beobachtung 3: Die Tensorierung von $0 \to A \to B \to C \to 0$ mit freien Gruppen ergibt nur Kopien dieser Sequenz). Wenn Sie dann die Spalten des Diagramms von oben und nach unten ad infinitum mit 0-Gruppen ergänzen, haben Sie eine kurze exakte Sequenz von Kettenkomplexen. Eine einfache **Übung** zeigt, dass die zugehörige lange exakte Homologiesequenz (Seite 209) genau die Sequenz von Beobachtung 4 ist (beachten Sie dazu auch die Überlegung zu den 0-ten Tor-Gruppen, Seite 208). □

Beobachtung 4 erlaubt nun eine bemerkenswerte Aussage, bestechend einfach und mit großen Auswirkungen. Nehmen Sie zwei abelsche Gruppen G und H mit einer freien Auflösung $0 \to F_1 \to F_0 \to H \to 0$. Der mittlere Teil der Sequenz aus Beobachtung 4 ergibt dann (zusammen mit Beobachtung 3) die obere exakte Zeile eines Diagramms

$$
\begin{array}{ccccccc}
0 & \longrightarrow & \mathrm{Tor}(G,H) & \longrightarrow & G \otimes F_1 & \longrightarrow & G \otimes F_0 \\
 & & \downarrow & & \downarrow{\cong} & & \downarrow{\cong} \\
0 & \longrightarrow & \mathrm{Tor}(H,G) & \longrightarrow & F_1 \otimes G & \longrightarrow & F_0 \otimes G \quad ,
\end{array}
$$

in dem die untere (exakte) Zeile der Definition von $\mathrm{Tor}(H,G)$ entstammt und die senkrechten Pfeile rechts natürliche Isomorphismen sind (gemäß Seite 203). Es ist dann eine einfache **Übung**, mit einer kleinen Diagrammjagd einen Homomorphismus $\mathrm{Tor}(G,H) \to \mathrm{Tor}(H,G)$ zu konstruieren, den Sie ohne Probleme auch als Isomorphismus ausweisen können. Das führt unmittelbar zu

Beobachtung 5:
Für abelsche Gruppen G und H gilt stets $\mathrm{Tor}(G,H) \cong \mathrm{Tor}(H,G)$. □

Zu guter Letzt können wir mit Beobachtung 4 noch einmal unterstreichen, warum die Tor-Gruppen eng mit der Torsion von Gruppen verbunden sind. Versuchen Sie als weitere **Übung**, zunächst die Formel

$$\operatorname{Tor}(G, H) \cong \operatorname{Tor}(G_{\text{tor}}, H) \cong \operatorname{Tor}(G_{\text{tor}}, H_{\text{tor}})$$

für alle abelschen Gruppen G und H zu zeigen, wobei G_{tor} die Untergruppe der Torsionselemente in G ist (Seite 70), es kommt bei der Berechnung von $\operatorname{Tor}(G, H)$ also nur auf die Torsionsanteile in den Gruppen an. Das klassische Beispiel ist dann

$$\operatorname{Tor}(\mathbb{Z}_m, \mathbb{Z}_n) \cong \mathbb{Z}_{\text{ggT}(m,n)} \,,$$

was Sie mit Beobachtung 2 zeigen können. Der Hauptsatz über endlich erzeugte abelsche Gruppen (Seite 74) und Beobachtung 1 ergeben schließlich

---

Beobachtung 6:
Für endlich erzeugte abelsche Gruppen G und H gilt $\operatorname{Tor}(G, H) \cong G_{\text{tor}} \otimes H_{\text{tor}}$.

Im **Beweis** müssen Sie nur noch $\mathbb{Z}_{\text{ggT}(m,n)} \cong \mathbb{Z}_m \otimes \mathbb{Z}_n$ verwenden (Seite 204), zusammen mit der Bilinearität des Tensorprodukts. $\qquad\square$

Nachdem wir die Tor-Gruppen mit einigen Rechenregeln ausgiebig studiert haben, besprechen wir abschließend ein gewichtiges Resultat von H.L. KÜNNETH, das zusammen mit einem Satz von EILENBERG-ZILBER interessante Homologieberechnungen von topologischen Produkten $X \times Y$ ermöglichen wird (Seite 307 f).

6.5 Die Künneth-Formel

Die KÜNNETH-Formel ist eine naheliegende Verallgemeinerung des universellen Koeffiziententheorems (Seite 211). Wir werden sie später mit Gewinn einsetzen, um mit dem Tensorprodukt die Homologie eines Produktraumes $X \times Y$ aus den topologischen Ketten, Zyklen und Rändern der einzelnen Faktoren zu berechnen (Satz von EILENBERG-ZILBER, Seite 307). Hierfür ist es notwendig, einen Komplex $C = (C_i, \partial_i)_{i \in \mathbb{Z}}$ nicht nur mit einer Gruppe G zu tensorieren, sondern mit einem weiteren Komplex $C' = (C_i', \partial_i')_{i \in \mathbb{Z}}$. Wie also kann das Tensorprodukt $C \otimes C'$ zweier Kettenkomplexe sinnvoll definiert werden?

Wir müssen zunächst die Gruppen $(C \otimes C')_k$ festlegen. Hat man die Vorstellung des Index k als eine Art „Dimension" der Ketten, Zyklen oder Ränder, so legt der Produktcharakter der Operation $\otimes$ nahe, die k-te Gruppe von $C \otimes C'$ als

$$(C \otimes C')_k = \bigoplus_{i+j=k} C_i \otimes C_j'$$

zu definieren. Klar, denn ein i-dimensionales Objekt, „multipliziert" mit einem j-dimensionalen Objekt, ergibt ein Objekt der Dimension $i + j$. Dabei müssen alle Möglichkeiten berücksichtigt werden, aus den Gruppen von C und C' etwas $(i + j)$-Dimensionales zu machen. Der Rest ist die Distributivität von $\oplus$ und $\otimes$. (Vergleichen Sie dies auch mit der Motivation um $\mathbb{Z}[x, y]$ auf Seite 200).

Um die Randoperatoren $\partial_k^\otimes$ für den Komplex $C \otimes C'$ festzulegen, braucht man einen kleinen Kunstgriff. Es funktioniert nämlich nicht, einfach

$$\partial_k^\otimes \overset{?}{=} \bigoplus_{i+j=k} \partial_i \otimes \partial_j'$$

zu definieren. Eine direkte Rechnung zeigt, dass die Bedingung $\partial_k^\otimes \circ \partial_{k+1}^\otimes = 0$ in diesem Fall nicht immer garantiert ist (einfache **Übung**). Aus der topologischen Anschauung (unter Zuhilfenahme der Orientierung von Zyklen und Rändern) lässt sich aber argumentieren, dass

$$\partial_k^\otimes = \bigoplus_{i+j=k} \left(\partial_i \otimes \mathrm{id}_{C_j'} + (-1)^i \, \mathrm{id}_{C_i} \otimes \partial_j' \right)$$

die richtige Wahl ist. Das wird (bis auf das orientierende Vorzeichen $(-1)^i$) auch schnell plausibel, denn der topologische Rand eines Produktes $X \times Y$ ist offensichtlich die Vereinigung $(\partial X \times Y) \cup (X \times \partial Y)$. Eine einfache Rechnung, die ich Ihnen als **Übung** empfehle, zeigt tatsächlich die für Kettenkomplexe notwendige Eigenschaft $\partial_k^\otimes \circ \partial_{k+1}^\otimes = 0$ für alle $k \in \mathbb{Z}$, sodass man dann das **Tensorprodukt der Kettenkomplexe** $C = (C_i, \partial_i)_{i \in \mathbb{Z}}$ und $C' = (C_i', \partial_i')_{i \in \mathbb{Z}}$ als

$$C \otimes C' = \left((C \otimes C')_k, \partial_k^\otimes \right)_{k \in \mathbb{Z}} .$$

definieren kann. Sie erkennen eine Verallgemeinerung des Komplexes $C \otimes G$, der zum universellen Koeffiziententheorem geführt hat (Seite 211): Man muss für den Komplex C' nur den trivialen Kettenkomplex $\ldots \to 0 \to G \to 0 \to \ldots$ nehmen, in dem beim Index 0 die Gruppe $G \neq 0$ notiert ist und alle übrigen Gruppen verschwinden. Die KÜNNETH-Formel adressiert nun die Frage, wie sich die Homologie des Produktes $C \otimes C'$ aus den Gruppen $H_i(C)$ und $H_j(C')$ ergibt.

Satz (Künneth-Formel für die Homologie, 1923, [66])

In der obigen Situation seien alle Gruppen C_i und C_j' frei abelsch. Dann gibt es für alle $k \in \mathbb{Z}$ eine (nicht natürlich) spaltende exakte Sequenz

$$0 \longrightarrow \bigoplus_{i+j=k} H_i(C) \otimes H_j(C') \longrightarrow H_k(C \otimes C') \longrightarrow$$

$$\longrightarrow \bigoplus_{i+j=k-1} \mathrm{Tor}(H_i(C), H_j(C')) \longrightarrow 0.$$

Der **Beweis** birgt keine größeren Schwierigkeiten und ist nichts anderes als eine konsequente Übertragung der Argumente beim universellen Koeffiziententheorem für die Homologie (Seite 211). Wir verwenden wieder die kurze exakte Sequenz $0 \to Z_*(C) \to C_* \xrightarrow{\partial_i} B_{*-1}(C) \to 0$ von Kettenkomplexen, die sich aus den kurzen exakten Sequenzen $0 \to Z_i(C) \to C_i \xrightarrow{\partial_i} B_{i-1}(C) \to 0$ ergibt, $i \in \mathbb{Z}$.

Die Randoperatoren in $Z_*(C)$ und $B_{*-1}(C)$ sind identisch 0 und die Sequenzen spalten, da die $B_i(C)$ frei abelsch sind. Wie beim universellen Koeffiziententheorem ist dann auch

$$0 \longrightarrow Z_*(C) \otimes C' \longrightarrow C_* \otimes C' \xrightarrow{\partial_k^{\otimes}} B_{*-1}(C) \otimes C' \longrightarrow 0$$

exakt, denn Sie müssen das Argument auf Seite 211 nur einzeln für jede Sequenz $0 \to Z_i(C) \otimes C'_j \to C_i(C) \otimes C'_j \to B_{i-1}(C) \otimes C'_j \to 0$ mit $i+j=k$ anwenden und anschließend in jeder Zeile mit $\oplus$ wieder zusammenfassen.

Als Konsequenz ergibt sich eine lange exakte Homologiesequenz, deren Ausschnitte die Gestalt

$$\xrightarrow{\iota_k^{\otimes}} H_k\big(Z(C) \otimes C'\big) \to H_k\big(C \otimes C'\big) \xrightarrow{\partial_k^{\otimes}} H_{k-1}\big(B(C) \otimes C'\big) \xrightarrow{\iota_{k-1}^{\otimes}} H_{k-1}\big(Z(C) \otimes C'\big)$$

haben, und mit den gleichen Argumenten wie früher (Seite 212) erhält man daraus die exakte Sequenz

$$0 \longrightarrow H_k\big(Z(C) \otimes C'\big)/\mathrm{Im}(\iota_k^{\otimes}) \longrightarrow H_k\big(C \otimes C'\big) \xrightarrow{\partial_k^{\otimes}} \mathrm{Ker}(\iota_{k-1}^{\otimes}) \longrightarrow 0.$$

Wir sehen uns nun die Homologie des Komplexes $Z(C) \otimes C'$ an. Das ist ein Spezialfall der KÜNNETH-Formel, in dem der erste Faktor nur triviale Randoperatoren hat. In diesem Fall lässt sich die Formel durch einfaches Prüfen der Definitionen verifizieren (was wir auf das Ende des Beweises verschieben).

Wir haben dann also $H_k\big(Z(C) \otimes C'\big) \cong \bigoplus_{i+j=k} Z_i(C) \otimes H_j(C')$, denn offensichtlich ist $H_i\big(Z(C)\big) \cong Z_i(C)$ wegen der trivialen Randoperatoren und die Tor-Gruppen $\mathrm{Tor}\big(Z_i(C), H_j(C')\big)$ verschwinden, weil die $Z_i(C)$ frei sind.

Da die Homomorphismen $\iota_k^{\otimes}$ in jedem direkten Summanden wieder auf natürliche Weise von den Inklusionen $B_i(C) \subseteq Z_i(C)$ induziert sind, ist

$$H_k\big(Z(C) \otimes C'\big)/\mathrm{Im}(\iota_k^{\otimes}) \cong \bigoplus_{i+j=k} \big(Z_i(C)/B_i(C)\big) \otimes H_j(C')$$

$$\cong \bigoplus_{i+j=k} H_i(C) \otimes H_j(C')$$

und damit die linke Gruppe der KÜNNETH-Formel sofort klar. Der Gedankengang ist identisch zu dem im Beweis des universellen Koeffiziententheorems, diesmal allerdings auf mehrere direkte Summanden gleichzeitig angewendet. Sie können dies (bei Bedarf) gerne als **Übung** noch einmal nachvollziehen.

Genau in diesem Stil geht es weiter. Um die rechte Gruppe der KÜNNETH-Formel zu bestimmen, also den Kern des Homomorphismus $\iota_{k-1}^{\otimes}$, betrachten wir die freien Auflösungen $0 \to B_{i-1}(C) \xrightarrow{\iota} Z_{i-1}(C) \xrightarrow{q} H_{i-1}(C) \to 0$ und tensorieren sie mit der Gruppe $H_{k-i}(C')$. Aus der Definition der Tor-Gruppen folgen dann für alle $i \in \mathbb{Z}$ die exakten Sequenzen

$$0 \longrightarrow \operatorname{Tor}\big(H_{i-1}(C), H_{k-i}(C')\big) \longrightarrow B_{i-1}(C) \otimes H_{k-i}(C') \xrightarrow{(\iota_{k-1}^{\otimes})_{i-1}}$$

$$\xrightarrow{(\iota_{k-1}^{\otimes})_{i-1}} Z_{i-1}(C) \otimes H_{k-i}(C') \longrightarrow H_{i-1}(C) \otimes H_{k-i}(C') \longrightarrow 0.$$

Bildet man wieder die direkte Summe dieser Sequenzen über alle $i \in \mathbb{Z}$, erkennen Sie ohne Schwierigkeiten

$$\operatorname{Ker}(\iota_{k-1}^{\otimes}) \cong \bigoplus_{i \in \mathbb{Z}} \operatorname{Tor}\big(H_{i-1}(C), H_{k-i}(C')\big) \cong \bigoplus_{i+j=k-1} \operatorname{Tor}\big(H_i(C), H_j(C')\big).$$

Damit ist die exakte Sequenz aus der KÜNNETH-Formel etabliert (bis auf die kleine Verifikation im Fall eines Komplexes C mit trivialen Randoperatoren, die wir aufgeschoben haben).

Kümmern wir uns zunächst um die Spaltung der KÜNNETH-Sequenz. Wie beim universellen Koeffiziententheorem geschieht dies über einen Projektionshomomorphismus $H_k(C \otimes C') \longrightarrow \bigoplus_{i+j=k} H_i(C) \otimes H_j(C')$. Da die Gruppen C_i und C_j' frei sind, gibt es (wie beim Koeffiziententheorem) die Projektionen $C_i \to H_i(C)$ und $C_i' \to H_i(C')$, welche Kettenhomomorphismen $C \to H(C)$ und $C' \to H(C')$ definieren. Daraus resultiert ein Homomorphismus $C \otimes C' \to H(C) \otimes H(C')$, dessen induzierte Homomorphismen $H_k(C \otimes C') \to \bigoplus_{i+j=k} H_i(C) \otimes H_j(C')$ die Spaltung liefern (beachten Sie, dass die Randoperatoren von $H(C) \otimes H(C')$ trivial sind, also die Homologiegruppen mit den Kettengruppen übereinstimmen).

Zum Beweis des Satzes fehlt noch der Fall, bei dem C nur triviale Randoperatoren hat. Der Randoperator $\partial_k^{\otimes}$ von $C \otimes C'$ lautet dann $\bigoplus_{i+j=k} (-1)^i \operatorname{id}_{C_i} \otimes \partial_j'$. Was bedeutet das genau für die Homologiegruppen des Komplexes $C \otimes C'$?

Es ist nach Definition $H_k(C \otimes C') = \operatorname{Ker}(\partial_k^{\otimes}) / \operatorname{Im}(\partial_{k+1}^{\otimes})$, und die spezielle Form der $\partial_k^{\otimes}$ bewirkt, dass diese Gruppen isomorph zu $\bigoplus_{i+j=k} C_i \otimes H_j(C')$ sind. Man verifiziert dies anhand der reinen Tensoren $c_{i\mu} \otimes c_{j\nu}'$ als Basis von $C_i \otimes C_j'$, wobei die $c_{i\mu}$, $\mu \in \Lambda_i$, eine Basis von C_i und die $c_{j\nu}'$, $\nu \in \Lambda_j'$, eine Basis von C_j' durchlaufen. In diesem Fall bildet $\{c_{i\mu} \otimes c_{j\nu}' : \mu \in \Lambda_i,\ \nu \in \Lambda_j'\}$ eine Basis von $C_i \otimes C_j'$, was Sie als einfache **Übung** verifizieren können. Es ist dann eine Kette $c = \sum_{\mu,\nu} n_{\mu\nu} c_{i\mu} \otimes c_{j\nu}'$ genau dann in $\operatorname{Ker}(\partial_k^{\otimes})$, wenn

$$\partial_k^{\otimes}(c) = (-1)^i \sum_{\mu,\nu} n_{\mu\nu} c_{i\mu} \otimes \partial_j' c_{j\nu}' = 0$$

ist, mithin $\partial_j' c_{j\nu}' = 0$, also $c_{j\nu}' \in Z_j(C')$. Beachten Sie, dass die übrigen $C_{i'} \otimes C_{j'}'$ in $(C \otimes C')_k$ diese Rechnung nicht stören können, denn es sind direkte Summanden. Über alle $i + j = k$ summiert, ergibt sich somit $\operatorname{Ker}(\partial_k^{\otimes}) = \bigoplus_{i+j=k} C_i \otimes Z_j(C')$.

Völlig analog sehen Sie $\operatorname{Im}(\partial_{k+1}^{\otimes}) = \bigoplus_{i+j=k} C_i \otimes B_j(C')$ und damit

$$
\begin{aligned}
H_k(C \otimes C') \;&=\; \operatorname{Ker}(\partial_k^{\otimes}) \big/ \operatorname{Im}(\partial_{k+1}^{\otimes}) \\[2mm]
&\cong\; \bigoplus_{i+j=k} C_i \otimes Z_j(C') \;\Big/\; \bigoplus_{i+j=k} C_i \otimes B_j(C') \\[2mm]
&\cong\; \bigoplus_{i+j=k} C_i \otimes \big(Z_j(C')\big/B_j(C')\big) \;=\; \bigoplus_{i+j=k} C_i \otimes H_j(C')\,.
\end{aligned}
$$

Wegen der trivialen Randoperatoren ist $C_i \cong H_i(C)$ und es folgt schließlich

$$
H_k(C \otimes C') \;\cong\; \bigoplus_{i+j=k} C_i \otimes H_j(C') \;\cong\; \bigoplus_{i+j=k} H_i(C) \otimes H_j(C')\,.
$$

Dies entspricht genau der KÜNNETH-Formel, denn die Gruppen $H_i(C) \cong C_i$ sind frei, weswegen die in der Formel enthaltenen Tor-Gruppen verschwinden. $\qquad\square$

Die KÜNNETH-Formel ist ein technisches Resultat par excellence für die Homologie. Lassen Sie sich aber durch den etwas schwierigen Beweis nicht täuschen: Die Komplexität entsteht nur auf künstliche Weise, indem die (an sich einfache) Argumentation beim universellen Koeffizententheorem auf mehrere direkte Summanden gleichzeitig angewendet wird. Das mag zwar auf den ersten Blick unübersichtlich erscheinen, ist aber nicht wirklich tiefgreifend. Der große Wurf und geniale Kunstgriff besteht vielmehr darin, überhaupt eine sinnvolle Definition für den Produktkomplex $C \otimes C'$ zu geben (was wiederum durch die topologische Anschauung der simplizialen Kettenkomplexe von POINCARÉ gestützt war, doch mehr dazu später).

Nun sind Sie bestens vorbereitet für den Einstieg in die moderne algebraische Topologie. Betreten wir also (endlich!) das großartige Gedankengebäude, das die reine Mathematik im 20. Jahrhundert in vielen Bereichen revolutioniert hat wie kaum ein anderes.

7 Elemente der Homologietheorie

In diesem Kapitel öffnen wir die Tür zur weiten Welt der algebraischen Topologie des 20. Jahrhunderts. Die Homologietheorie steht für eine Epoche, in der Strukturierung und Abstraktion auf fast alle Bereiche der reinen Mathematik Einfluss nahmen und zu Ergebnissen führten, die vorher völlig außer Reichweite waren.

Leider verbirgt sich die Schönheit und Schlagkraft dieser Theorie hinter einer langen Reihe aus Definitionen, Propositionen, Lemmata und Sätzen. Als Neuling muss man eine Menge Geduld aufbringen, bis man den nötigen Überblick hat und die reichen Früchte ernten kann. Ich versuche dabei einen pragmatischen Weg zu gehen, der zwar die Kernpunkte und Probleme aufzeigt, aber allzu lange technische Abschnitte abkürzt, wenn dadurch keine zusätzliche Klarheit entstehen würde. Bei Bedarf können Sie die Details in der reichhaltigen Literatur zur algebraischen Topologie nachlesen, zum Beispiel in [10], [41], [74], [113] und anderen, an denen sich die Darstellung hier auch teilweise orientiert.

Wir beginnen mit dem Versuch, die historischen Wurzeln der Homologietheorie auszuleuchten und herauszufinden, woher die Ideen von HENRI POINCARÉ stammen, als er in den 1890-er Jahren Mathematikgeschichte geschrieben hat.

7.1 Ursprünge der Homologietheorie

Der Versuch, die mathematischen Strömungen hin zur modernen Homologietheorie geschichtlich zu erfassen, könnte wahrscheinlich ein eigenes Buch füllen. In der Sekundärliteratur werden teils sehr unterschiedliche Ansätze beschrieben, sicher nicht ganz unabhängig vom Thema des Werkes und dem fachlichen Hintergrund des Autors. Das hat seine Gründe, denn es gab in der Tat lange Zeit ein ziemlich unübersichtliches Hin und Her bei den Definitionen, bis endlich Mitte der 1920-er Jahre E. NOETHER, L. VIETORIS und H. HOPF konsequent die gruppentheoretischen Aspekte in den Vordergrund rückten und sich der heutige Begriffsapparat nach und nach stabilisierte, [45][87][121].

Einer der frühesten Zweige in der Entwicklung der Homologietheorie findet sich beim EULERschen Polyedersatz und der EULER-Charakteristik zur Unterscheidung geschlossener Flächen (Seite 57 ff). Die EULER-Charakteristik einer triangulierten geschlossenen Fläche – der Urtyp aller topologischen Invarianten – war schon Mitte des 18. Jahrhunderts bekannt: Die Größe $\chi(M) = v - e + f$, also die Anzahl der Ecken und Flächen, vermindert um die Anzahl der Kanten der Triangulierung, bestimmt die Flächen bis auf Homöomorphie eindeutig. Die anschauliche Vorstellung von Mannigfaltigkeiten als Polyeder simplizialer Komplexe war also schon zu einem sehr frühen Zeitpunkt vorhanden, wurde aber – und das ist durchaus bemerkenswert – lange Zeit nicht weiter verfolgt.

Erst in den 1890-er Jahren, als H. POINCARÉ die Bühne der Topologie betrat, kam der Stein der Homologietheorie (und damit die algebraische Topologie von Mannigfaltigkeiten) richtig ins Rollen. Motiviert war POINCARÉ dabei unter anderem von der mehrdimensionalen Analysis. Sie kennen vielleicht den klassischen Integralsatz von STOKES für ein differenzierbares Vektorfeld $F : U \to \mathbb{R}^3$, wobei U eine offene Teilmenge des $\mathbb{R}^3$ ist, [31]. Für eine kompakte glatte Fläche $A \subset U$ mit glattem (orientierten) Rand ∂A gilt dann die Formel

$$\int_{\partial A} F \cdot \mathrm{d}s = \int_A \mathrm{rot}\, F \cdot \mathrm{d}S.$$

Für ein rotationsfreies Vektorfeld ($\mathrm{rot}\, F = 0$) verschwindet also stets das Integral auf der linken Seite. Dabei ist von entscheidender Bedeutung, dass ∂A der *vollständige Rand* einer glatten Fläche $A \subset U$ war. Verdeutlichen wir das an einem Beispiel und nehmen $U = \mathbb{R}^3 \setminus \{z\text{-Achse}\}$. Auf U sei das Vektorfeld

$$F : U \longrightarrow \mathbb{R}^3, \quad (x,y,z) \mapsto \left(-\frac{y}{x^2 + y^2}, \frac{x}{x^2 + y^2}, 0 \right)$$

definiert, welches Sie ohne Mühe als rotationsfrei erkennen, es ist $\mathrm{rot}\, F = 0$.

$$F(x,y,z) = \left(\frac{-y}{x^2 + y^2}, \frac{x}{x^2 + y^2}, 0 \right)$$
$$\mathrm{rot}\, F = 0$$

$\mathbb{R}^3 \setminus \{x = y = 0\}$

Integrieren wir jetzt entlang der geschlossenen Kurve $C = S^1$ in der xy-Ebene, so ergibt sich

$$\int_C F \cdot \mathrm{d}s = 2\pi,$$

also ein Wert ungleich 0, obwohl $\mathrm{rot}\, F = 0$ war. Der Grund hierfür liegt darin, dass C zwar eine geschlossene Kurve, aber eben nicht der vollständige Rand einer Fläche in U ist, denn C windet sich um ein zweiseitig unendlich ausgedehntes Loch in U (die z-Achse) und ist daher innerhalb von U nicht nullhomotop.

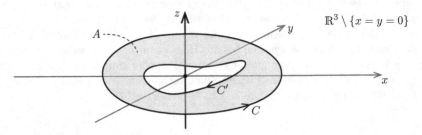

$\mathbb{R}^3 \setminus \{x = y = 0\}$

Wenn wir jetzt aber zwei Kurven C und C' nehmen, die sich in entgegengesetzter Orientierung genau einmal um die z-Achse winden, so erkennt man die Vereinigung der (orientierten) Kurven C und C' als vollständigen Rand einer kompakten Fläche $A \subset U$, die sich auch einmal um die z-Achse windet. Damit gilt nach dem Satz von STOKES

$$\int_C F \cdot ds - \int_{C'} F \cdot ds = \int_C F \cdot ds + \int_{-C'} F \cdot ds = \int_{\partial A} F \cdot ds = \int_A \operatorname{rot} F \cdot dS = 0,$$

das Kurvenintegral über C ist also identisch mit dem Integral über C'. Schon B. RIEMANN erkannte, dass der Wert dieser Kurvenintegrale nur von der topologischen Lage der Kurven abhängt. Windet sich die Kurve einmal um das von der z-Achse gebildete Loch, so entsteht ein Wert ungleich 0, und jede homotope Verformung des Zyklus lässt diesen Wert unverändert.

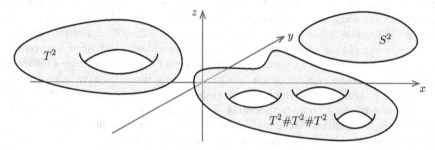

Lassen wir das kurz auf uns wirken und lenken die Aufmerksamkeit auf die nächste Dimension. Wir betrachten geschlossene glatte Flächen $A \subset \mathbb{R}^3$, die orientierbar sind, also auf ihrer Innenseite eine offene Menge $W \subset \mathbb{R}^3$ beranden. Ist dann U eine Umgebung von $\overline{W}$ und $G : U \to \mathbb{R}^3$ ein stetig differenzierbares Vektorfeld, so liefert der Integralsatz von GAUSS, [31], das anschaulich plausible Ergebnis

$$\int_{A=\partial\overline{W}} F \cdot dS = \int_{\overline{W}} \operatorname{div} F \, dV,$$

und wieder verschwindet das Integral auf der linken Seite für divergenzfreie Vektorfelder, denn A war vollständiger Rand von $\overline{W}$. Sie erkennen die Analogie zum vorigen Beispiel.

Nun machen wir weiter wie oben, konstruieren also wieder ein Beispiel. Es sei dazu die Menge $U = \mathbb{R}^3 \setminus \{0\}$ gegeben sowie das Vektorfeld

$$G : U \longrightarrow \mathbb{R}^3, \quad (x,y,z) \mapsto \left(\frac{x}{r^3}, \frac{y}{r^3}, \frac{z}{r^3}\right),$$

wobei r der Abstand des Punktes (x,y,z) vom Ursprung ist. Das Feld G ist divergenzfrei, $\operatorname{div} F = 0$. Die geschlossene Fläche $A = S^2 \subset \mathbb{R}^3$ ist nun nicht der Rand eines beschränkten Gebietes in U, weswegen wir auch hier ins Stolpern geraten, es ist nämlich

$$\int_A G \cdot \mathrm{d}S = 4\pi \,,$$

ebenfalls ein Wert ungleich 0, obwohl G divergenzfrei war. Und nun bekommen Sie bestimmt ohne Mühe – völlig analog zu obigem Beispiel – die entsprechende Aussage hin, dass für eine weitere geschlossene Fläche A', welche aus A durch eine homotope Verformung entsteht, die Integrale wieder übereinstimmen, sofern man die gleiche Orientierung von A und A' voraussetzt, es ist also

$$\int_{A'} G \cdot \mathrm{d}S = \int_A G \cdot \mathrm{d}S \,.$$

Erkennen Sie die Analogie der beiden Beispiele? Sie funktionieren, weil wir den Raum $\mathbb{R}^3$ jedes Mal topologisch signifikant verändert haben. Wir haben beim Satz von STOKES eine Achse entfernt, welche von einer Kurve C umgeben war, und beim Satz von GAUSS einen Punkt, der von einer geschlossenen Fläche A eingehüllt war. Die Gleichheit der Integrale über die Kurven C und C' oder die Flächen A und A' hatte dann rein topologische Gründe, denn diese Objekte waren in der jeweiligen Umgebung U homotop zueinander. Die Formulierung von POINCARÉ hierfür lautete, dass im ersten Beispiel die formale Summe $C - C'$ vollständiger Rand einer kompakten Fläche und im zweiten Beispiel die formale Summe $A - A'$ vollständiger Rand eines kompakten Körpers im $\mathbb{R}^3$ war.

Aus heutiger Sicht erscheint es also plausibel, ja fast schon naheliegend, dass die Topologie einer Mannigfaltigkeit mit algebraischen Konstrukten aus Untermannigfaltigkeiten und deren Rändern untersucht werden kann. Dennoch waren es erst die visionären Fähigkeiten und die Intuition von POINCARÉ, welche diese Konzepte zu einer schlüssigen Theorie vereint haben. (POINCARÉ ist dabei übrigens selbst nicht immer widerspruchsfrei gewesen und hat anfangs einige Kritik erhalten. Noch in der Analysis verwurzelt, betrachtete er mal differenzierbare Mannigfaltigkeiten, mal Polyeder von Komplexen – ohne dies exakt zu unterscheiden oder sich um die Differenzierbarkeit der Objekte zu kümmern, obwohl sie eigentlich nötig war. Inzwischen ist nämlich bekannt, dass es topologische Mannigfaltigkeiten gibt, die gar nicht homöomorph zu Polyedern sind, siehe [1][33][72], oder – zumindest im Überblick – auch in dem geplanten Folgeband).

In der Zeit vor POINCARÉ waren es vor allem B. RIEMANN und E. BETTI, die entscheidende Anstöße für die Entwicklung der Homologietheorie gegeben haben. Zunächst hat B. RIEMANN im Jahr 1857 in seiner bahnbrechenden Abhandlung über ABELsche Funktionen und kompakte Flächen (später RIEMANNschen Flächen genannt) die maximale Anzahl disjunkter geschlossener Kurven, welche die Fläche nicht in mehrere Komponenten zerlegen, als eine (aus heutiger Sicht) „topologische Invariante" entdeckt, [98]. Er nannte eine Fläche dabei $(k+1)$-**fach zusammenhängend**, wenn es k disjunkte, nicht separierende Kurven auf dieser Fläche gibt. Anschaulich stand der maximale Wert für k in direktem Zusammenhang mit dem Geschlecht dieser Flächen, also mit der Anzahl ihrer kreisförmigen Löcher oder Henkel (vergleichen Sie mit Seite 60).

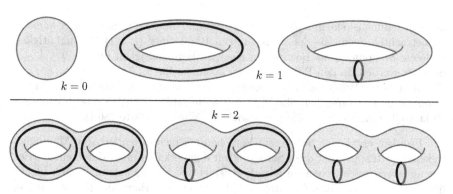

Die teils noch unvollständigen Ideen von RIEMANN hat der Italiener E. BETTI in der Folgezeit konsequent weitergeführt. Im Jahr 1871 gelang ihm in einer der bedeutendsten topologischen Arbeiten vor der Ära POINCARÉ die Verallgemeinerung des RIEMANNschen Programms auf höhere Dimensionen, [8]. Er betrachtete bei n-Mannigfaltigkeiten an Stelle von Kurven geschlossene, nicht notwendig disjunkte $(n-1)$-Untermannigfaltigkeiten und beantwortete die Frage nach der höchstmöglichen Zahl solcher Objekte, die paarweise nicht homotop sind und die Mannigfaltigkeit nicht in mehrere Komponenten zerlegen. Die Hauptleistung von BETTI bestand dabei in dem Nachweis, dass diese Maximalzahl wohldefiniert ist, ähnlich der Maximalzahl linear unabhängiger Vektoren eines endlich dimensionalen Vektorraums. Man sagt (in modernerer Terminologie) auch, diese Zahlen seien unabhängig von der Wahl der *Homologiebasis* der Mannigfaltigkeit.

Die Maximalzahl nicht-separierender geschlossener Kurven auf einer Fläche M kennt man heute als die **erste Bettizahl** $b_1(M)$, diese Bezeichnung hat übrigens erst POINCARÉ eingeführt, [93]. In der Abbildung unten erkennen Sie $b_1(S^2) = 0$, $b_1(K) = 1$, $b_1(T^2) = 2$ und $b_1(T^2 \# T^2) = 4$. Die **nullte Bettizahl** b_0 erfasste die Zahl der Wegkomponenten des Raumes. In den obigen Beispielen gilt stets $b_0(M) = 1$, denn die Beispiele sind (weg-)zusammenhängend. In höheren Dimensionen waren dann *Hohlräume* von Interesse, die zum Beispiel aus geschlossenen Flächen entstehen. Die maximale Anzahl solcher Hohlräume, welche eine dreidimensionale Mannigfaltigkeit nicht separieren, ergab die **zweite Bettizahl** $b_2(M)$. Auf diese Weise konnten schließlich auch für alle $k \geq 3$ die k-ten **Bettizahlen** einer $(k+1)$-dimensionalen Mannigfaltigkeit definiert werden.

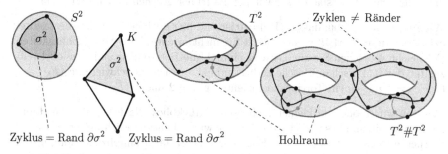

Die große Leistung von POINCARÉ Mitte der 1890-er Jahre bestand nun darin, von dem BETTIschen Gedanken separierender $(n-1)$-Untermannigfaltigkeiten allgemein zu k-dimensionalen *Zyklen* überzugehen und diese als *abhängig* oder *homolog* zu betrachten, wenn sie den vollständigen Rand einer $(k+1)$-Mannigfaltigkeit bildeten. So konnten die Bettizahlen einer n-Mannigfaltigkeit für alle $0 \le k \le n$ definiert werden. In den Beispielen oben erkennen Sie $b_2(K) = 0$ und $b_2(M) = 1$ für alle anderen Beispiele. (Auch kündigt sich ein spannender Zusammenhang an, wenn Sie einmal versuchen, die Wechselsumme $b_0(M) - b_1(M) + b_2(M)$ mit der EULER-Charakteristik $\chi(M)$ zu vergleichen, siehe dazu Seite 286 f).

Ein Problem ergab sich bei diesem Vorgehen bei nicht-orientierbaren Mannigfaltigkeiten (RIEMANN hat diese Schwierigkeit auch erkannt, aber durch einen Trick bewusst vermieden). Nehmen wir als Beispiel den $\mathbb{P}^2$. Er entsteht durch Identifikation der Seiten eines Quadrats durch den ebenen Bauplan $abab$, wie früher bereits besprochen (Seite 47). Der Weg $ab \subset \mathbb{P}^2$ beschreibt darin einen 1-Zyklus, der nicht Rand einer 2-Scheibe $D^2 \subset \mathbb{P}^2$ ist.

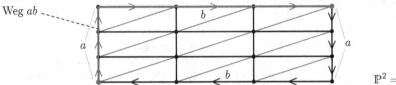

Durchlaufen wir den Weg aber ein zweites Mal, bilden also den Zyklus $abab$, so erkennen wir das offene Rechteck als zweidimensionales Objekt, das davon berandet wird. Anschaulich vorstellen kann man sich das nicht, aber die Summe der zwei Zyklen ab in $\mathbb{P}^2$ ist ein Rand und deswegen dürfen diese Zyklen auch keinen Beitrag zur ersten Bettizahl von $\mathbb{P}^2$ leisten. Es ist daher, neben $b_0(\mathbb{P}^2) = 1$, die erste Bettizahl $b_1(\mathbb{P}^2) = 0$ zu setzen. Weil sich aber der Weg ab nicht sofort, sondern erst bei zweimaligem Umlauf „homologisch auflösen" lässt, versieht man die erste Bettizahl von $\mathbb{P}^2$ wenigstens mit einem **Torsionskoeffizienten** von 2.

Wie verhält es sich mit der zweiten Bettizahl $b_2(\mathbb{P}^2)$, inklusive möglicher Torsionskoeffizienten? Hier erkennt man keinen abgeschlossenen zweidimensionalen Hohlraum, wenn man den $\mathbb{P}^2$ in einen $\mathbb{R}^n$ einbettet, denn dieser würde eine Orientierung auf $\mathbb{P}^2$ induzieren (der Hohlraum wäre die Innenseite davon). Der reelle projektive $\mathbb{P}^2$ ist aber nicht orientierbar, denn das Entfernen einer Seite a oder b hinterlässt ein Möbiusband, wie wir bereits früher gesehen haben (Seite 47).

Wir können festhalten, dass $b_2(\mathbb{P}^2) = 0$ ist und hier auch kein Torsionsbestandteil existiert. Dieses Verhalten ist typisch für nicht orientierbare Mannigfaltigkeiten. (Vielleicht versuchen Sie zur **Übung** einmal, die Bettizahlen und Torsionskoeffizienten der KLEINschen Flasche zu bestimmen, es ist nicht schwierig: $b_0(F_\mathcal{K}) = 1$, $b_1(F_\mathcal{K}) = 1$ mit einem Torsionskoeffizienten gleich 2 und $b_2(F_\mathcal{K}) = 0$.)

Belassen wir es bei dem kleinen historischen Rückblick. Natürlich hat die Homologie heute ein anderes Gesicht, die Theorie wurde kontinuierlich weiterentwickelt. So rückte POINCARÉ noch selbst Ende der 1890-er Jahre simpliziale Komplexe in den Vordergrund, die an die Stelle der (analytischen) Mannigfaltigkeiten traten. Man spricht heute auch nicht mehr von Bettizahlen, sondern von *Homologie-*

gruppen $H_n(M)$, deren Rang als freie $\mathbb{Z}$-Moduln den Bettizahlen entspricht (das geht zurück auf E. NOETHER, [87]). Die Torsionskoeffizienten werden dabei zu den *Torsionsgruppen* (Seite 70) $\mathbb{Z}_n = \mathbb{Z}/n\mathbb{Z}$, welche die freien Bestandteile der Homologiegruppen als direkte Summanden ergänzen und letztlich darin aufgehen.

Es ist so gesehen fast schon ein kurioses Faktum der Geschichte, dass der mächtige Apparat der Gruppentheorie – obwohl damals schon fast ein Jahrhundert lang bekannt – erst 30 Jahre später Einzug in die Homologietheorie hielt und selbst ein Visionär vom Format eines POINCARÉ seine Theorie mitsamt der verallgemeinerten EULER-Charakteristik, der Kohomologie und des großen Dualitätssatzes ausschließlich auf Basis der klassischen Bettizahlen (also mit einfachen numerischen Größen) entwickelt hat.

7.2 Simpliziale Homologiegruppen

Beginnen wir nun, die Theorie systematisch aufzubauen und wenden die obigen Ideen ganz allgemein auf simpliziale Komplexe an (Seite 161). Die Homologiegruppen werden sich dabei viel zugänglicher zeigen als es die höheren Homotopiegruppen waren (Seite 134). Das liegt nicht zuletzt daran, dass die Homologie auf natürliche Weise mit einer Zellenstruktur kompatibel ist, wie sie zum Beispiel Simplizialkomplexe oder später auch CW-Komplexe haben (ab Seite 318). Worin bestehen also ihre Kerngedanken?

Nehmen Sie zum Beispiel ein 2-Simplex $\sigma^2 = [v_0, v_1, v_2]$ in einem simplizialen Komplex K. Dessen Rand $\partial\sigma^2$ beschreibt eine geschlossene Kurve C in K. Die Tatsache, dass C nullhomotop ist, wird dadurch reflektiert, dass C der Rand $\partial\sigma^2$ des 2-Simplex σ^2 in K ist.

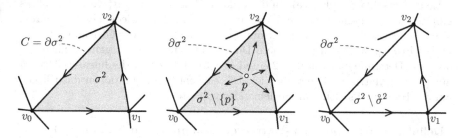

Was passiert bei einem Loch in K? Stellen wir uns dazu vor, es würde ein Punkt im Inneren von σ^2 entfernt und K wäre an dieser Stelle auf den Rand $\partial\sigma^2$ deformiert. Wie können wir dann noch die Kurve $C = \partial\sigma^2$ darstellen? Ganz einfach, wir müssten die drei Seiten $[v_0, v_1], [v_0, v_2]$ und $[v_1, v_2]$ von σ^2 nehmen und irgendwie miteinander verbinden – zum Beispiel in der Form $C = [v_0, v_1] + [v_0, v_2] + [v_1, v_2]$.

Soweit dieser erste Versuch. Sie erkennen, dass es sinnvoll ist, eine Addition und damit eine Gruppenstruktur auf den Simplizes eines Komplexes zu definieren. Wir müssen nur noch eine Möglichkeit finden, die Geschlossenheit der Kurve über die Addition auszudrücken. Dazu machen wir einen Unterschied zwischen $[v_0, v_1]$ und $[v_1, v_0]$ in dem Sinne, dass die erste Ecke als Start- und die zweite Ecke als Zielpunkt des Kurvenstücks interpretiert wird. Korrekt lautet eine mögliche Darstellung der geschlossenen Kurve von oben dann $C = [v_0, v_1] + [v_1, v_2] + [v_2, v_0]$. Wenn wir (wie bei der Fundamentalgruppe) bei Kurvenstücken das formale Negative $[v_2, v_0] = -[v_0, v_2]$ einführen und zusätzlich die Kommutativität der Addition verlangen, dann landen wir schließlich bei der formalen Darstellung

$$\partial \sigma^2 \;=\; C \;=\; [v_1, v_2] - [v_0, v_2] + [v_0, v_1] \,,$$

und darin taucht – wie aus heiterem Himmel – eine schlüssige Systematik auf. Sie sehen das Fundament eines kombinatorischen Ansatzes ähnlich dem der Determinante in der linearen Algebra. Die Formel lässt sich nämlich schreiben als

$$C \;=\; \partial[v_0, v_1, v_2] \;=\; [\widehat{v_0}, v_1, v_2] - [v_0, \widehat{v_1}, v_2] + [v_0, v_1, \widehat{v_2}] \,,$$

wobei das Dach $\widehat{}$ wie üblich das Fehlen einer Komponente ausdrückt. Steht das Dach über einem geraden Index, so ist die Seite positiv zu zählen, über einem ungeraden Index mit negativem Vorzeichen. Das funktioniert auch in niedrigeren Dimensionen. Das Kurvenstück $[v_0, v_1]$ hat nach diesem Prinzip dann den Rand $\partial[v_0, v_1] = [\widehat{v_0}, v_1] - [v_0, \widehat{v_1}] = v_1 - v_0$, also Zielpunkt minus Startpunkt. Damit bekommen wir eine suggestive algebraische Bedingung, welche die Geschlossenheit der Kurve C ausdrückt, wenn wir den Randoperator ∂ linear fortsetzen:

$$\partial C \;=\; \partial\big([v_1, v_2] - [v_0, v_2] + [v_0, v_1]\big) \;=\; (v_2 - v_1) - (v_2 - v_0) + (v_1 - v_0) \;=\; 0 \,.$$

Der Schlüssel zur Homologietheorie ist gefunden. Versuchen Sie einmal algebraisch auszudrücken, dass sich die geschlossene Kurve $\partial \sigma^2$ innerhalb Σ nicht zusammenziehen lässt, weil das Innere $\mathring{\sigma}^2$ entfernt wurde. Es ist ganz einfach, denn $\partial \sigma^2$ ist in diesem Fall nicht der Rand von irgendwelchen 2-Simplizes σ_λ^2. Mit algebraischen Augen gesehen haben wir dann eine Summe $c = \sum \sigma_\lambda^1$ von 1-Simplizes mit $\partial c = 0$ (also eine geschlossene Kurve), zu der es keine Summe $a = \sum \sigma_\lambda^2$ von 2-Simplizes gibt mit der Eigenschaft $\partial a = c$. Wenn umgekehrt das Loch wieder gestopft würde, also $\sigma^2 \in K$ wäre, dann hätten wir mit $a = \sigma^2$ eine Lösung der Gleichung $\partial a = c$. Dieses Prinzip lässt sich auf höhere Dimensionen übertragen, ganz ähnlich wie auch die Determinante von (2×2)- und (3×3)-Matrizen in der linearen Algebra auf $(n \times n)$-Matrizen übertragbar ist. Die elementaren Definitionen dazu liegen auf der Hand und sollen nun nacheinander vorgestellt werden.

Definition (Gruppe der n-Ketten eines simplizialen Komplexes)
Wir betrachten einen simplizialen Komplex K und ein $n \in \mathbb{N}$. Dann sei $C_n^\Delta(K)$ die freie abelsche Gruppe, die von den n-Simplizes aus K erzeugt ist (die Menge der n-Simplizes in K bildet also eine $\mathbb{Z}$-Basis dieser Gruppe, Seite 68). Man nennt $C_n^\Delta(K)$ die n-**te (simpliziale) Kettengruppe** von K. Jedes Element darin hat demnach eine (bis auf die Summationsreihenfolge) eindeutige Darstellung der Form

$$c = \sum_{i=1}^{k} a_i \sigma_i^n$$

mit einem $k \geq 0$, allen $a_i \in \mathbb{Z}$ und (paarweise verschiedenen) n-Simplizes σ_i^n aus K. Formal setzt man $C_n^\Delta(K) = 0$ für alle $n < 0$.

Definition und Satz (Randoperator für n-Ketten)
Der **homologische Rand** (kurz **Rand**) eines n-Simplex $\sigma^n = [v_0, \ldots, v_n]$ wird definiert als

$$\partial_n \sigma^n = \sum_{i=0}^{n} (-1)^i [v_0, \ldots, \widehat{v_i}, \ldots, v_n].$$

Offensichtlich ist $\partial_n \sigma^n$ eine $(n-1)$-Kette von K. Durch lineare Fortsetzung von ∂_n auf ganz $C_n^\Delta(K)$ entsteht so ein Gruppenhomomorphismus

$$\partial_n : C_n^\Delta(K) \longrightarrow C_{n-1}^\Delta(K),$$

der als **Randoperator** bezeichnet wird. Für alle $n \in \mathbb{Z}$ gilt $\partial_n \circ \partial_{n+1} = 0$. Der Lesbarkeit halber wird der Index oder das Verknüpfungssymbol $\circ$ manchmal weggelassen. So schreiben wir für $\partial_n \circ \partial_{n+1} = 0$ auch kurz $\partial\partial = 0$.

Hier gäbe es eine Kleinigkeit zu beweisen, nämlich dass die Verkettung zweier Randoperatoren $\partial_n \circ \partial_{n+1} : C_{n+1}^\Delta(K) \to C_{n-1}^\Delta(K)$ die Nullabbildung ist. Anschaulich ist es Ihnen bestimmt klar, wenn Sie das Beispiel oben ansehen. Ich lasse Ihnen die elementare Rechnung als kleine **Übung**. Sie müssen sie nur auf Simplizes σ^{n+1} durchführen, der Rest ergibt sich über lineare Fortsetzung. $(\Box)$

Beachten Sie, dass es in den Gruppen $C_n^\Delta(K)$ darauf ankommt, in welcher Reihenfolge die Eckpunkte von σ^n stehen (bisher war das nicht der Fall). Damit die Randoperatoren Homomorphismen werden, muss $[v_0, \ldots, v_n] = [v_{p(0)}, \ldots, v_{p(n)}]$ für gerade Permutationen p (Seite 398) und $[v_0, \ldots, v_n] = -[v_{p(0)}, \ldots, v_{p(n)}]$ für ungerade Permutationen gelten. Das sehen Sie schon an dem einfachsten Beispiel $\partial[v_0, v_1] = -\partial[v_1, v_0]$, und der allgemeine Fall folgt induktiv (**Übung**).

Wegen $\partial\partial = 0$ erhalten wir eine lange Gruppensequenz

$$\ldots \xrightarrow{\partial_{n+2}} C_{n+1}^\Delta(K) \xrightarrow{\partial_{n+1}} C_n^\Delta(K) \xrightarrow{\partial_n} C_{n-1}^\Delta(K) \xrightarrow{\partial_{n-1}} C_{n-2}^\Delta(K) \xrightarrow{\partial_{n-2}} \ldots,$$

den **simplizialen Kettenkomplex** $\left(C_n^\Delta(K), \partial_n\right)_{n \in \mathbb{Z}}$. Hieraus ergeben sich die simplizialen Homologiegruppen wie bei den algebraischen Komplexen (Seite 200).

Definition (n-Zyklen, n-Ränder und die n-te Homologiegruppe)
Wir bezeichnen eine n-Kette c mit $\partial_n c = 0$ als einen n-**Zyklus** (das ist motiviert durch die Vorstellung einer geschlossenen Kurve). Den Kern $\operatorname{Ker} \partial_n \subseteq C_n^\Delta(K)$ nennt man die Gruppe der n-**Zyklen** und bezeichnet sie mit $Z_n^\Delta(K)$.

Das Bild $\operatorname{Im} \partial_{n+1} \subseteq C_n^\Delta(K)$ besteht dann aus allen Linearkombinationen von n-Simplizes, die zusammen die Ränder einer $(n+1)$-Kette bilden. Man nennt sie die Gruppe der n-**Ränder** und bezeichnet sie mit $B_n^\Delta(K)$.

Wegen $\partial_n \partial_{n+1} = 0$ ist $\operatorname{Im} \partial_{n+1} \subseteq \operatorname{Ker} \partial_n$ und man kann die n-**te simpliziale Homologiegruppe** von K definieren als den Quotienten

$$H_n^\Delta(K) = Z_n^\Delta(K) \big/ B_n^\Delta(K).$$

Eine überschaubare Definition, Sie erkennen die Analogie zur Algebra (Seite 200). Die Gruppen $H_n^\Delta(K)$ sind zwar nicht in einer Zeile konstruiert wie die höheren Homotopiegruppen $\pi_n(X, x_0)$, aber so kompliziert wie angekündigt war es doch nicht, oder? Nun ja, wir müssen vorsichtig sein. Wir stehen erst am Anfang, haben diese Gruppen nur für simpliziale Komplexe definiert und noch eine Menge offener Fragen vor uns. Lassen Sie uns zunächst aber erste konkrete Erfahrungen mit diesen neuartigen Objekten sammeln.

Beispiele für die simpliziale Homologie

Die einfachsten Komplexe bestehen aus einem Standard-n-Simplex Δ^n, $n \geq 1$, zusammen mit all seinen echten Seiten. Wie sieht dann $H_0^\Delta(\Delta^n)$ aus?

Dazu stellen wir fest, dass $Z_0^\Delta(\Delta^n)$, also die Menge der 0-Zyklen, gegeben ist durch die Gruppe $\mathbb{Z}^{n+1}$. Das ist klar, denn die Gruppe $C_0^\Delta(\Delta^n)$ hat die $n+1$ Eckpunkte von Δ^n als Generatoren und die Abbildung $\partial_0 : C_0^\Delta(\Delta^n) \to C_{-1}^\Delta(\Delta^n) = 0$ ist die Nullabbildung.

Für die Homologiegruppe $Z_0^\Delta(\Delta^n)$ benötigen wir jetzt die 0-Ränder. Das sind alle Summen der Form

$$b = \sum_{i=0}^{n} a_i v_i$$

mit Eckpunkten $v_i \in \Delta^n$ und $a_i \in \mathbb{Z}$, wobei $\sum_i a_i = 0$ ist. Machen wir uns kurz klar, warum das so ist. Wegen $\partial[v_i, v_j] = v_j - v_i$ hat jeder 0-Rand die angegebene Form. Umgekehrt entsteht aber auch jede 0-Kette dieser Form als Rand einer 1-Kette, denn in einem Simplex sind je zwei Eckpunkte stets durch eine Kante miteinander verbunden. Wenn Sie dann die Eckpunkte v_i in dem Ausdruck $\sum_i a_i v_i$ in Paaren so zusammenfassen, dass in einem Paar je ein Punkt mit positivem und der andere mit negativem Vorzeichen enthalten ist, und die Kanten zwischen diesen Punktpaaren addieren, haben Sie eine 1-Kette konstruiert, deren Rand genau $\sum_i a_i v_i$ ist. Wegen $\sum_i a_i = 0$ bleibt bei der Aufteilung der Punkte in Paare kein Punkt übrig.

Halten wir fest: Es ist nach Definition

$$H_0^\Delta(\Delta^n) \;\cong\; \mathbb{Z}^{n+1} \Big/ \Big\{(a_0, \ldots, a_n) \in \mathbb{Z}^{n+1} : \sum_{i=0}^{n} a_i = 0\Big\}.$$

Eine einfache **Übung** zeigt dann, dass die rechte Seite isomorph zu $\mathbb{Z}$ ist, Sie müssen dazu einfach die Surjektion $\mathbb{Z}^{n+1} \to \mathbb{Z}$, $(a_0, \ldots, a_n) \mapsto \sum_i a_i$, verwenden. Wir erhalten also $H_0^\Delta(\Delta^n) \cong \mathbb{Z}$.

Glückwunsch, Sie haben Ihre erste Homologiegruppe berechnet. Wie steht es mit der Gruppe am anderen Ende der Reihe, also mit $H_n^\Delta(\Delta^n)$? Auch das ist einfach, denn Δ^n selbst ist der (einzige) Generator der Gruppe der n-Ketten $C_n^\Delta(\Delta^n)$, die damit isomorph zu $\mathbb{Z}$ ist. Wegen

$$\partial(a \cdot \Delta^n) \;=\; a \cdot \sum_{i=0}^{n} [v_0, \ldots, \widehat{v_i}, \ldots, v_n]$$

ist aber nur die n-Kette mit $a = 0$ ein Zyklus, also haben wir $Z_n^{\Delta}(\Delta^n) = 0$ und somit auch $H_n^{\Delta}(\Delta^n) = 0$.

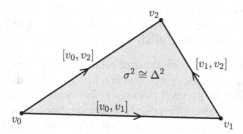

Richtig interessant wird es erstmals bei den Gruppen $H_k^{\Delta}(\Delta^n)$ mit $1 \leq k < n$. Das erste Beispiel hierfür ist $H_1^{\Delta}(\Delta^2)$. Jede 1-Kette hat hier die Form

$$c = a_0[v_1, v_2] + a_1[v_0, v_2] + a_2[v_0, v_1],$$

und die Bedingung für einen 1-Zyklus, $\partial_1 c = 0$, ergibt durch Koeffizientenvergleich $a_0 + a_1 = 0$ und $a_0 - a_2 = 0$ (versuchen Sie das als **Übung**). Jeder dieser Zyklen ist somit ein Rand, nämlich von $a_0 \Delta^2$, und wir erhalten $H_1^{\Delta}(\Delta^2) = 0$.

Wie würden wir die Berechnung von $H_k^{\Delta}(\Delta^n)$ mit $1 \leq k < n$ durchführen? Die k-Ketten $C_k^{\Delta}(\Delta^n)$ haben als $\mathbb{Z}$-Basis die Menge der k-Simplizes in Δ^n. Das ist die Menge $\{ [v_{i_0}, \ldots, v_{i_k}] : 0 \leq i_0 < \ldots < i_k \leq n \}$, wobei der Simplex Δ^n als $[v_0, \ldots, v_n]$ gegeben ist. Eine k-Kette in $C_k^{\Delta}(\Delta^n)$ hat also die Form

$$c = \sum_{0 \leq i_0 < \ldots < i_k \leq n} a_{i_0 \ldots i_k}[v_{i_0}, \ldots, v_{i_k}].$$

Spätestens jetzt erkennen Sie die Herkunft der Bezeichnung „kombinatorische Topologie". Nicht wenige von Ihnen werden sich erinnern an die endlosen Rechnungen aus der linearen Algebra rund um Determinanten und alternierende Multilinearformen. Wir werden diese Rechnungen nicht im Detail durchführen, aber doch wenigstens überlegen, was zu tun wäre.

Wir müssten uns zuerst klar darüber werden, wie ein k-Zyklus beschaffen wäre. Ähnlich wie oben für den Fall $H_1^{\Delta}(\Delta^2)$ impliziert die Gleichung $\partial_k c = 0$ bestimmte Bedingungen an die Koeffizienten $a_{i_0 \ldots i_k}$, die sich ergeben aus

$$\partial_k \left(a_{i_0 \ldots i_k}[v_{i_0}, \ldots, v_{i_k}] \right) = a_{i_0 \ldots i_k} \sum_{\nu=0}^{k} (-1)^\nu [v_{i_0}, \ldots, \widehat{v_{i_\nu}}, \ldots, v_{i_k}]$$

und einem anschließendem Koeffizientenvergleich bei jedem $(k-1)$-Simplex in Δ^n. Für größere Werte von n geraten wir dabei aber in ein nicht mehr überschaubares kombinatorisches Dickicht. Versuchen Sie einmal zur **Übung**, die Rechnungen für $n = 3$ auszuführen – nur um zu sehen, wohin sich das entwickelt.

Nein, wir müssen einen anderen Weg einschlagen und noch einmal genau auf das Problem $H_1^\Delta(\Delta^2)$ sehen. Dort wurde die Lösung $a_0\Delta^2$ durch Intuition und Probieren ermittelt, wegen $a_0 = -a_1 = a_2$ war das recht übersichtlich. Systematisch betrachtet könnten wir dabei auch so vorgehen: Zu jedem Kantenzug in $C_1^\Delta(\Delta^2)$ wird auf genau bestimmte Weise eine 2-Kette in $C_2^\Delta(\Delta^2)$ konstruiert, mit deren Hilfe sich dann jeder 1-Zyklus als ein Rand herausstellt.

Das funktioniert mit einem schönen kombinatorischen Trick. Wir ziehen dazu jede Kante $[v_i, v_j]$ in Richtung der Ecke v_2 auf, machen also eine Zuordnung der Form $[v_i, v_j] \mapsto \pm[v_i, v_j, v_2]$. Das ist sinnvoll, solange dabei echte 2-Simplizes herauskommen. Nach dem Vorbild alternierender Multilinearformen (wie zum Beispiel einer Determinante) setzen wir also $[v_i, v_2, v_2] = 0$. Wir müssen uns nur noch für ein Vorzeichen bei der Zuordnung entscheiden. Und da $[v_0, v_1] \mapsto [v_0, v_1, v_2] = \Delta^2$ herauskommen soll, definieren wir wie üblich durch lineare Fortsetzung

$$\delta^1 : C_1^\Delta(\Delta^2) \longrightarrow C_2^\Delta(\Delta^2), \quad [v_i, v_j] \mapsto \begin{cases} (-1)^{1+1}[v_i, v_j, v_2] & \text{für } j < 2 \\ 0 & \text{für } j = 2. \end{cases}$$

Der etwas seltsame Exponent $1+1$ erklärt sich daraus, dass die Quelle von δ^1 eben aus 1-Ketten besteht und dieser Wert stets um 1 zu erhöhen ist. Ich habe daher $1+1$ geschrieben, um den Bauplan der allgemeinen Formel für höhere Dimensionen schon hier zu motivieren. Sie erkennen sofort, dass damit

$$\delta^1\big(a_0[v_1, v_2] + a_1[v_0, v_2] + a_2[v_0, v_1] \big) = a_2\Delta^2$$

ist, also im Fall $a_2 = a_0$ genau die Kette, die wir vorhin erraten haben. Mehr noch: Sie prüfen ohne Probleme, dass allgemein für alle Ketten $c \in C_1^\Delta(\Delta^2)$

$$(\partial_2\delta^1)c + (\delta^0\partial_1)c = c$$

ist, eine bemerkenswerte Gleichung. Die Abbildung $\delta^0 : C_0^\Delta(\Delta^2) \to C_1^\Delta(\Delta^2)$ ist dabei analog definiert: $[v_i] \mapsto (-1)^{0+1}[v_i, v_2]$ für $i < 2$ und $[v_2] \mapsto 0$. Vielleicht wollen Sie auch diese Gleichung als kleine **Übung** selbst verifizieren.

Damit haben wir es deutlich vor Augen. Falls c ein 1-Zyklus ist, ist $\partial_1 c = 0$ und somit $\partial_2(\delta^1 c) = c$, also ist c ein Rand. Wir erhalten wie oben $H_1^\Delta(\Delta^2) = 0$. Sie bemerken aber den kleinen Unterschied, diesmal sind wir systematisch vorgegangen und können das Verfahren auf die Gruppen $H_k^\Delta(\Delta^n)$ wörtlich übertragen. Mit den Abbildungen

$$\delta^k : C_k^\Delta(\Delta^n) \longrightarrow C_{k+1}^\Delta(\Delta^n),$$

$$[v_{i_0}, \ldots, v_{i_k}] \mapsto \begin{cases} (-1)^{k+1}[v_{i_0}, \ldots, v_{i_k}, v_n] & \text{für } i_k < n \\ 0 & \text{für } i_k = n \end{cases}$$

gilt ebenfalls $\partial_{k+1}\delta^k + \delta^{k-1}\partial_k = \mathrm{id}_{C_k^\Delta(\Delta^n)}$ und wir erhalten die komplette Homologie der Standard-n-Simplizes als

$$H_k^\Delta(\Delta^n) \cong \begin{cases} \mathbb{Z} & \text{für } k = 0 \\ 0 & \text{für } k > 0. \end{cases}$$

Zweierlei ist hier anzufügen. Zum einen ist es gelungen, für eine ganze Klasse von (zwar noch recht einfachen) Komplexen sämtliche Homologiegruppen zu berechnen. Man sagt auch, die ganze **Homologie** der Räume Δ^n ist bekannt. Zum anderen haben Sie gesehen, dass man durch geschickte Rückwärtsabbildungen der kombinatorischen Komplexität entgehen kann. Statt sich in deren Dickicht zu verirren, lohnt es sich immer, elegante algebraische Lösungen zu suchen.

Trotz des an sich schönen Ergebnisses müssen wir feststellen, dass die Homologie der Δ^n eigentlich trivial ist. Alle höheren Gruppen verschwinden, die Aussage selbst wirkt ein wenig leer. Versuchen wir also etwas anderes und untersuchen sphärische Objekte, die nicht zusammenziehbar sind: die Ränder $\partial\Delta^n$ für $n \geq 2$.

Dazu überlegen wir, wie die Kettengruppen $C_k^\Delta(\partial\Delta^n)$ aussehen und erkennen, dass sie für $k < n$ identisch zu denen von Δ^n sind (dito für die Randoperatoren), denn man hat es mit genau den gleichen Simplizes zu tun. Das ist schon sehr viel, denn es ergibt sich sofort $H_0^\Delta(\partial\Delta^n) \cong \mathbb{Z}$ und $H_k^\Delta(\partial\Delta^n) = 0$ für $1 \leq k < n-1$ (und natürlich alle $k \geq n$).

Um ehrlich zu sein, liegt jetzt die ganze Hoffnung auf der Gruppe $H_{n-1}^\Delta(\partial\Delta^n)$. Dies muss die erste nicht-triviale höhere Homologiegruppe sein, sonst könnten wir die (grundlegend verschiedenen) Räume Δ^n und $\partial\Delta^n$ nicht unterscheiden und die ganze Theorie vergessen.

Aber das Gute gewinnt am Ende doch. Da in $\partial\Delta^n$ kein n-Simplex vorkommt, ist $C_n^\Delta(\partial\Delta^n) = 0$ und damit auch dessen Bild bei ∂_n, was $B_{n-1}^\Delta(\partial\Delta^n) = 0$ bedeutet. Wir müssen jetzt einen $(n-1)$-Zyklus $z \neq 0$ finden. Es liegt auf der Hand, hierfür den Rand des Standard-n-Simplex zu nehmen, also $z = \partial\Delta^n$. Als Rand ist dies ein Zyklus, und weil darin jedes $(n-1)$-Simplex mit einem Koeffizienten ± 1 erscheint, ist dieser Zyklus $\neq 0$. Es ist also $H_{n-1}^\Delta(\partial\Delta^n) \neq 0$, das n-dimensionale Loch in diesem Raum wird zuverlässig erkannt (vergleichen Sie mit Seite 222 f).

Um $H_{n-1}^\Delta(\partial\Delta^n)$ exakt zu bestimmen, stellen wir fest, dass der Homomorphismus $\partial_n : C_n^\Delta(\Delta^n) \to C_{n-1}^\Delta(\Delta^n)$ einen trivialen Kern besitzt, denn aus der Forderung $0 = \partial_n(a\Delta^n) = a\partial_n\Delta^n = az$ folgt $a = 0$ wegen $z \neq 0$. Es ist also ∂_n injektiv und daher $B_{n-1}^\Delta(\Delta^n) = \text{Im}(\partial_n) \cong C_n^\Delta(\Delta^n) \cong \mathbb{Z}$. Wegen $H_{n-1}^\Delta(\Delta^n) = 0$ ist dann auch $Z_{n-1}^\Delta(\Delta^n) \cong \mathbb{Z}$. Nun haben wir gerade eben erkannt, dass für alle $k \leq n-1$ die Kettengruppen C_k^Δ und Randoperatoren ∂_k der Räume Δ^n und $\partial\Delta^n$ übereinstimmen. Damit ist auch $Z_{n-1}^\Delta(\partial\Delta^n) \cong \mathbb{Z}$ und wegen $B_{n-1}^\Delta(\partial\Delta^n) = 0$ (siehe oben) ergibt sich $H_{n-1}^\Delta(\partial\Delta^n) \cong \mathbb{Z}$. Halten wir für $n \geq 2$ fest:

$$H_k^\Delta(\partial\Delta^n) \cong \begin{cases} \mathbb{Z} & \text{für } k = 0 \text{ und } k = n-1 \\ 0 & \text{sonst}. \end{cases}$$

Mit diesem Ergebnis kennen Sie das erste Beispiel einer nicht-trivialen Homologie. Das ist übrigens schon viel mehr als wir bei den Homotopiegruppen erreicht haben (vergleichen Sie dazu die komplexen und völlig unregelmäßigen Ergebnisse bei den zu $\partial \Delta^n$ homöomorphen Sphären S^{n-1}, Seite 157). Versuchen wir uns an einem weiteren Objekt und bauen aus einer Sammlung von 2-Simplizes einen simplizialen Torus, dessen Komplex wir mit T_Δ^2 bezeichnen (es wird später klar, warum wir die etwas überladene Notation mit dem Δ brauchen).

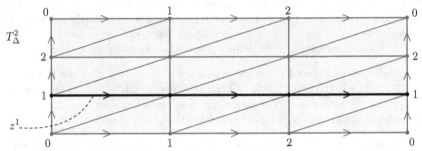

Im Bild müssen wir (wie bei den ebenen Bauplänen, Seite 46 f) die gegenüberliegenden Seiten verkleben, was durch die Zahlen an den Eckpunkten angedeutet sein soll. Mit der gleichen Argumentation wie beim Standardsimplex Δ^n erkennen Sie sofort $H_0^\Delta(T_\Delta^2) \cong \mathbb{Z}$. Das gilt für alle zusammenhängenden Komplexe. Die Gruppe $H_1^\Delta(T_\Delta^2)$ sehen wir uns etwas später an und kommen zunächst zu $H_2^\Delta(T_\Delta^2)$.

An dem Bild erkennen Sie, dass in einem 2-Zyklus von T_Δ^2 alle Dreiecke mit dem gleichen Koeffizienten $a \in \mathbb{Z}$ erscheinen müssen, damit sich deren (orientierte) Ränder gegenseitig aufheben (die Dreiecke haben die gleiche *Orientierung* oder den gleichen *Drehsinn*, im Beispiel gegen den Uhrzeigersinn). Die Zuordnung eines Zyklus auf den gemeinsamen Koeffizienten a seiner Summanden liefert dann einen Isomorphismus $H_2^\Delta(T_\Delta^2) \cong \mathbb{Z}$, die Details dazu können Sie gerne als kleine **Übung** verifizieren. Bis jetzt also noch kein Unterschied zur Homologie von $\partial \Delta^3$, also zur Homologie eines Komplexes homöomorph zur S^2.

Das darf natürlich so nicht weitergehen, sind $\partial \Delta^3$ und T_Δ^2 doch völlig verschiedene topologische Räume. Den Unterschied muss die Gruppe H_1^Δ machen, denn alle übrigen Gruppen verschwinden. Sehen wir uns dazu den 1-Zyklus z^1 im Bild oben an, der zwei zu identifizierende Punkte auf dem linken und rechten Rand durch die gerade Linie dazwischen verbindet. Dieser Zyklus kann kein Rand sein, denn jede 2-Kette c mit $\partial_2 c = z^1$ muss wieder zwingend alle Dreiecke mit demselben Koeffizienten enthalten, damit im Rand die Kanten außerhalb von z^1 verschwinden. Damit wäre aber $\partial_2 c = 0 \neq z^1$. Also ist $H_1^\Delta(T_\Delta^2) \neq 0$ und die Homologietheorie wieder gerettet: Der Unterschied zwischen $\partial \Delta^3$ und T_Δ^2 wird erkannt (wir werden diese Gruppe bald exakt bestimmen können, Seite 244 f).

Gestatten Sie eine Bemerkung dazu. Wir konnten bei diesem Beispiel die Dreiecke so orientieren, dass sie alle den gleichen Drehsinn hatten. Dieser Drehsinn passte auch an allen Verklebungsstellen in der Weise zusammen, dass die Kanten mit entgegengesetztem Vorzeichen verklebt wurden. Anschaulich können wir sagen, dass der Komplex T_Δ^2 im $\mathbb{R}^3$ dann eine wohldefinierte Innen- und Außenseite

hat. Wir haben schon früher mehrmals den Begriff einer orientierbaren Mannigfaltigkeit verwendet. Sie erkennen, dass diese Eigenschaft offenbar äquivalent zu
$H_2^\Delta\left(T_\Delta^2\right) \cong \mathbb{Z}$ ist und dabei durch die Wahl eines Generators $+1$ oder -1 von $\mathbb{Z}$
eine von zwei möglichen Orientierungen der Fläche gegeben ist. Das Prinzip lässt
sich auch auf höherdimensionale simpliziale Mannigfaltigkeiten übertragen – wir
werden die heuristischen Betrachtungen später präzisieren (Seite 415 f).

Ihnen als neugierige Leserin oder Leser drängt sich jetzt natürlich die Frage auf,
wie sich das alles bei einer nicht-orientierbaren Fläche verhält. Paradebeispiel ist
ein simplizialer projektiver Raum $\mathbb{P}_\Delta^2$ oder die simpliziale KLEINsche Flasche $F_\mathcal{K}^\Delta$,
deren Bauplan im Bild zu sehen ist.

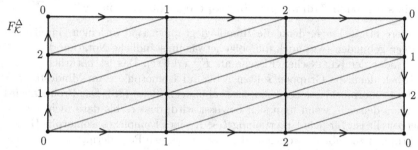

Die KLEINsche Flasche entsteht auch durch eine ähnliche Verklebung wie beim
Torus, nur werden die rechte und linke Seite in entgegengesetzter Orientierung
verklebt. Wie sieht hier ein potenzieller Kandidat für einen 2-Zyklus aus? Nun ja,
damit die innenliegenden Kanten im Rand einer 2-Kette c^2 verschwinden, müssen
wieder alle Dreiecke den gleichen Koeffizienten $a \in \mathbb{Z}$ haben. Aber Vorsicht, die
rechts und links verklebten Kanten heben sich bei Anwendung von ∂ nicht mehr
gegenseitig auf, sondern verdoppeln sich. Es ist also

$$\partial c^2 = 2a \sum_{i=1}^{3} \sigma_i^1 \,,$$

wobei die σ_i^1 für die verdoppelten Kanten stehen. Diese Kette ist immer $\neq 0$,
es gibt also gar keinen 2-Zyklus $\neq 0$ und wir erhalten $H_2^\Delta\left(F_\mathcal{K}^\Delta\right) = 0$. (Das ist
übrigens charakteristisch für nicht-orientierbare Flächen, siehe Seite 473.)

Lassen Sie mich die heuristischen Gedanken noch etwas weiter spinnen. Wie
könnten wir die obige Kette c^2 doch zu einem Zyklus machen? Anhand der Gleichung $\partial c^2 = 2a \sum_i \sigma_i^1$ geht das genau dann, wenn man eine Zahl $a \neq 0$ finden
könnte mit $2a = 0$. Das geht zwar nicht in $\mathbb{Z}$, aber in jedem Ring, der die 2 als
Nullteiler hat, zum Beispiel in $\mathbb{Z}_2 = \mathbb{Z}/2\mathbb{Z}$. Wenn wir die ganze Homologietheorie
mit Koeffizienten aus $\mathbb{Z}_2$ konstruiert hätten (statt mit ganzzahligen Koeffizienten),
so wäre für jede Kette $c \in C_k^\Delta\left(K, \mathbb{Z}_2\right)$ eben $c + c = 0$. Obwohl das vordergründig
ganz anders anmutet als über dem Ring $\mathbb{Z}$, könnten wir dennoch alles wörtlich
übernehmen, und sämtliche Homologiegruppen ließen sich genauso berechnen wie
zuvor mit ganzzahligen Koeffizienten. Man erhält die gleichen Ergebnisse – nur
eben modulo 2, also immer $\mathbb{Z}_2$ anstelle von $\mathbb{Z}$.

Natürlich ist mit den $\mathbb{Z}_2$-Koeffizienten ein Informationsverlust verbunden, aber man braucht (als Gegenleistung) bei der Orientierbarkeit keinen Unterschied mehr zu machen. So ist eben $H_2^{\Delta}\big(F_{\mathcal{K}}^{\Delta}, \mathbb{Z}_2\big) \cong \mathbb{Z}_2$ und $H_2^{\Delta}\big(T_{\Delta}^2, \mathbb{Z}_2\big) \cong \mathbb{Z}_2$. Diese Vereinfachung erleichtert manche Beweise, liefert aber wie angedeutet nicht ganz so starke Resultate (ein schönes Beispiel ist die POINCARÉ-Dualität, Seite 443).

Nach diesen ersten Beispielen ist es an der Zeit, kurz innezuhalten. Wir haben einen scheinbar schlagkräftigen technischen Apparat entwickelt, mit dem die topologischen Unterschiede der Räume bisher fehlerfrei erkannt wurden. Eine Frage aber drängt sich jetzt mehr und mehr in den Vordergrund.

Ist die simpliziale Homologie eine topologische Invariante?

Eine berechtigte Frage, denn die Homologiegruppen sind an einen simplizialen Komplex gebunden (was auch die obige, etwas umständliche Notation des Torus als T_{Δ}^2 oder der KLEINschen Flasche als $F_{\mathcal{K}}^{\Delta}$ erklärt). Das ist natürlich viel zu unflexibel, denn die Gruppen sollten – bis auf Isomorphie – im Mindesten nur von der Isomorphieklasse des Komplexes abhängen (Seite 186). Das Problem wird besonders deutlich, wenn man sich bewusst wird, dass es bis dato nicht einmal sichergestellt ist, für jede Unterteilung $L < K$ eines Komplexes isomorphe Homologiegruppen zu haben – wohlgemerkt: bei identischen Polyedern.

Auch ist nicht garantiert, dass Mannigfaltigkeiten generell triangulierbar sind und die Berechnung von simplizialen Homologiegruppen erlauben (Sie erkennen die Haupt- und Triangulierungsvermutung, Seite 184 f). Aber selbst wenn man sich bei den zulässigen Räumen auf Polyeder beschränkt, kann die simpliziale Homologie nur dann echte topologische Invarianten hervorbringen, wenn nicht nur isomorphe, sondern allgemeiner *homöomorphe*, oder besser noch: *homotopieäquivalente* Polyeder dieselben Homologiegruppen besitzen (modulo Isomorphie).

Die Thematik ist kompliziert, wir werden sie nach und nach behandeln (in Teilen erst im geplanten Folgeband). Dass sich zumindest isomorphe Komplexe (zum Beispiel die oben erwähnten Unterteilungen $L < K$) hier gut verhalten, hat allerdings schon POINCARÉ gezeigt – wobei er von den subtilen Fallstricken bei der Hauptvermutung und der Triangulierung von Mannigfaltigkeiten damals nichts gewusst hat. Hier also das wichtige Ergebnis, mit dem die simpliziale Homologie überhaupt erst ihre Daseinsberechtigung bekam.

> **Satz (Isomorphe Komplexe haben die gleiche Homologie)**
> Wir betrachten zwei simpliziale Komplexe K und L, die kombinatorisch äquivalent sind (Seite 185). Dann ist $H_n^{\Delta}(K) \cong H_n^{\Delta}(L)$ für alle $n \geq 0$.

Im **Beweis** nutzt man die Beobachtung, dass kombinatorisch äquivalente Komplexe eine gemeinsame Unterteilung haben (Seite 186). Es genügt daher, den Fall $L < K$ zu betrachten. Wir haben dann für alle $n \geq 0$ einen natürlichen Gruppenhomomorphismus

$$f_n : C_n^{\Delta}(K) \longrightarrow C_n^{\Delta}(L), \quad \sigma^n \mapsto \sum_{\tau_{\lambda}^n \in \sigma^n} \tau_{\lambda}^n,$$

wobei sich die Summe über alle $\tau_\lambda^n \in L$ erstreckt, die das Simplex σ^n zerteilen. Es ist klar, dass alle f_n injektiv sind.

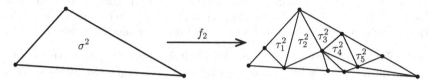

Bei Anwendung des L-Randoperators auf $f_n(\sigma^n)$ heben sich wegen der gleichen Orientierung alle inneren Kanten auf, und es bleibt topologisch dieselbe Menge wie beim Randoperator in K übrig, nämlich das Polyeder von $\partial\sigma^n$. Beachtet man dieses Prinzip sowie die lineare Fortsetzung der obigen Abbildungsvorschrift, erkennt man, dass die f_n mit den Randoperatoren verträglich sind, es ist also

$$\cdots \xrightarrow{\partial_{n+2}} C_{n+1}^\Delta(K) \xrightarrow{\partial_{n+1}} C_n^\Delta(K) \xrightarrow{\partial_n} C_{n-1}^\Delta(K) \xrightarrow{\partial_{n-1}} \cdots$$
$$\downarrow f_{n+1} \qquad\qquad \downarrow f_n \qquad\qquad \downarrow f_{n-1}$$
$$\cdots \xrightarrow{\partial_{n+2}} C_{n+1}^\Delta(L) \xrightarrow{\partial_{n+1}} C_n^\Delta(L) \xrightarrow{\partial_n} C_{n-1}^\Delta(L) \xrightarrow{\partial_{n-1}} \cdots$$

ein kommutatives Diagramm (das bedeutet $f_{n-1} \circ \partial_n = \partial_n \circ f_n$ für alle $n > 0$). Man nennt $f = (f_n)_{n \geq 0}$ dann einen **Kettenhomomorphismus** (siehe Seite 200) und die f_n bilden alle K-Zyklen auf L-Zyklen ab, dito für die Ränder. Also induzieren die f_n auch natürliche Gruppenhomomorphismen $f_* : H_n^\Delta(K) \to H_n^\Delta(L)$.

Wir zeigen zunächst, dass die f_* injektiv sind. Es sei dazu z ein n-Zyklus in K und $f_n(z)$ ein Rand in L, also $f_n(z) = 0$ in $H_n^\Delta(L)$. Es gibt dann eine Kette c^{n+1} in L mit $\partial c^{n+1} = f_n(z)$. Nun ist $f_n(z)$ die L-Unterteilung eines Zyklus in K, weswegen auch c^{n+1} die L-Unterteilung einer Kette d^{n+1} in K sein muss (versuchen Sie das als **Übung** und beachten dabei, dass die Polyeder von K und L identisch sind). Wegen $f_{n+1}(d^{n+1}) = c^{n+1}$ ist $z = \partial d^{n+1}$, denn f_n ist injektiv und das Diagramm kommutativ. Also ist z ein Rand und damit f_* injektiv.

Die Surjektivität der f_* ist ungleich schwieriger, weswegen dieser Part auch nicht vollständig dargestellt wird. Aber zumindest in seinen Kerngedanken soll er so weit motiviert sein, dass Sie erkennen, welchen Formalismus man bei seiner Ausführung betreiben müsste. Gehen wir dazu aus von einem Zyklus $z \in Z_n^\Delta(L)$. Das Ziel besteht darin, einen Zyklus $w \in Z_n^\Delta(K)$ zu finden, sodass sich z und $f_n(w)$ nur um einen Rand in $B_n^\Delta(L)$ unterscheiden.

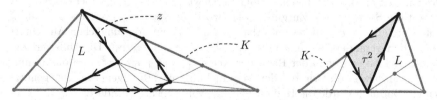

Machen wir uns zunächst klar, warum wir gar nicht mehr erwarten dürfen. In der Abbildung links sehen Sie, dass der gegebene 1-Zyklus z einige Simplizes enthält, die gar nicht im 1-Gerüst von K vorkommen. Dieser Zyklus kann niemals im Bild von f_n liegen, wir müssen hier auf die Äquivalenzen modulo Rändern hoffen. Und wenn wir auf die Zykleneigenschaft verzichten, hilft nicht einmal mehr das. Die 2-Kette τ^2 rechts ist kein Zyklus und daher auch modulo eines Randes in $B_2^\Delta(L)$ nicht das Bild einer 2-Kette in K, denn es gibt dort gar keine 2-Ränder.

Für die Surjektivität von f_* sei nun also ein Zyklus $z \in Z_n^\Delta(L)$ gegeben. Falls die n-Simplizes von z allesamt auf dem n-Gerüst K^n liegen, ist nichts zu tun. Das Polyeder von z (die Vereinigung aller $\tau_\lambda^n \in z$ mit Koeffizient $a_\lambda \neq 0$) ist dann identisch zum Polyeder eines Zyklus w in K und man erkennt ohne Mühe $f_n(w) = z$. In der Abbildung ist das für $n = 1$ motiviert.

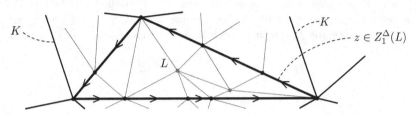

Technisch schwieriger wird es, wenn es Simplizes $\tau_\lambda^n \in z$ gibt, die nicht auf K^n verlaufen. Das Ziel besteht in diesem Fall darin, den Zyklus durch Eckenmodifikationen so zu verschieben, dass sein Polyeder ganz in K^n liegt, ohne die Homologieklasse zu verändern (mit dem vorigen Fall wären wir dann fertig). Hierzu sehen wir uns an, was eigentlich mit einer zulässigen Eckenmodifikation gemeint ist.

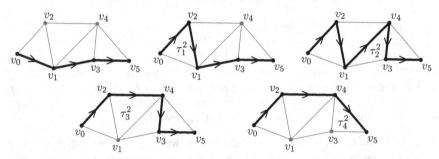

Wir ziehen in dem z-Ausschnitt $[v_0, v_1] + [v_1, v_3] + [v_3, v_5]$ zunächst das Simplex $[v_0, v_1]$ über die Ecke v_2 auf. Offensichtlich ist $[v_0, v_1] \sim [v_0, v_2] + [v_2, v_1]$, denn die Differenz der beiden Ketten bildet den vollständigen Rand $\partial \tau_1^2$. Danach verfahren wir genauso mit $[v_1, v_3]$, um zu $[v_1, v_4] + [v_4, v_3]$ zu gelangen, mit tatkräftiger Hilfe des Simplex τ_2^2. Im dritten Schritt kollabieren wir $[v_2, v_1] + [v_1, v_4]$ über das Simplex τ_3^2 auf die Seite $[v_2, v_4]$. Zu guter Letzt wird die Kette $[v_4, v_3] + [v_3, v_5]$ mit τ_4^2 kollabiert auf $[v_4, v_5]$. Insgesamt erhalten wir aus dem ursprünglichen Ausschnitt von z den veränderten Ausschnitt $[v_0, v_2] + [v_2, v_4] + [v_4, v_5]$. Die Differenz der beiden Zyklen ist genau der Rand der Kette $\tau_1^2 + \tau_2^2 + \tau_3^2 + \tau_4^2$, also die Summe aller 2-Simplizes, die wir bei der Verschiebung als „Randgeneratoren" genutzt haben. Dadurch wurde die Homologieklasse von z nicht verändert.

Es ist eine schöne **Übung** für die Anschauung, sich diese Manöver eine Dimension höher vorzustellen. In der folgenden Abbildung wird das Aufziehen (und rückwärts das Kollabieren) eines 2-Simplex $[v_0, v_1, v_2]$ über den Punkt v_3 gezeigt. Es entsteht dabei die Kette $[v_0, v_3, v_1] + [v_1, v_3, v_2] + [v_0, v_2, v_3]$.

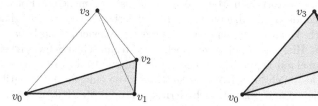

Hier ist es auch möglich, einen Zyklus z von einem oder mehreren Eckpunkten wegzuschieben und ihm einen anderen Verlauf zu geben, ohne die Homologieklasse zu verändern. An dieser Stelle erkennen Sie, warum dieses Vorgehen essentiell daran gebunden ist, dass z ein Zyklus ist. Hätte z nämlich einen Rand, im Fall $n = 1$ wäre das ein freier Eckpunkt v, so lässt sich dieser nicht wegschieben, ohne die Homologieklasse von z zu ändern. Die Abbildung motiviert, warum das so ist.

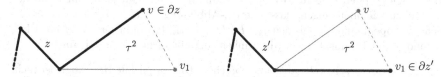

Sie erkennen, dass beim Verschieben der Ecke v ein 2-Simplex τ^2 überstrichen würde, dessen Seite $[v, v_1]$ bei der Randbildung $\partial\tau^2$ in der Differenz der 1-Ketten fehlt – das ist also keine *homologe* Veränderung (sondern nur eine *homotope* Verformung, was für unsere Zwecke aber nicht reicht). Halten wir insgesamt fest: Weil z ein n-Zyklus ist, kann z durch eine homologe Eckenmodifikation auf das Polyeder eines n-Zyklus von K verschoben werden. In der folgenden Abbildung ist eine solche Entwicklung für $n = 1$ gezeigt.

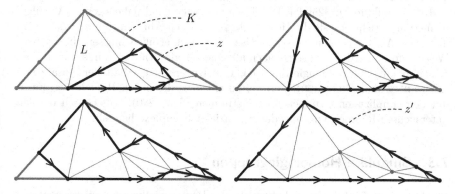

Elementare Überlegungen mit den Vielfachheiten der Simplizes von z und z' ergeben dann den gesuchten n-Zyklus w in K mit $f_n(w) = z'$. Wegen $z' \sim z$ haben wir $f_*(w) = z$ in $H_n^\Delta(L)$ und damit die Surjektivität von f_* gezeigt. $\quad$ ($\square$)

Auch wenn wir den Beweis nicht vollständig ausgearbeitet haben, ist Ihnen (hoffentlich) dessen Kernidee klar geworden. Sie haben auch die Tatsache erkannt, dass nur für n-Zyklen in L ein Urbild modulo Rändern bei f_n gefunden wird, es passt alles lückenlos zusammen. Bemerkenswert ist dabei – das kann eigentlich nie genug hervorgehoben werden – immer wieder die Arbeit von POINCARÉ, der die verzwickten kombinatorischen Manöver ja zunächst gar nicht auf Polyedern durchgeführt hat, sondern mit allgemeinen, differenzierbaren Untermannigfaltigkeiten (damals auch *Varietäten* genannt), die ungleich schwieriger zu behandeln waren als Simplizes. Hier musste man mit noch mehr technischen Schwierigkeiten kämpfen, zum Beispiel mit Durchdringungen und Schnittmultiplizitäten der Varietäten. Es wundert also nicht, das POINCARÉs frühe Ideen einigen Mathematikern noch zu vage erschienen und teils deutliche Kritik hervorgerufen haben (was auch einer der Gründe für die berühmten *Compléments* seiner *Analysis situs* war, [94]).

Sie haben in dem Beweis zum ersten Mal eine Technik erlebt, die typisch ist für die Homologietheorie: kommutative Diagramme, die aus einem größeren Netz von Abbildungen bestehen. Hier spürt man auch die Nähe zu *Kategorien* und *Funktoren* (siehe [70], dort wird die ganze Homologie auf dieser abstrakten Basis aufgebaut). In der Tat ist der Übergang von einem simplizialen Komplex zu seinen Homologiegruppen eine funktorielle Zuordnung, denn man kann mit ähnlichen Techniken wie oben zeigen, dass jede PL-Abbildung $f : K \to L$ für $n \geq 0$ natürliche Gruppenhomomorphismen $f_* : H_n^\Delta(K) \to H_n^\Delta(L)$ induziert. Ist f ein PLH, so sind die f_* Isomorphismen (die Umkehrung gilt nicht: kleine **Übung**).

Ich möchte an dieser Stelle aber unterbrechen. Die simpliziale Homologie ist nicht nur unflexibel, weil sie stets eine Triangulierung der Räume braucht. Bei den Mannigfaltigkeiten wurden diesem Konzept zudem durch die Widerlegung der Haupt- und Triangulierungsvermutung deutliche Grenzen aufgezeigt (Seite 184 ff, im Folgeband können wir einige überraschende Phänomene dazu behandeln).

Der folgende Abschnitt bringt daher einen Ansatz, mit dem all diese Probleme auf elegante Weise verschwinden. In den 1940-er Jahren entfernten sich S. LEFSCHETZ und S. EILENBERG von der starren Bindung der Homologietheorie an Komplexe und PL-Abbildungen, [25][68]. Durch eine einfache (und naheliegende) Verallgemeinerung errichteten sie die Homologie auf stetigen Abbildungen $\sigma^n : \Delta^n \to X$, die keine Anforderungen an stückweise Linearität erfüllen müssen. In gewisser Weise wurden sie dadurch sogar noch allgemeiner als POINCARÉ in seinen frühen Arbeiten mit Untermannigfaltigkeiten. Den Ritterschlag erhält der Ansatz von LEFSCHETZ und EILENBERG dann dadurch, dass die neuen Homologiegruppen mit den simplizialen Gruppen übereinstimmen (Seite 280), falls es sich bei den untersuchten Räumen um Polyeder simplizialer Komplexe handelt.

7.3 Singuläre Homologiegruppen

Die folgenden Ausführungen behandeln die Homologietheorie in ihrer heutigen Form, die nicht mehr auf simplizialen Komplexen aufgebaut ist. Man könnte natürlich alle wichtigen Sätze, insbesondere allgemeine Hilfsmittel wie den Ausschneidungssatz, relative Homologiegruppen oder lange exakte Sequenzen auch noch für die simpliziale Homologie beweisen, jedoch erscheint es mir spätestens hier angebracht, zu der zeitgemäßeren Sprache der *singulären Homologie* zu wechseln. Wir beginnen gleich mit der entscheidenden Neuerung.

Definition (singuläres n-Simplex)
Es sei $n \geq 0$ eine ganze Zahl. Ein **singuläres n-Simplex** eines topologischen Raumes X ist dann eine stetige Abbildung $\sigma^n : \Delta^n \to X$, wobei Δ^n für das Standard-n-Simplex in $\mathbb{R}^n$ steht.

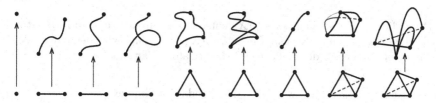

Das Bild zeigt einige singuläre Simplizes. Die Idee der singulären Homologie besteht darin, die Räume mit einem Netz aus solchen Simplizes zu überdecken und in einen (der simplizialen Theorie ähnlichen) kombinatorischen Apparat zu verwickeln, mit dem sich alle wesentlichen topologischen Eigenschaften nachweisen lassen – wie hier in der Abbildung angedeutet.

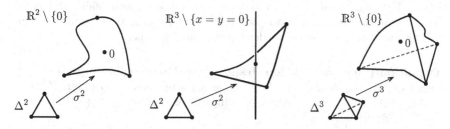

Die Simplizes müssen dabei nicht mehr geordnet auf X liegen wie bei einer Triangulierung. Sie können wild eingebettet und wahllos übereinander gestapelt sein oder sich auch wechselseitig durchdringen. Im weiteren Verlauf des Abschnitts bezeichne X einen beliebigen topologischen Raum.

Definition (n-te singuläre Kettengruppe)
Die frei abelsche Gruppe, deren Basis aus allen singulären n-Simplizes in X besteht (deren Elemente also die Form $\sum_{i=1}^{k} a_i \sigma_i^n$ mit $a_i \in \mathbb{Z}$ und n-Simplizes $\sigma_i^n : \Delta^n \to X$ haben), bezeichnet man als die **n-te singuläre Kettengruppe** von X (vergleichen Sie mit Seite 228) und schreibt dafür $C_n(X)$.

Machen Sie sich klar, dass die Gruppen $C_n(X)$ unvorstellbar groß sind. Auch wenn zwischen den Simplizes $\sigma : \Delta^1 \to \mathbb{R}$, $\sigma(x) = x^2$, und $\tau : \Delta^1 \to \mathbb{R}$, $\tau(x) = -2x^2$, die arithmetische Relation $\tau = -2\sigma$ besteht, interagieren die beiden Simplizes in keinster Weise, denn innerhalb der Gruppe $C_1(\mathbb{R})$ ist $\tau + 2\sigma \neq 0$. Es ist eine bemerkenswerte Tatsache, dass sich diese „Monstergruppen" durch Quotientenbildungen dann doch auf sinnvolle Strukturen reduzieren lassen.

Fahren wir fort, es geht nun darum, den Randoperator für singuläre Ketten zu definieren. Motiviert durch die Ideen bei der simplizialen Homologie (Seite 229) liegt die Definition aber sofort auf der Hand.

Definition (Singulärer Randoperator)

Man definiert für ein singuläres n-Simplex σ^n den **Rand** $\partial\sigma^n$ als

$$\partial\sigma^n = \sum_{i=0}^{n} (-1)^i \, \sigma^n\big|_{[e_0,\dots,\widehat{e_i},\dots,e_n]}.$$

Durch lineare Fortsetzung auf $C_n(X)$ entsteht der **singuläre Randoperator** als Homomorphismus $\partial_n : C_n(X) \to C_{n-1}(X)$. Auch hier wird der Index oder das Symbol $\circ$ bei ∂_n der einfachen Formeln halber manchmal weggelassen.

Dabei ist $\Delta^n = [e_0,\dots,e_n]$ wie üblich das Standard-n-Simplex und $\sigma^n\big|_{[e_0,\dots,\widehat{e_i},\dots,e_n]}$ die Einschränkung der Abbildung σ^n auf die Seitenfläche, welche e_i nicht enthält.

Sie erkennen, dass die Definition formal identisch ist mit der bei der simplizialen Homologie (Seite 229), nur bedeuten die Summanden etwas anderes. Als angenehmen Effekt können wir nun die Gleichung $\partial\partial = 0$ für alle $n \in \mathbb{Z}$ mitnehmen, wobei wieder für $n < 0$ die Gruppe $C_n(X) = 0$ definiert sei. Auch hier zeigt sich, dass die Kettengruppen mit den Randoperatoren eine Sequenz bilden, den sogenannten **singulären Kettenkomplex** $\big(C_n(X), \partial_n\big)_{n\in\mathbb{Z}}$, und den Unterschied zu einer exakten Sequenz messen wieder die Homologiegruppen.

Definition (Singuläre Zyklen, Ränder und Homologiegruppen)

Den Kern von ∂_n nennt man die Gruppe der **singulären n-Zyklen** $Z_n(X)$ und das Bild von ∂_{n+1} die Gruppe der **singulären n-Ränder** $B_n(X)$. Für alle $n \in \mathbb{Z}$ heißt der Quotient

$$H_n(X) = Z_n(X)\big/B_n(X)$$

die n-te **singuläre Homologiegruppe** von X.

Die Bezeichnung $H_n(X)$ ist eine Kurzform für $H_n(X,\mathbb{Z})$, was bedeutet, dass die Kettengruppen $C_n(X)$ frei abelsch sein sollen mit einer $\mathbb{Z}$-Basis bestehend aus den singulären n-Simplizes von X. Natürlich können auch hier die Koeffizienten aus beliebigen abelschen Gruppen G gewählt werden, ähnlich wie wir das schon bei der simplizialen $\mathbb{Z}_2$-Homologie kurz erwähnt haben (Seite 235). Betrachtet man also die n-Ketten mit Koeffizienten in G,

$$C_n(X,G) = \left\{ \sum_{i=1}^{k} g_i\sigma_i^n \ : \ k \geq 1 \text{ und } g_i \in G \right\},$$

so werden völlig analog zu oben die **singulären Homologiegruppen** $H_n(X,G)$ **mit Koeffizienten in** G definiert. Diese Fälle werden wir aber vorerst nicht verfolgen und uns auf die Homologie mit Koeffizienten aus $\mathbb{Z}$ beschränken.

Machen wir uns daran, erste singuläre Homologiegruppen zu berechnen. Aus der Definition geht hervor, dass stets $H_n(X) = 0$ ist für $n < 0$. Der erste nicht ganz triviale Fall sind die nullten Homologiegruppen, also $H_0(X)$. Hier ergibt sich ein einfaches Resultat, das Ihnen von den simplizialen Gruppen her bekannt vorkommt (Seite 230).

> **Beobachtung:**
> Für einen topologischen Raum X mit k Wegzusammenhangskomponenten gilt
> $$H_0(X) \cong \underbrace{\mathbb{Z} \oplus \ldots \oplus \mathbb{Z}}_{k-\text{mal}} = \mathbb{Z}^k \, .$$

Der Beweis ist einfach. X sei zunächst wegzusammenhängend. Ein 0-Zyklus in $Z_0(X)$ ist nichts anderes als eine Summe $z = \sum_i a_i P_i$ mit endlich vielen Punkten $P_i \in X$ und ganzzahligen a_i. Nun wählen wir einen Punkt $P \in X$ und verbinden für alle $a_i > 0$ den Punkt P_i mit P durch einen Weg α_i und für $a_j < 0$ umgekehrt den Punkt P mit P_j durch einen Weg β_j.

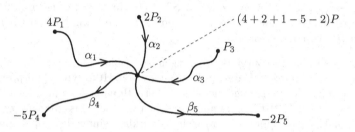

Damit ist

$$c = \sum_{a_i < 0} a_i \alpha_i + \sum_{a_j > 0} a_j \beta_j$$

eine singuläre 1-Kette in X und

$$\partial_1 c = \left(\sum_i a_i \right) P - z \in B_0(X)$$

ein Rand, der zeigt, dass der 0-Zyklus z homolog zu $\left(\sum_i a_i \right) P$ ist, also in $H_0(X)$ das gleiche Element repräsentiert. Es ist dann nicht schwer nachzuweisen, dass die Zuordnungen der Form $z \mapsto \sum_i a_i$ einen Gruppenisomorphismus zwischen $H_0(X)$ und $\mathbb{Z}$ induziert (kleine **Übung**). Diese Konstruktion kann bei beliebigem X in allen Wegzusammenhangskomponenten separat durchgeführt werden und ergibt in jeder solchen Komponente einen Summanden der Form $\mathbb{Z}$. □

Der Satz von Hurewicz für die erste Homologiegruppe

Vielleicht erinnern Sie sich an einige Beispiele für simpliziale Homologiegruppen. Dort haben wir mit expliziten Triangulierungen erste Ergebnisse erzielt wie $H_1^{\Delta}(\Delta^2) = 0$, $H_1^{\Delta}(\partial \Delta^2) \cong \mathbb{Z}$ oder $H_2^{\Delta}(T_{\Delta}^2) \cong \mathbb{Z}$ (Seite 233).

Die singuläre Homologie ist näher an topologischen Räumen und stetigen Abbildungen definiert, verzichtet auf das Rechnen mit Simplizes und erlaubt so den

Einsatz rein topologischer Werkzeuge wie zum Beispiel der Homotopietheorie, welche hauptsächlich von W. HUREWICZ untersucht wurde, [51][52][54][55].

Satz (Hurewicz, Variante für die Fundamentalgruppe)
Für einen wegzusammenhängenden topologischen Raum X und einen Basispunkt $x_0 \in X$ gilt
$$H_1(X) \cong \widetilde{\pi}_1(X, x_0).$$
Dabei steht $\widetilde{\pi}_1$ für die abelisierte Fundamentalgruppe $\pi_1/[\pi_1, \pi_1]$ (Seite 70).

Mit diesem Satz können wir viele singuläre Homologiegruppen bestimmen – dank der Arbeit, die wir früher geleistet haben (Seite 89 f, Seite 111 ff). Erstmals erleben Sie dabei auch die Eleganz der singulären Homologie, denn man ist nicht mehr abhängig von einer Triangulierung, was die Sache erheblich vereinfacht. Insgesamt ist der Satz übrigens nicht sehr überraschend, denn durch die stetigen Abbildungen $\Delta^n \to X$ entsteht wegen $\partial\Delta^n \cong S^{n-1}$ ein direkter Bezug zu den Homotopiegruppen. Diesen noch etwas nebulösen Zusammenhang können wir nun im Falle von $H_1(X)$ konkretisieren.

Bevor wir das tun zwei Bemerkungen zur Einordnung des Satzes. Zum einen kann er als Spezialfall des großen Satzes von HUREWICZ interpretiert werden, der einen solchen Bezug auch für höhere Homologie- und Homotopiegruppen herstellt (Seite 391 ff). Zum anderen sehen wir hier, dass die fast schon unförmig großen Kettengruppen $C_n(X)$ sich zu wirklich sinnvollen topologischen Invarianten machen lassen. Eine endgültige Bestätigung dieses Konzepts werden wir in Kürze erhalten, wenn noch ein wenig mehr Theorie zur Verfügung steht (Seite 261 und später insbesondere Seite 280).

Doch jetzt zum **Beweis** des Satzes, wir konstruieren schrittweise eine Abbildung $f : \widetilde{\pi}_1(X, x_0) \to H_1(X)$ und motivieren, dass sie ein Isomorphismus ist.

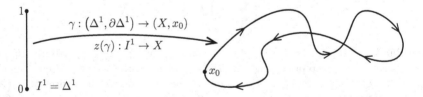

Eine am Punkt x_0 geschlossene Kurve γ in X definiert zunächst auf natürliche Weise einen singulären 1-Zyklus $z(\gamma)$. Beachten Sie einfach, dass $\Delta^1 = I^1$ ist und wenden den Randoperator an. Es ist dann
$$\partial_1 z(\gamma) = p_1 - p_0 = x_0 - x_0 = 0,$$
wobei p_0 und p_1 die Punktabbildungen $\Delta^0 \to \{x_0\}$ darstellen. Um hieraus eine wohldefinierte Abbildung $f : \pi_1(X, x_0) \to H_1(X)$ zu machen, muss sichergestellt sein, dass zwei homotope Kurven am Punkt x_0 homologe Zyklen erzeugen. Nehmen wir dazu eine zu γ homotope Kurve η sowie die zugehörige Homotopie $h : I \times I \to X$ mit $h(s,0) = \gamma(s)$ und $h(s,1) = \eta(s)$ für alle $s \in I$.

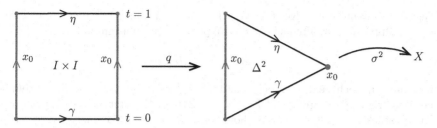

Sie überzeugen sich nun schnell, dass $h = \sigma^2 \circ q$ ist mit der Quotientenabbildung $q : I \times I \to (I \times I)/(\{1\} \times I)$ und einem singulären 2-Simplex $\sigma^2 : \Delta^2 \to X$, das sich aus $\Delta^2 \cong (I \times I)/(\{1\} \times I)$ ergibt (auf den mit x_0 gekennzeichneten Teilen ist $h \equiv x_0$). Offensichtlich ist

$$\partial\sigma^2 = z(\gamma) - z(\eta) - x_0 \sim z(\gamma) - z(\eta),$$

denn die Punktabbildung $I \to \{x_0\}$ ist nullhomolog, was Sie als kleine **Übung** verifizieren können. Damit ist $z(\gamma) \sim z(\eta)$ und die Zuordnung

$$\pi_1(X, x_0) \ni [\gamma] \mapsto [z(\gamma)] \in H_1(X)$$

ergibt eine wohldefinierte Abbildung $f : \pi_1(X, x_0) \to H_1(X)$. Diese ist sogar ein Homomorphismus, denn für zwei an x_0 geschlossene Kurven γ_1 und γ_2 ist der Zyklus $z(\gamma_1) + z(\gamma_2) - z(\gamma_1 \cdot \gamma_2) = \partial\tau^2$ mit einem singulären Simplex τ^2, das wir gleich konstruieren. Damit hätten wir $z(\gamma_1) + z(\gamma_2) = z(\gamma_1 \cdot \gamma_2)$ in $H_1(X)$.

Der Weg zu dem Simplex τ^2 ist einfach: Bereits bei der Definition der Fundamentalgruppe (Seite 84) haben wir das Produkt $\gamma_1 \cdot \gamma_2$ über einen Repräsentanten γ erklärt, der im Intervall $[0, 1/2]$ die Kurve γ_1 durchläuft und danach in $[1/2, 1]$ die Kurve γ_2, jeweils mit doppelter Geschwindigkeit. Hieraus können wir eine Homotopie $h : (2I) \times I \to X$ konstruieren, wie in der folgenden Abbildung gezeigt.

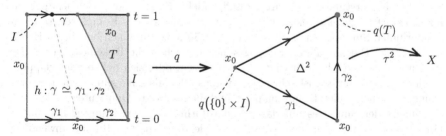

Durch Identifikation des Dreiecks T zu einem Punkt und der Menge $\{0\} \times I$ zu einem weiteren Punkt entsteht aus $(2I) \times I$ das gesuchte 2-Simplex $\tau^2 : \Delta^2 \to X$. Sie überzeugen sich schnell von der Beziehung $\partial\tau^2 = z(\gamma_1) + z(\gamma_2) - z(\gamma)$, und es ist $z(\gamma) \sim z(\gamma_1 \cdot \gamma_2)$ wegen $\gamma \simeq \gamma_1 \cdot \gamma_2$, wie oben gezeigt.

Nun betrachten wir den Kommutator $\left[\pi_1(X, x_0), \pi_1(X, x_0)\right]$ und darin ein Element $\alpha\beta\alpha^{-1}\beta^{-1}$ (der Punkt $\cdot$ ist der Kürze wegen nicht notiert). Wegen

$$f\left(\alpha\beta\alpha^{-1}\beta^{-1}\right) = f(\alpha) + f(\beta) - f(\alpha) - f(\beta) = 0$$

liegt der Kommutator in $\operatorname{Ker} f$ und der Homomorphismus faktorisiert durch diese Untergruppe. Wir erhalten so einen Gruppenhomomorphismus

$$\widetilde{f} : \widetilde{\pi}_1(X, x_0) \longrightarrow H_1(X)$$

und müssen noch zeigen, dass $\widetilde{f}$ ein Isomorphismus ist. Für die Surjektivität nehmen wir einen singulären 1-Zyklus $c \in Z_1(X)$. Er setzt sich zusammen aus Kurvenstücken γ_i, die gemeinsam homolog zum Zyklus $z(\gamma)$ einer geschlossenen Kurve sind (das sei Ihnen auch als **Übung** empfohlen, man verwendet die gleiche Idee wie beim Nachweis, dass f ein Homomorphismus war, und eine Induktion nach der Anzahl der γ_i). Nun ist γ homotop zu einer am Punkt x_0 geschlossenen Kurve (Seite 84), und diese ist Repräsentant eines Urbildes von $z(\gamma) \sim c$.

Für die Injektivität nehmen wir den Repräsentanten $\gamma : I \to X$ eines Elements in $\widetilde{\pi}_1(X, x_0)$ mit $\widetilde{f}(\gamma) = 0$. Wir müssen zeigen, dass γ nullhomotop war. Wegen $\widetilde{f}(\gamma) = 0$ ist $z(\gamma)$ nullhomolog, also gleich dem Rand ∂c^2 einer 2-Kette c^2.

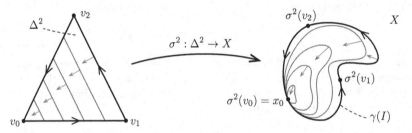

Aufgrund der additiven Struktur von $C_2(X)$ und des Randoperators ∂ muss es dann in c^2 ein Simplex σ^2 geben, das $z(\gamma)$ in seinem Rand $\partial\sigma^2$ enthält. Über eine Deformation von σ^2 auf die Ecke v_0 entsteht so eine Nullhomotopie für γ. Daher war $[\gamma] = 0$ in $\pi_1(X, x_0)$ und die Injektivität von $\widetilde{f}$ ist bewiesen. $\square$

Sie haben hier erstmals „singuläre Technik" erlebt. Es ist anfangs vielleicht gewöhnungsbedürftig, nicht direkt mit konkreten Simplizes eines Komplexes, sondern mit formalen Summen aus Abbildungen von Simplizes in einen beliebigen Raum zu arbeiten. Die singulären Simplizes liegen auch nicht lückenlos aneinander geschmiegt, sondern können wild eingebettet sein oder sich beliebig überlappen. Auch der Randoperator ist schwieriger vorzustellen als seine simpliziale Entsprechung, und nicht zuletzt muss man hie und da geschickte Quotienten bilden, um die Quelle der Simplizes auf das Standardformat Δ^n zu trimmen. Die singuläre Homologie hat aber den Vorteil, auf alle topologischen Räume anwendbar zu sein und nicht unter der Widerlegung der Haupt- und Triangulierungsvermutung ab Dimension 4 zu leiden. Außerdem wird damit der Umgang mit flexibleren Objekten wie stetigen Abbildungen ermöglicht und die kombinatorische Vielfalt der (vergleichsweise starren) Simplexkonstruktionen vermieden.

Zurück zum Satz von HUREWICZ. Mit den zahlreichen Ergebnissen zu Fundamentalgruppen aus dem vorigen Kapitel können wir damit eine ganze Reihe von Homologiegruppen angeben. Hier ein kleiner Auszug, wobei $F_\mathcal{K}$ die KLEINsche Flasche ist, T^2 der 2-dimensionale Torus, $\mathbb{P}^2$ die projektive Ebene und $S^1 \vee S^1$ der Doppelkreis (figure-eight).

$$H_1(S^1) \cong \mathbb{Z}$$
$$H_1(S^n) \cong \{0\} \quad \text{für } n > 1$$
$$H_1(T^2) \cong \mathbb{Z} \oplus \mathbb{Z}$$
$$H_1(S^1 \vee S^1) \cong \mathbb{Z} \oplus \mathbb{Z}$$
$$H_1(\mathbb{P}^2) \cong \mathbb{Z}_2$$
$$H_1(F_{\mathcal{K}}) \cong \mathbb{Z} \oplus \mathbb{Z}_2$$
$$H_1\Big(\underbrace{T^2 \# \ldots \# T^2}_{g-\text{mal}}\Big) \cong \mathbb{Z}^{2g}$$
$$H_1\Big(\underbrace{\mathbb{P}^2 \# \ldots \# \mathbb{P}^2}_{g-\text{mal}}\Big) \cong \mathbb{Z}^{g-1} \oplus \mathbb{Z}_2 \,.$$

Wir haben einen guten Weg gefunden, die erste Homologiegruppe eines Raumes mit seiner Fundamentalgruppe zu bestimmen, denn für Letztere kennen wir bereits einige technische Werkzeuge. Für komplexere Homologiegruppen, insbesondere für die höheren Gruppen $H_n(X)$ mit $n \geq 2$, verwendet man aber nicht mehr die ursprünglichen Definitionen, denn das wäre viel zu langwierig. Es gibt auch hier eine mächtige Sammlung nützlicher Techniken und allgemeiner Sätze.

Den Anfang macht der Homotopiesatz. Mit seiner Hilfe werden wir später auf elegante Weise zeigen können, dass die simplizialen Homologiegruppen von zwei Komplexen bereits isomorph sind, wenn ihre Polyeder (nur) homotopieäquivalent sind – das ist eine wesentlich stärkere Aussage als der Satz auf Seite 236.

7.4 Der Homotopiesatz – Teil I

In diesem Abschnitt beginnen wir mit dem Ausbau des theoretischen Fundaments der Homologietheorie. Der Kürze wegen lassen wir bei Simplizes ab jetzt das Adjektiv „singulär" weg, wenn keine Missverständnisse entstehen können. Mit „Simplex" ist also stets ein singuläres Simplex gemeint.

Bei einer stetigen Abbildung $f : X \to Y$ ergibt jedes n-Simplex $\sigma^n : \Delta^n \to X$ durch Nachschalten von f ein n-Simplex $f \circ \sigma^n : \Delta^n \to Y$, es sei mit $f_\#(\sigma^n)$ bezeichnet. Sie verifizieren als kleine **Übung** schnell, dass sich $f_\#$ bei linearer Fortsetzung in die Kettengruppen mit den Randoperatoren verträgt, also folgendes Diagramm für alle $n \in \mathbb{Z}$ kommutativ ist:

$$
\begin{array}{ccc}
C_n(X) & \xrightarrow{\ f_\#\ } & C_n(Y) \\
\downarrow{\scriptstyle \partial_n} & & \downarrow{\scriptstyle \partial_n} \\
C_{n-1}(X) & \xrightarrow{\ f_\#\ } & C_{n-1}(Y) \,.
\end{array}
$$

Da $f_\#\big(Z_n(X)\big) \subseteq Z_n(Y)$ und $f_\#\big(B_n(X)\big) \subseteq B_n(Y)$ ist (auch das ist eine lohnende kleine **Übung**), faktorisieren die $f_\#$ zu Homomorphismen $f_* : H_n(X) \to H_n(Y)$ der Homologiegruppen (siehe dazu Seite 65). Beachten Sie hierbei, dass man aus der Injektivität oder Surjektivität der Abbildungen f oder $f_\#$ nicht auf die entsprechenden Eigenschaften des Homomorphismus f_* schließen kann.

Der nun folgende Satz zeigt, dass die singulären Homologiegruppen echte topologische Invarianten sind – schon hier werden die technischen Vereinfachungen und konzeptionellen Verbesserungen gegenüber der simplizialen Homologie sichtbar.

Satz (Homotopieinvarianz der Homologiegruppen, Homotopiesatz)
Falls zwei stetige Abbildungen $f : X \to Y$ und $g : X \to Y$ homotop sind, sind die Homomorphismen $f_* : H_n(X) \to H_n(Y)$ und $g_* : H_n(X) \to H_n(Y)$ identisch für alle $n \geq 0$.

Ein direkter **Beweis** wäre technisch etwas mühsam und insgesamt nicht sehr erhellend. Er kann aber durch eine Variante der singulären Homologie vereinfacht werden, die auf J.-P. SERRE, H. CARTAN, S. EILENBERG und S. MACLANE zurückgeht, [27][104]. Der Homotopiesatz ist eine willkommene Gelegenheit, sich mit dieser Variante zu befassen, zumal sie auch später beim Produktsatz der Homologie gute Dienste leisten wird (Seite 307 f) und zudem ein schönes Beispiel dafür ist, dass es eben nicht nur *eine* (singuläre) Homologietheorie gibt und man sehr davon profitieren kann, in einem gegebenen Kontext die richtige Variante zu verwenden. Die Äquivalenz der beiden Ansätze hat zudem einen Beweis, der zu den Glanzstücken mathematischer Abstraktion gehört. Lassen Sie uns also den Text unterbrechen und besprechen die singuläre Würfelhomologie (engl. *singular homology with cubes*).

7.5   Intermezzo: Singuläre Homologie mit n-Würfeln

Machen wir uns noch einmal klar, was der Kerngedanke der Homologie ist. Man will herausfinden, welche formalen Summen aus Simplizes, deren Ränder sich gegenseitig aufheben (also Zyklen), in dem Sinne trivial sind, dass sie Ränder von höherdimensionalen Simplizes sind – und welche Zyklen das eben nicht sind.

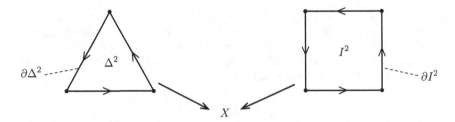

Im Bild sehen Sie, dass man die Homologie dann anstelle von n-Simplizes auch auf **singulären n-Würfeln** $\omega^n : I^n \to X$ errichten könnte, wobei $I^n = [0,1]^n$ ist. Es ist $I^n \cong \Delta^n$, und auch der Rand ∂I^n ist homöomorph zu $\partial \Delta^n$. Damit der

Randoperator bei der Würfelhomologie topologisch dasselbe liefert wie bei der Simplexhomologie, müssen wir ∂I^n in geeignete Teile zerlegen.

Definition und Satz (Vorder- und Rückseiten eines n-Würfels)

Für einen n-Würfel $\omega^n : I^n \to X$ definieren wir seine i-te **Vorderseite** als

$$v_i\omega^n : I^{n-1} \longrightarrow X, \quad (x_1,\ldots,x_{n-1}) \mapsto \omega^n(x_1,\ldots,x_{i-1},0,x_i,\ldots,x_{n-1})$$

und die i-te **Rückseite** als

$$r_i\omega^n : I^{n-1} \longrightarrow X, \quad (x_1,\ldots,x_{n-1}) \mapsto \omega^n(x_1,\ldots,x_{i-1},1,x_i,\ldots,x_{n-1}).$$

Vorder- und Rückseiten sind $(n-1)$-Würfel. Es gilt für alle $1 \leq i < j \leq n$

$$\begin{aligned} v_i v_j \omega^n &= v_{j-1} v_i \omega^n \\ r_i r_j \omega^n &= r_{j-1} r_i \omega^n \\ v_i r_j \omega^n &= r_{j-1} v_i \omega^n \\ r_i v_j \omega^n &= v_{j-1} r_i \omega^n. \end{aligned}$$

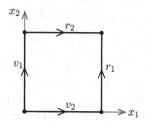

Im Bild sehen Sie diese Zerlegung an Beispielen. Die Ähnlichkeit zu den gewohnten simplizialen Rändern ist offensichtlich, den Beweis der vier Gleichungen überlasse ich Ihnen als **Übung**. Mit diesem Konzept können wir nun die Idee des simplizialen Randoperators auf Würfel übertragen.

Definition (Randoperator ∂ für Würfel)

Für einen singulären n-Würfel $\omega^n : I^n \to X$ sei der **Rand** $\partial_n\omega^n$ definiert als

$$\partial\omega^n = \sum_{i=1}^{n}(-1)^{i+1}(r_i\omega^n - v_i\omega^n).$$

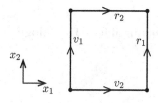

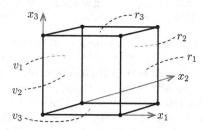

Für einen 1-Würfel $\omega^1 : I \to X$ ist zum Beispiel $\partial\omega^1 = \omega^1(1) - \omega^1(0)$. In der Abbildung ist für einen 2-Würfel angedeutet, dass sich tatsächlich die topologische Entsprechung zum Rand der 2-Simplizes ergibt, inklusive einer *Orientierung* der Randstücke. Einfache Rechnungen zeigen auch hier, dass stets $\partial\partial = 0$ ist. Man kann also von Simplizes $\Delta^n \to X$ zu Würfeln $I^n \to X$ wechseln und zurück, alles ist kompatibel mit den Randoperatoren. So wird plausibel, dass die ganze singuläre Homologie sowohl mit Simplizes als auch mit Würfeln definiert werden kann und man dabei zu denselben Homologiegruppen gelangen würde. Die Gruppen der Würfelhomologie seien mit $H_n^{\square}(X)$ bezeichnet.

Doch Achtung, hier ist Vorsicht geboten. Sie erkennen zwar einerseits, dass wir modulo Homöomorphie nichts Neues gemacht haben und uns auf der sicheren Seite wähnen könnten. Andererseits arbeitet die Homologietheorie feingranularer als die Mengentopologie auf Basis stetiger Abbildungen. Wir müssen sicherstellen, dass auch die algebraischen Relationen mit Zyklen und Rändern sich nicht ändern.

Und hier passiert schon beim einpunktigen Raum $X = \{x\}$ ein Malheur. Sie erkennen ohne Mühe $H_n^{\square}(X) \cong \mathbb{Z}$ für alle $n \geq 0$, denn jeder Würfel $\omega^n : I^n \to \{x\}$ ist für sich gesehen ein Zyklus: Die Anzahl der Seitenflächen ist gerade und eine Hälfte davon trägt bei $\partial\omega^n$ positives, die andere Hälfte negatives Vorzeichen. So heben sie sich gegenseitig auf. Ein Resultat, das der simplizialen Homologie grundlegend widerspricht und die bisher definierte Würfelhomologie eigentlich verbietet.

Der Weg aus dem Dilemma ist aber einfacher als vermutet. Man bezeichnet einen singulären Würfel $\omega^n : I^n \to X$, der von einer Koordinate x_i unabhängig ist, als **degenerierten Würfel**. Die frei abelschen Gruppen $D_n(X)$, mit den degenerierten n-Würfeln als Basis, sind stabil unter Anwendung des Randoperators (kleine **Übung**) und bilden Untergruppen der frei abelschen Gruppen $W_n(X)$, die von allen n-Würfeln erzeugt sind. Damit werden die **kubisch singulären Kettengruppen** $Q_n(X)$ für $n \geq 0$ definiert als die Quotienten $W_n(X)/D_n(X)$.

Mit den Gruppen $Q_n(X)$ und den Operatoren $\partial_n : Q_n(X) \to Q_{n-1}(X)$ verfährt man nun analog zur singulären Homologie und bildet die n-**te kubisch singuläre Homologiegruppe** in der Form

$$H_n^{\square}(X) = Z_n^{\square}(X) \,/\, B_n^{\square}(X),$$

wobei $Z_n^{\square}(X)$ die **kubischen n-Zyklen** und $B_n^{\square}(X)$ die **kubischen n-Ränder** sind, genauso definiert wie bei der simplizialen und der klassischen singulären Homologie. Damit können wir auf den Satz zusteuern, der in vielen Fällen deutliche technische Vereinfachungen bringt.

Satz (Äquivalenz der singulären und kubisch singulären Homologie)
Für alle topologischen Räume X und ganze Zahlen $n \in \mathbb{Z}$ gilt

$$H_n(X) \cong H_n^{\square}(X).$$

Keine überraschende Aussage, aber wenigstens eine, deren **Beweis** sehr trickreich ist und eine wichtige Technik in der Homologietheorie aufzeigt. Zunächst sehen Sie sofort, dass die Aussage für alle $n \leq 1$ stimmt, denn dort unterscheiden sich die n-Simplizes nicht von den n-Würfeln, dito für die Randoperatoren.

Doch schon bei $n = 2$ wird es schwieriger. Wir müssen eine Beziehung zwischen den Kettengruppen $C_n(X)$ und $Q_n(X)$ herstellen, die in gewisser Weise ein-eindeutig ist. Das ist zunächst naheliegend für die Richtung $Q_n(X) \to C_n(X)$.

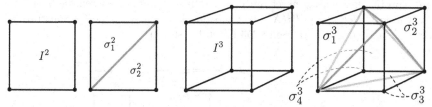

Ein Würfel I^n wird auf natürliche Weise in Simplizes $\sigma_i^n \cong \Delta^n$ zerlegt, wobei man mit bestimmten Regeln für die Eckenreihenfolge (die hier nicht wichtig sind) erreichen kann, dass stets eine eindeutige Zerlegung herauskommt. Damit ergeben sich durch lineare Fortsetzung Homomorphismen $\eta_n : Q_n(X) \to C_n(X)$, die jedem singulären n-Würfel $\omega^n : I^n \to X$ die Summe der Abbildungen $\omega^n|_{\sigma_i^n}$ zuordnen.

Die Umkehrung ist nicht so offensichtlich. Ein singuläres n-Simplex $\sigma^n : \Delta^n \to X$ wird dabei zu einem singulären n-Würfel durch Vorschalten einer ganz bestimmten Surjektion $\theta_n : I^n \to \Delta^n$, die auf H. CARTAN zurückgeht, [27][104]. In den baryzentrischen Koordinaten $y_0, \ldots, y_n$ des Simplex (Seite 161) und kartesischen Koordinaten $x_1, \ldots, x_n$ des Würfels ist θ_n gegeben durch

$$
\begin{aligned}
y_0 &= 1 - x_1 \\
y_1 &= x_1(1 - x_2) \\
&\quad \ldots \\
y_{n-1} &= x_1 x_2 \cdots x_{n-1}(1 - x_n) \\
y_n &= x_1 x_2 \cdots x_{n-1} x_n .
\end{aligned}
$$

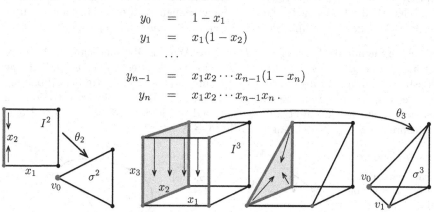

In der Abbildung sehen Sie für $n = 2$ und $n = 3$, wie die Würfel bei θ_n systematisch auf Simplizes zusammengefaltet werden. Die Simplizes $\sigma^n : \Delta^n \to X$ werden dabei zu Würfeln $\omega^n = \sigma^n \circ \theta_n : I^n \to \Delta^n \to X$, die auf den grau unterlegten Teilen konstant sind. Wird nun die Zuordnung $\sigma^n \mapsto \sigma^n \circ \theta_n$ für alle $n \in \mathbb{Z}$ linear fortgesetzt, so erhält man Homomorphismen $\varphi_n : C_n(X) \to Q_n(X)$. Sowohl die η_n als auch die φ_n definieren Kettenhomomorphismen (Seite 237), denn sie sind verträglich mit den Randoperatoren in den Komplexen $C_*(X)$ und $Q_*(X)$.

In der Tat ist stets $\varphi_{n-1} \circ \partial_n = \partial_n \circ \varphi_n$ und $\eta_{n-1} \circ \partial_n = \partial_n \circ \eta_n$. Aus diesen Gleichungen folgt, dass durch die η_n und φ_n Zyklen auf Zyklen und Ränder auf Ränder abgebildet werden, woraus sich für alle $n \in \mathbb{Z}$ wohldefinierte Homomorphismen $\eta_* : H_n^{\square}(X) \to H_n(X)$ und $\varphi_* : H_n(X) \to H_n^{\square}(X)$ ergeben (versuchen Sie, diese Fakten als **Übung** nachzuvollziehen).

Man müsste nun zeigen, dass η_* und φ_* invers zueinander sind – was aber alles andere als einfach ist. Um wenigstens ungefähr zu erahnen, welch enormer technischer Aufwand bei einem direkten, rein rechnerischen Beweis vor uns liegen würde, probieren wir es konkret mit dem Fall $n = 2$ und motivieren die Surjektivität von $\varphi_* : H_2(X) \to H_2^{\square}(X)$. Wer möchte, kann diese kleine Demonstration überspringen und gleich auf Seite 253 unten fortsetzen.

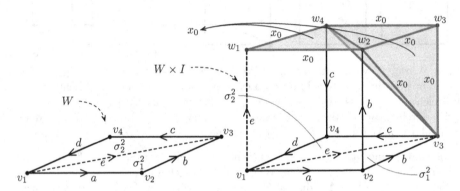

Gegeben sei also $W = I^2$ mit den Ecken $v_1, \dots, v_4$ und ein Würfel $\omega^2 : W \to X$ mit $\omega(v_3) = x_0$. Wir konstruieren aus W einen 3-Würfel $\omega^3 : I^3 \to X$, in dem zunächst W die Bodenfläche darstellt. Sie erkennen auch die Diagonale e von v_1 nach v_3. Wir definieren außerdem $\sigma_1^2 = [v_1, v_2, v_3]$ und $\sigma_2^2 = [v_1, v_3, v_4]$.

Beachten Sie nun die Seite $\omega_b^2 : b \times I \to X$ des Würfels über der Kante b. Letztere ist auch senkrecht über dem Punkt v_2 zu finden. Senkrecht über v_3 verläuft die konstante Kante x_0, dito für die obere Kante $[w_3, w_2]$ von ω_b^2 (in der Abbildung ist dies durch die dicken grauen Linien visualisiert). Die Seite ω_b^2 ist definiert, indem $[v_3, w_3, w_2]$ konstant auf x_0 geht und die andere Hälfte $[v_2, v_3, w_2]$ eine „Aufspreizung" der Einschränkung $\omega^2|_b : b \to X$ ist:

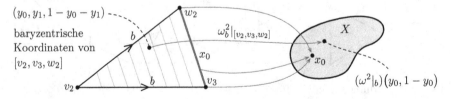

Ausgehend von v_2 sei die Seite ω_b^2 mit dem Kantenzug $bx_0x_0b^{-1}$ bezeichnet. Ganz ähnlich zu ω_b^2 verhält sich die Seite ω_c^2 mit dem Kantenzug $c^{-1}x_0x_0c$. Die Vorderseite abx_0e^{-1} des Würfels kann bei geeigneter Reihenfolge der Kanten als $\varphi_2(\sigma_1^2)$ interpretiert werden, denn σ_1^2 hat den Kantenzug abe^{-1}. Die korrekt orientierte linke Seite $d^{-1}c^{-1}x_0e^{-1}$ ist dann $\varphi_2(-\sigma_2^2)$. Versuchen Sie (wenn Sie das Durchhaltevermögen haben) als **Übung**, sich die Konstruktion einer vollständigen Abbildung $\omega^3 : W \times I \to X$ vor Augen zu führen. Auf $[v_3, w_3, w_4, w_2]$ ist ω^3 zum Beispiel als Konstante x_0 wählbar, auf $[v_1, v_2, v_3, w_2]$ als die Aufspreizung von σ_1^2 entlang der Diagonalen von v_3 nach w_2:

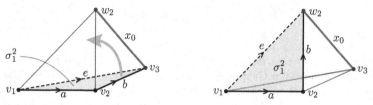

Die weiteren Details sollen hier nicht beschrieben sein, es ist sowohl das Schreiben darüber als auch das Lesen einiges mühsamer, als wenn Sie es sich selbst anhand einer Skizze überlegen. Nur soviel noch: Die Punkte $w_1, \ldots, w_4$ werden auf x_0 abgebildet, sodass ω^3 auf der gesamten Oberseite des Würfels konstant x_0 ist. Wird jetzt der Rand von ω^3 berechnet, so erhalten Sie

$$\pm \partial \omega^3 = \left(b x_0 x_0 b^{-1} - \varphi_2(-\sigma_2^2)\right) - \left(c^{-1} x_0 x_0 c - \varphi_2(\sigma_1^2)\right) + (\omega^2 - x_0)$$

$$\sim \omega^2 + \varphi_2(\sigma_1^2) + \varphi_2(\sigma_2^2) = \omega^2 + \varphi_2(\sigma_1^2 + \sigma_2^2),$$

denn als **Übung** können Sie mit der gleichen Methode sowohl $b x_0 x_0 b^{-1} \sim 0$ als auch $c^{-1} x_0 x_0 c \sim 0$ zeigen. Insgesamt haben wir mit dieser (nicht ganz einfachen) Kalkulation gezeigt, dass der Zyklus $\omega^2 + \varphi_2(\sigma_1^2 + \sigma_2^2)$ ein Rand ist und damit in der Gruppe $H_2^\square(X)$ die Gleichheit

$$\omega^2 = -\varphi_2(\sigma_1^2 + \sigma_2^2) = \varphi_2(-\sigma_1^2 - \sigma_2^2)$$

gilt. Daraus folgt die Surjektivität von $\varphi_* : H_2(X) \to H_2^\square(X)$. Auf ähnliche Weise könnte man auch die Injektivität zeigen – aus verständlichen Gründen sei das hier aber nicht genauer ausgeführt.

In jedem Fall – ob Sie das Beispiel etwas genauer verfolgt oder nur überflogen haben – ist klar, dass die Rechnung für beliebige $n \geq 2$ technisch de facto unmöglich wäre (man denke allein an die komplizierten CARTANschen Abbildungen θ_n, die I^n in nicht weniger als $n-1$ grundverschiedenen Schritten auf Δ^n zusammenfalten). Umso erstaunlicher daher der **Beweis** von EILENBERG und MACLANE, der mit Hilfe einer weiteren Abstraktionsebene fast ohne Technik auskommt. Lassen Sie sich von diesem mathematischen Wunder überraschen.

Reduzierte Homologiegruppen

Vor es richtig losgeht, noch eine technische Vereinfachung. Es ist Ihnen bestimmt aufgefallen, dass die 0-te Homologiegruppe eine gewisse Ausnahmestellung einnimmt. So hat das einpunktige $X = \{x\}$, als primitivstes Beispiel eines topologischen Raumes überhaupt, ganz folgerichtig auch die einfachstmögliche, also die triviale Homologie. Hier würde man intuitiv gerne $H_n(X) = 0$ für alle $n \geq 0$ schreiben. Doch leider ist in diesem Fall $H_0(X) \cong \mathbb{Z}$ und nur die höheren Gruppen verschwinden. In vielen Sätzen muss daher der Index $n = 0$ separat behandelt werden, was zwar meist keine großen Schwierigkeiten bereitet, aber hie und da lästig ist.

Mit einem kleinen Kunstgriff kann dieses Problem elegant behoben werden durch die **reduzierten Homologiegruppen** $\widetilde{H}_n(X)$. Es ist ganz einfach, denn die reduzierte Homologie stimmt fast immer mit der gewöhnlichen Homologie überein:

$$\widetilde{H}_n(X) \;=\; H_n(X) \quad \text{für } n \neq 0\,.$$

Die gute Nachricht ist also, dass Sie sich in den meisten Fällen gar nicht umstellen müssen. Nur bei der 0-ten Gruppe gibt es die gewünschte Veränderung. Das war der Quotient $Z_0(X)/B_0(X)$, wobei Z_0 die 0-Zyklen in X waren. Da der Randoperator ∂_0 hier sowieso die Nullabbildung ist, waren das alle endlichen Punktsummen der Form $\sum_i a_i P_i$ mit $a_i \in \mathbb{Z}$ und $P_i \in X$.

Wir schränken diese Summen nun ein und verlangen, dass sich deren Koeffizienten zu 0 addieren. Die **reduzierten Zyklen** $\widetilde{Z}_0(X)$ bestehen also aus allen endlichen Summen der Form $\sum_i a_i P_i$ mit $\sum_i a_i = 0$. Die Ränder $B_0(X)$ sind dann auch reduzierte 0-Zyklen, weswegen wir zur **reduzierten 0-ten Homologiegruppe**

$$\widetilde{H}_0(X) \;=\; \widetilde{Z}_0(X) \,/\, B_0(X)$$

übergehen können. Homologisch exakt formuliert haben wir den Kettenkomplex am Ende nur etwas verlängert zu dem **augmentierten Kettenkomplex**

$$\ldots \xrightarrow{\partial_3} C_2(X) \xrightarrow{\partial_2} C_1(X) \xrightarrow{\partial_1} C_0(X) \xrightarrow{\epsilon} \mathbb{Z} \longrightarrow 0\,,$$

wobei $\epsilon\!\left(\sum_i a_i P_i\right) = \sum_i a_i$ ist. Damit sehen Sie $\widetilde{H}_n(X) = H_n(X)$ für alle $n \neq 0$, denn der Komplex wurde dort nicht verändert. Und analog zu der Beobachtung auf Seite 243 ergibt sich sofort, dass in einem wegzusammenhängenden Raum jeder reduzierte 0-Zyklus ein Rand ist, weswegen wir hier $\widetilde{H}_0(X) = 0$ erhalten. Für einen einpunktigen Raum sind damit (wunschgemäß) alle $\widetilde{H}_n(X) = 0$. Als einfache **Übung** können Sie verifizieren, dass allgemein immer $H_0(X) \cong \widetilde{H}_0(X) \oplus \mathbb{Z}$ ist.

Beachten Sie, dass wir mit den reduzierten Gruppen ein zu den gewöhnlichen Gruppen völlig äquivalentes Konzept zur Hand haben. Alle Sätze, die wir kennen oder auf den folgenden Seiten beweisen werden, lassen sich in beiden Varianten formulieren, und auch die Beweise können wörtlich übernommen werden. Je nach Anwendung ist mal die eine, mal die andere Variante einfacher. Wenn keine Missverständnisse drohen, verwenden wir die Varianten ohne besondere Hinweise.

Beweis der Äquivalenz von singulärer Simplex- und Würfelhomologie

Zurück zum Thema, zur Äquivalenz der singulären und der kubisch singulären Homologie (Seite 250). Hier wird die reduzierte Variante der Homologiegruppen eine erhebliche Vereinfachung bei der Argumentation bringen. Als erstes Teilresultat braucht man einen Hilfssatz, der die gewünschte Aussage für zusammenziehbare Räume enthält. Dort ist die Sache noch überschaubar und kann direkt gezeigt werden.

Hilfssatz
Falls X zusammenziehbar ist, gilt $\widetilde{H}_n(X) \cong \widetilde{H}_n^\square(X) = 0$ für alle $n \geq 0$.

Im **Beweis** zeigen wir $H_n(X) \cong H_n^\square(X) = 0$ für $n > 0$, das ist eine äquivalente Aussage. Es sei dazu $n > 0$ und zunächst $z \in Z_n^\square(X)$ ein Zyklus. Dann heben sich alle Seiten der n-Würfel in z paarweise gegenseitig auf. Weiter sei $h : X \times I \to X$ eine Deformationsretraktion mit $h|_{X \times \{0\}} = \mathrm{id}_X$ und $h|_{X \times \{1\}} \equiv x_0$. Damit konstruiert man für jeden Würfel $\omega^n \in z$ eine Homotopie zur konstanten Abbildung x_0 über die Festlegung $\omega^{n+1}(x, t) = h\big(\omega^n(x), t\big)$. Die Seitenflächen der ω^{n+1} sind einerseits die ω^n und andererseits die Konstanten x_0 sowie die mit h hochgezogenen Seitenflächen der ω^n. Letztere heben sich über alle ω^{n+1} ebenfalls paarweise auf, die Paarbildung ist dieselbe wie bei $\partial_n z = 0$. Der Zyklus z ist damit homolog zum Rand der Summe über alle ω^{n+1}, woraus $H_n^\square(X) = 0$ folgt.

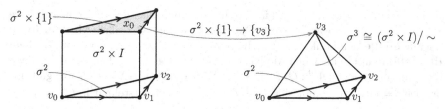

Der Beweis von $H_n(X) = 0$ verläuft analog – mit der kleinen Schwierigkeit, dass für ein Simplex $\sigma^n : \Delta^n \to X$ die Abbildung $(x, t) \mapsto h\big(\sigma^n(x), t\big)$ kein Simplex ist. Diese Abbildung muss man noch faktorisieren zu dem Quotienten

$$\sigma^{n+1} : (\Delta^n \times I)/(\Delta^n \times \{1\}) \longrightarrow X,$$

was wegen der Konstanz auf $\Delta^n \times \{1\}$ möglich ist. Das restliche Argument (mit den sich aufhebenden Seiten) verläuft genau gleich wie oben. $\square$

Im Fall zusammenziehbarer Räume konnte man die Homologiegruppen also noch direkt ausrechnen. Der Trick besteht nun darin, statt der Kettengruppen $C_n(X)$ und $Q_n(X)$ zu noch größeren Gruppen überzugehen. Es sei dazu $\mathcal{M}$ die Menge aller zusammenziehbaren Räume und $\widehat{C}_n(X)$ die frei abelsche Gruppe über allen Paaren (f, μ^n), wobei $f : M \to X$ stetig ist für ein $M \in \mathcal{M}$ und $\mu^n \in C_n(M)$. Analog dazu sei $\widehat{Q}_n(X)$ als frei abelsche Gruppe erzeugt von den Paaren (g, ν^n), mit $g : M \to X$ stetig und $\nu^n \in Q_n(M)$.

Die Zuordnung $X \to \widehat{C}_n(X)$ ist dann **funktoriell** in dem Sinne, dass stetige Abbildungen $u : X \to Y$ einen Gruppenhomomorphismus $\widetilde{u}_\Delta : \widehat{C}_n(X) \to \widehat{C}_n(Y)$ induzieren. Das geht auf natürliche Weise über die Festlegung

$$\widetilde{u}_\Delta(f, \mu^n) = \big(u \circ f, \mu^n\big)$$

mitsamt linearer Fortsetzung. Analog ergibt sich für die Zuordnung $X \to \widehat{Q}_n(X)$ ein Gruppenhomomorphismus $\widetilde{u}_\square : \widehat{Q}_n(X) \to \widehat{Q}_n(Y)$, und dies alles verträgt sich mit Hintereinanderausführungen der Form $u_2 \circ u_1 : X \to Y \to Z$. Man nennt $\widehat{C}_n$ und $\widehat{Q}_n$ in diesem Fall **kovariante Funktoren** von den topologischen Räumen in die frei abelschen Gruppen.

Für alle $n \geq 0$ gibt es nun **natürliche Transformationen** $\Phi_n : \widehat{C}_n(X) \to C_n(X)$, indem man einem Paar (f, μ^n) die Kette

$$\Phi_n(f, \mu^n) = f \circ \mu^n$$

zuordnet. Die Abbildung $\mu^n \to f \circ \mu^n$ ist der von f induzierte Homomorphismus $C_n(M) \to C_n(X)$, für den wir auch $f_\#$ oder f_n geschrieben haben (Seite 247). Die einprägsame Schreibweise $f \circ \mu^n$ dient dazu, die folgenden Rechnungen leichter verständlich zu machen.

Lassen Sie sich gerne Zeit, um sich das abstrakte Gedankengebäude zu verinnerlichen. Rechnen Sie zur **Übung** genau nach, dass alles perfekt zusammenpasst. Dann schaffen Sie es auch, die inverse Transformation $\Psi_n : C_n(X) \to \widehat{C}_n(X)$ zu finden, mit der $\Phi_n \circ \Psi_n = \mathrm{id}_{C_n(X)}$ ist: Sie definieren für ein $\sigma^n : \Delta^n \to X$ einfach

$$\Psi_n(\sigma^n) = \left(\sigma^n, \mathrm{id}_{\Delta^n}\right)$$

und setzen dies linear auf $C_n(X)$ fort, wobei als Modell hier der zusammenziehbare Raum $\Delta^n \in \mathcal{M}$ verwendet wird. Die Elemente von $\mathcal{M}$ heißen **Modellräume** oder **Modelle** der Funktoren $\widehat{C}_n$. Insgesamt nennt man den Funktor C_n dann **darstellbar** in $\widehat{C}_n$ über den Modellen in $\mathcal{M}$. Es liegt nahe, dass es analog dazu die Transformationen $\Phi_n^\square : \widehat{Q}_n(X) \to Q_n(X)$ und $\Psi_n^\square : Q_n(X) \to \widehat{Q}_n(X)$ gibt mit $\Phi_n^\square \circ \Psi_n^\square = \mathrm{id}_{Q_n(X)}$. Damit sind auch die Q_n über $\mathcal{M}$ darstellbar in $\widehat{Q}_n$.

Sie haben jetzt das Rüstzeug beisammen für einen wahrlich verblüffenden und gleichermaßen eleganten Beweis. Ein beliebiger topologischer Raum X liefert die augmentierten Kettenkomplexe $C_*(X)$ und $Q_*(X)$ sowie in Dimension $n = 0$ einen Homomorphismus $\varphi_0 : C_0(X) \to Q_0(X)$, gegeben durch die Gleichheit zwischen den einpunktigen Mengen I^0 und Δ^0. Beachten Sie, dass wir die CARTANschen Surjektionen $\theta_n : I^n \to \Delta^n$ (Seite 251) für $n \geq 1$ gar nicht mehr benötigen. Wir haben als Ausgangspunkt also ein kommutatives Diagramm der Form

$$
\begin{array}{ccccccccccc}
\cdots & \xrightarrow{\partial_3} & C_2(X) & \xrightarrow{\partial_2} & C_1(X) & \xrightarrow{\partial_1} & C_0(X) & \xrightarrow{\epsilon} & \mathbb{Z} & \longrightarrow & 0 \\
 & & & & & & \downarrow{\varphi_0} & & \| & & \\
\cdots & \xrightarrow{\partial_3} & Q_2(X) & \xrightarrow{\partial_2} & Q_1(X) & \xrightarrow{\partial_1} & Q_0(X) & \xrightarrow{\epsilon} & \mathbb{Z} & \longrightarrow & 0 \;.
\end{array}
$$

Das Ziel lautet nun, den senkrechten Pfeil nach links fortzusetzen und danach zu zeigen, dass diese Fortsetzung auf eine bestimmte Weise eindeutig ist.

Hilfssatz (Kettenhomomorphismus modulo Homotopie)
Es gibt für alle $n \geq 1$ Homomorphismen $\varphi_n : C_n(X) \to Q_n(X)$, die das obige Diagramm kommutativ machen (Kettenhomomorphismus, Seiten 200 und 237).

Diese Fortsetzung ist nicht eindeutig. Aber für jeden anderen Kettenhomomorphismus $\psi : C_*(X) \to Q_*(X)$ mit der Eigenschaft $\psi_0 = \varphi_0$ gibt es Homomorphismen $D_n : C_n(X) \to Q_{n+1}(X)$, sodass für alle $n \geq 0$

$$\varphi_n - \psi_n = \partial_{n+1} \circ D_n + D_{n-1} \circ \partial_n$$

gilt (die D_n bilden dann eine **Kettenhomotopie**, siehe Seite 206).

Kettenhomotopien sind ein wichtiges Konzept in der homologischen Algebra. Sie können als kleine **Übung** zu diesem Satz zeigen, dass allgemein jede Kettenhomotopie zwischen zwei Kettenhomomorphismen $u, v : K \to L$ garantiert, dass die induzierten Homomorphismen u_* und v_* zwischen den Homologiegruppen $H_n(K)$ und $H_n(L)$ übereinstimmen (Lösungshinweis auf Seite 207). Das folgende Diagramm zeigt die Situation im Fall $K = C$ und $L = Q$, versuchen Sie es einmal.

$$
\begin{array}{ccccc}
C_{n+1}(X) & \xrightarrow{\ \partial_{n+1}\ } & C_n(X) & \xrightarrow{\ \partial_n\ } & C_{n-1}(X) \\
{\scriptstyle\varphi_{n+1}}\downarrow{\scriptstyle\psi_{n+1}} & \overset{D_n}{\nearrow} & {\scriptstyle\varphi_n}\downarrow{\scriptstyle\psi_n} & \overset{D_{n-1}}{\nearrow} & {\scriptstyle\varphi_{n-1}}\downarrow{\scriptstyle\psi_{n-1}} \\
Q_{n+1}(X) & \xrightarrow{\ \partial_{n+1}\ } & Q_n(X) & \xleftarrow{\ \partial_n\ } & Q_{n-1}(X)
\end{array}
$$

Beachten Sie dabei, dass in den C_i nur Zyklen z abgebildet werden ($\partial z = 0$) und die Bilder $\varphi_i(z)$ und $\psi_i(z)$ nur modulo Rändern übereinstimmen müssen.

Kommen wir zum **Beweis** des Hilfssatzes. Wir versuchen zunächst, die φ_n induktiv zu konstruieren, der Induktionsanfang ist durch φ_0 gegeben. Es sei dann der Kettenhomomorphismus $\varphi : C_*(X) \to Q_*(X)$ bis zu φ_{r-1} konstruiert und ein Element $c^r \in C_r(X)$ gegeben. Es ist $\varphi_{r-1}(\partial c^r)$ ein Zyklus in $Q_{r-1}(X)$, denn wir haben stets $\partial\partial = 0$ und das obige Diagramm war bis zur Dimension $r-1$ kommutativ. Leider ist $\widetilde{H}^{\square}_{r-1}(X) = 0$ nicht garantiert, weswegen der Beweis an dieser Stelle ins Stocken gerät: Wir können nicht behaupten, dass $\varphi_{r-1}(\partial c^r)$ ein $(r-1)$-Rand ist und sich damit ein Bild von c^r in $Q_r(X)$ finden ließe.

An dieser Stelle nutzt man die zusammenziehbaren Modelle $M \in \mathcal{M}$, bei denen alle reduzierten Homologiegruppen verschwinden (Seite 255). Solche Räume nennt man **azyklisch**, denn sie enthalten nur triviale Zyklen. Das zugehörige Vorgehen heißt daher auch die **Methode der azyklischen Modelle**, [27].

Es sei also zunächst ein zusammenziehbarer Raum $M \in \mathcal{M}$ gegeben, der zu konstruierende Kettenhomomorphismus $C_*(M) \to Q_*(M)$ werde mit $\rho = (\rho_r)_{r \geq 0}$ bezeichnet und wir starten die Induktion ebenfalls mit $\rho_0 = \mathrm{id}_{C_0(M)}$.

$$
\begin{array}{ccccccccc}
\cdots & \xrightarrow{\ \partial_3\ } & C_2(M) & \xrightarrow{\ \partial_2\ } & C_1(M) & \xrightarrow{\ \partial_1\ } & C_0(M) & \xrightarrow{\ \epsilon\ } & \mathbb{Z} & \longrightarrow & 0 \\
& & & & & & \downarrow{\scriptstyle\rho_0} & & \| \\
\cdots & \xrightarrow{\ \partial_3\ } & Q_2(M) & \xrightarrow{\ \partial_2\ } & Q_1(M) & \xrightarrow{\ \partial_1\ } & Q_0(M) & \xrightarrow{\ \epsilon\ } & \mathbb{Z} & \longrightarrow & 0 \ .
\end{array}
$$

Induktiv nach r ist dann für eine Kette $\mu^r \in C_r(M)$ die Kette $\rho_{r-1}(\partial\mu^r)$ ein Zyklus in $Q_{r-1}(M)$ und wegen $\widetilde{H}^{\square}_{r-1}(M) = 0$ können wir diesmal ein $\nu^r \in Q_r(M)$ finden mit $\partial\nu^r = \rho_{r-1}(\partial\mu^r)$. Damit definieren wir eine natürliche Transformation $\Lambda_r : \widehat{C}_r(X) \to Q_r(X)$ über die Festlegung

$$
\Lambda_r : \widehat{C}_r(X) \longrightarrow Q_r(X), \quad (f, \mu^r) \mapsto f \circ \nu^r
$$

samt linearer Fortsetzung über die endlichen Summen aus den (f, μ^r). Beachten Sie, dass die ν^r von den μ^r abhängen. Weil $f : M \to X$ stetig ist, haben wir durch die Nachschaltung von f auf jedem Simplex in ν^r ein Element in $Q_r(X)$

und der Homomorphismus Λ_r landet tatsächlich in $Q_r(X)$. Wir wissen auch, dass der Funktor C_r die Darstellung Ψ_r in $\widehat{C}_r$ hat (Seite 256). Mit dessen Hilfe ist es nun möglich, den Homomorphismus φ_r zu definieren als

$$\varphi_r : C_r(X) \longrightarrow Q_r(X), \quad c^r \mapsto (\Lambda_r \circ \Psi_r)(c^r)$$

Beachten Sie die Übereinstimmung bei $r = 0$ mit dem originalen φ_0, denn ρ_0 war die Identität. Wir müssen nun $\partial \varphi_r = \varphi_{r-1}\partial$ zeigen (Kettenhomomorphismus) und berechnen dazu mit der natürlichen Transformation $\Phi_r : \widehat{C}_r(X) \to C_r(X)$

$$
\begin{aligned}
\partial \varphi_r(c^r) &= \partial(\Lambda_r \circ \Psi_r)(c^r) \\
&= \varphi_{r-1}\partial(\Phi_r \circ \Psi_r)(c^r) = \varphi_{r-1}(\partial c^r),
\end{aligned}
$$

wobei natürlich einige Erklärungen notwendig sind. Wir kennen schon die Beziehung $\Phi_r \circ \Psi_r = \mathrm{id}_{C_r(X)}$ und müssen nur noch $\partial \Lambda_r = \varphi_{r-1}(\partial \Phi_r)$ begründen. Dies prüft man auf den Generatoren (f, μ^r) von $\widehat{C}_r(X)$ und erhält dabei

$$
\begin{aligned}
\partial \Lambda_r(f, \mu^r) &= \partial f(\nu^r) = f(\partial \nu^r) \\
&= \varphi_{r-1}\partial(f \circ \mu^r) = \varphi_{r-1}\partial\big(\Phi_r(f, \mu^r)\big),
\end{aligned}
$$

worin wiederum das zweite und dritte Gleichheitszeichen zu beachten sind. Das Zweite ist einfach und beruht auf der (banalen) Tatsache, dass die Nachschaltung von $f : M \to X$ mit den Kettenkomplexen $Q_*(M)$ und $Q_*(X)$ in dem Sinne verträglich ist, dass stets $\partial f = f\partial$ gilt (Kettenhomomorphismus). Beim Dritten ist es nur scheinbar schwieriger, man muss sich dafür der Beziehung

$$\partial \nu^r = \rho_{r-1}(\partial \mu^r)$$

innerhalb von $Q_{r-1}(M)$ noch einmal bewusst werden, mit $\mu^r \in C_r(M)$ und $\nu^r \in Q_r(M)$. Das Gleichheitszeichen beruht dann auf der Übereinstimmung zweier formaler Summen von Abbildungen $I^{r-1} \to M$. In dem Ausdruck $f(\partial \nu^r)$ wird dabei in den Abbildungen von $\partial \nu^r$ einfach die Abbildung $f : M \to X$ nachgeschaltet, und bei $\rho_{r-1}\partial(f \circ \mu^r)$ geschieht dasselbe mit den Abbildungen von $\rho_{r-1}(\partial \mu^r)$. Es ändert sich nur die Reihenfolge zwischen dem Übergang von den C-Ketten zu den Q-Ketten (über ρ_{r-1}) und dem Nachschalten von f. Sie überzeugen sich schnell, dass dieser Reihenfolgewechsel keine Rolle spielt.

Zusammengefasst haben wir die Abbildung $\varphi_r : C_r(X) \to Q_r(X)$ gefunden, welche das Diagramm kommutativ fortsetzt. Damit ist der Induktionsschritt erbracht und der erste Teil des Hilfssatzes bewiesen.

Wir müssen noch zeigen, dass je zwei solche Fortsetzungen $\varphi, \psi : C_*(X) \to Q_*(X)$ homotop sind und setzen zunächst $D_{-1} = D_0 = 0$, was möglich ist, denn es war $\varphi_0 = \psi_0$. Soweit der Induktionsanfang. Danach nehmen wir an, dass die Homotopie bis zum Index $r - 1$ konstruiert ist und versuchen, den Homomorphismus $D_r : C_r(X) \to Q_{r+1}(X)$ zu definieren, sodass $\varphi_r - \psi_r = \partial D_r + D_{r-1}\partial$ ist.

Der Weg ist nun genau derselbe wie vorhin. Wir betrachten wieder ein Modell $M \in \mathcal{M}$ und stellen fest, dass für jedes $\mu^r \in C_r(M)$ der Ausdruck

$$\zeta^r = (\varphi_r - \psi_r - D_{r-1}\partial)(\mu^r)$$

ein r-Zyklus in $Q_r(M)$ ist (versuchen Sie $\partial \zeta^r = 0$ als **Übung**). Wegen $H_r^\square(M) = 0$ gibt es eine $(r+1)$-Kette $\nu^{r+1} \in Q_{r+1}(M)$ mit $\partial \nu^{r+1} = \zeta^r$. Damit definieren wir eine natürliche Transformation $\Gamma_r : \widehat{C}_r(X) \to Q_{r+1}(X)$ über die Festlegung

$$\Gamma_r : \widehat{C}_r(X) \longrightarrow Q_{r+1}(X), \quad (f, \mu^r) \mapsto f \circ \nu^{r+1}$$

samt linearer Fortsetzung über endliche Summen aus den (f, μ^r). Völlig analog zum obigen Vorgehen liefert dann $D_r = \Gamma_r \circ \Psi_r : C_r(X) \to Q_{r+1}(X)$ die gesuchte Lösung. Den Nachweis von $\partial D_r = \varphi_r - \psi_r - D_{r-1}\partial$ überlasse ich Ihnen ebenfalls als **Übung**, die Rechnungen verlaufen genauso wie oben. $\qquad\square$

Der Beweis verdient ohne Zweifel eine Nachbetrachtung. Durch einen virtuosen Umgang mit Abbildungen, Kettenkomplexen und abstrakten Gruppenkonstruktionen wurden die enormen technischen Schwierigkeiten vollständig vermieden, von denen wir vorher im Fall $n = 2$ einen ziemlich einschüchternden Eindruck bekommen haben. Wie war das möglich, was haben wir eigentlich gemacht?

Nun ja, bei kategorientheoretischen Beweisen, die es seit den 1940-er Jahren gibt und die hauptsächlich auf EILENBERG und MACLANE zurückgehen, [26], kann in der Tat zunächst der Verdacht einer gewissen „Schummelei" entstehen. Seien Sie aber beruhigt, es ist alles in Ordnung. Man betrachtet die Zusammenhänge zwischen Abbildungen und Räumen eben von höherer Warte aus, abstrahiert von den eigentlichen Inhalten und vernachlässigt technische Details, die in höheren Dimensionen unüberschaubar kompliziert wären.

EILENBERG und MACLANE haben schon damals erkannt, dass „die Pfeile genauso wichtig wie die Räume selbst" waren, wie in [78] bemerkt. Die Beweise gehen dabei – das muss man zugeben – meist mit mehr oder weniger aufwändigen Diagrammjagden einher (engl. *diagram chasing*), die insgesamt aber durchsichtiger sind als die vollständige Ausarbeitung konkreter Technik. N. STEENROD hat dafür einmal die Bezeichnung *general abstract nonsense* verwendet, die aber humorvoll und keineswegs abwertend gemeint war (er hat selbst damit gearbeitet).

Natürlich kann man den obigen Beweis auch etwas „sparsamer" gestalten, man müsste nicht den Umweg über die wahrhaft riesengroßen Gruppen $\widehat{C}_n(X)$ gehen, in denen jedes einzelne Element der ohnehin schon großen Gruppen $C_n(X)$ auf multiple Weise zum Generator wird.

Die Abbildung $\varphi_1 : C_1(X) \to Q_1(X)$ könnte zum Beispiel auch als die Identität gewählt werden, denn es ist $I^1 = \Delta^1$. Auch $\varphi_2 : C_2(X) \to Q_2(X)$ wäre noch relativ einfach konkretisierbar: Ein Generator $\sigma^2 : \Delta^2 \to X$ geht zunächst auf $(\sigma^2, \mathrm{id}_{\Delta^2}) \in \widehat{C}_2(X)$, als Modelle $\mathcal{M}$ genügen hier die Standardräume Δ^n und I^n. Für die anschließende Transformation $\colon \Lambda_2$ haben wir dann eine Auswahl. Probieren Sie als **Übung**, dass der Ausdruck $Q(\sigma^2)(\nu^2)$ mit $\partial \nu^2 = \varphi_1(\partial \sigma^2)$ aus obigem Beweis zum Beispiel durch Vorschalten der CARTANschen Surjektion $\theta_2 : I^2 \to \Delta^2$ möglich ist (Seite 251). Dann ist $\varphi_2(\sigma^2) = \sigma^2 \circ \theta_2$ die gesuchte Fortsetzung. Allgemein kann man zeigen, dass $\varphi_n(\sigma^n) = \sigma^n \circ \theta_n$ eine Lösung ist (was aber schon wieder ein ziemlicher technischer Aufwand wäre).

Die Aussage $H_n(I^n) = H_n^\square(I^n) = 0$ für $n \neq 0$ bräuchten wir aber in jedem Fall (man nutzt hier auch die Zusammenziehbarkeit der I^n), weswegen bei dem allgemeineren Vorgehen an dieser Stelle kein Mehraufwand entstanden ist. Überhaupt würden wir bei einem konkreteren Beweis keinen einzigen Gedanken einsparen. Im Gegenteil schafft die Abstraktion sogar eine Erleichterung. Man hat dort eine klare Trennung der Standardräume Δ^n und I^n von den verbindenden Räumen $M \in \mathcal{M}$, was Verwechslungen unwahrscheinlicher macht.

Lassen Sie uns jetzt den **Beweis** der Äquivalenz von simplizialer und kubischer Homologie (Seite 250) vollenden, der Weg dahin ist nach den Vorarbeiten nicht mehr weit. Wir betrachten dazu eine Fortsetzung $\varphi : C_*(X) \to Q_*(X)$ wie in dem Hilfssatz beschrieben (Seite 256). Da die Abbildung φ_0 von der Identität $I^0 = \Delta^0$ kam, können wir ihre Inverse φ_0^{-1} auch als den Anfang einer Kettenhomotopie $Q_*(X) \to C_*(X)$ interpretieren. Mit exakt demselben Argument erhalten wir dann eine (bis auf Homotopie) eindeutige Fortsetzung $\eta : Q_*(X) \to C_*(X)$. Die Kompositionen $\eta \circ \varphi : C_*(X) \to C_*(X)$ und $\varphi \circ \eta : Q_*(X) \to Q_*(X)$ sind dann Fortsetzungen der Identitäten id_{Δ^0} und id_{I^0}, somit nach dem Hilfssatz homotop zu den Identitäten $\mathrm{id}_{C_*(X)}$ und $\mathrm{id}_{Q_*(X)}$ der Kettenkomplexe. Es folgt, dass die Homomorphismen $(\eta \circ \varphi)_* : H_n(X) \to H_n(X)$ und $(\varphi \circ \eta)_* : H_n^\square(X) \to H_n^\square(X)$ die Identitäten und damit $\varphi_* : H_n(X) \to H_n^\square(X)$ und $\eta_* : H_n^\square \to H_n(X)$ invers zueinander sind. $\square$

Kein wirklich überraschendes Resultat, aber wir haben damit unsere Möglichkeiten beim Einsatz der Homologietheorie deutlich erweitert. Zum ersten Mal erkennen Sie das bereits im nächsten Abschnitt beim Homotopiesatz.

7.6 Der Homotopiesatz – Teil II

In diesem kurzen Abschnitt geben wir einen bemerkenswert einfachen **Beweis** des Homotopiesatzes (Seite 248). Dabei werden die kubischen Homologiegruppen $H_n^\square$ verwendet, die ja isomorph zu den klassischen singulären Gruppen H_n sind (wie wir gerade gesehen haben, Seite 250).

Es seien dazu $f, g : X \to Y$ homotope Abbildungen und $h : X \times I \to Y$ eine Homotopie mit $H|_{X \times \{0\}} = f$ und $H|_{X \times \{1\}} = g$. Für jeden Würfel $\omega^n : I^n \to X$ definieren dann die Zuordnungen $\omega^n \mapsto f \circ \omega^n$ und $\omega^n \mapsto g \circ \omega^n$ zwei Kettenhomomorphismen $f_\# : Q_*(X) \to Q_*(Y)$ und $g_\# : Q_*(X) \to Q_*(Y)$.

Für einen n-Zyklus

$$z^n = \sum_{i=1}^{k} \omega_i^n \in Z_n^\square(X)$$

heben sich die Seiten der ω_i^n paarweise auf, denn es ist $\partial z^n = 0$ (vergleichen Sie mit Seite 255). Die kubisch singulären $(n+1)$-Kette in Y der Form

$$q^{n+1} : I^n \times I \longrightarrow Y, \quad (\xi, t) \mapsto \sum_{i=1}^{k} h\big(\omega_i^n(\xi), t\big)$$

hat als Seiten über $I^n \times \{0\}$ den Zyklus $f_\#(z^n)$, über $I^n \times \{1\}$ den Zyklus $g_\#(z^n)$ mit entgegengesetztem Vorzeichen und sonst die mit h hochgezogenen Seitenflächen der ω_i^n, welche sich in der Summe wieder paarweise aufheben (die Paarbildung ist dieselbe wie bei $\partial z^n = 0$).

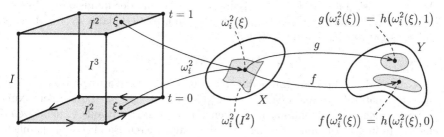

Damit sind die Zyklen $f_\#(z)$ und $g_\#(z)$ wegen $f_\#(z) - g_\#(z) = \partial q^{n+1}$ homolog in $Q_n(Y)$. Modulo Rändern ergibt sich also bei homotopen Abbildungen f und g die Beziehung $f_*(z) = g_*(z)$ für alle n-Zyklen $z \in Z_n^\square(X)$. $\square$

Der Nutzen des Homotopiesatzes besteht hauptsächlich in dem Nachweis dafür, dass die Homologiegruppen eines Raumes nur von dessen Homotopietyp abhängen, wodurch sie zu echten topologischen Invarianten werden, ähnlich den Homotopiegruppen (Seite 134). Im Vergleich dazu sind sie aber viel geschmeidiger im Umgang, wie wir bald erleben werden. Hier also die zentrale Folgerung aus dem Homotopiesatz (für den **Beweis** müssen Sie sich nur ins Gedächtnis rufen, wann zwei Räume homotopieäquivalent sind, Seite 85).

Satz (Homologiegruppen sind topologische Invarianten)
Homotopieäquivalente Räume haben isomorphe (singuläre) Homologiegruppen, es gilt also die Implikation $X \simeq Y \;\Rightarrow\; H_n(X) \cong H_n(Y)$ für alle $n \in \mathbb{Z}$. $\square$

Wir haben uns sehr ausführlich mit dem theoretischen Fundament der Homologie beschäftigt. Insbesondere die Existenz mehrerer verschiedener, aber äquivalenter Ansätze ist dabei aufgefallen. Der Beweis, dass all diese Theorien auf polyedrischen Räumen auch äquivalent zur klassischen simplizialen Homologie von POINCARÉ sind (Seite 229 ff), wird später das Bild abrunden (Seite 280).

Um aber ehrlich zu sein, haben wir bis jetzt nicht wirklich mehr gemacht als eben dieses Fundament aufzubauen. Die theoretische Basis der Homologiegruppen, insbesondere ein tieferes Verständnis der Konzepte ist in der Tat um einiges aufwändiger als bei den Homotopiegruppen (Seite 134). So haben wir auf direktem Weg (ohne den Querbezug zu Fundamentalgruppen, Seite 244) noch kein einziges Beispiel einer höheren singulären Homologiegruppe berechnet, mit Ausnahme der trivialen Gruppen bei zusammenziehbaren Räumen (Seite 255).

Bei den höheren Homologiegruppen $H_n(X)$, insbesondere für $n \geq 2$, benötigen wir noch mehr technische Hilfsmittel. Eine zentrale Rolle spielen dabei die *relativen Homologiegruppen* und eine damit verknüpfte lange exakte Sequenz, welche Sie mit Sicherheit an die lange exakte Homotopiesequenz (Seite 142) erinnern wird.

7.7　Die lange exakte Homologiesequenz

Das Prinzip ist einfach. Mit einem Teilraum $A \subseteq X$ und der Inklusion $i : A \to X$ ist auch $i_\# : C_n(A) \to C_n(X)$ injektiv. Man interpretiert dann $i_\#\big(C_n(A)\big)$ als Untergruppe von $C_n(X)$ und nennt den Quotienten

$$C_n(X, A) = C_n(X) / C_n(A)$$

die Gruppe der **relativen (singulären) n-Ketten des Raumpaares** (X, A). Die Quotientenabbildung $C_n(X) \to C_n(X, A)$ sei mit $j_\#$ bezeichnet. Nun vertragen sich diese Abbildungen mit den Randoperatoren ∂ auf X, denn wenn eine Kette in $C_n(X)$ ganz in A verläuft, dann auch deren Rand: Es gilt nämlich stets $\partial C_n(A) \subseteq C_{n-1}(A)$, der Randoperator induziert also einen wohldefinierten Homomorphismus

$$\partial_n : C_n(X, A) \longrightarrow C_{n-1}(X, A)$$

der relativen Gruppen. Dessen Kern bezeichnen wir als die **relativen Zyklen** $Z_n(X, A)$ und das Bild von ∂_{n+1} als die **relativen Ränder** $B_n(X, A)$. Die Eigenschaft $\partial\partial = 0$ vererbt sich natürlich auf die Raumpaare und ermöglicht die Definition der **relativen Homologiegruppen** des Paares (X, A) in der Form

$$H_n(X, A) = Z_n(X, A) / B_n(X, A).$$

Aus der Konstruktion ergibt sich die anschauliche Deutung, dass man in $H_n(X, A)$ einfach alles ignoriert, was sich innerhalb des Teilraumes A abspielt.

Die relativen Gruppen sind sehr mächtig, denn sie besitzen zwei bemerkenswerte Eigenschaften: Eine lange exakte Sequenz ähnlich wie bei den Homotopiegruppen (Seite 142) und die sogenannte *Ausschneidungseigenschaft* (engl. *excision property*), die es bei den Homotopiegruppen gar nicht gibt. Die Ausschneidungseigenschaft bildet mit der langen exakten Sequenz ein sehr starkes Gespann, wie wir noch mehrfach sehen werden.

Starten wir zunächst mit der **langen exakten Homologiesequenz**. Grundlage dafür ist das kommutative Diagramm

$$
\begin{array}{ccccccccc}
& & \downarrow{\scriptstyle\partial_{n+2}} & & \downarrow{\scriptstyle\partial_{n+2}} & & \downarrow{\scriptstyle\partial_{n+2}} & & \\
0 & \longrightarrow & C_{n+1}(A) & \xrightarrow{i_\#} & C_{n+1}(X) & \xrightarrow{j_\#} & C_{n+1}(X, A) & \longrightarrow & 0 \\
& & \downarrow{\scriptstyle\partial_{n+1}} & & \downarrow{\scriptstyle\partial_{n+1}} & & \downarrow{\scriptstyle\partial_{n+1}} & & \\
0 & \longrightarrow & C_n(A) & \xrightarrow{i_\#} & C_n(X) & \xrightarrow{j_\#} & C_n(X, A) & \longrightarrow & 0 \\
& & \downarrow{\scriptstyle\partial_n} & & \downarrow{\scriptstyle\partial_n} & & \downarrow{\scriptstyle\partial_n} & & \\
0 & \longrightarrow & C_{n-1}(A) & \xrightarrow{i_\#} & C_{n-1}(X) & \xrightarrow{j_\#} & C_{n-1}(X, A) & \longrightarrow & 0. \\
& & \downarrow{\scriptstyle\partial_{n-1}} & & \downarrow{\scriptstyle\partial_{n-1}} & & \downarrow{\scriptstyle\partial_{n-1}} & &
\end{array}
$$

Es ist in den Zeilen exakt und lässt sich nach oben und unten ad infinitum fortsetzen. Dabei handelt es sich um eine kurze exakte Sequenz von Kettenkomplexen der Form $0 \to C_*(A) \to C_*(X) \to C_*(X,A) \to 0$. Die Abbildungen $i_\#$ und $j_\#$ induzieren in diesem Fall natürliche Homomorphismen

$$i_* : H_n(A) \longrightarrow H_n(X) \quad \text{und} \quad j_* : H_n(X) \longrightarrow H_n(X,A),$$

und im Kapitel über die homologischen Grundlagen haben wir gesehen (Seite 209), dass in diesen Fällen ein Randoperator ∂_* existiert, der i_* und j_* zu einer langen exakten Sequenz verbindet:

Satz (Lange exakte Homologiesequenz)
Mit den obigen Bezeichnungen ist die lange Sequenz

$$\cdots \xrightarrow{j_*} H_{n+1}(X,A) \xrightarrow{\partial_*} H_n(A) \xrightarrow{i_*} H_n(X) \xrightarrow{j_*} H_n(X,A) \xrightarrow{\partial_*} H_{n-1}(A) \xrightarrow{i_*} \cdots$$

exakt. Die Abbildungen ∂_* heißen **Randoperatoren** des Paares (X,A). $\square$

Wie angedeutet, können Sie den Beweis wörtlich dem vorigen Kapitel über die Grundlagen der homologischen Algebra entnehmen (Seite 209). Es gibt noch eine Verallgemeinerung der langen exakten Sequenz auf **Raumtripel** (X, A, B) mit $B \subseteq A \subseteq X$ (deren Nutzen später klar wird, Seite 277 oder 477). Die Inklusion $(A, B) \hookrightarrow (X, B)$ induziert nämlich eine kurze exakte Sequenz

$$0 \longrightarrow C_*(A, B) \longrightarrow C_*(X, B) \longrightarrow C_*(X, A) \longrightarrow 0$$

von relativen Kettenkomplexen, wobei rechts im Quotienten der dritte Isomorphiesatz (Seite 66)

$$C_n(X, B) \big/ C_n(A, B) \cong \big(C_n(X)/C_n(B)\big) \big/ \big(C_n(A)/C_n(B)\big)$$

$$\cong C_n(X) \big/ C_n(A) = C_n(X, A)$$

verwendet wird. So entsteht auf die gleiche Weise wie oben die **allgemeine lange exakte Homologiesequenz**

$$\to H_{n+1}(X, A) \xrightarrow{\partial_*} H_n(A, B) \xrightarrow{i_*} H_n(X, B) \xrightarrow{j_*} H_n(X, A) \xrightarrow{\partial_*} H_{n-1}(A, B) \to$$

---

des **Raumtripels** (X, A, B).

Die langen exakten Homologiesequenzen gibt es natürlich in derselben Form auch für die reduzierten Gruppen $\widetilde{H}_n(A)$, $\widetilde{H}_n(A)$ und $\widetilde{H}_n(X, A)$. Betroffen ist nur die Dimension $n = 0$, und hier kennen wir schon die Beziehungen $H_0(A) \cong \widetilde{H}_0(A) \oplus \mathbb{Z}$ und $H_0(X) \cong \widetilde{H}_0(X) \oplus \mathbb{Z}$.

Etwas Vorsicht ist geboten bei den relativen Gruppen, denn dort gibt es gar keinen Unterschied zwischen $H_n(X, A)$ und $\widetilde{H}_n(X, A)$, auch nicht bei $n = 0$. Das sehen Sie schnell, wenn Sie für die reduzierte lange exakte Sequenz die augmentierten Komplexe ansehen:

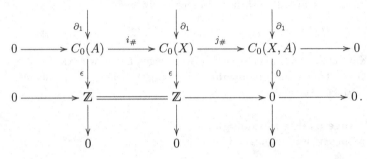

Der relative augmentierte Komplex in der rechten Spalte führt zu den reduzierten Gruppen $\widetilde{H}_n(X, A)$ und ist in der Tat identisch mit dem nicht augmentierten Komplex der Gruppen $H_n(X, A)$. Soviel dazu, wir kommen jetzt zu der schon erwähnten, maßgeschneiderten Ergänzung der langen exakten Homologiesequenz.

7.8   Der Ausschneidungssatz und einige seiner Anwendungen

Wir haben schon im einführenden Kapitel zur algebraischen Topologie einige höhere Homotopiegruppen mit langen exakten Sequenzen effizient berechnen können (Seiten 142 und 146 ff). Bei den Homologiegruppen geht das sogar noch besser, denn die relativen Gruppen besitzen eine besondere Eigenschaft, die deren Bestimmung verblüffend einfach machen kann. Kennt man dann diese Gruppen $H_n(X, A)$ als Bindeglieder in der langen exakten Homologiesequenz, so kann man daraus eine Menge über die absoluten Gruppen $H_n(A)$ oder $H_n(X)$ ableiten. Welches ist also die besondere Eigenschaft der relativen Homologiegruppen?

Satz (Ausschneidungseigenschaft der relativen Homologiegruppen)
Wir betrachten einen topologischen Raum X, eine Teilmenge $A \subseteq X$ sowie eine Teilmenge $W \subseteq A$, deren Abschluss $\overline{W}$ ganz im Inneren von A enthalten ist. Dann induziert die Inklusion $i : (X \setminus W, A \setminus W) \to (X, A)$ für alle $n \geq 0$ einen Isomorphismus

$$i_* : H_n(X \setminus W, A \setminus W) \longrightarrow H_n(X, A).$$

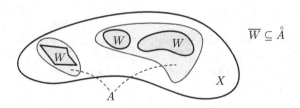

Der Satz motiviert die bereits erwähnte Interpretation, dass man in $H_n(X, A)$ alle Mengen W ignorieren kann, die von A vollständig eingehüllt werden in dem Sinne, dass $\overline{W} \subseteq \mathring{A}$ ist. Die Idee seines **Beweises** besteht darin, Ketten in $C_n(X)$ zu verkleinern, ohne deren Homologieklasse zu verändern. Und zwar so, dass sich alle homologierelevanten Phänomene im Zusammenhang mit der Menge W ganz innerhalb von $\mathring{A}$ abspielen, also vernachlässigt werden dürfen.

Stellen Sie sich dazu allgemein vor, Sie hätten eine Überdeckung $\mathcal{U} = (A_\lambda)_{\lambda \in \Lambda}$ des Raumes X, bei der auch die offenen Kerne $\mathring{A}_\lambda$ eine Überdeckung von X bilden, es sei also auch $X = \bigcup_{\lambda \in \Lambda} \mathring{A}_\lambda$. Für die Berechnung der Homologie sollen jetzt, salopp formuliert, nur die Ketten $c = \sum_i a_i \sigma_i^n$ zugelassen sein, bei denen jedes σ_i^n vollständig in einer der Überdeckungsmengen enthalten ist. Präziser ausgedrückt, ist damit $\sigma_i^n(\Delta^n) \subseteq A_{\lambda(i)}$ gemeint, mit einem von i abhängigen Index $\lambda(i)$. Die Homologiegruppen, welche nur unter Verwendung dieser $\mathcal{U}$-**kleinen Ketten** entstehen, seien mit $H_n(X, \mathcal{U})$ bezeichnet.

Beobachtung: In der obigen Situation gilt $H_n(X) \cong H_n(X, \mathcal{U})$ für alle $n \geq 0$, dito für die relativen Homologiegruppen: $H_n(X, A) \cong H_n(X, A, \mathcal{U})$.

Wir verschieben die Begründung dieser Aussage auf das Ende des Beweises und wollen zuerst sehen, wie man damit die Ausschneidungseigenschaft zeigt. Gehen wir dazu aus von den Mengen $\overline{W} \subseteq \mathring{A} \subseteq X$ und wählen die Überdeckung $\mathcal{U}$, die durch die Mengen A und $X \setminus W$ definiert ist. Diese Überdeckung erfüllt die Bedingung von oben, wie Sie leicht überprüfen können, denn das Innere der beiden Mengen überdeckt ganz X. Der Beweis läuft nun über folgendes kommutative Diagramm, das aus der Inklusion $i: (X \setminus W, A \setminus W) \to (X, A)$ und dem Konzept der kleinen Ketten entsteht.

$$
\begin{array}{ccc}
H_n\big(X \setminus W, A \setminus W\big) & \xrightarrow{\quad i_* \quad} & H_n(X, A) \\
 & {}_{\psi_*}\searrow & \big\downarrow {}_{\varphi_*} \\
 & & H_n(X, A, \mathcal{U})
\end{array}
$$

Dabei sei φ_* der Isomorphismus aus der (noch zu zeigenden) Beobachtung. Es genügt dann, die Abbildung $\psi_* = \varphi_* \circ i_* : H_n\big(X \setminus W, A \setminus W\big) \to H_n(X, A, \mathcal{U})$ als Isomorphismus auszuweisen. Die Komposition ψ_* ist hier von der natürlichen Inklusion $\psi_\# : C_n\big(X \setminus W, A \setminus W\big) \to C_n(X, A, \mathcal{U})$ induziert. Eine einfache mengentheoretische **Übung** führt somit schnell zu

$$
\begin{aligned}
C_n\big(X \setminus W, A \setminus W\big) &= C_n\big(X \setminus W\big) \big/ C_n\big(A \setminus W\big) \\
&= C_n\big(X \setminus W\big) \big/ \Big(C_n\big(X \setminus W\big) \cap C_n(A)\Big) \quad \text{und zu} \\
C_n(X, A, \mathcal{U}) &= C_n(X, \mathcal{U}) \big/ C_n(A, \mathcal{U}) \\
&= \Big(C_n\big(X \setminus W\big) + C_n(A)\Big) \big/ C_n(A).
\end{aligned}
$$

Nach dem zweiten Isomorphiesatz (Seite 66) sind die rechten Seiten der Identitäten auf natürliche Weise isomorph. Daher ist $\psi_\#$ ein Isomorphismus, mithin auch die

Abbildung ψ_*. Wir wären fertig, wenn die Beobachtung auf der vorigen Seite stimmt, und der dabei konstruierte Isomorphismus $\varphi_* : H_n(X, A) \to H_n(X, A, \mathcal{U})$ das Diagramm kommutativ macht, also $\psi_* = \varphi_* \circ i_*$ ist. Dies holen wir jetzt nach. Es werden dabei nur die absoluten Gruppen behandelt, der Beweis für die relativen Gruppen kann als einfache **Übung** auf die gleiche Art geführt werden.

Wir nutzen dafür die Methode der azyklischen Modelle (Seite 255 f). Diesmal aber leicht modifiziert, denn man arbeitet bei $\widetilde{H}_n(X)$ mit gewöhnlichen Räumen und Abbildungen, während bei $\widetilde{H}_n(X, \mathcal{U})$ zusätzlich Überdeckungen und $\mathcal{U}$-kleine Abbildungen ins Spiel kommen. Das ist ein Wechsel der Kategorien.

Betrachten wir also den Beginn eines Kettenhomomorphismus φ der Form

$$\cdots \xrightarrow{\partial_3} C_2(X) \xrightarrow{\partial_2} C_1(X) \xrightarrow{\partial_1} C_0(X) \xrightarrow{\epsilon} \mathbb{Z} \longrightarrow 0$$
$$\downarrow{\varphi_0} \qquad \qquad \|$$
$$\cdots \xrightarrow{\partial_3} C_2(X, \mathcal{U}) \xrightarrow{\partial_2} C_1(X, \mathcal{U}) \xrightarrow{\partial_1} C_0(X, \mathcal{U}) \xrightarrow{\epsilon} \mathbb{Z} \longrightarrow 0 \,,$$

was mit der Festlegung $\varphi_0(\sigma^0) = \sigma^0$ geht, denn es ist $C_0(X) = C_0(X, \mathcal{U})$. Wir nehmen nun an (und zeigen es später am Ende des Beweises), dass für alle zusammenziehbaren Räume M mit einer Überdeckung $\mathcal{V}$ wie oben und für alle $n \geq 0$ $\widetilde{H}_n(M, \mathcal{V}) = 0$ ist, diese Räume also auch in dem Komplex $C_*(M, \mathcal{V})$ der $\mathcal{V}$-kleinen Ketten azyklisch sind. Blättern Sie dafür zurück auf Seite 257, falls nötig.

Die Definition von $\Lambda_r : \widehat{C}_r(X) \to C_r(X, \mathcal{U})$ erfolgt dann etwas modifiziert: Für ein $f : M \to X$, ein $\mu^r \in C_r(M)$ und den zugehörigen Generator (f, μ^r) von $\widehat{C}_r(X)$ bildet man eine Überdeckung von M der Gestalt

$$\mathcal{V} = f^{-1}(\mathcal{U}) = \left\{ f^{-1}(A_\lambda) : A_\lambda \in \mathcal{U} \right\}.$$

Wegen der Annahme $\widetilde{H}_{r-1}(M, \mathcal{V}) = 0$ erhalten wir mit der bekannten Konstruktion zunächst eine Fortsetzung der Identität $\rho_0 : C_0(M) \to C_0(M, \mathcal{V})$ zu einem Homomorphismus $\rho : C_*(M) \to C_*(M, \mathcal{V})$ und danach ein $\nu^r \in C_r(M, \mathcal{V})$ mit

$$\partial \nu^r = \rho_{r-1}(\partial \mu^r).$$

Offensichtlich ist dann $\Lambda_r(f, \mu^r) = f \circ \nu^r \in C_r(X, \mathcal{U})$ die richtige Wahl, um insgesamt wieder mit der Transformation $\Psi_r : C_r(X) \to \widehat{C}_r(X)$ die Fortsetzung

$$\varphi_r : C_r(X) \longrightarrow C_r(X, \mathcal{U}), \quad c^r \mapsto (\Lambda_r \circ \Psi_r)(c^r)$$

zu definieren. Auf die gleiche Art können Sie als **Übung** zeigen, dass je zwei Fortsetzungen $C_*(X) \to C_*(X, \mathcal{U})$ von φ_0 homotop sind (siehe Seite 258). Die Kommutativität $\psi_* = \varphi_* \circ i_*$ des obigen Diagramms lässt sich – bei einem genauen Blick auf die Konstruktion – ebenfalls induktiv von φ_{r-1} auf φ_r übertragen.

Für die Umkehrabbildung $\psi : C_*(X, \mathcal{U}) \to C_*(X)$ betrachten wir das Diagramm

$$\cdots \xrightarrow{\partial_3} C_2(X, \mathcal{U}) \xrightarrow{\partial_2} C_1(X, \mathcal{U}) \xrightarrow{\partial_1} C_0(X, \mathcal{U}) \xrightarrow{\epsilon} \mathbb{Z} \longrightarrow 0$$
$$\downarrow{\psi_0} \qquad \qquad \|$$
$$\cdots \xrightarrow{\partial_3} C_2(X) \xrightarrow{\partial_2} C_1(X) \xrightarrow{\partial_1} C_0(X) \xrightarrow{\epsilon} \mathbb{Z} \longrightarrow 0 \,.$$

Auch hier ist $\psi_0(\sigma^0) = \sigma^0$ und mit der Inklusion $C_*(X,\mathcal{U}) \hookrightarrow C_*(X)$ bereits eine Fortsetzung gegeben. Es bleibt nur der Part übrig, je zwei solche Fortsetzungen als homotop auszuweisen. Dafür brauchen wir die Gruppe $\widehat{C}_r(X,\mathcal{U})$, wobei die notwendige Anpassung der Definition auch hier ohne Probleme möglich ist.

Es sei dazu $\widehat{C}_r(X,\mathcal{U})$ frei abelsch erzeugt von allen Paaren (g,ζ^r) mit $g : M \to X$ stetig und $\zeta^r \in C_r\big(M, g^{-1}(\mathcal{U})\big)$. Die Transformation $\Phi_r : \widehat{C}_r(X,\mathcal{U}) \to C_r(X,\mathcal{U})$ liegt mit der Festlegung $\Phi_r(g,\zeta^r) = g \circ \zeta^r$ auf der Hand, genauso wie auch die Umkehrtransformation $\Psi : C_r(X,\mathcal{U}) \to \widehat{C}_r(X,\mathcal{U})$ mit $\Psi(\sigma^r) = (\sigma^r, \mathrm{id}_{\Delta^r})$, bei der wieder Δ^r als Modellraum wirkt (vergleichen Sie dazu Seite 255 f).

Also ist $C_r(X,\mathcal{U})$ bezüglich $\mathcal{M}$ darstellbar in $\widehat{C}_r(X,\mathcal{U})$ und der weitere Verlauf des Beweises auf Seite 260 kann wörtlich übernommen werden (**Übung**). Damit ist $\varphi_* : \widetilde{H}_n(X) \to \widetilde{H}_n(X,\mathcal{U})$ in dem Diagramm auf Seite 265 ein Isomorphismus und es bleibt noch, die Annahme $\widetilde{H}_n(M,\mathcal{V}) = 0$ für $n \geq 0$ zu zeigen. $\square$

Hilfssatz für den Beweis des Ausschneidungssatzes
Für alle zusammenziehbaren Räume M, mit Überdeckungen $\mathcal{V}$ wie oben, und für alle $n \geq 0$ gilt $\widetilde{H}_n(M,\mathcal{V}) = 0$.

Der **Beweis** beginnt einfach. Wir wissen bereits, dass $\widetilde{H}_n(M) = 0$ ist (nach dem Hilfssatz auf Seite 255). Damit gibt es für jeden $\mathcal{V}$-kleinen Zyklus $z_\mathcal{V}^n \in \widetilde{H}_n(M,\mathcal{V})$ eine $(n+1)$-Kette $c^{n+1} \in C_{n+1}(M)$ mit $\partial c^{n+1} = z_\mathcal{V}^n$. Leider ist nicht garantiert, dass auch c^{n+1} eine $\mathcal{V}$-kleine Kette ist (gemäß der Konstruktion des Hilfssatzes ist man in der Regel sogar weit davon entfernt).

Wir unterteilen jedes Simplex in c^{n+1} dann baryzentrisch (Seite 161), und zwar so oft, bis erstmals alle Summanden $\mathcal{V}$-klein werden. Das ist möglich, denn die Durchmesser der Teilsimplizes von Δ^{n+1} streben dabei gleichmäßig gegen 0. Das LEBESGUE-Lemma (Seite 23) garantiert in diesem Fall, dass bei genügend feiner Unterteilung jeder Summand sein Bild in einer der Überdeckungsmengen hat. Falls hierfür eine k-fache Unterteilung ausreicht, $k \geq 0$, entstehe dabei die Kette $c_\mathcal{V}^{n+1} = \beta^k c^{n+1}$ in $C_{n+1}(M,\mathcal{V})$, wobei die baryzentrische Unterteilung mit

$$\beta : C_*(M) \longrightarrow C_*(M)$$

bezeichnet sei (wir lassen den Index $n+1$ bei β der Lesbarkeit halber weg).

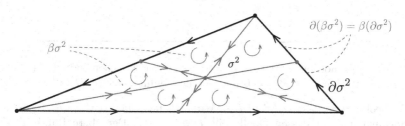

Die Skizze zeigt, dass sich β mit den Randoperatoren verträgt, es ist also stets $\partial\beta = \beta\partial$ und damit β ein Kettenhomomorphismus. (Später werden wir hier etwas formaler, dann können Sie die Aussage direkt nachrechnen, Seite 410 f.)

Die Schwierigkeit besteht darin, dass $\partial c_{\mathcal{V}}^{n+1} = \beta^k z_{\mathcal{V}}^n \neq z_{\mathcal{V}}^n$ ist, womit noch zu zeigen bleibt, dass $\beta^k z_{\mathcal{V}}^n$ in dem Komplex $C_*(M, \mathcal{V})$ homolog zu $z_{\mathcal{V}}^n$ ist. Wegen $[\beta^k z_{\mathcal{V}}^n] = 0 \in \widetilde{H}_n(M, \mathcal{V})$ wäre damit auch $[z_{\mathcal{V}}^n] = 0$ und der Hilfssatz bewiesen.

Das Problem ist nicht trivial, aber beherrschbar. Es genügt offensichtlich, induktiv nach k zu begründen, dass jeder Zyklus $z_{\mathcal{V}}^n$ und seine (einfache) baryzentrische Unterteilung $\beta z_{\mathcal{V}}^n$ homolog sind, und zwar innerhalb des Komplexes $C_*(M, \mathcal{V})$.

Starten wir dazu einen ersten Versuch und probieren wieder die Methode der azyklischen Modelle (Seite 255 f). Das wäre hier in der Tat Routine, denn innerhalb von $C_*(M)$ kann damit sehr leicht eine Kettenhomotopie zwischen β und $\mathrm{id}_{C_*(M)}$ konstruiert werden. Sie müssen nur berücksichtigen, dass auch $\mathrm{id}_{C_*(M)}$ eine Fortsetzung von β_0 zu einem Kettenhomomorphismus ist, denn β_0 ist wegen $C_0(M) = C_0(M, \mathcal{V})$ die Identität. Alle übrigen Voraussetzungen für den Einsatz der Methode wären gegeben und es folgte ohne Umwege

$$z_{\mathcal{V}}^n - \beta z_{\mathcal{V}}^n \;=\; \partial D_n(z_{\mathcal{V}}^n) + D_{n-1}(\partial z_{\mathcal{V}}^n) \;=\; \partial D_n(z_{\mathcal{V}}^n) \in B_n(M)\,.$$

Das allgemeine Vorgehen ist hier aber zu undifferenziert, denn niemand garantiert die $\mathcal{V}$-Kleinheit von $D_n(z_{\mathcal{V}}^n)$. Sie erinnern sich: Man verwendet hierfür $\widetilde{H}_n(M) = 0$. Für diese Aussage haben wir M auf einen Punkt deformiert und bei den Ketten keine Rücksicht auf eventuelle Forderungen nach $\mathcal{V}$-Kleinheit nehmen können.

Wir müssen daher $\widetilde{H}_n(M, \mathcal{V}) = 0$ direkt beweisen und eine Homotopie D zwischen $\mathrm{id}_{C_*(M)}$ und β explizit konstruieren. Hierfür sind ein paar Festlegungen nötig.

Für ein n-Simplex $\sigma^n : \Delta^n \to M$ bezeichne $B\sigma^n$ das $(n + 1)$-Simplex, welches durch „Aufziehen" von σ^n über dem Baryzentrum von Δ^n entsteht. Es gilt dann in baryzentrischen Koordinaten $(b_0, \ldots, b_{n+1})$ von Δ^{n+1}

$$B\sigma^n(b_0, \ldots, b_{n+1}) \;=\; \sigma^n\left(\frac{b_0}{1 - b_{n+1}}, \ldots, \frac{b_n}{1 - b_{n+1}} \right) \quad \text{für } b_{n+1} < 1$$

und $B\sigma^n(0, \ldots, 0, 1) = \sigma^n(\widehat{\sigma}^n)$, wobei $\widehat{\sigma}^n$ das Baryzentrum von σ^n bezeichnet.

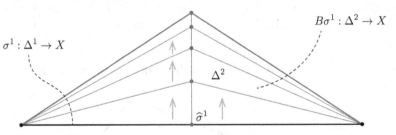

Die Kettenhomotopie D wird nun durch einen trickreichen induktiven Vorgang konstruiert. Man setzt $D_{-1} = 0$ und definiert dann zunächst $D_0(\sigma^0) = B\sigma^0$.

Wir beobachten, dass $D_0(\sigma^0) : I \to M$ ein Element in $C_1(M, \mathcal{V})$ ist (es ist sogar konstant) und für dessen Quelle gilt $I \cong \Delta^0 \times I$. Der obere Rand $\Delta^0 \times \{1\}$ entspricht der baryzentrischen Unterteilung $\beta\sigma^0$, der untere Rand $\Delta^0 \times \{0\}$ entspricht σ^0. (Diese Aussagen sind natürlich alle trivial, aber das ist häufig der Fall bei einem Induktionsanfang.)

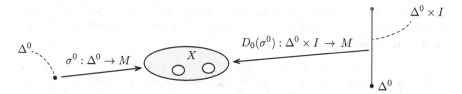

Im Fall $n = 1$ bilden wir für ein 1-Simplex σ^1 zunächst $B\sigma^1$ und errichten dann auf den beiden Randpunkten $\partial\sigma^1 = \{\sigma_0^0, \sigma_1^0\}$ die Simplizes $D_0(\sigma_0^0)$ und $D_0(\sigma_1^0)$.

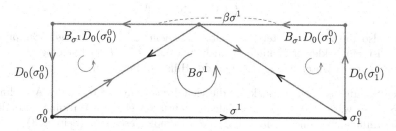

Um auch hier eine „Gesamtquelle" der Form $\Delta^1 \times I$ zu erhalten, müssen noch $D_0(\sigma_0^0)$ und $D_0(\sigma_1^0)$ über die Spitze des Kegels $B\sigma^1$ aufgezogen werden – das Resultat sei mit $B_{\sigma^1}D_0(\sigma_0^0)$ und $B_{\sigma^1}D_0(\sigma_1^0)$ bezeichnet. Man konstruiert es ähnlich einem früheren Beispiel (Seite 252), die Formel hierfür lautet am Beispiel des Simplex $B_{\sigma^1}D_0(\sigma_0^0) = [v_0, w_1, v_2] \subset \Delta^n \times I$ in baryzentrischen Koordinaten

$$(1 - c_1 - c_2, c_1, c_2) \mapsto \sigma_0^1(1 - c_2, c_2),$$

wobei σ_0^1 der linke Teil der Unterteilung $\beta\sigma^1$ ist. Insgesamt erhält man mit

$$\begin{aligned} D_1(\sigma^1) &= B\sigma^1 - B_{\sigma^1}D_0(\sigma_0^0) - B_{\sigma^1}D_0(\sigma_1^0) \\ &= B\sigma^1 - B_{\sigma^1}D_0\partial\sigma^1 \end{aligned}$$

eine 2-Kette in $C_2(M, \mathcal{V})$, deren Rand auf der Unterseite $\Delta^1 \times \{0\}$ das originäre Simplex σ^1 enthält und auf der Oberseite das Negative der Unterteilung $\beta\sigma^1$. Damit ist der Induktionsschritt klar, wir definieren bei bekanntem D_{n-1}

$$D_n(\sigma^n) = B\sigma^n - B_{\sigma^n}D_{n-1}\partial\sigma^n.$$

Anschaulich gesehen formen die Quellen der Simplizes von $D_n(\sigma^n)$ eine simpliziale Zerlegung von $\Delta^n \times I$, mit der singulären Unterseite σ^n und der singulären Oberseite $-\beta\sigma^n$, was hier noch einmal am Beispiel $n = 2$ illustriert sei.

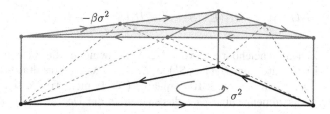

Wichtig bei dieser Konstruktion ist, dass $D_n(\sigma^n)$ nur aus $\mathcal{V}$-kleinen Simplizes besteht, wenn σ^n diese Eigenschaft hat, denn das Bild von $D_n(\sigma^n)$ ist identisch mit dem Bild von σ^n.

Sie können nun entweder direkt nachrechnen, dass $D = (D_n)_{n \geq 0}$ eine Kettenhomotopie $\beta \simeq \mathrm{id}_{C_*(M)}$ ist (das wäre eine schöne **Übung**), oder sich mit der Anschauung zu begnügen: Wenn nämlich $z_\mathcal{V}^n$ ein Zyklus ist, heben sich bei der Randbildung $\partial D_n(z_\mathcal{V}^n)$ die Simplizes über den Seiten $\partial \Delta^n \times I$ der „Gesamtquelle" paarweise auf und es bleibt nur

$$\partial D_n(z_\mathcal{V}^n) = z_\mathcal{V}^n - \beta z_\mathcal{V}^n$$

übrig, also die zu der Unter- und Oberseite von $\Delta^n \times I$ gehörigen Simplizes. Damit ist ein $\mathcal{V}$-kleiner Zyklus $z_\mathcal{V}^n$ auch innerhalb $C_*(M, \mathcal{V})$ homolog zu seiner baryzentrischen Unterteilung $\beta z_\mathcal{V}^n$ und der Hilfssatz bewiesen. $\square$

Lassen Sie uns jetzt einen Blick auf die vielfältigen Anwendungen des Ausschneidungssatzes werfen. Wie schon angedeutet, entfaltet er seine Wirkung besonders im Zusammenhang mit der langen exakten Homologiesequenz (Seite 263).

Anwendung 1: Die Homologie der Sphären

Im ersten Beispiel berechnen wir die singulären Homologiegruppen der Sphären. Wir wissen bereits, dass $H_0(S^0) \cong \mathbb{Z} \oplus \mathbb{Z}$ und $H_0(S^n) \cong \mathbb{Z}$ ist für $n > 0$, denn die S^0 besteht aus zwei Zusammenhangskomponenten, alle übrigen Sphären sind wegzusammenhängend. Mit dem Satz von HUREWICZ (Seite 244) sehen wir auch $H_1(S^1) \cong \mathbb{Z}$ und $H_1(S^n) = 0$ für $n \geq 2$.

Erstes Neuland betreten wir bei $H_2(S^2)$. Wir müssen dazu ein wenig mit dem Ausschneidungssatz und der langen exakten Homologiesequenz experimentieren.

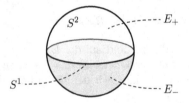

Sie erkennen die S^1 als den Äquator der S^2. Die (abgeschlossenen) oberen und unteren Hemisphären seien mit E_+ und E_- bezeichnet, beide sind zusammenziehbar und haben daher die triviale Homologie. Ein Ausschnitt der langen exakten Homologiesequenz des Raumpaares (E_-, S^1) lautet dann

$$H_2(E_-) \longrightarrow H_2(E_-, S^1) \xrightarrow{\partial_*} H_1(S^1) \longrightarrow H_1(E_-).$$

Wegen der Zusammenziehbarkeit von E_- verschwinden die beiden äußeren Gruppen und wir halten bei $H_2(E_-, S^1) \cong \mathbb{Z}$. (Als Zwischenresultat ergibt sich, dass die relativen Gruppen eines Raumpaares (X, A) nicht trivial sein müssen, selbst wenn X zusammenziehbar ist – das sieht man der Definition gar nicht an.)

Wir müssen weiter experimentieren. Sehen wir uns hierfür das Raumpaar (S^2, E_+) an. Seine exakte Homologiesequenz liefert den Ausschnitt

$$H_2(E_+) \longrightarrow H_2(S^2) \longrightarrow H_2(S^2, E_+) \overset{\partial_*}{\longrightarrow} H_1(E_+)$$

und damit $H_2(S^2) \cong H_2(S^2, E_+)$, da E_+ zusammenziehbar ist. Wenn wir also $H_2(S^2, E_+)$ kennen, sind wir durch. Wir kennen von oben aber $H_2(E_-, S^1)$, und zwischen diesen beiden Raumpaaren gibt es die natürliche Inklusion

$$i : (E_-, S^1) \longrightarrow (S^2, E_+).$$

Die Verwendung von E_- und E_+ erlaubt es nun, die S^2 zu überdecken und mit einem kleinen Trick die Ausschneidungseigenschaft ins Spiel zu bringen.

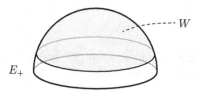

Sie überprüfen schnell, dass das Raumpaar (E_-, S^1) ein Deformationsretrakt von $(S^2 \setminus W, E_+ \setminus W)$ ist. Diese Homotopieäquivalenz liefert die Isomorphie

$$H_2(E_-, S^1) \cong H_2(S^2 \setminus W, E_+ \setminus W).$$

Nun stehen wir kurz vor dem Ziel. Auf die Mengen $W \subset E_+ \subset S^2$ können wir den Ausschneidungssatz anwenden und erhalten

$$H_2(S^2 \setminus W, E_+ \setminus W) \cong H_2(S^2, E_+).$$

Zusammen ergibt sich $H_2(E_-, S^1) \cong H_2(S^2, E_+)$ und mit obigen Überlegungen

$$H_2(S^2) \cong H_1(S^1) \cong \mathbb{Z}.$$

Ein trickreicher Umgang mit den Homologiesätzen, als Neuling müssen Sie das vielleicht in Ruhe noch einmal überdenken. Wenn Sie dann aber genau hinsehen, haben wir sogar viel mehr gezeigt als nur $H_2(S^2) \cong \mathbb{Z}$. Durch die gleichen Überlegungen erkennen Sie nämlich $H_k(S^n) \cong H_{k+1}(S^{n+1})$ für alle $2 \le k \le n$. Das ist eine ganz einfache **Übung**, Sie müssen die obige Konstruktion nur für das Paar (S^{n+1}, S^n) an Stelle von (S^2, S^1) machen.

Es geht sogar noch ein wenig mehr, wenn Sie an den Fall $k > n$ denken. Blättern Sie dazu auf Seite 255 zurück. Dort haben wir gesehen, dass zusammenziehbare Räume eine triviale Homologie haben. Insbesondere gilt das auch für Räume, die aus lauter diskreten Punkten bestehen, zum Beispiel die S^0 (auch dies ist eine einfache **Übung**).

Wir haben dann $H_k(S^0) = 0$ für alle $k \ge 1$, und die gleichen Überlegungen wie oben führen zu $H_k(S^n) = 0$, falls $k > n$ ist.

Satz (Homologie der Sphären)
Für alle ganzen Zahlen $k, n \geq 0$ gilt

$$\tilde{H}_n(S^n) \cong \mathbb{Z} \quad \text{sowie} \quad \tilde{H}_k(S^n) = 0 \text{ für } k \neq n.$$

(Beachten Sie dabei, wie die Formulierung mit der reduzierten Homologie ohne
lästige Fallunterscheidungen möglich ist.) $\square$

Hier zeigt sich der Vorteil der Homologie- gegenüber den Homotopiegruppen.
Mit relativ einfachen Mitteln konnten wir die Homologie der Sphären S^n vollständig berechnen. Auch erkennen Sie eine viel größere Regelmäßigkeit als bei
den Homotopiegruppen (vergleichen Sie mit der Tabelle auf Seite 157). Mit dem
Satz erhalten wir unmittelbar einige starke Aussagen.

Satz
Für zwei natürliche Zahlen $m \neq n$ sind S^m und S^n nicht homotopieäquivalent,
und $\mathbb{R}^m$ und $\mathbb{R}^n$ nicht homöomorph.

Die zweite Aussage ist zum Beispiel wegen exotischer Gebilde wie der PEANO-
Kurven (Seite 137) nicht selbstverständlich (wir haben dort erlebt, dass es stetige
Bijektionen $I \to I^2$ wie die HILBERT-Kurve gibt). Beachten Sie aber die Homoto-
pieäquivalenz $\mathbb{R}^m \simeq \mathbb{R}^n$, denn beide Räume sind zusammenziehbar.

Der **Beweis** der ersten Aussage ergibt sich aus der Homologie von S^m und S^n.
Wäre dann $f : \mathbb{R}^m \to \mathbb{R}^n$ ein Homöomorphismus, könnte man über die stereogra-
fischen Projektionen $S^i \cong \mathbb{R}^i \cup \{\infty\}$ einen Homöomorphismus $\hat{f} : S^m \to S^n$
konstruieren (Seite 149), denn die Punkte ∞ haben als Umgebungsbasen die
Komplemente kompakter Teilmengen, die sich über f bijektiv entsprechen. $\square$

Die zweite Aussage ist wichtig für topologische Mannigfaltigkeiten (Seite 46). Diese
sind als lokal homöomorph zu einem $\mathbb{R}^n$ definiert und man nennt die Zahl n deren
Dimension. Die obige Aussage garantiert überhaupt erst die Wohldefiniertheit
dieses Dimensionsbegriffs (das wird manchmal unterschätzt).

Weitere Erkenntnisse sind, dass die S^n nicht zusammenziehbar ist und auch nicht
homotopieäquivalent zu $D^{n+1} = \{x \in \mathbb{R}^{n+1} : \|x\| \leq 1\}$ sein kann – mithin
also auch kein Deformationsretrakt von D^{n+1} ist. Der Grund ist wieder einfach:
Die Homologien von zusammenziehbaren Räumen sind trivial, im Gegensatz zu
denen von Sphären. Zu guter Letzt gibt es für die relativen Homologiegruppen
$H_k(D^n, S^{n-1})$ ein schönes Resultat, das wir gleich noch gebrauchen werden:

Satz
Es gilt $H_n(D^n, S^{n-1}) \cong \mathbb{Z}$ und $H_k(D^n, S^{n-1}) = 0$ für $k \neq n$.

Das ist eine ganz einfache Folgerung aus der langen exakten Homologiesequenz
des Paares (D^n, S^{n-1}) und den bekannten Homologien von D^n und S^{n-1}. $\square$

Zum Abschluss dieses Beispiels noch eine Anmerkung. Sie haben sicher bemerkt, dass die (absoluten und relativen) Homologien von S^{n-1} und D^n mit ihren simplizialen Pendants von $\partial\Delta^n$ und Δ^n übereinstimmen. Wir werden bald erkennen, dass beide Theorien auf allen Simplizialkomplexen identische Ergebnisse liefern, siehe dazu als Vorbereitung die Beispiele 4 und 5 unten (Seite 276 ff).

Anwendung 2: Lokale Homologiegruppen

Sie spielen bei Mannigfaltigkeiten eine wichtige Rolle. Für einen Punkt x eines Hausdorff-Raumes X definiert man die k-te lokale **Homologiegruppe** um x als die relative Gruppe $H_k\big(X, X\backslash x\big)$, wobei der Kürze wegen $X\backslash x$ anstelle von $X\backslash\{x\}$ geschrieben wird. Anschaulich gesprochen betrachtet man die Homologie von X und vernachlässigt alles, was außerhalb von x, also in der Menge $X\setminus x$ passiert. Mit dem Ausschneidungssatz wird die Lokalität dieser Gruppen plausibel:

Hilfssatz

Wir betrachten einen Hausdorff-Raum X und einen Punkt $x \in X$. Für jede offene Umgebung U von x gilt dann $H_k\big(X, X\backslash x\big) \cong H_k\big(U, U\backslash x\big)$. Falls $X = M$ eine n-Mannigfaltigkeit ist, so gilt für alle $k \geq 0$

$$H_k\big(M, M\setminus x\big) \cong \begin{cases} H_k\big(\mathbb{R}^n, \mathbb{R}^n\setminus 0\big) & \text{für } x \in \overset{\circ}{M} \\ H_k\big(\mathbb{H}^n, \mathbb{H}^n\setminus 0\big) & \text{für } x \in \partial M, \end{cases}$$

wobei $\mathbb{H}^n = \{x \in \mathbb{R}^n : x_n \geq 0\}$ der obere Halbraum des $\mathbb{R}^n$ ist.

Der Beweis geht völlig geradeaus und ist eine direkte Anwendung der Ausschneidungseigenschaft. Nehmen Sie einfach $A = X\setminus x$ und $W = X\setminus\overline{U}$. Dann ist $\overline{W} \subset A = \overset{\circ}{A}$ und alle Voraussetzungen für die Ausschneidung von W sind erfüllt. Mit $X\setminus W = U$ und $\big(X\setminus x\big)\setminus W = U\setminus x$ folgt die erste Behauptung.

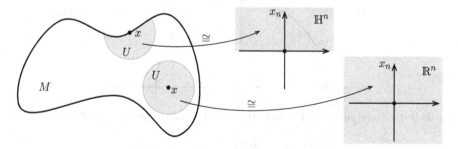

Zur zweiten Aussage: Falls $x \in \overset{\circ}{M}$ ist, so hat x per definitionem eine Umgebung $U \cong \mathbb{R}^n$ und falls $x \in \partial M$ ist, hat es eine Umgebung $V \cong \mathbb{H}^n$. In beiden Fällen folgt die Behauptung aus der ersten Aussage. $\qquad\square$

Wir können nun die lokalen Homologiegruppen von Mannigfaltigkeiten exakt bestimmen.

Satz (Lokale Homologiegruppen von Mannigfaltigkeiten)
Für eine n-dimensionale Mannigfaltigkeit M und ein $x \in \overset{\circ}{M}$ gilt

$$H_k\big(M, M \setminus x\big) \cong \begin{cases} \mathbb{Z} & \text{für } k = n \\ 0 & \text{für } k \neq n. \end{cases}$$

Ist $x \in \partial M$ ein Randpunkt, so gilt $H_k\big(M, M \setminus x\big) = 0$ für alle $k \geq 0$.

Die n-te lokale Homologiegruppe $H_n\big(M, M \setminus x\big)$ eignet sich also, um Randpunkte einer Mannigfaltigkeit von inneren Punkten zu unterscheiden. Wir verwenden die reduzierte Homologie, um Fallunterscheidungen zu vermeiden. Beachten Sie $H_k(M, M \setminus x) \cong \widetilde{H}_k(M, M \setminus x)$ für alle $k \geq 0$ (Seite 264).

Im **Beweis** sei zunächst $x \in \overset{\circ}{M}$. Mit der Ausschneidungseigenschaft erkennen Sie ohne Umwege

$$\widetilde{H}_k\big(\mathbb{R}^n, \mathbb{R}^n \setminus 0\big) \cong \widetilde{H}_k\big(D^n, D^n \setminus 0\big),$$

nehmen Sie einfach $A = \mathbb{R}^n \setminus 0$ und $W = \mathbb{R}^n \setminus D^n$. Nun ist $S^{n-1} \hookrightarrow D^n \setminus 0$ ein Deformationsretrakt und die zugehörigen Abbildungen $\widetilde{H}_k(S^{n-1}) \to \widetilde{H}_k\big(D^n \setminus 0\big)$ sind daher Isomorphismen. Aus dem Hilfssatz und den langen exakten Sequenzen

$$\begin{array}{ccccccc}
\widetilde{H}_k(D^n) & \longrightarrow & \widetilde{H}_k(D^n, S^{n-1}) & \longrightarrow & \widetilde{H}_{k-1}(S^{n-1}) & \longrightarrow & \widetilde{H}_{k-1}(D^n) \\
\downarrow & & \downarrow & & \downarrow & & \\
\widetilde{H}_k(D^n) & \longrightarrow & \widetilde{H}_k\big(D^n, D^n \setminus 0\big) & \longrightarrow & \widetilde{H}_{k-1}\big(D^n \setminus 0\big) & \longrightarrow & \widetilde{H}_{k-1}(D^n)
\end{array}$$

folgt dann die gewünschte Aussage, denn die Gruppen $\widetilde{H}_k(D^n)$ verschwinden und die $\widetilde{H}_k(D^n, S^{n-1})$ sind nach Beispiel 1 bekannt (Seite 272).

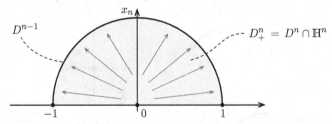

Im Fall der Randpunkte liefert der Ausschneidungssatz mit $D_+^n = D^n \cap \mathbb{H}^n$

$$\widetilde{H}_k\big(\mathbb{H}^n, \mathbb{H}^n \setminus 0\big) \cong \widetilde{H}_k\big(D_+^n, D_+^n \setminus 0\big),$$

und das Bild motiviert, dass $D^{n-1} \hookrightarrow D_+^n \setminus 0$ ebenfalls ein Deformationsretrakt ist. Das gleiche Argument mit dem Hilfssatz und den langen exakten Sequenzen wie oben führt in diesem Fall zu $\widetilde{H}_k\big(\mathbb{H}^n, \mathbb{H}^n \setminus 0\big) = 0$ für alle $k \geq 0$, was Sie vielleicht kurz selbst als kleine **Übung** verifizieren wollen. $\qquad\Box$

Mit diesem Wissen führen wir jetzt ein interessantes Beispiel fort, das wir später noch gut gebrauchen können (Seite 414, insbesondere auch im Folgeband).

Anwendung 3: Die Homologie eines Link $\mathrm{lk}(v)$ in Mannigfaltigkeiten

Lassen Sie uns ein zentrales Thema wieder aufnehmen. Sie erinnern sich bestimmt an die Diskussionen rund um die Triangulierbarkeit und die Hauptvermutung, in der simpliziale Komplexe eine große Rolle spielen (Seite 183 ff). Dort wurde auch die Eigenschaft der stückweisen Linearität (PL) von Mannigfaltigkeiten definiert. Wir konnten beobachten, dass eine simpliziale n-Mannigfaltigkeit genau dann PL ist, wenn die Links $\mathrm{lk}(v)$ eines jeden Eckpunktes sphärisch sind (Seite 194), also isomorph zum Rand eines Standardsimplex $\partial\Delta^n \cong S^{n-1}$.

Ohne die PL-Eigenschaft von M konnten wir das nicht aufrecht erhalten. Mit etwas Homotopietheorie ergab sich aber als Teilresultat, dass $\mathrm{lk}(v)$ für alle Eckpunkte $v \in M$ einfach zusammenhängend war, falls $\dim M \geq 3$ ist (Seite 197). Mit unserem Wissen über Homologie können wir dieses Resultat nun verbessern.

Satz (Struktur des Link $\mathrm{lk}(v)$ eines Eckpunktes – Teil II)
Es sei M ein simplizialer Komplex, dessen Polyeder homöomorph zu einer Mannigfaltigkeit der Dimension $n \geq 1$ ist. Dann hat der Link $\mathrm{lk}(v)$ eines inneren Eckpunktes $v \in \overset{\circ}{M}$ die gleiche Homologie wie die Sphäre S^{n-1}. Der Link eines Eckpunktes auf dem Rand ∂M hat die triviale Homologie der Scheibe D^{n-1}.

Man spricht auch davon, dass $\mathrm{lk}(v)$ für innere Eckpunkte eine **Homologiesphäre** der Dimension $n-1$ ist. Mit Fug und Recht werden Sie jetzt die Frage stellen, ob wir damit nicht schon so nahe an einer Sphäre sind, dass sich die frühere Aussage für PL-Mannigfaltigkeiten ergibt. Gibt es denn Mannigfaltigkeiten, welche zwar die Homologie einer Sphäre besitzen, selbst aber gar keine Sphären sind, ja noch nicht einmal homotopieäquivalent zu einer Sphäre?

Es gibt sie tatsächlich. Weiter hinten werden wir mehr zu einem der spannendsten Beispiele topologischer Räume überhaupt erfahren. Es wird uns auf dem Weg durch die Topologie noch lange begleiten (Seite 460, natürlich auch im Folgeband).

Kommen wir jetzt aber zum **Beweis** des Satzes. Wir betrachten einen simplizialen Komplex der Dimension n, dessen Polyeder eine Mannigfaltigkeit M ist, sowie (zunächst) einen inneren Eckpunkt $v \in \overset{\circ}{M}$. Ziel ist es, die lange exakte Homologiesequenz für das Raumpaar $\big(\mathrm{st}(v), \mathrm{lk}(v)\big)$ einzusetzen, denn darin stehen die gesuchten Gruppen $H_k\big(\mathrm{lk}(v)\big)$ neben den trivialen Exemplaren $H_k\big(\mathrm{st}(v)\big)$ und den relativen Gruppen $H_k\big(\mathrm{st}(v), \mathrm{lk}(v)\big)$, die es folglich zu bestimmen gilt.

Zunächst erkennen wir, dass für alle $k \geq 0$

$$H_k\big(\mathrm{st}(v), \mathrm{lk}(v)\big) \;\cong\; H_k\big(\mathrm{st}(v), \mathrm{st}(v) \setminus v\big)$$

ist, denn $\mathrm{lk}(v)$ ist ein Deformationsretrakt von $\mathrm{st}(v) \setminus v$ (Seite 198). Die Isomorphie ist dann nicht schwer zu sehen: Wenn Sie die beiden exakten Sequenzen der Paare $\big(\mathrm{st}(v), \mathrm{lk}(v)\big)$ und $\big(\mathrm{st}(v), \mathrm{st}(v) \setminus v\big)$ gegenüberstellen und beachten, dass die Inklusion $\mathrm{lk}(v) \hookrightarrow \mathrm{st}(v) \setminus v$ einen Isomorphismus der Homologiegruppen induziert, müssen Sie nur noch die triviale Homologie von $\mathrm{st}(v)$ benutzen und die Aussage steht sofort da (analog zu Anwendung 2 oben).

Mit dem Ausschneidungssatz folgt $H_k\big(\mathrm{st}(v),\mathrm{st}(v)\setminus v\big) \cong H_k\big(M, M\setminus v\big)$, denn der Stern von v enthält eine Umgebung von v, womit $M\setminus\mathrm{st}(v)$ eine Teilmenge ist, deren Abschluss im Inneren von $M\setminus v$ liegt. Sie setzen dann im Ausschneidungssatz $X = M$, $A = M\setminus v$ und $W = M\setminus\mathrm{st}(v)$ und erhalten direkt die gewünschte Aussage. Zusammen mit den vorigen Anwendungen 1 und 2 gilt also für $k \geq 0$

$$
H_k\big(\mathrm{st}(v),\mathrm{lk}(v)\big) \;\cong\; H_k\big(M, M\setminus v\big) \;\cong\; H_k(D^n, S^{n-1}) \;\cong\;
\begin{cases}
\mathbb{Z} & \text{für } k = n \\[2mm]
0 & \text{für } k \neq n .
\end{cases}
$$

Die lange exakte Homologiesequenz für das Raumpaar $\big(\mathrm{st}(v),\mathrm{lk}(v)\big)$ besteht wegen $H_k\big(\mathrm{st}(v)\big) = 0$ im Fall $k > 0$ aus Isomorphien $H_{k+1}\big(\mathrm{st}(v),\mathrm{lk}(v)\big) \cong H_k\big(\mathrm{lk}(v)\big)$ und der Fall $v \in \overset{\circ}{M}$ ist fertig (beachten Sie $H_0\big(\mathrm{lk}(v)\big) \cong \mathbb{Z}$ aufgrund des Wegzusammenhangs von $\mathrm{lk}(v)$, Seite 243).

Falls $v \in \partial M$ ist, ergibt sich völlig analog $H_k\big(\mathrm{st}(v),\mathrm{lk}(v)\big) \cong H_k\big(M, M\setminus v\big)$. Mit Anwendung 2 sehen Sie dann $H_k\big(M, M\setminus v\big) = 0$ für alle $k \geq 0$ und die lange exakte Homologiesequenz erledigt auch hier den Rest. $\square$

Es ist bemerkenswert, dass sich dieses Resultat nicht verbessern lässt. Wie im Kapitel über Simplizialkomplexe angedeutet, gibt es simpliziale Mannigfaltigkeiten, deren Links keine Sphären sind (Seite 197). Diese Mannigfaltigkeiten können also keine PL-Mannigfaltigkeiten sein (Seite 194). In der Kohomologie und insbesondere in Band II erfahren Sie mehr über solch exotische Beispiele.

Wir besprechen jetzt noch zwei weitere Anwendungen des Ausschneidungssatzes. Sie werden im nächsten Abschnitt verwendet, um die singuläre und simpliziale Homologie vollständig in Einklang zu bringen.

Anwendung 4: Die Homologie eines guten Raumpaares (X, A)

Unter einem **guten Raumpaar** (engl. *good pair*) versteht man ein Paar (X, A) topologischer Räume mit $A \subseteq X$, bei dem A abgeschlossen und zusätzlich ein **Umgebungsdeformationsretrakt** von X ist. Das bedeutet die Existenz einer offenen Umgebung U von A, sodass $A \subseteq U$ ein Deformationsretrakt ist.

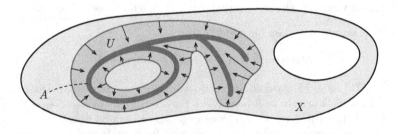

Insbesondere ist auch $\overline{A} \subseteq U$ (A war abgeschlossen) und daher der Ausschneidungssatz anwendbar. Für gute Raumpaare gibt es dann einen bemerkenswerten

Zusammenhang zwischen den (reduzierten) relativen Gruppen $\tilde{H}_n(X, A)$ und den absoluten Homologiegruppen $\tilde{H}_n(X/A)$ des Quotientenraumes.

> **Satz (Homologie guter Raumpaare)**
> Wir betrachten ein gutes Raumpaar (X, A). Dann induziert die Quotienten-abbildung $f : (X, A) \to (X/A, A/A)$ für alle $n \geq 0$ Isomorphismen
> $$f_* : \tilde{H}_n(X, A) \longrightarrow \tilde{H}_n(X/A).$$

Zum **Beweis** sei A ein Deformationsretrakt der offenen Menge $U \subseteq X$ und
$$f : (X, A) \longrightarrow (X/A, A/A) = (X/A, a)$$
die Quotientenabbildung, wobei A/A mit einem Punkt $a \in X/A$ identifiziert wird. Die Homologie von $(X/A, a)$, oder allgemein von einem Raumpaar (Y, y), in dem die Teilmenge aus einem Punkt besteht, können Sie nun leicht aus der langen exakten Homologiesequenz berechnen. Eine lohnende kleine **Übung** direkt mit den Definitionen ergibt $\tilde{H}_n(Y, y) \cong \tilde{H}_n(Y)$ für alle $n \geq 0$. (Benutzen Sie dabei $\tilde{H}_n(y) = 0$ und von $\tilde{H}_0(y) \to \tilde{H}_0(Y)$ die Injektivität.)

Sehen wir uns dafür jetzt das Tripel (X, U, A) an, zusammen mit der langen exakten Homologiesequenz für Raumtripel (Seite 263)
$$\ldots \xrightarrow{\partial_*} \tilde{H}_n(U, A) \xrightarrow{i_*} \tilde{H}_n(X, A) \xrightarrow{j_*} \tilde{H}_n(X, U) \xrightarrow{\partial_*} \tilde{H}_{n-1}(U, A) \xrightarrow{i_*} \ldots ,$$
Da $A \subseteq U$ ein Deformationsretrakt ist, gilt $\tilde{H}_n(U, A) \cong \tilde{H}_n(A, A) = 0$ und daher ist $j_* : \tilde{H}_n(X, A) \to \tilde{H}_n(X, U)$ ein Isomorphismus für alle $n \geq 0$. Der Ausschnei-dungssatz liefert die weitere Isomorphie $\alpha : \tilde{H}_n(X \setminus A, U \setminus A) \to \tilde{H}_n(X, U)$.

Klarerweise ist auch A/A ein Deformationsretrakt von U/A und wir können die gleiche Argumentation im Quotienten X/A durchführen. Insgesamt ergibt sich daraus das kommutative Diagramm

$$
\begin{array}{ccccc}
\tilde{H}_n(X, A) & \xrightarrow{j_*} & \tilde{H}_n(X, U) & \xrightarrow{\alpha^{-1}} & \tilde{H}_n\big(X \setminus A, U \setminus A\big) \\
\downarrow{\scriptstyle f_*} & & \downarrow{\scriptstyle f_*} & & \downarrow{\scriptstyle f_*} \\
\tilde{H}_n(X/A, A/A) & \xleftarrow{j_*^{-1}} & \tilde{H}_n(X/A, U/A) & \xleftarrow{\alpha} & \tilde{H}_n\big(X/A \setminus A/A, U/A \setminus A/A\big) \,.
\end{array}
$$

Alle waagerechten Pfeile sind Isomorphismen. Nun sehen Sie sich den rechten senkrechten Pfeil an. Er rührt von der Einschränkung der Quotientenabbildung $f : (X, U) \to (X/A, U/A)$ auf das Paar $\big(X \setminus A, U \setminus A\big)$ her. Diese stellt sich aber sofort als Homöomorphismus von Paaren heraus, da sie außerhalb der Menge A bijektiv ist. Damit ist auch der linke senkrechte Pfeil ein Isomorphismus. $\square$

Der Satz wird noch sehr nützlich, denn relative Gruppen sind einfacher als absolute Gruppen. So bilden die $(n-1)$-Gerüste eines simplizialen Komplexes immer gute Paare mit ihren n-Gerüsten, und dito später bei CW-Komplexen (Seite 318 ff). Als **Übung** können Sie damit die Homologie der Sphären (Seite 272) noch einmal berechnen, indem Sie $S^n \cong D^n/S^{n-1}$ verwenden.

Anwendung 5: Die Homologie eines Keilprodukts $X \vee Y$

Bei der alltäglichen topologischen Verformungsgymnastik entsteht manchmal eine
Situation, in der zwei Räume an einem Punkt zusammengeheftet werden. Es seien
dazu X und Y zwei Räume und $x_0 \in X$ sowie $y_0 \in Y$. Dann definiert man das
Keilprodukt (engl. *wedge product*) von X und Y als den Quotienten

$$X \vee Y = (X \sqcup Y)\big/ x_0 \sim y_0 \,.$$

Die Menge $X \vee Y$ hängt dabei von der Wahl der Verklebungspunkte x_0 und y_0
ab, obwohl diese manchmal weggelassen werden, wenn Missverständnisse ausgeschlossen sind. So ist zum Beispiel $S^1 \vee S^1$ der bekannte Doppelkreis (engl. *figure
eight*, Seite 43) – und zwar unabhängig von der Wahl der Verklebungspunkte,
denn die S^1 ist rotationsinvariant (genauer ausgedrückt: *homogen*).

Satz (Homologie eines guten Keilproduktes)
Es seien (X, x_0) und (Y, y_0) zwei gute Raumpaare (der Kürze wegen lassen wir
die Klammern um einzelne Punkte wieder weg) und $X \vee Y$ das Keilprodukt
mit $x_0 \sim y_0$. Dann ist für $n \geq 0$

$$\widetilde{H}_n(X \vee Y) \cong \widetilde{H}_n(X) \oplus \widetilde{H}_n(Y) \,.$$

Insbesondere hängt in diesem Fall die Homologie des Keilprodukts nicht von
der Wahl der Anheftungspunkte ab.

Ein sehr schönes und leicht zu merkendes Resultat. Heftet man einen topologischen Raum Y über einen Punkt an einen bestehenden Raum an, so vergrößern
sich dessen (reduzierte) Homologiegruppen in vielen Fällen einfach um die entsprechenden Gruppen von Y als direkte Summanden. Die Aussage verallgemeinert sich
daher für mehrere gute Raumpaare $(X_\lambda, x_\lambda)_{\lambda \in \Lambda}$ induktiv auf gute Keilprodukte

$$\bigvee_{\lambda \in \Lambda} X_i = \left(\bigsqcup_{\lambda \in \Lambda} X_i \right)\Big/ \{ x_\lambda : \lambda \in \Lambda \}$$

und zeigt, dass die Homologiegruppen grundsätzlich verträglicher sind als die
Homotopiegruppen, denn es gilt in diesen Fällen stets

$$\widetilde{H}_n \left(\bigvee_{\lambda \in \Lambda} X_\lambda \right) \cong \bigoplus_{\lambda \in \Lambda} \widetilde{H}_n(X_\lambda), \quad \text{für } n \geq 0 \,.$$

Als Beispiel sei noch einmal an den Doppelkreis erinnert (Seite 114). Der Raum
$S^1 \vee S^1$ hatte die (nicht-abelsche) Fundamentalgruppe $\mathbb{Z} * \mathbb{Z} = \{a, b\}$. Bei der

ersten Homologiegruppe ergibt sich dagegen einfach $\mathbb{Z} \oplus \mathbb{Z}$, die Abelisierung der Fundamentalgruppe (siehe der Satz von HUREWICZ, Seite 244). Während also Homologiegruppen meist frei abelsche Summen sind, muss man schon bei Fundamentalgruppen in der Regel komplizierte Relationen beachten (Seite 116 ff).

Der **Beweis** des obigen Satzes ist nicht besonders schwierig. Mit der Überlegung aus dem Beweis der Anwendung 4 über gute Raumpaare (Seite 276) gilt

$$\tilde{H}_n(X \vee Y) \cong \tilde{H}_n(X \vee Y, \{x_0, y_0\})$$
$$\cong \tilde{H}_n\big((X \sqcup Y)/\{x_0, y_0\}, \{x_0, y_0\}/\{x_0, y_0\}\big) .$$

Eine leichte **Übung** zeigt, dass auch $\big(X \sqcup Y, \{x_0, y_0\}\big)$ ein gutes Raumpaar ist, und wiederum aus Anwendung 4 ergibt sich alles wie von selbst:

$$\tilde{H}_n\big((X \sqcup Y)/\{x_0, y_0\}, \{x_0, y_0\}/\{x_0, y_0\}\big) \cong \tilde{H}_n\big(X \sqcup Y, \{x_0, y_0\}\big)$$
$$\cong \tilde{H}_n\big(X \sqcup Y, x_0 \sqcup y_0\big)$$
$$\cong \tilde{H}_n(X, x_0) \oplus \tilde{H}_n(Y, y_0)$$
$$\cong \tilde{H}_n(X) \oplus \tilde{H}_n(Y) .$$

Die vorletzte Isomorphie ist übrigens trivial, denn die singulären Kettengruppen von disjunkten Vereinigungen können getrennt betrachtet und am Ende durch eine direkte Summe zusammengeführt werden. □

Der Satz erlaubt die effiziente Berechnung einer Vielzahl von Homologiegruppen. Nehmen Sie das Keilprodukt $S^1 \vee S^2$ oder $S^2 \vee T^2$. Gerne können Sie sich weitere Konstruktionen ausdenken, wie zum Beispiel das Exemplar rechts. Es ist zwar kein Keilprodukt, doch Sie erkennen es als homöomorph zu $S^1 \vee (T^2 \# T^2)$, was Sie als **Übung** probieren können.

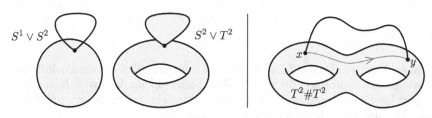

Hier ein kleiner Tipp für diese Übung: Schlagen Sie eine direkt verlaufende Kurve in $T^2 \# T^2$ von x nach y zu einem Punkt zusammen und verwenden die Homöomorphie $\mathbb{R}^2 \setminus [-1,1] \cong \mathbb{R}^2 \setminus \{0\}$. Dies ergibt sich einerseits aus $\mathbb{R}^2 \setminus D^2 \cong \mathbb{R}^2 \setminus \{0\}$, was Sie zum Beispiel über die Zuordnung $x \mapsto x\big(\|x\| - 1\big)$ erhalten, und andererseits aus $\mathbb{R}^2 \setminus D^2 \cong \mathbb{R}^2 \setminus [-1,1]$, das Ihnen auch als **Übung** empfohlen sei. Später besprechen wir elegantere Lösungen für solche Konstruktionen (Seite 355 ff, im Kontext der *zellenartigen Zerlegungen* auch im geplanten Folgeband).

Bevor wir weiter mit den bisherigen Ergebnissen arbeiten, halten wir kurz inne und beantworten eine theoretische Frage, die schon lange in der Luft liegt.

7.9 Die Äquivalenz von simplizialer und singulärer Homologie

Vielleicht haben Sie sich selbst schon gefragt, was denn der Unterschied zwischen der simplizialen und der singulären Homologie ist, wenn beide Konzepte möglich wären. Immerhin kennen wir eine wichtige Klasse von Räumen, die Polyeder simplizialer Komplexe, auf denen beide Theorien nebeneinander existieren. Gestützt durch die bisherigen Beispiele vermuten Sie wahrscheinlich, dass beide Ansätze auf diesen Räumen zu identischen Ergebnissen führen – und um es klar zu formulieren: alles andere wäre auch wahrlich unbefriedigend.

Dieser Abschnitt soll also für Polyeder simplizialer Komplexe die Äquivalenz der beiden Theorien zeigen. Als Bemerkung vorab sei erwähnt, dass der Beweis einen Teil der singulären Theorie auch für die simpliziale Homologie benötigt. Wenn also A Teilkomplex eines simplizialen Komplexes K ist, können analog zu den singulären Gruppen auch **relative simpliziale Homologiegruppen** $H_n^\Delta(K, A)$ definiert werden. Der Beweis einer entsprechenden langen exakten Sequenz

$$\xrightarrow{j_*} H_{n+1}^\Delta(K, A) \xrightarrow{\partial_*} H_n^\Delta(A) \xrightarrow{i_*} H_n^\Delta(K) \xrightarrow{j_*} H_n^\Delta(K, A) \xrightarrow{\partial_*} H_{n-1}^\Delta(A) \xrightarrow{i_*}$$

verläuft ebenfalls identisch zum singulären Fall (Seite 263). Auf dieser Grundlage können wir dann den Satz herleiten, dessen Konsequenzen für die simpliziale Homologie auch im Licht der Hauptvermutung für Polyeder (Seite 185) durchaus bemerkenswert sind.

Satz (Äquivalenz der Homologietheorien)
Wir betrachten einen topologischen Raum X mit einer endlich-dimensionalen Triangulierung $\varphi : K \to X$ (Seite 183). Dann gilt für alle $n \geq 0$

$$H_n^\Delta(K) \cong H_n(X).$$

Als Bemerkung sei angefügt, dass der Satz auch für unendlich-dimensionale Triangulierungen gilt und sogar für relative Homologiegruppen, falls $A \subset K$ ein Teilkomplex ist. Diese Verallgemeinerungen sind nicht schwierig zu zeigen, sollen hier aber nicht ausgeführt werden (siehe zum Beispiel [41]).

Bevor wir den Satz beweisen, möchte ich seine Auswirkungen erwähnen, damit Sie ihn besser einordnen können. Zum einen wird nun endgültig klar, dass die singuläre Homologie eine sinnvolle Theorie ist. Obwohl man mit riesengroßen Kettengruppen $C_n(X)$ gestartet ist, ergeben sich für triangulierbare Räume dieselben Homologiegruppen wie früher für simpliziale Komplexe. All die wilden Effekte bei den singulären Simplizes $\sigma : \Delta^n \to X$ heben sich durch die Quotientenbildung der Zyklen $Z_n(X)$ mit den Rändern $B_n(X)$ auf wundersame Weise auf.

Zum anderen möchte ich noch einmal auf ein Hauptproblem bei der simplizialen Homologie hinweisen. In den Dimensionen ≥ 4 hat sich die Hauptvermutung weder für Polyeder noch für Mannigfaltigkeiten halten können (Seite 184 ff). Aus obigem Satz folgt dann aber wenigstens, dass die simplizialen Homologiegruppen gar nicht von der Wahl der Triangulierung abhängen – selbst wenn man Triangulierungen wählt, die nicht isomorph sind (sondern nur homöomorph). Mit direkten Mitteln haben wir früher nur zeigen können, dass isomorphe Triangulierungen die gleichen Gruppen erzeugen (Seite 236). So gesehen wird dieser Nachteil der simplizialen Homologiegruppen erheblich gemildert:

Folgerung (Wohldefiniertheit der simplizialen Homologie)
Für einen triangulierbaren topologischen Raum X hängt die simpliziale Homologie nicht von der Wahl der Triangulierung ab. Man kann dann also $H_n^\Delta(X)$ definieren als $H_n^\Delta(K)$ für eine beliebige Triangulierung $\varphi : K \to X$. $\qquad\square$

Es bleibt aber als Nachteil der simplizialen Homologie noch die Existenz von Mannigfaltigkeiten, die gar keine Triangulierung besitzen (Seite 224). Für solche gibt es tatsächlich nur die singuläre Homologie.

Der **Beweis** des Satzes beginnt mit einer Abbildung $f_\# : C_n^\Delta(K) \to C_n(X)$, die durch die Identifikation eines n-Simplex $\sigma_\lambda^n = [v_0, \dots, v_n] \in C_n^\Delta(K)$ mit

$$f_\#(\sigma_\lambda^n) = \varphi \circ s_\lambda : \Delta^n \longrightarrow X$$

gegeben ist, wobei die Abbildung $s_\lambda : \Delta^n \to \sigma_\lambda^n$ über $s_\lambda(e_i) = v_i$ definiert wird. Die Abbildung $f_\#$ kommutiert mit den Randoperatoren und liefert natürliche Homomorphismen $H_n^\Delta(K) \to H_n(X)$ und $H_n^\Delta(K,A) \to H_n\big(X, \varphi(A)\big)$ für Teilkomplexe $A \subseteq K$. Betrachten wir dann die Gerüste K^r und $X^r = \varphi(K^r)$ für $r \geq 0$, vernetzen sich die beiden langen exakten Sequenzen zu dem kommutativen Diagramm

$$
\begin{array}{ccccccccc}
H_{n+1}^\Delta(K^r,K^{r-1}) & \overset{\partial_*}{\to} & H_n^\Delta(K^{r-1}) & \overset{i_*}{\to} & H_n^\Delta(K^r) & \overset{j_*}{\to} & H_n^\Delta(K^r,K^{r-1}) & \overset{\partial_*}{\to} & H_{n-1}^\Delta(K^{r-1}) \\
\downarrow f_1 & & \downarrow f_2 & & \downarrow f_3 & & \downarrow f_4 & & \downarrow f_5 \\
H_{n+1}(X^r,X^{r-1}) & \overset{\partial_*}{\to} & H_n(X^{r-1}) & \overset{i_*}{\to} & H_n(X^r) & \overset{j_*}{\to} & H_n(X^r,X^{r-1}) & \overset{\partial_*}{\to} & H_{n-1}(X^{r-1})
\end{array}
$$

mit den von den $f_\#$ induzierten senkrechten Abbildungen, von denen f_3 in der Mitte entscheidend ist. Um zu zeigen, dass sie ein Isomorphismus ist, benutzen wir eine Diagrammjagd. Wir haben f_3 flankiert durch weitere Abbildungen f_i, die teils induktiv, teils über relative Gruppen zugänglich sind. Dies alles wird die nötigen Rückschlüsse auf f_3 ermöglichen.

Starten wir also mit $r = 0$. In diesem Fall sind K^r und X^r diskrete Punktmengen und der mittlere Pfeil offensichtlich ein Isomorphismus. Es sei dann $r > 0$ beliebig und $f_3 : H_n^\Delta(K^i) \to H_n(X^i)$ ein Isomorphismus für alle $i < r$. Damit sind die Abbildungen f_2 und f_5 nach Induktionsvoraussetzung Isomorphismen und wir lenken unser Augenmerk im nächsten Schritt auf den Homomorphismus

$$f_4 : H_n^\Delta(K^r,K^{r-1}) \longrightarrow H_n(X^r,X^{r-1}).$$

Die relativen simplizialen n-Ketten $C_n^\Delta(K^r, K^{r-1})$ sind 0 für $n \neq r$ und für $n = r$ werden sie generiert von den r-Simplizes in K. Da bei den relativen Gruppen alles ignoriert wird (also verschwindet), was sich in K^{r-1} abspielt, ist dort jede Kette ein Zyklus. Ränder gibt es ebenfalls keine, denn in K^r befinden sich keine $(r+1)$-Simplizes. Also sind die relativen Kettengruppen $C_n^\Delta(K^r, K^{r-1})$ identisch zu den relativen Homologiegruppen $H_n^\Delta(K^r, K^{r-1})$ und wir halten bei

$$H_n^\Delta(K^r, K^{r-1}) \cong \begin{cases} 0 & \text{für } n \neq r \\ \mathbb{Z}^{\mathcal{S}(r)} & \text{für } n = r, \end{cases}$$

wobei $\mathcal{S}(r)$ die Menge der r-Simplizes in K ist. Sie sehen hier einen Vorteil der relativen Gruppen. Man kann die relative Homologie eines beliebigen Komplexgerüstes direkt angeben (was für absolute Gruppen nicht immer möglich ist).

Um die Gruppe $H_n(X^r, X^{r-1})$ zu konkretisieren, starten wir mit einer wichtigen Beobachtung. Offenbar ist (X^r, X^{r-1}) ein gutes Raumpaar (Seite 276). Warum? Wegen der Homöomorphie zu (K^r, K^{r-1}) genügt es, dies für simpliziale Komplexe zu zeigen. Das Polyeder von K^{r-1} ist als Menge der Seitenflächen von r-Simplizes in K abgeschlossen in K^r, und wenn Sie die r-Simplizes im Innern anstechen, also von Δ^r zu $(\Delta^r)^* = \Delta^r \setminus x$ übergehen mit einem $x \in \mathring{\Delta}^r$, dann ist der Rand $\partial \Delta^r$ ein Deformationsretrakt dieser offenen punktierten Reste $(\Delta^r)^*$.

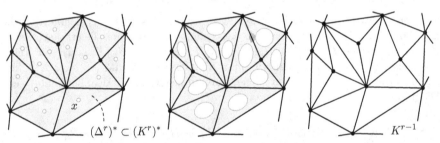

$$(\Delta^r)^* \subset (K^r)^* \qquad\qquad\qquad K^{r-1}$$

Nach dem Satz über die Homologie guter Raumpaare (Seite 277) gilt für $n > 0$

$$H_n(X^r, X^{r-1}) \cong H_n(X^r/X^{r-1})$$

und es bleibt, die rechte Homologiegruppe zu untersuchen. Der Quotient X^r/X^{r-1} entspricht aber genau dem Keilprodukt (Seite 278)

$$\bigvee_{\sigma \in \mathcal{S}(r)} \varphi(\sigma)/\varphi(\partial\sigma)$$

der Bilder der r-Simplizes von K in X modulo deren Rand, welche alle in der zu einem Punkt verschmolzenen Menge X^{r-1} zusammengeheftet sind. Dies machen Sie sich am besten mit dem folgenden Bild klar.

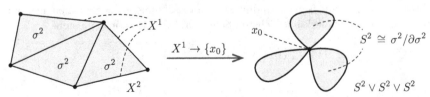

Damit ist nach den obigen Sätzen über die Homologie von Keilprodukten und guten Raumpaaren

$$H_n(X^r/X^{r-1}) \cong \bigoplus_{\sigma \in \mathcal{S}(r)} H_n\big(\varphi(\sigma)/\varphi(\partial\sigma)\big) \cong \bigoplus_{\sigma \in \mathcal{S}(r)} H_n\big(\varphi(\sigma), \varphi(\partial\sigma)\big).$$

Da φ ein Homöomorphismus ist, erhalten wir $H_n\big(\varphi(\sigma), \varphi(\partial\sigma)\big) \cong H_n\big(D^r, S^{r-1}\big)$ und mit dem Ergebnis von Seite 272 ergibt sich schließlich

$$H_n(X^r, X^{r-1}) \cong \begin{cases} 0 & \text{für } n \neq r \\ \mathbb{Z}^{\mathcal{S}(r)} & \text{für } n = r, \end{cases}$$

mithin dasselbe Ergebnis wie oben für die entsprechende simpliziale Gruppe. Also sind Quelle und Ziel von

$$f_4 : H_n^\Delta(K^r, K^{r-1}) \longrightarrow H_n(X^r, X^{r-1})$$

isomorph, und da $f_\#$ für den einzigen nicht-trivialen Fall $r = n$ offensichtlich die Generatoren $\sigma \in C_n^\Delta(K^n, K^{n-1})$ auf die Generatoren $f_\#(\sigma) : \Delta^n \to X^n$ von $C_n(X^n, X^{n-1})$ abbildet, ist das davon induzierte f_4 für alle $n > 0$ ein Isomorphismus. Auf gleiche Weise folgt, dass auch f_1 ein Isomorphismus ist.

Die Abbildung f_3 ist also umgeben von Isomorphismen und die Zeilen sind exakt. Die Aussage ergibt sich nun aus einem einfachen, rein algebraischen Satz, dem sogenannten **Fünferlemma**, das nachfolgend genannt ist. $\square$

Satz (Fünferlemma)

Gegeben sei das folgende kommutative Diagramm abelscher Gruppen.

$$
\begin{array}{ccccccccc}
A_1 & \xrightarrow{i_1} & A_2 & \xrightarrow{i_2} & A_3 & \xrightarrow{i_3} & A_4 & \xrightarrow{i_4} & A_5 \\
\downarrow{\scriptstyle f_1} & & \downarrow{\scriptstyle f_2} & & \downarrow{\scriptstyle f_3} & & \downarrow{\scriptstyle f_4} & & \downarrow{\scriptstyle f_5} \\
B_1 & \xrightarrow{j_1} & B_2 & \xrightarrow{j_2} & B_3 & \xrightarrow{j_3} & B_4 & \xrightarrow{j_4} & B_5
\end{array}
$$

Jede Zeile sei exakt, f_2 und f_4 seien Isomorphismen, f_1 sei ein Epimorphismus und f_5 ein Monomorphismus. Dann ist auch f_3 ein Isomorphismus.

Vielleicht probieren Sie zur **Übung** selbst, dieses Lemma mit einer kleinen Diagrammjagd nachzuvollziehen. Es ist reine Routine und für Neulinge eine schöne Gelegenheit, die Standardtechnik der Homologietheorie besser zu verstehen. ($\square$)

Halten wir kurz Rückblick auf eine (für die Theorie) sehr wichtige Erkenntnis. Auf simplizialen Komplexe stimmen die simplizialen und die singulären Homologietheorien überein. Der Beweis setzte sich zusammen aus kleinen Bausteinen, die für sich gesehen unkompliziert waren. Entscheidende Idee war der Übergang zu den relativen Homologiegruppen $H_n^\Delta(K^r, K^{r-1})$ und $H_n(X^r, X^{r-1})$, deren Isomorphie mit dem Homologiesatz über das Keilprodukt der r-Simplizes modulo deren Rändern auf der Hand lag. Der Rest bestand aus algebraischen Techniken, namentlich dem Fünferlemma, und zeigt wieder die typischen Diagrammjagden in der algebraischen Topologie.

Lassen Sie uns wieder zurückkehren zu konkreten Beispielen für die Bestimmung von Homologiegruppen. Wir werden die theoretischen Erkenntnisse nun anwenden und zu interessanten Resultaten gelangen – unter anderem auch zu einer Verallgemeinerung der klassischen EULER-Charakteristik (Seite 58).

7.10   Die Euler-Charakteristik als homologische Invariante

In diesem Abschnitt wollen wir die bisherigen Techniken anwenden, um ein Konzept zu verallgemeinern, dem wir schon früher begegnet sind: die EULER-Charakteristik (Seite 58). Bei der Klassifikation kompakter Flächen, die als simpliziale Komplexe K gegeben waren, haben wir diese Größe als alternierende Summe

$$\chi(K) \;=\; v - e + f$$

kennen gelernt, wobei v die Anzahl der Eckpunkte (engl. *vertex*), e die Anzahl der Kanten (engl. *edge*) und f die Anzahl der Flächen (engl. *face*) von K waren. Homöomorphe Flächen lieferten dabei die gleiche Charakteristik. Man brauchte sich auch nicht auf die klassischen Dreiecksseiten einschränken, sondern konnte allgemeine Polyeder nehmen mit ihren polygonalen Flächen, Kanten und Ecken.

Versuchen wir jetzt, dieses Konzept auf endliche simpliziale Komplexe zu erweitern und beginnen zunächst mit **Graphen**. Ein (endlicher) Graph ist topologisch nichts anderes als ein wegzusammenhängender kompakter Raum G, der trianguliert ist durch einen endlichen, eindimensionalen simplizialen Komplex K_G.

Im Licht des vorigen Abschnitts können wir die simpliziale und singuläre Homologie dabei als äquivalent ansehen und gedanklich synonym verwenden. Wir notieren dabei in der Formelsprache zwar immer die singulären Gruppen H_n, denken aber bei den Ketten, Zyklen und Rändern an klassische Simplizes σ^n, um die Mengen überschaubar zu halten. Die singuläre Homologie erlaubt es uns dann später, die Theorie auf beliebige Räume auszudehnen.

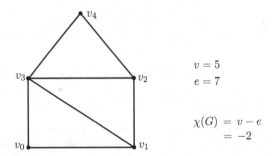

$v = 5$

$e = 7$

$\chi(G) = v - e$
$ = -2$

Zurück zu den Graphen. Es gibt bei ihnen nur die Gerüste G^0 und $G^1 = G$. Die Anwendung des Prinzips aus dem vorigen Abschnitt (Seite 283) liefert die relativen Homologiegruppen $H_0(G, G^0) = 0$ und $H_1(G, G^0) \cong \mathbb{Z}^e$, wobei $e = \mathcal{S}(1)$ die Anzahl der Kanten in G ist. (Beachten Sie, dass die relativen Gruppen von der Triangulierung $\varphi : K_G \to G$ abhängen.)

Die lange exakte Homologiesequenz des guten Paares (G, G^0) enthält dann als wesentlichen Ausschnitt die Sequenz

$$0 \longrightarrow H_1(G) \xrightarrow{j_*} H_1(G, G^0) \xrightarrow{\partial_*} H_0(G^0) \xrightarrow{i_*} H_0(G) \longrightarrow 0,$$

oder in konkreten Gruppen ausgedrückt

$$0 \longrightarrow H_1(G) \xrightarrow{j_*} \mathbb{Z}^e \xrightarrow{\partial_*} \mathbb{Z}^v \xrightarrow{i_*} H_0(G) \longrightarrow 0,$$

wobei $v = \mathcal{S}(0)$ die Anzahl der Eckpunkte von G (oder genauer: von K_G) ist. Aus der Gruppentheorie folgt, dass Untergruppen oder Quotienten von frei abelschen Gruppen wieder frei abelsch sind (Seite 68) und mit der exakten Sequenz ergibt sich aus der zugehörigen Rangformel die Gleichung

$$v - e \;=\; \operatorname{rk} H_0(G) - \operatorname{rk} H_1(G).$$

Das ist eine alternierende Formel, ähnlich der früheren EULER-Charakteristik. Wir definieren diese Größe jetzt für allgemeine kompakte Graphen G als

$$\chi(G) \;=\; \operatorname{rk} H_0(G) - \operatorname{rk} H_1(G).$$

In Dimension 2 betrachten wir einen wegzusammenhängenden, kompakten triangulierten Raum X, mit einem endlichen 2-dimensionalen Komplex K als Triangulierung. Wieder erkennen wir die relativen Homologiegruppen $H_1(X, X^1) = 0$ und $H_2(X, X^1) \cong \mathbb{Z}^f$, wobei $f = \mathcal{S}(2)$ die Anzahl der Flächen in K ist. Die lange exakte Homologiesequenz des guten Paares (X, X^1) liefert dann

$$0 \longrightarrow H_2(X) \xrightarrow{j_*} H_2(X, X^1) \xrightarrow{\partial_*} H_1(X^1) \xrightarrow{i_*} H_1(X) \longrightarrow 0$$

oder wiederum in konkreten Gruppen

$$0 \longrightarrow H_2(X) \xrightarrow{j_*} \mathbb{Z}^f \xrightarrow{\partial_*} \mathbb{Z}^{e-v+1} \xrightarrow{i_*} H_1(X) \longrightarrow 0,$$

wobei wir das obige Ergebnis für $H_1(X^1)$ verwendet haben, zusammen mit $H_0(X^1) \cong \mathbb{Z}$. Das gleiche Argument wie oben mit der Rangformel liefert dann

$$(e - v + 1) - f \;=\; \operatorname{rk} H_1(X) - \operatorname{rk} H_2(X)$$

oder wegen $H_0(X) \cong \mathbb{Z}$

$$v - e + f \;=\; \operatorname{rk} H_0(X) - \operatorname{rk} H_1(X) + \operatorname{rk} H_2(X),$$

was unmittelbar zur homologischen Formel für die EULER-Charakteristik in Dimension 2 führt:

$$\chi(X) \;=\; \operatorname{rk} H_0(X) - \operatorname{rk} H_1(X) + \operatorname{rk} H_2(X).$$

Damit ist der Weg frei für diese Größe auch in höheren Dimensionen. Wenn Sie das Vorgehen induktiv fortsetzen, wird folgende Definition plausibel.

Definition und Satz (Euler-Charakteristik für kompakte Komplexe)
Es sei X ein topologischer Raum, der mit einem endlichen, n-dimensionalen simplizialen Komplex trianguliert ist. Dann definiert man die **Euler-Charakteristik** von X als die alternierende Summe

$$\chi(X) = \sum_{k=0}^{n} (-1)^k \operatorname{rk} H_k(X).$$

Die Berechnung von $\chi(X)$ wird erheblich vereinfacht durch die Gleichung $\chi(X) = \sum_k (-1)^k \mathcal{S}(k)$, wobei $\mathcal{S}(k)$ die Anzahl der k-Simplizes von X ist. (Beachten Sie bitte, dass trotz der strukturellen Ähnlichkeit der Formeln im Allgemeinen $\operatorname{rk} H_k(X) \neq \mathcal{S}(k)$ ist, nur die Summen stimmen überein.)

Der **Beweis** der Formel $\sum_k (-1)^k \mathcal{S}(k) = \sum_k (-1)^k \operatorname{rk} H_k(X)$ ist rein algebraisch und mit Induktion nach der Dimension n der Triangulierung von X möglich. Die wichtigen Zutaten entnehmen Sie den vorigen Beispielen für $n = 1$ und $n = 2$. Vielleicht sind Sie motiviert, das als einfache **Übung** selbst zu probieren.   ($\square$)

Bei dieser Gelegenheit noch einmal zum historischen Hintergrund: Die Größen $b_k = \operatorname{rk} H_k(X)$ nennt man BETTI-Zahlen des triangulierten Raumes X (Seite 225), benannt nach E. BETTI, einem italienischen Mathematiker des 19. Jahrhunderts, der eng mit B. RIEMANN zusammenarbeitete, [8].

Obwohl POINCARÉ schon um 1895 mit der Fundamentalgruppe eine algebraische Strukturinvariante einführte, [94], hielten sich die BETTI-Zahlen zur Charakterisierung topologischer Räume sehr lange. Auch POINCARÉ selbst hat seine Theorie, bis hin zum großen Dualitätssatz (der heute gruppentheoretisch formuliert wird) auf Basis der BETTI-Zahlen errichtet. Die Einführung der heute üblichen Homologiegruppen um etwa Mitte der 1920-er Jahre verdanken wir E. NOETHER, [87]. Diese Gruppen werden manchmal (zu Unrecht) auch POINCARÉ zugeschrieben.

Zurück zur EULER-Charakteristik. In ihrem neuen Gewand können wir mehr anschauliche Experimente machen als früher, denn sie ist jetzt als echte topologische Invariante ausgewiesen.

Auf dem Foto der vorigen Seite sehen Sie drei Komplexe, die Dreiecke und Quadrate seien Δ^2 und I^2, der Torus rechts ist ausgefüllt, also dreidimensional gemeint. Links ein Exemplar, das mein Sohn Maris gebaut hat. Auf seine Bitte, auch hier die „Rechnung mit den Ecken, Kanten und Flächen" zu machen, konnte ich schnell antworten. Es kommt 2 heraus, denn die Konstruktion (von ihm als „Schleuderkugel" bezeichnet) ist deformationsretrahierbar auf eine simpliziale S^2, indem man die äußeren Dreiecke auf die Klebekanten schrumpft.

Nach mehrmaligem Umherschleudern kollabierte das Spielgerät dann auf das zweite Bild. Als Fläche mit Rand interpretiert, ergibt die EULER-Charakteristik dann offenbar den Wert 1, denn das Objekt ist zusammenziehbar auf einen Punkt. Diese Verformung war also keine Homotopieäquivalenz (was wir auch am hörbaren Zusammenschlagen der Magnete bemerkt haben).

Den Torus rechts können Sie sich als 3-Mannigfaltigkeit mit Rand T^2 vorstellen, man spricht auch von einem **soliden Torus** T_s^3. In dessen Triangulierung befinden sich auch Tetraeder und die EULER-Charakteristik ist die Wechselsumme

$$\chi(T_s^3) = v - e + f - b,$$

wobei b für die Anzahl der dreidimensionalen Körper steht (engl. *body*). Es gilt $\chi(T_s^3) = 0$, denn der solide Torus ist zusammenziehbar auf eine S^1, und die hat immer die Wechselsumme 0 (gleichviele Ecken und Kanten). Das ist durchaus bemerkenswert, denn der T_s^3 kann im Innern beliebig komplex unterteilt sein.

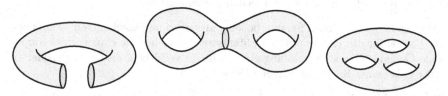

Überlegen Sie sich doch als kleine **Übung** selbst, was passiert, wenn man den soliden Torus an einer Stelle im Querschnitt durchschneidet wie einen Gugelhupf auf der Geburtstagsfeier. Oder wenn Sie zwei solide Tori an einer Stelle verkleben, sodass als Rand die geschlossene Fläche von Geschlecht 2 entsteht. Oder wie wäre es mit der EULER-Charakteristik einer soliden Brezel?

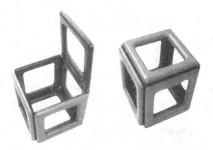

Auch einfache Figuren haben plötzlich ihren Reiz. Der 2-dimensionale Würfel W_o^2 mit offenem Deckel links ist zusammenziehbar und hat daher $\chi(W_o^2) = 1$. Klappt man den Deckel zu, so entsteht der rechte geschlossene Würfel $W^2 \cong S^2$ mit $\chi(W^2) = 2$. Als solider Würfel W^3 mit Rand W^2 gilt wieder $\chi(W^3) = 1$.

Und was passiert, wenn wir das 1-Gerüst betrachten, also W^1, bestehend nur aus den Ecken und Kanten des Würfels? Wir könnten natürlich nachzählen, aber die topologische Lösung ist interessanter. Da W^2 insgesamt 6 Seitenflächen hat, ist $\chi(W^1) + 6 = \chi(W^2)$ und daher $\chi(W^1) = -4$. Beim 1-Gerüst des offenen Würfels W_o^1 schlagen auch 6 Seitenflächen zu Buche und wegen $\chi(W_o^2) = 1$ erhalten wir $\chi(W_o^1) = -5$. Sie sehen, die EULER-Charakteristik kann viele topologische Unterschiede aufdecken.

Aber nicht alle. Für das hier gezeigte 1-Gerüst C_5^1 aus 5 Dreiecken gilt ebenfalls $\chi(C_5^1) = -4$, obwohl es topologisch etwas ganz anderes ist als das 1-Gerüst des Würfels W^1 (füllen Sie dazu die Flächen wieder aus).

All diese Beispiele können Sie nun beliebig ausbauen und kombinieren, wenn noch die Formel für das Keilprodukt beachtet wird. Versuchen Sie einmal, zwei simpliziale Gebilde K_1 und K_2 entlang einer Seite zu verkleben, also zum Beispiel an einer Ecke, einer Kante oder einer Fläche.

Topologisch ist der resultierende Raum homotopieäquivalent zur Verklebung an einer Ecke, also zum Keilprodukt $K = K_1 \vee K_2$ der beiden ursprünglichen Komplexe. Die Formel für das Keilprodukt (Seite 278) liefert dann sofort

$$\chi(K) = \chi(K_1) + \chi(K_2) - 1\,,$$

denn es ist

$$\operatorname{rk} H_n(K_1 \vee K_2) = \begin{cases} \operatorname{rk} H_n(K_1) + \operatorname{rk} H_n(K_2) & \text{für } n > 0 \\ \operatorname{rk} H_0(K_1) + \operatorname{rk} H_0(K_2) - 1 & \text{für } n = 0\,. \end{cases}$$

In diesem Zusammenhang eine kleine Denksportaufgabe als **Übung**. Vergleichen Sie diese Formel einmal mit der früheren (elementaren) Formel auf Seite 59,

$$\chi(S_1 \# S_2) = \chi(S_1) + \chi(S_2) - 2\,,$$

wobei $S_1 \# S_2$ die zusammenhängende Summe der Flächen war (Seite 48). Wie kann man die beiden Formeln in Bezug bringen – oder anders formuliert: Wie kann die frühere Formel aus der aktuellen Formel oben hergeleitet werden?

Ein abschließendes Beispiel noch dazu. Die Verklebung der 1-Gerüste W_o^1, W^1 mit dem Torus T^2 in der obigen Abbildung ist nun keine langwierige Abzählaufgabe mehr, sondern hat mit dem eleganten Kalkül die EULER-Charakteristik

$$\chi\big((W_o^1 \vee W^1) \vee T^2\big) = \big(\chi(W_o^1) + \chi(W^1) - 1\big) + \chi(T^2) - 1$$
$$= -5 - 4 - 1 + 0 - 1 = -11.$$

Doch genug der Beispiele, selbst wenn (so hoffe ich) Ihre Neugier ein wenig geweckt wurde, weiter zu experimentieren. Die singuläre Variante der homologischen EULER-Charakteristik erlaubt es nun, diese Größe für allgemeine topologische Räume zu definieren, solange deren Homologie nicht zu exotisch ist.

Definition und Satz (allgemeine Euler-Charakteristik)
Es sei X ein topologischer Raum, deren singuläre Homologiegruppen endlich erzeugt sind und fast alle verschwinden, es gelte also $\operatorname{rk} H_k(X) < \infty$ für alle $k \geq 0$ und $H_k(X) = 0$, falls k groß genug ist. Dann definiert man die **Euler-Charakteristik** von X als die alternierende Summe

$$\chi(X) = \sum_{k=0}^{n} (-1)^k \operatorname{rk} H_k(X).$$

Beispiele für solche Räume X sind kompakte euklidische Umgebungsretrakte, insbesondere alle kompakten topologischen Mannigfaltigkeiten.

Eine Kleinigkeit ist hier zu **beweisen**: Warum hat die Homologie der genannten Beispiele die nötigen Eigenschaften für die Definition von $\chi(X)$? Offenbar sind nach den früheren Ausführungen (Seite 168 ff) sowohl kompakte euklidische Umgebungsretrakte als auch kompakte Mannigfaltigkeiten Retrakte eines endlichen simplizialen Komplexes K. Es gibt also eine stetige Surjektion

$$r : K \longrightarrow X$$

mit $r \circ i = \operatorname{id}_X$, wobei $i : X \hookrightarrow K$ die Inklusion ist. Weil $(r \circ i)_* = r_* \circ i_* = \operatorname{id}_{H_k(X)}$ ist, erkennen wir dann

$$r_* : H_k(K) \longrightarrow H_k(X)$$

als surjektiv für alle $k \geq 0$ und die Eigenschaften sind nur noch für die Gruppen $H_k(K)$ zu zeigen. Wegen der Äquivalenz von singulärer und simplizialer Homologie (Seite 280) können wir uns auf die simplizialen Gruppen $H_k^\Delta(K)$ beschränken.

Diese sind aber wegen der Endlichkeit von K endlich erzeugt und verschwinden für alle Indizes $k > \dim K$. $\qquad\square$

Nach diesen eher praktischen, fast schon experimentellen Betrachtungen wollen wir weitere Beispiele für die Berechnung von Homologiegruppen besprechen.

7.11 Die Homologie kompakter Flächen

Ein großes Thema. Wir können uns natürlich nur ausschnittsweise damit beschäftigen, aber es wird ausreichen, ähnlich wie bei der EULER-Charakteristik die Homologietheorie zu konkretisieren und ihr ein lebendiges Gesicht zu geben.

Lassen Sie uns mit einem anschaulichen Beispiel beginnen, mit der Homologie des zweidimensionalen Torus T^2. Wir kennen sie bereits mehrfach von früher, als wir mit Triangulierungen des ebenen Bauplans experimentiert (Seite 234) oder später den Satz von HUREWICZ angewendet haben (Seite 247). Wir gehen jetzt aber einen anderen Weg, um später viel mehr Beispiele konstruieren zu können, die auch ungewöhnlichere Gruppen ergeben als freie Summen von $\mathbb{Z}$ (zum Beispiel Gruppen mit Torsion, Seite 70).

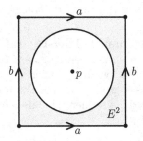

Der Weg führt über das Grundgerüst $a \cup b$ des Torus, das wie im Bild angedeutet aus der Verklebungsvorschrift $l = aba^{-1}b^{-1}$ auf dem Rand eines Quadrats E^2 entsteht. Topologisch ist $l \subset T^2$ dann ein Keilprodukt $S^1 \vee S^1$. Sie erkennen auch, dass diese Kreise homöomorph zu einem simplizialen Graph sind.

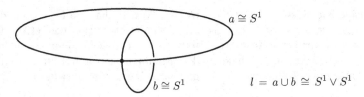

Um die Homologie des Torus zu bestimmen, stechen wir ihn mit einer feinen Nadel außerhalb des Gerüstes $l = a \cup b$ an, sodass er auf dieses Gerüst deformationsretrahiert werden kann. Im ebenen Bauplan E^2 von oben sei also der Punkt p herausgenommen, welcher im Inneren des Quadrats E^2 liegt. Nun betrachten wir die bekannte Quotientenabbildung

$$f : (E^2, \partial E^2) \longrightarrow (T^2, l)$$

und erinnern uns an den Satz über die Homologie guter Raumpaare (Seite 276). Offenbar ist $(E^2, \partial E^2)$ ein gutes Raumpaar und von daher für alle $k > 0$

$$H_k(E^2, \partial E^2) \cong H_k(E^2/\partial E^2).$$

Leider ist $E^2/\partial E^2$ in unserem Fall nicht die richtige Konstruktion, denn es ergäbe sich eine S^2. Damit rechts ein Torus entsteht, dürfen wir also nicht ganz ∂E^2 zu einem Punkt zusammenschlagen, sondern vollziehen die subtilere Identifikation zu dem Gerüst $l = a \cup b$. Wir können die Idee der guten Raumpaare wörtlich übernehmen. Über die gleichen Argumente wie damals sehen Sie, dass mit der Ausschneidungsabbildung $\alpha : H_k(E^2 \setminus \partial E^2, (E^2 \setminus p) \setminus \partial E^2) \to H_k(E^2, E^2 \setminus p)$ in dem kommutativen Diagramm

$$
\begin{array}{ccccc}
H_k(E^2, \partial E^2) & \xrightarrow{\;j_*\;} & H_k(E^2, E^2 \setminus p) & \xrightarrow{\;\alpha^{-1}\;} & H_k(E^2 \setminus \partial E^2, (E^2 \setminus p) \setminus \partial E^2) \\
\downarrow{\scriptstyle f_*} & & \downarrow{\scriptstyle f_*} & & \downarrow{\scriptstyle f_*} \\
H_k(T^2, l) & \xleftarrow{\;j_*^{-1}\;} & H_k(T^2, T^2 \setminus p) & \xleftarrow{\;\alpha\;} & H_k(T^2 \setminus l, (T^2 \setminus p) \setminus l)
\end{array}
$$

alle Pfeile Isomorphismen sind. Damit ist $H_k(E^2, \partial E^2) \cong H_k(T^2, l)$ für $k > 0$. Jetzt nutzen wir die Homöomorphie $(E^2, \partial E^2) \cong (D^2, S^1)$, bei der die Homologie des zweiten Paares bekannt ist (Seite 272), und betrachten die lange exakte Homologiesequenz des Paares (T^2, l). Als einzig nicht-trivialer Teil davon verbleibt

$$0 \longrightarrow H_2(T^2) \xrightarrow{\;j_*\;} H_2(T^2, l) \xrightarrow{\;\partial_*\;} H_1(l) \xrightarrow{\;i_*\;} H_1(T^2) \longrightarrow 0.$$

Um daraus die Homologie des Torus berechnen zu können, müssen wir die Abbildung ∂_* genau kennen. (Sie sehen, dass es häufig nicht reicht, nur von der Existenz einer exakten Sequenz zu wissen.) Wir gehen dazu aus von dem kommutativen Diagramm

$$
\begin{array}{ccc}
H_2(T^2, l) & \xrightarrow{\;\partial_*\;} & H_1(l) \\
\uparrow{\scriptstyle f_*} & & \uparrow{\scriptstyle f_*} \\
H_2(E^2, \partial E^2) & \xrightarrow{\;\partial_*\;} & H_1(\partial E^2)
\end{array}
$$

und wissen bereits von oben, dass die linke Abbildung f_* ein Isomorphismus ist. Die lange exakte Homologiesequenz des Paares $(E^2, \partial E^2)$ liefert mit der Homologie der Sphären (Seite 272) sofort, dass auch ∂_* unten ein Isomorphismus ist. Es genügt also, sich auf die Homologie von Graphen zurückzuziehen und die Abbildung f_* rechts unter die Lupe zu nehmen.

Die Quotientenabbildung $f : \partial E^2 \to l$ ist die Einschränkung von f auf ∂E^2. Wir kennen $H_1(\partial E^2)$, die Gruppe ist identisch zu $H_1(S^1) \cong \mathbb{Z}$. Wir müssen also nur das Bild $f_*(1)$ des Generators von $H_1(\partial E^2)$ in der Gruppe $H_1(l)$ bestimmen und sehen uns dazu die folgende Grafik an.

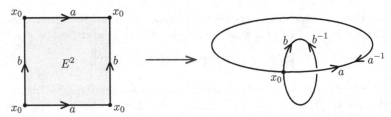

Wir orientieren ∂E^2 so, dass die 1 in $H_1(\partial E^2)$ durch den Zyklus $z = aba^{-1}b^{-1}$ repräsentiert ist, der einmal gegen den Uhrzeigersinn um das Quadrat herumläuft (denken Sie an die simpliziale Homologie, dann wird klar, dass dies tatsächlich ein Generator ist). Wie sieht der Bildzyklus $f_\#(z)$ in $l = a \cup b$ aus? Das Quadrat wird durch f ja gerade so verklebt, das die Teile a und b beide genau einmal im Uhrzeigersinn und genau einmal gegen den Uhrzeigersinn durchlaufen werden. Es entsteht dabei in der Gruppe $H_1(l) \cong \mathbb{Z} \oplus \mathbb{Z}$ das Element $(1 - 1) \oplus (1 - 1) = 0$.

Damit zeigt sich, dass f_* rechts die Nullabbildung ist, also ist auch das obere $\partial_* \equiv 0$ und wir können die exakte Sequenz dort aufbrechen zu

$$0 \longrightarrow H_2(T^2) \overset{j_*}{\longrightarrow} H_2(T^2, l) \longrightarrow 0$$

und

$$0 \longrightarrow H_1(l) \overset{i_*}{\longrightarrow} H_1(T^2) \longrightarrow 0\,.$$

Es folgt damit

$$H_2(T^2) \cong H_2(T^2, l) \cong H_2(E^2, \partial E^2) \cong H_2(D^2, S^1) \cong \mathbb{Z}$$

und

$$H_1(T^2) \cong H_1(l) \cong \mathbb{Z} \oplus \mathbb{Z}\,.$$

Die rechte Isomorphie in der unteren Zeile ergibt sich sowohl aus dem Satz von Hurewicz (Seite 244) als auch aus der Homologie eines Keilprodukts (Seite 278).

Eigentlich alles bekannte Ergebnisse – Sie werden sich vielleicht fragen, warum wir die ganze Mühe aufgewendet haben? Nun ja, mit dieser Methode kann man viel mehr zeigen als nur die Homologie des Torus. Der Beweis kann zunächst praktisch wörtlich übernommen werden, um das Ergebnis auf die zusammengesetzte Summe von g Tori zu verallgemeinern.

Satz (Homologie der orientierbaren geschlossenen Flächen)
Für die zusammengesetzte Summe T_g^2 von g zweidimensionalen Tori gilt

$$\begin{aligned}
H_0(T_g^2) &\cong \mathbb{Z} \\
H_1(T_g^2) &\cong \mathbb{Z}^{2g} \\
H_2(T_g^2) &\cong \mathbb{Z} \\
H_k(T_g^2) &= 0 \quad \text{für } k \geq 3\,.
\end{aligned}$$

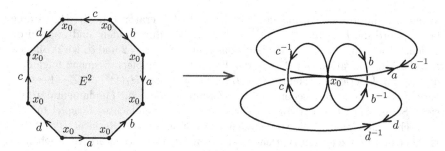

Vielleicht versuchen Sie einmal, sich dieses Ergebnis mit der obigen Methode anschaulich herzuleiten. Im Fall $g = 2$ haben Sie ein Achteck E^2 mit den Verklebungen $l = aba^{-1}b^{-1}cdc^{-1}d^{-1}$ auf dem Rand ∂E^2, mit $l \cong \bigvee^4 S^1$. Sie erhalten dann die exakte Sequenz

$$0 \longrightarrow H_2(T_2^2) \xrightarrow{j_*} H_2(T_2^2, l) \xrightarrow{\partial_*} H_1(l) \xrightarrow{i_*} H_1(T_2^2) \longrightarrow 0.$$

Wieder ist die Gestalt der Randabbildung $\partial_* : H_2(T_2^2, s) \to H_1(l)$ entscheidend. Der Generator $1 \in H_2(T_2^2, l) \cong H_2(D^2, S^1) \cong \mathbb{Z}$ wird auf die gleiche Weise auf das Nullelement in $Z_1(l)$ abgebildet, also ist ebenfalls $\partial_* \equiv 0$. Das gleiche Argument wie oben führt dann wegen $H_1(l) \cong \mathbb{Z}^4$ zu den gewünschten Resultaten. $\qquad\square$

Die Quelle ist noch nicht versiegt, die Gymnastik mit den kommutativen Diagrammen und den langen exakten Sequenzen wird tatsächlich reich belohnt. Versuchen wir, die Homologie einer nicht-orientierbaren Fläche zu bestimmen, im einfachsten Fall die Homologie der projektiven Ebene $\mathbb{P}^2$.

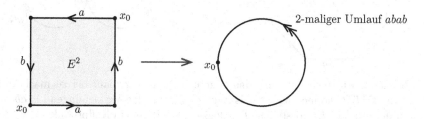

2-maliger Umlauf $abab$

Auch hier kann das bisherige Vorgehen fast wörtlich kopiert werden, wir müssen nur die veränderte Verklebungsvorschrift beachten. Wie in der Abbildung angedeutet, besteht das 1-Gerüst von $\mathbb{P}^2$ aus dem Bild des Randes ∂E^2, also aus einer einzigen Kreislinie $l = abab \cong S^1$. Nun verläuft alles analog wie bisher und wir landen bei

$$0 \longrightarrow H_2(\mathbb{P}^2) \xrightarrow{j_*} H_2(\mathbb{P}^2, l) \xrightarrow{\partial_*} H_1(l) \xrightarrow{i_*} H_1(\mathbb{P}^2) \longrightarrow 0$$

als einzig nicht-trivialem Teil der langen exakten Homologiesequenz. Wegen $H_2(\mathbb{P}^2, l) \cong H_2(E^2, \partial E^2) \cong \mathbb{Z}$ (das kann wörtlich so gezeigt werden wie oben für den Torus) kommt es wieder nur darauf an, die Abbildung ∂_* in der obigen Sequenz zu kennen. Wie sieht das Bild des Generators $1 \in H_2(\mathbb{P}^2, l)$ bei der Abbildung ∂_* aus?

Wenn wir diesmal den Rand des Quadrats als Generator von $H_1(\partial E^2)$ durchlaufen, wird die Kreislinie $l = abab$ in $\mathbb{P}^2$ zweimal durchlaufen, und zwar in der gleichen Richtung. Wir erhalten damit das Element $1+1 = 2$ und ∂_* wirkt offenbar wie die Multiplikation mit 2. Aus der Exaktheit der obigen Sequenz folgt dann analog zur Überlegung beim Torus $H_2(\mathbb{P}^2) = 0$ und $H_1(\mathbb{P}^2) \cong \mathbb{Z}_2$. Letzteres Ergebnis (wir kennen es schon von dem Zusammenhang zur Fundamentalgruppe, siehe Seite 247) ist in der Tat beachtlich, da es das einfachste Beispiel für eine zyklische Homologiegruppe von endlicher Ordnung ist. Das Resultat $H_2(\mathbb{P}^2) = 0$ ist aber neu und zeigt ein typisches Verhalten für nicht-orientierbare Flächen.

Insgesamt können Sie auch dieses Vorgehen leicht verallgemeinern und erhalten die Homologie aller nicht-orientierbaren Flächen im Überblick.

Satz (Homologie der nicht-orientierbaren geschlossenen Flächen)
Für die zusammengesetzte Summe $\mathbb{P}^2_g$ von g projektiven Ebenen gilt

$$H_0(\mathbb{P}^2_g) \cong \mathbb{Z}$$
$$H_1(\mathbb{P}^2_g) \cong \mathbb{Z}^{g-1} \oplus \mathbb{Z}_2$$
$$H_k(\mathbb{P}^2_g) = 0 \quad \text{für } k \geq 2.$$

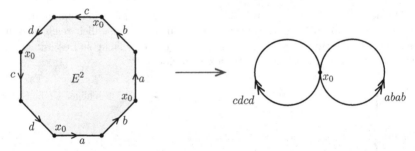

Probieren wir auch hier, uns das Ergebnis für $g = 2$ plausibel zu machen. Den Raum $\mathbb{P}^2 \# \mathbb{P}^2$ können wir uns als Achteck E^2 mit den Verklebungen $l = ababcdcd$ auf dem Rand ∂E^2 vorstellen. Topologisch ist l dann ein Keilprodukt $S^1 \vee S^1$ und wie oben lautet die lange exakte Sequenz

$$0 \longrightarrow H_2(\mathbb{P}^2_2) \overset{j_*}{\longrightarrow} H_2(\mathbb{P}^2_2, l) \overset{\partial_*}{\longrightarrow} H_1(l) \overset{i_*}{\longrightarrow} H_1(\mathbb{P}^2_2) \longrightarrow 0.$$

Wieder durch Anstechen von E^2 im Inneren bekommen Sie durch das Konzept guter Raumpaare die Beziehung $H_k(\mathbb{P}^2 \# \mathbb{P}^2, l) \cong H_k(E^2, \partial E^2)$, wodurch sich die exakte Sequenz auf

$$0 \longrightarrow H_2(\mathbb{P}^2_2) \overset{j_*}{\longrightarrow} \mathbb{Z} \overset{\partial_*}{\longrightarrow} \mathbb{Z} \oplus \mathbb{Z} \overset{i_*}{\longrightarrow} H_1(\mathbb{P}^2_2) \longrightarrow 0$$

konkretisiert. Einmaliges Umlaufen von ∂E^2 liefert im Quotienten l dann in beiden Kreisen einen doppelten Umlauf, und Sie wissen inzwischen auf den ersten Blick, dass auf diese Weise die Randabbildung als $\partial_*(1) = 2 \oplus 2$ gegeben ist. Daher ist $H_2(\mathbb{P}^2_2) = \operatorname{Ker} \partial_* = 0$ und $H_1(\mathbb{P}^2_2) \cong (\mathbb{Z} \oplus \mathbb{Z})/\operatorname{Im} \partial_* \cong \mathbb{Z} \oplus \mathbb{Z}_2$. $\qquad\square$

Nun tauchen wir einmal aus all diesen kleinen Kunststücken auf (so faszinierend sie auch sein mögen) und versuchen einen Blick aus der Vogelperspektive. Sie erkennen die Eleganz der Homologiegruppen, die leichter zugänglich sind als die Homotopiegruppen, obwohl es auch dort eine lange exakte Sequenz gibt. Das liegt vor allem an den relativen Homologiegruppen und ihren schönen Eigenschaften, besonders bei guten Raumpaaren mit den zugehörigen Deformationen. Außerdem ist es ein Vorteil, mit abelschen Gruppen arbeiten zu können, die nach dem Hauptsatz der Gruppentheorie (Seite 74) alle bekannt sind (falls endlich erzeugt).

Der Hauptsatz der Gruppentheorie wirft dann sofort eine Frage auf. Dort kommen natürlich alle Arten von Torsion vor, zum Beispiel auch die Gruppe $\mathbb{Z}_3$. Das kann offenbar bei den geschlossenen 2-Mannigfaltigkeiten nicht vorkommen, wie die bisherigen Ergebnisse zeigen. Aber sehen Sie sich einmal das Prinzip an, mit dem wir die Ergebnisse konstruiert haben. Fällt Ihnen etwas auf?

Die Torsion der ersten Homologiegruppe $H_1(X)$ war offenbar erzeugt von einem mehrfachen Umlauf der S^1-Komponenten in dem Retrakt $l \in X$, welches als Quotient von ∂E^2 durch geeignete Verklebung der Seiten entsteht.

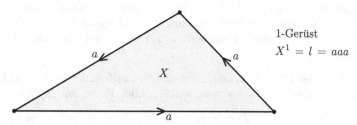

1-Gerüst
$X^1 = l = aaa$

Versuchen Sie dann zur **Übung** einmal, die Homologie des Dreiecks X mit seinen verklebten Seiten zu bestimmen (das Gerüst $l = aaa$ ist hier eine S^1). Die Abbildung ∂_* in der langen exakten Sequenz erweist sich dann als die Multiplikation mit 3 und es ergibt sich $H_1(X) \cong \mathbb{Z}_3$ und $H_k(X) = 0$ für alle $k \geq 2$.

Wir sehen auch, dass X nur im Inneren des Dreiecks eine Mannigfaltigkeit ist, da auf dem Rand bei der Identifikation drei Flächen aneinanderstoßen. In Anlehnung an die Flächen aus der Differentialgeometrie nennt man solche Gebilde auch *singuläre* Mannigfaltigkeiten.

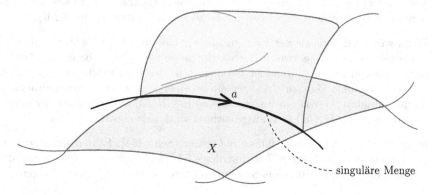

singuläre Menge

Offenbar können wir mit diesen singulären kompakten Flächen über $H_1(X)$ alle Torsionsgruppen $\mathbb{Z}_n$ mit $n > 1$ realisieren. Das geht einfach über ein Randgerüst in der Form $l = a^n$. Und da das Keilprodukt zweier singulärer Flächen wieder eine singuläre Fläche ist, können wir eine Reihe bekannter Sätze zu einem zwar etwas tautologischen, aber dennoch ganz bemerkenswerten Satz zusammenführen.

Satz (abelsche Gruppen als erste Homologiegruppen)
Jede endlich erzeugte abelsche Gruppe G mit geradem Rang lässt sich realisieren als erste Homologiegruppe $H_1(X)$ einer zusammenhängenden (meist singulären) kompakten topologischen Fläche X, bei ungeradem Rang ergänzt um eine zusätzlich angeheftete S^1.

Der Beweis ist tatsächlich fast eine Tautologie. Nach dem Hauptsatz über endlich erzeugte abelsche Gruppen (Seite 74) hat G die Gestalt

$$G = \mathbb{Z}^n \oplus \mathbb{Z}_{d_1} \oplus \ldots \oplus \mathbb{Z}_{d_r}$$

mit ganzen Zahlen $d_i > 1$. Man bilde nun einfach das Keilprodukt aus den singulären Flächen wie oben, um die Summe der Gruppen $\mathbb{Z}_{d_i}$ zu erhalten. Danach hefte man bei geradem Rang noch $n/2$ Tori an und die (singuläre) Fläche ist fertig.

Für ungeraden Rang muss man noch eine S^1 anheften, hat dann zwar keine Fläche mehr, aber dennoch einen zusammenhängenden Raum mit $H_1(X) \cong G$. □

Falls G übrigens einen $\mathbb{Z}_2$-Summanden hat, könnte man auch im Fall ungeraden Ranges einen projektiven Raum anheften und erhält insgesamt eine (singuläre) Fläche. Sie sehen, man kann ein ganze Weile herumphantasieren, die Homologie der Flächen bietet in der Tat ein rundes Bild.

Abschließend noch zwei Bemerkungen. Die Homologie der kompakten Flächen war maßgeblich bestimmt durch die Quotientenabbildung $f : (E^2, \partial E^2) \to (X, l)$, insbesondere deren Einschränkung $f|_{\partial E^2} : \partial E^2 \to l$. Über die Anzahl der Umläufe, also das Bild $\left(f|_{\partial E^2}\right)_* (1)$ des Generators, ist auch eine andere Größe festgelegt, nämlich der **Grad** $\deg f$ der Abbildung $f|_{\partial E^2}$. Diesen Zusammenhang werden wir später ausgiebig nutzen, um die Homologie von sogenannten *CW-Komplexen* zu berechnen (man spricht dabei von der *zellulären* Homologie, Seite 352 ff).

Wenn wir die Homologie der Flächen in ihrer Gesamtheit betrachten, fällt noch etwas anderes auf. Die zweite Homologiegruppe der orientierbaren Flächen ist stets isomorph zu $\mathbb{Z}$, während sie bei nicht-orientierbaren Flächen verschwindet. Das ist kein Zufall. Man spricht allgemein bei einer orientierbaren n-dimensionalen Mannigfaltigkeit M von einer *Orientierung* $\mu \in H_n(M)$, indem einer der beiden Generatoren von $H_n(M) \cong \mathbb{Z}$ ausgezeichnet wird, also entweder 1 oder -1.

Mehr zu dieser Definition erfahren Sie später (Seite 464). Fahren wir jetzt aber fort mit etwas mehr Theorie. Zur Homologie fehlt uns noch ein weiteres Standardresultat, die MAYER-VIETORIS-Sequenz mit ihren vielfältigen Anwendungen.

7.12 Die Mayer-Vietoris-Sequenz

Die Mayer-Vietoris-Sequenz ist das Homologie-Analogon zum Satz von Seifert-Van Kampen für Fundamentalgruppen (Seite 111) – ein klassisches Instrument, das in vielen Fällen eingesetzt werden kann. Wir gehen dazu aus von einer Überdeckung des Raumes X durch das Innere zweier Teilräume $A, B \subseteq X$, es gilt also $X = \overset{\circ}{A} \cup \overset{\circ}{B}$.

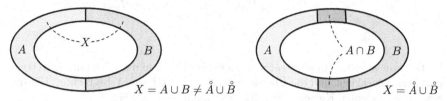

$$X = A \cup B \neq \overset{\circ}{A} \cup \overset{\circ}{B} \qquad\qquad X = \overset{\circ}{A} \cup \overset{\circ}{B}$$

Es stellte sich die Frage, ob es einen Zusammenhang zwischen der Homologie von X, A, B und $A \cap B$ gibt. W. Mayer (ein Assistent von A. Einstein in Princeton) und L. Vietoris (der auch durch sein hohes Alter von 110 Jahren bekannt wurde) fanden Ende der 1920er-Jahre eine elegante Antwort im Falle simplizialer Homologiegruppen, [76][121]. Wir behandeln hier gleich die moderne Variante für die singuläre Homologie.

Die Inklusionen induzieren zunächst vier natürliche Homomorphismen

$$\begin{aligned}
f_* &: H_n(A \cap B) &\to\ & H_n(A)\,, \\
g_* &: H_n(A \cap B) &\to\ & H_n(B)\,, \\
h_* &: H_n(A) &\to\ & H_n(X) \text{ sowie} \\
i_* &: H_n(B) &\to\ & H_n(X)\,,
\end{aligned}$$

aus denen sich weitere Homomorphismen konstruieren lassen. Zum einen ist das

$$\varphi_* = (f_*, -g_*) : H_n(A \cap B) \longrightarrow H_n(A) \oplus H_n(B)\,,$$

und zum anderen der durch $\psi_*(x,y) = h_*(x) + i_*(y)$ definierte Homomorphismus

$$\psi_* : H_n(A) \oplus H_n(B) \longrightarrow H_n(X)\,.$$

Ein bemerkenswerter Gedanke, zur direkten Summe der beiden Homologiegruppen überzugehen und bei φ_* eine Asymmetrie einzubauen. Für alle $n \in \mathbb{N}$ haben wir damit den Ausschnitt

$$H_n(A \cap B) \xrightarrow{\ \varphi_*\ } H_n(A) \oplus H_n(B) \xrightarrow{\ \psi_*\ } H_n(X)$$

einer langen Sequenz, denn es ist offensichtlich $\psi_* \circ \varphi_* = 0$. Sie ahnen vielleicht schon, wie es weitergeht. Wir müssen die Verbindung zwischen $H_n(X)$ und $H_{n-1}(A \cap B)$ herstellen, also einen geeigneten Randoperator

$$\partial_* : H_n(X) \longrightarrow H_{n-1}(A \cap B)$$

finden. Tatsächlich ergibt sich aus diesen Überlegungen der folgende Satz.

Satz (Mayer-Vietoris-Sequenz)
Mit den obigen Bezeichnungen gibt es für alle $n \in \mathbb{Z}$ einen Homomorphismus

$$\partial_* : H_n(X) \longrightarrow H_{n-1}(A \cap B),$$

der zusammen mit den Homomorphismen φ_* und ψ_* eine lange exakte Sequenz

$$\ldots \xrightarrow{\partial_*} H_n(A \cap B) \xrightarrow{\varphi_*} H_n(A) \oplus H_n(B) \xrightarrow{\psi_*} H_n(X) \xrightarrow{\partial_*} H_{n-1}(A \cap B) \xrightarrow{\varphi_*} \ldots$$

bildet.

Im **Beweis** wird der Randoperator ∂_* konstruiert, indem man sich auf die Kettengruppen zurückzieht und die Überdeckung $\mathcal{U} = \{A, B\}$ von X betrachtet. Für die bezüglich $\mathcal{U}$ kleinen Ketten (Seite 265) gilt dann offensichtlich

$$C_n(X, \mathcal{U}) = C_n(A) + C_n(B),$$

denn die kleinen Ketten müssen Summanden haben, die ganz in A oder B liegen. Die oben definierten Homomorphismen φ_* und ψ_* entstehen kanonisch aus den entsprechenden Homomorphismen der Kettengruppen

$$\varphi_\# : C_n(A \cap B) \longrightarrow C_n(A) \oplus C_n(B), \qquad a \mapsto (a, -a) \quad \text{und}$$

$$\psi_\# : C_n(A) \oplus C_n(B) \longrightarrow C_n(X, \mathcal{U}), \qquad (a, b) \mapsto a + b.$$

Damit erkennen Sie ohne Probleme die Exaktheit der kurzen Sequenz

$$0 \longrightarrow C_n(A \cap B) \xrightarrow{\varphi_\#} C_n(A) \oplus C_n(B) \xrightarrow{\psi_\#} C_n(X, \mathcal{U}) \longrightarrow 0,$$

und wenn Sie diese Sequenzen für alle $n \in \mathbb{N}$ untereinander schreiben und senkrecht mit den jeweiligen Randoperatoren verbinden – genauso haben wir das schon bei der langen exakten Homologiesequenz getan (Seite 262) – erhalten Sie das kommutative Diagramm

$$
\begin{array}{ccccccccc}
 & & \downarrow{\scriptstyle\partial} & & \downarrow{\scriptstyle\partial\oplus\partial} & & \downarrow{\scriptstyle\partial} & & \\
0 & \longrightarrow & C_n(A \cap B) & \xrightarrow{\varphi_\#} & C_n(A) \oplus C_n(B) & \xrightarrow{\psi_\#} & C_n(X, \mathcal{U}) & \longrightarrow & 0 \\
 & & \downarrow{\scriptstyle\partial} & & \downarrow{\scriptstyle\partial\oplus\partial} & & \downarrow{\scriptstyle\partial} & & \\
0 & \longrightarrow & C_{n-1}(A \cap B) & \xrightarrow{\varphi_\#} & C_{n-1}(A) \oplus C_{n-1}(B) & \xrightarrow{\psi_\#} & C_{n-1}(X, \mathcal{U}) & \longrightarrow & 0. \\
 & & \downarrow{\scriptstyle\partial} & & \downarrow{\scriptstyle\partial\oplus\partial} & & \downarrow{\scriptstyle\partial} & & \\
\end{array}
$$

Dies ist, in völliger Analogie zur langen exakten Homologiesequenz (Seite 263), eine kurze exakte Sequenz von Kettenkomplexen, aus der man mit genau der gleichen Diagrammjagd einen Randoperator gewinnen kann:

$$\partial_\# : C_n(X, \mathcal{U}) \longrightarrow C_{n-1}(A \cap B).$$

Die zugehörige lange exakte Homologiesequenz ist die Mayer-Vietoris-Sequenz, wenn man noch die Isomorphie $H_n(X,\mathcal{U}) \cong H_n(X)$ einbringt (Seite 265). Der Beweis der Exaktheit ist wieder eine Diagrammjagd, die Ihnen als kleine **Übung** gegeben sei (die Argumente sind identisch zu denen auf Seite 263 f). $\square$

Es lohnt sich, auf die Konstruktion von $\partial_* : H_n(X) \to H_{n-1}(A\cap B)$ einen genauen Blick zu werfen. Wir repräsentieren dazu ein Element in $H_n(X)$ durch einen Zyklus $z \in Z_n(X)$, dessen Summanden wir zu einem $z_\mathcal{U} \in Z_n(X,\mathcal{U})$ verkleinern, ohne seine Homologieklasse zu verändern (Seite 265).

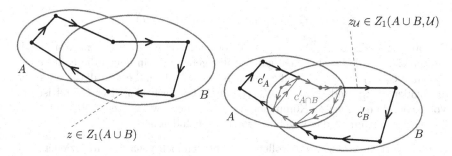

Alle Summanden von $z_\mathcal{U}$ liegen ganz in A oder B, und einige davon sogar in $A\cap B$. Wir bezeichnen die Summanden, die in A, aber nicht in $A\cap B$ liegen, mit c'_A, das ist ein Element von $C_n(A)$. Analog sei c'_B als Element von $C_n(B)$ definiert. Es bleiben die Summanden in $A\cap B$, die wir zu $c'_{A\cap B} \in C_n(A\cap B)$ zusammenfassen, wodurch sich eine Zerlegung $z_\mathcal{U} = c'_A + c'_{A\cap B} + c'_B$ ergibt. Wir betrachten dann $c'_{A\cap B}$ als Teil von $C_n(A)$, also den Zyklus $z_\mathcal{U}$ in der direkten Summendarstellung

$$z_\mathcal{U}^\oplus = \big(c'_A + c'_{A\cap B}\big) \oplus c'_B \in C_n(A) \oplus C_n(B)$$

und leiten diese Summe mit $\partial \oplus \partial$ zu einem Element

$$(\partial \oplus \partial)z_\mathcal{U}^\oplus = \partial(c'_A + c'_{A\cap B}) \oplus \partial c'_B \in C_{n-1}(A) \oplus C_{n-1}(B)$$

ab. Beachten Sie, dass $(\partial \oplus \partial)z_\mathcal{U}^\oplus \neq 0$ ist, obwohl innerhalb der Gruppe $C_n(X,\mathcal{U})$ die Gleichung $\partial z_\mathcal{U} = 0$ gilt. Die Kommutativität des Diagramms

$$
\begin{array}{ccc}
C_n(A) \oplus C_n(B) & \xrightarrow{\ \psi_\#\ } & C_n(X,\mathcal{U}) \\
{\scriptstyle \partial\oplus\partial}\Big\downarrow & & \Big\downarrow{\scriptstyle \partial} \\
C_{n-1}(A) \oplus C_{n-1}(B) & \xrightarrow{\ \psi_\#\ } & C_{n-1}(X,\mathcal{U})
\end{array}
$$

garantiert aber, dass in der unteren Zeile wenigstens

$$\psi_\#\big((\partial \oplus \partial)z_\mathcal{U}^\oplus\big) = \psi_\#\big(\partial(c'_A + c'_{A\cap B}) \oplus \partial c'_B\big)$$

$$= \partial\Big(\psi_\#\big((c'_A + c'_{A\cap B}) \oplus c'_B\big)\Big) = \partial z_\mathcal{U} = 0$$

ist. Also ist $(\partial\oplus\partial)z_\mathcal{U}^\oplus \in \operatorname{Ker}\psi_\#$ und kommt wegen der kurzen exakten Sequenz der Kettengruppen (Seite 298) von einem Element in $C_{n-1}(A \cap B)$. Wir bezeichnen es mit $\partial_\# z_\mathcal{U}^\oplus$, um die Abhängigkeit von der speziellen Zerlegung $z_\mathcal{U}^\oplus$ in eine direkte Summe hervorzuheben. Dieser Zyklus definiert schließlich das gesuchte Element $\partial_*[z] \in H_{n-1}(A\cap B)$.

In der Tat ist hier noch Vorsicht geboten, denn die Konstruktion geschah auswahl-abhängig (engl. *depending on choices*). Wir müssen sicherstellen, dass $\partial_*[z]$ nicht von den Auswahlen abhängt. Nun denn, ein zu z homologer Zyklus liefert klarer-weise auch ein zu $(\partial \oplus \partial)z_{\mathcal{U}}^{\oplus}$ homologes Element. Insofern war auch der Übergang zu dem Zyklus $z_{\mathcal{U}}$ noch unproblematisch, denn $\mathcal{U}$-kleine Unterteilungen von z sind nach einer früheren Beobachtung homolog zu z (Seite 265). Dann aber haben wir die direkte Summenzerlegung $z_{\mathcal{U}}^{\oplus} = (c'_A + c'_{A \cap B}) \oplus c'_B$ betrachtet und den Teil $c'_{A \cap B}$ dabei ganz in $C_n(A)$ untergebracht. Wir hätten es auch anders machen können, zum Beispiel mit der Festlegung

$$\widetilde{z}_{\mathcal{U}}^{\oplus} \; = \; c'_A \oplus (c'_{A \cap B} + c'_B) \; \in \; C_n(A) \oplus C_n(B) \,.$$

Es wäre ebenfalls $\psi_\#(\widetilde{z}_{\mathcal{U}}^{\oplus}) = \partial z_{\mathcal{U}} = 0$, obwohl nur c'_A als Element von $C_n(A)$ interpretiert wird. Mischformen gäbe es übrigens auch, in denen die Kette $c'_{A \cap B}$ zwischen $C_n(A)$ und $C_n(B)$ aufgeteilt wird. Das Problem besteht darin, dass sich die Zyklen $\partial_\# z_{\mathcal{U}}^{\oplus}$ und $\partial_\# \widetilde{z}_{\mathcal{U}}^{\oplus}$ in $C_{n-1}(A \cap B)$ unterscheiden. Der Grund ist das Vorzeichen in der zweiten Komponente von $\varphi_\#$, denn wir hatten $\varphi_\#(a) = (a, -a)$ festgelegt. Warum ist das Ergebnis trotzdem wohldefiniert?

Die Antwort ist einfach, wir wollen sie aber dennoch genau nachvollziehen: Die Zyklen $\partial_\# z_{\mathcal{U}}^{\oplus}$ und $\partial_\# \widetilde{z}_{\mathcal{U}}^{\oplus}$ sind homolog in $C_{n-1}(A \cap B)$, was Sie an der Rechnung

$$\partial_\# z_{\mathcal{U}}^{\oplus} - \partial_\# \widetilde{z}_{\mathcal{U}}^{\oplus} \; = \; \partial(c'_{A \cap B}) - \partial(-c'_{A \cap B}) \; = \; 2\,\partial(c'_{A \cap B}) \; = \; \partial(2\,c'_{A \cap B})$$

sehen. Auch wenn wir den Anteil $c'_{A \cap B}$ beliebig auf $C_n(A)$ und $C_n(B)$ verteilen, ist der Unterschied nach Anwendung von ∂ immer ein Rand in $A \cap B$ (**Übung**).

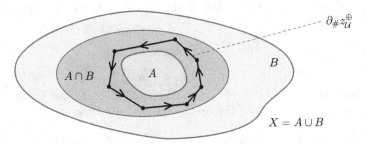

Um noch einem Missverständnis vorzubeugen, sei erwähnt, dass $\partial_\# z_{\mathcal{U}}^{\oplus}$ zwar ein Rand in X ist, deswegen aber $\partial_*[z]$ in $H_{n-1}(A \cap B)$ nicht verschwinden muss, denn $\partial_\# z_{\mathcal{U}}^{\oplus}$ muss kein Rand in $A \cap B$ sein, wie die Abbildung motiviert. $\square$

Fassen wir zusammen: Bei der MAYER-VIETORIS-Sequenz zieht man sich zunächst auf kleine Ketten in $C_n(X, \mathcal{U})$ zurück (ein Spezialgebiet von VIETORIS), wodurch eine Spaltung des Komplexes $C_n(X, \mathcal{U}) = C_n(A) + C_n(B)$ in $C_n(A) \oplus C_n(B)$ möglich wird, was eine bessere Kontrolle über die Homologie von X verspricht. Leider geht das auf Kosten der Genauigkeit, denn in der direkten Summe gibt es zu wenig Zyklen. So war im Beweis zwar $\partial z_{\mathcal{U}} = 0$, aber $(\partial \oplus \partial)z_{\mathcal{U}}^{\oplus} \neq 0$. Letztere Ketten haben aber wenigstens ihren Träger in $A \cap B$, denn durch $\partial \oplus \partial$ fallen bei den $z_{\mathcal{U}}^{\oplus}$ alle Randstücke außerhalb $A \cap B$ weg. Durch Herausfaktorisieren der Ketten in $A \cap B$ entsteht dann die MAYER-VIETORIS-Sequenz als eine lange exakte Homologiesequenz, in der die Teile geschickt miteinander verbunden sind.

Anwendung 1: Die Homologie der Sphären

Das erste Beispiel zeigt eine einfache Berechnung der Sphärenhomologie (vergleichen Sie mit Seite 272). Wir überdecken dazu die S^{n+1} mit den etwas über den Äquator hinausreichenden Hemisphären $E_+(\epsilon)$ und $E_-(\epsilon)$, welche die Rolle der Teilmengen A und B spielen.

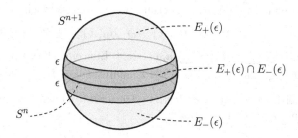

Die Hemisphären als zusammenziehbare Räume haben triviale Homologie, und der Durchschnitt $E_+(\epsilon) \cap E_-(\epsilon)$ hat den Äquator S^n als Deformationsretrakt, mithin die gleiche Homologie wie die S^n. Aus der MAYER-VIETORIS-Sequenz mit reduzierten Gruppen ergibt sich dann für alle $k, n \geq 0$ die exakte Sequenz

$$0 \oplus 0 \longrightarrow \widetilde{H}_{k+1}(S^{n+1}) \xrightarrow{\partial_*} \widetilde{H}_k(S^n) \longrightarrow 0 \oplus 0$$

und damit die gewünschte Isomorphie $\widetilde{H}_{k+1}(S^{n+1}) \cong \widetilde{H}_k(S^n)$ schneller als früher mit den relativen Homologiegruppen.

Anwendung 2: Der Trennungssatz von Jordan-Brouwer

Eine beeindruckende Anwendung der MAYER-VIETORIS-Sequenz ist ein (relativ) einfacher Beweis des Satzes von L. BROUWER, der den bekannten Kurvensatz in der Ebene von C. JORDAN auf höhere Dimensionen verallgemeinerte.

Satz (Trennungssatz von Jordan-Brouwer)
Es sei $n \geq 0$ und K eine Teilmenge von S^n, die zu S^{n-1} homöomorph ist. Dann besitzt $S^n \setminus K$ genau zwei Wegzusammenhangskomponenten.

Man kann auch zeigen, dass K der gemeinsame Rand der Komponenten ist. Um die Tragweite dieses Satzes zu erkennen, müssen Sie für $n = 2$ nur an die exotischen PEANO-Kurven denken (Seite 137). Oder an die bereits erwähnten ANTOINE-ALEXANDER-Sphären als wilde Einbettungen $S^2 \subset \mathbb{R}^3 \subset S^3$, die wir in dem geplanten Folgeband genauer besprechen. Die (anschaulich eigentlich plausible) Aussage ist daher alles andere als trivial.

Lassen Sie uns also beobachten, welch trickreiche Konstruktionen die MAYER-VIETORIS-Sequenz in dem **Beweis** ermöglicht. Man verwendet dabei die reduzierte Homologie (Seite 254). Ganz offensichtlich ist $\widetilde{H}_0(X) = 0$ gleichbedeutend mit dem Wegzusammenhang von X. Dann ist nämlich jeder reduzierte Zyklus ein Rand. Beim Satz von JORDAN-BROUWER ist es nun wichtig, den Fall zweier Wegkomponenten zu betrachten.

Hilfssatz
Für jeden topologischen Raum X gilt

X hat genau zwei Wegzusammenhangskomponenten $\Leftrightarrow$ $\widetilde{H}_0(X) \cong \mathbb{Z}$.

Der **Beweis** ist einfach und beruht auf der offensichtlich exakten Sequenz

$$0 \longrightarrow \widetilde{H}_0(X) \longrightarrow H_0(X) \overset{\epsilon}{\longrightarrow} \mathbb{Z} \longrightarrow 0 ,$$

welche aus $\epsilon\left(\sum_i a_i P_i\right) = \sum_i a_i$ entsteht. Eine einfache gruppentheoretische Überlegung zeigt, dass dann $\widetilde{H}_0(X) \cong \mathbb{Z}$ äquivalent zu $H_0(X) \cong \mathbb{Z} \oplus \mathbb{Z}$ ist. $\qquad\square$

Wir werden den Satz von JORDAN-BROUWER jetzt mit einer Aussage beweisen, die ihn als Spezialfall enthält.

Satz (Verallgemeinerung von Jordan-Brouwer)
Es sei $n \geq 0$ und K eine Teilmenge von S^n, die zu S^k homöomorph ist, $k < n$. Dann gilt für die reduzierte Homologie von $S^n \setminus K$

$$\widetilde{H}_m(S^n \setminus K) = \begin{cases} \mathbb{Z} & \text{für } m = n-k-1 \\ 0 & \text{sonst} . \end{cases}$$

Ein bedeutendes Ergebnis. Sie erkennen sofort, dass sich der Satz von JORDAN-BROUWER mit $k = n - 1$ aus obigem Hilfssatz ergibt. Der **Beweis** läuft über Induktion nach k. Für $k = 0$ ist $S^n \setminus S^0 \cong \mathbb{R}^n \setminus 0$. Dieser Raum hat die S^{n-1} als Deformationsretrakt, also die gleiche Homologie wie S^{n-1}. Damit ist der Induktionsanfang mit dem Satz über die Homologie der Sphären (Seite 272) erledigt.

Für den Induktionsschritt sei $h : S^k \to K$ ein Homöomorphismus. Wir zerlegen K in zwei zu I^k homöomorphe Teile in der S^n. Sie entsprechen den Bildern $h(K_1)$ und $h(K_2)$ der beiden Hemisphären von S^k, welche sich genau im Äquator S^{k-1} schneiden. Der Kürze wegen identifizieren wir $h(K_i)$ jetzt mit K_i und können so von den zu I^k homöomorphen Teilen $K_1, K_2 \subset S^n$ sprechen. Es ist dann $K = K_1 \cup K_2$ und $K_1 \cap K_2 \subset S^n$ homöomorph zu S^{k-1}.

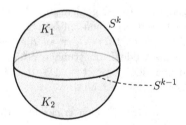

Die Homologie von $S^n \setminus (K_1 \cap K_2)$ ist also nach Induktionsvoraussetzung bekannt. Nun ist offenbar

$$S^n \setminus (K_1 \cap K_2) = (S^n \setminus K_1) \cup (S^n \setminus K_2)$$

eine offene Überdeckung von $S^n \setminus (K_1 \cap K_2)$ und

$$(S^n \setminus K_1) \cap (S^n \setminus K_2) = S^n \setminus (K_1 \cup K_2) = S^n \setminus K.$$

Damit haben wir eine gute Grundlage für die Anwendung der MAYER-VIETORIS-Sequenz und erhalten den Ausschnitt

$$\widetilde{H}_m(S^n \setminus K_1) \oplus \widetilde{H}_m(S^n \setminus K_2) \xrightarrow{\;\psi_*\;} \widetilde{H}_m\big(S^n \setminus (K_1 \cap K_2)\big) \xrightarrow{\;\partial_*\;}$$

$$\xrightarrow{\;\partial_*\;} \widetilde{H}_{m-1}(S^n \setminus K) \xrightarrow{\;\varphi_*\;} \widetilde{H}_{m-1}(S^n \setminus K_1) \oplus \widetilde{H}_{m-1}(S^n \setminus K_2)$$

Sie erkennen, dass der Induktionsschritt jetzt ohne Probleme funktionieren würde, wenn die Gruppen $\widetilde{H}_r(S^n \setminus K_i)$ für alle $r \geq 0$ verschwinden. Dann hätten wir nämlich Isomorphismen

$$\partial_* : \widetilde{H}_r\big(S^n \setminus (K_1 \cap K_2)\big) \longrightarrow \widetilde{H}_{r-1}(S^n \setminus K),$$

aus denen folgt, dass die Homologie von $S^n \setminus K$ mit $K \cong S^k$ genau der um einen Index verschobenen Homologie von $S^n \setminus (K_1 \cap K_2)$ mit $K_1 \cap K_2 \cong S^{k-1}$ entspricht. Es bleibt in der Tat nur noch zu zeigen, dass $\widetilde{H}_r(S^n \setminus K_i) = 0$ ist für alle $r \geq 0$. Dies ergibt sich aus dem folgendem Hilfssatz, wenn man zusätzlich noch die natürliche Homöomorphie $K_i \cong I^k$ verwendet, $I = [0,1]$.

Hilfssatz
Es sei $L \subset S^n$ eine zu I^k homöomorphe Teilmenge, $0 \leq k \leq n$. Dann gilt für alle $r \geq 0$ die Beziehung $\widetilde{H}_r(S^n \setminus L) = 0$.

Der **Beweis** dieses Hilfssatzes geht wieder mit Induktion nach k, wobei der Induktionsanfang mit $k = 0$ wegen $S^n \setminus I^0 \cong S^n \setminus \{p\} \cong \mathbb{R}^n$ trivial ist. Das weitere Vorgehen beruht auf einem raffinierten Trick. Da $L \cong I^k$ ist, können wir es in zwei Hälften L_1 und L_2 zerlegen mit $L_1 \cap L_2 \cong I^{k-1}$.

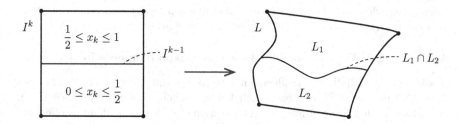

Genau wie oben liefert die MAYER-VIETORIS-Sequenz diesmal Isomorphismen

$$\varphi_* : \widetilde{H}_r\big(S^n \setminus L\big) \longrightarrow \widetilde{H}_r(S^n \setminus L_1) \oplus \widetilde{H}_r(S^n \setminus L_2),$$

was Sie als einfache **Übung** kurz verifizieren können. Wir nehmen nun an, dass es ein Element $\mu \neq 0$ in $\widetilde{H}_r\big(S^n \setminus L\big)$ gäbe. Die Abbildung φ_* zerlegt μ in zwei Summanden $\mu_1 \oplus \mu_2$, die durch die Inklusionen von $S^n \setminus L$ in $S^n \setminus L_1$ und $S^n \setminus L_2$ entstehen: Man betrachtet einen Repräsentanten von μ in $Z_r(S^n \setminus L)$, ohne ihn zu ändern, einmal in der (größeren) Menge $S^n \setminus L_1$ und einmal in $S^n \setminus L_2$.

Da φ_* ein Isomorphismus ist, muss $\mu_1 \neq 0$ oder $\mu_2 \neq 0$ sein. Falls $\mu_1 \neq 0$ ist (der andere Fall verläuft identisch), zerlegen wir auf dieselbe Weise den Teil L_1 in zwei Hälften L_{11} und L_{12} mit $L_{11} \cap L_{12} \cong I^{k-1}$. Auch hier liefert die MAYER-VIETORIS-Sequenz eine entsprechende Zerlegung $\varphi_*(\mu_1) = \mu_{11} \oplus \mu_{12}$, in der wieder mindestens einer der beiden Summanden nicht verschwindet.

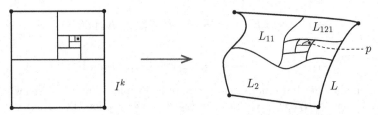

Der Vorgang wird nun iteriert, sodass eine k-dimensionale Würfelschachtelung $L = W_0 \supset W_1 \supset \ldots$ entsteht, in der für jedes $j \geq 1$ ein μ-Anteil $\neq 0$ in $\tilde{H}_r(S^n \setminus W_j)$ ausgewählt wird. Die W_j ziehen sich auf einen Punkt p zusammen, und wegen $S^n \setminus \{p\} \cong \mathbb{R}^n$ ist der Repräsentant von μ ein Rand ∂c^{r+1} in $B_r(S^n \setminus \{p\})$, denn die Homologie von $\mathbb{R}^n$ ist trivial. Die Kette c^{r+1} hat einen kompakten Träger im Komplement von p und daher gibt es einen Index j_0 mit $c^{r+1} \in C_{r+1}(S^n \setminus W_{j_0})$. Dies steht im Widerspruch zu der Konstruktion der W_j, also gibt es in $\tilde{H}_r(S^n \setminus L)$ kein Element $\neq 0$ und der Satz ist bewiesen. $\square$

Ein fundamentales Resultat, mit dem sich (unter anderem) der wichtige Satz über die **Invarianz eines Gebiets** im $\mathbb{R}^n$ herleiten lässt (engl. *invariance of domain*), wonach für jede Einbettung $f : U \to \mathbb{R}^n$ einer offenen Menge $U \subseteq \mathbb{R}^n$ das Bild $f(U)$ wieder offen ist. Der Beweis nutzt für jeden Punkt $x \in U$ eine Umgebung $D^n_\epsilon \subset U$ und die Tatsache, dass $f(\partial D^n_\epsilon) \cong S^{n-1}$ den $\mathbb{R}^n \subset S^n$ in zwei Wegkomponenten separiert, die beide offen sind. Da $f(\mathring{D}^n_\epsilon)$ wegzusammenhängend ist, füllt es die eine der beiden Komponenten voll aus und ist daher offen in $\mathbb{R}^n \subset S^n$. $\square$

Hieraus folgt, dass jede Einbettung $f : M \hookrightarrow N$ einer kompakten n-Mannigfaltigkeit M in eine zusammenhängende n-Mannigfaltigkeit N ein Homöomorphismus ist, denn $f(M)$ ist kompakt (also abgeschlossen) und nach dem Satz über die Invarianz von Gebieten auch offen in N. Also muss $f(M) = N$ sein. $\square$

Anwendung 3: Die Homologie eines Kurvenkomplements in $\mathbb{R}^3$

Das ist ein Spezialfall des verallgemeinerten Satzes von JORDAN-BROUWER, aus dem sich eine eigene Theorie entwickelt hat, die sogenannte *Knotentheorie* (engl. *knot theory*). Das Beispiel mahnt auch ein wenig zur Vorsicht, denn es offenbart eine gewisse Ungenauigkeit der Homologiegruppen im Vergleich zu den (allerdings wesentlich schwerer zugänglichen) Homotopiegruppen.

differenzierbare Einbettungen

$\varphi : S^1 \hookrightarrow \mathbb{R}^3$

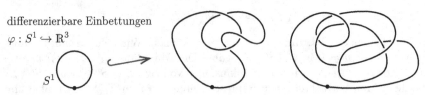

Wir betrachten dazu glatte Raumkurven, also differenzierbare Einbettungen

$$\varphi : S^1 \hookrightarrow \mathbb{R}^3\,,$$

und wollen mit der MAYER-VIETORIS-Sequenz zeigen, dass die Homologie des Komplements $\mathbb{R}^3 \setminus \varphi(S^1)$ gar nicht davon abhängt, wie die Kurve im Raum verknotet ist.

Satz (Homologie eines Kurvenkomplements im $\mathbb{R}^3$)
Es sei $K \subset \mathbb{R}^3$ eine kompakte glatte Raumkurve, also das Bild einer differenzierbaren Einbettung $S^1 \hookrightarrow \mathbb{R}^3$. Dann gilt

$$H_n(\mathbb{R}^3 \setminus K) = \begin{cases} \mathbb{Z} & \text{für } 0 \leq n \leq 2 \\ 0 & \text{für } n > 2\,. \end{cases}$$

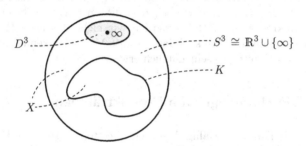

Im **Beweis** wählen Sie $X = S^3 \setminus K$, $A = \mathbb{R}^3 \setminus K$ und $B = D^3$, wobei D^3 hier eine 3-Scheibe um den Punkt $\infty \in S^3$ ist, die K nicht trifft. Die Menge $A \cap B$ deformationsretrahiert auf $\partial D^3 \cong S^2$ und die MAYER-VIETORIS-Sequenz liefert

$$H_n(S^2) \xrightarrow{\varphi_*} H_n(\mathbb{R}^3 \setminus K) \oplus H_n(D^3) \xrightarrow{\psi_*} H_n(S^3 \setminus K) \xrightarrow{\partial_*} H_{n-1}(S^2)$$

Der Fall $n = 0$ ist dann klar, denn $\mathbb{R}^3 \setminus K$ ist wegzusammenhängend. Für $n = 1$ ergibt sich mit der bekannten Homologie der Sphären und Scheiben sowie der Verallgemeinerung von JORDAN-BROUWER (Seite 302) die exakte Sequenz

$$0 \xrightarrow{\varphi_*} H_1(\mathbb{R}^3 \setminus K) \xrightarrow{\psi_*} \mathbb{Z} \xrightarrow{\partial_*} \mathbb{Z} \xrightarrow{\varphi_*} H_0(\mathbb{R}^3 \setminus K) \oplus H_0(D^3)\,.$$

Offensichtlich ist die Abbildung φ_* rechts injektiv, denn der Generator $1 \in H_0(S^2)$ (repräsentiert durch einen Ein-Punkt-Zyklus $x \in S^2$) wird auf

$$1 \oplus 1 \ \in \ H_0(\mathbb{R}^3 \setminus K) \oplus H_0(D^3) \cong \mathbb{Z}^2$$

abgebildet. Damit ist wegen der Exaktheit der Sequenz der Homomorphismus ∂_* die Nullabbildung und die Sequenz kann aufgetrennt werden zu

$$0 \xrightarrow{\varphi_*} H_1(\mathbb{R}^3 \setminus K) \xrightarrow{\psi_*} \mathbb{Z} \xrightarrow{\partial_*} 0\,,$$

was die Aussage für $n = 1$ ergibt. Für $n = 2$ sehen wir

$$H_3(S^3 \setminus K) \xrightarrow{\partial_*} H_2(S^2) \xrightarrow{\varphi_*} H_2(\mathbb{R}^3 \setminus K) \oplus H_2(D^3) \xrightarrow{\psi_*} H_2(S^3 \setminus K)$$

oder konkret (wieder mit dem Satz auf Seite 302)

$$0 \xrightarrow{\partial_*} \mathbb{Z} \xrightarrow{\varphi_*} H_2(\mathbb{R}^3 \setminus K) \xrightarrow{\psi_*} 0$$

und damit das gewünschte Ergebnis für $n = 2$. Für $n > 2$ verschwindet dann auch die Gruppe $H_n(S^2)$ in der obigen Sequenz und der Satz ist bewiesen. □

Eine kleine Anmerkung dazu. Wir haben früher gesehen (Seite 122 ff), dass die Fundamentalgruppe $\pi_1(\mathbb{R}^3 \setminus K)$ genauere Unterschiede bei der Verknotung von Raumkurven aufdecken kann. Wenn Sie aber noch einmal dorthin zurückblättern, erkennen Sie deutlich die enge methodische Verwandtschaft zwischen den Sätzen von SEIFERT-VAN KAMPEN (Seite 111) und MAYER-VIETORIS.

Im nächsten Abschnitt wenden wir uns einem weiteren Werkzeug zu, das bei den Fundamentalgruppen relativ einfach zu bedienen war. Es geht um die Homologie eines Produktes $X \times Y$. Dabei werden wir nicht nur neue Homologiegruppen berechnen können, sondern auch interessante Methoden kennenlernen, die sich im übernächsten Kapitel als sehr nützlich erweisen werden.

7.13   Die Homologie von Produkträumen

Die Frage ist längst überfällig. Wie sieht die Homologie eines Produktes $X \times Y$ aus, wenn wir die Homologie der Faktoren kennen? Gleich vorneweg die Information, dass es ein einfaches Resultat wie bei der Fundamentalgruppe (Seite 90) hier nicht gibt. Die sonst so gut zugänglichen Homologiegruppen fordern jetzt ihren Tribut. Die zentralen Ergebnisse dazu (hauptsächlich von S. EILENBERG, J. ZILBER und H.L. KÜNNETH) waren dann aber wegweisend für die Entwicklung der homologischen Algebra (Seite 199 ff) und sind die Basis für viele abenteuerliche Konstruktionen, die wir im weiteren Verlauf kennenlernen.

Gehen wir einmal naiv heran und betrachten eine Kette $c \in C_n(X \times Y)$, bestehend aus Summanden in Form von Abbildungen $\sigma^n : \Delta^n \to X \times Y$. Über die Projektionen auf die Faktoren ergeben sich dann sofort n-Ketten $\sigma_X^n : \Delta^n \to X$ und $\sigma_Y^n : \Delta^n \to Y$. Die Versuchung liegt zunächst nahe, wie bei der Fundamentalgruppe einfach zur Summe $C_n(X) \oplus C_n(Y)$ überzugehen und zu hoffen, dass die Konstruktion zu einem Resultat der Form $H_n(X \times Y) \cong H_n(X) \oplus H_n(Y)$ führt.

Sie erkennen aber, dass dieser Ansatz zu kurz gesprungen ist. Ein Beispiel liefert der Torus $T^2 = S^1 \times S^1$. Zwar stimmt die Formel zufällig für $H_1(T^2) \cong \mathbb{Z} \oplus \mathbb{Z}$, aber bei $H_0(T^2) \cong \mathbb{Z}$ und $H_2(T^2) \cong \mathbb{Z}$ liegen wir damit gründlich daneben. Es ist eben zu wenig, die kombinatorisch komplexe Maschinerie der Zyklen und Ränder eines Produktes $X \times Y$ einfach auf die Faktoren herunterbrechen zu wollen.

Dem Produktcharakter von $X \times Y$ kommen wir in der Homologie näher, indem wir zum Tensorprodukt der Komplexe von X und Y übergehen (Seite 217). Dazu wiederholen wir kurz, was das eigentlich ist.

Definition (Produkt von Kettenkomplexen topologischer Räume)
Für zwei topologische Räume X und Y sowie deren singuläre Kettenkomplexe

$$C_*(X) = \big(C_n(X), \partial_n\big)_{n \in \mathbb{N}}$$

und

$$C_*(Y) = \big(C_n(Y), \partial_n\big)_{n \in \mathbb{N}}$$

sei das **Tensorprodukt** der Komplexe definiert als

$$C_*(X) \otimes C_*(Y) = \left(\bigoplus_{i+j=n} C_i(X) \otimes C_j(Y), \partial_n \right)_{n \in \mathbb{N}},$$

wobei für ein $u^i \in C_i(X)$ und ein $v^j \in C_j(Y)$, $i + j = n$, der Randoperator ∂ festgelegt ist durch lineare Fortsetzung der Vorschrift

$$\partial(u^i \otimes v^j) = (\partial u^i) \otimes v^j + (-1)^i u^i \otimes \partial v^j.$$

Eine auf den ersten Blick ziemlich komplexe Definition. Wenn Sie sich aber zur **Übung** die Kettengruppen für $n = 0$ bis $n = 3$ aufschreiben, bekommt die Definition etwas natürliches, ja fast zwingendes, denn wir haben es mit Produkten von Gruppen zu tun. Da ist es sinnvoll, zum Beispiel $C_1(X) \otimes C_3(Y)$ und $C_2(X) \otimes C_2(Y)$ unter einem Dach zusammenzufassen. Beide Gruppen beschreiben nämlich etwas Vierdimensionales: Zwei Simplizes $\sigma^1 : \Delta^1 \to X$ und $\sigma^3 : \Delta^3 \to Y$ liefern über einen Homöomorphismus $\varphi : \Delta^1 \times \Delta^3 \to \Delta^4$ ein 4-Simplex

$$(\sigma^1 \times \sigma^3) \circ \varphi^{-1} : \Delta^4 \longrightarrow X \times Y.$$

Völlig analog, mit einem Homöomorphismus $\psi : \Delta^2 \times \Delta^2 \to \Delta^4$ ergeben zwei 2-Simplizes $\sigma^2 : \Delta^2 \to X$ und $\tau^2 : \Delta^2 \to Y$ ein Produktsimplex $\Delta^4 \to X \times Y$.

Natürlich müsste man noch verifizieren, dass in der Definition $\partial \partial = 0$ ist. Vielleicht sind Sie motiviert, das als einfache **Übung** zu probieren, um mit dem Tensorkalkül etwas vertrauter zu werden. Sie erkennen dabei auch die Notwendigkeit des Faktors $(-1)^i$ vor dem zweiten Summanden in der Definition von ∂.

Nun sind wir soweit, den Satz von EILENBERG-ZILBER zu besprechen, der aus den bisherigen Ausführungen schon ein wenig herausschimmert, [28].

Satz (Homologie eines Produktes, Eilenberg-Zilber 1953)
Mit den obigen Bezeichnungen ergeben der Kettenkomplex $C_*(X \times Y)$ und das Produkt der Kettenkomplexe $C_*(X) \otimes C_*(Y)$ isomorphe Homologiegruppen.

Im **Beweis** benutzen wir die kubische Homologie (Seite 248 ff). Die Würfel erlauben nämlich eine einfache geometrische Konstruktion, um vom Produktkomplex $Q_*(X) \otimes Q_*(Y)$ auf direktem Weg zu $Q_*(X \times Y)$ zu kommen. Es seien dazu zwei singuläre Würfel $\omega_X^i : I^i \to X$ und $\omega_Y^j : I^j \to Y$ gegeben, mit $i + j = n$, die einen Generator $\omega_X^i \otimes \omega_Y^j$ im Produkt $\left(Q_*(X) \otimes Q_*(Y)\right)_n$ bilden. Die Produktabbildung

$$\omega_X^i \times \omega_Y^j : I^{i+j} = I^n \longrightarrow X \times Y$$

definiert dann auf natürliche Weise ein Element in $Q_n(X \times Y)$. Durch lineare Fortsetzung entsteht so eine natürliche **Kettenabbildung**

$$\varphi : Q_*(X) \otimes Q_*(Y) \longrightarrow Q_*(X \times Y),$$

denn eine elementare **Übung** zeigt, dass φ mit den jeweiligen Randoperatoren verträglich ist, es gilt für alle Indizes $\varphi_{n-1} \circ \partial_n = \partial_n \circ \varphi_n$. Es bleibt zu zeigen, dass φ eine Isomorphie der Homologiegruppen der beiden Komplexe induziert.

Hier sei wieder an die Methode der azyklischen Modelle erinnert (Seite 255 f), die schon mehrmals geholfen hat, ein langes und mühsames technisches Kalkül zu vermeiden (Seiten 260 oder 264). Die große Frage lautet, wie wir sie in dem hier vorliegenden Fall einsetzen können.

Beim Rückblick auf die kategorientheoretischen Ideen sind Sie vielleicht auch an der Bemerkung vorbeigekommen, dass für EILENBERG und MACLANE „die Pfeile genauso wichtig wie die Räume selbst" waren, [78]. Übersetzt in unsere Situation heißt das, die Morphismen und deren innere Gesetze treten in den Vordergrund gegenüber den Räumen an sich – oder kurz: Es spielt keine Rolle, welche Objekte man betrachtet (bisher waren es topologische Räume), es kommt nur auf deren Interaktionen über die Morphismen an.

Ähnlich wie beim Ausschneidungssatz wählen wir dazu eine neue Kategorie, nämlich die der Raumpaare (X, Y), wobei X und Y gewöhnliche topologische Räume sind. Die Morphismen zwischen diesen Objekten sind Paare $f = (f_1, f_2)$ stetiger Funktionen, wir schreiben dann kurz $f : (X, Y) \to (Z, W)$ und meinen damit zwei stetige Funktionen $f_1 : X \to Z$ und $f_2 : Y \to W$. Um die Notation nicht zu überfrachten, sei der Komplex $Q_*(X \times Y)$ mit $P_*(X, Y)$ bezeichnet und der Produktkomplex $Q_*(X) \otimes Q_*(Y)$ mit $T_*(X, Y)$. Beachten Sie bitte, dass wir wieder die reduzierte Homologie der beiden Komplexe verwenden, um die Methode der azyklischen Modelle effizient einsetzen zu können (schon ab dem Index $n = 0$). Die Menge $\mathcal{M}$ der (azyklischen) Modellräume besteht in diesem Fall aus allen Raumpaaren (M, N), bei denen sowohl M als auch N zusammenziehbar ist.

Damit kennen wir wieder alle Ingredienzien für einen eleganten, weil fast technikfreien Beweis des Satzes von EILENBERG-ZILBER. Zunächst prüft man, dass der Funktor $P_n : (X, Y) \mapsto P_n(X, Y)$ über den Modellräumen in $\widehat{P}_n$ darstellbar ist. Erinnern Sie sich dazu an die Gruppe $\widehat{P}_n(X, Y)$, die als frei-abelsche Gruppe generiert war von allen Paaren (f, μ^n) mit $f : (M, N) \to (X, Y)$ stetig für ein Paar $(M, N) \in \mathcal{M}$ und ein $\mu^n \in P_n(M, N)$.

Der Beweis der Darstellbarkeit von P_n in $\widehat{P}_n$ verläuft dann völlig geradeaus und analog zu dem früheren Fall gewöhnlicher topologischer Räume (Seite 256), weil sich die Faktoren bei der Paar- und Produktbildung nicht beeinflussen und die Rechnungen unabhängig voneinander für jeden Faktor einzeln ausgeführt werden können. Versuchen Sie das als einfache **Übung**.

Etwas schwieriger ist es bei der Darstellbarkeit von T_n in $\widehat{T}_n$. Auch hier ist zunächst $T_n(X, Y)$ als frei-abelsche Gruppe generiert von allen Paaren (g, ν^n) mit $g : (M, N) \to (X, Y)$ stetig für ein Paar $(M, N) \in \mathcal{M}$ und ein $\nu^n \in T_n(M, N)$. Wegen

$$T_n(M, N) \;=\; \bigoplus_{i+j=n} Q_i(M) \otimes Q_j(N)$$

besteht ν^n aus Summanden, die in M und N unterschiedliche Dimensionen haben. Bei den Transformationen $\Phi_n : \widehat{T}_n(X, Y) \to T_n(X, Y)$ können zwar formal auch wieder den Generatoren (g, ν^n) die Elemente $g \circ \nu^n$ zugeordnet werden, nur sollte man sich kurz klar machen, wie das gemeint ist. Ein Summand von ν^n hat die Form $u^i \otimes v^j$ mit $i + j = n$, $u^i \in Q_i(M)$ und $v^j \in Q_j(N)$. Die Abbildung g besteht aus den Komponenten $g_1 : M \to X$ und $g_2 : N \to Y$ und der zugehörige Summand von $\Phi_n(g, \nu^n)$ in $T_n(X, Y)$ lautet damit $(g_1 \circ u^i) \otimes (g_2 \circ v^j)$.

Die Umkehrungen $\Psi_n : T_n(X, Y) \to \widehat{T}_n(X, Y)$ liegen nun auf der Hand. Sie werden wieder auf den Generatoren $\omega_X^i \otimes \omega_Y^j$ definiert über

$$\Psi_n(\omega_X^i \otimes \omega_Y^j) \;=\; \left(\omega_X^i \times \omega_Y^j,\; \mathrm{id}_{I^i} \otimes \mathrm{id}_{I^j} \right).$$

Beachten Sie, dass $\omega_X^i : I^i \to X$ und $\omega_Y^j : I^j \to Y$ singuläre Würfel sind und hier das Paar (I^i, I^j) als Modell in $\mathcal{M}$ fungiert. So gesehen ist $\mathrm{id}_{I^i} \otimes \mathrm{id}_{I^j}$ ein Element von $T_n(I^i, I^j)$ und es ergibt sich mit $\Psi_n(\omega_X^i \otimes \omega_Y^j)$ ein Element in $\widehat{T}_n(X, Y)$. Lassen Sie sich gerne etwas Zeit, um diese elementaren, aber möglicherweise für den Neuling etwas abstrakten Aussagen zu prüfen. Das betrifft auch die abschließende Rechnung

$$\begin{aligned} \Phi_n \circ \Psi_n(\omega_X^i \otimes \omega_Y^j) \;&=\; \Phi_n\!\left(\omega_X^i \times \omega_Y^j,\; \mathrm{id}_{I^i} \otimes \mathrm{id}_{I^j} \right) \\ &=\; (\omega_X^i \circ \mathrm{id}_{I^i}) \otimes (\omega_Y^j \circ \mathrm{id}_{I^j}) \;=\; \omega_X^i \otimes \omega_Y^j, \end{aligned}$$

mit der gezeigt ist, dass $\mathcal{M}$ genügend Modelle enthält, um die Funktoren T_n in den $\widehat{T}_n$ darzustellen.

Es ist schon faszinierend, mit welch geringem Rechenaufwand man arbeiten kann, wenn man nur den Mut zu mehr Abstraktion aufbringt. Fassen wir als Gedankenstütze zusammen, was wir bisher erarbeitet haben:

i. Die kovarianten Funktoren P_* und T_* von Raumpaaren der Form (X, Y) in die (augmentierten) Kettenkomplexe frei abelscher Gruppen. Dabei ist $P_*(X, Y) = Q_*(X \times Y)$ und $T_*(X, Y) = Q_*(X) \otimes Q_*(Y)$.

ii. Die Modellmenge $\mathcal{M}$, bestehend aus Paaren (M, N), in denen sowohl M als auch N zusammenziehbar ist.

iii. Die Funktoren P_n sind für alle $n \geq 0$ darstellbar in $\widehat{P}_n$ über den azyklischen Modellen $\mathcal{M}$, dito für den Funktor T_n in $\widehat{T}_n$.

iv. Eine Kettenabbildung $\varphi : T_*(X, Y) \to P_*(X, Y)$, welche in Dimension $n = 0$ die Form

$$\varphi_0 : T_0(X, Y) \;\longrightarrow\; P_0(X, Y), \quad \omega_X^0 \otimes \omega_Y^0 \mapsto (\omega_X^0, \omega_Y^0)$$

besitzt. Dabei ist $(\omega_X^0, \omega_Y^0)(0) = \left(\omega_X^0(0), \omega_Y^0(0) \right) \in X \times Y$.

Interessanterweise benötigen wir die (vorhin besprochene) Fortsetzung φ von φ_0 gar nicht mehr, sie wird uns durch die Methode der azyklischen Modelle geschenkt (vergleichen Sie mit Seite 256). Ein weiterer Punkt liegt ebenfalls auf der Hand:

v. Der Homomorphismus

$$\psi_0 : P_0(X,Y) \longrightarrow T_0(X,Y), \quad \omega^0_{X \times Y} \mapsto (\mathrm{pr}_X \circ \omega^0_{X \times Y}) \otimes (\mathrm{pr}_Y \circ \omega^0_{X \times Y}),$$

der invers zu φ_0 ist (kleine **Übung**, pr_X und pr_Y sind die Projektionen).

Nimmt man all dies zusammen, so folgt jetzt der Satz von EILENBERG-ZILBER nach genau dem gleichen Schema wie damals bei der Äquivalenz der Simplex- und der Würfelhomologie (Seite 250 f). Einzig zu prüfen bleibt noch die Tatsache, dass die Modelle in $\mathcal{M}$ sowohl bei P_* als auch bei T_* tatsächlich azyklisch sind, also für alle zusammenziehbaren Räume M und N die augmentierten Kettenkomplexe $P_*(M,N)$ und $T_*(M,N)$ triviale Homologiegruppen liefern.

Ganz einfach ist das bei $P_*(M,N)$, denn mit M und N ist auch $M \times N$ zusammenziehbar und die Aussage folgt aus einem früheren Hilfssatz (Seite 255).

Bei $T_*(M,N)$ ist es (erwartungsgemäß) wieder schwieriger und zwingt uns doch noch zu einer etwas technischen Überlegung. $T_*(M,N)$ ist das Produkt der beiden (augmentierten) Komplexe $Q_*(M)$ und $Q_*(N)$. Es sei dann $r : M \times I \to M$ eine Deformationsretraktion von M auf den Punkt $x \in M$, also $r|_{M \times \{0\}} = \mathrm{id}_M$ und $h = r|_{M \times \{1\}} \equiv x$. Damit definiert h einen Kettenhomomorphismus

$$\widetilde{h}_\# : Q_*(M) \longrightarrow Q_*(x), \quad Q_*(x) \text{ steht kurz für } Q_*(\{x\}),$$

und mit der natürlichen Inklusion $i_\# : Q_*(x) \to Q_*(M)$ ist $\widetilde{h}_\# \circ i_\# = \mathrm{id}_{Q_*(x)}$ und $h_\# = i_\# \circ \widetilde{h}_\#$ zumindest kettenhomotop zu $\mathrm{id}_{Q_*(M)}$. Das ist eine direkte Anwendung der azyklische Modelle (Seite 256), deren Voraussetzungen offensichtlich erfüllt sind (kleine **Übung**). Man beginnt die gesuchte Homotopie wieder mit $D_{-1} = 0$ und definiert $D_0 : Q_0(M) \to Q_1(M)$, indem einem 0-Würfel $I^0 \to \{y\}$ als 1-Würfel eine Kurve $\gamma : I^1 \to M$ von x nach y zugeordnet wird. Das ist homologisch eindeutig möglich, weil M zusammenziehbar ist (der Rest sei Ihnen als weitere **Übung** empfohlen).

Der Plan besteht nun darin, den ersten Faktor $Q_*(M)$ in $T_*(M,N)$ durch den homotopieäquivalenten Komplex $Q_*(x)$ zu ersetzen und zu hoffen, dass sich die Homologiegruppen von $T_*(M,N)$ dabei nicht ändern. Mit dem zweiten Faktor würden wir genauso verfahren und hätten dann nur noch zu zeigen, dass ein Produkt $Q_*(x) \otimes Q_*(y)$ zweier trivialer Komplexe auf einpunktigen Räumen die triviale Homologie hat. Dies sehen Sie aber direkt an der Definition des Produktkomplexes (Seite 307), denn es ist $Q_*(x)$ von der Form

$$\ldots \xrightarrow{\partial} 0 \xrightarrow{\partial} 0 \xrightarrow{\partial} 0 \xrightarrow{\partial} \mathbb{Z} \xrightarrow{1} \mathbb{Z} \longrightarrow 0.$$

Sie müssen nur beachten, dass für $n > 0$ alle $Q_*(x) = 0$ sind, denn alle konstanten Würfel ab Dimension $n = 1$ sind degeneriert (Seite 250). Wegen $\mathbb{Z} \otimes \mathbb{Z} \cong \mathbb{Z}$ und $0 \otimes \mathbb{Z} = \mathbb{Z} \otimes 0 = 0$ hat der Produktkomplex $Q_*(x) \otimes Q_*(y)$ dann dieselbe Form und liefert auch die triviale Homologie.

Es bleibt also noch zu zeigen, dass die Modifikation $Q_*(x) \otimes Q_*(N)$ kettenhomotop zu $T_*(M, N) = Q_*(M) \otimes Q_*(N)$ ist. Die Lösung hierfür ist naheliegend. Wir zeigen, dass $h_\# \otimes \mathrm{id}_{Q_*(N)}$ homotop zu $\mathrm{id}_{T_*(M,N)}$ ist. Die (vorhin bereits nachgewiesene) Homotopie von $h_\#$ zu $\mathrm{id}_{Q_*(M)}$ sei dabei durch die entsprechenden Homomorphismen $D_n : Q_n(M) \to Q_{n+1}(M)$ bewerkstelligt.

Für einen Summanden $u^i \otimes v^j \in Q_i(M) \otimes Q_j(N)$ mit $i + j = n$ ergibt sich dann

$$
\begin{aligned}
(h_\# \otimes \mathrm{id}_{Q_j(N)})(u^i \otimes v^j) - (u^i \otimes v^j) &= \left(h_\#(u^i) \otimes v^j\right) - (u^i \otimes v^j) \\
&= \left(h_\#(u^i) - u^i\right) \otimes v^j \\
&= (\partial D_i u^i + D_{i-1} \partial u^i) \otimes v^j .
\end{aligned}
$$

Der einfacheren Notation wegen wurde der Ausdruck $\partial\left(D_i(u^i)\right)$ hier zu $\partial D_i u^i$ abgekürzt, dito für $D_{i-1} \partial u^i$. Wir setzen nun für alle $n \geq 0$

$$
\widetilde{D}_n = \bigoplus_{i+j=n} D_i \otimes \mathrm{id}_{Q_j(N)} : T_n(M, N) \longrightarrow T_{n+1}(M, N)
$$

und weisen nach, dass dadurch eine Kettenhomotopie zwischen $h_\# \otimes \mathrm{id}_{Q_*(N)}$ und $\mathrm{id}_{T_*(M,N)}$ definiert wird, denn es gilt auf den Summanden $u^i \otimes v^j$ in $T_n(M, N)$

$$
\begin{aligned}
\left(\partial \widetilde{D}_n + \widetilde{D}_{n-1} \partial\right)(u^i \otimes v^j) &= \partial \widetilde{D}_n(u^i \otimes v^j) + \widetilde{D}_{n-1} \partial(u^i \otimes v^j) \\
&= \partial(D_i u^i \otimes v^j) + \\
&\quad\ \widetilde{D}_{n-1}\left(\partial u^i \otimes v^j + (-1)^i u^i \otimes \partial v^j\right) \\
&= \partial D_i u^i \otimes v^j + (-1)^{i+1} D_i u^i \otimes \partial v^j + \\
&\quad\ D_{i-1} \partial u^i \otimes v^j + (-1)^i D_i u^i \otimes \partial v^j \\
&= \partial D_i u^i \otimes v^j + D_{i-1} \partial u^i \otimes v^j .
\end{aligned}
$$

Die rechten Seiten der beiden Rechnungen stimmen überein, also auch die linken Seiten, womit die noch fehlende Kettenhomotopie $h_\# \otimes \mathrm{id}_{Q_*(N)} \simeq \mathrm{id}_{T_*(M,N)}$ gefunden und letztlich der Satz von EILENBERG-ZILBER bewiesen ist. $\qquad\square$

Der Beweis hat erneut gezeigt, wie mächtig die Methode der azyklischen Modelle ist – vor allem in Verbindung mit reduzierten Homologiegruppen, bei denen schon ab dem Index $n = 0$ damit gearbeitet werden kann (man hat $\widetilde{H}_0(M) = 0$ für die Modelle $M \in \mathcal{M}$). Auch die Variante der Würfelhomologie hat sich bei Produkten als sehr hilfreich erwiesen, denn es ist $I^i \times I^j = I^{i+j}$.

Wir wechseln nun wieder zu der gewohnten, singulären Homologie mit Simplizes und wissen mit dem Satz von EILENBERG-ZILBER, dass es natürliche Isomorphien

$$
H_n\big(C_*(X \times Y)\big) \cong H_n\big(C_*(X) \otimes C_*(Y)\big)
$$

gibt. Die Gruppen links sind die Homologiegruppen $H_n(X \times Y)$ des Produktraumes $X \times Y$. Was jetzt noch bleibt, ist ein rein algebraisches Problem, nämlich die Verbindung der Homologie eines Produktes $C_*(X) \otimes C_*(Y)$ zweier Kettenkomplexe zur Homologie der beiden Faktoren $C_*(X)$ und $C_*(Y)$ herzustellen.

Die Formel hierzu fand H.L. KÜNNETH bereits in den 1920er-Jahren, als er die Homologie von Mannigfaltigkeiten untersuchte, [66]. Sein Ergebnis benutzt den Tor-Funktor der homologischen Algebra (Seite 205) und lässt sich in unserem Kontext wie folgt formulieren.

Satz (Künneth-Formel für die Homologie, 1923, [66])
Mit den obigen Bezeichnungen gibt es für alle $n \in \mathbb{N}$ eine spaltende exakte Sequenz

$$0 \longrightarrow \bigoplus_{i+j=n} H_i(X) \otimes H_j(Y) \longrightarrow H_n\big(C_*(X) \otimes C_*(Y)\big) \longrightarrow$$

$$\longrightarrow \bigoplus_{i+j=n-1} \mathrm{Tor}\big(H_i(X), H_j(Y)\big) \longrightarrow 0. \qquad \square$$

Wichtig für die Gültigkeit dieser Sequenz ist übrigens, dass die Gruppen der Kettenkomplexe frei abelsch sind (wie in der algebraischen Einführung zu diesem Kapitel auf Seite 217 erläutert).

Nun sind wir endlich für einfache Spezialfälle gerüstet, denn wir haben stets $H_n\big(C_*(X) \otimes C_*(Y)\big) \cong H_n(X \times Y)$ nach dem Satz von EILENBERG-ZILBER. Wenn wir dann garantieren können, dass die Homologiegruppen wenigstens eines Raumes X oder Y frei abelsch (oder etwas schwächer: torsionsfrei) sind, dann verschwinden die Tor-Gruppen (Seite 214) und wir kommen zu der suggestiven und einfach zu merkenden

---

Beobachtung:
Falls für einen der Räume X oder Y sämtliche Homologiegruppen frei abelsch (oder wenigstens torsionsfrei) sind, gilt

$$H_n(X \times Y) \cong \bigoplus_{i+j=n} H_i(X) \otimes H_j(Y).$$

Sofort erkennen Sie, dass die Formel (im Gegensatz zum ersten, missglückten Versuch auf Seite 306) auch beim Torus $T^2 = S^1 \times S^1$ funktioniert. Es ergibt sich

$$H_0(T^2) \cong H_0(S^1) \otimes H_0(S^1) \cong \mathbb{Z} \otimes \mathbb{Z} \cong \mathbb{Z}$$

$$H_1(T^2) \cong \big(H_0(S^1) \otimes H_1(S^1)\big) \oplus \big(H_1(S^1) \otimes H_0(S^1)\big) \cong \mathbb{Z} \oplus \mathbb{Z}$$

$$H_2(T^2) \cong \big(H_0(S^1) \otimes H_2(S^1)\big) \oplus \big(H_1(S^1) \otimes H_1(S^1)\big) \oplus \big(H_2(S^1) \otimes H_0(S^1)\big)$$

$$\cong (\mathbb{Z} \otimes 0) \oplus (\mathbb{Z} \otimes \mathbb{Z}) \oplus (0 \otimes \mathbb{Z}) \cong \mathbb{Z}.$$

Also stimmt wieder alles. Vielleicht wollen Sie einmal als kleine **Übung** versuchen, die Homologie des dreidimensionalen Torus $S^1 \times S^1 \times S^1$ zu berechnen? Es funktioniert nach dem gleichen Prinzip.

Als nicht ganz so einfaches Beispiel wenden wir uns jetzt noch dem Produkt $\mathbb{P}^2 \times \mathbb{P}^2$ zweier projektiver Ebenen zu. Insbesondere wird sich dabei ergeben, dass es nicht homotopieäquivalent zu $\mathbb{P}^4$ ist (was man natürlich auch mit den universellen Überlagerungen $S^2 \times S^2$ und S^4 sehen könnte, Seite 343).

Die Homologie der projektiven Ebene kennen wir schon (Seite 294). Hier müssen wir aufpassen, denn $H_1(\mathbb{P}^2) \cong \mathbb{Z}_2$ ist kein *flacher* $\mathbb{Z}$-Modul, die erste Tor-Gruppe verschwindet also nicht. Was wir hier beachten müssen, ist aber nur die Identität $\mathrm{Tor}(\mathbb{Z}_2, \mathbb{Z}_2) \cong \mathbb{Z}_2$ (Seite 216).

Durch das Spalten der KÜNNETH-Sequenz erhalten wir direkte Summen für die Homologie. Beginnen wir mit $H_0(\mathbb{P}^2 \times \mathbb{P}^2)$. Hier ist der Tor-Anteil 0 und es ergibt sich

$$H_0(\mathbb{P}^2 \times \mathbb{P}^2) \cong H_0(\mathbb{P}^2) \otimes H_0(\mathbb{P}^2) \cong \mathbb{Z} \otimes \mathbb{Z} \cong \mathbb{Z}.$$

Etwas anderes war auch nicht zu erwarten. Bei $H_1(\mathbb{P}^2 \times \mathbb{P}^2)$ verschwinden ebenfalls noch alle Tor-Anteile und wir erkennen

$$H_1(\mathbb{P}^2 \times \mathbb{P}^2) \cong \big(H_0(\mathbb{P}^2) \otimes H_1(\mathbb{P}^2)\big) \oplus \big(H_1(\mathbb{P}^2) \otimes H_0(\mathbb{P}^2)\big) \cong \mathbb{Z}_2 \oplus \mathbb{Z}_2.$$

Kommen wir jetzt zu $H_2(\mathbb{P}^2 \times \mathbb{P}^2)$. Wegen

$$\mathrm{Tor}\big(H_0(\mathbb{P}^2), H_1(\mathbb{P}^2)\big) \cong \mathrm{Tor}(\mathbb{Z}, \mathbb{Z}_2) = 0$$

verschwinden auch hier die Torsionsanteile und mit $H_2(\mathbb{P}^2) = 0$ ergibt sich

$$
\begin{aligned}
H_2(\mathbb{P}^2 \times \mathbb{P}^2) &\cong \big(H_0(\mathbb{P}^2) \otimes H_2(\mathbb{P}^2)\big) \oplus \big(H_1(\mathbb{P}^2) \otimes H_1(\mathbb{P}^2)\big) \oplus \\
&\quad \big(H_2(\mathbb{P}^2) \otimes H_0(\mathbb{P}^2)\big) \\
&\cong \mathbb{Z}_2 \otimes \mathbb{Z}_2 \cong \mathbb{Z}_2.
\end{aligned}
$$

Richtig spannend wird es nun bei $H_3(\mathbb{P}^2 \times \mathbb{P}^2)$. Hier stellen Sie fest, dass auf der linken Seite der KÜNNETH-Sequenz alle Summanden verschwinden, denn im Tensorprodukt $H_i(\mathbb{P}^2) \otimes H_j(\mathbb{P}^2)$ kommt immer die zweite oder die dritte Homologiegruppe vor. Der Torsionsanteil wird jetzt maßgeblich und hier bleibt nur der Summand $\mathrm{Tor}(\mathbb{Z}_2, \mathbb{Z}_2)$ übrig. Insgesamt erhalten wir

$$H_3(\mathbb{P}^2 \times \mathbb{P}^2) \cong \mathrm{Tor}(\mathbb{Z}_2, \mathbb{Z}_2) \cong \mathbb{Z}_2.$$

Auf die gleiche Weise prüfen Sie als kleine **Übung** schnell, dass $H_n(\mathbb{P}^2 \times \mathbb{P}^2) = 0$ für $n \geq 4$ und damit die Homologie von $\mathbb{P}^2 \times \mathbb{P}^2$ vollständig berechnet ist.

Wie schon angedeutet, werden wir später sehen, dass die Homologie von $\mathbb{P}^4$ anders aussieht (Seite 362). Es ist nämlich

$$H_1(\mathbb{P}^4) \cong H_3(\mathbb{P}^4) \cong \mathbb{Z}_2 \quad \text{und} \quad H_2(\mathbb{P}^4) \cong H_4(\mathbb{P}^4) = 0,$$

weswegen $\mathbb{P}^2 \times \mathbb{P}^2$ nicht homotopieäquivalent zu $\mathbb{P}^4$ sein kann, geschweige denn homöomorph. Gerne können Sie sich selbst zur **Übung** noch mehr Beispiele ausdenken, mit der KÜNNETH-Formel kommt man in der Tat sehr weit.

Soviel in diesem Kapitel zur Einführung in die Homologietheorie. Im nächsten Kapitel werden wir wieder ganz konkret und besprechen eine große und wichtige Klasse von Räumen, welche die simplizialen Komplexe auf elegante Weise verallgemeinern und eine sehr effiziente Berechnung von Homologien erlauben.

8 CW-Komplexe und einige ihrer Anwendungen

In diesem Kapitel lernen Sie Beispiele topologischer Räume kennen, die das Konzept der simplizialen Komplexe verallgemeinern. Entwickelt wurden sie im Jahr 1949 von J.H.C. WHITEHEAD, [124]. Ähnlich wie Simplizialkomplexe sind sie induktiv aufgebaut aus k-dimensionalen Objekten, k-*Zellen* genannt, die durch geeignete Abbildungen mit niederdimensionalen Gerüsten verklebt sind. Man nennt diese Räume *CW-Komplexe* – eine Bezeichnung, deren Ursprung Ihnen nach einigen Vorbereitungen klar werden wird.

Der wesentliche Vorteil gegenüber simplizialen Komplexen liegt in der deutlich kleineren Anzahl an Bausteinen, die benötigt werden. Für die S^2, minimal dargestellt als $\partial\Delta^3$, haben wir zum Beispiel vier Ecken, sechs Kanten und vier Seitenflächen benötigt, mithin 14 Simplizes. Der Torus T^2 benötigt in seinem ebenen Bauplan $[0,3] \times [0,3]$ nicht weniger als 9 Ecken, 27 Kanten und 18 Seiten, das sind zusammen 54 Simplizes.

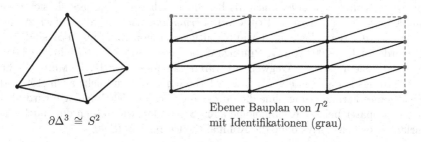

$$\partial\Delta^3 \cong S^2$$

Ebener Bauplan von T^2
mit Identifikationen (grau)

Als CW-Komplex wird die S^2 nur zwei Zellen und der T^2 vier Zellen benötigen. Sie können sich vorstellen, dass damit viele Berechnungen von Homologie- und Homotopiegruppen erheblich vereinfacht werden. Und weil CW-Komplexe allgemeiner sind als Simplizialkomplexe (Seite 323 f), wundert es nicht, dass sie ab der zweiten Hälfte des 20. Jahrhunderts im Vergleich mit ihren Vorgängern zunehmend an Bedeutung gewonnen haben.

Ein weiterer Aspekt: Wir erreichen in diesem Kapitel eine völlig neue Qualität in der Arbeit mit Homologie- und Homotopiegruppen. Wenn Sie einmal kritisch auf die bisherige Arbeit zurückblicken, stellen Sie fest, dass wir diese Gruppen bisher nur verwendet haben, um die topologische Verschiedenheit von Räumen zu zeigen. Wir haben die Gruppen berechnet, mit mehr oder weniger raffinierten Methoden, und dann die elementare Tatsache benutzt, dass homotopieäquivalente Räume isomorphe Gruppen haben müssen. Wenn das nicht der Fall war, hatten wir nicht-äquivalente Räume gefunden.

WHITEHEAD konnte mit Homotopie- und Homologiegruppen erstmals Sätze über die Gleichheit von Räumen zeigen (im Sinne von Homotopieäquivalenzen). Wir wollen gleich zu Beginn das große Ziel formulieren, gewissermaßen das Leitmotiv, aus dem der ganze Stoff dieses Kapitels entwickelt wird. Sein Beweis wird uns auf wahrlich verschlungene und abenteuerliche Pfade führen.

Hauptziel (Leitmotiv) des Kapitels

Jede einfach zusammenhängende, kompakte topologische Mannigfaltigkeit mit der Homologie der Sphäre S^n ist homotopieäquivalent zur S^n.

Der Satz ist in der Tat gehaltvoll, er ist ein kleiner Bruder der *generalisierten* POINCARÉ-*Vermutung*. Sie müssen dafür nur die Wörter „homotopieäquivalent" durch „homöomorph" und „kompakt" durch „geschlossen" ersetzen, sowie die Mannigfaltigkeit a priori als n-dimensional annehmen: Jede einfach zusammenhängende, geschlossene n-Mannigfaltigkeit mit der S^n-Homologie ist demnach bereits homöomorph zur S^n. Für $n < 3$ war dies durch die Klassifikation von Mannigfaltigkeiten schon lange bekannt (Seite 50). In einer spektakulären Phase der Forschung von Mitte der 1960-er Jahre bis 2003 wurde die Vermutung dann nach und nach in allen Dimensionen $n \geq 3$ bewiesen. Im Jahr 1966 für $n \geq 5$ durch M. NEWMAN, [85], nach methodischen Vorarbeiten von J. STALLINGS und E.C. ZEEMAN, [108][126], und 1982 für $n = 4$ von M. FREEDMAN, [33].

Die Dimension $n = 3$ erwies sich als besonders schwierig. Es handelt sich dann um die berühmte (*klassische*) POINCARÉ-*Vermutung*, nach der alle einfach zusammenhängenden, geschlossenen 3-Mannigfaltigkeiten homöomorph zu S^3 sind, [95]. Sie wurde im Jahr 2003 von G. PERELMAN bewiesen, [91], fast 100 Jahre nachdem POINCARÉ sie aufstellte. Wegweisend waren hier Ideen von R. HAMILTON, [39], die allerdings komplizierte analytische Methoden erfordern (siehe auch [15],[83]). Die elegante Formulierung ohne die Forderung nach der S^3-Homologie wird übrigens erst später bei der Kohomologie klar (Seite 494), wir werden dort auch eine Variante des Leitmotivs ohne die Kompaktheit erreichen (Seite 477).

Was erwartet uns in diesem Kapitel? Auf dem Weg zum Hauptziel erleben wir zunächst einen Satz von WHITEHEAD, wonach jede stetige Abbildung zwischen CW-Komplexen eine Homotopieäquivalenz ist, wenn sie Isomorphismen zwischen den Homotopiegruppen induziert (Seite 345 ff). Vielleicht erinnert Sie das an ein früheres Resultat, in dem die Umkehrung besprochen wurde: Homotopieäquivalenzen induzieren stets Isomorphismen der Homotopiegruppen (Seite 135).

Mit der *CW-Approximation*, einem technischen Hilfsmittel, das die Universalität der CW-Komplexe unterstreicht, können wir anschließend einen ersten Schritt in Richtung unseres Hauptziels gehen (Seite 373 ff). Als Gipfelpunkt besprechen wir danach das Theorem von HUREWICZ, das in bestimmten Fällen die Gleichheit von höheren Homotopie- und Homologiegruppen garantiert (Seite 391 ff, vergleichen Sie auch dessen Variante für Fundamentalgruppen auf Seite 244). Mit diesem Theorem können wir das Hauptziel erreichen und gleichzeitig die Vorbereitungen treffen, um das Ergebnis für $n = 3$ im nächsten Kapitel noch zu verbessern.

Lassen Sie uns nun mit den Grundlagen beginnen. Standard-Einführungen und die weiterführende Theorie darüber finden Sie in praktisch allen gängigen Lehrbüchern zur algebraischen Topologie, so zum Beispiel in [73],[113]. Die Darstellung hier folgt in Teilen [41].

8.1 Grundlegende Definitionen und erste Beispiele

Was in Simplizialkomplexen ein k-Simplex ist, heißt in CW-Komplexen eine k-Zelle. Das sind die elementaren Bausteine, welche anschließend Schritt für Schritt geeignet verklebt werden.

> **Definition (k-Zelle)**
> Eine k-**Zelle** ist ein zur offenen k-dimensionalen Einheitsscheibe $\mathring{D}^k = D^k \backslash \partial D^k$ homöomorpher topologischer Raum. Man bezeichnet sie mit e^k und nennt k die **Dimension** der Zelle. Eine 0-Zelle ist per definitionem ein einzelner Punkt.

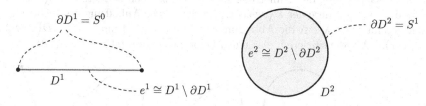

Beachten Sie für den weiteren Verlauf des Kapitels, dass man in der Notation häufig keinen Unterschied zwischen e^k und $\mathring{D}^k = D^k \backslash \partial D^k$ macht. Für $k \geq 1$ schreibt man statt ∂D^k manchmal auch S^{k-1}. Die k-Zellen sind auf natürliche Weise homöomorph zum Inneren der Simplizes Δ^k, die wir als Quellen der singulären k-Simplizes kennen gelernt haben (Seite 241).

Da die Definition der CW-Komplexe für Anfänger schwierig zu überblicken ist, möchte ich deren Aufbau an einem einfachen Beispiel motivieren. Ausgehend von einer (nicht notwendig endlichen) Menge von diskreten Punkten $\{e^0_\lambda : \lambda \in \Lambda\}$, welche das 0-Gerüst X^0 des CW-Komplexes bilden, heften wir zunächst eine Menge von 1-Zellen $\{e^1_\lambda : \lambda \in \Lambda\}$ an. Um Sie nicht durch zu viele Indizes zu verwirren, seien alle Zellen mit dem gleichen Buchstaben λ indiziert, wobei sich die Indexmengen Λ von Dimension zu Dimension unterscheiden können. Die obige Schreibweise steht also kurz für $\{e^0_{\lambda_0} : \lambda_0 \in \Lambda_0\}$ und $\{e^1_{\lambda_1} : \lambda_1 \in \Lambda_1\}$.

Wie geschieht nun die Anheftung der 1-Zellen e^1_λ an das 0-Gerüst? Wir wählen dazu für jede Zelle e^1_λ eine Anheftungsabbildung

$$\varphi_\lambda : S^0 \longrightarrow X^0,$$

wobei S^0 als der Rand von $\overline{e^1_\lambda} \cong D^1 \subset \mathbb{R}$ interpretiert wird.

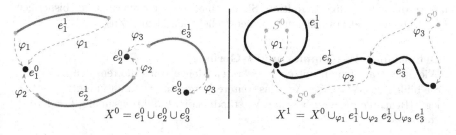

Nun sei das 1-Gerüst X^1 des CW-Komplexes definiert als der Quotientenraum

$$X^1 = \left(X^0 \bigsqcup_{\lambda \in \Lambda} D^1_\lambda \right) \Big/ \sim,$$

wobei in den D^1_λ alle Randpunkte $x \in \partial D^1_\lambda = S^0_\lambda$ mit $\varphi_\lambda(x)$ identifiziert sind.

Vielleicht benötigen Sie eine genauere Erklärung. Das Zeichen $\bigsqcup$ steht für eine disjunkte Vereinigung. Ähnlich wie bei den simplizialen Komplexen sehen wir hier also das 1-Gerüst vor der Anheftung in seine Einzelteile zerlegt. Die e^1_λ finden sich dabei als das Innere der D^1_λ wieder. Die eigentliche Anheftung geschieht nun, indem Sie für jedes $\lambda \in \Lambda$ die Abbildung φ_λ nehmen, die Punkte $x \in \partial D^1_\lambda = S^0_\lambda$ mit $\varphi_\lambda(x) \in X^0$ identifizieren, also einen Quotientenraum bilden (Seite 38).

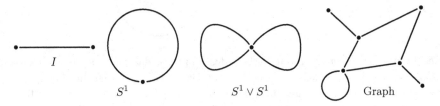

Das Bild zeigt einige Beispiele von diesen (eindimensionalen) CW-Komplexen. Das Intervall I, die S^1, der Doppelkreis und allgemein jeder topologische Graph ist also leicht als CW-Komplex darstellbar. Sie erkennen, dass die Komplexe in bijektiver Beziehung zur disjunkten Vereinigung all ihrer (offenen) 0- und 1-Zellen stehen, wobei jede Zelle e^1_λ homöomorph zum Bild des Inneren von D^1_λ bei der obigen Quotientenabbildung ist. Für jede Zelle e^1_λ nennt man dann die Abbildung

$$\Phi^1_\lambda : D^1_\lambda \longrightarrow X^1,$$

die durch die Verkettung der Inklusion $D^1_\lambda \subseteq X^0 \bigsqcup_{\lambda \in \Lambda} D^1_\lambda$ mit der Quotientenabbildung entsteht, die **charakteristische Abbildung** der Zelle e^1_λ. Die Einschränkung von Φ^1_λ auf das Innere von D^1_λ ist dabei ein Homöomorphismus auf $e^1_\lambda \subset X^1$. Vielleicht denken Sie einfach ein paar Minuten in aller Ruhe darüber nach.

Nachdem wir uns jetzt mit (fast) allen wichtigen Konstruktionsschritten am Beispiel eines eindimensionalen Komplexes vertraut gemacht haben, wagen wir uns an die vollständige Definition. Sie ist eine Verallgemeinerung der bisherigen Überlegungen und braucht nur an einer Stelle einen kleinen Zusatz.

Definition (CW-Komplex und k-Gerüste)
Wie oben startet man mit einer diskreten Menge von Punkten, den 0-Zellen. Sie bilden das 0-**Gerüst** X^0. Das weitere Vorgehen wird nun induktiv festgelegt. (Beachten Sie zum besseren Verständnis den Induktionsanfang $k = 1$ von vorhin.)

Das k-**Gerüst** X^k werde aus dem $(k-1)$-Gerüst X^{k-1} gebildet, indem eine Menge $\{e^k_\lambda : \lambda \in \Lambda\}$ von k-Zellen über Abbildungen

$$\varphi_\lambda : S^{k-1} \longrightarrow X^{k-1}$$

an X^{k-1} angeheftet wird. An die Menge Λ besteht keinerlei Forderung, sie kann leer sein, aber auch überabzählbar unendlich. Im ersten Fall wird beim Aufbau des CW-Komplexes die Dimension k übersprungen (was bei simplizialen Komplexen nicht möglich war). Das k-**Gerüst**

$$X^k = \left(X^{k-1} \bigsqcup_{\lambda \in \Lambda} D^k_\lambda \right) \Big/ \left(x \sim \varphi_\lambda(x) \right)$$

nennt man einen **(endlichdimensionalen) CW-Komplex**. Das Maximum der Dimensionen seiner Zellen nennt man seine **Dimension**. Beachten Sie, dass $\dim X^k < k$ sein kann, falls die Menge $\{e^k_\lambda : \lambda \in \Lambda\}$ leer ist.

Es gibt auch die Möglichkeit, den Anheftungsprozess ad infinitum fortzusetzen, um zu einem **unendlich-dimensionalen CW-Komplex** zu gelangen. In diesem Fall muss dessen Topologie aber mit einem Zusatz gesondert festgelegt werden, da sie nicht mehr über die Bildung endlich vieler Quotiententopologien a priori gegeben ist. Der CW-Komplex hat dann (als Menge) die Gestalt

$$X = \bigcup_{k \geq 0} X^k,$$

und eine Teilmenge $A \subseteq X$ sei per definitionem offen (abgeschlossen) genau dann, wenn $A \cap X^k$ offen (abgeschlossen) in X^k ist für alle $k \geq 0$.

Wie beim obigen Anheften von 1-Zellen an X^0 ist auch hier für eine Zelle e^k_λ die **charakteristische Abbildung** $\Phi^k_\lambda : D^k_\lambda \to X$ definiert. Sie ist stetig wegen der Zusatzbedingung in der Definition. Diese garantiert nämlich, dass die Inklusion $X^k \hookrightarrow X$ stetig ist. Das Innere von D^k_λ wird dabei homöomorph auf e^k_λ abgebildet, und Sie können als einfache **Übung** zeigen, dass das Bild $\Phi^k_\lambda(D^k_\lambda)$ gleich dem topologischen Abschluss $\overline{e^k_\lambda}$ der Zelle in X ist. Die charakteristischen Abbildungen sind also ein wichtiges Konzept, um die Topologie von CW-Komplexen zu ergründen, vor allem im Fall unendlicher Komplexe.

Machen wir einige Beispiele. Eine Sphäre S^n entsteht durch eine 0-Zelle e^0, an die eine n-Zelle e^n über die triviale Abbildung $\varphi : S^{n-1} \to \{e^0\}$ geheftet wird. Man schreibt für diese Konstruktion $S^n = e^0 \cup_\varphi e^n$ oder kurz $S^n = e^0 \cup e^n$, wenn die Verklebung aus dem Kontext heraus klar ist.

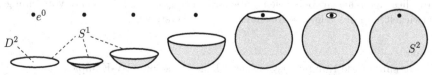

Die Abbildung zeigt, dass beim Aufbau eines n-dimensionalen CW-Komplexes alle
Dimension $0 < k < n$ ausgelassen werden können. Der Charme der CW-Komplexe
wird hier erstmals sichtbar: Jede Sphäre entsteht aus nur zwei Zellen. (Vielleicht
denken Sie noch einmal zurück an die simplizialen Komplexe, bei denen wir allein
für die S^2 bereits 14 Simplizes benötigten.) Eine CW-Struktur ist übrigens – wie
bei simplizialen Strukturen auch – keinesfalls eindeutig. Die S^2 können Sie auch
aus je zwei Zellen der Dimensionen 0, 1 und 2 konstruieren (kleine **Übung**).

Der Torus T^2 entsteht aus einer 0-Zelle e^0, an die zunächst zwei 1-Zellen e_1^1 und
e_2^1 geheftet werden, wie in der Abbildung angedeutet.

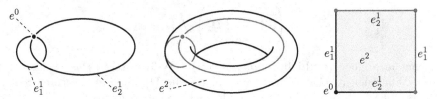

Nun wird dieses 1-Gerüst $(T^2)^1$ zu einer Fläche, indem eine 2-Zelle e^2 angeheftet
wird. Die zugehörige Anheftungsabbildung

$$\varphi : S^1 \longrightarrow (T^2)^1$$

entsteht dadurch, dass die S^1 homöomorph auf den Rand des ebenen Bauplans
für $T^2 = aba^{-1}b^{-1}$ abgebildet wird (Seite 46). Danach werden die vier Eckpunkte
des Randes auf den Punkt $e^0 \in (T^2)^1$ abgebildet. Die resultierende Abbildung
$S^1 \to (T^2)^1$ ist stetig, denn so war die Quotiententopologie konstruiert (Seite 38).
In der obigen Schreibweise ist dann $T^2 = \left(e^0 \cup e_1^1 \cup e_2^1\right) \cup_\varphi e^2$.

Trotz der vielen Möglichkeiten und Freiheiten sollte man sich aber bewusst
werden, welche Grenzen die CW-Komplexe haben. Das scheinbar harmlose Inter-
vall $D^1 = [-1,1]$ benötigt mindestens drei Zellen in der Form $e_1^0 \cup e_2^0 \cup e^1$, und die
Anheftung einer 2-Zelle e^2 an D^1 kann nur so geschehen, dass der gesamte Rand
$\partial D^2 = S^1$ nach $[-1,1]$ abgebildet wird.

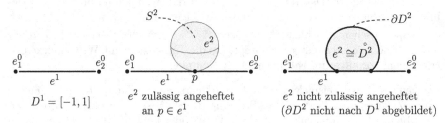

Mit diesen einfachen Beispielen haben Sie genügend anschauliche Vorstellung
entwickelt, um das folgende Resultat sofort zu verstehen.

Satz
Jeder simpliziale Komplex ist auf natürliche Weise ein CW-Komplex.

Der **Beweis** sei Ihnen als **Übung** überlassen. Die Aussage folgt direkt aus der Definition simplizialer Komplexe (Seite 161) und der Tatsache, dass jedes Standardsimplex Δ^k ausgehend von seinen Ecken induktiv als endlicher CW-Komplex aufgebaut werden kann. Beachten Sie dabei die Homöomorphie $\mathring{\Delta}^k \cong e^k$. ($\square$)

Die Umkehrung gilt übrigens nicht: Wir konstruieren im nächsten Abschnitt einen exotischen CW-Komplex, der keine simpliziale Struktur trägt (Seite 325).

Die projektiven Räume als CW-Komplexe

Ein schönes Beispiel für CW-Komplexe sind die projektiven Räume. Wir beginnen mit dem reellen Fall $\mathbb{P}^n$ und nehmen eine 0-Zelle e^0, die als Punkt den $\mathbb{P}^0$ darstellt. Der $\mathbb{P}^1$ ist homöomorph zu den Geraden durch den Ursprung von $\mathbb{R}^2$, entspricht also $S^1/\sim$ bei der Identifikation antipodal liegender Punkte: $x \sim -x$.

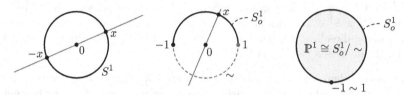

Mit etwas Vorstellungsvermögen erkennen Sie, dass der $\mathbb{P}^1$ damit homöomorph zum oberen Halbkreis S^1_o der S^1 ist, in dem nur noch die beiden gegenüber liegenden Punkte -1 und 1 zu identifizieren sind. Dies entspricht genau der Anheftung einer 1-Zelle e^1 über die Anheftungsabbildung $\varphi_0 : S^0 \to e^0$ mit der charakteristischen Abbildung $\Phi^1 : D^1 \to \mathbb{P}^1$, die den Rand ∂D^1 auf $e^0 = \mathbb{P}^0$ abbildet. An der Konstruktion erkennen Sie auch sofort die Homöomorphie $\mathbb{P}^1 \cong S^1$.

Das Beispiel ist bewusst ausführlich beschrieben, denn es weist den Weg zu $\mathbb{P}^2$. Das sind die Geraden durch den Ursprung in $\mathbb{R}^3$, und die sind homöomorph zur Nordhalbkugel S^2_o, wobei auf dem Äquator die gleichen Identifikationen wie zuvor in $\mathbb{P}^1$ nötig sind. Wir heften eine 2-Zelle e^2 mit der Abbildung $\varphi_1 : S^1 \to \mathbb{P}^1$ an das Gerüst $\mathbb{P}^1 \cong e^0 \cup_{\varphi_0} e^1$ an, wobei φ_1 wieder die Identifikation $x \sim -x$ ist.

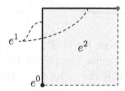

Induktiv erhält man damit

$$\mathbb{P}^n \cong e^0 \cup_{\varphi_0} e^1 \cup_{\varphi_1} \ldots \cup_{\varphi_{n-1}} e^n,$$

nach n Anheftungen, die durch die Antipoden-Identifikationen $\varphi_k : S^k \to \mathbb{P}^k$, $0 \le k < n$, zustandekommen. Für den $\mathbb{P}^n$ benötigen wir also $n+1$ Zellen, in jeder Dimension genau eine.

Dabei taucht eine interessante Frage auf. Offensichtlich entsteht $\mathbb{P}^2 \cong S^1 \cup_{\varphi_1} e^2$ durch Anheften einer 2-Zelle an die S^1, und zwar mit der Antipodenabbildung $\varphi_1 : S^1 \to S^1$, $x \mapsto -x$. Kann $\mathbb{P}^2$ dann homotop so verformt werden, dass die Anheftung nur noch an einem Punkt geschieht? Das würde bedeuten, dass $\mathbb{P}^2$ homotopieäquivalent zu $S^1 \vee S^2$ wäre, denn der Rand von $\overline{e^2}$ würde zu einem Punkt zusammengeschlagen, was eine S^2 entstehen lässt.

Nun ja, φ_1 ist nicht homotop zu einer konstanten Abbildung, die Homotopieäquivalenz also nicht geschenkt (nach dem Satz auf Seite 177). Sie ist aber sogar unmöglich, was Sie durch einen Vergleich der Fundamentalgruppen herausfinden können. Es ist nach dem Satz von SEIFERT-VAN KAMPEN (Seite 111)

$$\pi_1(S^1 \vee S^2) \cong \mathbb{Z},$$

aber andererseits $\pi_1(\mathbb{P}^2) \cong \mathbb{Z}_2$ aufgrund der 2-blättrigen universellen Überlagerung $S^2 \to \mathbb{P}^2$ und den Ergebnissen aus der Überlagerungstheorie (Seite 102). Folglich ist $\mathbb{P}^2 \not\simeq S^1 \vee S^2$, denn nach einem früheren Satz hätten homotopieäquivalente Räume dieselben Fundamentalgruppen (Seite 135). Wir kommen gleich noch einmal auf dieses Beispiel zurück.

Wie steht es mit dem komplexen projektiven Raum $\mathbb{P}^n_{\mathbb{C}}$? Nun ja, $\mathbb{P}^0_{\mathbb{C}}$ ist wieder der Punkt e^0. Den $\mathbb{P}^1_{\mathbb{C}}$ haben wir schon früher kennengelernt (Seite 148). Er besteht aus allen komplexen Geraden $\mathbb{C}z$ in $\mathbb{C}^2$ mit einem $z = (z_1, z_2) \neq (0,0) \in \mathbb{C}^2$. Geeignete Repräsentanten in S^3 haben wir in den Punkten

$$p = \left(u, \sqrt{1 - |u|^2}\right) \quad \text{mit} \quad u \in \mathbb{C}, |u| < 1,$$

gefunden, zusammen mit dem Punkt $(1,0,0,0) \in S^3$.

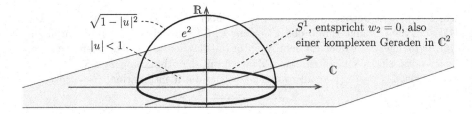

Sie erkennen eine 2-Zelle e^2 mit einem Rand S^1, der in der komplexen Ebene $\mathbb{C}$ liegt. Dieser Rand entspricht genau einer komplexen Geraden in $\mathbb{C}^2$, nämlich der Gerade für $w_2 = 0$, die durch den Punkt $(1,0) \in \mathbb{C}^2$ verläuft. Damit sind auch die Punkte mit $w_2 = 0$ auf der S^3 erfasst.

Alles zusammen genommen bedeutet, die Zelle e^2 über die konstante Abbildung $\varphi : S^1 \to e^0$ an e^0 anzuheften. Damit ergibt sich

$$\mathbb{P}^1_{\mathbb{C}} \cong e^0 \cup_{\varphi} e^2 \cong S^2,$$

womit auch klar wird, dass $\mathbb{P}^1_{\mathbb{C}}$ orientierbar und topologisch etwas ganz anderes ist als der reelle $\mathbb{P}^2$. Sie erhalten damit induktiv für alle $n \geq 0$ die Darstellung

$$\mathbb{P}_{\mathbb{C}}^n \;\cong\; e^0 \cup e^2 \cup e^4 \cup \ldots \cup e^{2n-2} \cup e^{2n}\,.$$

Für $n = 2$ ergibt sich nun die gleiche Frage wie oben. Es ist $\mathbb{P}_{\mathbb{C}}^2 \cong S^2 \cup e^4$ und der Rand der 4-Zelle ist eine S^3. Die Anheftung von e^4 kann mit etwas Rechenaufwand als die Abbildung

$$h : S^3 \longrightarrow S^2, \quad h(w_1, w_2) = \big(|w_1|^2 - |w_2|^2, 2(x_1 x_2 - y_1 y_2), 2(x_1 y_2 + x_2 y_1)\big),$$

ermittelt werden, wobei $w_1 = x_1 + i y_1$ und $w_2 = x_2 + i y_2$ ist. Sie erkennen darin die HOPF-Abbildung, der wir schon früher begegnet sind (Seite 149). In der Tat erscheint hier ein großes Thema der Topologie am Horizont, auf das wir in dem geplanten Folgeband näher eingehen. Auch im Kapitel über die Kohomologietheorie werden dazu einige interessante Fakten behandelt (Seite 523 ff).

In Anlehnung an den obigen reellen Fall sei dann dieselbe Frage aufgeworfen: Die HOPF-Abbildung ist ein Generator von $\pi_3(S^2) \cong \mathbb{Z}$ (Seite 154) und daher nicht homotop zu einer konstanten Abbildung. Die Verklebung entlang einer solchen, nicht nullhomotopen Abbildung $\varphi_1 : S^1 \to S^1$ hat uns vorhin auf $\mathbb{P}^2 \cong S^1 \cup_{\varphi_1} e^2$ geführt, mithin auf einen Raum, der nicht homotopieäquivalent zu $S^1 \vee S^2$ ist. Die Frage für den komplexen Fall $\mathbb{P}_{\mathbb{C}}^2$, ob denn vielleicht trotz all dieser Hindernisse dennoch

$$\mathbb{P}_{\mathbb{C}}^2 \;\cong\; S^2 \cup_h e^4 \;\overset{?}{\simeq}\; S^2 \vee S^4$$

sein könnte, ist aber wesentlich schwieriger zu beantworten. Die Räume sind alle einfach zusammenhängend. Uns fehlt hier ein Analogon zum Satz von SEIFERT-VAN KAMPEN für höhere Homotopiegruppen, die Berechnungen werden erheblich komplizierter. Wie schon angedeutet, werden wir das Problem im Kapitel über die Kohomologie elegant lösen können (insbesondere ab Seite 498). Behalten Sie das Beispiel auf jeden Fall schon jetzt im Gedächtnis, denn es kommt in diesem Kapitel noch einmal vor (Seite 360, dort werden wir sehen, dass $\mathbb{P}_{\mathbb{C}}^2$ und $S^2 \vee S^4$ zumindest dieselbe Homologie haben).

Wir wollen an dieser Stelle aber kurz unterbrechen und eine naheliegende Frage klären, die Ihnen wahrscheinlich auch schon in den Sinn gekommen ist.

8.2 Sind CW-Komplexe allgemeiner als Simplizialkomplexe?

Ja, sie sind es. Aber nicht viel allgemeiner, weswegen es auch etwas trickreich ist, ein Gegenbeispiel zu konstruieren. Es findet sich in dem lesenswerten Buch von J. MUNKRES und sei hier kurz wiedergegeben, [84].

Das Ziel besteht darin, die starre Verklebung von Simplizialkomplexen auszuspielen gegen die flexibleren Anheftungen in CW-Komplexen, bei denen die Anheftungsabbildungen $\varphi : S^{k-1} \to X$ von k-Zellen lediglich stetig sein mussten, mit Bild im $(k-1)$-Gerüst X^{k-1}. Simplizialkomplexe hingegen sind homogener konstruiert, und zwar im Sinne des folgenden Hilfssatzes.

Hilfssatz (Homogenität von Simplizialkomplexen)
Wir betrachten einen simplizialen Komplex K und darin ein Simplex σ. Dann haben alle Punkte in $\overset{\circ}{\sigma}$ dieselbe lokale Homologie: Es gilt für alle $k \geq 0$ und für alle $x, y \in \overset{\circ}{\sigma}$ die Beziehung $H_k(K, K \setminus x) \cong H_k(K, K \setminus y)$.

Der **Beweis** ist nicht schwierig. Es sei $x \in \overset{\circ}{\sigma}$ und K' die baryzentrische Verfeinerung von K, die in $\overset{\circ}{\sigma}$ das Baryzentrum $\widehat{\sigma}$ als Eckpunkt besitzt (Seite 161). Ein modifizierter Komplex $\widetilde{K} \cong K'$ sei dann aus K' konstruiert, indem $\widehat{\sigma}$ durch x ersetzt wird (alle übrigen Eckpunkte bleiben erhalten). Beachten Sie, dass K, K' und $\widetilde{K}$ dasselbe Polyeder $|K|$ haben.

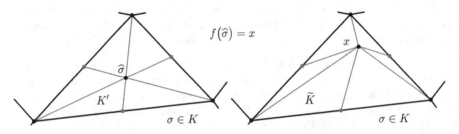

Nun definiert man eine simpliziale Abbildung $f : K' \to \widetilde{K}$ durch lineare Fortsetzung der Zuordnung $\widehat{\sigma} \mapsto x$ und $v \mapsto v$ für alle übrigen Ecken $v \in K'$. Diese Abbildung ist offenbar eine Isomorphie von Simplizialkomplexen, also insbesondere ein Homöomorphismus des Polyeders von K auf sich selbst. Hieraus folgt

$$H_k(K, K \setminus \widehat{\sigma}) \cong H_k\big(f(K), f(K \setminus \widehat{\sigma})\big) \cong H_k(K, K \setminus x),$$

weswegen die rechte Gruppe offenbar unabhängig vom Punkt $x \in \overset{\circ}{\sigma}$ ist. $\qquad\square$

Dieses Resultat wollen wir nun auf einem speziell konstruierten CW-Komplex zum Widerspruch führen, um eine simpliziale Struktur darauf ausschließen zu können. Man nimmt dazu ein Quadrat Q und klebt an seine Diagonale D die Seite eines Dreiecks T, was uns im ersten Schritt zu dem Simplizialkomplex A führt:

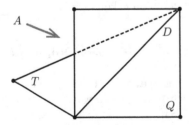
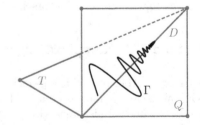

Auf A liege dann das Bild Γ einer (injektiven) Kurve $\gamma : I \to Q$, welche D in unendlich vielen Punkten schneidet, die total unzusammenhängend sind – denken Sie einfach an eine Kurve der Form $x \sin(1/x)$ für $0 < x \leq 1$ und $\gamma(0) = 0$.

Nun werde eine 3-Zelle e^3 an A geheftet, und zwar über die Anheftung $\varphi : S^2 \to \Gamma$, welche die Großkreisbögen vom Süd- zum Nordpol homöomorph auf Γ abbildet.

Dabei sei jeder Bogen auf dieselbe Weise abgebildet, sodass für alle Punkte $p \in \Gamma$ das Urbild $\varphi^{-1}(p)$ ein Breitenkreis auf der S^2 ist. Der Raum $X = A \cup_\varphi e^3$ ist dann ein CW-Komplex, denn A war ein solcher und die Anheftungsabbildung hat ihr Bild im Gerüst X^2.

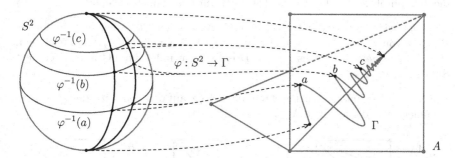

Behauptung: Der CW-Komplex $X = A \cup_\varphi e^3$ ist nicht triangulierbar, also nicht homöomorph zu einem simplizialen Komplex.

Der **Beweis** ist eine Anwendung der lokalen Homologiegruppen (Seite 273 f). Zunächst erkennt man, dass X hausdorffsch ist: Wegen $X = (A \sqcup D^3)/\sim$ können zwei Punkte $x \neq y$ mit $x, y \notin \Gamma$ stets durch offene Umgebungen getrennt werden, denn es sind $A \setminus \Gamma$ und e^3 offene Teilmengen von X (einfache **Übung**).

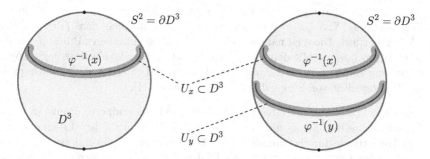

Falls einer der Punkte, sagen wir x, auf Γ liegt, so erhalten wir eine Umgebungsbasis von x in X durch Vereinigungen offener Umgebungen von x in A mit dem Bild $\Phi(U_x)$, wobei Φ die charakteristische Abbildung (Seite 319) von e^3 in X ist und U_x eine offene Umgebung des Breitenkreises $\varphi^{-1}(x)$ in D^3. Damit erkennen Sie, dass jeder Punkt auf Γ trennbar ist von jedem Punkt außerhalb von Γ. Und falls $x \neq y$ beide auf Γ liegen, entsteht auch kein Problem, denn die Breitenkreise $\varphi^{-1}(x)$ und $\varphi^{-1}(y)$ sind dann disjunkt und lassen sich durch offene Umgebungen U_x und U_y in D^3 trennen. (Wir werden später allgemeiner sehen, dass CW-Komplexe sogar normal sind, also das 4. Trennungsaxiom erfüllen, Seite 334.)

Der CW-Komplex X ist also hausdorffsch und wir dürfen lokale Homologiegruppen einsetzen. Nehmen wir jetzt eine Triangulierung $f : L \to X$ an, mit einem Simplizialkomplex L. Dieser Komplex wäre dann endlich, denn X ist kompakt.

Wir zeigen nun, dass die Einschränkung von f auf $f^{-1}(\Gamma)$ eine Triangulierung von Γ bilden würde (mit f_Γ bezeichnet) und die Einschränkung auf $f^{-1}(D)$ eine Triangulierung f_D der Diagonalen D. Das führt auf einen Widerspruch, denn $\Gamma \cap D$ besteht aus unendlich vielen total unzusammenhängenden Punkten in X, die Teilkomplexe $f^{-1}(\Gamma)$ und $f^{-1}(D)$ aber nur aus endlich vielen Simplizes.

Beginnen wir mit f_Γ und untersuchen dazu ein Simplex $\sigma \in L$, bei dem ein innerer Punkt x von $f(\sigma)$ in $A \setminus \Gamma$ liegt. Dann ist $H_3(X, X \setminus x) \cong H_3(A, A \setminus x)$ nach dem Hilfssatz auf Seite 273. Falls $x \in A \setminus D$ ist, verschwindet diese Gruppe nach dem Satz auf Seite 274.

Falls $x \in D$ ist, müssen wir beachten, dass $A \setminus x$ auf den Rand ∂A deformationsretrahiert, wie die folgende Abbildung motiviert.

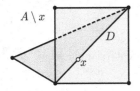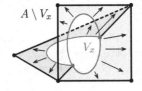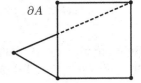

Die Inklusion $\partial A \hookrightarrow A \setminus x$ induziert dabei über ähnliche Argumente wie im Beweis des Satzes auf Seite 274 einen Isomorphismus $H_3(A, \partial A) \cong H_3(A, A \setminus x)$. Die linke Gruppe können wir mit der simplizialen Homologie berechnen (Seite 280) und sehen wegen $C_3^\Delta(A) = 0$ auch hier $H_3(A, \partial A) \cong H_3^\Delta(A, \partial A) = 0$.

Wir können festhalten, dass im Fall eines inneren Punktes x von $f(\sigma)$, der in $A \setminus \Gamma$ liegt, stets $H_3(X, X \setminus x) = 0$ ist. Damit ist es nicht möglich, dass $f(\sigma)$ die Menge $e^3 \subset X$ berührt. Diese ist nämlich offen, womit auch ein innerer Punkt y von $f(\sigma)$ in e^3 liegen müsste. Mit den bekannten Aussagen über lokale Homologiegruppen wäre dann $H_3(X, X \setminus y) \cong \mathbb{Z}$, und dieser Unterschied zu $H_3(X, X \setminus x)$ widerspräche der Homogenität von Simplizialkomplexen (Seite 324).

Der Umkehrschluss funktioniert auch: Falls $f(\sigma)$ einen inneren Punkt in e^3 hat, kann es keine Berührung mit $A \setminus \Gamma$ haben. Die Nahtlinie Γ ist also eine unüberwindbare Hürde für die Simplizes der Triangulierung f. Damit ist $f^{-1}(A)$ ein Teilkomplex von L, über dem f eine Triangulierung von A definiert. Dito für die Menge $f^{-1}(\overline{e^3})$, über der f eine Triangulierung von $\overline{e^3}$ bildet. Elementare Überlegungen zeigen dann wegen $A \cap \overline{e^3} = \Gamma$, dass f über dem Teilkomplex $f^{-1}(\Gamma)$ die gesuchte Triangulierung f_Γ von Γ bildet. Der erste Schritt ist geschafft.

Es bleibt zu zeigen, dass f auch eine Triangulierung f_D der Diagonale $D \subset A$ induziert. Wir dürfen nach dem ersten Teil verwenden, dass f auf $f^{-1}(A)$ eine Triangulierung von A ist. Nehmen wir jetzt an, dass für ein Simplex τ dieser Triangulierung ein innerer Punkt x von $f(\tau)$ in $\overset{\circ}{D}$ liegt. Wir wählen dann die Gruppe $H_2(A, A \setminus x)$ als Grundlage für die weitere Argumentation. Da A zusammenziehbar ist, liefert die lange exakte Homologiesequenz

$$0 = H_2(A) \xrightarrow{j_*} H_2(A, A \setminus x) \xrightarrow{\partial_*} H_1(A \setminus x) \xrightarrow{i_*} H_1(A) = 0$$

die Isomorphie $H_2(A, A \setminus x) \cong H_1(A \setminus x)$.

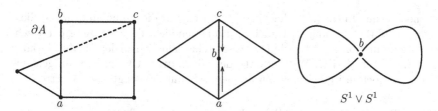

Die Abbildung motiviert, dass $A \setminus x \simeq \partial A$ homotopieäquivalent zu $S^1 \vee S^1$ und daher $H_2(A, A \setminus x) \cong H_1(A \setminus x) \cong H_1(S^1 \vee S^1) \cong \mathbb{Z}^2$ ist (Seite 246). Falls $f(\tau)$ einen weiteren inneren Punkt y in $A \setminus D$ hätte, so wäre auch hier nach dem Satz über die lokalen Homologiegruppen $H_2(A, A \setminus x) \cong \mathbb{Z}$ oder $H_2(A, A \setminus x) = 0$, je nachdem, ob y in $\mathring{A} \setminus D$ liegt oder auf $\partial A \setminus D$. Wir sehen wieder mit dem obigen Hilfssatz (Seite 324), dass das Innere von $f(\tau)$ entweder ganz in $A \setminus D$ liegt oder ganz in D.

Damit induziert f durch Einschränkung auf den Teilkomplex $f^{-1}(D)$ die gesuchte Triangulierung f_D von D, und dies führt, wie schon angedeutet, auf einen Widerspruch: Da alle Teilkomplexe endlich sind, kann es nicht sein, dass der Durchschnitt $\Gamma \cap D$ eine unendliche, total unzusammenhängende Punktmenge ist.   □

Eine trickreiche Argumentationskette, und ohne Zweifel eine schöne Anwendung der lokalen Homologiegruppen. Lassen Sie uns jetzt aber die technischen Möglichkeiten erweitern, um die wahren Stärken der CW-Komplexe zu erkennen.

8.3 Teilkomplexe und Kompakta in CW-Komplexen

Um mit CW-Komplexen arbeiten zu können, brauchen wir zuerst einen vernünftigen Begriff für Teilräume. Einfache Teilmengen mit der Relativtopologie sind hier zu allgemein (wie bei Simplizialkomplexen auch), denn es fehlt ihnen der Bezug zur Zellenstruktur. Dieser Bezug ist aber leicht herzustellen durch die Beobachtung, dass mit jeder Zelle e^k auch deren topologischer Abschluss $\overline{e^k}$ in einem CW-Komplex enthalten ist.

> **Definition (Teilkomplexe in CW-Komplexen)**
> Ein **Teilkomplex** A eines CW-Komplex X ist ein Teilraum $A \subseteq X$, der eine Vereinigung von Zellen in X ist – mit der zusätzlichen Eigenschaft, dass mit jeder Zelle e^k auch der (in X gebildete) Abschluss $\overline{e^k}$ in A enthalten ist.

Die Zusatzforderung ist natürlich und entspricht der bei simplizialen Komplexen, dass ein Teilkomplex mit jedem Simplex auch alle seine Seiten enthält (Seite 161). Man kann es auch anders formulieren: Eine Zelle eines Teilkomplexes A erzwingt, dass jede Zelle, an die sie angeheftet ist, auch Teil von A ist.

Damit sind alle k-Gerüste X^k Teilkomplexe von X. Die Frage, ob Teilkomplexe generell (und einfacher) als **abgeschlossene Zellensammlungen** definiert werden könnten, ist auch naheliegend. Bei den bisherigen Beispielen war diese Frage leicht zu bejahen. Kniffliger wird es allerdings bei unendlich vielen Zellen.

Ich möchte mit Ihnen (als lohnende Übung) einmal die Mühe aufbringen, diese Frage ausführlich zu klären. Dabei wird auch endlich die Bedeutung der Buchstabenkombination „CW" enthüllt. Diese stehen nämlich weder für die Initialen ihres Entdeckers J.H.C. WHITEHEAD (der seinen dritten Vornamen übrigens nie benutzte), noch in irgendeinem Zusammenhang mit dem englischen Wort *cell*.

Satz (Teilkomplexe sind abgeschlossen)
Eine (beliebige) Vereinigung A von Zellen eines CW-Komplexes ist genau dann ein Teilkomplex, wenn sie abgeschlossen ist.

Der **Beweis** ist nicht schwierig, verlangt aber etwas elementare Topologie und den präzisen Umgang mit den Definitionen. Der CW-Komplex sei mit X bezeichnet. Zunächst ist jede abgeschlossene Vereinigung A von Zellen offensichtlich ein Teilkomplex von X, denn für ein $e^k \subseteq A$ ist

$$\overline{e^k} \subseteq \bigcup_{l \geq 0,\, e^l_\lambda \subseteq A} \overline{e^l_\lambda} \subseteq \overline{\bigcup_{l \geq 0,\, e^l_\lambda \subseteq A} e^l_\lambda} = \overline{A} = A.$$

Es bleibt zu zeigen, dass jeder Teilkomplex A abgeschlossen in X ist. Dafür brauchen wir die Abgeschlossenheit von $A \cap X^k$ in X^k für alle $k \geq 0$. Natürlich denkt man hier sofort an einen Induktionsbeweis, es geht aber auch direkt: Es sei $k \geq 0$ und wir müssen zeigen, dass $A \cap X^k$ abgeschlossen in X^k ist.

Wir benötigen dazu für alle $x \in X^k \setminus A$ eine offene Umgebung $U^k_x \subseteq X^k$ von x mit $A \cap U^k_x = \varnothing$. Falls $x \in X^k \setminus X^{k-1}$, also der Punkt x in einer k-Zelle e^k liegt, ist e^k selbst eine in X^k offene Umgebung von x mit $A \cap e^k = \varnothing$, denn A ist als Teilkomplex die disjunkte Vereinigung seiner (offenen) Zellen und wegen $x \notin A$ liegt dann die ganze Zelle e^k außerhalb von A.

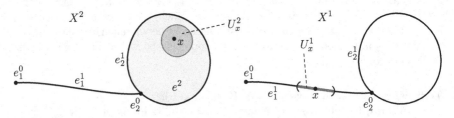

Falls x in einer l-Zelle e^l liegt mit $l < k$, ist e^l aus den gleichen Gründen eine in X^l offene Umgebung von x mit $A \cap e^l = \varnothing$. Nun kommt ins Spiel, dass A ein Teilkomplex ist. Es kann dann nämlich keine Zelle e^{l+m} ($m > 0$) von A derart an X^l angeheftet sein, dass deren Anheftungspunkte irgendeinen Punkt mit e^l gemeinsam haben. Anders ausgedrückt: Die Zelle e^l liegt separiert von den Zellen in A mit gleicher oder höherer Dimension. Warum ist das so?

Die Antwort ist einfach, denn andernfalls müsste e^l auch in A liegen (nach der Bemerkung zu der obigen Definition) und es wäre im Widerspruch $A \cap e^l \neq \varnothing$. Also können wir e^l mit allen Zellen von X^k nehmen, die an e^l angeheftet sind, und erhalten mit deren Vereinigung die gesuchte offene Umgebung $U^k_x \subseteq X^k$ des Punktes x mit $A \cap U^k_x = \varnothing$. $\qquad\square$

Die k-Gerüste X^k eines CW-Komplexes X sind als Teilkomplexe also stets abgeschlossene Teilmengen in X – kein überraschendes, aber ein wichtiges kleines Zwischenergebnis. Kommen wir nun zu einem weiteren elementaren Satz über CW-Komplexe. Er charakterisiert deren kompakte Teilmengen.

> **Satz (Kompakta in CW-Komplexen)**
> Eine abgeschlossene Teilmenge eines CW-Komplexes X ist genau dann kompakt, wenn sie nur endlich viele Zellen von X trifft.

Eine plausible Aussage, die ebenfalls nicht überraschend ist. Der **Beweis** ist von ähnlicher Qualität wie der, den wir gerade besprochen haben, eine überschaubare Übung in elementarer Topologie, wenn auch in einer Richtung etwas trickreich. Weil die Aussage für uns später wichtig wird, habe ich mich entschlossen, ihn dennoch detailliert auszuführen – auch wenn der Lesefluss vielleicht etwas ins Stocken gerät. Überspringen Sie den Beweis einfach, wenn Sie zügiger zu den spannenden Themen gelangen wollen.

Zunächst die einfache Richtung: Wenn die Teilmenge nur endlich viele Zellen trifft, ist sie kompakt. Der Abschluss $\overline{e_\lambda^k}$ einer Zelle in X ist stets kompakt, denn er ist das Bild der charakteristischen Abbildung $\Phi_\lambda^k : D_\lambda^k \to X$, und deren Quelle ist kompakt. Wenn eine abgeschlossene Menge $A \subseteq X$ in endlich vielen Zellen enthalten ist, dann auch in der endlichen Vereinigung ihrer kompakten Abschlüsse, also in einer kompakten Menge. Abgeschlossene Teilmengen von kompakten Mengen sind aber stets kompakt.

Die andere Richtung ist etwas mühsamer. Wir gehen davon aus, dass $A \subseteq X$ kompakt ist und müssen zeigen, dass A nur endlich viele Zellen trifft. Nehmen wir an, dass dem nicht so wäre, also $A \cap e_\lambda^k \neq \varnothing$ ist für unendlich viele Zellen e_λ^k. Dann gäbe es eine unendliche Menge $M = \{x_1, x_2, x_3, \dots\}$ von Punkten in A, welche alle in verschiedenen Zellen liegen. Die entscheidende Beobachtung ist nun, dass die Menge M in X diskret ist. Eine diskrete Teilmenge einer kompakten Menge müsste aber endlich sein, woraus sich sofort der gewünschte Widerspruch ergäbe. Warum also ist $M \subseteq X$ diskret?

Wir zeigen zunächst induktiv, dass $M \cap X^k$ für $k \geq 0$ in X^k diskret ist. Für $k = 0$ ist es klar, denn das 0-Gerüst X^0 ist selbst diskret. Unter der Induktionsannahme, dass $M \cap X^l$ diskret ist für $l < k$, betrachte eine k-Zelle e^k in X^k. Falls $e^k \cap M = \varnothing$, ist nichts zu tun. Falls $e^k \cap M = \{x\}$ ist, also M einen Punkt aus e^k enthält, kommt die charakteristische Abbildung $\Phi^k : D^k \to X$ von e^k ins Spiel.

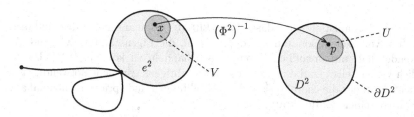

Das Urbild $(\Phi^k)^{-1}(M)$ besteht in $\overset{\circ}{D}{}^k$ aus einem Punkt $p = (\Phi^k)^{-1}(x)$, denn Φ^k ist hier ein Homöomorphismus auf die Zelle e^k. Dieser Punkt p ist separiert vom Rand ∂D^k, der bei Φ^k auf X^{k-1} abgebildet wird (wo wir bereits wissen, dass $M \cap X^{k-1}$ diskret liegt). Es gibt also eine Umgebung U von p im Innern von D^k, welche durch Φ^k homöomorph auf eine Umgebung $V \subset e^k$ von x abgebildet wird. Es ist $V \cap X^{k-1} = \varnothing$ und daher die Menge $(M \cap X^{k-1}) \cup \{x\}$ diskret in $X^{k-1} \cup e^k$. Führt man dieses Verfahren für alle k-Zellen durch, so erkennt man $M \cap X^k$ als diskret in X^k. Das war der Induktionsschritt, die Aussage gilt also für alle $k \geq 0$.

Nun ist aber X^k als Teilkomplex abgeschlossen in X (wie wir gesehen haben), weswegen $A \cap X^k$ ebenfalls kompakt in X ist und damit auch kompakt in X^k. Die diskrete Menge $M \cap X^k$ kann dann als Teilmenge der kompakten Menge $A \cap X^k$ nur endlich viele Punkte besitzen und ist daher abgeschlossen in X^k. Da dies für alle $k \geq 0$ gilt, ist M per definitionem abgeschlossen in X.

Nach diesen Klimmzügen können wir die Annahme, M sei nicht diskret, durch ein raffiniertes Finale zum Widerspruch führen. Falls M nicht diskret wäre, hätte es einen Häufungspunkt $\xi \in M$, denn M ist abgeschlossen. Betrachte dann die Menge $N = M \setminus \{\xi\}$, welche nicht abgeschlossen ist. N besitzt die gleichen Voraussetzungen wie zuvor M, es enthält (abzählbar) unendlich viele Punkte von A, die alle in verschiedenen Zellen liegen. Eine exakte Kopie der obigen Überlegungen zeigt dann, dass N doch abgeschlossen sein müsste. Das ist ein Widerspruch. $\square$

Fürwahr ein trickreiches Beispiel aus der elementaren Topologie. Mit diesem Satz können wir endlich auch die Buchstabenkombination „CW" verstehen. Der Abschluss einer Zelle trifft (als kompakte Menge) immer nur endlich viele andere Zellen. Diese Endlichkeit, im Englischen als *closure finiteness* bezeichnet, ist verantwortlich für das „C".

Das „W" steht für *weak topology*. Damit ist gemeint, dass eine Teilmenge $A \subseteq X$ genau dann abgeschlossen ist, wenn für alle Zellen e_λ^k die Menge $A \cap \overline{e_\lambda^k}$ abgeschlossen ist. Versuchen Sie vielleicht als kleine **Übung**, die Äquivalenz dieser Formulierung zu der aus der Definition von Seite 318 nachzuweisen (es geht wieder mit Induktion nach k). Man kann dieses nützliche Kriterium auch noch etwas umformulieren:

Abgeschlossene Mengen in CW-Komplexen

Eine Teilmenge A eines CW-Komplexes X ist abgeschlossen genau dann, wenn das Urbild $(\Phi_\lambda^k)^{-1}(A)$ bei jeder charakteristischen Abbildung $\Phi_\lambda^k : D_\lambda^k \to X$ abgeschlossen in D_λ^k ist. $\square$

Historisch ist anzumerken, dass WHITEHEAD originär nicht das induktive Anheften von Zellen, sondern per definitionem die Eigenschaften „C" und „W" verwendet hat, um unendliche Komplexe behandeln zu können, [124]. Bei nur endlich vielen Zellen sind diese Eigenschaften übrigens gar nicht notwendig. Man braucht dann nur die charakteristischen Abbildungen und spricht manchmal auch einfach von einem **Zellenkomplex**.

Beginnen wir nun, die tiefer liegenden Aspekte von CW-Komplexen zu erforschen und treffen zentrale Vorbereitungen für die Hauptergebnisse des Kapitels.

8.4 Kanonische ε-Umgebungen und Umgebungsretrakte

Das Ziel dieses Abschnitts erinnert Sie bestimmt an die entsprechende Situation bei simplizialen Komplexen. Es ist von der Idee her einfach, anschaulich und insgesamt nicht spektakulär. Leider ist die Technik etwas mühsam. Ich möchte sie Ihnen aber als lohnende Gedankenspiele und als Vertiefung der Grundbegriffe wärmstens empfehlen.

Kanonische ε-Umgebungen

Vielleicht haben Sie schon manchmal daran gedacht, wie man die Gerüste X^k eines CW-Komplexes verdicken kann, um zu offenen Umgebungen dieser Gerüste zu kommen. Vielleicht kann man dabei manch angenehme Eigenschaft von simplizialen Komplexen übernehmen. Zum Beispiel die Gerüste als gute Raumpaare, mit denen trickreiche Homologieberechnungen und eine allgemeine EULER-Charakteristik möglich wurden (Seiten 276 und 284 ff).

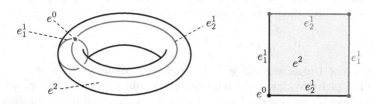

Wir beginnen mit einfachen Beispielen, um einen langsamen Einstieg in die technischen Details zu ermöglichen, und betrachten zunächst einen einzelnen Punkt $x \in X$. Wie könnten wir auf kanonische Weise eine offene Umgebung von x finden? Das Vorgehen sei exemplarisch an dem Raum $X = T^2 = e^0 \cup e_1^1 \cup e_2^1 \cup e^2$ durchgeführt. Es sei dazu ein Wert $0 < \epsilon \leq 1$ gegeben.

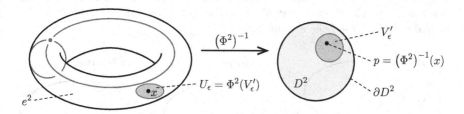

Falls $x \in e^2$ ist, existiert eine Umgebung U_ϵ von x, die das 1-Gerüst nicht trifft. Wir wählen dazu den offenen ϵ-Ball V_ϵ von $(\Phi^2)^{-1}(x) \in D^2 \subset \mathbb{R}^2$ und bilden die offene Menge $V_\epsilon' = V_\epsilon \cap \mathring{D}^2$. Dann sei $U_\epsilon = \Phi^2(V_\epsilon') \subseteq e^2$.

Was machen wir, wenn eine Umgebung für $y \in e_2^1$ zu finden ist? Hier müssen wir die Anheftung der 2-Zelle berücksichtigen, um zu einer Umgebung in T^2 zu gelangen. Wir tun dies in einem ersten Schritt genauso wie vorhin, nur diesmal im 1-Gerüst des Torus und erhalten eine (eindimensionale) Umgebung U_ϵ^1 von y in e_2^1, welche e^0 nicht trifft.

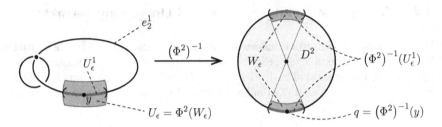

Jetzt muss U_ϵ^1 geeignet verdickt werden, und wieder liefern die charakteristischen Abbildungen das richtige Mittel. Betrachten Sie dazu das Urbild

$$\left(\Phi^2\right)^{-1}(U_\epsilon^1) \subset \partial D^2 \subset \mathbb{R}^2$$

in der Zelle e^2. Wir arbeiten dazu mit speziellen sphärischen Koordinaten (r, s) in D^2, wie im Bild gezeigt. $0 < r \le 1$ steht dabei für den Abstand vom Nullpunkt und s liegt auf ∂D^2. Nun konstruieren wir eine Umgebung W_ϵ von $(\Phi^2)^{-1}(y)$ innerhalb von D^2 durch die Koordinatenmenge

$$W_\epsilon =]1 - \epsilon, 1] \times \left(\Phi^2\right)^{-1}(U_\epsilon^1).$$

Die gesuchte offene Umgebung von y in T^2 ergibt sich dann als $U_\epsilon = \Phi^2(W_\epsilon)$. Durch dieses Beispiel wird klar, dass wir die beiden Verfahren kombinieren müssen, falls wir eine offene Umgebung der Menge $A = \{x, y\}$ suchen (mit den Punkten x und y von vorhin). In diesem Fall hat sie zwei Bestandteile, nämlich

$$U_\epsilon(x, y) = \Phi^2(V_\epsilon') \cup \Phi^2(W_\epsilon).$$

Und falls wir mit dem Punkt $z = e^0$ gestartet wären? Bitte überlegen Sie sich als kleine **Übung**, dass wir dann ein dreistufiges Verfahren hätten, das mit der Umgebung $U^0 = \{e^0\}$ beginnt und anschließend das vollständige 1- und 2-Gerüst des Torus hinaufklettert. Der Punkt z wird dabei nacheinander in die Zellen e_1^1, e_2^1 und zuletzt in die Zelle e^2 aufgeblasen.

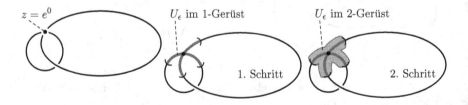

Sie sind nun soweit, den allgemeinen Prozess dieser ϵ-Verdickungen für beliebige Teilmengen eines CW-Komplexes verstehen zu können.

Definition und Satz (Kanonische ϵ-Umgebungen)

Wir betrachten eine Teilmenge A eines CW-Komplexes X und eine Funktion $\epsilon : X \to]0,1]$, die auf jeder Zelle von X konstant ist. (Sie liefert für jede Zelle die Zahl ϵ aus den vorigen Beispielen.) Dann werde die **kanonische ϵ-Umgebung** $U_\epsilon(A)$ von A wie folgt induktiv definiert.

Man definiert die Menge $U_\epsilon^0(A) = A \cap X^0$ und nimmt dann induktiv an, dass die kanonische Umgebung $U_\epsilon^k(A)$ für die Menge $A \cap X^k$ bereits konstruiert sei. Falls der Komplex dann eine Zelle e^n mit Dimension $n > k$ hat, sei n minimal gewählt und man betrachte das Urbild

$$A^n = \left(\Phi^n\right)^{-1}\left(U_\epsilon^k(A)\right) \subseteq D^n \subset \mathbb{R}^n$$

von $U_\epsilon^k(A)$ bei der charakteristischen Abbildung Φ^n von e^n. Man zerlegt A^n nun in zwei disjunkte Teile:

$$A^n = \left(A^n \cap \mathring{D}^n\right) \cup \left(A^n \cap \partial D^n\right).$$

Den ersten Teil im Innern von D^n behandeln wir wie den Punkt x im Beispiel oben. Wir setzen die Zahl $\epsilon = \epsilon(e^n)$, wählen in $\mathbb{R}^n$ eine ϵ-Umgebung V_ϵ von $A^n \cap \mathring{D}^n$ und bilden dann $V_\epsilon' = V_\epsilon \cap \mathring{D}^n$.

Den zweiten Teil auf dem Rand ∂D^n behandeln wir wie den Punkt y oben und bilden die Umgebung

$$W_\epsilon =]1 - \epsilon, 1] \times \left(A^n \cap \partial D^n\right),$$

wobei das kartesische Produkt wieder bezüglich der sphärischen Koordinaten $(r, s) \in [0,1] \times \partial D^n$ zu verstehen ist. Die Verdickung von $U_\epsilon^k(A)$ in der Erweiterung $X^k \cup e^n$ sei dann gegeben durch

$$V_\epsilon^n(A) = \Phi^n(V_\epsilon') \cup \Phi^n(W_\epsilon).$$

Der Rest ist einfach. Führt man diese Konstruktion für alle n-Zellen von X durch, so erhält man die Umgebung $U_\epsilon^n(A)$ in X^n als die Vereinigung

$$U_\epsilon^n(A) = \bigcup_{e^n \in X^n} V_\epsilon^n(A).$$

Das ist gewissermaßen die kanonische ϵ-Umgebung von $A \cap X^n$. Die gesuchte kanonische ϵ-Umgebung $U_\epsilon(A)$ in X ist dann gegeben durch

$$U_\epsilon(A) = \bigcup_{n \geq 0} U_\epsilon^n(A),$$

und dies ist eine offene Menge in X.

Eine Definition, die ziemlich kompliziert wirkt. Beachten Sie, dass ϵ von Zelle zu Zelle variieren kann. Dies ist für bestimmte Konstruktionen notwendig, macht aber keinen qualitativen Unterschied und wurde in den Formeln weggelassen, um die Notation nicht zu überfrachten. Lassen Sie sich etwas Zeit damit, es ist schon auf den zweiten Blick einfacher, als zunächst angenommen – und das einführende Beispiel mit dem Torus T^2 mag auch eine Hilfe für die Anschauung sein.

Wir müssen nur ein Kleinigkeit **beweisen** und kurz überlegen, dass $U_\epsilon(A)$ tatsächlich offen in X ist. Dies wird schnell klar, denn das Urbild $\left(\Phi_\lambda^n\right)^{-1}\left(U_\epsilon(A)\right)$ bei einer charakteristischen Abbildung ist die Menge $V'_\epsilon \cup W_\epsilon$ und somit offen in D^n. Das Prinzip der *weak topology* (Seite 330) liefert so die Offenheit von $U_\epsilon(A)$. $\square$

Eine Variante dieser Konstruktion wurde bereits verwendet, als wir die Abgeschlossenheit eines Teilkomplexes gezeigt haben (Seite 328). Vielleicht blättern Sie noch einmal zurück, um es zu verifizieren: Einer Umgebung $U \subseteq X^{n-1}$ haben wir dort ganze n-Zellen e^n hinzugefügt, um zu einer offenen Menge V in X^n zu gelangen, die A nicht trifft. (In unserem Kontext entspräche das $W_\epsilon = \Phi^{-1}(e^n)$, was mit $0 < \epsilon \le 1$ im Fall der sphärischen Koordinaten allerdings nicht immer zu erreichen wäre.)

Mit den kanonischen ϵ-Umgebungen erhalten wir eine Reihe grundlegender topologischer Eigenschaften von CW-Komplexen.

> **Satz (Trennungsaxiome in CW-Komplexen)**
> Jeder CW-Komplex ist normal (Seite 32). Es sind also Punkte $x \ne y$ durch offene Umgebungen trennbar (hausdorffsch, Trennungsaxiom T_2, Seite 20), dito für abgeschlossene Teilmengen $A \cap B = \varnothing$ (Trennungsaxiom T_4).

Den **Beweis** möchte ich der Kürze wegen nur andeuten und Ihnen die technischen Details als **Übung** empfehlen. Da einzelne Punkte offensichtlich abgeschlossen sind, ist nur die zweite Aussage zu zeigen. Dies funktioniert induktiv nach k über die Gerüste X^k, wobei die Umgebungen von $A \cap X^k$ und $B \cap X^k$ als kanonische ϵ-Umgebungen wie oben entstehen. Da die Bälle D^n normal sind, können die Mengen $U_\epsilon^n(A)$ und $U_\epsilon^n(B)$ durch eine geeignete Wahl der Funktionen ϵ in jedem Dimensionsschritt disjunkt gewählt werden. Im Limes $n \to \infty$ erhalten Sie dann disjunkte Umgebungen $U_{\epsilon_A}(A)$ und $U_{\epsilon_B}(B)$. $(\square)$

Das folgende zentrale Ergebnis werden wir noch häufig benützen.

> **Satz und Definition (CW-Komplexe sind lokal zusammenziehbar)**
> Jeder CW-Komplex X ist **lokal zusammenziehbar**, jeder Punkt $x \in X$ besitzt demnach eine Umgebung U_x, die zusammenziehbar ist (Seite 88).
>
> Jeder Teilkomplex $A \subseteq X$ ist ein **Umgebungsdeformationsretrakt** von X (engl. *neighbourhood deformation retract*). Das bedeutet, es gibt eine Umgebung U_A von A, in der A ein Deformationsretrakt ist (Seite 86).

Vergleichen Sie dies mit den Überlegungen zu guten Raumpaaren, die wir bei der simplizialen Homologie angestellt haben (Seite 276). Als unmittelbare Folgerung (mit enormen Konsequenzen) ergibt sich daraus die folgende Aussage.

Folgerung (Gute Raumpaare in CW-Komplexen)
In einem CW-Komplex X ist für jeden Teilkomplex $A \subset X$ das Paar (X, A) ein gutes Raumpaar (Seite 276). Insbesondere gilt das für alle Gerüstpaare (X, X^k) und (X^n, X^k) mit $n > k$. □

Zum **Beweis** des Satzes nehmen Sie einen Punkt $x \in X$. Er liegt in genau einer k-Zelle e^k. Wählen Sie als Startpunkt eine zusammenziehbare ϵ-Umgebung $U_\epsilon^k(x)$ von x in e^k. Das weitere Vorgehen ist naheliegend, wir müssen $U_\epsilon^k(x)$ zu einer Umgebung in X verdicken, die auch zusammenziehbar ist.

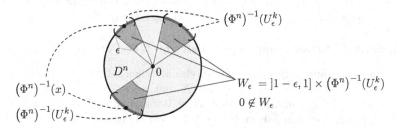

Da $U_\epsilon^k(x)$ im Innern von e^k liegt, ist keine weitere k-Zelle mehr betroffen und wir können die nächsthöhere Dimension $n > k$ anpacken, in der es Zellen gibt. Betrachte eine solche Zelle e^n. Da $U_\epsilon^k(x)$ in X^k liegt, ist $U_\epsilon^k(x) \cap e^n = \varnothing$ und in dem obigen Verdickungsprozess spielt nur die Menge vom Typ W_ϵ eine Rolle. Die entscheidende Beobachtung ist nun im Bild zu sehen. Wir müssen ja $0 < \epsilon \leq 1$ wählen, somit fehlt in $W_\epsilon \subset D^n$ mindestens der Nullpunkt. Entlang der Radien von D^n deformationsretrahiert W_ϵ also auf den Rand ∂D^n.

Verknüpft man diese Retraktion mit der charakteristischen Abbildung Φ^n von e^n, so zieht sich die Verdickung von $U_\epsilon^k(x)$ in e^n problemlos auf die originäre Umgebung $U_\epsilon^k(x)$ zusammen. Führt man dieses Verfahren parallel für alle n-Zellen durch, so erhält man eine Umgebung $U_\epsilon^n(x)$ in X^n, die auf $U_\epsilon^k(x)$ deformationsretrahiert, also ebenfalls zusammenziehbar ist.

In einem endlichdimensionalen Komplex wären wir jetzt fertig: Es gibt dann ein $l \geq k$ mit $X^l = X$, und beim Hinabklettern der Dimensionen von $U_x = U_\epsilon^l(x)$ müssen wir nur endlich viele Deformationen hintereinander ausführen, um bei $U_\epsilon^k(x)$ anzukommen.

In unendlichdimensionalen Komplexen hilft ein kleiner Trick. Wir müssen dafür sorgen, dass die Retraktionen in höheren Dimensionen immer schneller laufen, sodass insgesamt eine endliche Zeit für den ganzen Komplex benötigt wird. Dazu lassen wir die kanonische ϵ-Umgebung von der i-ten auf die $(i-1)$-te Dimension im Zeitintervall $[2^{-i}, 2^{-i+1}]$ retrahieren – die nicht betroffenen Punkte bleiben in dieser Zeit auf ihrem Platz sitzen. Die gesamte Deformation von $U_x = \bigcup_{i>k} U_\epsilon^i(x)$ bis zu $U_\epsilon^k(x)$ kann dann für t in $I = [0,1]$ definiert werden.

Lassen Sie sich auch hier etwas Zeit, um den Trick zu verstehen. Die Punkte von X laufen zwar (nahe $t = 0$) nicht mit beschränkter Geschwindigkeit, jedoch befindet sich jeder einzelne Punkt $y \in U_x \setminus U_\epsilon^k(x)$ in einer m-Zelle e^m mit $m > k$

und durchläuft seinen Weg erst ab einem wohldefinierten Zeitpunkt $t(y) > 0$.
Interessant ist auch die Stetigkeit bei $t = 0$, sie ergibt sich aus der Stetigkeit der
Deformation über allen Teilen $U_\epsilon^i(x)$ und der *weak topology* auf X (Seite 330).

Die zweite Aussage geht ähnlich. Hier wird jede Zelle des Teilkomplexes A auf
kanonische Weise in die höheren Dimensionen verdickt, bis die gesuchte Umgebung U_A erreicht ist. Wegen $0 < \epsilon \leq 1$ ist auch hier garantiert, dass die Zusammenziehbarkeit bei jedem Dimensionsschritt erhalten bleibt.   □

Ein anschaulich klares Resultat, auch gut zu merken und später enorm hilfreich
nicht nur für elegante Homologieberechnungen, sondern auch – über die *zelluläre
Homologie* (Seite 355 ff) – im Beweis des großen Satzes von HUREWICZ, einem
wahren „major theorem" der algebraischen Topologie (Seite 391).

Die Homotopie-Erweiterungseigenschaft von CW-Paaren

Das ist eine angenehme Eigenschaft, die an vielen Stellen gebraucht wird. Es geht
um die Frage, ob bei einer Teilmenge $A \subset X$ und einer Abbildung $f : X \to Y$
sich eine (nur auf der Teilmenge A definierte) Homotopie $h_f : A \times I \to Y$ der
Abbildung f stetig auf den ganzen Raum X fortsetzen lässt.

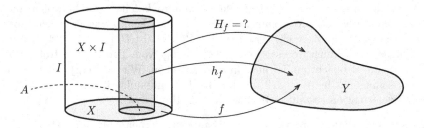

Der folgende Satz zeigt, dass dies immer möglich ist, wenn es sich bei A um einen
Teilkomplex eines CW-Komplexes handelt.

Satz (CW-Paare besitzen die Homotopie-Erweiterungseigenschaft)
Wir betrachten einen CW-Komplex X, einen Teilkomplex $A \subset X$ und eine
stetige Abbildung $f : X \to Y$ in einen beliebigen topologischen Raum Y.
Ferner sei für f auf der Teilmenge A eine Homotopie $h_f : A \times I \to Y$ gegeben.

Dann gibt es eine Fortsetzung von h_f zu einer Homotopie

$$H_f : X \times I \longrightarrow Y$$

mit $H_f(x, 0) = f(x)$ für alle $x \in X$.

Der **Beweis** ist eine etwas knifflige Übung in Homotopietheorie, die Aussage allerdings viel zu wichtig, um einfach durchgewunken zu werden. Wenn Sie etwas
zügiger vorankommen wollen, können Sie den Beweis zunächst überspringen und
die Aussage als gegeben akzeptieren (sie ist auch für allgemeine Räume in den
allermeisten Fällen richtig).

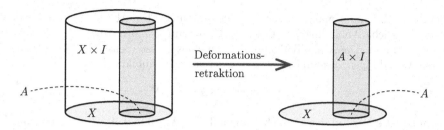

Wir zeigen zunächst, dass es eine starke Deformationsretraktion von $X \times I$ auf $(X \times 0) \cup (A \times I)$ gibt. Vielleicht erinnern Sie sich, dass wir eine ähnliche Situation schon im Zusammenhang mit Anheftungen hatten (Seite 177). Damals war A ein Deformationsretrakt von X. Teilkomplexe sind zwar weit davon entfernt, aber die CW-Struktur erlaubt dennoch ähnliche Schlussfolgerungen.

Der Beweis verläuft Zelle für Zelle und von Gerüst zu Gerüst. Wir zeigen im ersten Schritt, dass $X^k \times I$ auf $(X^k \times 0) \cup \big((X^{k-1} \cup A^k) \times I\big)$ deformationsretrahiert. Eine $(k+1)$-Zelle e^{k+1} in dem Produktkomplex $X^k \times I$ hat stets die Form $e^k \times e^1$, mit einer charakteristischen Abbildung

$$\Psi^{k+1} = \Phi^k \times \mathrm{id}_I : D^k \times I \longrightarrow X^k \times I,$$

bei der Φ^k die charakteristische Abbildung von e^k in X ist und die Homöomorphismen $D^1 \cong I$ sowie $D^k \times I \cong D^{k+1}$ zu berücksichtigen sind.

Falls $e^k \in A^k$ ist, deformieren wir es nicht und bleiben so innerhalb von $A^k \times I$. Falls $e^k \notin A^k$ ist, hilft die starke Deformation von $D^k \times I$ auf $(D^k \times 0) \cup (\partial D^k \times I)$, die wir von früher kennen (Seite 87). Verknüpft mit Ψ^{k+1} ergibt sich daraus im Ziel $X^k \times I$ eine starke Deformation von $\overline{e^k \times e^1}$ auf $\Psi^{k+1}\big((D^k \times 0) \cup (\partial D^k \times I)\big)$, worin Sie unschwer eine Teilmenge von $(X^k \times 0) \cup (X^{k-1} \times I)$ erkennen.

Wir erhalten so für jede $(k+1)$-Zelle von $X^k \times I$ eine starke Deformationsretraktion auf die Menge $(X^k \times 0) \cup \big((X^{k-1} \cup A^k) \times I\big)$. Nacheinander ausgeführt ergeben sie die gesuchte Deformation von $X^k \times I$. Das ist kein Problem im Fall von endlich vielen $(k+1)$-Zellen. Falls unendlich viele solche Zellen vorliegen, brauchen wir wieder den kleinen Trick von oben, nur diesmal mit aufsteigenden Indizes. Wir stauchen die i-te Deformation einfach auf das Intervall $[1 - 2^{-(i-1)}, 1 - 2^{-i}]$ zusammen. Die erste läuft dann während der Zeiten $t \in \big[0, \frac{1}{2}\big]$, die zweite für die Zeiten $t \in \big[\frac{1}{2}, \frac{3}{4}\big]$, die dritte für $t \in \big[\frac{3}{4}, \frac{7}{8}\big]$ und so fort. Bei $t = 1$ ist das alles auch stetig, denn jede $(k+1)$-Zelle ist schon vorher fertig deformiert, die gesamte Deformation danach also konstant wählbar.

Falls X endlichdimensional ist, wäre $X = X^k$ und $A = A^k$ für ein $k \geq 0$ und die starke Deformationsretraktion von $X \times I$ auf $(X \times 0) \cup (A \times I)$ gefunden, denn Sie müssen nur bei Dimension k beginnen und induktiv absteigen bis $k = 0$ (wegen $X^{-1} = \varnothing$ fällt dieser Anteil dann weg). Falls X nicht endlichdimensional ist, müssen wir nochmals stauchen. Wie oben bei den guten CW-Paaren geht das wieder absteigend in den Dimensionen mit einer Stauchung der Deformation von $X^k \times I$ auf das Intervall $[2^{-k-1}, 2^{-k}]$. Auch hier ist die Stetigkeit bei $t = 0$ kein Problem.

Sehr einfach kommt man nun zur Aussage des Satzes. Die Abbildung f definiert eine natürliche Abbildung $f : X \times 0 \to Y$, die auf $A \times 0$ mit $h_f : A \times I \to Y$ übereinstimmt. Da A als Teilkomplex abgeschlossen ist (Seite 328), kann man diese Abbildungen zusammensetzen zu einer stetigen Abbildung

$$\widetilde{h}_f : (X \times 0) \cup (A \times I) \longrightarrow Y,$$

denn $\widetilde{h}_f$ ist stetig auf den abgeschlossenen Teilen $X \times 0$ und $A \times I$. Schaltet man die obige Deformation von $X \times I$ vor $\widetilde{h}_f$, so ergibt sich die gesuchte Fortsetzung von h_f zu H_f. Beachten Sie dabei, dass die Deformationsretraktion von $X \times I$ stark ist, also stationär auf $(X \times 0) \cup (A \times I)$. $\qquad\qquad\square$

Ohne Zweifel ein Beweis, der die Komplexität, aber auch den Reiz der elementaren Homotopietheorie zeigt. Der Satz ermöglicht ein einfaches Standardvorgehen, um Homotopien auf dem gesamten Komplex zu konstruieren, wenn man sie zunächst nur auf einzelnen Zellen hat. Genau das war einer der großartigen Gedanken von WHITEHEAD, als er die *kombinatorische Homotopie*, wie er sie nannte, eingeführt hat. Die Zellen e^k haben allesamt Standardformat, denn CW-Komplexe sind aus geeignet verklebten Bällen D^k aufgebaut. Diese Bälle kennt man sehr gut, weswegen man in den einzelnen Zellen schnell und einfach (lokale) Aussagen treffen kann. Mit der Homotopie-Erweiterung auf den gesamten Komplex können dann induktiv starke (globale) Sätze für CW-Komplexe bewiesen werden.

Die Homotopie-Erweiterung von CW-Paaren erlaubt aber auch eine weitere, äußerst wichtige und anschaulich plausible Aussage: Für einen zusammenziehbaren Teilkomplex A ist die Quotientenabbildung $q : X \to X/A$ stets eine Homotopieäquivalenz. Ein bemerkenswertes Resultat, warum ist das so?

Die Überlegung ist einfach, wenn Sie einen Blick auf das kommutative Diagramm

$$
\begin{array}{ccc}
X \times I & \xrightarrow{\ H_f\ } & X \\
{\scriptstyle q \times \mathrm{id}_I}\downarrow & & \downarrow{\scriptstyle q} \\
X/A \times I & \xrightarrow{\ \overline{H}_f\ } & X/A
\end{array}
$$

werfen. Dabei sei H_f die Fortsetzung einer Homotopie h_f von id_A auf die konstante Abbildung $h_f(.,1) \equiv a \in A$ mit $H_f(.,0) = \mathrm{id}_X$. In der Formulierung der Homotopie-Erweiterung ist also $f = \mathrm{id}_X$, und die Homotopie h_f existiert wegen der Deformationsretraktion von A auf den Punkt a. Da $h_f(A,t) \subseteq A$ ist für alle Zeiten $t \in I$, definiert dieses Diagramm auch die Homotopie $\overline{H}_f$ in der unteren Zeile, mit $\overline{H}_f(.,0) = \mathrm{id}_{X/A}$.

Nun sehen wir uns die Situation bei $t = 1$ an:

$$
\begin{array}{ccc}
X & \xrightarrow{\ H_f(.,1)\ } & X \\
{\scriptstyle q}\downarrow & {\scriptstyle g}\nearrow & \downarrow{\scriptstyle q} \\
X/A & \xrightarrow[\ \overline{H}_f(.,1)\ ]{} & X/A \ .
\end{array}
$$

Da $H_f(A,1) = \{a\}$ ist, faktorisiert $H_f(.,1)$ durch X/A und liefert genau eine Abbildung $g : X/A \to X$, welche das linke Dreieck kommutativ macht. Es ist dann eine elementare **Übung**, zu zeigen, dass das Diagramm auch im rechten Dreieck kommutiert und wegen der Homotopien H und $\overline{H}$ sowohl $g \circ q \simeq \mathrm{id}_X$ als auch $q \circ g \simeq \mathrm{id}_{X/A}$ ist. Damit ist g eine Homotopieinverse zu q. $\Box$

Eine nützliche Eigenschaft, die wir noch sehr gut gebrauchen können (Seite 387). Fassen wir also noch einmal zusammen:

> **Beobachtung**
> Falls in einem CW-Paar (X, A) der Teilkomplex A zusammenziehbar ist, dann ist die Quotientenabbildung $X \to X/A$ eine Homotopieäquivalenz. $\Box$

Lassen Sie uns jetzt sehen, welche Anwendungen der Homotopie-Erweiterung sich sonst noch ergeben. Den Anfang macht auch hier ein Konzept, das Ihnen bestimmt von den simplizialen Komplexen her vertraut erscheint.

8.5 Zelluläre Abbildungen und zelluläre Approximation

Sicher haben Sie sich schon gefragt, welches die passenden Abbildungen zwischen CW-Komplexen sind. Zwischen simplizialen Komplexen waren die simplizialen Abbildungen geeignet, und jede stetige Abbildung war homotop zu einer simplizialen Abbildung (Seiten 163 ff). Dieses Konzept gibt es auch für CW-Komplexe, die folgende Definition ist daher keine Überraschung.

> **Definition (Zelluläre Abbildung)**
> Eine stetige Abbildung $f : X \to Y$ zwischen zwei CW-Komplexen nennt man **zelluläre Abbildung**, wenn für alle $k \geq 0$ das Gerüst X^k in das Gerüst Y^k abgebildet wird, wenn also stets $f(X^k) \subseteq Y^k$ ist.

Klarerweise ist jede simpliziale Abbildung zwischen simplizialen Komplexen auch eine zelluläre Abbildung, wenn man die Räume als CW-Komplexe interpretiert. Damit ohne große Umschweife gleich zum Ziel dieses Abschnitts:

> **Satz (Zelluläre Approximation)**
> Jede stetige Abbildung $f : X \to Y$ zwischen zwei CW-Komplexen ist homotop zu einer zellulären Abbildung. Ist zusätzlich $A \subset X$ ein Teilkomplex und $f|_A$ bereits zellulär, so kann die Homotopie relativ A gewählt werden, also konstant auf A für alle Parameter $t \in [0,1]$.

Ein wichtiges Resultat. Ebenfalls wenig überraschend, denken Sie an die simpliziale Approximation (Seite 165). Der **Beweis** ist nur an einer Stelle etwas heikel und sei wegen der großen Bedeutung des Satzes ausführlich skizziert.

Man kann wie bei simplizialen Komplexen induktiv über die Dimension gehen und sich in jeder Dimension Zelle für Zelle vorantasten. Den Induktionsanfang macht $k = 0$. Wir nehmen die Einschränkung $f|_{X^0} : X^0 \to Y$ und eine 0-Zelle e^0 in X^0. Falls $f(e^0)$ in Y^0 liegt, müssen wir nichts verformen, f ist dann auf e^0 schon zellulär. Falls nicht, sei c^n die Zelle von Y, welche $f(e^0)$ enthält, mit $n \geq 1$.

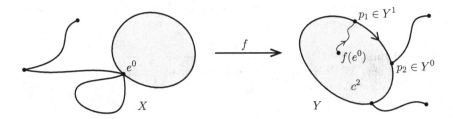

Wir lassen den Punkt $f(e^0)$ nun an den Rand von c^n in Y wandern, also auf einen Punkt $p_1 \in \overline{c^n} \setminus c^n$, der nach Konstruktion der CW-Komplexe in dem niedrigeren Gerüst Y^{n-1} liegt.

Falls $p_1 \in Y^0$ liegt, sind wir fertig. Falls nicht, kommen wir auf dem gleichen Weg zu einem Punkt $p_2 \in Y^{n-2}$ und so fort. Nach endlich vielen Schritten haben wir einen Punkt $p_m \in Y^0$ und damit eine Homotopie h_1 von $f|_{e^0}$ auf eine zelluläre Abbildung $e^0 \to Y$ erreicht. Wir verfahren nun parallel auf die gleiche Weise für alle 0-Zellen in X^0 und kommen so zu einer Homotopie $h : X^0 \times I \to Y$, entlang der $f|_{X^0}$ homotop zu einer zellulären Abbildung ist und diese Homotopie stationär ist für alle 0-Zellen, auf denen f bereits zellulär war.

Soweit der Induktionsanfang – nicht so einfach wie üblich, aber mit dem Vorteil, dass der Induktionsschritt von X^{k-1} auf X^k von der Idee her vorgezeichnet ist. Wir können uns den Induktionsanfang nämlich auch so vorstellen: In c^n gab es genügend Punkte $x \neq f(e^0)$. Wenn wir c^n in einem solchen Punkt x anstechen, so zieht sich die Zelle homotop auf Y^{n-1} zusammen, wie ein Seifenfilm auf sein Drahtgerüst. Dabei wird der Punkt $f(e^0)$ entlang der Homotopie mitgenommen zu dem Punkt $p_1 \in Y^{n-1}$.

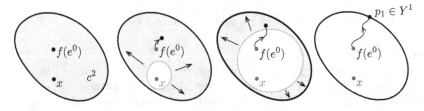

Mit unserem Wissen über Kompakta in CW-Komplexen können wir die gleiche Idee auch für den Induktionsschritt verwenden. Es sei also $f|_{X^{k-1}} : X^{k-1} \to Y$ homotop zu einer zellulären Abbildung und die Homotopie stationär auf allen $(k-1)$-Gerüsten des Teilkomplexes $A \subset X$, in denen f bereits zellulär ist. Für eine k-Zelle e^k in X ist nach den Überlegungen des vorigen Abschnitts $\overline{e^k}$ kompakt und daher auch $f(\overline{e^k})$ kompakt in Y. Die Menge $f(e^k)$ trifft dann nur endlich viele Zellen von Y und c^n sei eine solche mit maximaler Dimension. Falls $n \leq k$ ist, ist

$f(e^k) \subset Y^k$ und sämtliche Aussagen über $f|_{X^{k-1}}$ können sinngemäß für $f|_{X^{k-1} \cup e^k}$ übernommen werden. Falls $n > k$ ist, wird es noch einmal knifflig.

Um die Seifenfilme hier platzen zu lassen, benötigen wir die Aussage, dass f auf $X^{k-1} \cup e^k$ homotop relativ X^{k-1} zu einer Abbildung ist, die einen Punkt in c^n auslässt. Das ist nicht so trivial wie beim Induktionsanfang, denn dort war $f(e^0)$ ein einzelner Punkt. In höheren Dimensionen kann viel mehr passieren, denken Sie nur an die Möglichkeit von surjektiven Abbildungen $S^1 \to S^2$, an die sogenannten Monsterkurven (Seite 136).

Genau an dieser Stelle wird der Beweis also etwas technisch. Um ihn nicht zu sehr ins Stocken geraten zu lassen, hier nur eine Skizze des Vorgehens. Wir nehmen die charakteristische Abbildung $\Phi^k : D^k \to X$ der Zelle e^k in X und komponieren sie mit der Abbildung $f|_{X^{k-1} \cup e^k} : X^{k-1} \cup e^k \to Y^n$ zu

$$g = \left(f|_{X^{k-1} \cup e^k} \circ \Phi^k \right) : D^k \longrightarrow Y^n .$$

Beachten Sie, dass das Bild von g tatsächlich in Y^n liegt, denn f war zellulär auf X^{k-1} und c^n eine Zelle maximaler Dimension in Y, die $f(e^k)$ trifft. Wir entfernen nun c^n aus Y^n und erhalten mit $Z = Y^n \setminus c^n$ die Darstellung

$$g : D^k \longrightarrow Z \cup c^n ,$$

in der das Ziel durch Anheften einer n-Zelle c^n an den Raum Z entsteht. Es ist $g^{-1}(c^n)$ eine offene Menge in D^k, enthält also eine kleinen offenen Ball $B_\epsilon^k(x)$ um einen Punkt x im Inneren von D^k. Schon früher haben wir motiviert, dass eine solche Abbildung lokal um x homotop zu einer differenzierbaren Abbildung ist (Seite 136), bedenken Sie die Homöomorphie $c^n \cong \mathbb{R}^n$. Die differenzierbare Abbildung kann nach dem Satz über implizite Funktionen, [32], nicht surjektiv sein.

Die Abbildung g, und damit auch f, ist also homotop zu einer Abbildung, die einen Punkt $p \in c^n$ auslässt und wir können die Zelle c^n dort anstechen. Sie zieht sich dann homotop auf Y^{n-1} zurück und definiert so eine Homotopie von $f|_{X^{k-1} \cup e^k}$ auf $f_1 : X^{k-1} \cup e^k \to Y^{n-1}$. Nach spätestens $n - k$ solchen Schritten erreichen wir eine zu f homotope zelluläre Abbildung $f_m : X^{k-1} \cup e^k \to Y$. Analog zum Induktionsanfang führen wir dies für alle k-Zellen e_λ^k von X durch und erhalten so eine zu f homotope zelluläre Abbildung

$$\widetilde{f} : X^k \longrightarrow Y ,$$

mit einer Homotopie, die dort stationär ist, wo f bereits zellulär war. Damit ist der Beweis per Induktion vollendet, falls X endlichdimensional ist. In den meisten Fällen, so auch in diesem Buch, reicht das aus.

Falls $\dim X = \infty$ ist, muss man ausnützen, dass das Paar (X, X^k) Homotopie-Erweiterungen zulässt (Seite 336). Die Homotopien $h_k : X^k \times I \to Y$ lassen sich dann alle fortsetzen zu Homotopien $H_k : X \times I \to Y$, und nach Stauchung auf die Zeitintervalle $[1 - 2^{-(k-1)}, 1 - 2^{-k}]$ ergibt die Komposition der H_k die Homotopie auch für unendlichdimensionale Komplexe (vergleichen Sie mit Seite 337). $\quad\square$

Beispiel: Die Homotopie eines Sphärenstraußes

Die zelluläre Approximation ist ein echtes Standardwerkzeug, das wir in vielen Argumentationen nutzen werden. Eine konkrete Anwendung davon sind die Homotopiegruppen eines Keilprodukts

$$X = \bigvee_{\lambda \in \Lambda} S_\lambda^n$$

von n-Sphären mit der Standardstruktur $e^0 \cup e^n$, gebildet bezüglich eines Basispunktes $e^0 = x \in X$. Die zelluläre Approximation liefert hier ohne Umwege die Aussage $\pi_k(X, x) = 0$ für $k < n$, denn jede punktierte Abbildung $(S^k, 0) \to (X, x)$ ist homotop zu einer zellulären Abbildung, und die muss für $k < n$ konstant sein, denn die einzige Zelle in $\bigvee_\lambda S_\lambda^n$ mit Dimension kleiner als n ist der Punkt x. Für $k = n \geq 2$ ergibt sich dann ein nicht ganz so offensichtliches Ergebnis:

Beobachtung: Es gilt mit den obigen Bezeichnungen für $n \geq 2$

$$\pi_n(X, x) \cong \bigoplus_{\lambda \in \Lambda} \mathbb{Z},$$

also die frei abelsche Gruppe mit einer Basis bestehend aus den Homotopieklassen der Inklusionen $i_\lambda : S_\lambda^n \hookrightarrow X$.

Das Ergebnis überrascht ein wenig, denn wir erwarten es eigentlich vom Produkt $\prod_\lambda S_\lambda^n$. In der Tat ist es trivial, dass für wegzusammenhängende Räume Y_λ

$$\pi_k \left(\prod_{\lambda \in \Lambda} Y_\lambda , \, y \right) \cong \bigoplus_{\lambda \in \Lambda} \pi_k(Y_\lambda, y_\lambda)$$

ist, mit $y = (y_\lambda)_{\lambda \in \Lambda}$. Vergleichen Sie das mit den Überlegungen zu Fundamentalgruppen (Seite 90), die Sie ohne Probleme von endlichen Produkten auf beliebige Produkte erweitern können. Warum also generiert bereits das viel kleinere Keilprodukt X dieselbe Gruppe wie das vollwertige Mengenprodukt, wenn es sich bei den Faktoren um n-Sphären handelt?

Nun ja, Sie können zunächst $\prod_\lambda S_\lambda^n$ eine natürliche CW-Struktur geben, denn generell ist ein Produkt $A \times B$ von CW-Komplexen wieder ein CW-Komplex. Das ist ganz einfach bei kompakten Komplexen: Falls nämlich $\Phi_1, \ldots, \Phi_r$ die charakteristischen Abbildungen von A und $\Psi_1, \ldots, \Psi_s$ diejenigen von B sind, so ergeben alle Kombinationen $\Phi_i \times \Psi_j$ die charakteristischen Abbildungen von $A \times B$, mithin eine natürliche CW-Struktur des Produkts. (Dies lässt sich auch auf unendliche Komplexe verallgemeinern, nur könnte das CW-Produkt dann eine feinere Topologie bekommen als das normale Mengenprodukt, zu Details siehe [41]).

Als kleines Beispiel mag das Produkt $S^2 \times S^3$ dienen, dessen Zellen dann $e^0 \times e^0$, $e^0 \times e^3$, $e^2 \times e^0$ und $e^2 \times e^3$ wären. Die Erweiterung auf Produkte über eine beliebige Indexmenge Λ macht keine Probleme, falls die Faktoren endliche CW-Komplexe sind. Man muss sich dann eben in jedem Faktor für eine charakteristische Abbildung entscheiden und dabei jede Kombination berücksichtigen.

So interpretiert ist $\bigvee_\lambda S_\lambda^n$ homöomorph zum n-Gerüst von $\prod_\lambda S_\lambda^n$, welches aus der Vereinigung des Punktes $x = (x_\lambda)_{\lambda \in \Lambda}$ als 0-Zelle mit den n-dimensionalen Produkten $S_\lambda^n \times (x_\mu)_{\mu \neq \lambda}$ besteht – was man sich als Strauß von n-Sphären am Punkt x vorstellen kann, mithin als $X = \bigvee_\lambda S_\lambda^n$. Es gilt nun für alle $k < 2n$

$$\pi_k \left(\prod_{\lambda \in \Lambda} S_\lambda^n, X, x \right) = 0,$$

denn die zelluläre Approximation liefert in diesen Fällen für jede Abbildung

$$f : (D^k, S^{k-1}, 1) \longrightarrow \left(\prod_{\lambda \in \Lambda} S_\lambda^n, X, x \right)$$

eine Homotopie relativ S^{k-1} zu einer Abbildung in den Teilkomplex X. Nach dem Kompressionskriterium (Seite 143) ist f dann nullhomotop in Bezug auf die relative Gruppe $\pi_k\left(\prod_\lambda S_\lambda^n, X, x\right)$. Die lange exakte Homotopiesequenz für das Paar $\left(\prod_\lambda S_\lambda^n, X\right)$ zeigt dann sofort, dass für $n \geq 2$

$$\pi_n(X, x) \cong \pi_n \left(\prod_{\lambda \in \Lambda} S_\lambda^n, x \right)$$

ist. Die Homotopieklassen $[i_\lambda]$ der Inklusionen $i_\lambda : S_\lambda^n \hookrightarrow X$ liefern dabei die Generatoren dieser Gruppe. $\qquad \square$

Das Beispiel bietet gleich noch die Gelegenheit, ein interessantes Phänomen bei höheren Homotopiegruppen zu zeigen, einen weiteren großen Unterschied zu den Homologiegruppen. Letztere sind nämlich bei endlichen CW-Komplexen stets endlich erzeugt (Seite 352 f), während das bei Homotopiegruppen nicht der Fall sein muss. Nehmen wir als Beispiel das Keilprodukt $X = S^1 \vee S^n$ mit $n \geq 2$.

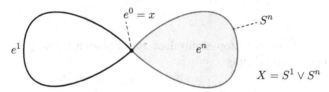

Die CW-Struktur von X ist $e^0 \cup e^1 \cup e^n$, mit den Anheftungen am Punkt $e^0 = x$ wie in der Abbildung gezeigt. Um $\pi_n(X, x)$ zu berechnen, müssen wir ein kleines Resultat nachholen, das eigentlich zu den Überlagerungen gehört (Seite 91 ff) und das wir auf unserer Reise einfach „on demand" mitnehmen wollen.

Notiz (Höhere Homotopiegruppen und Überlagerungen)
Eine Überlagerung $f : Y \to X$ induziert für alle $n \geq 2$ und alle Basispunkte $y \in Y$ Isomorphismen

$$f_* : \pi_n(Y, y) \longrightarrow \pi_n\big(X, f(y)\big).$$

Das ist bemerkenswert, für $n = 1$ war es ja nur ein Monomorphismus (Monodromielemma, Seite 96). Der **Beweis** ist mit den damals entwickelten Techniken nicht schwer. Warum also ist f_* injektiv? Nun ja, nehmen wir eine Homotopieklasse $[\beta] \in \pi_n(Y, y)$, repräsentiert durch $\beta : (S^n, 1) \to (Y, y)$, mit $f_*([\beta]) = 0$. Es ist also die Abbildung

$$\alpha = f \circ \beta : (S^n, 1) \longrightarrow \big(X, f(y)\big)$$

nullhomotop. Die zugehörige Nullhomotopie zeigt nach dem Hochheben (Seite 94) auf Y, dass auch β homotop zu einer konstanten Abbildung $\beta_0 : (S^n, 1) \to (Y, y)$ war. Das ist klar, denn die Faser über einem Punkt in X ist diskret in Y und das Bild $\beta_0(S^n)$ wegzusammenhängend in dieser Faser, also einpunktig.

Es ist aber f_* auch surjektiv, denn jede Abbildung $\alpha : (S^n, 1) \to \big(X, f(y)\big)$ kann hochgehoben werden zu einem $\beta : (S^n, 1) \to (Y, y)$ mit $f \circ \beta = \alpha$. Das liegt daran, dass S^n für $n \geq 2$ einfach zusammenhängend ist (Seite 98). $\square$

Zurück zum Beispiel $X = S^1 \vee S^n$. Bei der universellen Überlagerung $p : \widetilde{X} \to X$ ist $\widetilde{X}$ homöomorph zu einer reellen Geraden $\mathbb{R}$, in der an jeder ganzen Zahl $k \in \mathbb{Z}$ eine Sphäre S_k^n angeheftet ist,

$$\widetilde{X} = \mathbb{R} \bigvee_{k \in \mathbb{Z}} S_k^n \,,$$

wie Sie an der folgenden Abbildung erkennen. (Beachten Sie den großen Unterschied zu $S^1 \times S^n$ mit der universellen Überlagerung $\mathbb{R} \times S^n$.)

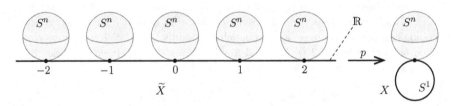

Der Raum $\widetilde{X}$ ist homotopieäquivalent zum Sphärenstrauß $\bigvee_{k \in \mathbb{Z}} S_k^n$ und daher nach obiger Beobachtung

$$\pi_n(X, x) \cong \pi_n(\widetilde{X}, 0) \cong \mathbb{Z}^{\mathbb{Z}} \,,$$

also eine frei abelsche Gruppe, die nicht endlich erzeugt ist. Die Generatoren von $\pi_n(\widetilde{X}, 0)$ können Sie sich dabei als die Inklusionen

$$(S^n, 1) \hookrightarrow \big(k \vee S_k^n, k\big)$$

vorstellen (lokal um den Anheftungspunkt $1 \in S^n$ auf den Basispunkt $0 \in \mathbb{R}$ gestreckt). Für einen CW-Komplex, der nur aus drei Zellen besteht, ist das durchaus respektabel. Wir werden später noch einmal an entscheidender Stelle auf den Sphärenstrauß zurückkommen (Seite 387), behalten Sie ihn also im Auge.

Nach diesem Beispiel und dem etwas technischen Intermezzo davor können wir jetzt Neuland betreten. Dank der konkreten Gestalt von CW-Komplexen ist der folgende Satz möglich – ein Meilenstein, der erstmals die Äquivalenz von topologischen Räumen aufgrund einer Isomorphie von Homotopiegruppen zeigt.

8.6   Der Satz von Whitehead

Lassen Sie uns ohne Umschweife den Satz formulieren, der einen großen Schritt in Richtung des Hauptziels (Seite 316) darstellt. WHITEHEAD hat ihn – als Verallgemeinerung des entsprechenden Resultats für simpliziale Komplexe – zusammen mit der Einführung der CW-Komplexe veröffentlicht und damit die Tragweite seiner Ideen unterstrichen, [124].

> **Satz (Whitehead, 1949)**
> Falls eine stetige Abbildung $f : X \to Y$ zwischen zwei CW-Komplexen für alle $k \geq 0$ und Basispunkte $x \in X$ Isomorphismen
>
> $$f_* : \pi_k(X, x) \longrightarrow \pi_k\big(Y, f(x)\big)$$
>
> induziert, ist sie bereits eine Homotopieäquivalenz.

CW-Komplexe verhalten sich in der Homotopietheorie also mustergültig, denn die Bedingung des Satzes charakterisiert bei diesen Räumen die Eigenschaft einer Homotopieäquivalenz. Sie erinnern sich, dass für allgemeine Räume nur die Umkehrung galt: Homotopieäquivalenzen induzieren Isomorphismen (Seite 135).

Bevor wir den Satz beweisen – der Gedankengang wird sich als überraschend einfach herausstellen – sollten wir uns seiner Grenzen bewusst werden und auch einer möglichen Fehlinterpretation vorbeugen, die Ihnen wahrscheinlich allzu verlockend erscheint, wenn Sie mit der Materie noch nicht so vertraut sind.

Zunächst zu der Fehlinterpretation. Der Satz besagt nicht, dass CW-Komplexe homotopieäquivalent sind, wenn sie isomorphe Homotopiegruppen besitzen. Nehmen Sie zum Beispiel die zwei Produkte $X = S^2 \times \mathbb{P}^3$ und $Y = \mathbb{P}^2 \times S^3$. Als Produkträume endlicher Komplexe sind dies auch CW-Komplexe (Seite 342). Im Beispiel X ist $S^2 \cong e^0 \cup e^2$ und $\mathbb{P}^3 \cong e^0 \cup e^1 \cup e^2 \cup e^3$. Die Zellen von X sind dann alle Kombinationen davon, wir haben also eine CW-Struktur der Form

$$X = \bigcup_{i \in \{0,2\},\, 0 \leq j \leq 3} e^i \times e^j.$$

Nach dem früheren Satz (Seite 102) über die Decktransformationsgruppe und der Produktformel für die Fundamentalgruppe (Seite 90) gilt wegen der 2-blättrigen universellen Überlagerung $S^n \to \mathbb{P}^n$

$$\pi_1(X) \cong \pi_1(S^2) \times \pi_1(\mathbb{P}^3) \cong \mathbb{Z}_2 \cong \pi_1(\mathbb{P}^2) \times \pi_1(S^3) \cong \pi_1(Y).$$

Wie steht es mit den höheren Homotopiegruppen von X und Y? Unschwer erkennen Sie, dass sowohl X als auch Y den Raum $S^2 \times S^3$ als universelle Überlagerung besitzt. Nach der obigen Notiz (Seite 343) stimmen dann auch alle höheren Homotopiegruppen von X und Y überein.

Hingegen sehen wir mit der Homologietheorie schnell, dass $X \not\simeq Y$ ist. Blättern Sie einfach zurück auf Seite 312. Da die Homologiegruppen der Sphären frei abelsch sind (0 oder $\mathbb{Z}$), erhalten wir mit der vereinfachten KÜNNETH-Formel und dem Satz von EILENBERG-ZILBER (Seite 307) sofort

$$H_2(X) \;=\; H_2\big(S^2 \times \mathbb{P}^3\big)$$

$$\cong\; H_0(S^2) \otimes H_2(\mathbb{P}^3) \;\oplus\; H_1(S^2) \otimes H_1(\mathbb{P}^3) \;\oplus\; H_2(S^2) \otimes H_0(\mathbb{P}^3)$$

$$\cong\; \mathbb{Z} \otimes 0 \;\oplus\; 0 \otimes \mathbb{Z}_2 \;\oplus\; \mathbb{Z} \otimes \mathbb{Z} \;\cong\; \mathbb{Z}\,,$$

wobei hier die Homologie von $\mathbb{P}^3$ vorweggenommen ist, die wir erst im nächsten Abschnitt berechnen werden (Seite 361). Gleichzeitig ist aber

$$H_2(Y) \;=\; H_2\big(\mathbb{P}^2 \times S^3\big)$$

$$\cong\; H_0(\mathbb{P}^2) \otimes H_2(S^3) \;\oplus\; H_1(\mathbb{P}^2) \otimes H_1(S^3) \;\oplus\; H_2(\mathbb{P}^2) \otimes H_0(S^3)$$

$$\cong\; \mathbb{Z} \otimes 0 \;\oplus\; \mathbb{Z}_2 \otimes 0 \;\oplus\; 0 \otimes \mathbb{Z} \;=\; 0\,.$$

Hier zeigen sich also die Homologiegruppen trennschärfer als die (an sich komplizierteren) Homotopiegruppen. Was ist in dem Beispiel schiefgegangen? Nun ja, im Satz von WHITEHEAD genügt es eben nicht, nur isomorphe Homotopiegruppen zu haben. Sie benötigen dort dringend die Abbildung $f : X \to Y$, welche all diese Isomorphismen induziert. Das ist der kleine (oder eben der große) Unterschied.

Nun zu den Grenzen des Satzes von WHITEHEAD. Sie zeigen sich bei Räumen, die keine CW-Struktur haben – auch mit einer Abbildung $f : X \to Y$, welche all die im Satz geforderten Isomorphismen induziert. Hier gibt es ein schönes Beispiel, den sogenannten *Warschauer Kreis* (engl. *warsaw circle*), der diesen Namen durch seine Entdecker erhielt, den Mathematiker K. BORSUK und seine polnischen Kollegen.

Der Warschauer Kreis $W \subset \mathbb{R}^2$ ist mit der Relativtopologie von $\mathbb{R}^2$ versehen, die Teilmenge $0 \times [-1,1]$ darin mit A bezeichnet und die unendlich vielen Schwingungen des Graphen von $\sin(1/x)$ mit B. Der Teil A wird von B an allen Stellen berührt, ist aber disjunkt zu B. Das Bild einer jeden stetigen Abbildung $\alpha : S^n \to W$ kann dann nicht über den unendlich oft schwingenden Rand von B hin zu A verlaufen oder umgekehrt von A hin zu B, denn dann wäre die Abbildung nicht stetig. Das Bild $\alpha(S^n)$ bleibt also auf dem schwingenden B-Teil immer ein Stück von A entfernt und deckt nur endlich viele Schwingungen ab.

Die Konsequenz ist klar: Jede solche Abbildung α ist nullhomotop und damit $\pi_n(W) = 0$ für alle $n \geq 1$. Da W auch wegzusammenhängend ist, besitzt es also exakt die gleichen Homotopiegruppen wie eine einpunktige Menge $\{p\}$. Die Punkt-Abbildung

$$f : W \longrightarrow \{p\}$$

induziert dann einen Isomorphismus aller Homotopiegruppen, ist aber keine Homotopieäquivalenz, denn W ist nicht zusammenziehbar: Jede Deformation von W auf einen Punkt müsste die schwingende Berührung zwischen A und B auftrennen, was nicht stetig innerhalb der Menge W möglich ist. Folglich müssen im Satz von WHITEHEAD beide Räume CW-Komplexe sein.

Nachdem wir den Satz einordnen können, kommen wir zum **Beweis.** Wir haben demnach die Abbildung $f : X \to Y$ und die Isomorphismen $f_* : \pi_k(X) \to \pi_k(Y)$ der Homotopiegruppen. (Da beide Räume wegzusammenhängend sind, können wir die Basispunkte vernachlässigen.)

Auf was können wir bauen? Die Homotopiegruppen $\pi_k(X)$ entsprechen Homotopieklassen von punktierten Abbildungen $S^k \to X$ (Seite 135) und es gibt für alle Raumpaare (X, A) die lange exakte Homotopiesequenz (Seite 142). In dieser Sequenz kommen relative Homotopiegruppen vor, die wir als Homotopieklassen von punktierten Abbildungen $(D^k, S^{k-1}) \to (X, A)$ interpretieren (Seite 143).

Sie bemerken, wie maßgeschneidert CW-Komplexe für diese Techniken sind. Die charakteristische Abbildung $\Phi^k : D^k \to X$ einer jeden k-Zelle e^k bildet das Innere $D^k \setminus S^{k-1}$ des k-Balls homöomorph auf e^k ab und den Rand S^{k-1} in den Rand $\overline{e^k} \setminus e^k$, mithin in das Gerüst X^{k-1}. Kein Wunder, dass man hier viele Querbezüge zu (absoluten und relativen) Homotopiegruppen erwarten darf, in denen diese Standardräume auch vorkommen – man muss nur bereit sein, sich ein wenig auf trickreiche Argumente einzulassen.

Versuchen wir es zuerst mit einem Spezialfall, der alle oben erwähnten Mittel zulässt, mit der Inklusion $f : X \hookrightarrow Y$ eines Teilkomplexes $X \subset Y$. Die lange exakte Sequenz

$$\cdots \xrightarrow{j_*} \pi_{k+1}(Y, X) \xrightarrow{\partial_*} \pi_k(X) \xrightarrow{f_*} \pi_k(Y) \xrightarrow{j_*} \pi_k(Y, X) \xrightarrow{\partial_*} \pi_{k-1}(X) \xrightarrow{f_*} \cdots$$

liefert mit den Isomorphismen $f_* : \pi_k(X) \to \pi_k(Y)$ aus der Voraussetzung des Satzes die Aussage, dass alle relativen Homotopiegruppen $\pi_k(Y, X) = 0$ sind.

Nach dem Kompressionskriterium ist dann jedes $\alpha : (D^k, S^{k-1}) \to (Y, X)$ relativ zu S^{k-1} homotop zu einer Abbildung $\beta : (D^k, S^{k-1}) \to (X, X)$, lässt sich also stetig auf X komprimieren (Seite 143). Das ist der Schlüssel des Beweises, denn CW-Komplexe sind Zelle für Zelle aus solchen Paaren (D^k, S^{k-1}) konstruiert. Wir können daher hoffen, die Identität $(Y, X) \to (Y, X)$ relativ X auf das Paar (X, X) komprimieren zu können, was X dann als (starken) Deformationsretrakt von Y ausweisen würde. Der Spezialfall wäre damit geschafft.

Lassen Sie uns die Idee induktiv über die Gerüste Y^l konkretisieren. Wir beginnen mit $l = 0$ und deformieren $\mathrm{id}_Y : (Y, X) \to (Y, X)$ auf dem 0-Gerüst Y^0. Da Y wegzusammenhängend ist, finden wir leicht für jeden (diskreten) Punkt $p \in Y^0$ einen Weg von p durch Y hindurch auf den Teilkomplex X, wobei alle Punkte $p \in X^0$ auf ihrem Platz bleiben können. Führen wir alle diese Bewegungen parallel im Zeitintervall $[0,1]$ aus, so erhalten wir auf Y^0 eine Homotopie relativ X^0, welche für $t = 0$ die Identität id_{Y^0} ist und für $t = 1$ eine Abbildung $\widetilde{g}_0 : Y^0 \to X$. Jetzt brauchen wir die Homotopie-Erweiterung für CW-Paare (Seite 336), um hieraus auf Y eine Homotopie relativ X^0 von id_Y zu erhalten, bei der zur Zeit $t = 1$ eine

Abbildung $g_0 : Y \to Y$ entsteht mit der Eigenschaft $g_0(Y^0) \subseteq X$. (Überzeugen Sie sich, dass wir dafür in der Formulierung des Homotopie-Erweiterungssatzes nur $A = Y^0$ und $X = Y$ setzen müssen.)

Nun nehmen wir induktiv an, wir hätten bereits solche Homotopien von g_i auf g_j zur Verfügung ($0 \leq i \leq j$), bis hin zu einer Abbildung $g_{l-1} : Y \to Y$ mit $g_{l-1}(Y^{l-1}) \subseteq X$. Dann sei e^m eine Zelle minimaler Dimension mit $m > l - 1$ und $\Phi^m : D^m \to Y$ ihre charakteristische Abbildung. Falls e^m in X vorkommt, ist nichts zu tun. Falls e^m nicht in X liegt, beachten wir, dass Φ^m den Rand S^{m-1} in das Gerüst Y^{l-1} abbildet, das durch g_{l-1} auf X abgebildet wird. Daher ist

$$g_{l-1} \circ \Phi^m : \left(D^m, S^{m-1}\right) \longrightarrow (Y, X)$$

eine Abbildung von Raumpaaren und wegen $\pi_m(Y, X) = 0$ ist sie nach dem Kompressionskriterium homotop relativ S^{m-1} zu einer Abbildung nach X. Machen wir diese Verformungen wieder parallel für alle Zellen von Y^m, so ergibt sich analog zum Fall $l = 0$ eine Homotopie relativ X von g_{l-1} auf eine Abbildung $g_m : Y \to Y$ mit $g_m(Y^m) \subseteq X$.

Vielleicht haben Sie schon soviel Routine, dass Sie jetzt selbst weitermachen könnten. Es verläuft in der Tat immer nach ähnlichem Muster: Falls Y endlich-dimensional ist, wären wir bereits fertig. Und falls nicht, müssen wir die Zeiten wieder stauchen, die Homotopie von g_i nach g_j im Intervall $[1 - 2^i, \, 1 - 2^{i+1}]$ laufen lassen und dann alle Homotopien hintereinander ausführen.

Der erste Schritt ist geschafft: Falls $f : X \hookrightarrow Y$ die Inklusion eines Teilkomplexes ist, bewirken die Isomorphismen $f_* : \pi_k(X) \to \pi_k(Y)$, dass die Identität von Y homotop relativ X zu einer Abbildung $g : Y \to X$ ist. Daher ist $f \circ g \simeq \mathrm{id}_Y$ und f eine Homotopieäquivalenz (denn offensichtlich ist $g|_X = \mathrm{id}_X$ wegen der Homotopie relativ X und damit auch $g \circ f = \mathrm{id}_X$).

Was ist zu tun, wenn $f : X \to Y$ eine beliebige Abbildung ist? Hier gibt es einen wahrlich genialen Trick. Sie kennen die Konstruktion schon von früher aus dem Kapitel über simpliziale Komplexe, es ist der Abbildungszylinder (Seite 177)

$$M_f \;=\; (X \times I) \sqcup Y \,/\, \sim,$$

wobei $(x,1) \sim f(x)$ ist.

$f : X \to Y$

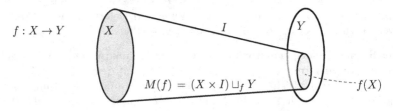

$M(f) = (X \times I) \sqcup_f Y$

$f(X)$

Der Teilraum Y ist dabei ein starker Deformationsretrakt von M_f und X über die Beziehung

$$i : X \;\cong\; X \times 0 \;\hookrightarrow\; M_f$$

ein Teilraum von M_f. Eine Abbildung $h : M_f \to Y$ ist auf natürliche Weise definiert durch die Identität auf Y und die Projektion $(x,t) \mapsto f(x)$ für alle $t \in I$. Sie sehen sofort, dass h eine Homotopieäquivalenz ist, denn sie definiert letztlich die Deformationsretraktion von M_f auf Y (einfache **Übung**).

Wir nehmen zunächst an, f sei eine zelluläre Abbildung. Dann ist auch M_f ein CW-Komplex, denn es ist $X \times I$ ein CW-Komplex, der in M_f Zelle für Zelle über die Äquivalenzrelation $(x,1) \sim f(x)$ an den Komplex Y geheftet ist.

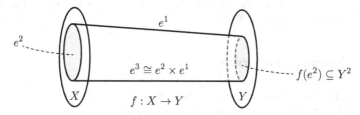

Die Abbildung zeigt dies für $k = 3$. Die offenen Ränder einer k-Zelle $e^{k-1} \times e^1$ in $X \times e^1$ werden auf der rechten Seite über die Abbildung f an Y geheftet, und zwar wegen $f(e^{k-1}) \subset Y^{k-1}$ tatsächlich an das $(k-1)$-Gerüst von Y. Es entsteht dabei eine CW-Struktur.

Der erste Teil weist dann die Inklusion $i : X \hookrightarrow M_f$ als Homotopieäquivalenz aus, sofern die $i_* : \pi_k(X) \to \pi_k(M_f)$ Isomorphismen sind. Das sind sie aber, denn

$$h \circ i : X \hookrightarrow M_f \longrightarrow Y$$

ist identisch mit $f : X \to Y$ und erfüllt diese Bedingung. Wegen $i_* = (h_*)^{-1} \circ f_*$ sind dann auch die i_* Isomorphismen (h war eine Homotopieäquivalenz, also h_* ein Isomorphismus). Damit schließt sich der Kreis, denn die Komposition $f = h \circ i$ zweier Homotopieäquivalenzen ist zwangsläufig auch eine Homotopieäquivalenz.

Falls f nicht zellulär wäre, ist es homotop zu einer zellulären Abbildung $\tilde{f}$ nach der zellulären Approximation (Seite 339), also homotop zu einer Homotopieäquivalenz (auch die $\tilde{f}_*$ sind wegen $f \simeq \tilde{f}$ Isomorphismen) und daher selbst eine solche. $\square$

Es ist schon bemerkenswert, wie die bekannten Homotopietechniken wie das Kompressionskriterium und der Abbildungszylinder hier zusammenspielen. Der Satz wird den Schlüssel für das Hauptziel des Kapitels (Seite 316) liefern, freilich erst nach einer Reihe weiterer großer Erkenntnisse.

Ein Wort noch zum Beweis des Satzes. Vielleicht ist Ihnen beim genauen Nachdenken über den Beweis eine Sache etwas schleierhaft erschienen. Es geht um die Behauptung, M_f wäre bei einer zellulären Abbildung f selbst ein CW-Komplex. Wir hatten dies damit begründet, dass der rechte Rand einer k-Zelle der Form $e^{k-1} \times e^1 \subset X \times I$ stets an das $(k-1)$-Gerüst von Y geheftet ist, also völlig konform zum Aufbau von CW-Komplexen.

Das ist auch richtig so, aber was ist mit einer k-Zelle der Form $e^k \times \{1\}$, die ebenfalls Bestandteil von $X \times I$ ist und irgendwie mit Y verschmilzt? Hier kann es geschehen, dass $f(e^k)$ doch eine k-Zelle in Y trifft, wir dürfen diese Zellen aber nur an Y^{k-1} anheften. Vielleicht denken Sie kurz darüber nach. Was ist passiert?

Nun ja, das Einzige, was hier passierte: Ich habe versucht, Sie ein wenig auf's Glatteis zu führen. Natürlich muss $e^k \times \{1\}$ gar nicht angeheftet werden, sondern nur der rechte offene Teil von $X \times I$, also $X \times [0,1[$, und diese Menge reicht eben nur bis zu Zellen der Form $e^{k-1} \times e^1$.

Nach diesen eher theoretischen Betrachtungen werden wir im nächsten Abschnitt wieder konkreter. CW-Komplexe erlauben sehr elegante und effiziente Homologieberechnungen, die sich später als ein Dreh- und Angelpunkt der Beweisführung im Theorem von HUREWICZ herausstellen, der letzten Etappe auf dem Weg zu unserem Hauptziel (Seite 391 f).

8.7   Zelluläre Homologie

Wichtig für die zelluläre Homologie bei CW-Komplexen X sind die guten Gerüstpaare (X^k, X^{k-1}) und deren relative Homologiegruppen. Etwas ähnliches haben wir schon bei simplizialen Komplexen gesehen (Seite 283). Damals konnten wir

$$H_n(X^r, X^{r-1}) \cong \begin{cases} 0 & \text{für } n \neq r \\ \mathbb{Z}^{\mathcal{S}(r)} & \text{für } n = r, \end{cases}$$

zeigen, wobei $\mathcal{S}(r)$ die Anzahl der r-Simplizes von X war.

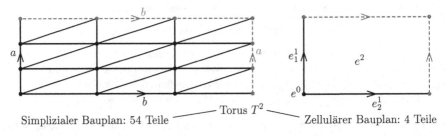

Simplizialer Bauplan: 54 Teile ⸻ Torus T^2 ⸻ Zellulärer Bauplan: 4 Teile

Wenn Sie jetzt den simplizialen und den zellulären Bauplan des Torus gegenüberstellen, fällt auf, dass man in CW-Strukturen viel weniger Zellen zählen müsste. Es besteht also die Hoffnung, dass die Berechnungen sich erheblich vereinfachen, wenn man mit Zellen das Gleiche machen könnte wie mit Simplizes. Letztlich werden Formeln entstehen, die alle Erwartungen sogar übertreffen, ein wahrlich ästhetisches Kapitel in der Geschichte der algebraischen Topologie.

Den Anfang machen einige einfache Beobachtungen, deren Beweis Routine ist, wenn man sich auf endlichdimensionale Komplexe beschränkt.

Beobachtung 1 (Relative Homologiegruppen von Gerüstpaaren)
Für einen CW-Komplex X und alle $r \geq 0$ gilt

$$H_k(X^r, X^{r-1}) \cong \begin{cases} 0 & \text{für } k \neq r \\ \mathbb{Z}^{\mathcal{C}(r)} & \text{für } k = r, \end{cases}$$

wobei $\mathcal{C}(r)$ die Mächtigkeit der Menge der r-Zellen von X ist.

Zum **Beweis** ist kaum etwas zu sagen, denn (X^r, X^{r-1}) ist ein gutes Raumpaar und daher

$$H_k(X^r, X^{r-1}) \cong \widetilde{H}_k(X^r/X^{r-1}).$$

Analog zu den simplizialen Komplexen ist der Quotient X^r/X^{r-1} homöomorph zu einem Keilprodukt von $\mathcal{C}(r)$ Sphären S^r. Die Formel folgt dann aus dem früheren Satz über gute Keilprodukte (Seite 278). □

Sie haben es sicher gemerkt: Die Beobachtung gilt für alle CW-Komplexe, ohne Beschränkung der Dimension. Wenden wir diese Erkenntnis auf die lange exakte Homologiesequenz des Paares (X^r, X^{r-1}) an, so ergeben die Abschnitte

$$\ldots \xrightarrow{j_*} H_{k+1}(X^r, X^{r-1}) \xrightarrow{\partial_*} H_k(X^{r-1}) \xrightarrow{i_*} H_k(X^r) \xrightarrow{j_*} H_k(X^r, X^{r-1}) \xrightarrow{\partial_*} \ldots$$

für $k \notin \{r, r-1\}$ die Isomorphien

$$H_k(X^{r-1}) \cong H_k(X^r).$$

Induktiv ergibt sich für $k > r$ damit $H_k(X^r) \cong H_k(X^{r-1}) \cong \ldots \cong H_k(X^0) = 0$, denn es ist $k > 0$ und X^0 besteht nur aus diskreten Punkten. Dies führt sofort zur nächsten Beobachtung.

Beobachtung 2 (Höhere Homologiegruppen von Gerüsten)
Für einen CW-Komplex X und ein $r \geq 0$ gilt $H_k(X^r) = 0$ für alle $k > r$.

Insbesondere verschwinden für einen n-dimensionalen CW-Komplex alle Homologiegruppen mit Index größer als n. □

Nun nehmen wir an, X sei endlichdimensional, also $X = X^n$ für ein $n \geq 0$. Wir betrachten dann für $k, r \geq 0$ die Inklusion $i : X^r \hookrightarrow X$ und die Homomorphismen $i_* : H_k(X^r) \to H_k(X)$. Auch hier können wir mit der langen exakten Sequenz etwas zeigen. Falls nämlich $k < r$ ist, so ist auch $k < r+1, r+2, \ldots, n$ und damit nach Beobachtung 1

$$0 = H_k(X^r, X^{r-1}) = H_k(X^{r+1}, X^r) = \ldots = H_k(X^n, X^{n-1}),$$

woraus $H_k(X^r) \cong H_k(X^{r+1}) \cong \ldots \cong H_k(X^n) = H_k(X)$ folgt. Die Isomorphien sind dabei alle durch die Inklusionen $X^r \hookrightarrow X^{r+1}$ induziert. Halten wir fest:

Beobachtung 3 (Inklusionen erzeugen Gruppen-Isomorphismen)
Für einen n-dimensionalen CW-Komplex X, $n < \infty$, und $k < r \leq n$ induziert die Inklusion $i : X^r \hookrightarrow X$ einen Isomorphismus $i_* : H_k(X^r) \to H_k(X)$. □

Anders ausgedrückt, sind für $k < r$ alle homologischen Informationen von X bereits im r-Gerüst X^r vorhanden. Als Bemerkung sei angefügt, dass diese Beobachtung auch für $n = \infty$ gilt. Der Beweis ist aber um einiges mühsamer und sei der Kürze wegen nicht ausgeführt (siehe zum Beispiel [41], wir benötigen dies im weiteren Verlauf nicht).

Der zelluläre Kettenkomplex

Nach diesen technischen Notizen können wir den zellulären Kettenkomplex definieren. Es handelt sich dabei um eine meisterhafte Vernetzung langer exakter Sequenzen. Die Idee besteht darin, diese Sequenzen für die Gerüstpaare (X^1, X^0), (X^2, X^1), (X^3, X^2), ... zu betrachten und an den passenden Homologie-Indizes so zu verknüpfen, dass eine Sequenz herauskommt, in der nur Gruppen der Form $H_r(X^r, X^{r-1})$ vorkommen.

Sehen wir uns also das folgende Diagramm an, dessen Zeilen aus passenden Ausschnitten der langen Sequenzen für die Paare (X^{r+1}, X^r) und (X^r, X^{r-1}) bestehen.

$$H_{r+1}(X^{r+1}, X^r) \xrightarrow{\partial_{r+1}} H_r(X^r) \xrightarrow{i_\#} H_r(X^{r+1}) \xrightarrow{j_\#} 0$$

$$\Big\|$$

$$0 \xrightarrow{i_\#} H_r(X^r) \xrightarrow{j_r} H_r(X^r, X^{r-1}) \xrightarrow{\partial_r} H_{r-1}(X^{r-1}) \ ,$$

wobei in der ersten Zeile $H_r(X^{r+1}, X^r) = 0$ und in der zweiten $H_r(X^{r-1}) = 0$ gemäß Beobachtung 1 und 2 bereits eingetragen sind (die 0-Gruppen).

Definition und Satz (Zellulärer Kettenkomplex)

In der obigen Situation nennt man die Komposition

$$d_{r+1} = j_r \circ \partial_{r+1} : H_{r+1}(X^{r+1}, X^r) \longrightarrow H_r(X^r, X^{r-1})$$

den **zellulären Randoperator** und die Gruppe $H_r(X^r, X^{r-1})$ die r-te **zelluläre Kettengruppe** von X.

Die zellulären Kettengruppen bilden mit den Randoperatoren d_r einen Kettenkomplex, es gilt also für alle $r \geq 0$ die Beziehung $d_r \circ d_{r+1} = 0$. Diesen Komplex nennt man den **zellulären Kettenkomplex** von X.

Das Einzige, was wir beweisen müssen, ist die Beziehung $d_r \circ d_{r+1} = 0$. Dies ist aber trivial, denn wenn Sie sich für das Paar (X^{r-1}, X^{r-2}) eine dritte Zeile in obigem Diagramm vorstellen, so erhalten Sie

$$d_r \circ d_{r+1} = j_{r-1} \circ \partial_r \circ j_r \circ \partial_{r+1} = j_{r-1} \circ (\partial_r \circ j_r) \circ \partial_{r+1} \ ,$$

wobei die geklammerten Homomorphismen in der langen Sequenz von (X^r, X^{r-1}) direkt aufeinander folgen, also die Nullabbildung sind. $\square$

Ein auf den ersten Blick seltsamer Komplex. Im Zick-Zack verläuft er diagonal durch alle langen Homologiesequenzen der Paare (X^r, X^{r-1}). Er besitzt aber den großen Vorteil, dass wir seine Kettengruppen genau kennen. Es sind nach Beobachtung 1 frei abelsche Gruppen $\mathbb{Z}^{\mathcal{C}(r)}$, deren Rang gleich der Anzahl $\mathcal{C}(r)$ der r-Zellen in X ist. (Damit sei, genau genommen, ab jetzt immer die Mächtigkeit der Menge der r-Zellen gemeint.)

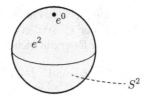

Sehen wir uns den zellulären Kettenkomplex in Beispielen an und ermitteln dessen „Homologie"-Gruppen. Es ist $S^2 = e^0 \cup e^2$ und daher hat der zelluläre Kettenkomplex die Form

$$0 \xrightarrow{d_3} \mathbb{Z} \xrightarrow{d_2} 0 \xrightarrow{d_1} \mathbb{Z} \xrightarrow{d_0} 0.$$

Dabei steht das rechte $\mathbb{Z}$ für $H_0(X^0, X^{-1}) = H_0(X^0) = H_0(e^0)$ und die 0 ganz rechts für $H_{-1}(X^{-1}, X^{-2}) = 0$. Wenn wir die Homologiegruppen dieses Komplexes mit $\widehat{H}_r(S^2)$ bezeichnen, ergibt sich sofort

$$\widehat{H}_0(S^2) \cong \widehat{H}_2(S^2) \cong \mathbb{Z} \quad \text{und} \quad \widehat{H}_1(S^2) = 0.$$

Auch alle höheren Gruppen $\widehat{H}_n(S^2)$ mit $n \geq 3$ verschwinden. Das ist genau die Homologie von S^2, und analog gilt dies auch für allgemeine Sphären S^n (**Übung**).

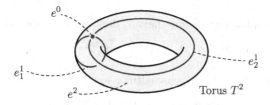

Torus T^2

Sehen wir uns den Torus $T^2 = e^0 \cup e_1^1 \cup e_2^1 \cup e^2$ an. Der zelluläre Kettenkomplex lautet dann

$$0 \xrightarrow{d_3} \mathbb{Z} \xrightarrow{d_2} \mathbb{Z} \oplus \mathbb{Z} \xrightarrow{d_1} \mathbb{Z} \xrightarrow{d_0} 0.$$

Hier sind die Gruppen $\neq 0$ leider nicht mehr isoliert, wir müssen uns die Abbildungen d_1 und d_2 genauer ansehen. Es ist zunächst $d_2 = j_1 \circ \partial_2$ in dem Diagramm

$$H_2(T^2, e^0 \cup e_1^1 \cup e_2^1) \xrightarrow{\partial_2} H_1(e^0 \cup e_1^1 \cup e_2^1)$$

$$\|$$

$$H_1(e^0 \cup e_1^1 \cup e_2^1) \xrightarrow{j_1} H_1(e^0 \cup e_1^1 \cup e_2^1, e^0).$$

Erinnern Sie sich? Im Kapitel über die Homologietheorie hatten wir die Abbildung ∂_2 schon einmal genau unter die Lupe genommen (Seite 290 f). Es war die Nullabbildung. Damit ist auch $d_2 = 0$ und es folgt

$$\widehat{H}_2(T^2) \cong \mathbb{Z}.$$

Für die Abbildung d_1 benötigen wir den relativen Randoperator

$$\partial_1 : H_1(e^0 \cup e_1^1 \cup e_2^1, e^0) \longrightarrow H_0(e^0).$$

Es ist $\partial \overline{e_1^1} = e^0 - e^0 = 0$, da $\overline{e_1^1}$ eine geschlossene Kurve am Punkt e^0 beschreibt, dito für die Zelle e_2^1. Beide Generatoren e_i^1 werden also auf 0 abgebildet und damit ist $\partial_1 = 0$, mithin auch $d_1 = j_0 \circ \partial_1$. Es ergibt sich (mit $d_0 = 0$, was klar ist)

$$\widehat{H}_1(T^2) \cong \mathbb{Z} \oplus \mathbb{Z} \quad \text{und} \quad \widehat{H}_0(T^2) \cong \mathbb{Z}.$$

Offenbar ist auch hier $\widehat{H}_n(T^2) = 0$ für $n \geq 3$ und wir erhalten mit den $\widehat{H}_i$ schon wieder die klassischen Homologiegruppen des untersuchten Raumes.

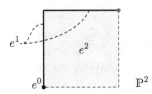

Nun können wir etwas zügiger vorangehen. Es ist $\mathbb{P}^2 = e^0 \cup e^1 \cup e^2$ und der zelluläre Kettenkomplex hat hier die Form

$$0 \xrightarrow{d_3} \mathbb{Z} \xrightarrow{d_2} \mathbb{Z} \xrightarrow{d_1} \mathbb{Z} \xrightarrow{d_0} 0.$$

Aus dem ebenen Bauplan von $\mathbb{P}^2$ geht hervor, dass der Randoperator

$$\partial_2 : H_2(\mathbb{P}^2, e^0 \cup e^1) \longrightarrow H_1(e^0 \cup e^1)$$

die Multiplikation mit 2 ist. Die Nachschaltung von

$$j_1 : H_1(e^0 \cup e^1) \to H_1(e^0 \cup e^1, e^0)$$

ändert daran nichts, sodass auch d_2 den Generator e^2 von $H_2(\mathbb{P}^2, e^0 \cup e^1)$ verdoppelt. Analoge Überlegungen wie oben ergeben, dass d_1 die Nullabbildung ist. Wir schreiben dann für den Kettenkomplex konkret

$$0 \xrightarrow{0} \mathbb{Z} \xrightarrow{2} \mathbb{Z} \xrightarrow{0} \mathbb{Z} \xrightarrow{0} 0.$$

Als „Homologie"-Gruppen erkennen wir bei diesem Komplex also

$$\widehat{H}_0(\mathbb{P}^2) \cong \mathbb{Z}, \quad \widehat{H}_1(\mathbb{P}^2) \cong \mathbb{Z}_2 \quad \text{und} \quad \widehat{H}_2(\mathbb{P}^2) = 0.$$

Auch hier ist $\widehat{H}_n(\mathbb{P}^2) = 0$ für $n \geq 3$. Inzwischen weicht die Überraschung bei Ihnen wahrscheinlich bereits dem Glauben an einen sehr schönen Zusammenhang. Vielleicht versuchen Sie selbst einmal, das Beispiel der KLEINschen Flasche $F_{\mathcal{K}}$ zu berechnen.

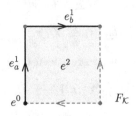

Es ist ebenfalls $F_K = e^0 \cup e_a^1 \cup e_b^1 \cup e^2$, allerdings ist e^2 hier unterschiedlich an e_a^1 und e_b^1 geheftet, sodass eine vertikale Verdrillung entsteht, wie Sie dem ebenen Bauplan entnehmen können. Das wirkt sich auf den Randoperator

$$\partial_2 : H_2(F_K, e^0 \cup e_a^1 \cup e_b^1) \longrightarrow H_1(e^0 \cup e_a^1 \cup e_b^1)$$

aus und ergibt zusammen mit $j_1 : H_1(e^0 \cup e_a^1 \cup e_b^1) \to H_1(e^0 \cup e_a^1 \cup e_b^1, e^0)$ einen Homomorphismus, der den zu e^2 gehörenden Generator von $H_2(F_K, e^0 \cup e_a^1 \cup e_b^1)$ auf $0 \oplus 2e_b^1$ abbildet. Wir erhalten dann für F_K den Komplex

$$0 \longrightarrow \mathbb{Z} \xrightarrow{0 \oplus 2} \mathbb{Z} \oplus \mathbb{Z} \xrightarrow{0} \mathbb{Z} \xrightarrow{0} 0,$$

was zu den Gruppen

$$\widehat{H}_0(F_K) \cong \mathbb{Z}, \quad \widehat{H}_1(F_K) \cong \mathbb{Z} \oplus \mathbb{Z}_2 \quad \text{und} \quad \widehat{H}_2(F_K) = 0$$

führt, natürlich wieder inklusive dem Verschwinden aller höheren Gruppen.

Allmählich werden Sie bestimmt neugierig, besonders wenn Sie die Berechnungen auch noch auf die geschlossenen Flächen höheren Geschlechts ausdehnen und eine durchgehende Übereinstimmung mit den klassischen Homologiegruppen feststellen. In der Tat lässt sich der folgende Satz relativ einfach beweisen.

Satz und Definition (Zelluläre Homologie)
In der obigen Situation ist für jeden endlichdimensionalen CW-Komplex X stets $\widehat{H}_k(X) \cong H_k(X)$. Man nennt die Gruppe $\widehat{H}_k(X)$ die k-te **zelluläre Homologiegruppe** von X.

Als Anmerkung zum **Beweis** sei gesagt, dass der Satz für beliebige CW-Komplexe gilt. Da wir uns aber bei Beobachtung 3 auf den einfacheren Fall $\dim X < \infty$ eingeschränkt haben, sollten wir das hier auch tun, denn diese Beobachtung werden wir an entscheidender Stelle verwenden. In dem obigen Diagramm (Seite 352) ist damit $H_r(X^{r+1}) \cong H_r(X)$ und es bekommt die Gestalt

$$
\begin{array}{ccccccc}
H_{r+1}(X^{r+1}, X^r) & \xrightarrow{\partial_{r+1}} & H_r(X^r) & \xrightarrow{i_\#} & H_r(X) & \xrightarrow{j_\#} & 0 \\
 & & \| & & & & \\
0 & \xrightarrow{i_\#} & H_r(X^r) & \xrightarrow{j_r} & H_r(X^r, X^{r-1}) & \xrightarrow{\partial_r} & H_{r-1}(X^{r-1}),
\end{array}
$$

daher ist zunächst $H_r(X) \cong H_r(X^r) / \operatorname{Im} \partial_{r+1}$. Nun ist j_r injektiv, bildet also $\operatorname{Im} \partial_{r+1}$ isomorph auf $\operatorname{Im} d_{r+1}$ und $H_r(X^r)$ isomorph auf $\operatorname{Im} j_r = \operatorname{Ker} \partial_r$ ab. Es ist aber auch j_{r-1} injektiv, was Sie (als kleine **Übung**) durch Betrachten einer dritten Zeile für das Paar (X^{r-1}, X^{r-2}) leicht erkennen, und daher $\operatorname{Ker} \partial_r = \operatorname{Ker} d_r$. Insgesamt erhalten wir also

$$H_r(X) \cong H_r(X^r) / \operatorname{Im} \partial_{r+1} \cong \operatorname{Ker} \partial_r / \operatorname{Im} \partial_{r+1} \cong \operatorname{Ker} d_r / \operatorname{Im} d_{r+1},$$

und die Gruppe auf der rechten Seite ist per definitionem $\widehat{H}_r(X)$. $\square$

Ein schönes Resultat, denn die zellulären Homologiegruppen sind leicht zu ermitteln. Zur Vollkommenheit der Theorie fehlt jetzt nur noch ein gutes Verfahren, um die zellulären Randoperatoren d_r zu berechnen.

Die zelluläre Randformel

In diesem Abschnitt wollen wir die Theorie abrunden mit einem eleganten und einfachen Verfahren, die Randoperatoren d_r des zellulären Kettenkomplexes zu bestimmen. Sehen wir uns dazu noch einmal genau an, quasi durch eine zelluläre Brille, was in den Beispielen oben eigentlich passiert ist.

Nehmen Sie den Torus $X = T^2$. Die Gruppe $H_2(X^2, X^1) \cong \mathbb{Z}$ hat einen ausgezeichneten Generator, und dieser sei mit e^2 bezeichnet (das ist die Zelle, welche für die Isomorphie verantwortlich ist). Analog dazu sei $H_1(X^1, X^0) \cong \mathbb{Z}^2$ dann von e_1^1 und e_2^1 erzeugt und $H_0(X^0, X^{-1}) \cong H_0(X^0) \cong \mathbb{Z}$ von e^0.

Für die Definition von $d_2 : \mathbb{Z} \to \mathbb{Z}^2$ wurden die Koeffizienten α_1 und α_2 in der Darstellung $d_2(e^2) = \alpha_1 e_1^1 \oplus \alpha_2 e_2^1$ errechnet.

Das bekannte Vorgehen hierfür (mit den ebenen Bauplänen) kann aus CW-Sicht wie folgt interpretiert werden: $\overline{e^2} \setminus e^2$ liegt im Gerüst X^1 und trifft dort beide Zellen e_1^1 und e_2^1. Um α_1 zu ermitteln, schlagen wir in X^1 alles zu einem Punkt p zusammen, was nicht in e_1^1 liegt, bilden also den Quotienten $X^1 / (X^1 \setminus e_1^1)$ und erhalten dadurch $\overline{e_1^1}/\partial e_1^1 \cong S^1$, wie in der Abbildung motiviert.

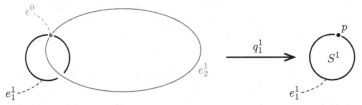

$e^0 \cup e_2^1$ wird zu p identifiziert $\quad \Rightarrow \quad$ es bleibt $X^1 / (X^1 \setminus e_1^1) \cong \overline{e_1^1}/\partial e_1^1 \cong S^1$

Der zugehörigen Quotientenabbildung $q_1^1 : X^1 \to S^1$ werde nun die charakteristische Abbildung $\Phi^2 : D^2 \to X$ der Zelle e^2 vorgeschaltet, eingeschränkt auf den Rand $S^1 \subset D^2$. Die Komposition

$$q_1^1 \circ \Phi^2 \big|_{S^1} : S^1 \longrightarrow X^1 \longrightarrow S^1$$

besitzt den Abbildungsgrad 0 (Seite 138). Das ist plausibel, denn Φ^2 ist ja die Quotientenabbildung des ebenen Bauplans E^2 auf $X = T^2$, wenn man die Homöomorphie $I^2 \cong D^2$ beachtet. Laufen Sie einmal um die Quelle S^1 herum, so wird in X^1 zunächst e_1^1 durchlaufen, mithin eine volle Umdrehung auf der S^1 im Ziel. Anschließend wird e_2^1 in X^1 durchlaufen, was einem Stillstand der Kurve im Ziel entspricht, denn e_2^1 wurde dort zu einem Punkt zusammengeschlagen. Danach wird die S^1 in entgegengesetzter Richtung durchlaufen, bevor die Kurve im Quotienten erneut stehen bleibt, während sie (ein zweites Mal) innerhalb X^1 die Zelle e_2^1 durchläuft.

Die geschlossene Kurve $q_1^1 \circ \Phi^2(S^1)$ läuft einmal um die S^1 und wieder zurück, ist also nullhomotop und daher die induzierte Abbildung $H_1(S^1) \to H_1(S^1)$ die Nullabbildung. Wir setzen dann per definitionem

$$\alpha_1 = \deg\left(q_1^1 \circ \Phi^2\big|_{S^1}\right) = 0.$$

Auf genau die gleiche Weise kommt $\alpha_2 = 0$ heraus (mit vertauschten Rollen von e_1^1 und e_2^1) und es ergibt sich dann insgesamt $d_2(e^2) = 0 \oplus 0 = 0$.

Bei dem Homomorphismus $d_1 : \mathbb{Z}^2 \to \mathbb{Z}$ funktioniert es genauso. Es sind die Koeffizienten β_1 und β_2 zu bestimmen, sodass $d_1(e_1^1) = \beta_1 e^0$ ist und $d_1(e_2^1) = \beta_2 e^0$. Durch lineare Fortsetzung erhält man daraus d_1.

Wir nehmen dafür die charakteristische Abbildung $\Phi_1^1 : D^1 \to X$ der Zelle e_1^1 und bilden die Einschränkung $\Phi_1^1\big|_{S^0}$, deren Bild nur aus dem Punkt e^0 besteht. Die Menge $X^0 / (X^0 \setminus e^0)$ ist hier einpunktig, denn es gibt nur eine 0-Zelle in X. (Im Allgemeinen ist eine 1-Zelle an zwei verschiedenen Punkten in X^0 angeheftet, der Quotient also eine richtige S^0).

Die Komposition $q^0 \circ \Phi_1^1\big|_{S^0}$ mit der Quotientenabbildung $q^0 : e^0 \to e^0$ bildet $S^0 = \partial D^1$ auf $e^0 - e^0 = 0$ ab. Damit ist $\beta_1 = 0$, dito für β_2, und daher $d_1 = 0$.

Das Prinzip ist einfach und auch auf die Beispiele S^n, $\mathbb{P}^2$ oder $F_{\mathcal{K}}$ anwendbar. Die CW-Komplexe erweisen sich in der Tat als ideale Partner für die relativen Homologiegruppen, denn die relativen Randoperatoren führen auf Abbildungen $S^k \to S^k$, wo es den Abbildungsgrad als wohldefinierte ganzzahlige Größe gibt, nur abhängig von der Homotopieklasse der Abbildung (Seite 138). Die Konstruktion kann daher wie folgt verallgemeinert werden (wobei wieder wegen Beobachtung 3 die Vereinfachung auf endlichdimensionale Komplexe gemacht wird, die eigentlich gar nicht notwendig wäre).

Satz (Zelluläre Randformel)
Wir betrachten einen endlichdimensionalen CW-Komplex X, der aus Zellen e_λ^r aufgebaut ist mit charakteristischen Abbildungen $\Phi_\lambda^r : D^r \to X$. Dabei sei die Mächtigkeit der Menge der r-Zellen wieder mit $\mathcal{C}(r)$ bezeichnet.

Dann ergibt sich (wie üblich durch lineare Fortsetzung) für alle $r \geq 0$ der zelluläre Randoperator

$$d_r : \mathbb{Z}^{\mathcal{C}(r)} \cong H_r(X^r, X^{r-1}) \longrightarrow H_{r-1}(X^{r-1}, X^{r-2}) \cong \mathbb{Z}^{\mathcal{C}(r-1)}$$

aus seinen Einschränkungen $d_r|_{e_\lambda^r}$ auf die Generatoren e_λ^r von $H_r(X^r, X^{r-1})$. Diese Einschränkungen $d_r|_{e_\lambda^r}$ lassen sich folgendermaßen berechnen:

Da $\overline{e_\lambda^r}$ in X kompakt ist, trifft dessen Rand $\partial \overline{e_\lambda^r} = \Phi_\lambda^r(S^{r-1})$ nur endlich viele Zellen in $X^{r-1} \setminus X^{r-2}$. Diese Zellen seien (nach eventueller Umnummerierung) mit $e_1^{r-1}, \ldots, e_s^{r-1}$ bezeichnet, wobei die obere Indexgrenze s von λ abhängt (was aber weggelassen wird, um die Formeln nicht zu überfrachten).

Für alle $1 \leq i \leq s$ bilde man dann den Quotienten

$$q_i^{r-1} : X^{r-1} \longrightarrow X^{r-1} / \left(X^{r-1} \setminus e_i^{r-1} \right) \cong S_i^{r-1}$$

und betrachte den Grad

$$\alpha_i^{r-1} = \deg \left(q_i^{r-1} \circ \varphi_\lambda^r \right)$$

der Komposition $q_i^{r-1} \circ \varphi_\lambda^r : S^{r-1} \to S_i^{r-1}$, wobei φ_λ^r die Anheftungsabbildung von e_λ^r an X^{r-1} ist (beachten Sie $\varphi_\lambda^r = \Phi_\lambda^r|_{S^{r-1}}$ mit der charakteristischen Abbildung Φ_λ^r von e_λ^r). Die Einschränkung $d_r|_{e_\lambda^r}$ ist dann gegeben durch

$$d_r(e_\lambda^r) = \sum_{i=1}^s \alpha_i^{r-1} e_i^{r-1}.$$

Ein (auf den ersten Blick) kompliziert anmutender Satz, der aber hoffentlich durch die vorangestellten Beispiele etwas entschärft wird. Nein, es ist beim genauen Hinsehen sogar das Gegenteil der Fall: Die zelluläre Randformel ist im Prinzip einfach, zwingend suggestiv, so wunderbar ästhetisch und folgerichtig, dass es eigentlich gar nicht anders gehen kann.

In der Tat ist es fast schwieriger, den **Beweis** aufzuschreiben, als ihn zu verstehen. Wir gehen im ersten Schritt von der Zelle e_λ^r aus und müssen versuchen, ihre Entsprechung in $H_r(X^r, X^{r-1})$ algebraisch zu fixieren. Im nächsten Schritt projizieren wir das Bild $d_r(e_\lambda^r)$ auf den Summanden in $H_{r-1}(X^{r-1}, X^{r-2})$, der zum Generator e_i^{r-1} gehört und werden dann sehen, welcher Homomorphismus das ist.

Schlüssel für alles ist die charakteristische Abbildung

$$\Phi_\lambda^r : (D^r, S^{r-1}) \longrightarrow (X^r, X^{r-1}),$$

die mit $\Phi_{\lambda*}^r\left([D^r]\right)$ den Generator e_λ^r des zugehörigen Summanden in $H_r(X^r, X^{r-1})$ definiert. Dabei ist $[D^r]$ ein Generator von $H_r(D^r, S^{r-1}) \cong \mathbb{Z}$ (Seite 272). Mit dem Isomorphismus

$$f_* : H_{r-1}\left(X^{r-1}, X^{r-2}\right) \overset{\cong}{\longrightarrow} \widetilde{H}_{r-1}\left(X^{r-1}/X^{r-2}\right)$$

aus dem Satz über die guten Raumpaare (Seite 276) wird dann ein Element

$$\omega_\lambda = (f_* \circ d_r \circ \Phi_{\lambda*}^r)\left([D^r]\right) \in \widetilde{H}_{r-1}\left(X^{r-1}/X^{r-2}\right)$$

festgelegt, wobei der Raum X^{r-1}/X^{r-2} das Keilprodukt aller Abschlüsse $\overline{e_\mu^{r-1}}$ von $(r-1)$-Zellen ist (das Keilprodukt bezüglich des zu einem Punkt zusammengeschlagenen Gerüstes X^{r-2}).

Nun fehlt die Projektion von ω_λ auf $\widetilde{H}_{r-1}(S_i^{r-1})$. Wir benötigen hier die reduzierte Homologie, damit sich auch für $r = 1$ die Gruppe $\mathbb{Z}$ ergibt (die S^0 hat zwei Komponenten). Die Projektion wird nun über die Quotientenabbildung

$$\widehat{q}_i^{r-1} : X^{r-1}/X^{r-2} \longrightarrow X^{r-1} / \left(X^{r-1} \setminus e_i^{r-1} \right) \cong S_i^{r-1}$$

bewerkstelligt, sodass insgesamt ein erstes Diagramm der Form

$$
\begin{array}{ccc}
H_r\big(D^r, S^{r-1}\big) & & \widetilde{H}_{r-1}\big(S_i^{r-1}\big) \\
\Big\downarrow{\scriptstyle \Phi^r_{\lambda *}} & & \Big\uparrow{\scriptstyle \widehat{q}_{i*}^{\,r-1}} \\
H_r\big(X^r, X^{r-1}\big) \xrightarrow{\ d_r\ } H_{r-1}\big(X^{r-1}, X^{r-2}\big) \xrightarrow{\ f_*\ } \widetilde{H}_{r-1}\big(X^{r-1}/X^{r-2}\big)
\end{array}
$$

entsteht. Beachten Sie, dass $\widehat{q}_i^{\,r-1}$ eine kleine Modifikation der Projektion q_i^{r-1} aus der Formulierung des Satzes ist (die aber keine Rolle spielt). Die Frage lautet, wie sich die in der Randformel erwähnte Abbildung $q_i^{r-1} \circ \varphi_\lambda^r$ in das Diagramm einfügt. Dazu ergänzen wir es in der oberen Zeile entsprechend:

$$
\begin{array}{ccc}
H_r\big(D^r, S^{r-1}\big) \xrightarrow{\ \partial_r\ } \widetilde{H}_{r-1}\big(S^{r-1}\big) \xrightarrow{\ (q_i^{r-1}\circ\varphi_\lambda^r)_*\ } \widetilde{H}_{r-1}\big(S_i^{r-1}\big) \\
\Big\downarrow{\scriptstyle \Phi^r_{\lambda *}} \qquad\qquad \Big\uparrow{\scriptstyle j_{r-1}\,\circ\,\varphi_{\lambda *}^r} \qquad\qquad \Big\uparrow{\scriptstyle \widehat{q}_{i*}^{\,r-1}} \\
H_r\big(X^r, X^{r-1}\big) \xrightarrow{\ d_r\ } H_{r-1}\big(X^{r-1}, X^{r-2}\big) \xrightarrow{\ f_*\ } \widetilde{H}_{r-1}\big(X^{r-1}/X^{r-2}\big).
\end{array}
$$

Dabei ist $\varphi_{\lambda *}^r$ induziert von der Anheftungsabbildung φ_λ^r der Zelle e_λ^r an X^{r-1}, geht also in die Gruppe $\widetilde{H}_{r-1}(X^{r-1})$, und j_{r-1} ist die bekannte Abbildung aus der langen exakten Sequenz des Paares (X^{r-1}, X^{r-2}).

Sie erkennen nun schnell die Kommutativität des Diagramms. Im linken Rechteck war die Abbildung d_r genau so definiert, als Komposition des Randoperators ∂_r mit der Abbildung j_{r-1} (Seite 352). Die charakteristische Abbildung Φ_λ^r und die Anheftung φ_λ^r tun dabei nichts anderes, als die Zelle e_λ^r korrekt in X zu verorten. In der rechten Hälfte finden Sie problemlos die Komposition $q_i^{r-1} \circ \varphi_\lambda^r$ wieder, bis auf die kleine Modifikation mit dem zwischenzeitlichen Quotienten modulo X^{r-2}. Damit ist die Wirkung von d_r auf den Generator $e_\lambda^r \in H_r\big(X^r, X^{r-1}\big)$ in jeder Komponente e_i^{r-1} von $H_{r-1}(X^{r-1}, X^{r-2})$ algebraisch präzise erfasst.

Der Rest ist einfach. Da ∂_r und f_* Isomorphismen sind, $\Phi_{\lambda *}^r$ den Generator $[D^r]$ auf den Generator e_λ^r und $\widehat{q}_{i*}^{\,r-1}$ die Projektion auf e_i^{r-1} ist, muss d_r auf e_λ^r die Multiplikation mit dem gleichen ganzzahligen Faktor sein, der auch in der Komposition $(q_i^{r-1} \circ \varphi_\lambda^r)_*$ benötigt wird. Dieser Faktor ist aber per definitionem der Abbildungsgrad $\deg(q_i^{r-1} \circ \varphi_\lambda^r)$. $\qquad\square$

Vielleicht müssen Sie sich diesen Beweis in Ruhe mehrmals ansehen, er wirkt durch die etwas aufwändige Notation kompliziert. Wie schon bei der Formulierung des Satzes selbst ist das aber nur der äußere Schein. Der Beweis geht völlig geradeaus, birgt keinerlei Probleme, die mit raffinierten Tricks zu lösen wären. Man muss nur den Überblick bewahren und die Bausteine richtig zusammensetzen.

Diese Bausteine sind freilich große Ergebnisse (lange exakte Homologiesequenz, Homologie von Raumpaaren und Keilprodukten als Folge des Ausschneidungssatzes), weswegen die zelluläre Randformel ohne Zweifel zu den bedeutendsten Errungenschaften der Topologie gehört und letztlich die CW-Komplexe so wertvoll macht. Die folgenden Beispiele mögen einen kleinen Eindruck davon vermitteln.

Beispiele für die zelluläre Homologie

Wir beginnen mit zwei ganz einfachen Beispielen. Zunächst das Produkt $S^n \times S^n$ zweier Sphären, $n \geq 2$. Hier wären wir auch mit EILENBERG-ZILBER und der KÜNNETH-Formel erfolgreich (Seiten 217 und 307), aber mit CW-Komplexen ist es noch einfacher.

Die CW-Struktur des Produktes besteht nämlich aus einer 0-Zelle, zwei n-Zellen und einer $2n$-Zelle (vergleichen Sie mit den Überlegungen auf Seite 342). Für $n \geq 2$ liegt im zellulären Kettenkomplex dann stets mindestens eine triviale Kettengruppe zwischen zwei Kettengruppen der Form $\mathbb{Z}^{C(r)} \neq 0$, der Komplex sieht daher so aus:

$$0 \xrightarrow{d_{2n+1}} \mathbb{Z} \xrightarrow{d_{2n}} 0 \xrightarrow{d_{2n-1}} \dots \xrightarrow{d_{n+2}} 0 \xrightarrow{d_{n+1}} \mathbb{Z} \oplus \mathbb{Z} \xrightarrow{d_n} 0 \xrightarrow{d_{n-1}} \dots \xrightarrow{d_2} 0 \xrightarrow{d_1} \mathbb{Z} \xrightarrow{d_0} 0 \,.$$

Sie erkennen sofort, dass sämtliche d_r die Nullabbildungen sind und daher

$$H_0(S^n \times S^n) \cong \mathbb{Z} \,, \quad H_n(S^n \times S^n) \cong \mathbb{Z}^2 \quad \text{und} \quad H_{2n}(S^n \times S^n) \cong \mathbb{Z}$$

ist (die Randformel war hier gar nicht nötig). Alle übrigen Gruppen verschwinden. Das Ergebnis gilt natürlich auch für $n = 1$, aber hier bräuchte man die zelluläre Randformel (vergleichen Sie mit dem Beispiel auf Seite 356).

Ganz ähnlich verhält es sich beim komplexen projektiven Raum $\mathbb{P}_\mathbb{C}^n$, $n \geq 1$. In dessen zellulären Kettenkomplex wechseln sich die Gruppen $\mathbb{Z}$ und 0 ab, denn seine CW-Struktur war $e^0 \cup e^2 \cup \dots \cup e^{2n}$ (Seite 323). Daher sehen wir sofort

$$H_0(\mathbb{P}_\mathbb{C}^n) \cong H_2(\mathbb{P}_\mathbb{C}^n) \cong H_4(\mathbb{P}_\mathbb{C}^n) \cong \dots \cong H_{2n}(\mathbb{P}_\mathbb{C}^n) \cong \mathbb{Z} \,,$$

alle übrigen Gruppen verschwinden. Wir werden daraus später folgern können, dass alle komplexen projektiven Räume orientierbar sind (Seite 464). Das Ergebnis liefert auch die Übereinstimmung der Homologien von $\mathbb{P}_\mathbb{C}^4$ und $S^2 \vee S^4$ gemäß der Homologie guter Keilprodukte (Seite 278, vielleicht erinnern Sie sich an die immer noch offene Frage auf Seite 323).

Bei den reellen Räumen $\mathbb{P}^n$ ist es komplizierter, denn deren CW-Struktur ist $e^0 \cup e^1 \cup \dots \cup e^n$ (Seite 321). Der zelluläre Kettenkomplex lautet also

$$0 \xrightarrow{d_{n+1}} \mathbb{Z} \xrightarrow{d_n} \mathbb{Z} \xrightarrow{d_{n-1}} \dots \xrightarrow{d_2} \mathbb{Z} \xrightarrow{d_1} \mathbb{Z} \longrightarrow 0 \,.$$

Nach der Randformel müssen wir sehen, wie eine Zelle e^r an das Gerüst $(\mathbb{P}^n)^{r-1}$ angeheftet ist. Dieses Gerüst enthält nur eine $(r-1)$-Zelle, weswegen der Index i in der Randformel entfallen kann. Die Anheftung geschah über die zweiblättrige Überlagerung

$$\varphi^r : S^{r-1} \longrightarrow (\mathbb{P}^n)^{r-1} \cong \mathbb{P}^{r-1} \,,$$

welche einen Punkt $x \in S^{r-1}$ und seinen Antipodenpunkt $-x$ auf denselben Punkt in $(\mathbb{P}^n)^{r-1}$ abbildet (Seite 321). Mit der Quotientenabbildung

$$q^{r-1} : (\mathbb{P}^n)^{r-1} \longrightarrow (\mathbb{P}^n)^{r-1} / (\mathbb{P}^n)^{r-2} \cong S^{r-1}$$

müssen wir nun den Grad der Abbildung $q^{r-1} \circ \varphi^r : S^{r-1} \to S^{r-1}$ bestimmen. Stellen Sie sich die ganze Aufgabe für $r = 2$ vor.

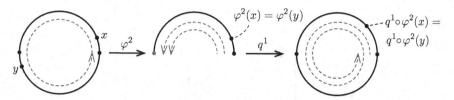

Wenn wir auf der linken S^1 eine volle Umdrehung machen, dann entsteht auf der rechten S^1 eine Doppeldrehung (das haben wir inzwischen schon öfter gesehen). Daher ist für $r = 2$ der Grad der Abbildung $q^1 \circ \varphi^2$ gleich 2, der Randoperator berechnet sich also zu $d_2 = 2$.

Etwas Vorsicht ist noch geboten, probieren wir es einmal mit $r = 3$. Auch hier ist die Abbildung φ^3 in der Komposition

$$q^2 \circ \varphi^3 : S^2 \longrightarrow (\mathbb{P}^3)^2 \cong \mathbb{P}^2 \longrightarrow S^2$$

eine zweiblättrige Überlagerung und daher $q^2 \circ \varphi^3(x) = q^2 \circ \varphi^3(-x)$. Um hier den Grad zu berechnen, sei an die früher zu diesem Thema angestellten Überlegungen erinnert (Seite 138). Klarerweise ist $f = q^2 \circ \varphi^3$ eine differenzierbare Abbildung, und jeder Punkt y im Bild besitzt zwei Urbilder x und $-x$. Lokal um x sei f durch eine Abbildung $U_x \to S^2$ gegeben. Um den Punkt $-x$ ist die Abbildung dann definiert durch die Vorschaltung der Antipodenabbildung $x \mapsto -x$, welche im $\mathbb{R}^3$ die Determinante -1 besitzt. Nach der Kettenregel ist dann

$$\det\big(\mathrm{D}f(x)\big) = -\det\big(\mathrm{D}f(-x)\big)$$

und gemäß der früheren Formel schließlich

$$\deg(q^2 \circ \varphi^3) = \deg(f) = \frac{\det\big(\mathrm{D}f(x)\big)}{\big|\det\big(\mathrm{D}f(x)\big)\big|} + \frac{\det\big(\mathrm{D}f(-x)\big)}{\big|\det\big(\mathrm{D}f(-x)\big)\big|} = 0.$$

Beachten Sie, dass $f = q^2 \circ \varphi^3$ überall lokal ein Diffeomorphismus ist, die Funktionalmatrix $\mathrm{D}f$ also stets Determinante $\neq 0$ hat.

Ein bemerkenswertes Ergebnis. Es ist daraus unmittelbar abzulesen, dass $d_r = 0$ für ungerade Dimensionen r ist und für gerade Dimensionen r stets $d_r = 2$ gilt. Im Kettenkomplex von $\mathbb{P}^n$ wechseln sich die Randoperatoren zwischen 0 und 2 also ab, und wenn Sie dieses Phänomen als kleine **Übung** weiter verfolgen, ergibt sich aus der zellulären Homologie ein erstes neues, nichttriviales Resultat:

Satz (Die Homologie des $\mathbb{P}^n$)
Für gerades $n \geq 0$ gilt

$$H_k(\mathbb{P}^n) = \begin{cases} \mathbb{Z} & \text{für } k = 0, \\ \mathbb{Z}_2 & \text{für } 1 \leq k \leq n-1 \text{ ungerade}, \\ 0 & \text{sonst}. \end{cases}$$

Für ungerades $n \geq 1$ gilt

$$H_k(\mathbb{P}^n) = \begin{cases} \mathbb{Z} & \text{für } k = 0 \text{ und } k = n\,, \\ \mathbb{Z}_2 & \text{für } 1 \leq k \leq n - 1 \text{ ungerade}\,, \\ 0 & \text{sonst}\,. \end{cases}$$

Mit $\mathbb{Z}_2$-Koeffizienten gilt $H_k(\mathbb{P}^n; \mathbb{Z}_2) \cong \mathbb{Z}_2$ für $0 \leq k \leq n$, in allen anderen Fällen $H_k(\mathbb{P}^n; \mathbb{Z}_2) = 0$.

Wir werden später sehen, dass damit die Orientierbarkeit von $\mathbb{P}^n$ für ungerade Dimensionen n folgt (Seite 473). Für $n > 0$ gerade ist $\mathbb{P}^n$ dann nicht-orientierbar, wir kennen hier ja bereits den $\mathbb{P}^2$ als Prototyp (Seiten 50 oder 294). Das Resultat mit der $\mathbb{Z}_2$-Homologie folgt daraus, dass modulo 2 alle Randoperatoren $d_r = 0$ sind. Wir werden auch hierauf später noch zurückkommen (Seite 518). $\square$

Mit dem Satz können wir auch ein weiteres Ergebnis abschließen, das im Kapitel über die Homologie noch offen stand (Seite 313). Wir kennen jetzt die Homologie von $\mathbb{P}^4$ und damit folgt – zusammen mit den früheren Berechnungen – die Beziehung $\mathbb{P}^2 \times \mathbb{P}^2 \not\simeq \mathbb{P}^4$ (was natürlich auch mit den universellen Überlagerungen $S^2 \times S^2$ und S^4 möglich wäre, gemäß der Notiz auf Seite 343).

Als weitere Beispiele probieren wir die orientierbaren geschlossenen Flächen M_g vom Geschlecht g. Das waren die 2-Sphären mit g Löchern.

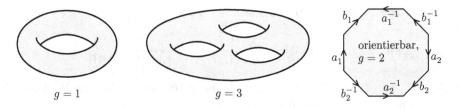

$$g = 1 \qquad\qquad g = 3 \qquad\qquad \text{orientierbar, } g = 2$$

Die Homologie von M_g berechnet sich aus dem ebenen Bauplan über die Darstellung $M_g = a_1 b_1 a_1^{-1} b_1^{-1} \dots a_g b_g a_g^{-1} b_g^{-1}$ im ebenen Bauplan (Seite 50 ff). Damit braucht man für M_g eine 0-Zelle, $2g$ 1-Zellen und eine 2-Zelle. Die Anheftung der 2-Zelle geschieht über die Abbildung $\varphi^2 : S^1 \to M_g^1$, welche durch Identifikation der S^1 mit dem Rand des $4g$-Ecks entsteht, gefolgt von der Projektion auf den Strauß M_g^1 aus g Exemplaren $\alpha_i \cong S^1$ und $\beta_i \cong S^1$, die an der Zelle e^0 verklebt sind (die Projektion bildet a_i identisch und a_i^{-1} entgegengesetzt orientiert auf α_i ab, dito für b_i und β_i).

Der Kettenkomplex lautet hier

$$0 \xrightarrow{\ d_3\ } \mathbb{Z} \xrightarrow{\ d_2\ } \mathbb{Z}^{2g} \xrightarrow{\ d_1\ } \mathbb{Z} \longrightarrow 0$$

und es ergibt sich $d_1 = d_2 = 0$ genauso wie beim Torus in dem einleitenden Beispiel (Seite 356). Hieraus erkennen Sie (zum wiederholten Mal) die Homologie der orientierbaren geschlossenen Flächen (Seite 292).

Im Fall nicht-orientierbarer geschlossener Flächen N_g von Geschlecht g ergab sich eine Darstellung der Form $N_g = a_1 a_1 \ldots a_g a_g$.

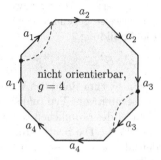

nicht orientierbar, $g = 4$

Hier sind eine 0-Zelle, g 1-Zellen und eine 2-Zelle erforderlich, und die Ihnen jetzt schon geläufigen Überlegungen führen in dem Kettenkomplex

$$0 \xrightarrow{\ d_3\ } \mathbb{Z} \xrightarrow{\ d_2\ } \mathbb{Z}^g \xrightarrow{\ d_1\ } \mathbb{Z} \longrightarrow 0$$

auf $d_2 = (2, \ldots, 2)$ und $d_1 = 0$. Damit erhalten wir $H_0(N_g) = \mathbb{Z}$ und $H_2(N_g) = 0$, denn d_2 ist injektiv. Algebraische Überlegungen zeigen dann wegen $\operatorname{Im} d_2 \cong 2\mathbb{Z}$ sofort

$$H_1(N_g) \cong \mathbb{Z}^g / \operatorname{Im} d_2 \cong \mathbb{Z}^{g-1} \oplus \mathbb{Z}_2.$$

Versuchen wir es noch mit einer geschlossenen 3-Mannigfaltigkeit, dem Produkt

$$M^3 = F_{\mathcal{K}} \times S^1$$

aus der KLEINschen Flasche mit der S^1. Auch das wäre mit EILENBERG-ZILBER und KÜNNETH möglich, da wir die Homologie der Faktoren schon kennen. Mit der zellulären Homologie geht es aber direkt und ohne vorherige Berechnungen.

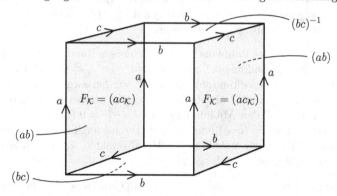

Hier haben wir einen Bauplan mit 8 Ecken, 12 Kanten, 6 Flächen und einem Raumteil, die in der CW-Struktur zu einer 0-Zelle, drei 1-Zellen, drei 2-Zellen und einer 3-Zelle werden. Die Seiten rechts und links aus den mit a und c bezeichneten Kanten bilden mit der üblichen Verklebung $F_{\mathcal{K}} = aca^{-1}c$. Nimmt man dann die vier b-Kanten dazu (noch ohne Verklebung), so ergibt sich $F_{\mathcal{K}} \times b \cong F_{\mathcal{K}} \times I$. Durch die (orientierungserhaltende) Identifikation von $F_{\mathcal{K}} \times 0$ mit $F_{\mathcal{K}} \times 1$ schließt sich I zum Kreis S^1 und wir erhalten $M^3 = F_{\mathcal{K}} \times S^1$.

Bis zum 2-Gerüst wird jede Seitenfläche von M^3 wie früher aus ebenen Bauplänen aufgebaut. Es entstehen dabei zunächst vier Tori und zwei KLEINsche Flaschen im räumlichen Bauplan, die im 2-Gerüst $(M^3)^2$ zu zwei Tori und einer F_K zusammengeschlagen sind, jeweils paarweise gegenüberliegend. Die Zelle e^3 wird dann an $(M^3)^2$ angeheftet über die Abbildung

$$\varphi^3 : S^2 \longrightarrow (M^3)^2 \,,$$

die nach der Homöomorphie von S^2 zum Rand des Würfels wie folgt entsteht: Die zwei gegenüberliegenden Torus-Seiten vom Typ (ab) sind gleich orientiert, werden also im entsprechenden Ausschnitt des räumlichen Bauplans als $(ab)(ab)^{-1}$ notiert (vergleichen Sie mit $T^2 = aba^{-1}b^{-1}$). Die beiden Torusseiten (bc) sind entgegengesetzt orientiert und werden als $(bc)(bc)$ geschrieben (wie bei $\mathbb{P}^2 = abab$). Die Seiten der KLEINschen Flasche $F_K = (ac_K)$ haben die gleiche Orientierung, das entspricht wieder einem Ausschnitt $(ac_K)(ac_K)^{-1}$ im räumlichen Bauplan.

Der zelluläre Kettenkomplex lautet dann

$$0 \xrightarrow{\ d_4\ } \mathbb{Z} \xrightarrow{\ d_3\ } \mathbb{Z}^3 \xrightarrow{\ d_2\ } \mathbb{Z}^3 \xrightarrow{\ d_1\ } \mathbb{Z} \longrightarrow 0 \,.$$

In der linken Gruppe $\mathbb{Z}^3$ sei die Basis durch das (geordnete) Tupel $(e^2_{ab}, e^2_{bc}, e^2_{ac_K})$ gegeben, in der rechten Gruppe $\mathbb{Z}^3$ durch (e^1_a, e^1_b, e^1_c). Die Abbildung d_1 ist die Nullabbildung, denn es gibt nur eine 0-Zelle e^0 in M^3 und der Rand jeder 1-Zelle geht auf $e^0 - e^0 = 0$.

Der Randoperator d_2 ist interessanter. Es zeigt sich hier ein Vorteil der Randformel: Für die Berechnung von d_2 auf den Generatoren e^2_λ kann man ganz innerhalb der Teilkomplexe $\overline{e^2_\lambda}$ bleiben, da die charakteristischen Abbildungen Φ^2_λ keine Zellen außerhalb davon treffen. Die Kalkulationen sind dann exakt die gleichen wie für den Torus und die KLEINsche Flasche. Es ergibt sich $d_2 = (0,0,0)$ auf den Torus-Zellen e^2_{ab} und e^2_{bc} sowie $d_2 = (0,0,2)$ auf $e^2_{ac_K}$ (die Zelle e^1_b wird von $\Phi^2_{ac_K}$ nicht getroffen). Es bleibt, d_3 zu bestimmen.

Wenn wir den Würfel des Bauplans mit D^3 und dessen Rand mit S^2 identifizieren, kann die Anheftungsabbildung $\varphi^3 : S^2 \to (M^3)^2 = \overline{e^3} \setminus e^3$ wie folgt interpretiert werden: Die beiden Torusseiten (ab) und $(ab)^{-1}$ werden entgegengesetzt orientiert auf die Torus-Zelle e^2_{ab} in M^3 abgebildet, das ergibt wie bei den ungerade dimensionierten Zellen in $\mathbb{P}^n$ den Abbildungsgrad $1 + (-1) = 0$ (Seite 361). Analog für die KLEINschen Flaschen (ac_K) und $(ac_K)^{-1}$. Die beiden Torusseiten (bc) werden identisch orientiert auf die 2-Zelle e^2_{bc} in M^3 abgebildet, was einem Abbildungsgrad von $1 + 1 = 2$ entspricht. Insgesamt erhalten wir $d_3 = (0,2,0)$.

Die Homologie daraus zu errechnen ist reine Algebra (was ich Ihnen als **Übung** empfehle, Sie müssen dazu nur die Reihenfolge der $\mathbb{Z}$-Basen im Auge behalten). Es ergibt sich $H_0(M^3) \cong \mathbb{Z}$, $H_1(M^3) \cong \mathbb{Z}^2 \oplus \mathbb{Z}_2$, $H_2(M^3) \cong \mathbb{Z} \oplus \mathbb{Z}_2$ und $H_k(M^3) = 0$ für $k \geq 3$.

Als **Übung** können Sie versuchen, die Homologie des 3-Torus $T^3 = T^2 \times S^1$ nach dem gleichen Schema zu bestimmen. Hier sind alle Randoperatoren $d_i = 0$ und es ergibt sich $H_0(T^3) \cong H_3(T^3) \cong \mathbb{Z}$ sowie $H_1(T^3) \cong H_2(T^3) \cong \mathbb{Z}^3$ (alle höheren Gruppen verschwinden natürlich auch hier).

Sie erkennen, dass man mit CW-Strukturen eine Vielzahl von Beispielen berechnen kann. Der explizite, geradezu praktische Umgang mit Zellen und Anheftungen verleiht der zellulären Homologie eine bestechende Anschaulichkeit und Ästhetik. Vielleicht geht es Ihnen ähnlich und Sie sind motiviert, bei der ungeheuren Vielfalt an konkreten Beispielräumen selbst noch ein wenig umherzuschweifen und weitere Experimente zu machen.

Doch an dieser Stelle sei es genug damit. Nach all den praktischen Anwendungen wollen wir kurz eine alte Bekannte besuchen, der wir schon bei den simplizialen Komplexen als homologische Invariante begegnet sind.

Die Euler-Charakteristik von CW-Komplexen

Simpliziale Komplexe sind auch CW-Komplexe, weswegen sich unmittelbar die Frage stellt, ob es für die schöne Berechnungsformel der EULER-Charakteristik mit dem Abzählen von Simplizes (Seite 286) eine entsprechende Variante auch für CW-Komplexe gibt.

Die gibt es natürlich. Sie haben die konzeptionelle Nähe der beiden Komplex-Typen bestimmt schon erkannt. Bei CW-Komplexen hat man zudem den bekannten Vorteil, viel weniger Zellen zählen zu müssen.

Definition und Satz (Euler-Charakteristik für CW-Komplexe)
Es sei X ein endlicher CW-Komplex der Dimension $n < \infty$. Dann definiert man seine **Euler-Charakteristik** als die alternierende Summe

$$\chi(X) = \sum_{r=0}^{n} (-1)^r \mathcal{C}(r),$$

wobei $\mathcal{C}(r)$ die Anzahl der r-Zellen von X ist. Diese Definition stimmt mit der bekannten homologischen Definition $\sum_r (-1)^r \operatorname{rk} H_r(X)$ überein (Seite 286). Beachten Sie bitte, dass trotz der strukturellen Ähnlichkeit der Formeln im Allgemeinen $\operatorname{rk} H_r(X) \neq \mathcal{C}(r)$ ist, nur die Summen stimmen überein.

Den **Beweis** können Sie analog zu dem für die simpliziale Homologie führen. Er ist rein algebraisch und folgt aus dem allgemeinen zellulären Kettenkomplex

$$0 \longrightarrow \mathbb{Z}^{\mathcal{C}(n)} \xrightarrow{d_n} \mathbb{Z}^{\mathcal{C}(n-1)} \xrightarrow{d_{n-1}} \ldots \xrightarrow{d_2} \mathbb{Z}^{\mathcal{C}(1)} \xrightarrow{d_1} \mathbb{Z}^{\mathcal{C}(0)} \longrightarrow 0\,.$$

Von früher kennen wir für eine exakte Sequenz $0 \to A \to B \to C \to 0$ endlich erzeugter abelscher Gruppen die Beziehung $\operatorname{rk} B = \operatorname{rk} A + \operatorname{rk} C$ (Seite 75). Wegen

$$0 \longrightarrow \operatorname{Ker} d_r \longrightarrow \mathbb{Z}^{\mathcal{C}(r)} \xrightarrow{d_r} \operatorname{Im} d_r \longrightarrow 0$$

gilt also $\mathcal{C}(r) = \operatorname{rk}(\operatorname{Ker} d_r) + \operatorname{rk}(\operatorname{Im} d_r)$. Nun ist $H_r(X) = \operatorname{Ker} d_r / \operatorname{Im} d_{r+1}$, also $\operatorname{rk} H_r(X) = \operatorname{rk}(\operatorname{Ker} d_r) - \operatorname{rk}(\operatorname{Im} d_{r+1})$. Wenn Sie dies in die Wechselsummen über die $\mathcal{C}(r)$ und $\operatorname{rk} H_r(X)$ einsetzen, folgt sofort die Gleichheit dieser Summen. $\quad\square$

Ich verzichte hier auf ausführliche Beispiele, um zügiger voranzukommen. Gerne können Sie ein wenig mit den bereits besprochenen Räumen experimentieren. So erkennen Sie schnell $\chi(\mathbb{P}^n) = 0$ für ungerades n und $\chi(\mathbb{P}^n) = 1$ für gerades n. Im komplexen Fall ist $\chi(\mathbb{P}^n_{\mathbb{C}}) = n + 1$. Gehen wir jetzt aber weiter in Richtung unseres Hauptziels, das hier noch einmal in Erinnerung gerufen sei.

Hauptziel (Leitmotiv) des Kapitels
Jede einfach zusammenhängende, kompakte Mannigfaltigkeit M mit der Homologie der Sphäre S^n ist homotopieäquivalent zur S^n.

8.8 CW-Approximationen und CW-Modelle

Wir haben schon viele Vorzüge der CW-Komplexe kennengelernt. Die Krone aber ist der Satz, den wir nun ansteuern. Es geht darum, für beliebige topologische Räume X ein *CW-Modell* zu konstruieren. Das ist, vereinfacht ausgedrückt, ein CW-Komplex C mit einer stetigen Abbildung $f : C \to X$, die für alle $k \geq 0$ einen Isomorphismus $f_* : \pi_k(C) \to \pi_k(X)$ induziert. Wir werden sehen, dass f dann auch Isomorphismen der Homologiegruppen induziert, weswegen man solche Abbildungen **schwache Homotopieäquivalenzen** nennt (Seite 374). Viele Sätze über topologische Räume können damit einfach bewiesen werden, weil es genügt, sie auf CW-Komplexen zu verifizieren (meist induktiv über die Zellen).

Um die komplizierte Konstruktion der CW-Modelle etwas zu entschärfen, soll das Leitmotiv als initiales Beispiel dienen. Es geht also zunächst darum, für eine einfach zusammenhängende, kompakte Mannigfaltigkeit M mit S^n-Homologie ein solches Modell $f : C^n \to M$ zu finden und zu hoffen, dass C^n homotopieäquivalent zu S^n ist. Danach muss sich noch f als Homotopieäquivalenz herausstellen (eine schwache Variante davon ist es ja bereits).

Vorab zwei Bemerkungen zu der nun folgenden, beispielhaften Konstruktion. Einerseits machen wir die (starken) Zusatzannahmen, dass $\pi_k(M, x) = 0$ ist für alle $1 < k < n$ und $\pi_n(M, x) \cong \mathbb{Z}$. Später in diesem Kapitel wird klar, dass diese Annahmen zulässig sind (Seite 391 f).

Andererseits gehen wir von $\dim M \geq n$ aus, weil sonst die S^n-Homologie nie erreicht wird (siehe Seite 470 im nächsten Kapitel). Diese Annahme betrifft nur die folgende Beispielkonstruktion, welche im Übrigen auch nicht der einfachste Weg zu einem CW-Modell von M ist, dafür aber allgemein genug, dass alle Teilschritte des Satzes über CW-Approximationen motiviert werden und Sie dessen Beweis dadurch vielleicht schneller verstehen können.

Wir wählen also zunächst eine eingebettete S^{n-1} in M, was wegen $\dim M \geq n$ leicht möglich ist. Das Raumpaar (M, S^{n-1}) ist dann die Keimzelle für eine spannende Konstruktion. Sie beginnt mit dem Generator α von $\pi_{n-1}(S^{n-1}, 1) \cong \mathbb{Z}$, repräsentiert durch die Identität $\mathrm{id}_{S^{n-1}} : S^{n-1} \to S^{n-1}$. Mit der Inklusion $i : S^{n-1} \hookrightarrow M$ ist dann $i_*(\alpha) = 0$, denn $\pi_{n-1}(M, x) = 0$ wegen obiger Zusatzannahme. Damit erzeugt α den Kern von $i_* : \pi_{n-1}(S^{n-1}, 1) \to \pi_{n-1}(M, x)$.

Wir interpretieren jetzt den Generator $\mathrm{id}_{S^{n-1}} : S^{n-1} \to S^{n-1}$ des Kerns von i_* als Anheftungsabbildung einer Zelle e^n an S^{n-1} und erhalten so eine D^n.

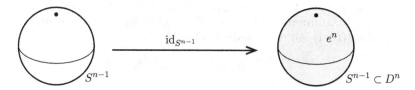

Offensichtlich kann die Komposition $i \circ \mathrm{id}_{S^{n-1}} : (S^{n-1},1) \to (M,x)$ fortgesetzt werden zu einer Abbildung $j : (D^n,1) \to (M,x)$, denn die $S^{n-1} \subset M$ können wir uns als Teil eines $\mathbb{R}^m$ vorstellen, $m = \dim M$, in dem sie auf einen Punkt zusammenziehbar ist. Wir erkennen, dass j für alle $0 \leq k \leq n-1$ einen Isomorphismus

$$j_* : \pi_k(D^n,x) \longrightarrow \pi_k(M,x)$$

induziert, denn alle beteiligten Gruppen verschwinden. „Warum in aller Welt so kompliziert?", werden Sie sich fragen. Das hätten wir auch mit einer einfacheren Abbildung erreicht, nämlich mit der Inklusion eines Punktes $x \in M$. Aber haben Sie ein wenig Geduld, wir wollen ja etwas Größeres motivieren.

Wir nehmen jetzt die Basispunkte $1 \in S^{n-1}$ und $x = i(1) \in M$, sowie einen Generator $\beta : (S^n,1) \to (M,x)$ von $\pi_n(M,x) \cong \mathbb{Z}$ (das war die zweite Annahme an M), und verkleben die zugehörige S^n als Keilprodukt am Punkt 1 in der Form

$$C^n = D^n \vee S^n$$

mit dem vorher konstruierten Ball D^n. Dann können wir j fortsetzen zu

$$f : (C^n,1) \longrightarrow (M,x),$$

indem f auf der S^n identisch zu β gewählt wird. Die Abbildung f induziert nun für alle $0 \leq k \leq n$ Isomorphismen

$$f_* : \pi_k(C^n,1) \longrightarrow \pi_k(M,x),$$

und es ist $C^n \simeq S^n$ wegen der Zusammenziehbarkeit von D^n.

Halten wir fest: Wir haben einen CW-Komplex $C^n \simeq S^n$ konstruiert und eine Abbildung $f : C^n \to M$, die auf den ersten $n+1$ Homotopiegruppen Isomorphismen induziert. Das erinnert an den Satz von WHITEHEAD (Seite 345), denn wir wissen, dass M homotopieäquivalent zu einem CW-Komplex ist (Seite 181) und dieser Satz angewendet werden könnte.

Es gibt aber noch eine Menge zu tun, denn der Satz verlangt Isomorphien für alle höheren Homotopiegruppen, und die sind für S^n nicht trivial (Seite 157). Zudem haben wir mit $\pi_k(M,x) = 0$ für alle $k < n$ und $\pi_n(M,x) \cong \mathbb{Z}$ starke Eigenschaften von M vorausgesetzt, die nicht einfach vom Himmel fallen.

Wir müssen die Situation also schlüssig verallgemeinern. Vorab dazu die zentrale Definition. Zur Vereinfachung seien ab jetzt alle topologischen Räume X als wegzusammenhängend vorausgesetzt.

Definition (n-Zusammenhang und CW-Modelle)

Wir betrachten ein Paar (X, A) mit einem wegzusammenhängenden Raum X, einem nicht-leeren CW-Komplex $A \subseteq X$ und einem Basispunkt $x \in A$. Unter einem n-**zusammenhängenden CW-Modell** von (X, A) versteht man ein CW-Paar (C, A) mit einer stetigen Abbildung

$$f : (C, A, x) \longrightarrow (X, A, x)$$

und folgenden zusätzlichen Eigenschaften:

1. (C, A) ist n-**zusammenhängend**, also $\pi_k(C, A, x) = 0$ für $1 \leq k \leq n$. Äquivalent dazu war jede punktierte Abbildung

$$\varphi : \left(D^k, S^{k-1}, 1\right) \longrightarrow (C, A, x)$$

homotop relativ S^{k-1} zu einer Abbildung $(D^k, S^{k-1}, 1) \to (A, A, x)$ (vergleichen Sie mit dem Kompressionskriterium auf Seite 143).

2. Die Einschränkung von f auf A ist die Identität id_A.

3. Die induzierten Homomorphismen

$$f_* : \pi_k(C, x) \longrightarrow \pi_k(X, x)$$

sind injektiv für $k = n$ und bijektiv (Isomorphismen) für $k > n$.

Ein paar Bemerkungen dazu sind hilfreich. In der Definition kommen relative Gruppen $\pi_k(C, A, x)$ vor, und dort gab es ein Problem beim Index $k = 0$, denn $\pi_0(C, A, x)$ wurde gar nicht definiert. Man kann aber über das Kompressionskriterium auch hier eine passende Bedingung angeben, wenn $S^{-1} = \varnothing$ gesetzt wird. Jede Abbildung

$$\varphi : \left(D^0, \varnothing\right) = D^0 \longrightarrow (C, A)$$

müsste demnach homotop zu einer Abbildung nach A sein, und wegen $D^0 = \{0\}$ ist das äquivalent dazu, dass jede Wegkomponente von X einen Punkt aus A enthält. Da wir nur wegzusammenhängende Räume betrachten, können wir diesen Fall weglassen. Es reicht also, $\pi_k(C, A, x) = 0$ nur für $1 \leq k \leq n$ zu verlangen. Sinngemäß nennt man übrigens einen Raum X n-**zusammenhängend**, wenn die absoluten Gruppen $\pi_k(X, x) = 0$ sind für alle $0 \leq k \leq n$.

Dann sollte man sich klarmachen, was die Definition genau bedeutet. Wird n klein gewählt, hat C viel homotope Ähnlichkeit mit X, denn alle Homotopiegruppen mit Index größer als n stimmen überein. Allerdings entfernt sich C dann homotop von A, denn wegen $\pi_k(C, A, x) = 0$ für alle $1 \leq k \leq n$ und der langen exakten Homotopiesequenz ist $\pi_k(A, x) \cong \pi_k(C, x)$ nur für $k < n$ garantiert.

Je größer n wird, desto zusammenhängender ist (C, A), aber es stimmen weniger Homotopiegruppen von C mit denen von X überein. Das CW-Modell entfernt sich homotopietheoretisch von X und wird immer ähnlicher zu A. Es ist also stets ein Kompromiss, den man von Fall zu Fall geschickt austarieren muss.

Wird übrigens $A = \{x\}$ einpunktig gewählt und der kritische Index n auf 0 gesetzt, erhalten wir wegen $\pi_k(X, x, x) \cong \pi_k(X, x)$ mit (C, x) einen CW-Komplex, der alle Voraussetzungen des Satzes von WHITEHEAD erfüllt (Seite 345), denn es induziert in diesem Fall $f : (C, x) \to (X, x)$ einen Isomorphismus aller absoluten Homotopiegruppen. Auch der kritische Index $k = n = 0$ macht dabei keine Probleme, denn X war wegzusammenhängend und eine injektive Abbildung nach $\{0\}$ ist immer bijektiv. Kommen wir nun zu dem entscheidenden Resultat.

Satz (CW-Approximation)
Es sei (X, A) ein topologisches Raumpaar mit einem CW-Komplex $A \subseteq X$, der nicht leer ist. Dann gibt es für alle $n \geq 0$ ein n-zusammenhängendes CW-Modell $f : (C, A) \to (X, A)$, das durch sukzessives Anheften von Zellen mit Dimension größer als n an A entsteht, wobei die Anheftungen aufsteigend in den Dimensionen der Zellen erfolgen.

Man hat also für alle topologischen Räume X und CW-Komplexe $A \subseteq X$ eine große Auswahl an geeigneten CW-Modellen. Ein Ergebnis, das einmal mehr die universelle Bedeutung dieser Räume unterstreicht.

Im **Beweis** gehen wir induktiv vor (wie könnte es anders sein), nur diesmal müssen wir äußerst geschickt konstruieren. Wir wählen einen Basispunkt $x \in A^0$ und bilden eine Kette von CW-Komplexen in der Form

$$A = C^n \subseteq C^{n+1} \subseteq C^{n+2} \subseteq C^{n+3} \subseteq \ldots ,$$

in der für alle $r \geq n$ ein C^{r+1} durch Anheften von $(r+1)$-Zellen an C^r entsteht. Dabei soll induktiv für jedes $r \geq n$ gelten, dass

1. eine Abbildung $f^r : (C^r, A, x) \to (X, A, x)$ existiert mit $f^r|_A = \mathrm{id}_A$,

2. für alle $s > r$ die Abbildung $f^s : (C^s, A, x) \to (X, A, x)$ eine Fortsetzung der Abbildung f^r auf die Menge C^s ist,

3. im Fall $r > n$ die induzierte Abbildung $f^r_* : \pi_k(C^r, x) \to \pi_k(X, x)$ injektiv ist für $k = n$, ein Isomorphismus für $n < k < r$ und surjektiv für $k = r$.

Der Induktionsanfang $r = n$ ist einfach, dort ist $f^n : (A, A, x) \hookrightarrow (X, A, x)$ die Inklusion und die (einzige) Bedingung 1 klarerweise erfüllt. Das Ziel des Induktionsschritts ist, die Folge $f^n, f^{n+1}, \ldots, f^r$ wie ein Akkordeon auseinander zu ziehen, indem f^r durch Stopfen von Löchern in C^r mit $(r+1)$-Zellen zunächst injektiv gemacht wird und anschließend durch weitere $(r+1)$-Zellen ein f^{r+1} erzeugt wird, das surjektiv ist. Im Übergang $r \to \infty$ ergibt sich das gesuchte f.

Wir nehmen also an, die Aussage wäre für ein $r \geq n$ wahr und gehen vor wie im obigen Beispiel mit $(X, A) = (M, S^{n-1})$. Man wählt zunächst für jeden Generator des Kerns von

$$f^r_* : \pi_r(C^r, x) \longrightarrow \pi_r(X, x)$$

einen Repräsentanten $\varphi^r_\lambda : (S^r, 1) \to (C^r, x)$, $\lambda \in \Lambda$. Die φ^r_λ definieren Anheftungen für $(r+1)$-Zellen e^{r+1}_λ an C^r und führen zu dem erweiterten CW-Komplex

$$\widetilde{C}^{r+1} = C^r \bigcup_{\varphi_\lambda, \lambda \in \Lambda} e^{r+1}_\lambda .$$

Da die Abbildungen $f^r \circ \varphi_\lambda^r$ nullhomotop sind (φ_λ^r lag in Ker f_*^r), kann man f^r fortsetzen zu einer Abbildung $\widetilde{f}^{r+1}$ auf $\widetilde{C}^{r+1}$. Vielleicht versuchen Sie zur **Übung**, sich das klarzumachen. Sie können dabei zunächst die Abbildung $f^r \circ \varphi_\lambda^r$ mit einer Homotopie $H : S^r \times I \to X$ auf die konstante Abbildung $S^r \to \{x\}$ verformen. Wegen $H(\,.\,, 1) \equiv x$ faktorisiert H dann durch den Kegel über S^r, also durch eine Scheibe D^{r+1}, und induziert über die charakteristische Abbildung $D^{r+1} \to \overline{e_\lambda^{r+1}}$ die gesuchte Fortsetzung $\widetilde{f}^{r+1}|_{C^r \cup e_\lambda^{r+1}} : \left(C^r \cup e_\lambda^{r+1}, x \right) \to (X, x)$. Das folgende Bild mag eine Gedankenstütze dazu sein.

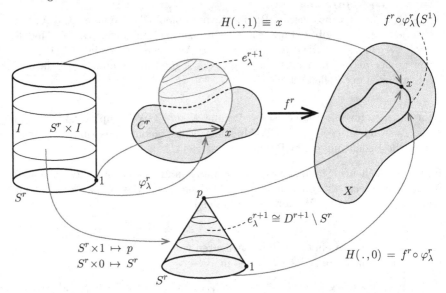

Welche Eigenschaften hat $\widetilde{f}^{r+1}$? Es sind die erste und zweite Bedingung klar erfüllt. Aber auch die Dritte (bis auf die Surjektivität bei den Gruppen π_{r+1}), denn das Anheften von $(r+1)$-Zellen hat für die Indizes $k \le r$ keinen Einfluss auf die Gruppen π_k und die Homomorphismen $\pi_k(\widetilde{C}^{r+1}, x) \to \pi_k(X, x)$. Warum?

Erinnern Sie sich dazu an die zelluläre Approximation (Seite 339). Für $k \le r$ ist damit jede Abbildung $(S^k, 1) \to (\widetilde{C}^{r+1}, x)$ homotop zu einer zellulären Abbildung in das r-Gerüst C^r von $\widetilde{C}^{r+1}$. Daher ergibt die Inklusion $i : C^r \hookrightarrow \widetilde{C}^{r+1}$ für $k \le r$ eine Surjektion i_* der Gruppen $\pi_k(C^r, x)$ auf $\pi_k(\widetilde{C}^{r+1}, x)$. Mit der Komposition

$$\pi_k(C^r, x) \xrightarrow{\ i_*\ } \pi_k\left(\widetilde{C}^{r+1}, x\right) \xrightarrow{\ \widetilde{f}_*^{r+1}\ } \pi_k(X, x)$$

erhalten Sie durch präzises Nachdenken wegen $\widetilde{f}_*^{r+1} \circ i_* = f_*^r$, dass die Homomorphismen $\widetilde{f}_*^{r+1}$ bei den Gruppenindizes $k \le r$ die Eigenschaften von f_*^r übernehmen: injektiv bei $k = n$ und, im Fall $r > n$, bijektiv für $n < k < r$ sowie surjektiv bei $k = r$. Die f_*^r waren nämlich für $n \le k < r$ injektiv, was auch die Injektivität der i_* bei diesen Indizes zur Folge hat, die damit zu Isomorphismen werden.

Für $k = r$ sehen wir (wieder nur für $r > n$) aber noch einen entscheidenden Aspekt mehr. Die bisher nur surjektive Abbildung

$$f_*^r : \pi_r(C^r, x) \longrightarrow \pi_r(X, x)$$

ist nach der Erweiterung zu $\widetilde{f}^{r+1}$ auch injektiv geworden. Nehmen Sie dafür eine Abbildung $g : (S^r, 1) \to (\widetilde{C}^{r+1}, x)$, die wir wegen zellulärer Approximation wieder als Abbildung nach (C^r, x) annehmen dürfen. Es sei dann also $\widetilde{f}_*^{r+1}([g]) = 0$ und wir müssen $[g] = 0$ nachweisen.

Da g auch ein Element in $\pi_r(C^r, x)$ definiert, kann $\widetilde{f}^{r+1} \circ g$ als Komposition

$$(S^r, 1) \xrightarrow{\ g\ } (C^r, x) \xrightarrow{\ i\ } (\widetilde{C}^{r+1}, x) \xrightarrow{\ \widetilde{f}^{r+1}\ } (X, x)$$

interpretiert werden, mithin als $f^r \circ g$. Das ist die richtige Sichtweise, denn offenbar liegt $[g] \in \pi_r(C^r, x)$ im Kern von f_*^r, weil $\widetilde{f}^{r+1} \circ g$ und damit auch $f^r \circ g$ null-homotop waren. Die Klasse $[g]$ ist dann eine endliche Summe aus den obigen Generatoren der Form $\varphi_\lambda^r : (S^r, 1) \to (C^r, x)$, sagen wir von $\varphi_{\lambda_l}^r$, $1 \leq l \leq s$. Was passiert nun mit einer solchen Klasse $[\varphi_{\lambda_l}^r]$, wenn man sie via i_* als Klasse $[i \circ \varphi_{\lambda_l}^r]$ in $\pi_k(\widetilde{C}^{r+1}, x)$ auffasst? In $\widetilde{C}^{r+1}$ fungierte $\varphi_{\lambda_l}^r$ als Anheftungsabbildung für $e_{\lambda_l}^{r+1}$. Die charakteristische Abbildung

$$\Phi_{\lambda_l}^{r+1} : (D^{r+1}, S^r, 1) \longrightarrow (\widetilde{C}^{r+1}, C^r, x)$$

dieser Zelle liefert über die in D^{r+1} mögliche Schrumpfung von S^r auf 1 eine Homotopie relativ 1 von $i \circ \varphi_{\lambda_l}^r$ auf die konstante Abbildung $(S^r, 1) \to (1, 1)$.

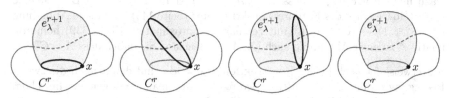

Die Abbildung zeigt den schönen Trick. Das Bild $\varphi_{\lambda_l}^r(S^1) \in \widetilde{C}^{r+1}$ zieht sich bei der Schrumpfung auf den Punkt $x \in \widetilde{C}^{r+1}$ zurück. Es kann dabei seinen Weg durch die eingefügte Zelle $e_{\lambda_l}^{r+1}$ hindurch nehmen, denn diese Zelle stopft ja gerade das Loch in der Menge $\varphi_{\lambda_l}^r(S^1)$, welches $[\varphi_{\lambda_l}^r]$ zu einem Element $\neq 0$ in $\pi_r(C^r, x)$ gemacht hat.

Damit ist $[i \circ \varphi_{\lambda_l}^r] = 0$ in $\pi_r(\widetilde{C}^{r+1}, x)$. Da man mit jedem Summanden von $[g]$ so verfahren kann, erhalten wir insgesamt $[g] = 0 \in \pi_r(\widetilde{C}^{r+1}, x)$ und damit die Injektivität von $\widetilde{f}_*^{r+1}$ beim Index $k = r$. Insgesamt ist $\widetilde{f}_*^{r+1}$ dort also bijektiv.

Es fehlt noch der Index $k = r + 1$, dort brauchen wir für die Fortsetzung $\widetilde{f}_*^{r+1}$ wenigstens die Surjektivität. Diese ist für $\widetilde{f}_*^{r+1}$ in der bisherigen Form nicht zwingend gegeben. Die Lösung ist aber naheliegend, wir müssen dafür nur noch weitere $(r+1)$-Zellen an $\widetilde{C}^{r+1}$ anheften. Dabei wird erstmals der Basispunkt x der Homotopiegruppen wichtig – bisher ist er ja nur so am Rande mitgelaufen.

Die Konstruktion ist verblüffend einfach. Wir nehmen die Gruppe $\pi_{r+1}(X, x)$ und davon einen Satz von Generatoren $\varphi_\omega^{r+1} : (S^{r+1}, 1) \to (X, x)$, $\omega \in \Omega$. Nun heften wir an $\widetilde{C}^{r+1}$ am Punkt x für jedes ω eine $(r + 1)$-Zelle e_ω^{r+1} an. Man kann auch sagen, wir bilden das Keilprodukt

$$C^{r+1} = \widetilde{C}^{r+1} \bigvee_{\omega \in \Omega} S_\omega^{r+1}$$

am Punkt $x \in \widetilde{C}^{r+1}$ bezüglich der Sphären $(S_\omega^{r+1}, 1)$, mit den Identifikationen $x \sim 1$. Die Abbildung $\widetilde{f}^{r+1}$ lässt sich dann leicht auf eine stetige Abbildung

$$f^{r+1} : (C^{r+1}, A, x) \longrightarrow (X, A, x)$$

fortsetzen, wir definieren sie auf jedem Keilfaktor S_ω^{r+1} einfach als φ_ω^{r+1}. Wegen $\varphi_\omega^{r+1}(1) = x$ ist diese Fortsetzung stetig.

Aus dem gleichen Grund wie vorhin bleibt $f_*^{r+1} : \pi_k(C^{r+1}, x) \to \pi_k(X, x)$ injektiv für $k = n$ und bijektiv für $n < k \leq r$. Für $k = r + 1$ ergeben die Inklusionen $(S_\omega^{r+1}, 1) \hookrightarrow (C^{r+1}, x)$ durch Nachschalten von f^{r+1} genau die Generatoren φ_ω^{r+1} von $\pi_{r+1}(X, x)$, woraus die Surjektivität von f_*^{r+1} beim Index $r + 1$ folgt.

Das gesuchte CW-Modell $f : (C, A, x) \to (X, A, x)$ entsteht dann durch induktives Fortsetzen dieser Anheftungen beim Übergang $r \to \infty$. Sind unendlich viele Homotopiegruppen $\pi_k(X, x) \neq 0$, bricht der Prozess nie ab und es entsteht ein unendlichdimensionales CW-Modell.

Warum erfüllt die Abbildung f alle Bedingungen eines n-zusammenhängenden CW-Modells? Zunächst ist (C, A) als CW-Paar tatsächlich n-zusammenhängend. Dazu müssen wir zeigen, dass $\pi_k(C, A, x) = 0$ ist für $1 \leq k \leq n$. Dies ist eine unmittelbare Folge des Kompressionskriteriums (Seite 143), denn jede Abbildung $(D^k, S^{k-1}, 1) \to (C, A, x)$ ist mit zellulärer Approximation (Seite 339) homotop relativ A zu einer Abbildung nach (A, A, x). Beachten Sie dabei, dass $A = C^n$ ist.

Klarerweise ist nach obiger Konstruktion $f|_A = \text{id}_A$ und damit auch die zweite Bedingung erfüllt. Bei der dritten Bedingung muss man etwas genauer hinsehen, dann fügt sich aber alles fast wie von selbst. Es geht im Prinzip genauso wie oben, als wir die Eigenschaften von f_*^r auch für $\widetilde{f}_*^{r+1}$ verifiziert haben. Betrachten Sie dazu die Komposition

$$C^r \overset{i^r}{\longrightarrow} C \overset{f}{\longrightarrow} X,$$

die identisch zu der Abbildung $f^r : C^r \to X$ ist (i^r ist die Inklusion). Es sei zunächst $k = n$. Nach obiger Konstruktion ist $f_*^r : \pi_n(C^r, x) \to \pi_n(X, x)$ injektiv für alle $r > n$. Wegen $f_*^r = f_* \circ i_*^r$ muss dann zwangsläufig i_*^r injektiv sein. Sie sehen aber auch ohne Probleme die Surjektivität von i_*^r bei den Gruppen π_n, sogar für alle $r \geq n$. Das liegt wieder an der zellulären Approximation (es ist immer dasselbe Argument). Wir erkennen also, dass i_*^r für alle $r > n$ ein Isomorphismus der Gruppen π_n ist. Demnach folgt die Injektivität von $f_* : \pi_n(C, x) \to \pi_n(X, x)$ aus der Injektivität von f_*^r.

Aus dem gleichen Grund, also wegen $f_* = f_*^r \circ (i_*^r)^{-1}$, folgt die Isomorphie von $f_* : \pi_k(C, x) \to \pi_k(X, x)$ für alle $k > n$, Sie müssen dafür nur einen Index $r > k$ wählen, denn für $n < k < r$ war f_*^r auf den Gruppen π_k ein Isomorphismus.   □

Der Beweis erscheint zunächst schwieriger, als er tatsächlich ist. Nur durch die ausführliche Darstellung aller Details ist er etwas lang geraten, und das Indextrio $n \le k \le r$ ist auch sehr gewöhnungsbedürftig. Das CW-Modell wird Schritt für Schritt aufgebaut, wobei zunächst auf C^r die Surjektionen f_*^r beim Index r injektiv gemacht werden, indem für jedes Element $\ne 0$ aus dem Kern von f_*^r eine $(r+1)$-Zelle e^{r+1} derart angeheftet wird, dass ihr Rand $\overline{e^{r+1}} \setminus e^{r+1}$ (also das, was vorher $\ne 0$ war und durch f_*^r auf 0 geht) mit dem Inneren e^{r+1} aufgefüllt wird. Durch Nachschalten der Fortsetzung f^{r+1} entsteht auf diese Weise eine Abbildung $(S^r, 1) \to (\widetilde{C}^{r+1}, x) \to (X, x)$, die tatsächlich nullhomotop ist.

Schließlich werden noch genügend $(r+1)$-Zellen an den Punkt $x \in C^r$ angeheftet (Keilprodukt), damit im Bild von f_*^{r+1} ganz $\pi_{r+1}(X, x)$ vorkommt, die Abbildung bei den Gruppen π_{r+1} also surjektiv wird. Die nächste Fortsetzung auf $r + 2$ bringt dann auch hier die Injektivität, und so weiter. Ein wirklich trickreiches Hinaufklettern einer (möglicherweise unendlich langen) Leiter.

Halten wir kurz inne und blicken zurück auf unser Hauptziel (Seite 366). In der beispielhaften Konstruktion vor dem Beweis des Satzes haben wir für (M, S^{n-1}) ein solches CW-Modell begonnen, und jetzt sehen wir, wie das einfacher hätte geschehen können: Wir müssen von dem Paar $(M, \{x\})$ mit einem Basispunkt $x \in M$ ausgehen. Gesucht ist ein 0-zusammenhängendes CW-Modell für M. Probieren Sie das Verfahren aus. Bis zu C^{n-1} müssen überhaupt keine Zellen an den Punkt angeheftet werden, denn einerseits sind die Kerne im ersten Schritt der Fortsetzungen alle 0 (ein Punkt hat nur triviale Homotopiegruppen), und andererseits verlangen die Homotopiegruppen $\pi_k(M, x) = 0$ für $0 \le k \le n-1$ auch keine Anheftungen in den jeweils zweiten Schritten der Konstruktion.

Dann aber kommen die n-Zellen, und hier brauchen wir wegen $\pi_n(M, x) \cong \mathbb{Z}$ genau eine n-Zelle e^n am Punkt x. Es ergibt sich dabei $C^n = S^n$ und wir haben direkt den gesuchten Kandidaten $f : (S^n, 1) \to (M, x)$.

Nun wird es spannend. Das vollständige CW-Modell von M würde noch weitere Zellen in höheren Dimensionen bekommen, denn die Homotopiegruppen von S^n liefern ein wildes Durcheinander (Seite 157) und auch die Homotopie von M ist ab dem Index $n+1$ überhaupt nicht festgelegt. In einer solchen Situation sehnt man sich nach den Homologiegruppen. Lassen wir einmal Phantasie und Wunschdenken freien Lauf und stellen uns vor, alle Resultate und Konstruktionen mit Homologiegruppen anstelle von Homotopiegruppen erarbeitet zu haben.

Wir wären fertig. M hatte nach Voraussetzung die Homologie der S^n, weswegen die Abbildung $f : S^n \to M$ zunächst für alle Indizes $\le n$ Isomorphismen der Homologiegruppen induzieren würde. Aber f_* wäre auch auf den Gruppen mit Index größer als n ein Isomorphismus, da alle höheren Homologiegruppen von M nach Voraussetzung verschwinden. Werfen wir dann einen Blick auf die Sequenz

$$S^n \xrightarrow{f} M \xrightarrow{g} K,$$

wobei g die Homotopieäquivalenz auf einen endlichdimensionalen simplizialen Komplex K ist (Seite 181), der als CW-Komplex gesehen wird, erkennt man schnell, dass die Komposition $g \circ f$ Isomorphismen aller Homologiegruppen induziert. Eine homologische Variante des Satzes von WHITEHEAD würde dann ergeben, dass $g \circ f$ – und damit auch f – eine Homotopieäquivalenz ist.

Hätte, wenn und aber – reines Wunschdenken, beinahe Luftschlösser. Aber diese Luftschlösser werden sich als visionär herausstellen, denn genau so wird es funktionieren. Sehen wir uns an, wie.

8.9 Brücken zwischen Homotopie- und Homologietheorie

Die erste Verbindung zwischen Homotopie und Homologie ist ein einfacher Satz. Er zeigt, warum schwache Homotopieäquivalenzen ihren Namen verdienen.

Satz (Schwache Homotopieäquivalenzen und die Homologie)
Wir betrachten eine schwache Homotopieäquivalenz $f : X \to Y$ (Seite 366), also eine Abbildung, die für alle $k \geq 0$ und Basispunkte $x \in X$ Isomorphismen $f_* : \pi_k(X, x) \to \pi_k\big(Y, f(x)\big)$ induziert. Dann induziert f für alle $k \geq 0$ Isomorphismen $f_* : H_k(X) \to H_k(Y)$.

Die Umkehrung gilt leider nicht, sonst wären wir (wie oben bemerkt) unserem Ziel schon viel näher als gedacht. Der **Beweis** des Satzes ist einfach und zeigt wieder einmal einen schönen Standardtrick der algebraischen Topologie.

Vorab die Bemerkung, dass wir die Aussage nur für $k \geq 1$ zeigen müssen, denn für $k = 0$ bedeutet eine von x unabhängige Aussage $\pi_0(X, x) \cong \pi_0\big(Y, f(x)\big)$, dass X und Y die gleiche Zahl an Wegkomponenten haben und f diese über Basispunkte einander bijektiv zuordnet. Klarerweise ist dann $f_* : H_0(X) \to H_0(Y)$ auch ein Isomorphismus (einfache **Übung**). Betrachten wir daher ab jetzt nur noch $k \geq 1$.

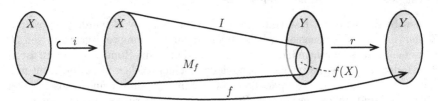

Durch Übergang zum Abbildungszylinder M_f (Seite 177) können wir annehmen, dass f eine Inklusion ist. Wir ersetzen einfach Y durch M_f. Der Raum Y ist ein starker Deformationsretrakt von M_f, beide besitzen also dieselben Invarianten. Die zugehörige Retraktion sei mit r und die Inklusion $X \hookrightarrow M_f$ mit i bezeichnet. Die Komposition

$$X \overset{i}{\hookrightarrow} M_f \overset{r}{\longrightarrow} Y$$

stimmt mit f überein, und da die r_* alle Isomorphismen sind, haben die Homomorphismen i_* dieselben Eigenschaften wie die Homomorphismen f_*.

Wenn also $f : X \to Y$ eine Inklusion ist, kann man die langen exakten Sequenzen einsetzen. Die Abbildungen $f_* : H_k(X) \to H_k(Y)$ sind darin Isomorphismen, wenn alle relativen Gruppen $H_k(Y, X) = 0$ sind. Das ist jetzt unser Ziel.

Nach Voraussetzung sind die relativen Gruppen $\pi_k(Y, X, x) = 0$ für $k \geq 1$. Das Kompressionskriterium (Seite 143) liefert dann die Aussage, dass jede Abbildung $(D^k, S^{k-1}, 1) \to (Y, X, x)$ homotop relativ S^{k-1} zu einer Abbildung nach X ist. Wenn wir die Scheibe D^k durch das homöomorphe Standardsimplex Δ^k und die Sphäre S^{k-1} durch den Rand $\partial\Delta^k$ ersetzen, so haben wir den Schlüssel für die Lösung in der Hand, denn jede Abbildung $(\Delta^k, \partial\Delta^k) \to (Y, X)$ ist demnach homotop relativ $\partial\Delta^k$ zu einer Abbildung nach X.

Wir nehmen also einen relativen Zyklus $z = \sum_\lambda a_\lambda \sigma_\lambda^k$ aus $Z_k(Y, X)$, mit Simplizes $\sigma_\lambda^k : \Delta_\lambda^k \to Y$, deren Gesamtrand ∂z in X liegt, und müssen zeigen, dass die relative Homologieklasse $[z] = 0$ ist. Dazu suchen wir alle Seitenflächen der Δ_λ^k, die von den zugehörigen σ_λ^k nicht vollständig nach X abgebildet werden. In ∂z müssen sie sich paarweise aufheben, denn z war ein relativer Zyklus. Wir bauen nun durch Verkleben dieser Paare schrittweise einen CW-Komplex K auf, wie in der Abbildung motiviert. Mit dem so verklebten Komplex K induziert der relative Zyklus z eine wohldefinierte Abbildung $\zeta : K \to Y$.

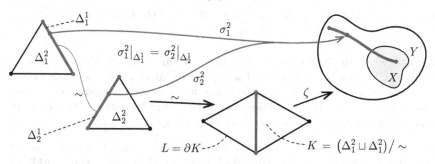

Beachten Sie, dass K nicht immer ein simplizialer Komplex ist. Die singuläre Homologie ermöglicht zum Beispiel relative Zyklen $z = \sigma_1^2 - \sigma_2^2$, in denen die Summanden je zwei Kanten auf die gleiche Weise nach $Y \setminus X$ abbilden. Die Simplizes müssen dann an beiden Kanten verklebt werden, was nur mit „gekrümmten Dreiecken" geht und daher zu einem CW-Komplex führt. (Diese CW-Komplexe passen sehr gut zur singulären Homologie und werden in der Literatur manchmal separat als Δ**-Komplexe** eingeführt, siehe zum Beispiel [41].)

Mit L sei der Subkomplex von K bezeichnet, der aus den $(k-1)$-Seiten in ∂z aufgebaut ist, die nicht verklebt werden mussten. Es ist dann $\zeta(L) \subseteq X$ und wir erhalten eine stetige Abbildung von Paaren

$$\zeta : (K, L) \longrightarrow (Y, X),$$

die relativ L zu einer Abbildung $\tilde\zeta : (K, L) \to (X, X)$ komprimiert werden kann. Dies funktioniert mit dem Kompressionskriterium und der Homotopieerweiterung für CW-Paare (Seite 336), hier angewendet auf das Paar (K, L). Blättern Sie dafür zurück auf Seite 347, dort ist die Konstruktion im Beweis des Satzes von WHITEHEAD ausführlich dargestellt: Wir beginnen zunächst mit dem Gerüst K^0, verschieben also die Bilder der Eckpunkte von K nach X, falls nötig. Die entstehende Homotopie $K^0 \times I \to Y$ wird anschließend auf $K \times I$ erweitert. Danach steigen wir die Dimensionen i der Gerüste induktiv hinauf und können für jede

Zelle $e^i \cong \mathring{\Delta}^i \subset K$ das Kompressionskriterium auf $\zeta \circ \Phi^i : (D^i, S^{i-1}) \to (Y, X)$ anwenden (Φ^i ist die charakteristische Abbildung von e^i in K), denn wir haben nach Voraussetzung stets $\pi_i(Y, X, x) = 0$ wegen der langen exakten Homotopiesequenz für die Inklusion f. Weil K endlich ist, stellt sich der Fall hier sogar einfacher dar als im Satz von WHITEHEAD. Wir gehen jetzt also von $\zeta \simeq \tilde{\zeta}$ aus, mit einer Abbildung $\tilde{\zeta} : (K, L) \to (X, X)$.

Was bedeutet das für den relativen Zyklus z? Er kommt via ζ von einem relativen Zyklus z' auf (K, L), wieder Simplex für Simplex definiert durch die σ_λ^k. Es ist dann $z = \zeta_*(z')$, und wegen $\tilde{\zeta} \simeq \zeta$ sehen wir, dass z homolog zu $\tilde{\zeta}_*(z')$ ist. Dies ist als Element von $Z_k(X, X)$ nullhomolog in $C_k(Y, X)$ und daher ist $[z] = 0$ in $H_k(Y, X)$. Da z beliebig gewählt war, erhalten wir $H_k(Y, X) = 0$ für $k \geq 1$. $\Box$

Soweit dieser Einstieg. Es lohnt hier eine kleine Nachbetrachtung. Die Kernaussage des Satzes kann man einfach zusammenfassen in Form der Implikation

$$\pi_i(Y, X, x) = 0 \quad \text{für} \quad 0 < i \leq k \quad \Rightarrow \quad H_k(Y, X) = 0.$$

Wir nahmen dazu einen relativen Zyklus z, der auf natürliche Weise eine Abbildung des CW-Paares (K, L) in das Paar (Y, X) definierte, und das Kompressionskriterium lieferte mit der Homotopieerweiterung eine Kompression dieser Abbildung auf (X, X), relativ zu L. Damit war z nach dem Homotopiesatz (Seite 248) homolog zu einem $z' \in C_k(X, X)$, also nullhomolog in $H_k(Y, X)$.

Unser Ziel wird nun sein, für die obige Implikation eine Umkehrung zu beweisen. Sie erinnern sich, ein ähnlicher Gedanke führte zum kleinen Satz von HUREWICZ, als wir die Isomorphie $\tilde{\pi}_1(X) \cong H_1(X)$ nachgewiesen haben (Seite 244). Doch sehen wir uns zunächst an, was eine solche Umkehrung mit Blick auf unser Hauptziel leisten würde (vergleichen Sie den aktuellen Stand der Dinge auf Seite 373).

Da wir für $f : (S^n, 1) \to (M, x)$ „nur" die Eigenschaft einer Homotopieäquivalenz zeigen wollen, dürfen wir auch M als CW-Komplex annehmen (Seite 181) und können zum Abbildungszylinder M_f übergehen. Auch der wird zum CW-Komplex, wenn wir f mit zellulärer Approximation (Seite 339) homotop in eine zelluläre Abbildung überführen (Seite 349). Nach dieser Argumentationskette können wir also davon ausgehen, dass $f : S^n \to M$ eine Inklusion von CW-Komplexen ist.

Als Folgerung des obigen Satzes ergibt sich nun eine bemerkenswerte Aussage. Zunächst induziert $f : S^n \to M$ einen Isomorphismus $f_* : H_n(S^n) \to H_n(M)$. Das ist schnell begründet, denn beide Gruppen sind isomorph zu $\mathbb{Z}$, weswegen es genügt, die Surjektivität von f_* zu zeigen. Mit der langen Sequenz

$$\ldots \longrightarrow H_n(S^n) \longrightarrow H_n(M) \longrightarrow H_n(M, S^n) \longrightarrow \ldots$$

würde diese aus $H_n(M, S^n) = 0$ folgen. Die Konstruktion von $f : S^n \to M$ war aber genau so geschehen, dass $f_* : \pi_n(S^n, 1) \to \pi_n(M, x)$ surjektiv ist, und damit sogar bijektiv wegen der Zusatzannahme $\pi_n(M, x) \cong \mathbb{Z}$. Aus der langen Sequenz

$$\ldots \longrightarrow \pi_n(S^n, 1) \overset{f_*}{\longrightarrow} \pi_n(M, x) \longrightarrow \pi_n(M, S^n, x) \longrightarrow \pi_{n-1}(S^n, 1) = 0$$

erkennen Sie dann $\pi_i(M, S^n, x) = 0$ für $0 < i \leq n$ (die Indizes $i < n$ sind trivial) und die Beweisidee des vorigen Satzes liefert wie gewünscht $H_n(M, S^n) = 0$, mithin die Isomorphie $f_* : H_n(S^n) \to H_n(M)$. Die Voraussetzung an M, die S^n-Homologie zu besitzen, führt so zu der (fast lapidaren) Beobachtung, dass die Isomorphismen der Homologiegruppen von S^n und M durch die f_* gegeben sind. Damit sind in der langen exakten Sequenz alle relativen Gruppen $H_k(M, S^n) = 0$.

Wenn wir jetzt daraus folgern könnten, dass auch alle relativen Homotopiegruppen $\pi_k(M, S^n, x) = 0$ sind (für $k \geq 1$), so ergibt die lange exakte Homotopiesequenz, dass die induzierten Homomorphismen

$$f_* : \pi_k(S^n, 1) \longrightarrow \pi_k(M, x)$$

allesamt Isomorphismen sind. Der Satz von WHITEHEAD (Seite 345) zeigt dann, dass $f : S^n \to M$ eine Homotopieäquivalenz ist. Das große Ziel wäre geschafft.

Lassen Sie uns für einen besseren Überblick zusammenfassen, was zum jetzigen Zeitpunkt noch fehlt. Nach Voraussetzung ist M kompakt, einfach zusammenhängend und hat die Homologie der S^n. Wir müssen dann noch zeigen, dass

1. $\pi_k(M, x) = 0$ ist für $k \leq n - 1$ und $\pi_n(M, x) \cong \mathbb{Z}$ (das waren die Zusatzannahmen zu Beginn, um zu dem CW-Modell S^n zu gelangen), und

2. dass für $k \geq 1$ alle relativen Gruppen $\pi_k(M, S^n, x) = 0$ sind, wenn dies für die relativen Homologiegruppen $H_k(M, S^n)$ zutrifft.

Verwenden dürfen wir die vereinfachende Annahme, dass $f : S^n \to M$ die Inklusion eines Teilkomplexes in einen (endlichdimensionalen) CW-Komplex ist. Es scheint in der Tat nicht mehr viel zu fehlen. Dennoch ist das Finale des Kapitels furios und das Theorem von HUREWICZ ein wahrer Höhepunkt der Topologie.

8.10 Das Theorem von Hurewicz

Das Theorem, welches einen bemerkenswerten Zusammenhang zwischen den Homologie- und Homotopiegruppen eines (fast) beliebigen Raumes beweist, wird beide noch fehlenden Bausteine auf dem Weg zu unserem Hauptziel liefern. Der Beweis ist langwierig, weswegen ich zunächst nicht von dem Theorem selbst ausgehen (und alle Schritte daraus ableiten) kann, sondern einige vorbereitende Ergebnisse bringen muss, deren Sinn sich Ihnen wahrscheinlich erst rückblickend erschließt. Dennoch sei versucht, einen insgesamt schlüssigen Bogen zu spannen, Querbezüge zu vorhandenem Wissen herauszuarbeiten und die Resultate durch Beispiele zu motivieren. Der Beweis des Theorems verläuft in drei Teilen.

Teil I: Der Ausschneidungssatz für die Homotopie

Sicher haben Sie schon bemerkt, dass die langen exakten Sequenzen der Homologie- und Homotopietheorie eine zentrale Rolle in den Beweisen der algebraischen Topologie spielen. Genau hier ist die Homologie viel geschmeidiger, denn sie stellt mit der Ausschneidungseigenschaft ein sehr angenehmes Werkzeug zur Verfügung (Seite 264), das hier noch einmal wiederholt sei.

Satz (Ausschneidungseigenschaft der Homologie)
Es sei X ein topologischer Raum, $A \subseteq X$ eine Teilmenge und $W \subseteq A$ eine Teilmenge, deren Abschluss $\overline{W}$ ganz im Inneren von A enthalten ist. Dann induziert die Inklusion $i : (X \backslash W, A \backslash W) \to (X, A)$ für alle $k \geq 0$ Isomorphismen

$$i_* : H_k(X \setminus W, A \setminus W) \longrightarrow H_k(X, A).$$

Das hat viele bedeutende Resultate hervorgebracht (Seite 264 f). Unter anderem entstanden so für gute Raumpaare (X, A) die Isomorphien $H_k(X, A) \cong \tilde{H}_k(X/A)$, mit denen effiziente Formeln für die Homologie von simplizialen Komplexen oder auch CW-Komplexen möglich wurden. Die Ausschneidungseigenschaft im Allgemeinen gibt es leider nicht für Homotopiegruppen. Aber ein Teilziel lässt sich erreichen, wenn man mit CW-Komplexen arbeitet.

Dazu habe der CW-Komplex X einen Teilkomplex A, und die Menge $W \subset A$ sei durch das Komplement $X \setminus B$ eines Teilkomplexes $B \subseteq X$ gegeben, wobei $X = A \cup B$ und $A \cap B \neq \varnothing$ zusammenhängend seien. Wir haben es dann mit den beiden Paaren (X, A) und $(X \setminus W, A \setminus W) = (B, A \cap B)$ zu tun und verwenden im Folgenden für die ausgeschnittenen Mengen die rechte Schreibweise $(B, A \cap B)$.

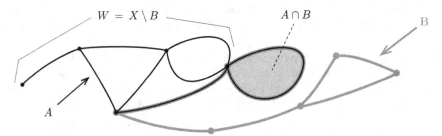

Satz (Ausschneidungseigenschaft für die Homotopie)
Mit den Bezeichnungen von oben sei das Paar $(A, A \cap B)$ m-zusammenhängend und das Paar $(B, A \cap B)$ n-zusammenhängend (Seite 368), mit $m, n \geq 0$. Dann induziert die Inklusion $i : (B, A \cap B) \hookrightarrow (X, A)$ für alle $k \leq m + n$ Surjektionen

$$i_* : \pi_k(B, B \cap A) \longrightarrow \pi_k(X, A),$$

die für $k < m + n$ sogar Isomorphismen sind.

Sie können sich gut vorstellen, dass der **Beweis** nicht einfach ist, auch wenn die CW-Struktur kräftig mithilft. In der Tat ist er ein Meisterwerk der Homotopietheorie und auf jeden Fall würdig, in seinen Kerngedanken ausführlich skizziert zu sein. (Beim ersten Lesen können Sie den Beweis aber gerne überspringen, um schneller ans Ziel zu gelangen. Lesen Sie dann weiter auf Seite 384.)

Zu Beginn eine schöne geometrische Interpretation für den m-Zusammenhang eines CW-Paares (X, A). Der Schlüssel ist die CW-Approximation (Seite 369).

Hilfssatz (m-Zusammenhang eines CW-Paares)
Es sei (X, A) ein m-zusammenhängendes Paar von CW-Komplexen. Dann gibt es einen CW-Komplex C, der durch sukzessives Anheften von Zellen mit Dimension größer als m an A entsteht und die Eigenschaft

$$(C, A) \simeq (X, A) \text{ rel } A$$

besitzt (die Anheftungen können aufsteigend in den Dimensionen der Zellen geschehen). Es besteht dann also $C \setminus A$ nur aus Zellen mit Dimension $> m$.

Natürlich ist ein m-zusammenhängendes CW-Modell $f : (C, A) \to (X, A)$ das richtige Mittel (Seite 369). Nach Konstruktion ist $f|_A = \text{id}_A$ und C entsteht aus A durch sukzessives Anheften von Zellen mit Dimension $> m$. Es ist dann $f_* : \pi_k(C) \to \pi_k(X)$ injektiv für $k = m$ und ein Isomorphismus für $k > m$. Die relativen Gruppen $\pi_k(X, A)$ und $\pi_k(C, A)$ verschwinden für $1 \leq k \leq m$ wegen des m-Zusammenhangs von (X, A) und (C, A).

Das passt alles genau zusammen: Die langen Sequenzen für (X, A) und (C, A), untereinander hingeschrieben und durch die Homomorphismen f_* verbunden, zeigen Isomorphismen $f_* : \pi_k(C) \to \pi_k(X)$ für $k < m$ und eine Surjektion für $k = m$ (versuchen Sie, das als **Übung** nachzuvollziehen). Also induziert f für alle $k \geq 0$ Isomorphismen zwischen den Homotopiegruppen und nach dem Satz von WHITEHEAD (Seite 345) ist f eine Homotopieäquivalenz.

Warum ist die Homotopieäquivalenz relativ zu A? Wir benötigen dazu eine Abbildung $g : (X, A) \to (C, A)$, sodass $g \circ f \simeq \text{id}_C$ und $f \circ g \simeq \text{id}_X$ ist, alles natürlich relativ zu A (daher muss übrigens auch $g|_A = \text{id}_A$ sein). Dies schaffen wir, indem ein Raumpaar (Q, A) gefunden wird, mit $C \subset Q$ und $X \subset Q$, zusammen mit zwei Deformationsretraktionen $r : (Q, A) \to (C, A)$ und $p : (Q, A) \to (X, A)$, welche relativ zu A sind, also die Punkte aus A nicht bewegen.

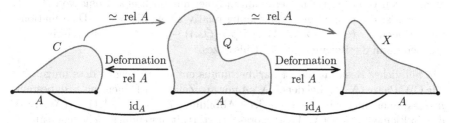

Ein Gedankenblitz führt zum richtigen Kandidat. Wieder einmal ist es der Abbildungszylinder M_f, der nach homotoper Verformung von $f : (C, A) \to (X, A)$ relativ A zu einer zellulären Abbildung selbst ein CW-Komplex ist (Seite 349). Der Raum X ist bereits Deformationsretrakt relativ A von M_f. Leider ist das nicht so einfach für C zu sehen, weswegen hier ein weiterer Klimmzug nötig ist.

Der Zylinder M_f enthält den Teilkomplex $A \times I$ und damit für jedes $t \in I$ eine Kopie $A \times \{t\}$. (Beachten Sie, dass nicht nur $A \times [0,1[$ in M_f enthalten ist, denn die Abbildung f ist auf A die Identität.)

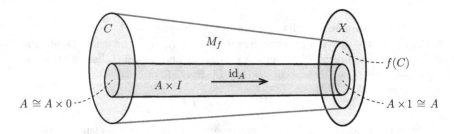

Wenn wir jetzt für alle $a \in A$ das Segment $\{a\} \times I$ zu einem Punkt zusammenschlagen (Seite 40), so besitzt der Quotientenraum $Q = M_f / \sim$ noch genau eine Kopie von A als Teilkomplex. (Q, A) ist dann ebenfalls ein CW-Paar. Stellen Sie sich dazu einfach vor, die Zellen von $M_f \setminus (A \times I)$ seien nicht an $A \times I$ angeheftet, sondern an den Quotientenkomplex

$$(A \times I)/ \sim \quad \cong \quad A \times 0 \quad \cong \quad A \subset Q,$$

die charakteristischen Abbildungen der angehefteten Zellen werden dabei einfach von der Projektion $M_f \to Q$ gefolgt.

Offensichtlich deformationsretrahiert (Q, A) relativ A auf das Paar (X, A) genauso wie zuvor der ganze Zylinder M_f. Nun kommt ins Spiel, dass f auf allen Homotopiegruppen Isomorphismen induziert. Es induziert dann wegen

$$f : C \hookrightarrow Q \xrightarrow{p} X$$

auch die Inklusion $C \subset Q$ einen Isomorphismus aller Gruppen π_k, denn die Projektion p ist eine Deformationsretraktion mit Isomorphismen p_*.

Blättern Sie jetzt zurück zum Beweis des Satzes von WHITEHEAD (Seite 348). Im Spezialfall einer Inklusion hatten wir gezeigt, dass C dann ein starker Deformationsretrakt von Q ist. Die zugehörige Verformung von Q auf C bewegt also die Punkte von C nicht. Da in dem ganzen Spiel nur noch eine Kopie von $A \subset C$ existiert, ist die Homotopie zwangsläufig relativ zu A. Die beiden Deformationsretraktionen $r : (Q, A) \to (C, A)$ und $p : (Q, A) \to (X, A)$, jeweils relativ zu A, ergeben dann die Behauptung des Hilfssatzes.   □

Ein nützliches Resultat. Es ist darüberhinaus einfach zu zeigen, dass umgekehrt alle CW-Paare (X, A), bei denen $X \setminus A$ nur aus Zellen der Dimension $> m$ besteht, m-zusammenhängend sind. Denn jede Abbildung $f : (D^k, S^{k-1}, 1) \to (X, A, x_0)$, die ein Element aus $\pi_k(X, A, x_0)$ repräsentiert, trifft nur endlich viele Zellen außerhalb von A und ist dort für $k \leq m$ homotop zu einer differenzierbaren Abbildung, die nicht surjektiv sein kann $(k < m + 1)$. Die Abbildung kann daher homotop relativ A geschrumpft werden auf A, und das Kompressionskriterium (Seite 143) liefert den Rest. Der Hilfssatz ergibt also eine schöne geometrisch-topologische Charakterisierung für m-zusammenhängende CW-Paare (X, A) modulo Homotopieäquivalenz relativ A.

Aber er ist auch sehr nützlich im Beweis der Ausschneidungseigenschaft. Wir können jetzt annehmen, dass $A \setminus (A \cap B)$ nur aus Zellen der Dimension $> m$ und $B \setminus (A \cap B)$ nur aus Zellen der Dimension $> n$ besteht: Man wechselt einfach zu homotopieäquivalenten A' und B', wobei die Homotopien relativ zu $A \cap B$ sind und daher keine beweisrelevanten Eigenschaften verlorengehen.

Schreiben wir jetzt kurz $D = A \cap B$ ('D' wie Durchschnitt) und nehmen den einfachsten Fall, in dem $A = D \cup e^u$ und $B = D \cup e^v$ ist, mit $u > m$ und $v > n$. Ziel ist es zunächst, die Surjektivität von

$$i_* : \pi_k(B, D) \longrightarrow \pi_k(X, A)$$

zu zeigen, falls $k \leq m + n$ ist. Dazu sei $g : (I^k, \partial I^k, J^{k-1}) \to (X, A, x_0)$ Repräsentant eines Elements $[g] \in \pi_k(X, A, x_0)$, mit einem Basispunkt $x_0 \in D$.

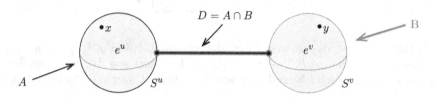

Für zwei Punkte $x \in e^u$ und $y \in e^v$ betrachten wir nun das Diagramm

$$\begin{array}{ccc}
\pi_k(B, D, x_0) & \xrightarrow{\;\;i_*\;\;} & \pi_k(X, A, x_0) \\
\Big\downarrow{\scriptstyle\cong} & & \Big\downarrow{\scriptstyle\cong} \\
\pi_k\big(X \setminus \{x\}, X \setminus \{x, y\}, x_0\big) & \longrightarrow & \pi_k\big(X, X \setminus \{y\}, x_0\big) \,.
\end{array}$$

Der Pfeil in der unteren Zeile kommt von der Inklusion $X \setminus \{x\} \hookrightarrow X$ und die senkrechen Pfeile sind für jede Wahl von x und y Isomorphismen, da punktierte Zellen stets auf ihren Rand deformationsretrahieren. Es ist also $A \simeq X \setminus \{y\}$, $B \simeq X \setminus \{x\}$ und $D \simeq X \setminus \{x, y\}$. Klarerweise ist das Diagramm auch kommutativ.

Wir müssen daher zeigen, dass der untere Pfeil eine Surjektion ist, falls x und y passend gewählt sind. Wir bräuchten dazu für diese Punkte eine Homotopie des Repräsentanten g von oben, diesmal als Abbildung

$$g : (I^k, \partial I^k, J^{k-1}) \longrightarrow \big(X, X \setminus \{y\}, x_0\big)$$

interpretiert, auf eine Abbildung

$$\widetilde{g} : (I^k, \partial I^k, J^{k-1}) \longrightarrow \big(X \setminus \{x\}, X \setminus \{x, y\}, x_0\big) \,,$$

welche das gesuchte Urbild von $[g]$ in $\pi_k\big(X \setminus \{x\}, X \setminus \{x, y\}, x_0\big)$ repräsentiert. Die Homotopie müsste dabei Abbildungen G_t durchlaufen, sodass $G_0 = g$ und $G_1 = \widetilde{g}$ ist. Außerdem müssten sämtliche Übergangsformen G_t dieselben Eigenschaften haben wie g. Im Detail bedeutet das $G_t(\partial I^k) \subseteq X \setminus \{y\}$ und $G_t(J^{k-1}) = \{x_0\}$.

Die große Frage lautet also, ob wir x und y so wählen können, dass es eine Homotopie G_t mit diesen Eigenschaften gibt. Genau hier wird die Bedingung $k \leq m + n$ auf äußerst raffinierte und elegante Weise ins Spiel kommen.

Wir verfolgen dazu die Strategie, in I^k die Urbilder $g^{-1}(x)$ und $g^{-1}(y)$ von Punkten $x \in e^u$ und $y \in e^v$ zu untersuchen. Liegen diese im Inneren von I^k und sind ihre Projektionen p auf die untere Seite $I^{k-1} \times 0$ disjunkt, so wären wir am Ziel, dank eines guten alten Bekannten aus der elementaren Topologie, des Lemmas von URYSOHN (Seite 32).

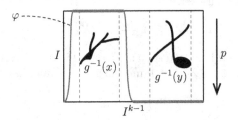

Das Bild motiviert, dass es wegen der Abgeschlossenheit von $g^{-1}(x)$ und $g^{-1}(y)$ eine stetige Funktion $\varphi : I^{k-1} \to I$ gibt, die auf der Menge $p \circ g^{-1}(y)$ verschwindet, auf $p \circ g^{-1}(x)$ identisch 1 ist und insgesamt kompakten Träger hat. Die Homotopie

$$G_t : I^{k-1} \times I \longrightarrow X\,,$$
$$(z,s) \longmapsto g\big(z, s - st\varphi(z)\big)\,,$$

leistet dann tatsächlich alles, was wir brauchen: Es ist $G_0 = g$, G_1 die gesuchte Abbildung $(I^k, \partial I^k, J^{k-1}) \to \big(X \setminus \{x\}, X \setminus \{x,y\}, x_0\big)$, für alle $t \in [0,1]$ vermeidet G_t auf ∂I^k den Punkt y und wirft J^{k-1} auf den Basispunkt x_0. Es ist eine lohnende **Übung**, dies genau nachzuvollziehen. Vielleicht probieren Sie es kurz aus.

Damit passt alles zusammen, G_t liefert eine Homotopie von g relativ $(\partial I^k, J^{k-1})$ auf $\widetilde{g}$ und damit ein Urbild von $[g]$ in $\pi_k\big(X \setminus \{x\}, X \setminus \{x,y\}, x_0\big)$.

Was bleibt, ist zu zeigen, dass es die magischen Punkte x und y gibt, welche uns eine solche Homotopie ermöglichen. Dazu wählen wir zwei offene Teilmengen $U_A \subset e^u$ und $U_B \subset e^v$, deren Abschluss noch ganz in den jeweiligen Zellen liegt. Die Menge $g^{-1}(U_A)$ liegt dann entfernt von J^{k-1}, denn sie wird auf $x_0 \in A \cap B$ abgebildet, und $g^{-1}(U_B)$ liegt sogar entfernt von ∂I^k, das auf A geworfen wird. Falls nun $p \circ g^{-1}(U_A) \cap p \circ g^{-1}(U_B) = \varnothing$ ist, können wir beliebige Punkte $x \in U_A$ und $y \in U_B$ wählen und sind fertig.

Andernfalls müssen wir noch die frühere Beobachtung (Seite 136) verwenden, dass die Abbildung g auf $V = g^{-1}(U_A) \cup g^{-1}(U_B)$ homotop zu einer differenzierbaren Abbildung ist. Die Homotopie sei dabei nahe an g gewählt und konstant auf dem Rand $\partial \overline{V}$. Wir dürfen also annehmen, dass g auf V differenzierbar ist.

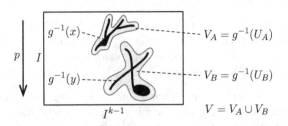

Nun bilden wir mit $V_A = g^{-1}(U_A)$ und $V_B = g^{-1}(U_B)$ die Menge

$$V_A \times_p V_B = \left\{ (a,b) \in V_A \times V_B : p(a) = p(b) \right\},$$

den sogenannten **Pullback** von V_A und V_B über der Projektion $p : I^k \to I^{k-1}$. Der Pullback ist auch eine (differenzierbare) Mannigfaltigkeit, denn ein Punkt (a,b) darin hat immer eine offene Umgebung homöomorph zu $B_\delta^k(a) \times] - \epsilon, \epsilon[$, für genügend kleine $\delta, \epsilon > 0$. Die Dimension von $V_A \times_p V_B$ ist demnach $k + 1$.

Die oben angesprochene, elegante Lösung entsteht jetzt durch die differenzierbare Abbildung

$$g \times g : V_A \times_p V_B \longrightarrow U_A \times U_B,$$

von einer $(k + 1)$-dimensionalen Mannigfaltigkeit in eine Mannigfaltigkeit der Dimension $\geq m + n + 2$. Es ist $k + 1 < m + n + 2$ genau dann, wenn $k \leq m + n$ ist. In diesem Fall kann die Abbildung nicht surjektiv sein (dies folgt zum Beispiel aus dem Satz über implizite Funktionen, [32]), und ein Paar $(x, y) \in U_A \times U_B$ außerhalb des Bildes von $g \times g$ erfüllt dann die Bedingung

$$p \circ g^{-1}(x) \cap p \circ g^{-1}(y) = \varnothing,$$

wovon Sie sich leicht anhand der Definition des Pullbacks überzeugen können. Also ist eine Homotopie wie oben für (x, y) möglich und die Surjektivität von $i_* : \pi_k(B, D) \to \pi_k(X, A)$ für $k \leq m + n$ bewiesen.

Es ist bemerkenswert und auch etwas überraschend, dass die Injektivität von i_* auf gleiche Weise gezeigt werden kann, falls $k < m + n$ ist. Falls nämlich für zwei Abbildungen $g_1, g_2 : (I^k, \partial I^k, J^{k-1}) \to (B, D, x_0)$ die Kompositionen $i \circ g_1$ und $i \circ g_2$ im Raum (X, A, x_0) homotop sind, so sei

$$H : \left(I^k, \partial I^k, J^{k-1} \right) \times I \longrightarrow (X, A, x_0)$$

die zugehörige Homotopie relativ zu dem Paar $(\partial I^k, J^{k-1})$. Mit genau derselben Idee wie oben kann diese Homotopie so verformt werden, dass deren Bild ganz innerhalb von (B, D, x_0) verläuft, womit $[g_1] = [g_2]$ auch in $\pi_k(B, D, x_0)$ nachgewiesen ist. Dazu sind wieder zwei Punkte $x \in e^u$ und $y \in e^v$ geeignet zu finden. Aufgrund des zusätzlichen Faktors I muss dann aber $k + 2 < m + n + 2$ sein, also $k < m + n$, um die Surjektivität der (ebenfalls differenzierbar gemachten) Abbildung

$$H \times H : W_A \times_p W_B \longrightarrow U_A \times U_B$$

auszuschließen. Hierbei sind sinngemäß $W_A = H^{-1}(U_A)$ und $W_B = H^{-1}(U_B)$ wie oben die Mengen V_A und V_B definiert. So ergibt sich schließlich die Bijektivität von $i_* : \pi_k(B, D, x_0) \to \pi_k(X, A, x_0)$ für $k < m + n$.

Damit ist der Ausschneidungssatz für $A = D \cup e^u$ und $B = D \cup e^v$ bewiesen. Die Verallgemeinerung auf

$$A = D \cup \bigcup_{\lambda \in \Lambda_A,\, \mu > 0} e_\lambda^{m+\mu} \quad \text{und} \quad B = D \cup \bigcup_{\lambda \in \Lambda_B,\, \nu > 0} e_\lambda^{n+\nu}$$

ist nicht schwierig, aber etwas technisch und sei daher der Kürze halber weggelassen (siehe zum Beispiel [41], oder Sie versuchen die Details als **Übung**).
Der Kerngedanke bleibt unverändert, denn die Abbildungen g, g_1 und g_2 haben
kompaktes Bild in X, treffen dort also nur endlich viele Zellen (Seite 329). Man
kann dann – etwas vereinfacht ausgedrückt – wieder schrittweise vorgehen, die
Homotopien induktiv über die Gerüste X^k und für jede Zelle separat nach obigem
Muster definieren und anschließend hintereinander ausführen. $(\Box)$

Ein komplexer, trickreicher Beweis. Homotopietheorie par excellence. Blicken wir
noch einmal kurz zurück auf den eigentlichen Dreh- und Angelpunkt, auf die
Pullback-Abbildung $g \times g$. Im Fall $k < \min(m, n)$ wäre sie gar nicht nötig gewesen,
denn die Abbildung g ist in diesem Fall homotop zu einer Abbildung $\tilde{g}$, die Punkte
in den höheren Zellen e^u und e^v auslässt, wie wir schon wissen (Seite 341). Die
zugehörigen Seifenblasen retrahieren dann auf $D = A \cap B$ und das Problem löst
sich von selbst, denn es ist in diesen Fällen $\pi_k(B, D, x_0) \cong \pi_k(X, A, x_0) = 0$.

Erstaunlicherweise lässt sich die Isomorphie $i_* : \pi_k(B, D, x_0) \to \pi_k(X, A, x_0)$ dann
aber doch für $k \geq m, n$ zeigen, solange nur $k < m + n$ ist. Hier helfen sich die
höheren Zellen von A und B gegenseitig. Es kann nämlich passieren, dass sich das
Bild von g weder in e^u noch in e^v einzeln auf den Rand der Zellen retrahieren
lässt, und dennoch kann man mit dem Pullback-Trick die Punkte x und y finden,
deren Urbilder sich in I^k gut genug trennen lassen, um die nötigen Verformungen
von g zu machen.

Lassen Sie uns jetzt, als kleinen Ausflug zwischendurch, eine Standardanwendung
dieses Satzes besprechen. Sie betrifft eine bekannte Konstruktion von früher, die
Einhängung oder den Doppelkegel SX eines Raumes X (Seite 41). Zur Erinne-
rung: Es ist $SX = (X \times [-1,1])/\sim$, wobei die beiden Enden $X \times \{-1\}$ und $X \times \{1\}$
zu zwei Kegelspitzen zusammengeschlagen werden.

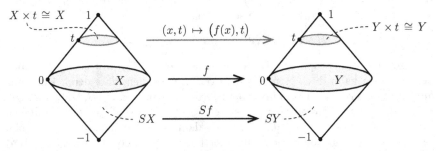

Jede Abbildung $f : X \to Y$ induziert dann eine Abbildung $Sf : SX \to SY$ über

$$Sf(x, t) = (f(x), t) \bmod \sim .$$

Die Zuordnung $[f] \mapsto [Sf]$ der zu den Abbildungen f und Sf gehörenden Homotopieklassen ist wohldefiniert, denn aus $f \simeq g$ rel x folgt $Sf \simeq Sg$ rel $(x,0)$. Man
nennt sie die **Einhängungsabbildung** des Paares (X, Y). Wegen $S(S^k) \cong S^{k+1}$
entsteht so für jeden Raum X ein Homomorphismus $\pi_k(X, x) \to \pi_{k+1}(SX, (x,0))$
und wir können den folgenden Satz formulieren, [34]. (Die Basispunkte können
wieder entfallen, da die Räume per definitionem wegzusammenhängend sind.)

Satz (Homotopie von Einhängungen, Freudenthal 1937)
Es sei X ein $(n-1)$-zusammenhängender CW-Komplex, $n \geq 1$. Dann sind die Einhängungsabbildungen $\pi_k(X) \to \pi_{k+1}(SX)$ für $k \leq 2n-1$ Surjektionen und für $k < 2n-1$ sogar Isomorphismen.

Vor dem Beweis als interessantes Beispiel die Einhängungsabbildungen

$$\pi_k(S^n) \longrightarrow \pi_{k+1}(S^{n+1})$$

der Sphären, alles Isomorphismen für $k < 2n-1$, was einige Regelmäßigkeiten in der Tabelle auf Seite 157 erklärt. Beachten Sie dort zum Beispiel die Diagonalen

$$\mathbb{Z}_2 \cong \pi_4(S^3) \cong \pi_5(S^4) \cong \pi_6(S^5) \cong \pi_7(S^6) \cong \pi_8(S^7) \cong \pi_9(S^8) \cong \dots$$

oder

$$\mathbb{Z}_{24} \cong \pi_8(S^5) \cong \pi_9(S^6) \cong \pi_{10}(S^7) \cong \pi_{11}(S^8) \cong \pi_{12}(S^9) \cong \dots .$$

Die FREUDENTHAL-Einhängungen führen auf diese Weise auch direkt zu einem spannenden Forschungsgebiet. Da S^n stets $(n-1)$-zusammenhängend ist, sind die Einhängungsabbildungen

$$\pi_{k+n}(S^n) \longrightarrow \pi_{k+n+1}(S^{n+1})$$

Isomorphismen, falls $k+n < 2n-1$ ist. Das ist für genügend großes n immer der Fall, weswegen für alle $k \geq 0$ die unendliche Sequenz

$$\pi_{k+n}(S^n) \longrightarrow \pi_{k+n+1}(S^{n+1}) \longrightarrow \pi_{k+n+2}(S^{n+2}) \longrightarrow \dots$$

irgendwann stabil wird in dem Sinne, dass die Abbildungen ab einem bestimmten Index Isomorphismen sind. Der Grenzwert dieser Folge heißt dann der **stabile k-Stamm** π_k^s oder kurz **k-Stamm**. Sie erkennen die k-Stämme in der TODA-Tabelle daran, dass jede Diagonale parallel zur Hauptdiagonalen irgendwann stabil wird. Ein berühmter Satz von J.P. SERRE besagt, dass der k-Stamm für alle $k > 0$ eine endliche Gruppe ist, [105][106]. Die k-Stämme sind übrigens erst bis zu einem Index $k \approx 60$ bekannt, und es gibt wirklich exotische Exemplare wie $\pi_{11}^s \cong \mathbb{Z}_{504}$, $\pi_{17}^s \cong (\mathbb{Z}_2)^4$ oder $\pi_{19}^s \cong \mathbb{Z}_{264} \times \mathbb{Z}_2$. Die Ordnungen der Gruppen sind auch nicht immer gerade, wie zum Beispiel $\pi_{13}^s \cong \mathbb{Z}_3$ zeigt.

Der **Beweis** des Einhängungssatzes ist mit den zur Verfügung stehenden Mitteln ganz einfach. Ein Schlüssel dabei ist die Zerlegung

$$SX = C_+X \cup C_-X \,,$$

wobei der Durchschnitt $C_+X \cap C_-X = X \times 0$ homöomorph zu X ist.

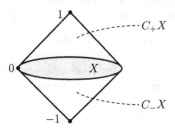

Die langen exakten Homotopiesequenzen für die Paare (C_+X, X) und (SX, C_-X) ergeben einerseits wegen der Zusammenziehbarkeit der Kegel $C_\pm X$ die beiden Isomorphien

$$\pi_k(X) \cong \pi_{k+1}(C_+X, X) \quad \text{und} \quad \pi_{k+1}(SX) \cong \pi_{k+1}(SX, C_-X),$$

und andererseits für die Paare (C_+X, X) und (C_-X, X) einen n-Zusammenhang, falls X $(n-1)$-zusammenhängend war.

Damit sind alle Voraussetzungen für den Ausschneidungssatz gegeben, um auch die Surjektivität

$$i_* : \pi_{k+1}(C_+X, X) \longrightarrow \pi_{k+1}(SX, C_-X)$$

zu bestätigen, falls $k + 1 \le 2n$ ist, und natürlich die Isomorphie für $k + 1 < 2n$. Sie müssen in der Formulierung des Satzes nur $A = C_-X$ und $B = C_+X$ wählen, dann steht die Aussage sofort da. $\square$

Sie erkennen in diesem Argument bestimmt ein analoges Vorgehen wie im Beweis des Satzes, in dem die Homologie der Sphären berechnet wurde, ebenfalls mit relativen Gruppen und langen exakten Sequenzen (Seite 270 f).

Kommen wir nun zu der Anwendung, welche für unser Hauptziel wertvolle Dienste leistet. Es geht um ein Analogon des Satzes über gute Raumpaare aus der Homologietheorie (Seite 276), wobei die homologische Eigenschaft eines guten Paares hier durch Forderungen an den Zusammenhang ersetzt wird.

Satz (Homotopie von Quotienten X/A)
Wir betrachten ein m-zusammenhängendes CW-Paar (X, A), in dem der Teilkomplex A n-zusammenhängend sei, $m, n \ge 0$ beliebig. Dann induziert die Quotientenabbildung $q : (X, x) \to (X/A, x)$ für alle Basispunkte $x \in A$ Isomorphismen

$$q_* : \pi_k(X, A, x) \longrightarrow \pi_k(X/A, x),$$

falls $k < m + n + 1$ ist. Im Fall $k = m + n + 1$ ist q_* wenigstens noch surjektiv.

Vielleicht sollte ich vorab kurz klären, wie die Abbildung q_* zustandekommt, denn Sie erwarten sie vielleicht eher als Abbildung $\pi_k(X, x) \to \pi_k(X/A, x)$. Es geht aber auch mit der Quelle $\pi_k(X, A, x)$. Nehmen Sie dazu einen Repräsentanten $f : (D^k, S^{k-1}, 1) \to (X, A, x)$ und verknüpfen ihn mit q zu einer Abbildung

$$\overline{f} : (D^k, S^{k-1}, 1) \longrightarrow (X/A, A/A, x) = (X/A, x, x).$$

Da S^{k-1} bei $\overline{f}$ konstant auf x geht, faktorisiert $\overline{f}$ durch S^{k-1} und liefert wegen $D^k/S^{k-1} \cong S^k$ sofort ein Element $q_*(f) \in \pi_k(X/A, x)$.

Schon an der Formulierung erkennen Sie, dass der Satz den Geist des Ausschneidungssatzes atmet. In der Tat brauchen wir für den **Beweis** keine technischen Details mehr, wir müssen die großen Bausteine nur zurechtschleifen und sie dann passgenau zusammensetzen. Dazu betrachten wir zunächst den Kegel CA über A und bilden den Raum $\widehat{X} = X \cup CA$.

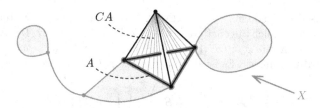

Der Teilkomplex CA ist zusammenziehbar in $\widehat{X}$, weswegen schon früher mit der Homotopie-Erweiterung von CW-Paaren gezeigt wurde, dass die Deformations-retraktion von CA auf einen Punkt fortsetzbar ist auf ganz $\widehat{X}$ und daher die Quotientenabbildung $p : \widehat{X} \to \widehat{X}/CA$ eine Homotopieäquivalenz ist (Seite 339).

Es ist offensichtlich $\widehat{X}/CA \cong X/A$ und daher induziert p einen Isomorphismus

$$p_* : \pi_k(\widehat{X}, x) \longrightarrow \pi_k(X/A, x)$$

für alle $k \geq 0$. Die lange exakte Sequenz für das Paar $(\widehat{X}, CA)$ zeigt dann natür-liche Isomorphismen $j_* : \pi_k(\widehat{X}, x) \to \pi_k(\widehat{X}, CA, x)$, denn CA ist zusammen-ziehbar und hat somit nur triviale Homotopiegruppen.

Damit ist die Bühne vorbereitet für den Ausschneidungssatz, angewendet auf die Inklusion $i : (X, A) \hookrightarrow (\widehat{X}, CA)$. Das Paar (X, A) ist m-zusammenhängend nach Voraussetzung und (CA, A) ist $(n + 1)$-zusammenhängend, was Sie wieder mit der langen exakten Sequenz bestätigen können (einfache **Übung**, A war n-zusammenhängend und CA hat triviale Homotopie). Der Ausschneidungssatz zeigt dann die Surjektivität von $i_* : \pi_k(X, A, x) \to \pi_k(\widehat{X}, CA, x)$ für $k \leq m+n+1$ und die Isomorphie von i_* für die Indizes $k < m + n + 1$.

Wenn Sie nun die Konstruktion genau nachvollziehen, sehen Sie, dass die Sequenz

$$\pi_k(X, A, x) \xrightarrow{i_*} \pi_k(\widehat{X}, CA, x) \xrightarrow{j_*^{-1}} \pi_k(\widehat{X}, x) \xrightarrow{p_*} \pi_k(X/A, x)$$

identisch ist mit der Abbildung q_* aus der Formulierung des Satzes. Da $(j_*)^{-1}$ und p_* Isomorphismen sind, folgt die Behauptung. $\qquad\square$

Nach soviel Theorie wollen wir die Erkenntnisse auf spezielle Beispiele anwenden, die uns bei CW-Quotienten der Form X/A begegnen. Nicht zuletzt werden diese Quotienten eine Schlüsselrolle im Beweis des großen Theorems von HUREWICZ spielen, dessen zweiten, praktischen Teil wir hiermit beginnen.

Teil II: Konkrete Beispiele

Wir greifen dazu ein Thema wieder auf, das schon vor längerer Zeit, bei der zellulären Approximation, besprochen wurde (Seite 342). Es dreht sich um die n-te Homotopiegruppe eines Keilprodukts $A = \bigvee_{\lambda \in \Lambda} S_\lambda^n$ von n-Sphären, also um einen Sphärenstrauß mit

$$\pi_n(A, x) \cong \bigoplus_{\lambda \in \Lambda} \mathbb{Z}$$

für alle $n \geq 2$, wobei die Inklusionen $i_\lambda : S_\lambda^n \hookrightarrow A$ eine $\mathbb{Z}$-Basis bilden.

Der **Beweis** des Theorems von Hurewicz basiert auf einer Erweiterung dieses Beispiels mit zusätzlich angehefteten $(n+1)$-Zellen e_ω^{n+1}, $\omega \in \Omega$. Die Anheftungsabbildungen seien mit $\varphi_\omega : (S^n,1) \to (A,x)$ bezeichnet (bitte beachten: Das sind punktierte Abbildungen). Es ist dann also stets $\varphi_\omega(1) = x$ und

$$ X = \left(\bigvee_{\lambda \in \Lambda} S_\lambda^n \right) \bigcup_{\varphi_\omega,\, \omega \in \Omega} e_\omega^{n+1}. $$

Wie lauten die Homotopiegruppen von X? Zunächst ist alles ganz einfach, für $0 \le k < n$ ist offensichtlich $\pi_k(X,x) = 0$, denn jede Abbildung $S^k \to X$ ist homotop zu einer zellulären und damit zu einer konstanten Abbildung, wenn wir für S_λ^n die Standard-CW-Struktur $e^0 \cup e^n$ wählen (der Punkt x ist die einzige Zelle mit Dimension $< n$). Viel interessanter dagegen ist die Frage nach $\pi_n(X,x)$.

Die exakte Homotopiesequenz beim Index n liefert dazu den Ausschnitt

$$ \ldots \longrightarrow \pi_{n+1}(X,A,x) \xrightarrow{\ \partial\ } \pi_n(A,x) \longrightarrow \pi_n(X,x) \longrightarrow \pi_n(X,A,x) = 0, $$

wobei die rechte Gruppe aufgrund zellulärer Approximation verschwindet, wieder in Kombination mit dem Kompressionskriterium (Seiten 143 und 339). Also ist

$$ \pi_n(X,x) \;\cong\; \pi_n(A,x) \,/\, \mathrm{Im}\,\partial. $$

Um die Homotopiegruppe $\pi_n(X,x)$ zu bestimmen, benötigen wir also das Bild des Randoperators ∂ in $\pi_n(A,x)$. Direkt aus der Definition (Seite 142) erkennt man

$$ \partial : \pi_{n+1}(X,A,x) \longrightarrow \pi_n(A,x) $$

als Einschränkung von stetigen Abbildungen $(D^{n+1},S^n,1) \to (X,A,x)$ auf S^n. Die entscheidende Beobachtung lautet nun, dass die charakteristischen Abbildungen $\Phi_\omega : (D^{n+1},S^n,1) \to (X,A,x)$ der Zellen e_ω^{n+1}, $\omega \in \Omega$, eine $\mathbb{Z}$-Basis von $\pi_{n+1}(X,A,x)$ bilden. Warum?

Hier hilft der Satz über die Homotopie von Quotientenräumen (Seite 386). Es ist (X,A) n-zusammenhängend und A $(n-1)$-zusammenhängend, weswegen die Quotientenabbildung $q : (X,A) \to (X/A,x)$ für alle $k < 2n$ einen Isomorphismus

$$ q_* : \pi_k(X,A,x) \longrightarrow \pi_k(X/A,x) $$

induziert, und mit $n \ge 2$ gilt das insbesondere für den Index $k = n+1$.

Der Isomorphismus $q_* : \pi_{n+1}(X,A,x) \to \pi_{n+1}(X/A,x)$ kam in unserer speziellen Situation dadurch zustande, dass für alle Generatoren Φ_ω die S^n bei $q \circ \Phi_\omega$ auf den Punkt $x \in X/A$ abgebildet wird, die Komposition $q \circ \Phi_\omega$ also über den Quotienten $D^{n+1}/S^n \cong S^{n+1}$ faktorisiert und auf natürliche Weise ein Element $q_*[\Phi_\omega] \in \pi_{n+1}(X/A,x)$ liefert. Das Diagramm mag eine kleine Hilfe dazu leisten.

$$ \big(D^{n+1},S^n,1\big) \xrightarrow{\ \Phi_\omega\ } \big(X,A,x\big) \xrightarrow{\ q\ } \big(X/A,x,x\big) = \big(X/A,x\big). $$
$$ \searrow \qquad\qquad \nearrow_{\; q_*[\Phi_\omega]} $$
$$ \big(S^{n+1},1\big) $$

Nun ist $X/A \cong \bigvee_{\omega \in \Omega} S_\omega^{n+1}$ und die Inklusionen $i_\omega : S_\omega^{n+1} \hookrightarrow \bigvee_{\omega \in \Omega} S_\omega^{n+1}$ bilden die Standard-Generatoren von $\pi_{n+1}(X/A)$ (Seite 342).

Wenn Sie jetzt einen genauen Blick auf das vorige Diagramm werfen, erkennen Sie die Übereinstimmung von $q_*[\Phi_\omega]$ mit der Klasse von i_ω, denn auch $q \circ \Phi_\omega$ ist eine Einbettung von S^{n+1} in X/A. Das Fazit lautet: Weil das Bild der Φ_ω bei dem Isomorphismus q_* eine $\mathbb{Z}$-Basis ist, sind die Φ_ω auch eine $\mathbb{Z}$-Basis der Quelle $\pi_{n+1}(X, A, x)$.

Die Φ_ω besitzen nun die angenehme Eigenschaft, aussagekräftige Einschränkungen auf S^n zu haben, mithin klar fixierte Bilder beim Randoperator ∂, nämlich die punktierten Anheftungsabbildungen φ_ω der e_ω^{n+1} an den Sphärenstrauß A. Halten wir zunächst dieses wichtige Ergebnis fest.

Satz (π_n eines Sphärenstraußes A mit Anheftungen e_ω^{n+1})

In der obigen Situation ist

$$\pi_n(X, x) \cong \pi_n(A, x) / G,$$

wobei G die von den Homotopieklassen der punktierten e_ω^{n+1}-Anheftungen

$$\varphi_\omega : (S^n, 1) \longrightarrow (A, x), \ \omega \in \Omega,$$

erzeugte Untergruppe in $\pi_n(A, x)$ ist. $\qquad\qquad\qquad \Box$

Wir können an diesem Punkt bei der Gruppe G sogar noch präziser werden. Welches Element ist $[\varphi_\omega] \in \pi_n(A, x)$ genau? Wir schreiben dazu

$$[\varphi_\omega] = \bigoplus_{\lambda \in \Lambda} [\varphi_\omega]_\lambda,$$

wobei die Summanden $[\varphi_\omega]_\lambda$ durch Projektion auf die einzelnen $\mathbb{Z}$-Summanden von $\bigoplus_{\lambda \in \Lambda} \mathbb{Z}$ entstehen. Diese Projektionen werden induziert von den Quotientenabbildungen

$$q_\lambda : \bigvee_{\lambda \in \Lambda} S_\lambda^n \longrightarrow S_\lambda^n,$$

bei denen alles außerhalb von S_λ^n mit dem Punkt x zusammengeschlagen wird. Es ist dann $[\varphi_\omega]_\lambda$ die Homotopieklasse der Abbildung $q_\lambda \circ \varphi_\omega : (S_\omega^n, 1) \to (S_\lambda^n, 1)$, und diese Klasse ist uns gut bekannt: Es ist bezüglich der Isomorphie $\pi_n(S^n, 1) \cong \mathbb{Z}$ nichts anderes als der Abbildungsgrad $\deg(q_\lambda \circ \varphi_\omega) \in \mathbb{Z}$.

Nun haben Sie wahrscheinlich ein kleines Déjà-vu. Richtig, genau die Situation kennen wir bereits von der zellulären Randformel (Seite 357), mit der die zellulären Homologiegruppen $\widehat{H}_k(X)$ berechnet wurden. In der Tat wird diese Analogie der entscheidende Schlüssel zum Beweis des Theorems von HUREWICZ sein.

Der Satz ermöglicht auch interessante praktische Experimente, die ihn dann plötzlich sehr transparent werden lassen. Er zeigt nämlich – mit dem Hauptsatz der Gruppentheorie (Seite 74) – dass sich jede endlich erzeugte abelsche Gruppe als

$\pi_n(X, x)$ eines n-Sphärenstraußes A mit angehefteten $(n+1)$-Zellen darstellen lässt, falls $n \geq 2$ ist. Nehmen Sie als einfaches Beispiel die Gruppe $\mathbb{Z} \oplus \mathbb{Z}_3 \oplus \mathbb{Z}_7$ und die Dimension $n = 2$.

Wir wählen für die $\mathbb{Z}$-Summanden drei Sphären S_λ^2 und bilden das Keilprodukt

$$A = S_1^2 \vee S_2^2 \vee S_3^2$$

durch Verkleben an den Punkten $1 \in S_\lambda^2$. Nach dem früheren Beispiel (Seite 342) ist $\pi_2(A, x) \cong \mathbb{Z} \oplus \mathbb{Z} \oplus \mathbb{Z}$. Mit einer geeigneten Abbildung $\varphi_2 : (S^2, 1) \to (S_2^2, 1)$ von Grad 3 werde nun eine Zelle e^3 innerhalb von S_2^2 an die Menge A geheftet. Dies kann über $\varphi_2(\eta, \theta) = (3\eta, \theta)$ definiert werden, mit räumlichen Polarwinkeln η und θ, sodass die S^2 dreimal um die Sphäre S_2^2 herumgewickelt wird.

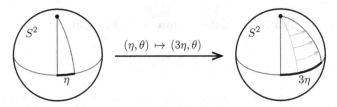

Beachten Sie, dass in der Abbildung der Nordpol die Rolle der 1 übernimmt, um eine punktierte Anheftung mit $\varphi_2(1) = 1$ zu erreichen. Die Homotopieklasse $[\varphi_2]$ entspricht dem Dreifachen des Generators $[\mathrm{id}_{S^2}]$, und nach obigem Satz ist dann mit $B = A \cup_{\varphi_2} e^3$

$$\pi_2(B, x) \cong \mathbb{Z} \oplus \mathbb{Z}_3 \oplus \mathbb{Z}.$$

Die Strategie ist jetzt klar. Wickeln wir danach die S^2 über die Abbildung $\varphi_3(\eta, \theta) = (7\eta, \theta)$ siebenmal um $S_3^2 \subset B$ und heften damit eine Zelle e^3 innerhalb dieser Sphäre an, so ergibt sich mit $C^3 = B \cup_{\varphi_3} e^3$ schließlich

$$\pi_2(C^3, x) \cong \mathbb{Z} \oplus \mathbb{Z}_3 \oplus \mathbb{Z}_7.$$

Ein wirklich einfaches Verfahren, um jede abelsche Gruppe als $\pi_2(C^3, x)$ eines dreidimensionalen CW-Komplexes darzustellen. (Die Anheftungen können natürlich simultan in einem Schritt erfolgen, weswegen mit diesem Verfahren auch alle nicht endlich erzeugten abelschen Gruppen erfassbar sind.)

Der Satz über die Sphärensträuße mit Anheftungen liefert uns jetzt, wie oben angedeutet, den entscheidenden Beitrag für den Beweis des großen Theorems von HUREWICZ – und damit für das Hauptziel und Leitmotiv des Kapitels im Zusammenhang mit topologischen Mannigfaltigkeiten.

Teil III: Der Beweis des Theorems von Hurewicz

Erinnern wir uns zunächst an den aktuellen Stand der Dinge auf dem Weg zum Hauptziel des Kapitels (Seite 366). Wir haben die Abbildung $f : S^n \to M$ mit einer CW-Approximation konstruiert (Seite 373). Unter den zusätzlichen Annahmen $\pi_k(M, x) = 0$ für $1 < k < n$ und $\pi_n(M, x) \cong \mathbb{Z}$ konnten wir zeigen, dass die induzierten Abbildungen $f_* : H_k(S^n) \to H_k(M)$ der Homologiegruppen für alle $k \geq 0$ Isomorphismen sind (Seite 377). Ferner konnten wir uns mit der Äquivalenz zwischen kompakten Mannigfaltigkeiten und Simplizialkomplexen (Seite 181) sowie dem schönen Abbildungszylinder-Trick (Seite 376) auf den Fall beschränken, dass f eine Inklusion der S^n in einen endlich-dimensionalen CW-Komplex war. Damit wurde der Weg frei für lange exakte Sequenzen des CW-Paares (M, S^n). Was noch fehlte, war zu zeigen, dass

1. $\pi_k(M, x) = 0$ ist für $k \leq n - 1$ und $\pi_n(M, x) \cong \mathbb{Z}$ (das waren die Zusatzannahmen zu Beginn, um zu dem CW-Modell S^n zu gelangen), und

2. dass für $k \geq 1$ alle relativen Gruppen $\pi_k(M, S^n, x) = 0$ sind, wenn dies für die relativen Homologiegruppen $H_k(M, S^n)$ zutrifft.

Da die Abbildungen f_* zwischen den Homologiegruppen Isomorphismen sind, war die Bedingung des zweiten Punktes durch die lange exakte Homologiesequenz des Paares (M, S^n) ja bereits sichergestellt.

Wenn Sie jetzt die Puzzleteile ordnen und einen aufmerksamen Blick auf sämtliche Fakten dieses komplexen Falles werfen, erkennen Sie die Lösung: Falls alle (absoluten und relativen) Homologiegruppen mit den entsprechenden Homotopiegruppen vom gleichen Index $k \geq 1$ übereinstimmen, und zwar genau so lange (einschließlich), bis die ersten Gruppen $\neq 0$ auftreten, wäre der Fall gelöst.

Warum? Das Verschwinden aller relativen Homologiegruppen mit Index $k \geq 1$ würde $\pi_k(M, S^n, x) = 0$ für $k \geq 1$ implizieren und damit Punkt 2. Der erste Punkt folgte aus der Aussage für absolute Gruppen, denn die Homologiegruppen von M bis einschließlich $H_n(M) \cong \mathbb{Z}$ würden mit den entsprechenden Homotopiegruppen von M übereinstimmen – das sind exakt die zwei Annahmen von Punkt 1.

All dies leistet das berühmte Theorem von HUREWICZ, das wir nun als Höhepunkt dieses Kapitels – und sicher auch als einen Meilenstein dieses Buches – besprechen wollen. Der polnische Mathematiker entdeckte es in den 1930er-Jahren während eines Aufenthaltes bei L. BROUWER in Amsterdam, als er seine Pionierarbeit über höhere Homotopiegruppen leistete, [52][53].

Theorem (Hurewicz 1936, Homotopie- und Homologiegruppen)

Absolute Form: Wir betrachten für $n \geq 2$ einen $(n-1)$-zusammenhängenden Raum X und einen Punkt $x \in X$. Dann stimmen die Gruppen $\widetilde{H}_k(X)$ und $\pi_k(X, x)$ überein, und zwar von $k = 0$ bis einschließlich zu dem Index, bei dem sie zum ersten Mal $\neq 0$ sind.

Relative Form: Wir betrachten für $n \geq 2$ ein $(n-1)$-zusammenhängendes Raumpaar (X, A) und einen Punkt $x \in A$, wobei A nicht leer und einfach zusammenhängend ist. Dann stimmen die relativen Gruppen $H_k(X, A)$ und $\pi_k(X, A, x)$ überein, und zwar von $k = 0$ bis einschließlich zu dem Index, bei dem sie zum ersten Mal $\neq 0$ sind.

Beachten Sie bitte, dass wir in der absoluten Form zur reduzierten Homologie übergehen müssen, da wir $\widetilde{H}_0(X) = 0$ benötigen.

Wir machen zunächst den **Beweis** für die absolute Form. Der Index n sei dabei maximal gewählt, es sei also $\pi_k(X, x) = 0$ für $k < n$ und $\pi_n(X, x) \neq 0$. Das ist legitim, denn falls $\pi_k(X, x)$ für alle $k \geq 0$ verschwindet, bekämen wir nach dem Vorgehen von Seite 369 ein einpunktiges CW-Modell $C = \{x\}$ von X. Das zeigt $H_k(X) = H_k(\{x\}) = 0$ für alle $k \geq 0$ (nach dem Satz auf Seite 374) und damit sofort die absolute Form des Theorems.

Es sei also n in obigem Sinne maximal. Mit CW-Approximation dürfen wir davon ausgehen, dass X ein CW-Komplex ist, der durch Anheftung von n-Zellen an den Punkt x entsteht (dies ergibt einen n-Sphärenstrauß A), mit anschließender Anheftung von Zellen der Dimension $> n$ an A (nach dem Hilfssatz auf Seite 379). Die schwache Homotopieäquivalenz zu diesem CW-Modell garantiert schließlich (wieder mit dem Satz auf Seite 374) dieselben Homotopie- und Homologiegruppen wie für den ursprünglichen Raum X. Beachten Sie, dass wir mit diesem Schritt das Gerüst X^{n+1} als den n-Sphärenstrauß A mit angehefteten Zellen e_ω^{n+1} annehmen dürfen, genau wie bei den Kalkulationen auf Seite 388 f.

Nun entfaltet die zelluläre Homologie (Seite 355) ihre volle Wirkung. Da es in X keine Zellen der Dimensionen $1 \leq k < n$ und nur eine 0-Zelle gibt, verschwinden für $1 \leq k < n$ alle relativen Gruppen $H_k(X^k, X^{k-1})$, und diese sind ja bekanntlich isomorph zu den Gruppen $\widetilde{H}_k(X)$. Es folgt, dass $\widetilde{H}_k(X) \cong \pi_k(X, x) = 0$ ist für $1 \leq k < n$, also gerade solange diese Gruppen beide verschwinden.

Es bleibt der spannende Index n. Dort ist zum ersten Mal $\pi_n(X, x) \neq 0$ und wir müssen zeigen, dass die n-te Homologiegruppe genauso aussieht. Zunächst eine wichtige Beobachtung:

Für die Berechnung der Gruppen $\pi_n(X, x)$ und $H_n(X)$ sind nur die Zellen mit Dimension $\leq n + 1$ von Belang, also das Gerüst X^{n+1}.

Das ist klar für die Homologiegruppe, denn diese stimmt mit der zellulären Gruppe überein, welche nur von X^{n+1} abhängt (Seite 355). Die Aussage bezüglich $\pi_n(X, x)$ ist ein alleiniger Verdienst der zellulären Approximation (Seite 339). Es liegt nahe, dass die von der Inklusion $i : X^{n+1} \hookrightarrow X$ induzierte Abbildung

$$i_* : \pi_n(X^{n+1}, x) \longrightarrow \pi_n(X, x)$$

deswegen surjektiv ist – das haben wir inzwischen schon mehrmals gesehen.

Sie ist aber auch injektiv. Es repräsentiere dazu $g : S^n \to X^{n+1}$ ein Element $[g] \in \pi_n(X^{n+1}, x)$. Wegen zellulärer Approximation dürfen wir annehmen, dass g eine zelluläre Abbildung ist, ihr Bild also in X^n hat. Es sei nun $i_*([g]) = 0$ und wir müssen zeigen, dass auch $[g] = 0$ ist. Die zugehörige Nullhomotopie von $i \circ g$,

$$H : S^n \times I \longrightarrow X,$$

kann ebenfalls mit dem Approximationssatz zu einer zellulären Homotopie H' von g verformt werden, und zwar relativ zu $S^n \times \{0,1\}$, denn dort war H bereits zellulär (auf $S^n \times 0$ gleich g und konstant auf $S^n \times 1$). Die Homotopie H' hat wegen $\dim(S^n \times I) = n + 1$ ihr Bild in X^{n+1} und zeigt damit die Nullhomotopie von g

auch innerhalb von X^{n+1}. Vielleicht erinnern Sie sich, im Beweis des Ausschneidungssatzes hatten wir eine ähnliche Situation zu bewältigen (Seite 383). Damit ist mit $i_*([g]) = 0$ auch $[g] = 0$ und die Abbildung i_* als Injektion ausgewiesen.

Wir müssen im Folgenden also nur noch zeigen, dass $H_n(X) \cong \pi_n(X^{n+1}, x)$ ist. Dazu betrachten wir die lange exakte Sequenz

$$\pi_{n+1}(X^{n+1}, X^n, x) \xrightarrow{\partial} \pi_n(X^n, x) \longrightarrow \pi_n(X^{n+1}, x) \longrightarrow 0$$

des Paares (X^{n+1}, X^n) und stellen fest, dass

$$\pi_n(X^{n+1}, x) \cong \pi_n(X^n, x) / \operatorname{Im} \partial$$

ist. Nun wird die Erkenntnis wichtig, dass das Raumpaar (X^{n+1}, X^n) genau die Konstellation des Beispiels von oben liefert: einen n-Sphärenstrauß $X^n = \bigvee_\lambda S^n_\lambda$ am Punkt x mit angehefteten $(n+1)$-Zellen e^{n+1}_ω, $\omega \in \Omega$ (Seite 389). Die Anheftungsabbildungen waren mit φ_ω bezeichnet, und deren Homotopieklassen $[\varphi_\omega]$ haben die Gruppe $\operatorname{Im} \partial \subseteq \pi_n(X^n, x)$ erzeugt.

Die Projektion von $[\varphi_\omega]$ auf den $\mathbb{Z}$-Summanden beim Index λ war der Abbildungsgrad von $q_\lambda \circ \varphi_\omega : S^n_\omega \to S^n_\lambda$, wobei $q_k : X^n \to S^n_\lambda$ die Quotientenabbildung ist, welche das ganze Komplement $X^n \setminus S^n_\lambda$ und den Punkt x selbst zu einem Punkt zusammenschlägt.

Bestimmt haben Sie die verblüffende Ähnlichkeit mit der zellulären Randformel für die Homologie bemerkt (Seite 357). In der Tat passt alles genau zusammen. Die Gruppe $H_n(X)$ errechnet sich aus dem zellulären Kettenkomplex

$$\cdots \longrightarrow H_{n+1}(X^{n+1}, X^n) \xrightarrow{d_{n+1}} H_n(X^n, X^{n-1}) \xrightarrow{d_n} 0$$

als der Quotient $H_n(X^n, X^{n-1}) / \operatorname{Im} d_{n+1}$. Beachten Sie $H_{n-1}(X^{n-1}, X^{n-2}) = 0$ für $n \geq 2$, denn es gibt außer x keine Zellen in X mit Dimension $< n$.

Mit der Randformel erscheint dann plötzlich alles in strahlendem Licht. Wir hatten zunächst $H_n(X^n, X^{n-1}) \cong \bigoplus_{\lambda \in \Lambda} \mathbb{Z}$ und $H_{n+1}(X^{n+1}, X^n) \cong \bigoplus_{\omega \in \Omega} \mathbb{Z}$. Der zelluläre Randoperator d_{n+1} war auf einem Generator e^{n+1}_ω definiert als die Summe

$$d_{n+1}\left(e^{n+1}_\omega\right) = \sum_{i=1}^{s} \alpha^n_i(\omega) e^n_i \, ,$$

wobei $\alpha^n_i(\omega)$ der Grad der Anheftungsabbildung φ_ω von e^{n+1}_ω war (die in diesem Fall die Sphären $S^n_1, \ldots, S^n_s$ der Straußes X^n treffe).

Fazit: Das Bild von d_{n+1} ist genau dieselbe Untergruppe in $\bigoplus_{\lambda \in \Lambda} \mathbb{Z}$ wie das Bild der Abbildung ∂ bei der Berechnung der n-ten Homotopiegruppe $\pi_n(X^n, x)$, wenn deren natürliche Isomorphie zu $\bigoplus_{\lambda \in \Lambda} \mathbb{Z}$ berücksichtigt wird. Blättern Sie gerne noch einmal zurück und vergewissern sich, dass alles mit rechten Dingen zugeht. Damit ist $H_n(X) \cong \pi_n(X, x)$ und die absolute Form des Theorems bewiesen.

Die relative Form kann auf die absolute Form zurückgeführt werden (auch hier ist also das Beispiel mit dem Sphärenstrauß plus Anheftungen allgemein genug). Dazu nehmen wir (wieder mit einer CW-Approximation) das Raumpaar (X, A) als ein CW-Paar an, wodurch der Satz auf Seite 386 mit der Quotientenabbildung $q : X \to X/A$ für alle $k \leq n$ einen Isomorphismus

$$q_* : \pi_k(X, A, x) \longrightarrow \pi_k(X/A, x)$$

garantiert (man benötigt dafür den $(n-1)$-Zusammenhang von (X, A) und den einfachen Zusammenhang von A wie in der Voraussetzung gegeben).

Andererseits wissen wir von der Homologie guter Raumpaare (Seite 276), dass auch $H_k(X, A) \cong \widetilde{H}_k(X/A)$ ist, sogar für alle $k \geq 0$. Insgesamt ist der relative Fall (X, A) damit auf den absoluten Fall für den Raum X/A zurückgeführt.   □

Als Randbemerkung sei noch ergänzt, dass der Satz nicht verbessert werden kann, wie Sie schon bei $X = S^2$ erkennen. Es ist zwar in Übereinstimmung mit dem Theorem $\widetilde{H}_k(S^2) \cong \pi_k(S^2, 1)$ für $k \leq 2$, aber wegen $\pi_3(S^2, 1) \cong \mathbb{Z}$ (Seite 154) laufen die Gruppen schon ab dem Index $k = 3$ auseinander.

Mit diesem Theorem können wir einen einfachen Beweis eines früheren Satzes von HOPF geben (Seite 138). Es ging um die Aussage $\pi_n(S^n) \cong \mathbb{Z}$ für alle $n \geq 1$. Das sieht man nun schnell, denn jede stetige Abbildung $S^k \to S^n$ mit $k < n$ ist nullhomotop, weil sie homotop zu einer simplizialen (oder auch zellulären) Abbildung ist (Seite 165 oder 339, diese Abbildungen sind bezüglich einer simplizialen Struktur der Sphären nie surjektiv und bezüglich der Standard-CW-Struktur der Sphären sogar konstante Abbildungen). Damit ist die n-Sphäre $(n-1)$-zusammenhängend und aus dem Theorem von HUREWICZ folgt mit der Homologie von S^n (Seite 272) sofort die Behauptung.   □

Mit dem Theorem von HUREWICZ sind beide noch fehlende Bausteine für unser großes Ziel erbracht und wir können den Meilenstein dieses Kapitels als Satz formulieren.

Satz (Kompakte Homologie-n-Sphären)
Jede einfach zusammenhängende, kompakte topologische Mannigfaltigkeit mit der Homologie der Sphäre S^n ist homotopieäquivalent zur S^n.   □

Es ist bemerkenswert, wie (fast) alle großen Ergebnisse des Buches in diesen Satz kumulieren, der zweifellos ein Höhepunkt unserer Reise durch die Topologie ist (es wurde bei der Ausschneidungseigenschaft für die Homotopie sogar das Lemma von URYSOHN aus der elementaren Topologie verwendet). Lassen Sie mich daher noch einmal zusammenfassen, wie dieses Resultat bewiesen wurde.

Eine zentrale Rolle spielten die CW-Komplexe. Über ein CW-Modell $f : S^n \to M$ konnte die entscheidende Abbildung konstruiert werden (Seite 369), denn das Theorem von HUREWICZ garantierte wegen der S^n-Homologie von M zusätzlich $\pi_k(M, x) = 0$ für $1 < k < n$ und $\pi_n(M, x) \cong \mathbb{Z}$. (Erinnern Sie sich: Diese Eigenschaften hatten wir für die Konstruktion von f zusätzlich voraussetzen müssen.)

Über den Abbildungszylinder M_f und die zelluläre Approximation konnten wir uns dann auf die natürliche Inklusion $S^n \hookrightarrow M_f$ zurückziehen (Seite 376), wodurch der Weg frei wurde für die langen exakten Sequenzen der Homotopie und Homologie (Seiten 142 und 263). Da f einen Isomorphismus aller Homologiegruppen induziert, waren zunächst alle relativen Gruppen $H_k(M, S^n) = 0$. Noch einmal das Theorem von HUREWICZ, diesmal in der relativen Form, lieferte schließlich $\pi_k(M, S^n, x) = 0$ für alle $k \geq 1$ und damit die Folgerung, dass f auf allen Homotopiegruppen einen Isomorphismus induziert. Wendet man darauf den Satz von WHITEHEAD an, so ergibt sich, dass f eine Homotopieäquivalenz ist (Seite 345).

Nicht zu vergessen ist der Einsatz eines weiteren Schwergewichts aus dem Kapitel über Simplizialkomplexe, nämlich die Homotopieäquivalenz von M zu einem endlichdimensionalen simplizialen Komplex K, der als CW-Komplex interpretiert wird (Seite 181). Diese Tatsache machte überhaupt erst die Verwendung des Satzes von WHITEHEAD möglich (siehe das Argument auf Seite 373 unten).

Natürlich sind alle hier erwähnten Hilfsmittel selbst ehrenwerte Resultate, deren Beweise in dem Buch weit zurückreichen. Kurz und gut: Die obige Aussage über kompakte Homologie-n-Sphären ist eine Erkenntnis, deren Beweis sehr gehaltvoll ist und als repräsentative Anwendung (oder auch Wiederholung) der wichtigsten bisher behandelten Sätze und Techniken gesehen werden kann.

Im nächsten Kapitel wollen wir aber noch mehr erreichen. Ohne Zweifel ist der Satz besonders relevant für $n = 3$ und kompakte 3-Mannigfaltigkeiten. Wenn diese dann zusätzlich als randlos, also geschlossen angenommen werden, kann man sogar die Forderung nach der S^3-Homologie fallen lassen. Es ist demnach jede geschlossene, einfach zusammenhängende 3-Mannigfaltigkeit homotopieäquivalent zu S^3 (Seite 494).

Wie schon in der Einleitung des Kapitels erwähnt, erinnert dies an die berühmte POINCARÉ-Vermutung aus dem Jahr 1904, [95], welche 2003 von G. PERELMAN bewiesen wurde, [91]. Man muss dazu nur den Begriff „homotopieäquivalent" durch „homöomorph" ersetzen. Es ist in der Tat kaum zu glauben, ein scheinbar so kleiner Schritt – die lokale Homöomorphie zur 3-Sphäre ist ja bereits durch die Eigenschaft einer 3-Mannigfaltigkeit gesichert. Dennoch stellte sich die Bestätigung der POINCARÉ-Vermutung als eine äußerst schwierige Aufgabe heraus und konnte viele Jahrzehnte lang nicht abgeschlossen werden (der skizzenhafte Beweis in [91] erstreckt sich in einer vollständigen Ausarbeitung über mehrere hundert Seiten, [83]).

Genug Motivation, um in den nächsten zwei Kapiteln die Schätze der Kohomologie zu heben, mit der wir dieser Problematik noch ein wenig näher kommen. Den Anfang machen ein paar Präliminarien aus der homologischen Algebra.

9 Algebraische Grundlagen – Teil III

Wir brauchen nochmals algebraische Grundlagen, mit denen das folgende Kapitel über die Kohomologie flüssiger zu lesen ist. Den Anfang macht ein wenig Folklore über Permutationen (die natürlich überspringt, wer damit vertraut ist). Permutationen sind wichtig bei der Orientierung von Simplizes oder bei den Schnitt- und Verschlingungszahlen homologischer Zyklen.

Danach wird es ernster, wir steuern auf das universelle Koeffiziententheorem für die Kohomologie zu. Sie erinnern sich: In der ersten homologischen Einführung wurden Kettenkomplexe und deren Homologiegruppen untersucht (Seite 199 ff), wobei als wichtigstes Beispiel die Tensorierung $F \otimes H$ von freien Auflösungen $F = (F_i)_{i \in \mathbb{N}}$ einer abelschen Gruppe G thematisiert wurde (Seite 204), sie führte zu den Tor-Gruppen. In der Kohomologie passiert im Prinzip dasselbe, nur wird dort der Hom-Funktor angewendet, der einer abelschen Gruppe G die Gruppe $\mathrm{Hom}(G, H)$ der Homomorphismen $G \to H$ zuordnet.

9.1 Permutationen

Eine **Permutation** ist eine bijektive Abbildung $\sigma : \{1, \ldots, n\} \to \{1, \ldots, n\}$, die durch ein n-Tupel beschrieben wird, in dem der Reihe nach die Bilder $\sigma(i)$ der Zahlen von 1 bis n stehen (trennende Kommata sind nicht nötig und werden der Kürze wegen nicht notiert). So ist zum Beispiel (1 2 3 4 5) die identische Permutation und (2 1 5 4 3) die Permutation mit $\sigma(1) = 2$, $\sigma(2) = 1$, $\sigma(3) = 5$, $\sigma(4) = 4$ und $\sigma(5) = 3$. Die Menge der Permutationen auf $\{1, \ldots, n\}$ bildet eine (für $n \geq 3$ nicht abelsche) Gruppe bezüglich der Verkettung $\sigma \circ \tau$ von Abbildungen. Sie wird mit S_n bezeichnet und heißt **symmetrische Gruppe**.

Das **Signum** $\mathrm{sgn}(\sigma)$ einer Permutation σ ist definiert als $(-1)^{f(\sigma)}$, wobei $f(\sigma)$ die Anzahl der Fehlstände von σ ist. Ein **Fehlstand** ist ein Paar (i, j) mit $i < j$ und $\sigma(i) > \sigma(j)$. So hat zum Beispiel $\sigma = $ (2 1 5 4 3) insgesamt 4 Fehlstände in Form der Paare (1,2), (3,4), (3,5) und (4,5), was $\mathrm{sgn}(\sigma) = 1$ bedeutet. Es gibt spezielle Permutationen, die **Vertauschungen** τ_{ij}, welche nur i und j vertauschen ($i < j$) und alle übrigen Zahlen unverändert lassen. In S_5 sind das zum Beispiel die Vertauschungen $\tau_{12} = $ (2 1 3 4 5), $\tau_{24} = $ (1 4 3 2 5) oder $\tau_{45} = $ (1 2 3 5 4).

> **Satz (Vertauschungen und Signum von Permutationen)**
> Für jede Vertauschung τ_{ij} und jede Permutation σ gilt $\mathrm{sgn}(\tau_{ij} \circ \sigma) = -\mathrm{sgn}(\sigma)$. Jede Permutation ist eine Verkettung von endlich vielen Vertauschungen. Für Permutationen σ_1 und σ_2 gilt $\mathrm{sgn}(\sigma_1 \circ \sigma_2) = \mathrm{sgn}(\sigma_1) \mathrm{sgn}(\sigma_2)$.

Alle Vertauschungen τ_{ij} haben nach dem Satz das Signum $\mathrm{sgn}(\tau_{ij}) = -1$, denn es gilt $\mathrm{sgn}(\tau_{ab}) = \mathrm{sgn}\big(\tau_{ab} \circ \mathrm{id}_{\{1,\ldots,n\}}\big)$ und $\mathrm{sgn}\big(\mathrm{id}_{\{1,\ldots,n\}}\big) = 1$.

Insbesondere ist die Zahl der Vertauschungen, mit denen sich eine Permutation darstellen lässt, eindeutig modulo 2. Im Fall einer geraden Zahl von Vertauschungen spricht man von einer **geraden** Permutation, sonst von einer **ungeraden** Permutation. Eine einfache **Übung** zeigt, dass S_n damit in die zwei gleichmächtigen Teilmengen der geraden und ungeraden Permutationen partitioniert ist (nehmen Sie eine Vertauschung τ_{ij} und die Bijektion $\sigma \mapsto \tau_{ij} \circ \sigma$ auf S_n).

Zum **Beweis** des Satzes: Zunächst ist klar, dass jede Permutation das Produkt endlich vieler Vertauschungen ist. Für $n \leq 2$ ist dies trivial, und im Fall $n > 2$ betrachte für ein $\sigma \in S_n$ die Permutation $\sigma' = \tau_{1\sigma(1)} \circ \sigma$, die wegen $\sigma'(1) = 1$ auf eine Permutation der Menge $\{2, \ldots, n\}$ reduziert werden kann, die wir (mit Induktion nach n) als eine Verkettung von endlich vielen Vertauschungen τ_{ij} annehmen dürfen, mit $1 < i < j \leq n$. Wegen $\sigma = \tau_{1\sigma(1)} \circ \sigma'$ folgt die Behauptung.

Die Hauptarbeit des Beweises steckt in der ersten Aussage. Hierfür betrachten wir eine Vertauschung τ_{ab} und notieren (exemplarisch für $1 < a < b < n$)

$$\sigma \;=\; \big(\sigma(1) \;\cdots\; \sigma(a) \;\cdots\; \sigma(b) \;\cdots\; \sigma(n)\big) \quad \text{und}$$

$$\tau_{ab} \circ \sigma \;=\; \big(\sigma(1) \;\cdots\; \sigma(b) \;\cdots\; \sigma(a) \;\cdots\; \sigma(n)\big).$$

Was passiert mit den Fehlständen beim Übergang von σ zu $\tau_{ab} \circ \sigma$? Ein Fehlstand war gegeben durch ein Paar (i, j) mit $i < j$ und $\sigma(i) > \sigma(j)$. Wir müssen nun alle diese Paare (i, j) systematisch erfassen und sehen, ob in puncto der Frage „Fehlstand ja oder nein?" bei $\tau_{ab} \circ \sigma$ etwas anderes herauskommt als bei σ.

Es ändert sich nichts bei allen Paaren (i, j) mit $\{i, j\} \cap \{a, b\} = \varnothing$, denn diese Zahlen werden von τ_{ab} gar nicht berührt. Auch bei Paaren der Form (i, a) und (i, b) mit $i < a$ ändert sich nichts, da die relative Positionierung der Zahlen bei der Vertauschung erhalten bleibt. Dito für alle Paare der Form (a, j) und (b, j) mit $j > b$. In all diesen Fällen beobachten wir bei $\tau_{ab} \circ \sigma$ also genau dieselben Fehlstände (oder Nicht-Fehlstände) wie bei σ.

Kritisch wird es erstmals bei den Paaren der Form (a, j) mit $j < b$, also Paaren, bei denen der Index j zwischen a und b liegt:

$$\sigma = \big(\cdots \sigma(a) \cdots \sigma(j) \cdots \sigma(b) \cdots \big), \quad \tau_{ab} \circ \sigma = \big(\cdots \sigma(b) \cdots \sigma(j) \cdots \sigma(a) \cdots \big).$$

Es gibt $k = b - a - 1$ Paare der Form (a, j) mit $j < b$, die insgesamt α Fehlstände und $k - \alpha$ Nicht-Fehlstände liefern. Beim genauen Hinsehen erkennen Sie, dass sich diese Situation durch τ_{ab} genau umkehrt, da bei der Vertauschung das Element $\sigma(a)$ nach rechts über alle k Indizes auf die Stelle b springt. Wir haben durch die Vertauschung also α weniger Fehlstände als vorher und $k - \alpha$ neue Fehlstände, was eine Veränderung von $\delta = -\alpha + (k - \alpha) = k - 2\alpha$ bewirkt.

Für die Paare (i, b) mit $a < i$ ergibt sich auf dieselbe Weise ein Unterschied von $\delta' = -\beta + (k - \beta) = k - 2\beta$, wenn β die Zahl der Fehlstände ist, die von diesen Paaren herrührt. Zusammengefasst bewirken alle Paare mit genau einem Index in $\{a, b\}$ eine Veränderung der Zahl von Fehlständen um $\delta + \delta' = 2k - 2(\alpha + \beta)$. Dies ist eine gerade Zahl, weswegen sich das Signum der Permutation bis hierher nicht geändert hat.

Es fehlt nur noch das Paar (a, b), das durch τ_{ab} direkt vertauscht wird. Die Zahl der Fehlstände wird dabei offensichtlich um ± 1 geändert. Insgesamt ergibt sich $\text{sgn}(\tau_{ab} \circ \sigma) = -\text{sgn}(\sigma)$ und damit die erste Aussage. Die dritte Behauptung $\text{sgn}(\sigma_1 \circ \sigma_2) = \text{sgn}(\sigma_1)\,\text{sgn}(\sigma_2)$ folgt aus den beiden ersten Aussagen und der Bemerkung, dass Vertauschungen das Signum -1 haben. $\square$

Aus dem Satz folgt übrigens auch $\text{sgn}(\sigma) = \text{sgn}(\sigma^{-1})$, wenn σ^{-1} die zu σ inverse Permutation ist. Belassen wir es nun aber mit den Permutationen und wenden uns dem Hauptthema des Kapitels zu.

9.2 Kohomologie und die Ext-Gruppen

Die nun folgenden Ausführungen erinnern an die des Zwischenkapitels über Tensorprodukte und Tor-Gruppen (Seite 205), vieles davon werden Sie wiedererkennen.

Was in der Homologie der Übergang von einer abelschen Gruppe G zum Tensorprodukt $G \otimes H$ (mit einer abelschen Gruppe H) war, ist in der Kohomologie der Übergang von G zu den Homomorphismen $\text{Hom}(G, H)$, die auf natürliche Weise über die Festlegung $(fg)(a) = f(a)g(a)$ eine Gruppe bilden (**Übung**).

Die Gruppen $G^* = \text{Hom}(G, \mathbb{Z})$ sind die einfachsten Beispiele (da G ein $\mathbb{Z}$-Modul ist, erinnert dies an duale Vektorräume aus der linearen Algebra). Es ist klar, dass für endlich erzeugte, frei abelsche Gruppen stets $G \cong G^*$ ist, man bezeichnet dies auch als **Hom-Dualität**. Der Grund ist einfach, denn nach dem Hauptsatz über endlich erzeugte abelsche Gruppen (Seite 74) ist in diesem Fall $G \cong \mathbb{Z}^r$ für ein $r \in \mathbb{N}$. Wählt man dann eine Basis $a_1, \ldots, a_r$ von G, definiert die Zuordnung $a_i \mapsto \widetilde{a}_i$ einen Isomorphismus $G \to G^*$, wobei $\widetilde{a}_i$ das zu a_i **duale Element** ist, mit $\widetilde{a}_i(a_i) = 1$ und $\widetilde{a}_i(a_j) = 0$ für alle $j \neq i$.

Für die Beziehung $G \cong G^*$ ist sowohl die Freiheit als auch die endliche Erzeugtheit von G notwendig. Sie überzeugen sich schnell, dass für die frei abelsche, aber nicht endlich erzeugte Gruppe $G = \bigoplus_{i \in \mathbb{N}} \mathbb{Z}$ der obige Homomorphismus $a_i \mapsto \widetilde{a}_i$ nur injektiv, aber nicht surjektiv ist: Jeder Homomorphismus $G \to \mathbb{Z}$ mit $a_i \mapsto 1$ für unendlich viele $i \in \mathbb{N}$ ist nicht im Bild enthalten. Man sieht dagegen ohne Probleme, dass $G^* \cong \mathbb{Z}^{\mathbb{N}}$ ist, und dieses Produkt ist nicht frei abelsch, [6]. Falls die Gruppe G zwar endlich erzeugt, aber nicht frei ist, entstehen ebenfalls Probleme. Das einfachste Beispiel sind die Torsionsgruppen $\mathbb{Z}_n = \mathbb{Z}/n\mathbb{Z}$ für $n \geq 2$, denn dort ist stets $G^* = 0$, da es keine nicht-trivialen Homomorphismen $\mathbb{Z}_n \to \mathbb{Z}$ gibt.

Die Zuordnung $G \mapsto \text{Hom}(G, H)$ ist ein Funktor von den abelschen Gruppen in sich selbst, genau wie es die Tensorierung $G \mapsto G \otimes H$ auch war (Seite 204). Das ist klar, denn jeder Homomorphismus $f : A \to B$ induziert einen natürlichen Homomorphismus $\widetilde{f} : \text{Hom}(B, H) \to \text{Hom}(A, H)$, indem jedem $\varphi : B \to H$ das Element $\varphi \circ f : A \to H$ zugeordnet wird. Man stellt sich dies über die Sequenz

$$A \xrightarrow{\ f\ } B \xrightarrow{\ \varphi\ } H$$

vor. Die obigen Beispiele zeigen nun, dass sich der Hom-Funktor $G \mapsto \text{Hom}(G, H)$ in zwei wesentlichen Punkten von der Tensorierung $G \mapsto G \otimes H$ unterscheidet.

Der erste Punkt liegt auf der Hand: Der Hom-Funktor dreht die Pfeile um, man nennt ihn deshalb auch einen **kontravarianten** Funktor. Zum Glück (für die Homologietheorie) gibt es auch den zweiten Unterschied: Der Hom-Funktor ist **linksexakt** in dem Sinne, dass eine Surjektion $A \to B \to 0$ zu einer Injektion $0 \to \mathrm{Hom}(B, H) \to \mathrm{Hom}(A, H)$ wird. Sie prüfen diese Eigenschaft ohne Probleme, denn zwei verschiedene Homomorphismen $B \to H$ ergeben wegen der Surjektivität von $A \to B$ durch obige Verkettungsvorschrift auch verschiedene Homomorphismen $A \to H$.

Viel mehr kann allerdings nicht erwartet werden, was schon an dem Standardbeispiel mit $H = \mathbb{Z}$ klar wird. Wegen $\mathbb{Z}_2^* = \mathrm{Hom}(\mathbb{Z}_2, \mathbb{Z}) = 0$ folgt aus der kurzen exakten Sequenz

$$0 \longrightarrow \mathbb{Z} \xrightarrow{\;2\;} \mathbb{Z} \longrightarrow \mathbb{Z}_2 \longrightarrow 0$$

nur die Exaktheit von

$$0 \longrightarrow \mathbb{Z}_2^* \longrightarrow \mathbb{Z}^* \xrightarrow{\;2\;} \mathbb{Z}^* \,.$$

Der rechte Pfeil zur 0 fehlt, denn die Multiplikation eines Elements in $\mathbb{Z}^*$ mit 2 ist keine Surjektion. (Es ist übrigens kein Zufall, dass die Exaktheit der Hom-Sequenz noch eine Gruppe weiter nach rechts reicht als oben behauptet, vergleichen Sie mit dem Argument auf Seite 208 für den Tensorierungsfunktor. Diese allgemeine Aussage benötigen wir aber nicht weiter.)

Wie im Kapitel über die Tensorierung und den Tor-Funktor betrachten wir jetzt für eine abelsche Gruppe G wieder eine freie Auflösung (Seite 204) der Form

$$\cdots \xrightarrow{\;f_4\;} F_3 \xrightarrow{\;f_3\;} F_2 \xrightarrow{\;f_2\;} F_1 \xrightarrow{\;f_1\;} F_0 \xrightarrow{\;f_0\;} G \longrightarrow 0$$

mit frei abelschen Gruppen F_i, $i \geq 0$. Aufgrund der Tatsache, dass der Hom-Funktor kontravariant und linksexakt ist, ergibt sich daraus für jede abelsche Gruppe H der (auf der rechten Seite unendliche) Kettenkomplex

$$0 \longrightarrow \mathrm{Hom}(G, H) \xrightarrow{\;\widetilde{f_0}\;} \mathrm{Hom}(F_0, H) \xrightarrow{\;\widetilde{f_1}\;} \mathrm{Hom}(F_1, H) \xrightarrow{\;\widetilde{f_2}\;} \cdots \;.$$

Wegen der fehlenden Rechtsexaktheit des Hom-Funktors hat er im Allgemeinen eine nicht-triviale Homologie, was ihn zu einem Kettenkomplex der Gestalt

$$0 \longrightarrow C_{-1} \xrightarrow{\;\partial_{-1}\;} C_{-2} \xrightarrow{\;\partial_{-2}\;} C_{-3} \xrightarrow{\;\partial_{-3}\;} \cdots$$

macht, mit nach rechts gegen $-\infty$ strebenden Indizes. Nach Konvention werden sie (der Einfachheit wegen) hochgestellt mit ihrem Betrag notiert und man bezeichnet den Randoperator ∂_{-k} als **Korandoperator** δ^k. So entsteht ein **Kokettenkomplex** in der Kohomologie als

$$0 \longrightarrow C^1 \xrightarrow{\;\delta^1\;} C^2 \xrightarrow{\;\delta^2\;} C^3 \xrightarrow{\;\delta^3\;} C^4 \xrightarrow{\;\delta^4\;} \cdots$$

mit den **Kokettengruppen** $C^n = C_{-n}$, den **Kozyklen** $Z^n = \mathrm{Ker}(\delta^n)$, den **Korändern** $B^n = \mathrm{Im}(\delta^{n-1})$ und schließlich den n-**ten Kohomologiegruppen** $H^n(C) = Z^n / B^n = \mathrm{Ker}(\delta^n) / \mathrm{Im}(\delta^{n-1})$.

Definition und Satz (Ext-Gruppen einer abelschen Gruppe)
Es sei $(F_i, f_i)_{i \geq 0}$ eine freie Auflösung einer abelschen Gruppe G. Wie oben beschrieben, entstehe daraus der Kokettenkomplex $\left(\mathrm{Hom}(F_i, H), \widetilde{f}_{i+1}\right)_{i \geq 0}$. Dann nennt man die k-te Kohomologiegruppe

$$\mathrm{Ext}^k(G, H) = \mathrm{Ker}(\widetilde{f}_{k+1}) \big/ \mathrm{Im}(\widetilde{f}_k)$$

dieses Komplexes die k-**te Ext-Gruppe** von G bezüglich der Gruppe H. Sie ist (bis auf Isomorphie) unabhängig von der freien Auflösung $(F_i, f_i)_{i \geq 0}$.

Die Analogie zu den Tor-Gruppen (Seite 205) ist offensichtlich. Als Konsequenz der freien Auflösung $0 \to \mathrm{Ker}(f) \to F_0 \to G \to 0$ jeder abelschen Gruppe G folgt wieder $\mathrm{Ext}^k(G, H) = 0$ für $k \neq 1$ (vergleichen Sie mit Seite 208). Sie müssen dafür nur die oben erwähnte erweiterte Linksexaktheit des Hom-Funktors einsetzen, der Vorgang ist analog zu dem bei den Tor-Gruppen (**Übung**). Ähnlich wie damals kann man schließlich auch die Gruppe $\mathrm{Hom}(G, H)$ zu Beginn des Kokettenkomplexes streichen und erhält als einzigen Unterschied der Kohomologiegruppen die modifizierte 0-te Ext-Gruppe $\mathrm{Ext}^0(G, H) \cong \mathrm{Hom}(G, H)$.

Dies alles müssen wir aber nicht vertiefen, halten wir einfach fest, dass in Zukunft die interessante Gruppe $\mathrm{Ext}^1(G, H)$ kurz mit $\mathrm{Ext}(G, H)$ bezeichnet sei. Im **Beweis** des Satzes müssen wir nachweisen, dass die Definition von $\mathrm{Ext}^k(G, H)$ nicht von der Auflösung $(F_i, f_i)_{i \geq 0}$ abhängt. Auch dies wurde im Kapitel über die Tor-Gruppen schon vorgezeichnet. Zwei Auflösungen $F = (F_i, f_i)_{i \geq 0}$ und $F' = (F_i', f_i')_{i \geq 0}$ von G sind kettenhomotop (Seite 206), weswegen

$$
\begin{array}{ccccccccccc}
\cdots & \xrightarrow{f_3} & F_2 & \xrightarrow{f_2} & F_1 & \xrightarrow{f_1} & F_0 & \xrightarrow{f_0} & G & \longrightarrow & 0 \\
& & \downarrow{\varphi_2} & & \downarrow{\varphi_1} & & \downarrow{\varphi_0} & & \Vert \mathrm{id}_G & & \\
\cdots & \xrightarrow{f_3'} & F_2' & \xrightarrow{f_2'} & F_1' & \xrightarrow{f_1'} & F_0' & \xrightarrow{f_0'} & G & \longrightarrow & 0 \\
& & \downarrow{\psi_2} & & \downarrow{\psi_1} & & \downarrow{\psi_0} & & \Vert \mathrm{id}_G & & \\
\cdots & \xrightarrow{f_3} & F_2 & \xrightarrow{f_2} & F_1 & \xrightarrow{f_1} & F_0 & \xrightarrow{f_0} & G & \longrightarrow & 0
\end{array}
$$

mit den Fortsetzungen $(\varphi_i)_{i \geq 0}$ und $(\psi_i)_{i \geq 0}$ zeigt, dass die Komposition $(\psi_i \circ \varphi_i)_{i \geq 0}$ als Kettenhomomorphismus $F \to F' \to F$ eine Fortsetzung von id_G ist und daher homotop zu den Identitäten id_{F_i} für alle $i \geq 0$. Die Anwendung des Hom-Funktors macht aus diesem Diagramm die Kokettenhomomorphismen $(\widetilde{\varphi}_i)_{i \geq 0}$ und $(\widetilde{\psi}_i)_{i \geq 0}$

$$
\begin{array}{ccccccccc}
0 & \longrightarrow & \mathrm{Hom}(G, H) & \xrightarrow{\widetilde{f}_0} & \mathrm{Hom}(F_0, H) & \xrightarrow{\widetilde{f}_1} & \mathrm{Hom}(F_1, H) & \xrightarrow{\widetilde{f}_2} & \cdots \\
& & \Vert \widetilde{\mathrm{id}}_G & & \uparrow{\widetilde{\varphi}_0} & & \uparrow{\widetilde{\varphi}_1} & & \\
0 & \longrightarrow & \mathrm{Hom}(G, H) & \xrightarrow{\widetilde{f}_0'} & \mathrm{Hom}(F_0', H) & \xrightarrow{\widetilde{f}_1'} & \mathrm{Hom}(F_1', H) & \xrightarrow{\widetilde{f}_2'} & \cdots \\
& & \Vert \widetilde{\mathrm{id}}_G & & \uparrow{\widetilde{\psi}_0} & & \uparrow{\widetilde{\psi}_1} & & \\
0 & \longrightarrow & \mathrm{Hom}(G, H) & \xrightarrow{\widetilde{f}_0} & \mathrm{Hom}(F_0, H) & \xrightarrow{\widetilde{f}_1} & \mathrm{Hom}(F_1, H) & \xrightarrow{\widetilde{f}_2} & \cdots
\end{array}
$$

zwischen den Hom-Komplexen von F und F'. Wir müssen noch prüfen, dass eine Kettenhomotopie zwischen $(\psi_i \circ \varphi_i)_{i \geq 0}$ und $(\mathrm{id}_{F_i})_{i \geq 0}$ eine Kokettenhomotopie zwischen $(\widetilde{\varphi}_i \circ \widetilde{\psi}_i)_{i \geq 0}$ und der Identität auf den Gruppen $\mathrm{Hom}(F_i, H)$ bewirkt.

Es sei dazu ganz allgemein $(D_i)_{i\geq 0}$ eine Kettenhomotopie zwischen zwei Kettenhomomorphismen $g, h : (C_i, f_i) \to (C_i', f_i')$, also $g_i - h_i = f_{i+1}' \circ D_i + D_{i-1} \circ f_i$ für alle $i \geq 0$ (Seite 206).

$$
\begin{array}{ccccc}
C_{i+1} & \xrightarrow{\ f_{i+1}\ } & C_i & \xrightarrow{\ f_i\ } & C_{i-1} \\[2pt]
g_{i+1} \downarrow h_{i+1} & \overset{D_i}{\dashrightarrow} & g_i \downarrow h_i & \overset{D_{i-1}}{\dashrightarrow} & g_{i-1} \downarrow h_{i-1} \\[2pt]
C_{i+1}' & \xrightarrow{\ f_{i+1}'\ } & C_i' & \xleftarrow{\ f_i'\ } & C_{i-1}' \ .
\end{array}
$$

Aus den $D_i : C_i \to C_{i+1}'$ werden durch Anwendung des Hom-Funktors die Homomorphismen $\widetilde{D}_i : \mathrm{Hom}(C_{i+1}', H) \to \mathrm{Hom}(C_i, H)$, die (wieder durch Anwendung des Hom-Funktors) die Gleichung

$$
\widetilde{g}_i - \widetilde{h}_i \;=\; \widetilde{D}_i \circ \widetilde{f}_{i+1}' + \widetilde{f}_i \circ \widetilde{D}_{i-1} \;=\; \widetilde{f}_i \circ \widetilde{D}_{i-1} + \widetilde{D}_i \circ \widetilde{f}_{i+1}'
$$

erfüllen. Sie erkennen folglich in den $\widetilde{D}_i$ eine Homotopie zwischen $\widetilde{g}$ und $\widetilde{h}$ als Kokettenhomomorphismen $\mathrm{Hom}(C', H) \to \mathrm{Hom}(C, H)$:

$$
\begin{array}{ccccc}
\mathrm{Hom}(C_{i-1}, H) & \xrightarrow{\ \widetilde{f}_i\ } & \mathrm{Hom}(C_i, H) & \xrightarrow{\ \widetilde{f}_{i+1}\ } & \mathrm{Hom}(C_{i+1}, H) \\[2pt]
\widetilde{g}_{i-1} \uparrow \widetilde{h}_{i-1} & \overset{\widetilde{D}_{i-1}}{\dashleftarrow} & \widetilde{g}_i \uparrow \widetilde{h}_i & \overset{\widetilde{D}_i}{\dashleftarrow} & \widetilde{g}_{i+1} \uparrow \widetilde{h}_{i+1} \\[2pt]
\mathrm{Hom}(C_{i-1}', H) & \xrightarrow{\ \widetilde{f}_i'\ } & \mathrm{Hom}(C_i', H) & \xrightarrow{\ \widetilde{f}_{i+1}'\ } & \mathrm{Hom}(C_{i+1}', H)
\end{array}
$$

Wie in der Homologie zeigt diese Überlegung, dass die $\widetilde{g}_i$ und $\widetilde{h}_i$ dieselben Homomorphismen $H^k(C, H) \to H^k(C', H)$ auf den Kohomologiegruppen induzieren.

Angewendet auf die obigen Kokettenhomomorphismen $(\widetilde{\varphi}_i)_{i\geq 0}$ und $(\widetilde{\psi}_i)_{i\geq 0}$ folgt, dass $\widetilde{\varphi}_k \circ \widetilde{\psi}_k$ die Identität auf $H^k(F, H)$ induziert, für alle $k \geq 0$. Vertauscht man die Rollen der beiden Auflösungen $(F_i, f_i)_{i\geq 0}$ und $(F_i', f_i')_{i\geq 0}$, erkennt man, dass auch $\widetilde{\psi}_k \circ \widetilde{\varphi}_k$ die Identität auf $H^k(F', H)$ induziert, weswegen die $\widetilde{\varphi}_k$ und $\widetilde{\psi}_k$ (zueinander inverse) Isomorphismen zwischen diesen Gruppen sind. $\qquad\square$

Einige Beispiele für Ext-Gruppen sind später hilfreich und machen das Thema etwas griffiger.

Satz (Beispiele für Ext-Gruppen)

1. Für frei abelsche Gruppen G gilt stets $\mathrm{Ext}(G, H) = 0$.

2. Für beliebige Indexmengen Λ gilt

$$
\mathrm{Ext}\left(\bigoplus_{\lambda \in \Lambda} G_\lambda,\, H\right) \;\cong\; \bigoplus_{\lambda \in \Lambda} \mathrm{Ext}(G_\lambda, H).
$$

3. Für frei abelsche Gruppen G gilt $\mathrm{Ext}\big(G/nG,\, H\big) \cong G \otimes \big(H/nH\big)$.

Der **Beweis** der ersten Aussage ist trivial, nehmen Sie einfach die freie Auflösung $0 \to G \to G \to 0$. Auch die zweite Aussage ist nicht schwierig, denn jede freie Auflösung einer direkten Summe kann als direkte Summe von freien Auflösungen der G_λ interpretiert werden. Die Argumente werden dann in jedem Summanden separat angewendet.

Für die dritte Aussage sei angemerkt, dass $0 \to \mathbb{Z} \xrightarrow{n} \mathbb{Z} \to \mathbb{Z}_n \to 0$ eine freie Auflösung von $\mathbb{Z}_n$ ist. Eine einfache Überlegung (vergleichen Sie mit Seite 400) zeigt dann, dass die zugehörige Hom-Sequenz

$$0 \to \mathrm{Hom}(\mathbb{Z}_n, H) \to \mathrm{Hom}(\mathbb{Z}, H) \xrightarrow{n} \mathrm{Hom}(\mathbb{Z}, H) \to \mathrm{Ext}(\mathbb{Z}_n, H) \to 0$$

exakt ist (im Fall $nf = 0$ ist $n\mathbb{Z} \subseteq \mathrm{Ker}(f)$ und f faktorisiert zu einem Homomorphismus $\overline{f} : \mathbb{Z}_n \to H$). Damit ist $\mathrm{Ext}(\mathbb{Z}_n, H) \cong \mathrm{Hom}(\mathbb{Z}, H)/\mathrm{Im}(n)$. Wegen $G \cong \bigoplus_{\lambda \in \Lambda} \mathbb{Z}$ folgt auch $G/nG \cong \bigoplus_{\lambda \in \Lambda} \mathbb{Z}_n$ und mit der zweiten Aussage ist

$$\mathrm{Ext}(G/nG, H) \cong \bigoplus_{\lambda \in \Lambda} \mathrm{Ext}(\mathbb{Z}_n, H) \cong \bigoplus_{\lambda \in \Lambda} \mathrm{Hom}(\mathbb{Z}, H)/\mathrm{Im}(n).$$

Es geht also noch um $\mathrm{Hom}(\mathbb{Z}, H)/\mathrm{Im}(n)$. Offensichtlich ist $\mathrm{Hom}(\mathbb{Z}, H) \cong H$, die Zuordnung $f \mapsto f(1)$ ist hier ein Isomorphismus. Damit ist $\mathrm{Im}(n) \cong nH$ und es ergibt sich $\mathrm{Hom}(\mathbb{Z}, H)/\mathrm{Im}(n) \cong H/nH$. Wegen

$$\bigoplus_{\lambda \in \Lambda} H/nH \cong \bigoplus_{\lambda \in \Lambda} \left(\mathbb{Z} \otimes (H/nH)\right) \cong \left(\bigoplus_{\lambda \in \Lambda} \mathbb{Z}\right) \otimes \left(H/nH\right) \cong G \otimes \left(H/nH\right)$$

folgt auch die dritte Aussage. $\qquad\qquad\square$

Eine einfache Anwendung davon ist die Beziehung $\mathrm{Ext}(\mathbb{Z}_2, \mathbb{Z}) \cong \mathbb{Z}_2$. Die erste Aussage zeigt übrigens $\mathrm{Ext}(\mathbb{Z}, \mathbb{Z}_2) = 0$, wodurch unmittelbar klar wird, dass sich die Ext-Gruppen bezüglich ihrer Argumente nicht kommutativ verhalten wie die Tor-Gruppen (Seite 215).

9.3   Das universelle Koeffizententheorem der Kohomologie

Als Hauptziel dieses Kapitels sei nun ein technischer Satz besprochen, mit dem der Unterschied zwischen den Gruppen $H^k(G, H)$ und $\mathrm{Hom}\big(H_k(G), H\big)$ berechnet werden kann. Er steht, was nicht weiter überrascht, in vollständiger Analogie zu dem entsprechenden Satz aus der Homologie (Seite 211).

> **Satz (Universelles Koeffizententheorem für die Kohomologie)**
> Es sei $C = (C_i, \partial_i)_{i \in \mathbb{Z}}$ ein Kettenkomplex mit frei abelschen C_i und G eine abelsche Gruppe. Dann gibt es für alle $k \in \mathbb{Z}$ eine spaltende exakte Sequenz
>
> $$0 \longrightarrow \mathrm{Ext}\big(H_{k-1}(C), G\big) \longrightarrow H^k(C, G) \longrightarrow \mathrm{Hom}\big(H_k(C), G\big) \longrightarrow 0,$$
>
> deren Spaltung aber nicht natürlich ist, sondern von Auswahlen abhängt.

Der **Beweis** besteht aus einer konsequenten Übertragung der Argumente, die schon im universellen Koeffiziententheorem für die Homologie zum Einsatz kamen. Der Komplex C wird wieder zerlegt in die exakten Teilstücke

$$0 \longrightarrow Z_i \overset{\iota}{\longrightarrow} C_i \overset{\partial_i}{\longrightarrow} B_{i-1} \longrightarrow 0$$

für alle $i \in \mathbb{Z}$, wobei die Z_i für die i-Zyklen von C stehen, entsprechend die B_{i-1} für die $(i-1)$-Ränder. Untereinander hingeschrieben, ergibt sich daraus ein großes Diagramm, das aus den Ausschnitten

$$
\begin{array}{ccccccccc}
0 & \longrightarrow & Z_{i+1} & \overset{\iota}{\longrightarrow} & C_{i+1} & \overset{\partial_{i+1}}{\longrightarrow} & B_i & \longrightarrow & 0 \\
& & \downarrow{\scriptstyle 0} & & \downarrow{\scriptstyle \partial_{i+1}} & & \downarrow{\scriptstyle 0} & & \\
0 & \longrightarrow & Z_i & \overset{\iota}{\longrightarrow} & C_i & \overset{\partial_i}{\longrightarrow} & B_{i-1} & \longrightarrow & 0
\end{array}
$$

zusammengesetzt ist. Die senkrechten Pfeile sind in den äußeren Spalten identisch Null, denn Zyklen und Ränder verschwinden bei den Homomorphismen ∂_i. Die Anwendung des Hom-Funktors ergibt das Diagramm

$$
\begin{array}{ccccccccc}
0 & \longrightarrow & \mathrm{Hom}(B_{i-1}, G) & \overset{\delta^{i-1}}{\longrightarrow} & \mathrm{Hom}(C_i, G) & \overset{\widetilde{\iota}}{\longrightarrow} & \mathrm{Hom}(Z_i, G) & \longrightarrow & 0 \\
& & \downarrow{\scriptstyle 0} & & \downarrow{\scriptstyle \delta^i} & & \downarrow{\scriptstyle 0} & & \\
0 & \longrightarrow & \mathrm{Hom}(B_i, G) & \overset{\delta^i}{\longrightarrow} & \mathrm{Hom}(C_{i+1}, G) & \overset{\widetilde{\iota}}{\longrightarrow} & \mathrm{Hom}(Z_{i+1}, G) & \longrightarrow & 0,
\end{array}
$$

in dem die Operatoren $\delta^i = \widetilde{\partial}_{i+1}$ sind. Beachten Sie, dass die Zeilen exakt bleiben, denn die B_{i-1} sind als Untergruppen der C_{i-1} frei abelsch, weswegen die oberen Sequenzen spalten und daher $C_i \cong Z_i \oplus B_{i-1}$ ist. Aufgrund der Beziehung

$$\mathrm{Hom}(A \oplus B, G) \cong \mathrm{Hom}(A, G) \oplus \mathrm{Hom}(B, G)$$

spalten dann auch die Hom-Sequenzen (einfache **Übung**), bleiben folglich exakt und können (wie bei dem Theorem für die Homologie) als kurze exakte Sequenz von (Ko-)Kettenkomplexen gesehen werden:

$$0 \longrightarrow \mathrm{Hom}(B_{*-1}, G) \overset{\delta^{*-1}}{\longrightarrow} \mathrm{Hom}(C_*, G) \overset{\widetilde{\iota}}{\longrightarrow} \mathrm{Hom}(Z_*, G) \longrightarrow 0.$$

Die zugehörige lange exakte Homologiesequenz (Seite 209) nennt man bei den Kokettenkomplexen die **lange exakte Kohomologiesequenz**. Da die Pfeile in der Kohomologie zu wachsenden Indizes verlaufen, hat sie die Gestalt

$$\ldots \to \mathrm{Hom}(B_{k-1}, G) \overset{\delta^{k-1}}{\longrightarrow} H^k(C, G) \overset{\widetilde{\iota}}{\longrightarrow} \mathrm{Hom}(Z_k, G) \overset{\partial^k}{\longrightarrow} \mathrm{Hom}(B_k, G) \to \ldots,$$

wobei die verbindenden ∂^k die Einschränkung von $f \in \mathrm{Hom}(Z_k, G)$ auf die Untergruppen B_k sind. (Sie sind von den Inklusionen $B_k \hookrightarrow Z_k$ induziert, vergleichen Sie mit dem Argument bei der Homologie, Seite 212. Die Homologiegruppen der beiden äußeren Kokettenkomplexe stimmen ebenfalls mit den Kokettengruppen überein, denn alle Randoperatoren sind dort identisch Null.)

Zerlegt man die lange exakte Kohomologiesequenz nun in die exakten Teile

$$0 \longrightarrow \operatorname{Hom}(B_{k-1}, G) \big/ \operatorname{Im}(\partial^{k-1}) \xrightarrow{\delta^{k-1}} H^k(C, G) \xrightarrow{\tilde{\iota}} \operatorname{Ker}(\partial^k) \longrightarrow 0 \ ,$$

bleibt noch die Aufgabe, die Gruppen $\operatorname{Hom}(B_{k-1}, G)/\operatorname{Im}(\partial^{k-1})$ und $\operatorname{Ker}(\partial^k)$ zu bestimmen. Die freie Auflösung $0 \to B_{k-1} \to Z_{k-1} \to H_{k-1}(C) \to 0$ zeigt nach Anwendung des Hom-Funktors auf direktem Weg über die Definitionen

$$\operatorname{Hom}(B_{k-1}, G)/\operatorname{Im}(\partial^{k-1}) \ \cong \ \operatorname{Ext}\big(H_{k-1}(C), G\big) \, .$$

Was noch fehlt, ist der Kern von $\partial^k : \operatorname{Hom}(Z_k, G) \to \operatorname{Hom}(B_k, G)$. Das sind die Homomorphismen, die auf B_k verschwinden, also durch $Z_k/B_k = H_k(C)$ faktorisieren. Damit ergibt sich ein wohldefinierter Homomorphismus

$$\varphi : \operatorname{Ker}(\partial^k) \longrightarrow \operatorname{Hom}\big(H_k(C), G\big) \, ,$$

der wegen der Projektion $Z_k \to H_k(C) \to 0$ surjektiv ist. Er ist aber auch injektiv, denn für einen Homomorphismus $0 \neq f \in \operatorname{Hom}(Z_k, G)$, der auf B_k verschwindet, muss es ein $z \in Z_k \setminus B_k$ geben mit $f(z) \neq 0$. Mit der Klasse $[z] \in H_k(C)$ gilt dann $\varphi(f)\big([z]\big) = f(z) \neq 0$, mithin ist auch $\varphi(f) \neq 0$ und daher φ eine Injektion. Diese Überlegung zeigt die exakte Sequenz

$$0 \longrightarrow \operatorname{Ext}\big(H_{k-1}(C), G\big) \longrightarrow H^k(C, G) \longrightarrow \operatorname{Hom}\big(H_k(C), G\big) \longrightarrow 0$$

und es bleibt nur noch zu zeigen, dass sie spaltet. Wir haben schon früher für alle $k \in \mathbb{N}$ (nicht natürliche) Projektionen $p_k : C_k \to H_k(C)$ konstruiert, die einen Kettenhomomorphismus $p : C \to H_*(C)$ ergeben (Seite 213). Die Anwendung des Hom-Funktors liefert damit den Kokettenhomomorphismus

$$\tilde{p} : \operatorname{Hom}\big(H_*(C), G\big) \longrightarrow \operatorname{Hom}(C, G) \, .$$

Beachten Sie, dass in dem linken Komplex alle Randoperatoren identisch Null sind, weswegen die Kokettengruppen dort mit den Kohomologiegruppen übereinstimmen. Der Kokettenhomomorphismus $\tilde{p}$ induziert dann für alle $k \in \mathbb{N}$ einen Homomorphismus $\operatorname{Hom}\big(H_k(C), G\big) \to H^k(C, G)$, der offensichtlich ein Schnitt gegen die Surjektion im universellen Koeffiziententheorem ist. Damit spaltet diese Sequenz (gemäß Seite 69), was noch zu zeigen war.   □

Das universelle Koeffiziententheorem für die Kohomologie ist tatsächlich ein vollständiges Analogon zu dem entsprechenden Satz aus der Homologie (Seite 211). Während man den Satz in der Homologie aber nur benötigt, wenn die Kettengruppen über Koeffizientengruppen ungleich $\mathbb{Z}$ betrachtet werden (das war eher selten der Fall), werden wir im Kapitel über die Kohomologie häufiger darauf zurückgreifen. Auch in der einfachsten Variante mit $\mathbb{Z}$-Koeffizienten bildet man dort nämlich die *dualen* Kettengruppen $C^i = C_i^* = \operatorname{Hom}(C_i, \mathbb{Z})$ und die Mechanismen des universellen Koeffiziententheorems beginnen zu wirken.

10 Kohomologie und die Poincaré-Dualität

In diesem Kapitel wollen wir die Homologie ausbauen und die dazu passende duale Theorie besprechen, die *Kohomologie*. Sie ist noch vielseitiger als die Homologie und hat im 20. Jahrhundert Querverbindungen in fast alle Bereiche der reinen Mathematik entwickelt, zum Beispiel in die Analysis oder die algebraische Geometrie. Auch wenn wir uns hier „nur" auf die topologischen Aspekte der Kohomologie beschränken, werden Sie wahrlich faszinierende Dinge mitnehmen können.

Im Mittelpunkt des Kapitels steht (wieder als Leitmotiv) die POINCARÉ-Dualität, die zu den bedeutendsten Sätzen der Mathematik gehört und die schon angesprochene Verbesserung des Theorems über n-Mannigfaltigkeiten aus dem vorigen Kapitel für $n = 3$ ermöglichen wird (Seite 394). So gesehen werden dann fast alle wichtigen Resultate dieses Buches in die folgende Aussage eingegangen sein:

Satz (Geschlossene 3-Mannigfaltigkeiten mit $\pi_1(M) = 0$)
Jede einfach zusammenhängende, geschlossene 3-dimensionale Mannigfaltigkeit ist homotopieäquivalent zu S^3.

Der Satz gilt übrigens für alle $n \leq 3$, aber für alle $n \geq 4$ findet man Gegenbeispiele. So haben die Produkte $S^p \times S^q$ mit $p + q = n$ und $p, q > 1$ nicht die Homologie der S^n, sind also nicht homotopieäquivalent dazu (einfache **Übung**, mit der Produktformel oder mit zellulärer Homologie, Seite 312 oder 355 f). Auch die Geschlossenheit ist unverzichtbar, was die Gegenbeispiele $\mathbb{R}^3$ und D^3 zeigen.

Der historischen Genauigkeit wegen sei gesagt, dass weder die Kohomologie noch der Dualitätssatz in der hier besprochenen Form originär auf POINCARÉ zurückgehen (das gilt auch für die simpliziale Variante, Seite 443). Wie schon in einem früheren Kapitel bemerkt (Seite 221 f), gab POINCARÉ zwar für die Homologie und die Kohomologie entscheidende Impulse, arbeitete selbst aber noch nicht mit Gruppen, sondern auf Basis der Bettizahlen (Seite 225).

Erst nachdem E. NOETHER zusammen mit L. VIETORIS und H. HOPF die Homologiegruppen in ihrer heutigen Gestalt einführte, [45][87][122], war der Weg zur Kohomologie vorgezeichnet, die 1935 auf einer bahnbrechenden Konferenz in Moskau präsentiert wurde. Unabhängig voneinander (und in einem bemerkenswerten wissenschaftlichen Wettlauf) entdeckten damals J.W. ALEXANDER und A.N. KOLMOGOROFF den *Kohomologiering* eines simplizialen Komplexes mit dem *Cup-Produkt* als Multiplikation ([3][65], Seite 496). In der Zeit bis 1938 haben danach E. ČECH und H. WHITNEY dem Cup-Produkt eine weitere Bilinearform zur Seite gestellt, das *Cap-Produkt* ([18][125], Seite 434), mit dem der heute übliche Beweis der POINCARÉ-Dualität geführt wird (Seite 432 ff). Es dauerte dann noch weitere sechs Jahre, bis S. EILENBERG mit der singulären Theorie alle Einschränkungen auf kombinatorisch zusammengesetzte Komplexe überwand und eine Kohomologietheorie für beliebige Räume definierte ([25], Seite 478 ff).

Um die originären Ideen von POINCARÉ zu verstehen, versetzen wir uns am Anfang des Kapitels zurück in das späte 19. Jahrhundert. Bei der Berechnung der Betti-zahlen von orientierbaren Mannigfaltigkeiten ist aufgefallen, dass eine eigentümliche Symmetrie vorliegt. Schon bei $H_0(S^2) \cong H_2(S^2) \cong \mathbb{Z}$ und $H_1(S^2) = 0$ war sie zu erkennen, oder bei $H_0(T_g^2) \cong H_2(T_g^2) \cong \mathbb{Z}$ und $H_1(T_g^2) \cong \mathbb{Z}^{2g}$.

Auch die Sphären lieferten entsprechende Indizien: $H_0(S^n) \cong H_n(S^n) \cong \mathbb{Z}$ und dazwischen $(1 \leq k < n)$ war $H_k(S^n) = 0$. Wenn Sie die Übung auf Seite 312 gemacht haben, sahen Sie auch ein dreidimensionales Beispiel: Mit $T^3 = T^2 \times S^1$ ergibt sich $H_0(T^3) \cong H_3(T^3) \cong \mathbb{Z}$ sowie $H_1(T^3) \cong H_2(T^3) \cong \mathbb{Z}^3$. Analoges ist für T^4 festzustellen, und so fort. Es spielt keine Rolle, ob Sie in diesen Beispielen eine MAYER-VIETORIS-Sequenz verwenden oder die KÜNNETH-Formel in Verbindung mit dem Satz von EILENBERG-ZILBER, die Symmetrie $H_p(M) \cong H_{n-p}(M)$ ist bei den bisherigen (orientierbaren) n-Mannigfaltigkeiten nicht zu übersehen. Eine kurze Überlegung zeigt übrigens, dass die Symmetrien auch bei nicht-orientierbaren Mannigfaltigkeiten zu beobachten sind, wenn man sich bei der Homologie auf Koeffizienten in $\mathbb{Z}_2$ beschränkt (Seite 235).

Lassen Sie uns also schrittweise herangehen, ähnlich wie es POINCARÉ selbst bei seinen Überlegungen getan hat, um den Symmetrien auf die Spur zu kommen. Mischen wir dabei zu gegebener Zeit unser Wissen über die Homologie dazu, ergibt sich daraus (fast wie von selbst) die simpliziale Kohomologietheorie.

10.1 Duale Triangulierungen und duale Teilräume

Wir müssen bei der POINCARÉ-Dualität offenbar einen irgendwie gearteten Bezug zwischen p-dimensionalen und $(n-p)$-dimensionalen Objekten der Homologie schaffen. Das ist intuitiv möglich bei triangulierten Räumen, weswegen im Folgenden alle Mannigfaltigkeiten M durch einen Homöomorphismus $\varphi : K \to M$ trianguliert seien, mit einem n-dimensionalen Simplizialkomplex K, $n \geq 1$. Wir können also direkt von einer *polyedrischen Mannigfaltigkeit* $M = |K|$ ausgehen.

Nehmen wir ein n-Simplex σ^n aus K. Es ist Element der Kettengruppe $C_n(K)$ (das hochgestellte Δ lassen wir der Kürze wegen jetzt weg, obwohl es sich nicht um die singuläre, sondern um die simpliziale Homologie handelt). Es gibt dann eine naheliegende Idee, ein wohldefiniertes 0-Simplex (also einen Punkt) für σ^n zu definieren: Das Baryzentrum $D(\sigma^n) = \widehat{\sigma}^n$ leistet alles, was wir wünschen.

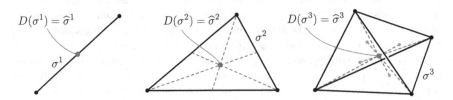

Die Zuordnung $D : \sigma^n \mapsto D(\sigma^n)$ liefert mit linearer Fortsetzung einen Homo-morphismus von $C_n(K)$ in die Gruppe der 0-Ketten $C_0(K')$, wobei K' die erste baryzentrische Unterteilung von K ist. Und die Homologie von K' stimmt mit der von K überein (Seite 236), also ist alles im grünen Bereich.

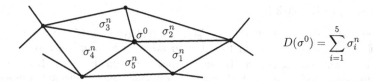

$$D(\sigma^0) = \sum_{i=1}^{5} \sigma_i^n$$

Wie könnte es umgekehrt gehen, auf dem Weg von 0-dimensionalen Objekten in die n-te Dimension? Fast möchte ich Sie ermuntern, sich einmal selbst als Konstrukteur von großen Theorien zu versuchen. Hier eine Idee: Man ordnet jedem Eckpunkt σ^0 in K die Summe aller n-Simplizes σ_λ^n in K' zu, die σ^0 enthalten (das ist als simplizialer Komplex der Stern von σ^0, Seite 163). Wieder durch lineare Fortsetzung definiert dann

$$D(\sigma^0) = \sum_{\sigma^0 \in \sigma_\lambda^n} \sigma_\lambda^n$$

einen Homomorphismus $C_0(K) \to C_n(K')$. Sie erkennen, dass es in K mindestens ein n-Simplex σ_λ^n gibt, die Summe rechts also nicht 0 ist, denn K ist eine n-Mannigfaltigkeit. Die Frage lautet nun, wie man den entsprechenden Homomorphismus $C_p(K) \to C_{n-p}(K')$ für $0 < p < n$ konstruieren könnte. Überlegen Sie vielleicht kurz selbst, bevor Sie weiterlesen.

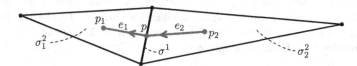

Wir nehmen zum Beispiel ein Simplex σ^1 in einem zweidimensionalen simplizialen Komplex K. In K' hat σ^1 den Schwerpunkt p, von dem mindestens eine Kante e_1 zum Schwerpunkt p_1 des 2-Simplex σ_1^2 ausgeht, das σ^1 als Seite enthält. Falls σ^1 nicht Teil des Randes von $|K|$ ist, gibt es in K eine weitere Kante e_2 zum Schwerpunkt p_2 eines 2-Simplex σ_2^2. Die Kanten e_1 und e_2 verbinden in K' Schwerpunkte und sind dort 1-Simplizes. Zusammen mit der in der Abbildung angedeuteten Orientierung ist $e_1 = [p, p_1]$ und $e_2 = [p_2, p]$. Die Kette $e_1 + e_2 \in C_1(K')$ schneidet dann das Simplex σ^1 transversal in genau einem Punkt, dem Schwerpunkt p. Man definiert schließlich $D(\sigma^1) = e_1 + e_2$ und kommt so zu einem Homomorphismus $C_1(K) \to C_1(K')$, wieder durch lineare Fortsetzung.

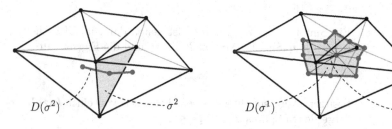

Bitte überlegen Sie sich selbst anhand der obigen Abbildung als kleine **Übung**, wie im Falle eines dreidimensionalen Komplexes K die Ketten $D(\sigma^1) \in C_2(K')$ und $D(\sigma^2) \in C_1(K')$ aussehen. Zwei wichtige theoretische Konzepte werden dabei schon jetzt im Überblick klar:

Transversalität: Die Ketten $\sigma^p \in C_p(K)$ und $D(\sigma^p) \in C_{n-p}(K')$ schneiden sich *transversal* in einem Punkt, und zwar im Schwerpunkt von σ^p. Dies entspricht übrigens der Tatsache, dass sich im Fall der Dimension n ein p-dimensionaler und ein $(n-p)$-dimensionaler Teilraum, die sich in allgemeiner Lage befinden, stets in einem Punkt transversal schneiden (POINCARÉ selbst hat seine Dualität übrigens auf Basis der Anzahl solcher Schnitte gezeigt, was hier aber zu weit vom Weg abführen würde).

Orientierbarkeit: Sie erkennen, wie wichtig die *Orientierungen* der Simplizes bei der Konstruktion sind – wir werden hier im weiteren Verlauf auch etwas konkreter werden müssen, um die Konstruktion zu präzisieren. Fürs Erste soll es aber genügen, die gleiche – man sagt auch: *kohärente* – Orientierung benachbarter n-Simplizes in K und K' zu betonen, sowie die Tatsache, dass die Homomorphismen D nur bis auf das Vorzeichen eindeutig festgelegt sind. So wäre im obigen Beispiel eine Definition der Form $D(\sigma^1) = -e_1 - e_2$ durchaus möglich. Insgesamt sehen Sie aber schon anhand dieser informellen Beispiele, dass die (globale) Orientierbarkeit der Mannigfaltigkeit $M = |K|$ von entscheidender Bedeutung sein wird.

Nach den ersten, motivierenden Versuchen wollen wir nun daran gehen, die Konstruktion zu verallgemeinern und gleichzeitig zu präzisieren. Auch wenn das zum Teil etwas technisch wird, möchte ich dieses wichtige und großartige Resultat ausführlich behandeln. Denken Sie einfach immer an die Dimensionen $n = 2$ oder $n = 3$, um den Überblick zu behalten.

Der erste Schritt besteht darin, den Komplex K' der baryzentrischen Unterteilung allgemein und kombinatorisch exakt zu definieren.

Definition (Baryzentrische Unterteilung)

Wir betrachten einen simplizialen Komplex K. Für jedes Simplex $\sigma \in K$ sei dessen baryzentrischer Schwerpunkt mit $\hat{\sigma}$ bezeichnet (vergleichen Sie dies auch mit Seite 161). Die **baryzentrische Unterteilung** $K' < K$ wird dann definiert wie folgt:

Eckpunkte: Die Eckpunkte von K' sind genau die Schwerpunkte $\hat{\sigma}$ aller Simplizes $\sigma \in K$. Beachten Sie, dass für Ecken $\sigma^0 \in K$ stets $\sigma^0 = \hat{\sigma}^0$ ist.

Simplizes: Ein Simplex $[\hat{\sigma}^{i_0}, \hat{\sigma}^{i_1}, \ldots, \hat{\sigma}^{i_k}]$ ist genau dann in K' enthalten, wenn alle i_r-Simplizes σ^{i_r} in K liegen und die Eigenschaft

$$\sigma^{i_0} \subset \sigma^{i_1} \subset \ldots \subset \sigma^{i_k}$$

besitzen. Man spricht in diesem Fall auch von einer **Inzidenzfolge** der Simplizes σ^{i_r}, $0 \leq r \leq k$.

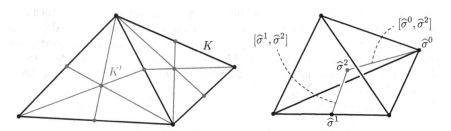

Bitte versuchen Sie, sich diese etwas technische Definition anhand von Beispielen in den Dimensionen $k = 2$ und $k = 3$ klarzumachen. Insbesondere die doppelte Indizierung mit den i_r ist auf den ersten Blick vielleicht verwirrend. Im Bild rechts ist angedeutet, dass zwar stets $i_r \geq r$ ist sowie $i_r < i_s$ für $r < s$, aber natürlich keinesfalls immer $i_r = r$ sein muss.

Wir sind jetzt in der Lage, die Abbildung $D : C_p(K) \to C_{n-p}(K')$ aus den obigen Beispielen exakt zu definieren. Als Generalvoraussetzung für alles, was nun folgt, wollen wir zur Vereinfachung der Notationen bei einem Simplex σ^p je nach Kontext sowohl den zugrunde liegenden topologischen Raum, also das Polyeder $|\sigma^p|$, als auch einen Simplizialkomplex zusammen mit allen seinen Seiten meinen. Dito für Vereinigungen von Simplizes, die im Kontext eines Komplexes dann folgerichtig als Summen zu verstehen sind und nun eine wichtige Rolle spielen.

Definition und Satz (duale Teilräume)
Wir betrachten den Simplizialkomplex K einer geschlossenen n-dimensionalen Mannigfaltigkeit (also kompakt und ohne Rand) sowie dessen baryzentrische Unterteilung K'. Für ein p-Simplex $\sigma^p \in K$ sei dann $D(\sigma^p)$ der Teilraum aller Simplizes in K', welche die Form $[\widehat{\sigma}^p, \widehat{\tau}^{p+1}, \ldots, \widehat{\tau}^n]$ haben für eine Inzidenzfolge von Simplizes τ^r mit $p < r \leq n$, die σ^p als echte Seite enthalten. Durch lineare Fortsetzung entsteht so ein Homomorphismus

$$D : C_p(K) \longrightarrow C_{n-p}(K').$$

Man nennt $D(\sigma^p)$ den **dualen Teilraum** von σ^p. Analog dazu sei der Teilraum $\partial D(\sigma^p)$ in K' definiert als der Teilraum aller Simplizes in K', welche die Form $[\widehat{\tau}^{p+1}, \ldots, \widehat{\tau}^n]$ haben, wobei σ^p eine echte Seite aller τ^r ist, $p < r \leq n$.

Es ist $\dim D(\sigma^p) = n - p$ und $\dim \partial D(\sigma^p) = n - p - 1$. Als topologischer Raum ist $\partial D(\sigma^p)$ tatsächlich der Rand von $D(\sigma^p)$ und es gilt die Beziehung

$$\partial D(\sigma^p) = \bigcup_{\sigma^p \subset \tau} D(\tau).$$

Der Rand von $D(\sigma^p)$ besteht also aus den Teilräumen $D(\tau)$ aller Simplizes $\tau \in K$, bei denen σ^p im Rand liegt.

Den simplizialen Abschluss $\mathrm{cl}\big(D(\sigma^p)\big)$ bezeichnet man in der Literatur übrigens auch als **dualen Teilkomplex** von σ^p. Wie oben schon angedeutet, machen wir hier der Einfachheit halber aber keinen Unterschied.

Die Bezeichnung „dualer Teilraum" bitte ich Sie zunächst einfach hinzunehmen, deren Herkunft werden Sie bald verstehen. Beachten Sie auch, dass durch die Notation $[\widehat{\sigma}^p, \widehat{\tau}^{p+1}, \ldots, \widehat{\tau}^n]$ der Simplizes noch keine Orientierungen vorgegeben sind (das kommt erst später). Es geht hier nur um $D(\sigma^p)$ als topologischen Raum, ohne Orientierung. Die folgende Grafik zeigt einige Beispiele für den Homomorphismus $D : C_p(K) \to C_{n-p}(K')$.

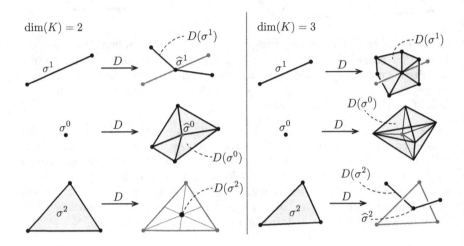

Wir haben mit dieser Definition ein mächtiges Konstrukt aufgebaut, der geometrische Zusammenhang zwischen p-Ketten und $(n - p)$-Ketten zeigt ohne Zweifel, dass wir mit dem anfänglichen Symmetrieproblem auf einem guten Weg sind und vielleicht eine Goldader gefunden haben, die wir mit Spannung weiter verfolgen.

Es gibt ein paar Dinge zu **beweisen**. Die Dimensionsformeln stimmen, denn die Inzidenzfolgen gehen immer bis zu einem n-Simplex (K' ist eine Mannigfaltigkeit) und die Eckpunkte $\widehat{\sigma}^p$ sowie $\widehat{\tau}^r$, $p < r \le n$, befinden sich in allgemeiner Lage.

Für die restlichen Aussagen des Satzes müssen wir uns die Konstruktion $D(\sigma^p)$ noch genauer ansehen.

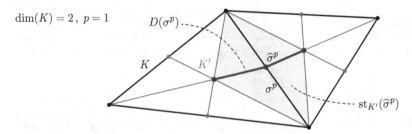

In der Abbildung erkennen Sie, dass wir $D(\sigma^p)$ aus dem Stern $\mathrm{st}_{K'}(\widehat{\sigma}^p)$ von $\widehat{\sigma}^p$ gewinnen können. Dieser Stern ist eine Umgebung von $\widehat{\sigma}^p$ in K', weil K' eine Mannigfaltigkeit ist. Der Teilraum $D(\sigma^p)$ besteht dann (als Komplex) aus allen Simplizes von $\mathrm{st}_{K'}(\widehat{\sigma}^p)$, die keinen Eckpunkt mit σ^p gemeinsam haben. Das ist klar, denn $\widehat{\sigma}^p$ ist kein Eckpunkt von σ^p und bei den nachfolgenden $\widehat{\tau}^r$, $p < r \leq n$, entfernt man sich immer weiter von σ^p. So gesehen, kann der Komplex $D(\sigma^p)$ innerhalb von K' als ein $(n-p)$-dimensionaler Stern von $\widehat{\sigma}^p$ interpretiert werden, der σ^p in dessen Schwerpunkt transversal schneidet. Es gilt dann insbesondere $D(\sigma^p) \cap \sigma^p = \widehat{\sigma}^p$. In der Abbildung ist dies für $n = 2$ und $p = 1$ dargestellt.

Den Teilraum $D(\sigma^p)$ können wir uns als einen $(n-p)$-dimensionalen simplizialen Stern in $K' \setminus K$ vorstellen, der in gewisser Weise „senkrecht" auf σ^p steht (er könnte in den höheren Dimensionen $n-p+1,\ldots,n$ wie ein Fächer gefaltet sein). Wir schreiben für diesen Stern $\mathrm{st}_{K'\setminus K}^{n-p}(\widehat{\sigma}^p)$. Dessen Rand ist dann offensichtlich der $(n-p-1)$-dimensionale Link $\mathrm{lk}_{K'\setminus K}^{n-p-1}(\widehat{\sigma}^p)$.

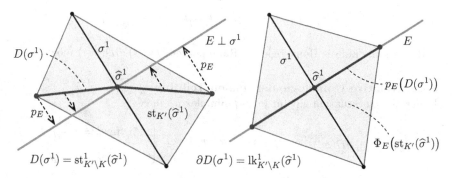

Wir nehmen jetzt die $(n-p)$-dimensionale Ebene E, die senkrecht auf σ^p steht und durch den Punkt $\widehat{\sigma}^p$ verläuft. Sie schneidet σ^p in genau diesem Punkt und enthält ebenfalls keine Ecke von σ^p. Lokal um den Schwerpunkt $\widehat{\sigma}^p$ kann $\mathrm{st}_{K'}(\widehat{\sigma}^p)$ dann entlang der senkrechten Projektion p_E von $D(\sigma^p)$ auf E transformiert werden, der zugehörige Homöomorphismus sei mit Φ_E bezeichnet. Das Bild $\Phi_E\big(D(\sigma^p)\big)$ ist in der Umgebung $U = \sigma^p \times E$ von $\widehat{\sigma}^1$ ein $(n-p)$-dimensionaler Stern $\Phi_E\big(\mathrm{st}_{K'\setminus K}^{n-p}(\widehat{\sigma}^p)\big)$ innerhalb der Ebene E. Daraus folgt, dass $D(\sigma^p) = \mathrm{st}_{K'\setminus K}^{n-p}(\widehat{\sigma}^p)$ tatsächlich eine $(n-p)$-dimensionale Umgebung von $\widehat{\sigma}^p$ bildet.

Durch Weglassen aller Simplizes von $D(\sigma^p)$, die den Eckpunkt $\widehat{\sigma}^p$ enthalten, entsteht dann wie behauptet der topologische Rand von $D(\sigma^p)$. Es bleiben dabei von den Simplizes des Teilraums $\partial D(\sigma^p)$ genau die $[\widehat{\tau}^{p+1},\ldots,\widehat{\tau}^n]$ übrig.

Die abschließende Mengen-Beziehung $\partial D(\sigma^p) = \bigcup_{\sigma^p \subset \tau} D(\tau)$ ist ganz einfach und folgt ohne Schwierigkeiten aus den Definitionen der Mengen $\partial D(\sigma^p)$ und $D(\tau)$, was Ihnen als kleine **Übung** empfohlen sei. $\qquad\square$

Eine Bemerkung noch dazu. Die Gleichung

$$\partial D(\sigma^p) = \bigcup_{\sigma^p \subset \tau} D(\tau)$$

liefert einen weiteren Hinweis auf eine Art Dualität in der simplizialen Homologie, genauer in der Beziehung der Simplizes zu ihren Rändern: Das Simplex σ^p liegt demnach im Rand von τ offenbar genau dann, wenn umgekehrt $D(\tau)$ im Rand von $D(\sigma^p)$ liegt, wie die folgende Abbildung zeigt.

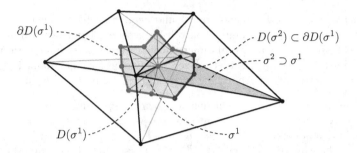

Als interessante Folgerung können wir festhalten, dass wegen der Homöomorphie

$$\left(D(\sigma^p), \partial D(\sigma^p)\right) \cong \left(\mathrm{st}_{K' \backslash K}^{n-p}(\widehat{\sigma^p}), \mathrm{lk}_{K' \backslash K}^{n-p-1}(\widehat{\sigma^p})\right)$$

ein Rückschluss auf die Homologie des Raumpaares $\left(D(\sigma^p), \partial D(\sigma^p)\right)$ möglich ist.

Satz (Relative Homologie der dualen Teilräume)
In der obigen Situation gilt für jedes p-Simplex σ^p in K

$$H_k\left(D(\sigma^p), \partial D(\sigma^p)\right) \cong H_k(D^{n-p}, S^{n-p-1}) \cong \begin{cases} \mathbb{Z} & \text{für } k = n-p \\ 0 & \text{für } k \neq n-p \end{cases}$$

Der **Beweis** ist bereits erbracht, er folgt aus der obigen Homöomorphie von Raumpaaren und der früheren Berechnung der Link-Homologie von Ecken eines Simplizialkomplexes (Seite 275 f, beachten Sie hierfür, dass K in dem Satz eine geschlossene, polyedrische Mannigfaltigkeit ist). $\qquad\square$

Nun können wir aus den $D(\sigma^p)$ eine mächtige Maschinerie aufbauen. Der entscheidende Schritt zur Poincaré-Dualität besteht darin, neben den dualen, zu σ^p *transversal* liegenden Teilräumen $D(\sigma^p)$ jetzt auch die *Orientierung* der Simplizes zu berücksichtigen.

Wenn wir im Folgenden also von einem k-Simplex $\sigma^k = [x_0, \ldots, x_k]$ sprechen, meinen wir damit auch eine spezielle Orientierung dieses Simplex, die durch die Reihenfolge seiner Eckpunkte gegeben ist.

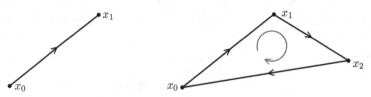

Das Vertauschen zweier Eckpunkte bewirkt die Umkehr der Orientierung, bei einer erneuten Vertauschung entsteht wieder die ursprüngliche Orientierung. So wird klar, dass bei einer geraden Anzahl von Vertauschungen (das sind genau die *geraden* Permutationen) die Orientierung erhalten bleibt, und bei einer ungeraden

Anzahl von Vertauschungen (also *ungeraden* Permutationen) die entgegengesetzte Orientierung entsteht. Dies ermöglicht folgende Definition.

Definition (Orientierung von Simplizes)
Die Reihenfolge der Eckpunkte eines k-Simplex $\sigma^k = [x_0, \ldots, x_k]$ definiert dessen **Orientierung**. Alle geraden Permutationen p (Seite 398) auf der Indexmenge definieren die gleiche Orientierung $[x_{p(0)}, \ldots, x_{p(k)}]$ von σ^k. Die Vertauschung zweier Eckpunkte definiert die entgegengesetzte Orientierung von σ^k, die auch mit einem negativen Vorzeichen als $-[x_0, \ldots, x_k]$ notiert wird. Formal kann die Orientierung also als Äquivalenzklasse der Punktfolge $(x_0, \ldots, x_k)$ modulo der Untergruppe der geraden Permutationen auf der Indexmenge interpretiert werden.

Jede Orientierung $[x_0, \ldots, x_k]$ von σ^k induziert über den Randoperator

$$\partial[x_0, \ldots, x_k] = \sum_{i=0}^{k} (-1)^i [x_0, \ldots, \widehat{x_i}, \ldots, x_k]$$

automatisch eine Orientierung der Seitenflächen von σ^k. Falls zwei k-Simplizes eine gemeinsame Seitenfläche (der Dimension $k-1$) haben, so nennt man sie **benachbart**. Zwei benachbarte k-Simplizes heißen **kohärent orientiert**, wenn sie auf ihrer gemeinsamen Seitenfläche über die Randbildung entgegengesetzte Orientierungen induzieren.

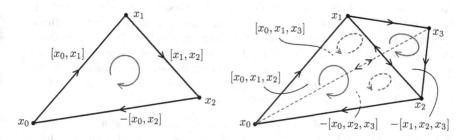

Mit diesen Definitionen ausgestattet können wir jetzt die Orientierung einer simplizialen Mannigfaltigkeit präzisieren.

Definition (Orientierung einer simplizialen Mannigfaltigkeit)
Es sei M eine n-dimensionale simpliziale Mannigfaltigkeit, mit oder ohne Rand. Man nennt M dann **orientierbar**, wenn allen n-Simplizes eine feste Orientierung gegeben werden kann, sodass mit diesen Orientierungen alle benachbarten n-Simplizes kohärent orientiert sind. Eine festgelegte Auswahl an kohärenten Orientierungen für die n-Simplizes von M definiert in diesem Fall eine (von zwei möglichen) **Orientierungen** der Mannigfaltigkeit.

Beachten Sie, dass die Orientierungen in dieser Definition ein für allemal fixiert sein müssen, man sie also nicht individuell für jedes Paar benachbarter Simplizes aussuchen darf (was ja immer kohärent möglich wäre). Wir kommen damit zu einem zentralen Begriff für orientierbare Mannigfaltigkeiten.

Definition und Satz (Fundamentalzyklus)
Es sei M eine kompakte, orientierbare n-dimensionale simpliziale Mannigfaltigkeit mit Rand ∂M, zusammen mit einer Orientierung, die durch eine kohärente Menge von Orientierungen all ihrer n-Simplizes σ_λ^n, $1 \leq \lambda \leq r$ gegeben ist. Dann gilt

$$H_n(M, \partial M) \cong \mathbb{Z}, \quad \text{mit einem Generator der Form} \quad \mu_M = \sum_{\lambda=1}^{r} \sigma_\lambda^n.$$

Falls M geschlossen ist, also $\partial M = \varnothing$, so ist entsprechend $H_n(M) \cong \mathbb{Z}$. Man nennt μ_M einen **Fundamentalzyklus** von $(M, \partial M)$. Er ist bis auf das Vorzeichen eindeutig bestimmt und legt eine Orientierung der Mannigfaltigkeit fest.

Was hier zu **beweisen** ist, geht schnell. Die relative Kettengruppe $C_n(M, \partial M)$ ist erzeugt von den σ_λ^n, hat also Elemente der Form

$$c = \sum_{\lambda=1}^{r} a_\lambda \sigma_\lambda^n, \quad a_\lambda \in \mathbb{Z}.$$

Da benachbarte n-Simplizes kohärent orientiert sind, müssen im Fall $\partial c = 0$ alle Koeffizienten a_λ übereinstimmen, denn die gemeinsamen $(n-1)$-Seitenflächen liegen nicht in ∂M, müssen sich also bei der Randbildung gegenseitig aufheben. Es geht dabei ein, dass M eine Mannigfaltigkeit ist, also bei $r \geq 2$ jedes n-Simplex mindestens einen Nachbarn hat. Sie sehen hier das gleiche Argument wie früher, als die Orientierbarkeit von T^2 noch recht informell besprochen wurde (Seite 234). Damit sind die relativen n-Zyklen in $Z_n(M, \partial M)$ von $\mu_M \neq 0$ erzeugt, und wegen $C_{n+1}(M, \partial M) = 0$ folgt die Behauptung. $\qquad\square$

In der Tat mag das Beispiel des ebenen Bauplans von T^2 hier eine Hilfe sein. Die Triangulierung des Quadrats $Q = [0,3]^2$ in der Abbildung mit den 18 kohärent orientierten Dreiecken $\sigma_1^2, \ldots, \sigma_{18}^2$ liefert über

$$\mu_Q = \sum_{k=1}^{18} \sigma_k^2$$

einen (relativen) Fundamentalzyklus $\mu_Q \in H_2(Q, \partial Q)$.

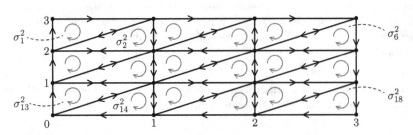

Offenbar ist diese Gruppe isomorph zu $\mathbb{Z}$, denn alle inneren Kanten müssen entgegengesetzt orientiert sein, um sich bei der Randbildung aufzuheben und somit modulo ∂Q einen Zyklus zu ergeben. Demnach müssen alle σ_k^2 den gleichen Koeffizienten tragen und als Konsequenz ist μ_Q dann ein Generator von $H_2(Q, \partial Q)$.

Nun werden bei der Quotientenabbildung $\varphi : Q \to T^2$ die gegenüberliegenden Seiten entlang von Senkrechten zu diesen Seiten so verklebt, dass mit T^2 eine geschlossene Mannigfaltigkeit entsteht. Durch die Verklebung der außen liegenden Simplizes σ_k^2 entsteht eine natürliche Triangulierung des Torus und φ ist diesbezüglich eine simpliziale Abbildung. Die Kette $\varphi_\#(\mu_Q) \in C_2(T^2)$ ist dabei ein Zyklus, denn ihre Kanten heben sich bei der Randbildung gegenseitig auf. Beachten Sie, dass dies auch an den Verklebungsstellen der Fall ist, wo die Kanten entgegengesetzt orientiert sind. Der Zyklus $\varphi_\#(\mu_Q)$ ist somit ein Fundamentalzyklus von T^2, und mit dem gleichen Argument wie oben sieht man $H_2(T^2) \cong \mathbb{Z}$.

Wir sind jetzt in der Lage, die zentralen Schritte für die POINCARÉ-Dualität vorzubereiten. Hierzu erstellen wir aus den dualen Ketten $D(\sigma^p)$ einen *dualen Kettenkomplex* der Mannigfaltigkeit.

10.2 Der duale Kettenkomplex

Die relative Homologie der dualen Teilräume (Seite 414) erlaubt mit den Bezeichnungen aus dem vorigen Abschnitt die Definition einer sehr interessanten Untergruppe von $C_{n-p}(K')$. Da

$$H_{n-p}\big(D(\sigma^p), \partial D(\sigma^p)\big) \cong \mathbb{Z}$$

ist, gibt es dafür zwei Generatoren. Sie seien mit σ^{p*} und $-\sigma^{p*}$ bezeichnet. Das Element σ^{p*} können Sie sich vorstellen als Summe der $(n-p)$-Simplizes in $D(\sigma^p)$, und zwar so orientiert, dass der homologische Rand $\partial\sigma^{p*}$ in $\partial D(\sigma^p)$ liegt.

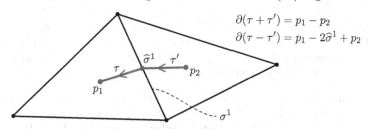

Beachten Sie bitte den Unterschied zwischen topologischem und homologischem Rand. Wäre zum Beispiel in der Abbildung das Simplex τ' entgegengesetzt orientiert, so ergäbe sich zwar (als Menge) der gleiche topologische Rand $\{p_1, p_2\}$, aber als Komplex interpretiert würde der Randoperator $\partial(\tau + \tau')$ den Zyklus $p_1 - 2\widehat{\sigma}^1 + p_2$ liefern, mithin eine Komponente außerhalb von $\partial D(\sigma^1)$. Wenn wir also von einem solchen Generator σ^{p*} sprechen, ist damit stets auch eine spezielle Orientierung der Simplizes in $D(\sigma^p)$ gemeint. Beachten Sie nur, dass diese Orientierungen nicht mit denen übereinstimmen, welche durch die ursprüngliche Definition von $D(\sigma)$ als topologischer Teilraum vorgegeben wäre (Seite 411, dort spielten Orientierungen noch keine Rolle).

Definition (Fundamentalzyklus des dualen Teilraumes)
In der obigen Situation sei wieder $\sigma^p \in K$. Dann nennt man den (bis auf
ein orientierendes Vorzeichen) eindeutigen Generator der relativen Gruppe
$H_{n-p}\big(D(\sigma^p), \partial D(\sigma^p)\big)$, also das Element

$$\sigma^{p*} \in C_{n-p}(K'),$$

einen **Fundamentalzyklus** des zu σ^p dualen Teilraumes $D(\sigma^p)$.

Alternativ liest man bei σ^{p*} in der Literatur auch den Begriff **orientierter dualer
Teilraum**. Damit ist gemeint, dass durch die Auswahl eines solchen Generators
der duale Teilraum von σ^p eine (sinnvolle) Orientierung erhält. Der nun folgende
Satz ist einer der Meilensteine auf dem Weg zur Poincaré-Dualität.

Definition und Satz (dualer Kettenkomplex)
Mit den obigen Bezeichnungen sei für $0 \le p \le n$

$$C_p^*(K') \subset C_p(K')$$

die von allen orientierten dualen Teilräumen $\sigma^{(n-p)*}$ erzeugte Untergruppe.
Deren Elemente nennt man **duale Ketten**, die Gruppe $C_p^*(K')$ heißt **duale
Kettengruppe**.

Damit gilt $\partial C_p^*(K') \subset C_{p-1}^*(K')$, weswegen $C^*(K')$ ebenfalls ein Komplex ist.
Man nennt ihn den **dualen Kettenkomplex** von $C(K')$. Ferner induzieren
die Inklusionen $i : C_p^*(K') \hookrightarrow C_p(K')$ für alle $0 \le p \le n$ Isomorphismen

$$i_* : H_p\big(C^*(K')\big) \longrightarrow H_p\big(C(K')\big) = H_p(K').$$

Die dualen Kettengruppen $C^*(K')$ liefern also eine völlig andere Methode, die
Homologie von K' (und damit von K) zu berechnen. Das ist überraschend, weil
die Gruppen $C_p^*(K')$ viel kleiner sind als die $C_p(K')$ und viel gröber gestrickte,
blockartige Bausteine enthalten.

Für den **Beweis** sehen wir uns die dualen Kettengruppen genauer an. Deren
Generatoren sind die $\sigma^{(n-p)*}$, also Fundamentalzyklen der $D(\sigma^{n-p})$, deren homologischer Rand $\partial\sigma^{(n-p)*}$ im topologischen Rand $\partial D(\sigma^{n-p})$ liegt.

$p = 2,\ n - p = 1$

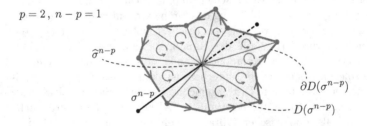

Die p-Simplizes von $\sigma^{(n-p)*}$ sind also derart orientiert, dass sich deren Ränder im Innern von $\sigma^{(n-p)*}$ aufheben und nur die Seitenflächen im $(p-1)$-dimensionalen Rand übrig bleiben. Da die Menge von $\sigma^{(n-p)*}$ ein p-dimensionaler Stern (transversal auf σ^{n-p}) um den Punkt $\widehat{\sigma}^{n-p}$ ist (Seite 412), heben sich bei der Bildung des Randes $\partial\sigma^{(n-p)*}$ genau die $(p-1)$-Simplizes auf, welche $\widehat{\sigma}^{n-p}$ als Ecke haben.

Daraus lässt sich (als Zwischenresultat) eine Charakterisierung der dualen Ketten mit deren Trägermengen gewinnen. Hierzu definieren wir zunächst diese Träger.

Definition und Hilfssatz 1 für obigen Beweis (duale p-Gerüste)
Wir betrachten für $0 \leq p \leq n$ die Mengen

$$\mathcal{D}^p = \bigcup_{\sigma^{n-p} \in K} D(\sigma^{n-p}),$$

mithin die Vereinigung aller dualen Teilräume der $(n-p)$-Simplizes von K. Man nennt sie die **dualen p-Gerüste** von K. Diese ergeben eine Ausschöpfung

$$\mathcal{D}^0 \subset \mathcal{D}^1 \subset \ldots \subset \mathcal{D}^n = K'.$$

Die Beziehung $\mathcal{D}^p \subset \mathcal{D}^{p+1}$ für $p < n$ folgt direkt aus der Definition der dualen Teilräume (Seite 411) über die Simplizes $[\widehat{\sigma}^q, \widehat{\tau}^{q+1}, \ldots, \widehat{\tau}^n]$. Für $\mathcal{D}^n = K'$ muss man verwenden, dass die dualen Teilräume der Ecken von K als n-Sterne die ganze Mannigfaltigkeit überdecken. Beachten Sie, dass $\mathcal{D}^p$ für $p < n$ nicht das gewöhnliche p-Gerüst von K' ist, sondern nur aus den p-Simplizes besteht, welche die $(n-p)$-Simplizes von K in deren Schwerpunkten transversal schneiden. Damit können die dualen Ketten (als weiteres Zwischenresultat) mit einer mengentheoretischen Eigenschaft charakterisiert werden.

Hilfssatz 2 für obigen Beweis (Charakterisierung dualer Ketten)
Eine Kette $c \in C_p(K')$ ist genau dann Element der Gruppe $C_p^*(K')$, wenn ihre Simplizes in der Menge $\mathcal{D}^p$ liegen und ihr (homologischer) Rand ∂c in $\mathcal{D}^{p-1}$.

Machen wir uns hierfür zunächst klar, dass alle dualen Ketten dieses Kriterium erfüllen. Der Kürze halber sei dazu $q = n - p$. Wird dann der Randoperator auf ein σ^{q*} angewendet, so entstehen aus all seinen Teilen $[\widehat{\sigma}^q, \widehat{\tau}^{q+1}, \ldots, \widehat{\tau}^n]$ durch Randbildung (Wegnahme der Ecke $\widehat{\sigma}^q$) Simplizes der Form $[\widehat{\tau}^{q+1}, \widehat{\tau}^{q+2}, \ldots, \widehat{\tau}^n]$. Betrachten wir hierbei ein $\sigma^{q+1} = \tau^{q+1}$ als konstant, so werden auch hier alle möglichen Inzidenzfolgen $\sigma^{q+1} \subset \tau^{q+2} \subset \ldots \subset \tau^n$ durchlaufen, womit dieser Teil von ∂c im dualen Teilraum $\sigma^{(q+1)*}$ liegt. Wendet man dieses Argument auch für die anderen τ^{q+1} an, so folgt $\partial c \subseteq \mathcal{D}^{p-1}$.

Für die Umkehrung nehmen wir eine p-Kette $c \in C_p(K')$, bei der alle Summanden auf $\mathcal{D}^p$ liegen und alle Summanden von ∂c auf $\mathcal{D}^{p-1}$. Falls dann c keine duale Kette wäre, also nicht die Form $c = \sum_{j=1}^{l} a_j \tau_j^{q*}$ hätte, dann gäbe es einen Index $1 \leq j_0 \leq l$, sodass $c \cap \tau_{j_0}^{q*}$ kein Vielfaches des Fundamentalzyklus $\tau_{j_0}^{q*}$ ist.

Beachten Sie, dass die Fundamentalzyklen zweier Teilräume $D(\tau_1^q) \neq D(\tau_2^q)$ keine p-Simplizes gemeinsam haben können, denn die unterscheiden sich mindestens um die Eckpunkte $\widehat{\tau}_1^q \neq \widehat{\tau}_2^q$. Eine Abweichung bei j_0 kann so von keinem anderen Summanden in c korrigiert werden.

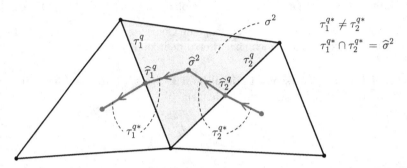

$$\tau_1^{q*} \neq \tau_2^{q*}$$
$$\tau_1^{q*} \cap \tau_2^{q*} = \widehat{\sigma}^2$$

Damit enthält ∂c mindestens ein $(p-1)$-Simplex ρ^{p-1} von $\tau_{j_0}^{q*}$, dessen Inzidenzfolge mit dem Punkt $\widehat{\tau}_{j_0}^q$ beginnt. Der Grund hierfür ist wieder von derselben Art: Alle Teile von c aus den anderen Teilräumen haben ihre Ränder nicht am Punkt $\widehat{\tau}_{j_0}^q$, denn dieser Punkt gehört als innerer Punkt allein $\tau_{j_0}^{q*}$. Die anderen Teilräume können daher auch hier nicht ausgleichend wirken. Der Ausreißer ρ^{p-1} liegt dann nicht in der Menge $\mathcal{D}^{p-1}$, denn deren Simplizes haben nur Inzidenzfolgen, die bei Dimension $q+1$ beginnen – im Widerspruch zu unserem Kriterium. Also muss die Kette c eine duale Kette sein und Hilfssatz 2 ist bewiesen.

Halten wir kurz inne. Es ist schon bemerkenswert, wie die dualen Ketten mit ihren starren und blockartigen Verstrebungen wie ein kompliziertes Räderwerk funktionieren, hochpräzise und in beliebigen Dimensionen anwendbar. Ein geniales Gerüst aus Gedanken und Formen, das bald in ein furioses Finale münden wird.

Doch zurück zur Sache, wir sind mitten im Beweis des Satzes über den dualen Kettenkomplex. Offensichtlich ist mit dem Kriterium $\partial C_p^*(K') \subset C_{p-1}^*(K')$, denn wir haben für ein $c \in C_p^*(K')$ gerade $\partial c \subseteq \mathcal{D}^{p-1}$ gesehen und wegen $\partial(\partial c) = 0$ gilt offensichtlich $\partial(\partial c) \subseteq \mathcal{D}^{p-2}$, woraus nach dem Kriterium $\partial c \in C_{p-1}^*(K')$ folgt.

Damit ist $\left(C^*(K'), \partial\right)$ ein Kettenkomplex und es bleibt noch zu verifizieren, dass $i_* : H_p\left(C^*(K')\right) \to H_p(K')$ ein Isomorphismus ist. Hierfür stellen wir zunächst fest, dass

$$C_p^*(K') \cong H_p(\mathcal{D}^p, \mathcal{D}^{p-1})$$

ist. Die Isomorphie wird induziert von der Inklusion $C_p^*(K') \hookrightarrow C_p(\mathcal{D}^p)$, denn alle dualen p-Ketten haben nach der obigen Charakterisierung ihren Rand in $\mathcal{D}^{p-1}$ und definieren daher (als relative Zyklen) Elemente in der Gruppe $H_p(\mathcal{D}^p, \mathcal{D}^{p-1})$. Diese Zuordnung ist surjektiv, denn (wieder mit der Charakterisierung) kommt jeder relative Zyklus in $C_p(\mathcal{D}^p, \mathcal{D}^{p-1})$ von einer dualen Kette in $C_p^*(K')$. Die Injektivität der Zuordnung ist trivial, denn es gibt in $\mathcal{D}^p$ keine p-Ränder.

Mit dieser Erkenntnis können wir einen bemerkenswerten Rückschluss in das Kapitel über CW-Komplexe machen. Der duale Kettenkomplex $\left(C^*(K'), \partial\right)$ kann jetzt (auf Basis natürlicher Inklusionen) als

$$\cdots \longrightarrow H_{p+1}(\mathcal{D}^{p+1}, \mathcal{D}^p) \longrightarrow H_p(\mathcal{D}^p, \mathcal{D}^{p-1}) \longrightarrow H_{p-1}(\mathcal{D}^{p-1}, \mathcal{D}^{p-2}) \longrightarrow \cdots$$

geschrieben werden und wir müssen zeigen, dass dessen Homologiegruppen die simpliziale Homologie von K' ergeben. Blättern Sie nun zurück auf Seite 352. Dort wurde der zelluläre Kettenkomplex eines CW-Komplexes X auf analoge Weise eingeführt. Auch seine Homologie haben wir – mit einer bestimmten Eigenschaft der Gerüste X^r und der relativen Gruppen $H_k(X^r, X^{r-1})$ – als isomorph zur (singulären) Homologie des ganzen Komplexes X erkannt (Seite 355). Diese Eigenschaft lautete (übersetzt in den aktuellen Kontext)

$$H_k(\mathcal{D}^p, \mathcal{D}^{p-1}) = 0 \qquad \text{für alle } k \neq p.$$

Wenn wir diese Beziehung auch hier zeigen, können Sie den Beweis von damals wörtlich übertragen und erhalten die gewünschte Aussage. Die Situation ist in der Tat sehr ähnlich. Hatten wir es damals mit der Ausschöpfung des Raumes durch zelluläre r-Gerüste zu tun, so sind es jetzt die dualen p-Gerüste, welche genau die gleiche Rolle übernehmen.

Um den noch fehlenden Baustein zu liefern, bringen wir die Kombination aus der Homologie guter Raumpaare und Keilprodukte ins Spiel. Offensichtlich ist $(\mathcal{D}^p, \mathcal{D}^{p-1})$ ein gutes Raumpaar, denn $\mathcal{D}^p$ sind alle dualen p-Teilräume (p-Sterne), disjunkt in ihrem Inneren, und $\mathcal{D}^{p-1}$ besteht aus den zugehörigen Links, also aus den Rändern dieser Teilräume. Damit ist nach dem Satz über gute Raumpaare

$$H_k(\mathcal{D}^p, \mathcal{D}^{p-1}) \cong H_k(\mathcal{D}^p / \mathcal{D}^{p-1})$$

für alle $k > 0$ (Seite 276). Im Quotient $\mathcal{D}^p / \mathcal{D}^{p-1}$ wird $\mathcal{D}^{p-1}$ zu einem Punkt zusammengeschlagen, weswegen $\mathcal{D}^p / \mathcal{D}^{p-1}$ das Keilprodukt aller dualen p-Sterne ist, jeweils modulo ihrer Ränder:

$$\mathcal{D}^p / \mathcal{D}^{p-1} = \bigvee_{\sigma^{n-p} \in K} \text{st}^p_{K' \backslash K}(\sigma^{n-p}) \,/\, \text{lk}^{p-1}_{K' \backslash K}(\sigma^{n-p}).$$

Jeder Faktor ist dabei ein gutes Raumpaar, daher gilt nach dem Satz über die Homologie der Keilprodukte (Seite 278)

$$H_k\left(\mathcal{D}^p / \mathcal{D}^{p-1}\right) \cong \bigoplus_{\sigma^{n-p} \in K} H_k\left(\text{st}^p_{K' \backslash K}(\sigma^{n-p}) \,/\, \text{lk}^{p-1}_{K' \backslash K}(\sigma^{n-p})\right).$$

Nun schließt sich der Kreis, denn es ist

$$H_k\left(\text{st}^p_{K' \backslash K}(\sigma^{n-p}) \,/\, \text{lk}^{p-1}_{K' \backslash K}(\sigma^{n-p})\right) \cong H_k\left(\text{st}^p_{K' \backslash K}(\sigma^{n-p}), \text{lk}^{p-1}_{K' \backslash K}(\sigma^{n-p})\right)$$

(wieder wegen gutem Raumpaar) und diese Homologie ist bekannt, es ist die relative Homologie $H_k(D^p, S^{p-1})$ (Seite 414). Wenn Sie nun alles zusammenfassen, ergibt sich die Aussage des Satzes auf Seite 418. $\qquad \square$

Lassen Sie mich kurz festhalten, wo wir gerade stehen. Es ist ein wahrlich bemerkenswertes Resultat gelungen, das hier noch einmal zusammengefasst sei: Die Homologie einer simplizialen geschlossenen n-Mannigfaltigkeit K lässt sich (alternativ) auch aus dem dualen Kettenkomplex $C^*(K')$ der baryzentrischen Unterteilung K' berechnen.

Diese Erkenntnis ist nicht zuletzt getragen von der unglaublichen geometrischen Intuition POINCARÉS, gepaart mit einer visionären Kraft, die in der Mathematik ihresgleichen sucht. Mal ehrlich: Wer kommt schon auf den kühnen Gedanken, die Homologie eines Komplexes könnte allein aus seinen dualen Ketten $C_p^*(K')$ berechnet werden? Die sehen zwar schön aus, müssen aber doch viel strengeren Regeln genügen und sind letztlich aus einem viel gröberen Holz geschnitzt als die gewöhnlichen simplizialen Ketten $C_p(K')$ (in dem Sinne, dass schon die elementaren Bausteine σ^{p*} aus mehreren Simplizes zu festen Strukturen verklebt sind).

Doch damit nicht genug. Die dualen Ketten erlauben nun mit einem weiteren, ebenso kühnen Schritt den Beweis der POINCARÉ-Dualität. Hierbei verlassen wir übrigens den Gedankengang, der auf den originären Ideen von POINCARÉ beruht, und mischen unser Wissen über Homologiegruppen dazu.

10.3 Die Kohomologie simplizialer Komplexe

Machen wir uns noch einmal das Ziel bewusst, dem wir uns nähern. Es geht darum, die Symmetrie $H_p(X) \cong H_{n-p}(X)$ bei geschlossenen n-Mannigfaltigkeiten zu enträtseln – zumindest bei denen, die wir bisher erlebt haben. Genauer betrachtet sind wir auch gar nicht mehr weit davon entfernt, denn eine Zuordnung der Form

$$\sigma^p \mapsto \pm \sigma^{p*} \,,$$

in der wir uns bei jedem Simplex für eines der möglichen Vorzeichen entscheiden, liefert durch lineare Fortsetzung stets einen Isomorphismus

$$\gamma_p : C_p(K) \longrightarrow C_{n-p}^*(K') \,,$$

denn Sie können sich schnell davon überzeugen, dass die Homomorphismen γ_p sowohl injektiv (verschiedene σ^{p*} schneiden sich höchstens in ihren Rändern) als auch surjektiv sind (die dualen Kettengruppen sind gerade von den σ^{p*} erzeugt). Damit ist ein homologischer Bezug zwischen p und $n-p$ hergestellt, und der duale Kettenkomplex $\big(C^*(K'), \partial\big)$ ergibt nach obigem Satz tatsächlich die klassischen Homologiegruppen von K (Seite 418). War's das schon?

Nein, es fehlen noch zwei entscheidende Schritte. Einerseits ergibt eine Isomorphie der Kettengruppen noch keine Isomorphie der Homologiegruppen. Sehen Sie sich dazu das folgende Diagramm an.

$$
\begin{array}{ccccc}
C_{p+1}(K) & \xrightarrow{\partial_{p+1}} & C_p(K) & \xrightarrow{\partial_p} & C_{p-1}(K) \\
\gamma_{p+1} \downarrow & & \gamma_p \downarrow & & \downarrow \gamma_{p-1} \\
C_{n-(p+1)}^*(K') & \xleftarrow{\partial_{n-p}} & C_{n-p}^*(K') & \xleftarrow{\partial_{n-(p-1)}} & C_{n-(p-1)}^*(K') \,.
\end{array}
$$

Das Problem ist offensichtlich, denn die Pfeile der Randoperatoren zeigen in unterschiedliche Richtungen. Damit kann man über die Homologiegruppen der Komplexe nichts sagen. Außerdem wurde bei jedem Index p separat ein Vorzeichen von $\gamma_p(\sigma^p) = \pm\sigma^{p*}$ festgelegt. Das garantiert keinesfalls, dass sich alles zu einem sinnvollen Ganzen fügt. (Dieses Problem lösen wir später auf Seite 438.)

Ein erster Geniestreich liegt nun darin, die Pfeilrichtung in der oberen Zeile umzukehren, indem man von den Gruppen $C_p(K)$ zu den Homomorphismengruppen $\mathrm{Hom}\big(C_p(K), \mathbb{Z}\big)$ übergeht (Seite 399). Man nennt sie die p-**Kokettengruppen** und notiert sie mit einen hochgestellten Index, also mit $C^p(K)$. Wir werden sehen, dass diese einfache Idee die erste Zeile des Diagramms verändert, und zwar zu

$$C^{p+1}(K) \xleftarrow{\;\;\delta^p\;\;} C^p(K) \xleftarrow{\;\;\delta^{p-1}\;\;} C^{p-1}(K)$$

und letztlich zu einer „dualen Homologietheorie" führt. Es handelt sich dabei um die *Kohomologie*, welche 1935 auf der historischen internationalen Konferenz zur Topologie in Moskau das Licht der Welt erblickte. Worum geht es dabei genau?

Noch einmal von vorne: Ausgehend vom Kettenkomplex $\big(C(K), \partial\big)$ eines Simplizialkomplexes K betrachten wir Homomorphismen der Gruppen $C_p(K)$ in die Gruppe $\mathbb{Z}$, also alle Elemente der Menge

$$C^p(K) = \mathrm{Hom}\big(C_p(K), \mathbb{Z}\big).$$

Auch $C^p(K)$ ist eine abelsche Gruppe, man nennt ihre Elemente **Koketten**, also die zu den Ketten dualen Objekte. Die Kokettengruppen werden auf natürliche Weise zu einem Komplex: Betrachten Sie für alle ganzen $p \geq 0$ und $h : C_p(K) \to \mathbb{Z}$ den Homomorphismus

$$C_{p+1}(K) \xrightarrow{\;\partial_{p+1}\;} C_p(K) \xrightarrow{\;h\;} \mathbb{Z}.$$

Für h entsteht dabei mit dem Randoperator ∂_{p+1} ein Element

$$h \circ \partial_{p+1} \in \mathrm{Hom}\big(C_{p+1}(K), \mathbb{Z}\big) = C^{p+1}(K),$$

und das ergibt für alle $p \in \mathbb{Z}$ die **Korandoperatoren**

$$\delta^p : C^p(K) \longrightarrow C^{p+1}(K),$$

deren Verhalten man sich für ein $h \in C^p(K)$ am besten durch die Formel

$$\delta(h) = h \circ \partial$$

merkt – abgekürzt einfach $\delta h = h\partial$. Sie verifizieren sofort, dass $\delta^{p+1}\delta^p$ immer die Nullabbildung ist, woraus schließlich der **Kokettenkomplex**

$$\dots \xrightarrow{\;\delta^{p-2}\;} C^{p-1}(K) \xrightarrow{\;\delta^{p-1}\;} C^p(K) \xrightarrow{\;\delta^p\;} C^{p+1}(K) \xrightarrow{\;\delta^{p+1}\;} \dots$$

entsteht. Damit kommt der Stein ins Rollen, denn die Korandoperatoren zeigen in die aufsteigende Richtung $p \to p+1$. Und so viel haben wir gar nicht geändert, denn klarerweise ist jede Kettengruppe $C_p(K)$ bei einem kompakten, also endlichen Komplex K isomorph zu ihrer dualen Entsprechung $C^p(K)$. Sie müssen dazu nur jedem Simplex σ^p in K den Homomorphismus $\widetilde{\sigma}^p$ zuordnen, der σ^p auf den Generator $1 \in \mathbb{Z}$ abbildet und alle übrigen p-Simplizes auf 0. Damit ist der Weg frei für die Kohomologiegruppen.

Definition (Simpliziale Kohomologiegruppen)
In der oben beschriebenen Situation nennt man den Kern des Homomorphismus
$\delta^p : C^p(K) \to C^{p+1}(K)$ die Untergruppe der p-**Kozyklen** $Z^p(K) \subseteq C^p(K)$.
Das Bild von $\delta^{p-1} : C^{p-1}(K) \to C^p(K)$ sind die p-**Koränder** $B^p(K) \subseteq C^p(K)$
und der Quotient

$$H^p(K) = Z^p(K) \big/ B^p(K)$$

ist schließlich die p-**te (simpliziale) Kohomologiegruppe** von K.

Eine wichtige Bemerkung der Vollständigkeit wegen. Die Definition

$$C^p(K) = \mathrm{Hom}\big(C_p(K), \mathbb{Z}\big)$$

ist nicht die allgemeinste Festlegung. Ähnlich wie in der Homologie die Kettengruppen über den Funktor $\otimes G$ mit Koeffizienten aus einer beliebigen abelschen
Gruppe G untersucht werden, definiert man hier mit dem entsprechenden Funktor,
nämlich dem Hom-Funktor, die p-te Kokettengruppe mit Koeffizienten in G als

$$C^p(K; G) = \mathrm{Hom}\big(C_p(K), G\big),$$

was zur p-ten Kohomologiegruppe $H^p(K; G)$ mit Koeffizienten in G führt. Wir
werden uns aber in den meisten Anwendungen auf den Fall $G = \mathbb{Z}$ beschränken.

Bevor wir die Theorie fortsetzen, soll diese Konstruktion noch aus der historischen
Entwicklung motiviert werden, denn wie in vielen Teilgebieten der Mathematik
waren es auch hier unterschiedliche Strömungen, die große Ideen hervorbrachten.
So wurde bereits der Einfluss analytischer Konzepte auf die Homologietheorie
erwähnt (Seite 222), und ähnlich kann man auch bei der Kohomologie einen
Querbezug zur Analysis feststellen, aus dessen Blickwinkel die dualen Gruppen
$\mathrm{Hom}\big(C_p(K), \mathbb{Z}\big)$ fruchtbar erscheinen mussten. Die wichtige Arbeit stammt in
diesem Fall von G. DE RHAM und ereignete sich Anfang der 1930-er Jahre, also
wenige Jahre vor der Moskauer Konferenz, [22].

Um die Verbindung zwischen Topologie und Analysis zu erklären, betrachten wir
als einfaches Beispiel einen kompakten, eindimensionalen und orientierten Simplizialkomplex K, also einen endlichen, *gerichteten Graph*.

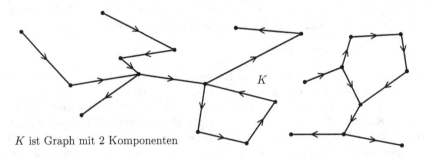

K ist Graph mit 2 Komponenten

Wir wollen eine Vorstellung der Kohomologiegruppen von K bekommen und sehen uns zunächst den Kettenkomplex $0 \to C_1(K) \to C_0(K) \to 0$ an, der uns sofort zum Kokettenkomplex

$$0 \longrightarrow C^0(K) \xrightarrow{\delta} C^1(K) \longrightarrow 0$$

führt. Welche anschauliche Bedeutung haben in diesem Beispiel die Kohomologie-gruppen? Nun ja, für einen Homomorphismus $h : C_0(K) \to \mathbb{Z}$ ist $\delta h = h\partial$, also gilt für ein 1-Simplex (eine Kante) der Form $[v_i, v_j]$

$$\delta h([v_i, v_j]) = h(\partial[v_i, v_j]) = h(v_j - v_i) = h(v_j) - h(v_i).$$

Die Kokette $\delta h \in C^1(K)$ ordnet also jedem Generator $[v_i, v_j]$ den ganzzahligen Wert $\alpha_{ij} = h(v_j) - h(v_i)$ zu. Damit wird die Bestimmung von $H^0(K)$ zu einer einfachen **Übung**: Es kommt $\mathbb{Z}^c$ heraus, wobei c die Zahl der Wegkomponenten von K ist (beachten Sie dazu für ein $h \in C^0(K)$ die Kozyklenbedingung $\delta h = 0$).

Die Gruppe $H^1(K)$ ist interessanter. Sie ist der Quotient von $C^1(K)$ modulo dem Bild von $\delta : C^0(K) \to C^1(K)$. Für ein $h \in C^0(K)$ sei $\alpha = \delta h : C_1(K) \to \mathbb{Z}$ durch die obigen Differenzen α_{ij} gegeben. Sie können sich α als stückweise konstante Funktion $K \to \mathbb{Z}$ vorstellen – bis auf Mehrdeutigkeiten an den Eckpunkten (das wird nichts ausmachen, die Eckpunkte sind bezüglich der Integration eine Null-menge). Es gibt hierfür ein anschauliches Bild: ein Netz aus Wanderwegen im Gebirge. Die Eckpunkte sind die Kreuzungspunkte der Wege und die Funktion h ordnet jedem Kreuzungspunkt seine Meereshöhe zu. Zwischen zwei benachbarten Kreuzungspunkten v_i und v_j beschreibt α_{ij} dann die (ganzzahlige) Anzahl der Höhenmeter, die man auf dem Weg von v_i nach v_j hinter sich lässt.

Nun sei ein Weg γ in K gegeben. Das geschieht durch eine Folge von Eckpunkten $(v_1, \dots, v_k)$, in der für je zwei benachbarte Punkte v_i und v_{i+1} die gerichtete Kante $[v_i, v_{i+1}]$ im Graphen K enthalten sein muss. Nehmen wir dann alle Kanten $[v_i, v_j]$ des Graphen als auf die Einheitslänge normiert an, kann auf naheliegende Weise ein „Integral" des obigen Homomorphismus α über γ definiert werden als

$$\int_\gamma \alpha = \sum_{i=1}^{k-1} \int_{[v_i, v_{i+1}]} \alpha = \sum_{i=1}^{k-1} \alpha_{i(i+1)}$$

$$= \sum_{i=1}^{k-1} \big(h(v_{i+1}) - h(v_i)\big) = h(v_k) - h(v_1).$$

Interpretieren wir den Ausdruck $h(v_k) - h(v_1)$ nun als „Integral" von h über dem (orientierten) Rand $\partial\gamma = v_k - v_1$, erhält man

$$h(v_k) - h(v_1) = \int_{v_k - v_1} h = \int_{\partial\gamma} h$$

und damit insgesamt (beachten Sie $\alpha = \delta h$)

$$\int_\gamma \delta h = \int_{\partial\gamma} h.$$

Dies erinnert ohne Zweifel an den Integralsatz von STOKES, der früher bereits erwähnt wurde (Seite 222). Der Korandoperator δ spielt die Rolle der *Ableitung* einer Differentialform, der Randoperator ∂ die eines (orientierten) topologischen Randes, der Homomorphismus $\delta h = \alpha$ die einer stückweise konstanten 1-Form und h die einer 0-Form (also einer Funktion).

Damit wird eine „analytische" Bedeutung der Gruppe $H^1(K)$ klar. Sie ist (in der großzügigen Interpretation des STOKESschen Integralsatzes) das Hindernis, für einen Homomorphismus $\alpha : C_1(K) \to \mathbb{Z}$ eine „Stammfunktion" $h : C_0(K) \to \mathbb{Z}$ zu finden mit $\delta h = \alpha$. Die folgenden Beispiele motivieren, dass dies im Fall von Graphen in der Tat eine topologische Invariante ist (die Gruppe verschwindet genau dann, wenn der Graph *zyklenfrei* ist, es also keinen Weg gibt, der wieder am Ausgangspunkt ankommt. Man nennt den Graph dann einen *gerichteten Baum*).

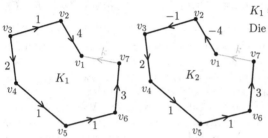

$K_1 \neq K_2$, aber $K_1 \cong K_2$ zyklenfrei. Die (äquivalenten) Kantenfunktionen haben die Stammfunktion

$v_1 \mapsto 0$, $v_2 \mapsto -4$, $v_3 \mapsto -5$, $v_4 \mapsto -3$, $v_5 \mapsto -2$, ...

Nach Hinzunahme von $[v_7, v_1]$ existiert eine Stammfunktion nur noch für $k = -2$.

Die Überlegungen können Sie auch mit 2-dimensionalen Komplexen anstellen. Für eine Menge A aus 2-Simplizes, die eine Kette in $C_2(K)$ darstellen, und beliebige Homomorphismen $h : C_1(K) \to \mathbb{Z}$ gilt dann

$$\int_A \delta h = \int_{\partial A} h \,,$$

was h in der Rolle einer 1-Form und δh als deren Ableitung, also eine 2-Form, erscheinen lässt (das genau durchzuspielen ist eine lohnende **Übung**). Auch hier ist $H^2(K)$ das Hindernis für die „Integrierbarkeit" aller $\alpha : C_2(K) \to \mathbb{Z}$ in obigem Sinne, also die Existenz von „Stammformen" h mit $\delta h = \alpha$.

Diese Sichtweise ermöglicht uns jetzt den Bezug zu der oben bereits erwähnten Arbeit von DE RHAM. Er betrachtete differenzierbare Mannigfaltigkeiten M und reelle Differentialformen darauf, genauer: reelle n-Formen $\omega \in \Omega^n(M; \mathbb{R})$, welche über n-dimensionale Untermannigfaltigkeiten integriert werden (in den Dimensionen $n = 1$ und $n = 2$ sind das Kurven- und Flächenintegrale). Der Differentialoperator d macht dabei aus ω eine reelle $(n + 1)$-Form $d\omega \in \Omega^{n+1}(M; \mathbb{R})$, die über $(n + 1)$-dimensionale Untermannigfaltigkeiten integrierbar ist. Die einfach nachzuweisende Beziehung $dd = 0$ garantiert dann, dass

$$\ldots \xrightarrow{d} \Omega^{n-1}(M; \mathbb{R}) \xrightarrow{d} \Omega^n(M; \mathbb{R}) \xrightarrow{d} \Omega^{n+1}(M; \mathbb{R}) \xrightarrow{d} \ldots$$

ein Kettenkomplex ist (die Gruppenstruktur der $\Omega^n(M; \mathbb{R})$ ist offensichtlich).

DE RHAM untersuchte die Homologiegruppen dieses Komplexes und fand heraus, dass sie nur von der (simplizialen) Homologie der Mannigfaltigkeit abhängen, mithin topologische Invarianten sind.

Darauf näher einzugehen wäre reizvoll, würde jedoch den Rahmen sprengen. Zumindest eine vage Vorstellung kann ich Ihnen aber vermitteln. Man nutzt dabei eine differenzierbare Triangulierung (engl. *smooth triangulation*) $K \to M$. Das sieht (etwas vereinfacht) so aus, als ob die Mannigfaltigkeit mit gekrümmten, glatten Simplizes überzogen ist.

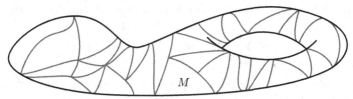

Nun kann ein natürlicher Homomorphismus $\varphi : \Omega^p(M; \mathbb{R}) \to C^p(K; \mathbb{R})$ definiert werden, indem jedes p-Simplex $\sigma^p \in K$ über die glatte Triangulierung $K \to M$ als p-dimensionale Untermannigfaltigkeit $\sigma^p \subset M$ gesehen wird und für eine p-Form $\omega^p \in \Omega^p(M; \mathbb{R})$ die Zuordnung

$$\sigma^p \mapsto \int_{\sigma^p} \omega^p$$

getroffen wird (man nannte diese Integrale die *Perioden* von ω^p bezüglich K). Durch lineare Fortsetzung entsteht mit dieser Festlegung ein wohldefiniertes Element $\varphi(\omega^p) \in C^p(K; \mathbb{R})$. Die Hauptarbeit liegt nun darin, für diesen Homomorphismus eine Art Umkehrung zu finden, also einen Homomorphismus

$$\psi : C^p(K; \mathbb{R}) \longrightarrow \Omega^p(M; \mathbb{R}),$$

der mit den jeweiligen Randoperatoren verträglich ist und (modulo der Koränder) den DERHAM-Isomorphismus

$$\psi^* : H^p(K; \mathbb{R}) \longrightarrow H^p_{DR}(M; \mathbb{R})$$

induziert. Dabei ist $H^p_{DR}(M; \mathbb{R})$ die p-te DERHAM*sche-Kohomologiegruppe* der Mannigfaltigkeit M (sie wurde natürlich erst nach 1935 so genannt, als die Kohomologie topologischer Räume eingeführt war – DE RHAM selbst sprach im Original noch von der „Homologie" des Ω-Komplexes und von „homologen" p-Formen).

Hier erkennen Sie übrigens die Problematik der obigen Beispiele mit Graphen oder 2-Komplexen. Dort war alles nur stückweise differenzierbar, sowohl die lokal konstanten, nur außerhalb der Gerüste K^{p-1} wohldefinierten „Differentialformen" als auch der zugrunde liegende Raum K selbst. Die Aufgabe besteht in unserem Kontext darin, aus einem (diskreten) Homomorphismus $h : C_p(K; \mathbb{R}) \to \mathbb{R}$ eine auf ganz M differenzierbare p-Form $\omega^p \in \Omega^p(M; \mathbb{R})$ zu machen, die mit der obigen

Integration wieder auf h zurückführt – und zwar so, dass die Konstruktion bis auf (Ko-)Homologie eindeutig ist, sich also zwei Ergebnisse ω_1^p und ω_2^p um das Differential einer $(p-1)$-Form $\tau^{p-1} \in \Omega^{p-1}(M; \mathbb{R})$ unterscheiden: $\omega_1^p - \omega_2^p = d\tau^{p-1}$.

Die Konstruktion verwendet eine differenzierbare Teilung der 1 auf M, welche der Überdeckung mit allen offenen Sternen $\overset{\circ}{\mathrm{st}}(v)$ untergeordnet ist, $v \in K^0$. Sind dann

$$g_v : M \longrightarrow \mathbb{R}$$

die Funktionen der Teilung, also $\mathrm{Supp}(g_v) \subset \overset{\circ}{\mathrm{st}}(v)$ und $\sum_v g_v = 1$, so kann für jedes $h \in C^p(K; \mathbb{R})$ das Bild $\psi(h)$ durch lineare Fortsetzung der Zuordnungen

$$\widetilde{\sigma}^p \mapsto p! \sum_{j=0}^{p} (-1)^j g_{v_j} dg_{v_0} \wedge \ldots \wedge \widehat{dg_{v_j}} \wedge \ldots \wedge dg_{v_p}$$

definiert werden, wobei $\sigma^p = [v_0, \ldots, v_p]$ und der Homomorphismus $\widetilde{\sigma}^p$ wie üblich durch $\widetilde{\sigma}^p(\sigma^p) = 1$ und $\widetilde{\sigma}^p(\tau^p) = 0$ für alle $\tau^p \neq \sigma^p$ gegeben ist.

Eine fürwahr komplizierte Konstruktion. Technisch aufwändige Berechnungen führen dann aber zum Ziel, denn es gilt einerseits $d \circ \psi(h) = \varphi \circ \delta(h)$, weswegen die φ und ψ Kettenhomomorphismen sind. Andererseits bestätigt man leicht $\varphi \circ \psi = \mathrm{id}_{C^p(K;\mathbb{R})}$. Lediglich der Nachweis, dass verschiedene Teilungen homologe Formen in $\Omega^p(M; \mathbb{R})$ erzeugen, ist mit viel Arbeit verbunden.

Insgesamt kann man sagen, dass der bemerkenswerte Bezug von DE RHAM zwischen Differentialgeometrie und Topologie (neben allen algebraischen Aspekten) einen zusätzlichen, gewichtigen Anlass für die Hoffnung gegeben hat, eine duale Homologietheorie auf Basis der Gruppen $C^p(K) = \mathrm{Hom}\big(C_p(K), \mathbb{Z}\big)$ könnte reiche Früchte tragen.

10.4   Lange exakte Sequenzen in der Kohomologie

Lassen Sie uns die Theorie fortsetzen und ein Gespür für Kohomologiegruppen und die (fast) vollkommene Entsprechung zu den Ergebnissen in der Homologie entwickeln. Schnell realisieren Sie zum Beispiel, dass eine simpliziale Abbildung $f : K \to L$ über den bekannten Homomorphismus $f_\# : C_p(K) \to C_p(L)$ und die Sequenz

$$C_p(K) \overset{f_\#}{\longrightarrow} C_p(L) \overset{h}{\longrightarrow} \mathbb{Z}$$

einen Homomorphismus $f^\# : C^p(L) \to C^p(K)$ und damit auch einen Homomorphismus $f^* : H^p(L) \to H^p(K)$ induziert (dessen Wohldefiniertheit folgt direkt aus den Definitionen).

Dann gibt es auch für einen Teilkomplex $i : K \hookrightarrow L$ und das Paar (L, K) die *relativen* Kohomologiegruppen $H^p(L, K)$. Hier muss man vielleicht kurz überlegen, wie das sinnvoll geschehen kann, denn es scheint mehrere Optionen zu geben. Der richtige Weg bleibt zunächst innerhalb der Homologie und geht aus von der Definition der relativen p-Ketten $C_p(L, K)$ über die kurze exakte Sequenz

$$0 \longrightarrow C_p(K) \overset{i_\#}{\longrightarrow} C_p(L) \overset{j_\#}{\longrightarrow} C_p(L, K) \longrightarrow 0$$

mit dem Quotienten $C_p(L, K) = C_p(L)/C_p(K)$ (Seite 262). Der Randoperator auf den Komplexen $C_*(K)$ und $C_*(L)$ induzierte damals einen Randoperator für den relativen Komplex $C_*(L, K)$. Wenn wir auf diesen Komplex den Hom-Funktor anwenden, erhalten wir auf die schon bekannte Weise den dualen Komplex

$$\ldots \xrightarrow{\delta^{p-2}} C^{p-1}(L, K) \xrightarrow{\delta^{p-1}} C^p(L, K) \xrightarrow{\delta^p} C^{p+1}(L, K) \xrightarrow{\delta^{p+1}} \ldots$$

und darin mit den relativen Kozyklen $Z^p(L, K)$ und Korändern $B^p(L, K)$ schließlich die **relativen Kohomologiegruppen**

$$H^p(L, K) = Z^p(L, K) / B^p(L, K).$$

Zusammen mit den Ergebnissen aus der homologischen Algebra (Seite 199 f) können wir nun schnell einige markante Sätze über die neuen Objekte ableiten. Das erste Resultat liegt auf der Hand und ist ähnlich zu beweisen wie das Analogon in der Homologie (Seite 263, siehe auch Seite 404).

Satz (Lange exakte Kohomologiesequenz)
Für jeden Teilkomplex $i : K \hookrightarrow L$ gibt es eine **lange exakte Kohomologiesequenz**

$$\ldots \xrightarrow{\delta^*} H^p(L, K) \xrightarrow{j^*} H^p(L) \xrightarrow{i^*} H^p(K) \xrightarrow{\delta^*} H^{p+1}(L, K) \xrightarrow{j^*} \ldots.$$

Der **Beweis** verläuft völlig analog zur langen exakten Homologiesequenz und erfordert lediglich an einer Stelle einen Zusatzgedanken: Die exakte Homologiesequenz entstand ja aus den kurzen exakten Sequenzen

$$0 \longrightarrow C_p(K) \xrightarrow{i_\#} C_p(L) \xrightarrow{j_\#} C_p(L, K) \longrightarrow 0,$$

die für alle p übereinander geschrieben und mit den senkrechten Randoperatoren zu einer kurzen exakten Sequenz von Kettenhomomorphismen

$$0 \longrightarrow C_*(K) \xrightarrow{i_\#} C_*(L) \xrightarrow{j_\#} C_*(L, K) \longrightarrow 0$$

verbunden wurden (Seite 262). Die lange exakte Homologiesequenz, insbesondere die Ableitung $\partial_* : H_p(L, K) \to H_{p-1}(K)$, war durch eine kleine Diagrammjagd in diesem Netz leicht zu finden.

Bei der Kohomologie müssen wir den Hom-Funktor auf obige kurze Sequenz von Kettenkomplexen anwenden. Hierbei kommt uns entgegen, dass die Sequenzen $0 \to C_p(K) \to C_p(L) \to C_p(L, K) \to 0$ spalten, denn es gibt eine natürliche Projektion $\rho : C_p(L) \to C_p(K)$ mit $\rho \circ i_\# = \mathrm{id}_{C_p(K)}$, nehmen Sie einfach die Zuordnung $\rho(\sigma^p) = \sigma^p$ für $\sigma^p \in K$ und $\rho(\sigma^p) = 0$ für $\sigma^p \notin K$. Offensichtlich definiert dann der Homomorphismus $(\rho, j_\#) : C_p(L) \to C_p(K) \oplus C_p(L, K)$ einen Isomorphismus.

Wegen der Isomorphie $\operatorname{Hom}(A \oplus B, \mathbb{Z}) \cong \operatorname{Hom}(A, \mathbb{Z}) \oplus \operatorname{Hom}(B, \mathbb{Z})$ für abelsche Gruppen A und B spalten die obigen kurzen exakten Sequenzen auch nach Anwendung des Hom-Funktors und es ergibt sich eine kurze exakte Sequenz der Form

$$0 \longrightarrow C^*(L, K) \xrightarrow{j^\#} C^*(L) \xrightarrow{i^\#} C^*(K) \longrightarrow 0.$$

Insgesamt erhalten wir wie bei der langen exakten Homologiesequenz (Seite 263) das große kommutative Diagramm (mit exakten Zeilen)

$$
\begin{array}{ccccccccc}
& \downarrow{\scriptstyle \delta^{p-1}} & & & \downarrow{\scriptstyle \delta^{p-1}} & & & \downarrow{\scriptstyle \delta^{p-1}} & \\
0 \longrightarrow & C^p(L, K) & \xrightarrow{j^\#} & C^p(L) & \xrightarrow{i^\#} & C^p(K) & \longrightarrow 0 \\
& \downarrow{\scriptstyle \delta^p} & & \downarrow{\scriptstyle \delta^p} & & \downarrow{\scriptstyle \delta^p} & \\
0 \longrightarrow & C^{p+1}(L, K) & \xrightarrow{j^\#} & C^{p+1}(L) & \xrightarrow{i^\#} & C^{p+1}(K) & \longrightarrow 0, \\
& \downarrow{\scriptstyle \delta^{p+1}} & & \downarrow{\scriptstyle \delta^{p+1}} & & \downarrow{\scriptstyle \delta^{p+1}} &
\end{array}
$$

aus dem die lange exakte Kohomologiesequenz durch eine kleine Diagrammjagd folgt. Zur Verdeutlichung soll die Konstruktion der Abbildungen j^* und δ^* hier nocheinmal durchgeführt sein (versuchen Sie den Rest als **Übung**).

Nehmen wir für j^* einen Kozyklus $\alpha \in Z^p(L, K)$, gegeben durch einen Homomorphismus $\alpha : C_p(L, K) \to \mathbb{Z}$. Die Quotientenabbildung $j_\# : C_p(L) \to C_p(L, K)$ liefert dann mit $\alpha \circ j_\#$ auf natürliche Weise ein Element in $C^p(L)$, welches auch ein Kozyklus ist und das gesuchte Bild $j^*[\alpha]$ definiert.

Ein wenig mehr überlegen muss man bei δ^*. Wir starten mit einem Kozyklus $\alpha \in Z^p(K)$ und wählen ein Urbild bei $i^\#$, zum Beispiel die Kokette $\widetilde{\alpha} \in C^p(L)$, die auf den p-Simplizes von K mit α übereinstimmt und auf den übrigen p-Simplizes von L verschwindet. Im nächsten Schritt bildet man $\delta^p \widetilde{\alpha} \in C^{p+1}(L)$. Aus der Kommutativität des Diagramms folgt $i^\#(\delta^p \widetilde{\alpha}) = 0$, denn α war ein Kozyklus. Damit gibt es ein Urbild β in $C^{p+1}(L, K)$ von $\delta^p \widetilde{\alpha}$ bei $j^\#$, und dieses erfüllt die Gleichung $\delta^{p+1} \beta = 0$, ist also ein relativer Kozyklus und wiederum eindeutig bis auf einen Korand, der von $C^p(L, K)$ kommt. Damit ist $\delta^*[\alpha] = [\beta]$ ein wohldefiniertes Element in $H^{p+1}(L, K)$. $\square$

Noch eine Bemerkung zum besseren Verständnis des Satzes. Die relative Kokettengruppe $C^p(L, K)$ steht im Verhältnis zu $C^p(K)$ und $C^p(L)$ über die Beziehung

$$C^p(K) \cong C^p(L) \big/ C^p(L, K).$$

Teilt man also aus der vollen Kokettengruppe von L die relative Gruppe heraus, so bleiben die Koketten übrig, die nur auf K leben und auf dem Rest verschwinden. Dies erlaubt – analog zur Homologie – die Interpretation, dass $C^p(L, K)$ alles vernachlässigt, was innerhalb von K passiert.

Es ist Ihnen vielleicht aufgefallen, dass wir mit den Objekten der Kohomologie den plastisch vorstellbaren, anschaulichen Teil der simplizialen Topologie verlassen. Wir können diese Objekte nicht mehr bildlich darstellen wie die Ketten, Zyklen und Ränder der Homologie. Die Kohomologie wird sich als ein ausgeklügeltes algebraisches Vehikel erweisen, um Sätze über die Klassifikation topologischer Räume zu beweisen, die mit der Homologie alleine nicht möglich wären. Grafische Darstellungen spielen dabei aber eher eine untergeordnete Rolle, die algebraische Denkweise gewinnt die Oberhand. Auch in der einschlägigen Literatur ist das zu spüren: Das Verhältnis von Theorie zu konkreten Berechnungen beginnt sich mit der Kohomologie zu vergrößern, die Sätze werden abstrakter, die Beweise länger und schwieriger, die Beispiele seltener.

Halten wir daher kurz inne und versuchen einzuordnen, was wir gemacht haben. Die Kohomologiegruppen an sich sind nicht wirklich eine Neuerung, denn sie sind durch die Homologiegruppen eindeutig bestimmt (Seite 403). H. HOPF notierte schon 1966 rückblickend dazu, dass sie ja „nichts anderes als die Charakterengruppen der Homologiegruppen" seien, [49]. Womit anfangs aber viele Topologen nicht gerechnet haben, erläutert HOPF weiter, war die Tatsache, dass man zwischen den Kohomologiegruppen „in beliebigen Komplexen und allgemeineren Räumen eine *Multiplikation* erklären kann, also den *Cohomologie-Ring*, der den *Schnittring* der Mannigfaltigkeiten verallgemeinert".

Diese Entwicklung – sie führte tatsächlich zu noch stärkeren Invarianten als die Homologie – werden wir aber nicht in der Chronologie ihrer Entstehung besprechen, weil wir ein anderes Ziel haben und dabei den roten Faden nicht verlieren wollen. Der Kohomologie-Ring mitsamt seines Bezugs zu Schnittzahlen wird später nachgeholt (Seite 495 ff), nachdem wir auch die *singuläre* Kohomologie behandelt haben und die Sätze in voller Allgemeinheit beweisen können.

Zurück also zur POINCARÉ-Dualität und dem Diagramm auf Seite 422. Der Kokettenkomplex $\left(C^p(K), \delta^p\right)_{p \in \mathbb{N}}$ macht es nun möglich, die Pfeile in der oberen Zeile umzukehren. Es entsteht dann ein sehr homogenes Bild, die Pfeile der Zeilen gehen alle nach links, die Indizes $p-1$, p und $p+1$ in den Spalten stimmen überein:

$$
\begin{array}{ccccc}
C^{p+1}(K) & \xleftarrow{\ \delta^p\ } & C^p(K) & \xleftarrow{\ \delta^{p-1}\ } & C^{p-1}(K) \\
\Big\downarrow{\widetilde{\gamma}_{p+1}} & & \Big\downarrow{\widetilde{\gamma}_p} & & \Big\downarrow{\widetilde{\gamma}_{p-1}} \\
C^*_{n-(p+1)}(K') & \xleftarrow{\partial_{n-p}} & C^*_{n-p}(K') & \xleftarrow{\partial_{n-(p-1)}} & C^*_{n-(p-1)}(K')\ .
\end{array}
$$

Die $\widetilde{\gamma}_p$ entstehen aus den Isomorphismen $\gamma_p : C_p(K) \to C^*_{n-p}(K')$ und der Umkehrung der natürlichen Homomorphismen $\varphi : C_p(K) \to \mathrm{Hom}\big(C_p(K), \mathbb{Z}\big)$, die jedem p-Simplex σ^p den Homomorphismus $\widetilde{\sigma}^p$ zuordnen mit $\widetilde{\sigma}^p(\sigma^p) = 1$ und $\widetilde{\sigma}^p(\tau^p) = 0$ für alle $\tau^p \neq \sigma^p$. Die φ sind auch Isomorphismen, aber nur für endlich erzeugte Kettengruppen $C_p(K)$, also für kompakte Simplizialkomplexe K. Das obige Diagramm sei im weiteren Verlauf des Kapitels mit *DGRM* bezeichnet.

Nun denn, was haben wir inzwischen erreicht? Die obere Zeile in *DGRM* ergibt die Kohomologiegruppen $H^p(K)$, die untere Zeile ergibt die Homologie $H_{n-p}(K)$, wie wir bereits wissen (Seite 418). Und zwischen den dualen Kettengruppen und den Kokettengruppen bestehen die natürlichen Isomorphismen $\widetilde{\gamma}_p$.

Fast ist man versucht, die Hände in den Schoß zu legen und sich über das schöne Resultat $H^p(K) \cong H_{n-p}(K)$ zu freuen, das nichts Geringeres darstellt als die POINCARÉ-Dualität für simpliziale Komplexe. Doch wenn wir genauer nachdenken, erscheinen ein paar Wolken am Horizont. Kann das wirklich sein?

Bemühen wir dazu ein Beispiel, den reellen projektiven Raum $\mathbb{P}^2$. Wir hatten früher $H_0(\mathbb{P}^2) \cong \mathbb{Z}$, $H_1(\mathbb{P}^2) \cong \mathbb{Z}_2$ und $H_2(\mathbb{P}^2) = 0$ berechnet (Seite 294). Würde die POINCARÉ-Dualität $H^p(K) \cong H_{n-p}(K)$ hier gelten, so ergäbe sich für $p = 2$

$$H^2(\mathbb{P}^2) \cong H_0(\mathbb{P}^2) \cong \mathbb{Z},$$

und demnach wäre mit dem universellen Koeffiziententheorem (Seite 403)

$$\mathbb{Z} \cong H^2(\mathbb{P}^2) \cong \mathrm{Hom}\big(H_2(\mathbb{P}^2), \mathbb{Z}\big) \oplus \mathrm{Ext}\big(H_1(\mathbb{P}^2), \mathbb{Z}\big)$$

$$\cong 0 \oplus \mathrm{Ext}(\mathbb{Z}_2, \mathbb{Z}) \cong \mathrm{Ext}(\mathbb{Z}_2, \mathbb{Z}).$$

Da aber $\mathrm{Ext}(\mathbb{Z}_2, \mathbb{Z}) \cong \mathbb{Z}_2$ ist (Seite 402), erhalten wir einen Widerspruch. Ebenso ergibt sich ein Widerspruch, wenn Sie die KLEINsche Flasche $F_{\mathcal{K}}$ nehmen, denn hier ist $H_1(F_{\mathcal{K}}) \cong \mathbb{Z} \oplus \mathbb{Z}_2$ und $H_2(F_{\mathcal{K}}) = 0$. Irgendetwas fehlt offenbar noch in unserer Argumentationskette, wir können aus $DGRM$ mit all den guten Eigenschaften seiner Abbildungspfeile noch nicht auf $H^p(K) \cong H_{n-p}(K)$ schließen.

Die Auflösung des Rätsels ist einfach. In dem Diagramm $DGRM$, das die Komplexe $C^{\cdot}(K)$ und $C_{\cdot}^*(K')$ verbindet, sind die Abbildungen $\widetilde{\gamma}_p = \gamma_p \circ \varphi^{-1}$ nicht kanonisch definiert worden (das liegt übrigens nicht an den Isomorphismen φ, die sind völlig natürlich, sondern an den γ_p). Erinnern wir uns dazu an Seite 422. Für ein σ^p in K war $\gamma_p(\sigma^p)$ definiert als eine der zwei Möglichkeiten σ^{p*} oder $-\sigma^{p*}$, mithin als einer der zwei Generatoren von $H_{n-p}\big(\mathcal{D}(\sigma^p), \partial\mathcal{D}(\sigma^p)\big) \cong \mathbb{Z}$. Dies ist normalerweise nicht kanonisch möglich, wir mussten für jedes p-Simplex eine individuelle Auswahl treffen. Als Konsequenz ist nicht sichergestellt, dass $DGRM$ kommutativ ist. Mit der Kommutativität steht und fällt aber die gesamte Argumentation.

Es ist also ein weiterer Geniestreich nötig. Unser Ziel, die POINCARÉ-Dualität, gehört ohne Zweifel zu den großen Theoremen der Mathematik und erfordert auch im modernerem Gewand der (Ko)-Homologietheorie erheblichen Aufwand.

10.5 Das Cap-Produkt und die simpliziale Poincaré-Dualität

Die Gegenbeispiele $\mathbb{P}^2$ und $F_{\mathcal{K}}$ zur Vermutung $H^p(K) \cong H_{n-p}(K)$ haben ein „Manko" gegenüber den Räumen, für die wir die Vermutung bestätigen konnten: Diese Räume sind nicht orientierbar. Genau darin liegt der Schlüssel zur Lösung. Die Frage lautet, wie man die Orientierbarkeit von K nutzen kann, um den $\widetilde{\gamma}_p$ einen natürlichen Charakter zu geben, der in seinem Kern nicht abhängig von irgendwelchen Auswahlen ist. Und wie damit letztlich eine „Kommutativität" von $DGRM$ gezeigt werden kann (es wird herauskommen, dass $DGRM$ alternierend kommutativ und anti-kommutativ ist, doch das genügt).

Halten wir zunächst fest, dass im Folgenden ein Simplex $\sigma^p = [x_0, \ldots, x_p]$ stets zusammen mit der Orientierung gemeint ist, die durch die Folge seiner Eckpunkte gegeben ist (Seite 415) – wir meinen mit „Simplex" also ab jetzt stets ein *orientiertes* Simplex. Es gibt dann eine einfache und elegante Möglichkeit, alle Simplizes eines Komplexes gemeinsam und auf natürliche Weise zu orientieren.

Definition (Ordnung und geordneter Komplex)
Für jeden endlichen simplizialen Komplex K seien seine Eckpunkte $v_1, \ldots, v_N$ in eine **Ordnung** $\mathcal{O}(K)$

$$v_1 < v_2 < \ldots < v_N$$

gebracht. Damit erhält jedes Simplex $\sigma^p = [v_{i_0}, \ldots, v_{i_p}]$ durch die Forderung $v_{i_0} < \ldots < v_{i_p}$ eine natürliche Orientierung. Man nennt K in diesem Fall einen **geordneten Simplizialkomplex**.

Beachten Sie, dass eine Ordnung von K immer möglich ist und nichts zu tun hat mit einer Orientierung von K als Mannigfaltigkeit.

Lassen Sie uns jetzt das Abenteuer beginnen, wir haben als Ausgangsbasis eine orientierbare, geschlossene simpliziale Mannigfaltigkeit K, zusammen mit einer Ordnung $\mathcal{O}(K)$ ihrer Eckpunkte. Die Geschlossenheit von K liefert mit der Orientierbarkeit den Fundamentalzyklus μ_K (Seite 416) und sein Negatives $-\mu_K$. Wir wählen eine Orientierung von K durch die Auszeichnung von μ_K, das als Generator von $H_n(K)$ repräsentiert ist durch eine Summe

$$\mu_K = \sum_{i=1}^{s} a_i \sigma_i^n$$

aller n-Simplizes von K, wobei alle $a_i = \pm 1$ sind. Die $a_i \sigma_i^n = a_i[x_{i_0}, \ldots, x_{i_n}]$ sind dabei kohärent orientiert, es heben sich also gemeinsame $(n-1)$-Seiten bei der Randbildung benachbarter Simplizes gegenseitig auf. Beachten Sie, dass wir die Orientierung $[x_{i_0}, \ldots, x_{i_n}]$ bezüglich einer Ordnung von K verstehen, daher ist stets $x_{i_0} < \ldots < x_{i_n}$ und wir benötigen für kohärente Orientierungen in der obigen Summe tatsächlich die Vorzeichen $a_i = \pm 1$.

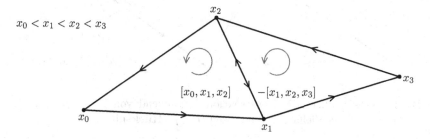

Wie können wir also mit Unterstützung des Fundamentalzyklus μ_K einen natürlichen Isomorphismus

$$\widetilde{\gamma}_p : C^p(K) \longrightarrow C^*_{n-p}(K')$$

konstruieren?

Nun denn, es bedarf bei diesem Vorhaben eines veritablen Bündels an kombinatorischen Ideen. Nehmen wir dazu ein Element $h^p \in C^p(K) = \operatorname{Hom}\big(C_p(K), \mathbb{Z}\big)$ und ein orientiertes n-Simplex $[x_0, \ldots, x_n] \in C_n(K)$. Durch einen einfachen Gedanken erhalten wir daraus ein Element $h^p \cap [x_0, \ldots, x_n] \in C_{n-p}(K)$. Man definiert

$$h^p \cap [x_0, \ldots, x_n] \;=\; h^p\big([x_0, \ldots, x_p]\big) \cdot [x_p, \ldots, x_n].$$

Diese Konstruktion, erstmals von ČECH und WHITNEY vorgestellt, [18][125], ist in der Tat vielversprechend, denn durch elementare Rechnungen (der Kürze wegen hier nicht ausgeführt) ergibt sich daraus eine bilineare Abbildung

$$\cap : C^p(K) \times C_n(K) \;\longrightarrow\; C_{n-p}(K), \quad (h^p, c_n) \mapsto h^p \cap c_n,$$

die als **Cap-Produkt** bezeichnet wird (das Symbol $\cap$ erinnert an einen Hut). Es ist das erste Produkt der Kohomologie, das wir behandeln, weil es gut zur POINCARÉ-Dualität passt. Historisch gesehen kam es aber erst ein bis zwei Jahre nach dem dazu äquivalenten *Cup-Produkt* ([3][65], Seite 495 f). Beachten Sie bitte, dass dieses Produkt nur für geordnete Komplexe wohldefiniert ist. In der Definition spielt die Abfolge der Eckpunkte eine entscheidende Rolle, denn sie definiert eine Orientierung der beteiligten Simplizes.

Dennoch eine etwas seltsame Konstruktion, die fast willkürlich anmutet, oder? Der Ansatz ist aber konsequent, denn wir stellen damit eine Verbindung zwischen $C^p(K)$ und $C_{n-p}(K)$ her, und zwar über (orientierte) n-Ketten. Diese haben im Fall einer orientierbaren Mannigfaltigkeit K mit dem Fundamentalzyklus μ_K einen ganz prominenten Vertreter, dessen Verhalten beim Cap-Produkt eine wichtige Rolle spielen wird (Seite 438).

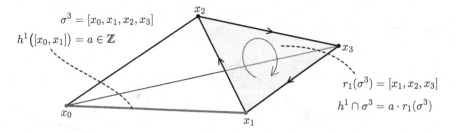

Das Bild veranschaulicht die Konstruktion. Ausgehend von $\sigma^n = [x_0, \ldots, x_n]$ entsteht durch h^p ein Vielfaches von dessen $(n-p)$-**Rückseite**

$$r_{n-p}(\sigma^n) \;=\; [x_p, \ldots, x_n].$$

Den Koeffizienten bei $r_{n-p}(\sigma^n)$ liefert die Anwendung des Homomorphismus h^p auf die p-**Vorderseite**

$$v_p(\sigma^n) \;=\; [x_0, \ldots, x_p].$$

Alle Seiten sind dabei als orientierte Simplizes zu verstehen. Der nun folgende Satz zeigt, dass wir mit dem Cap-Produkt auf dem richtigen Weg sind.

Satz (Cap-Produkt in der simplizialen (Ko)-Homologie)
Für jeden geordneten Simplizialkomplex induziert das Cap-Produkt eine wohldefinierte bilineare Abbildung

$$\cap : H^p(K) \times H_n(K) \longrightarrow H_{n-p}(K).$$

Der **Beweis** ist nicht schwierig. Wir müssen im ersten Schritt zeigen, dass für einen p-Kozyklus h^p und einen n-Zyklus c_n das Bild $h^p \cap c_n$ ein $(n-p)$-Zyklus ist, mithin ein Element in $H_{n-p}(K)$ repräsentiert. Danach geht es um die Wohldefiniertheit, also darum, dass (ko-)homologe Elemente $\tilde{h}^p$ und $\tilde{c}_n$ ein zu $h^p \cap c_n$ homologen Zyklus $\tilde{h}^p \cap \tilde{c}_n$ ergeben.

Dies alles folgt aus einem wichtigen Zusammenhang des Cap-Produkts mit den (Ko-)Randoperatoren, es gilt stets

$$\partial(h^p \cap c_n) \ = \ (-1)^{p+1}(\delta h^p) \cap c_n + (-1)^p h^p \cap (\partial c_n),$$

was Sie durch Ausrechnen beider Seiten bestätigen können (lohnende **Übung**). Es genügt dabei, die Gleichung nur für die Erzeugenden $\tilde{\sigma}^p \in C^p(K)$ und $\tau^n \in C_n(K)$ zu verifizieren und danach (bi-)linear fortzusetzen.

Die Formel zeigt dann, dass im Fall $\delta h^p = 0$ und $\partial c_n = 0$ auch $\partial(h^p \cap c_n) = 0$ ist. Um auch die Wohldefiniertheit von $\cap$ nachzuweisen, nehmen wir zum Beispiel einen p-Korand $h^p = \delta h^{p-1}$ in $C^p(K)$. Wegen $\partial c_n = 0$ und

$$\partial(h^{p-1} \cap c_n) \ = \ (-1)^p h^p \cap c_n + (-1)^{p-1} h^{p-1} \cap (\partial c_n) \ = \ (-1)^p h^p \cap c_n$$

ist $h^p \cap c_n$ dann ein Rand in $C_{n-p}(K)$. Für einen n-Rand $c_n = \partial c_{n+1}$ im zweiten Argument von $\cap$ verläuft die Rechnung analog. □

Als Bemerkung sei angeführt, dass bei n-dimensionalen Komplexen, also insbesondere für simpliziale n-Mannigfaltigkeiten, bei der Wohldefiniertheit von $\cap$ im zweiten Argument gar nichts zu zeigen wäre (es gibt dort keine n-Ränder $\neq 0$).

Wir nähern uns langsam dem entscheidenden Schachzug, dem letzten fehlenden Baustein auf dem Weg zur POINCARÉ-Dualität. Man muss allerdings etwas aufpassen, um nicht den Überblick zu verlieren in dem Dickicht aus Ketten, Koketten, Komplexen K mit ihren baryzentrischen Unterteilungen K' und den dualen Teilräumen σ^{p*}. Daher noch einmal eine kurze Bestandsaufnahme, die zeigen soll, was wir bis jetzt erreicht haben.

Auf Seite 431 hatten wir das inzwischen öfter zitierte Diagramm $DGRM$, dessen „Kommutativität" zu untersuchen ist. Ein Weg dahin könnte sein, die dort vorkommenden Homomorphismen $\tilde{\gamma}_p : C^p(K) \to C^*_{n-p}(K')$ kanonisch zu machen in dem Sinne, dass bei deren Definition keine individuellen Auswahlen für die einzelnen Simplizes nötig sind (es wird sich, wie schon erwähnt, nicht die volle Kommutativität ergeben, aber eine abgeschwächte Form, die ausreicht).

Was haben wir noch? Das Cap-Produkt auf einer orientierten, geschlossenen simplizialen n-Mannigfaltigkeit K liefert zusammen mit einer Ordnung $\mathcal{O}(K)$ und dem Fundamentalzyklus μ_K einen Homomorphismus

$$\cap \mu_K : \quad C^p(K) \longrightarrow C_{n-p}(K), \quad h^p \mapsto h^p \cap \mu_K,$$

der sich auf die entsprechenden (Ko-)Homologiegruppen übertragen lässt:

$$\cap \mu_K : \quad H^p(K) \longrightarrow H_{n-p}(K), \quad [h^p] \mapsto [h^p \cap \mu_K].$$

Um es gleich vorwegzunehmen: Ein ähnlicher Homomorphismus wird sich für alle $p \in \mathbb{Z}$ als Isomorphismus herausstellen (für $p \notin [0, n]$ sind die Gruppen trivial) und damit die Poincaré-Dualität beweisen. Um dies wasserdicht zu machen, müssen wir noch einmal Schritt für Schritt über das Diagramm *DGRM* nachdenken.

Wir beginnen mit einem einfachen Trick und ordnen jedem Eckpunkt $\widehat{\sigma} \in K'$ einen (beliebigen) Eckpunkt des umgebenden Simplex $\sigma \in K$ zu. Damit entsteht eine simpliziale Abbildung $\chi : K' \to K$ (Seite 163).

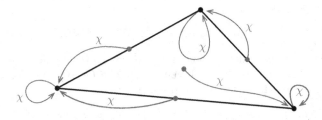

Der folgende Hilfssatz zeigt für solche Abbildungen eine Parallele zur singulären Homologie, bei der stetige Abbildungen f natürliche Homomorphismen $f_\#$ der Kettengruppen und f_* der Homologiegruppen induzierten (Seite 247). Homologisch gesehen machen nämlich simpliziale Abbildungen mit Simplizialkomplexen genau dasselbe.

Hilfssatz (Simpliziale Abbildungen induzieren Homomorphismen)
Es sei $f : K \to L$ eine simpliziale Abbildung. Dann induziert f für alle $p \in \mathbb{N}$ natürliche Homomorphismen $f_\# : C_p(K) \to C_p(L)$, die mit den Randoperatoren vertauschen, es gilt also $\partial f_\# = f_\# \partial$. Daraus ergeben sich natürliche Homomorphismen $f_* : H_p(K) \to H_p(L)$.

Sie werden sich fragen, warum die Beobachtung hier einen eigenen Satz verdient, während sie bei den singulären Ketten nur kurz erwähnt wurde. Der Grund liegt darin, dass die Abbildung $f_\#$ für ein singuläres p-Simplex $\sigma^p : \Delta^p \to X$ durch Nachschalten der (stetigen) Abbildung $f : X \to Y$ erfolgte, mithin durch die einfache Zuordnung $\sigma^p \mapsto f \circ \sigma^p$. Die nötige Rechnung für das Vertauschen mit den Randoperatoren war dann trivial, denn die Ränder bestehen dort aus Einschränkungen der singulären Simplizes auf deren Seitenflächen, und dieser Prozess vertauscht natürlich mit dem Nachschalten einer stetigen Abbildung.

Bei simplizialen Ketten haben wir das Problem, dass $f(\sigma^p)$ eine Dimension $< p$ haben könnte und damit nicht Element von $C_p(L)$ ist. Hier zeigt sich die simpliziale Theorie etwas sperriger als die singuläre.

Der Anfang des **Beweises** ist aber naheliegend. Wir setzen

$$f_\#\big([x_0,\ldots,x_p]\big) = [\,f(x_0),\ldots,f(x_p)\,]$$

und interpretieren dieses Simplex als 0, wenn dort (im Fall $\dim f(\sigma^p) < p$) nicht alle $f(x_i)$ paarweise verschieden sind. Dadurch entsteht mit linearer Fortsetzung ein Homomorphismus $C_p(K) \to C_p(L)$.

Die Beziehung $\partial f_\# = f_\# \partial$ prüfen wir dann auf den Generatoren σ^p. Die Aussage ist trivial, wenn $\dim f_\#(\sigma^p) = p$ ist, denn hier ist $f|_{\sigma^p}$ ein Isomorphismus. Falls jedoch $\dim f_\#(\sigma^p) < p$ ist, haben wir nach Definition $f_\#(\sigma^p) = 0$ und damit verschwindet auch $\partial f_\#$ auf dem Element σ^p.

Wir müssen zeigen, dass in diesem Fall auch $f_\#(\partial\sigma^p) = 0$ ist und betrachten dazu $\sigma^p = [x_0,\ldots,x_p]$. Wird $f_\#$ auf den Rand

$$\partial\sigma^p = \sum_{i=0}^{p}(-1)^i\,[\,x_0,\ldots,\widehat{x_i},\ldots,x_p\,]$$

angewendet, entsteht

$$f_\#(\partial\sigma^p) = \sum_{i=0}^{p}(-1)^i\,[\,f(x_0),\ldots,\widehat{f(x_i)},\ldots,f(x_p)\,]\,.$$

Es gibt dann mindestens ein Paar $k \neq l$ mit $f(x_k) = f(x_l)$ und es haben alle bis auf (höchstens) zwei Simplizes $[f(x_0),\ldots,\widehat{f(x_i)},\ldots,f(x_p)]$ eine Dimension $< p - 1$, verschwinden also in $C_{p-1}(L)$. Die verbleibenden Summanden in $f_\#(\partial\sigma^p)$ sind dann (nur bei Dimension $p-1$)

$$(-1)^k\,[\,f(x_0),\ldots,\widehat{f(x_k)},\ldots,f(x_p)\,] \quad\text{und}\quad (-1)^l\,[\,f(x_0),\ldots,\widehat{f(x_l)},\ldots,f(x_p)\,]\,.$$

Diese heben sich gegenseitig auf, denn sie besitzen entgegengesetzte Orientierung, wie Sie durch eine kleine kombinatorische **Übung** schnell herausfinden können. Also ist auch $f_\#(\partial\sigma^p) = 0$ und der Hilfssatz bewiesen. $\qquad\square$

Damit zurück zu der simplizialen Abbildung $\chi : K' \to K$ von oben. Der Homomorphismus $\chi_\# : C_p(K') \to C_p(K)$ projiziert die p-Ketten in K' auf die umhüllenden p-Ketten in K. Der Homomorphismus $\chi^\# : C^p(K) \to C^p(K')$ liefert uns damit einen Wechsel von den Koketten in K zu den Koketten in K', sodass wir uns auf das Cap-Produkt in K' konzentrieren können, also die Abbildung

$$\cap : C^p(K') \times C_n(K') \longrightarrow C_{n-p}(K')\,.$$

Wir sollten kurz innehalten, denn $\cap$ ist nur für geordnete Komplexe definiert. Eine Orientierung für K' ist aber schnell gefunden: Ein p-Simplex darin war gegeben als $\sigma^p = [\widehat{\sigma}^{i_0},\ldots,\widehat{\sigma}^{i_p}]$ mit einer Inzidenzfolge $\sigma^{i_0} \subset \ldots \subset \sigma^{i_p}$ in K (Seite 410). Genau mit dieser Reihenfolge der Ecken wollen wir jetzt die Simplizes von K' als orientiert betrachten.

Nun wird es spannend. Wir wissen, dass K' als geschlossene n-Mannigfaltigkeit orientierbar ist und daher einen Fundamentalzyklus $\mu_{K'} \in Z_n(K')$ besitzt. Dieser ergibt mit Hilfe von $\chi^{\#}$ und dem Cap-Produkt auf K' einen Homomorphismus

$$\cap \mu_{K'} : C^p(K) \longrightarrow C_{n-p}(K'), \quad h^p \mapsto \chi^{\#}(h^p) \cap \mu_{K'}.$$

Der nun folgende Satz ist der entscheidende Schritt auf dem noch verbleibenden Weg zur POINCARÉ-Dualität.

Definition und Satz (Natürlichkeit der $\widetilde{\gamma}_p : C^p(K) \to C^*_{n-p}(K')$)

Wir betrachten eine geschlossene simpliziale n-Mannigfaltigkeit K, zusammen mit einer Ordnung $\mathcal{O}(K)$, die jedes Simplex von K natürlich orientiert. Für ein p-Simplex $\sigma^p \in K$ sei wieder $\widetilde{\sigma}^p$ das Element in $C^p(K)$ mit $\widetilde{\sigma}^p(\sigma^p) = 1$ und $\widetilde{\sigma}^p(\tau^p) = 0$ für alle $\tau^p \neq \sigma^p$.

Dann ist die $(n-p)$-Kette $\chi^{\#}(\widetilde{\sigma}^p) \cap \mu_{K'}$ eine duale Kette in $C^*_{n-p}(K')$ und sogar identisch mit einem der beiden Generatoren $\pm \sigma^{p*}$ des dualen Teilraumes von σ^p (Seite 411). Folglich definiert die lineare Fortsetzung der Zuordnung

$$\widetilde{\sigma}^p \mapsto \chi^{\#}(\widetilde{\sigma}^p) \cap \mu_{K'}$$

genau eine der beiden Möglichkeiten für jede der Abbildungen $\widetilde{\gamma}_p$ in dem Diagramm $DGRM$ auf Seite 431.

Man sagt, durch die Wahl der Ordnung $\mathcal{O}(K)$ von K, der Orientierung $\mu_{K'}$ von K' und der Abbildung $\chi : K' \to K$ erhält der duale Teilraum σ^{p*} über die Darstellung

$$\sigma^{p*} = \chi^{\#}(\widetilde{\sigma}^p) \cap \mu_{K'}$$

eine **natürliche Orientierung**.

Ein sehr komplizierter Satz, ich gebe es zu. Wir bewegen uns gerade auf dem höchsten Grat der kombinatorischen Komplexität dieses Kapitels. Vor dem Beweis könnte daher eine Erklärung hilfreich sein, um ihn nicht falsch zu verstehen.

Vielleicht sind Sie nämlich über den Begriff der „natürlichen Orientierung" einer dualen Kette σ^{p*} gestolpert. Es scheint Ihnen wahrscheinlich paradox, bei einer derart großen Wahlfreiheit von „Natürlichkeit" der Orientierung zu sprechen. Wir haben sämtliche Simplizes von K nach einer frei gewählten Ordnung $\mathcal{O}(K)$ orientiert, die Abbildung χ frei gewählt und uns auch noch für eine spezielle Orientierung $\mu_{K'}$ von K' entschieden. Nicht zuletzt sei erwähnt, dass die Ordnung der Simplizes von K' durch Inzidenzfolgen zwar naheliegend erscheint (weil direkt der Definition von K' entnommen), aber keinesfalls zwingend so erfolgen muss.

Diese Auswahlen wurden aber alle zu Beginn getroffen, also *a priori*. Sie gehören damit zur Voraussetzung wie die Mannigfaltigkeit K selbst. Unter „natürlich" versteht man dann, dass die Orientierung $\chi^{\#}(\widetilde{\sigma}^p) \cap \mu_{K'}$ von σ^{p*} auf kanonische Weise zwingend all diesen Voraussetzungen entspringt. Wir müssen nur zeigen, dass die Folgerungen aus den a priori getroffenen Auswahlen, also aus der natürlichen Orientierung, keinen Einfluss auf die Aussagen des Satzes haben.

Kommen wir zum **Beweis** des Satzes. Um das Cap-Produkt mit $\mu_{K'}$ genauer zu untersuchen, nehmen wir ein n-Simplex $[\hat{\tau}^0, \ldots, \hat{\tau}^n]$ von K'. Zusammen mit einem Vorzeichen $\pm$ ist das ein Summand von $\mu_{K'}$. Für ein orientiertes p-Simplex $\sigma^p \subset K$ betrachten wir wieder das duale Element $\tilde{\sigma}^p$ und verwenden einen früheren Hilfssatz (Seite 419), um zu zeigen, dass $\chi^{\#}(\tilde{\sigma}^p) \cap \mu_{K'}$ eine duale Kette ist.

Dazu halten wir zunächst fest, dass

$$\chi^{\#}(\tilde{\sigma}^p) \cap \mu_{K'} = \sum_{[\hat{\tau}^0, \ldots, \hat{\tau}^n] \in K'} \pm \chi^{\#}(\tilde{\sigma}^p) \cap [\hat{\tau}^0, \ldots, \hat{\tau}^n]$$

$$= \sum_{[\hat{\tau}^0, \ldots, \hat{\tau}^n] \in K'} \pm \chi^{\#}(\tilde{\sigma}^p)\left([\hat{\tau}^0, \ldots, \hat{\tau}^p]\right) \cdot [\hat{\tau}^p, \ldots, \hat{\tau}^n]$$

ist, wobei die Summe über alle n-Simplizes von K' geht und die Summanden eindeutig bis auf ein Vorzeichen sind.

Die Formeln lesen sich auf den ersten Blick nicht leicht. Sie überzeugen sich aber schnell, dass alles in Ordnung ist: $\chi^{\#}(\tilde{\sigma}^p)$ ist Element von $\mathrm{Hom}\left(C_p(K'), \mathbb{Z}\right)$ und wird auf das p-Simplex $[\hat{\tau}^0, \ldots, \hat{\tau}^p]$ angewendet. Die resultierende ganze Zahl ist dann der Koeffizient des $(n-p)$-Simplex $[\hat{\tau}^p, \ldots, \hat{\tau}^n]$.

Nun wollen wir die Koeffizienten $\chi^{\#}(\tilde{\sigma}^p)\left([\hat{\tau}^0, \ldots, \hat{\tau}^p]\right)$ in der obigen Darstellung genauer betrachten. Direkt aus der Definition von $\chi^{\#}$ und $\chi_{\#}$ ergibt sich nämlich die Beziehung

$$\chi^{\#}(\tilde{\sigma}^p)\left([\hat{\tau}^0, \ldots, \hat{\tau}^p]\right) = \tilde{\sigma}^p\left(\chi_{\#}[\hat{\tau}^0, \ldots, \hat{\tau}^p]\right),$$

und da $\tilde{\sigma}^p$ auf allen p-Simplizes verschwindet, die nicht Vielfaches von σ^p sind, fallen wahrscheinlich viele Summanden in $\chi^{\#}(\tilde{\sigma}^p) \cap \mu_{K'}$ weg.

Welche sind das? Es sind all die $[\hat{\tau}^0, \ldots, \hat{\tau}^p]$, die durch χ (mengentheoretisch) auf ein Simplex $\neq \sigma^p$ abgebildet werden. Es führt nun kein Weg daran vorbei, sich die Abbildung χ noch einmal genauer anzusehen. Ein Eckpunkt $\hat{\tau}^{i_r}$ von K' wird dabei stets auf eine (beliebige) Ecke $\chi(\hat{\tau}^{i_r})$ von τ^{i_r} abgebildet.

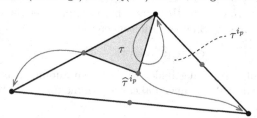

Offensichtlich bildet $\chi : K' \to K$ ein p-Simplex $[\hat{\tau}^{i_0}, \ldots, \hat{\tau}^{i_p}]$ in K' stets auf eine Seite von τ^{i_p} ab. Die Frage ist, ob es ein p-Simplex gibt, dass durch χ bijektiv auf das volle τ^{i_p} ausgedehnt wird. Im Bild ist ein $\tau \subset \tau^{i_p}$ markiert, für das $\chi(\tau) = \tau^{i_p}$ ist. Der folgende kleine Hilfssatz besagt, dass Sie ein solches τ immer finden können.

Hilfssatz (Eigenschaft der Abbildung $\chi : K' \to K$)
Für jedes p-Simplex $\sigma^p \subset K$ gibt es genau ein p-Simplex $\tau \subset \sigma^p$ mit $\chi(\tau) = \sigma^p$.
Es hat die Form $[\hat{\tau}^0, \dots, \hat{\tau}^{p-1}, \hat{\sigma}^p]$ mit einer Inzidenzfolge $(\tau^i)_{0 \le i < p}$ in σ^p.

Der **Beweis** geht mit Induktion nach p, wobei $p = 0$ trivial ist. Die Aussage
stimme jetzt für alle Dimensionen $\le p - 1$. Der Schwerpunkt $\hat{\sigma}^p$ werde durch χ
auf die Ecke $v \in \sigma^p$ abgebildet, und die v gegenüber liegende Seite von σ^p sei mit
τ^{p-1} bezeichnet. Per Induktion gibt es in τ^{p-1} dann ein eindeutiges $(p-1)$-Simplex
$\tau' = [\hat{\tau}^0, \dots, \hat{\tau}^{p-1}]$ mit $\chi(\tau') = \tau^{p-1}$. Damit ist $\chi\big([\hat{\tau}^0, \dots, \hat{\tau}^{p-1}, \hat{\sigma}^p]\big) = \sigma^p$. Die
Eindeutigkeit ist klar, wenn verlangt wird, dass τ in σ^p enthalten ist. $\square$

Ein kleines Ergebnis, das aber Großes leisten wird. Es ist bemerkenswert, dass die
fast grenzenlose Wahlfreiheit bei der Definition von χ doch ihre inneren Gesetze
hat: In σ^p gibt es immer genau ein p-Simplex τ von K', welches durch χ isomorph
auf σ^p ausgedehnt wird.

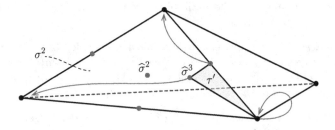

Die Eindeutigkeit auf ganz K' gilt übrigens nicht. Sie können sich schnell überlegen, dass auch $\tau' \not\subset \sigma^2$ im Bild oben isomorph auf σ^2 abgebildet wird.

Zurück zum Beweis des Satzes. Wir hatten

$$\chi^{\#}(\tilde{\sigma}^p) \cap \mu_{K'} = \sum_{[\hat{\tau}^0, \dots, \hat{\tau}^n] \in K'} \pm \tilde{\sigma}^p\big(\chi_{\#}[\hat{\tau}^0, \dots, \hat{\tau}^p]\big) \cdot [\hat{\tau}^p, \dots, \hat{\tau}^n]$$

erarbeitet und müssen herausfinden, welche Summanden auf der rechten Seite
übrigbleiben. Nun denn, der Ausdruck $\chi_{\#}[\hat{\tau}^0, \dots, \hat{\tau}^p]$ kann nur dann σ^p sein,
wenn $\tau^p = \sigma^p$ ist (sonst wäre es ein anderes p-Simplex oder höchstens eine
echte Seite von σ^p). Nach dem Hilfssatz gibt es dann unter diesen Kandidaten
$[\hat{\tau}^0, \dots, \hat{\tau}^{p-1}, \hat{\sigma}^p]$ genau ein Simplex, wir nennen es

$$\sigma' = [\hat{\sigma}^0, \dots, \hat{\sigma}^{p-1}, \hat{\sigma}^p],$$

das bei $\chi_{\#}$ isomorph auf σ^p abgebildet wird, dessen Summand in $\chi^{\#}(\tilde{\sigma}^p) \cap \mu_{K'}$
also nicht verschwindet. Wir können daher die Summe für $\chi^{\#}(\tilde{\sigma}^p) \cap \mu_{K'}$ deutlich
einschränken auf

$$\chi^{\#}(\tilde{\sigma}^p) \cap \mu_{K'} = \sum_{[\sigma', \hat{\tau}^{p+1}, \dots, \hat{\tau}^n] \in K'} \pm [\hat{\sigma}^p, \hat{\tau}^{p+1}, \dots, \hat{\tau}^n].$$

Beachten Sie dabei $\tilde{\sigma}^p\big(\chi_{\#}(\sigma')\big) = \tilde{\sigma}^p(\sigma^p) = 1$. Das sieht schon vielversprechend
aus, denn die Summe besteht aus genau den Simplizes von σ^{p*}.

Damit ist der erste Teil des Kriteriums erfüllt, nach dem $\chi^{\#}(\widetilde{\sigma}^p) \cap \mu_{K'}$ als eine duale Kette ausgewiesen wäre (Seite 419), denn der Träger dieser Kette befindet sich in $D(\sigma^p)$ und damit in $\mathcal{D}^{n-p}$. Um das Kriterium ganz zu erfüllen, müssen wir noch zeigen, dass der homologische Rand $\partial\big(\chi^{\#}(\widetilde{\sigma}^p) \cap \mu_{K'}\big)$ in $\mathcal{D}^{n-p-1}$ liegt. Wir machen das, indem wir auf ähnliche Weise wie oben zeigen, dass die Simplizes von $\partial\big(\chi^{\#}(\widetilde{\sigma}^p) \cap \mu_{K'}\big)$ in $\partial D(\sigma^p) \subset \mathcal{D}^{n-p-1}$ liegen. Wegen $\partial\mu_{K'} = 0$ gilt mit der Randformel von Seite 435

$$\partial\big(\chi^{\#}(\widetilde{\sigma}^p) \cap \mu_{K'}\big) \;=\; (-1)^{p+1}\delta\big(\chi^{\#}(\widetilde{\sigma}^p)\big) \cap \mu_{K'} + (-1)^p \chi^{\#}(\widetilde{\sigma}^p) \cap \big(\partial\mu_{K'}\big)$$

$$=\; (-1)^{p+1}\delta\big(\chi^{\#}(\widetilde{\sigma}^p)\big) \cap \mu_{K'}\,,$$

und es bleibt, die Lage der Simplizes von $\delta\big(\chi^{\#}(\widetilde{\sigma}^p)\big) \cap \mu_{K'}$ in K' zu untersuchen. Nach Definition ist $\chi^{\#}(\widetilde{\sigma}^p) = \widetilde{\sigma}^p \circ \chi_{\#}$. Dieses Element in $C^p(K')$ müssen wir mit dem Korandoperator δ ableiten zu einem Element in $C^{p+1}(K')$, und hierfür benötigen wir zuerst den Ausdruck $\delta\widetilde{\sigma}^p$.

Erinnern wir uns an die Dualität zwischen den Rändern von Simplizes und den Rändern von dualen Teilräumen (Seite 413). Es war dort der Rand $\partial D(\sigma)$ identisch mit der Vereinigung aller dualen Teilräume $D(\tau)$ mit $\sigma \subset \tau$. Wir können hoffen, dass sich das bei Koketten ähnlich verhält.

> **Hilfssatz (Summendarstellung für $\delta : C^p(K) \to C^{p+1}(K)$)**
> In der obigen Situation gilt
>
> $$\delta\widetilde{\sigma}^p \;=\; \sum_{\tau^{p+1} \supset \sigma^p} \widetilde{\tau}^{p+1}\,,$$
>
> wobei jedes τ^{p+1} hier so zu orientieren ist, dass es über den Rand $\partial\tau^{p+1}$ die Orientierung von σ^p induziert.

Auch dieser Hilfssatz ist nicht schwierig, man muss eigentlich nur genau hinsehen. Es ist $\delta\widetilde{\sigma}^p(c^{p+1}) = \widetilde{\sigma}^p(\partial c^{p+1})$ nach Definition, also sind für die Prüfung der Formel nur die $(p+1)$-Simplizes von Bedeutung, die σ^p in ihrem Rand haben. Das sind genau die τ^{p+1} in der Summe auf der rechten Seite. Sie seien jetzt so orientiert, dass $\sigma^p \subset \partial\tau^{p+1}$ mit der richtigen Orientierung vorkommt. Dann ist

$$\delta\widetilde{\sigma}^p(\tau^{p+1}) \;=\; \widetilde{\sigma}^p(\partial\tau^{p+1}) \;=\; \widetilde{\sigma}^p(\sigma^p) \;=\; 1\,.$$

Klarerweise ergibt die Summe rechts, angewendet auf τ^{p+1}, denselben Wert, denn alle Summanden bis auf $\widetilde{\tau}^{p+1}(\tau^{p+1}) = 1$ verschwinden. $\qquad\square$

Jetzt müssen wir nur noch alles zusammenfassen, was wir haben. Es ist offenbar wegen der Linearität der Abbildung $\chi^{\#}$

$$\delta\big(\chi^{\#}(\widetilde{\sigma}^p)\big) \;=\; (\delta\widetilde{\sigma}^p) \circ \chi_{\#} \;=\; \sum_{\tau^{p+1} \supset \sigma^p} \widetilde{\tau}^{p+1} \circ \chi_{\#}$$

$$=\; \sum_{\tau^{p+1} \supset \sigma^p} \chi^{\#}(\widetilde{\tau}^{p+1})\,.$$

Damit folgt insgesamt aus der obigen Überlegung mit der Randformel und der Linearität des Cap-Produkts

$$\partial\big(\chi^{\#}(\widetilde{\sigma}^p) \cap \mu_{K'}\big) \;=\; (-1)^{p+1}\delta\big(\chi^{\#}(\widetilde{\sigma}^p)\big) \cap \mu_{K'}$$

$$=\; (-1)^{p+1}\sum_{\tau^{p+1}\supset\sigma^p} \chi^{\#}(\widetilde{\tau}^{p+1}) \cap \mu_{K'}\,.$$

Genau wie bei σ^p gilt nun auch $\chi^{\#}(\widetilde{\tau}^{p+1}) \cap \mu_{K'} \subseteq D(\tau^{p+1})$. Die Summe auf der rechten Seite spielt sich also ausschließlich in der Vereinigung der $D(\tau^{p+1})$ ab, weswegen die Simplizes der linken Seite in $\partial D(\sigma^p) \subseteq \mathcal{D}^{n-p-1}$ liegen (gemäß der schon erwähnten Dualität der Ränder, Seite 413).

Wir haben den Beweis fast vollständig, denn nach dem Kriterium auf Seite 419 ist $\chi^{\#}(\widetilde{\sigma}^p)\cap\mu_{K'}$ eine duale Kette in $C^*_{n-p}(K')$. Sie verläuft zudem in $D(\sigma^p)$ mit Rand in $\partial D(\sigma^p)$, definiert also ein Element in $H_{n-p}\big(D(\sigma^p),\partial D(\sigma^p)\big) \cong \mathbb{Z}$. Und weil ihre Koeffizienten allesamt ± 1 sind, muss sie identisch zu einem der beiden Generatoren sein (andernfalls hätten die Summanden betragsmäßig größere Werte). Damit ist der Satz auf Seite 438 bewiesen. □

Ein eher technischer Satz, aber sehr effektiv. Der Beweis war nicht aufregend oder überraschend, aber es bedurfte schon eines genauen Blicks in die simplizialen Mechanismen, um den bemerkenswerten Zusammenhang aufzudecken.

Gehen wir zurück zu den Wurzeln des Kapitels. Auf Seite 431 konstruierten wir das Diagramm $DGRM$

$$
\begin{array}{ccccc}
C^{p+1}(K) & \xleftarrow{\;\delta^p\;} & C^p(K) & \xleftarrow{\;\delta^{p-1}\;} & C^{p-1}(K) \\[2pt]
\Big\downarrow{\scriptstyle\widetilde{\gamma}_{p+1}} & & \Big\downarrow{\scriptstyle\widetilde{\gamma}_p} & & \Big\downarrow{\scriptstyle\widetilde{\gamma}_{p-1}} \\[2pt]
C^*_{n-(p+1)}(K') & \xleftarrow{\;\partial_{n-p}\;} & C^*_{n-p}(K') & \xleftarrow{\;\partial_{n-(p-1)}\;} & C^*_{n-(p-1)}(K')
\end{array}
$$

mit den Isomorphismen $\widetilde{\gamma}_p$, die wir allerdings für jede Kokette $\widetilde{\sigma}^p \in C^p(K)$ separat und individuell definieren mussten. Der gerade bewiesene Satz liefert hier eine entscheidende Verbesserung. Ausgehend von einer festen Ordnung $\mathcal{O}(K)$, einer simplizialen Abbildung $\chi : K' \to K$, der Ordnung $\mathcal{O}(K')$ auf Basis von Inzidenzfolgen und schließlich einer globalen Orientierung $\mu_{K'}$ von K' können wir jetzt das Bild einer beliebigen Kokette $\widetilde{\sigma}^p \in C^p(K')$ bei der Abbildung $\widetilde{\gamma}_p$ über die dezidierte Vorschrift

$$\widetilde{\gamma}_p(\widetilde{\sigma}^p) \;=\; \chi^{\#}(\widetilde{\sigma}^p) \cap \mu_{K'}$$

bestimmen. Das mächtige Formelwerk aus dem vorigen Beweis verspricht damit eine gute Kontrolle über $DGRM$. Die folgende Beobachtung ist dann endlich (!) der letzte Baustein für den Beweis der (simplizialen) POINCARÉ-Dualität.

Satz (*DGRM* ist alternierend kommutativ und anti-kommutativ)
In dem obigen Diagramm seien die $\widetilde{\gamma}_p$ gemäß dem Satz auf Seite 438 kanonisch definiert. Dann gilt für alle $p \in \mathbb{Z}$ die Beziehung

$$\partial \circ \widetilde{\gamma}_p \;=\; (-1)^{p+1} \widetilde{\gamma}_{p+1} \circ \delta \,.$$

Der **Beweis** geht mit den vielen Vorarbeiten schnell. Er muss nur für $p \geq 0$ geführt werden. Nach der Randformel auf Seite 435 gilt für $\widetilde{\sigma}^p \in C^p(K)$

$$\partial\big(\chi^{\#}(\widetilde{\sigma}^p) \cap \mu_{K'}\big) \;=\; (-1)^{p+1}\delta\big((\chi^{\#}(\widetilde{\sigma}^p)) \cap \mu_{K'} + (-1)^p \chi^{\#}(\widetilde{\sigma}^p) \cap (\partial\mu_{K'})$$

$$\;=\; (-1)^{p+1}\,\delta\big((\chi^{\#}(\widetilde{\sigma}^p)) \cap \mu_{K'} \,.$$

Wegen der kanonischen Definition der $\widetilde{\gamma}_p$ ist auf der linken Seite

$$\chi^{\#}(\widetilde{\sigma}^p) \cap \mu_{K'} \;=\; \widetilde{\gamma}_p(\widetilde{\sigma}^p)$$

und auf der rechten Seite

$$\delta\big((\chi^{\#}(\widetilde{\sigma}^p)) \cap \mu_{K'} \;=\; \chi^{\#}(\delta\widetilde{\sigma}^p) \cap \mu_{K'} \;=\; \widetilde{\gamma}_{p+1}(\delta\widetilde{\sigma}^p) \,,$$

denn wir wissen, dass die Vertauschung $\partial\chi_{\#} = \chi_{\#}\partial$ besteht (Seite 436). Durch Übergang zu den dualen Objekten mit Anwendung des Hom-Funktors sehen Sie dann auch ganz einfach die Vertauschung $\delta\chi^{\#} = \chi^{\#}\delta$. Fasst man alles zusammen, ergibt sich $\partial\big(\widetilde{\gamma}_p(\widetilde{\sigma}^p)\big) = (-1)^{p+1}\,\widetilde{\gamma}_{p+1}(\delta\widetilde{\sigma}^p)$. $\qquad\Box$

Als Bemerkung sei abschließend angefügt, dass es fast ein wenig ironisch wirken könnte, trotz all des Aufwands auf den vergangenen 12 Seiten nun doch nicht die volle Kommutativität von *DGRM* zu erhalten. Das macht aber nichts, denn im Kern bleibt die Aussage bestehen: Die $\widetilde{\gamma}_p$ induzieren natürliche Isomorphismen der Homologiegruppen in der oberen und unteren Zeile, denn für einen solchen Nachweis benötigt man Aussagen wie „ein Element a einer Gruppe ist 0", oder „es gibt ein Element b, welches auf a abgebildet wird". Ein Element a ist aber gleich 0 genau dann, wenn dies auch für $-a$ gilt, und wenn es für a eben „nur" ein b mit $f(b) = -a$ gibt, dann kann man $-b$ als Urbild für a nehmen. Da wir uns mit Gruppen beschäftigen, ist es egal, ob *DGRM* in einem speziellen Abbildungsrechteck kommutativ oder anti-kommutativ ist. Halten wir also das große Resultat fest, zu dessen Beweis (fast) nichts mehr fehlt.

Theorem (Poincaré-Dualität für triangulierbare Mannigfaltigkeiten)
Wir betrachten eine geschlossene simpliziale n-Mannigfaltigkeit K. Falls K zusätzlich orientierbar ist und $\mu_K \in C_n(K)$ ein Fundamentalzyklus, dann induziert das Cap-Produkt

$$\cap\mu_K \,:\, C^p(K) \longrightarrow C_{n-p}(K), \quad \alpha \mapsto \alpha \cap \mu_K$$

für alle $p \in \mathbb{Z}$ einen Isomorphismus $D_K : H^p(K) \longrightarrow H_{n-p}(K)$.

Beachten Sie, dass wir unter Berücksichtigung der trivialen (Ko-)Kettengruppen für $p < 0$ und $p > n$ das Theorem ganz allgemein für $p \in \mathbb{Z}$ formulieren dürfen.

Der Satz ist wahrlich bemerkenswert, er kann eigentlich gar nicht hoch genug eingeschätzt werden. Es grenzt an ein Wunder, dass allein drei Bedingungen an den simplizialen Komplex – eine lokale *Homogenität* (oder *Euklidizität*) im Sinne der Homöomorphie zu $\mathbb{R}^n$, die *Geschlossenheit* und die *Orientierbarkeit* – derart starke Auswirkungen auf die Homologie und Kohomologie hat. Wir werden später sehen (Seite 478 ff, insbesondere Seite 487), dass man sogar die simpliziale Struktur weglassen und das Theorem für beliebige orientierbare geschlossene Mannigfaltigkeiten zeigen kann.

Der **Beweis** des Theorems ist eigentlich schon erbracht, wir müssen nur noch von der Unterteilung K' wegkommen und zum Cap-Produkt in K übergehen. Wie gerade bemerkt, sind im Diagramm $DGRM$ die Homologiegruppen in der oberen und unteren Zeile durch die $\widetilde{\gamma}_p$ isomorph. In der oberen Zeile ergeben sich dabei die Kohomologiegruppen $H^p(K)$, in der unteren Zeile die Homologiegruppen $H_{n-p}(K')$ nach dem früheren Satz auf Seite 418. Diese sind offensichtlich isomorph zu $H_{n-p}(K)$, denn K und K' sind isomorphe Komplexe.

Beim genauen Hinsehen bemerken Sie aber noch eine kleine Lücke. Wir hatten beim Cap-Produkt innerhalb der Unterteilung K' gearbeitet, mit dem Fundamentalzyklus $\mu_{K'}$, und folglich den Ausdruck $\chi^{\#}(\widetilde{\sigma}^p) \cap \mu_{K'} \in C^*_{n-p}(K')$ untersucht. Um hier auf die einfachere Formulierung mit dem Cap-Produkt $\cap \mu_K$ in K überzugehen, sehen wir uns nochmals $\chi : K' \to K$ genauer an.

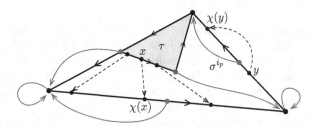

Wir haben schon einmal verwendet (Seite 439), dass χ jeden Eckpunkt $\widehat{\sigma} \in K'$ auf eine Ecke von $\sigma \in K$ abbildet und daher auch stets

$$\chi\big([\widehat{\sigma}^{i_0},\dots,\widehat{\sigma}^{i_p}]\big) \subseteq \sigma^{i_p}$$

gilt. Daher ist für jeden Punkt $x \in [\widehat{\sigma}^{i_0},\dots,\widehat{\sigma}^{i_p}]$ die Verbindungslinie zwischen x und $\chi(x)$ ganz in σ^{i_p} enthalten und folglich

$$h : K \times I \longrightarrow K, \quad (x,t) \mapsto tx + (1-t)\chi(x)$$

eine Homotopie, die uns $\chi \simeq \mathrm{id}_K$ zeigt. Damit induziert $\chi_{\#}$ für alle $k \in \mathbb{N}$ Isomorphismen $\chi_* : H_k(K') \to H_k(K)$ nach dem Homotopiesatz (Seite 248). Offensichtlich folgt dann für $k = n$ auch die Beziehung $\chi_{\#}(\mu_{K'}) = \pm \mu_K$, denn ein Isomorphismus $\mathbb{Z} \to \mathbb{Z}$ bildet stets Generatoren auf Generatoren ab.

Die Aussage ergibt sich nun sofort aus der Kommutativität des Diagramms

$$
\begin{array}{ccc}
C^p(K) \times C_n(K') & \xrightarrow{\chi^{\#}(.) \cap_{K'} \cdot} & C_{n-p}(K') \\
{\scriptstyle \mathrm{id}} \downarrow {\scriptstyle \chi_{\#}} & & \downarrow {\scriptstyle \chi_{\#}} \\
C^p(K) \times C_n(K) & \xrightarrow{\cdot \cap_K \cdot} & C_{n-p}(K) \, ,
\end{array}
$$

von der Sie sich leicht durch folgende etwas technisch anmutende, aber völlig problemlose Rechnung überzeugen können.

$$
\begin{aligned}
\chi_{\#}\big(\chi^{\#}(\widetilde{\sigma}^p) \cap_{K'} [\widehat{\tau}^0, \dots, \widehat{\tau}^n]\big)
&= \chi_{\#}\big(\chi^{\#}(\widetilde{\sigma}^p)([\widehat{\tau}^0, \dots, \widehat{\tau}^p]) \cdot [\widehat{\tau}^p, \dots, \widehat{\tau}^n]\big) \\
&= \chi^{\#}(\widetilde{\sigma}^p)([\widehat{\tau}^0, \dots, \widehat{\tau}^p]) \cdot \chi_{\#}\big([\widehat{\tau}^p, \dots, \widehat{\tau}^n]\big) \\
&= \widetilde{\sigma}^p\big(\chi_{\#}([\widehat{\tau}^0, \dots, \widehat{\tau}^p])\big) \cdot \chi_{\#}\big([\widehat{\tau}^p, \dots, \widehat{\tau}^n]\big) \\
&= \widetilde{\sigma}^p \cap_K \chi_{\#}\big([\widehat{\tau}^0, \dots, \widehat{\tau}^n]\big) \, .
\end{aligned}
$$

Damit ist der Wechsel von der Unterteilung K' zum originalen Komplex K gelungen und der Dualitätssatz von POINCARÉ bewiesen. $\qquad \Box$

Kurz zusammengefasst könnte man auch sagen, χ_* ist ein Isomorphismus aufgrund $\chi \simeq \mathrm{id}_K$. Daraus folgt $\chi_{\#}(\mu_{K'}) = \pm \mu_K$ und wegen der Isomorphie von K' und K stimmen alle homologischen Berechnungen bezüglich K' und $\mu_{K'}$ mit den Berechnungen bezüglich K und μ_K überein.

Werfen wir aber noch einmal einen Blick zurück auf einen der wichtigsten Sätze der algebraischen Topologie und sehen uns zum besseren Verständnis an, warum die zwei Voraussetzungen *Geschlossenheit* und *Orientierbarkeit* tatsächlich beide notwendig sind.

Zunächst zur Kompaktheit von K. Mit ihr war der simpliziale Komplex endlich und damit die Kettengruppen $C_p(K)$ endlich erzeugt. Also waren die Kettengruppen isomorph zu den dualen Gruppen $C^p(K) = \mathrm{Hom}\big(C_p(K), \mathbb{Z}\big)$, was einen wichtigen Baustein in dem Beweis darstellte (Seite 431). Ein Gegenbeispiel ist der euklidische Raum $\mathbb{R}^n$. Er erfüllt alle Voraussetzungen des Satzes bis auf die Kompaktheit. Und tatsächlich stimmt die Dualität nicht für $p = 0$, denn es ist offenbar $H^0(\mathbb{R}^n) \cong \mathbb{Z}$ nach dem universellen Koeffiziententheorem (Seite 403), aber $H_n(\mathbb{R}^n) = 0$, denn die euklidischen Räume sind zusammenziehbar.

Einen ähnlichen Effekt hat die Eigenschaft von K, randlos zu sein. Dies garantierte $H_n(K) \cong \mathbb{Z}$, also die Existenz des Fundamentalzyklus μ_K (Seite 416). Ein Gegenbeispiel ist auch hier schnell gefunden: Das n-Simplex Δ^n ist kompakt und orientierbar, aber mit Rand $\partial \Delta^n \cong S^{n-1}$. Wie bei $\mathbb{R}^n$ ergeben die Berechnungen $H^0(\Delta^n) \cong \mathbb{Z}$ und $H_n(\Delta^n) = 0$ im Widerspruch zur POINCARÉ-Dualität.

Zu guter Letzt die Orientierbarkeit von K. Schon ganz zu Anfang unserer Überlegungen haben wir gesehen, dass zum Beispiel der projektive Raum $\mathbb{P}^2$ oder die KLEINsche Flasche F_K als nicht orientierbare geschlossene Mannigfaltigkeiten der POINCARÉ-Dualität widersprechen (Seite 432). Sie sehen, alle Voraussetzungen werden unabhängig voneinander gebraucht.

Eine Ausnahme ist aber noch erwähnenswert. Man kann auf die Orientierbarkeit verzichten, wenn man die Homologie- und Kohomologiegruppen nicht mit ganz-zahligen Koeffizienten, sondern mit Koeffizienten aus $\mathbb{Z}_2$ definiert (Seite 235). Dann nämlich spielt es bei den Homomorphismen $\widetilde{\gamma}_p$ in $DGRM$ keine Rolle, ob man sich beim Bild von $\widetilde{\sigma}^p$ für $+\sigma^{p*}$ oder $-\sigma^{p*}$ entscheidet, es ist immer dieselbe Abbildung (in $\mathbb{Z}_2$ gilt $1 = -1$). Wir benötigen hier also gar kein Cap-Produkt.

Satz (Poincaré-Dualität mit $\mathbb{Z}_2$-Koeffizienten)
Für jede geschlossene simpliziale n-Mannigfaltigkeit K und für alle $p \in \mathbb{Z}$ gibt es natürliche Isomorphismen

$$H^p(K; \mathbb{Z}_2) \longrightarrow H_{n-p}(K; \mathbb{Z}_2)$$

zwischen der p-ten Kohomologiegruppe und der $(n-p)$-ten Homologiegruppe von K über der Koeffizientengruppe $\mathbb{Z}_2$. $\qquad\qquad\square$

Bevor wir zu Anwendungen der POINCARÉ-Dualität kommen, vielleicht noch eine kleine Bemerkung zu ihrem Beweis. Es ist Ihnen wahrscheinlich aufgefallen, dass wir im Gegensatz zu anderen wichtigen Sätzen wie zum Beispiel dem Homoto-piesatz (Seite 248) oder dem Satz von EILENBERG-ZILBER (Seite 307), in denen der Übergang zur Würfelhomologie eine erhebliche Vereinfachung brachte, hier großen Nutzen aus der klassischen Simplexhomologie ziehen konnten. Denken Sie nur an die einfache Definition der simplizialen Abbildung $\chi : K' \to K$ oder an die Tatsache, dass jeder Seitenfläche eines Simplex genau ein Eckpunkt gegenüberliegt (und nicht mehrere wie bei Würfeln). Dies half entscheidend bei der Beobachtung, dass es in $\sigma^p \in K$ genau ein $\sigma' \in K'$ gab mit $\chi(\sigma') = \sigma^p$ (Seite 440). In der Tat haben beide Homologietheorien ihre Vor- und Nachteile.

Doch genug der Theorie, lassen Sie uns an einem konkreten Beispiel erfahren, wie das Cap-Produkt und die POINCARÉ-Dualität funktionieren. Wir nehmen dazu den Torus T^2 und seinen ebenen Bauplan $aba^{-1}b^{-1}$ (Seite 46).

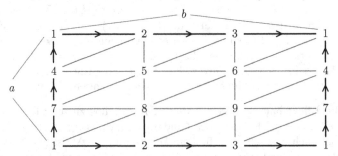

Als Triangulierung dient wieder der Quotient $T^2 \cong [0,3] \times [0,3] / \sim$. Die Eckpunkte sind darin von 1 bis 9 nummeriert. Eine Ordnung $\mathcal{O}(T^2)$ der Eckpunkte sei dann durch die gewöhnliche Ordnung der natürlichen Zahlen gegeben und wir notieren alle Simplizes in den Kalkulationen mit aufsteigenden Eckennummern. Für das Cap-Produkt wird es wichtig sein, die dadurch gegebene Orientierung konsequent beizubehalten. Ein 1-Simplex werde also stets in der Orientierung [1,2] oder [4,7]

notiert, ein 2-Simplex als [1,2,4] oder [3,5,6]. Beachten Sie, dass so in der Regel keine kohärenten Orientierungen entstehen, man also Vorzeichen benötigt.

Es sind dann 18 Dreiecke als 2-Simplizes. Wir wollen die Isomorphie zwischen $H^p(T^2)$ und $H_{2-p}(T^2)$ direkt nachrechnen, wobei der Fall $p = 1$ der schwierigste ist ($p = 0$ und $p = 2$ überlasse ich Ihnen als kleine **Übung**, es geht analog).

Betrachte jetzt also $p = 1$. Nach dem kleinen Satz von HUREWICZ (Seite 244) wird die Homologiegruppe $H_1(T^2) \cong \mathbb{Z}^2$ von den beiden 1-Zyklen

$$a = [1,7] - [4,7] - [1,4] \quad \text{und} \quad b = [1,2] + [2,3] - [1,3]$$

erzeugt. Wie sieht die Kohomologiegruppe $H^1(T^2)$ aus? Dazu müssen wir zuerst überlegen, wie ein Kozyklus in $Z^1(T^2)$ beschaffen ist. Das ist ein Homomorphismus

$$\varphi : C_1(T^2) \longrightarrow \mathbb{Z},$$

eindeutig bestimmt durch die Bilder auf den Kanten $[x,y]$ mit $1 \leq x < y \leq 9$, mit $\delta\varphi = 0$. Nach Definition ist $\delta\varphi = \varphi\partial$ und Sie erkennen, dass ein Kozyklus dann alle Ränder in $B_1(T^2)$ auf 0 abbilden muss: Für alle $c \in C_2(T^2)$ ist $\varphi(\partial c) = \delta\varphi(c) = 0$. Die Bedingung lautet also, dass der Rand eines jeden 2-Simplex $[x,y,z]$ auf 0 abgebildet wird: $\varphi([y,z]) - \varphi([x,z]) + \varphi([x,y]) = 0$.

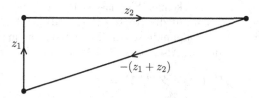

In der Abbildung sehen Sie, dass man durch die Bedingung für jedes Dreieck zwei $\mathbb{Z}$-Freiheitsgrade besitzt, die dritte Seite ist dann festgelegt. Doch Vorsicht, damit haben wir nicht automatisch $2 \cdot 18 = 36$ Summanden der Form $\mathbb{Z}$ in der Gruppe $Z^1(T^2)$, denn die Dreiecke sind an den Seiten verklebt und die Kanten nicht unabhängig. Wir können nur durch direktes Abzählen der unabhängigen Kanten zum Ziel gelangen.

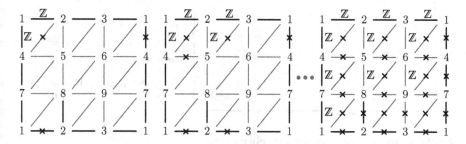

Im Bild werden die unabhängigen Kanten Zeile für Zeile durchgezählt und nach jeder neuen Kante die dadurch determinierten Kanten mit einem × gekennzeichnet. Wenn Sie dies als **Übung** weiterführen und die Identifikationen in T^2 beachten, sehen Sie zehn unabhängige $\mathbb{Z}$-Summanden und damit $Z^1(T^2) \cong \mathbb{Z}^{10}$.

Nun zu $B^1(T^2)$. Für alle 0-Koketten $\psi \in C^0(T^2)$ und für alle Kanten $[x,y]$ ist $\delta\psi[x,y] = \psi(\partial[x,y]) = \psi(y) - \psi(x)$. Welche Möglichkeiten sich für diese Homomorphismen $\delta\psi \in B^1(T^2)$ ergeben, sieht man wieder mit einer Abzählung.

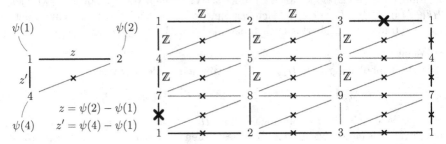

Beginnen wir bei der Kante $[1,2]$. Durch freie Wahl von $\psi(1)$ und $\psi(2)$ bekommen wir für jede Zahl $z \in \mathbb{Z}$ ein $\psi \in C^0(T^2)$ mit $\delta\psi[1,2] = z$. Nimmt man einen geeigneten Wert $\psi(4)$ hinzu, so lässt sich auch die Kante $[1,4]$ auf einen beliebigen Wert in $\mathbb{Z}$ abbilden – unabhängig von $[1,2]$. Die Kante $[2,4]$ ist dann aber festgelegt, denn $\delta\psi$ ist als Korand insbesondere ein Kozyklus. Durch einen weiteren frei wählbaren Wert $\psi(5)$ ist dann das linke obere Rechteck determiniert.

Wenn Sie diese **Übung** machen, erkennen Sie, dass sich fast dieselbe Abzählung ergibt wie für die Kozyklen, bis auf die Kanten $[1,7]$ und $-[1,3]$. Diese liegen wegen der Identifikation der Eckenpunkte schon vorher fest, was insgesamt zwei $\mathbb{Z}$-Freiheitsgrade weniger bedeutet. Also ist $B^1(T^2) \cong \mathbb{Z}^{10-2} = \mathbb{Z}^8$ und daher

$$H^1(T^2) \cong \mathbb{Z}^{10}/\mathbb{Z}^8 \cong \mathbb{Z}^2 \,.$$

Wir wollen jetzt den Homomorphismus $\cap\mu_{T^2} : C^1(T^2) \to C_1(T^2)$ explizit berechnen, um zu zeigen, dass sich dadurch ein Isomorphismus $H^1(T^2) \to H_1(T^2)$ ergibt. Beginnen wir mit einem Generator von $H^1(T^2)$ der Form $\alpha = \widetilde{a}$, also mit dem zu a dualen Kozyklus, für den $\alpha(a) = 1$ und $\alpha(b) = 0$ ist. Ein möglicher Repräsentant von α ist in der folgenden Grafik dargestellt.

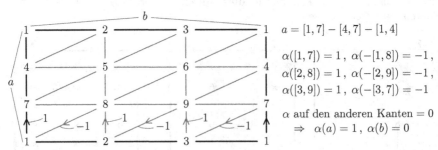

$a = [1,7] - [4,7] - [1,4]$

$\alpha([1,7]) = 1, \ \alpha(-[1,8]) = -1,$
$\alpha([2,8]) = 1, \ \alpha(-[2,9]) = -1,$
$\alpha([3,9]) = 1, \ \alpha(-[3,7]) = -1$

α auf den anderen Kanten $= 0$
$\Rightarrow \ \alpha(a) = 1, \ \alpha(b) = 0$

Ein Fundamentalzyklus μ_{T^2} ist gegeben durch

$$\begin{aligned}
\mu_{T^2} = \ & [1,2,4] - [2,4,5] + [2,3,5] - [3,5,6] - [1,3,6] + [1,4,6] + \\
& [4,5,7] - [5,7,8] + [5,6,8] - [6,8,9] - [4,6,9] + [4,7,9] + \\
& [1,7,8] - [1,2,8] + [2,8,9] - [2,3,9] - [3,7,9] + [1,3,7] \,.
\end{aligned}$$

Alle Dreiecke von μ_{T^2} sind also bezüglich der Ordnung auf T^2 korrekt notiert und im Uhrzeigersinn orientiert. Da $\cap$ bilinear ist, kann man $\alpha \cap \mu_{T^2}$ über seine einzelnen Summanden $\alpha \cap [x, y, z]$ berechnen. Es ergibt sich zum Beispiel

$$\alpha \cap [1,7,8] = \alpha([1,7]) \cdot [7,8] = [7,8]$$

und

$$\alpha \cap (-[1,2,8]) = -\alpha([1,2]) \cdot [2,8] = 0.$$

Eine einfache Rechnung, bei der Sie nur mit den Orientierungen ein wenig aufpassen müssen. Offenbar kommen bei $\alpha \cap [x, y, z]$ nur Werte $\neq 0$ heraus, wenn $\alpha([x, y]) \neq 0$ ist. Wir erhalten dann als weitere Summanden von $\alpha \cap \mu_{T^2}$ noch $\alpha \cap [2,8,9] = [8,9]$ und $\alpha \cap (-[3,7,9]) = -[7,9]$. Insgesamt ergibt sich folgendes Bild von $\alpha \cap \mu_{T^2}$, in dem alle fett gezeichneten Kanten den Koeffizienten 1 tragen.

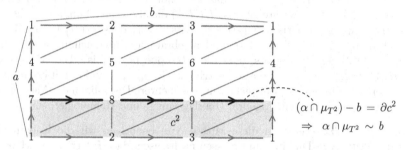

Der 1-Zyklus $\alpha \cap \mu_{T^2}$ ist damit homolog zu $b \in Z_1(T^2)$ (was Sie an dem Rand der grau unterlegten 2-Kette c^2 sehen), mithin ein Generator von $H_1(T^2)$. Versuchen Sie einmal als **Übung**, den Zyklus $\beta \cap \mu_{T^2}$ zu berechnen, wobei $\beta(a) = 0$ und $\beta(b) = 1$ ist, also $\beta = \tilde{b}$ im Sinne eines zu b dualen Kozyklus. Sie erhalten dann in $\beta \cap \mu_{T^2}$ fünf Summanden $\neq 0$, nämlich $[2,4] + [4,5] + [5,7] + [7,8] - [2,8]$.

β analog zu α vorhin: $\beta(b) = 1$, $\beta(a) = 0$ $(\beta \cap \mu_{T^2}) + \alpha = \partial c^2 \Rightarrow \beta \cap \mu_{T^2} \sim -a$

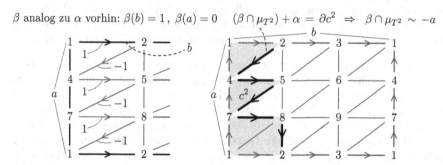

Das Element $\beta \cap \mu_{T^2}$ erkennen Sie damit (über die gleiche Argumentation) als homolog zu $-a$. Damit werden die Generatoren der Gruppe $H^1(T^2)$ auf die Generatoren der Gruppe $H_1(T^2)$ abgebildet und $\cap \mu_{T^2}$ ist in der Tat ein Isomorphismus.

Nachdem Sie die Mechanismen hinter der POINCARÉ-Dualität exemplarisch erlebt und genauer verstanden haben, kommen wir jetzt zur wichtigsten Anwendung der POINCARÉ-Dualität in diesem Kapitel. Es geht um den Raum, der uns (als eines der bedeutendsten Beispiele von topologischen Räumen überhaupt) wie ein roter Faden durch das Buch begleitet: die POINCARÉsche Homologiesphäre H_P^3.

10.6   Die Poincarésche Homologiesphäre $H^3_{\mathcal{P}} = \mathbf{SO}(3)\big/I_{60}$

Als eine der wichtigsten Anwendungen dieses Kapitels können wir jetzt eine Frage beantworten, die für die Entwicklung der Topologie sehr bedeutend war. Es geht um die POINCARÉsche Homologiesphäre

$$H^3_{\mathcal{P}} \;=\; \mathrm{SO}(3)\,/\,I_{60}\,,$$

also um den Quotienten der Drehgruppe $\mathrm{SO}(3)$ nach der Ikosaedergruppe I_{60}, den wir früher kennengelernt haben (Seite 132). Wir wollen die Homologiegruppen $H_k(H^3_{\mathcal{P}})$ berechnen. Einiges wissen wir schon von früher: Es ist $H^3_{\mathcal{P}}$ eine zusammenhängende 3-Mannigfaltigkeit und daher $H_0(H^3_{\mathcal{P}}) \cong \mathbb{Z}$.

Wie steht es mit $H_1(H^3_{\mathcal{P}})$? Auch das ist schon gelöst, denn dank des kleinen Satzes von HUREWICZ (Seite 244) ist $H_1(H^3_{\mathcal{P}})$ die abelisierte Fundamentalgruppe von $H^3_{\mathcal{P}}$. Aus der Überlagerungstheorie wissen wir, dass $\pi_1(H^3_{\mathcal{P}})$ eine Gruppe der Ordnung 120 ist (Seite 133), und algebraische Untersuchungen der Drehgruppe $\mathrm{SO}(3)$ zeigten damals, dass diese Gruppe perfekt ist. Die Abelisierung $\pi_1(H^3_{\mathcal{P}})/[\pi_1(H^3_{\mathcal{P}}), \pi_1(H^3_{\mathcal{P}})]$ ist also die triviale Gruppe $\{0\}$ und damit erhalten wir $H_1(H^3_{\mathcal{P}}) = 0$. Ein schönes Beispiel dafür, wie mehrere Disziplinen der Mathematik zusammenspielen können: Algebra, Überlagerungs- und Homologietheorie.

Doch bei $H_2(H^3_{\mathcal{P}})$ versagen diese Mittel. Nun benötigen wir die Kohomologie mit der POINCARÉ-Dualität und müssen nachweisen, dass $H^3_{\mathcal{P}}$ triangulierbar und orientierbar ist – was schon für sich gesehen eine reizvolle Aufgabe ist.

Zunächst zur Triangulierbarkeit von $H^3_{\mathcal{P}}$. Es gibt mehrere Wege, die zum Ziel führen. Der erste Ansatz ist zweifellos der frechste von allen, er ist gleichzeitig auch die modernste Antwort auf die Frage nach der Homologie von $H^3_{\mathcal{P}}$. In der Tat, jeder Topologe ab Mitte des 20. Jahrhunderts würde auf diese Frage gar nicht nach einer Triangulierung von $H^3_{\mathcal{P}}$ suchen, sondern auf die allgemeine POINCARÉ-Dualität für die singuläre Homologie verweisen (die wir ab Seite 478 besprechen). Diese gilt nämlich allgemein für geschlossene orientierbare Mannigfaltigkeiten.

Ein alternativer Weg führt über die Tatsache, dass $H^3_{\mathcal{P}}$ eine differenzierbare Mannigfaltigkeit ist. Diese haben – unabhängig von der Dimension – nach einem Satz von WHITEHEAD eine eindeutige PL-Struktur (Seite 189) und sind damit insbesondere triangulierbar, [123]. Wenn Sie diesen Satz nicht bemühen wollen, dann können Sie auch den (ebenfalls sehr tiefliegenden) Satz von MOISE aus dem Jahr 1952 verwenden, [81][82]. Er bestätigte alle Varianten der Hauptvermutung und der kombinatorischen Triangulierungsvermutung in den Dimensionen ≤ 3, demnach besitzt $H^3_{\mathcal{P}}$ als 3-dimensionale topologische Mannigfaltigkeit eine eindeutige PL-Triangulierung.

Der Nachteil all dieser Antworten liegt auf der Hand: Sie verwenden komplizierte und sehr technische Resultate, die in diesem Buch leider keinen Platz finden können. Nach den großen Mühen im Beweis der POINCARÉ-Dualität ist das natürlich unbefriedigend und für Sie bestimmt enttäuschend.

Es gibt aber einen Ausweg aus dem Dilemma. Mit einem klassischen Ansatz aus der Geometrie der regulären Polyeder kann eine Triangulierung von $H^3_{\mathcal{P}}$ direkt plausibel gemacht werden (auch wenn wir die Berechnungen dazu nicht im Detail ausführen). Das ist ein beeindruckendes Beispiel für konkrete und anschauliche Mathematik, eine lebendige Facette dieser Wissenschaft, die durch den Trend zu mehr Strukturierung und Abstraktion im 20. Jahrhundert etwas in den Hintergrund geraten ist. Formulieren wir zunächst den Satz dazu.

Satz
Die POINCARÉsche Homologiesphäre $H_\mathcal{P}^3 = \mathrm{SO}(3)/I_{60}$ ist triangulierbar.

Um für den **Beweis** eine konkrete Triangulierung zu konstruieren, erinnern wir uns an die ebenen Baupläne, mit denen wir früher geschlossene Flächen beschrieben haben (Seiten 46 und 234).

Eine Triangulierung entstand dadurch, dass geeignete Seiten auf dem Rand der Fläche mit einer homöomorphen Verklebungsabbildung identifiziert wurden. Um ein ähnliches Vorgehen auch in dem (leider viel komplizierteren) Fall der Homologiesphäre zu ermöglichen, gehe ich zunächst ein wenig auf das klassische Thema der *regulären Polytope* ein.

Erste Erfahrungen haben wir schon im Kapitel über die elementare Topologie gemacht (Seite 61). Die bekannten 3-dimensionalen platonischen Körper waren das Tetraeder, der Würfel (Hexaeder), das Oktaeder, das Dodekaeder und das Ikosaeder.

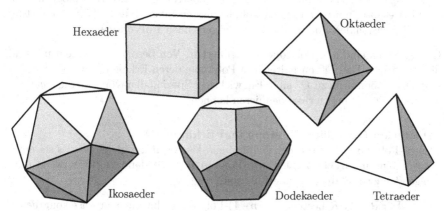

Um solche Körper in beliebigen Dimensionen definieren zu können, gehen wir induktiv vor. Ein **Polytop** der Dimension 0 ist ein Punkt, ein 1-Polytop besteht aus zwei Punkten, welche durch eine gerade Linie verbunden sind. Ein 2-Polytop nennt man auch **Polygon** oder **polygonale Fläche**. Sie ist berandet von einer (überschneidungsfreien) Kurve in $\mathbb{R}^2$, bestehend aus einer zu einem Zyklus geschlossenen, endlichen Menge von 1-Polytopen. Nach dem Satz von JORDAN-BROUWER (Seite 301) umschließt diese Kurve auf der Innenseite eine beschränkte Menge, homöomorph zu $\mathbb{R}^2$. Dies ist das Innere des Polygons, welches zusammen mit der Randkurve eine kompakte zweidimensionale Mannigfaltigkeit M^2 mit Rand $\partial M^2 \neq \varnothing$ darstellt.

Die 3-Polytope nennt man **Polyeder**. Sie liegen in $\mathbb{R}^3$ und sind berandet von einer endlichen Menge von (zweidimensionalen) Polygonen, deren Kanten so verklebt sind, dass sie eine geschlossene, orientierbare Fläche bilden. Dazu kommt dann ebenfalls das (räumliche) Innere, sodass hier eine kompakte 3-Mannigfaltigkeit mit Rand entsteht.

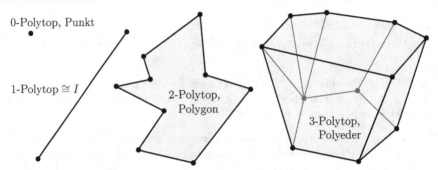

Allgemein ist ein n-**Polytop** eine Teilmenge des $\mathbb{R}^n$ mit einem Rand aus endlich vielen $(n-1)$-Polytopen, deren $(n-2)$-Seiten so verklebt sind, dass der Rand eine geschlossene, orientierbare $(n-1)$-Mannigfaltigkeit bildet. Hinzu kommt noch das Innere, damit sich insgesamt eine berandete n-Mannigfaltigkeit ergibt.

Beachten Sie bitte, dass wegen der endlichen Anzahl der im Rand des Polytops verklebten $(n-1)$-Polytope keine wilden Einbettungen (Seite 191) möglich sind, man hat es also immer mit einem wohldefinierten Inneren dieser Polytope zu tun. Die 4-dimensionalen Polytope heißen übrigens auch **Polychore**.

Offensichtlich sind alle Polytope triangulierbar. Von besonderer Bedeutung sind die in einem n-Ball D^n enthaltenen n-Polytope, deren Ecken auf der S^{n-1} liegen und die homöomorph zu D^n sind. Ein wichtiger Spezialfall davon sind die *regulären Polytope*, die wir nun formal definieren können.

Definition (Reguläre Polytope und Eckfiguren)
Das 0-Polytop $\{p\}$ werde per definitionem als **regulär** bezeichnet. Es sei nun $n \geq 1$ eine natürliche Zahl. Ein n-Polytop K heißt dann **regulär**, wenn die folgenden zwei Bedingungen erfüllt sind:

1. Der Rand ∂K besteht aus $(n-1)$-Polytopen, die alle paarweise kongruent sind (im Sinne der klassischen Geometrie also die gleichen Längen und Winkel haben, mithin deckungsgleich sind).

2. Für jeden Eckpunkt p von K liegen die direkt benachbarten Eckpunkte in einer $(n-1)$-dimensionalen Hyperebene
$$\mathcal{H}_p \subset \mathbb{R}^n,$$
wobei der Durchschnitt $\mathcal{E}_p = K \cap \mathcal{H}_p$ als **Eckfigur** von p bezeichnet wird. Sie ist ebenfalls ein reguläres $(n-1)$-Polytop und sämtliche dieser Eckfiguren sind kongruent.

Eine Definition, die Ihnen zunächst vielleicht Kopfzerbrechen bereitet. In der Tat ist es notwendig, sich hier einige klärende Skizzen zu machen, dann aber wird es schnell klar.

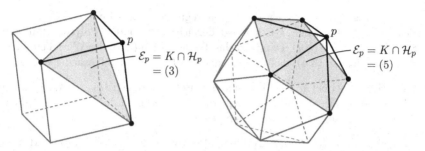

$$p \qquad \mathcal{E}_p = K \cap \mathcal{H}_p = (3)$$

$$p \qquad \mathcal{E}_p = K \cap \mathcal{H}_p = (5)$$

Sie erkennen, dass insbesondere die zweite Bedingung wichtig ist. Die Eckfiguren wirken dabei wie Stabilisatoren, sind quasi $(n-1)$-dimensionale Stützpfeiler, die garantieren, dass die $(n-1)$-Polytope auf dem Rand von K schön regelmäßig an den Eckpunkten zusammenstoßen. So erhalten die regulären Polytope einen hohen Grad an Symmetrie.

So weit, so gut. Welche regulären Polytope gibt es überhaupt? Hier stellen sich die Anforderungen der Definition in der Tat als ziemlich hoch heraus, denn nicht viele Körper können sie erfüllen. Es gibt zwar unendlich viele reguläre 2-Polytope, alle berandet von regelmäßigen n-Ecken in der S^1. Aber schon früher haben wir gesehen, dass in Dimension 3 nur noch 5 solche regulären Polyeder existieren: die bekannten platonischen Körper (Seite 61).

Um die Frage allgemein zu beantworten, welche regulären Polytope es in höheren Dimensionen gibt, brauchen wir noch einen Begriff sowie eine suggestive Notation für diese Körper. Sie geht zurück auf den Schweizer L. SCHLÄFLI.

Definition und Satz (Duale Polytope und das Schläfli-Symbol)
Es sei K ein reguläres n-Polytop mit Seitenflächen $\mathcal{S}_1, \ldots, \mathcal{S}_k$. Die Schwerpunkte der Seiten $\mathcal{S}_i$ seien mit s_i bezeichnet. Das **duale Polytop** K^* wird dann wie folgt konstruiert:

1. Die Eckpunkte von K^* sind genau die Schwerpunkte $s_i \in \mathcal{S}_i$ ($1 \leq i \leq k$).

2. Die Schwerpunkte s_i aller Seiten von K, die an einer Ecke $p \in K$ zusammenstoßen, liegen in einer $(n-1)$-Hyperebene $\mathcal{L}_p$, welche ein reguläres $(n-1)$-Polytop $\mathcal{D}_p = K \cap \mathcal{L}_p$ definiert.

3. Der Rand ∂K^* bestehe dann aus allen Seiten $\mathcal{D}_p$. Sie bilden eine orientierbare geschlossene $(n-1)$-Mannigfaltigkeit. Zusammen mit ihrem Inneren (bezüglich $\mathbb{R}^n$) entsteht somit das duale Polytop K^*. Es ist ebenfalls regulär.

Ein Element $\varphi \in \mathrm{SO}(n)$ lässt ein reguläres n-Polytop K invariant genau dann, wenn dies auch für das duale Polytop K^* gilt. Insofern stimmt die Symmetriegruppe von K mit der von K^* überein.

Das **Schäfli-Symbol** eines regulären 2-Polytops ist (k), wobei k die Anzahl seiner Eckpunkte ist. Damit sind alle reguläre Polygone eindeutig charakterisiert (bis auf einen Skalierungsfaktor, der aber keine Rolle spielt).

Hat ein reguläres Polyeder als Seiten reguläre k-Ecke und es gehört jeder Eckpunkt zu l solchen k-Ecken, so bezeichnet man das Polyeder mit dem SCHLÄFLI-Symbol (k, l). Damit ist das Tetraeder ein $(3,3)$, der Würfel ein $(4,3)$, das Oktaeder ein $(3,4)$, das Dodekaeder ein $(5,3)$ und das Ikosaeder ein $(3,5)$.

Induktiv bezeichnet man ein reguläres n-Polytop als ein $(k_1, \ldots, k_{n-1})$, wenn seine $(n-1)$-Seitenflächen von Typ $(k_1, \ldots, k_{n-2})$ sind und jede $(n-3)$-Seite darin zu k_{n-1} solchen Seitenflächen gehört.

Die Seiten eines $(k_1, \ldots, k_{n-1})$ sind also von Typ $(k_1, \ldots, k_{n-2})$, und seine Eckfiguren haben den Typ $(k_2, \ldots, k_{n-1})$. Das zu einem $(k_1, \ldots, k_{n-1})$ duale Polytop entsteht, indem man die Reihenfolge der Zahlen umkehrt. Es gilt also stets $(k_1, \ldots, k_{n-1})^* = (k_{n-1}, \ldots, k_1)$. $\qquad \square$

Der **Beweis** funktioniert mit Induktion nach der Dimension n der Polytope. Ich möchte der Kürze wegen darauf verzichten, denn die Ausführungen bringen wenig zusätzliche Klarheit. Viel besser ist es, sich die Situation anhand von Skizzen der platonischen Körper klar zu machen.

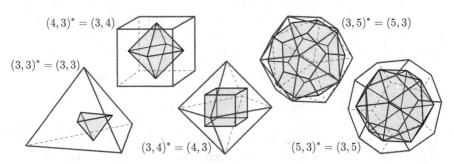

$(4,3)^* = (3,4)$ $\qquad$ $(3,5)^* = (5,3)$

$(3,3)^* = (3,3)$

$(3,4)^* = (4,3)$ $\qquad$ $(5,3)^* = (3,5)$

Man kann nun zeigen, dass es unter den regulären Polychoren genau die Typen $(3,3,3)$ – das ist ein Standard-4-Simplex – $(3,3,4)$, $(4,3,3)$, $(3,4,3)$, $(3,3,5)$ und $(5,3,3)$ gibt. In den Dimensionen $n \geq 5$ gibt es dann nur noch die Typen $(3, \ldots, 3)$, $(3, \ldots, 3, 4)$ und $(4, 3, \ldots, 3)$, siehe zum Beispiel [21].

Kommen wir nach diesem Exkurs in die Geometrie des 19. Jahrhunderts zurück zu unserem eigentlichen Problem. Wir wollten ja die POINCARÉ-sche Homologiesphäre $H^3_{\mathcal{P}} = \mathrm{SO}(3)/I_{60}$ triangulieren, um dann im Anschluss so starke Sätze wie die POINCARÉ-Dualität zur Verfügung zu haben.

Wir bedienen uns dabei wieder des Schiefkörpers der Quaternionen

$$\mathbb{H} = \{a + xi + yj + zk : a, x, y, z \in \mathbb{R}\} \cong \mathbb{R}^4$$

mit den bekannten Beziehungen $i^2 = j^2 = k^2 = -1$, $ij = -ji = k$, $jk = -kj = i$ und $ki = -ik = j$ (Seite 76). Im Kapitel über die algebraischen Grundlagen haben wir gesehen, dass man sich die Gruppe der Einheitsquaternionen als die $S^3 \subset \mathbb{R}^4$ vorstellen kann – und dass für eine Einheitsquaternion $q = (\cos \alpha, \mathbf{n} \sin \alpha)$ die Konjugation

$$\rho_q : \mathbb{H} \longrightarrow \mathbb{H}, \quad x \mapsto qxq^{-1},$$

eingeschränkt auf den vektoriellen Teil $(0, \mathbb{R}^3)$ von $\mathbb{H}$, eine Drehung in $\mathbb{R}^3$ mit Winkel 2α um die Achse $\mathbf{n}$ definiert. So entstand die zweiblättrige Überlagerung $S^3 \to SO(3)$, denn q und $-q$ generieren die gleiche Drehung in $SO(3)$ (Seite 128).

Die Ikosaedergruppe I_{60} besteht aus allen Drehungen, die das Ikosaeder $(3,5)$ oder das (dazu duale) Dodekaeder $(5,3)$ invariant lassen (in der Literatur wird I_{60} gelegentlich auch als *Dodekaedergruppe* bezeichnet).

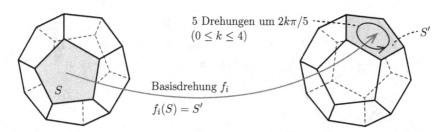

5 Drehungen um $2k\pi/5$
$(0 \leq k \leq 4)$

S'

Basisdrehung f_i

$f_i(S) = S'$

Welche Einheitsquaternionen lassen also $(5,3) \in \mathbb{R}^3$ invariant? Es müssen nach unserem Wissen 120 Stück sein (Seite 133). Da die Punkte des Dodekaeders – und damit die Drehachsen $\mathbf{n}$ dieser Quaternionen – gleichmäßig verteilt in $\mathbb{R}^3$ liegen und die Drehwinkel 0, $2\pi/5$, $4\pi/5$, $6\pi/5$ und $8\pi/5$ den ganzen Bereich $[0, 2\pi[$ äquidistant teilen, ist es plausibel, dass die zugehörigen 120 Einheitsquaternionen die Eckpunkte eines regulären Polychors in der 3-Sphäre S^3 bilden.

Man kann durch elementare Rechnungen zeigen, dass dies einerseits die auf den Koordinatenachsen liegenden Punkte $(\pm 1, 0, 0, 0)$, $(0, \pm 1, 0, 0)$, $(0, 0, \pm 1, 0)$ und $(0, 0, 0, \pm 1)$ sind, womit die ersten 8 Drehungen gefunden sind.

Hinzu kommen noch 16 Punkte der Form $(\pm 1/2, \pm 1/2, \pm 1/2, \pm 1/2)$, was dann zusammen $8 + 16 = 24$ Punkte auf der S^3 ergibt. Sie entsprechen den 12 Drehungen in der $SO(3)$, die eine ausgewählte Symmetrieachse $\mathbf{n}_0$ auf eine der 12 Symmetrieachsen des Ikosaeders abbilden, ohne eine Drehung um diese Achsen selbst zu vollziehen.

Den Abschluss bilden dann die übrigen Drehungen, welche zusätzlich eine Rotation mit Winkel $\alpha \neq 0$ um die Symmetrieachsen enthalten. Dies sind – es klingt etwas kompliziert – alle geraden Permutationen (Seite 398) der Punkte

$$\frac{1}{2} \left(\pm \varphi, \pm 1, \pm \varphi^{-1}, 0 \right),$$

wobei $\varphi = (\sqrt{5} + 1)/2$ für den goldenen Schnitt steht. Wenn Sie alles genau nachvollziehen, sind das

$$\frac{4!}{2} \cdot 2^3 = 12 \cdot 8 = 96$$

Punkte und damit haben wir insgesamt $24 + 96 = 120$ Eckpunkte auf der S^3. Ein bemerkenswertes Experiment mit elementarer, aber trickreicher Arithmetik auf einem klassisch geometrischen Fundament.

Wie schon angedeutet, kann man zeigen, dass diese Punkte ein reguläres Polychor $P^4(I_{60})$ in dem 4-Ball D^4 bilden. Dabei kommt heraus, dass es ein $(3,3,5)$ ist und nach obigem Satz als Seitenflächen ausschließlich Tetraeder der Form $(3,3)$ hat, an jeder (eindimensionalen) Kante treffen also 5 Tetraeder zusammen.

Um Ihnen eine Vorstellung von der Komplexität dieser Figur zu geben, überlegen wir uns kurz die Gesamtzahl dieser Tetraeder. Nach obigem Satz ist die Eckfigur an jeder Ecke $p \in S^3$ ein Ikosaeder, also vom Typ $(3,5)$.

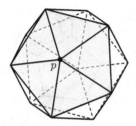

$n = 3,\ (3,5) \in \mathbb{R}^3$	$n = 4,\ P^4(I_{60}) = (3,3,5)$
Eckfigur $\mathcal{E}_p = (5)$	Eckfigur $\mathcal{E}_p = (3,5)$
Seitenfläche (3)	Seitenfläche $(3,3)$

Das Bild zeigt anhand der analogen Situation für Dimension $n = 3$, dass man die Tetraeder von $P^4(I_{60})$ am Punkt p bekommt, wenn man über den 20 Dreiecksseiten der Eckfigur $\mathcal{E}_p = (3,5)$ den Kegel mit Spitze p aufspannt. Das ergibt 20 Tetraeder an jedem Eckpunkt von $P^4(I_{60})$. Nun vereint jedes Tetraeder aber 4 Eckpunkte, zu denen es gehört. Daher gibt es $20 : 4 = 5$ mal soviele Tetraeder wie Eckpunkte und wir erhalten $5 \cdot 120 = 600$ Tetraeder als Seitenflächen von $P^4(I_{60})$.

Eine bemerkenswerte reguläre Figur von hoher Symmetrie. Man nennt sie auch den *600-Zeller*. Wir sind kurz vor dem Ziel, denn die Ecken von $P^4(I_{60})$, also die 120 Elemente der Gruppe $\pm I_{60} \subset S^3$ als Einheitsquaternionen interpretiert, operieren auf dem 600-Zeller durch die stetige Linksmultiplikation

$$\lambda:\ \pm I_{60} \times P^4(I_{60}) \ \longrightarrow\ P^4(I_{60}),\quad (p,x) \mapsto px,$$

die sich auch auf den Rand $\partial P^4(I_{60})$ einschränken lässt:

$$\lambda:\ \pm I_{60} \times \partial P^4(I_{60}) \ \longrightarrow\ \partial P^4(I_{60}),\quad (p,x) \mapsto px.$$

Damit gewinnt man eine (erste) Darstellung der Homologiesphäre $H_{\mathcal{P}}^3$, nämlich

$$H_{\mathcal{P}}^3 \ =\ \mathrm{SO}(3)/I_{60} \ \cong\ S^3 / \pm I_{60} \ \cong\ \partial P^4(I_{60}) / \pm I_{60}.$$

Dieser Quotient ist der *Bahnenraum* von λ auf $\partial P^4(I_{60})$, besteht also aus den Bahnen (Äquivalenzklassen) $\pm I_{60} \cdot x$ für alle $x \in \partial P^4(I_{60})$. Übrigens ist λ nicht nur stetig, sondern auch eigentlich diskontinuierlich (Seite 132), weswegen man daraus die Überlagerung $S^3 \to H_{\mathcal{P}}^3$ konstruieren kann.

Nun sind wir fast in einer vergleichbaren Situation wie bei der Überlagerung des Torus T^2 durch den $\mathbb{R}^2$. Die Gruppe $\mathbb{Z}^2$ operierte hier durch Addition auf dem $\mathbb{R}^2$, das Einheitsquadrat $[0,1]^2$ enthielt alle Bahnen, und ein Homöomorphismus von T^2 auf den Bahnenraum $\mathbb{R}^2/\mathbb{Z}^2$ entstand dadurch, dass einzelne Punkte auf gegenüber liegenden Seiten des Randes von $[0,1]^2$ identifiziert wurden.

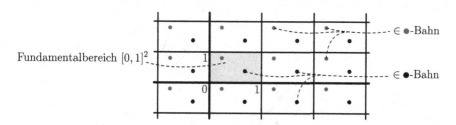

Man nennt $[0,1]^2 \subset \mathbb{R}^2$ dann einen *Fundamentalbereich* der Gruppenoperation, und eine geeignete Triangulierung dieses Fundamentalbereichs führt durch Identifikation entsprechender Dreiecksseiten auf $\partial[0,1]^2$ zu einer Triangulierung des Quotienten T^2. Das geht in die richtige Richtung, wir sind gut unterwegs.

Leider ist es im Fall des Quotienten $\partial P^4(I_{60}) / \pm I_{60}$ nicht ganz so einfach, denn die Seiten von $\partial P^4(I_{60})$, also die 600 Tetraeder, sind keine Fundamentalbereiche der Operation λ. Die Gruppe $\pm I_{60}$ besteht nur aus 120 Elementen, $\partial P^4(I_{60})$ hat aber 600 Seitenflächen. Damit berührt eine Bahn $\pm I_{60} \cdot x$ im Quotienten H_P^3 nicht alle Tetraeder von $\partial P^4(I_{60})$.

Der Ausweg aus dem Dilemma führt über das duale Polychor $P^{4*}(I_{60}) = (5,3,3)$. Da ein reguläres Polytop und sein duales Polytop stets dieselbe Symmetriegruppe haben, operiert die Gruppe $\pm I_{60}$ stetig und eigentlich diskontinuierlich auch auf $P^{4*}(I_{60})$, mithin auch auf dessen Rand $\partial P^{4*}(I_{60})$:

$$\lambda : \pm I_{60} \times \partial P^{4*}(I_{60}) \longrightarrow \partial P^{4*}(I_{60}), \quad (p,x) \mapsto px\,.$$

Nun lösen sich alle Probleme fast wie von selbst. Offenbar ist auch der Rand des dualen Polychors homöomorph zu S^3, weswegen sich wie oben die Homöomorphie

$$H_P^3 \;\cong\; \partial P^{4*}(I_{60}) / \pm I_{60}$$

ergibt. Der Rand $\partial P^{4*}(I_{60}) = (5,3,3)$ besteht aus 120 Seitenflächen in Form von Dodekaedern $(5,3)$, denn jede Seitenfläche ist die Eckfigur eines der 120 Eckpunkte von $P^4(I_{60})$. Diese Dodekaeder sind nun tatsächlich die Fundamentalbereiche der Operation λ, weil jedes Dodekaeder $\mathcal{D}_0$ durch genau ein $p \in \pm I_{60}$ auf ein beliebiges anderes Dodekaeder $p \cdot \mathcal{D}_0$ abgebildet wird.

Wir haben nun exakt die gleiche Situation wie bei der Überlagerung $\mathbb{R}^2 \to T^2$. Es bleibt noch die Frage, wie die Seitenflächen eines ausgewählten Fundamentalbereichs, also eines gegebenen Dodekaeders $\mathcal{D}_0$, zu identifizieren sind, damit die Homologiesphäre H_P^3 als Quotient $\mathcal{D}_0/\sim$ herauskommt.

Die Berechnung der Operation λ zeigt, dass ein Punkt auf einem Fünfeck $\mathcal{F}$ in ∂D_0 stets mit einem Punkt auf dem gegenüberliegenden Fünfeck $\mathcal{F}'$ zu identifizieren ist. Dies geschieht über die Wirkung eines $p \in \pm I_{60}$, mit dem D_0 auf das entlang des Fünfecks $\mathcal{F}'$ angeheftete, benachbarte Dodekaeder D_1 abgebildet wird.

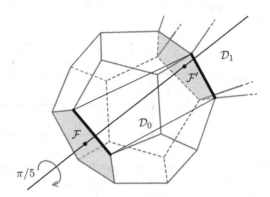

Die Rechnungen zeigen außerdem, dass dies nur mit einem $p \in \pm I_{60}$ möglich ist, welches $\mathcal{F}$ um den Winkel $\pi/5$ verdreht und dann direkt über orthogonale Projektion mit $\mathcal{F}'$ zur Deckung bringt. Es gibt dabei genau 6 solche Punkte p, die jeweils gegenüberliegende Seiten von D_0 verkleben.

Wie schon erwähnt, würden die exakten Rechnungen hier zuviel Platz einnehmen und den Rahmen sprengen. Ich hoffe dennoch, die bemerkenswerten Zusammenhänge und Symmetrien der 4-dimensionalen regulären Polytope motiviert zu haben, ein faszinierendes Gebiet der klassischen Mathematik aus dem 19. Jahrhundert. Halten wir den wichtigen Satz nun fest.

Satz (Die Poincarésche Homologiesphäre als homogener Raum)
Die POINCARÉsche Homologiesphäre $H^3_{\mathcal{P}} = SO(3)/I_{60}$ ist homöomorph zu dem homogenen Quotientenraum

$$\partial P^{4*}(I_{60})\big/ \pm I_{60} \;\cong\; D_0\big/\sim,$$

welcher als Bahnenraum der Gruppenoperation

$$\lambda : \pm I_{60} \times \partial P^{4*}(I_{60}) \longrightarrow \partial P^{4*}(I_{60}), \quad (p, x) \mapsto px$$

entsteht. In dem Dodekaeder D_0 werden zwei Randpunkte x und y genau dann identifiziert, wenn sie in gegenüberliegenden Fünfecken, von denen eines um den Winkel $\pi/5$ verdreht ist, exakt übereinander liegen.

Man nennt den Quotienten $D_0\big/\sim$ den **sphärischen Dodekaederraum**. In dieser Form wird klar, dass $H^3_{\mathcal{P}}$ eine natürliche Triangulierung besitzt, die durch geeignete Verklebung der Seiten einer Triangulierung des Dodekaeders entsteht. $(\square)$

Zum besseren Verständnis sei noch einmal betont, dass man diesen rechnerischen Ansatz aus dem 19. Jahrhundert heute nicht mehr braucht, um die Triangulierbarkeit von H_P^3 zu zeigen. Wie zu Beginn der Überlegungen erwähnt, folgt dies inzwischen aus tiefliegenden allgemeinen Resultaten über Mannigfaltigkeiten, die seit Mitte des 20. Jahrhunderts bekannt sind.

Nach diesem ersten Meilenstein wenden wir uns der Orientierbarkeit von H_P^3 zu. Auch hier leistet die soeben konstruierte universelle Überlagerung

$$\varphi : \partial P^{4*}(I_{60}) \longrightarrow H_P^3$$

gute Dienste: Sie ist aus der Gruppenoperation λ samt Fundamentalbereichen in Form der Dodekaeder $D_k \subset \partial P^{4*}(I_{60})$ entsprungen ($0 \leq k < 120$). Denken Sie einfach an die analoge Situation bei der Überlagerung $\psi : \mathbb{R}^2 \to T^2$ des Torus, in der für $a, b \in \mathbb{Z}$ die Quadrate $[a, a+3] \times [b, b+3]$ die Rolle der Dodekaeder $\mathcal{D}_k$ übernehmen (Seite 416, die Unterteilung in 9 Einheitsquadrate sorgt wieder für eine Triangulierung des Quotienten T^2).

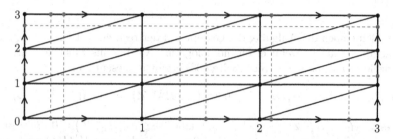

Die Triangulierung von $[0,3]^2$ ergibt durch ihr Bild bei der universellen Überlagerung $\psi : \mathbb{R}^2 \to T^2$ eine Triangulierung von T^2. Ein relativer Fundamentalzyklus $\mu \in H_2\big([0,3]^2, \partial([0,3]^2)\big)$ wurde dabei zu einem Fundamentalzyklus $\psi_*(\mu) \in H_2(T^2)$, denn die Ränder sind so verklebt worden, dass sie als Teilmengen des $\mathbb{R}^2$ bezüglich μ entgegengesetzt orientiert waren (die Identifikation der Randpunkte geschah entlang der Senkrechten auf den Rändern).

Genauso wie im Fall des Torus ergibt sich nun auch für H_P^3 die Orientierbarkeit. In der Tat hat man hier eine völlig analoge Situation im $\mathbb{R}^3$: Die gegenüber liegenden Fünfecke des Dodekaeders $\mathcal{D}_0$ werden (nach einer $\pi/5$-Drehung) ebenfalls entlang senkrechter Bahnen im $\mathbb{R}^3$ verklebt, was zu einer entgegengesetzen Orientierung korrespondierender 2-Simplizes in diesen Fünfecken führt. Der relative Fundamentalzyklus $\mu \in H_3\big(\mathcal{D}_0, \partial\mathcal{D}_0\big)$ liefert dann mit der Quotientenabbildung

$$\varphi|_{\mathcal{D}_0} : \mathcal{D}_0 \longrightarrow H_P^3$$

den gesuchten Fundamentalzyklus $\big(\varphi|_{\mathcal{D}_0}\big)_*(\mu) \in H_3(H_P^3)$ und zeigt die Orientierbarkeit von H_P^3. Wir können festhalten:

Satz
Die Homologiesphäre $H_P^3 = \mathrm{SO}(3)/I_{60}$ ist orientierbar. □

Damit haben wir viel gewonnen, die Lawine kommt ins Rollen. Neben den bereits bekannten Homologiegruppen (Seite 450)

$$H_0(H^3_{\mathcal{P}}) \cong \mathbb{Z} \quad \text{und} \quad H_1(H^3_{\mathcal{P}}) = 0$$

wissen wir jetzt, dass wegen der Orientierbarkeit

$$H_3(H^3_{\mathcal{P}}) \cong \mathbb{Z}$$

ist und es fehlt als letzter Baustein nur noch $H_2(H^3_{\mathcal{P}})$, denn die höheren Homologiegruppen (ab Index $k = 4$) verschwinden für 3-dimensionale simpliziale Komplexe.

Mit der Orientierbarkeit ist aber die POINCARÉ-Dualität anwendbar (Seite 443). Sie besagt

$$H_2(H^3_{\mathcal{P}}) \cong H^1(H^3_{\mathcal{P}}),$$

und es bleibt noch die Aufgabe, die Gruppe auf der rechten Seite zu bestimmen. Das ist aber einfach, wenn etwas homologische Algebra ins Spiel kommt. Das universelle Koeffiziententheorem (Seite 403) ergibt in diesem Fall

$$H^1(H^3_{\mathcal{P}}) \cong \operatorname{Hom}\big(H_1(H^3_{\mathcal{P}}), \mathbb{Z}\big) \oplus \operatorname{Ext}\big(H_0(H^3_{\mathcal{P}}), \mathbb{Z}\big) = \operatorname{Hom}\big(H_1(H^3_{\mathcal{P}}), \mathbb{Z}\big),$$

denn es ist $H_0(H^3_{\mathcal{P}}) \cong \mathbb{Z}$ frei abelsch und daher $\operatorname{Ext}\big(H_0(H^3_{\mathcal{P}}), \mathbb{Z}\big) = 0$ (Seite 402). Wir sind am Ziel, denn wegen $H_1(H^3_{\mathcal{P}}) = 0$ verschwindet auch $H^1(H^3_{\mathcal{P}})$ und damit ist das Puzzle vollständig:

$$H_2(H^3_{\mathcal{P}}) = 0.$$

Fällt Ihnen etwas auf? Nun denn, wir haben die Berechnung der Homologie von $H^3_{\mathcal{P}} = \mathrm{SO}(3)/I_{60}$ durchgeführt – wahrlich keine leichte Aufgabe, wenn Sie an die Mittel denken, die dabei zum Einsatz gekommen sind: Überlagerungstheorie, Gruppentheorie, Quaternionen und reguläre Polytope, homologische Algebra, die simpliziale Homologie und Kohomologie, der Zusammenhang von HUREWICZ zur Fundamentalgruppe und schließlich die POINCARÉ-Dualität.

Aber erkennen Sie, was wir hier haben? $H^3_{\mathcal{P}}$ hat dieselbe Homologie wie S^3. Das erklärt letztlich auch den Namen „Homologiesphäre". Und da $H^3_{\mathcal{P}}$ nicht einfach zusammenhängend ist, können wir folgende bemerkenswerte Beobachtung festhalten:

Beobachtung (Poincaré, 1904)
Es gibt eine geschlossene, orientierbare und triangulierbare 3-Mannigfaltigkeit mit der Homologie der S^3, die nicht homotopieäquivalent zu S^3 ist.   □

Die Homologiesphäre $H_{\mathcal{P}}^3$ ist das erste Beispiel einer solchen Mannigfaltigkeit. Es war in der Tat eine Sensation, als POINCARÉ dieses Beispiel fand – und damit seinen eigenen Irrtum erkannte, als er im Jahr 1900 vermutete, so etwas könne es nicht geben. Er formulierte seine Vermutung dabei nicht mit dem Wort „homotopieäquivalent", sondern gleich mit dem stärkeren Begriff „homöomorph". Im Jahr 1904 korrigierte er diese Vermutung dann, indem er zusätzlich den einfachen Zusammenhang der 3-Mannigfaltigkeit M verlangte, also $\pi_1(M) = 0$. Wenn man dann die (damals weit verbreitete) Triangulierungsvermutung für Mannigfaltigkeiten verwendet (Seite 190), so ergab sich die bekannte *klassische* POINCARÉ-*Vermutung*, [95], wonach alle einfach zusammenhängenden, geschlossenen 3-Mannigfaltigkeiten homöomorph zu S^3 sein sollen (Seite 316, beachten Sie, dass mit $\pi_1(M) = 0$ automatisch die Orientierbarkeit folgt, Seite 464).

Man weiß inzwischen, dass es für alle $n \geq 4$ und eine Vielzahl von gegebenen Gruppen $G \neq 0$ geschlossene n-Mannigfaltigkeiten gibt, für die $\pi_1(M) \cong G$ ist und die dennoch die Homologie der S^n besitzen (siehe zum Beispiel [60]). Man nennt diese Objekte **Homologie-n-Sphären**. In dem geplanten Folgeband werden wir diese exotischen Gebilde und ihre enormen Konsequenzen etwas genauer besprechen können und dabei auch eine weitere Homologie-3-Sphäre kennen lernen.

Die POINCARÉsche Homologiesphäre $H_{\mathcal{P}}^3$ hat übrigens auch in der Kosmologie Aufmerksamkeit errungen. Der Astrophysiker J.-P. LUMINET vermutete 2003 anhand von Unregelmäßigkeiten in der Hintergrundstrahlung des Weltalls, dass das Universum als 3-Mannigfaltigkeit die Gestalt von $H_{\mathcal{P}}^3$ haben könnte, [71]. Obwohl weitere Messungen dieser These entsprachen, bleibt sie bis heute Spekulation. Allemal ist es ein beeindruckendes Beispiel, wie abstrakte mathematische Objekte in der realen Welt eine Rolle spielen könnten.

Kommen wir aber zurück auf den Boden der Tatsachen. Wenn Sie noch einmal zurückblättern zum Hauptziel dieses Kapitels (Seite 407), so erkennen Sie, dass wir es für triangulierbare 3-Mannigfaltigkeiten bereits erreicht haben. Wegen der simplizialen POINCARÉ-Dualität (Seite 443) folgt mit genau den Argumenten, die wir eben bei $H_{\mathcal{P}}^3$ eingesetzt haben, dass jede geschlossene 3-Mannigfaltigkeit M mit $\pi_1(M) = 0$ die Homologie der S^3 besitzt – und mit dem Hauptziel des vorigen Kapitels (Seite 316) steht die Aussage da.

Wenn Sie nun in den früheren Kapiteln forschen, entdecken Sie auf Seite 193, dass man seit Anfang der 1950-er Jahre weiß, dass jede 3-Mannigfaltigkeit eine (sogar bis auf Isomorphie eindeutige) PL-Triangulierung hat, [81]. Glaubt man dieses Resultat, könnte man von der Triangulierbarkeit der Mannigfaltigkeit absehen und wäre fertig. Leider hinterlässt eine solche Argumentation das unbefriedigende Gefühl, den Hauptteil des Satzes gar nicht bewiesen, ja nicht einmal skizziert zu haben (die Arbeit von MOISE ist sehr kompliziert, er hat daraus sogar ein eigenes Lehrbuch gemacht, [82]).

Es gibt aber eine bessere Variante: Wenn wir die POINCARÉ-Dualität für die singuläre Homologie beweisen, brauchen wir keine Triangulierungen und hätten nicht nur das Hauptziel des Kapitels erreicht, sondern auch mächtige Konzepte in der Hand, mit denen sich viele Sätze über allgemeine Mannigfaltigkeiten beweisen lassen (beachten Sie, dass es in allen Dimensionen $n \geq 4$ nicht-triangulierbare geschlossene n-Mannigfaltigkeiten gibt, [1][33][72] (siehe auch Seite 224).

Lassen Sie uns hierfür als Vorbereitung einige weitere, spezielle Ergebnisse zur Orientierung und Homologie von Mannigfaltigkeiten besprechen.

10.7 Homologische Charakterisierung von Orientierbarkeit

Wechseln wir also zur singulären Homologie. Die Mannigfaltigkeiten M brauchen dann keine Triangulierung mehr, sie sind wieder definiert wie auf Seite 46 und alle k-Simplizes sind stetige Abbildungen $\sigma^k : \Delta^k \to M$.

In dieser Konstellation geht natürlich viel verloren: Es gibt keinen Fundamentalzyklus mehr, keine dualen Triangulierungen, es fehlt ein vernünftiges Konzept für Orientierungen und die Ketten- und Kokettengruppen sind nicht mehr isomorph, denn $C_k(M)$ ist (auch für kompaktes M) nicht endlich erzeugt. Für all dies müssen wir einen Ersatz finden. Auf der anderen Seite haben wir in der singulären Theorie die originär topologischen Mittel zur Verfügung wie offene Überdeckungen, die Kompaktheit, den Ausschneidungssatz oder die MAYER-VIETORIS-Sequenz. Es ist naheliegend, dass wir nun damit arbeiten müssen und an Stelle der kombinatorischen Argumente wie zum Beispiel der Verklebung von Simplexseiten verstärkt algebraische Werkzeuge in den Blickpunkt rücken. Es sei dazu M eine randlose, nicht notwendig kompakte n-Mannigfaltigkeit.

Versuchen wir im ersten Schritt, einen Ersatz für den Fundamentalzyklus zu finden. Da M randlos ist, besitzt jeder Punkt $x \in M$ eine Umgebung U mit einem Homöomorphismus $\varphi : U \to \mathbb{R}^n$. Nun liegt es auf der Hand, die Menge U einfach durch Übertragung einer Orientierung von $\mathbb{R}^n$ zu orientieren. Das klingt vernünftig, denn man weiß aus der Differentialgeometrie, dass der $\mathbb{R}^n$ durch die Festlegung einer Reihenfolge seiner Koordinatenachsen orientierbar ist, und die Topologie muss dies mit ihren Werkzeugen abbilden können. Die Frage lautet daher, wie ein Konzept für die Orientierung von U mit homologischen Mitteln zu schaffen ist, zumal wegen $H_n(U) = 0$ keine Chance auf einen Generator dieser Gruppe, also auf einen irgendwie gearteten „Fundamentalzyklus" besteht.

Die Antwort ist einfach. Es gibt noch einen anderen Weg, die Homologie von $U \subseteq M$ zu beschreiben: mit den relativen Gruppen $H_k(M, M \setminus U)$. Diese Gruppen untersuchen die Homologie von M und ignorieren alles außerhalb von U (oder eben innerhalb von $M \setminus U$). Wir schreiben dafür ab jetzt kurz $H_k(M|_U)$.

Beobachtung: Nach einer geeigneten Verkleinerung von U ist $H_n(M|_U) \cong \mathbb{Z}$.

Das ist eine einfache **Übung** mit der Ausschneidungseigenschaft (Seite 264). Wir dürfen dabei zunächst $\varphi(x) = 0$ annehmen. Das Argument verläuft dann genau wie auf Seite 274, Sie ersetzen nur den Punkt $x \in M$ durch $V = \varphi^{-1}(B^n)$, wobei $B^n = \{x \in \mathbb{R}^n : \|x\| < 1\}$ der offene Einheitsball ist. Die offene x-Umgebung $V \subset U$ erfüllt dann alle Wünsche.   ($\square$)

Wir nennen die Umgebungen U mit $H_n(M|_U) \cong \mathbb{Z}$ **elementare Umgebungen** (in Anlehnung an die Überlagerungstheorie, Seite 91 f). Mit den gleichen Ideen können Sie nun zeigen, dass im Fall einer elementaren Umgebung die Inklusion $i_y : (M, M \setminus U) \hookrightarrow (M, M \setminus y)$ für jeden Punkt $y \in U$ einen Isomorphismus

$$i_{y*} : H_n(M|_U) \longrightarrow H_n(M, M \setminus y)$$

auf die lokale Homologiegruppe von y induziert (Seite 274, wir werden für diese Gruppe jetzt auch die kurze Notation $H_n(M|_y)$ verwenden). Damit ist durch die Auszeichnung eines Generators $\mu_U \in H_n(M|_U)$ für jedes $y \in U$ eine **lokale Orientierung** $\mu_y \in H_n(M|_y)$ über die Vorschrift

$$\mu_y = i_{y*}(\mu_U)$$

festgelegt. In diesem Sinne wollen wir jetzt die Menge U durch die Auswahl des Generators μ_U als **orientiert** bezeichnen – wodurch wir in die Lage versetzt werden, mit homologischen Mitteln eine globale Orientierung von M zu definieren.

Man konstruiert dazu ein spezielles $\mathbb{Z}$-Faserbündel (Seite 146)

$$p : \widetilde{M} \longrightarrow M$$

durch die Menge

$$\widetilde{M} = \left\{ \alpha_x \in H_n(M|_x) : x \in M \right\}$$

und die Zuordnung $p(\alpha_x) = x$. Damit ist $p^{-1}(x) = H_n(M|_x)$ für alle $x \in M$ und wir müssen nur noch den Totalraum $\widetilde{M}$ mit einer geeigneten Topologie versehen.

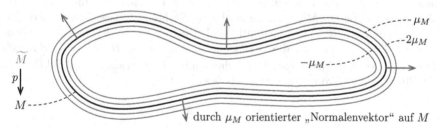

durch μ_M orientierter „Normalenvektor" auf M

Eine Umgebungsbasis von $\alpha_x \in \widetilde{M}$ bestehe dabei aus allen Mengen $\widetilde{U}(\alpha_x)$, die wie folgt gebildet werden können: Man wählt eine offene Umgebung U von x mit $H_n(M|_U) \cong \mathbb{Z}$ sowie einen Generator μ_U dieser Gruppe. Dann gibt es genau ein $r_x \in \mathbb{Z}$ mit $\alpha_x = r_x \cdot i_{x*}(\mu_U)$, wobei $i_x : (M, M \setminus U) \hookrightarrow (M, M \setminus x)$ wieder die Inklusion von Raumpaaren ist. Die Menge $\widetilde{U}(\alpha_x)$ werde schließlich definiert als

$$\widetilde{U}(\alpha_x) = \left\{ \alpha_y \in H_n(M|_y) : y \in U \text{ und } \alpha_y = r_x \cdot i_{y*}(\mu_U) \right\},$$

sinngemäß mit den Inklusionen $i_y : (M, M \setminus U) \hookrightarrow (M, M \setminus y)$. Die Definition mag auf den ersten Blick etwas kompliziert erscheinen, ist aber anschaulich leicht verständlich. Nehmen Sie einfach die obige Abbildung als Gedankenstütze, auch die Vorstellung als lokale Produkte $U \times \mathbb{Z}$ ist hilfreich, Sie müssen nur beachten, dass das Bündel $\widetilde{M}$ im Allgemeinen nicht trivial ist (homöomorph zu $M \times \mathbb{Z}$).

Aus der Theorie der Faserbündel kommt nun der Begriff eines **Schnittes** von p über einem Teilraum $A \subseteq M$. Das ist eine stetige Abbildung

$$s : A \longrightarrow \widetilde{M}, \quad x \mapsto s_x,$$

mit $p \circ s = \mathrm{id}_A$. Aus der Konstruktion von $\widetilde{M}$ wird klar, dass die Schnitte über A wegen $s_x \in H_n(M|_x)$ und der Stetigkeit auf natürliche Weise ein $\mathbb{Z}$-Modul bilden (insbesondere eine additive Gruppe). Man bezeichnet sie mit $\Gamma(A, \mathbb{Z})$.

Eine **Orientierung** von M wird nun über einen globalen Schnitt $s \in \Gamma(M, \mathbb{Z})$ mit $s \not\equiv 0$ definiert (M heißt dann **orientierbar**). Es sei dazu $s_x \neq 0$ für ein $x \in M$ und U eine elementare Umgebung von x. Ein Generator μ_U von $H_n(M|_U)$ sei so gewählt, dass über den Isomorphismus $H_n(M|_x) \cong \mathbb{Z}$ die Elemente $\mu_x = i_{x*}(\mu_U)$ und s_x gleiches Vorzeichen haben. Das Element $s_x \neq 0$ induziert so eine lokale Orientierung auf der Umgebung U. Da Mannigfaltigkeiten wegzusammenhängend sind (Seite 46), wird dadurch in jedem Punkt $y \in M$ ein Generator $\mu_y \in H_n(M|_y)$ festgelegt, der sich mit μ_U (und damit auch mit s_x) in dem Sinne verträgt, dass der Schnitt s überall stetig ist: Man überdecke dazu einen Weg von x nach y mit endlich vielen elementaren Umgebungen und hebe ihn hoch zu einem Weg in $\widetilde{M}$ mit Startpunkt s_x (wir werden das Vorgehen unten präzisieren). Anschaulich kann man sagen, dass ein Schnitt $s \not\equiv 0$ über jedem Punkt $x \in M$ auf die gleiche „Seite" der $\mathbb{Z}$-Fasern von $\widetilde{M}$ zeigt. Der Vollständigkeit halber sei noch festgehalten, dass man M **nicht orientierbar** nennt, falls es (im Gegensatz zu oben) ausschließlich den Nullschnitt $s \equiv 0$ in $\Gamma(M, \mathbb{Z})$ gibt.

Die Definition der Orientierbarkeit mit Schnitten des Bündels $p : \widetilde{M} \to M$ hat den Vorteil, dass die Faser über allen Punkten $x \in M$ stets die volle lokale Homologiegruppe $H_n(M|_x) \cong \mathbb{Z}$ darstellt. Ein Nachteil ist, dass die orientierungsdefinierenden Schnitte nicht eindeutig sind. Dies wird behoben, indem man sich in jeder Faser $p^{-1}(x)$ auf die zwei Generatoren $\pm \mu_x \in H_n(M|_x)$ beschränkt. Der zugehörige Teilraum von $\widetilde{M}$ sei dann mit $\widetilde{M}_\pm$ bezeichnet und führt über die Einschränkung von p auf das $\{\pm 1\}$-Faserbündel

$$p : \widetilde{M}_\pm \longrightarrow M.$$

Aus der Konstruktion von $\widetilde{M}_\pm$ ist klar, dass M genau dann orientierbar ist, wenn es einen globalen Schnitt $s : M \to \widetilde{M}_\pm$ gibt. Wir wollen diese anschaulichen (aber noch etwas vagen) Ideen nun genauer beschreiben. Dabei ergeben sich eine Reihe einfacher Charakterisierungen für die Orientierbarkeit von Mannigfaltigkeiten.

Satz (Orientierbarkeit einer Mannigfaltigkeit)
Eine randlose n-Mannigfaltigkeit M ist genau dann orientierbar, wenn $\widetilde{M}_\pm$ zwei Zusammenhangskomponenten hat (die dann beide homöomorph zu M sind).

M ist genau dann nicht orientierbar, wenn $\widetilde{M}_\pm$ zusammenhängend ist. Es gibt dann in $\pi_1(M)$ eine Untergruppe G vom Index 2, was konkret $\pi_1(M)/G \cong \mathbb{Z}_2$ bedeutet (Seite 65). Insbesondere sind damit alle einfach zusammenhängenden Mannigfaltigkeiten orientierbar.

Der **Beweis** verwendet Ideen aus der Überlagerungstheorie (Seite 91 ff), insbesondere die Hochhebung von Wegen (Seite 94). Das ist nicht weiter verwunderlich,
denn $\widetilde{M}$ und $\widetilde{M}_{\pm}$ sind ähnlich der universellen Überlagerung aus ihren Fasern
konstruiert (Seite 102) und letztlich sind beide Räume (bis auf den Zusammen-
hang) nichts anderes als Überlagerungen von M.

Es sei zunächst M orientierbar, ein Punkt $x \in M$ ausgezeichnet und $s : M \to \widetilde{M}_{\pm}$
ein globaler Schnitt. Für einen Punkt $y \in M$ wählt man nun einen Weg $\gamma_y : I \to M$
von x nach y und überdeckt ihn mit elementaren Umgebungen $U_1, \dots, U_k$.

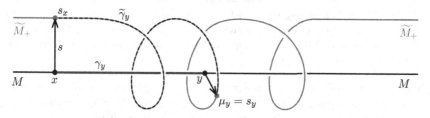

Wie bei den Überlagerungen kann man γ_y entlang der U_i auf eindeutige Weise
hochheben zu einem Weg $\widetilde{\gamma}_y : I \to \widetilde{M}_{\pm}$, der von s_x zu einem Punkt $\mu_y \in H_n(M|_y)$
verläuft. Wegen der Stetigkeit von s ist dann offensichtlich $\mu_y = s_y$. Es ist klar,
dass s_x und s_y in der gleichen Zusammenhangskomponente von $\widetilde{M}_{\pm}$ liegen, wir
nennen sie $\widetilde{M}_+$. Mit dieser Konstruktion ist $s_z \in \widetilde{M}_+$ für alle $z \in M$, weswegen
der Schnitt s offensichtlich einen Homöomorphismus $M \to \widetilde{M}_+$ induziert. Führt
man die gleiche Überlegung für den negativen Schnitt $-s$ durch, also mit dem
Startpunkt $-s_x$, erreicht man durch die Hochhebung von γ_z über allen $z \in M$ die
Endpunkte $-\mu_z \in H_n(M|_y)$, denn die Hochhebungen von verschiedenen Start-
punkten haben auch verschiedene Endpunkte (wegen der Eindeutigkeit). Also ist
das Bild $-s(M)$ disjunkt zu $\widetilde{M}_+$ und stellt eine weitere Zusammenhangskompo-
nente dar, die wir mit $\widetilde{M}_-$ bezeichnen. Damit ist $\widetilde{M} = \widetilde{M}_+ \sqcup \widetilde{M}_-$.

Falls umgekehrt $\widetilde{M} = U \sqcup V$ eine Zerlegung in zwei Zusammenhangskomponenten
ist, kann für alle $x \in M$ die Faser $p^{-1}(x)$ nicht vollständig in einer der Komponenten U oder V enthalten sein: Angenommen, dies wäre doch der Fall, also zum
Beispiel $p^{-1}(x) \subset U$. Für alle $y \in M$ führt dann die (eindeutige) Hochhebung
eines Weges von x nach y von den beiden Startpunkten in $p^{-1}(x)$ zu verschiedenen Endpunkten, mithin zu beiden Punkten in der Faser $p^{-1}(y)$.

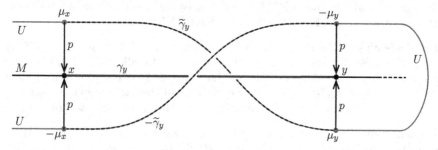

Damit wäre auch $p^{-1}(y) \subset U$ und letztlich $\widetilde{M}_{\pm} = U$ im Widerspruch zur Voraussetzung, nach der $\widetilde{M}_{\pm}$ zwei Komponenten hatte. Ausgehend von einer Zuordnung $x \mapsto \mu_x \in H_n(M|_x)$ kann nun wie oben über die Hochhebung von Wegen ein orientierender Schnitt $s : M \to \widetilde{M}_{\pm}$ konstruiert werden (einfache **Übung**).

Der zweite Teil des Satzes folgt daraus, dass $\widetilde{M}_{\pm}$ höchstens zwei Zusammenhangskomponenten hat (abhängig davon, ob für ein $x \in M$ die Generatoren $\pm\mu_x$ in der gleichen oder in verschiedenen Komponenten liegen, das Argument verläuft wie oben). Die Nicht-Orientierbarkeit ist damit nach dem ersten Teil des Satzes äquivalent dazu, dass $\widetilde{M}_{\pm}$ zusammenhängend ist. Dies wiederum bedeutet, dass $p : \widetilde{M}_{\pm} \to M$ eine 2-blättrige reguläre Überlagerung ist (die Decktransformationen sind die Identität und die Vertauschung $\mu_x \mapsto -\mu_x$ für alle $x \in M$), weswegen $\pi_1(M)$ nach dem Satz über die Decktransformationsgruppe eine Untergruppe G vom Index 2 besitzt (Seite 102). $\square$

Für die Schnitte des $\mathbb{Z}$-Faserbündels $p : \widetilde{M} \to M$ gibt es den folgenden Satz, der nicht nur eine griffige homologische Charakterisierung für die Orientierbarkeit geschlossener Mannigfaltigkeiten liefern wird, sondern auch (an anderer Stelle) eine bemerkenswerte Parallele zur simplizialen Homologie von Mannigfaltigkeiten.

Satz (Darstellung von Schnitten in $\widetilde{M}$ über kompakten Teilmengen)
Es sei M eine randlose n-Mannigfaltigkeit, $A \subseteq M$ kompakt und $s : M \to \widetilde{M}$ ein globaler Schnitt. Dann gibt es genau ein Element $\mu_A \in H_n(M|_A)$, sodass $s_x = i_{x*}(\mu_A)$ für alle $x \in A$.

Dabei ist $i_x : (M, M \setminus A) \hookrightarrow (M, M \setminus x)$ die bekannte Inklusion. Was aufgrund der Stetigkeit von s für elementare Umgebungen trivialerweise gilt, kann also auf beliebige kompakte Teilmengen in M übertragen werden. Die Aussage ist nicht überraschend und für sich gesehen leicht zu behalten, ihr **Beweis** ist aber kompliziert und verlangt einen genauen Umgang mit homologischen Techniken.

Man zeigt den Satz zunächst für elementare Umgebungen $U \subset M$, homöomorph zu $\mathbb{R}^n$, und darin enthaltene kompakte Teilmengen. Wir dürfen also vorerst von einem kompakten $A \subset \mathbb{R}^n$ ausgehen. Die Existenz von μ_A folgt dann aus einer Orientierung $\mu_{\mathbb{R}^n} \in H_n(\mathbb{R}^n|_{\mathbb{R}^n}) \cong \mathbb{Z}$ wegen $s_x = k \cdot i_{x*}(\mu_{\mathbb{R}^n})$ für ein $k \in \mathbb{Z}$ und alle $x \in \mathbb{R}^n$: Mit der Inklusion $i : \mathbb{R}^n \setminus \mathbb{R}^n \hookrightarrow \mathbb{R}^n \setminus A$ und dem natürlichen Homomorphismus $i_* : H_n(\mathbb{R}^n|_{\mathbb{R}^n}) \to H_n(\mathbb{R}^n|_A)$ wähle man einfach $\mu_A = i_*(\mu_{\mathbb{R}^n})$, denn die (triviale) Inklusion $\mathbb{R}^n \setminus \mathbb{R}^n \hookrightarrow \mathbb{R}^n \setminus x$ ist die Einschränkung der Inklusion $\mathbb{R}^n \setminus A \hookrightarrow \mathbb{R}^n \setminus x$ auf $\mathbb{R}^n \setminus \mathbb{R}^n$ (beachten Sie $\mathbb{R}^n \setminus \mathbb{R}^n = \varnothing$).

Die Eindeutigkeit von μ_A macht mehr Probleme. Es sei dazu $\mu'_A \in H_n(\mathbb{R}^n|_A)$ ebenfalls ein Schnitt von p über A mit $s_x = i_{x*}(\mu'_A)$ für alle $x \in A$. Die Differenz $\nu_A = \mu_A - \mu'_A$ liefert dann $i_{x*}(\nu_A) = 0$ für alle $x \in A$. Wir müssen zeigen, dass daraus $\nu_A = 0 \in H_n(\mathbb{R}^n|_A)$ folgt – eine Aussage, die bei elementaren Funktionen $A \to \mathbb{Z}$ trivial wäre, hier aber mit homologischen Mitteln begründet werden muss.

Bei konvexem A hätten wir noch leichtes Spiel, denn das Paar $(\mathbb{R}^n, \mathbb{R}^n \setminus A)$ ist dann homotopieäquivalent zu $(\mathbb{R}^n, \mathbb{R}^n \setminus B)$ für einen offenen n-Ball $B \subset \mathbb{R}^n$.

Dies sehen Sie mit einer geeigneten geometrischen Überlegung im $\mathbb{R}^n$: Für eine konvexe Menge $A \subset \mathbb{R}^n$ wähle man einen Punkt $x \in A$ und einen offenen n-Ball $B = B_r(x)$ um x, der die Menge A enthält. Wegen der Konvexität von A lässt sich dann die radiale Deformationsretraktion

$$h : (\mathbb{R}^n \setminus x) \times I \longrightarrow \mathbb{R}^n \setminus x$$

mit $h\big|_{(\mathbb{R}^n \setminus x) \times 0} = \mathrm{id}_{\mathbb{R}^n \setminus x}$ und $h\big|_{(\mathbb{R}^n \setminus x) \times 1}(\mathbb{R}^n \setminus x) = \mathbb{R}^n \setminus B$ zu einer Deformation

$$\widetilde{h} : (\mathbb{R}^n \setminus A) \times I \longrightarrow \mathbb{R}^n \setminus A.$$

mit $\widetilde{h}\big|_{(\mathbb{R}^n \setminus A) \times 0} = \mathrm{id}_{\mathbb{R}^n \setminus A}$ und $\widetilde{h}\big|_{(\mathbb{R}^n \setminus A) \times 1}(\mathbb{R}^n \setminus A) = \mathbb{R}^n \setminus B$ einschränken.

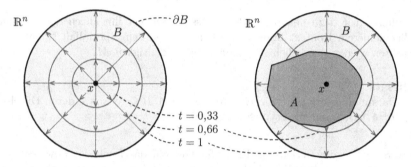

Das Paar $(\mathbb{R}^n, \mathbb{R}^n \setminus B)$ ist homotopieäquivalent zu (D^n, S^{n-1}), das als n-te Homologiegruppe $\mathbb{Z}$ besitzt (Seite 272). Damit ist auch $H_n(\mathbb{R}^n|_A) \cong \mathbb{Z}$ und wegen $i_{x*}(\nu_A) = 0$ folgt $\nu_A = 0$ (beachten Sie hierzu wieder die Komposition $i_{x*} : \mathbb{Z} \cong H_n(\mathbb{R}^n|_{\mathbb{R}^n}) \to H_n(\mathbb{R}^n|_A) \to H_n(\mathbb{R}^n|_x)$, die ein Isomorphismus ist, weswegen der zweite Homomorphismus $H_n(\mathbb{R}^n|_A) \to H_n(\mathbb{R}^n|_x)$ surjektiv und daher auch injektiv sein muss).

Dies zeigt den Satz für konvexes $A \subset \mathbb{R}^n$. Was passiert aber, wenn A nicht konvex ist? Die stetigen Deformationen für $H_n(\mathbb{R}^n|_A) \cong \mathbb{Z}$ funktionieren dann nicht mehr. Sie erinnern sich vielleicht an ein ähnliches Problem aus dem Kapitel über Simplizialkomplexe (Seite 176). Der Rand ∂A kann so exotisch in $\mathbb{R}^n$ liegen, dass keine Deformation von $\mathbb{R}^n \setminus A$ auf das Komplement eines n-Balles möglich ist.

Wir repräsentieren $\nu_A \in H_n(\mathbb{R}^n|_A)$ in diesem Fall durch einen relativen Zyklus $z \in Z_n(\mathbb{R}^n|_A)$, also durch eine n-Kette z in $\mathbb{R}^n$ mit $\partial z \subset \mathbb{R}^n \setminus A$, und überdecken die Menge A durch endlich viele abgeschlossene n-Bälle $D_1, \ldots, D_k$ (das geht wegen der Kompaktheit von A). Der Radius der Bälle sei dabei so klein gewählt, dass deren Vereinigung

$$\widetilde{A} = \bigcup_{i=1}^{k} D_i$$

disjunkt zu der Vereinigung der Bilder aller singulären Simplizes von ∂z ist. Dies ist möglich, denn ∂z und A sind disjunkte kompakte Mengen in dem (normalen) Raum $\mathbb{R}^n$, also eine gewisse Distanz $\delta > 0$ voneinander entfernt. Damit ist z auch ein relativer Zyklus in $Z_n(\mathbb{R}^n|_{\widetilde{A}})$ und definiert ein Element $\nu_{\widetilde{A}} \in H_n(\mathbb{R}^n|_{\widetilde{A}})$.

Offensichtlich gilt mit der Inklusion $i : \left(\mathbb{R}^n, \mathbb{R}^n \backslash \widetilde{A}\right) \hookrightarrow \left(\mathbb{R}^n, \mathbb{R}^n \backslash A\right)$ die Beziehung $\nu_A = i_*(\nu_{\widetilde{A}})$, weswegen ν_A verschwindet, wenn $\nu_{\widetilde{A}} = 0$ ist. Damit haben wir das Problem von allgemeinen kompakten $A \subset \mathbb{R}^n$ auf endliche Vereinigungen von konvexen Kompakta eingeschränkt (auf denen der Satz schon bewiesen ist).

Die weitere Argumentation gehört zum Standardrepertoire in der Theorie von Mannigfaltigkeiten: Wenn wir zeigen, dass der Satz für die Vereinigung zweier Kompakta in $\mathbb{R}^n$ gilt, wenn er für beide Kompakta einzeln und deren Durchschnitt gilt, könnten wir die Vereinigung $\widetilde{A} = D_1 \cup \ldots \cup D_k$ mit Induktion nach k auf den Fall $k = 1$ reduzieren (**Übung**, verwenden Sie $\widetilde{A} = (D_1 \cup \ldots \cup D_{k-1}) \cup D_k$ und die Tatsache, dass $(D_1 \cup \ldots \cup D_{k-1}) \cap D_k = (D_1 \cap D_k) \cup \ldots \cup (D_{k-1} \cap D_k)$ eine Vereinigung von $k - 1$ konvexen Mengen ist). Bei $k = 1$ ist $\widetilde{A} \subset \mathbb{R}^n$ dann selbst konvex und die Aussage mit der obigen Überlegung $H_n\left(\mathbb{R}^n|_{\widetilde{A}}\right) \cong \mathbb{Z}$ bewiesen.

Formulieren wir dazu den passenden Hilfssatz. Da wir ihn gleich noch einmal in allgemeinerem Kontext brauchen, sehen wir von dem Spezialfall $\mathbb{R}^n$ ab und betrachten wieder eine beliebige, randlose Mannigfaltigkeit M.

Hilfssatz
Der Darstellungssatz gelte für zwei Kompakta $A, B \subseteq M$ sowie deren Durchschnitt $A \cap B$. Dann gilt er auch für $A \cup B$.

Wir verschieben die Herleitung des Hilfssatzes auf das Ende des Beweises, um den roten Faden zu behalten. Halten wir kurz fest, dass wir den Satz über die Darstellung von Schnitten (Seite 466) nun für den Spezialfall $M = \mathbb{R}^n$ verwenden dürfen, und damit auch für alle offenen Umgebungen $U \cong \mathbb{R}^n$ in M.

Im allgemeinen Fall führt der Hilfssatz dann ebenfalls schnell ans Ziel, es sei dazu $A \subseteq M$ kompakt. Wegen der Kompaktheit können wir A als eine endliche Vereinigung $A = A_1 \cup \ldots \cup A_k$ schreiben, wobei jedes A_λ kompakt in einem $U \cong \mathbb{R}^n$ ist (elementare **Übung**, Sie müssen eine endliche Überdeckung von A mit Mengen $U_i \cong \mathbb{R}^n$ verfeinern zu V_{ij}'s mit $V_{ij} \cong \mathbb{R}^n$ und $\overline{V}_{ij} \subset U_i$. Für die Indizes der A_λ reichen endlich viele Indexpaare ij). Die gleiche Induktion wie oben führt dann zu einer Reduktion auf den Fall $k = 1$, womit der Satz bewiesen wäre. $\Box$

Es fehlt noch der Beweis des Hilfssatzes. An seiner Formulierung erkennen Sie, dass er den Geist der MAYER-VIETORIS-Sequenz atmet (Seite 298). Bei genauer Betrachtung stößt man aber auf ein technisches Problem, das wir im Kapitel über die Homologie noch nicht behandelt haben. Dort kamen in der MAYER-VIETORIS-Sequenz die Gruppen $H_k(A)$, $H_k(B)$, $H_k(A \cap B)$ und $H_k(X)$ vor. Außerdem musste der Raum X die Vereinigung der offenen Kerne $\mathring{A} \cup \mathring{B}$ sein.

In der aktuellen Situation stehen jedoch die relativen Gruppen im Fokus, also $H_k(M|_A) = H_k(M, M \backslash A)$ oder $H_k(M|_B) = H_k(M, M \backslash B)$. Der einzige Vorteil dabei ist, dass die Komplemente von A und B offen sind, weswegen die Bedingung $M \backslash (A \cap B) = (M \backslash A)^\circ \cup (M \backslash B)^\circ$ in den zweiten Komponenten der Raumpaare keine Schwierigkeiten bereitet. Dennoch fehlt uns eine relative Version der MAYER-VIETORIS-Sequenz, die wir jetzt formulieren (und deren Beweis ebenfalls auf später verschieben, um den Überblick zu bewahren).

Satz (Relative Form der Mayer-Vietoris-Sequenz)

Für einen Raum X und zwei Teilmengen $A, B \subseteq X$ gelte $X = \mathring{A} \cup \mathring{B}$. Für zwei weitere Teilmengen $T_A \subseteq A$ und $T_B \subseteq B$ sei außerdem

$$T_X = T_A \cup T_B = \mathring{T}_A \cup \mathring{T}_B,$$

wobei die offenen Kerne von T_A und T_B bezüglich der Obermenge T_X gebildet sind, sodass für beide Komponenten der Raumpaare (A, T_A) und (B, T_B) die entsprechenden MAYER-VIETORIS-Sequenzen existieren. Diese induzieren dann komponentenweise eine lange exakte Sequenz

$$\ldots \longrightarrow H_{k+1}(X, T_X) \xrightarrow{\partial_*} H_k(A \cap B, T_A \cap T_B) \xrightarrow{\varphi_*}$$

$$\xrightarrow{\varphi_*} H_k(A, T_A) \oplus H_k(B, T_B) \xrightarrow{\psi_*} H_k(X, T_X) \xrightarrow{\partial_*} \ldots,$$

der relativen Homologiegruppen, die als **relative Mayer-Vietoris-Sequenz** der Raumpaare (A, T_A) und (B, T_B) bezeichnet wird.

Die Homomorphismen sind dabei wie immer durch Repräsentanten aus den absoluten Gruppen induziert. In der Situation des Hilfssatzes bedeutet das für $k = n$ den exakten Ausschnitt

$$\ldots \longrightarrow H_{n+1}(M|_{A \cap B}) \xrightarrow{\partial_*} H_n(M|_{A \cup B}) \xrightarrow{\varphi_*}$$

$$\xrightarrow{\varphi_*} H_n(M|_A) \oplus H_n(M|_B) \xrightarrow{\psi_*} H_n(M|_{A \cap B}) \xrightarrow{\partial_*} \ldots.$$

Wir werden im Beweis der relativen MAYER-VIETORIS-Sequenz sehen, dass mit den Inklusionen

$$(M, M \setminus A \cup B) \xrightarrow{i_A^{\cup}} (M, M \setminus A) \xrightarrow{i_A^{\cap}} (M, M \setminus A \cap B)$$

und

$$(M, M \setminus A \cup B) \xrightarrow{i_B^{\cup}} (M, M \setminus B) \xrightarrow{i_B^{\cap}} (M, M \setminus A \cap B)$$

für die verbindenden Homomorphismen φ_* und ψ_* die Gleichungen

$$\varphi_*(\alpha) = \left(i_{A*}^{\cup}(\alpha), -i_{B*}^{\cup}(\alpha) \right) \qquad \text{und} \qquad \psi_*(\alpha, \beta) = i_{A*}^{\cap}(\alpha) + i_{B*}^{\cap}(\beta)$$

gelten. Es sei nun $s : M \to \widetilde{M}$ ein globaler Schnitt. Wir zeigen, dass es ein eindeutiges Element $\alpha_{A \cup B} \in H_n(M|_{A \cup B})$ gibt mit $i_{x*}(\alpha_{A \cup B}) = s_x$ für alle $x \in A \cup B$. Nach Voraussetzung des Hilfssatzes gibt es solche Elemente über den Teilmengen A, B und $A \cap B$, sie seien mit α_A, α_B und $\alpha_{A \cap B}$ bezeichnet. Da für alle $x \in A \cap B$ die Gleichungen $i_{x*}(\alpha_A) = s_x = i_{x*}(\alpha_B)$ gelten, ist $\psi_*(\alpha_A, -\alpha_B) = 0$ und wegen der Exaktheit der Sequenz gibt es ein $\alpha_{A \cup B}$ mit $\varphi_*(\alpha_{A \cup B}) = (\alpha_A, -\alpha_B)$. Es ist nach Definition auch $\varphi_*(\alpha_{A \cup B}) = \left(i_{A*}^{\cup}(\alpha_{A \cup B}), -i_{B*}^{\cup}(\alpha_{A \cup B}) \right)$, weswegen $i_{A*}^{\cup}(\alpha_{A \cup B}) = \alpha_A$ und $i_{B*}^{\cup}(\alpha_{A \cup B}) = \alpha_B$ folgt. Insgesamt ergibt sich daraus für alle $x \in A \cup B$ die Gleichung $i_{x*}(\alpha_{A \cup B}) = s_x$ und damit für den eingeschränkten Schnitt $s|_{A \cup B}$ die Existenz eines darstellenden Elements in $H_n(M|_{A \cup B})$.

Wieder ist es die Eindeutigkeit von $\alpha_{A\cup B}$, die noch ein wenig Schwierigkeiten bereitet. In der Tat gerät der Beweis hier ins Stocken, weil wir dazu die Injektivität des Homomorphismus φ_* bräuchten, die ohne einen zusätzlichen Gedanken nicht erreicht werden kann. Falls wir jedoch die Injektivität beweisen könnten, wären wir fertig: Ähnlich wie vorhin würden wir für zwei Lösungen $\alpha_{A\cup B}$ und $\alpha'_{A\cup B}$ die Differenz $\gamma_{A\cup B} = \alpha_{A\cup B} - \alpha'_{A\cup B}$ betrachten mit $\varphi_*(\gamma_{A\cup B}) = 0$. Aus der Injektivität von φ_* würde dann $\alpha_{A\cup B} = \alpha'_{A\cup B}$ folgen.

Der einfachste Weg zur Injektivität – ohne genaue Berechnung der Abbildung φ_* im Einzelfall – verliefe direkt über die MAYER-VIETORIS-Sequenz, wenn wir

$$H_{n+1}(M|_{A\cap B}) = 0$$

zeigen können. Nun denn, hier nimmt der Beweisverlauf eine etwas unerwartete Wendung. Man kann das Verschwinden dieser Gruppe nämlich nicht ad hoc zeigen, was daran liegt, dass wir in dem Darstellungssatz, also unserem eigentlichen Ziel, zu wenig verlangt haben. In der Tat kommt es in der Mathematik (wenn auch sehr selten) vor, dass der Beweis eines Satzes erst möglich wird, wenn man von Anfang an eine stärkere Aussage anpeilt:

Ergänzung zum Satz über die Darstellung von Schnitten
Es sei M eine randlose n-dimensionale Mannigfaltigkeit und $A \subseteq M$ kompakt. Dann gilt $H_k(M|_A) = 0$ für alle $k > n$.

Folgerung für geschlossene Mannigfaltigkeiten
Für eine geschlossene n-Mannigfaltigkeit M gilt $H_k(M) = 0$ für alle $k > n$.

Die Folgerung erhalten Sie ganz einfach mit $A = M$ (wir werden sie gleich noch auf beliebige n-Mannigfaltigkeiten verallgemeinern). Sie zeigt auch die bereits erwähnte Parallele zur simplizialen Homologie polyedrischer n-Mannigfaltigkeiten, wo sie trivialerweise gültig ist, weil es für $k > n$ gar keine k-Simplizes gibt.

Die obige Ergänzung ist im Tandem mit dem Rest des Darstellungssatzes dann aber einfach zu erreichen. Sie gilt (gemäß dem Ergebnis auf Seite 272) für den Anfang des Beweises, als wir $H_n(\mathbb{R}^n|_A) \cong H_n(D^n, S^{n-1}) \cong \mathbb{Z}$ für konvexe kompakte Teilmengen $A \subset \mathbb{R}^n$ berechnet haben. Wir sind dann zu beliebigen kompakten Teilmengen in $\mathbb{R}^n$ übergegangen und schließlich allgemein zu kompakten Teilmengen $A \subseteq M$. Dabei kommt zweimal der Hilfssatz auf Seite 468 zum Einsatz, dessen Voraussetzung nun eine zusätzliche Forderung bekommt: Für A, B und $A \cap B$ soll der Darstellungssatz inklusive der Ergänzung gelten. Wenn wir diese Ergänzung in jedem Schritt des Beweises mitnehmen, können wir im obigen Kontext von $H_{n+1}(M|_{A\cap B}) = 0$ ausgehen, woraus die Injektivität von φ_* und schließlich der Darstellungssatz (mitsamt seiner Ergänzung) folgen. $\square$

Fürwahr ein von der Logik her verzwirbelter Beweis – ich habe versucht, ihn so darzustellen, dass möglichst wenig vom Himmel fällt. Dennoch lässt sich die Ergänzung zum Darstellungssatz nicht ohne diesen beweisen, und der Darstellungssatz geht ohne die Ergänzung nicht. So wäscht auch in der Mathematik manchmal eine Hand die andere, zwei durchaus bedeutende, aber scheinbar unabhängige Aussagen waren nur im gegenseitigen Wechselspiel zu beweisen.

Den Darstellungssatz und seine Ergänzung haben wir jetzt mit Absicht als „bewiesen" gekennzeichnet. Das ist insofern in Ordnung, als mit der relativen MAYER-VIETORIS-Sequenz nur noch ein homologisches Resultat fehlt, das man eigentlich auch früher hätte behandeln können. Hier der **Beweis** dazu – Sie können ihn überspringen oder als interessante Anwendung (vielleicht auch als lohnende Wiederholung) klassischer Homologietechniken lesen:

Ausgangspunkt für die MAYER-VIETORIS-Sequenz war die kurze exakte Sequenz

$$0 \longrightarrow C_*(A \cap B) \overset{\varphi_\#}{\longrightarrow} C_*(A) \oplus C_*(B) \overset{\psi_\#}{\longrightarrow} C_*(X, \mathcal{U}) \longrightarrow 0$$

von Kettenkomplexen, zusammen mit der Isomorphie $H_*(X, \mathcal{U}) \cong H_*(X)$, die durch die Bedingung $X = \mathring{A} \cup \mathring{B}$ zustandekam. Die Überdeckung $\mathcal{U}$ war gegeben durch $\{A, B\}$ und die Ketten in $C_*(X, \mathcal{U})$ hießen $\mathcal{U}$-kleine Ketten (Seite 265).

Für die relative Sequenz betrachten wir das kommutative Diagramm

$$
\begin{array}{ccccccccc}
& & 0 & & 0 & & 0 & & \\
& & \downarrow & & \downarrow & & \downarrow & & \\
0 \longrightarrow & C_k(T_A \cap T_B) & \overset{\varphi_\#}{\longrightarrow} & C_k(T_A) \oplus C_k(T_B) & \overset{\psi_\#}{\longrightarrow} & C_k(T_X, \mathcal{U}_T) & \longrightarrow & 0 \\
& \downarrow & & \downarrow & & \downarrow & & \\
0 \longrightarrow & C_k(A \cap B) & \overset{\varphi_\#}{\longrightarrow} & C_k(A) \oplus C_k(B) & \overset{\psi_\#}{\longrightarrow} & C_k(X, \mathcal{U}) & \longrightarrow & 0 \\
& \downarrow & & \downarrow & & \downarrow & & \\
0 \longrightarrow & \dfrac{C_k(A \cap B)}{C_k(T_A \cap T_B)} & \overset{\varphi_\#}{\longrightarrow} & \dfrac{C_k(A)}{C_k(T_A)} \oplus \dfrac{C_k(B)}{C_k(T_B)} & \overset{\psi_\#}{\longrightarrow} & \dfrac{C_k(X, \mathcal{U})}{C_k(T_X, \mathcal{U}_T)} & \longrightarrow & 0, \\
& \downarrow & & \downarrow & & \downarrow & & \\
& & 0 & & 0 & & 0 & &
\end{array}
$$

in dem $\mathcal{U} = \{A, B\}$ und $\mathcal{U}_T = \{T_A, T_B\}$ die Überdeckungen von X und T_X darstellen. Beachten Sie, dass bei den folgenden Überlegungen der Index k festgehalten wird.

Die drei Spalten und die ersten beiden Zeilen sind offensichtlich kurze exakte Sequenzen. Ein einfache **Übung** zeigt, dass die untere Zeile zumindest ein Kettenkomplex ist, dass dort also $\text{Im}(\varphi_\#) \subseteq \text{Ker}(\psi_\#)$ gilt (die Abbildungen sind von der darüber liegenden Zeile induziert).

Um zu zeigen, dass die dritte Zeile ebenfalls exakt ist, verwenden wir einen schönen homologischen Trick. Wir verlängern die Zeilen nach links und rechts ad infinitum durch Nullabbildungen $0 \to 0$ und erhalten mit den drei Spalten (samt den unendlich vielen Spalten der Form $0 \to 0 \to 0 \to 0 \to 0$ rechts und links) eine kurze exakte Sequenz von Kettenkomplexen. Dies induziert eine lange exakte Sequenz von Homologiegruppen, die sich in der bekannten Schlangenlinie Spalte für Spalte von oben nach unten bewegt und dabei die Spalten von links nach rechts abarbeitet (drehen Sie das Diagramm auf Seite 263 um 90° gegen den Uhrzeigersinn und spiegeln es anschließend an einer horizontalen Achse, dann haben Sie genau die gleiche Situation).

In dieser (exakten) Homologiesequenz sind aber von drei aufeinanderfolgenden Gruppen immer zwei gleich 0, weil die oberen beiden Zeilen exakt sind. Deswegen verschwinden alle Homologiegruppen dieser Sequenz und auch die dritte Zeile ist exakt.

Im nächsten Schritt konzentrieren wir uns auf die dritte Zeile (die wir jetzt als exakt kennen) und lassen mit den Randoperatoren ∂ den Index k wieder laufen. Es entsteht das kommutativeDiagramm

$$
\begin{array}{ccccccccc}
& & \downarrow & & \downarrow & & & \downarrow & \\
0 \to & \dfrac{C_{k+1}(A\cap B)}{C_{k+1}(T_A\cap T_B)} & \xrightarrow{\varphi_\#} & \dfrac{C_{k+1}(A)}{C_{k+1}(T_A)} \oplus \dfrac{C_{k+1}(B)}{C_{k+1}(T_B)} & \xrightarrow{\psi_\#} & \dfrac{C_{k+1}(X,\mathcal{U})}{C_{k+1}(T_X,\mathcal{U}_T)} & \to & 0 \\
& \partial\downarrow & & \partial\oplus\partial\downarrow & & & \partial\downarrow & \\
0 \to & \dfrac{C_k(A\cap B)}{C_k(T_A\cap T_B)} & \xrightarrow{\varphi_\#} & \dfrac{C_k(A)}{C_k(T_A)} \oplus \dfrac{C_k(B)}{C_k(T_B)} & \xrightarrow{\psi_\#} & \dfrac{C_k(X,\mathcal{U})}{C_k(T_X,\mathcal{U}_T)} & \to & 0 \\
& \partial\downarrow & & \partial\oplus\partial\downarrow & & & \partial\downarrow & \\
0 \to & \dfrac{C_{k-1}(A\cap B)}{C_{k-1}(T_A\cap T_B)} & \xrightarrow{\varphi_\#} & \dfrac{C_{k-1}(A)}{C_{k-1}(T_A)} \oplus \dfrac{C_{k-1}(B)}{C_{k-1}(T_B)} & \xrightarrow{\psi_\#} & \dfrac{C_{k-1}(X,\mathcal{U})}{C_{k-1}(T_X,\mathcal{U}_T)} & \to & 0, \\
& \downarrow & & \downarrow & & & \downarrow &
\end{array}
$$

was nichts anderes ist als eine kurze exakte Sequenz von Kettenkomplexen in der gleichen Form wie auf Seite 263. Dessen lange exakte Homologiesequenz ist die relative Mayer-Vietoris-Sequenz, bis auf das Problem der $\mathcal{U}$- und $\mathcal{U}_T$-kleinen Ketten in der rechten Spalte. Diese letzte Lücke schließt das Diagramm

$$
\begin{array}{ccccccc}
0 \to & C_k(T_X,\mathcal{U}_T) & \to & C_k(X,\mathcal{U}) & \to & \dfrac{C_k(X,\mathcal{U})}{C_k(T_X,\mathcal{U}_T)} & \to 0 \\
& \downarrow & & \downarrow & & \downarrow & \\
0 \to & C_k(T_X) & \to & C_k(X) & \to & \dfrac{C_k(X)}{C_k(T_X)} & \to 0,
\end{array}
$$

in dem der linke und der mittlere senkrechte Pfeil einen Isomorphismus der Homologiegruppen induziert (Seite 265). Beachten Sie, dass genau an dieser Stelle die Bedingungen $X = \mathring{A} \cup \mathring{B}$ und $T_X = \mathring{T}_A \cup \mathring{T}_B$ des Satzes eingehen. Werden die Isomorphismen für alle $k \in \mathbb{Z}$ in die langen exakten Homologiesequenzen der beiden Zeilen eingetragen, zeigt das Fünferlemma (Seite 283), dass auch der rechte senkrechte Pfeil einen Isomorphismus der Homologiegruppen induziert. Damit ist die Existenz der relativen Mayer-Vietoris-Sequenz bewiesen. □

Als unmittelbare Folgerung ergeben sich aus dem Darstellungssatz (mit seiner Ergänzung) drei wichtige Aussagen über die Homologie geschlossener Mannigfaltigkeiten, die denen in der simplizialen Homologie genau entsprechen.

Satz (Orientierbarkeit geschlossener Mannigfaltigkeiten)
Eine geschlossene n-Mannigfaltigkeit M ist genau dann orientierbar, wenn $H_n(M) \cong \mathbb{Z}$ ist. Die Generatoren dieser Gruppe nennt man **Fundamentalklassen** von M.

M ist genau dann nicht orientierbar, wenn $H_n(M) = 0$ ist. Unabhängig von der Orientierbarkeit ist $H_k(M) = 0$ für alle $k > n$.

Der **Beweis** ist mit den Vorarbeiten einfach. Im Fall der Orientierbarkeit von M zeigt der Darstellungssatz (mit $A = M$), dass der Gruppenhomomorphismus

$$H_n(M) \longrightarrow \Gamma(M, \mathbb{Z}), \quad \alpha \mapsto \left(x \mapsto \alpha_x\right)_{x \in M}$$

ein Isomorphismus ist: Die Injektivität ist unmittelbar der Darstellungssatz, für die Surjektivität braucht man die Tatsache, dass ein Schnitt $s \in \Gamma(M, \mathbb{Z})$ durch den Wert s_x in einem einzigen Punkt festgelegt ist. Das kann wieder mit der eindeutigen Hochhebung von Wegen gezeigt werden (Seite 464 f). Mit diesem Argument erkennt man schließlich auch $\Gamma(M, \mathbb{Z}) \cong \mathbb{Z}$ (einfache **Übung**).

Die Nicht-Orientierbarkeit von M ist (ebenfalls nach dem Satz auf Seite 464) äquivalent dazu, dass es keinen Schnitt $M \to \widetilde{M}_{\pm}$ gibt. Das bedeutet $\Gamma(M, \mathbb{Z}) = 0$ und die Injektivität des Homomorphismus $H_n(M) \to \Gamma(M, \mathbb{Z})$ zeigt $H_n(M) = 0$. Die Aussage $H_k(M) = 0$ für $k > n$ haben wir bereits früher festgehalten, sie entspricht der Ergänzung zum Darstellungssatz (Seite 470). $\qquad\square$

Der Satz ist im ersten Teil keine Überraschung, wir kennen ihn aus der simplizialen Homologie (Seite 416), dort war er fast trivial. Bemerkenswert ist aber sein Beweis, der ausgeklügelte Techniken verwendet. Mit der Äquivalenz von simplizialer und singulärer Homologie auf simplizialen Komplexen (Seite 280) ist damit auch $H_n^{\Delta}(K) = 0$ für nicht-orientierbare, polyedrische n-Mannigfaltigkeiten K bewiesen (dies hatten wir bisher nur für Flächen verifiziert).

Orientierbarkeit nicht-geschlossener Mannigfaltigkeiten

Es ist von Vorteil, wenn man die homologische Orientierung von Mannigfaltigkeiten nicht nur auf den Fall geschlossener Objekte einschränkt. Schließlich sollen auch Mannigfaltigkeiten wie $T^2 \setminus D^2$ und D^2 orientierbar sein, oder das Möbiusband sich als nicht orientierbar herausstellen.

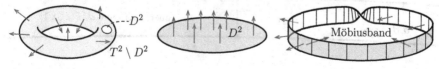

Ein Rand ∂M stellt dabei kein Problem dar: Eine berandete Mannigfaltigkeit M nennt man **orientierbar**, wenn $\mathring{M} = M \setminus \partial M$ in obigem Sinne orientierbar ist.

Für die Wohldefiniertheit dieser Art von Orientierbarkeit ist ein Hilfssatz nützlich, der wieder einmal einen Griff in die Trickkiste der elementaren Topologie verlangt.

Hilfssatz
Für jede Mannigfaltigkeit ist die Inklusion $\mathring{M} \hookrightarrow M$ eine Homotopieäquivalenz.

Der Hilfssatz liefert übrigens auch Beispiele für Homotopieäquivalenzen $A \hookrightarrow X$, bei denen A kein Retrakt von X ist, zum Beispiel $]0,1[\hookrightarrow [0,1]$. Seine Aussage erscheint in der Tat fast selbstverständlich – nur durch Hinzufügen oder Weglassen eines Randes kann sich doch topologisch nicht wirklich viel verändern, oder?

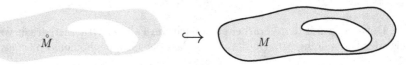

Dennoch ist etwas Vorsicht geboten, denn nur mit der Anschauung kann in der Topologie von Mannigfaltigkeiten nicht viel bewiesen werden (denken Sie nur an die stetigen Surjektionen $I \to I^2$, Seite 137). Wir müssen im **Beweis** mit den Fakten arbeiten, die wir zur Verfügung haben. Zunächst ist für jede berandete n-Mannigfaltigkeit M der Rand ∂M selbst eine randlose $(n-1)$-Mannigfaltigkeit (einfache **Übung**, verwenden Sie die Definition von Randpunkten, Seite 46).

Entscheidend ist dann das zweite Abzählbarkeitsaxiom bei Mannigfaltigkeiten, also die abzählbare Basis der Topologie. Wir wählen eine Folge $(U_i)_{i\in\mathbb{N}}$ von offenen Mengen in M, die den Rand ∂M überdecken und alle homöomorph zum unteren Halbraum $\mathbb{H}^n_- = \{x \in \mathbb{R}^n : x_1 \leq 0\}$ sind, wobei die Teilmengen $U_i \cap \partial M$ durch die Homöomorphismen auf die Menge $\{x \in \mathbb{R}^n : x_1 = 0\}$ abgebildet werden.

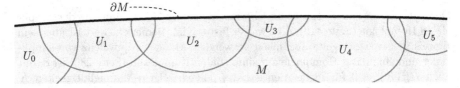

Es sei $\tau = (\tau_i)_{i\in\mathbb{N}}$ eine den U_i untergeordnete Teilung der Eins (Seite 35) und

$$M' = M \sqcup \left(\partial M \times [0,1]\right) \Big/ \sim$$

eine um den **äußeren Kragen** (engl. *collar*) erweiterte Mannigfaltigkeit, wobei alle Punkte $x \in \partial M$ mit den Punkten $(x,0) \in \partial M \times \{0\}$ identifiziert werden.

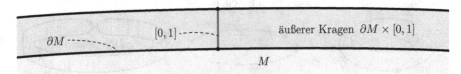

Der wesentliche Beweisschritt besteht nun in der Aussage, dass $M \cong M'$ ist. Dies ist mit der Teilung der Eins einfach zu erreichen.

Wir betrachten die Homöomorphismen $\varphi_i : U_i \to \mathbb{H}^n_-$ und die Abbildungen

$$\sum_{j=0}^{i} \tau_j = T_i : \partial M \longrightarrow [0,1]$$

für alle $i \in \mathbb{N}$. Damit können wir den Homöomorphismus $M \to M'$ konstruieren: Es sei dazu für $i \in \mathbb{N}$

$$M_i = M \sqcup \big\{ (x,t) \in \partial M \times [0,1] : t \le T_i(x) \big\} \Big/ \sim .$$

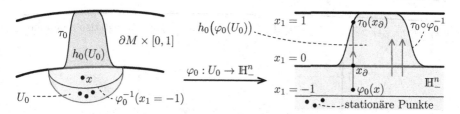

Man definiert zuerst einen Homöomorphismus $h_0 : M \to M_0$. Für $x \notin U_0$ sei $h_0(x) = x$. Falls $x \in U_0$ ist, sei im Fall $\varphi_0(x) \in \{x_1 < -1\}$ ebenfalls $h_0(x) = x$. Andernfalls liegt $\varphi_0(x)$ in dem Streifen $\{-1 \le x_1 \le 0\} \subset \mathbb{H}^n_-$ und definiert durch Projektion auf die $\{x_1 = 0\}$-Ebene den Punkt $x_\partial = (0, x_2, \ldots, x_n) \in \varphi_0(\partial M)$. Es sei dann $x' = (x_2, \ldots, x_n)$ und der Homöomorphismus h_0 strecke (via φ_0) das Segment $[-1,0] \times \{x'\}$ linear auf $\big[-1, T_0(x_\partial) \big] \times \{x'\}$.

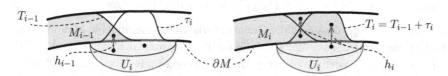

Induktiv definiert man nun Homöomorphismen $h_i : M_{i-1} \to M_i$ durch $h_i(x) = x$ für $x \notin U_i \cup (\partial U_i \times [0,1])$ oder $\varphi_i(x) \in \{x_1 < -1\}$. Bei $\varphi_i(x) \in \{-1 \le x_1 \le 0\}$ oder $x \in \partial U_i \times [0,1]$ werde das zu x gehörende Segment in $\mathbb{H}^n_-$ auf das Segment $[-1, T_i(x_\partial)] \times \{x'\}$ gestreckt. So entsteht eine Folge $\widetilde{h}_j = h_j \circ \ldots \circ h_0$ von Homöomorphismen $M \to M_j$. Aus der Konstruktion wird klar, dass die $\widetilde{h}_j$ auf jedem U_i ab einem Index $j(i)$ stationär werden (τ ist lokal endlich), und dann für alle $x \in U_i \cap \partial M$ das ganze Segment $\{x\} \times [0,1]$ im Bild von $\widetilde{h}_{j(i)}$ enthalten ist. Damit ist

$$h = \lim_{j \to \infty} \widetilde{h}_j : M \longrightarrow M'$$

ein wohldefinierter Homöomorphismus. Das Innere $\overset{\circ}{M}{}' = M \cup_\sim (\partial M \times [0,1[)$ deformationsretrahiert stark auf M durch eine stetige Abbildung $r : \overset{\circ}{M}{}' \times I \to \overset{\circ}{M}{}'$ mit $r\big|_{M \times t} = \mathrm{id}_M$ für alle $t \in I$ sowie $r\big|_{\overset{\circ}{M}{}' \times 0} = \mathrm{id}_{\overset{\circ}{M}{}'}$ und $r(\overset{\circ}{M}{}' \times 1) = M$. Also ist

$$r\big|_{\overset{\circ}{M}{}' \times 1} : \overset{\circ}{M}{}' \longrightarrow M$$

eine Homotopieäquivalenz, mithin auch die Komposition $h \circ r\big|_{\overset{\circ}{M}{}' \times 1} : \overset{\circ}{M}{}' \to M'$.

Insgesamt ist $\overset{\circ}{M}' \simeq M'$ bewiesen (und via h^{-1} auch $\overset{\circ}{M} \simeq M$, was für unsere weiteren Zwecke ausreichend wäre). Für die Aussage des Hilfssatzes bleibt aber noch das Problem, dass $h \circ r\big|_{\overset{\circ}{M}' \times 1}$ nicht die Inklusion $\overset{\circ}{M}' \hookrightarrow M'$ ist, weil h eine offene Umgebung von ∂M über den Rand von M in die Menge $\partial M \times [0,1]$ hinüberzieht.

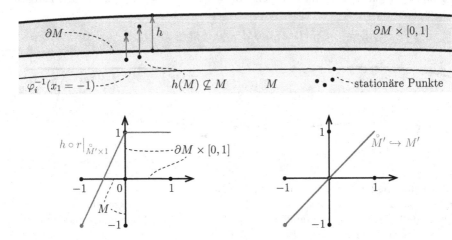

Die untere Grafik zeigt aber, dass $h \circ r\big|_{\overset{\circ}{M}' \times 1}$ homotop zur Inklusion $\overset{\circ}{M}' \hookrightarrow M'$ ist, die damit auch eine Homotopieäquivalenz ist (einfache **Übung**). Über die Verkettung mit h^{-1} folgt schließlich die Aussage des Hilfssatzes. □

Der Hilfssatz zeigt, dass man die Orientierbarkeit einer berandeten Mannigfaltigkeit M mit der Einschränkung auf die randlose Mannigfaltigkeit $\overset{\circ}{M} = M \setminus \partial M$ auf sinnvolle Weise definieren kann: $\overset{\circ}{M}$ ist homotopieäquivalent zu M und besitzt daher dieselben (absoluten und relativen) Homologiegruppen. Was im Gesamtbild noch fehlt, ist der folgende Satz (der die Möglichkeiten der homologischen Charakterisierung von Orientierbarkeit etwas relativiert).

Satz (Homologie nicht-kompakter Mannigfaltigkeiten)
Für eine nicht-kompakte n-Mannigfaltigkeit M und alle $k \geq n$ gilt $H_k(M) = 0$.

Im **Beweis** können wir uns wegen der Vorarbeiten auf randlose orientierbare Mannigfaltigkeiten und den Fall $k = n$ beschränken. Es sei dann $z \in C_n(M)$ ein Zyklus, der ein Element α von $H_n(M)$ repräsentiert. Die Zuordnung $x \mapsto \alpha_x$ definiert einen globalen Schnitt $s(\alpha) \in \Gamma(M, \mathbb{Z})$.

Da Mannigfaltigkeiten per definitionem (weg-)zusammenhängend sind, ist $s(\alpha)$ durch das Element $s(\alpha)_x \in H_n(M|_x)$ für einen beliebigen Punkt $x \in M$ eindeutig definiert (wieder wegen der Hochhebung von Wegen, siehe Seite 464). Wir müssen daher zeigen, dass es ein $x \in M$ gibt mit $\alpha_x = 0$ (dann muss $\alpha = 0$ sein). Das ist aber offensichtlich gegeben, denn z hat kompakten Träger $\text{Supp}(z)$ in M und für jeden Punkt $x \notin \text{Supp}(z)$ ist $i_{x*}(\alpha) = 0 \in H_n(M|_x)$. Dies wiederum ist direkt aus den Definitionen der lokalen Homologiegruppen zu sehen, denn bei der Surjektion

$C_n(M) \to C_n(M|_x) = C_n(M, M \setminus x)$ wird z offensichtlich auf 0 abgebildet (es ist in $C_n(M \setminus x)$ enthalten). Da 0 immer ein Rand ist, folgt $[z]_x = 0 \in H_n(M|_x)$.

Also ist $s(\alpha)$ insgesamt der Nullschnitt in $\Gamma(M, \mathbb{Z})$ und damit verschwindet nach dem Darstellungssatz (Seite 466) die Einschränkung $\alpha_A \in H_n(M|_A)$ für jedes Kompaktum $A \subset M$. Es ist dann sofort plausibel, dass auch $\alpha = 0$ sein müsste.

Nun denn, was so einfach erscheint, ist es leider nicht immer. In der Tat kommt man an dieser Stelle des Beweises weder mit dem Ausschneidungssatz noch mit MAYER-VIETORIS-Sequenzen weiter, wir benötigen einen zusätzlichen homologischen Trick, der nicht unmittelbar auf der Hand liegt. Es sei dazu U eine Umgebung von Supp(z), deren Abschluss $\overline{U}$ kompakt ist. Ferner sei $V = M \setminus \overline{U}$. Es ist dann $U \cup V$ eine disjunkte Vereinigung offener Mengen in M.

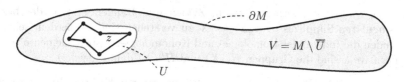

Der Trick besteht darin, die lange exakte Homologiesequenz (Seite 263) des Tripels $(M, U \cup V, V)$ beim Index n zu untersuchen, der wichtige Ausschnitt lautet

$$H_{n+1}(M, U \cup V) = 0 \longrightarrow H_n(U \cup V, V) \overset{i_*}{\longrightarrow} H_n(M, V) \longrightarrow H_n(M, U \cup V).$$

Die erste Gruppe verschwindet nach der Ergänzung (Seite 470) zum Darstellungssatz, denn es ist $U \cup V = M \setminus \partial U$, also $H_{n+1}(M, U \cup V) = H_{n+1}(M|_{\partial U})$. Da Supp($z$) $\subset U$ ist, kann $\alpha = [z]$ auch als Element von $H_n(U)$ interpretiert werden. Wenn die Klasse α dann in $H_n(U)$ verschwindet, tut sie das erst recht als Klasse in $H_n(M)$. Unser Ziel lautet also $\alpha = 0$ innerhalb der Gruppe $H_n(U)$.

Das geht aber schnell, denn die Isomorphie $H_n(U) \cong H_n(U \cup V, V)$ führt von α auf $\widetilde{\alpha} \in H_n(U \cup V, V)$ und $i_*(\widetilde{\alpha}) \in H_n(M, V) = H_n(M|_{\overline{U}})$ verschwindet wegen des Darstellungssatzes (Seite 466). Mit der Injektivität von i_* folgt $\alpha = 0$. $\quad\square$

Die Untersuchungen ergeben, dass für n-Mannigfaltigkeiten $H_n(M) \neq 0$ nur dann möglich ist, wenn M geschlossen ist. Es ist in diesem Fall $H_n(M) \cong \mathbb{Z}$. Daraus entsteht eine einfache Variante des Leitmotivs (Seite 316) aus dem vorigen Kapitel: Es kann die Kompaktheit entfallen, wenn die Mannigfaltigkeit als n-dimensional angenommen wird (so gesehen leistet die Homologietheorie einen kleinen Beitrag zur Klassifikation von n-Mannigfaltigkeiten).

Variante des Leitmotivs aus dem Kapitel über CW-Komplexe
Jede einfach zusammenhängende topologische n-Mannigfaltigkeit mit der Homologie der Sphäre S^n ist homotopieäquivalent zur S^n. $\quad\square$

Beachten Sie, dass außer dem einfachen Zusammenhang keinerlei weitere Forderungen an die n-Mannigfaltigkeit gestellt sind als die S^n-Homologie. Wegen $H_n(M) \cong \mathbb{Z}$ muss M nach obigem Satz kompakt sein und damit greift die alte Version auf Seite 316.

Mit diesem Wissen ausgestattet, wenden wir uns nun der singulären Kohomologie zu und beweisen die allgemeine POINCARÉ-Dualität.

10.8 Singuläre Kohomologie und die Poincaré-Dualität

Bei einem beliebigen topologischen Raum X kann man in völliger Analogie zu den simplizialen Kohomologiegruppen (Seite 424) auch für den singulären Kettenkomplex $\big(C_k(X), \partial_k\big)$ die **singulären Kokettengruppen**

$$C^k(X) \;=\; \mathrm{Hom}\big(C_k(X), \mathbb{Z}\big)$$

definieren und einen Korandoperator $\delta^k : C^k(X) \to C^{k+1}(X)$ festlegen.

Beachten Sie, dass sämtliche Ketten, Zyklen und Ränder jetzt wieder bezüglich singulären Simplizes $\sigma^k : \Delta^k \to X$ zu verstehen sind. Außerdem seien im Folgenden die Indizes der Homologie- und Kohomologiegruppen Elemente von $\mathbb{Z}$, für negative k sind die Gruppen $H_k(X)$ und $H^k(X)$ damit gleich 0.

Für ein Paar (X, Y) gibt es dann die **lange exakte Kohomologiesequenz**, deren Beweis analog zum simplizialen Fall verläuft (Seite 429):

$$\ldots \xrightarrow{\delta^*} H^k(Y, X) \xrightarrow{j^*} H^k(Y) \xrightarrow{i^*} H^k(X) \xrightarrow{\delta^*} H^{k+1}(Y, X) \xrightarrow{j^*} \ldots.$$

Der Kürze wegen sei hier nur im Überblick erwähnt, welche Standardsätze sich unter Zuhilfenahme des universellen Koeffizententheorems (Seite 403) für die Kohomologie, also der Beziehung

$$H^k(X; G) \;\cong\; \mathrm{Hom}\big(H_k(X), G\big) \oplus \mathrm{Ext}\big(H_{k-1}(X), G\big),$$

aus den entsprechenden Resultaten über die Homologie ergeben. Die Ergebnisse sind rein algebraischer Natur und ohne topologische Spitzfindigkeiten beweisbar. Wir beschränken uns auch hier der Einfachheit halber auf $G = \mathbb{Z}$.

So lässt sich auch in der Kohomologie ein *Ausschneidungssatz* herleiten (vergleichen Sie mit Seite 264), den wir später noch gut gebrauchen können. Vielleicht versuchen Sie als **Übung**, sich diesen Satz mit dem universellen Koeffizententheorem klar zu machen.

Satz (Ausschneidungssatz in der Kohomologie)
Wir betrachten einen topologischen Raum X, eine Teilmenge $A \subseteq X$ sowie eine Teilmenge $W \subseteq A$, deren Abschluss $\overline{W}$ ganz im Inneren von A enthalten ist. Dann induziert die Inklusion $i : \big(X \setminus W, A \setminus W\big) \to (X, A)$ für alle $k \in \mathbb{Z}$ einen Isomorphismus

$$i^* : H^k(X, A) \longrightarrow H^k\big(X \setminus W, A \setminus W\big).$$

Ferner kann man auch in der Kohomologie zeigen, dass zwei homotope Abbildungen $f \simeq g : X \to Y$ identische Homomorphismen $f^* = g^* : H^k(Y) \to H^k(X)$ induzieren, weswegen auch hier zwei Räume vom gleichen Homotopietyp identische Kohomologiegruppen haben (was freilich auch direkt aus dem universellen Koeffiziententheorem für die Kohomologie folgen würde).

Andererseits gibt es auch die Kohomologiegruppen $H^k(X, \mathcal{U})$ auf Basis von kleinen Ketten analog zur Homologie (Seite 265 ff). Dies alles mündet über $\mathcal{U}$-kleine Koketten $C^k(X, \mathcal{U}) = \mathrm{Hom}\big(C_k(X, \mathcal{U}), \mathbb{Z}\big)$ wieder mit rein algebraischen Argumenten in eine MAYER-VIETORIS-Sequenz, die lautet wie folgt:

Satz (Mayer-Vietoris-Sequenz für die Kohomologie)
Mit den früheren Bezeichnungen (Seite 298) gibt es einen Homomorphismus
$\delta^* : H^k(A \cap B) \to H^{k+1}(X)$, der mit den φ^* und ψ^* aus der MAYER-VIETORIS-Sequenz in der Homologie eine lange exakte Sequenz der folgenden Form bildet:

$$\ldots \xrightarrow{\delta^*} H^k(X) \xrightarrow{\psi^*} H^k(A) \oplus H^k(B) \xrightarrow{\varphi^*} H^k(A \cap B) \xrightarrow{\delta^*} H^{k+1}(X) \xrightarrow{\psi^*} \ldots$$

In der Tat definieren die Kohomologiegruppen keine wirklich neuen Invarianten, denn sie sind durch die Homologiegruppen eindeutig festgelegt. Man könnte sich oberflächlich fragen, weswegen sie überhaupt eingeführt wurden. Nun denn, eine Daseinsberechtigung haben wir schon gesehen: Die POINCARÉ-Dualität, mit deren Hilfe wir die Homologie so komplizierter Räume wie der POINCARÉschen Homologiesphäre $H_{\mathcal{P}}^3 = \mathrm{SO}(3)/I_{60}$ berechnen konnten (Seite 460).

Ein anderer, zweifellos viel wichtigerer Grund sind die reichhaltigen algebraischen Strukturen, die man den neuen, auf der Kohomologie basierenden Invarianten geben kann. Das geht weit über Gruppen hinaus, wir haben ja bereits in der simplizialen Kohomologie das Cap-Produkt erlebt (Seite 434). Die Multiplikation im Kohomologiering und ihr Zusammenhang zu den Schnittringen von Mannigfaltigkeiten werden wir weiter hinten in dem Kapitel besprechen (Seite 495 ff).

Wir haben zunächst ein anderes Ziel, die singuläre POINCARÉ-Dualität. Deren simpliziale Version kam durch den Fundamentalzyklus und das Cap-Produkt zustande (Seite 443). Wir benötigen also ein singuläres Cap-Produkt

$$\cap : C^p(M) \times C_n(M) \longrightarrow C_{n-p}(M), \quad (h^p, c_n) \mapsto h^p \cap c_n$$

mit den singulären Ketten- und Kokettengruppen. Auch das ist kein Hexenwerk, vielleicht haben Sie Lust darauf, sich die passende Definition aus derjenigen für die simpliziale Theorie (Seite 434) als kleine **Übung** vorab selbst zu überlegen?

Hier die Lösung: Für einen topologischen Raum X, ein $h^p \in C^p(X)$ und ein Simplex $\sigma^n : \Delta^n \to X$ definiert man

$$h^p \cap \sigma^n = h^p\big(\sigma^n\big|_{[x_0, \ldots, x_p]}\big) \cdot \sigma^n\big|_{[x_p, \ldots, x_n]},$$

wobei wieder $[x_0, \ldots, x_n]$ das Standard-n-Simplex Δ^n bezeichnet.

Wenn Sie dann linear fortsetzen, können Sie auch hier ohne große Mühen die Beziehung

$$\partial(h^p \cap c_n) = (-1)^{p+1}(\delta h^p) \cap c_n + (-1)^p h^p \cap (\partial c_n)$$

bestätigen (Seite 435) und wir erhalten das **allgemeine Cap-Produkt** für die singuläre Homologie und Kohomologie als die bilineare Abbildung

$$\cap : H^p(X) \times H_n(X) \longrightarrow H_{n-p}(X), \quad (\alpha, c_n) \mapsto \alpha \cap c_n.$$

So weit, so gut, wir haben bis jetzt eigentlich nur von früheren Ausführungen kopiert oder eine kleine Transferleistung von der Homologie zur Kohomologie erbracht. Der nun folgende Satz liegt dann – zumindest was seine Formulierung angeht – auf der Hand:

Theorem (Poincaré-Dualität für geschlossene Mannigfaltigkeiten)
Es sei M eine geschlossene n-Mannigfaltigkeit. Falls M orientierbar ist und $\mu_M \in H_n(M) \cong \mathbb{Z}$ eine Fundamentalklasse, induziert das Cap-Produkt

$$\cap \mu_M : H^p(M) \longrightarrow H_{n-p}(M), \quad \alpha \mapsto \alpha \cap \mu_M$$

für alle $p \in \mathbb{Z}$ einen Isomorphismus zwischen der p-ten Kohomologiegruppe und der $(n-p)$-ten Homologiegruppe von M.

Der Vollständigkeit halber noch einmal der Hinweis, dass die folgenden Überlegungen stets für alle Homologie- und Kohomologieindizes $k \in \mathbb{Z}$ gemeint sind, wobei sie für $k < 0$ oder $k > n$ wegen des Verschwindens der Gruppen meist trivial sind.

Spätestens jetzt ist es aber vorbei mit dem Kopieren oder Transferieren, denn für den Beweis des Theorems fehlen zunächst jegliche Mittel. Es gibt kein starres Gerüst aus (klassischen) Simplizes, keine dualen Triangulierungen, keine dualen Teilräume σ^{p*} – geschweige denn einen dualen Kettenkomplex $\left(C^*_{n-p}(M)\right)_{n \in \mathbb{Z}}$, der ein Schlüssel für den klassischen Beweis dieses Theorems war.

Wir müssen jetzt andere Fakten verwenden und wieder mehr die klassisch-topologischen Werkzeuge einsetzen. Eine kompakte n-Mannigfaltigkeit ist überdeckt von r offenen Teilmengen der Form $U_i \cong \mathbb{R}^n$, besitzt also mit

$$V_k = \bigcup_{i<k} U_i$$

eine Ausschöpfung durch offene Mengen $V_1 \subset V_2 \subset \ldots \subset V_r = M$.

Die Idee ist auf den ersten Blick so einfach wie naheliegend. Wenn wir die POINCARÉ-Dualität in V_1 zeigen und induktiv diese Eigenschaft von V_i auf V_{i+1} übertragen könnten, wären wir nach endlich vielen Schritten fertig. Solche Ausschöpfungen kommen in vielen Beweisen vor, in denen es um globale Eigenschaften von

Mannigfaltigkeiten geht, auch der Darstellungssatz für die Schnitte des Orientierungsbündels $p : \widetilde{M} \to M$ hat ähnlich funktioniert (Seite 466 f). Eine MAYER-VIETORIS-Sequenz würde auch hier in der Tat gut passen, um bei der Verschmelzung zweier offener Mengen die Kontrolle zu behalten.

Doch lauern schon zu Beginn große Probleme, denn die Mengen U_i sind zwar orientierbar, aber nicht kompakt. Wegen $H_n(U_i) = 0$ gibt es dann gar keine Fundamentalklasse. Falls wir alternativ kompakte n-Scheiben $D_i = D^n \subset \mathbb{R}^n$ für die Überdeckung wählen, geht es auch nicht, denn die sind nicht randlos und wieder gilt $H_n(D_i) = 0$. Das Theorem gilt also nicht einmal für die vermeintlich so einfachen Mengen U_i oder D_i. Schlimmer noch, wir wissen nicht einmal, wie wir eine „POINCARÉ-Dualität" für diese Mengen überhaupt formulieren sollen.

Es gibt jedoch einen genialen Weg, das Dilemma aufzulösen. Ich hoffe, Sie sind schon neugierig auf den eleganten algebraischen Trick im nächsten Abschnitt.

Kohomologie mit kompakten Trägern

Die Konstruktion mutet auf den ersten Blick so abenteuerlich und willkürlich an, dass man kaum glaubt, so etwas könnte erfolgreich sein. Wir betrachten dazu einen beliebigen topologischen Raum X – er spielt nachher (unter anderem) die Rolle der U_i und V_j aus dem vorigen Abschnitt – und definieren die Menge

$$\mathcal{K} = \{ K \subseteq X : K \text{ ist kompakt} \}$$

aller kompakten Teilmengen von X. Diese Menge ist partiell geordnet durch die Inklusion und bildet daher eine sogenannte **gerichtete** Menge: Für zwei Elemente $A, B \in \mathcal{K}$ gibt es stets eine Menge $C \in \mathcal{K}$ mit $A \subseteq C$ und $B \subseteq C$, Sie müssen dafür in unserem Fall nur $C = A \cup B$ wählen. Die Ordnung ist auch transitiv, denn mit $A \subseteq B$ und $B \subseteq C$ folgt $A \subseteq C$.

Die Struktur als gerichtete Menge bezüglich $\subseteq$ erlaubt es, $\mathcal{K}$ einerseits als „kompakt" zu sehen (über seine Elemente) und andererseits als „randlos" in X, denn $\mathcal{K}$ schöpft den Raum X vollständig aus. Wenn es gelingt, zur rechten Zeit immer den passenden Aspekt von $\mathcal{K}$ zu verwenden, könnte es funktionieren.

Sehen wir uns an, was dieses seltsame Gebilde homologisch liefert. Die Inklusion $i : A \hookrightarrow B$ zweier Kompakta in X induziert eine Inklusion $i_{\#} : C_p(A) \hookrightarrow C_p(B)$ der Kettengruppen und letztlich einen Homomorphismus $i_* : H_p(A) \to H_p(B)$ für alle $p \in \mathbb{Z}$ (der übrigens nicht injektiv sein muss, siehe Seite 247). Für alle $p \in \mathbb{Z}$ haben wir damit ein System von abelschen Gruppen

$$\mathcal{H}_p = \{ H_p(K) : K \in \mathcal{K} \}.$$

Für zwei Exemplare $H_p(A), H_p(B)$ gibt es ein $H_p(C) \in \mathcal{H}_p$, welches Ziel von Homomorphismen $f_{AC} : H_p(A) \to H_p(C)$ und $f_{BC} : H_p(B) \to H_p(C)$ ist. Die Transitivität $f_{AC} = f_{BC} \circ f_{AB}$ für Kompakta $A \subseteq B \subseteq C$ ist auch klar.

Abstrahieren wir einmal von den Homologiegruppen und betrachten alles mit rein algebraischen Augen. Wir haben dann eine gerichtete Indexmenge Λ und ein **gerichtetes System** von abelschen Gruppen $\mathcal{G} = \{ G_\lambda : \lambda \in \Lambda \}$.

Zu jedem Paar $\alpha \leq \beta$ in Λ gehört ein Homomorphismus

$$f_{\alpha\beta} : G_\alpha \longrightarrow G_\beta$$

und es ist für $\alpha \leq \beta \leq \gamma$ stets $f_{\alpha\gamma} = f_{\beta\gamma} \circ f_{\alpha\beta}$. (Der Homomorphismus $f_{\alpha\alpha}$ sei dabei stets die Identität id_{G_α}.)

Eine einfache Konstruktion macht aus $\mathcal{G}$ ebenfalls eine abelsche Guppe. Wir bilden dazu die disjunkte Vereinigung

$$\widetilde{\mathcal{G}} = \bigsqcup_{\lambda \in \Lambda} G_\lambda$$

und identifizieren in der Vereinigung all die Elemente, welche durch die Homomorphismen $f_{\alpha\beta}$ irgendwann auf dasselbe Element abgebildet werden. Es sei also mit einem $a \in G_\alpha$ und $b \in G_\beta$

$$a \sim b \quad \Leftrightarrow \quad \text{es gibt ein } \gamma \in \Lambda \text{ mit } \alpha \leq \gamma, \ \beta \leq \gamma \text{ und } f_{\alpha\gamma}(a) = f_{\beta\gamma}(b).$$

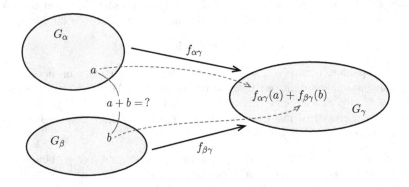

Den Quotienten

$$\varinjlim G_\lambda = \bigsqcup_{\lambda \in \Lambda} G_\lambda \Big/ \sim$$

nennt man den **Kolimes** des gerichteten Systems von Gruppen $(G_\lambda)_{\lambda \in \Lambda}$, alternativ auch den **direkten Limes** oder **induktiven Limes** (engl. *direct limit*). Sie können durch eine elementare **Übung** nachweisen, dass diese Menge durch die Addition

$$[a] + [b] = \big[f_{\alpha\gamma}(a) + f_{\beta\gamma}(b)\big]$$

zu einer wohldefinierten abelschen Gruppe wird, wobei [] die Äquivalenzklasse bezüglich der Relation $\sim$ bezeichnet und $a, b, \alpha, \beta, \gamma$ gemäß der obigen Definition von $\sim$ gewählt sind.

Was bedeutet dies im Falle der Homologiegruppen $H_p(A)$ mit den kompakten Teilmengen $A \in \mathcal{K}$? Sie erkennen es ohne Mühe sofort: $\mathcal{K}$ entspricht der gerichteten Menge Λ, die Homologiegruppen $H_p(A)$ den Gruppen G_λ und die Homomorphismen $i_* : H_p(A) \to H_p(B)$ für $A \subseteq B$ den Homomorphismen $f_{\alpha\beta}$. Nun ist es kein Kunststück, zum direkten Limes

$$H_p^c(X) = \varinjlim H_p(A)$$

überzugehen, wobei die $A \subseteq X$ alle kompakten Teilmengen aus $\mathcal{K}$ durchlaufen. Aus naheliegenden Gründen nennt man $H_p^c(X)$ die p-te **Homologiegruppe mit kompaktem Träger** von X.

Halten wir kurz inne, was haben wir eigentlich gemacht? Haben wir irgendetwas Neues erfunden? Oder die Sache nur unnötig kompliziert gemacht?

Weder noch. Zum einen ist tatsächlich $H_p^c(X) \cong H_p(X)$. Das sehen Sie ohne Probleme, denn bei der Homologie ist entscheidend, welche Ketten Zyklen sind und welche Zyklen Ränder sind. In jedem Einzelfall, den man dabei untersucht, sind die Ketten, Zyklen und Ränder als endliche Summen in einer kompakten Menge $A \subseteq X$ enthalten, sodass alle auftretenden Phänomene bereits in der Gruppe $H_p(A)$ sichtbar werden. Eine leichte Überlegung zeigt dann, dass diese Phänomene auch im direkten Limes vorhanden sind und daher der durch die Inklusionen $A \hookrightarrow X$ induzierte Homomorphismus

$$H_p^c(X) \longrightarrow H_p(X)$$

ein Isomorphismus ist.

Andererseits haben wir die Sache aber auch nicht unnötig verkompliziert. Die Ketten liegen zwar alle in kompakten Teilmengen von X, aber bei den Koketten gibt es dafür keine Entsprechung. Eine Kokette $h^p : C_p(X) \to \mathbb{Z}$ kann auf allen Simplizes $\sigma^p : \Delta^p \to X$ Werte ungleich 0 annehmen. Die Einschränkung auf kompakte Träger schafft hier also eine signifikante Verkleinerung.

Es wird spannend, lassen Sie uns konstruieren und neue Theorien erfinden. Um auch in der Kohomologie zu einem gerichteten System zu kommen, müssen wir allerdings etwas aufpassen, denn der Hom-Funktor dreht die Pfeile um. So wird aus einer Inklusion $i : A \hookrightarrow B$ der Homomorphismus $i^* : H^p(B) \to H^p(A)$.

Kein Problem, wir versuchen es mit den Komplemente $X \backslash B \hookrightarrow X \backslash A$ und erhalten Homomorphismen

$$i^* : H^p(X \setminus A) \longrightarrow H^p(X \setminus B),$$

die offensichtlich ein gerichtetes System von Kohomologiegruppen bilden. Testen wir unsere Theorie an einem Beispiel. Nehmen wir $X = \mathbb{R}^n$ und eine Ausschöpfung

$$D^n(1) \subset D^n(2) \subset D^n(3) \subset \ldots$$

durch kompakte Scheiben $D^n(k) = \{x \in \mathbb{R}^n : \|x\| \leq k\}$.

Offensichtlich ist jedes Kompaktum A irgendwann in einem $D^n(k_0)$ enthalten, weswegen wir den direkten Limes auch nur bezüglich der Scheiben $D^n(k)$ bilden können. Was also kommt heraus bei der Gruppe

$$G^p = \varinjlim H^p\big(\,\mathbb{R}^n \setminus D^n(k)\,\big)\,?$$

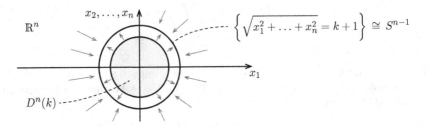

Wir wissen, dass $\mathbb{R}^n \setminus D^n(k)$ homotopieäquivalent zu S^{n-1} ist, denn es deformationsretrahiert auf die Sphäre mit Radius $k+1$. Der Limes wird also über die Gruppen $H^p(S^{n-1})$ gebildet, die Homomorphismen dazwischen sind stets die Identität. Nach dem universellen Koeffiziententheorem (Seite 403) erhalten wir

$$G^p \;\cong\; H^p(S^{n-1}) \;\cong\; \mathrm{Hom}\big(H_p(S^{n-1}),\mathbb{Z}\big) \oplus \mathrm{Ext}\big(H_{p-1}(S^{n-1}),\mathbb{Z}\big)\,.$$

Die Homologiegruppen der Sphären sind frei abelsch, weswegen die Ext-Gruppen alle verschwinden (Seite 402). Damit sehen Sie sofort

$$G^p \;\cong\; \begin{cases} \mathbb{Z} & \text{für } p = 0 \text{ oder } p = n-1 \\[4pt] 0 & \text{sonst}\,. \end{cases}$$

Wenn wir jetzt die Kohomologie mit kompaktem Träger von $\mathbb{R}^n$ als genau diesen Limes G^p definieren würden, erhielten wir als einzig nicht-triviale Kohomologiegruppen $G^0 \cong \mathbb{Z}$ und $G^{n-1} \cong \mathbb{Z}$.

Ein seltsames Ergebnis. Wenn wir durch eine trickreiche Konstruktion wie den Kolimes eine „Kompaktheit" von $\mathbb{R}^n$ erreichen wollen, sollte die n-te Kohomologiegruppe mit kompaktem Träger isomorph zu $\mathbb{Z}$ sein, nicht die $(n-1)$-te. Zudem sollte die 0-te Gruppe verschwinden, wir wollen ja bei $H^p(\mathbb{R}^n) \cong H_{n-p}(\mathbb{R}^n)$ herauskommen. Etwas an unserer Konstruktion stimmt also noch nicht.

Der zündende Gedanke besteht darin, Raumpaare $(X, X \setminus A)$ zu betrachten und die auf ein Kompaktum A eingeschränkte Homologie wieder über die relativen Gruppen $H_p(X, X\setminus A) = H_p(X|_A)$ zu untersuchen (genauso haben wir es auch bei der homologischen Orientierung getan, Seite 466 f). So liegt auch bei den relativen Gruppen $H^p(X|_A)$ der Fokus auf den Kozyklen, deren Simplizes ihr Bild in A haben. Außerdem garantiert der Homomorphismus $i^* : H^p(X|_A) \to H^p(X|_B)$ bei einer Inklusion $i : A \hookrightarrow B$, dass der direkte Limes funktioniert. Sehen wir uns noch einmal $\mathbb{R}^n$ mit der $D^n(k)$-Ausschöpfung an. Es geht für $p \in \mathbb{Z}$ um die Gruppe

$$H^p = \varinjlim H^p(\mathbb{R}^n|_{D^n(k)})\,.$$

Es ist klar (wegen des gleichen Homotopietyps), dass wieder alle Gruppen in dem direkten Limes isomorph sind. Also ist für alle $k > 0$

$$H^p \cong H^p(\mathbb{R}^n|_{D^n(k)}) \cong H^p(\mathbb{R}^n, S^{n-1})$$

und die lange exakte Kohomologiesequenz für das Paar $(\mathbb{R}^n, S^{n-1})$ ergibt für alle $p \notin \{0,1\}$ Isomorphismen

$$H^p \cong H^p(\mathbb{R}^n, S^{n-1}) \cong H^{p-1}(S^{n-1}),$$

denn es ist in diesen Fällen $H^{p-1}(\mathbb{R}^n) = H^p(\mathbb{R}^n) = 0$. Damit ist, zumindest für $n \geq 2$, schon einmal $H^n \cong \mathbb{Z}$ und $H^p = 0$ für $2 \leq p < n$. Das passt im Sinne einer Dualität genau zur Homologie $H_{n-p}(\mathbb{R}^n)$. Beim genauen Hinsehen erhalten wir schließlich für $p = 0$ die exakte Sequenz

$$0 \xrightarrow{\delta^*} H^0 \xrightarrow{j^*} H^0(\mathbb{R}^n) \xrightarrow{i^*} H^0(S^{n-1}) \xrightarrow{\delta^*} H^1 \xrightarrow{j^*} 0.$$

Für $n \geq 2$ ist $H^0(\mathbb{R}^n) \cong H^0(S^{n-1}) \cong \mathbb{Z}$, und i^* ist als dualer Homomorphismus zu $i_* : H_0(S^{n-1}) \to H_0(\mathbb{R}^n)$ ein Isomorphismus (beachten Sie hierbei das universelle Koeffiziententheorem). Das bedeutet $H^0 = H^1 = 0$, also insgesamt eine vollständige Dualität zur Homologie von $\mathbb{R}^n$.

Im Fall $n = 1$ sehen Sie als einzigen Unterschied $H^0(S^{n-1}) \cong \mathbb{Z} \oplus \mathbb{Z}$, was mit obiger Sequenz letztlich zu $H^1 \cong \mathbb{Z}$ führt. Insgesamt entsteht aus unserer Konstruktion also etwas Sinnvolles, denn für alle $n \geq 1$ gilt:

$$H^p \cong \begin{cases} 0 & \text{für } p \in \mathbb{Z} \setminus \{n\} \\ \mathbb{Z} & \text{für } p = n, \end{cases}$$

was in der Tat genau der dualen Homologie von $\mathbb{R}^n$ entspricht, im Sinne von Isomorphien $H^p \cong H_{n-p}(\mathbb{R}^n)$.

Beachten Sie (bei aller Zuversicht) aber, dass diese neue Form von „Kohomologie" keine topologische Invariante ist, denn $\mathbb{R}^n$ ist zusammenziehbar, und für eine (dazu homotopieäquivalente) einpunktige Menge ergibt sich natürlich $H^p = 0$ für $p \neq 0$ (alle höheren Ketten- und Kokettengruppen verschwinden). Die neue Kohomologie-Idee ist also nur eine technische Hilfskonstruktion. Aber sie macht neugierig. Was kann man mit ihr alles bewirken?

Definition (Kohomologie mit kompakten Trägern)
Wir betrachten einen topologischen Raum X und die Menge $\mathcal{K}$ all seiner kompakten Teilmengen. $\mathcal{K}$ sei durch die Inklusion partiell geordnet und bilde eine gerichtete Indexmenge. Dann definiert man für $p \in \mathbb{Z}$ den direkten Limes

$$H_c^p(X) = \varinjlim H^p(X|_A)$$

über $A \in \mathcal{K}$ als p-te **Kohomologiegruppe mit kompaktem Träger** von X.

Um dieses Konzept weiter zu verfolgen, blicken wir zurück auf Orientierungen und Fundamentalklassen (Seite 473). Eine geschlossene n-Mannigfaltigkeit M hatte $H_n(M) \cong \mathbb{Z}$, und ein Generator μ_M davon definierte eine Orientierung von M.

Eine interessante Konstruktion ermöglicht nun einen Dualitäts-Homomorphismus

$$\cap_d : H_c^p(M) \longrightarrow H_{n-p}(M)$$

auch für nicht-kompakte, randlose orientierbare Mannigfaltigkeiten M. Es seien dazu $A \subset B$ zwei Kompakta in M. Wegen der Orientierbarkeit von M gibt es einen Schnitt $s : M \to \widetilde{M}$, bei dem s_x für alle $x \in M$ ein Generator von $H_n(M|_x)$ ist (Seite 464). Mit der Inklusion

$$i : (M, M \setminus B) \longrightarrow (M, M \setminus A)$$

ist nach dem Darstellungssatz $i_*(\mu_B) = \mu_A$ wegen der Eindeutigkeit der dort garantierten Elemente μ_A und μ_B (Seite 466). Man kann nun direkt aus den Definitionen zeigen, dass für alle $\alpha \in H^p(M|_A)$

$$\alpha \cap \mu_A = \alpha \cap i_*(\mu_B) = i^*(\alpha) \cap \mu_B$$

ist, denn das Cap-Produkt ist natürlich definiert und verträgt sich mit den Inklusionen. Nun sind wir praktisch am Ziel der umfassenden Vorbereitungen. Wir betrachten den Homomorphismus

$$\cap_{\mu_A} : H^p(M|_A) \longrightarrow H_{n-p}(M), \quad \alpha \mapsto \alpha \cap \mu_A,$$

der sich wegen $\alpha \cap \mu_A = i^*(\alpha) \cap \mu_B$ ohne Probleme auf den direkten Limes

$$H_c^p(M) = \varinjlim H^p(M|_A)$$

über alle Kompakta $A \subseteq M$ fortsetzen lässt.

Halten wir also fest, was uns inzwischen für randlose, orientierbare Mannigfaltigkeiten gelungen ist:

Satz (Dualitäts-Homomorphismus für orientierbares M)
Für eine randlose, orientierbare n-Mannigfaltigkeit M mit einer Orientierung $s : M \to \widetilde{M}$ und für alle $p \in \mathbb{Z}$ gibt es einen wohldefinierten Homomorphismus

$$\cap_d : H_c^p(M) \longrightarrow H_{n-p}(M),$$

der wie folgt entsteht: Mit einem $\alpha \in H^p(M|_A)$, $A \subseteq M$ kompakt, ist

$$\cap_d([\alpha]) = \alpha \cap \mu_A,$$

wobei μ_A das aus dem Darstellungssatz (Seite 466) stammende, eindeutige Element in $H_n(M|_A)$ bezüglich des Schnittes $s : M \to \widetilde{M}$ ist.

Beachten Sie, dass $\cap_d$ ohne den orientierungsgebenden Schnitt $s \in \Gamma(M, \mathbb{Z})$ nur bis auf ein Vorzeichen eindeutig bestimmt ist, denn es ist $\alpha \cap \mu_A = -(\alpha \cap (-\mu_A))$, wie Sie der Definition des Cap-Produkts direkt entnehmen können (Seite 479).

Damit sind die Vorarbeiten für die allgemeine POINCARÉ-Dualität abgeschlossen. Es ist erstaunlich, mit welcher Intuition und Raffinesse man vorgehen muss, wenn man das stabile Gerüst eines simplizialen Komplexes nicht hat. Umso schöner ist es dann zu sehen, wie die Mechanismen zusammenspielen und ineinandergreifen wie Zahnräder eines gewaltigen Uhrwerks.

Mehr noch: Wir haben das Problem gelöst, überhaupt eine POINCARÉ-Dualität für nicht-kompakte Mannigfaltigkeiten formulieren zu können. Sie erinnern sich bestimmt an die Idee, die offenen Mengen $U_i \cong \mathbb{R}^n$ einer Überdeckung von M als Ausgangspunkt für ein Induktionsargument zu wählen (Seite 480). Lassen Sie uns also mit den neuen Werkzeugen das große Ziel des Kapitels fixieren.

Theorem (Allgemeine Poincaré-Dualität)

Die obigen Homomorphismen $\cap_d : H_c^p(M) \to H_{n-p}(M)$ sind Isomorphismen. Insbesondere gilt für geschlossene orientierbare n-Mannigfaltigkeiten, dass mit einer Orientierung μ_M der Homomorphismus

$$\cap_{\mu_M} : H^p(M) \longrightarrow H_{n-p}(M), \quad \alpha \mapsto \alpha \cap \mu_M$$

für alle $p \in \mathbb{Z}$ ein Isomorphismus ist.

Die zweite Aussage folgt schnell aus der ersten: Wenn M kompakt ist, dann ist es selbst die größte kompakte Menge in M, weswegen die Indexmenge $\mathcal{K}$ für den Kolimes $H_c^p(M)$ größtes Element hat. Damit wird jede Gruppe $H^p(M|_A)$ über ein bestimmtes i^* nach $H^p(M|_M) \cong H^p(M)$ abgebildet. Mit elementaren Überlegungen können Sie dann zeigen, dass die von den i^* induzierten Homomorphismen

$$\widetilde{i} : H_c^p(M) = \varinjlim H^p(M|_A) \longrightarrow H^p(M)$$

Isomorphismen sind, denn offensichtlich ist der Homomorphismus $\cap_d$ gegeben durch $\cap_{\mu_M} \circ \widetilde{i}$, mithin $\cap_{\mu_M}$ ebenfalls ein Isomorphismus.

Tauchen wir jetzt aber ein in den **Beweis** der ersten Aussage, wir werden ihn in seinen wesentlichen Teilen besprechen und nur an einer Stelle (dritter Baustein unten, Seite 491) die technischen Details ein wenig abkürzen. Im ersten Schritt betrachten wir eine Überdeckungsmenge $U_i \cong \mathbb{R}^n$ und versuchen, das Theorem in diesem (einfachsten) Fall zu verifizieren. Wir wissen schon von den Experimenten mit der neuartigen „Kohomologie", dass tatsächlich für alle $p \in \mathbb{Z}$

$$H_c^p(\mathbb{R}^n) \cong H_{n-p}(\mathbb{R}^n)$$

ist (Seite 485) und müssen zeigen, dass der Isomorphismus über den Dualitäts-Homomorphismus $\cap_d$ entsteht. Man nimmt dazu das Kompaktum $\Delta^n \subset \mathbb{R}^n$ und verwendet, dass (ähnlich wie bei der $D^n(k)$-Ausschöpfung) die Inklusion $i : (\mathbb{R}^n, \varnothing) \hookrightarrow (\mathbb{R}^n, \mathbb{R}^n \setminus \Delta^n)$ einen Isomorphismus

$$i^* : H^p(\mathbb{R}^n|_{\Delta^n}) \longrightarrow H_c^p(\mathbb{R}^n)$$

induziert (Seite 485). Also genügt es, den Homomorphismus

$$\widetilde{\cap}_d = \cap_d \circ i^* : H^p(\mathbb{R}^n|_{\Delta^n}) \longrightarrow H_{n-p}(\mathbb{R}^n)$$

zu untersuchen. Der einzig interessante Fall dabei ist $p = n$, denn sonst sind Quelle und Ziel die triviale Gruppe. Offensichtlich wird ein Generator von $H^n(\mathbb{R}^n|_{\Delta^n})$ repräsentiert durch die Kokette $h^n : C_n(\mathbb{R}^n) \to \mathbb{Z}$, welche das Standardsimplex $\sigma^n : \Delta^n \hookrightarrow \mathbb{R}^n$ auf 1 abbildet und alle anderen n-Simplizes auf 0.

Für $\cap_d\big([\sigma^n]\big)$ wählen wir einen Generator $\mu_{\Delta^n} \in H_n(\mathbb{R}^n|_{\Delta^n})$. Sie prüfen schnell, dass $\mu_{\Delta^n} = [\Delta^n]$ eine richtige Wahl ist und rechnen ohne Probleme nach, dass das Cap-Produkt

$$[\sigma^n] \cap \mu_{\Delta^n} = \sigma^n(\Delta^n) \cdot \sigma^n|_{[x_n]} = \sigma^n|_{[x_n]}$$

ist. Die rechte Seite ist als Abbildung $[x_n] \mapsto x_n \in \mathbb{R}^n$ ein Generator von $H_0(\mathbb{R}^n)$, womit die allgemeine POINCARÉ-Dualität für $M = \mathbb{R}^n$ bewiesen ist:

1. Baustein zur allgemeinen Poincaré-Dualität
Die allgemeine POINCARÉ-Dualität gilt für $M = \mathbb{R}^n$. $\square$

Der erste Baustein mutet natürlich trivial an, $\mathbb{R}^n$ ist der einfachste Fall einer nicht-kompakten Mannigfaltigkeit. Dennoch war es bestimmt eine lohnende Übung, sich anzusehen, wie die induktiven Mechanismen des Kolimes hier funktionieren.

Im zweiten Schritt wollen wir gleich das Ende des Beweises vorwegnehmen. Nach dem ersten Baustein gilt die POINCARÉ-Dualität für alle Überdeckungsmengen $U_i \cong \mathbb{R}^n$ von M, und da M eine abzählbare Basis der Topologie hat, können wir $i \in \mathbb{N}$ annehmen. Mit

$$V_k = \bigcup_{i<k} U_i$$

haben wir dann eine Ausschöpfung $V_1 \subseteq V_2 \subseteq V_3 \subseteq \ldots$ von M und kommen zum zweiten Baustein des Beweises.

2. Baustein zur allgemeinen Poincaré-Dualität
Falls die allgemeine POINCARÉ-Dualität auf allen Mengen V_k der Ausschöpfung gilt, dann auch auf ganz M.

Das klingt plausibel und der **Beweis** ist einfach, wenn man etwas mit den induktiven Limiten spielt. Sie müssen zunächst daran denken, dass der Homomorphismus des Theorems,

$$\cap_d : H_c^p(M) \longrightarrow H_{n-p}(M),$$

determiniert ist durch die kompakten Teilmengen von M. Jedes Kompaktum $K \subseteq M$ liegt irgendwann in einer der Ausschöpfungsmengen, sagen wir in V_{k_0}, und damit liefert der Ausschneidungssatz für die Kohomologie (Seite 478)

$$H^p\big(M, M \setminus K\big) \cong H^p\big(V_{k_0}, V_{k_0} \setminus K\big).$$

Sie müssen in dessen Formulierung nur $X = M$ setzen und $A = M \setminus K$. Die Menge W wählen Sie dann als $M \setminus V_{k_0}$ und die Isomorphie steht sofort da. Für ein Kompaktum $K \subseteq M$ kann man sich also vollständig auf $M = V_{k_0}$ zurückziehen.

Da (im zweiten Baustein) nach Voraussetzung alle $\cap_d : H_c^p(V_k) \to H_{n-p}(V_k)$ Isomorphismen sind, gilt dies auch im Kolimes über alle kompakten $K \subseteq M$. Dieser Limes kann nämlich durch einen kleinen Trick mit den Mengen V_k definiert werden: Wir verwenden für $k < l$ den natürlichen Homomorphismus

$$f_{kl} : H_c^p(V_k) \longrightarrow H_c^p(V_l) ,$$

der existiert, weil jedes Kompaktum $K \subset V_k$ auch eines in V_l ist und daher für alle $[\alpha] \in H^p(V_k, V_k \setminus K)$ ein wohldefiniertes Abbild in der rechten Gruppe garantiert. Dadurch werden die Gruppen $H_c^p(V_k)$ selbst zu einem gerichteten System und es existiert der Kolimes $\mathcal{H}_c^p = \varinjlim H_c^p(V_k)$.

Wenn wir nun im Kolimes alle kompakten $K \subseteq M$ durchlaufen, kommt das Gleiche heraus wie im obigen Kolimes $\mathcal{H}_c^p$ über die V_k, denn jedes Kompaktum K liegt ab einem gewissen Index in den V_k. Wegen der POINCARÉ-Dualität auf den V_k ergibt sich damit der Isomorphismus

$$\cap_d : \mathcal{H}_c^p = \varinjlim H_c^p(V_k) \longrightarrow \varinjlim H_{n-p}(V_k) \cong H_{n-p}(M) ,$$

und wegen $\mathcal{H}_c^p = \varinjlim H_c^p(V_k) \cong H_c^p(M)$ folgt die Behauptung (die kompakten Teilmengen in M sind ja genau die kompakten Teilmengen der V_k). $\square$

Es ist in der Tat schwieriger, diesen Beweis aufzuschreiben, als ihn sich selbst klar zu machen. Vielleicht denken Sie kurz über die Gymnastik mit den induktiven Limiten nach, es wirkt viel komplizierter, als es eigentlich ist.

Nun ist der Weg vorgezeichnet, um aus den ersten beiden Bausteinen den Beweis der allgemeinen POINCARÉ-Dualität zu vollenden. Die damit verbundenen Ideen entspringen einer raffinierten Mischung aus komplexer algebraischer Topologie und geschickten elementaren Überlegungen der mengentheoretischen Topologie.

Wir wählen also eine Überdeckung von M aus offenen Mengen $U_i \cong \mathbb{R}^n$ mit $i \in \mathbb{N}$ und setzen $V_k = \bigcup_{i<k} U_i$. Nach dem zweiten Baustein müssen wir zeigen, dass die POINCARÉ-Dualität für alle Mengen V_k gilt. Klarerweise geht das – wenn überhaupt – induktiv nach k, wobei der Fall $k = 1$ wegen $V_1 = U_0 \cong \mathbb{R}^n$ nach dem ersten Baustein schon erledigt ist.

Nun müssen wir die Situation beim Übergang von V_k zu $V_{k+1} = V_k \cup U_k$ genau analysieren. Nach Induktionsannahme gilt das Theorem für die Menge V_k und nach dem ersten Baustein auch für U_k. Hier bieten sich MAYER-VIETORIS-Sequenzen an. In der Kohomologie (Seite 479) lautet sie

$$H^p(V_{k+1}) \xrightarrow{\psi^*} H^p(V_k) \oplus H^p(U_k) \xrightarrow{\varphi^*} H^p(V_k \cap U_k) \xrightarrow{\delta^*} H^{p+1}(V_{k+1})$$

und in der Homologie (Seite 298)

$$H_{n-p}(V_k \cap U_k) \xrightarrow{\varphi_*} H_{n-p}(V_k) \oplus H_{n-p}(U_k) \xrightarrow{\psi_*} H_{n-p}(V_{k+1}) \xrightarrow{\partial_*} H_{n-p-1}(V_k \cap U_k) .$$

Sie erkennen schnell, dass hier noch etwas nicht stimmt. Die Pfeilrichtungen innerhalb der Indizes p und $n - p$ laufen entgegengesetzt und verhindern, dass sich die
beiden Sequenzen durch das Cap-Produkt $\cap_d$ verbinden lassen. Wir müssen also
in der ersten Sequenz den Übergang zur Kohomologie mit kompakten Trägern
schaffen – und dafür ist die relative MAYER-VIETORIS-Sequenz geeignet. Sie
ergibt sich für die Kohomologie ohne Probleme aus ihrer Entsprechung in der
Homologie (Seite 469), die Argumente verlaufen wieder entlang der Koketten mit
kleinen Ketten $C^p(X, \mathcal{U}) = \operatorname{Hom}(C_p(X, \mathcal{U}), \mathbb{Z})$ unter Verwendung rein algebraischer Argumente.

Mit zwei kompakten Teilmengen $A \subset V_k$ und $B \subset U_k$, der Vereinigung

$$\left(V_k, V_k \setminus A\right) \cup \left(U_k, U_k \setminus B\right) = \left(V_{k+1}, V_{k+1} \setminus (A \cap B)\right)$$

sowie dem Durchschnitt

$$\left(V_k, V_k \setminus A\right) \cap \left(U_k, U_k \setminus B\right) = \left(V_k \cap U_k, V_k \cap U_k \setminus (A \cup B)\right)$$

lautet diese relative Sequenz dann in dem Teilbereich für den Index p

$$\ldots \longrightarrow H^p(V_{k+1}|_{A \cap B}) \longrightarrow H^p(V_k|_A) \oplus H^p(U_k|_B)$$
$$\longrightarrow H^p\left((V_k \cap U_k)|_{A \cup B}\right) \longrightarrow \ldots$$

Nun kommt die Ausschneidungseigenschaft zum Tragen (Seite 478). Danach ist
$H^p\left(V_{k+1}, V_{k+1} \setminus (A \cap B)\right) \cong H^p\left(V_k \cap U_k, V_k \cap U_k \setminus (A \cap B)\right)$ und analog dazu auch
$H^p\left(V_k \cap U_k, V_k \cap U_k \setminus (A \cup B)\right) \cong H^p\left(V_{k+1}, V_{k+1} \setminus (A \cup B)\right)$. Also erreichen wir
beim Index p den Teilbereich

$$H^p\left((V_k \cap U_k)|_{A \cap B}\right) \longrightarrow H^p(V_k, V_k \setminus A) \oplus H^p(U_k, U_k \setminus B)$$
$$\longrightarrow H^p(V_{k+1}|_{A \cup B})$$

und Sie erkennen die Wendung zum Guten. Hatten wir vorher in der Kohomologiesequenz beim Index p die Abfolge *Vereinigung – Summe – Durchschnitt*, was
sehr störte, ist es nun die Abfolge *Durchschnitt – Summe – Vereinigung*. Dies
führt dazu, dass man die Sequenzen (für die Kohomologie beim Index p und die
Homologie bei $n - p$) passgenau untereinander notieren kann.

Die Kunst der homologischen Algebra setzt sich nun fort, wenn man die Kohomologiesequenz noch mit direkten Limiten über alle Kompakta in V_k, U_k und V_{k+1}
versieht. Es zeigt sich dann, dass man beim Übergang zum Kolimes eine lange
exakte MAYER-VIETORIS-Sequenz der Form

$$H^p_c(V_k \cap U_k) \longrightarrow H^p_c(V_k) \oplus H^p_c(U_k) \longrightarrow H^p_c(V_{k+1}) \longrightarrow H^{p+1}_c(V_k \cap U_k)$$

erreicht, in der nur Kohomologiegruppen mit kompaktem Träger vorkommen. Das
Baugerüst für den Beweis der allgemeinen POINCARÉ-Dualität steht damit fest.
Wir verbinden diese Sequenzen mit dem Cap-Produkt $\cap_d$ und erreichen damit
unmittelbar den nächsten Baustein des Beweises.

3. Baustein zur allgemeinen Poincaré-Dualität

In der obigen Situation gibt es ein (nach links und rechts für alle $p \in \mathbb{Z}$ fortsetzbares) Diagramm

$$
\begin{array}{ccccccc}
H_c^p(V_k \cap U_k) & \longrightarrow & H_c^p(V_k) \oplus H_c^p(U_k) & \longrightarrow & H_c^p(V_{k+1}) & \xrightarrow{\delta^*} & H_c^{p+1}(V_k \cap U_k) \\
\downarrow{\cap_d} & & \downarrow{\cap_d} \;\; \downarrow{-\cap_d} & & \downarrow{\cap_d} & & \downarrow{\cap_d} \\
H_{n-p}(V_k \cap U_k) & \to & H_{n-p}(V_k) \oplus H_{n-p}(U_k) & \to & H_{n-p}(V_{k+1}) & \xrightarrow{\partial_*} & H_{n-p-1}(V_k \cap U_k),
\end{array}
$$

dessen Rechtecke (bis auf ein Vorzeichen) kommutativ sind.

Sie erkennen ohne Mühe die Analogie zu dem bekannten Diagramm $DGRM$ aus dem Beweis der simplizialen POINCARÉ-Dualität (Seite 431). Der dritte Baustein ist technisch der schwierigste Part auf dem Weg zur allgemeinen POINCARÉ-Dualität. Vor einer kurzen Skizze soll daher noch einmal die Parallele zum simplizialen Fall gezogen werden, um das Resultat besser einordnen zu können.

Das Problem in $DGRM$ war die Wahlfreiheit bei der Definition der senkrechten Abbildungen $\widetilde{\gamma}_p$. Durch eine Orientierung μ_M konnten wir diese Abbildungen dann natürlich gestalten und damit die Kommutativität von $DGRM$ – ebenfalls nur bis auf ein Vorzeichen – nachweisen (Seite 443).

Hier verhält es sich nun exakt gleich. Das Cap-Produkt $\cap_d$ war eindeutig festgelegt durch die Auszeichnung eines Schnittes $s \in \Gamma(M, \mathbb{Z})$, also durch eine Orientierung von M (Seite 486). Der Schnitt lieferte für jedes Kompaktum $A \subseteq M$ ein wohldefiniertes Element $\mu_A \in H_n(M|_A)$, das über die Einschränkung $\cap \mu_A$ den Homomorphismus $\cap_d$ definierte (Seite 466). Es ist dann nicht verwunderlich, dass die Kommutativität des Diagramms nur bis auf ein Vorzeichen möglich ist.

Die beiden linken Rechtecke sind trivial, deren Kommutativität ergibt sich aus den Definitionen von $\cap_d$ und den Abbildungen in den MAYER-VIETORIS-Sequenzen. Schwieriger ist das Rechteck mit δ^* und ∂_*. Das Vorgehen sei hier der Kürze wegen nur skizziert: Ein Element in $H_c^p(V_{k+1})$ werde repräsentiert durch einen Kozyklus $z^p \in H^p(V_{k+1}|_{A \cup B})$, den wir zerlegen können in die Summe

$$
z^p = z_A^p - z_B^p,
$$

wobei z_A^p nur auf dem Kompaktum $A \subset V_k$ lebt, entsprechend für z_B^p mit $B \subset U_k$. Betrachten wir nun die folgende Abbildung.

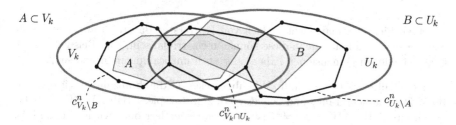

Darin ist der für das Cap-Produkt notwendige Zyklus $\mu_{A\cup B}$ zerlegt in n-Ketten

$$\mu_{A\cup B} = c_{V_k\setminus B}^n + c_{V_k\cap U_k}^n + c_{U_k\setminus A}^n \, ,$$

die ihren Träger in den entsprechenden Teilräumen haben. Das erinnert an die Diskussion nach der MAYER-VIETORIS-Sequenz der Homologie, als wir dieses Ergebnis genauer motiviert haben (Seite 299). Hier geht es ähnlich: In einer langwierigen Rechnung (die Sie zum Beispiel in [41] finden) werden alle Kombinationen der Summanden von $z^p = z_A^p - z_B^p$ und $\mu_{A\cup B}$ in dem Ausdruck $z^p \cap \mu_{A\cup B}$ einzeln berücksichtigt und man erhält schließlich die griffige Formel

$$\delta^*[z^p] \cap \mu_{A\cap B} = \pm\partial_*[z^p \cap \mu_{A\cup B}] \, ,$$

welche die Kommutativität des obigen Diagramms beweist (bis auf ein nur von p abhängiges Vorzeichen).   (□)

Der dritte Baustein war der schwierigsten Part des Beweises. Er ermöglicht es, die komplizierten Argumente der algebraischen Topologie zu verlassen und den Beweis durch geschickte Überlegungen aus der elementaren Topologie zu vollenden.

Erinnern wir uns an die Ausschöpfung $V_1 \subset V_2 \subset V_3 \subset \ldots$ von M und die Überdeckung durch die Mengen $U_i \cong \mathbb{R}^n$. Es genügte wegen des zweiten Bausteins, einen Induktionsbeweis nach k zu machen, worin nur noch der Induktionsschritt von V_k auf $V_{k+1} = V_k \cup U_k$ fehlte (Seite 489). Die POINCARÉ-Dualität galt wegen des ersten Bausteins für U_k und nach Induktionsvoraussetzung auch für V_k.

Der dritte Baustein zeigt dann, dass der entscheidende Homomorphismus

$$\cap_d : H_c^p(V_{k+1}) \longrightarrow H_{n-p}(V_{k+1})$$

umzingelt wäre von Isomorphismen, wenn die POINCARÉ-Dualität auch auf dem Durchschnitt $V_k \cap U_k$ bewiesen wäre. Das Fünferlemma (Seite 283) würde dann den Rest erledigen und auch $\cap_d$ als Isomorphismus ausweisen.

Nun ist $V_k \cap U_k$ eine offene Teilmenge von U_k und damit homöomorph zu einer offenen Teilmenge $U \subseteq \mathbb{R}^n$. Der nun folgende Baustein ist das letzte Puzzlestück im Beweis der allgemeinen POINCARÉ-Dualität.

4. Baustein zur allgemeinen Poincaré-Dualität
Die allgemeine POINCARÉ-Dualität gilt auf allen offenen Mengen $U \subseteq \mathbb{R}^n$.

Beachten Sie, dass man nicht einfach von $\mathbb{R}^n$ (erster Baustein) auf offene Teilmengen schließen kann, denn diese können nicht-trivial sein, zum Beispiel Löcher in verschiedenen Dimensionen haben oder auch unzusammenhängend sein.

Aber ein raffinierter Trick hilft. Wir überdecken U durch abzählbar viele offene $W_k \cong \mathbb{R}^n$, die beschränkt und konvex sind, zum Beispiel ϵ-Bälle $W_1, W_2, \ldots$. Der Durchschnitt $W_i \cap W_j$ für $i \neq j$ ist dann entweder leer oder wieder beschränkt und konvex, also ebenfalls homöomorph zu $\mathbb{R}^n$.

Es ist fast schon ein wenig amüsant, zu beobachten, wie hier für die Mannigfaltigkeit U das allgemeine Vorgehen frech kopiert wird, obwohl es noch gar nicht fertig war. Im $\mathbb{R}^n$ haben wir aber bessere Mittel in der Hand, zum Beispiel eine Metrik und die Struktur eines Vektorraums, die uns Begriffe wie *Beschränktheit* oder *Konvexität* erlauben. Probieren wir es einfach aus: Mit

$$X_k = \bigcup_{i \leq k} W_i$$

bekommt man wieder eine Ausschöpfung $X_1 \subset X_2 \subset X_3 \subset \ldots$, diesmal von U, und wir zeigen den vierten Baustein zunächst für alle X_k durch Induktion nach der Anzahl k der offenen, beschränkten und konvexen Mengen, aus denen eine offene Teilmenge von $\mathbb{R}^n$ durch Vereinigung entsteht.

Der Induktionsanfang $k = 1$ ist wegen $X_1 = W_1 \cong \mathbb{R}^n$ klar. Per Induktionsannahme gelte der vierte Baustein jetzt für alle X_l mit $l < k$. Es ist der Durchschnitt $X_{k-1} \cap W_k$ die Vereinigung von $W_1 \cap W_k, \ldots, W_{k-1} \cap W_k$, also eine Vereinigung von höchstens $k-1$ offenen, beschränkten und konvexen Mengen. Nach Induktionsannahme gilt dann auf $X_{k-1} \cap W_k$ die POINCARÉ-Dualität und der dritte Baustein ist anwendbar, was die POINCARÉ-Dualität auch für X_k und damit induktiv für alle Mengen der Ausschöpfung zeigt. Die Behauptung folgt somit aus dem zweiten Baustein, angewendet auf U. Damit gilt die POINCARÉ-Dualität für alle offenen Teilmengen $U \subseteq \mathbb{R}^n$. Insgesamt ist mit diesem vierten Baustein der Beweis der allgemeinen POINCARÉ-Dualität abgeschlossen. □

Wenn wir den Beweis mit seiner seltsamen Logik noch einmal Revue passieren lassen, fällt mir spontan der Begriff eines „Abstaubertors" im Fußball ein (der Gedanke hat seine Wurzeln vielleicht bei der Fußball-Weltmeisterschaft 2014 in Brasilien, die wenige Tage vor dem Schreiben dieser Zeilen zu Ende ging). Die ersten drei Bausteine sind zu vergleichen mit einem aufwändigen und gut kombinierten Angriff, der aber beim ersten Torschuss knapp scheitert (an $V_k \cap U_k$). Der Ball prallt jedoch so günstig zurück, dass sich mit der gleichen Idee (Ausschöpfung) eine Gelegenheit zum Nachschuss ergibt und der Ball mühelos ins leere Tor geschoben wird (das war $U \subseteq \mathbb{R}^n$).

Spaß beiseite, wir haben wieder einmal das wichtige Prinzip in der Topologie von Mannigfaltigkeiten erlebt, welches auch schon bei der Orientierbarkeit genutzt wurde (Seite 466 f): Lokal ist ein Problem meist gut lösbar, denn hier kann man sich auf den $\mathbb{R}^n$ zurückziehen und eine Metrik nutzen, eine Vektorraum-Struktur oder die Eigenschaft, vollständig und lokal kompakt zu sein. Hier kann man Punkte durch gerade Linien verbinden (Konvexität) oder bis ins Detail untersuchte geometrische Objekte wie n-Bälle und $(n-1)$-Sphären verwenden. Die gesamte klassische (Differential-)Geometrie steht zur Verfügung.

Um dann globale Aussagen über Mannigfaltigkeiten M zu beweisen, braucht man für die Induktion eine abzählbare Ausschöpfung von M (garantiert durch die abzählbare Basis der Topologie) und eben Verbindungstheoreme wie die MAYER-VIETORIS-Sequenzen oder auch den früheren Satz von SEIFERT-VAN KAMPEN für Fundamentalgruppen (Seite 111). Häufig muss man dabei die gewünschten Aussagen für Durchschnitte beweisen und hat Erfolg mit den starken Eigenschaften des $\mathbb{R}^n$, denn die Durchschnitte sind offene Teilmengen davon.

Es sei noch angemerkt, dass die POINCARÉ-Dualität einen einfachen Beweis der Folgerung aus der Ergänzung zum Darstellungssatz (Seite 470) erlaubt, falls die Mannigfaltigkeit orientierbar ist.

Folgerung ($H_k(M)$ von n-Mannigfaltigkeiten für $k > n$)
Für eine geschlossene, orientierbare n-dimensionale Mannigfaltigkeit M und für alle $k > n$ gilt $H_k(M) = 0$.

Beweis: Nach dem universellen Koeffiziententheorem (Seite 403) gilt für alle $p < 0$

$$H^p(M) \;\cong\; \mathrm{Hom}\big(H_p(M), \mathbb{Z}\big) \oplus \mathrm{Ext}\big(H_{p-1}(M), \mathbb{Z}\big) \;=\; 0$$

und mit der POINCARÉ-Dualität ist in diesem Fall $H_{n-p}(M) \cong H^p(M) = 0$. $\square$

Der „kleine Bruder" der Poincaré-Vermutung

Die allgemeine POINCARÉ-Dualität erlaubt eine Verbesserung des als Hauptziel formulierten Satzes aus dem vorigen Kapitel für 3-Mannigfaltigkeiten: Mit einem CW-Modell, dem Satz von WHITEHEAD und dem Theorem von HUREWICZ haben wir gezeigt, dass einfach zusammenhängende kompakte Mannigfaltigkeiten homotopieäquivalent zur S^n sind, wenn sie die Homologie der S^n besitzen (Seite 394). Mit der Einschränkung auf 3-Mannigfaltigkeiten ohne Rand können wir damit eine einfache Variante der bekannten POINCARÉ-Vermutung beweisen (in der lediglich das Wort „homöomorph" abgeschwächt ist zu „homotopieäquivalent").

Satz (Geschlossene 3-Mannigfaltigkeiten mit $\pi_1(M) = 0$)
Jede einfach zusammenhängende, geschlossene 3-Mannigfaltigkeit M ist homotopieäquivalent zu S^3.

Der **Beweis** ist einfach, wenn man die mächtigen Werkzeuge einsetzt, über die wir inzwischen verfügen. Wegen $\pi_1(M) = 0$ ist M orientierbar (Seite 464). Damit ist die POINCARÉ-Dualität (Seite 487) anwendbar.

Nach Voraussetzung ist $H_0(M) \cong \mathbb{Z}$ und $H_1(M) = 0$ wegen des kleinen Theorems von HUREWICZ (Seite 244). Die Orientierbarkeit liefert $H_3(M) \cong \mathbb{Z}$ (Seite 473) und mit der POINCARÉ-Dualität ist

$$H_2(M) \;\cong\; H^1(M)\,.$$

Es bleibt noch die Aufgabe, die Gruppe auf der rechten Seite zu bestimmen. Mit dem universellen Koeffiziententheorem (Seite 403) ergibt sich

$$H^1(M) \;\cong\; \mathrm{Hom}\big(H_1(M), \mathbb{Z}\big) \oplus \mathrm{Ext}\big(H_0(M), \mathbb{Z}\big) \;=\; \mathrm{Hom}\big(H_1(M), \mathbb{Z}\big)\,,$$

denn es ist $H_0(M) \cong \mathbb{Z}$ und daher $\mathrm{Ext}\big(H_0(M), \mathbb{Z}\big) = 0$. Wir sind am Ziel, denn wegen $H_1(M) = 0$ verschwindet auch $H^1(M)$. Damit ist die Homologie von M bis zum Index 3 vollständig berechnet, wir haben $H_2(M) = 0$.

Nach der obigen Folgerung (Seite 494), oder mit der (allgemeineren) Ergänzung zum Darstellungssatz (Seite 470) stimmt dann die gesamte Homologie von M mit der von S^3 überein und wir sind auf die Formulierung des Satzes zurückgeführt, in der er bereits im vorigen Kapitel bewiesen wurde (Seite 394).   □

Nachdem die POINCARÉ-Dualität aus mehreren Blickwinkeln beleuchtet wurde, ist es an der Zeit, die reichhaltigen algebraischen Strukturen zu besprechen, welche die Kohomologietheorie zu einem noch mächtigeren Instrument machen als die Homologie. Als krönende Anwendung erleben wir hierbei einen faszinierenden Zusammenhang zwischen der Topologie und der Algebra: die HOPF-Invariante und ihre Querverbindung zu Divisionsalgebren wie den komplexen Zahlen $\mathbb{C}$ oder den Quaternionen $\mathbb{H}$ (Seite 502 f).

10.9   Der Kohomologiering topologischer Räume

Eine Grenze der Homologietheorie ist, dass man den topologischen Räumen nur abelsche Gruppen als Invarianten zuordnen kann, auf denen sich keine sinnvolle Multiplikation definieren lässt. Mit Kohomologie aber – und das ist neben den Dualitätssätzen der wichtigste Grund, sich damit zu beschäftigen – ergaben sich ab etwa Mitte der 1930-er Jahre völlig ungeahnte Möglichkeiten, mächtigere Invarianten zu definieren als in der Homologie: noch bessere Sensoren für topologische Unterschiede, die mit den klassischen Mitteln (Homologie und Homotopie) allein nicht aufzuspüren waren. Lesen wir dazu noch einmal die Worte von HOPF, die er 1966 rückblickend auf die Pionierzeit dieser Theorie notiert, [49].

„Das Jahr 1935 war für die Entwicklung der Topologie aus mehreren Gründen besonders bedeutungsvoll. ...

Was mich – und wahrscheinlich manche andere Topologen – damals vollständig überraschte, waren nicht die Cohomologie-Gruppen – diese sind ja nichts anderes als die Charakterengruppen der Homologiegruppen – als vielmehr die Tatsache, dass man zwischen ihnen, in beliebigen Komplexen und allgemeineren Räumen, eine Multiplikation erklären kann, also den Cohomologie-Ring, der den Schnittring der Mannigfaltigkeiten verallgemeinert. Wir hatten geglaubt, so etwas sei nur, dank der lokalen Euklidizität, in Mannigfaltigkeiten möglich."

Wir begeben uns also in diesem Abschnitt auf die typische Spurensuche der Mathematiker, die sich immer neue Strukturen ausdenken und mit Spannung prüfen, welche Eigenschaften sie besitzen. Im letzten Teilkapitel, ab Seite 502, erfahren Sie dann noch ein wenig mehr über die abenteuerlichen Pfade, die hierbei begangen wurden: Wir erleben dort einen bemerkenswerten Querbezug zu den Divisionsalgebren, also einem Teilgebiet der klassischen Algebra des 19. Jahrhunderts.

Beachten Sie, dass die folgenden Ausführungen in der Sprache der singulären Homologie formuliert sind. Sie können sinngemäß leicht auf die simpliziale Homologie übertragen werden.

Nehmen wir also zwei Koketten $c_\alpha \in C^p(X)$ und $c_\beta \in C^q(X)$. Die erste Frage ist, ob sich daraus auf natürliche Weise eine Kokette in $C^{p+q}(X)$ formen lässt. Und die (naheliegende) zweite Frage zielt darauf ab, ob man mit dieser Idee eine bilinare Abbildung $H^p(X) \times H^q(X) \to H^{p+q}(X)$ erzeugen kann. Das ist – im Gegensatz zu den Kettengruppen in der Homologie – überraschend einfach möglich.

Definition und Satz (Cup-Produkt in der Kohomologie)
Mit den obigen Bezeichnungen sei $n = p + q$. Dann wird das **Cup-Produkt** der Kokettengruppen definiert durch die Zuordnung

$$\cup : C^p(X) \times C^q(X) \longrightarrow C^n(X), \quad (c_\alpha, c_\beta) \mapsto c_\alpha \cup c_\beta,$$

wobei für ein n-Simplex $\sigma^n : \Delta^n \to X$

$$(c_\alpha \cup c_\beta)(\sigma^n) = c_\alpha\left(\sigma^n|_{[x_0,\ldots,x_p]}\right) \cdot c_\beta\left(\sigma^n|_{[x_p,\ldots,x_n]}\right)$$

sei. Ein Ausdruck der Form $\sigma^n|_{[x_{i_0},\ldots,x_{i_k}]}$ bedeutet dabei die Komposition

$$\Delta^k \hookrightarrow \Delta^n \xrightarrow{\sigma^n} X$$

mit einer simplizialen Inklusion, die für $0 \le \nu \le k$ eine Ecke $x_\nu \in \Delta^k$ auf die Ecke $x_{i_\nu} \in \Delta^n$ abbildet.

Mit linearer Fortsetzung wird $c_\alpha \cup c_\beta$ zu einem Element in $C^n(X)$. Der Übergang zu den Homologieklassen liefert eine bilineare Abbildung

$$\cup : H^p(X) \times H^q(X) \longrightarrow H^{p+q}(X), \quad (\alpha, \beta) \mapsto \alpha \cup \beta,$$

die als **Cup-Produkt** der Kohomologiegruppen von X bezeichnet wird. Es ist anti-kommutativ im Sinne der Formel

$$\alpha \cup \beta = (-1)^{pq} \beta \cup \alpha.$$

Mit diesem Satz ergibt sich durch distributives „Ausmultiplizieren" der Summen mit dem Cup-Produkt eine Multiplikation in der gesamten Kohomologie

$$H^*(X) = \bigoplus_{k \in \mathbb{Z}} H^k(X),$$

wodurch $H^*(X)$ zu einem **graduierten Ring** wird, ähnlich einem Polynomring. Man nennt ihn den **Kohomologiering** von X. Der Grad eines Elementes $\alpha \in H^*(X)$ ist der Index k der höchsten Homologiegruppe $H^k(X)$, in der α einen Summanden $\ne 0$ besitzt. Zum **Beweis** des Satzes: Die Abbildung der Kettengruppen induziert eine wohldefinierte Abbildung auf den Kohomologiegruppen wegen der Beziehung

$$\delta(c_\alpha \cup c_\beta) = (\delta c_\alpha) \cup c_\beta + (-1)^p c_\alpha \cup (\delta c_\beta),$$

die Sie ohne Schwierigkeiten nachrechnen können.

Die Antikommutativität ergibt sich durch die kombinatorische Aussage, dass ein Simplex $\sigma^n : [x_0, \ldots, x_p, \ldots, x_n] \to X$ die $(-1)^{q(p+1)+p}$-fache Orientierung des Simplex

$$\tau^n = \sigma^n|_{[x_{p+1}, \ldots, x_n, x_p, x_0, \ldots, x_{p-1}]}$$

besitzt, denn die Permutation $(\, p+1 \; \cdots \; n \; p \; 0 \; \cdots \; p-1 \,)$ besitzt genau $q(p+1) + p$ Fehlstände (Seite 397). Die Rechnung

$$\begin{aligned}
(\beta \cup \alpha)(\tau^n) &= \beta\big(\sigma^n|_{[x_{p+1}, \ldots, x_n, x_p]}\big) \cdot \alpha\big(\sigma^n|_{[x_p, x_0, \ldots, x_{p-1}]}\big) \\
&= (-1)^q\, \beta\big(\sigma^n|_{[x_p, x_{p+1}, \ldots, x_n]}\big) \cdot (-1)^p\, \alpha\big(\sigma^n|_{[x_0, \ldots, x_{p-1}, x_p]}\big) \\
&= (-1)^{p+q}\, (\alpha \cup \beta)(\sigma^n)
\end{aligned}$$

liefert damit die gewünschte Antikommutativität wegen der modulo 2 gültigen Gleichung $q(p+1) + p + p + q = pq$. $\qquad\square$

So einfach kann es gehen. In der Tat erlauben die Kohomologiegruppen hier viel mehr als die Homologiegruppen, denn man kann sich in der Kohomologie auf die Multiplikation in $\mathbb{Z}$ zurückziehen (oder allgemeiner in einem beliebigen kommutativen Koeffizientenring R). Auf diese Weise erhält die Kohomologie $H^*(X)$ eine kanonische Ringstruktur.

Bevor wir zu einer ersten Anwendung des Kohomologierings kommen, noch ein kleines technisches Resultat, das sich als sehr nützlich erweisen wird.

Hilfssatz (Cup-Produkt und Cap-Produkt)
Für alle $\alpha \in H^p(X)$, $\beta \in H^q(X)$, $p + q = n$, und $h \in H_n(X)$ gilt

$$(\alpha \cup \beta)(h) = \beta(\alpha \cap h) = (-1)^{pq}\, \alpha(\beta \cap h),$$

wobei die Produkte hier – wie auch im vorigen Satz – immer auf der Ebene der jeweiligen Repräsentanten gemeint sind.

Der **Beweis** ist eine einfache Anwendung des vorigen Satzes. Wir erkennen für ein Simplex $\sigma^n : \Delta^n \to X$ mit Repräsentanten c_α, c_β von α, β

$$\begin{aligned}
(c_\alpha \cup c_\beta)(\sigma^n) &= c_\alpha(\sigma^n|_{[x_0 \ldots x_p]}) \cdot c_\beta(\sigma^n|_{[x_p \ldots x_n]}) \\
&= c_\beta\big(c_\alpha(\sigma^n|_{[x_0 \ldots x_p]}) \cdot \sigma^n|_{[x_p \ldots x_n]}\big) \\
&= c_\beta(c_\alpha \cap \sigma^n).
\end{aligned}$$

Durch lineare Fortsetzung ergibt sich die erste Gleichung und durch Vertauschung von α und β aus dem Satz auch der Faktor $(-1)^{pq}$ in der zweiten Gleichung. $\quad\square$

Als erste Anwendung des Kohomologierings können wir eine Frage beantworten, die schon längere Zeit offen steht. Es geht darum, ob vielleicht $\mathbb{P}^2_{\mathbb{C}}$ homotopieäquivalent zu $S^2 \vee S^4$ ist (Seite 323). Der Kohomologiering erweist sich nun als sensibel genug, um die beiden Räume (deren Fundamental-, Homologie- und Kohomologiegruppen identisch sind) auf elegante Weise zu unterscheiden.

Ein Beweis der Nichtäquivalenz $\mathbb{P}_{\mathbb{C}}^2 \not\simeq S^2 \vee S^4$

Vielleicht erinnern Sie sich an die schwierige Frage aus dem vorigen Kapitel, die auf Seite 323 aufgeworfen wurde? Nachdem wir dort mit der HOPF-Abbildung

$$h : S^3 \longrightarrow S^2 , \quad h(w_1, w_2) = \big(|w_1|^2 - |w_2|^2, 2(x_1 x_2 - y_1 y_2), 2(x_1 y_2 + x_2 y_1)\big)$$

eine 4-Zelle e^4 an den komplexen projektiven Raum $\mathbb{P}_{\mathbb{C}}^1 \cong S^2 \cong e^0 \cup e^2$ angeheftet hatten, erkannten wir die Zellenstruktur

$$\mathbb{P}_{\mathbb{C}}^2 \cong S^2 \cup_h e^4$$

des zweidimensionalen komplexen projektiven Raums. Im Fall reeller projektiver Räume konnten wir davor eine Spaltung der Form $\mathbb{P}^2 \simeq S^1 \vee S^2$ ausschließen, und zwar mit dem einfachen Konzept der Fundamentalgruppen. Dies gelang nicht bei der analogen Frage für $\mathbb{P}_{\mathbb{C}}^2$.

Die Lösung liegt im Vergleich der Kohomologieringe von $\mathbb{P}_{\mathbb{C}}^2$ und $S^2 \vee S^4$.

Satz (Der Kohomologiering des $\mathbb{P}_{\mathbb{C}}^n$)
Für die komplexen projektiven Räume $\mathbb{P}_{\mathbb{C}}^n$ gilt

$$H^*(\mathbb{P}_{\mathbb{C}}^n) \cong \mathbb{Z}[\alpha] \big/ (\alpha^{n+1})$$

mit einem Generator $\alpha \in H^2(\mathbb{P}_{\mathbb{C}}^n) \cong \mathbb{Z}$.

Der **Beweis** benutzt als wichtigstes technisches Mittel das universelle Koeffiziententheorem (Seite 403). Es garantiert über die Anwendung von Kozyklen in $C^p(\mathbb{P}_{\mathbb{C}}^n)$ auf p-Ketten in $C_p(\mathbb{P}_{\mathbb{C}}^n)$ Isomorphismen

$$h_p : H^p(\mathbb{P}_{\mathbb{C}}^n) \longrightarrow \mathrm{Hom}\big(H_p(\mathbb{P}_{\mathbb{C}}^n), \mathbb{Z}\big)$$

für alle $p \in \mathbb{Z}$, weil stets $\mathrm{Ext}(H_{p-1}(\mathbb{P}_{\mathbb{C}}^n), \mathbb{Z}) = 0$ ist (beachten Sie die Homologie von $\mathbb{P}_{\mathbb{C}}^n$, Seite 360). Damit ist $H^{2p}(\mathbb{P}_{\mathbb{C}}^n) \cong \mathbb{Z}$ für alle $0 \leq p \leq n$ und alle anderen Kohomologiegruppen verschwinden. Außerdem ist wegen $H_{2n}(\mathbb{P}_{\mathbb{C}}^n) \cong \mathbb{Z}$ der projektive Raum $\mathbb{P}_{\mathbb{C}}^n$ orientierbar (Seite 473) und die allgemeine POINCARÉ-Dualität (Seite 487) anwendbar.

Man wählt dann einen Generator $\alpha \in H^2(\mathbb{P}_{\mathbb{C}}^n)$ und berechnet zunächst für $k < n$

$$\alpha^k = \underbrace{\alpha \cup \ldots \cup \alpha}_{k-\mathrm{mal}} \in H^{2k}(\mathbb{P}_{\mathbb{C}}^n) .$$

Wir zeigen, dass α^k ein Generator von $H^{2k}(\mathbb{P}_{\mathbb{C}}^n)$ ist. Die Inklusion $i : \mathbb{P}_{\mathbb{C}}^{n-1} \hookrightarrow \mathbb{P}_{\mathbb{C}}^n$ induzierte für $k < n$ nach einer früheren Beobachtung (Seite 351) Isomorphismen

$$i_* : H_k\big(\mathbb{P}_{\mathbb{C}}^{n-1}\big) \longrightarrow H_k\big(\mathbb{P}_{\mathbb{C}}^n\big) ,$$

und wegen $H^p(\mathbb{P}_{\mathbb{C}}^n) \cong \mathrm{Hom}\big(H_p(\mathbb{P}_{\mathbb{C}}^n), \mathbb{Z}\big)$ gilt das gleichermaßen für die dualen Homomorphismen

$$i^* : H^k\big(\mathbb{P}_{\mathbb{C}}^n\big) \longrightarrow H^k\big(\mathbb{P}_{\mathbb{C}}^{n-1}\big) .$$

Die i^* führen nun auf einen (etwas ungewöhnlichen) Induktionsbeweis nach der Dimension n. Im Fall $n = 1$ erzeugt $\alpha^0 = 1$ die Gruppe $H^0(\mathbb{P}^1_{\mathbb{C}})$ und nach Voraussetzung war α ein Generator von $H^2(\mathbb{P}^1_{\mathbb{C}})$. Wir nehmen nun für die Dimension $n - 1$ an, dass mit einem Generator $\alpha \in H^2(\mathbb{P}^{n-1}_{\mathbb{C}})$ das Cup-Produkt α^k die Gruppe $H^{2k}(\mathbb{P}^{n-1}_{\mathbb{C}})$ für alle $k \leq n - 1$ erzeuge. Der Isomorphismus i^* zeigt dann, dass α^k auch die Gruppen $H^{2k}(\mathbb{P}^n_{\mathbb{C}})$ erzeugt, wohlgemerkt für $k < n$.

Unser Augenmerk richtet sich jetzt ganz auf die Gruppe $H^{2n}(\mathbb{P}^n_{\mathbb{C}})$ und das darin liegende Element α^n. Wir konkretisieren dazu das Cup-Produkt

$$H^{2(n-1)}(\mathbb{P}^n_{\mathbb{C}}) \times H^2(\mathbb{P}^n_{\mathbb{C}}) \longrightarrow H^{2n}(\mathbb{P}^n_{\mathbb{C}}) \cong \mathbb{Z},$$

denn es induziert über die Zuordnung $(\theta, \xi) \mapsto (\theta \cup \xi)(\mu_{\mathbb{P}^n_{\mathbb{C}}})$ eine Bilinearform

$$\mathcal{B} : H^{2(n-1)}(\mathbb{P}^n_{\mathbb{C}}) \times H^2(\mathbb{P}^n_{\mathbb{C}}) \longrightarrow \mathbb{Z},$$

die **Cup-Produkt-Form** (engl. *cup product pairing* oder *cup product form*), wobei $\mu_{\mathbb{P}^n_{\mathbb{C}}}$ die Fundamentalklasse in $H_{2n}(\mathbb{P}^n_{\mathbb{C}})$ ist (Seite 473). Das Interessante daran ist, dass die POINCARÉ-Dualität (Seite 487) eine sehr starke Eigenschaft der Cup-Produkt-Form impliziert: Sie ist **nicht-degeneriert** in dem Sinne, dass die Zuordnung $\theta \mapsto \mathcal{B}(\theta, .)$ einen Isomorphismus von $H^{2(n-1)}(\mathbb{P}^n_{\mathbb{C}})$ auf die Gruppe $\mathrm{Hom}(H^2(\mathbb{P}^n_{\mathbb{C}}), \mathbb{Z})$ induziert, dito für die Zuordnung $\xi \mapsto \mathcal{B}(., \xi)$ im Blick auf $H^2(\mathbb{P}^n_{\mathbb{C}})$ und $\mathrm{Hom}(H^{2(n-1)}(\mathbb{P}^n_{\mathbb{C}}), \mathbb{Z})$.

Wie kommt die Nicht-Degeneriertheit von $\mathcal{B}$ zustande? Zunächst ist nach dem Hilfssatz über den Zusammenhang von Cup- und Cap-Produkt (Seite 497)

$$\mathcal{B}(\theta, \xi) = (\theta \cup \xi)(\mu_{\mathbb{P}^n_{\mathbb{C}}}) = \xi(\theta \cap \mu_{\mathbb{P}^n_{\mathbb{C}}}).$$

Wir müssen $\xi(\theta \cap \mu_{\mathbb{P}^n_{\mathbb{C}}})$ untersuchen und betrachten den zur POINCARÉ-Dualität

$$\cap_{\mu_{\mathbb{P}^n_{\mathbb{C}}}} : H^{2(n-1)}(\mathbb{P}^n_{\mathbb{C}}) \longrightarrow H_2(\mathbb{P}^n_{\mathbb{C}}), \quad \theta \mapsto \theta \cap \mu_{\mathbb{P}^n_{\mathbb{C}}},$$

dualen Homomorphismus

$$\cap^*_{\mu_{\mathbb{P}^n_{\mathbb{C}}}} : \mathrm{Hom}(H_2(\mathbb{P}^n_{\mathbb{C}}), \mathbb{Z}) \longrightarrow \mathrm{Hom}(H^{2(n-1)}(\mathbb{P}^n_{\mathbb{C}}), \mathbb{Z}), \quad (\theta \cap \mu_{\mathbb{P}^n_{\mathbb{C}}})^* \mapsto \theta^*,$$

der ebenfalls ein Isomorphismus ist (alle Gruppen sind isomorph zu $\mathbb{Z}$). Es ergibt sich dann über die gewöhnliche Hom-Dualität (Seite 399)

$$\xi(\theta \cap \mu_{\mathbb{P}^n_{\mathbb{C}}}) = (\theta \cap \mu_{\mathbb{P}^n_{\mathbb{C}}})^*(\xi^*),$$

wobei ξ^* über den (dualen) Isomorphismus $(h_2^*)^{-1} : \mathrm{Hom}(H^2(\mathbb{P}^n_{\mathbb{C}}), \mathbb{Z}) \to H_2(\mathbb{P}^n_{\mathbb{C}})$ als ein Element von $H_2(\mathbb{P}^n_{\mathbb{C}})$ interpretiert werden kann. Insgesamt erhalten wir für den Homomorphismus

$$H^{2(n-1)}(\mathbb{P}^n_{\mathbb{C}}) \longrightarrow \mathrm{Hom}(H^2(\mathbb{P}^n_{\mathbb{C}}), \mathbb{Z}), \quad \theta \mapsto \mathcal{B}(\theta, .),$$

eine Darstellung durch die Komposition

$$\theta \mapsto \theta \cap \mu_{\mathbb{P}^n_{\mathbb{C}}} \mapsto (\theta \cap \mu_{\mathbb{P}^n_{\mathbb{C}}})^* \mapsto (\theta \cap \mu_{\mathbb{P}^n_{\mathbb{C}}})^*((h_2^*)^{-1}(.)).$$

Die ersten beiden Pfeile beschreiben Isomorphismen (POINCARÉ-Dualität und Hom-Dualität). Der dritte Pfeil bedarf einer Erklärung. Der Homomorphismus $(h_2^*)^{-1}(.^*)$ wirft ein $\xi \in H^2(\mathbb{P}_{\mathbb{C}}^n)$ zunächst auf das Hom-Duale ξ^* und danach via $(h_2^*)^{-1}$ auf ein Element in $H_2(\mathbb{P}_{\mathbb{C}}^n)$, beschreibt also insgesamt einen Isomorphismus $H^2(\mathbb{P}_{\mathbb{C}}^n) \to H_2(\mathbb{P}_{\mathbb{C}}^n)$. Der dritte Pfeil bedeutet dann die Vorschaltung dieses Isomorphismus' zu einem Homomorphismus $H_2(\mathbb{P}_{\mathbb{C}}^n) \to \mathbb{Z}$ und beschreibt somit selbst einen Isomorphismus. Damit ist die ganze Komposition $\theta \mapsto \mathcal{B}(\theta, .)$ ein Isomorphismus. Für die Zuordnung $\xi \mapsto \mathcal{B}(., \xi)$ bezüglich des zweiten Arguments der Cup-Produkt-Form können Sie die gleichen Argumente verwenden. Daraus folgt die Nicht-Degeneriertheit von $\mathcal{B}$.

Nun betrachten wir den Homomorphismus

$$\varphi : H^2(\mathbb{P}_{\mathbb{C}}^n) \longrightarrow \mathbb{Z}, \quad \alpha \mapsto 1,$$

der die Gruppe $\mathrm{Hom}\big(H^2(\mathbb{P}_{\mathbb{C}}^n, \mathbb{Z})\big) \cong \mathbb{Z}$ erzeugt. Da $\mathcal{B}$ nicht-degeneriert ist, gibt es ein $\beta \in H^{2(n-1)}(\mathbb{P}_{\mathbb{C}}^n)$ mit $\varphi = \mathcal{B}(\beta, .)$, also ist

$$1 = \varphi(\alpha) = \mathcal{B}(\beta, \alpha) = (\beta \cup \alpha)(\mu_{\mathbb{P}_{\mathbb{C}}^n}).$$

Die Gruppe $H^{2(n-1)}(\mathbb{P}_{\mathbb{C}}^n)$ war nach Induktionsvoraussetzung von α^{n-1} erzeugt, also gilt $\beta = m\alpha^{n-1}$ für ein $m \in \mathbb{Z}$. Insgesamt halten wir damit bei

$$1 = \varphi(\alpha) = (m\alpha^{n-1} \cup \alpha)(\mu_{\mathbb{P}_{\mathbb{C}}^n}) = m\big(\alpha^n(\mu_{\mathbb{P}_{\mathbb{C}}^n})\big)$$

und die Lösung zeichnet sich ab: Es muss zwingend $m = \pm 1$ sein, woraus $\alpha^n(\mu_{\mathbb{P}_{\mathbb{C}}^n}) = \pm 1$ folgt. Also erzeugt α^n die Gruppe $H^{2n}(\mathbb{P}_{\mathbb{C}}^n)$, denn diese ist identisch mit der Gruppe $\mathrm{Hom}\big(H_{2n}(\mathbb{P}_{\mathbb{C}}^n), \mathbb{Z}\big)$ und $\mu_{\mathbb{P}_{\mathbb{C}}^n}$ ist ein Generator von $H_{2n}(\mathbb{P}_{\mathbb{C}}^n)$. Damit ist der Induktionsschritt erfolgreich beendet.

Sie erkennen nun ohne Mühe, dass sich $H^*(\mathbb{P}_{\mathbb{C}}^n)$ als kommutativer Ring mit 1 genauso verhält wie der Polynomring $\mathbb{Z}[\alpha]$ mit der Relation $\alpha^{n+1} = 0$. $\square$

Das war in der Tat mühsamer als gedacht. Die algebraischen Klimmzüge mit dem Wechsel zwischen homologischen und kohomologischen Objekten, also zwischen den Originalen und ihren dualen Elementen, sind gewöhnungsbedürftig. Hinzu kommt der Mix aus verschiedenen Dualitäten: der algebraischen Hom-Dualität und der topologischen POINCARÉ-Dualität. So entsteht insgesamt doch eine beachtliche Komplexität, obwohl wir uns nur innerhalb der Gruppe $\mathbb{Z}$ bewegt haben. Es ist auf jeden Fall eine lohnende **Übung**, sich die Mechanismen durch genaues Studium im Detail klarzumachen.

Sie haben auch gewiss bemerkt, dass wir nicht in voller Allgemeinheit argumentiert haben – wir hatten ja „nur" das Ziel $H^*(\mathbb{P}_{\mathbb{C}}^n) \cong \mathbb{Z}[\alpha] / (\alpha^{n+1})$ vor Augen. Sie überlegen sich aber schnell, dass die Cup-Produkt-Form für beliebige orientierbare geschlossene n-Mannigfaltigkeiten M und Indizes $p + q = n$ in der Form

$$\mathcal{B} : H^p(M) \times H^q(M) \longrightarrow \mathbb{Z}$$

formuliert werden kann. Sind die Homologiegruppen von X dann endlich erzeugt und torsionsfrei, also frei abelsch (Seite 74), lässt sich die gleiche Argumentation wie oben durchführen und man erhält die Nicht-Degeneriertheit von $\mathcal{B}$.

Um den roten Faden wieder aufzugreifen: Wir waren dabei, die topologische Verschiedenheit von $\mathbb{P}^2_{\mathbb{C}}$ und $S^2 \vee S^4$ zu zeigen (was dann auch zeigt, dass die HOPF-Abbildung $S^3 \to S^2$ als Anheftung einer e^4 an die S^2 nicht nullhomotop ist, siehe dazu den Satz über homotope Anheftungen, Seite 177).

Den Kohomologiering des projektiven Raums haben wir gerade berechnet, es ist $H^*(\mathbb{P}^2_{\mathbb{C}}) \cong \mathbb{Z}[\alpha] \, / \, (\alpha^3)$. Nun geht es darum, den Ring $H^*(S^2 \vee S^4)$ zu bestimmen. Wegen des Satzes über die Homologie guter Keilprodukte (Seite 278) ist

$$\widetilde{H}_k(S^2 \vee S^4) \;\cong\; \widetilde{H}_k(S^2) \oplus \widetilde{H}_k(S^4) \,,$$

für alle $k \in \mathbb{Z}$, was sich mit dem universellen Koeffiziententheorem (Seite 403) auf die (reduzierte) Kohomologie übertragen lässt, denn alle Gruppen auf der linken Seite (und damit auch die Gruppe rechts) sind endlich erzeugt und torsionsfrei, weswegen die Ext-Gruppen verschwinden (Seite 402). Wir erhalten damit

$$\widetilde{H}^k(S^2 \vee S^4) \;\cong\; \widetilde{H}^k(S^2) \oplus \widetilde{H}^k(S^4)$$

für $k \in \mathbb{Z}$. An diesem Beispiel ist übrigens schön zu sehen, dass die Homologie- und Kohomologiegruppen von $\mathbb{P}^2_{\mathbb{C}}$ und $S^2 \vee S^4$ übereinstimmen, man also mit diesen Mitteln keine Homotopieäquivalenz ausschließen kann.

Aber die Ringstruktur macht den Unterschied. Mit dem Generator α von $H^2(\mathbb{P}^2_{\mathbb{C}})$ gilt $\alpha^2 \neq 0$, denn dies war ein Generator von $H^4(\mathbb{P}^2_{\mathbb{C}})$. Mit einem Generator β von $H^2(\mathbb{P}^1_{\mathbb{C}}) \cong H^2(S^2)$ und dem Isomorphismus

$$\Phi : H^2(\mathbb{P}^2_{\mathbb{C}}) \;\longrightarrow\; H^2(S^2 \vee S^4) \cong H^2(S^2) \oplus 0 \,, \quad \alpha \mapsto (\beta, 0) \,,$$

ist aber

$$\Phi(\alpha)^2 \;=\; (\beta, 0) \cup (\beta, 0) \;=\; 0 \,,$$

denn das Cup-Produkt ist bilinear und es gilt $\beta^2 = 0 \in H^2(\mathbb{P}^1_{\mathbb{C}}) \cong H^2(S^2)$. Da die Kohomologieringe der beiden Räume $\mathbb{P}^2_{\mathbb{C}}$ und $S^2 \vee S^4$ nicht isomorph sind, sind sie auch nicht homotopieäquivalent (was Sie wiederum leicht aus der folgenden Beobachtung schließen können, kleine **Übung**).

Beobachtung
Für stetige Abbildungen $f : X \to Y$ sind die Produkte $\cup_X$ und $\cup_Y$ verträglich mit f^* in dem Sinne, dass für zwei Klassen $\alpha \in H^p(Y)$ und $\beta \in H^q(Y)$ stets $f^*(\alpha \cup_Y \beta) = f^*(\alpha) \cup_X f^*(\beta)$ ist.

Sie können dies auch als **Übung** direkt nachrechnen – für zwei repräsentierende Kozyklen $c_\alpha \in C^q(Y)$ und $c_\beta \in C^q(Y)$ folgt $f^\#(c_\alpha \cup_Y c_\beta) = f^\#(c_\alpha) \cup_X f^\#(c_\beta)$ unmittelbar aus den Definitionen (Seiten 428 und 496). $\hfill (\Box)$

Ein alles andere als triviales Resultat. Im nächsten Teilkapitel werden wir noch weitere Phänomene mit dem Kohomologiering erleben und dabei unter anderem einen verblüffenden Querbezug zur Algebra aufdecken (Seite 504 ff). Als Vorbereitung dazu noch der Satz, der die Untersuchung dieser Ringe für alle projektiven Räume zusammenfasst.

Satz (Der Kohomologiering der projektiven Räume)

Für die komplexen projektiven Räume $\mathbb{P}^n_\mathbb{C}$ gilt

$$H^*(\mathbb{P}^n_\mathbb{C}) \cong \mathbb{Z}[\alpha] \,/\, (\alpha^{n+1}) \quad \text{und} \quad H^*(\mathbb{P}^\infty_\mathbb{C}) \cong \mathbb{Z}[\beta]$$

mit Generatoren $\alpha \in H^2(\mathbb{P}^n_\mathbb{C}) \cong \mathbb{Z}$ und $\beta \in H^2(\mathbb{P}^\infty_\mathbb{C}) \cong \mathbb{Z}$.

Für die reellen projektiven Räume $\mathbb{P}^n$ gilt

$$H^*(\mathbb{P}^n; \mathbb{Z}_2) \cong \mathbb{Z}_2[\alpha] \,/\, (\alpha^{n+1}) \quad \text{und} \quad H^*(\mathbb{P}^\infty; \mathbb{Z}_2) \cong \mathbb{Z}_2[\beta]$$

mit Generatoren $\alpha \in H^1(\mathbb{P}^n; \mathbb{Z}_2) \cong \mathbb{Z}_2$ und $\beta \in H^1(\mathbb{P}^\infty; \mathbb{Z}_2) \cong \mathbb{Z}_2$.

Der **Beweis** für $\mathbb{P}^\infty_\mathbb{C}$ entsteht aus der induktiven Anwendung des obigen Prinzips entlang der unendlichen CW-Struktur $\bigcup_{i \in \mathbb{N}} e^i$. Für die reellen projektiven Räume fällt bei der POINCARÉ-Dualität die Forderung nach der Orientierbarkeit weg, wenn man die Homologie- und Kohomologiegruppen mit $\mathbb{Z}_2$-Koeffizienten betrachtet (Seite 446 für die simpliziale und analog für die allgemeine POINCARÉ-Dualität). Der Beweis kann dann mit den gleichen Argumenten geführt werden wie im komplexen Fall. Beachten Sie, dass wegen des universellen Koeffizienten-theorems (Seite 403) für $0 \le k \le n$ die Gruppen $H^k(\mathbb{P}^n; \mathbb{Z}_2) \cong \mathbb{Z}_2$ sind. □

Im nächsten Abschnitt wird der abschließende Themenkomplex der vorliegenden Einführung in die Topologie eingeleitet – eine Anwendung des Kohomologierings, welche die algebraische Topologie über einen Zeitraum von mehr als 30 Jahren beschäftigt hat. Es geht um eine Vermutung aus der Algebra des 19. Jahrhunderts und ihren topologischen Beweis, der mit der Entdeckung der Kohomologie durch Beiträge von HOPF seinen Anfang nahm. Leider ist eine vollständige Darstellung in diesem Buch nicht möglich, im Folgeband werden wir die Entwicklung aber wieder aufgreifen und den Beweis mit Hilfe der K-Theorie vollenden können.

10.10   Eine Anwendung auf Divisionsalgebren

Dieser Abschnitt markiert also gewissermaßen den Übergang zu Band II, in dem anfangs die K-Theorie topologischer Vektorbündel besprochen und die hier aufgegriffene Fragestellung über die Klassifikation reeller Divisionsalgebren beantwortet wird. Zunächst zum Begriff selbst, was genau ist eine Divisionsalgebra?

Definition (Divisionsalgebra)

Eine **Divisionsalgebra** D über einem Körper K ist ein K-Vektorraum mit einer (nicht notwendig symmetrischen) K-Bilinearform

$$D \times D \longrightarrow D, \quad (a, b) \mapsto ab,$$

sodass für alle $a, b \in D$, $a \ne 0$, die Gleichungen $ax = b$ und $ya = b$ eindeutige Lösungen $x, y \in D$ besitzen. Eine Divisionsalgebra über dem Körper $\mathbb{R}$ nennt man eine **reelle Divisionsalgebra**.

Der Name „Divisionsalgebra" rührt daher, dass die Gleichungen mit einer Art „Division" gelöst werden können, es also für alle $a \neq 0$ etwas Ähnliches wie ein „Rechts- und Linksinverses" gibt (bitte beachten Sie, dass D bezüglich der Multiplikation kein Einselement besitzen muss). Die offensichtlichen Beispiele für reelle Divisionsalgebren sind die Körper $\mathbb{R}$ und $\mathbb{C} \cong \mathbb{R}^2$, deren Multiplikation eine symmetrische Bilinearform mit der genannten Eigenschaft definiert.

Auch die Quaternionen $\mathbb{H} = \mathbb{R} \oplus \mathbb{R}i \oplus \mathbb{R}j \oplus \mathbb{R}k$ (Seite 76 ff) sind eine reelle Divisionsalgebra (4-dimensional). Deren Multiplikation ist zwar nicht kommutativ, also die Bilinearform nicht symmetrisch, aber das stört nicht weiter.

Sie fragen sich vielleicht, ob es eine Struktur als Divisionsalgebra auch auf $\mathbb{R}^3$ gibt. Das Kreuzprodukt $\mathbf{v} \times \mathbf{w}$ zweier Vektoren im $\mathbb{R}^3$ ist zwar eine Bilinearform $\mathbb{R}^3 \times \mathbb{R}^3 \to \mathbb{R}^3$, doch erfüllt es die Zusatzbedingung nicht, denn die Gleichung $\mathbf{a} \times \mathbf{x} = \mathbf{0}$ hat im Fall $\mathbf{a} \neq \mathbf{0}$ die (unendlich vielen) Lösungen $\mathbf{x} = \mathbb{R}\mathbf{a}$. Wir werden gleich mit dem Kohomologiering zeigen, dass es auf $\mathbb{R}^3$ tatsächlich keine Struktur als reelle Divisionsalgebra geben kann (Seite 504).

Kurz nach HAMILTONs Arbeit über die Quaternionen entdeckten J.T. GRAVES und A. CAYLEY unabhängig voneinander die **Oktaven** (die auch als **Oktonionen** oder **Cayley-Zahlen** bekannt sind, engl. *octonions*, [16][40]). Die Oktaven sind eine 8-dimensionale **reelle Algebra**, also ein Vektorraum $\mathbb{O} \cong \mathbb{R}^8$ mit einer Bilinearform

$$\mathbb{O} \times \mathbb{O} \longrightarrow \mathbb{O}, \quad (a,b) \mapsto ab,$$

die auf der $\mathbb{R}$-Basis $\{1, i, j, k, l, m, n, o\}$ definiert ist durch die Festlegungen

$$i = jk = lm = on, \quad j = ki = ln = mo,$$
$$k = ij = lo = nm, \quad l = mi = nj = ok,$$
$$m = il = oj = kn, \quad n = jl = io = mk,$$
$$o = ni = jm = kl, \quad x^2 = -1, \quad xy = -yx \text{ für } x \neq y \in \{i, j, k, l, m, n, o\}.$$

Diese Multiplikation ist weder kommutativ noch assoziativ, definiert aber eine Bilinearform mit für alle $a \neq 0$ eindeutigen Lösungen von $ax = b$ und $ya = b$. Daher ist $\mathbb{O}$ eine reelle Divisionsalgebra (die wegen der Identitäten $(aa)b = a(ab)$ und $(ab)b = a(bb)$ übrigens *Alternativkörper* genannt wird).

Natürlich stellte man sich die Frage, ob noch weitere reelle, endlichdimensionale Divisionsalgebren existieren außer den vier Standardbeispielen $\mathbb{R}$, $\mathbb{C}$, $\mathbb{H}$ und $\mathbb{O}$. Es gab bereits signifikante Fortschritte im 19. Jahrhundert. A. HURWITZ konnte zum Beispiel im Jahr 1898 zeigen, [56], dass es (sogar bis auf Isomorphie der Algebren) keine weiteren Beispiele gibt, sofern bei diesen eine algebraische Zusatzeigenschaft gefordert wird:

Satz (Reelle normierte Divisionsalgebren; Hurwitz 1898)
Es sei D eine endlich-dimensionale, reelle Divisionsalgebra mit Einselement, die eine nicht-degenerierte quadratische Form $Q : D \to \mathbb{R}$ mit $Q(ab) = Q(a)Q(b)$ besitzt. Dann ist D als Algebra isomorph zu einer der klassischen Divisionsalgebren $\mathbb{R}$, $\mathbb{C}$, $\mathbb{H}$ oder $\mathbb{O}$.

Es ist interessant, zu verifizieren, dass die Aussage des Satzes falsch wird, wenn man eine der zusätzlichen Forderungen weglässt. Nehmen Sie hierfür die zweidimensionale reelle Divisionsalgebra mit Basis $\{b_1, b_2\}$ und der Multiplikation $b_1 b_1 = b_1$, $b_1 b_2 = b_2 b_1 = -b_2$ und $b_2 b_2 = -b_1$. Dies ist eine endlich-dimensionale reelle Divisionsalgebra ohne Einselement, nicht isomorph zu $\mathbb{C}$.

Auch die Bedingung $\dim D < \infty$ darf nicht wegfallen, denn die Quotientenkörper der Polynomringe über $\mathbb{R}$ liefern unendlich viele nicht isomorphe, normierte reelle Divisionsalgebren mit Einselement. Trotz aller Erfolge blieb die Frage offen, ob man eine ähnliche Klassifikation der reellen Divisionsalgebren auch ohne die Forderung nach einem Einselement oder einer quadratischen Form erreichen kann.

Nun denn, das zweidimensionale Gegenbeispiel zum Satz von HURWITZ ist zwar als Algebra nicht isomorph zu $\mathbb{C}$, aber immerhin noch als $\mathbb{R}$-Vektorraum, hat also die Dimension 2. Da aber letztlich alle Versuche scheiterten, Beispiele in anderen Dimensionen als denen der klassischen Divisionsalgebren zu konstruieren, kristallisierte sich eine für die Mathematik bedeutende Vermutung heraus.

Vermutung (Reelle Divisionsalgebren)
Endlichdimensionale reelle Divisionsalgebren gibt es nur in den Dimensionen $n = 1, 2, 4$ und 8.

Eine starke Aussage. Beachten Sie, dass eine Divisionsalgebra weder ein Einselement haben muss noch eine mit der Multiplikation verträgliche quadratische Form. Man braucht dafür nur eine $\mathbb{R}$-Basis $\{b_1, \ldots, b_n\}$ und Produkte $b_i b_j$, $1 \leq i, j \leq n$. Die dadurch definierte Multiplikation muss weder kommutativ noch assoziativ sein. Einzig die Forderungen nach einer endlichen Dimension und der „Division" durch Elemente $a \neq 0$ (gemäß der Definition, Seite 502) bewirken, dass eine solche Struktur nur in den reellen Dimensionen $n = 1, 2, 4$ und 8 möglich ist. Ohne Zweifel würde eine Bestätigung der Vermutung nicht nur diesen vier Dimensionen, sondern auch (über den Satz von HURWITZ) den Algebren $\mathbb{R}$, $\mathbb{C}$, $\mathbb{H}$ und $\mathbb{O}$ eine geradezu universelle Bedeutung verleihen.

Ein Beweis mit rein algebraischen Mitteln ist bis heute völlig außer Reichweite. Im Jahr 1940 aber gelang HOPF ein spektakulärer Durchbruch. Was damals viele Mathematiker überraschte, war der Beweis. Er wurde ausschließlich mit Methoden der algebraischen Topologie geführt, [48].

Satz (Reelle Divisionsalgebren; Hopf 1940)
Endlichdimensionale reelle Divisionsalgebren gibt es nur in den Dimensionen $n = 2^m$, mit natürlichen Zahlen $m \geq 0$.

Ausgangspunkt für den **Beweis** ist eine reelle Divisionsalgebra D, als Vektorraum isomorph zu $\mathbb{R}^n$ mit Basis $\{b_1, \ldots, b_n\}$. Es sei $n \geq 3$ angenommen, was die Allgemeinheit der Aussage nicht einschränkt.

Das Produkt $(x, y) \mapsto xy$ induziert dann eine Abbildung

$$\varphi : S^{n-1} \times S^{n-1} \mapsto S^{n-1}, \quad (x, y) \mapsto \frac{xy}{\|xy\|}.$$

Die etwas seltsame Definition rührt daher, dass $\|xy\| \neq 1$ sein kann, obwohl $\|x\| = \|y\| = 1$ ist (die euklidische Norm $\|.\|$ auf $\mathbb{R}^n$ muss sich nicht mit der Bilinearform vertragen). Es gilt aber für $x, y \in S^{n-1}$ stets $xy \neq 0$, weil es in einer Divisionsalgebra keine Nullteiler gibt. Die Abbildung φ ist also wohldefiniert.

Soweit die rein algebraischen Argumente. Lassen Sie uns jetzt die topologischen Aspekte ins Spiel bringen. Sie erkennen schnell, dass φ wegen der Bilinearität der Multiplikation mit der Antipoden-Identifikation $x \sim -x$ verträglich ist, es gilt $\varphi(-x, y) = \varphi(x, -y) = -\varphi(x, y)$, man spricht auch von einer **ungeraden Abbildung**. Wir können daher in jedem Faktor und im Ziel von φ zum Quotientenraum $\mathbb{P}^{n-1} \cong S^{n-1}/\sim$ übergehen und es ergibt sich eine wohldefinierte Abbildung

$$\psi : \mathbb{P}^{n-1} \times \mathbb{P}^{n-1} \longrightarrow \mathbb{P}^{n-1}.$$

Das ist, wie wir gleich sehen werden, ein entscheidender Fortschritt, denn die Homologie von $\mathbb{P}^{n-1}$ ist viel reichhaltiger als die der Sphären. Die topologische Sichtweise wird nun komplettiert durch die einfache Erkenntnis, dass φ und ψ wegen der Bilinearität der Multiplikation sogar stetig sind, es gilt nämlich für alle $1 \leq i \leq n$ und $\epsilon > 0$

$$\varphi(x + \epsilon b_i, y) = \frac{xy + (\epsilon b_i)y}{\|xy + (\epsilon b_i)y\|} = \frac{xy}{\|xy + (\epsilon b_i)y\|} + \frac{(\epsilon b_i)y}{\|xy + (\epsilon b_i)y\|}$$

und wir müssen nur noch zeigen, dass

$$\lim_{\epsilon \to 0} (\epsilon b_i)y = 0 \quad (\in \mathbb{R}^n)$$

ist. Das ist aber sofort klar, denn die Multiplikation ist $\mathbb{R}$-bilinear und daher gilt $(\epsilon b_i)y = \epsilon(b_i y)$. Die Argumentation im zweiten Argument verläuft analog, womit die Stetigkeit von φ klar ist. Die Abbildung ψ ist dann ebenfalls stetig, denn die Quotiententopologie war gerade so definiert.

Damit haben wir das algebraische Problem auf eine topologische Situation übertragen. Die Frage lautet nun, für welche Dimensionen $n \geq 3$ es eine stetige Abbildung $\mathbb{P}^{n-1} \times \mathbb{P}^{n-1} \to \mathbb{P}^{n-1}$ geben kann, die von der obigen Abbildung $(x, y) \mapsto xy/\|xy\|$ der jeweiligen universellen Überlagerungen $S^{n-1} \times S^{n-1}$ auf die S^{n-1} induziert wird.

Die Aufweichung des Problems beim Übergang vom exakten Formelapparat der Algebra hin zur vergleichsweise flexiblen Topologie ist aber nur eine scheinbare, denn wir haben starke algebraische Strukturen auch in der Topologie entwickelt, zum Beispiel den Kohomologiering (Seite 496).

Da es sich hier um reelle projektive Räume handelt, verwenden wir in den Kohomologieringen durchgehend die Homologie mit $\mathbb{Z}_2$-Koeffizienten (Seite 502). Die stetige Abbildung ψ induziert demnach für alle $k \geq 0$ Homomorphismen $\psi^* : H^k\big(\mathbb{P}^{n-1}; \mathbb{Z}_2\big) \to H^k\big(\mathbb{P}^{n-1} \times \mathbb{P}^{n-1}; \mathbb{Z}_2\big)$ und damit sogar einen Ringhomomorphismus

$$\psi^* : H^*\big(\mathbb{P}^{n-1}; \mathbb{Z}_2\big) \longrightarrow H^*\big(\mathbb{P}^{n-1} \times \mathbb{P}^{n-1}; \mathbb{Z}_2\big),$$

denn das Cup-Produkt verträgt sich mit stetigen Abbildungen, wie eine frühere Beobachtung zeigt (Seite 501).

Den Ring $H^*\big(\mathbb{P}^{n-1}; \mathbb{Z}_2\big)$ auf der linken Seite kennen wir, es ist $\mathbb{Z}_2[\alpha]/(\alpha^n)$, mit einem Generator $\alpha \in H^1\big(\mathbb{P}^{n-1}; \mathbb{Z}_2\big)$, nach dem Satz über die Kohomologieringe der projektiven Räume (Seite 502). Für die weitere Argumentation brauchen wir jetzt den Ring auf der rechten Seite und die genaue Form von ψ^*.

Blicken wir hierfür zurück zur Homologietheorie. Dort hatten wir zwei Resultate motiviert, die perfekt zusammenspielten: den Satz von EILENBERG-ZILBER und die KÜNNETH-Formel (Seiten 217 und 307). Kurz zusammengefasst ergaben sie für alle $k \in \mathbb{N}$ eine spaltende exakte Sequenz

$$0 \longrightarrow \bigoplus_{i+j=k} H_i(X) \otimes H_j(Y) \longrightarrow H_k(X \times Y) \longrightarrow$$

$$\longrightarrow \bigoplus_{i+j=k-1} \mathrm{Tor}\big(H_i(X), H_j(Y)\big) \longrightarrow 0.$$

Im jetzigen Kontext verwenden wir $\mathbb{Z}_2$-Koeffizienten, fassen also sämtliche involvierte Gruppen (auch die Kettengruppen) als $\mathbb{Z}_2$-Moduln auf und erhalten mit den gleichen Argumenten wie über dem Ring $\mathbb{Z}$ die spaltende Sequenz

$$0 \longrightarrow \bigoplus_{i+j=k} H_i(X; \mathbb{Z}_2) \otimes H_j(Y; \mathbb{Z}_2) \longrightarrow H_k(X \times Y; \mathbb{Z}_2) \longrightarrow$$

$$\longrightarrow \bigoplus_{i+j=k-1} \mathrm{Tor}_{\mathbb{Z}_2}\big(H_i(X; \mathbb{Z}_2), H_j(Y; \mathbb{Z}_2)\big) \longrightarrow 0.$$

Mit der Homologie des $\mathbb{P}^{n-1}$ (Seite 361) und der Tatsache, dass ein Ring als Modul über sich selbst frei ist, folgt daraus für alle $k \geq 0$

$$H_k(\mathbb{P}^{n-1} \times \mathbb{P}^{n-1}; \mathbb{Z}_2) \cong \bigoplus_{i+j=k} H_i(\mathbb{P}^{n-1}; \mathbb{Z}_2) \otimes H_j(\mathbb{P}^{n-1}; \mathbb{Z}_2).$$

Die weitere Argumentation ist rein algebraisch. Alle Gruppen sind als $\mathbb{Z}_2$-Moduln endlich erzeugt und frei, weswegen die Gruppen $\mathrm{Ext}(\,.\,, \mathbb{Z}_2) = 0$ sind (Seite 402) und der Hom-Funktor mit dem Tensorprodukt vertauscht.

Wir erhalten daher mit dem universellen Koeffiziententheorem für die Kohomologie (Seite 403) durch eine einfache Rechnung

$$H^k(\mathbb{P}^{n-1} \times \mathbb{P}^{n-1}; \mathbb{Z}_2) \cong \mathrm{Hom}\big(H_k(\mathbb{P}^{n-1} \times \mathbb{P}^{n-1}; \mathbb{Z}_2), \mathbb{Z}_2\big)$$

$$\cong \mathrm{Hom}\left(\bigoplus_{i+j=k} H_i(\mathbb{P}^{n-1}; \mathbb{Z}_2) \otimes H_j(\mathbb{P}^{n-1}; \mathbb{Z}_2), \ \mathbb{Z}_2\right)$$

$$\cong \bigoplus_{i+j=k} \mathrm{Hom}\big(H_i(\mathbb{P}^{n-1}; \mathbb{Z}_2) \otimes H_j(\mathbb{P}^{n-1}; \mathbb{Z}_2), \ \mathbb{Z}_2\big)$$

$$\cong \bigoplus_{i+j=k} H^i(\mathbb{P}^{n-1}; \mathbb{Z}_2) \otimes H^j(\mathbb{P}^{n-1}; \mathbb{Z}_2).$$

Jede dieser Isomorphien verträgt sich mit dem Cup-Produkt (Seite 496), weswegen man daraus eine Isomorphie der Kohomologieringe folgern kann:

$$H^*(\mathbb{P}^{n-1} \times \mathbb{P}^{n-1}; \mathbb{Z}_2) \cong H^*(\mathbb{P}^{n-1}; \mathbb{Z}_2) \otimes H^*(\mathbb{P}^{n-1}; \mathbb{Z}_2).$$

Wir setzen dann nochmals den Satz auf Seite 502 ein und erhalten schließlich

$$H^*(\mathbb{P}^{n-1} \times \mathbb{P}^{n-1}; \mathbb{Z}_2) \cong \mathbb{Z}_2[\beta_1]/(\beta_1^n) \otimes \mathbb{Z}_2[\beta_2]/(\beta_2^n)$$

$$\cong \mathbb{Z}_2[\beta_1, \beta_2] \,/\, (\beta_1^n, \beta_2^n)$$

mit den jeweiligen Generatoren $\beta_i \in H^1(\mathbb{P}^{n-1}; \mathbb{Z}_2)$, $i = 1,2$. Das ist nicht allzu überraschend, aber zumindest ein interessantes Resultat und konkretisiert den obigen Ringhomomorphismus $\psi^* : H^*(\mathbb{P}^{n-1}; \mathbb{Z}_2) \to H^*(\mathbb{P}^{n-1} \times \mathbb{P}^{n-1}; \mathbb{Z}_2)$ zu

$$\psi^* : \mathbb{Z}_2[\alpha]/(\alpha^n) \longrightarrow \mathbb{Z}_2[\beta_1, \beta_2] \,/\, (\beta_1^n, \beta_2^n).$$

Wir müssen jetzt nur noch das Bild des Generators $\alpha \in H^1(\mathbb{P}^{n-1}; \mathbb{Z}_2)$ bestimmen, um zu genaueren Aussagen über die Dimension n zu gelangen.

Um $\psi^*(\alpha)$ als Element in

$$H^1(\mathbb{P}^{n-1} \times \mathbb{P}^{n-1}; \mathbb{Z}_2) \cong H^1(\mathbb{P}^{n-1}; \mathbb{Z}_2) \oplus H^1(\mathbb{P}^{n-1}; \mathbb{Z}_2)$$

zu bestimmen (beachten Sie dazu die obige Rechnung und $H^0(\mathbb{P}^{n-1}; \mathbb{Z}_2) \cong \mathbb{Z}_2$), betrachten wir zuerst

$$\psi_* : H_1(\mathbb{P}^{n-1} \times \mathbb{P}^{n-1}; \mathbb{Z}_2) \longrightarrow H_1(\mathbb{P}^{n-1}; \mathbb{Z}_2).$$

Die Quelle von ψ_* ist nach EILENBERG-ZILBER und KÜNNETH (Seite 312) isomorph zu $H_1(\mathbb{P}^{n-1}; \mathbb{Z}_2) \oplus H_1(\mathbb{P}^{n-1}; \mathbb{Z}_2)$ mit den Generatoren $b_1 = (1,0)$ und $b_2 = (0,1)$. Anschaulich gesehen entspricht b_1 der geschlossenen Kurve γ_1 in $\mathbb{P}^{n-1} \times \{y_0\}$, die auf der universellen Überlagerung $S^{n-1} \times \{y_0\}$ vom Nordpol zum Südpol läuft (der Punkt y_0 spielt keine Rolle). Dito für b_2 mit der Kurve γ_2 in $\{x_0\} \times \mathbb{P}^{n-1}$.

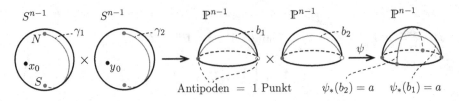

$$\text{Antipoden} = 1 \text{ Punkt} \qquad \psi_*(b_2) = a \qquad \psi_*(b_1) = a$$

Die Frage lautet jetzt, welche Elemente in $H_1(\mathbb{P}^{n-1};\mathbb{Z}_2)$ durch $\psi \circ \gamma_1$ und $\psi \circ \gamma_2$ definiert werden. Auf dem Träger $\gamma_1(I)$ gilt $\psi = \psi_1$, mit der Projektion

$$\psi_1 : \mathbb{P}^{n-1} \times \{y_0\} \longrightarrow \mathbb{P}^{n-1},$$

bei festgehaltenem y_0. Dies ist ein Homöomorphismus, denn ψ war induziert durch die Zuordnung $(x,y) \mapsto xy/\|xy\|$ auf $S^{n-1} \times S^{n-1}$ und die Struktur als Divisionsalgebra garantiert, dass die Gleichung $xy_0 = \varphi(x,y_0)$ eindeutig lösbar ist (woraus sich die Bijektivität von ψ_1 ergibt. Die (Folgen-)Stetigkeit in beiden Richtungen ist eine einfache **Übung**, ähnlich dem Argument auf Seite 505).

Es muss daher $[\psi \circ \gamma_1]$ ein Generator von $H_1(\mathbb{P}^{n-1};\mathbb{Z}_2)$ sein, für $[\psi \circ \gamma_2]$ können Sie die gleiche Schlussfolgerung ziehen. Halten wir als Zwischenergebnis fest, dass

$$\psi_*(b_1) = a \quad \text{und} \quad \psi_*(b_2) = a$$

ist, mit einem Generator $a \in H_1(\mathbb{P}^{n-1};\mathbb{Z}_2)$. Glücklicherweise gibt es in $\mathbb{Z}_2$ nur einen Generator $+1$, weswegen keine Unterscheidungen bezüglich eines Vorzeichens nötig sind. Die Situation ist nun denkbar einfach geworden. Wir haben einen surjektiven Ringhomomorphismus $\psi_* : \mathbb{Z}_2 \oplus \mathbb{Z}_2 \to \mathbb{Z}_2$, bezüglich der kanonischen Generatoren gegeben durch $\psi_*(b_1) = \psi_*(b_2) = a$.

Damit ergibt sich die gesuchte Abbildung

$$\psi^* : \mathbb{Z}_2[\alpha]/(\alpha^n) \longrightarrow \mathbb{Z}_2[\beta_1,\beta_2]\big/(\beta_1^n,\beta_2^n),$$

indem einfach der $\mathrm{Hom}(.,\mathbb{Z}_2)$-Funktor auf ψ_* angewendet wird. Die Generatoren a, b_1, b_2 entsprechen dabei genau ihren dualen Elementen α, β_1, β_2 und mit elementaren Überlegungen erkennen wir ψ^* als Fortsetzung des Homomorphismus

$$\psi^* : H^1(\mathbb{P}^{n-1};\mathbb{Z}_2) \longrightarrow H^1(\mathbb{P}^{n-1};\mathbb{Z}_2) \oplus H^1(\mathbb{P}^{n-1};\mathbb{Z}_2), \quad \alpha \mapsto \beta_1 + \beta_2,$$

auf die vollständigen Kohomologieringe (mit Hilfe des Cup-Produkts).

Das Finale steht nun im Zeichen der elementaren Zahlentheorie. Es ist $\alpha^n = 0$ und daher auch $\psi^*(\alpha^n) = (\beta_1 + \beta_2)^n = 0$. Für die Potenz einer Summe existiert die kombinatorische Formel

$$(\beta_1 + \beta_2)^n = \sum_{k=0}^{n} \binom{n}{k} \beta_1^k \beta_2^{n-k},$$

und diese Summe kann in dem Ring $\mathbb{Z}_2[\beta_1,\beta_2]\big/(\beta_1^n,\beta_2^n)$ nur dann 0 sein, wenn alle gemischten Summanden mit $1 \le k < n$ verschwinden. Dies erfordert $\binom{n}{k} = 0$ in $\mathbb{Z}_2$ für alle $1 \le k < n$, was wiederum nur dann möglich ist, wenn n eine Zweierpotenz ist (damit wäre der Satz bewiesen). Warum ist dem so?

Nun denn, es gilt $\binom{n}{k} = 0$ in $\mathbb{Z}_2$ für alle $1 \le k < n$ genau dann, wenn im Polynomring $\mathbb{Z}_2[x]$ die Gleichung $(1+x)^n = 1 + x^n$ gilt. Der zahlentheoretische Trick besteht nun darin, die Zahl n binär darzustellen, als Summe von aufsteigenden Zweierpotenzen in der Form $n = 2^{\lambda_1} + \ldots + 2^{\lambda_s}$ mit $0 \le \lambda_1 < \ldots < \lambda_s$. Dann ist

$$(1+x)^n = (1+x)^{2^{\lambda_1}} \cdot \ldots \cdot (1+x)^{2^{\lambda_s}} = (1 + x^{2^{\lambda_1}}) \cdot \ldots \cdot (1 + x^{2^{\lambda_s}}),$$

denn die Gleichung $(1+x)^m = 1 + x^m$ gilt für alle Zweierpotenzen m (wir rechnen in $\mathbb{Z}_2$). Das rechte Produkt ergibt ausmultipliziert aber genau $2s$ Summanden. Probieren Sie das anhand von einfachen Beispielen aus, dann erkennen Sie den Trick sofort (es liegt an den Beziehungen $0 \le \lambda_1 < \ldots < \lambda_s$). Eine Gleichheit zu dem Ausdruck $1 + x^n$ ist dann nur für $s = 1$ möglich. $\qquad\square$

Ohne Zweifel eine kleine Sternstunde der Mathematik. Ein Beweis, der ausgeht von einer rein algebraischen Vermutung und dann über einen Ausflug in die algebraische Topologie am Ende in ein (elementar) zahlentheoretisches Finale mündet. Hier zeigt sich das Wesen der algebraischen Topologie in Vollendung, weswegen ich dieses Prinzip noch einmal zusammenfassen möchte.

Es ging um endlichdimensionale reelle Divisionsalgebren, also um Vektorräume der Form $\mathbb{R}^n$ zusammen mit einer Multiplikation, gegeben durch eine $\mathbb{R}$-Bilinearform $\mathbb{R}^n \times \mathbb{R}^n \to \mathbb{R}^n$. Die Eintrittskarte in die Topologie war gegeben durch die Tatsache, dass $\mathbb{R}^n$ mit seiner kanonischen Metrik und Norm auch ein topologischer Raum ist. Die Multiplikation wurde dann benutzt, um daraus eine stetige Abbildung $\psi : \mathbb{P}^{n-1} \times \mathbb{P}^{n-1} \to \mathbb{P}^{n-1}$ zu konstruieren, die beschränkt auf jedem Faktor ein Homöomorphismus war.

Damit stand der vollständige Apparat der Topologie zur Verfügung, um diese Konstellation genau unter die Lupe zu nehmen. Homologiegruppen, Kohomologiegruppen, der Kohomologiering, das universelle Koeffiziententheorem und die Kombination aus EILENBERG-ZILBER mit der KÜNNETH-Formel – also wahrhaft imposante Mittel – schafften die Basis für eine völlig neuartige algebraische Aussage: für einen Ringhomomorphismus

$$\psi^* : \mathbb{Z}_2[\alpha]/(\alpha^n) \longrightarrow \mathbb{Z}_2[\beta_1, \beta_2] \, / \, (\beta_1^n, \beta_2^n),$$

den wir in unserem Fall präzise bestimmen konnten. Die $\mathbb{Z}_2$-Koeffizienten führten dann zu einer zahlentheoretischen Aussage, in welcher die Dimension n auftauchte. Der Rest war elementar (dabei aber nicht minder trickreich).

Es gab weitere Resultate auf diesem Gebiet. HOPF konnte beweisen, ebenfalls mit topologischen Methoden, dass jede endlichdimensionale, kommutative reelle Divisionsalgebra die Dimension $n = 1$ oder $n = 2$ haben muss, [48], es ist also kein Zufall, dass die Quaternionen und Oktaven nicht kommutativ sind. Man weiß inzwischen auch, dass es unendlich viele nicht-isomorphe kommutative reelle Divisionsalgebren in jeder der drei Dimensionen $n = 2$, 4 oder 8 gibt.

So elegant diese Aussagen und Beweise auch sein mögen, lassen sie doch eine Frage unbeantwortet: Gibt es endlich-dimensionale reelle Divisionsalgebren in Dimensionen $n > 8$? Es kommen zwar nach dem Satz von HOPF nur noch die Zweierpotenzen $n = 16$, 32, ... in Frage, doch das sind eben unendlich viele – eine letztlich unbefriedigende Situation.

Den Grundstein zu einer umfassenden Antwort auf diese Frage hat HOPF selbst noch gelegt, [46]. Bei der Untersuchung von höheren Homotopiegruppen der Sphären fand er die bekannte Faserung

$$S^1 \longrightarrow S^3 \xrightarrow{\ h\ } S^2 \, ,$$

der wir schon früher begegnet sind (Seite 146 f). Ein wichtiges Nebenprodukt bei dieser Entdeckung war eine topologische Invariante, die in den folgenden Jahrzehnten in verschiedenen Kontexten große Beachtung erfuhr und schließlich im Jahr 1966 einen vollständigen Beweis der Vermutung über endlich-dimensionale, reelle Divisonsalgebren ermöglichte. (Das war zwar nicht der erste Beweis dieser Vermutung, aber ohne Zweifel der verständlichste. Details hierzu im ersten Kapitel des geplanten Folgebandes).

Wie ist HOPF vorgegangen? Nun denn, die obige Abbildung h entsteht durch dieselbe Konstruktion, die wir oben gesehen haben (Seite 504 f), und zwar aus der reellen Divisionsalgebra $\mathbb{C}$. Die Multiplikation definiert hier eine stetige Surjektion

$$g : S^1 \times S^1 \longrightarrow S^1 \quad (z_1, z_2) \mapsto z_1 z_2 \, ,$$

deren Einschränkungen auf $S^1 \times \{x\}$ und $\{y\} \times S^1$ für alle $x, y \in S^1$ Homöomorphismen sind. In jedem Faktor hat die Abbildung also den Grad 1, weswegen man auch vom **Bigrad** (1,1) spricht (oder **Typus**, wie HOPF es im Original nannte).

Die geniale Idee bestand nun darin, hieraus eine stetige Surjektion $h : S^3 \to S^2$ zu machen. Wir betrachten dazu die S^3 als Rand der Scheibe D^4 und diese wiederum als homöomorph zu $D^2 \times D^2$. Es ist also

$$S^3 \cong \partial(D^2 \times D^2) \cong (S^1 \times D^2) \cup_{S^1 \times S^1} (D^2 \times S^1) \, ,$$

wobei die beiden Produkte auf der rechten Seite ihren Rand $S^1 \times S^1$ gemeinsam haben. Diese Verklebung der S^3 aus zwei Volltori $S^1 \times D^2$ und $D^2 \times S^1$ entlang des Torus T^2 geht übrigens auf den dänischen Mathematiker P. HEEGAARD zurück, man nennt sie daher auch die **Heegaard-Zerlegung** der S^3, [42].

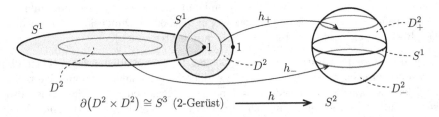

Damit gelingt eine Fortsetzung von g auf die S^3. Man definiert zunächst

$$h_+ : S^1 \times D^2 \longrightarrow D^2_+ \quad (x, y) \mapsto \|y\| \cdot g\big(x, y/\|y\|\big)$$

und

$$h_- : D^2 \times S^1 \longrightarrow D^2_- \quad (x, y) \mapsto \|x\| \cdot g\big(x/\|x\|, y\big) \, .$$

Die Abbildungen h_+ und h_- stimmen auf $S^1 \times S^1$ überein (sie sind dort identisch zu g) und sind auch in den Fällen wohldefiniert und stetig, in denen die Beträge $\|x\|$ oder $\|y\|$ verschwinden. Sie ergeben also insgesamt eine stetige Abbildung

$$(h_+, h_-) : S^3 \longrightarrow D_+^2 \sqcup D_-^2,$$

die auf $S^1 \times S^1$ mit g übereinstimmt und ihr Bild in $S^1 \subset D_\pm^2$ hat. Daher lassen sich die zwei disjunkten Teile im Bild von (h_+, h_-) zu $D_+^2 \cup_{S^1} D_-^2 \cong S^2$ verschmelzen und ergeben die gesuchte Abbildung $h : S^3 \to S^2$.

HOPF hat dann als Hauptergebnis seiner Arbeit gezeigt, dass h nicht nullhomotop ist – das erste Beispiel einer solchen Abbildung zwischen zwei Mannigfaltigkeiten, bei der die Dimension verkleinert wird, und daher schon für sich gesehen eine mathematische Sensation. Noch wichtiger aber war das Mittel, mit der er dieses Resultat erbrachte: die später nach ihm benannte HOPF-Invariante (Seite 523). Kurz gesagt betrachtete er dabei für zwei Punkte $a \neq b \in S^2$ die Urbilder $h^{-1}(a)$ und $h^{-1}(b)$, beide homöomorph zu S^1, und untersuchte, wie oft sie in der S^3 ineinander verschlungen sind.

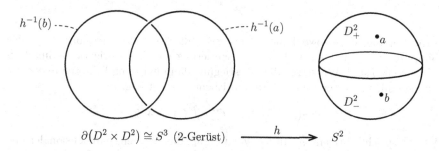

$$\partial(D^2 \times D^2) \cong S^3 \text{ (2-Gerüst)} \xrightarrow{\quad h \quad} S^2$$

Er fand heraus, dass sie einfach verschlungen waren (wie im Bild angedeutet, wir präzisieren das gleich) und diese Eigenschaft nur von der Homotopieklasse von h abhängt, also eine echte topologische Invariante ist. Die Abbildung h konnte dann nicht homotop zu einer konstanten Abbildung sein, denn die Urbilder einer solchen Abbildung sind $\varnothing$ und S^3, also gar nicht im eigentlichen Sinne verschlungen.

Um die HOPF-Invariante zu motivieren, möchte ich die Gelegenheit nutzen, ein Versäumnis nachzuholen. Es geht um ein klassisches Thema der Differentialgeometrie, dessen topologische Aspekte POINCARÉ bereits Ende des 19. Jahrhunderts gemeinsam mit seinem Dualitätssatz diskutiert hat.

10.11 Schnittzahlen und Verschlingungszahlen

Erinnern wir uns an die Situation einer simplizialen geschlossenen Mannigfaltigkeit K der Dimension n, orientierbar, und an den klassischen Dualitätssatz von POINCARÉ (Seite 443). Im Beweis haben wir die orientierten dualen Teilkomplexe $\sigma^{p*} \in C_{n-p}(K')$ eines p-Simplex σ^p von K besprochen, wobei K' die baryzentrische Verfeinerung von K war (Seite 411 ff).

Ein Merkmal des dualen Teilkomplexes σ^{p*} war, dass er seine originale Entsprechung σ^p transversal schneidet, und zwar im Baryzentrum $\hat{\sigma}^p$. Für alle übrigen p-Simplizes $\tau^p \neq \sigma^p$ waren die τ^{p*} disjunkt zu σ^p.

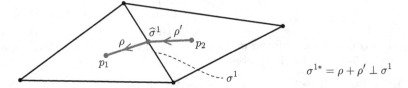

$$\sigma^{1*} = \rho + \rho' \perp \sigma^1$$

Mit dieser Anschauung ist es naheliegend, für jedes p-Simplex σ^p die **Schnittzahl** (engl. *intersection number*) von σ^p und σ^{p*} als 1 zu definieren und die Schnittzahl von σ^p und τ^{p*} als 0 für alle $\tau^p \neq \sigma^p$. Wir schreiben dafür kurz

$$\sigma^p \cdot \tau^{p*} = \begin{cases} 1 & \text{für } \tau^p = \sigma^p \\ 0 & \text{für } \tau^p \neq \sigma^p. \end{cases}$$

Beachten Sie, dass sowohl die σ^p als auch die $(n-p)$-dimensionalen dualen Simplizes τ^{p*} gemäß einer globalen Orientierung von K als orientierte Simplizes zu verstehen sind. Wir setzen diese Festlegung dann in beiden Faktoren linear fort und kommen zu einer Bilinearform auf Ebene der Kettengruppen:

$$\mathcal{B}_C(p) : C_p(K) \times C^*_{n-p}(K') \longrightarrow \mathbb{Z}.$$

Das entspricht übrigens genau der Vorstellung, dass sich ein p-dimensionaler und ein q-dimensionaler kompakter Teilraum im $\mathbb{R}^n$ (in allgemeiner Lage) in endlich vielen Punkten transversal schneiden, falls $p + q = n$ ist. Es ergibt sich durch Addition der einzelnen Schnittzahlen (mit Vorzeichen) dann immer eine ganze Zahl als Summe aller Schnittzahlen.

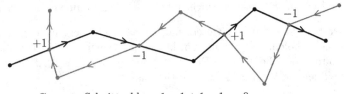

Gesamte Schnittzahl $= 1 - 1 + 1 - 1 = 0$

Der Weg ist nun klar vorgezeichnet, Sie kennen das Prinzip schon. Der rechte Faktor liefert die Homologiegruppen $H_{n-p}(K)$ und wir müssen zeigen, dass sich aus $\mathcal{B}_C(p)$ eine Bilinearform $\mathcal{B}(p) : H_p(K) \times H_{n-p}(K) \to \mathbb{Z}$ machen lässt. Das geht wie immer über die Aussage, dass die Schnittprodukte $a \cdot b$ zweier Zyklen nicht von deren Homologieklasse abhängen, mithin also ein solches Produkt immer verschwindet, wenn einer der Faktoren ein Zyklus und der andere ein Rand ist. Dies wiederum ergibt sich sofort aus dem folgenden Hilfssatz, wie Sie sich leicht überzeugen können (einfache **Übung**).

> **Hilfssatz (Schnittzahlen und Randoperatoren)**
> Für zwei Ketten $c_A \in C_{p+1}(K)$ und $c_B^* \in C_{n-p}^*(K')$ seien die Ränder gegeben
> durch $c_a = \partial c_A$ und $c_b^* = \partial c_B^*$. Dann gilt die Formel
>
> $$c_A \cdot c_b^* = (-1)^{p+1} c_a \cdot c_B^*.$$

Im **Beweis** sei die bekannte Abbildung $\tilde{\gamma}_p : C^p(K) \to C_{n-p}^*(K')$ betrachtet, die
eine p-Kokette $\tilde{\sigma}^p$ auf eine duale $(n-p)$-Kette von K' abbildet (Seite 431). Am
Ende einer längeren Herleitung hatten wir mit der Formel

$$\partial\big(\tilde{\gamma}_p(\tilde{\sigma}^p)\big) = (-1)^{p+1} \tilde{\gamma}_{p+1}(\delta\tilde{\sigma}^p)$$

die alternierende Kommutativität des Diagrammes mit dem Namen $DGRM$
gezeigt (Seite 443). Durch lineare Fortsetzung ergibt sich dann für alle Koketten
$c_\beta \in C^p(K)$ die Beziehung

$$\partial\big(\tilde{\gamma}_p(c_\beta)\big) = (-1)^{p+1} \tilde{\gamma}_{p+1}(\delta c_\beta)$$

innerhalb von $C_{n-p-1}^*(K')$. Beachten Sie hierfür, dass jedes c_β wegen der
Kompaktheit von K eine endliche Summe aus Koketten der Form $\tilde{\sigma}^p$ ist.

Es sei nun also $c_A \in C_{p+1}(K)$ und $c_B^* \in C_{n-p}^*(K')$ wie oben. Da $\tilde{\gamma}_p$ ein Isomorphismus ist, gibt es genau ein Element $c_\beta \in C^p(K)$ mit $\tilde{\gamma}_p(c_\beta) = c_B^*$, und damit
gilt $\partial c_B^* = \partial\big(\tilde{\gamma}_p(c_\beta)\big) = (-1)^{p+1} \tilde{\gamma}_{p+1}(\delta c_\beta)$. Wir stehen also bei

$$c_A \cdot c_b^* = c_A \cdot (\partial c_B^*) = (-1)^{p+1} c_A \cdot \tilde{\gamma}_{p+1}(\delta c_\beta)$$

und müssen die Schnittzahl $c_A \cdot \tilde{\gamma}_{p+1}(\delta c_\beta)$ berechnen. Sie ahnen vielleicht schon,
dass die vielen Zusammenhänge hier ein sehr einfaches und suggestives Resultat
hervorbringen.

Wir setzen dazu $c_A = \sum m_i \sigma_i^{p+1}$ und $\delta c_\beta = \sum n_i \tilde{\sigma}_i^{p+1}$, wobei sich die Summen
über alle $(p+1)$-Simplizes von K erstrecken. Es ist dann $\tilde{\gamma}_{p+1}(\delta c_\beta) = \sum n_i \sigma_i^{(p+1)*}$
mit den zu σ_i^{p+1} dualen, orientierten Teilkomplexen $\sigma_i^{(p+1)*}$. Durch Einsetzen aller
bisherigen Definitionen erhalten wir die gesuchte Schnittzahl als

$$c_A \cdot \tilde{\gamma}_{p+1}(\delta c_\beta) = \left(\sum_i m_i \sigma_i^{p+1}\right) \cdot \left(\sum_i n_i \sigma_i^{(p+1)*}\right) = \sum_i m_i n_i = (\delta c_\beta)(c_A).$$

Zusammengefasst bedeutet das

$$
\begin{aligned}
c_A \cdot c_b^* &= (-1)^{p+1} c_A \cdot \tilde{\gamma}_{p+1}(\delta c_\beta) = (-1)^{p+1} (\delta c_\beta)(c_A) \\
&= (-1)^{p+1} c_\beta(c_a) = (-1)^{p+1} c_a \cdot \tilde{\gamma}_p(c_\beta) \\
&= (-1)^{p+1} c_a \cdot c_B^*.
\end{aligned}
$$

Als Hilfestellung sei erwähnt, dass die dritte Gleichung einfach die Definition der
Korandoperatoren δ ist und die vierte Gleichung einer analogen Rechnung (mit
dem Produkt von zwei Summen) entspringt wie zuvor für den Index $p+1$. $\square$

Eine kleine **Bemerkung** liegt mir hier auf der Zunge. Der Beweis ist typisch für die simpliziale (Ko-)Homologietheorie: Er mutet durch die kryptische Notation viel komplizierter an als er in Wirklichkeit ist. Die wesentlichen gedanklichen Hürden sind rein algebraisch im klassischen Sinne. In der Tat ist die Theorie der Simplizialkomplexe ein Musterbeispiel für in geometrische Objekte gegossene Algebra – und damit die eigentliche Keimzelle der algebraischen Topologie. Doch zurück zur Sache, halten wir fest, was wir bisher erreicht haben.

Definition und Satz (Schnittform in der Homologie)
Für eine geschlossene, orientierbare simpliziale n-Mannigfaltigkeit K und alle $p \in \mathbb{Z}$ gibt es eine Bilinearform

$$\mathcal{B}(p) : H_p(K) \times H_{n-p}(K) \longrightarrow \mathbb{Z}, \quad (a,b) \mapsto a \cdot b,$$

welche definiert ist wie folgt: Man wähle Repräsentanten $c_a \in C_p(K)$ und $c_b \in C_{n-p}(K)$. Nach der POINCARÉ-Dualität (Seite 443) gibt es dann genau einen Kozyklus $\beta \in C^p(K)$ mit der Eigenschaft $c_b = \beta \cap \mu_K$, wobei μ_K ein Fundamentalzyklus von K ist (Seite 416). Setze dann $c_b^* = \widetilde{\gamma}_p(\beta) \in C_{n-p}^*(K')$ und definiere

$$a \cdot b = c_a \cdot c_b^*.$$

Man nennt $\mathcal{B}(p)$ die **Schnittform** (engl. *intersection form*) der Homologiegruppen $H_p(K)$ und $H_{n-p}(K)$.   □

Anschaulich gesprochen ist $a \cdot b$ also die Schnittzahl von repräsentierenden Zyklen $c_a \in C_p(K)$ und $c_b^* \in C_{n-p}^*(K')$, wobei c_b^* die POINCARÉ-duale Entsprechung des Elementes b in der Gruppe $H^p(K)$ repräsentiert. Mit diesem Konzept können wir jetzt definieren, wie oft zwei disjunkte Zyklen ineinander verschlungen sind, deren Dimensionen zusammen $n - 1$ ergeben.

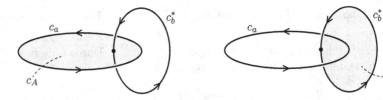

Um für einen Zyklus $c_a \in C_p(K)$ und einen dualen Zyklus $c_b^* \in C_{n-p-1}^*(K')$ ein sinnvolles Maß für deren Verschlingung zu finden, ist es notwendig, beide Zyklen als Rand einer höherdimensionalen Kette auszufüllen (das ist eine signifikante Einschränkung, siehe unten). Es sei zum Beispiel $c_a = \partial c_A$ und $c_b^* = \partial c_B^*$ mit Ketten $c_A \in C_{p+1}(K)$ und $c_B^* \in C_{n-p}^*(K')$. Die Dimensionen von c_A und c_b^* addieren sich dann zu n und wir definieren die **Verschlingungszahl** (engl. *linking number*) von c_a und c_b^* als die Schnittzahl von c_A und c_b^*, also in der Form

$$c_a \odot c_b^* = c_A \cdot c_b^*.$$

Sie erkennen, dass diese Festlegung nicht von der Wahl von c_A abhängt. Falls nämlich auch $\partial c'_A = c_a$ ist, haben wir nach dem obigen Hilfssatz (Seite 513)

$$c_A \cdot c_b^* - c'_A \cdot c_b^* = (c_A - c'_A) \cdot c_b^* = (-1)^{p+1} \partial(c_A - c'_A) \cdot c_B^* = 0.$$

Zwei wichtige **Bemerkungen** dazu: Sicher haben Sie die Asymmetrie in der Definition bemerkt. Hätten wir die Verschlingungszahl als $c_a \odot c_b^* = c_a \cdot c_B^*$ definiert, so zeigt derselbe Hilfssatz

$$c_A \cdot c_b^* = (-1)^{p+1} c_a \cdot c_B^*,$$

was Sie sich auch an folgender Abbildung veranschaulichen können.

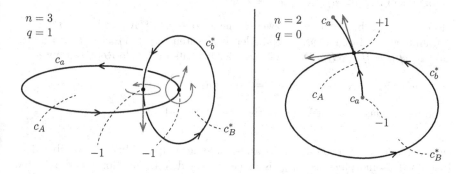

Und Sie haben bestimmt erkannt, dass die Verschlingungszahlen – im Gegensatz zu den Schnittzahlen – nur für nullhomologe Zyklen aus $C_p(K)$ und $C_{n-p-1}^*(K')$ definiert wurden.

Damit entsteht natürlich keine sinnvolle Bilinearform auf den Homologiegruppen, denn diese wäre identisch 0. Nur zur Information (wir werden es im Folgenden nicht brauchen) sei kurz erwähnt, dass sich die Idee auf Zyklen verallgemeinern lässt, bei denen ein ganzzahliges Vielfaches nullhomolog wird. Falls dann in der obigen Situation zum Beispiel $mc_a = \partial c_A$ und $nc_b^* = \partial c_B^*$ ist, mit ganzen Zahlen $m, n > 0$, so wird die **rationale Verschlingungszahl** von c_a und c_b^* definiert als

$$c_a \odot c_b^* = \frac{c_A \cdot c_b^*}{m} \in \mathbb{Q}.$$

Sie überzeugen sich schnell, dass wegen $nc_b^* = \partial c_B^*$ auch diese Definition nicht von der Wahl von c_A oder m abhängt. Die rationalen Verschlingungszahlen sind ganze Zahlen, falls einer der Zyklen ein Rand ist, und erlauben die Definition einer Bilinearform (analog zur Schnittform) wenigstens auf den Torsionsuntergruppen:

$$\widetilde{\mathcal{B}}(p) : \operatorname{Tor} H_p(K) \times \operatorname{Tor} H_{n-p-1}(K) \longrightarrow \mathbb{Z}, \quad (a, b) \mapsto c_a \odot c_b^*.$$

Das führt insgesamt zu einer komplizierteren Theorie, die zum Beispiel in [113] genauer ausgeführt ist. Für unsere Zwecke reichen aber die Verschlingungszahlen von nullhomologen Zyklen aus.

Welche Zwecke sind das gewesen? Sie erinnern sich, dass wir auf den Spuren von HOPF gewandelt sind (Seite 510), als er die Faserung $h : S^3 \to S^2$ fand, dort Verschlingungszahlen von Fasern $h^{-1}(x) \neq h^{-1}(y)$ in der S^3 untersuchte und letztlich den Grundstein für eine elegante Lösung der klassischen Frage legte, ob es endlich-dimensionale reelle Divisionsalgebren in Dimensionen $n > 8$ gibt.

Um die Gedanken von HOPF aus seinen originalen Arbeiten zu diesem Thema zu verstehen, [46][47], brauchen wir noch ein paar technische Details über die Schnitt- und Verschlingungszahlen. Hier ergibt sich auch ein wichtiger Zusammenhang zum Cup-Produkt der Kohomologie (Seite 496).

Satz (Schnittzahlen und das Cup-Produkt)
Es sei K eine geschlossene, orientierbare simpliziale n-Mannigfaltigkeit mit Fundamentalzyklus $\mu_K \in H_n(K) \cong \mathbb{Z}$.

Für ein $p \in \mathbb{Z}$ betrachten wir zwei Elemente $\alpha \in H^{n-p}(K)$ und $\beta \in H^p(K)$, zusammen mit ihren POINCARÉ-dualen Elementen $a = \alpha \cap \mu_K \in H_p(K)$ und $b = \beta \cap \mu_K \in H_{n-p}(K)$. Dann gilt (wieder für entsprechende Repräsentanten)

$$a \cdot b = (\alpha \cup \beta)(\mu_K),$$

und damit auch die Antikommutativität $a \cdot b = (-1)^{p(n-p)} \, b \cdot a$.

Die Schnittform ist also das POINCARÉ-Duale der Cup-Produkt-Form, über den POINCARÉ-Isomorphismus $\cap \mu_K$ ist eine der beiden Bilinearformen durch die andere eindeutig festgelegt. Man kann damit Schnittzahlen mit dem Cup-Produkt berechnen und umgekehrt.

Im **Beweis** benützen wir die Identität $(\alpha \cup \beta)(\mu_K) = \beta(\alpha \cap \mu_K) = \beta(a)$ aus dem Hilfssatz über den Zusammenhang zwischen Cup- und Cap-Produkt (Seite 497). Wir müssen dann noch die Identität $a \cdot b = \beta(a)$ nachweisen. Repräsentierende (Ko-)Zyklen seien dabei wie immer mit dem Buchstaben c bezeichnet.

Nach der Definition der Schnittform (Seite 514) ist $a \cdot b = c_a \cdot c_b^*$ mit $c_b^* = \widetilde{\gamma}_p(c_\beta)$. Mit $c_a = \sum_i m_i \sigma_i^p \in C_p(K)$ und $c_\beta = \sum_i n_i \widetilde{\sigma}_i^p \in C^p(K)$ erhält man schließlich $\widetilde{\gamma}_p(c_\beta) = \sum_i n_i \sigma_i^{p*}$ und damit das noch fehlende Resultat:

$$
\begin{aligned}
a \cdot b &= c_a \cdot \widetilde{\gamma}_p(c_\beta) = \left(\sum_i m_i \sigma_i^p \right) \cdot \left(\sum_i n_i \sigma_i^{p*} \right) \\
&= \sum_i m_i n_i = c_\beta(c_a) = \beta(a).
\end{aligned}
$$

Die Antikommutativität folgt mit $q = n - p$ aus der entsprechenden Formel für das Cup-Produkt (Seite 496). $\square$

Eine **Bemerkung** ist notwendig, denn dieser Satz kann gar nicht genug gewürdigt werden, er hat historische Bedeutung. Die Schnittzahlen waren über Jahrzehnte ein klassisches Thema aus der algebraischen Geometrie und der Differentialgeometrie, angewendet auf Mannigfaltigkeiten. Versetzen wir uns einmal zurück in diese Zeit und betrachten Homologie-Koeffizienten in $\mathbb{Z}_2$, um keine Probleme mit Vorzeichen oder Orientierungen zu bekommen (Seite 235). Zwei geschlossene Untermannigfaltigkeiten einer simplizialen Mannigfaltigkeit K seien dargestellt als Zyklen M, N der Dimensionen $p, q < n$. Diese Zyklen definieren Elemente in $\alpha \in H_p(K; \mathbb{Z}_2)$ und $\beta \in H_q(K; \mathbb{Z}_2)$, die wir auch mit M und N bezeichnen, und seien in allgemeiner Lage befindlich, schneiden sich also überall transversal.

Schnitte in allgemeiner Lage
(transversale Schnitte)

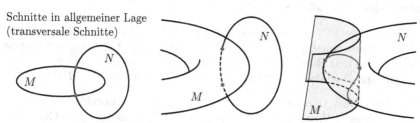

Wir nehmen zunächst $p+q = n$ an, dann besagt der Satz $M \cdot N = (\alpha \cup \beta)(\mu_K)$. Die Schnittzahl $M \cdot N$ ist also das Cup-Produkt im Kohomologiering. Was bedeutet nun die rechte Seite genau? Dem Element $\alpha \cup \beta \in H^n(K; \mathbb{Z}_2)$ entspricht über den POINCARÉ-Isomorphismus ein 0-Zyklus, also eine Summe von endlich vielen Eckpunkten in K.

Verfolgt man die Konstruktionen genau, sieht man, dass dieser 0-Zyklus durch den mengentheoretischen Durchschnitt $M \cap N$ gegeben ist (alle Koeffizienten sind 0 oder 1, wir betrachten die $\mathbb{Z}_2$-Homologie). Das Cup-Produkt im Kohomologiering entspricht also genau der Bildung des Durchschnitts der Mannigfaltigkeiten, man sprach in diesem Kontext auch vom **Schnittring** der Mannigfaltigkeiten.

Diese Beobachtung kann verallgemeinert werden auf den Fall $p+q > n$. Falls dann $M \cap N$ eine Untermannigfaltigkeit ist, hat sie Dimension $p + q - n$ und definiert analog zu oben ein Element $\alpha \cup \beta \in H^{2n-(p+q)}(K; \mathbb{Z}_2)$. Man betrachtete nun die Schnittzahl

$$M \cdot N = (\alpha \cup \beta)\left(\mu_{K^{2n-(p+q)}}\right),$$

wobei $K^{2n-(p+q)}$ das $(2n - (p + q))$-Gerüst von μ_K ist, und erkannte, dass $\alpha \cup \beta$ als POINCARÉ-Duales den Zyklus $M \cap N$ besitzt, also ebenfalls den Durchschnitt der Mannigfaltigkeiten. Der obige Satz spiegelt die Arithmetik der klassischen Schnittringe also genau wieder, nur in modernerem Gewand.

Eigentlich nichts Neues, oder? Das Cup-Produkt im Kohomologiering ist das POINCARÉ-Duale des Durchschnitts der zugehörigen Mannigfaltigkeiten, das besagte ja der Satz. Doch es folgte daraus viel mehr: Der Kohomologiering ist wesentlich allgemeiner als der Schnittring, denn er ist für beliebige simpliziale Komplexe definiert, auch mit mehr als nur $\mathbb{Z}_2$-Koeffizienten (egal, ob orientierbar oder nicht), und gut zehn Jahre später sogar auf allgemeinen topologischen Räumen eingeführt worden (über die singuläre Homologie).

Man hatte plötzlich ein signifikant mächtigeres Kalkül in der Hand und konnte in größerem Kontext von Schnittzahlen sprechen, als das bisher mit der anschaulichen geometrischen Deutung möglich war. Nun verstehen Sie den tieferen Sinn der Worte von HOPF, die wir früher erwähnt haben (Seite 495).

Als schönes **Beispiel** für die Interpretation des Kohomologierings als Schnittring kann man sich den Ring $H^*(\mathbb{P}^n; \mathbb{Z}_2)$ sehr einfach klar machen (Seite 502).
Beachten Sie dazu, dass die POINCARÉ-Dualität auf alle reellen $\mathbb{P}^n$ anwendbar
ist, wenn man mit $\mathbb{Z}_2$-Koeffizienten arbeitet (Seite 446). Daraus ergibt sich
$H^p(\mathbb{P}^n; \mathbb{Z}_2) \cong H_{n-p}(\mathbb{P}^n; \mathbb{Z}_2) \cong \mathbb{Z}_2$ für $0 \le p \le n$, alle anderen Gruppen
verschwinden (wobei die zweite Isomorphie aus den früheren Überlegungen zur
zellulären Homologie folgt, Seite 362).

Eine Hyperebene $\mathbb{P}^{n-1} \subset \mathbb{P}^n$ kann dann als $(n-1)$-Zyklus gesehen werden.
Er ist Generator von $H_{n-1}(\mathbb{P}^{n-1}; \mathbb{Z}_2) \cong H_{n-1}(\mathbb{P}^n; \mathbb{Z}_2) \cong \mathbb{Z}_2$, wobei die erste
Isomorphie aus den Beobachtungen zur zellulären Homologie folgt (Seite 351).
Das POINCARÉ-Duale von $\mathbb{P}^{n-1}$ bildet damit einen Generator $\alpha \in H^1(\mathbb{P}^n; \mathbb{Z}_2)$.

Zwei in allgemeiner Lage befindliche Hyperebenen $\mathbb{P}^{n-1}$ schneiden sich stets in
einem $\mathbb{P}^{n-2}$, dessen POINCARÉ-duales Element $(\mathbb{P}^{n-2})^*$ folgerichtig ein Generator
von $H^2(\mathbb{P}^n; \mathbb{Z}_2)$ ist. Nach dem Satz hat dieser Generator die Form $\alpha \cup \alpha$. Dieses
Prinzip können Sie nun immer weiter verfolgen, bis Sie wegen $H^k(\mathbb{P}^n; \mathbb{Z}_2) = 0$ für
alle $k > n$ bei der Relation $\alpha^{n+1} = 0$ ankommen. Es folgt das frühere Resultat

$$H^*(\mathbb{P}^n; \mathbb{Z}_2) \cong \mathbb{Z}_2[\alpha] \big/ \left(\alpha^{n+1}\right).$$

Auf genau die gleiche Weise, also mit elementaren mengentheoretischen Durchschnitten, können Sie als **Übung** auch die Resultate

$$H^*(\mathbb{P}^n_{\mathbb{C}}) \cong \mathbb{Z}[\alpha] \big/ \left(\alpha^{n+1}\right), \text{ mit einem Generator } \alpha \in H^2(\mathbb{P}^n_{\mathbb{C}}),$$

und

$$H^*(\mathbb{P}^n \times \mathbb{P}^n; \mathbb{Z}_2) \cong \mathbb{Z}_2[\beta_1, \beta_2] \big/ (\beta_1^{n+1}, \beta_2^{n+1})$$

von früher herleiten (Seiten 502 und 507). Letztere Formel spielte ja im Beweis
des Satzes von HOPF über die Dimensionen 2^m einer reellen Divisionsalgebra eine
entscheidende Rolle (Seite 504).

Der Zusammenhang von Verschlingungszahlen zum Cup-Produkt

Von großer Bedeutung für das Verständnis der HOPF-Invariante ist nun die
Tatsache, dass auch die Verschlingungszahlen in Verbindung zum Cup-Produkt
stehen. Vorab dazu die Bemerkung, dass ein Satz wie der auf Seite 516 nicht
möglich sein wird, denn Verschlingungszahlen wurden ausschließlich für nullhomologe Zyklen definiert (Seite 514), die beim Übergang zu (Ko-)Homologieklassen
verschwinden. Man muss die Berechnung von Verschlingungen also konsequent in
den (Ko-)Kettengruppen durchführen.

Es sei dazu K eine geschlossene, orientierbare simpliziale n-Mannigfaltigkeit mit
Fundamentalzyklus $\mu_K \in H_n(K) \cong \mathbb{Z}$. Für nullhomologe Zyklen $c_a \in C_p(K)$ und
$c_b^* \in C_{n-p-1}^*(K')$ war die Verschlingung von c_a mit c_b^* definiert als

$$c_a \odot c_b^* = c_A \cdot c_b^*,$$

wobei $\partial c_A = c_a$ ist mit einer geeigneten Kette $c_A \in C_{p+1}(K)$. Zuerst müssen wir
die Kommutativität der Verknüpfung $\odot$ untersuchen.

Um zu bestimmen, wie oft c_b^* mit c_a verschlungen ist, also den Ausdruck $c_b^* \odot c_a$ zu berechnen, wird der Rand c_b^* mit einer dualen Kette $c_B^* \in C_{n-p}^*(K')$ ausgefüllt. Es ist dann $\partial c_B^* = c_b^*$ und wir benötigen die Schnittzahl $c_B^* \cdot c_a$. Das kennen wir noch nicht, denn bei den Schnittzahlen war der erste Faktor ein Zyklus und der zweite Faktor ein dualer Zyklus – also genau umgekehrt (Seiten 512 und 514).

Die Lösung ist aber naheliegend und sei hier durch ein anschauliches Argument motiviert, um den Lesefluss nicht durch allzuviel Technik zu behindern.

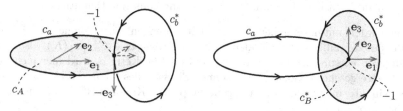

Im Beispiel haben wir $n = 3$ und $p = 1$, der $\mathbb{R}^3$ sei durch die Rechte-Hand-Regel mit der Basis $\{e_1, e_2, e_3\}$ orientiert. Werden die Simplexkanten dann differenzierbar geglättet, können wir die Verschlingungszahl

$$c_a \odot c_b^* = c_A \cdot c_b^* = -1$$

im linken Bild so erklären, dass die zugehörigen Tangentialvektoren $\{e_1, e_2 \mid -e_3\}$ im Schnittpunkt eine negativ orientierte Basis des umgebenden $\mathbb{R}^3$ liefern. Im rechten Bild sehen wir

$$c_b^* \odot c_a = c_B^* \cdot c_a = -1,$$

denn die zugehörige Basis $\{e_1, e_3 \mid e_2\}$ ist ebenfalls negativ orientiert. Hier ist die Verschlingungszahl also kommutativ, wir erhalten $c_a \odot c_b^* = c_b^* \odot c_a$.

In Dimension $n = 4$ und $p = 2$ können wir uns nicht mehr auf die Anschauung verlassen und müssen formal gleich argumentieren wie im dreidimensionalen Fall. Der Zyklus $c_A \in C_3(\mathbb{R}^4)$ liefere im Schnittpunkt die Basisvektoren $\{e_1, e_2, e_3\}$, der Zyklus $c_b^* \in C_1(\mathbb{R}^4)$ wieder den negativ (orientierten) letzten Vektor $\{-e_4\}$. Damit ergibt sich für $c_A \cdot c_b^*$ die Basis $\{e_1, e_2, e_3 \mid -e_4\}$, also $c_a \odot c_b^* = -1$.

Für die Berechnung von $c_B^* \cdot c_a$ ist die Kette c_B^* im Schnittpunkt durch $\{e_1, e_4\}$ orientiert ($-e_4$ wechselt die Orientierung und e_1 wird vorangestellt) und c_a ist durch die (positiv orientierten) Restvektoren $\{e_2, e_3\}$ orientiert. Die Basis $\{e_1, e_4 \mid e_2, e_3\}$ ist positiv orientiert, weswegen hier $c_b^* \odot c_a = 1 = -c_a \odot c_b^*$ ist.

Wie steht es mit $n = 4$ und $p = 1$? Mit ein wenig Übung sehen Sie $c_A \cdot c_b^*$ gegeben durch die Basis $\{e_1, e_2 \mid e_3, -e_4\}$ und $c_B^* \cdot c_a$ durch die Abfolge $\{e_1, e_3, e_4 \mid e_2\}$. Die Orientierungsumkehr der Basen zeigt auch hier $c_b^* \odot c_a = -c_a \odot c_b^*$.

Wenden Sie dieses Verfahren für allgemeine n und p an, so haben Sie es beim Übergang von $c_a \odot c_b^*$ nach $c_b^* \odot c_a$ stets mit einem Basiswechsel der Gestalt

$$\{e_1, e_2, \ldots, e_{p+1} \mid e_{p+2}, \ldots, e_{n-1}, -e_n\} \rightarrow \{e_1, e_{p+2}, \ldots, e_{n-1}, e_n \mid e_2, \ldots, e_{p+1}\}$$

zu tun. Eine einfache **Übung** zeigt, dass die rechte Basis aus $\{e_1, \ldots, e_n\}$ durch eine Permutation mit Signum $(-1)^{(n-p-1)p} = (-1)^{np}$ hervorgeht.

Da die linke Basis negativ orientiert ist, entsteht ein weiterer Faktor -1 und wir können festhalten, dass für die Verschlingung einer Kette $c_a \in C^p(K)$ und einer duale Kette $c_b^* \in C_{n-p-1}^*(K')$ die (anti-kommutative) Festlegung

$$c_b^* \odot c_a = (-1)^{np+1} c_a \odot c_b^*$$

eine sinnvolle, mit der anschaulichen Vorstellung konforme Definition ist.

Fahren wir fort mit unseren heuristischen Überlegungen. Angenommen, wir hätten zwei disjunkte nullhomologe Zyklen $c_a \in C_p(K)$ und $c_b \in C_{n-p-1}(K)$, also zwei Ränder von entsprechenden Ketten c_A und c_B (die Kette c_b wird hier nicht als duale Kette gesehen). Geometrisch können Sie sich dies für $n = 3$ und $p = 1$ als zwei disjunkte, ineinander verschlungene simpliziale Kreise in $\mathbb{R}^3$ vorstellen, beide homöomorph zu S^1.

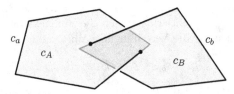

Um die Verschlingung von c_a und c_b als Teilmengen im $\mathbb{R}^3$ zu messen, benötigen wir einen zu c_b äquivalenten dualen Zyklus $c_b^* \in C_{n-p-1}^*(K')$. Dabei entsteht eine technische Hürde, die der Kürze wegen nur mit einem Plausibilitätsargument überwunden sei: Da beide Zyklen disjunkt sind, können wir tatsächlich (bis auf Homologie) einen solchen dualen Zyklus c_b^* finden, mit dem sich die gleiche Verschlingung ergibt wie mit c_b. Denken Sie nur an die früheren Beobachtungen, als wir Zyklen einer baryzentrischen Unterteilung homolog in den Originalkomplex verformt haben (Seite 236), oder als der duale Kettenkomplex $C_k^*(K')$ dieselben Homologiegruppen wie der originale Komplex $C_k(K')$ lieferte (Seite 418).

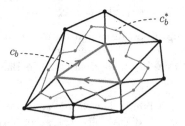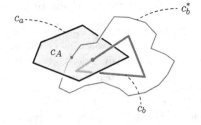

Sie müssen daher nur den Zyklus c_b als Element in $C_{n-p-1}(K')$ auffassen (das geht kanonisch), und anschließend eine dazu homologe duale Kette c_b^* durch schrittweise homotope Verformung finden (wie in der Abbildung angedeutet). Beachten Sie, dass die Zyklen in K liegen, also in einer n-Mannigfaltigkeit. Jedes Simplex σ^{n-p-1} im Zyklus c_b ist daher vollständig in benachbarte n-Simplizes eingebettet, wodurch sichergestellt ist, dass ausreichend duale Simplizes für einen homotopen Zyklus c_b^* zur Verfügung stehen, der sich eng genug um c_b herumwindet.

Damit können wir den entscheidenden Satz über die geometrische Verschlingung zweier disjunkter, nullhomologer Zyklen formulieren.

Definition und Satz (Verschlingung nullhomologer Zyklen)
In der obigen Situation definiert man eine (partielle) bilineare Abbildung

$$\odot : C_p(K) \times C_{n-p-1}(K) \longrightarrow \mathbb{Z}, \quad (c_a, c_b) \mapsto c_a \odot c_b$$

für zwei nullhomologe, disjunkte Zyklen über die Festlegung

$$c_a \odot c_b = c_a \odot c_b^*,$$

welche anti-kommutativ im Sinne von $c_a \odot c_b = (-1)^{np+1} c_b \odot c_a$ ist. $\qquad\square$

Beachten Sie bitte, dass man (ohne erhöhten technischen Aufwand) nur nullhomologe Zyklen abbilden kann und diese auch noch disjunkt sein müssen. Auch der Weg zu der dualen Entsprechung c_b^* war nur heuristisch angedeutet, obwohl (hoffentlich) einigermaßen plausibel. In [113] ist dies alles genauer ausgearbeitet, mit Bezug auf die rationalen Verschlingungszahlen. Für unsere Zwecke soll die einfache Version genügen.

Zum Abschluss des kleinen Crashkurses zu Schnitt- und Verschlingungszahlen noch die POINCARÉ-duale Formulierung der Verschlingungszahlen mit dem Cup-Produkt (wie schon angedeutet, müssen wir hier im Gegensatz zu den Schnittzahlen in den (Ko-)Kettengruppen bleiben). Für nullhomologe Zyklen $c_a \in C_p(K)$ und $c_b \in C_{n-p-1}(K)$ war nach homotoper Verformung von c_b zu $c_b^* \in C_{n-p-1}^*(K')$

$$c_a \odot c_b = c_a \odot c_b^* = c_A \cdot c_b^*$$

definiert, mit einer Kette $c_A \in C_{p+1}(K)$, für die $\partial c_A = c_a$ ist.

Wir gehen nun über zu den POINCARÉ-dualen Koketten (beachten Sie dazu das Diagramm $DGRM$ auf Seite 431). Zum einen ergibt sich dabei ein $c_\beta \in C^{p+1}(K)$ mit $\widetilde{\gamma}_{p+1}(c_\beta) = c_b^*$. Werden dann auch c_a und c_A homotop verformt zu dualen Ketten $c_a^* \in C_p^*(K')$ und $c_A^* \in C_{p+1}^*(K')$ mit $\partial c_A^* = c_a^*$, so dass sich die Verschlingung mit c_b^* nicht ändert, gibt es analog dazu die POINCARÉ-Dualen $c_\alpha \in C^{n-p}(K)$ mit $\widetilde{\gamma}_{n-p}(c_\alpha) = c_a^*$ und $\widetilde{c}_A \in C^{n-p-1}(K)$ mit $\widetilde{\gamma}_{n-p-1}(\widetilde{c}_A) = c_A^*$. Für die Koableitung $\delta\widetilde{c}_A \in C^{n-p}(K)$ gilt dann gemäß der alternierenden Kommutativität von $DGRM$ (Seite 443) die Formel

$$\partial c_A^* = \partial\widetilde{\gamma}_{n-p-1}(\widetilde{c}_A) = (-1)^{n-p}\,\widetilde{\gamma}_{n-p}(\delta\widetilde{c}_A).$$

Wegen $\widetilde{\gamma}_{n-p}(c_\alpha) = c_a^*$ gilt also $\delta\widetilde{c}_A = (-1)^{n-p}c_\alpha$. Nun können wir zur Schnittzahl $c_A^* \cdot c_b^*$ übergehen und erhalten insgesamt mit dem Satz auf Seite 516

$$c_a \odot c_b = c_A^* \cdot c_b^* = (\widetilde{c}_A \cup c_\beta)(\mu_K),$$

wobei $\widetilde{c}_A$ eine Lösung der Gleichung $\delta x = (-1)^{n-p}c_\alpha$ ist (der Kozyklus c_α ist null-kohomolog, weswegen eine solche Lösung immer existiert).

Wir werden später auf die kohomologische Variante der Verschlingungszahlen zurückgreifen, wenn wir die originäre HOPF-Invariante im modernen Kontext des Kohomologierings eines CW-Komplexes besprechen (Seite 528). Im nächsten Abschnitt greifen wir zunächst aber den roten Faden wieder auf und diskutieren die Originalarbeit von HOPF, die den Grundstein lieferte für die bis heute eleganteste Antwort auf die klassische Frage nach den Dimensionen reeller Divisionsalgebren (siehe dazu auch die Ausführungen im Folgeband).

10.12 Die Hopf-Invariante

Blättern Sie noch einmal zu der Faserung $S^1 \to S^3 \to S^2$ auf Seite 510 zurück. Im Jahr 1935 verallgemeinerte HOPF diese Überlegungen und konstruierte für alle $k \geq 1$ nicht nullhomotope Abbildungen $f : S^{4k-1} \to S^{2k}$ aus Abbildungen $S^{2k-1} \times S^{2k-1} \to S^{2k-1}$, die auf jedem Faktor surjektiv sind, [47].

Um die Notation zu verkürzen, setzen wir dazu $n = 2k$. Eine stetige Abbildung $g : S^{n-1} \times S^{n-1} \to S^{n-1}$ wie oben ermöglicht dann die **Hopf-Konstruktion** nach demselben Muster, das wir schon im Fall $n = 2$ gesehen haben (Seite 510). Der leichteren Lesbarkeit wegen sei diese Konstruktion für beliebiges $n = 2k$ noch einmal wiederholt. Wir betrachten dazu die S^{2n-1} als Rand der Scheibe D^{2n} und diese als homöomorph zu $D^n \times D^n$.

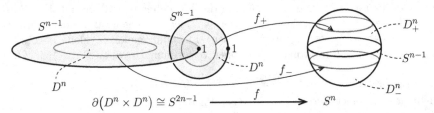

Wir gehen wieder aus von der HEEGAARDschen Torus-Zerlegung

$$S^{2n-1} \cong \partial\big(D^n \times D^n\big) \cong \big(S^{n-1} \times D^n\big) \cup_{S^{n-1} \times S^{n-1}} \big(D^n \times S^{n-1}\big),$$

wobei die Produkte auf der rechten Seite ihren Rand $S^{n-1} \times S^{n-1}$ gemeinsam haben. Damit gelingt eine Fortsetzung von g auf die S^{2n-1}. Man definiert dafür

$$f_+ : S^{n-1} \times D^n \longrightarrow D^n_+ \quad (x,y) \mapsto \|y\| \cdot g\big(x, y/\|y\|\big)$$

und

$$f_- : D^n \times S^{n-1} \longrightarrow D^n_- \quad (x,y) \mapsto \|x\| \cdot g\big(x/\|x\|, y\big).$$

Die Abbildungen f_+ und f_- stimmen auf $S^{n-1} \times S^{n-1}$ überein (sie sind dort identisch zu g) und sind auch in den Fällen wohldefiniert und stetig, in denen die Beträge $\|x\|$ oder $\|y\|$ verschwinden. Sie ergeben also insgesamt eine stetige Abbildung

$$(f_+, f_-) : S^{2n-1} \longrightarrow D^n_+ \sqcup D^n_-,$$

die auf $S^{n-1} \times S^{n-1}$ mit g übereinstimmt und dort ihr Bild in $S^{n-1} \subset D^n_\pm$ hat. Daher lassen sich die zwei Teile im Bild von (f_+, f_-) zu $D^n_+ \cup_{S^{n-1}} D^n_- \cong S^n$ verschmelzen und ergeben die gesuchte Abbildung $f : S^{2n-1} \to S^n$.

Wie sehen für $p \in S^n$ die Fasern $f^{-1}(p)$ aus? Nun denn, der folgende Satz dazu ist ein schönes Beispiel für die Stärken der simplizialen Theorie, mit der wir uns dieser Frage nähern können, denn jede stetige Abbildung ist beliebig genau durch simpliziale Abbildungen approximierbar (Seite 165, Bemerkung nach dem Satz).

Satz (Simpliziale Abbildungen $\varphi : S^{2n-1} \to S^n$, Hopf 1935)
Für ein gerades $n \geq 2$ betrachten wir Triangulierungen K von S^{2n-1} und L von S^n. Ferner sei $\varphi : K \to L$ eine simpliziale Abbildung.

Dann ist für jeden Punkt $p \in L$, der außerhalb des $(n-1)$-Gerüsts L^{n-1} liegt, die Faser $\varphi^{-1}(p)$ ein $(n-1)$-Zyklus in $C_{n-1}(S^{2n-1})$.

Bevor wir einen Beweis skizzieren, lassen Sie uns sehen, wo der Satz hinführt. Die Abbildung φ sei eine simpliziale Approximation der Abbildung f. Dann sind für zwei Punkte $p \neq q \in S^n$ die Fasern $\varphi^{-1}(p)$ und $\varphi^{-1}(q)$ disjunkte $(n-1)$-Zyklen. Mehr noch: Sie sind sogar nullhomolog, denn es ist $H_{n-1}(S^{2n-1}) = 0$ für $n \geq 2$.

Wir können dann die Verschlingungszahl $\varphi^{-1}(p) \odot \varphi^{-1}(q)$ bestimmen (Seite 521), wobei die Antikommutativität der Operation $\odot$ garantiert, dass es auf die Reihenfolge der Zyklen nicht ankommt, denn der Ausdruck $(2n-1)(n-1)+1$ ist eine gerade Zahl, wenn n gerade ist.

Es ist ferner anschaulich plausibel, dass die Verschlingungszahl $\varphi^{-1}(p) \odot \varphi^{-1}(q)$ nicht von der Wahl der Punkte p und q abhängt, denn eine kleine Variation dieser Punkte variiert auch die Fasern nur minimal, weswegen sich deren Verschlingung nicht ändert.

Und wenn φ genügend nahe an f liegt, so motiviert ein ähnliches Argument, dass die Verschlingungszahl nur von der Homotopieklasse der ursprünglichen Abbildung $f : S^{2n-1} \to S^n$ abhängt.

Hilfreich bei all diesen Überlegungen ist die Kompaktheit der betrachteten Zyklen und die Tatsache, dass stetige Abbildungen nach $\mathbb{Z}$ lokal konstant sind (was aber keinesfalls darüber hinwegtäuschen soll, dass die vollständige Ausarbeitung eines strengen Beweises technisch relativ aufwändig wäre).

Wir können jetzt die Größe definieren, die eine bemerkenswerte Entwicklung der Topologie im 20. Jahrhundert rund um die Frage nach den Divisionsalgebren ausgelöst hat.

Definition (Hopf-Invariante)
Es sei $f : S^{2n-1} \to S^n$ eine stetige Abbildung, $n \geq 2$ gerade, und $\varphi : K \to L$ wie oben eine simpliziale Approximation von f. Mit zwei Punkten $p \neq q$ außerhalb des $(n-1)$-Gerüsts von $L \cong S^n$ wird die **Hopf-Invariante** von f definiert als

$$H(f) = \varphi^{-1}(p) \odot \varphi^{-1}(q).$$

Diese Definition hängt weder von der Approximation φ noch von der Auswahl der Punkte p, q und nur von der Homotopieklasse der Abbildung f ab.

Bevor wir weitermachen, hier zunächst eine Skizze des **Beweises** für den obigen Satz von HOPF. Warum sind die Punktinversen $\varphi^{-1}(p)$ allesamt $(n-1)$-Zyklen? Zeichnerisch darstellbar ist der Satz nur für die Dimension $n = 2$, darauf beziehen sich auch die Grafiken. In höheren Dimensionen müssen Sie sich auf Ihr simpliziales Gefühl verlassen, es ist insgesamt nicht sehr schwierig. Nehmen wir also einen Punkt $p \in L \setminus L^{n-1}$, der sich im Inneren genau eines n-Simplex $\sigma^n \in L$ befindet.

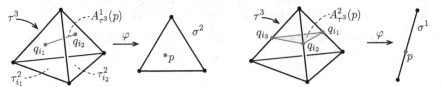

Falls dann ein $(2n-1)$-Simplex $\tau^{2n-1} \in K$ durch φ surjektiv auf σ^n abgebildet wird, erkennen Sie durch eine einfache Dimensionsrechnung in linearer Algebra, dass $\varphi^{-1}(p) \cap \tau^{2n-1}$ ein $(n-1)$-dimensionaler, affin linearer Teilraum von τ^{2n-1} ist, den wir mit $A^{n-1}_{\tau^{2n-1}}(p)$ bezeichnen wollen. Wie sieht dieser Teilraum aus?

Wir betrachten dazu die n-Seiten τ^n_i von τ^{2n-1}. Da φ simplizial ist, also affin linear in den Simplizes, schneidet $\varphi^{-1}(p)$ genau n von diesen Simplizes τ^n_i in inneren Punkten $q_{i_k} \in \tau^n_{i_k}$, $k = 1, \ldots, n$. (Die Bedingung hierfür ist $\varphi^{-1}(p) \cap \tau^n_i \neq \varnothing$, beachten Sie auch, dass p ein innerer Punkt von σ^n war und die $\tau^n_{i_k}$ durch φ isomorph auf σ^n abgebildet werden.)

Damit ist $A^{n-1}_{\tau^{2n-1}}(p)$ bestimmt: Es ist das durch die Punkte $q_{i_1}, \ldots, q_{i_n}$ aufgespannte $(n-1)$-Simplex in τ^{2n-1}, was durch das obige Bild links für $n = 2$ gezeigt wird. Rechts daneben die entsprechende Darstellung für eine Abbildung $S^3 \to S^1$. Das entspricht zwar nicht den gegebenen Dimensionsverhältnissen, ist aber die einzige Möglichkeit, den Fall $\dim(K) - \dim(L) = 2$ innerhalb des $\mathbb{R}^3$ aussagekräftig zu zeichnen und so die Entstehung eines wenigstens 2-dimensionalen Urbilds $A^2_{\tau^3}(p)$ zu zeigen.

Nun wird es spannend. Da K als Triangulierung von S^{2n-1} eine geschlossene orientierbare Mannigfaltigkeit ist, besitzt sie nur endlich viele Simplizes, und jedes τ^{2n-1} wie oben hat an jeder Seitenfläche ein benachbartes $(2n-1)$-Simplex anliegen – mit kohärenter Orientierung.

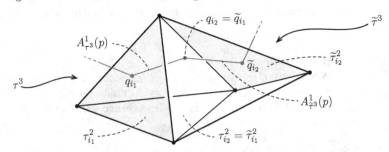

An jeder Seitenfläche eines Simplex $A^{n-1}_{\tau^{2n-1}}(p)$ liegt dann also ein weiteres Simplex $\tilde{\tau}^{2n-1} \in K$ an und damit auch die entsprechende Seitenfläche des zugehörigen

Urbilds bei φ, also des Simplex $A^{n-1}_{\tilde{\tau}^{2n-1}}(p)$. Diese zwei Seitenflächen berühren sich mit entgegengesetzter Orientierung (denn das tun τ^{2n-1} und $\tilde{\tau}^{2n-1}$ auch) und heben sich bei der Randbildung gegenseitig auf. Es ist damit $\partial\big(\varphi^{-1}(p)\big) = 0$ und das Urbild eines inneren Punktes von σ^n tatsächlich ein $(n-1)$-Zyklus.   ($\square$)

Soweit diese heuristischen, aber hoffentlich plausiblen Überlegungen zur HOPF-Invariante einer stetigen Abbildung $f : S^{2n-1} \to S^n$ für $n \geq 2$ gerade. Bereits in der Originalarbeit hat HOPF vermutet, dass diese Größe über die Topologie hinaus Bedeutung erlangen könnte, [47]:

> „ ... lassen sie *(Anm.: die obigen Überlegungen)* Zusammenhänge unserer Frage mit anderen Sätzen und Problemen sichtbar werden, welche mir Interesse zu verdienen scheinen."

> „ ... Ich hoffe, auf die damit verbundenen Fragen noch näher eingehen zu können."

Eine dieser Fragen betrifft Divisionsalgebren. Dazu sehen Sie sich noch einmal den Bigrad einer Abbildung $g : S^{n-1} \times S^{n-1} \to S^{n-1}$ an, also das Paar $(d_1, d_2) \in \mathbb{Z}^2$, bei dem d_1 der Grad (Seite 138) der Einschränkung $g|_{S^{n-1} \times \{y\}}$ und d_2 derjenige von $g|_{\{x\} \times S^{n-1}}$ ist für (beliebige) Punkte $x, y \in S^{n-1}$ (Seite 510). Über die dort besprochene HOPF-Konstruktion (Seite 522) erhalten wir aus g eine stetige Abbildung $f : S^{2n-1} \to S^n$. Der folgende Satz eröffnete dann in der Tat einen völlig neuen Zugang zur Dimensionsfrage bei Divisionsalgebren.

Satz (Hopf-Invariante und Bigrad)
In der obigen Situation gilt $H(f) = d_1 d_2$.

Der **Beweis** wird mit einem kühnen topologisch-geometrischen Argument geführt, das zwar unser Vorstellungsvermögen ordentlich strapaziert, insgesamt aber eine lohnende Übung auf der Zielgeraden dieser Einführung in die Topologie ist.

Wir teilen dazu die S^{2n-1} wie in der HOPF-Konstruktion in die zwei Hälften der HEEGAARD-Zerlegung

$$V_1 = S^{n-1} \times D^n \quad \text{und} \quad V_2 = D^n \times S^{n-1}.$$

Nach dem einfachen Fall für den Produktsatz der Homologie (Seite 312) ist

$$H_{n-1}(V_1) \cong H_{n-1}(V_2) \cong \mathbb{Z},$$

und Generatoren dieser Gruppen sind gegeben durch

$$\alpha_1 = \big[\mu_{S^{n-1}}\big] \times \{0\} \quad \text{und} \quad \alpha_2 = \{0\} \times \big[\mu_{S^{n-1}}\big],$$

wobei $\big[\mu_{S^{n-1}}\big]$ die Klasse des (positiv orientierten) Fundamentalzyklus von S^{n-1} bezeichnet. Die Menge $\{0\}$ steht dabei für den Nullpunkt im jeweils anderen Faktor D^n. Wir betrachten nun zwei Punkte $p \neq q \in S^n$ mit $p \in \mathring{D}^n_+$ und $q \in \mathring{D}^n_-$ sowie die beiden $(n-1)$-Zyklen $z_1 = f^{-1}(p) \in V_1$ und $z_2 = f^{-1}(q) \in V_2$.

Der Zyklus z_1 definiert ein Element in $H_{n-1}(V_1)$ und z_2 in $H_{n-1}(V_2)$, daher gilt

$$[z_1] \; = \; b_1\alpha_1 \quad \text{und} \quad [z_2] \; = \; b_2\alpha_2$$

mit zwei Zahlen $b_1, b_2 \in \mathbb{Z}$. Offensichtlich ist $\alpha_1 \circledcirc \alpha_2 = 1$, was unmittelbar an der Grafik bei positiv orientierten Zyklen erkennbar ist. Die Hopf-Invariante von f ist dann

$$H(f) \; = \; z_1 \circledcirc z_2 \; = \; (b_1\alpha_1) \circledcirc (b_2\alpha_2) \; = \; b_1 b_2 (\alpha_1 \circledcirc \alpha_2) \; = \; b_1 b_2 \, .$$

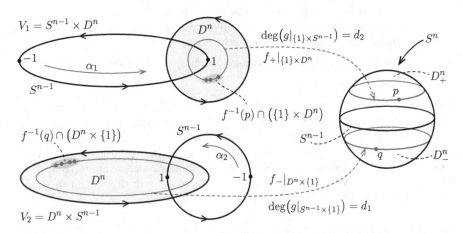

Nach dieser homologischen Interpretation von $z_1 \circledcirc z_2$ bestimmen wir die Verschlingung nun geometrisch und berechnen zunächst $z_1 \circledcirc \alpha_2$, indem der S^{n-1}-Faktor von α_2 durch den linken n-Ball D^n der Heegaard-Zerlegung ausgefüllt wird. Dies führt uns zu der Schnittzahl $z_1 \cdot \big(\{1\} \times D^n \big)$.

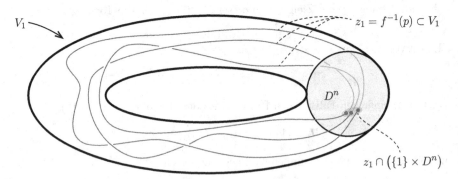

Die Frage lautet, wie viele Punkte von z_1 das Innere von $\{1\} \times D^n$ transversal schneiden (das ergäbe die Verschlingungszahl $z_1 \circledcirc \alpha_2$. An den Grafiken erkennt man, wie die Abbildung $f : S^{2n-1} \to S^n$ aus $g : S^{n-1} \times S^{n-1} \to S^{n-1}$ entsteht. Der Punkt p liegt auf einer im Innern der Halbkugel D_+^n zentrierten S^{n-1} um den Nordpol (im Fall $n = 2$ ist das ein Breitenkreis). Das Urbild dieser S^{n-1} bei $f_+ = f|_{V_1}$ ist dann eine S^{n-1} im Innern von $\{1\} \times D^n$, die mit dem Grad d_2 auf die $S^{n-1} \subset \overset{\circ}{D}{}^n_+$ abgebildet wird. Also hat $z_1 = f^{-1}(p)$ genau d_2 Urbildpunkte auf der S^{n-1} in dem Ball $\{1\} \times D^n$ (falls es mehr oder weniger Punkte wären, müsste man die Vorzeichen und algebraischen Vielfachheiten der Punkte berücksichtigen und es käme dasselbe heraus).

Beachten Sie, dass wir stets von kohärenten Orientierungen in S^{2n-1} und in S^n ausgegangen sind, woraus $z_1 \odot \alpha_2 = z_1 \cdot \big(\{1\} \times D^n\big) = d_2$ folgt. Mit $[z_1] = b_1 \alpha_1$ ergibt sich daraus $b_1 = d_2$. Völlig analog können Sie (als **Übung**) die Beziehung $b_2 = d_1$ errechnen und die Behauptung folgt wegen $H(f) = b_1 b_2$. $\qquad\square$

Ein trickreiches Vorgehen. Wir begannen mit der HEEGAARD-Torus-Zerlegung einer S^{2n-1} für gerades n und arbeiteten zunächst mit rein homologischen Argumenten. Es ergab sich $H(f) = z_1 \odot z_2 = b_1 b_2$ mit nicht näher bestimmten ganzen Zahlen b_1 und b_2. Dann kam der Abbildungsgrad von g ins Spiel, genauer der Bigrad (d_1, d_2), und die Verschlingung wurde geometrisch ermittelt. Ein Überkreuz-Argument ergab schließlich $b_1 = d_2$ und $b_2 = d_1$, woraus sofort die gewünschte Aussage folgte.

Diese Überlegungen münden jetzt in eine wichtige Folgerung aus der Annahme, es gäbe eine reelle Divisionsalgebra D der Dimension $n = 2k$. Die Multiplikation $(x, y) \mapsto xy$ definiert nämlich eine Abbildung

$$g_D : S^{n-1} \times S^{n-1} \longrightarrow S^{n-1}, \quad (x, y) \mapsto \frac{xy}{\|xy\|}.$$

Den Bigrad von g_D erkennt man ohne Probleme als (d_1, d_2) mit $|d_1| = |d_2| = 1$, denn Sie können in Divisionsalgebren Gleichungen der Form $ax = y$ und $bx = y$ eindeutig lösen (Seite 502). Dadurch erhält die zugehörige Abbildung

$$f_D : S^{2n-1} \longrightarrow S^n$$

nach dem obigen Satz eine HOPF-Invariante $H(f) = \pm 1$. Die daraus resultierende Frage, mit der sich die Topologen über 30 Jahre lang beschäftigt haben, ist heute als das **Hopf-Invariantenproblem** (engl. *Hopf invariant one problem*) bekannt:

Frage (Das Hopf-Invariantenproblem)
Für welche geraden Dimensionen $n \geq 2$ gibt es stetige Abbildungen

$$f : S^{2n-1} \longrightarrow S^n$$

mit $|H(f)| = 1$?

HOPF hat in seiner Originalarbeit von 1935 übrigens selbst gezeigt, dass es für alle geraden $n \geq 2$ Abbildungen $f : S^{2n-1} \to S^n$ mit $|H(f)| = 2$ gibt. Das Problem mit der Frage nach $|H(f)| = 1$ ist daher signifikant.

Die Beispiele für $|H(f)| = 2$ können wie folgt konstruiert werden: In S^{n-1} sei für einen Punkt y die $(n-1)$-Ebene N_y durch den Nullpunkt als die Senkrechte zum Vektor $y \in \mathbb{R}^n$ bestimmt. Eine stetige Abbildung $\varphi_y : S^{n-1} \to S^{n-1}$ werde dann definiert durch Spiegelung an der Ebene N_y. Es ist nicht schwierig, sich im

Rahmen einer kleinen **Übung** zu überlegen, dass für alle Dimensionen $n \geq 2$ die stetige Abbildung

$$g : S^{n-1} \times S^{n-1} \longrightarrow S^{n-1}, \quad (x, y) \mapsto \varphi_y(x)$$

den Bigrad $(-1, \pm 2)$ hat, wobei das Vorzeichen in der zweiten Komponente von der Dimension n abhängt.

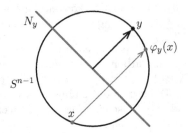

Bei festem y ist $g(\,.\,, y)$ nämlich eine Spiegelung, und bei festem x hat jeder Punkt in S^{n-1} die Urbilder y und $-y$, welche dieselbe Ebene definieren. Nach dem Bigrad-Satz (Seite 525) führt dies über die HOPF-Konstruktion zu einer Abbildung $f : S^{2n-1} \to S^n$ mit $|H(f)| = 2$. Beachten Sie, dass wir für den Bigradsatz eine gerade Dimension $n \geq 2$ brauchen, denn für ungerade Dimensionen n ist die Verschlingungszahl nicht kommutativ (Seite 521). Wir werden später übrigens sehen, dass für ungerades n stets $H(f) = 0$ ist (Seite 532).

Die HOPF-Invariante tauchte an verschiedenen Stellen und in immer neuem Gewand auf. Neben dem Bigradprodukt einer Abbildung $S^{n-1} \times S^{n-1} \to S^{n-1}$ und den Verschlingungszahlen der Punktinversen einer Abbildung $S^{2n-1} \to S^n$ gibt es auch eine Interpretation im Kohomologiering eines CW-Komplexes (womit auch diesen Räumen noch einmal Tribut gezollt wird).

Die Hopf-Invariante im Kohomologiering

Eine stetige Abbildung $f : S^{2n-1} \to S^n$, $n \geq 2$ gerade, kann auch als Anheftung einer $(2n)$-Zelle e^{2n} an den CW-Komplex $S^n = e^n \cup e^0$ aufgefasst werden und definiert damit einen CW-Komplex $C_f = S^{2n} \cup_f S^n$, bestehend aus den drei Zellen e^0, e^n und e^{2n}. Die zelluläre Homologie (Seite 355 f) zeigt dann, dass der Komplex C_f die Homologie

$$H_k(C_f) \cong \begin{cases} \mathbb{Z} & \text{für } k = 0,\ n \text{ und } 2n, \\ 0 & \text{in den anderen Fällen} \end{cases}$$

besitzt. Wegen des universellen Koeffiziententheorems (Seite 403) der Kohomologie gilt dies analog auch für die Kohomologiegruppen $H^k(C_f)$.

Nun sei eine Fundamentalklasse $\mu_{S^n} \in H_n(S^n) \cong H_n(C_f)$ ausgezeichnet (für die Isomorphie siehe Seite 351), und $\alpha \in H^n(C_f)$ sei das Hom-Duale von μ_{S^n}, also der Generator von $H^n(C_f)$ mit $\alpha(\mu_{S^n}) = 1$. Die charakteristische Abbildung der Zelle e^{2n} in C_f,

$$\Phi : (D^{2n}, S^{2n-1}) \longrightarrow (C_f, S^n),$$

liefert einen Isomorphismus $\Phi_* : H_{2n}(D^{2n}, S^{2n-1}) \to H_{2n}(C_f, S^n) \cong H_{2n}(C_f)$, was Sie wieder der zellulären Homologie entnehmen können (Seite 352 f). Beachten Sie, dass Φ in der zweiten Komponente mit der Abbildung f übereinstimmt, wodurch beide Teile von $C_f = e^{2n} \cup_f S^n$ eine Orientierung bekommen. Das Bild $\Phi_*[D^{2n}]$ definiert dann einen Generator von $H_{2n}(C_f, S^n)$, dessen Bild bei dem Isomorphismus $H_{2n}(C_f, S^n) \to H_{2n}(C_f)$ mit μ_{C_f} bezeichnet sei. Das zu μ_{C_f} Hom-Duale sei $\beta \in H^{2n}(C_f)$, analog zu oben definiert durch $\beta(\mu_{C_f}) = 1$.

Satz (Hopf-Invariante in der Kohomologie; Steenrod 1949)

Mit den obigen Generatoren $\alpha \in H^n(C_f)$ und $\beta \in H^{2n}(C_f)$ gilt

$$\alpha^2 = H(f)\beta.$$

Dies ist eine suggestive (und leicht zu merkende) kohomologische Interpretation der HOPF-Invariante $H(f)$ mit dem Cup-Produkt im Ring $H^*(C_f)$.

Ein Umstand, der in manchen Lehrbüchern dazu geführt hat, die HOPF-Invariante von Beginn an nur über den Kohomologiering einzuführen, ohne den klassischen Ursprung dieser Zahl zu erwähnen.

Der **Beweis** ist ein lohnender Rückblick auf die facettenreichen Konstruktionen der (Ko-)Homologie. Er zeigt zudem auf, dass man die theoretischen Meilensteine wie lange exakte (Ko-)Homologiesequenzen, die zelluläre Homologie, die MAYER-VIETORIS-Sequenzen oder das universelle Koeffiziententheorem nicht nur als „Black Box" verwenden sollte, deren Innenleben kaum weiter interessiert. Auch wenn sich durchaus viele Resultate allein durch geschicktes Jonglieren mit diesen schweren Geschützen ergeben, ist es manchmal von Nutzen, zu den Wurzeln der Theorie hinabzusteigen und noch einmal elementar auf Ebene der Ketten und Koketten zu rechnen.

Wir gehen also aus von einer stetigen Abbildung $f : S^{2n-1} \to S^n$, die wir uns bezüglich der Standardtriangulierungen der Sphären als simpliziale Abbildung vorstellen (Seite 165). Nach Definition (Seite 523) ist $H(f) = f^{-1}(p) \odot f^{-1}(q)$ für zwei generische Punkte $p \neq q \in S^n$, wobei $f^{-1}(p)$ und $f^{-1}(q)$ zwei disjunkte, nullhomologe $(n-1)$-Zyklen in S^{2n-1} sind. Die Interpretation der Verschlingungszahlen mit dem Cup-Produkt (Seite 521) ergibt schließlich

$$H(f) = \left(c_P^* \cup c_q^*\right)(\mu_{S^{2n-1}}),$$

wobei der Kozyklus c_q^* in $C^n(S^{2n-1})$ das POINCARÉ-Duale zu dem Zyklus $f^{-1}(q)$ ist, dito für c_p^* und $f^{-1}(p)$. Die $(n-1)$-Kokette c_P^* ist dann als Lösung der Gleichung $\delta x = c_p^*$ das POINCARÉ-Duale zu einer n-Kette c_P mit $\partial c_P = f^{-1}(p)$.

Die Unabhängigkeit dieser Definition von der simplizialen Approximation hat schon HOPF gezeigt. Interessanterweise benötigen wir sie gar nicht, denn sie wird sich am Ende des Beweises erneut ergeben.

Die Idee besteht nun darin, den Ausdruck $(c_P^* \cup c_q^*)(\mu_{S^{2n-1}})$ in der Kokettengruppe $C^{2n}(D^{2n})$ zu berechnen und anschließend mit der charakteristischen Abbildung $\Phi : (D^{2n}, S^{2n-1}) \to (C_f, S^n)$ der Zelle e^{2n} in den Komplex C_f zu transportieren.

Man muss sich dazu nur klarmachen, wie die (Ko-)Homologiegruppen von Räumen, Teilräumen und Raumpaaren (als relative Gruppen) zusammenhängen und welchen Gesetzen die (Ko-)Randoperatoren darin genügen.

Zunächst kann man beobachten, dass für alle $k \in \mathbb{Z}$ sowohl

$$0 \longrightarrow C_k(S^{2n-1}) \longrightarrow C_k(D^{2n}) \longrightarrow C_k(D^{2n}, S^{2n-1}) \longrightarrow 0$$

als auch die dazu Hom-duale Sequenz

$$0 \longrightarrow C^k(D^{2n}, S^{2n-1}) \longrightarrow C^k(D^{2n}) \longrightarrow C^k(S^{2n-1}) \longrightarrow 0$$

bei genauer Betrachtung spaltende exakte Sequenzen sind (Seite 69). Der Spaltungshomomorphismus $C_k(D^{2n}, S^{2n-1}) \to C_k(D^{2n})$ ist dadurch geben, dass in einer Kette c_k, die ein Element der relativen Gruppe $C_k(D^{2n}, S^{2n-1})$ repräsentiert, einfach alle Summanden gestrichen werden, die ganz in S^{2n-1} liegen. Sie überlegen sich schnell, dass dadurch eine wohldefinierte Kette in $C_k(D^{2n})$ festgelegt wird, deren Summanden allesamt nicht in S^{2n-1} enthalten sind.

Die Spaltung $C^k(S^{2n-1}) \to C^k(D^{2n})$ ordnet einem $h_k : C_k(S^{2n-1}) \to \mathbb{Z}$ den Homomorphismus $C_k(D^{2n}) \to \mathbb{Z}$ zu, der auf allen Simplizes in S^{2n-1} mit h_k übereinstimmt und auf allen anderen Simplizes 0 ergibt (bei den Elementen der Gruppe $C^k(D^{2n}, S^{2n-1})$ verhält es sich genau umgekehrt). All dies passt perfekt zusammen und ergibt die natürlichen Zerlegungen

$$C_k(D^{2n}) \cong C_k(S^{2n-1}) \oplus C_k(D^{2n}, S^{2n-1})$$

und

$$C^k(D^{2n}) \cong C^k(D^{2n}, S^{2n-1}) \oplus C^k(S^{2n-1}).$$

Die zweite Zerlegung erlaubt es, die Kokette $c_P^* \cup c_q^*$ als Element in $C^{2n-1}(D^{2n})$ zu interpretieren, dito für deren Auswertung auf dem Fundamentalzyklus $\mu_{S^{2n-1}}$, der dabei als $(2n-1)$-Kette in $C_{2n-1}(D^{2n})$ anzusehen ist. Für den Operator δ_D im Kokettenkomplex von D^{2n} gilt nach der Formel auf Seite 496

$$\delta_D\big(c_P^* \cup c_q^*\big)(\mu_{D^{2n}}) = \big(\delta_D c_P^* \cup c_q^*\big)(\mu_{D^{2n}}) - \big(c_P^* \cup \delta_D c_q^*\big)(\mu_{D^{2n}}),$$

wobei $\mu_{D^{2n}}$ hier keinen Fundamentalzyklus im strengen Sinne bezeichnet, sondern den triangulierten Ball $D^{2n} \cong \Delta^{2n}$. Wegen $\partial \mu_{D^{2n}} = \mu_{S^{2n-1}}$ gilt nach Definition

$$\big(c_P^* \cup c_q^*\big)(\mu_{S^{2n-1}}) = \delta_D\big(c_P^* \cup c_q^*\big)(\mu_{D^{2n}})$$

und wir können uns bei der Berechnung der HOPF-Invariante auf die rechte Seite in der obigen Formel für $\delta_D(c_P^* \cup c_q^*)(\mu_{D^{2n}})$ konzentrieren, also auf den Ausdruck

$$\big(\delta_D c_P^* \cup c_q^*\big)(\mu_{D^{2n}}) - \big(c_P^* \cup \delta_D c_q^*\big)(\mu_{D^{2n}}).$$

Entscheidend hierfür ist eine genaue Kenntnis von δ_D, und hier gibt es leider ein Hindernis, denn der Korandoperator δ_D hält sich nicht an die Summenzerlegung des Kokettenkomplexes von D^{2n}.

Um dies zu konkretisieren, betrachten wir die zugehörige Verkettung

$$C_k(D^{2n}) \xrightarrow{\partial|_S} C_{k-1}(S^{2n-1}) \longrightarrow \mathbb{Z} \, ,$$

in der $\partial|_S$ der gewöhnliche Rand in D^{2n} ist, mit anschließender Löschung aller Summanden, die nicht in S^{2n-1} enthalten sind. Für den eingeschränkten Operator

$$\delta_D\big|_{C^{k-1}(S^{2n-1})} : C^{k-1}(S^{2n-1}) \longrightarrow C^k(D^{2n}), \quad c^{k-1} \mapsto \delta_D(c^{k-1}) \, ,$$

ergeben sich damit bei der Bestimmung von $\delta_D(c^{k-1})$ stets zwei Teile: zum einen $\delta_S(c^{k-1}) \in C^k(S^{2n-1})$ als gewöhnlicher Korand der Kokette c^{k-1} bezüglich des Kokettenkomplexes von S^{2n-1} und zum anderen $\delta^{\#}(c^{k-1}) \in C^k(D^{2n}, S^{2n-1})$ als der relative Korand von c^{k-1} bezüglich der langen exakten Kohomologiesequenz des Paares (D^{2n}, S^{2n-1}). Versuchen Sie als kleine **Übung**, dieses Phänomen aus der obigen Verkettung herauszulesen. So gesehen kann $\delta_D = \delta_S \oplus \delta^{\#}$ geschrieben werden, mithin als „Korand $\oplus$ relativer Korand".

Mit den obigen Bezeichnungen ist dann einerseits $\delta_D c_P^* = b_p^* \oplus c_p^*$ mit einem relativen Kozyklus $b_p^* \in C^n(D^{2n}, S^{2n-1})$ und andererseits $\delta_D c_q^* = 0$ auf dem direkten Summanden $C^{n+1}(S^{2n-1})$ in $C^{n+1}(D^{2n})$. Insgesamt ergibt sich daraus

$$
\begin{aligned}
\delta_D\big(c_P^* \cup c_q^*\big)(\mu_{D^{2n}}) &= \big(\delta_D c_P^* \cup c_q^*\big)(\mu_{D^{2n}}) - \big(c_P^* \cup \delta_D c_q^*\big)(\mu_{D^{2n}}) \\
&= \big(\delta_D c_P^* \cup c_q^*\big)(\mu_{D^{2n}}) = \big((b_p^* \oplus c_p^*) \cup c_q^*\big)(\mu_{D^{2n}}) \\
&= (b_p^* \cup c_q^*)(\mu_{D^{2n}}) + (c_p^* \cup c_q^*)(\mu_{D^{2n}}) \\
&= (c_p^* \cup c_q^*)(\mu_{D^{2n}}) \, .
\end{aligned}
$$

Als Erklärung für das zweite und fünfte Gleichheitszeichen sei gesagt, dass $\mu_{D^{2n}}$ nichts anderes als die standardmäßige Triangulierung $\Delta^{2n} \to D^{2n}$ bedeutet. Die Einschränkungen $\Delta^{2n}|_{[x_0,...,x_n]}$ und $\Delta^{2n}|_{[x_n,...,x_{2n}]}$ liegen beide in $\partial \Delta^{2n} \cong S^{2n-1}$, weswegen darauf alle Cup-Produkte zu 0 werden, bei denen mindestens ein Faktor auf allen Simplizes in S^{2n-1} verschwindet (das ist für b_p^* und $\delta_D c_q^*$ der Fall, die Definition des Cup-Produktes finden Sie auf Seite 496). Es bleibt demnach nur der Ausdruck $(c_p^* \cup c_q^*)(\mu_{D^{2n}})$ übrig und wir können als Zwischenergebnis

$$H(f) = (c_p^* \cup c_q^*)(\mu_{D^{2n}})$$

festhalten. Der Rest gestaltet sich einfacher, wir betrachten jetzt die charakteristische Abbildung $\Phi : (D^{2n}, S^{2n-1}) \to (C_f, S^n)$ der Zelle e^{2n}, wie in der Einleitung zu diesem Satz erwähnt. Es ist $\Phi^{\#}(p^*) = c_p^*$ und $\Phi^{\#}(q^*) = c_q^*$, mit den POINCARÉ-Dualen $p^* \in C^n(S^n)$ zum 0-Zyklus $p \in C_0(S^n)$ und $q^* \in C^n(S^n)$ zum 0-Zyklus $q \in C_0(S^n)$. Direkt aus den Definitionen folgt dann

$$
\begin{aligned}
(c_p^* \cup c_q^*)(\mu_{D^{2n}}) &= \big(\Phi^{\#}(p^*) \cup \Phi^{\#}(q^*)\big)(\mu_{D^{2n}}) \\
&= (p^* \cup q^*)\big(\Phi_{\#}(\mu_{D^{2n}})\big) = (p^* \cup q^*)(\mu_{C_f}) \, .
\end{aligned}
$$

Der Ausdruck auf der rechten Seite ist identisch zu $\alpha^2(\mu_{C_f})$, denn sowohl p^* als auch q^* sind Repräsentanten des Generators $\alpha \in H^n(S^n)$.

An dem Beweis erkennt man auch, dass die HOPF-Invariante nur von der Homotopieklasse der Abbildung f abhängt (siehe die Bemerkung am Anfang), denn nach dem Satz über homotope Anheftungen (Seite 177) ist für $f \simeq g$ auch $C_f \simeq C_g$. Alle Konstruktionen des Beweises lassen sich dann durch natürliche Isomorphismen von C_f nach C_g übertragen und umgekehrt.   □

Die kohomologische Sicht auf die HOPF-Invariante ist übrigens nur ein spezielles Beispiel aus der Publikation von STEENROD, der diese Phänomene in allgemeinerem Kontext untersucht hat, [109]. Aus dem Satz ergeben sich nun ohne große Mühen die bekannten Eigenschaften der HOPF-Invariante, die HOPF selbst schon in den Jahren 1931–1935 auf anderem Weg gefunden hat, [46][47].

Folgerung (Eigenschaften der Hopf-Invariante)

Über die obige Festlegung $\alpha^2 = H(f)\beta$ gelten für beliebige stetige Abbildungen $f : S^{2n-1} \to S^n$ die folgenden Aussagen:

1. $H(f)$ hängt nur von der Homotopieklasse $[f] \in \pi_{2n-1}(S^n)$ ab.

2. Für ungerades $n \geq 1$ ist stets $H(f) = 0$.

3. Hat $g : S^{2n-1} \to S^{2n-1}$ den Grad $\deg(g)$, gilt

$$H(f \circ g) = \deg(g)H(f).$$

4. Hat $h : S^n \to S^n$ den Grad $\deg(h)$, gilt

$$H(h \circ f) = \deg(h)^2 H(f).$$

5. Die Zuordnung $[f] \mapsto H(f)$ induziert einen Gruppenhomomorphismus

$$H : \pi_{2n-1}(S^n) \longrightarrow \mathbb{Z}.$$

Der **Beweis** ist relativ einfach, wenn man sich die Räume genau vor Augen führt. Aussage 1 folgt aus der Konstruktion des vorigen Satzes gemäß der Bemerkung am Ende des Beweises. Aussage 2 ergibt sich aus der Antikommutativität des Cup-Produkts für ungerades n (Seite 496), woraus sich $\alpha^2 = -\alpha^2$ ergäbe.

Für Aussage 3 betrachten wir das Diagramm

$$
\begin{array}{ccc}
(D^{2n}, S^{2n-1}) & \xrightarrow{\ \Phi(f)\ } & (C_f, S^n) \\
G \Big\uparrow \quad \Big\uparrow g & & \widetilde{G} \Big\uparrow \quad \Big\| \\
(D^{2n}, S^{2n-1}) & \xrightarrow{\ \Phi(fg)\ } & (C_{fg}, S^n),
\end{array}
$$

wobei für eine Hintereinanderausführung $f \circ g$ auch kurz fg geschrieben wird. Die charakteristischen Abbildungen von e^{2n} in den CW-Komplexen C_f und C_{fg} sind in dem Diagramm mit $\Phi(f)$ und $\Phi(fg)$ bezeichnet.

Es ist nun eine einfache **Übung**, zu zeigen, dass es für g eine bis auf Homotopie eindeutige Fortsetzung zu einer Abbildung $G : D^{2n} \to D^{2n}$ gibt (ziehen Sie die

Abbildung g über Polarkoordinaten radial auf den Nullpunkt in D^{2n} zusammen, die Eindeutigkeit bis auf Homotopie ergibt sich mit Faktorisierung von G durch den Rand S^{2n-1} und der Tatsache, dass $\pi_{2n}(S^{2n}) \cong \mathbb{Z}$ ist, Seite 138).

Die Fortsetzung G induziert dann eine Abbildung $\widetilde{G} : C_{fg} \to C_f$, die auf S^n die Identität und auf $e^{2n} \subset C_{fg}$ durch $\Phi(f)\,G\,\Phi(fg)^{-1}$ gegeben ist. Mit den Bezeichnungen des vorigen Beweises gilt dann

$$\widetilde{G}_*(\mu_{C_{fg}}) \;=\; \deg(g)\,\mu_{C_f}\,,$$

was man über die zelluläre Homologie (Seite 355) durch die Quotientenbildung $C_{fg}/S^n \cong C_f/S^n \cong S^{2n}$ und elementare Gradbetrachtungen beim Rücktransport von $\widetilde{G}$ via $\Phi(fg)$ und $\Phi(f)^{-1}$ auf G erhält. Wir beobachten weiter, dass

$$\widetilde{G}^*(\alpha_f) \;=\; \alpha_{fg}$$

gilt, denn die Abbildung $\widetilde{G}$ ist auf den Sphären S^n die Identität (die Indizes f und fg zeigen an, ob es sich um den Generator von $H^n(C_f)$ oder $H^n(C_{fg})$ handelt). Damit ergibt sich mit den Überlegungen des vorigen Beweises

$$
\begin{aligned}
H(f \circ g) \;&=\; (\alpha_{fg} \cup \alpha_{fg})(\mu_{C_{fg}}) \;=\; \big(\widetilde{G}^*(\alpha_f) \cup \widetilde{G}^*(\alpha_f)\big)(\mu_{C_{fg}}) \\[4pt]
&=\; \big(\widetilde{G}^*(\alpha_f \cup \alpha_f)\big)(\mu_{C_{fg}}) \;=\; (\alpha_f \cup \alpha_f)\big(\widetilde{G}_*(\mu_{C_{fg}})\big) \\[4pt]
&=\; (\alpha_f \cup \alpha_f)\big(\deg(g)\,\mu_{C_f}\big) \;=\; \deg(g)\,(\alpha_f \cup \alpha_f)(\mu_{C_f}) \;=\; \deg(g)\,H(f).
\end{aligned}
$$

Für Aussage 4 betrachten wir auf gleiche Weise das Diagramm

$$
\begin{array}{ccc}
(D^{2n}, S^{2n-1}) & \xrightarrow{\;\Phi(f)\;} & (C_f, S^n) \\[2pt]
\Big\| & & {\scriptstyle \widetilde{h}}\Big\downarrow\ \Big\downarrow {\scriptstyle h} \\[2pt]
(D^{2n}, S^{2n-1}) & \xrightarrow{\;\Phi(hf)\;} & (C_{hf}, S^n),
\end{array}
$$

aus dem sich die Abbildung $\widetilde{h} : C_f \to C_{hf}$ herauslesen lässt. Auf S^n ist sie h, und auf $e^{2n} \subset C_f$ die Identität $\Phi(hf)\,\Phi(f)^{-1}$. Mit denselben Argumenten wie oben sieht man diesmal

$$\widetilde{h}_*(\mu_{C_f}) \;=\; \mu_{C_{hf}} \quad \text{und} \quad \widetilde{h}^*(\alpha_{hf}) \;=\; \deg(h)\,\alpha_f\,,$$

wobei Sie für die zweite Gleichung auf beiden Seiten von $\widetilde{h}_*[p_f] = \deg(h)\,[p_{hf}]$ noch das POINCARÉ-Duale bilden müssen – mit einem Punkt $p_f \in S^n \subset C_f$ und $p_{hf} = h(p_f) \in C_{hf}$. Damit ergibt sich wie gewünscht

$$
\begin{aligned}
H(h \circ f) \;&=\; (\alpha_{hf} \cup \alpha_{hf})(\mu_{C_{hf}}) \;=\; (\alpha_{hf} \cup \alpha_{hf})\big(\widetilde{h}_*(\mu_{C_f})\big) \\[4pt]
&=\; \widetilde{h}^*(\alpha_{hf} \cup \alpha_{hf})(\mu_{C_f}) \;=\; \big(\widetilde{h}^*(\alpha_{hf}) \cup \widetilde{h}^*(\alpha_{hf})\big)(\mu_{C_f}) \\[4pt]
&=\; \big((\deg(h)\,\alpha_f) \cup (\deg(h)\,\alpha_f)\big)(\mu_{C_f}) \;=\; \deg(h)^2(\alpha_f \cup \alpha_f)(\mu_{C_f}) \\[4pt]
&=\; \deg(h)^2 H(f).
\end{aligned}
$$

Es ist bemerkenswert (aber plausibel), dass eine Vervielfältigung der $(n-1)$-Zyklen auf S^{2n-1} linear und eine auf S^n quadratisch eingeht. Anschaulich argumentiert, werden durch ein $g : S^{2n-1} \to S^{2n-1}$ Kopien von „vollständigen" Verschlingungen (oder Schnitten) angefertigt, und zwar $\deg(g)$ Stück. Im Gegensatz dazu werden bei $h : S^n \to S^n$ die sich verschlingenden (oder schneidenden) Teile einzeln $\deg(h)$-fach kopiert, sodass jeder Teil von $(hf)^{-1}(p)$ mit jedem Teil von $(hf)^{-1}(q)$ verschlungen ist. Dies führt dazu, dass der Grad $\deg(h)$ quadratisch eingeht.

Für Aussage 5 seien zwei Abbildungen $f, g : (D^{2n}, S^{2n-1}) \to (S^n, 1)$ gegeben, deren Homotopieklassen Elemente $[f], [g] \in \pi_{2n-1}(S^n)$ definieren. Mit dem Äquatorball $D_e^{2n-1} \subset D^{2n}$ kann das Produkt $f \cdot g \in \pi_{2n-1}(S^n)$ repräsentiert werden durch eine Abbildung $(D^{2n}, S^{2n-1}) \to (S^n, 1)$, die auf der Nordhalbkugel D_N^{2n} die Klasse $[f]$ definiert und auf der Südhalbkugel D_S^{2n} die Klasse $[g]$. Beachten Sie dazu die originäre Definition der Homotopiegruppen (Seite 134) über Abbildungen $(I^{2n}, \partial I^{2n}) \to (S^n, 1)$, und dass die von f und g induzierten Abbildungen $\partial D_N^{2n} \to S^n$ und $\partial D_S^{2n} \to S^n$ jeweils konstant gleich $1 \in S^n$ sind.

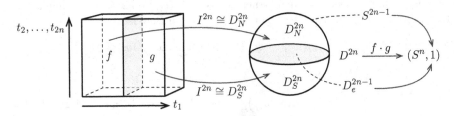

Nun sei der CW-Komplex $C_{f \vee g}$ gegeben durch die Anheftung zweier Zellen e_f^{2n} und e_g^{2n} an S^n, einmal über die Abbildung f und einmal über g. Die Quotientenabbildung $Q : D^{2n} \to D_N^{2n} \vee D_S^{2n}$, die den äquatorialen Ball D_e^{2n-1} zu einem Punkt zusammenschlägt, führt mit dem Diagramm

$$
\begin{array}{ccc}
(D^{2n}, S^{2n-1}) & \xrightarrow{\ \Phi(f \cdot g)\ } & (C_{f \cdot g}, S^n) \\[2mm]
{\scriptstyle Q}\big\downarrow & & \big\downarrow{\scriptstyle \widetilde{Q}}\ \big\| \\[2mm]
\big(D_N^{2n} \vee D_S^{2n},\ S_N^{2n-1} \vee S_S^{2n-1}\big) & \xrightarrow{\ \Phi(f \vee g)\ } & (C_{f \vee g}, S^n).
\end{array}
$$

wie oben bei Aussage 3 zu einem natürlichen Quotienten $\widetilde{Q} : C_{f \cdot g} \to C_{f \vee g}$. Darin ist die Abbildung $f \vee g : (S_N^{2n-1}, 1) \vee (S_S^{2n-1}, 1) \to (S^n, 1)$ auf S_N^{2n-1} identisch zur Abbildung f und auf S_S^{2n-1} zu g, entsprechend ist $\Phi(f \vee g)$ das Keilprodukt der beiden charakteristischen Abbildungen $(D_N^{2n}, S_N^{2n-1}) \to (C_f, S^n)$ der Zelle e_f^{2n} im Teilkomplex $C_f \subset C_{f \vee g}$, dito für $(D_S^{2n}, S_S^{2n-1}) \to (C_g, S^n)$ im Teilkomplex C_g.

Anschaulich können Sie sich $C_{f \vee g}$ als eine Art „Keilprodukt" von C_f und C_g vorstellen, das nicht nur einen Keilpunkt hat, sondern eine „Keilsphäre" S^n, mit deren Identifikation die beiden CW-Komplexe aneinander geheftet sind. Wieder über die zelluläre Homologie (Seite 355), zusammen mit der Formel für gute Keilprodukte (Seite 278), sehen Sie dann $H_{2n}(C_{f \vee g}) \cong \mathbb{Z} \oplus \mathbb{Z}$ mit den Generatoren

μ_{C_f} und μ_{C_g}, $H^n(C_{f\vee g}) \cong \mathbb{Z}$ mit dem Generator $\alpha_{f\vee g}$ (Hom-dual zu μ_{S^n}) sowie die Beziehungen $\widetilde{Q}_*(\mu_{f\cdot g}) = \mu_{C_f} + \mu_{C_g}$ und $\widetilde{Q}^*(\alpha_{f\vee g}) = \alpha_{f\cdot g}$.

Die wichtige Gleichung für $\widetilde{Q}_*(\mu_{f\cdot g})$ erhalten Sie über das Nachschalten der natürlichen Quotientenabbildungen $q_f : C_{f\vee g} \to C_f$ und $q_g : C_{f\vee g} \to C_g$. Sie erkennen dabei ohne Probleme über elementare Argumente mit Abbildungsgraden, dass $(q_f \circ \widetilde{Q})_*(\mu_{C_{f\cdot g}}) = \mu_{C_f}$ und $(q_g \circ \widetilde{Q})_*(\mu_{C_{f\cdot g}}) = \mu_{C_g}$ ist.

Auf gleiche Weise wie bei Aussage 3 ergibt sich damit

$$
\begin{aligned}
H(f \cdot g) &= (\alpha_{f\cdot g} \cup \alpha_{f\cdot g})(\mu_{C_{f\cdot g}}) = \big(\widetilde{Q}^*(\alpha_{f\vee g}) \cup \widetilde{Q}^*(\alpha_{f\vee g})\big)(\mu_{C_{f\cdot g}}) \\
&= \big(\widetilde{Q}^*(\alpha_{f\vee g} \cup \alpha_{f\vee g})\big)(\mu_{C_{f\cdot g}}) = (\alpha_{f\vee g} \cup \alpha_{f\vee g})\big(\widetilde{Q}_*(\mu_{C_{f\cdot g}})\big) \\
&= \alpha_{f\vee g}^2(\mu_{C_f} + \mu_{C_g}) = \alpha_{f\vee g}^2(\mu_{C_f}) + \alpha_{f\vee g}^2(\mu_{C_g}) \\
&= H(f) + H(g) .
\end{aligned}
$$

Das letzte Gleichheitszeichen rührt daher, dass der Ausdruck $\alpha_{f\vee g}^2(\mu_{C_f})$ allein in $S^n \cup_f e_f^{2n} = C_f \subset C_{f\vee g}$ berechenbar ist, dito für $\alpha_{f\vee g}^2(\mu_{C_g})$ in $C_g \subset C_{f\vee g}$, denn die Einschränkung von $\Phi(f \vee g)$ auf die Summanden D_N^{2n} und D_S^{2n} entsprechen genau den charakteristischen Abbildungen von e_f^{2n} und e_g^{2n} in C_f und C_g. $\square$

Aussage 5 hat noch eine interessante Konsequenz für die Homotopiegruppen der Sphären (Seite 157), womit sich der Kreis auch zu diesem großen Forschungsgebiet schließt. Falls nämlich eine Abbildung $f : S^{2n-1} \to S^n$ mit $|H(f)| = 1$ existiert, ist H eine Surjektion von $\pi_{2n-1}(S^n)$ auf $\mathbb{Z}$. Falls nicht, gibt es für alle geraden $n \geq 2$ eine Abbildung $f : S^{2n-1} \to S^n$ mit $|H(f)| = 2$ (Seite 527), weswegen in diesen Fällen $H/2 : \pi_{2n-1}(S^n) \to \mathbb{Z}$ surjektiv ist. Es gibt also für gerade $n \geq 2$ immer eine Surjektion $h : \pi_{2n-1}(S^n) \to \mathbb{Z}$ und offensichtlich spaltet die Sequenz

$$
0 \longrightarrow \operatorname{Ker}(h) \longrightarrow \pi_{2n-1}(S^n) \overset{h}{\longrightarrow} \mathbb{Z} \longrightarrow 0 \,,
$$

denn jede Zuordnung $1 \mapsto f$ mit $h(f) = 1$ definiert einen Homomorphismus für die Spaltung (Seite 69). Dies führt abschließend noch zu folgender Erkenntnis:

Beobachtung
Für alle geraden $n \geq 2$ besitzt $\pi_{2n-1}(S^n)$ einen direkten $\mathbb{Z}$-Summanden. $\square$

Die Aussage ist insofern bemerkenswert, als die dort genannten Gruppen die einzigen (!) Beispiele der Form $\pi_k(S^n)$ mit $n \geq 0$ und $k > n$ sind, die unendlich viele Elemente besitzen. Dieses fundamentale Resultat (Sie können es auf Seite 157 exemplarisch verifizieren) geht auf J.P. Serre zurück, [104], würde den Horizont der vorliegenden Einführung in die Topologie aber weit übersteigen.

Literaturverzeichnis

[1] S. Akbulut and J.D. McCarthy. *Casson's invariant for oriented homology 3-spheres*. Mathematical Notes 36, Princeton, 1990.

[2] J.W. Alexander. *An Example of a Simply Connected Surface Bounding a Region which is not Simply Connected*. Proc. of the Nat. Acad. of Sc. of the USA (Nat. Acad. of Sc.) 10 (1), 1924.

[3] J.W. Alexander. *On the ring of a complex and the combinatory theory of integration*. Proc. of the International Conference on Topology, Moscow 1935; in Math. Sbornik, Vol. 43, 1936.

[4] L. Antoine. *Sur l'homéomorphisme de deux figures et leurs voisinages*. Journal Math Pures et appl. 4, 1921.

[5] M. Atiyah. *K-Theory*. Westview Press, 1994.

[6] R. Baer. *Abelian groups without elements of finite order*. Duke Mathematical Journal, 3 (1), 1937.

[7] R. Baer and F. Levi. *Freie Produkte und ihre Untergruppen*. Compositio Mathematica, 1936.

[8] E. Betti. *Sopra gli spazi di un numero qualunque di dimensioni*. Ann. Mat. Pura Appl. 2/4, 1871.

[9] K. Borsuk. *Theory of Retracts*. Monografie Matematyczne, Warsaw, 1967.

[10] G.E. Bredon. *Topology and Geometry*. Springer Verlag New York, 1997/2002.

[11] L. E. J. Brouwer. *Über Abbildungen von Mannigfaltigkeiten*. Mathematische Annalen 71, 1911.

[12] M. Brown. *A proof of the generalized Schoenflies theorem*. Bulletin of the American Mathematical Society, 66, 1960.

[13] J.W. Cannon. *Shrinking cell-like decompositions of manifolds*. Annals of Math. 110, 1979.

[14] G. Cantor. *Über unendliche, lineare Punktmannigfaltigkeiten, 5*. Mathematische Annalen, Vol. 21, 1883.

[15] H.-D. Cao and X.-P. Zhu. *Hamilton-Perelman's Proof of the Poincaré Conjecture and the Geometrization Conjecture*. Asian Journ. Math., 10(2), 2006.

[16] A. Cayley. *On Jacobi's Elliptic functions, in reply to the Rev. Brice Bronwin; and on Quaternions*. Philosophical Magazine Series 3, 1832-1850, 1845.

[17] E. Čech. *Höherdimensionale Homotopiegruppen*. Verhandlungen des Internationalen Mathematikerkongress, Zürich, 1932.

[18] E. Čech. *Multiplications on a Complex.* Annals of Mathematics, Vol. 37, No. 3, 1936.

[19] E. Čech. *On bicompact spaces.* Mathematische Annalen 38 (4), 1937.

[20] P. Cohen. *Set Theory and the Continuum Hypothesis.* Benjamin, New York, 1963.

[21] H.S.M. Coxeter. *Regular Polytopes (Third ed.).* Dover Publications, 1973.

[22] G. de Rham. *Sur l'analysis situs des variétés à n dimensions.* Journal de Mathématiques pures et appliquées. 10, 1931.

[23] J. Dieudonné. *Une généralisation des espaces compacts.* Journal de Mathématiques Pures et Appliquées, Neuvième Série 23, 1944.

[24] R.D. Edwards. *Suspensions of homology spheres.* arXiv:math/0610573, 2006 (1978).

[25] S. Eilenberg. *Singular homology theory.* Annals of Mathematics, 45, 1944.

[26] S. Eilenberg and S. MacLane. *Natural isomorphisms in group theory.* Proc. Nat. Acad. Sci. USA, Nr. 28, 1942.

[27] S. Eilenberg and S. MacLane. *Acyclic Models.* American Journal of Mathematics, Vol. 75, No. 1, 1953.

[28] S. Eilenberg and J.A. Zilber. *On Products of Complexes.* Amer. Jour. Math. Vol. 75, No. 1, 1953.

[29] L. Euler. *Elementa doctrine solidorum.* Novi comm. acad. scientiarum imperialis petropolitanae, 4, 1758 (1750/51).

[30] O. Forster. *Riemannsche Flächen.* Springer Verlag Berlin New York, 1977.

[31] O. Forster. *Analysis 3.* Springer Spektrum Verlag Berlin Heidelberg, 2012.

[32] O. Forster. *Analysis 2.* Springer Spektrum Verlag Berlin Heidelberg, 2013.

[33] M.H. Freedman. *The topology of four-dimensional manifolds.* Journal of Differential Geometry Bd.17, 1982.

[34] H. Freudenthal. *Über die Klassen der Sphärenabbildungen I. Große Dimensionen.* Compositio Mathematica, 5, 1938.

[35] D.E. Galewski and R.J. Stern. *Classifications of simplicial triangulations of topological manifolds.* Bull. of the Amer. Math. Soc., Volume 82, Number 6, 1976.

[36] D.E. Galewski and R.J. Stern. *The relationship between homology and topological manifolds via homology transversality.* Inv. Math. 39, 1977.

[37] C.F. Gauß. *Mutationen des Raumes.* In C.F. Gauß, Werke, Achter Band; König. Gesell. d. Wissen. Göttingen, 1900, 1819.

[38] K. Gödel. *The consistency of the axiom of choice and of the generalized continuum-hypothesis.* Proceedings of the U.S. National Academy of Sciences, Band 24, 1938.

[39] R.S. Hamilton. *Three-manifolds with positive Ricci curvature.* Journal of Differential Geometry, Bd. 17, 1982.

[40] W.R. Hamilton. *On quaternions, or on a new system of imaginaries in algebra.* Philosophical Magazine, Vol. 25, nb. 3, 1844.

[41] A. Hatcher. *Algebraic Topology.* Cambridge University Press, 2002.

[42] P. Heegaard. *Forstudier til en topologisk teori for de algebraiske fladers sammenhaeng.* Dissertation, Kopenhagen 1898, 1898.

[43] D. Hilbert. *Über die stetige Abbildung einer Linie auf ein Flächenstück.* Mathematische Annalen 38, 1891.

[44] M. W. Hirsch. *Differential Topology.* Graduate Texts in Mathematics (33), Springer-Verlag, New York, 1976.

[45] H. Hopf. *Eine Verallgemeinerung der Euler-Poincaréschen Formel.* Nachr. Akad. Wiss. Göttingen, 1928.

[46] H. Hopf. *Über die Abbildungen der dreidimensionalen Sphäre auf die Kugelfläche.* Math. Ann. 104, 1931.

[47] H. Hopf. *Über die Abbildungen von Sphären auf Sphären niedrigerer Dimension.* Fundamenta Mathematicae, Band 25, 1935.

[48] H. Hopf. *Ein topologischer Beitrag zur reellen Algebra.* Comm. Math. Helvetici, Band 13, 1940/41.

[49] H. Hopf. *Einige persönliche Erinnerungen aus der Vorgeschichte der heutigen Topologie.* CBRM Bruxelles, 1966.

[50] A. Ranicki (Hrsg.). *The Hauptvermutung Book.* K-Monographs in Mathematics 1, Kluwer, 1996.

[51] W. Hurewicz. *Beiträge zur Theorie der Deformationen I: Höherdimensionale Homotopiegruppen.* Proc. Akad. Wetensch. Amsterdam 38 Ser. A (1), 1935.

[52] W. Hurewicz. *Beiträge zur Theorie der Deformationen II: Homotopie- und Homologiegruppen.* Proc. Akad. Wetensch. Amsterdam 38 Ser. A (5), 1935.

[53] W. Hurewicz. *Homotopie, Homologie und lokaler Zusammenhang.* Fundamenta Mathematicae 25, 1935.

[54] W. Hurewicz. *Beiträge zur Theorie der Deformationen III: Klassen und Homologietypen von Abbildungen.* Proc. Akad. Wetensch. Amsterdam 39 Ser. A (1), 1936.

[55] W. Hurewicz. *Beiträge zur Theorie der Deformationen IV: Asphärische Räume.* Proc. Akad. Wetensch. Amsterdam 39 Ser. A (2), 1936.

[56] A. Hurwitz. *Über die Komposition der quadratischen Formen von beliebig vielen Variablen.* Nachr. von der k. Ges. der Wiss. zu Göttingen, 1898.

[57] D. Husemoller. *Fibre bundles.* McGraw-Hill, 1966.

[58] K. Jänich. *Topologie.* Springer-Verlag Berlin Heidelberg, 2005.

[59] J. L. Kelley. *The Tychonoff product theorem implies the axiom of choice.* Fund. Math. 37, 1950.

[60] M.A. Kervaire. *Smooth Homology Spheres and their Fundamental Groups.* Transactions of the American Mathematical Society, Vol. 144, 1969.

[61] R. Kirby and L. Siebenmann. *On the triangulation of manifolds and the Hauptvermutung.* Bull.Amer.Math.Soc. 75, 1969.

[62] R. Kirby and L. Siebenmann. *Foundational essays on topological manifolds smoothings and triangulations.* Ann. Math. Stud. 88, Princeton, 1977.

[63] F. Klein. *Vorlesungen über die Entwicklung der Mathematik im 19. Jahrhundert. Teil I.* Julius Springer Verlag, Berlin, 1926.

[64] H. Kneser. *Die Topologie der Mannigfaltigkeiten.* Jahresbericht der DMV, 34, 1925.

[65] A. Kolmogoroff. *Homologiering des Komplexes und des lokal-bikompakten Raumes.* Proc. of the International Conference on Topology, Moscow 1935; in Math. Sbornik, Vol. 43, 1936.

[66] H.L. Künneth. *Über die Bettischen Zahlen einer Produktmannigfaltigkeit.* Mathematische Annalen, Vol. 90, 1923.

[67] S. Lang. *Algebra.* Addison-Wesley Publishing Company, 1970.

[68] S. Lefschetz. *Algebraic Topology.* Amer. Math. Soc. Colloquium Publ., 27, 1942.

[69] J. B. Listing. *Vorstudien zur Topologie.* Vandenhoeck und Ruprecht Göttingen, 1848.

[70] W. Lück. *Algebraische Topologie: Homologie und Mannigfaltigkeiten.* Vieweg Verlag, 2005.

[71] J.-P. Luminet et al. *Dodecahedral space topology as an explanation for weak wide-angle temperature correlations in the cosmic microwave background.* Nature 425 und arXiv:astro-ph/0310253, 2003.

[72] C. Manolescu. *Pin(2)-equivariant Seiberg-Witten Floer homology and the Triangulation Conjecture.* arXiv:1303.2354, 2013.

[73] W. S. Massey. *Algebraic Topology: An Introduction.* Springer Verlag New York, 1967/90.

[74] W. S. Massey. *Singular Homology Theory.* Springer Verlag New York, 1980/91.

[75] T. Matumoto. *Triangulations of manifolds.* A.M.S. Proc. Symposia in Pure Math. 32, 1978.

[76] W. Mayer. *Über abstrakte Topologie.* Monatshefte für Mathematik 36 (1), 1929.

[77] B. Mazur. *A note on some contractible 4-manifolds.* Ann. of Math. 73, 1961.

[78] C. McLarty. *The Uses and Abuses of the History of Topos Theory.* Brit. J. Phil. Sci., vol. 41, 1990.

[79] H. Meschkowski. *Problemgeschichte der neueren Mathematik.* B.I.-Wissenschaftsverlag, 1978.

[80] J.W. Milnor. *Two complexes which are homeomorphic but combinatorially distinct.* Ann. of Maths. 74, 1961.

[81] E. Moise. *Affine Structures in 3-manifolds V: The triangulation theorem and Hauptvermutung.* Annals of Mathematics, Series 2, Bd.56, 1952.

[82] E. Moise. *Geometric topology in dimensions 2 and 3.* Springer Verlag Berlin, New York, 1977.

[83] J.W. Morgan and G. Tian. *Ricci flow and the Poincaré Conjecture.* arXiv.org, 2007.

[84] J.R. Munkres. *Elements of Algebraic Topology.* Addison Wesley Publishing Company, 1984.

[85] M.H.A. Newman. *The engulfing theorem for topological manifolds.* Annals of Mathematics, Vol. 84, No. 2, 1966.

[86] J. Nielsen. *Om regning med ikke-kommutative faktorer og dens anvendelse i gruppeteorien.* Math. Tidsskrift B (auf Dänisch), 1921.

[87] E. Noether. *Ableitung der Elementarteilertheorie aus der Gruppentheorie.* Jahresbericht DMV, Band 34, 1926.

[88] E. Noether. *Abstrakter Aufbau der Idealtheorie in algebraischen Zahl- und Funktionenkörpern.* Mathematische Annalen, Vol. 96, 1927.

[89] C. D. Papakyriakopoulos. *On Dehn's Lemma and the Asphericity of Knots.* Proceedings of the Nat. Acad. of Sc. of the USA, Vol. 43, No. 1, 1957.

[90] G. Perelman. *The entropy formula for the Ricci flow and its geometric applications.* arXiv.org, 2002.

[91] G. Perelman. *Finite extinction time for the solutions to the Ricci flow on certain three-manifolds.* arXiv.org, 2003.

[92] G. Perelman. *Ricci flow with surgery on three-manifolds.* arXiv.org, 2003.

[93] H. Poincaré. *Sur l'analysis situs.* Comptes rendus de l'Académie des Sciences, 115, 1892.

[94] H. Poincaré. *Analysis situs.* Journal de l'École Polytechnique. (2), 1895.

[95] H. Poincaré. *Cinquième complément à l'analysis situs.* Rend. Circ. Mat. Palermo 18, Nachdruck in Oeuvres, Tome VI. Paris, 1904/1953.

[96] T. Radó. *Über den Begriff der Riemannschen Fläche.* Acta Sci. Math. (Szeged), 2, 1925.

[97] K. Reidemeister. *Homotopieringe und Linsenräume.* Abh. Math. Sem. Univ. Hamburg 11, 1935.

[98] B. Riemann. *Theorie der Abel'schen Functionen.* Journal für Mathematik 54, 1857.

[99] O. Rodrigues. *Des lois géométriques qui régissent les déplacements d'un système solide dans l'espace, et la variation des coordonnées provenant de ses déplacements consideérés indépendamment des causes qui peuvent les produire.* Journal de Mathématiques pure et appliquées, 5, 1840.

[100] A. Sard. *The measure of the critical values of differentiable maps.* Bull. Amer. Math. Soc. 48, 1942.

[101] E. Schechter. *Handbook of Analysis and Its Foundations.* Academic Press, 1997.

[102] O. Schreier. *Die Untergruppen der freien Gruppen.* Abhandlungen aus dem Mathematischen Seminar der Universität Hamburg. Bd. 5, 1927.

[103] H. Seifert. *Konstruction drei-dimensionaler geschlossener Räume.* Berichte der Sächsischen Akademie Leipzig, Math.-Phys. Kl. (83), 1931.

[104] J.-P. Serre. *Homologie singulière des espaces fibrés.* Annals of Mathematics, 2nd Ser., Vol. 54, No. 3, 1951.

[105] J.-P. Serre. *Sur la suspension de Freudenthal.* Comptes Rendus de l'Académie des Sciences. Série I. Mathématique (Paris: Elsevier) 234, 1952.

[106] J.-P. Serre. *Groupes d'homotopie et classes de groupes abéliens.* Annals of Mathematics, Vol. 58, No. 2, 1953.

[107] S. Smale. *Generalized Poincaré's conjecture in dimensions greater than four.* Annals of Mathematics, Vol. 74, 1961.

[108] J. Stallings. *Polyhedral homotopy spheres.* Bulletin of the American Mathematical Society, Vol. 66, 1960.

[109] N. Steenrod. *Cohomology Invariants of Mappings.* Annals of Mathematics, 2nd Ser., Vol. 50, No. 4, 1949.

[110] N. Steenrod. *The Topology of Fibre Bundles.* PMS 14, Princeton University Press, 1999.

[111] E. Steinitz. *Beiträge zur Analysis situs.* Sitz.-Ber. Berl. Math. Ges. 7, 1908.

[112] J. Stillwell. *Classical Topology and Combinatoriel Group Theory.* Springer Verlag, New York, 1993.

[113] R. Stöcker and H. Zieschang. *Algebraische Topologie.* B.G. Teubner Verlag, Stuttgart, 1994.

[114] W. Thurston. *The Geometry and Topology of Three-Manifolds.* Princeton lecture notes, 1980.

[115] H. Tietze. *Über die topologischen Invarianten mehrdimensionaler Mannigfaltigkeiten.* Monatshefte für Mathematik und Physik (19), 1908.

[116] H. Tietze. *Über Funktionen, die auf einer abgeschlossenen Menge stetig sind.* Journal für die reine und angewandte Mathematik, Heft 145, 1915.

[117] H. Toda. *Composition Methods in Homotopy Groups of Spheres.* Ann. of Math. Studies 49, 1962.

[118] A. N. Tychonoff. *Über die topologische Erweiterung von Räumen.* Mathematische Annalen 102 (1), 1930.

[119] P. S. Urysohn. *Über die Mächtigkeit der zusammenhängenden Mengen.* Mathematische Annalen 94, 1925.

[120] E. R. van Kampen. *On the connection between the fundamental groups of some related spaces.* American Journal of Mathematics, vol. 55, 1933.

[121] L. Vietoris. *Über den höheren Zusammenhang kompakter Räume und eine Klasse von zusammenhangstreuen Abbildungen.* Mathematische Annalen, Vol. 97, 1927.

[122] L. Vietoris. *Über die Homologiegruppen der Vereinigung zweier Komplexe.* Monatshefte für Mathematik 37, 1930.

[123] J.H.C. Whitehead. *On C^1-complexes.* Annals of Mathematics, Vol. 41, No. 2, 1940.

[124] J.H.C. Whitehead. *Combinatorial homotopy I, II.* Bull. Amer. Math. Soc., Volume 55, Number 5, 1949.

[125] H. Whitney. *On products in a complex.* Annals of Mathematics, Vol. 39, No. 2, 1938.

[126] E.C. Zeeman. *The Poincaré conjecture for n greater than or equal to 5.* Topology of 3-manifolds and related topics, Prentice Hall, 1962.

[127] E. Zermelo. *Untersuchungen über die Grundlagen der Mengenlehre.* Mathematische Annalen, 65, 1908.

[128] E. Zermelo. *Über Grenzzahlen und Mengenbereiche.* Fundamenta Mathematicae, 16, 1930.

Index

Abbildung
  basispunkterhaltende, 97
  Bigrad einer, 510
  charakteristische Abbildung einer
    k-Zelle, 319
  Einhängungsabbildung, 384
  fasertreue, 146
  Grad einer, 90, 138, 296
  homöomorphe, 16
  punktierte, 97
  simpliziale, 163
  stückweise lineare, 186
  stetige, 16
  ungerade Abbildung, 505
  zelluläre, 339
Abbildungsteleskop, 181
Abbildungszylinder, 177
Abelisierung einer Gruppe, 70
Abschluss
  von Simplizes, 163
Abschluss, abgeschlossene Hülle, 13
affin unabhängige Punkte, 160
ALEXANDER, JAMES WADDELL
    (1888–1971), 191, 407
Algebra
  reelle ($\mathbb{R}$, $\mathbb{C}$, $\mathbb{H}$ oder $\mathbb{O}$), 503
allgemeine Lage von Punkten, 160
ANTOINE, LOUIS (1888–1971), 191
Ausschneidungssatz
  für die Homologie, 264
  für die Kohomologie, 478
Auswahlaxiom, 8
  Auswahlfunktion, 8
azyklischer Raum, 257

BAER, REINHOLD (1902–1979), 117
Ball
  offener Ball $B_\epsilon(x)$, 12
baryzentrische Koordinaten, 161
baryzentrische Unterteilung, 410
Baryzentrum, 161
Basis, eines Faserbündels, 146
benachbarte Simplizes, 415
BETTI, ENRICO (1823–1892), 183, 224,
    286
Bigrad (einer Abbildung), 510
BOREL, ÉMILE (1871–1956), 24
BORSUK, KAROL (1905–1982), 159, 168,
    346
BROUWER, LUITZEN E. J. (1881–1966),
    140, 301
BROWN, MORTON (1931–), 193

CANNON, JAMES W. (1943–), 194
CANTOR, GEORG (1845–1918), 12, 29
Cap-Produkt
  in der simplizialen (Ko-)Homologie,
    434
  in der singulären (Ko-)Homologie, 480
CARTAN, HENRI (1904–2008), 251
CASSON, ANDREW (1943–), 193
CAYLEY, ARTHUR (1821–1895), 503
ČECH, EDUARD (1893–1960), 133, 407,
    434
charakteristische Abbildung, 319
charakteristische Untergruppe, 96
Colimes
  eines gerichteten Systems, 482
Cup-Produkt
  Bilinearform, Cup-Produkt-Form, 499
  in der singulären Kohomologie, 496
CW-Komplex, 319
  endlicher, Zellenkomplex, 330
  Teilkomplex, 327
CW-Modell, 368
  n-zusammenhängendes, 368

Decktransformation,
    Decktransformationsgruppe, 101
Deformationsretrakt, 86
  starker, 86
  Umgebungsdeformationsretrakt, 276,
    334
Δ-Komplex, 375
DE RHAM, GEORGES (1903–1990), 424
Dimension
  einer k-Zelle, 317
  eines k-Simplex, 160
  eines CW-Komplexes, 319
  eines Simplizialkomplexes, 161
direkte Summe, 68
direkter Limes
  eines gerichteten Systems, 482
Divisionsalgebra, 502
Dodekaedergruppe, 131
Dodekaederraum
  sphärischer, 458
Doppelkegel, 41
Doppelkreis (engl. *figure eight*), 43, 107,
    278
duale Kette, Kettengruppe, 418
  duales p-Gerüst, 419
dualer Kettenkomplex, 418
dualer Teilkomplex, 411
dualer Teilraum, 411

Fundamentalzyklus, 418
  orientierter, 418
duales p-Gerüst, 419
duales Polytop, 453

Eckfigur (eines Polytops), 452
EDWARDS, ROBERT DUNCAN (1942–), 194
eigentlich diskontinuierliche
    Gruppenoperation, 132
EILENBERG, SAMUEL (1913–1998), 240,
    306, 307, 407
einfach zusammenhängend, 88
einfache Kurve, 122
Einhängung eines Raumes (engl.
    suspension, 41
  reduzierte, 155
Einhängungsabbildung, 384
EUKLID von Alexandria(3. Jhd. v. Chr.),
    61
euklidischer Umgebungsretrakt, ENR, 168
EULER, LEONHARD (1707–1783), 11,
    57–60, 159, 183
EULER-Charakteristik, 365
  eines CW-Komplexes, 365
  homologische Definition für allgemeine
    Räume, 289
  homologische Definition für simpliziale
    Komplexe, 286
  klassische Definition, 58
exakte (Gruppen-)Sequenz, 65
Exponent einer Gruppe, 72
Ext-Gruppe $\text{Ext}^k(G, H)$, 401

Faser, 146
Faserbündel, 146
  Basis, 146
  Faser, 146
  fasertreue Abbildung, 146
  Hochhebung von Homotopien, 152
  HOPF-Faserung, 149
  Schnitt eines, 464
  triviales, Trivialisierung, 146
Filter, 30
  Konvergenz eines, 30
  Ultrafilter, 30
Fläche
  Flächenwort, 54
  polygonale, 451
  triangulierte, 52
  zusammenhängende Summe, 48
Flächenwort, 54
  Eckpunkt erster Art, 56
  Eckpunkt zweiter Art, 56
  separierende Paare, 56
FRÉCHET, MAURICE RENÉ (1878–1973),
    12

FREEDMAN, MICHAEL HARTLEY (1951–),
    194, 316
frei abelsche Gruppe, 68
  Basis, 68
  Rang, 68
freie Auflösung einer abelschen Gruppe,
    204
freie Gruppe, 64
  Rang, 64
freies Produkt von Gruppen, 67
FREUDENTHAL, HANS (1905–1990), 385
Fünferlemma, 283
Fundamentalgruppe, 84
  der S^1, 89
  eines Produktes, 90
  homotopieäquivalenter Räume, 86
Fundamentalzyklus
  einer simplizialen Mannigfaltigkeit, 416
  eines dualen Teilraumes, 418
Funktor
  darstellbarer, 256
  kontravarianter, 400
  kovarianter, 255
  linksexakter, 400
  Modellraum, Modelle eines, 256

GALEWSKI, DAVID, 194
geordneter simplizialer Komplex, 433
Gerüst, k-Gerüst eines CW-Komplexes,
    319
gerichtete Menge, 481
gerichtetes System, 481
  Colimes eines, 482
geschlossene Fläche, 46
  kanonische Form, 51
geschlossene Mannigfaltigkeit, 46
Grad
  einer Abbildung, 90, 138
  eines Weges in S^1, 96
Graph, 117
  Spannbaum, 118
GRAVES, JOHN THOMAS (1806–1870),
    503
Grenzwert einer Punktfolge, 20
Gruppe, 63
  Abelisierung, 70, 116
  abelsche (kommutative), 63
  Basis, 64
  charakteristische Untergruppe, 96
  direkte Summe, 68
  Exponent, 72
  Faktorisierung eines Homomorphismus,
    65
  frei abelsche, 68
  freie, 64
  freie Auflösung, 204
  freie Basis, 68

freies Produkt, 67
Generatoren, 64
Homo-, Mono-, Epi-, Isomorphismus, 65
Homomorphismengruppe, 399
Index einer Untergruppe, 65
Knotengruppe, 122
Kommutator, 70
Nebenklassen einer Untergruppe, 64
Normalisator, 65
Normalteiler in einer, 65
Ordnung einer, 65
p-Gruppe, 71
perfekte, 133
Produkt von Untergruppen, 66
Quotientengruppe, 64
Rang (frei abelscher), 68
Relation in freier Gruppe, 64
Tensorprodukt, 201
topologische, 131
Torsion, 70
Untergruppe, 64
Wort, 64
zyklische, 64
Gürteltrick, 129
gutes Raumpaar, 276

Halbordnung, 8
Kette, 8
maximales Element, 8
obere Schranke, 8
HAMILTON, WILLIAM ROWAN (1805–1865), 503
HAMILTON, RICHARD S. (1943–), 316
Hauptvermutung
der kombinatorischen Topologie, 185
für Mannigfaltigkeiten, 185
HAUSDORFF, FELIX (1868–1942), 12, 20
HAUSDORFF-Raum, 20
HEEGAARD, POUL (1871–1948), 510
HEEGAARD-Zerlegung, 510
HEINE, HEINRICH EDUARD (1821–1981), 24
HILBERT, DAVID (1862–1943), 136
HILBERT-Kurve, 136
Hochhebung
Monodromielemma, 95
von Homotopien bei Überlagerungen, 94
von Homotopien bei Faserbündeln, 152
von Wegen, 94
Homöomorphismus, 16
homogener Raum, 131
Homologiegruppe
algebraische, 200
eines guten Raumpaares, 277
kubisch singuläre, 250

lange exakte Sequenz, 262
lokale um einen Punkt, 273
mit Koeffizienten in G, 242
reduzierte, 254
relative, 280
relative eines Raumpaares, 262
simpliziale, 229
singuläre, 242
singuläre, mit kompaktem Träger, 483
zelluläre, 355
Homologiesequenz
lange exakte (algebraisch), 209
lange exakte (topologisch), 262
Homologiesphäre, 275, 461
POINCARÉsche, 132
homologischer Rand, 229
Homotopie, 82
Hochhebung von, 94
homotopieinvers, 85
nullhomotop, 95
relative zu Teilraum, 82
Homotopieäquivalenz, 85
schwache, 366
Homotopiegruppe, 134
Fundamentalgruppe, 84
Kompressionskriterium, 143
lange exakte Sequenz, 142
relative, 141
stabiler k-Stamm, k-Stamm, 385
Homotopiesatz für die Homologie, 248
Homotopiesequenz
lange exakte, 142
HOPF, HEINZ (1894–1971), 137, 146, 149, 155, 156, 221, 407, 504, 509, 523, 527
HOPF-Faserung, 149
HOPF-Invariante, 523
HOPF-Invariantenproblem, 527
HOPF-Konstruktion, 522
HUREWICZ, WITOLD (1904–1956), 133, 244, 290, 377, 388, 391
HURWITZ, ADOLF (1859–1919), 503

Ikosaedergruppe, 131
Index
einer Untergruppe, 65
induktiver Limes
eines gerichteten Systems, 482
innerer Punkt
einer Mannigfaltigkeit, 46
Inzidenzfolge von Simplizes, 410
isomorphe Polyeder, 186
Isomorphismus
von Überlagerungen, 97
Isotopie, 127

JORDAN, CAMILLE (1838–1922), 193, 301

k-Henkel, 45
VAN KAMPEN, EGBERT RUDOLF
    (1908–1942), 110
kanonische ϵ-Umgebung, 333
Kegel über einem Raum, 41
Keilprodukt, 43
Keilprodukt, (engl. *wedge product*), 278
Kette, 8
    algebraischer Kettenhomomorphismus,
        200
    duale, 418
    Kettenhomomorphismus, 237
Kette, n-Kette
    algebraische, 199
    relative eines Raumpaares, 262
    simpliziale, 228
    singuläre, 241
Kettengruppe
    duale, 418
    kubisch singuläre, 250
    simpliziale, 228
    singuläre, 241
    zelluläre Kettengruppe, 352
Kettenhomomorphismus, 237
    algebraischer, 200
Kettenhomotopie, 256
    algebraische, 206
Kettenkomplex
    algebraischer, 199
    augmentierter, 254
    dualer, 418
    simplizialer, 229
    singulärer, 242
    Tensorprodukt zweier Kettenkomplexe,
        217, 307
    zellulärer Kettenkomplex, 352
KIRBY, ROBION (1938–), 185, 193
Kleeblattschlinge, *three foil knot*, 122
KLEIN, FELIX CHRISTIAN (1849–1925),
        44
KLEINsche Flasche, 44
KNESER, HELLMUTH (1898–1973), 184,
        190
Knoten
    isotope, 127
    Kleeblattschlinge, 122
Knotengruppe, 122
    WIRTINGER-Darstellung, 126
    WIRTINGER-Relationen, 126
Knotenkomplement, 122
KOCH, HELGE VON (1870–1924), 169
Königsberger Brückenproblem, 11
kohärent orientierte Simplizes, 415
Kohomologiegruppe
    algebraische, 400

lange exakte Sequenz, 429
    relative (simpliziale), 429
    simpliziale, 424
    singuläre, 478
    singuläre, mit kompaktem Träger, 485
Kohomologiering eines Raumes, 496
Kohomologiesequenz
    lange exakte, 429
    lange exakte (algebraisch), 404
Kokette, n-Kokette
    algebraische, 400
    simpliziale, 423
    singuläre, 478
Kokettenkomplex
    algebraischer, 400
    simplizialer, 423
    singulärer, 478
KOLMOGOROFF, ANDREI
        NIKOLAJEWITSCH (1903–1987),
        407
kombinatorisch äquivalente
        Simplizialkomplexe, 185
kombinatorische Mannigfaltigkeit, 190
kombinatorische
        Triangulierungsvermutung, 190
Kommutator, 70
Kompaktheit, 20
    lokale, 34
Komplex
    Δ-Komplex, 375
    CW-Komplex, 319
    simplizialer Komplex, 161
komplex projektiver Raum $\mathbb{P}^n_{\mathbb{C}}$, 147
Kompressionskriterium, 143
Konvergenz einer Punktfolge, 20
Korand, n-Korand
    algebraischer, 400
    simplizialer, 424
    singulärer, 478
Korandoperator
    algebraischer, 400
    simplizialer, 423
    singulärer, 478
kovarianter Funktor, 255
Kozyklus, n-Kozyklus
    algebraischer, 400
    simplizialer, 424
    singuläre, 478
KÜNNETH, HERMANN LORENZ
        (1892–1975), 217, 306, 312
Kurve
    einfache, 122
kurze exakte (Gruppen-)Sequenz, 65

lange exakte Sequenz
    für die Homologie, 262
    für die Homologie (algebraisch), 209

für die Homotopie, 142
für die Kohomologie, 429
für die Kohomologie (algebraisch), 404
LEBESGUE, HENRI LÉON(1875–1941), 23,
    165
LEBESGUE-Zahl, 23
LEFSCHETZ, SOLOMON (1884–1972), 240
Lemma von
    LEBESGUE, 23
    URYSOHN, 32
Lemma von ZORN, 8
LEVI, FRIEDRICH (1888–1966), 117
Link
    von Simplizes, 164
LISTING, JOHANN BENEDICT
    (1808–1882), 11
lokal endlich, 161
lokal wegzusammenhängend, 97
lokal zusammenziehbar, 334
lokale Orientierung, 463

Möbiusband, 43
Mannigfaltigkeit
    Dimension, 46, 272
    geschlossene, 46
    geschlossene Fläche, 46
    innerer Punkt, 46
    kombinatorische, stückweise lineare,
        PL-, 190
    orientierbare, 415
    Orientierung einer, 464
    Randpunkt, 46
    topologische, 46
MANOLESCU, CIPRIAN (1978–), 194
MATUMOTO, TAKAO (1946–), 194
maximales Element (in halbgeordneter
    Menge), 8
MAYER, WALTHER (1887–1948), 297, 479
MAYER-VIETORIS-Sequenz, 298
    für die Kohomologie, 479
    relative, 469
    relative Form, 469
MAZUR, BARRY (1937–), 194
Menge
    abgeschlossene, 13
    gerichtete, 481
    offene, 12
    wohlgeordnete, 2
Methode der azyklischen Modelle, 257
MILNOR, JOHN WILLARD (1931–), 185
Modellraum, Modell, 256
    azyklische Modelle, 257
Modul
    über dem Ring $\mathbb{Z}$, 199
MÖBIUS, AUGUST FERDINAND
    (1790–1868), 44

MOISE, EDWIN (1918–1998), 193, 450,
    461
Monodromielemma, 95
MUNKRES, JAMES RAYMOND (1930–),
    323

n-Mannigfaltigkeit, 46
natürliche Orientierung
    einer simplizialen Mannigfaltigkeit, 438
NEWMAN, MAXWELL HERMAN
    ALEXANDER (1897–1984), 316
NOETHER, EMMY (1882–1935), 66, 183,
    221, 286, 407
normale Überlagerung, 102
Normalisator
    einer Untergruppe, 65
Normalteiler
    einer Gruppe, 65
nullhomotop, 95

obere Schranke (in halbgeordneter
    Menge), 8
Oktaven, Oktonionen, CAYLEY-Zahlen,
    503
Ordinalzahlen, 2
    ordnungsisomorphe Mengen, 10
    transfinite Induktion, 5
    transfinite Rekursion, 5
Ordnung
    einer Gruppe, 65
    eines simplizialen Komplexes, 433
ordnungsisomorphe Mengen, 10
orientierbare Mannigfaltigkeit, 415
    Fundamentalzyklus einer, 416
orientierter dualer Teilraum, 418
Orientierung
    einer Mannigfaltigkeit, 464
    einer simplizialen Mannigfaltigkeit, 415
    lokale, 463
    natürliche (einer simplizialen
        Mannigfaltigkeit), 438
    nicht-geschlossener Mannigfaltigkeiten,
        473
    von Simplizes, 415
Orthonormalbasis
    Rahmen (*frame*), 128

p-Gruppe, 71
PAPAKYRIAKOPOULOS, CHRISTOS
    (1914–1976), 127
Parakompaktheit, 34
PEANO, GUISEPPE (1858–1932), 136
PEANO-Kurve, 136
PERELMAN, GRIGORI JAKOWLEWITSCH
    (1966–), 45, 193, 316
perfekte Gruppe, 133

Permutation, 397
  Fehlstand einer, 397
  gerade und ungerade, 398
  Signum einer, 397
  symmetrische Gruppe S_n, 397
PL-Homöomorphismus, PLH, 186
PL-Mannigfaltigkeit, 190
PL-Struktur eines Polyeders, 189
platonische Körper, 61
POINCARÉ, HENRI (1854–1912), 12, 81,
     132, 183, 221, 222, 236, 286, 408,
     443, 446, 460, 480
POINCARÉ-Dualität
  für die singuläre (Ko-)Homologie, 487
  für simpliziale Mannigfaltigkeiten, 443
POINCARÉsche Homologiesphäre, 132
Polychor, 452
Polyeder, 59, 452
  isomorphe, 186
  regelmäßiges konvexes, 61
  SCHLÄFLI-Symbol, 62
Polygon, polygonale Fläche, 451
Polytop, 451
  duales, 453
  Eckfigur eines Punktes, 452
  Polychor, 452
  Polyeder, 452
  reguläres, 452
projektiver Raum
  komplexer $\mathbb{P}_{\mathbb{C}}^n$, 147
  reeller, 47
Pullback
  zweier Mengen über einer Projektion,
     383
Punkt
  äußerer, 13
  innerer, 13
  Randpunkt, 13

Quaternionen, 76
  Einheitsquaternion in S^3, 79
  Real- und Imaginärteil, 76
Quotientengruppe, 64
Quotiententopologie, 38

Rückseite eines Simplex, 434
RADÓ, TIBOR (1895–1965), 53, 193
Rahmen (als Orthonormalbasen, *frame*),
     128
Rand, n-Rand
  algebraischer, 199
  homologischer, 229
  kubisch singulärer, 250
  relativer eines Raumpaares, 262
  simplizialer, 229
  singulärer, 242

Randoperator
  relativer, 263
  simplizialer, 229
  singulärer, 242
  zellulärer Randoperator, 352
Randpunkt, 13
  einer Mannigfaltigkeit, 46
Rang
  einer endlich erzeugten abelschen
     Gruppe, 71
  einer frei abelschen Gruppe, 68
  einer freien Gruppe, 64
RANICKI, ANDREW (1948–), 184
Raum
  Anheftung, Verklebung, 42
  azyklischer, 257
  einfach zusammenhängend, 88
  hausdorffscher, 20
  homogener, 131
  Identifikation eines Teilraums, 40
  kompakter, 20
  metrisierbarer, 13
  normaler, 32
  parakompakter, 34
  Quotientenraum, 38
  Teilraum, 14
  topologischer, 12
  wegzusammenhängender, 18
  zusammenhängender, 18
  Zusammenschlagen eines Teilraums, 40
  zusammenziehbarer, 88
reduzierte Einhängung, 155
reguläre Überlagerung, 102
reguläres Polytop, 452
REIDEMEISTER, KURT (1893–1971), 193
Relation
  einer freien Gruppe, 64
relative Homotopiegruppe, 141
relative MAYER-VIETORIS-Sequenz, 469
Retrakt, 86
RIEMANN, GEORG FRIEDRICH BERNHARD
     (1826–1866), 46, 48, 224, 286
RIEMANNsche Zahlenkugel, 149
RIESZ, FRIGYES (1880–1956), 26, 31

SARD, ARTHUR (1909–1980), 138
Satz von
  BORSUK (euklidische
     Umgebungsretrakte), 168
  BROUWER, Fixpunktsatz, 140
  der Äquivalenz der simplizialen und
     der singulären Homologie, 280
  EILENBERG-ZILBER, 307
  EULER (Polyedersatz), 58
  FREUDENTHAL (Homotopie von
     Einhängungen), 385
  HOPF

$\pi_3(S^2) \cong \mathbb{Z}$, 154
$\pi_n(S^n) \cong \mathbb{Z}$, 138
über Abbildungen $S^{2n-1} \to S^n$, 523
über reelle Divisionsalgebren, 504
HUREWICZ
 allgemeine Form für höhere
  Homotopiegruppen, 391
 für die Fundamentalgruppe, 244
JORDAN-BROUWER (Trennungssatz),
  301
KÜNNETH (KÜNNETH-Formel für die
  Homologie), 217, 312
SEIFERT-VAN KAMPEN, 111
STEENROD (die HOPF-Invariante im
  Kohomologiering), 529
TIETZE (Fortsetzungssatz), 36
TYCHONOFF, 28
WHITEHEAD (über
  Homotopieäquivalenzen), 345
SCHLÄFLI, LUDWIG (1814–1895), 62, 453
SCHLÄFLI-Symbol, 62
 eines regulären Polytops, 454
Schleife, 84
Schnitt
 eines Faserbündels, 464
Schnittform, 514
Schnittring, 517
Schnittzahl, 512
SCHOENFLIES, ARTHUR MORITZ
  (1853–1928), 193
SEIFERT, KARL JOHANNES HERBERT
  (1907–1996), 110
semilokal einfach zusammenhängend, 107
SIEBENMANN, LAURENT (1939–), 185, 193
Simplex, 160
 (echte) Seite, 160
 Baryzentrum, 161
 benachbarte, 415
 Dimension, 160
 Ecken, Kanten, Seitenflächen, 160
 innere Punkte, 160
 kohärent orientierte, 415
 Rückseite, 434
 singuläres, 241
 Standard-Simplex, 160
 Vorderseite, 434
simpliziale Abbildung, 163
simpliziale Approximation, 165
simplizialer Komplex, Simplizialkomplex,
  161
 k-Gerüst eines, 162
 baryzentrische Unterteilung, 410
 Dimension eines, 161
 dualer Teilkomplex eines, 411
 dualer Teilraum eines, 411
 endlicher, 161
 geordneter, 433

Inzidenzfolge von Simplizes, 410
kombinatorisch äquivalente Komplexe,
  185
 Ordnung eines, 433
 Polyeder eines, 161
 Teilkomplex eines, 161
 Unterteilung, Subdivision, 162
singuläre Homologiegruppe, 242
 mit kompaktem Träger, 483
singuläre Kohomologiegruppe
 mit kompaktem Träger, 485
singulärer n-Würfel, 248
 degenerierter, 250
SMALE, STEPHEN (1930–), 45
Smash-Produkt, 43
sphärischer Dodekaederraum, 458
stückweise lineare Abbildung, 186
stückweise lineare Mannigfaltigkeit, 190
stabiler k-Stamm, k-Stamm
 von Homotopiegruppen, 385
STALLINGS, JOHN ROBERT (1935–2008),
  316
STEENROD, NORMAN (1910–1971), 529
STEINITZ, ERNST (1871–1928), 184
stereographische Projektion, 149
Stern
 von Simplizes, 163
STERN, RONALD JOHN (1947–), 194
Subdivision eines Simplizialkomplexes,
  162
SULLIVAN, DENNIS (1941–), 193
Summe
 topologische, 15
 zusammenhängende, 48
Suspension, 41
System
 gerichtetes, 481

Teilkomplex
 dualer, 411
 eines CW-Komplexes, 327
 eines Simplizialkomplexes, 161
Teilraum
 dualer, 411
Teilung der Eins, 34
Tensorprodukt
 elementarer (reiner) Tensor, 204
 rechtsexakt, 204
 von abelschen Gruppen, 201
Tensorprodukt zweier Kettenkomplexe,
  217, 307
TIETZE, HEINRICH (1880–1964), 36, 184
TODA, HIROSHI (1928–), 157
Topologie
 auf einer Menge, 12
 Basis einer, 15
 diskrete, 17

Produkttopologie, 15
Quotiententopologie, 38
Relativ-, Spur-Topologie, 14
Subbasis einer, 27
topologische Äquivalenz, 185
topologische Gruppe, 131
topologischer Graph, 284
Tor-Gruppe $\text{Tor}_k(G, H)$, 205
Torsionsgruppe, 70
Torus, 44
solider, 287
transfinite Induktion, 5
transfinite Rekursion, 5
Trennungsaxiom
viertes, normaler Raum, 32
zweites, hausdorffsch, 20
Triangulierung, 52, 183
Triangulierungsvermutung, 190
kombinatorische, 190
Trivialisierung
eines Faserbündels, 146
Tubenumgebung, 123
TYCHONOFF, ANDREI NIKOLAJEWITSCH
(1906–1993), 25, 28

Überdeckung
lokal endliche, 34
offene, 20
Verfeinerung, 25
Überlagerung, 91
n-blättrige, 92
Blätter einer, 92
charakteristische Untergruppe, 96
eigentlich diskontinuierliche
Gruppenoperation, 132
elementare Teilmenge, 91
reguläre, normale, 102
universelle, 102
Ultrafilter, 30
Umgebung, 13
elementare (bzgl. einer Orientierung),
463
kanonische ϵ-Umgebung, 333
Tubenumgebung, 123
Umgebungsdeformationsretrakt, 276, 334
universelle Überlagerung, 102
Unterteilung eines Simplizialkomplexes,
162
URYSOHN, PAVEL SAMUILOWITSCH
(1898–1924), 32, 35, 36

Vereinigung
lokal endliche, 161
Verschlingungszahl (in simplizialen
Mannigfaltigkeiten), 514
rationale, 515

VIETORIS, LEOPOLD (1891–2002), 221,
297, 407, 479
VILLARCEAU, ANTOINE-JOSEPH YVON
(1813–1883), 149
Vorderseite eines Simplex, 434

Weg, 18, 81
äquivalente, homotope, 82
geschlossener, Schleife, 84
Hochhebung von, 94
Wegzusammenhang, 18
lokaler, 97
WHITEHEAD, JOHN HENRY CONSTANTINE
(1904–1960), 315, 330, 338, 345,
450
WHITNEY, HASSLER (1907–1989), 407,
434
WIRTINGER, WILHELM (1865–1945), 122
WIRTINGER-Darstellung, 126
WIRTINGER-Relationen, 126
Wohlordnung, 2
Würfelhomologie
i-te Rückseite, 249
i-te Vorderseite, 249
Rand, Randoperator, 249
singulärer n-Würfel, 248

ZARISKI, OSCAR (1899–1986), 13
ZARISKI-Topologie auf $\mathbb{Z}$, 13
ZEEMAN, ERIK CHRISTOPHER
(1925–2016), 316
Zelle, k-Zelle, 317
Dimension einer, 317
Zellenkomplex, 330
zelluläre Abbildung, 339
zelluläre Homologiegruppe, 355
zelluläre Kettengruppe, 352
zellulärer Kettenkomplex, 352
zellulärer Randoperator, 352
ZILBER, JOSEPH ABRAHAM (1923–2009),
306, 307
ZORN, MAX AUGUST (1906–1993), 8
zusammenhängende Summe, 48
Zusammenhang, 18, 368
n-Zusammenhang, 368
lokaler Wegzusammenhang, 97
semilokal einfacher, 107
Zusammenhangskomponente, 18
zusammenziehbar
lokal zusammenziehbar, 334
zusammenziehbarer Raum, 88
zweites Abzählbarkeitsaxiom, 34
Zyklus, n-Zyklus
algebraischer, 199
kubisch singulärer, 250
reduzierter, 254

relativer eines Raumpaares, 262
  simplizialer, 229
  singulärer, 242
Zylindermenge, 27

Printed in the United States
By Bookmasters